ESSAI
D'HYDROGÉOLOGIE

Recherche, étude et captage des eaux souterraines

PAR

LE Dr ED. IMBEAUX
INGÉNIEUR EN CHEF DES PONTS ET CHAUSSÉES
ANCIEN PROFESSEUR A L'ÉCOLE NATIONALE DES PONTS ET CHAUSSÉES
MEMBRE DU CONSEIL SUPÉRIEUR D'HYGIÈNE PUBLIQUE DE FRANCE
CORRESPONDANT DES ACADÉMIES DES SCIENCES DE PARIS ET DE STOCKHOLM
PRÉSIDENT DE LA COMMISSION DES EAUX SOUTERRAINES
A L'UNION INTERNATIONALE DE GÉODÉSIE ET DE GÉOPHYSIQUE

PARIS

92, RUE BONAPARTE (VI)
1930

ESSAI D'HYDROGÉOLOGIE

G.
Class. déc. 551.49 (022).

ESSAI

D'HYDROGÉOLOGIE

Recherche, étude et captage des eaux souterraines

PAR

LE Dr ED. IMBEAUX

INGÉNIEUR EN CHEF DES PONTS ET CHAUSSÉES
ANCIEN PROFESSEUR A L'ÉCOLE NATIONALE DES PONTS ET CHAUSSÉES
MEMBRE DU CONSEIL SUPÉRIEUR D'HYGIÈNE PUBLIQUE DE FRANCE
CORRESPONDANT DES ACADÉMIES DES SCIENCES DE PARIS ET DE STOCKHOLM
PRÉSIDENT DE LA COMMISSION DES EAUX SOUTERRAINES
A L'UNION INTERNATIONALE DE GÉODÉSIE ET DE GÉOPHYSIQUE

PARIS

92, RUE BONAPARTE (VI)
1930

TABLE DES FIGURES

PRÉFACE

Une expérience de quarante années m'enhardit à écrire et à publier cet *Essai d'Hydrogéologie*, dans l'espoir que ce livre — qui correspond d'ailleurs à mon enseignement à l'Ecole des Ponts et Chaussées et au Conservatoire des Arts et Métiers — sera utile.

En matière aussi difficile que la recherche des eaux souterraines, on n'a jamais trop de documents, ni trop d'exemples à consulter : c'est pourquoi, vers la fin d'une longue carrière, je crois bon de ne pas laisser perdre ceux que j'ai pu réunir sur diverses régions. Jeune ingénieur, j'ai eu la bonne fortune de prendre goût à la géologie en étudiant la Provence avec un maître, Torcapel. Puis venu dans l'Est de la France et m'appuyant sur la science et l'amitié de Bleicher et de Nicklès, j'ai déterminé la situation des nappes aquifères et l'état de l'alimentation en eau du grand département de Meurthe-et-Moselle (1).

D'autres ingénieurs, Monet pour la Marne, Debauve pour l'Oise notamment, étudièrent de même d'autres départements, cependant que Gosselet fixait magistralement l'hydrogéologie du nord de la France (qui vient d'être si bien précisée par Dollé pour l'arrondissement de Cambrai), et que les Dumont, les Verstraeten, les Putzeys, les Van den Broeck en faisaient autant pour la Belgique. De son côté, Martel avait entrepris sa longue et admirable campagne pour faire connaître le mode de circulation des eaux dans les roches fissurées. Enfin, la Ville de Paris, de 1899 à 1902, avec Léon Janet, Diénert, Thierry, avait étudié courageusement les sources qui l'alimentent. Je fis alors une vaste enquête sur l'alimentation en eau de toutes les villes (de plus de 5.000 habitants) de France, Algérie, Tunisie, Belgique, Suisse et Luxembourg, enquête qui aboutit à la publication de deux éditions de l'*Annuaire des Distributions d'eau* de ces pays (2). Les

(1) *Les eaux potables et leur rôle hygiénique dans le département de Meurthe-et-Moselle* (1897). — Prix de thèse et prix Vernois.

(2) Chez Dunod, éditeur : première édition de l'*Annuaire* parue en 1903, deuxième édition en 1909. — Cet ouvrage a rendu de grands services aux armées alliées pendant la Guerre. Une troisième édition, encouragée par plusieurs Ministères, va paraître, également chez Dunod.

renseignements recueillis me permirent d'esquisser en 1910 l'hydrogéologie de la France (1), et cette première esquisse se trouvera complétée et améliorée dans le présent ouvrage.

Hors de France, des missions ou des voyages fréquents dans l'Afrique du Nord (2), dans les deux Amériques, en Angleterre, Allemagne, Autriche, Italie, Espagne, Russie (3) m'ont fourni de nombreux documents sur les eaux de ces pays : j'en ai reçu également de nombreux sur les eaux souterraines de l'Australie. Enfin, je suis depuis de longues années les travaux et publications magnifiques du *Geological Survey U. S.* (4), et je crois pouvoir tirer de l'hydrogéologie aujourd'hui bien connue des Etats-Unis des exemples et des leçons très profitables : les phénomènes se produisent en effet sur une si vaste échelle dans ce grand pays qu'ils y sont plus faciles à saisir qu'en Europe et par suite plus instructifs.

Ceci montre que j'ai des remerciements à adresser à bien des personnes : d'abord pour la France, à MM. les collaborateurs de la Carte géologique, dont j'ai mis souvent la science à contribution ; à mes camarades les ingénieurs des Ponts et Chaussées qui m'ont fourni bien des renseignements ; à mes collègues de la Société géologique, comme en Belgique à ceux de la Société belge de Géologie, d'Hydrologie et de Paléontologie. Puis à de nombreux savants et amis des autres pays : je cite en courant Richert, de Stockholm ; Whitaker, en Angleterre ; G. Thiem, de Leipzig ; Prinz, de Berlin ; Luedecke, de Breslau ; le professeur Gärtner, d'Iéna ; le professeur Pagliani, de Turin ; enfin mes amis d'Amérique, les Allen Hazen, Whipple, Longley, O. Leighton, Meinzer, Kirk Bryan aux Etats-Unis ; de Quevedo et Villarello, au Mexique ; Rodriguez de Brito, au Brésil ; Soldano à Buenos-Aires, etc., etc.

(1) *Bulletin de la Société géologique de France*, 4e série, t. X, 1910.

(2) *Études pour l'alimentation en eau* d'Alger, Philippeville, Tunis, Sousse, Sfax et diverses oasis.

(3) *Études pour l'alimentation en eau* de Saint-Pétersbourg (Commission internationale, 1911).

(4) Les milliers de forages et les nombreuses explorations faites aux États-Unis pour rechercher de l'eau, du pétrole, du gaz, du charbon, des minerais ont permis au *Geological Survey* de publier à ce jour 596 *water supply papers*, 747 bulletins, 132 *professional papers*, sans compter les rapports annuels, les feuilles descriptives de l'atlas géologique, et les travaux des groupements et savants isolés pour chaque État. En ce qui regarde l'Hydrogéologie, O.-E. Meinzer est en train de la résumer dans un ouvrage en six parties, dont la première est parue en 1924 sous le titre : *Occurrence of ground waters in United States.*

INTRODUCTION

Définition et généralités. — L'*Hydrogéologie* est la science des eaux qui se trouvent dans l'intérieur du sol : elle a pour but d'en déterminer la situation, autrement dit les gîtes du minerai d'hydrogène, la quantité disponible, les qualités, en indiquant en même temps les moyens appropriés pour faire servir ces eaux aux besoins de l'humanité. On pourrait aussi adopter le nom d'*Hydrologie souterraine* (le simple mot d'*Hydrologie* [1] ayant en France le sens d'application à la thérapeutique : eaux thermominérales, thalassothérapie, hydrothérapie).

L'usage des eaux souterraines est vieux comme le monde (il remonte au premier être humain qui aménagea une source ou creusa un puits); mais l'Hydrogéologie, elle, est une science très jeune. Elle est fille de la Géologie, et ne peut être fixée que dans les régions du globe où les connaissances géologiques sont elles-mêmes très avancées. Comment en effet savoir où se trouve l'eau dans les couches du sol, si on ne connaît pas bien la situation et la constitution de celles-ci? Comment étudier le contenu si on ne connaît pas le contenant, je veux dire les couches aquifères. Notre science ne peut donc progresser qu'au fur et à mesure que des explorations en surface (étude des affleurements) et en profondeur (puits et forages) font mieux connaître une région déjà esquissée ou en étudient une nouvelle. Il reste beaucoup à faire dans ce sens, mais cependant les grands pays civilisés sont déjà suffisamment connus pour qu'on puisse y donner un corps à la science hydrogéologique et en déterminer les lois principales.

En opposition à cette marche lente, mais progressive et sûre (parce

[1] En France, le mot d'*Hydrographie* est réservé à l'étude des côtes et des mers au voisinage des continents. Quant à l'*Hydraulique*, c'est la science de l'équilibre (Hydrostatique) et des mouvements de l'eau (Hydrodynamique) : elle fait partie de la physique mathématique et de la mécanique, et nous aurons besoin d'y recourir pour comprendre et calculer les mouvements de l'eau dans le sol.

qu'elle se base sur l'expérience), on est tenté d'en chercher une plus rapide, et quelques personnes croient la trouver dans ce sens spécial ou cet état de prédisposition nerveuse qui serait influencée chez certains individus par le voisinage de l'eau, des cavernes, des métaux, — autrement dit dans la *baguette des sourciers*. Sans nier qu'il puisse y avoir dans ces cas une excitation nerveuse se traduisant par des mouvements des muscles, je dois reconnaître avec Walter (1) que « les causes de l'excitation et leur mode d'action restent peu connus. » Pas plus avec les sourciers de 1922 qu'avec Jacques Aymard en 1693, l'Académie des Sciences n'a pu démêler dans la baguette des données scientifiques sérieuses, et en attendant que l'avenir fasse peut-être la lumière, la question reste du domaine des sciences occultes, c'est-à-dire que je ne pourrai m'en occuper dans ce livre.

Historique sommaire. — Les grands esprits de l'Antiquité ont essayé d'expliquer les phénomènes relatifs aux sources et aux eaux souterraines. Platon pense que l'eau de la terre vient de l'Océan et y retourne en tombant dans un grand trou, le Tartare. Aristote, qui se souvenait des montagnes de Thrace et de leurs cavernes, croit que l'eau évaporée du sol se condense dans les cavités refroidies des hautes régions, et y forme des lacs souterrains qui alimentent les sources et les ruisseaux : la terre elle-même pourrait se changer en eau. Thalès de Milet est plus voisin de la vérité en chargeant les vents de l'eau de la mer, qui tombe sur le sol, y pénètre en partie et retourne à l'Océan.

Lucrèce adopte cette dernière solution, et dit que dans ce cycle l'eau de mer subit dans le sol une sorte de filtration qui en sépare le sel. Sénèque revient à la conception d'Aristote; mais Vitruve rapporte le premier la formation des sources à la pluie et à la neige fondue, dont les eaux pénètrent dans le sol jusqu'à ce qu'elles soient arrêtées par une couche de pierre, de minerai ou d'argile qui les force à trouver une issue : c'est la théorie moderne.

En 1619 (2), Kepler compare la terre à un animal énorme qui aspirerait l'eau de la mer, la condenserait dans son corps et en expulserait l'eau des sources et l'eau souterraine; cependant dès 1549 (3), Agricola, voyant

(1) Walter, professeur de géologie à l'Université de Halle : brochure de 1923 sur la *Wünschelruthe*.

(2) *Harmonices mundi libri quinque.*

(3) *De ortu et causa subterraneorum.*

ce qui se passait dans les mines, avait distingué l'eau qui provenait de l'infiltration de la pluie dans les fissures du sol de celle qui venait de bas en haut par la condensation des vapeurs ascendantes. Descartes, lui, émit sa fameuse hypothèse de canaux souterrains mettant la mer en communication avec des cavernes de l'intérieur de la terre, d'où la chaleur terrestre faisait évaporer l'eau, laquelle se condensait dans des espaces plus élevés et engendrait les sources. Le jésuite Kircher (1), avec ses *pyrophylacées* et ses *hydrophylacées*, et Kühn de Danzig (2) soutiennent des idées du même ordre.

C'est Bernard Palissy (3) qui eut enfin la conception nette et définitive de la provenance des eaux souterraines, résultant comme l'avait dit Vitruve de la pénétration des eaux pluviales dans le sol et de leur arrêt par une couche imperméable. Vossius (4) soutient énergiquement l'idée, et Mariotte (5) en établit scientifiquement la justesse en citant de nombreuses observations et en comparant au produit de la pluie sur un bassin les volumes d'eau qui s'en écoulent par la rivière et par les sources. Combattue par les uns (Perrault, de la Hire, Keferstein, etc., etc.), soutenue par les autres (de la Metherie notamment), la théorie de Mariotte finit par triompher, et c'est sur elle que s'appuient les fondateurs de l'Hydrogéologie moderne, les Paramelle, les Belgrand, les Daubrée (pour ne citer que les morts) pour expliquer l'infiltration de l'eau dans les couches géologiques. La connaissance de plus en plus parfaite de la structure de ces couches et les progrès de la tectonique nous amènent à l'état actuel de la science, dont le bilan ne fait que s'accroître tous les jours.

Cependant il faut signaler dans les dernières décades du XIXe siècle deux théories nouvelles, dont nous verrons plus loin ce qu'il faut retenir. C'est d'une part la théorie de la condensation de Volger (6), d'après laquelle *toute* l'eau souterraine proviendrait de la condensation de la vapeur d'eau contenue dans l'air du sol : cela ne peut être vrai que pour une faible partie.

(1) *Mundus subterraneus* (Amsterdam, 1665 et 1678).

(2) *Vernünftige Gedanken über den Ursprung der Quellen und des Grundwassers.*

(3) Discours admirable de la nature des eaux et fontaines tant naturelles qu'artificielles (Paris, 1650).

(4) *De Nili et aliorum fluminum origine* (La Haye, 1666).

(5) Sa première communication est de 1686, et ses œuvres complètes sont éditées à Leyde en 1717. Son *Traité du mouvement des eaux* est de 1700.

(6) Otto VOLGER, *Die wiss. Lösung der Wasser — insb. der Quellenfrage* (*Zeit. deutscher Ingenieure*, 1877).

ESSAI D'HYDROGÉOLOGIE

RECHERCHES, ÉTUDE ET CAPTAGE DES EAUX SOUTERRAINES

CHAPITRE PREMIER

LE SOL ET LES COUCHES DU SOL

Les roches qui constituent le sol terrestre peuvent se classer de plusieurs manières :

a) Suivant leur origine (ignée, aqueuse ou éolienne) et l'époque de leur formation (leur âge);

b) Suivant leur composition chimique et suivant le mode de réunion de leurs éléments constitutifs, d'où résulte leur texture;

c) Enfin suivant la nature et l'importance des vides qu'elles renferment (vides qui seront en partie ou en totalité remplis par l'eau), ou en d'autres termes suivant leur porosité et leur perméabilité. C'est cette dernière classification qui nous importera le plus ici, puisque c'est des propriétés correspondantes des couches du sol que dépend leur teneur en eau : il faut connaître le *contenant* et sa capacité avant d'en étudier le *contenu.*

Origine et âge des roches. — La masse de notre globe ayant été primitivement tout entière en fusion, il est clair que toutes les roches proviennent de ce magma pâteux originel. Mais alors que sur certains points la croûte primitive consolidée est restée à ou près de la surface et qu'entre les blocs ainsi formés il s'est épanché des masses fluides venues à diverses époques de l'intérieur, ces roches ignées ont subi des dégradations et des érosions importantes qui les ont désagrégées par places en éléments plus ou moins ténus, transportés souvent au loin par les courants aqueux ou aériens : ces fragments se sont ensuite déposés, généralement dans les fosses des mers de l'époque, et ont constitué les terrains sédimentaires (parfois en s'aidant de la précipitation chimique ou de l'action biologique d'êtres vivants (1). De là, la grande distinction entre les roches d'origine ignée et

(1) On sait que les formations calcaires sont souvent le produit ou le résidu de l'activité vitale de certains organismes : coraux, foraminifères (nummulites), crinoïdes, bryozoaires, etc., etc.

celles provenant du transport de leurs débris, les roches sédimentaires : celles-ci peuvent d'ailleurs avoir été modifiées à leur contact avec les roches en fusion, par le *métamorphisme*.

Roches d'origine ignée. — Ces roches se distinguent encore suivant qu'elles proviennent du *mollen magma* refroidi en place (terrains *archéens* ou *primitifs*) ou bien des épanchements ultérieurs de matières en fusion (roches *éruptives* divisées en *plutoniques*, *intrusives* ou *extrusives*).

Le terrain primitif, soubassement uniforme qui supporte l'édifice variable des terrains stratifiés (de Lapparent), est constitué par le gneiss (*Urgneiss*) et par les schistes primitifs (*Urschiefer*), ou micaschistes et phyllites micacées. On trouve des régions formées par ces blocs d'âge primordial, solidifiés et restés à peu près stables depuis lors : tels sont dans l'hémisphère nord le môle sibérien, le bouclier scandinave, le bouclier canadien avec le Groenland, le môle de l'Hindoustan et le môle africain (Sahara et Égypte).

Entre les blocs primitifs ou par leurs cassures, les roches éruptives se sont fait jour pour ainsi dire à toutes les époques. Aux époques anciennes, ce sont les granits, porphyres, syénites, diabases, mélaphyres, diorites et granodiorites, gabbros, olivine, etc., etc.; aux époques tertiaires, quaternaires et actuelles, ce sont les trachytes, andésites et porphyrites, puis les roches volcaniques proprement dites, les basaltes et les laves, avec leurs agglomérats, tufs et cinérites.

Le métamorphisme a de son côté produit des gneiss et des schistes (schistes micacés, chloriteux, à hornblende), des phyllites et des quartzites; les argiles ont été transformées en schistes ardoisiers, les calcaires en marbres saccharoïdes, etc., etc.

Roches d'origine aqueuse. — Les sédiments, qui se sont déposés dans les eaux remplissant les dépressions des blocs primitifs, remontent à des époques classées, comme on sait, en quatre grandes périodes, subdivisées elles-mêmes plusieurs fois, savoir :

I. Terrains primaires ou paléozoïques : précambrien, cambrien, ordovicien, silurien, dévonien, carbonifère et permien.

II. Terrains secondaires ou mésozoïques : trias, lias, jurassique moyen (*Dogger*), jurassique supérieur (*Malm*), et crétacé.

III. Terrains tertiaires ou cénozoïques : éocène, oligocène, miocène et pliocène.

IV. Terrains quaternaires et récents : pléistocène (terrain glaciaire notamment), alluvions modernes (*valley fill*), sables côtiers.

A chaque époque correspond une série de couches s'empilant les unes sur les autres et se distinguant par leur nature et par leurs fossiles (lesquels sont d'ordinaire caractéristiques de leur âge et montrent aussi s'il s'agit d'une formation d'eau douce ou marine). Ces couches ne sont pas toujours restées horizontales comme au moment de leur dépôt : elles ont été souvent plissées et redressées par les mouvements orogéniques, hachées par des cassures et des failles (avec ou sans rejet d'une lèvre par rapport à l'autre), enfin traversées par les épanchements et les filons de roches éruptives (qui les métamorphisaient au contact). L'étude de la géologie d'une région doit faire connaître la succession de ces couches, leur nature et leur épaisseur, leur allure avec les inclinaisons qui en résultent (tectonique), enfin les accidents qui les affectent.

Roches d'origine éolienne. — Je citerai seulement le *loess* et les *dunes*. Le vent peut transporter des grains de sable à une certaine distance, ce qui produit au bord des mers et dans les déserts les ondulations caractéristiques appelées dunes. Il semble aussi qu'il ait transporté anciennement à de grandes distances des particules argileuses très fines, chargées de menus grains de quartz anguleux, de paillettes de mica, de carbonate de chaux et d'une matière colorante (de nature ferrugineuse) : l'arrêt en masse de ces corpuscules a formé sur d'assez grandes étendues et parfois d'assez fortes épaisseurs le loess.

Composition et texture des roches. — Les corps simples qui entrent dans la composition des roches y sont rarement isolés (1) : ils se groupent d'ordinaire en éléments complexes, les *minéraux*, lesquels se combinent ou s'allient entre eux de différentes manières. Tout en renvoyant aux traités de Minéralogie, je crois devoir citer les plus importants de ces éléments et leur composition, en raison surtout de l'action que l'eau (notamment l'eau chargée de certains corps comme l'acide carbonique ou agissant sous pression et à de hautes températures comme dans les couches profondes) peut avoir sur eux, et réciproquement.

(1) Outre quelques métaux à l'état natif, il faut cependant citer le carbone, qui presque pur constitue le graphite et les couches de houille; mais celles-ci sont la résultante de la décomposition de matières organiques (végétaux accumulés). On le trouve aussi combiné à l'hydrogène sous forme gazeuse ou liquide, et nous ferons déjà remarquer que le pétrole, plus léger que l'eau, la surmontera dans les bassins souterrains.

Principaux éléments constitutifs des roches. — Les corps les plus répandus dans l'intérieur de notre globe sont avec l'oxygène et l'hydrogène, le silicium, l'aluminium, le calcium, le magnésium, le fer, le soufre, le phosphore, etc., etc. : quelques-uns se rencontrent plus ou moins abondamment à l'état de combinaisons binaires; d'autres fois, on trouve trois corps combinés, comme dans certains sels; enfin le plus souvent les combinaisons sont beaucoup plus complexes.

Éléments binaires. — Ce sont principalement :

La *silice* (SiO^2), qui est soit à l'état anhydre (quartz et ses variétés, tridymite, cristobalite, améthyste, agate, onyx, etc., etc.), soit à l'état hydraté (opale et ses variétés, correspondant à plusieurs hydrates, la proportion d'eau pouvant varier de 2 à 13 0/0), soit à un mélange des deux états (diverses roches groupées sous les noms de calcédoine, jaspe, silex).

Pratiquement, la silice est insoluble dans l'eau pure; mais dans les eaux naturelles on trouve souvent une petite quantité de silice amorphe, colloïdale, dissoute à la faveur de l'acide carbonique et provenant des silicates alcalins. Ces silicates sont décomposés par les acides, notamment par les acides humiques (matières organiques), qui en l'absence de chaux et magnésie se lient aux alcalis et teignent l'eau en jaune ou brun (1) (tandis que la silice se précipite en blanc) : arrive-t-on en pays calcaire, les acides se lient à la chaux, et l'eau se décolore. L'eau chargée de carbonate de K ou de Na attaque aussi le quartz.

L'*alumine* (Al^2O^3) cristallisée, ou corindon : insoluble et infusible (n'intéresse que les amateurs de gemmes), ses hydrates, le diaspore ($H^2Al^2O^4$) et l'hydrargillite ($H^6Al^2O^6$) sont peu répandus.

L'oxyde de *magnésie*, appelé périclase (MgO) et l'hydrate appelé brucite (H^2MgO^2) sont rares aussi.

Principaux minerais de *fer :* les oxydes Fe^2O^3 (fer oligiste, hématite), Fe^4O^3 (magnétite), et leurs hydrates $H^6Fe^4O^9$ (limonite) et $H^2Fe^2O^4$ (gœthite); les sulfures FeS^2 (pyrite et marcasite), FeS (troïlite et pyrrhotine), auxquels je rattache le mispickel (FeAsS) et les arséniures de fer $FeAs^3$ et Fe^2As^3. Ces corps sont pratiquement insolubles, mais le fer est attaqué par l'eau chargée d'acide carbonique, le carbonate ferreux $FeCO^3$ entrant alors en dissolution (comme dans beaucoup d'eaux minérales ferrugineuses). Les pyrites s'oxydent à l'air et produisent des sulfite et sulfate ferreux.

(1) C'est là ce qui fait donner le nom d'*Eau noire* ou *rouge* à nombre de ruisseaux et rivières issues des régions granitiques, ou non calcaires.

Les oxydes de *manganèse* (polianite MnO^2, braunite Mn^2O^3, hausmannite Mn^3O^4), leurs hydrates et les sulfures (alabandine MnS et hauérite MnS^2) accompagnent souvent les minerais de fer.

Les oxydes de *titane* (rutile, brookite, anatase TiO^2) se trouvent dans certains schistes métamorphiques et micas; l'ilménite $FeTiO^3$ et la pseudobrookite Fe^4 $(TiO^4)^6$ sont des oxydes de fer et de titane.

La *fluorite*, CaF^2, est encore à signaler comme étant attaquée par les eaux chargées de bicarbonates alcalins ou alcalino-terreux.

Éléments ternaires (sels simples et leurs hydrates).

Chlorures. — Sans m'arrêter aux chlorures simples (sels haloïdes) que tout le monde connaît et qui ont une solubilité assez grande (1), KCl (sylvine), NaCl (sel gemme ou halite), $CaCl^2$ (chlorocalcite), je citerai rapidement quelques chlorures doubles qu'on rencontre dans la nature :

Sylvinite.................	KCl + NaCl (en proportions variables)
Carnallite................	KCl + $MgCl^2$ + $6H^2O$
Tachydrite...............	CaCl + $MgCl^2$ + $6H^2O$
Douglasite...............	K^2FeCl^4, $2H^2O$

Sulfates. — Le plus répandu dans la nature est le *sulfate de calcium hydraté* ou *gypse* ($CaSO^4$, $2H^2O$) : son coefficient de solubilité augmente entre 0 et 35° de 0,178 à 0,215 (maximum), pour diminuer ensuite jusqu'à 0,162 à 100°. Par la cuisson, le gypse donne du plâtre $\left(CaSO^4, \frac{1}{2} H^2O\right)$, dont la solubilité est toute différente : le coefficient va de 1 à 15° à environ 0,2 à 100°. L'*anhydrite* est le sel tout à fait privé d'eau.

Les sulfates de magnésium (2) portent les noms de *kiesérite* ($MgSO^4$, H^2O et d'*épsomite* ($MgSO^4$, $7H^2O$).

Le sulfate de sodium (3) (*white alkali*) se présente soit à l'état anhydre (*thénardite*), soit à l'état d'hydrates cristallisés, tels que Na^2SO^4, $10H^2O$ (*mirabilite*), Na^2SO^4, $7H^2O$, lesquels peuvent perdre leur eau et se transformer en thénardite : on trouve ces corps dans les dépôts de certains lacs. Les sulfates de potassium K^2SO^4 (*glasérite*), de baryum $BaSO^4$ (*baryline*), de strontium $SrSO^4$ (*célesline*) peuvent les accompagner.

Phosphates. — Des trois phosphates de calcium P^2O^5, 3CaO; — P^2O^5, 2CaO, H^2O; — et P^2O^5, CaO, $2H^2O$, le dernier seul est soluble; mais les

(1) Le coefficient de solubilité de KCl varie progressivement de 29 à 60 entre 0 et 100°; celui de NaCl varie seulement de 35 à 40 (ce qui veut dire qu'un litre d'eau dissout en gramme, dix fois le chiffre du coefficient).

(2) Le coefficient de solubilité du $MgSO^4$ anhydre varie de 29 à 74 entre 0 et 100°.

(3) Le coefficient de solubilité du Na^2SO^4 anhydre va de 5 à 50 (maximum) entre 0° et 33°, puis diminue légèrement pour rester à 45 à 100°. La solubilité des hydrates est bien plus grande.

deux premiers sont attaqués par les acides même faibles, tels que le CO^2, ce qui assure la circulation de l'acide phosphorique dans le sol. Les nodules phosphatés, qu'on exploite en grand comme engrais, résultent de la vie animale et végétale. L'*apatite* qu'on rencontre dans les roches primitives, contient avec le phosphate de Ca une petite proportion de chlorure et de fluorure de Ca. Enfin le fer et l'aluminium sont souvent liés au phosphore et donnent des composés colorés tels que la *vivianite* ($Fe^3P^3O^8$, $8H^2O$), la *turquoise* ($Al^4P^2O^{11}$, $5H^2O$), etc., etc.

Nitrates. — Les nitrates alcalins, très solubles (1), se trouvent dans le sol et servent à la nutrition des végétaux : l'azote provient en général de la décomposition des matières organiques. On sait que dans certaines régions du Chili et du Pérou où il ne pleut pas, on trouve des bancs de nitrate de soude (*caliche*), plus ou moins mélangé de nitrate de potasse, de chlorure de Na, et de sulfates de K, Na, Ca et Mg.

Carbonates et bicarbonates. — Les carbonates alcalins sont très solubles. Le carbonate neutre de sodium Na^2CO^3 (*black alkali*) se rencontre dans les dépôts de certains lacs et à la surface de certains déserts : il est très toxique pour la végétation (dix fois plus que le sulfate de soude et deux fois plus que le chlorure de sodium).

Le *carbonate neutre de calcium*, $CaCO^3$, cristallisé sous les noms de calcite et d'aragonite, ou déposé en bancs plus ou moins épais (soit à la suite de précipitation chimique, soit comme résultante de l'activité vitale de nombreux organismes) formant craie, marbres, calcaires de toutes sortes, est très répandu dans la nature. Il est très peu soluble dans l'eau pure (1 litre n'en dissout que 11^{mgr},4 à 4°, 13 milligrammes à 15°, 14 milligrammes à 30° et 15^{mgr},5 à 45°), mais il est facilement attaqué par les acides (2). L'acide carbonique notamment donne un carbonate acide ou bicarbonate (CaH^2, $2CO^3$) dont la solubilité varie avec la tension de CO^2 dans l'atmosphère en contact suivant la loi de Schlœsing, savoir : $c = \frac{p^{0,378}}{0,9218}$, c étant le poids du bicarbonate par litre, p la tension du CO^2 en atmosphères (3). Ainsi à l'air libre $\left(\text{où } p = \frac{29}{10^5} \text{ d'atmosphère}\right)$, on trouve qu'un litre dissoudra à l'état de bicarbonate 62 milligrammes de $CaCO^3$ à 4°, 51 milligrammes

(1) Le coefficient de solubilité de $KAzO^3$ varie de 13 à 236 entre 0 et 100°.

(2) *Action de l'eau de mer sur les carbonates dissous* (article de Labbé du *Bulletin de l'Institut océanique*, 1923).

(3) En réalité, la loi s'écrit $c = \frac{p^m}{k}$, où m est à peu près constant, mais où k croît avec la température.

à 15°, 37mgr,7 à 30° et 29 milligrammes à 45°, — ce qui avec les poids ci-dessus de carbonate neutre donne les totaux respectifs de 73mgr,4, 68 milligrammes, 51mgr,7 et 44mgr,5, faisant comprendre ainsi une précipitation de calcaire quand la température augmente.

Pratiquement, on trouve souvent dans les eaux souterraines des teneurs beaucoup plus élevées en $CaCO^3$: cela tient à ce que le CO^2 a souvent dans l'air confiné du sol une tension bien plus grande qu'à l'air libre, et l'on comprend de suite pourquoi des dépôts abondants (tufs calcaires) se font dès que ces eaux arrivent au jour.

Les calcaires sont souvent impurs et mêlés de quantités plus ou moins grandes d'argiles, formant les *marnes*. L'eau qui traverse ces terrains, grâce surtout aux acides [1], dissout une certaine proportion de carbonate de chaux et laisse l'argile à l'état de résidu.

Le *carbonate de magnésium*, $MgCO^3$ (*magnésite* ou *giobertite*) est rare, mais les *dolomies* ($CaCO^3 + MgCO^3$, ou parfois $3CaCO^3 + 2MgCO^3$, ou encore $2CaCO^3 + MgCO^3$) sont très abondantes, le magnésium accompagnant presque partout la chaux. Insoluble dans l'eau pure, la dolomie est soluble dans l'eau chargée d'un acide, y compris CO^2.

Signalons seulement le $FeCO^3$ (*sidérose* ou *sidérite*), qui renferme souvent du magnésium ou du manganèse (*oligonite*).

Silicates (seront étudiés un peu plus loin avec l'immense famille des silicates multiples).

Aluminates. — A citer seulement les *spinelles*, $MgAl^2O^4$, et la *hercynite*, $FeAl^2O^4$ (souvent avec magnésium en petite proportion).

Borates. — On trouve dans certains dépôts lacustres du *borax*, $Na^2B^4O^7, 10H^2O$, des borates de calcium (la *borocalcite* ou *béchilite* $CaB^4O^7, 4H^2O$, la *colemanite* $Ca^2B^6O^{11}, 5H^2O$, etc., etc.), du borate de fer (*lagonite* $Fe^2B^6O^{12}, 3H^2O$), et quelques borates doubles tels que l'*ulexite* (Na et Ca).

Éléments plus complexes. — A signaler d'abord quelques sels doubles, ou multiples, savoir :

Des sulfates doubles tels que la *glaubérite* ($Na^2CaS^2O^8$), la *syngénite* ($K^2CaS^2O^8, H^2O$), la *picromérite* [2] ($K^2MgS^2O^8, 6H^2O$), la *blœdite* ($Na^2MgS^2O^8, 4H^2O$), etc., etc., puis la famille des *aluns*, autres sulfates doubles d'alumine et de diverses bases, généralement très solubles, dont le plus connu est l'alun de potasse $K^2SO^4, Al^2S^3O^{12}, 24H^2O$. On trouve dans la nature une combinaison de l'alun avec l'alumine [$K^2SO^4, Al^2S^3O^{12}$ + 2

[1] L'eau de pluie contient toujours un peu d'acide nitrique, du CO^2, etc., etc.; le sol lui-même contient aussi ces mêmes acides et aussi des acides humiques qui décomposent le $CaCO^3$.

[2] Dérivée par évaporation de la *kaïnite* ($KCl, MgSO^4, 3H^2O$) à Stassfurt.

$(Al^3O^2, 3H^2O)]$ appelée *alunite*, et un sulfate l'*alunogène* $Al^2S^3O^{12}, 12H^2O$, qui proviennent tous deux de l'action des acides d'oxydation des pyrites sur les roches alumineuses.

Des carbonates doubles, tels que la *gaylussite* ($Na^2Ca, 2CO^3, 5H^2O$), et la *pirssonite* ($Na^2Ca, 2CO^3, 2H^2O$); la *pistomésite* et la mésitine ($FeCO^3, MgCO^3$ et $FeCO^3, 2MgCO^3$), etc., etc.;

Des chloro-carbonates comme la *northupite* ($Na^3MgCl, 2CO^3$);

Des chloro-sulfates comme la *tychite* ($Na^6Mg^2SO^4, 4CO^3$);

Des fluorures doubles, etc., etc.

Silicates (minéraux proprement dits, les plus communs).

Je suivrai ici la classification de A. de Lapparent, qui bien que déjà un peu ancienne, est commode. Elle fait trois grands groupes, suivant que les minéraux proviennent des roches *acides* ou *légères* (ce qui signifie simplement une proportion de SiO^2 supérieure à 65 0/0), des roches *basiques* ou *lourdes* (moins de 55 0/0 de SiO^2) ou des roches modifiées par le métamorphisme (silicates alumineux). D'après Clarke, j'indiquerai aussi les minéraux où dominent la silice et l'alumine par le mot de *saliques*, et ceux où entrent le fer et la magnésie par celui de *fémiques* : entre les deux groupes sont les minéraux *alferriques*.

I. — *Silicates des roches acides.*

Famille des FELDSPATHS (silicates doubles d'alumine et des bases alcalines et alcalino-terreuses) : tous saliques.		Orthose ou orthoclase et microcline.	$[KAlSi^3O^8]^2$.
		Anorthose	$[(K^2,Na^2,Ca)\ Al^2Si^6O^{16}]$.
	Plagioclases.	Albite	$[NaAlSi^3O^8]^2$.
		Anorthite	$CaAl^2Si^2O^8$.
		Oligoclase (1)	$[(CaNa^2)^2Al^4Si^9O^{26}]$.
		Labrador	$[(CaNa^2)Al^2Si^3O^{10}]$.
		Andésine	Intermédiaire entre les deux précédents.
		Bytownite	Intermédiaire entre le labrador et l'anorthite.
Famille des FELDSPATHOÏDES (LENADS) (dans les roches éruptives plus récentes) : tous saliques.		Leucite ou amphigène	$[KAlSi^2O^6]^2$.
		Analcime (zéolite)	$NaAlSi^2O^6,H^2O$.
		Néphéline (ou éléolite)	$(NaK)^2Al^2Si^2O^8$.
		Haüyne (2)	$Na^3Al^3Si^3O^{12},CaSO^4$.
		Sodalite	$Na^3Al^3Si^3O^{12},NaCl$.
		Cancrinite	$Na^3Al^3Si^3O^{12},NaHCO^3$.
Famille des MICAS (3) (trisilicates à paillettes).		Muscovite, séricite, etc. (salique).	$KH^2Al^3Si^3O^{12}$.
		Paragonite (salique)	$NaH^2Al^3Si^3O^{12}$.
		Biotite (fémique)	$KHMg^2Al^2Si^3O^{12}$.
		Phlogopite (fémique)	$KH^2Mg^3AlSi^3O^{12}$.

(1) L'oligoclase, le labrador, l'andésine et la bytownite peuvent être considérés comme des combinaisons en diverses proportions d'albite et d'anorthite.

(2) La noséane est une variété d'haüyne sans calcium (roches volcaniques).

(3) Il y a beaucoup de variétés de micas, contenant d'autres corps (Fe, Li, Ba, Mn, Cr notamment).

Silicates accessoires : fémiques.	des gneiss et granits.	Cordiérite ou iolite.............	$H^2(Mg,Fe)^4Al^8Si^{10}O^{37}$.
		Titanite ou sphène.............	(Fe ou Ca)$TiSiO^5$.
	des pegmatites.	Tourmaline, axinite, danburite...	Silicoborates de Al,Na,Ca,Fe.
		Topaze (fluosilicate d'Al.), émeraude.......................	$(Gl^3Al^2Si^6,O^{18})$.
	des syénites éléolitiques.	Zircon, cérite, orthite, thorite, etc .	Silicates des terres rares.

II. — *Silicates des roches basiques.*

Famille des Pyroxènes métasilicates de Ca, Mg et Fe) : tous fémiques.	Enstatite	$MgSiO^3$ (un peu de Fe).
	Hypersthène	$MgSiO^3$ (plus de Fe).
	Wollastonite....................	$CaSiO^3$.
	Diopside et Hédenbergite........	Ca (Mg et Fe) Si^2O^6.
	Augite et diallage	Ca (Mg,Fe) $Si^2O^6 + MgAl^2SiO^6$
	Ægirite ou acmite..............	(NaFe) Si^2O^6.
Famille des Amphiboles (plus de Mg que dans les pyroxènes) : tous fémiques.	Trémolite......................	$CaMg^3Si^4O^{12}$ (un peu de Fe).
	Actinolite et ouralite...........	$CaMg^3Si^4O^{12}$ (plus de Fe).
	Hornblende	Comme l'augite mais variable.
	Glaucophane, etc., etc..........	$NaAlSi^2O^6$ (FeMg) SiO^3
	Anthophyllite, etc., etc.........	(MgFe) SiO^3.
Famille du Péridot (orthosilicates de Mg et Fe avec un peu de Al, Mn et Ni) : tous fémiques.	Forstérite et fayalite...........	Mg^2 ou Fe^2 (SiO^4).
	Olivine et chrysolite	(Mg,Fe) SiO^4.
	Monticellite	(Mg,Ca) SiO^4.
Zéolites (dans les vides des roches volcaniques) : tous saliques.	Silicates multiples hydratés d'alumine et de K, Na, Ca, puis Ba et Sr, et quelques silicoborates. Nombreuses variétés et combinaisons.	

III. — *Silicates de métamorphisme.*

Silicates d'alumine : tous saliques.	Anhydres	Andalousite et sillimanite.......	Al^2SiO^5.
		Cyanite et disthène	Al^2SiO^5.
		Dumortiérite	$Al^8Si^3O^{18}$ (avec B),
	Hydratés (Argiles)	Groupe de l'halloysite	$H^4Al^2Si^2O^9 + nH^2O$.
		— de l'allophane	$Al^2SiO^5 + 5H^2O$.
		— du kaolin...............	$H^4Al^2Si^2O^9$.
		— de la pyrophyllite	$H^2Al^2Si^4O^{12}$.
		— de la Montmorillonite (¹).	$H^2Al^2Si^4O^{12} + nH^2O$.
Silicates non exclusivement alumineux : fémiques.	Anhydres ou peu hydratés	Grenats : silicates doubles de	[Ca,Mg,Fe,Mn]^3 et [Al,Fe,Cr]^2
		Scapolites ou wernérites et mélilites : type..................	[Ca,Mg,Na^2]^6[Al,Fe]$^6Si^6O^{25}$.
		Humites (fluosilicates)	$H^2(Mg,Fe)^{19}Si^8O^{34}F^4$.
	Hydratés	Épidote et variétés (²)..........	$H^2Ca^4(Al^2,Fe^2)^3Si^6O^{26}$.
		Zoïsites	$H^2Ca^4Al^6Si^6O^{26}$.
		Chlorites (nombreuses variétés) (Fe remplaçant en partie Mg) types.	$Al^2(MgOH)^4H^2(SiO^4)^3$. $Al(MgOH)^6H^3(SiO^4)^3$.
		Clintonites et ottrélite (Fe) : ...	$H^6Ca^3Mg^3Al^6Si^6O^{36}$.
		Serpentines : Talc et magnésite (³)	$H^2Mg^3Si^4O^{12}$ et $H^8Mg^2Si^3O^{12}$.
		Serpentines : Serpentine	$H^4Mg^3Si^2O^9$.

(¹) Les argiles *smectiques* (terre à foulon) rentrent dans ce groupe. Les *bols* sont des argiles où entrent beaucoup d'oxydes de Fe : ils proviennent souvent du contact du basalte avec le granit ou le grès bigarré.

(²) Telles que *Ilvaïte*, *piémontite*, etc., etc.

(³) Ou *écume de mer.*

Tous les silicates ci-dessus sont insolubles dans l'eau pure; mais ils sont décomposés, hydratés et dissous plus ou moins lentement par l'eau chargée d'acides, même de CO^2 (1) ainsi que d'alcalis ou de carbonates alcalins. C'est ainsi que les feldspaths se transforment en kaolin (*kaolinisation*), déposent de la silice (quartz), et laissent s'échapper les silicates alcalins dissous; mais la décomposition s'arrête parfois avant que tous les alcalins aient disparu, et on a alors de la séricite (*séricitisation*). Les plagioclases arrivent de même à donner des zoïsites (*épidotisation*) et des zéolites; l'anorthite devient de l'albite et finit par laisser un résidu de calcite et de silice; la néphéline se transforme en cancrinite, etc., etc.

De leur côté, sous l'action métamorphique, les pyroxènes se transforment en amphiboles, notamment en ouralite et hornblende (*ouralitisation*), et aussi par hydratation en serpentine. Les minéraux du groupe de l'olivine se changent aussi très facilement en serpentine; la décomposition va souvent plus loin et aboutit à donner de la magnésite, brucite, quartzite, opale et quartz. Tous les pyroxènes et amphiboles ferromagnésiens peuvent, en présence d'eaux thermales et carbonatées, se transformer en chlorites (*chloritisation*), lesquels à leur tour se décomposent en carbonates, limonite et quartz.

Enfin, le métamorphisme par déshydratation produit aussi des changements, tels que la limonite en hématite, la bauxite en émeri, et les argiles en général en andalousite, sillimanite et cyanite (qui entrent dans les schistes métamorphiques). Dans les schistes de même origine, on trouve aussi, provenant de températures plus élevées, de la staurolite ($HAl^5FeSi^2O^{13}$) et des grenats; avec plus de fer on obtient de l'ottrélite, etc., etc.

Principales roches du sol. — Venons maintenant aux roches elles-mêmes, dont ci-dessus nous avons appris à connaître les éléments constitutifs les plus communs. Nous les distinguerons en trois groupes : roches ignées, roches métamorphiques et roches sédimentaires.

I. **Roches ignées.** — Ici encore il faut faire une classification, et à l'ancienne (roches acides, basiques et neutres) il convient de préférer celle de roches *persiliciques*, *médiosiliciques* et *subsiliciques*, suivant que la teneur en SiO^2 est $>$ 60 0/0, comprise entre 50 et 60 0/0 ou $<$ 50 0/0. Clarke propose ensuite une division en cinq classes suivant que le rapport des miné-

(1) Suivant la réaction, $2KAlSi^3O^8 + 3H^2O + CO^2 = 2Al(OH)^3 + 6SiO^2 + K^2CO^3$. C'est le principe de la décomposition des traps, gneiss, etc., etc. ou *latéritisation*, qui donne pour résidu l'argile ferrugineuse appelée *latérite*.

raux saliques aux minéraux fémiques est :

$\frac{\text{sal.}}{\text{fem.}} > 7$............... Classe I : *Persalane* (très salique),

$7 > \frac{\text{sal.}}{\text{fém.}} > \frac{5}{3}$............... II : *Dosalane* (éléments saliques dominants),

$\frac{5}{3} > \frac{\text{sal.}}{\text{fém.}} > \frac{3}{5}$............... III : *Salfemane* (également salique et fémique),

$\frac{3}{5} > \frac{\text{sal.}}{\text{fém.}} > \frac{1}{7}$............... IV : *Dofemane* (éléments fémiques dominants),

$\frac{1}{7} > \frac{\text{sal.}}{\text{fém.}}$..................... V : *Perfemane* (très fémique);

puis dans les trois premières classes en neuf ordres (*perquaric, doquaric, quarfelic, quardofelic, perfelic, lendofelic, lenfelic, dolenic* et *perlenic*) suivant que le rapport $\frac{\text{quartz}}{\text{feldspath}}$ ou $\frac{\text{lenad}}{\text{feldspath}}$ est plus grand ou compris entre les mêmes nombres $7, \frac{5}{3}, \frac{3}{5}, \frac{1}{7}$ que ci-dessus : dans les classes IV et V, c'est le rapport $\frac{\text{pyroxènes + olivine}}{\text{composés du fer et du titane}}$ qui intervient et donne pour les mêmes nombres les ordres *perpolic, dopolic, polmitic, domitic* et *permitic*. Enfin les ordres peuvent encore être divisés en rangs d'après les rapports $\frac{K^2O + Na^2O}{CaO}$ pour les classes I à III et $\frac{CaO + MgO + FeO}{K^2O + Na^2O}$ pour les classes IV et V, et les rangs subdivisés encore en sections d'après les rapports entre les alcalis $\frac{K^2O}{Na^2O}$ ou entre $\frac{MgO + FeO}{CaO}$, puis $\frac{MgO}{FeO}$.

L'analyse d'une roche permet donc de la classer, et de la rapprocher de la composition la plus voisine, c'est-à-dire d'un type *normal :* les roches naturelles sont en effet, suivant les lieux et suivant leur état de transformation, des *modes* s'écartant plus ou moins pour leur teneur en tels ou tels éléments de la norme la plus semblable.

Pour la reconnaissance, la texture, vue à l'œil ou au microscope, a aussi une grande importance. Elle dépend des conditions dans lesquelles s'est fait le refroidissement du magma fondu, un refroidissement lent favorisant la cristallisation des minéraux, tandis qu'un plus rapide laisse la masse à l'état vitreux (amorphe) : de là, l'état *holocristallin* qui s'applique plutôt aux roches plutoniques (ou profondes), l'état *vitreux* qu'on trouvera au contraire presque toujours dans les laves et roches refroidies au jour, enfin entre eux un état intermédiaire appelé *hypocristallin*.

Parmi les roches holocristallines, on distingue la texture *granitoïde* (où les cristaux de tous les minéraux composants ont pris un égal développement), avec ses variétés *granitique*, *granulitique*, *pegmatitique* et *ophitique*, de la texture *porphyroïde* (où un certain nombre de cristaux bien formés sont disséminés au milieu d'une pâte, constituée souvent par des cristaux beaucoup plus petits, — ce qui indique une cristallisation en deux ou plusieurs phases) : la texture porphyroïde présente elle-même une variété *porphyrique* et une *microgranulitique*. La texture porphyroïde se retrouve dans toutes les roches hypocristallines, mais cette fois avec d'autres variétés : *trachytique*, *felsitique*, *vitroporphyrique*, *microlithique* et *sphérolithique*. Enfin les roches vitreuses peuvent prendre un facies *perlitique*, *cristallitique* (verres en partie dévitrifiés par des cristallites) ou *microlithique*.

Je citerai maintenant, mais sans prétendre à l'exactitude d'une classification scientifique [1], les principales roches qu'on rencontre dans la nature et leur composition moyenne. Cette composition ne différant pas avec l'époque de solidification, des roches récentes se trouveront groupées avec les plus anciennes des mêmes familles.

Famille des granites et rhyolites. — Les granites sont des roches plutoniques holocristallines, à texture caractéristique, composées essentiellement de quartz et d'un feldspath alcalin (orthose ou microcline, avec souvent des plagioclases [2] : il s'y ajoute d'ordinaire un mica ou des pyroxènes et amphiboles, d'où un grand nombre de variétés (granite à muscovite, à biotite [3], à hornblende, à tourmaline, etc., etc.).

La teneur d'un granite en SiO^2 est comprise d'ordinaire entre 72 et 77 0/0, en Al^2O^3 entre 12 et 15, en (K^2O + Na^2O) entre 8 et 10, avec 1 à 1,5 0/0 de CaO et MgO, autant de (FeO et Fe^2O^3) ensemble, et quelques autres métaux à l'état de traces. La composition en minéraux est plus incertaine : le quartz irait de 25 à 40 0/0, les feldspaths (orthose + albite + anorthite) de 50 à 60, la muscovite, biotite, hornblende, diopside, hypersthène, etc., etc.) de 0 à 15 0/0, un peu d'oxydes de fer et de titane, etc., etc.

Les rhyolites [4] sont des roches éruptives récentes qui ont la même

[1] Le Comité français de pétrographie avait adopté en 1900 une classification d'après la composition chimique des minéraux essentiels; mais on ne l'a pas suivie exactement, car tout récemment J. de Lapparent (*Leçons de pétrographie*, Masson, 1923) en donne une base sur les « caractéristiques minéralogiques simples » qui en diffère un peu.

[2] On appelle *aplites* les granites ne contenant que du quartz et du feldspath.

[3] Le granite à muscovite (mica blanc) prend souvent le nom de *granulite*; les granulites à variétés chloriteuses celui de *protogine*. Le granite à biotite s'appelle *granitite*.

[4] Elles sont appelées aussi *liparites*, *névadites*, *trachytes quartzifères*.

composition chimique que les granites, mais une texture porphyroïde, allant jusqu'à être tout à fait vitreuse (dans les *obsidiennes*). Les *porphyres quartzifères* sont des roches anciennes, de texture intermédiaire entre les granites et les rhyolites.

Famille des syénites et trachytes. — Les syénites diffèrent des granites en ce que le quartz y manque ou y est en faible proportion; les trachytes, roches éruptives récentes, diffèrent de même des rhyolites, et il y a aussi entre les deux espèces des intermédiaires analogues aux porphyres quartzifères. Ces roches sont donc toutes des composés de feldspaths alcalins et de minéraux fémiques ou alferriques (mica, hornblende, etc., etc.), avec une texture granitique pour les syénites et une texture porphyroïde microlithique et vitroporphyrique pour les trachytes.

Dans les syénites sodiques et les trachytes à biotite, nous trouvons de 57 à 67 0/0 de SiO^2, de 15 à 19 d'Al^2O^3, de 9 à 12 de ($K^2O + Na^2O$), de 1 à 5 de CaO, autant de (Fe^2O^3 et FeO), un peu de MgO (très variable), etc.

Le quartz ne dépasserait pas 9 0/0, alors que les feldspaths vont de 75 à plus de 90 0/0; le diopside et l'hypersthène sont abondants (de 3 à 8 0/0 et même jusqu'à 16 0/0). Toutefois dans les syénites fémiques (*minette* [1], *kersantite, lamprophyre, shonkinite*), la proportion de SiO^2 ne dépasse guère 50 0/0, mais la chaux, la magnésie et le fer augmentent beaucoup : il n'y a plus de quartz, mais on trouve de la néphéline, diopside, olivine, apatite et des oxydes de fer et de titane en abondance.

Famille des roches néphéliniques (syénites et phonolites à néphéline, basanites, urtites, ijolites et théralites). — Ici le quartz manquant toujours, le feldspathoïde néphéline remplace une partie des feldspaths alcalins : il entre dans des proportions variant de 10 à 33 0/0 habituellement mais pouvant atteindre 59,4 dans l'ijolite et 65 0/0 dans l'urtite [toutes deux en Islande [2]]. La syénite éléolitique est à texture granitique, les phonolites à texture porphyroïde microlitique (avec éléments vitreux).

La leucite ou l'analcime, autres feldspathoïdes alcalins, peuvent remplacer en partie la néphéline dans des roches effusives récentes, telles que la leucitite (des monts Albins, où il y a jusqu'à 41,4 0/0 de leucite contre seulement 9,9 de néphéline); mais ces roches sont trop rares pour que nous nous y arrêtions.

Famille des monzonites. — Ce sont des intermédiaires entre les roches précédentes, où dominent les feldspaths alcalins, notamment l'orthose, et

[1] La minette et la kersantite ont une texture microgranitique.

[2] La leucite (9,6 et 16,1 0/0 respectivement) accompagne la néphéline dans ces deux dernières roches.

les andésites-diorites où ce sont les plagioclases : ici l'orthose et l'anorthose d'une part, les plagioclases de l'autre entrent à peu près en proportion égale.

La monzonite quartzifère correspond au granite, la monzonite à la syénite, tandis que les *latites*, intermédiaires entre les trachytes et les andésites, sont des roches effusives récentes, plutôt vitreuses.

Famille des diorites, andésites et dacites. — Cette famille est caractérisée par les plagioglases (oligoclase ou andésine le plus souvent) qui s'associent au quartz, au mica (biotite surtout) et à l'augite, hornblende et autres roches fémiques. Les diorites quartzifères (plutoniques) sont de texture granitoïde, tandis que les dacites sont de texture porphyroïde microgranulitique, et les andésites (effusives récentes) de texture vitreuse : il y a d'ailleurs tous les intermédiaires.

Dans les diorites et dacites, SiO^2 entre dans une proportion de 50 à 70 0/0, Al^2O^3 de 14 à 17 0/0, ($K^2O + Na^2O$) de 3 à 7 0/0, CaO de 3 à 11 0/0, (FeO et Fe^3O^2) également de 3 à 11 0/0, MgO de 1 à 7 0/0, etc., etc. Dans les andésites, SiO^2 va de 50 à 60 0/0, Al^2O^3 plus constant entre 16 et 18 0/0, ($FeO + Fe^2O^3$) de 5 à 8 0/0. Le quartz qui peut atteindre 25 0/0 dans le premier groupe ne dépasse guère 10 0/0 dans les andésites; le diopside et l'hypersthène sont souvent très abondants (de 10 à 30 0/0) dans les deux groupes.

Famille des basaltes. — Voisines des andésites, les laves basaltiques (récemment produites par des volcans) sont encore un peu plus chargées en minéraux fémiques. Ce sont des combinaisons de plagioclases, de pyroxènes avec souvent de l'olivine, et d'oxydes de fer : il y a parfois aussi de la leucite ou de la néphéline. Ce sont des roches compactes et vitreuses noires, à cassure morte et d'apparence homogène.

On y trouve SiO^2 de 43 à 57 0/0, Al^2O^3 de 15 à 19 0/0 ($K^2O + Na^2O$), de 3 à 7 0/0, CaO de 7 à 10 0/0, ($FeO + Fe^2O^2$) de 6 à 12 0/0, MgO de 6 à 9 0/0.

Le diopside et l'hypersthène peuvent y entrer jusqu'à 19 0/0 chacun, l'olivine jusqu'à 17 0/0.

Famille des gabbros et des diabases. — Ces roches ont une composition très semblable à celle des basaltes (plagioclases associés aux pyroxènes, avec ou sans olivine, oxydes de fer, etc., etc.); mais la texture des gabbros est granitoïde, tandis que celle des diabases est plutôt porphyroïde ou

(1) Comme la *saxonite* formée d'enstatite et d'olivine, la *picrite* d'augite et d'olivine, la *wehelite* de diallage et d'olivine, etc., etc., la *dunite* est de l'olivine pure.

intermédiaire (souvent *ophitique*). A l'une des extrémités de la série sont les *labradorites*, presque entièrement composés de labrador avec un peu d'augite, tandis qu'à l'autre extrémité le plagioclase ayant diminué on se rapproche des pyroxénites. Dans les *norites*, c'est l'hypersthène qui domine.

Pyroxénites, hornblendites et péridotites. — Dans ces dernières roches, il n'y a presque plus de plagioclase et par conséquent d'alcalis : le pyroxène ou l'olivine peuvent être presque seuls, ou combinés entre eux. Ces roches fémiques, ainsi que les serpentines, ont généralement la texture granitique.

II. **Roches sédimentaires.** — Produites aux dépens des roches d'origine ignée, les formations sédimentaires se classent d'après leur caractéristique minéralogique en roches siliceuses (quartz notamment), carbonatées (calcaires et dolomies), silico-alumineuses (argileuses), argilo-calcaires (marnes); puis, plus rares, dépôts ferriques, phosphatiques, salins (gypse, sel gemme, etc., etc.), et charbonneux (houille et lignite).

Ces roches sont restées parfois en débris isolés (1) (graviers, sables, limons), mais souvent aussi un *ciment* en a aggloméré ultérieurement les morceaux, reconstituant ainsi une masse continue (conglomérats et grès) : les bancs ainsi néoformés, aussi bien d'ailleurs que les calcaires, ont été ensuite bien souvent cassés et plissés, et découpés par là en blocs séparés par des fissures plus ou moins larges (failles avec ou sans rejet, c'est-à-dire avec ou sans dénivellation d'une lèvre à l'autre des couches se correspondant).

Sables et graviers. — Entre ces deux termes, il n'y a de différence que dans la taille des grains constituants (les plus gros), et la limite n'est pas bien tranchée (pas plus que celle entre sable et limon). Il semble qu'on doive appeler gravier les amas où il y a une fraction notable de grains de plus de 2 millimètres de diamètre, étant entendu que des grains plus petits se logent d'ordinaire entre les plus gros : de même, les grains plus fins que $0^{mm},05$ (50 μ) ne seraient plus du sable, mais du limon (*silt*) ou de la poussière, et au-dessous de $0^{mm},005$ (5 μ) de l'argile (2) (*clay*). Nous verrons plus loin, à propos de la porosité d'un sable, les moyens de l'analyser, et aussi de déterminer le degré d'uniformité de ses grains : quant à la forme de ceux-ci, elle se rapproche plus ou moins de la sphère, suivant qu'ils ont

(1) On leur donne aussi les noms un peu vagues de roches *clastiques* ou *détritiques*.

(2) Attenberg avait proposé pour le sable les limites de 2 millimètres et de $0^{mm},2$; mais il y a souvent dans les sables des grains de plus de 2 millimètres, et d'autre part il y a bien des sables plus fins que 200 μ; ainsi les sables yprésiens et thanétiens de Laon ont tous leurs grains de moins de 200 μ, et 70 0/0 sont compris entre 80 et 125 μ.

été roulés plus ou moins longtemps, mais souvent avec des bords anguleux et des arêtes vives (dépendant de la nature et de la dureté des matériaux).

Cette nature dépend elle-même de celle des roches d'où proviennent les sables détritiques, et en réalité il convient de préciser le nom de *sable* par une épithète caractéristique, telle que sable *siliceux*, *calcaire*, *basaltique*, etc., etc., indiquant l'élément prédominant : on a d'ailleurs souvent affaire à un mélange de grains de nature différente. Les roches se composant en majeure partie de quartz et de feldspath, et ce dernier étant plus facilement décomposé que le premier, on comprend que les sables soient le plus souvent constitués par ces deux éléments et surtout par le quartz : il peut s'y ajouter des proportions très variables d'autres minéraux, mica, magnétite, chromite, olivine, zircon, grenat, amphibole, pyroxène, carbonate de chaux, etc., etc., et particules d'argile s'intercalant entre les grains.

A la surface du globe, on trouve principalement des sables et graviers :

1° Au bord de la mer (sables côtiers ou littoraux, avec souvent des coquilles en abondance, dunes). Ils y sont formés d'ordinaire de quartz presque pur : ainsi dans les dunes de Hollande, Retgers on trouve de 90 à 95 0/0; sur les côtes de Floride, Steiger jusqu'à 99,65 0/0. Sur celles d'Ecosse, Mackie trouve en un point 90 0/0 de SiO^2, 7,36 de Al^2O^3, 0,85 d'oxydes de fer, 0,46 de chaux; mais en un autre point où les falaises sont des roches basaltiques (subsiliciques), la proportion de SiO^2 descend à 55 0/0, alors que Al^2O^3 est de 14,12 0/0, Fe^2O^3 de 10,15; CaO de 6,88 0/0, MgO de 6,38 0/0 et les alcalis $K^2O + Na^2O$ de 2,5 0/0;

2° Dans les déserts. Là aussi, c'est presque du quartz pur : Thoulet au Sahara trouve 89,46 0/0 de quartz et 9,47 de feldspath; Philipps en Arabie dit que les grains rouges sont du quartz avec de l'oxyde de fer et qu'après traitement par l'acide chlorhydrique il reste 98,53 0/0 de silice;

3° Dans les terrains glaciaires, où il y a souvent plusieurs bancs sableux ou graveleux séparés par des couches d'argile. Mackie donne pour deux analyses de sable du *till* d'Ecosse les chiffres respectifs de SiO^2, 77,78 et 90,74 0/0; Al^2O^3 9,95 et 5,16 0/0; Fe^2O^3 2,55 et 1,14 0/0; CaO 0,71 et 0,69 0/0; alcalis 4,32 et 1,45 0/0;

4° Dans le fond des vallées fluviales et dans les terrasses latérales. Ici la composition des alluvions est assez variable, dépendant de la nature géologique du bassin à l'amont: Mackie donne comme moyenne des sables de cinq rivières d'Écosse 82,13 0/0, de SiO^2 9,04 0/0 de Al^2O^3, 2,94 0/0 de Fe^2O^3, 1,28 0/0 de CaO, 0,53 0/0 de MgO et 2,88 0/0 d'alcalis; mais quand les montagnes encaissantes sont calcaires ou dolomitiques, on a beaucoup plus de CaO et de MgO.

Quant aux sables des formations géologiques anciennes, sables qu'on trouve soit à leurs affleurements, soit en profondeur, on comprend que leur composition est trop variable pour qu'on puisse en parler autrement que dans la description locale de chaque formation.

Limons et vases. — La différence avec les sables porte non seulement sur la taille des grains, mais encore sur la composition qui est d'ordinaire plus argileuse, toutefois avec de grandes variations. Ainsi Bischof donne les chiffres ci-après pour les limons du Rhin (delta dans le lac de Constance), du Danube à Vienne, de la Vistule à Culm et du Nil ; le carbonate de chaux, très abondant dans les deux premiers limons, est dû sans doute au broyage des roches calcaires par l'effet des glaciers.

LIMONS	PROPORTION 0/0 (APRÈS DESSICCATION A 100°					
	SiO^2	Al^2O^3	$Fe^2O^3 + FeO$	$K^2O + Na^2O$	CaO	MgO
Du Rhin	50,14	4,77	2,69	0,99	18,0	0,84
Du Danube	45,02	7,83	9,16	0,99	13,8	2,97
De la Vistule	49,67	11,98	11,73	1,98	0,88	0,27
Du Nil	45,10	15,95	13,25	2,80	4,85	2,64

Argiles. — Ces silicates d'alumine hydratés ont un grain tellement fin que le mouvement de l'eau entre des pores trop petits ne se fait plus, d'où l'*imperméabilité* (1). Quant à leur composition, dont on a vu plus haut déjà les principales modalités, elle est aussi fort variable suivant la provenance des roches d'origine ; en outre, on reconnaîtra d'ordinaire les argiles d'origine glaciaire de celles résiduaires (2), en ce que les premières n'ayant subi que difficilement l'action de l'oxygène et de l'acide carbonique contiennent plus de substances solubles que les secondes (3). A titre d'exemple, je citerai

(1) En pratique, c'est pour des grains de moins de 20 à 30 μ de diamètre que l'eau ne passe plus : en revanche, la capillarité joue.

(2) C'est-à-dire provenant, soit sur place, soit après transport des schistes contenus dans les roches désagrégées par action mécanique ou par action chimique (dissolution du calcaire dans les marnes).

(3) Les argiles se distinguent aussi par deux de leurs propriétés, mais la relation entre elles et la composition (teneur en Al^2O^3 notamment) n'est pas bien établie. C'est en premier lieu le fait d'être plus ou moins *grasse*, les argiles maigres donnant une pâte plus *courte*, moins plastique, granuleuse au toucher. C'est en second lieu, la *réfractairité* ou résistance à la fusion : les argiles peu réfractaires fondent en dessous de 1.600°, et les très réfractaires ne fondent qu'au-dessus de 1.800°.

des analyses de Mackie pour des argiles glaciaires (*boulder clay*) d'Écosse, où SiO^2 va de 75 à 80 0/0, Al^2O^3 de 9,1 à 12,2 0/0, Fe^2O^3 et FeO de 2,5 à 4,3 0/0, CaO de 0,7 à 1,6 0/0 et les alcalis de 2,7 à 3,7 0/0; par contraste, les argiles résiduaires dont j'ai les analyses sous les yeux varient pour SiO de 43 à 71 0/0, pour Al^2O^3 de 12,5 à 25 0/0, pour les oxydes de fer de 6 à 18 0/0 : la chaux et la magnésie peuvent monter respectivement au-dessus de 10 et de 5 0/0, mais alors on se rapproche des véritables *marnes*.

Le *loess* a une composition voisine de celle de l'argile glaciaire.

Marnes. — L'argile est souvent mêlée en proportion importante (jusqu'à 50 0/0) de sable (*argiles sableuses*) sans perdre son imperméabilité, et il en est de même avec le carbonate de chaux, qui d'ordinaire a été déposé en même temps que l'argile et lui est intimement lié. La proportion de $CaCO^3$ dans les marnes est extrêmement variable: voici par exemple, d'après Braconnier, un banc du keuper inférieur en Lorraine qui contient seulement 7,3 0/0 de $CaCO^3$ et 2,7 0/0 de $MgCO^3$; un autre d'argile verdâtre du keuper moyen [1] a 18,7 0/0 de $CaCO^3$ et 7,1 0/0 de $MgCO^3$. A l'opposé, le calcaire à entroques (bajocien en Lorraine) a 96,8 0/0 de $CaCO^3$ et 0,6 0/0 de $MgCO^3$, et le calcaire à polypiers un peu au-dessus a 98,2 0/0 de carbonate de chaux (sans magnésie), qui est dès lors presque pur. Comme intermédiaire, je puis citer les bancs de calcaire bleuâtre du lias (à gryphées arquées) qui ont 30 0/0 de $CaCO^3$, avec intercalation de lits de calcaire gris qui en contient 83 0/0, etc., etc.

La texture et la consistance des marnes dépend de leur teneur en calcaire : si elle est assez grande, on a des roches fissurées (perméables en grand).

Grès. — La composition des grès varie non seulement suivant la nature des grains sableux qui les constituent, mais encore suivant la nature et l'importance relative du ciment qui les unit. Ce ciment peut être de la silice, du carbonate ou du sulfate, phosphate, fluorure de calcium, des oxydes de fer et d'alumine, du sulfate de baryum, de l'argile, des substances bitumineuses, etc., etc. Il est d'ordinaire en trop petite quantité pour changer beaucoup la composition du sable; mais il n'en est pas toujours ainsi, et l'on trouve par exemple des grès calcifères, gypsifères ou barytiques où la proportion des cristaux salins est grande (calcites de Fontainebleau contenant jusqu'à 50 0/0 de $CaCO^3$, grès des *badlands* du South Dakota avec 40 0/0 de calcite, grès des steppes d'Astrakhan où les cristaux de gypse font 51,5 0/0 de l'ensemble, oasis d'Égypte où la baryte cristallisée en-

[1] Ces marnes irisées contiennent aussi beaucoup d'oxyde de fer.

robe 44 à 53 0/0 de sable, grès de Koursk, en Russie, où il y a 22, 6 0/0 de $Ca^3Ph^2O^8$, etc., etc.).

C'est souvent de la silice, amorphe ou cristalline, qui forme le ciment (grès quartzeux); elle est loin de remplir toujours tous les pores entre les grains. On distingue aussi les *psammites* (ciment argileux micacé), les *grauwackes* (grès schisteux décalcifiés), les *macignos* (argilo-calcaires), etc.

Voici la composition de quelques types de grès, à titre d'exemple :

PROVENANCE DES GRÈS	PROPORTION 0/0 (APRÈS DESSICCATION A 100°)						
	SiO^2	Al^2O^3	$Fe^2O^3 + FeO$	$K^2O + Na^2O$	CaO	MgO	Ph^2O^5
Grès de Potsdam (Cambrien du Wisconsin)	99,4	0,31		»	»	»	»
Grès vosgien (trias en Lorraine)	91,2	1,2	5,0	»	0,6	0,1	0,09
Grès infraliasique (lias en Lorraine)	90,7	6,1	1,5	»	0,8	0,2	0,04
Grès (*carstone* de Hunstanton, Angleterre)	49,8	5,17	29,57	1,32	2,43	0,95	0,42
Grès miocène de Mount Diablo (Californie)	44,5	12,63	5,58	4,72	14,65	5,55	0,29
Grès vert de Lohne (Westphalie)	36,6	0,91	5,50	3,03	22,12	3,44	1,80
Moyenne de 253 grès des États-Unis (1)	78,66	4,78	1,38	1,77	5,52	1,17	0,08
Moyenne de 371 grès des États-Unis (2)	84,86	5,96	2,23	1,92	1,05	0,52	0,06

Conglomérats. — Ce sont des grès où les grains constituants sont restés de grande taille : s'ils sont anguleux, on a les *brèches*, et s'ils sont arrondis les *poudingues*. Même diversité de composition. Le passage des grès aux conglomérats se fait par les *arkoses*, roches formées surtout de grains de quartz et de feldspath, parfois avec mica, simulant le granite (*granite recomposé*).

Calcaires, dolomies, gypse. — Nous les connaissons déjà, ainsi que leurs combinaisons en proportion très variable avec l'argile ou entre eux. Je rappellerai seulement, pour permettre les comparaisons (3), que le carbonate de chaux pur contiendrait 56,04 0/0 de CaO et 43,96 0/0 de CO^2, la dolomie pure (CaMg, $2CO^3$) 30,4 0/0 de CaO, 21,9 0/0 de MgO et 47,7 0/0

(1) Analyses faites par Stokes au laboratoire du Geological Survey U. S.

(2) Analyses faites par Stokes au laboratoire du Geological Survey U. S. pour des grès employés comme pierres à bâtir.

(3) Pour la moyenne de 345 échantillons de calcaires des États-Unis, Stokes trouve 42,61 0/0 de CaO, 7,90 0/0 de MgO, 5,19 0/0 de SiO^2 et 41,58 0/0 de CO^2; pour une moyenne de 498 autres échantillons, ces chiffres sont respectivement de 40,60, 4,49, 14,09 et 35,58 0/0. Dans des dolomies américaines, MgO arrive à 20,68 0/0 et CaO à 30,94 0/0.

de CO^2, enfin le sulfate de chaux anhydre 41,17 0/0 de CaO et 58,83 0/0 de SO^3. Ce sont des roches éminemment fissurées et caverneuses, et les vides vont s'y agrandissant de plus en plus par érosion et dissolution.

III. **Roches métamorphiques.** — Nous avons déjà cité les principales, et indiqué les grands processus de transformation des roches silicatées (ouralitisation, séricitisation, chloritisation, épidotisation et kaolinisation).

En réalité, on comprend sous le nom de métamorphisme une série de phénomènes qui changent soit la structure (en la rendant schisteuse), soit la composition chimique des roches ignées ou sédimentaires sous diverses influences : sur les roches ignées, que l'éruption amène à ou près de la surface, agissent le refroidissement, l'hydratation, l'oxydation; sur les roches sédimentaires au contact de roches ignées en fusion, ce sont les hautes températures, la pression, la déshydratation, l'action des gaz et vapeurs, les réductions, et aussi la cimentation.

C'est ainsi que se sont formés : les *gneiss*, dérivés des roches granitiques et ayant même composition qu'elles, mais différant de structure par suite du parallélisme des lamelles de mica et l'allongement des grains de quartz (d'où schistosité et fissilité des gneiss).

Les *schistes micacés*, *chloriteux*, à *hornblende* ou à *glaucophane* (*amphibolites*): dans les schistes micacés, on ne trouve plus de feldspath; le quartz est généralement lenticulaire, et le mica est souvent de la biotite. Dans les chloritoschistes, les écailles ou lamelles de chlorite dominent (avec d'ordinaire du quartz, feldspath, mica, talc et magnétite); dans les amphibolites, la hornblende ou glaucophane est associée avec du quartz et parfois du feldspath ou du pyroxène. Dans ces roches, la silice peut varier dans des proportions considérables, entre 40 et 80 0/0 (parfois même jusqu'à 91 0/0).

Les *phyllades ou phyllites* (*argilites*), schistes durs, de couleur gris foncé, tirant sur le bleu ou le vert, avec éclat micacé sur les faces de clivage. Le silicate d'alumine est d'ordinaire prédominant, mais la déshydratation et une certaine cristallisation concomitante au dépôt le laissent mélangé à des paillettes de quartz et à un minéral micacé (mica, séricite, chlorite, staurotide, etc., etc.). Les *ardoises* sont des phyllades très fissiles, à grain fin, compact et homogène.

Le *talc* et la *serpentine*, qui dérivent des silicates magnésiens (l'olivine et autres péridots en s'hydratant donnent de la serpentine; il en est de même des pyroxènes) : ces roches sont souvent associées à la dolomie et au calcaire magnésien ou cristallin. Ici la silice ne dépasse guère 45 0/0, mais la magnésie approche souvent de 40 0/0.

Les *quartzites :* proviennent d'ordinaire de la transformation des grès et en traduisent la composition : un ciment, tel que de la silice infiltrée, s'y ajoute et rend la masse plus compacte. Certains quartzites sont schisteux, ce qui est dû à la présence de petites lamelles de mica (ils se rapprochent ainsi des micaschistes).

Les *calcaires cristallins*, *marbres*, *cipolins* proviennent de la transformation des calcaires, qui subissent souvent au contact d'une roche ignée en fusion une recristallisation. Les impuretés sont aussi transformées en même temps, et on a alors des calcaires schisteux (*calcschistes*), généralement micacés, talcifères ou chloriteux; la silice cristalline à l'état de quartz, et il se forme de la wollastonite ($CaSiO^3$) (1); enfin la présence fréquente de magnésie et d'oxydes de fer amène la formation de nombre de minéraux plus complexes.

Vides et interstices du sol : porosité et perméabilité. — Une distinction s'impose tout d'abord entre les *fissures* et les *pores*, c'est-à-dire entre les espaces vides (se rapprochant d'une surface plane) qui séparent deux blocs rocheux compacts isolés l'un de l'autre par une cassure et les interstices bien plus petits, mais formant une maille continue, qui restent entre les grains entassés d'une masse pulvérulente. Ce dernier cas s'applique aux sables et graviers, et aussi aux grès (qui peuvent être en même temps fissurés), tandis que le premier est celui des roches cristallophylliennes et métamorphiques (fissures généralement étroites), ainsi que des calcaires, dolomies, gypse (fissures larges et cavernes).

Les blocs de laves superposés, résultant des éruptions volcaniques, sont un cas intermédiaire, les vides entre certains fragments pouvant être assez grands (et même caverneux), tandis que d'autres fragments peuvent être fissurés. Dans tous les cas, on donne le nom de *porosité* au rapport pourcentage du volume des vides au volume du contenant.

Lorsqu'un fluide, air, gaz, pétrole, eau, rencontre les roches, et pénètre dans les vides dont nous venons de parler, le remplit en partie ou en totalité, et sous l'action de la pesanteur tend à s'y mouvoir. Le mouvement de l'eau notamment se fait facilement dans les fissures larges et les pores de grande taille, le frottement contre les parois des canaux parcourus restant faible; mais il n'en est plus de même pour les fissures filiformes et les

(1) Ce corps se forme à température relativement basse, moins de 1.180°.

pores minuscules, l'adhésion du liquide au solide entrant en jeu et s'opposant à la progression des molécules fluides.

La propriété d'une roche de laisser passer plus ou moins facilement l'eau au travers de sa masse est la *perméabilité*, et l'on comprend qu'une roche peut être imperméable soit parce qu'elle est absolument compacte, soit parce que ses pores sont tellement fins qu'ils retiennent le liquide sans se laisser traverser : inversement, une roche est perméable soit parce que l'eau passe facilement entre ses grains (perméabilité *directe* ou *en petit*), soit parce qu'elle passe par des fissures béantes entre les blocs (perméabilité *indirecte* ou *en grand*).

Cela nous conduit à examiner quatre catégories de roches :

I. **Roches compactes, à fissures étroites.** — Ce sont les roches cristallines et gneissiques, archéennes ou métamorphiques (granite, gneiss, porphyre, basalte, schistes, ardoises, etc., etc.). Les interstices y datent généralement de l'origine (effet du refroidissement) et se modifient peu : ils sont de deux sortes, ou des *joints* dans le sens horizontal, ou des *fissures* dans le sens perpendiculaire à la surface. Ce sont ces dernières qui nous intéressent le plus. Alors que les joints ne descendent guère au-dessous de 60 mètres, les fissures atteignent beaucoup plus bas [pratiquement elles ne contiennent pas d'eau au-dessous de 600 mètres (1)], mais elles vont d'ordinaire en se rétrécissant en profondeur, et deviennent alors filiformes et capillaires.

Daubrée avait distingué parmi les cassures (*lithoclases*) qui hachent la partie supérieure de la croûte terrestre : les *paraclases*, grandes failles avec rejet se poursuivant souvent sur de grandes longueurs, les *diaclases*, cassures encore importantes, mais sans rejet, enfin les *leptoclases*, de petites dimensions. Cette dernière catégorie correspond précisément à la plupart des fissures des roches qui nous occupent : Daubrée la subdivise encore en *synclases*, cassures de refroidissement peu profondes, et *piézoclases*, cassures irrégulières dues à des efforts mécaniques extérieurs. Contrairement à celles des terrains sédimentaires, les leptoclases des roches compactes ne présentent pas souvent des directions régulières : c'est ce que montre la figure 1, d'après l'exemple (schématisée) de ce qui se passe dans les roches cristallines du Connecticut; on y voit en même temps l'incertitude où on

(1) Ellis dit même que dans les granites et gneiss du Connecticut, il n'y a plus d'eau à collecter en dessous de 75 mètres, ce qui est la limite de profondeur à donner aux puits et forages; mais dans les ardoises du Maine, c'est entre 90 et 120 mètres qu'il y aurait le plus d'eau (sans toutefois qu'elle aille au delà de 180 mètres).

est avec un puits de rencontrer de l'eau et la possibilité d'avoir de l'eau artésienne grâce au *jeu* des fissures. D'après Fuller, l'inclinaison de ces fissures serait le plus ordinairement comprise entre 70 et 90°, et leur ouverture à la surface entre 1 et 5 centimètres : elles ne contiennent d'ailleurs

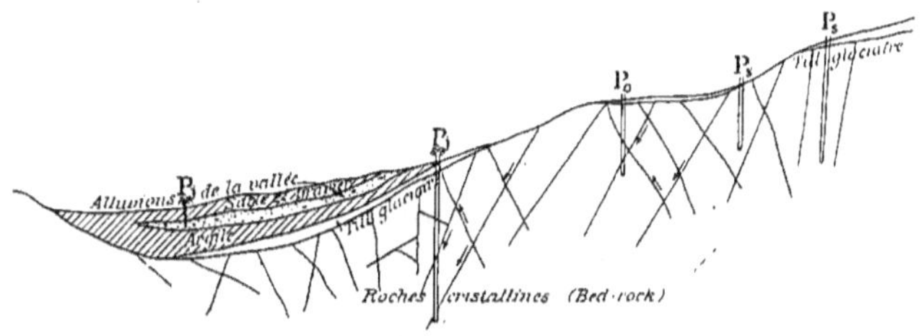

Fig. 1. — Schéma des relations d'un puits avec les fissures des roches cristallines ou métamorphiques (Exemple des granites du Connecticut).

P_j, puits jaillissant ; — P_0, puits non jaillissant (artésien ou non) ; — P_s, puits stérile (ne rencontre pas de fissure aquifère).

pas toutes de l'eau, et en dessous de 30 mètres jusqu'à 60 mètres, une moitié seulement seraient remplies d'eau, de 60 à 90 mètres un tiers et moins encore plus bas [1].

Le volume des vides (porosité) a été mesuré par divers auteurs et le tableau ci-après résume les résultats obtenus :

[1] Ce que je viens de dire n'empêche pas qu'il y ait parfois dans les terrains granitiques ou schisteux de larges fissures et des cavernes, avec des pertes de rivières et des courants souterrains (*balmes*) : ce sont alors des blocs qui dans les grands éboulis se sont arcboutés et ont laissé de grands espaces entre eux. Ainsi Martel cite la rivière enfouie du Lézert et la grotte de Saint-Dominique, dans le Sidobre (Tarn); les pertes du Blavet à Lanrivain (Côtes-du-Nord), de la rivière d'Argent au Huelgoat (Finistère), du Quérigut et de la Barguillière (Ariège); le fameux tunnel dans le gneiss de l'île de Torghatten (Norvège); des phénomènes du même genre en Irlande, au Portugal, etc., etc.

	NATURE DES ROCHES	AUTEURS des RECHERCHES	NOMBRE D'ÉCHANTILLONS examinés	POROSITÉ (EN VOLUME 0/0)		
				Minima	Maxima	Moyenne
Catégorie I Roches compactes.	Granites, schistes et gneiss	Buckley	14	0,02	0,56	0,16
	Granites, schistes et gneiss	Merrill	22	0,37	1,85	1,20
	Diabase et gabbro	id.	3	0,84	1,13	1,01
	Quartzite	id.	1	»	»	0,8
	Obsidienne	Delesse	1	»	»	0,52
	Schistes et ardoises............	id.	2	0,49	7,55	3,95
Catégorie II Roches caverneuses.	Calcaires, marbres et dolomies...	Buckley	11	0,53	13,36	4,85
	Calcaires oolithiques	Merrill	8	3,28	12,44	7,18
	Craie (bassin de Londres)	Chapman	6	»	»	16,83
	Gypse en Angleterre...........	Geikie	2	1,32	3,96	2,64
	Craie durcie (turonien du Cambrésis)	Dollé	2	7,7	8,3	8,00
	Craie (sénonien et turonien du Cambrésis).....................	id.	16	22,2	37,2	29,2
Catégorie III Roches poreuses et perméables.	Grès.........................	Buckley	16	4,81	28,28	15,89
	Grès.........................	Merrill	?	3,46	22,8	10,22
	Grès pétrolifères (États-Unis)	Melcher	84	3,4	37,7	17,5
	Sables (uniformes)	King	nombreux	26,0	47,0	35,0
	Sables (mélangés)	id.	id.	35,0	40,0	38,0
	Sables fins (grains >1 mm)	Renk	id.	»	»	55,5
	Sables et graviers (grains > 1 mm)..	id.	id.	»	»	37,9
	Sables fins (grains > 1 mm)	Velitschkowsky	id.	40,64	41,87	41,25
	Sables et graviers (grains > 1 mm)..	id.	id.	35,24	37,38	36,31
	Sables et graviers glaciaires (États-Unis)	Meinzer	7	20,0	37,6	29,54
	Sables et graviers (alluvions des vallées).....................	id.	nombreux	»	»	48,0
Catégorie IV Roches poreuses et imperméables.	Till glaciaire et boulder clay (États-Unis)	id.	7	11,5	21	15,14
	Limon lacustre................	id.	1	»	»	36
	Argiles.......................	King	nombreux	44,0	47,0	45,0
	Argiles.......................	Geikie	?	»	»	53,0
	Sols en culture	Department of Agriculture U. S.	nombreux	45,0	65,0	55,0

II. **Roches à fissures larges et profondes et à cavernes (perméables en grand).** — Ce sont les roches sédimentaires, calcaires, dolomies, craie, gypse, et aussi les grès pour leurs fissures et indépendamment de leur porosité propre. Ces roches ont pu rester en place, c'est-à-dire presque horizontales et telles qu'elles ont été déposées dans le fond des mers et des lacs, mais bien souvent elles ont été soulevées, plissées et coupées de longues failles et cassures par les mouvements orogéniques (plis *calédoniens*, *hercyniens* et *alpins* notamment), les tremblements de terre, les effondrements, etc., etc. Ces cassures affectent habituellement des directions parallèles, traduisant le sens des poussées (pressions tangentielles) qui se sont fait sentir sur l'écorce; bien des fois, il y a deux directions plus ou moins voisines de la perpendiculaire (exemple du système de fractures orientées E — 35° N et du système presque orthogonal qui découpent la région de l'est de la France; autre exemple de deux systèmes perpendiculaires dans les grés crétaciques de la Suisse saxonne; dans le Muschelkalk des environs de Bernburg, les deux directions font un angle d'environ 60°), en sorte que le sol est découpé en une sorte de damier de blocs rectangulaires ou losangiques, qui ont parfois joué plus ou moins les uns par rapport aux autres.

Les grandes failles et beaucoup de cassures plus petites atteignent toute la hauteur des formations en cause, et souvent plusieurs formations

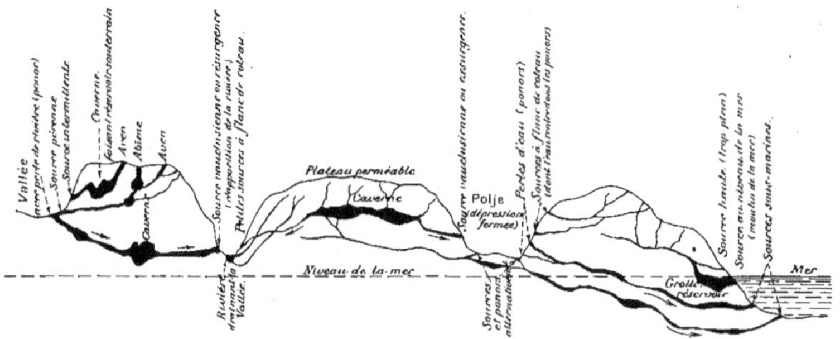

Fig. 2. — Schéma des phénomènes karstiques (fissures, cavernes, avens et abîmes, pertes de rivières, résurgences, exsurgences, sources sous-marines, etc., etc.).

superposées. A la surface, elles ont facilité l'action destructive des agents atmosphériques, qui a fini par creuser un grand nombre de vallées suivant leurs directions; en profondeur, elles ont laissé pénétrer l'air et l'eau dans l'intérieur du sol, et les eaux très abondantes et très chargées de CO^2 à certaines époques y ont produit des érosions et surtout des dissolutions très notables et allant toujours en croissant. De là les innombrables manifestations de phénomènes d'engouffrements, de creusement d'abîmes et de cavernes, d'effondrements, de résurgences ou d'exsurgences que l'on peut désigner par le seul mot de *phénomènes karstiques* (du nom de la région du Karst, où ils sont si nombreux et si caractéristiques). J'y reviendrai en détail, et pour le moment je me contenterai de schématiser les différents cas qu'on peut rencontrer au moyen de la figure 2.

On comprend qu'ici il soit bien difficile d'évaluer les vides des roches et de parler de porosité : le tableau ci-dessus donne cependant quelques pourcentages.

III. **Roches poreuses et perméables.** — Ce sont les grès, sables et graviers, leurs grains, homogènes ou non, laissant entre eux des interstices assez grands pour permettre à l'eau d'y passer (*percolation*).

Il convient de se faire une première idée de la porosité d'un sable, en en supposant théoriquement tous les grains de forme sphérique et de même diamètre (homogénéité), ce qui permet une étude mathématique. Slichter a fait cette étude ([1]) et démontré que le volume des vides ne changeait pas avec le diamètre des sphérules, mais dépendait de leur mode d'entassement, lequel est défini par l'*angle d'empilage* (angle α de la figure 3), que font les lignes joignant les centres des sphères contiguës. Le tassement sera le plus lâche possible, et par conséquent le volume des vides sera maximum (47,64 0/0), quand l'angle $\alpha = 90°$ (**1** de la figure); les grains seront au contraire le plus serrés qu'on puisse et la porosité sera minima (25,95 0/0) quand $\alpha = 60°$ (**2** de la figure) : en ce cas chaque sphère en touche douze autres, et l'élément de volume est un rhomboèdre à angles de 60 et 120° ([2]).

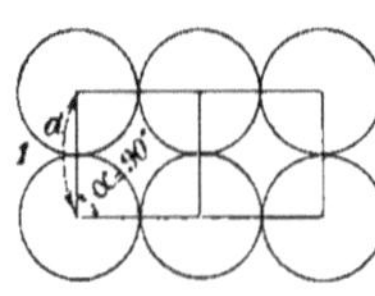

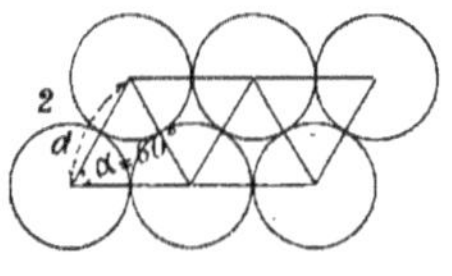

Fig. 3. — Arrangements de grains sphériques de même diamètre, entassés différemment :

1, correspond au maximum des vides; — 2, correspond au minimum des vides.

Dans cette hypothèse du tassement le plus serré, il est facile de voir que le nombre des sphérules contenues dans un même volume est inversement proportionnel au cube du diamètre, et que le volume des vides est indépendant de ce diamètre. En effet, avec cet arrangement, il y a dans un rectangle de longueur a et de largeur l un nombre de sphérules égal à $\frac{2}{\sqrt{3}} \cdot \frac{a.l}{d^2}$, et dans la hauteur h autant de sphères superposées que la hauteur du tétraèdre régulier de côté d y est contenue, soit $\frac{h\sqrt{3}}{d\sqrt{2}}$: il y a donc dans

([1]) *Theoretical investigation of the motion of ground water*, XIXe Annual Report du Geological Survey U. S., 1899, part. II).

([2]) Il ne faut pas confondre avec la porosité, comme on l'a fait souvent, le rapport des vides à la surface totale dans une section droite passant par les centres des sphères. La section d'un canalicule (triangle mixtiligne) est $\frac{d^2}{2}\left(\sin \alpha - \frac{\pi}{4}\right)$, et le rapport des vides à la surface totale dans la tranche est $\left[1 - \frac{\pi}{4 \sin \alpha}\right]$: indépendant aussi du diamètre des sphères, ce rapport est maximum comme la porosité pour $\alpha = 90°$ (il est alors 21,2 0/0) et minimum pour $\alpha = 60°$ (9,4 0/0). Entre les deux extrêmes, il croît proportionnellement (ou à peu près) à la porosité p et peut s'écrire $[9{,}4 + (p - 26)\ 0{,}544]$.

le volume $[a.l.h]$ un nombre de sphérules $\frac{a.l.h.\sqrt{2}}{d^3}$, et le volume des sphères, c'est-à-dire du plein, est ce nombre multiplié par $\frac{\pi d^3}{6}$ soit

$$\frac{\pi}{6} a.l.h.\sqrt{2} = 0{,}7405 a.l.h,$$

tandis que le volume des vides est 0,2595 $a.l.h.$ (indépendant de d).

D'après Soyka, le nombre des grains dans 1 décimètre cube serait donné par le tableau suivant :

DIAMÈTRE des GRAINS sphériques	VOLUME des GRAINS (en millimètres cubes)	NOMBRE DE GRAINS AU DÉCIMÈTRE CUBE	
		TASSEMENT SERRÉ	TASSEMENT LACHE
mm			
0,01	0,000 000 52	1.413.295.000.000	1.000.766.000.000
0,1	0,000 523 60	1.413.295.000	1.000.766.000
1	0,523 598 90	1.413.295	1.000.766
2	4,188 792 00	176.662	125.097
10	523,598 900 00	1.413	1.001
20	4.188,792 000 00	177	125

Mais les sables et graviers contiennent le plus souvent des grains de différentes tailles et de forme quelconque, les plus petits se logeant dans les interstices des gros, — ce qui peut diminuer la porosité bien au-dessous du minimum de 25,95 de tout à l'heure. Inversement, il peut y avoir des arrangements, plus ou moins stables d'ailleurs, où les grains ne se touchent pas tous entre eux (en sorte que même avec des sphères certains vides seraient des polygones curvilignes) : dans ce cas la porosité est augmentée et peut dépasser 50 0/0 (on la trouve de 80 et même 90 0/0 dans des limons fraîchement déposés du delta du Mississippi). Il faut donc pour aller plus loin *analyser* le complexe qu'est un sable non homogène et le définir : c'est ce qu'on fait par les notions de la *taille effective* et du *coefficient d'uniformité*.

On commence par *séparer* le sable en catégories au moyen de tamis, de largeur de maille bien déterminée : les tamis *standards* ont aujourd'hui des largeurs d'ouverture (entre les fils) de 8 millimètres, 5,66; 4 millimètres, 2,83; 2 millimètres, 1,41; 1 millimètre, 0,71; 0,50; 0,36; 0,25; 0,17; 0,125; 0,088 et 0,062 [1]. On superpose ces tamis (sauf les deux derniers

[1] Ces largeurs sont entre elles dans le rapport $\frac{1}{\sqrt{2}}$: il y a d'ailleurs une tolérance sur la largeur de 5 0/0 pour les sept plus gros numéros, puis de 10 0/0, 20 0/0 et 30 0/0 pour les autres.

qui sont trop fins), on les secoue mécaniquement ou à la main, et on jette sur le premier (le plus gros en haut) 300 grammes du sable à analyser, bien desséché; puis on pèse ce qui reste au-dessus de chaque tamis, et on détermine les pourcentages des grains plus petits que telle taille (d'ordinaire l'ouverture du dernier tamis par lequel ils ont passé) [1]. La méthode ne s'applique plus au-dessous de 100 μ, et il faut alors procéder par *lévigation* ou *élutriation :* on prend 5 grammes du sable calciné (quand il y a une perte de poids à la calcination, on l'attribue à la matière organique que l'on suppose en particules plus fines que 10 μ), on les met dans un verre de 230 centimètres cubes et 0m,09 de haut, on ajoute de l'eau distillée à 20° (rigoureusement), on agite fortement en soufflant dans un tube, puis on laisse reposer quinze secondes et on décante; on recommence une seconde fois l'opération (ajouter de l'eau, souffler et décanter après même repos), et on pèse ce qui reste, et cela représente d'après l'expérience tout ce qui est plus gros que 80 μ. L'eau décantée laisse encore déposer après quelque temps un résidu, qu'on traite encore de même (sauf à laisser reposer soixante secondes au lieu de quinze), et ce qu'on a ainsi représente les particules plus grosses que 40 μ : la différence de poids donne celles plus petites que 40 μ.

En possession des résultats de l'analyse, il est facile de représenter graphiquement la constitution d'un sable : sur la figure 4, ce sont les logarithmes des nombres réels qui sont portés. On considère spécialement le diamètre en dessous duquel il y a 10 0/0 de particules plus petites, et on lui donne le nom de *taille effective* du sable analysé. Quant à la variété plus ou moins grande des grains, on s'en rend compte en notant le diamètre en dessous duquel il y a 60 0/0 de particules, et prenant le rapport de ce diamètre à celui de la taille effective : c'est ce rapport qu'on appelle le *coefficient d'uniformité*. La porosité, qui paraît indépendante de la taille des grains, varie avec le coefficient d'uniformité et va en diminuant au fur et à mesure que ce coefficient augmente (c'est-à-dire que plus de grains fins se logent dans l'intervalle des gros) : d'après Allen Hazen, elle passe de 45 0/0 à 40 quand ledit coefficient passe de 2 à 3, et descend à 30 0/0 quand il atteint 6 ou 8.

Enfin la porosité dépend aussi de la forme des grains. Ils sont loin en effet d'être tous sphériques, leur forme dépendant de la nature de la roche,

(1) On peut aussi déterminer le degré de séparation d'un tamis soit en mesurant (au microscope) les dimensions des grains qui restent dessus, soit après avoir déterminé leur densité propre en les comptant, les supposant sphériques et divisant le poids par le nombre et la densité. Ce degré est environ 1,1 fois la largeur de l'ouverture.

de la dureté de ses divers éléments, de la distance suivant laquelle les fragments ont été roulés, etc., etc. On admet que la porosité augmente d'autant plus que lesdits fragments sont restés plus anguleux. Hazen dit encore qu'avec des grains bien arrondis elle est de 2 à 5 0/0 plus petite qu'avec des grains anguleux : on ne sait pas préciser davantage.

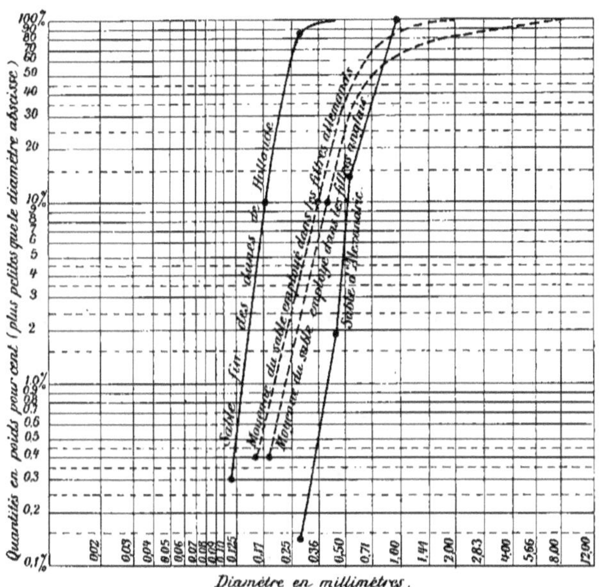

Fig. 4. — Représentation graphique de l'analyse des sables (les abscisses et les ordonnées sont les logarithmes des nombres réels).

IV. **Roches poreuses (pores très petits) et imperméables.** — Ce sont les argiles et les marnes, les limons et les vases. Ici les grains sont de si petite taille que leurs interstices sont *capillaires* ou *subcapillaires* et restent pleins d'eau, l'adhésion s'opposant au mouvement du liquide. On admet généralement que les tubes cylindriques sont *capillaires* en dessous de $0^{mm},5$, et les espacements entre des lames planes pour la moitié ($0^{mm},25$ ou environ un centième de pouce); mais l'eau passe encore dans des interstices de cette taille, et ce n'est guère que dans des diamètres de 50 μ que pratiquement elle est arrêtée et l'imperméabilité réalisée. Les tubes et fentes sont dits *subcapillaires* quand ils sont si étroits que l'attraction de la paroi sur les molécules liquides s'étend jusqu'à la paroi opposée : on fixe à 0mm,0002 (deux dixièmes de μ) la limite supérieure pour les tubes et à 0mm,0001 pour les interstices lamellaires avec l'eau [1]; mais la distance où se fait sentir l'effet des forces moléculaires varie avec les substances et descend à $\frac{5}{100}$ et même $\frac{5}{1.000}$ de μ (huile, film savonneux) [2].

Les grains des argiles descendent aussi à des tailles de cet ordre, et comme on le voit par le tableau ci-dessus (catégorie IV), la porosité est plus grande que dans les sables et atteint 47 et même 53 0/0. On comprend d'ailleurs qu'il y ait tous les intermédiaires entre l'argile compacte et l'état de suspension des particules colloïdales (où la quantité de liquide peut aller en augmentant de plus en plus): les particules en dessous de 2 μ de diamètre sont d'ailleurs agitées dans le liquide du mouvement brownien et ne se sédimentent plus (sauf addition d'un coagulant).

On ne peut étudier les particules en dessous de 50 μ qu'au microscope et même les plus petites à l'ultramicroscope. Pour cela, on délaie dans de l'eau et on laisse sédimenter par le repos, en étudiant la taille des corpuscules en suspension jusqu'à ce qu'elle ne dépasse plus 50, 25, 10, 5 μ, puis on pèse les résidus après dessiccation. On a cherché aussi à utiliser la centrifugation, mais la méthode est infidèle. Enfin Oden Sven [3] en Angleterre et Schurecht [4] aux États-Unis, abandonnant la séparation d'après la taille, ne cherchent plus que les quantités sédimentaires suivant le temps, et cela en mesurant les densités successives du liquide (par la perte de poids d'un corps plongé) : cela ne réussit plus en dessous de 3 μ.

Moyens de mesurer la porosité des roches. — Si nous appelons :

V, le volume d'un échantillon de roche ;
W, le volume de ses vides (pores ou interstices), ou le volume de l'eau qui sature l'échantillon supposé sec ;
v, la somme des volumes des grains ou fragments constituants pris isolément ;
d_a, le poids spécifique *apparent* de l'échantillon (les vides supposés plein d'air);
d_s, le poids spécifique *saturé* (les vides supposés pleins d'eau) ;
δ, le poids spécifique *vrai* de l'échantillon (c'est-à-dire s'il est homogène celui du corps qui le constitue pris avec la compacité absolue, et s'il est composé la moyenne $f_1\delta_1 + f_2\delta_2 + f_3\delta_3$, etc., f_1, f_2, f_3, étant les fractions des composants et δ_1, δ_2, δ_3, leurs poids spécifiques, vrais).

(1) D'après Van Hise, *A treatise on metamorphism* (*U. S. Geol. Survey Mon.*, 47, 1904).

(2) Voir Perrin, *La stratification des lames liquides*, et Wells, *L'épaisseur des lames stratifiées*, dans *Annales de Physique*, 9e série, 1918 et 1921. D'après eux, 0mm,0000044 serait l'épaisseur d'un film bimoléculaire d'eau savonneuse.

(3) Oden Sven, *On the size of the particles in deep-sea deposits* (*Royal Society Edinburgh Proc.*, 1917).

(4) Schuhrecht, *Sedimentation as a mean of classifying extremely fine clay particles* (*Ann. Ceramic Journal*, 1921).

on aura pour la porosité P l'une des expressions ci-après :

$$P = 100 \frac{W}{V} = 100 \frac{V - v}{V} = 100(d_s - d_a) = 100 \left(\frac{\delta - d_a}{\delta}\right).$$

Il faut choisir suivant les cas entre les quantités ci-dessus celles qui sont les plus faciles à mesurer et par suite entre les cinq méthodes suivantes [1] :

1° Mesurer la quantité d'eau nécessaire pour saturer l'échantillon sec.

On ne peut le faire facilement qu'avec de larges interstices où la capillarité ne joue aucun rôle, car autrement on ne peut ni chasser tout l'air qui remplit de fins canalicules pour le remplacer par l'eau, ni quand l'échantillon est saturé en soutirer toute l'eau.

2° Mesurer V et v. — Pour le premier, si l'échantillon est cohérent, il n'y a qu'à chercher la perte de poids du fragment choisi, en le plongeant dans l'eau distillée (maintenue à température constante), après avoir obturé les pores au moyen de paraffine fondue dans laquelle on le trempe quelques secondes (et dont on tient compte du poids adhérent) : on aura d_a en divisant le poids dans l'air par la perte de poids dans l'eau. Si le corps est pulvérulent, V est la capacité du vase qui le contient et d_a est le quotient du poids dans l'air par V.

Pour v, il faut d'abord broyer l'échantillon de manière que les grains passent dans un tamis d'environ $0^{mm},150$ d'ouverture, puis les dessécher près d'une heure entre 100 et 150°, et après les avoir laissés se refroidir et reprendre l'eau hygroscopique (dont on tient compte par une correction), les mettre dans le *pycnomètre*. Cet instrument est un flacon à col étroit, bien calibré, rempli d'eau distillée (à température constante), et qui permet de peser l'eau déplacée par les grains, dont on veut avoir le volume total.

3° Mesurer δ et le comparer à d_a. — Tous les physiciens savent trouver la densité vraie d'un fragment compact ou de grains séparés. King a appliqué cette méthode à un grand nombre d'échantillons de sable [2] : la densité vraie d'un sable siliceux ordinaire est de 2,65 à 2,70, et on peut prendre ce chiffre comme première approximation.

4° Mesurer le poids spécifique après saturation par l'eau et comparer d_s à d_a. Malheureusement, avec des pores capillaires, il est difficile d'en chasser tout l'air, c'est-à-dire de faire la saturation complète.

(1) Les méthodes suivies au Geological Survey U. S. sont données par Melcher, *Determination of pore space of oil and gas sands* (*Mining and Metallurgy*, n° 160, 1920).

(2) King, *Principles and conditions of the movements of ground water*, in XIXe *Report of the Geological Survey U. S.*, part. II (1897-98).

5° Enfin tout récemment Washburn et Bunting (1) ont appliqué une nouvelle méthode, très élégante, dite d'*expansion d'un gaz*, qui pour des pores très petits n'a pas les inconvénients signalés. On emploie l'air dans la plupart des cas comme suit : on a deux vases bien étanches à l'air et de volumes connus, réunis par un tube capillaire (muni ainsi que chaque vase de robinets d'isolement), et dans le premier où on a placé l'échantillon d'un volume connu on fait un vide partiel assez fort ; le second vase étant resté à la pression atmosphérique, on le met alors en communication avec le premier, et on mesure (à température restant constante) la pression résultante. Un simple calcul proportionnel donne alors le volume des vides de l'échantillon.

Pour certains cas, on a intérêt à employer l'hydrogène ou l'hélium.

(1) WASHBURN and BUNTING, *Porosity ; determination of porosity by the method of gas expansion*, in *American Ceramic Soc. Journal*, vol. 5, 1922.

CHAPITRE II

L'EAU DANS LE SOL

Provenance des eaux souterraines. — En regardant comme négligeables d'une part les eaux fossiles, appelées *juvéniles* (trop profondes d'ordinaire pour être abordables), et d'autre part les eaux provenant de la condensation de la vapeur d'eau dans l'intérieur du sol (*rosée intérieure*) [1] on peut dire que l'eau du sol provient de la pluie (solide ou liquide), et plus spécialement de la *fraction d'infiltration.* La pluie en tombant sur le sol se partage en effet en trois fractions : une partie s'évapore à nouveau dans l'atmosphère, soit directement, soit par l'intermédiaire des êtres vivants (transpiration des plantes notamment); une seconde portion ruisselle, pour former les cours d'eau qui ramènent cette eau à la mer; enfin la troisième est celle qui s'infiltre dans le sol, remplit plus ou moins ses vides et y chemine jusqu'à reparaître au jour (sources, puits artésiens) ou rentrer souterrainement dans les fleuves, les lacs ou la mer.

Il faut donc étudier d'abord la pluviométrie de la région en cause, et ensuite la manière dont la pluie se fractionne. Je ne puis que renvoyer aux *Traités de météorologie* pour la première étude, en rappelant simplement : que la pluie est sous la dépendance des vents (lesquels résultent à leur tour des dépressions barométriques) et du relief terrestre; que les diverses parties du globe sont très inégalement partagées comme total de pluie annuelle (depuis les régions désertiques, qui reçoivent moins de $0^m,25$ et les semi-arides de $0^m,25$ à $0^m,50$, jusqu'à celles très humides qui en reçoivent plusieurs mètres); qu'enfin la pluie se répartit aussi très inégalement en cer-

[1] Cependant en montagne cette eau de condensation peut avoir une certaine importance, et il en serait ainsi dans les laves poreuses du sommet du Puy-de-Dôme. En Crimée, Zibold rapporte que la ville de Theodosia était anciennement alimentée par l'eau se condensant dans des amas de pierres calcaires concassées, amas établis au haut de la chaîne de montagnes qui domine la ville et drainés par des tuyaux de grès (on montre treize de ces *condensateurs* artificiels, ayant chacun 30 mètres environ de côté sur 10 mètres de haut). On sait aussi qu'en refroidissant artificiellement les premières couches du sol, on arrive à augmenter la condensation, à ce point que cela équivaudrait à un arrosage.

tains endroits entre les différentes saisons (depuis les régions équatoriales où il pleut tous les jours et les tempérées où la répartition est presque égale entre les saisons, jusqu'aux zones où il y a deux ou une seule saison de pluies et celles où il ne tombe parfois qu'une ou un petit nombre d'averses dans l'année). Après un certain nombre d'années d'observations, on arrive à bien connaître le régime pluviométrique; mais il ne faut pas oublier que la pluie réelle, c'est-à-dire le phénomène primordial dont dépend l'alimentation des nappes aquifères et des sources, diffère chaque année du régime moyen dans un sens ou dans l'autre.

Il est plus difficile de suivre la pluie après sa chute. En premier lieu, la fraction d'évaporation (1) ne peut être fixée ni par le calcul, ni par l'observation : tout au plus si on sait mesurer l'évaporation d'une surface d'eau, et on est impuissant quand il s'agit du sol, couvert en partie de végétation, et dont l'état de saturation est constamment variable (l'état de saturation de l'atmosphère est d'ailleurs aussi incessamment variable). On a proposé de représenter l'évaporation annuelle dans un bassin fluvial en fonction de la hauteur de pluie H tombée dans l'année sous la forme :

$$E = E_0 e^{-k(H - H_0)^2};$$

Mais il y a là trois coefficients E_0 (maximum de l'évaporation annuelle), k et H_0 bien difficiles à déterminer, et de plus la formule ne tient pas compte du mode de répartition de H entre les saisons : or, il est bien évident que les choses ne se passent pas de même en ce qui regarde le ruissellement et l'évaporation, si la pluie tombe en quelques grandes averses espacées ou si elle se répartit presque uniformément en petites pluies tous les jours de l'année. La température influe également.

La fraction d'infiltration, — celle qui produit les eaux souterraines et nous intéresse tout spécialement ici, — ne peut être non plus ni calculée, ni mesurée par l'observation. Tout au plus si on sait mesurer la quantité d'eau qui percole au travers de caisses artificiellement remplies sur $0^m,90$ de hauteur de terre gazonnée ou nue (*lysimètres*) (2), ou qui est recueillie

(1) On a cependant avancé pour cette fraction le chiffre de 55 0/0 de la pluie annuelle pour la France entière; pour le bassin de la Tamise, d'après Baldwin Latham, elle serait de 57,5 0/0, la fraction de ruissellement y étant de 29,6 0/0 et par suite celle d'infiltration de 12,9 0/0. Pour des régions plus chaudes, elle est beaucoup plus forte, puisque le débit de certains fleuves peut être absorbé en entier par l'évaporation dans les lacs ou les déserts auxquels ils aboutissent.

(2) Baldwin Latham dans ses expériences de Croydon, qui ont porté sur vingt-cinq ans (1883 à 1908), a trouvé que de telles caisses laissaient passer 40 à 41 0/0 de la pluie annuelle (qui était moyennement de $0^m,640$) : la proportion était de 54 à 57 0/0 pour la période d'hiver et seulement de 22 à 28 0/0 pour la période d'été (mars à août), prise chacune isolément.

par le drainage des terres ou des prairies, c'est-à-dire au plus à $1^m,25$ de profondeur (1) : quant à l'eau qui descend plus profondément, on ne peut généralement ni la suivre, ni l'évaluer. D'un autre côté, il faut remarquer que le cheminement des eaux souterraines n'a rien de commun (sauf dans le cas de la nappe des alluvions dans le fond d'une vallée fluviale) avec celui des eaux de surface, que des eaux infiltrées dans le bassin d'une rivière peuvent fort bien revenir au jour dans celui d'une autre rivière ou gagner directement sous terre les fosses océaniennes, que parfois des eaux de ruissellement rentrent sous terre et grossissent les nappes, qu'enfin les trajets souterrains se font souvent lentement et que les influences de surface peuvent ainsi mettre de longues années à se traduire à distance ou en profondeur, etc., etc., — tous phénomènes qui paraissent bien troubler les calculs et les rendre hypothétiques.

La fraction de ruissellement (le *run-off*) est donc la seule que l'on puisse mesurer : en jaugeant un cours d'eau en un point donné de son parcours, on a jour par jour le ruissellement fourni par son bassin à l'amont de ce point, et en comparant le débit écoulé dans l'année D au total de pluie H tombée sur le bassin, on a ce qu'on appelle le *coefficient d'écoulement annuel* ou *coefficient de ruissellement* (apparent) $\frac{D}{H}$. Ce coefficient varie beaucoup d'un fleuve à un autre : Murray a donné pour trente-trois grands fleuves des chiffres qui sont compris entre 0,027 pour le Nil et 0,625 pour le Rhône, le plus torrentiel de la série (la Seine aurait 0,24); mais le Pô atteindrait 0,75, tandis qu'on arrive à 0 pour les fleuves qui s'épuisent totalement en route. On a reconnu que dans un même bassin le coefficient d'écoulement augmente avec la pluie annuelle : les uns ont admis la formule $\frac{D}{H} = a + bH$ (2), les autres $\frac{D}{H} = \frac{H}{\varepsilon}$ (3) (où ε porte — à tort — le nom d'*indice d'évaporation*).

La connaissance des débits D ne permet pas en effet d'en tirer une évaluation sérieuse de la fraction d'évaporation E, ni de celle d'infiltration. Quelques auteurs ont posé : $D = H - E$ (4); mais on voit tout de suite que

(1) En Allemagne, le drainage de prairies a recueilli de 32,8 0/0 à 58,7 0/0 de la pluie annuelle, sans qu'on puisse dire dans quels terrains (sableux ou argileux) le chiffre est le plus élevé.

(2) M. Coutagne, pour le Massif Central (France) admet $\frac{D}{H} = 0,25 + 0,00035\ H$.

(3) En ce cas le débit annuel D serait proportionnel au carré de la pluie tombée H, loi qui n'est guère vérifiée par l'expérience (à cause sans doute, comme je l'ai déjà dit, de l'inégalité dans la répartition saisonnière de la pluie).

(4) C'est ainsi qu'employant l'une ou l'autre des expressions données ci-dessus pour l'éva-

cette formule néglige l'infiltration, — ce qui revient à supposer que l'eau infiltrée souterrainement dans le bassin y ressort intégralement pour alimenter les sources et rentrer dans le ruissellement avant le point observé : c'est là une hypothèse gratuite qui est loin d'être toujours réalisée. De plus, la quantité d'eaux souterraines emmagasinées dans l'intérieur du sol n'est pas forcément la même à la fin d'une année qu'au début, et il en est de même pour les réserves solides (neiges et glaces) accumulées dans les bassins montagneux. En sorte que pour s'approcher de la vérité, il faudrait écrire avec Penck :

$$D = (H - H_0)\gamma - \alpha t + [s' - s''] + [n' - n''],$$

où H_0 est cette hauteur de pluie spéciale qui, si elle tombait seule, ferait équilibre à l'évaporation et ne laisserait rien au ruissellement;

t est l'écart de la température moyenne de l'année avec la moyenne annuelle générale;

s' et n' sont les réserves en eau souterraine et en eau solide existant dans le bassin au 1er janvier de l'année considérée, s'' et n'' ces réserves au 31 décembre. (On suppose toujours que les eaux souterraines ne s'échappent pas en partie dans un autre bassin fluvial).

La constance des coefficients γ et α pour un même bassin n'est d'ailleurs pas démontrée [1], puisque la formule ne tient pas compte du mode de répartition de la pluie en temps et en lieux. Aussi doit-on dire avec Ule :

« La relation entre les pluies et l'eau écoulée par une rivière est impossible à trouver directement, à cause de la complication de toutes les autres conditions qui viennent troubler le rapport de cause à effet de ces deux phénomènes. »

Est-ce à dire qu'on doive renoncer à se rendre un compte au moins approximatif de ce qui se passe pour l'infiltration et le ruissellement dans une région? Evidemment non : l'inspection topographique et géologique d'un bassin fluvial en fera connaître le degré de perméabilité et les pentes, éléments dont dépend essentiellement l'importance du ruissellement;

poration, on a pour l'Europe centrale (d'après Keller) :

$$D = 0{,}64H^2 \quad \text{ou} \quad D = H - 0{,}40e^{-2.773[H-0{,}725]^2};$$

pour les États-Unis (au Nord du quarantième parallèle) (d'après Baulig) :

$$D = 0{,}40H^2 \quad \text{ou} \quad D = H - 0{,}65e^{-1{,}20[H-1{,}125]^2};$$

pour les États-Unis (au Sud du quarantième parallèle) (d'après Baulig) :

$$D = 0{,}19H^2 \quad \text{ou} \quad D = H - e^{-0{,}81[H-1{,}5]^2}.$$

(1) Ainsi γ doit croître avec H, la partie de l'écoulement qui provient du ruissellement direct croissant plus vite que la pluie.

l'étude des affleurements permettra d'évaluer les surfaces perméables (*affleurements alimentaires*) par où l'eau pénètre dans le sol, et leur nature indiquera si la pénétration se fait rapidement (engouffrement) ou lentement; le jaugeage des sources donnera le volume d'eaux souterraines ramenées au jour et on pourra en faire la comparaison (sans doute assez vague) avec le volume infiltré; enfin les reconnaissances par puits, forages et pompages dont il sera parlé plus loin achèveront de renseigner (d'autant mieux qu'on en fera davantage) sur la situation et la puissance des collections d'eaux souterraines.

Quantité d'eau souterraine. — Plusieurs auteurs ont tenté d'évaluer en bloc la masse d'eau souterraine *libre* (c'est-à-dire sans y comprendre l'*eau de carrière*, qui est inséparable des roches) que contient la croûte terrestre. La première tentative est due à Delesse [1], la dernière (à ma connaissance) à Myron L. Fuller [2], qui a fait une analyse très serrée de la porosité des différentes roches : les résultats sont consignés dans le petit tableau ci-dessous et montrent à quelles différences d'appréciation peut conduire un problème aussi complexe [3] :

AUTEURS des ÉVALUATIONS	DATE de L'ÉTUDE	ESTIMATION DE LA QUANTITÉ D'EAU SOUTERRAINE LIBRE		
		EN MILLIONS de mètres cubes	EN FRACTION du volume du globe terrestre	EN ÉPAISSEUR d'une couche d'eau uniforme recouvrant le globe
Delesse	1861	1.175.089	1 : 921.000	2m,304
Slichter	1902	509.000	1 : 2.124.000	0m,998
Van Hise	1904	35.260	1 : 30.715.000	0m,068
Chamberlin et Salisbury	1905	de 125.345 à 250.690	de 1 : 8.640.000 à 1 : 4.320.000	de 0m,246 à 0m,492
M. L. Fuller	1906	15.040	1 : 72.000.000	0m,030

Ce problème n'a qu'un intérêt platonique : l'eau souterraine étant très inégalement distribuée dans le globe, ce qu'il importe de savoir c'est s'il

(1) DELESSE, *Bulletin de la Société géologique de France*, 2e série, vol. 19 (1861-62).

(2) FULLER, *Total amount of free water in the earth's crust* (water supply paper du *Geological Survey U. S.*, n° 160, 1906).

(3) A titre de comparaison, il y aurait, d'après Halbfass (*Zeitschrift für ges. Wasserwirtschaft*, 5, V, 1913) en tout sur et dans le globe terrestre 1,304.068.550 milliards de mètres cubes d'eau (dont 1.300.000.000 pour les Océans et 3.500.000 pour les glaces des calottes polaires) : cela fait $\frac{1}{830}$ du volume de la planète.

y en a et combien on en trouvera en un endroit déterminé; c'est le principal but de la science hydrogéologique.

Processus de l'infiltration. — Partout où la surface du sol n'est pas immédiatement imperméable (roc compact ou argile forçant l'eau à ruisseler ou à stagner), elle laisse pénétrer une partie de l'eau tombée sur elle ou condensée dans ses pores, et cette eau chemine verticalement d'abord au travers de la couche arable du sol, puis vers la profondeur jusqu'à ce qu'elle soit arrêtée par une couche imperméable : il se forme ainsi une première nappe, dite *nappe phréatique* ou *nappe des puits*. L'eau de cette nappe peut avoir des sorts divers : ou bien après un certain trajet souterrain elle reparaît au jour sous forme de sources, suintements, rentrées directes dans les lacs, marais et cours d'eau, et se mêle ainsi aux eaux de ruissellement; ou bien elle rencontre quelque cassure ou fissure qui la fait descendre rapidement et rejoindre une nappe plus profonde; ou enfin la nappe dont elle fait partie s'enfonce elle-même progressivement et devient une *nappe profonde* (et souvent *captive*). Dans ces deux derniers cas, notre eau suit le sort de celle des nappes profondes, laquelle peut aussi revenir au jour par sources, cassures ascendantes, puits artésiens, ou bien gagner souterrainement le lit des cours d'eau ou les fosses lacustres et océaniennes.

A cause de son voisinage de la surface et de la facilité qu'on a d'y puiser, la nappe phréatique est de la plus grande importance pour l'homme : arrêtons-nous d'abord un instant sur son mode de formation et son allure habituelle.

I. **L'eau dans les couches superficielles du sol, et la nappe phréatique.** — Nous supposerons, ce qui est un cas fréquent, une colline formée d'un terrain poreux, sableux par exemple, reposant sur une couche imperméable légèrement inclinée (*fig.* 5); de plus, une vallée d'érosion s'est ouverte (du côté droit de la figure) et a entaillé le substratum imperméable, la cuvette ayant été remblayée en partie par des alluvions.

La pluie qui tombe sur la colline, après avoir rencontré les plantes (recouvrant souvent le sol et formant *sa parure*), va s'infiltrer partiellement dans la couche de terre végétale (sol arable) qui règne d'ordinaire à la surface. Des gouttelettes d'eau qui descendront par l'effet de la gravité dans les pores de cette couche, les unes seront reprises soit par l'évaporation directe, soit par les racines des végétaux (pour leur nutrition et leur transpiration); les autres, ayant échappé à ces causes, continuront à descendre verticalement dans les pores du terrain proprement dit, pores qui peuvent être en partie et momentanément occupés par l'air. Enfin à un moment donné, l'eau étant arrêtée par la couche imperméable sous-jacente remplira tous les interstices jusqu'à une certaine hauteur au-dessus d'elle, puis com-

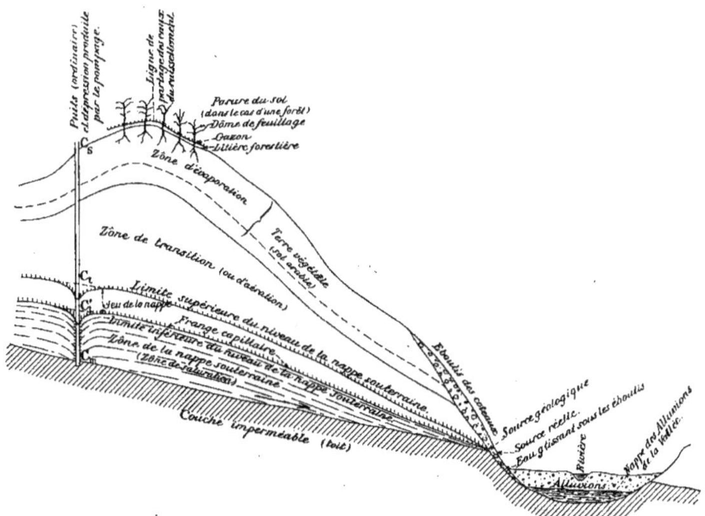

FIG. 5. — La nappe phréatique sous un coteau perméable et effet d'une vallée de recoupement.
C_s, cote de la surface du sol; — C_t et C'_t, cotes maxima et minima du toit ou dessus de la nappe; C_m, cote du mur ou fond de la nappe, ou du toit de l'imperméable.

mencera à glisser suivant la pente du toit de ladite couche, soit dans un sens presque horizontal. De là la distinction des trois zones, dites d'*évaporation*, d'*aération* (ou de transition — *intermediate belt* des Américains) et de *saturation*.

La zone de saturation est occupée par la nappe souterraine, laquelle a une puissance et une hauteur variables : sa limite supérieure oscille donc entre une position minima (qui peut être le toit de l'imperméable si la nappe s'assèche) et un niveau maximum (qui peut atteindre la surface du sol si la région devient marécageuse). De plus, cette limite supérieure est en quelque sorte prolongée vers le haut par l'effet de la capillarité : l'eau de la nappe monte dans les canalicules entre les grains constitutifs du terrain jusqu'à une certaine hauteur (1) et forme la *frange capillaire* (*capillary*

(1) Il faudrait rappeler ici les lois de la *capillarité*, la hauteur où l'eau s'élève dans un tube fin dépendant du diamètre de ce tube, de l'état et de la nature de sa paroi (ainsi l'eau monte plus haut dans un tube de verre bien nettoyé que dans un tube sale), de la tension superficielle (laquelle dépend de la composition et de la température) du liquide, de la force d'aspira-

fringe). Cette frange joue un grand rôle pour la végétation, car elle s'ap-

tion qui peut s'exercer à l'extrémité du tube (effet du vent soufflant à la surface du sol, de la transpiration des feuilles par les stomates), etc., etc.

D'après la *loi de Jürin*, la force ascensionnelle (qui fait équilibre à la pesanteur) dans un tube capillaire cylindrique de diamètre d (en centimètres) étant $F = \pi d T \cos \alpha$.
où T est la tension superficielle du liquide (en dynes par centimètre; elle est pour l'eau à 0° de 75,6 et à 25° de 72,1, dans un tube de verre propre), et α l'angle de contact entre le liquide et la paroi du tube ($\cos \alpha$ est pour l'eau voisin de 1), la hauteur d'ascension (en centimètres) sera donnée par :

$$h = \frac{4T \cos \alpha}{d \rho g},$$

où ρ est la densité du liquide (voisine de 1) et $g = 980$. L'eau dans un tube de verre de 1 millimètre monte donc à 30^{mm},9, dans un tube de $\frac{1}{10}$ de millimètre à 309 millimètres, dans un tube de $\frac{1}{100}$ de millimètre à 3.090 millimètres, et ainsi de suite.

En pratique, l'ascension capillaire dans les premières couches du sol, et par suite la hauteur de la frange capillaire, a été étudiée par de nombreux auteurs; mais il faut distinguer si le terrain est sec ou mouillé, et aussi faire intervenir le temps nécessaire à l'ascension complète (d'autant plus long que les canalicules sont plus petits). Ainsi, en 1904, Whipple opérant sur les sables de Long Is and trouve les résultats ci-dessous :

TAILLE EFFECTIVE du sable (en millimètres)	COEFFICIENT D'UNIFORMITÉ	HAUTEUR D'ÉLÉVATION DE L'EAU AU BOUT DE DEUX MOIS (en millimètres)	
		Sable sec	Sable mouillé
1,0	Compris entre 1,17 et 1,53	jusqu'à 38,1	de 152,4 à 279,4
0,5		de 76,2 à 101,6	de 279,4 à 431,8
0,4		de 101,6 à 127,0	de 355,6 à 508,0
0,3		de 139,7 à 177,8	de 431,8 à 635,0
0,25		de 165,1 à 203,2	de 508,0 à 711,2
0,03		de 406,4 à 482,6	de 1.651,0 à 1.981,2

Briggs et Lapham ont aussi trouvé que pour des grains de 0^{mm},25 à 0^{mm},5 de diamètre constituant un sable dans la proportion de 96,3 à 97,6 0/0, l'ascension allait en sable sec entre 318 et 581 millimètres, et en sable mouillé entre 1.125 et 1.418 millimètres.

Pour le temps, Atterberg dit qu'il faut quatre jours pour avoir le maximum d'élévation avec du sable de 1 à 0,5 millimètre de diamètre, huit jours pour un grain de 0,5 à 0,1, et soixante-douze jours de 0,1 à 0,05 millimètre. Hilgard (*soils*, 1906) a poursuivi plus longtemps et plus loin ses expériences et donne les chiffres suivants :

DIAMÈTRE des GRAINS (en millimètres)	HAUTEUR MAXIMA d'ascension (en millimètres)	NOMBRE DE JOURS nécessaire pour atteindre le maximum	DIAMÈTRE des GRAINS (en millimètres)	HAUTEUR MAXIMA d'ascension (en millimètres)	NOMBRE DE JOURS nécessaire pour atteindre le maximum
2	114,3	80	0,072	883	144
1	241,3	100	0,047	1.352	160
0,500	279,4	138	0,025	2.667	300
0,300	330,2	188	0,016	3.099	475
0,160	488,9	191	Limon sableux	1.321	144
0,120	666,7	158	Argile	1.537	350

Pour ce qui regarde la composition de l'eau, Whipple dit qu'avec l'eau de mer, l'eau de la distribution de Brooklyn (environ 60 milligrammes par litre de matières dissoutes) et l'eau distillée les hauteurs d'ascension sont dans le rapport de 1, 1,15 et 1,25.

proche souvent assez près de la surface du sol pour que les racines des plantes puissent aller y puiser (1).

D'après cela, si nous considérons un élément de volume (un décimètre cube par exemple) du terrain à différentes hauteurs, cet élément aura tous ses pores remplis d'eau dans la zone de saturation et dans la frange capillaire; dans la zone d'aération, ils ne seront remplis qu'en partie, et l'eau tendra à descendre vers la nappe (*percolation*) jusqu'à ce qu'il n'en reste qu'un certain minimum (*rétention*) que la gravité n'arrive pas à séparer du terrain; enfin dans la zone d'évaporation, l'air pourra complètement remplacer l'eau à certains moments (périodes de sécheresse). On est ainsi conduit à considérer pour chaque élément de volume les propriétés suivantes :

a) **Puissance absolue d'absorption pour l'eau (capacité totale).** — Ce n'est autre chose que la *porosité* du terrain, dont il a déjà été parlé. Cette capacité est entièrement satisfaite dans la zone de la nappe souterraine : c'est l'état de saturation;

b) **Puissance relative (ou momentanée) d'absorption.** — Quand tous les vides ne sont pas remplis, c'est la quantité d'eau qui manque pour parfaire le remplissage : c'est en d'autres termes le complément du degré de saturation (pourcentage). Dans la zone de transition, le terrain n'est ainsi que partiellement rempli d'eau, et la fraction varie suivant que l'eau s'écoule par le bas, s'évapore vers le haut, ou qu'il en arrive de nouvelle à la suite de pluie ou d'irrigation;

c) **Pouvoir de percolation** (*specific yield*), et son terme complémentaire;

d) **Pouvoir de rétention** (*specific retention*), la somme de ces deux termes étant égale à la puissance totale d'absorption ou à la porosité.

Une tranche de terrain ne se laisse jamais enlever toute son eau par un drainage (que celui-ci soit fait horizontalement par un drain ou une galerie drainante ou verticalement par un puits) : il en reste toujours une certaine quantité, retenue par adhésion aux parois des canalicules, et d'au tant plus grande que ceux-ci sont plus fins, et c'est le rapport (pourcentage)

(1) En fait, dans les sols cultivés ordinaires, la frange capillaire se tient généralement à moins de 2 mètres de la surface, et les plantes l'atteignent facilement. Il semble que leurs racines s'allongent d'autant plus que l'eau est plus profonde; ainsi on a vu des racines de céréales descendre à 2 mètres, des racines de luzerne à 6 ou 8 mètres, et celles de certains arbres ou arbustes dans les déserts (les *prosopis*, par exemple) jusqu'à 15 mètres.

de cette quantité au volume de terrain contenant qui est le pouvoir spécifique de rétention. Quand le terrain est saturé, il se laisse soutirer par drain ou puits (sous l'effet de la gravité), la différence de son contenu et de la rétention, et l'on ne pourra compter obtenir que cette différence, c'est-à-dire l'eau qui *percole* (1) au travers de la tranche : la connaissance du pouvoir de percolation est donc très importante pour apprécier le *rendement* des ouvrages de captation (et non pas la porosité, car celle-ci peut être grande comme dans l'argile, alors que la quantité d'eau cédée est faible).

Les propriétés dont il s'agit dépendent essentiellement de la taille des grains (et aussi de la nature plus ou moins colloïdale des roches). Dès 1892, Allen Hazen a mis le fait en évidence pour du sable siliceux : voici les résultats de ses expériences de Lawrence (d'où il serait facile de déduire une courbe, à consulter pour les cas intermédiaires).

TAILLE EFFECTIVE DU SABLE (en millimètres)	COEFFICIENT D'UNIFORMITÉ	POROSITÉ (0/0 DU VOLUME)	POUVOIR SPÉCIFIQUE		HAUTEUR MAXIMA où monte l'eau par capillarité (en millimètres)
			DE RÉTENTION (0/0 du volume)	DE PERCOLATION (0/0 du volume)	
5,00	1,8	44	7,0	37	25
1,40	2,4	»	7,5	»	152
0,48	2,4	40	8,0	32	229
0,35	7,8	32,5	9,5	23	356
0,17	2,0	42	11	31	406
0,06	2,3	42	16	26	914
0,03	2,3	44	19 (?)	25 (?)	1.422 (?)

Mais Hazen n'indique pas le temps qu'il faut pour que la percolation soit complète : ce temps est d'autant plus long que les pores sont plus fins, et King, dans ses expériences classiques (2), a poursuivi le phénomène jusqu'à deux ans et demi.

Il employait des tubes de 8 pieds de hauteur et 5 pouces de diamètre drainés par le bas et se mettait à l'abri des pertes par évaporation. Il a trouvé les chiffres ci-après :

(1) Le mot *percolation* est ici préférable à celui de filtration, qui implique l'idée de rétention dans le terrain des corpuscules, et notamment des microbes, en suspension dans l'eau : la *valeur filtrante* d'un terrain indiquera son effet de purification dans ce sens, tandis qu'il ne s'agit présentement que de la quantité d'eau qui passe.

(2) KING, *Principles and conditions of the movements of ground water* (*U. S. Geolog. Survey*, XIXe Report, 1899).

TAILLE EFFECTIVE du sable (en millimètres)	COEFFICIENT D'UNIFORMITÉ	POROSITÉ (0/0 DU VOLUME)	QUANTITÉ D'EAU PERCOLÉE (0/0 DU VOLUME)					QUANTITÉ D'EAU restant dans le sable après deux ans et demi de drainage (0/0 du volume)
			dans la première demi-heure	dans la deuxième demi-heure	dans les neuf jours suivants	du dixième jour à la fin de deux ans et demie	totale (pendant deux ans et demie)	
0,475	Voisin de 1 (sables très homogènes de densité comprise entre 1,57 et 1,62).	38,86	10,68	4,88	8,72	2,60	26,88	6,87
0,185		40,07	7,85	5,46	9,48	2,71	25,50	8,01
0,155		40,76	5,60	4,70	9,88	1,87	22,05	11,37
0,118		40,57	1,57	1,35	12,85	2,72	18,49	14,81
0,083		39,73	1,26	0,90	11,29	2,01	15,46	18,87

King a aussi étudié la répartition de l'eau retenue suivant la hauteur : naturellement elle est plus abondante dans les couches inférieures, mais la répartition est d'autant moins inégale que le sable est plus fin. Ainsi avec celui de 0,083 de taille effective, il y avait dans la tranche la plus basse de 1 pied d'épaisseur 40,16 0/0 d'eau, dans celle du septième pied 32,94 0/0, du sixième pied 26,40 0/0, du cinquième pied 18,97 0/0, du quatrième pied 13,00 0/0, du troisième pied 9,19 0/0, du deuxième pied 6,97 0/0, enfin du pied de surface 5,81 0/0; au contraire, dans le sable de 0,475 de taille effective il n'y avait presque plus d'eau au-dessus du second pied à partir du fond.

D'autres auteurs ont cherché quelles quantités d'eau retenaient ou laissaient passer les couches d'un sol en place. Ainsi Israelsen [1] prend les sols irrigués de la vallée du Sacramento (Calif.) et trouve par exemple qu'un limon argileux de 50,1 0/0 de porosité pris à 6 pieds de profondeur contient à la fin du quatrième jour, suivant une irrigation, 28,1 0/0 d'eau: il aurait donc fourni au drainage la différence, soit 22 0/0. — Ch. Lee [2], sur 36 échantillons pris dans les alluvions récentes (*valley fill*) des vallées du comté de San Diego, a trouvé que pour une porosité moyenne de 45,1 0/0, on pouvait tirer par drainage jusqu'à 33 à 37 0/0 (en volume), mais qu'il fallait pour y arriver un temps très long : en pratique, on ne peut compter tirer de ces alluvions plus de 20 à 25 0/0 d'eau. — Willis Lee [3] avait trouvé que d'un gros gravier de 35,8 0/0 de porosité de la vallée du Salt River on

(1) ISRAELSEN, *Studies in capacities of soils for irrigation water* (*Journal Agr. Research*, vol. 13, 1918).

(2) ELLIS et LEE, *Geology and ground waters of the western part of san Diego County* (Calif.) (*U. S. Geological Survey*, water supply paper 446, 1919).

(3) LEE W. T., *Underground waters of salt River valley* (Ariz) (*U. S.Geol. Survey*, water supply paper 136, 1905).

pouvait tirer en eau par pompage de 15 à 30 0/0 de son volume. Enfin Clark [1], pour une alluvion composée de 29 0/0 de gravier, 2 de sable et 69 d'argile, et saturée d'eau, évalue à 12,06 0/0 du volume la quantité d'eau à en tirer, et en fait les pompages en ont donné 11,6 0/0.

L'eau retenue dans un terrain drainé n'est pas toute perdue pour la végétation, et les racines des plantes lorsqu'elles atteignent une tranche donnée peuvent y reprendre une certaine fraction de cette eau. Il y a aussi une limite à cet épuisement, et lorsque cette limite est dépassée et qu'il n'y a pas d'apport d'eau nouvelle, les feuilles des plantes se flétrissent : Briggs et Shantz [2] appellent *coefficient de flétrissure* (*wilting coefficient*) le rapport (pourcentage en poids) de l'eau qui est alors restée dans le terrain au poids de ce terrain sec, et la différence entre le pouvoir de rétention précédemment défini et ce coefficient indique la quantité d'eau que le terrain drainé tient disponible pour la végétation ;

e) ***Le coefficient de flétrissure*** varie beaucoup avec les terrains considérés, mais assez peu (moins de 8 0/0 dans un sens ou dans l'autre) avec la nature des plantes. Moyennement, les auteurs précités l'ont trouvé de 0,86 à 1,23 pour du gros sable, de 2,6 à 3,76 pour du sable fin, de 4,2 à 13,9 pour du limon, de 14,8 à 16,3 pour du limon encore sableux, enfin de 16,8 à 30,9 pour de l'argile de plus en plus compacte.

De l'eau que ne peuvent absorber les racines, l'évaporation intense peut encore enlever une partie, et il reste enfin l'*eau hygroscopique*, qui se met en une sorte d'équilibre avec l'humidité de l'atmosphère. (Cette eau ne peut être enlevée que par une dessiccation prolongée au-dessus de 100°);

f) De là le nom de ***coefficient hygroscopique*** donné par Hilgard au rapport (en poids) de l'eau hygroscopique au poids du terrain la contenant (à une température déterminée, généralement 20° C.). Ce coefficient, comme les précédents, augmente au fur et à mesure que les pores sont plus fins : ainsi, d'après Briggs et Shantz, il va de 0,5 pour du gros sable et de 2,3 pour du sable fin à 11,4 pour du limon argileux et même 14,5 0/0 pour de l'argile. La composition chimique de l'argile, qui contient souvent des hydrates ferriques, intervient aussi dans la fixation de l'eau par le pouvoir hygroscopique du sol ;

(1) CLARK, *Ground water for irrigation in the Morgan Hill area* (Calif.) (*U. S. Geol. Survey* water supply paper 400, 1917).

(2) BRIGGS et SHANTZ, *The wilting coefficient for different plants and its indirect determination* (*U. S. Dep. of Agriculture : Plant Industry, Bulletin* 200, 1912).

g) ***Équivalent d'humidité.*** — Enfin, les auteurs américains [1] ont introduit sous le nom de *moisture équivalent* le rapport (pourcentage en poids) de la quantité d'eau qui est retenue par un échantillon de sol lorsqu'après avoir été saturé il est centrifugé avec une force constante (par exemple égale à 3.000 fois la force de la gravité), au poids de cet échantillon sec. Cet équivalent diminue, mais lentement, quand la force centrifuge augmente [2]; mais il varie surtout avec la finesse du grain, atteignant 26 0/0 avec du limon argileux et jusqu'à 57 0/0 avec l'argile compacte. Il semble établi que chaque addition à du sable ordinaire de 1 0/0 de limon (diamètre des grains entre 5 et 50 μ) augmente l'équivalent de 0,13 0/0, et que l'addition de 1 0/0 d'argile (grains plus petits que 5 μ) l'augmente de 0,62 0/0.

Briggs et Shantz ont déterminé des relations approximatives entre la composition mécanique d'un sol, le coefficient de flétrissure, le coefficient hygroscopique et l'équivalent d'humidité. Elles peuvent s'écrire :

$$\text{Équivalent d'humidité} = 1{,}84 \text{ coefficient de flétrissure,}$$
$$\text{Coefficient de flétrissure} = 1{,}47 \text{ coefficient hygroscopique;}$$

et en appelant S, L et A les pourcentages en poids de sable, limon et argile (au sens ci-dessus) composant le sol :

$$\text{Coefficient de flétrissure} = 0{,}01S + 0{,}12L + 0{,}57A,$$
$$\text{Coefficient hygroscopique} = 0{,}0068S + 0{,}0816L + 0{,}3876A.$$

Quand on a mesuré une de ces quantités, on peut donc avoir une bonne idée des autres, ainsi que de l'eau tenue par un sol à la disposition de la végétation.

Revenons à la figure 5. Nous avons supposé que du côté droit une vallée avait recoupé le coteau perméable et arrêté son fond dans le substratum imperméable : ce creux s'est d'ordinaire rempli d'alluvions, qui contiennent elles-mêmes une autre nappe phréatique (ayant un écoulement parallèle, mais beaucoup plus lent que celui de la rivière, et ayant avec celle-ci des relations sur lesquelles nous reviendrons plus loin). La présence de cette dépression va agir sur la nappe phréatique du coteau en attirant une partie de ses eaux vers la vallée : le dessus de la nappe prendra une forme parabolique dissymétrique (à cause de la pente du toit de l'imperméable), et l'écoulement se fera à flanc de coteau soit par une source visible, soit par

(1) Briggs et Mc Lane, *The moisture equivalents of soils* (*U. S. Depart. of Agriculture : soils, Bulletin* 45, 1907).

(2) Ainsi, pour du sable des dunes, il passe de 2,8 à 2,6, pour du limon de 10,3 à 7, etc., etc., quand la force centrifuge passe d'environ 1.000 à environ 3.000 fois la force de gravité.

une source masquée par les éboulis et déviée, soit par des filets gagnant sous les éboulis et alluvions la nappe sous-fluviale (parfois la rivière elle-même). Si la pente de l'imperméable avait été dirigée en sens opposé (soit vers la gauche), une bien plus petite quantité d'eau souterraine aurait été attirée vers la vallée : celle-ci eût été placée sur le *mauvais* (*petit*) *versant*.

Enfin, si au lieu d'être constituée par un terrain sableux, la colline filtrante était un terrain fissuré, l'eau circulerait non plus dans des canalicules très fins, mais dans des fissures plus ou moins larges. Si leur étroitesse est suffisante, la capillarité s'exerce encore (mais cette fois suivant la *loi de Newton*) (1). Si, au contraire, les fissures sont larges, la circulation de l'eau s'y fait suivant les lois de la gravité et de l'hydraulique, comme dans des tubes, canaux ou aqueducs de forme et section variées, pleins ou non dans certaines parties, avec ou sans pression dans d'autres : les fissures peuvent d'ailleurs s'étendre à la couche imperméable et y amener l'eau dans la profondeur.

II. **L'eau en profondeur : nappes captives, pression, température.** — Une couche perméable et la nappe qu'elle contient peuvent aussi être recouvertes à un moment donné par une couche imperméable superposée : une série de couches alternativement perméables et imperméables peuvent ainsi affleurer *par leurs tranches*, et s'enfoncer plus ou moins profondément (soit en suivant la pente d'un seul versant d'un anticlinal, soit en se relevant ensuite de l'autre côté du fond d'un synclinal).

La figure 6 montre schématiquement comment se comporte l'eau dans ces cas : elle entre dans la couche perméable par sa surface découverte supérieure formant les *affleurements alimentaires*, soit qu'elle provienne de la pluie qui y tombe, soit par pénétration des eaux de ruissellement qui descendent des terrains dominant ces affleurements et rentrent en terre; puis après avoir eu un certain temps un niveau libre, elle atteint en glissant sur le toit de l'imperméable inférieur le mur de l'imperméable supérieur et s'y met sous pression, formant ainsi une *nappe captive;* enfin, après un certain parcours dans ces conditions, l'eau revient en partie au jour soit par des sources étagées le long des *affleurements émissifs* de la couche perméable, soit par des cassures naturelles (failles et *cassures ascendantes*) ou

(1) Si e est l'écartement entre deux lames planes verticales parallèles, cette loi donne pour la hauteur d'ascension du liquide entre les lames $h = \frac{2k}{edg}$, où k est la constante capillaire et d la densité du liquide. Si les lames cessent d'être parallèles, l'intersection de la surface du liquide par le plan bissecteur de leur dièdre sera une hyperbole équilatère.

artificielles (puits et forages) dans lesquelles elle remonte par suite de la pression. Il arrive aussi bien entendu que l'eau passe d'une nappe supérieure dans une nappe plus profonde par des *cassures descendantes.*

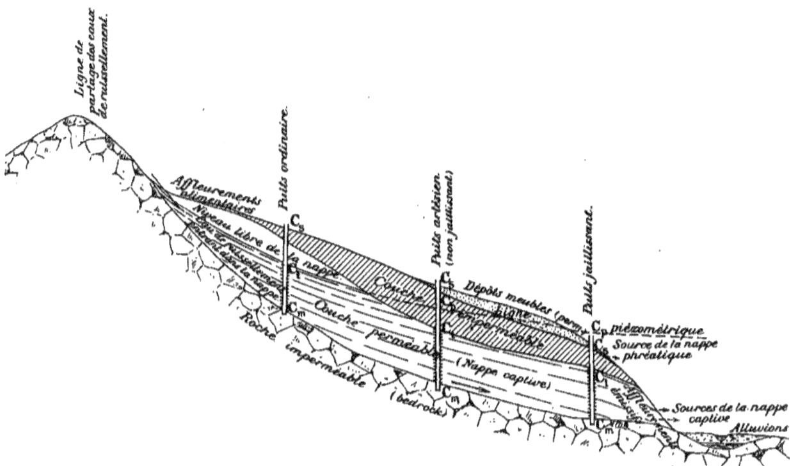

FIG. 6. — Une nappe captive entre deux couches imperméables, et effet d'une vallée.

C_s, cotes de la surface du sol; — C_t, cotes du toit ou dessus de la nappe; — C_p, cotes du niveau piézométrique; C_m, cotes du mur ou fond de la nappe.

Jusqu'où l'eau peut-elle descendre de la sorte dans l'intérieur du sol? Cela dépend essentiellement de la constitution des terrains : on voit des roches poreuses, comme des grès, descendre à plus de 2.000 mètres et contenir une belle quantité d'eau (1); mais on voit aussi dans les roches cristallines, comme les granits et les gneiss, les fissures diminuer d'ampleur en descendant, et pratiquement être tellement étroites qu'elles ne contiennent plus d'eau en dessous de 90 ou 100 mètres (ou du moins pas d'eau qu'on puisse soutirer). C'est l'augmentation progressive des pressions qui est cause de la diminution également progressive et finalement de la disparition des fissures : d'après Heim, van Hise, Hoskins, Bridgman (2), il y

(1) Les forages les plus profonds à ce jour sont ceux de Goff et de Lake (près Clarksburg et près Fairmont, W. Virginia, États-Unis), qui atteignent respectivement 2.251 m,2 et 2.310 mètres de profondeur, sans sortir des formations sédimentaires : ils ne donnent plus d'eau en dessous de 700 mètres. Mais le Geary well, près Mc Donald (Pa), qui descend à 2.209 m,2, donne de l'eau en abondance entre 1.840 et 1.910 mètres de profondeur (elle monte à 213 mètres en dessous du sol et est salée). En Europe, on n'est pas descendu en dessous de 2.003 mètres (mine de Silésie).

(2) Voir notamment : BRIDGMAN : *The failure of cavities in crystals and rocks under pressure American Journal Scient.*, 4e série, vol. 45, 1918).

a pour chaque nature de roches une limite de pression au-dessus de laquelle les morceaux au contact s'agglomèrent en subissant une certaine fluidification (*rock flowage*). De fines crevasses dans le granit pourraient encore contenir de l'eau sous des pressions de 6.000 à 7.000 kilogrammes par centimètre carré, soit jusqu'à 10.350 mètres de profondeur : dans les Alpes, avec des calcaires et des grès, Heim pensait que la limite ne dépassait pas 2.600 mètres.

On sait qu'avec la profondeur la température va aussi en augmentant (en sorte que sous l'accroissement de pression l'ébullition de l'eau serait atteinte vers 2.500 mètres de profondeur), suivant la loi du ***degré géothermique***. Mais ce degré, c'est-à-dire la profondeur correspondant à une augmentation de 1° C., est loin d'être constant (on avait cru pouvoir le fixer aux environs de 30 mètres) : il varie suivant la nature des roches (en général, il est plus faible dans les terrains stratifiés que dans les roches cristallines), suivant le rapprochement plus ou moins grand d'un foyer volcanique ancien ou récent, l'existence de combustions internes plus ou moins actives, la circulation d'eaux venant de distances plus ou moins grandes, etc., etc. Ainsi Darton, qui a groupé les données des nombreux forages des États-Unis [1], relève qu'au forage d'Ocala (Floride), qui a 369 mètres de profondeur, la température n'atteint que 23°,6, ce qui fait 145^{m},8 pour 1°, tandis que dans d'autres régions on a un accroissement de 1° pour 5 à 7 mètres (Payne Well à San Bernardino, Cal. qui a 196 mètres de profondeur et 44°,5 de température; Enterprise Well, Idaho, avec 104 mètres de profondeur et 30°,6; plusieurs forages dans l'Arizona, etc., etc.).

On n'oubliera pas que sous l'influence des hautes pressions et des températures élevées les conditions de solubilité des roches se trouvent modifiées : de là la teneur élevée en certains corps des eaux profondes.

Mouvements de l'eau dans le sol. — I. **Essais pour l'étude théorique du mouvement de l'eau dans un terrain.** — L'irrégularité qu'on rencontre généralement dans les pores et fissures des terrains ne permet pas, à mon avis, qu'on applique avec quelque sécurité les mathématiques au mouvement de l'eau dans l'intérieur du sol, — d'autant moins que la provenance de l'eau dépend à l'origine d'un phénomène météorologique également très irrégulier, la pluie. On ne peut tenter un essai de calcul théo-

(1) *Geothermal data of the United States. Bulletin* 701 du *Geological Survey U. S.*, 1920. Au forage de Lake (W. V^{ia}) cité ci-dessus, la température était de 67°,8 à 2.177 mètres; au début, elle avait augmenté de 1° pour 47^{m},7, mais à 1.567 mètres la variation était de 1° pour 22^{m},9; puis plus bas, elle se ralentissait et demandait 49 mètres.

rique qu'en faisant des hypothèses, notamment en supposant la tranche de terrain traversée constituée par des grains homogènes, tous semblables de forme et de taille, comme il arrive approximativement dans les sables naturels ou dans les filtres artificiels. Il est intéressant de voir les efforts qui ont été faits dans ces cas pour établir les lois de l'écoulement : on se fera par là une idée de ce qui se passe en fait dans la nature, ou du moins de ce qui se passerait si l'homogénéité du terrain, la constance de la pression et de la pente, l'uniformité de l'alimentation étaient plus parfaitement réalisées.

Lois de Poiseuille et formule de Slichter. — Dans une masse de sable à grains sphériques homogènes, l'eau circule entre les sphères dans les canalicules capillaires ayant pour lumière des polygones curvilignes à surface variable et pour trajet des lignes sinueuses se glissant d'une sphère sur l'autre. La section d'un canalicule est minima dans le plan qui passe par les centres des sphères (voir son expression donnée précédemment en fonction de l'angle d'empilage et du diamètre des grains); mais on ne sait pas appliquer le calcul à ce canalicule contourné entre les sphères et de section variable. Aussi Slichter (ouvrage cité) a-t-il dû supposer que les deux causes d'irrégularité ci-dessus se compensaient approximativement, et il a substitué aux canalicules réels des tubes capillaires cylindriques de même longueur et de section circulaire égale en surface à la section minima, et il leur a appliqué la *loi de Poiseuille.*

Cette loi [1], basée sur des expériences faites avec des tubes capillaires cylindriques en verre de diamètre d et de longueur l, donne pour leur débit q (en centimètres cubes par seconde) l'expression :

$$q = \frac{\pi d^4 p}{128 \eta l},$$

où p est la différence de pression (en dynes par centimètre carré) aux deux extrémités du tube, et η le coefficient de viscosité de l'eau [2]. Ainsi que l'a reconnu Poiseuille lui-même (et après lui Meyer et Cohen), cette loi n'est qu'approximative, et il y a des écarts assez forts quand les tubes sont courts et les pressions élevées.

[1] *Comptes Rendus de l'Académie des Sciences* (26 décembre 1842).

[2] Ce coefficient dépend surtout de la température : Helmholtz a donné pour l'eau l'expression :

$$\eta = \frac{0,0178}{1 + 0,0337t + 0,000221t^2},$$

(t en degrés centigrades). Il diminue aussi quand la pression augmente.

Quoi qu'il en soit, en l'appliquant dans les conditions indiquées ci-dessus, Slichter a donné la formule ci-après pour le débit q (en centimètres cubes par seconde) d'une tranche de sable filtrant de section s (en centimètres carrés) et de hauteur h (en centimètres), de diamètre de grains d, de porosité m et d'angle d'empilage α, p étant la différence de pression aux deux extrémités de la tranche (évaluée en centimètres d'eau à 4°) :

$$q = [1;0094] \frac{pd^2s \left[1 - \frac{\pi}{4 \sin \alpha}\right]^2}{\eta h (1 - m)},$$

Dans cette formule [1.0094] est le logarithme d'un facteur constant et η le coefficient de viscosité du fluide (variable avec la température).

Si on pose :

$$K = \frac{1 - m}{\left[1 - \frac{\pi}{4 \sin \alpha}\right]^2}$$

et qu'on suppose α constant (et égal à 60° qui donne le tassement le plus stable), K ne dépend plus que de m (1) et la formule se simplifie et devient :

$$q = [1,0094] \frac{pd^2s}{\eta h K}.$$

Dans cette expression, la partie $[1.0094] \frac{d^2}{K}$ représente ce qui dépend de la constitution du sol : c'est le débit qui passerait par seconde dans une tranche du sol considéré, de l'unité d'épaisseur et de section, avec une différence de 1 centimètre d'eau de pression entre les deux extrémités. On voit bien comment le débit augmente avec la porosité, avec le diamètre des grains [proportionnellement au carré (2)], et avec la température (en raison de la diminution de la viscosité de l'eau) : il augmente aussi avec la pression et diminue proportionnellement à l'épaisseur de la tranche filtrante.

(1) Alors le log K est égal à :

1,9258	pour une porosité m	de	26 0/0
1,7199	—	—	30 0/0
1,4592	—	—	36 0/0
1,2374	—	—	42 0/0
1,0400	—	—	48 0/0

(2) La formule s'appliquant à tout fluide, Slichter et King en l'appliquant à l'air en ont déduit un moyen de déterminer le diamètre des grains : ils faisaient passer 5 litres d'air à 20° (la viscosité en est bien connue) au travers d'une tranche filtrante, et en mesurant la pression et le temps du passage, il n'y avait plus que d d'inconnue dans la formule. Ces auteurs ont montré que à porosité égale le temps de passage de l'air croît très vite avec la finesse des grains.

Expériences et loi de Darcy : expériences ultérieures. — Ce dernier résultat avait été mis en évidence par Darcy dès 1856. Dans des expériences célèbres, et en se servant d'une colonne cylindrique de $3^m,50$ de hauteur et $0^m,35$ de diamètre, où il mettait sous pression variable du sable siliceux de 38 0/0 de porosité (58 0/0 de ce sable passait par un crible de $0^{mm},77$ de largeur de maille, 13 0/0 par un de $1^{mm},10$ et 12 0/0 par un de 2 millimètres), il avait trouvé que les débits par unité de section étaient sensiblement donnés par la formule $q = k\frac{p}{h}$, où p est la charge sous laquelle l'écoulement se produit et h l'épaisseur du sable : k en l'espèce était égal à 0,0003, dépendant de la nature du sable. La quantité $\frac{p}{h}$ n'est autre que la perte de charge par unité de longueur i, et si u est la vitesse d'un filet liquide et n le rapport des vides dans la section à la section totale, l'expression devient $q = n.u = ki$ (montrant ainsi une grande différence avec l'écoulement superficiel où la vitesse est proportionnelle à $\sqrt{i}$).

La loi de Darcy a servi de base à divers procédés de calcul : il importe donc de savoir si elle est suffisamment exacte et dans quels cas. Divers expérimentateurs ont cherché à la vérifier, savoir :

Hagen, Seelheim, qui la trouvent à peu près exacte (écarts de moins de 5,5 0/0); Wollny, Welitschkowsky, Piefke relèvent au contraire des écarts assez grands, les débits réels restant en dessous de ceux donnés par la loi quand la pression augmente, quand le diamètre des grains est plus grand ou la proportion de gros grains plus forte, — si bien, d'après Piefke, que la loi ne serait exacte que pour des pertes de charge i comprises entre $\frac{1}{100}$ et $\frac{1}{3.000}$, et pour des vitesses inférieures à $0^{mm},12$ par seconde pour du sable très fin et à $0^{mm},55$ pour du gravier (avec des chiffres intermédiaires suivant la grosseur des grains).

Le State Board of Health du Massachusetts (rapport de 1892) a étudié la vitesse de l'eau dans les filtres artificiels, et Allen Hazen a établi la formule :

$$V = cd^2 \frac{p}{h}(0,7 + 0,3t),$$

où V est la vitesse de filtration en mètres par jour (à appliquer dès lors à toute la surface de la tranche), c un coefficient voisin de 1.000, d la taille effective du sable, t la température p et h comme ci-dessus. Pour une nappe dans le sol, où la température peut être regardée comme constante, et pour un sable dont la taille effective reste comprise entre $0^{mm},1$ et 3 millimètres, on retombe sur l'expression précédente $u = ki$, i étant la pente de la surface de la nappe, u la vitesse dans les pores et k un coefficient dépendant du carré de d et qui est approximativement 2.500 d^2.

La loi de Darcy serait donc applicable, mais les expériences poursuivies avec des graviers criblés de plus de 3 millimètres de taille effective ont montré que la vitesse croît plus vite que le carré de d et un peu moins vite que la pente i.

Les très nombreuses expériences de Newell et de King (ouvrage cité de 1897-1898), faites en éliminant autant que possible toutes les causes d'erreur (1) (notamment celles qui résultent du tassement du sable consécutif à son imbibition et du temps que les changements de pression mettent à se faire sentir) ont donné les résultats résumés ci-après :

1° Sur 132 expériences avec des colonnes de sable de 1 à 10 mètres de hauteur et des pressions allant de $0^m,01$ à $11^m,50$ d'eau, 100 ont donné des écarts en plus que la loi de Darcy (avec un maximum atteignant 45,8 0/0);

2° Sur 75 expériences avec des tranches de grès de $\frac{1}{2}$ pouce d'épaisseur et des pressions allant de $0^m,70$ à $27^m,60$, 44 ont donné des écarts en plus (maximum 29 0/0);

3° Sur 147 expériences avec des tranches de grès de $1\frac{1}{2}$ à 6 pouces d'épaisseur et des pressions allant de $0^m,20$ à $10^m,55$, 144 ont donné des écarts en plus (dont certains importants et un maximum de 85,9 0/0). Les écarts en moins sont restés faibles: toutefois ils se manifestent pour le passage de l'eau comme pour celui de l'air de plus en plus avec les fortes pressions.

Dans ce siècle, Reynolds (1901) a démontré que la loi de Darcy, applicable aux sols à grains fins (tubes capillaires), l'était de moins en moins avec des grains plus gros et qu'on se rapprochait alors de l'écoulement dans les tuyaux larges (proportionnalité à $\sqrt{i}$ et non plus à i).

C'est ce qui résulte aussi des deux formules de Kresnik (2) ci-après, applicables, la première aux sables fins et la seconde aux sables grossiers :

(1) Il y a une cause d'erreur qui ne paraît pas avoir été corrigée, c'est celle qui résulte du passage de filets au contact du sable et de la paroi du cylindre qui le contient. Dans les terrains naturels, il y en a une autre qui peut être très grave : c'est la présence d'air dans les canalicules, d'où l'eau a la plus grande peine et met beaucoup de temps à le déloger, — en sorte que parfois c'est de l'écoulement d'un mélange d'air et d'eau qu'il s'agit.

(2) KRESNIK, *Wasserbewegung durch Boden*, ö. öff. B. 1906.

où V est la vitesse de filtration en vingt-quatre heures (applicable à toute la section) et d le diamètre moyen réel des grains :

$$1^\circ \quad V = (40 + 52{,}5d)(di - 0{,}01) + \sqrt{(40 + 52{,}5d)^2 (di - 0{,}01)^2 + 1{,}4di(40 + 52{,}5d)},$$

$$2^\circ \quad V = \frac{54{,}77\sqrt{d} \, . \sqrt{1172d + (100di - 1)(1 + 13d)^2} - 1875d}{1 + 1{,}3d},$$

Plus près de nous, Smrecker (1) a attaqué la loi; mais Rother (2), Lummert (3) et Hochreder (4) l'ont défendue, tous plutôt par des arguments théoriques dans le détail desquels je ne puis entrer ici. Ce qu'on peut dire finalement avec Prinz, c'est que si la loi de Darcy cesse d'être applicable à certains cas spéciaux, elle est généralement suffisante pour la pratique, et en tous cas qu'on n'en a pas trouvé encore de meilleure pour la remplacer.

Théorie et formule de Dupuit : applications. — L'adoption de la loi de Darcy (5) conduit pour le mouvement de l'eau dans l'intérieur d'une masse de sable à un problème semblable à celui du transport de la chaleur ou de l'électricité, c'est-à-dire à une *fonction potentielle.* La vitesse u d'une molécule suivant un trajet s sous une pression p étant $u = k\frac{dp}{ds}$, on arrive en faisant intervenir l'équation de continuité (applicable à un liquide incompressible) à retomber sur l'équation de Laplace :

$$\frac{d^2p}{dx^2} + \frac{d^2p}{dy^2} + \frac{d^2p}{dz^2} = 0,$$

et on conçoit des *surfaces d'égale pression* (ou d'égal potentiel), ainsi que les trajectoires des filets liquides ou *lignes d'écoulement* qui sont normales à ces surfaces.

Pour aller plus loin, il faut encore simplifier le problème : c'est ce

(1) Smrecker, *Bemerkungen zu dem Rotherschen Aufsatze* (titre suivant) : *Z. f. Wasserversorgung*, 1915-16.

(2) Rother, *Zur Ehrenrettung der Darcyschen Gesetses* (*Z. f. Wasserversorgung*, 1915-16).

(3) Lummert, *Zur Berechnung der Ergiebigkeit von Grund wasserströmen* (*J. f. Gasbel*, 1917).

(4) Hochreder, *Das Grundwasserbewegungsgesetz* (*Bericht des bay, Wasserversorgungs bureau*, 1915).

(5) Indépendamment de la loi de Darcy, M. Boussinesq a présenté ses *Recherches théoriques sur l'écoulement des nappes d'eau infiltrées dans le sol et sur le débit des sources* (*Journal de mathématiques pures et optiques*, 1904 ; et *C. R. de l'Académie des Sciences*, 22 juin 1903 et 18 janvier 1904) ; mais les considérations très théoriques de l'auteur ne peuvent trouver place ici et mettent d'ailleurs en jeu des éléments qu'on ne connaît généralement pas en pratique.

qu'ont fait Forchheimer (1), Slichter (2), Limasset (3) et Pochet (3), et c'est ce qu'avait fait avant eux Dupuit (Mémoire de 1857 à l'Académie des sciences).

Le procédé de calcul de Dupuit, quoique s'appuyant sur des inexactitudes, est encore pratiquement employé aujourd'hui : il faut donc le rappeler ici. Partant de la loi de Darcy, et bien qu'elle ne se base que sur des expériences de filtration verticale, Dupuit croit pouvoir l'appliquer à la filtration horizontale (latérale) qui se fait dans les nappes souterraines (en s'infléchissant au voisinage des sources, puits et galeries). Puis, comparant le filet aqueux dans les pores du sable à l'écoulement dans un tuyau pour lequel on a entre la charge j et la vitesse la relation $j = \alpha u + \beta u^2$, il admet *a priori* que la vitesse est faible (ce qui n'est pas démontré et cesse en tout cas d'être vrai au voisinage des émissions) et que le terme en u^2 est négligeable (4). Il admet ensuite que le mouvement se fait d'ensemble à travers chaque tranche verticale parallèlement à la couche du drain (suivant des surfaces cylindriques concentriques au collecteur, s'il s'agit d'un puits), ce qui est l'hypothèse du *parallélisme des tranches* (sans aucune perte de charge due à des variations de vitesse). Dans l'expression $\frac{dp}{ds}$, il remplace ds par dx (5), supposant tous les filets assez voisins de l'horizontale (ce qui n'est plus vrai au voisinage des émissions). Enfin Dupuit confond le rapport n des vides dans la section à sa surface totale avec la porosité (ce que je corrigerai dans les calculs suivants).

1° *Application à une nappe à fond imperméable horizontal, s'écoulant latéralement dans une galerie filtrante ou une rivière* (*fig.* 7). — Nous devrons encore supposer que le débit est uniforme, la nappe recevant autant d'eau qu'elle en laisse évacuer (le mouvement en chaque point est alors *permanent*, c'est-à-dire indépendant du temps). Soit MN la section de la

(1) Hypothèse de filets sensiblement horizontaux dans un terrain perméable reposant sur une couche imperméable horizontale (Voir *Technologie sanitaire*, n° 6, 1895).

(2) Ouvrage cité : cas où le mouvement des molécules se fait entièrement soit dans un plan horizontal, soit dans un plan vertical.

(3) Voir le livre de Pochet, *Études sur les sources* (Ministère de l'Agriculture, 1905), et notamment la note B (page 331) exposant la théorie de Limasset et son application aux *nappes cylindriques*, c'est-à-dire où les filets liquides s'écoulent par tranches verticales identiques et parallèles.

(4) Nourtier, *Revue technique*, 10 janvier et 10 mars 1904, pense au contraire qu'au moins dans certains cas c'est le terme du premier degré qui est négligeable par rapport à βu^2.

(5) Brouhon, *Les eaux souterraines et leur captation au moyen de puits*, in *Annales des Travaux publics de Belgique*, 1900, 3e fasc., a indiqué comment on pouvait corriger approximativement cette inexactitude.

surface libre de l'eau dans la tranche filtrante de largeur L, H la charge d'eau à l'amont et h la contre-charge à l'aval. Dupuit écrit d'une part:

$$j = \frac{dy}{ds} = \frac{dy}{\sqrt{(dx)^2 + (dy)^2}} = \frac{dy}{dx} \text{ (par simplification)}$$

et d'autre part :

$$j = \alpha u \text{ (}\alpha\text{ est un coefficient dépendant du terrain)}$$

et comme le débit de la tranche AB par mètre courant, $q = nyu$ (où n est le rapport des vides dans la section à sa surface), on a :

$$-dy = \frac{\alpha}{ny}\,dx,$$

dont l'intégration donne :

$$-\frac{y^2}{2} = \frac{\alpha}{n}\,qx + C^{te}.$$

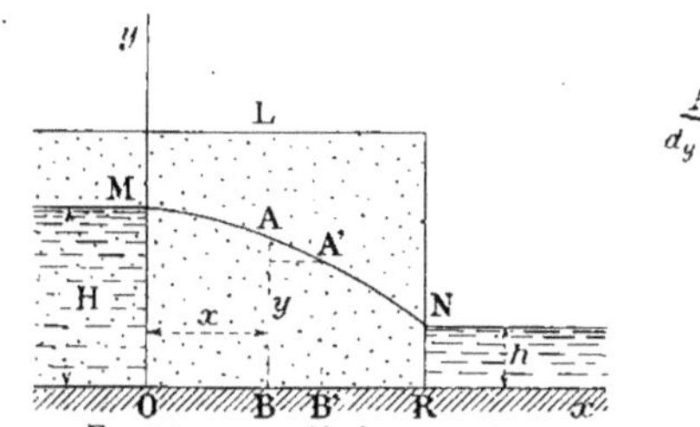

Fig. 7. — Ecroulement d'une nappe à fond horizontal au travers d'une tranche de sable.

La courbe MN est donc une parabole du deuxième degré, à axe horizontal. En intégrant entre :

$$x = 0, \quad y = H \qquad \text{et} \qquad x = L, \quad y = h,$$

on tire :

$$q = \frac{n}{\alpha} \cdot \frac{1}{L}(H - h)\left(\frac{H + h}{2}\right).$$

Ce qu'on exprime en disant que le débit serait proportionnel à la chute, à la hauteur moyenne de la tranche filtrante et en raison inverse de la largeur de cette tranche (1).

On pourrait aussi calculer le temps que met le liquide à traverser la tranche filtrante, et cela en supposant :

$$u = \frac{dx}{dt}.$$

On aurait :

$$t = \frac{n^2}{3\alpha q^2}\left[H^3 - \left(\sqrt{H^2 - \frac{2\alpha}{n}\,qx}\right)^3\right],$$

(1) Si le fond de la nappe au lieu d'être horizontal était incliné dans un sens, comme dans la figure 5, la courbe MN serait encore de forme parabolique, mais ce ne serait pas une parabole du deuxième degré. Si la nappe est soutirée par deux vallées à des niveaux différents, la parabole devient dissymétrique, la branche la plus courte allant vers la vallée la plus haute (*petit versant*). Le livre de Pochet contient des études théoriques de ces courbes.

formule qui montre qu'il faut un temps considérable à l'eau pour cheminer dans des sables fins sous de faibles charges.

2° *Application à un puits ordinaire, pénétrant dans une nappe libre à fond horizontal jusqu'à ce fond imperméable* (*fig.* 8). — Lorsqu'on tire régulièrement du puits un débit q par seconde, la surface de la nappe,

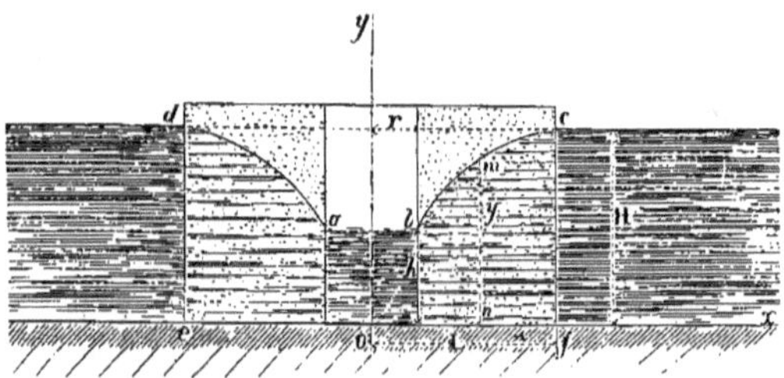

FIG. 8. — Calcul du débit d'un puits ordinaire (descendant jusqu'au mur de la nappe).

primitivement horizontale cd, se déprime en forme d'*entonnoir dabc* et il s'établit un équilibre stable. En un point m de la surface libre de l'entonnoir on a comme tout à l'heure :

$$j = \frac{dy}{ds} = \frac{dy}{\sqrt{(dx)^2 + (dy)^2}} = \frac{dy}{dx} \text{ (par simplification),}$$

avec $j = \alpha u$, et $q = 2n\pi xyu$ (débit dans la section circulaire mn). Ce qui donne pour l'équation différentielle de la courbe bc l'expression :

$$\frac{dy}{dx} = \frac{\alpha q}{2n\pi xy} \qquad \text{ou} \qquad 2ydy = \frac{\alpha q}{2n\pi} \cdot \frac{dx}{x},$$

qui, intégrée entre $x = r$, $y = h$ et $x = L$ et $y = H$, r étant le rayon intérieur du puits et L la distance où se fait sentir son influence (rayon de l'entonnoir de dépression de la nappe), donne :

$$q = \frac{n\pi}{\alpha}(H^2 - h^2)\frac{1}{\log_e\left(\frac{L}{r}\right)}.$$

Le débit d'après cela est proportionnel à la charge $(H - h)$ et à l'épaisseur moyenne $\left(\frac{H+h}{2}\right)$ de la couche filtrante; il augmente avec le rayon du puits r, mais assez peu : ainsi pour $L = 100$ mètres, si on prend

$r = 1$ mètre et $r = 2$ mètres, on n'obtiendra dans le second cas qu'un débit égal à 1,17 fois celui du premier.

Brouhon, en appliquant sa correction et remettant $ds = \sqrt{(dx)^2 + (dy)^2}$ à sa place, ne peut plus intégrer; mais il montre que la courbe *bc* de la surface de l'entonnoir reste entièrement au-dessus de celle calculée précédemment, et que le débit est plus faible que celui calculé. L'erreur est petite, tant que la dépression est faible par rapport à H. Il a montré aussi que la formule de Dupuit n'est plus acceptable quand le niveau *ab* de l'eau dans le puits s'abaisse trop près du fond, cas où il n'y aurait pas une hauteur *h* suffisante pour laisser passer l'eau filtrante : la limite est pour

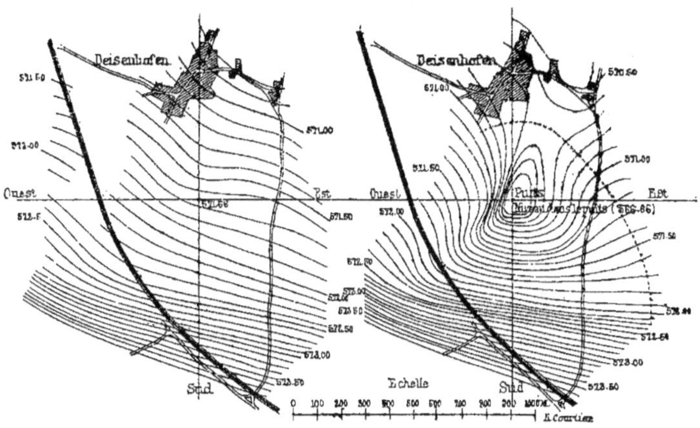

Fig. 9. — Dépression dissymétrique produite par un puits dans la nappe souterraine de la vallée de Gleisen, près de Deisenhofen (d'après Thiem).

$\frac{dy}{dx} = 1$, soit pour la hauteur minima $h = \frac{\alpha q}{2n\pi r}$, correspondant à l'angle de 45° de la tangente à la courbe au puits avec l'horizontale. On n'a pas intérêt à descendre le niveau plus bas que cette valeur de h, donnée aussi par l'expression :

$$h = r\left[\sqrt{\left(\log_e \frac{L}{r}\right)^2 + \frac{H^2}{r^2}} - \log_e \frac{L}{r}\right].$$

Si le fond du puits ne descendait pas jusqu'au fond imperméable de la nappe [1], il viendrait aussi de l'eau par ce fond : Thévenet a expérimenté

[1] En pratique, je recommande toujours de descendre le fond du puits jusqu'à l'imperméable, parce que en cas contraire, si le niveau vient à s'abaisser en dessous du fond, le puits cesse de donner, et il manque la tranche d'eau qui reste en dessous de son orifice inférieur.

dans ce cas et trouvé que le fond débitait comme un déversoir circulaire sous la charge d'eau souterraine, en sorte que ce débit supplémentaire qu'il apporte serait proportionnel à la charge et au diamètre du puits. L'influence de ce diamètre serait donc plus grande que précédemment : l'intérêt d'un grand diamètre est d'ailleurs incontestable dans les terrains fissurés, puisqu'on augmente ainsi les chances de rencontrer des fissures aquifères. (C'est pour les accroître encore qu'on produit alors des explosions dans le fond des puits et forages de manière à créer une chambre à la base aussi grande que possible).

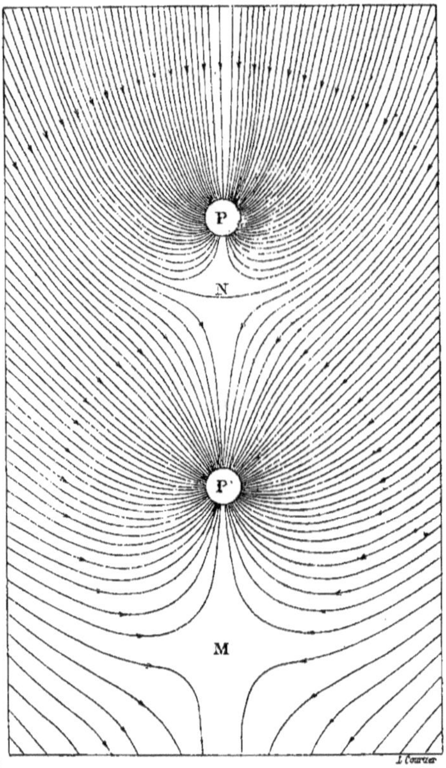

Fig. 10. — Interférence de deux puits : direction des filets aqueux (d'après Slichter).

Enfin, si le toit de l'imperméable n'est pas horizontal, il est clair que l'entonnoir sera dissymétrique. Je ne puis mieux faire pour en donner une idée que de reproduire (*fig.* 9) les courbes de niveau de la nappe souterraine de la vallée de Gleisen, près de Deisenhofen, relevées par Thiem avant et pendant l'épuisement dû à un puits d'essai: l'abaissement produit était de 5 mètres et s'étendait nettement du côté N jusque sous le village, en sorte qu'on aurait risqué d'attirer des filets d'eau (de pureté douteuse) passant sous le village et d'y abaisser le niveau des puits. Aussi Thiem a-t-il renoncé à pomper en cet endroit pour l'alimentation de Munich.

Si au lieu d'un seul puits, on en ouvre plusieurs dans lesquels on pompe simultanément, on aura des phénomènes d'*interférence* si les entonnoirs de dépression arrivent à empiéter les uns sur les autres. Évidemment dans le cas de deux puits identiques, où on tire également, la limite de distance où ils ne s'influencent pas est le double du rayon de l'entonnoir, et si l'on pompe davantage ils interféreront, le plan de partage étant perpendiculaire sur le milieu de la ligne qui les joint. Mais si les puits sont inégaux, ou si le fond de la nappe est incliné et qu'il vienne un courant d'eau dans un sens, les choses seront plus compliquées : les filets liquides suivront des trajectoires dont la figure 10, due à Slichter, donne une bonne idée, les points M et N marquant les limites d'influence des puits P et P'.

3° *Application à un puits artésien (dans une nappe captive).* — Si nous suivons un filet liquide de la nappe devenue captive de la figure 6, et lui appliquons le théorème de Bernouilli pour une longueur s de son trajet, nous écrirons :

$$z + \frac{p}{\Pi} + \frac{v^2}{2g} + \frac{1}{\Pi}\int_0^s \frac{\rho}{\omega}\, ds = C^{te},$$

où z est la cote d'altitude du centre de gravité de la section ω du filet considéré au-dessus d'un plan de comparaison, v et p sa vitesse et sa pression, Π le poids spécifique du liquide (d'ordinaire voisin de 1.000, mais qui peut en différer si l'air se mêle à l'eau ou encore dans le cas d'eaux thermo-minérales) enfin ρ la force retardatrice tangentielle ou résistance par unité de longueur, en sorte que $\frac{1}{\Pi}\int_0^s \frac{\rho}{\omega}\, ds$ représente la perte de charge due au frottement. Cette perte de charge est fonction de la vitesse (laquelle devient constante dans le mouvement permanent) et de la taille des grains entre lesquels passe le filet : si cette taille devient très petite (tube capillaire), la charge diminue très vite et le débit est très faible (puits ouvert dans l'argile). L'expression $z + \frac{p}{\Pi}$ donne le *niveau piézométrique.*

Supposons maintenant qu'en un point de la nappe captive, à un endroit où le fond est devenu horizontal, on pratique un forage (*fig.* 11) de rayon r, dont l'extrémité du tube s'arrête à une hauteur H en dessous du niveau piézométrique. Le puits artésien débitera en raison de cette différence (soit q le débit), et fera sentir son influence à une distance L. Appelons encore e l'épaisseur de la couche perméable aquifère : c'est par la surface périphérique d'un cylindre de cette épaisseur, tel que celui contenant les génératrices mn, $m'n'$, que se fera le passage de l'eau alimentant le puits, et si u est sa vitesse on aura $q = 2n\pi exu$, avec pour le point $m\ (x, y)$ de la méridienne de la surface piézométrique $j = \frac{dy}{dx} = \alpha u$ (notons qu'ici

dx est bien légitime, pourvu du moins que l'eau remplisse tout l'intervalle entre les deux couches imperméables).

On en tire :

$$dy = \frac{\alpha q}{2n\pi e} \cdot \frac{dx}{x} \qquad \text{et} \qquad y = \frac{\alpha q}{2n\pi e} \log_e\left(\frac{x}{r}\right),$$

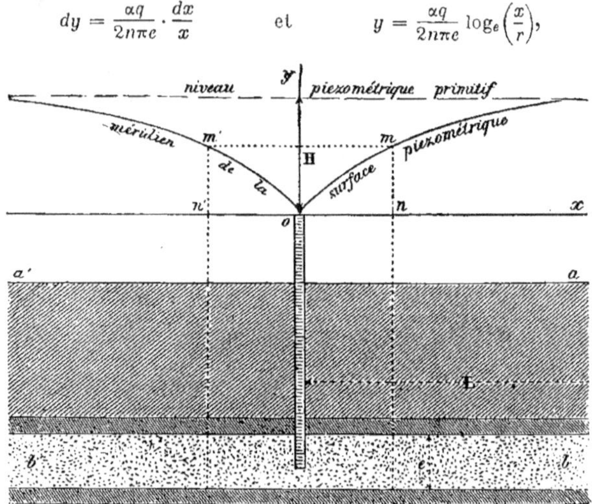

FIG. 11. — Calcul du débit d'un puits artésien (nappe captive).

qui, intégrée entre $x = r$, $y = o$ et $x = L$, $y = H$ donne :

$$q = \frac{2n\pi e H}{\alpha \log_e\left(\frac{L}{r}\right)}.$$

D'après cela, le débit est proportionnel à l'épaisseur de la couche filtrante et à la dénivellation piézométrique H, c'est-à-dire à la hauteur où le tube est coupé en contre-bas du niveau naturel. Le débit n'augmente encore que faiblement avec r; mais il faut remarquer qu'on a négligé le frottement de l'eau ascendante contre les parois du tube (pour en tenir compte, il faudrait remplacer H par $\left[H - \frac{b_1 q^2 l}{\pi^2 r^5}\right]$, où l est la longueur du tube), frottement qui est d'autant plus grand que r est plus petit: L'influence du rayon du puits est donc plus grande que ne l'indique la formule ci-dessus (1).

(1) L'application de l'hypothèse de Nourtier où $j = \beta u^2$ (au lieu de $j = \alpha u$) conduit à trouver que q serait proportionnel à $\sqrt{r}$ et à $\sqrt{H}$, conclusion au moins aussi vraisemblable que celle de Dupuit.

Si le fond de la nappe n'est pas horizontal, ou s'il vient un courant plus important d'un seul côté, la méridienne sera naturellement dissymétrique : il faudrait aussi répéter sur l'interférence de puits artésiens voisins ce qui vient d'être dit pour des puits ordinaires.

4° ***Application à la détermination du coefficient de perméabilité d'un terrain : méthode de Thiem, dite méthode ε.*** — Dans les formules des applications précédentes, l'expression $\frac{n}{\alpha}$ représente un *coefficient de perméabilité* ou *module*, que Thiem désigne par le lettre ε et qui dépend de la nature du terrain, de la taille et du mode d'empilage des grains, de la température, etc., etc. Si on la connaissait, le débit au travers d'une tranche de section S avec une pente unitaire i serait, d'après la loi de Darcy: $q = \varepsilon i S$. Malheureusement, on ne peut pas la déterminer *a priori*, et même des expériences sur des échantillons apportés au laboratoire diffèrent trop de la réalité (¹); mais on peut en pratiquant des puits ou forages et y faisant des épuisements arriver à la déterminer comme suit :

S'il s'agit d'une nappe libre et qu'on ait installé sur un puits un pompage régulier de débit q établissant un équilibre stable, on a pour la courbe de dépression l'équation précédente (*fig.* 8) :

$$q = \varepsilon \,.\, 2\pi x y \frac{dy}{dx}$$

avec :

$$q = \varepsilon\pi \frac{(\mathrm{H}^2 - h^2)}{\log_e \mathrm{L} - \log_e r}.$$

Mais il n'est pas facile de déterminer L, la parabole se raccordant asymptotiquement avec le terrain naturel. Alors on cherche à construire la courbe par deux points, et pour cela on enfonce dans l'intérieur de l'entonnoir deux tubes d'observation (*puits abyssiniens*) à des distances a_1 et a_2 du puits; puis on mesure les hauteurs d'eau h_1 et h_2 dans chacun de ces puits, ou plutôt les dépressions $d_1 = \mathrm{H} - h_1$ et $d_2 = \mathrm{H} - h_2$ du niveau dans ces puits en dessous de celui de la nappe. Alors en intégrant l'équation ci-dessus entre a_1 et a_2, on tire la valeur de ε :

$$\varepsilon = \frac{q}{\pi} \cdot \frac{(\log_e a_2 - \log_e a_1)}{(h_2 + h_1)(h_2 - h_1)} = \frac{q}{\pi} \cdot \frac{(\log_e a_2 - \log_e a_1)}{(2\mathrm{H} - d_1 - d_2)(d_1 - d_2)}.$$

(¹) Il est facile toutefois d'imaginer un appareil analogue à celui de Darcy, donnant les débits et les pertes de charge au passage de l'eau au travers d'une tranche de l'échantillon de terrain rapporté; mais cet échantillon est de hauteur très réduite et rien ne garantit qu'il représente bien les couches naturelles (lesquelles sont souvent loin d'être homogènes). G. Thiem dans son article *Hydrologische Methoden* (*Journal für Gasbeleuchtung und Wasserversorgung*, nᵒˢ 8 et 9, 1920) décrit un appareil de ce genre.

S'il s'agit d'une nappe captive (*fig.* 11) et d'un puits artésien de débit q, on a comme tout à l'heure pour la courbe méridienne de la surface piézométrique :

$$q = \varepsilon \,.\, 2\pi e x \frac{dy}{dx}$$

avec :

$$q = \varepsilon \cdot \frac{2\pi e \,.\, \mathrm{H}}{\log_e \mathrm{L} - \log_e r},$$

où L est la limite du rayon d'influence du puits. Fonçons maintenant deux tubes d'observation aux distances a_1 et a_2 du forage, et mesurons-y les hauteurs h_1 et h_2 de la pression piézométrique, c'est-à-dire les hauteurs où montera l'eau dans les deux tubes, et nous aurons la valeur de ε par la formule :

$$\varepsilon = \frac{q}{2\pi e} \cdot \frac{(\log_e a_2 - \log_e a_1)}{(h_2 - h_1)}.$$

Si on ne peut pratiquer qu'un seul forage (ce qui arrive quand la nappe est à trop grande profondeur), Lummert [1] propose une corbeille filtrante qui permet de mesurer par un tube latéral le niveau d'eau contre la paroi du tube : cela donne un premier point, et pour le second on tâche de déterminer la limite d'influence, c'est-à-dire L.

En fait, on a trouvé pour ε des valeurs très différentes :

G. Thiem, pour les alluvions de la vallée de l'Iser (près de Prague) de 0,00106 à 0,00684, moyenne 0,0042 mètres cubes par seconde;

A. Thiem, 0,0124 mètres cubes par seconde en moyenne pour les alluvions glaciaires des environs de Leipzig, et aussi 0,002 (de 0,00032 à 0,046);

Lindley, 0,0035 maximum des observations faites par lui;

Statuti, 0,0125 dans une plaine de l'Emilie;

Cuppari, 0,001 dans la plaine de la Stura et 0,02 dans celle du Serchio (maximum);

Stella, de 0,0023 à 0,0069 dans les environs de Turin.

Avec des sables fins, ε peut descendre bien en dessous à 0,0003, et même pour des sables limoneux à 0,00005.

II. **Procédés expérimentaux de reconnaissance.** — En présence de la difficulté et de l'incertitude des calculs, il est nécessaire presque toujours de recourir à l'expérimentation pour déterminer la présence, le niveau, l'abondance et le trajet des eaux souterraines. L'étude géologique des af-

(1) LUMMERT, *Neue Methoden der Bestimmung der Durchlässigkeit*, 1917.

fleurements et le relevé (situation et débits) des sources et des puits existants, opérations sur lesquelles nous reviendrons en détail au chapitre suivant, donnent déjà des renseignements; mais ils sont d'ordinaire bien insuffisants, car ils n'apprennent que peu de chose sur ce qui se passe dans l'intérieur du sol. Pour en savoir plus, il faut y pénétrer, et pour cela les *procédés de reconnaissance* se rapprochent des *procédés de captage.* Ils se divisent suivant leur sens principal en deux groupes : les sondages *horizontaux*, tranchées, drains, galeries (tunnels), et les sondages *verticaux*, puits et forages.

Tranchées et galeries. — L'ouverture d'une tranchée est un procédé naturel et commode, d'autant plus qu'il est très facile de jauger la quantité d'eau obtenue par ce drainage. Malheureusement, une tranchée à ciel ouvert ne peut descendre bien profondément : en dessous de 8 à 10 mètres, la tranchée, même bien boisée, devient difficile et coûteuse, et plus bas il faut passer en galerie, — ce qui est aussi fort coûteux.

L'exécution de tronçons de galeries, généralement assez courts, est tout indiquée quand il s'agit de traverser les éboulis qui masquent l'issue des eaux à flanc de coteau (voir *fig.* 5), et d'aborder la nappe aux environs de la source géologique, c'est-à-dire par sa face supérieure non loin des émissions. Dans certains cas, comme on le verra plus loin (*fig.* 74 et 75), on peut aussi au moyen d'une galerie aborder une nappe par son mur et la soutirer pour amener ses eaux dans une vallée différente de celle où la couche perméable affleure.

De l'extrémité d'une galerie on peut aussi faire partir un puits ou un forage pour explorer les couches inférieures : inversement, du fond d'un grand puits on peut aussi entrer en galerie dans telle ou telle direction (dans l'espoir d'y rencontrer des venues d'eau). Enfin du bout d'une galerie des sondeuses spéciales (comme la sondeuse à orientation universelle de la maison Ingersoll-Rand) peuvent avancer des trous de sonde dans toutes les directions [1], même à d'assez grandes distances, et donner des renseignements précieux tant sur les venues d'eau que sur la nature des terrains.

Pour être praticable aux hommes et aux wagonnets, les galeries ne peuvent guère avoir moins de 2 mètres de largeur sur 2 mètres de hauteur à l'intérieur des cadres de boisage : si on les transforme ultérieurement en

[1] Nous avons ainsi dans la captation des eaux souterraines de la Forêt de Haye pour la ville de Nancy foré des trous de bas en haut pour faire descendre dans la galerie les eaux de la nappe du bajocien (sous laquelle on passait dans les marnes supraliasiques étanches).

ouvrages définitifs de captage (en béton, en briques, etc., etc.), on leur donne au minimum 1^{m},70 de hauteur sous clef et 1 mètre de plus grande largeur intérieure. Il y a de nombreux exemples de galeries captantes de ce genre, et les ingénieurs, aidés notamment de l'électricité et de l'air comprimé, savent les construire.

Puits et forages. — Ce sont des ponctions verticales, et chacune d'elles doit donner au point où elle est faite non seulement la cote C_t (*fig.* 5 et 6) où on rencontre l'eau (c'est le toit ou dessus de la nappe), mais encore la cote C_p du niveau piézométrique (où l'eau monte si la nappe est captive), et la cote C_m du mur de la nappe (toit du substratum imperméable). Il faut en outre, pour être renseigné sur la *puissance* de la nappe, organiser des expériences d'épuisement assez prolongées pour réaliser un équilibre, et cela à différentes périodes (notamment en sécheresse). Enfin, on procédera à des analyses pour être fixé sur la qualité et la composition de l'eau.

Nous réservons habituellement en France le nom de *puits* aux excavations du sol en profondeur qui se font par creusement direct, c'est-à-dire par pénétration de l'homme; on les appelle aussi *puits ordinaires* (quoique ce mot soit plutôt opposé à celui d'*arlésiens*). Les mots *Well* et *Brúnnen* s'appliquent au contraire à toute perforation verticale, en sorte qu'il faut leur donner des qualificatifs. Les puits creusés ainsi (dug wells, Schachtbrúnnen) ne peuvent avoir moins de 1 mètre de diamètre ou de côté intérieurement : il faut le plus souvent les boiser, en sorte que l'excavation ne peut guère avoir moins de 1^{m},50 extérieurement; on en fait qui ont beaucoup plus et jusqu'à 4 à 5 mètres de diamètre (*grands puits*). La profondeur ne peut être très grande et il est rare qu'on dépasse par ce procédé une cinquantaine de mètres : il y a une limite où le forage devient nettement plus avantageux.

Même pour les petites profondeurs, on a souvent intérêt à procéder mécaniquement (surtout quand il s'agit de simples sondages d'exploration et de reconnaissance). Jusqu'à une trentaine de mètres, en terrains meubles, et pour des diamètres de moins de 0^{m},15, on peut recourir soit à de simples sondes (tarières et barres à mines, dont la sonde de la Société belge de Géologie est un bon type) donnant des trous verticaux (*bored, punched wells*), soit au fonçage à l'aide d'un mouton de tubes perforés dans leur partie extrême et appelés depuis l'expédition de Norton *puits abyssiniens* (*driven wells, Rammbrúnnen*). Ces puits tubulaires peuvent être faits sans ou avec l'aide d'injection d'eau (*fig.* 12 et 13) : la dernière figure est l'appareil qui a servi à la Commission des eaux de New-York pour la recherche de nouvelles eaux [1].

Ensuite viennent les forages proprement dits (*drilled wells, Bohrüngen*), qui eux peuvent descendre à de grandes profondeurs et même reconnaître plusieurs nappes superposées. Ils se font soit au trépan (et on en fait d'assez grandes dimensions pour donner un puits de 1 mètre et même plus de dia-

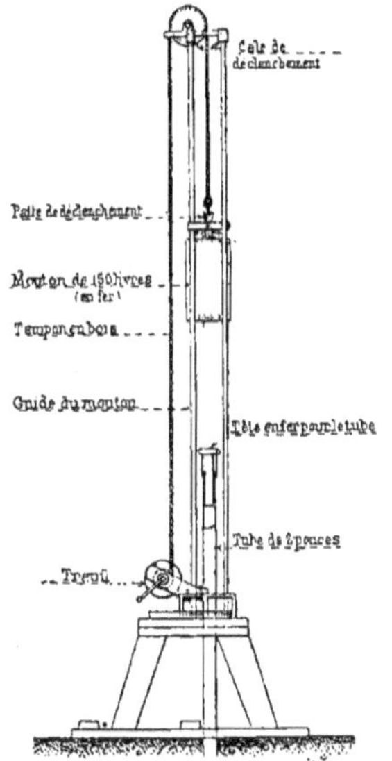

Fig. 12. — Appareil pour fonçage d'un puits tubulaire.

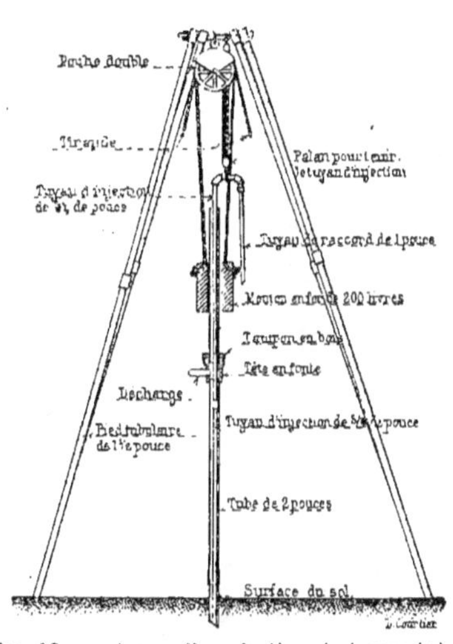

Fig. 13. — Appareil perfectionné et avec injection d'eau pour fonçage d'un puits tubulaire (Commission des eaux de New-York).

mètre, où par conséquent l'homme peut descendre) et par percussion (sondages à la corde ou avec tiges rigides, sans ou avec injection d'eau), soit par rotation (au diamant, au calyx ou à la grenaille d'acier). Les forages pour recherches d'eau sont généralement tubés en tubes d'acier (avec des eaux corrosives il faudrait employer des tubes de cuivre, mais le prix en est

(1) Burr, Hering et Freeman, *Report of the Commission on additional water supply for the City of New York* (1904).

Je signalerai aussi un autre type de puits peu profonds : ce sont les *puits de Californie* ou *stove-pipe wells* (en tuyaux de poêle) : ce sont des tubes légers, s'emboîtant les uns dans les autres, que l'on fonce successivement au moyen d'un cric hydraulique; puis on vient les perforer sur la hauteur voulue au moyen d'un couteau mécanique descendu à l'intérieur et opérant de dedans en dehors.

très élevé); ces tubes devront naturellement être perforés à la traversée de la nappe à explorer ou à capter : quand il s'agit de sables fins, il faut employer une *lanterne ou crépine filtrante* spéciale, entourée généralement d'un moulage en fil de cuivre ou disposée pour retenir le sable en face (système Cuau à cônes superposés par exemple ou systèmes analogues : Garde, von Hof, Trulemans, Rutsatz, etc., etc.).

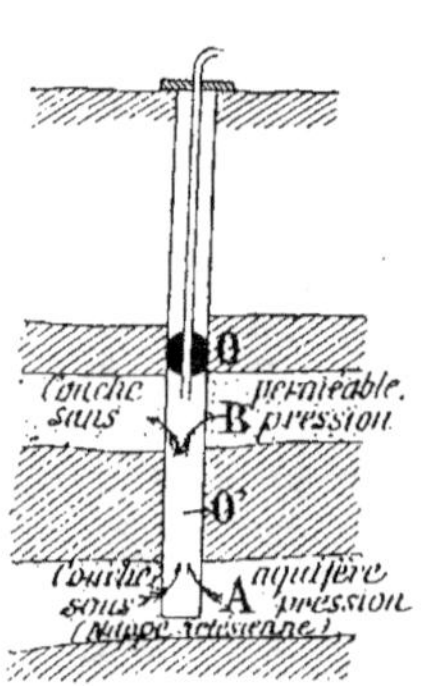

I. — Exemple d'un essai infructueux, l'eau passant dans la couche B sans monter par le tube : il suffirait pour y remédier de reporter l'obturateur de O en O' entre les deux couches A et B.

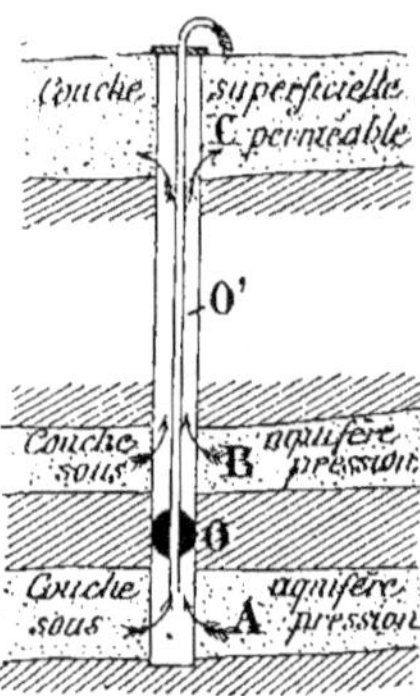

II. — Exemple d'un essai qui a réussi pour la nappe A, mais a perdu le produit de la nappe B, qui se perd dans la couche C : on aurait le produit des deux nappes si on reportait l'obturateur en O' au-dessus de la couche B.

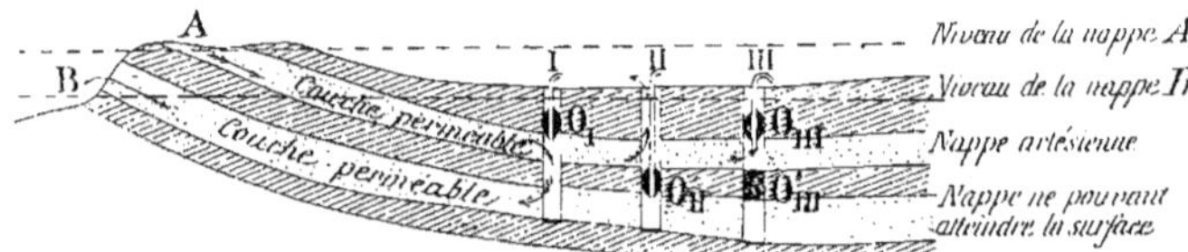

III. — Exemple de trois puits artésiens : I et II, mauvais; III, réussi. La nappe A peut seule remonter jusqu'à la surface : le puits I permet aux eaux de A de s'écouler par B, le puits II ne permet pas aux eaux de A de passer par le tube; seul le puits III, grâce à l'obturation en O_{III}, permet le jaillissement par tube.

Fig. 14. — Exemples de puits artésiens réussis ou infructueux (d'après M. Chamberlin).

Dans le cas de plusieurs nappes superposées, certaines précautions doivent être prises pour obtenir les renseignements relatifs à l'une d'elles. Tout d'abord, il convient souvent d'écarter les eaux de la nappe phréatique, et pour cela on peut pratiquer un *avant-puits* étanche, descendant jusque dans la première couche imperméable et du fond duquel partira seulement le forage. Puis, on se tiendra prêt à pratiquer à telle ou telle hauteur une obturation ne laissant passer que le tube de puisage, ainsi qu'il est figuré dans les trois parties de la figure 14. Cette figure suffira à faire comprendre les causes d'erreur possibles et le moyen de les éviter. Enfin, quand il sera nécessaire on procédera à l'*isolement des nappes*, comme l'indique la figure 15.

Dans le premier cas de cette figure, on a opéré avec deux tubes. Étant descendu d'abord jusque dans la première couche imperméable, on y coule un bouchon de mortier de ciment AB, et avant qu'il ait fait prise on y encastre le premier tubage; puis avec un trépan plus petit, on continue le forage au travers du bouchon jusqu'à la seconde couche imperméable où on coule un nouveau bouchon A'B' pour y encastrer le second tube. Si on ne dispose que d'un seul tube, ou bien, la première nappe traversée, on bouchera complètement le trou jusqu'au-dessus de l'eau par un bouchon de ciment CDC'D' et on recommencera un second forage en traversant ce bouchon; ou bien, ayant foré jusqu'en A'B' (deuxième procédé) et tubé avec un tube moins large, on descendra en CD au-dessous du fond de la première nappe et extérieurement au tube une collerette ou couronne circulaire (en bois ou en métal) soutenue par des tringles pendues du haut, et on coulera au-dessus d'elle le bouchon de ciment empêchant le passage de l'eau entre les parois du forage et le tube.

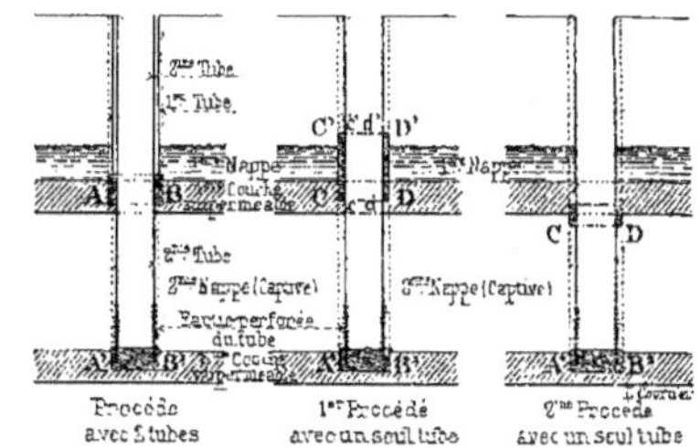

Fig. 15. — Isolement des nappes dans le forage des puits artésiens.

Un puits ou un forage existant ou ayant été creusé au point voulu, il faut tout d'abord y relever le niveau de l'eau et ses variations. Cette opération est souvent très simple dans les puits ordinaires, mais dans les forages étroits il n'en est pas toujours ainsi et on est souvent conduit à installer un tube spécial dit *tube d'observation*, qu'on munit d'un flotteur (dont les indications peuvent même être enregistrées sur un tambour chronométrique). Il existe plusieurs appareils pour l'opération dont il s'agit.

En Allemagne, Thiem avait organisé pour descendre dans ses puits tubulaires un cylindre métallique suspendu à un ruban d'acier gradué se déroulant sur une poulie : on le remontait pour voir la marque laissée par le niveau de l'eau. Rang perfectionna l'appareil en le munissant d'un sifflet qui se fait entendre dès que le cylindre touche l'eau, en sorte qu'il n'y a qu'à lire sur le ruban sans remonter le tout. — Kunath (*fig.* 16) emploie un tube de laiton gradué *abh* (de 5 à 6 millimètres de diamètre), continué au delà du robinet *h* par un manomètre à eau colorée *c* en verre : si on l'enfonce dans le forage, le manomètre se met à fonctionner dès que le bout du tube *a* arrive à l'eau, et en s'arrangeant pour retrouver l'équilibre on a par l'index *b* le niveau de l'eau. Enfin Stocker (*fig.* 17) se sert d'un flotteur métallique creux F emprisonné dans une cage *abcd* où il peut se mouvoir : dès qu'en descendant le tout le flotteur rencontre l'eau, il vient établir un contact entre les deux pointes *p*, *p* aboutissant à une sonnerie électrique.

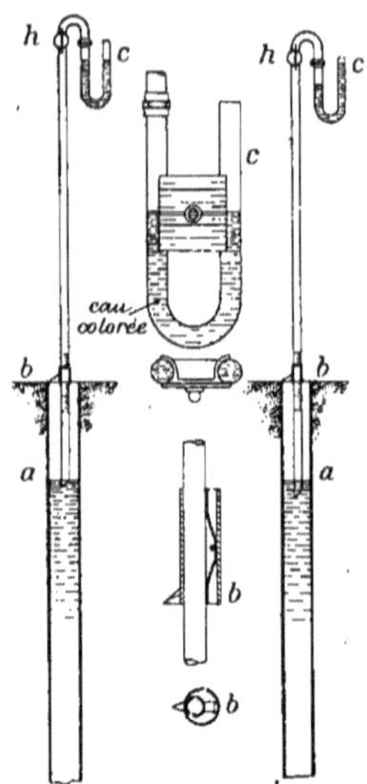

Fig. 16. — Appareils de Kunath pour relever le niveau de l'eau dans les puits et forages.

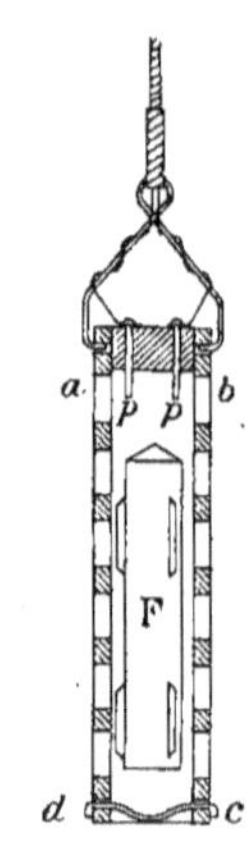

Fig. 17. — Appareil électrique de Stocker pour relever le niveau de l'eau dans les puits et forages.

Les deux appareils américains de la figure 18 sont intéressants aussi. Le ruban d'acier, divisé en unités de longueur, s'attache dans l'intérieur d'un petit cylindre en laiton, dont le dessus s'ouvre en deux parties pour le laisser passer. Le premier appareil porte à la base un flotteur en liège, dont un clou vient choquer le cylindre à la rencontre de l'eau (mais le bruit est trop faible pour les grandes profondeurs). Le second appareil, dit à coupe renversée, est bien plus sensible.

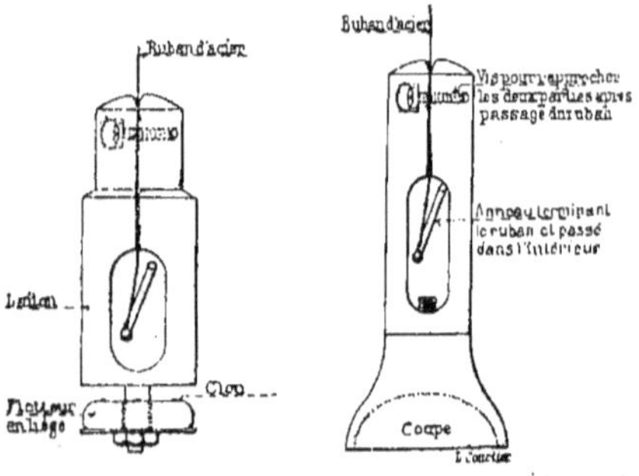

Fig. 18. — Appareils américains pour relever le niveau de l'eau dans les puits ordinaires et tubulaires.

Quant aux expériences d'épuisement, elles peuvent se faire suivant leur importance avec divers engins : il faut les choisir suivant les ressources dont on dispose mais de manière à ce que leur puissance soit supérieure à celle de la venue d'eau à attendre. Pour des puits ordinaires ([1]) et pour des puits tubulaires de faible diamètre, les pompes à bras ou actionnées par un moteur à essence suffisent souvent; pour les grands puits et les forages profonds et bien alimentés, on peut recourir à la vapeur, à l'électricité ou à l'air comprimé ([2]), ces deux derniers procédés ayant l'avantage que d'une usine centrale on peut actionner plusieurs puits ou forages à la fois. Bref, on se rapproche du problème de l'exhaure dans les puits de mines, et on cherchera des solutions analogues à celles employées alors.

Recherche de l'origine, de la direction, du trajet et de la vitesse des eaux souterraines. — On a souvent besoin de rechercher si des eaux d'une nappe donnée ou des eaux de surface alimentent ou non une autre nappe, une source ou un puits. Diverses méthodes s'offrent dans ce but :

1° PAR COMPARAISON DES DÉBITS. — Si l'on soupçonne par exemple un ruisseau de rentrer sous terre et de fournir de l'eau à une source, on étudiera parallèlement les débits du cours d'eau et de la source, et la concordance des variations (avec un certain décalage dû au temps de transmission) serait une preuve des communications. Brinck a appliqué cette méthode aux cours d'eau du Karst et de l'Istrie (toutefois en s'aidant de l'addition de NaCl). S'il s'agissait d'un puits, on verrait son niveau monter quand l'eau s'infiltrant augmente en quantité. Enfin, on peut parfois amener artificiellement de l'eau et la faire pénétrer dans le sol en un point, en cherchant l'effet sur une émission présumée.

2° PAR COMPARAISON DES TEMPÉRATURES. — Si une source de débit Q reçoit de l'eau de deux provenances en proportion q_1 et q_2, ces deux eaux ne sont généralement ni de même température, ni de même composition chimique : ainsi, alors que la température des eaux souterraines reste à peu près constante, celle des eaux de ruissellement varie avec celle de l'air (beaucoup plus chaude l'été — à moins qu'elle ne provienne de fonte de neige ou de glaciers —, et plus froide l'hiver). La température T du mélange à un moment donné sera donc en relation avec les températures des parties

([1]) Remarquer que souvent les puits existants s'arrêtent bien au-dessus du fond de la nappe et sont dès lors faciles à épuiser : quand il en est ainsi, il faudrait pour avoir un renseignement complet commencer par les approfondir jusqu'à l'imperméable.

([2]) L'épuisement par injection d'air comprimé (*air lift pump*) est devenu très commode dans les forages profonds, précisément parce qu'on n'emploie ni pompe, ni soupape, ni engrenages, le compresseur d'air à la surface étant facile à surveiller. En revanche, il faut une profondeur d'eau assez grande en dessous du point où se fait l'émulsion, ainsi qu'une valeur convenable pour la *submergence*, c'est-à-dire pour le rapport entre la hauteur du niveau statique de la nappe au-dessus du point d'émulsion et la hauteur totale d'élévation au-dessus de ce point.

constituantes, en sorte qu'on aura :

$$QT = q_1 t_1 + q_2 t_2$$

d'où on tire :

$$q_1 = \frac{Q(T - t_2)}{t_1 - t_2} \quad \text{et} \quad q_2 = \frac{Q(t_1 - T)}{t_1 - t_2}.$$

Diénert a fait une belle application à la source de l'Abîme, qui sort de la craie sénonienne un peu à l'amont de Dreux, et reçoit des infiltrations de la rivière la Blaise : alors que la source débitait 92 litres par seconde, la Blaise perdait environ 200 litres dans des bétoires. Pendant l'automne de 1901, la température de la rivière a baissé de 9° le 5 novembre à $5^{\circ}\frac{1}{3}$ le 24 décembre, tandis que celle de la source allait de $10^{\circ}\frac{1}{2}$ à $8^{\circ}\frac{1}{2}$ (devenant ainsi plus froide que l'eau de la nappe souterraine); inversement en juillet et août, quand la rivière est à 18°, la source monte à 14°. Par des calculs sur ces périodes et en supposant que dans le parcours souterrain les échanges de température entre l'eau et le sol sont faibles, Diénert a conclu que 54 0/0 du débit de l'Abîme provenait de la Blaise, — ce qui a confirmé l'expérience qu'il avait faite en déversant 107 kilogrammes de chlorure de calcium dans les bétoires (il en était ressorti $22^{kg},4$ à l'Abîme et $8^{kg},7$ dans une autre source voisine, le Petit Abîme).

3° Par comparaison des compositions chimiques. — L'eau de chaque nappe ayant une composition chimique moyenne caractéristique, généralement différente de celle des eaux de surface, il y a là aussi un moyen de reconnaître un apport d'eaux étrangères. On comparera pour cela soit la minéralisation totale, donnée par le résidu fixe ou par la résistivité électrique, soit la dureté (degré hydrotimétrique), soit encore un élément tel que le chlore, l'acide sulfurique, etc., etc. Un raisonnement analogue à celui ci-dessus permettrait de déterminer les proportions du mélange.

4° Par addition de corpuscules en suspension. — Il est tout naturel aussi d'essayer d'ajouter aux eaux à leurs points de pénétration des corps étrangers que l'on puisse retrouver aux émissions : ces corps peuvent être ou des corpuscules figurés ou des corps solubles qu'on décèle par la chimie ou par la coloration.

Les balles d'avoine ou le son ont été parfois employés, mais leurs grains sont trop grossiers pour passer dans des interstices un peu fins. Les grains d'amidon, facilement reconnaissables au microscope et à la lumière polarisée ainsi qu'à la réaction avec l'iode, sont déjà plus indiqués;

les levures, tels que *Saccharomyces cerevisiæ* ou *S. mycoderma* sont plus commodes encore, car outre leur forme au microscope on les reconnaît facilement à leur propriété de transformer le sucre en alcool. C'est ainsi que Miquel et Cambier ont expertisé les sources de l'Avre en y jetant de 1 à 2 kilogrammes de levure de bière fraîche, et en introduisant 50 à 150 centimètres cubes de l'eau recueillie dans une quantité double de bouillon de peptone additionnée de 400 grammes de sucre par litre; après sept jours à l'étuve (30 à 35°), on dose l'alcool formé, et la quantité (4 à 7 0/0) dépend de la quantité de levure introduite.

On peut aussi utiliser les propriétés spéciales de certaines bactéries, à condition qu'on se soit assuré que ces espèces ne préexistent ni dans l'eau, ni dans le sol. Ainsi Fränkel et Piefke se sont servis du *B. violaceus*, qui donne une belle couleur bleue; Kabrehl d'un bacille chromogène rouge; le *B. pyocyaneus*, le *M. prodigiosus* (couleur rouge), le *B. aceti* (qui produit la fermentation acétique) peuvent aussi être utilisés. La recherche du *coli-bacille* montre aussi que l'eau est contaminée par des matières fécales. Enfin si une eau souterraine ou une source se trouble à la suite des pluies, c'est que celles-ci entraînent des particules argileuses du voisinage de la surface : expérimentalement, on pourrait même faire infiltrer de l'eau trouble et voir si l'eau sort trouble à l'émission supposée.

5° Par addition de corps dissous, reconnaissables chimiquement ou électriquement. — La reconnaissance et le dosage du chlore des chlorures sont si faciles (1) que c'est naturellement au chlorure de sodium ou au chlorure de calcium que l'on recourt le plus souvent. C'est A. Thiem qui le premier (2) en a fait une méthode pratique (*Kochsalzverfahren*), mais assez infidèle en ce qui regarde la mesure de la vitesse du courant souterrain.

Si en un point d'une nappe souterraine en mouvement on introduit de l'eau chargée de sel, il se fait une double action : une action de diffusion qui

(1) Toute personne doit pouvoir faire la *chlorurométrie* (*méthode de Mohr*). Il suffit d'avoir une solution de nitrate d'argent de titrage connu (on la prend d'ordinaire de manière qu'à 1 centimètre cube corresponde 1 milligramme de chlore, ce qui s'obtient en dissolvant 4 gr. 794 de nitrate pur fondu dans un litre d'eau distillée), et comme réactif indicateur une solution à 10 0/0 de chromate montre de K. A 50 centimètres cubes de l'eau à étudier on ajoute 2 à 3 gouttes de l'indicateur, puis on laisse tomber goutte à goutte la solution de nitrate contenue dans une burette graduée, jusqu'à ce que après agitation la coloration rouge brun persiste dans la masse : en multipliant alors par 20 le nombre de centimètres cubes employé, on aura le nombre de milligrammes de chlore par litre. On peut déceler ainsi jusqu'à 1 centigramme de NaCl par litre d'eau, soit $\frac{1}{100.000}$.

(2) Voir son article : *Neue Messungsart natürl. Grundwassergeschwindigkeit*, in *Journal für Gasbeleuchtung*, 1887.

propage le sel tout autour du lieu d'entrée, et une action de transport dans le sens du courant; mais cette dernière, sauf le cas très rare où le terrain est parfaitement homogène, se fait irrégulièrement, au fur et à mesure de l'arrivée des veines d'eau (qui suivent des chemins plus ou moins faciles et plus ou moins rapides dans le sol). Il en résulte qu'au lieu d'observation d'aval (un puits tubulaire par exemple), on trouve souvent non pas un maximum unique pour la teneur en chlore, mais une succession de maxima entre lesquels on ne sait choisir. C'est ainsi que pour Stralsund, dans du sable fin, Thiem a réussi à reconnaître une vitesse de $3^{m},50$ à 4 mètres par jour, tandis que pour Prague Prinz (1) n'a pu par la même méthode trouver de chiffres vraisemblables.

Pour trouver la direction du courant, si on ne la connaît pas, on devrait entourer le lieu où on fait pénétrer le chlorure dans la nappe d'une couronne de points d'observation (par exemple comme plus loin d'une série de puits abyssiniens disposés suivant une circonférence), et rechercher celui où la salure se fera sentir avec le plus d'intensité et le plus vite. Nous avons vu plus haut comment Diénert a pu déterminer, par les proportions de $CaCl^2$ ressortant dans les sources de l'Abîme et du Petit Abîme, les quantités d'eau de la rivière la Blaise qui entraient dans ces sources. Je rappellerai encore qu'en 1893 c'est par le sel marin que Haegler a démontré la communication des fontaines de Lausen avec le ruisseau le Furlerbach et avec les eaux d'irrigation de la prairie voisine.

Méthode de Slichter (2) *et perfectionnements de Diénert.* — Cette méthode est basée sur le fait que la conductibilité de l'eau pour l'électricité augmente quand cette eau est chargée d'un sel : si donc dans un puits d'amont (*salt well*) on introduit un électrolyte (c'est le chlorure d'ammonium qui a paru le plus avantageux) (3), et qu'on suive l'intensité d'un courant électrique entre ce puits et un puits d'aval (*test well*) situé sur le trajet de l'eau, on verra cette intensité croître au fur et à mesure que l'électrolyte se rapprochera du puits d'aval et devenir maxima quand il l'atteindra (ce qui fera un court-circuit).

(1) Voir son article : *Bau und Bewirtschaftung von Versuchsbrunnen*, in *Journal für Gasbeleuchtung*, 1901 et son livre : E. Prinz, *Handbuch der Hydrologie*, 1919 (chez Julius Springer).

(2) Slichter, voir ses articles dans : *Report of the Commission on additionnal water supply for the city of New York* (1903), et *Field measurements of the rate of movement of underground waters*, in *water supply papers of the Geological Survey U. S.*, nos 110 et 140 (1905 et 1906).

(3) On place le sel ammoniac dans des tubes en cuivre perforés qu'on descend dans le *salt well* : deux de ces tubes contenant chacun 1 kilogramme de sel peuvent être superposés, et on peut renouveler la charge de temps en temps. Pour des puits peu profonds, on peut le verser en solution.

La figure 19 représente la disposition des appareils : A est un ampèremètre sur lequel on suit les variations d'intensité du courant (il peut d'ailleurs être enregistreur, ce qui évite une surveillance constante), B une batterie et R une résistance. On peut disposer le circuit électrique de plusieurs façons. On peut prendre comme électrode une tige en laiton, isolée du tube et suspendue dans le puits situé en aval au moyen d'un fil isolé également; l'autre électrode est constituée par la paroi même du puits; dans ce cas, on ne pourra obtenir aucune indication avant que l'électrolyte n'ait atteint le puits inférieur. Ou bien on peut prendre comme électrodes les deux puits; dans ce cas on peut faire des observations dès le commencement, mais l'indication finale de l'arrivée de l'électrolyte au puits inférieur est moins bien marquée. Ou bien enfin on peut combiner ces deux dispositifs, c'est la meilleure méthode; le fil qui part de la paroi du puits inférieur est relié à un pôle de la batterie; l'autre pôle de la batterie est mis en rapport à la fois avec l'électrode intérieure du puits inférieur et avec la paroi du puits supérieur. Dans ce cas, on voit sur le tracé le mouvement progressif de l'électrolyte qui s'avance d'un puits vers l'autre, et on est averti de son arrivée au puits inférieur.

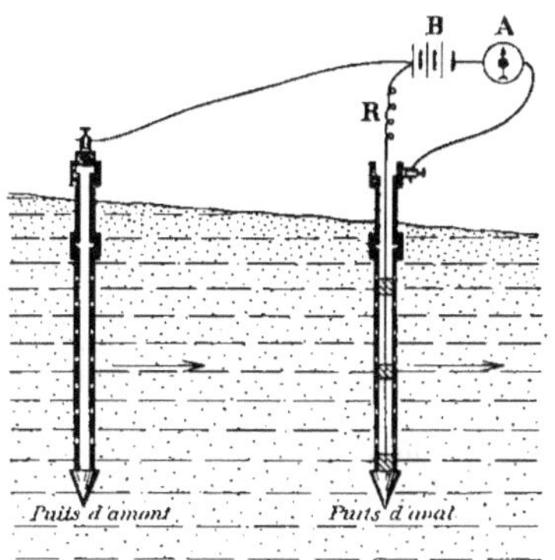

Fig. 19. — Méthode de Slichter pour mesurer la vitesse des courants souterrains par la résistance électrique (addition de chlorure d'ammonium).

C'est ce que montre la figure 20, avec cette différence qu'il y a deux ampèremètres, l'un entre les tubages des deux puits, l'autre entre le tubage et l'électrode du puits d'aval. On remarque que l'indication de ce dernier n'est pas une montée brusque, mais une courbe ascensionnelle qui met près de six heures et dont on prend le point d'inflexion M : cela tient à ce que dans les filets aqueux souterrains, comme dans ceux des rivières, les molécules centrales s'avancent plus vite que celles latérales (qui frottent contre les parois des canalicules). Dans cette expérience, Slichter avait foncé des puits abyssiniens [1] de 2 pouces de diamètre tout autour du

[1] A défaut de pointes de Norton, on peut aussi opérer avec des tubes ordinaires : s'ils ne sont pas perforés latéralement, leur extrémité inférieure plongeant seulement dans la nappe, on ne pourra utiliser d'électrode intérieure, et on se contentera de réunir à l'ampèremètre le tubage du puits d'aval et celui du puits d'amont à la batterie.

puits d'amont et à une distance de 4 pieds de lui (ils étaient distants entre eux de 2 pieds), et c'est celui de ces puits où le phénomène a été le plus intense qui a indiqué la direction de l'écoulement souterrain. La nappe n'était pas à plus de 9 mètres de profondeur, et l'on voit que la vitesse était de 1m,60 en vingt-quatre heures : pour de plus grandes profondeurs, on écarterait davantage les puits, mais toutefois sans que l'angle au centre reliant deux *test wells* consécutifs au puits central dépasse 30°.

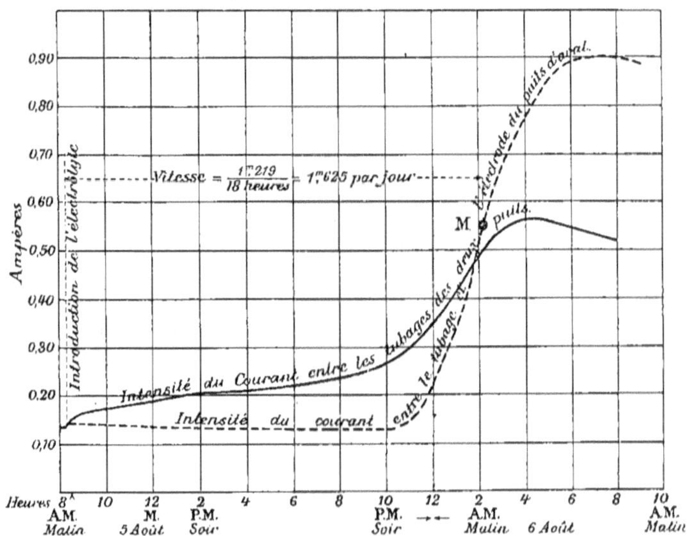

Fig. 20. — Méthode de Slichter : application à la vitesse et direction de la nappe souterraine de la vallée du San Gabriel River (Californie).

Courbes des deux ampèremètres enregistreurs correspondant au puits le plus influencé.

Pour étudier la manière dont se fait la dispersion du chlorure dans le sable, Slichter a enfoncé des petits tubes d'observation distants les uns des autres de 6 pouces (0m,152), et il a figuré la progression du sel comme l'indique la figure 21, premièrement avec un courant d'eau de 12 pieds (3m,66) de vitesse par jour, secondement avec un autre de 22,9 pieds (6m,98). Les diamètres des cercles sont progressivement à la quantité d'électrolyte révélée dans chaque tube; les lignes périphériques figurent les limites de la tache salée. On voit nettement qu'avec un courant plus rapide la dispersion du sel se fait sentir moins loin latéralement : à l'amont, le sel n'était pas décelable à plus de 0m,10 du *salt well*.

Diénert, pour les nappes peu profondes, ne fait que six puits abyssiniens (aux sommets d'un hexagone au centre duquel est le puits principal), mais il enfonce entre deux de ces puits trois tiges de fer en croix qu'il relie aussi à un ampèremètre. Il détermine comme Slichter celui des puits ou des fers où l'électrolyte se manifeste en premier [1]; puis il confirme la méthode en versant de la fluorescéine dans le puits central et en la recherchant par pompage dans le puits d'essai qui a été indiqué.

Mais il arrive pour une nappe plus profonde qu'on ne dispose que d'un seul forage, à la vérité d'un diamètre assez grand : comment en ce cas pourra-t-on juger de la direction des filets souterrains? Ulfert avait déjà proposé de descendre dans le forage un cylindre plein de 0m,12 de diamètre sur 0m,50

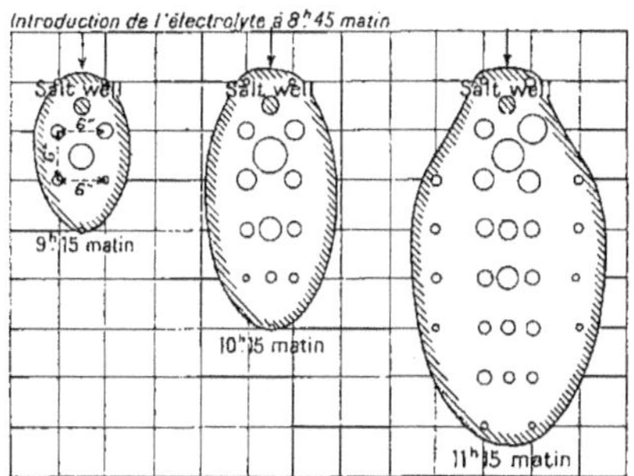

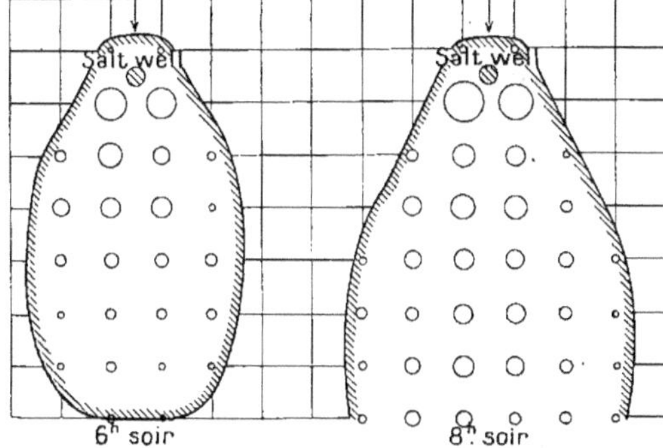

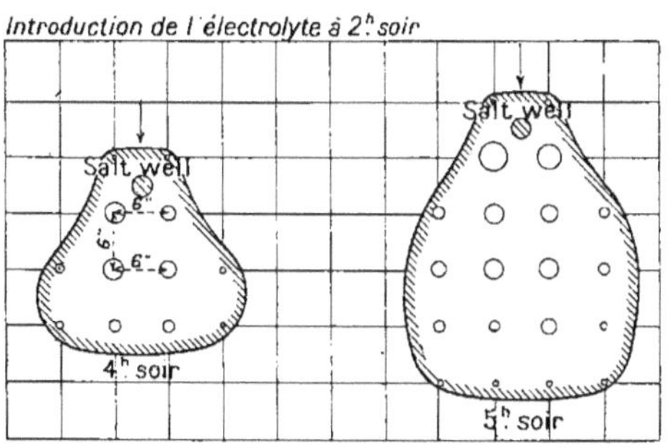

Fig. 21. — Dispersion de l'électrolyte (AzH^4Cl) dans la nappe souterraine d'un sable grossier.

Premier cas. — L'eau a une vitesse de 12 pieds (3m,66) par jour.
Deuxième cas. — L'eau a une vitesse de 22,9 pieds (6m,98) par jour.

[1] Diénert s'est servi comme électrode dans les puits d'observation de boudins en sable (1 mètre de long sur 0m,03 de diamètre) entourés d'un fil de fer relié à la batterie : en en superposant plusieurs, on peut se rendre compte de la hauteur où passe principalement l'eau. On peut aussi doser le sel dans les différentes tranches des boudins retirés.

de haut, revêtu d'une toile blanche, et portant à sa partie supérieure une couronne de quinze ajutages laissant arriver une solution de matière colorante : celle-ci en s'écoulant sur la toile laissera une trace de son passage, trace qui serait partout une ligne verticale s'il n'y avait aucun courant, mais qui en cas contraire sera oblique et déviée au maximum pour les filets situés à l'extrémité du diamètre perpendiculaire à la direction du courant.

Diénert a repris la question et la résout maintenant (1) comme suit. Il détermine tout d'abord le volume V d'eau contenu dans le forage et sa teneur A en chlore; puis il introduit une quantité de sel marin suffisante pour doubler cette teneur, et après agitation mesure la nouvelle dose de chlore a_0. On laisse passer un temps T pendant lequel on agite l'eau pour maintenir le mélange homogène, et on reprend ensuite la teneur a en chlore. Si on ne tient pas compte de la *diffusion* (qui entraîne une certaine quantité de sel dans le sable aux abords du forage), le débit par seconde du courant passant par le forage serait :

$$d = \frac{V}{T}\left(\frac{a_0 - a}{a - A}\right).$$

Pour corriger l'erreur due à la diffusion, on introduit dans le forage une planche de largeur égale au diamètre, et munie latéralement de deux chambres à air en caoutchouc qui, une fois la planche en place, sont gonflées de manière à former un joint étanche. Le forage est ainsi séparé en deux compartiments égaux et indépendants, et si la planche est juste perpendiculaire au courant, l'eau ne passera plus, et le dosage du chlore refait comme précédemment donnera un chiffre d' plus petit que d et représentant l'effet de la diffusion seule (2); on aura dès lors pour le débit effectif du forage :

$$D = d - d'$$

et il n'y aurait qu'à diviser D par la section mouillée pour avoir la vitesse.

Enfin on obtiendra la direction du courant souterrain au moyen du

(1) Au début, il avait appliqué la méthode Slichter à un large forage, en installant à la périphérie 6 bougies Chamberland reliées au galvanomètre et chargées d'indiquer l'arrivée de l'électrolyte : celui-ci était introduit au centre par une autre bougie enfermée dans du sable très fin contenu dans un panier. A la fin, on retirait les bougies, et en dosant le sel dans leur contenu on confirmait la direction de l'eau souterraine (correspondant à la bougie qui avait le plus de sel).

(2) On reconnaîtra que la planche est bien normale au courant quand d' sera minimum. Si la hauteur d'eau est trop grande, on peut la limiter en clouant au-dessus et au-dessous de la planche un disque de diamètre légèrement inférieur à celui du forage et entouré également d'une chambre à air à la périphérie.

flotteur métallique (relié par un fil très fin à un galvanomètre et au pôle d'une pile) et de la cage à barreaux métalliques (reliés à leur partie supérieure à 6 fils électriques pouvant être mis successivement en communication avec le second pôle de la pile) représentés par la figure 22. Le flotteur est lesté avec du sucre candi, et quand ce sucre est fondu, il vient, entraîné par le courant, toucher celui des barreaux qui est dans la direction, et ce barreau est indiqué par le galvanomètre (¹).

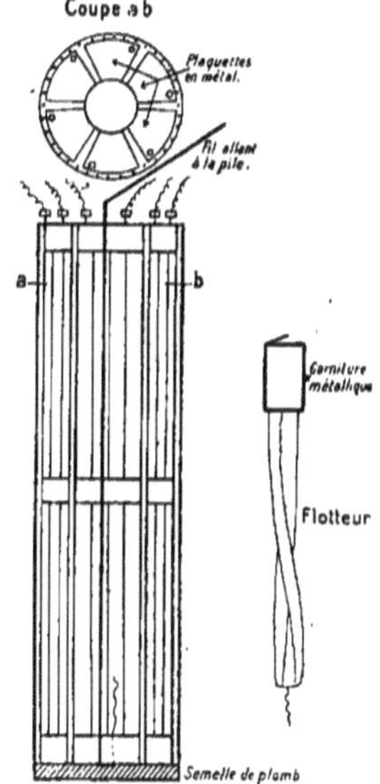

Fig. 22. — Cage et flotteur métalliques de Diénert pour déterminer la direction du courant dans un forage.

6° Par l'emploi de corps odorants. — Nordlinger a employé le saprol, dont une dilution à $\frac{1}{1.000.000}$ est encore reconnaissable à l'odorat. Le pétrole et autres carbures liquides odorants pourraient servir aussi.

L'incendie de l'usine Pernod (11 août 1901) a réalisé entre le Doubs et la source de la Loue une expérience de ce genre : l'odeur d'absinthe apparut à la source moins de quarante-huit heures après le déversement accidentel de bacs d'absinthe dans la rivière à Pontarlier.

7° Par l'emploi de substances colorantes (fluorescéine). — Bien que Kandler ait proposé dès 1864 l'emploi de substances colorantes, c'est seulement en 1877 que Kop employa pour la première fois la fluorescéine; il en jeta 10 kilogrammes dans les pertes du Danube entre Immendingen et Fridingen, et soixante heures après la source de l'Aach (*Aachlopf*) devint fluorescente pendant trente-six heures. — La célèbre expérience de Dionis lors de l'épidémie typhique de 1882-83 à Auxerre, se fit avec une solution alcoolique d'aniline: déversée sur un fumier, elle colora vingt minutes après une petite source voisine de celle de Vallan. — Féray, en 1887, étudiait les sources de l'Avre à la fluorescéine; Paccard, en 1893, prouvait par elle la communication des entonnoirs de Boussort avec les

(¹) Diénert vient encore de donner une autre méthode pour l'étude du trajet de l'eau dans les alluvions, mais cette fois en introduisant des substances colorantes dans les puits instantanés qu'on établit (quatre d'ordinaire aux quatre points cardinaux) autour du puits d'essai où on fait les pompages : on note le temps et l'intensité d'apparition de la coloration dans les puits d'essai (Voir *C. R. Ac. des Sciences*, 7 mai 1928).

sources de l'Orbe; Jeannot et Thoinot, le 23 avril 1894, jetaient 4 kilogrammes de fluorescéine dans le ruisseau de Nancray, et quatre-vingt-treize heures après l'eau de la source d'Arcier distribuée à Besançon devenait verte et restait colorée durant six jours; Martel, le 27 septembre 1897, jette de la fluorescéine dans un puits souillé de purin et soupçonné de contaminer la source de la Sauve (Gard), et une heure et demie après la source est colorée, etc., etc.

Depuis lors, les expériences sont devenues innombrables, et la méthode entre les mains de Marboutin, Diénert, Le Couppey de la Forest (pour ne citer que ceux qui se sont occupés des sources de Paris) est devenue classique. La Société belge de géologie et d'hydrologie a mis la question à l'ordre du jour en 1901, et ses mémoires de 1901 à 1903 contiennent tous les détails voulus : un excellent résumé en a été donné par Rabozée et Rahir. En 1924, Timeus (1) a repris encore la question, perfectionné le fluorescope, employé l'ultramicroscope, la radioactivité, etc., etc. Je ne puis que renvoyer à ces textes les personnes qui auront à faire des applications délicates.

FIG. 23. — Fluorescope de Trillat.

On emploie aujourd'hui sous le nom de fluorescéine un sel de soude de la tétraoxyphtalophénone anhydride ($C^{20}H^{10}O^4Na^2$), que l'on dissout d'abord dans de l'alcool additionné de 5 0/0 d'ammoniaque, puis dans une quantité d'eau suffisante (environ 50 litres pour 1 kilogramme). Cette substance est reconnaissable à $\frac{1}{400.000.000}$; mais si l'on se sert du *fluorescope Trillat* (2) (*fig.* 23), ou comme au laboratoire de Montsouris du faisceau lumineux d'une lampe à arc condensé par une lentille convergente, on arrive à déceler une proportion de $\frac{1}{2.000.000.000}$ (soit 1 gramme pour 2.000 mètres cubes d'eau). On emploie aussi l'*uranine* (qui est de la fluorescéine rendue plus soluble par l'addition de carbonate de soude), ou la *phénolphtaléine*,

(1) TIMEUS, *Le indagini sull'origine delle acque sotterranee con i methodi fisici, chimici, biologici* (*Boll. Soc. adriatica di Sc. naturale*, Trieste, 1924).

(2) C'est tout simplement deux tubes en verre blanc d'environ 1 mètre de long et 0m,02 de diamètre, placés verticalement à la même hauteur : la partie inférieure est fermée par un bouchon en caoutchouc noirci au vernis ou à la plombagine. Dans l'un on met de l'eau naturelle et dans l'autre l'échantillon suspect d'être coloré. Marboutin a porté le nombre des tubes à douze, de manière à avoir ensemble les prélèvements des douze premières heures. On peut aussi se servir du *colorimètre de Fitz-Gerald*, du *tholomètre de Van den Broeck et Rahir*, etc., etc.

qui a l'avantage d'être plus soluble dans l'alcool et de donner une coloration violacée très nette par l'addition de quelques gouttes d'une solution alcaline.

Comme pour les solutions salines, la propagation de la fluorescéine ne se fait pas tout d'un bloc, et il faut tenir compte de la diffusion et du retard des filets périphériques. Ainsi, si on a coloré d'une façon régulière la tranche de terrain comprise entre deux sections transversales *ad* et *bc* (*fig.* 24) au poste A, on verra ce bloc coloré se déformer en s'écoulant vers l'aval : d'une part, le glissement des filets les uns sur les autres va en quelque sorte l'*emboutir* et en faire un cornet limité par la surface *a'b'f'c'd'e'a'* convexe vers l'aval; d'autre part, les composantes obliques des vitesses faisant passer des molécules colorées dans l'eau pure environnante et réciproquement, ce mélange a pour effet de gonfler la masse colorée et d'inégaliser l'état de dilution. Il en résulte que le passage de la vague colorée au point d'observation B pourra durer assez longtemps, et que l'intensité de la coloration sera variable dans une même section et d'une section à la voisine : on fera bien d'établir une courbe de cette intensité en B d'après le temps, le début de la coloration correspondant à la vitesse maxima (filets les plus rapides), et le maximum au plus grand afflux du liquide. On voit aussi que la fluorescéine doit être déversée dans toute la tranche intéressante, d'une manière continue et assez lente.

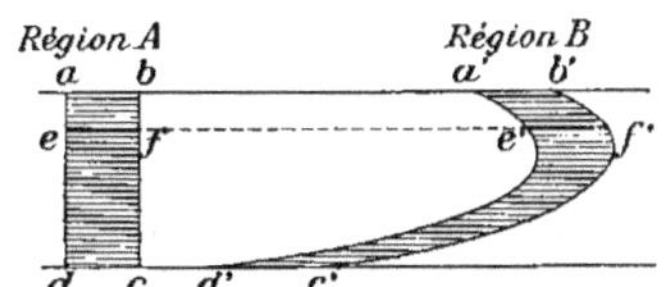

Fig. 24. — Progression de la fluorescéine dans le sol.

Il faut signaler aussi quelques causes d'erreur. Ainsi, l'acide carbonique libre (et il y en a souvent dans l'eau des terrains granitiques ou siliceux) détruit assez vite la fluorescéine: on la régénère en ajoutant quelques gouttes d'ammoniaque (qui fixe le CO^2). La tourbe, sans doute par les acides humiques qu'elle contient, décompose aussi la fluorescéine, qui ne pourrait être régénérée [1], il en serait de même de certaines argiles. La coloration n'est pas facilement reconnaissable dans l'eau trouble; aussi en pareil cas doit-on filtrer avant l'examen au fluorescope. Enfin la lumière détruit vite la coloration [2], et on ne peut la régénérer : il faut donc tenir les échantillons à examiner dans l'obscurité.

[1] En ce cas, on peut employer la *fuchsine acide* (teinte rouge), qui se décolore également mais peut être régénérée par l'acide acétique.

[2] Ainsi une solution à $\frac{1}{100.000.000}$ exposée trois heures au soleil ne peut plus être décelée, même au fluorescope.

Voyons maintenant quelques problèmes que l'on peut résoudre avec la fluorescéine (d'après Marboutin).

1° On désire connaître si une perte d'eau contribue à l'alimentation d'une source. Alors il suffit de diluer un poids déterminé de fluorescéine dans de l'eau et de la *mélanger intimement* et assez longuement avec celle qui se perd.

2° On désire connaître la propagation des eaux souterraines dans une région déterminée. Il faut alors modifier profondément la composition de la nappe en un point déterminé et assurer la diffusion de la matière employée : la surélévation du niveau piézométrique au point où se fait le jet est indispensable, et on y parvient en faisant arriver en ce point une quantité d'eau supérieure à celle qui se perd en temps normal, par exemple, en effectuant la levée des vannes d'un moulin pendant un certain temps. Cette surélévation du niveau assure la dispersion de la matière dissoute dans un grand volume d'eau de la nappe; elle peut produire en outre une intumescence ou crue souterraine qui se propage suivant les lois de l'hydraulique; mais ce phénomène n'a pas de rapport avec la marche des molécules colorées. On étudiera naturellement l'arrivée de celles-ci aux différents points d'émission présumés en relation avec le lieu du déversement, et on fixera ainsi la zone de dispersion de la fluorescéine.

3° On désire connaître les vitesses de propagation dans les différentes directions. Pour cela on observe simultanément la série des puits et des sources s'alimentant à la nappe, dans la région du bétoire où l'on introduit la fluorescéine, et on note, d'une manière précise, l'apparition de la coloration aux divers points d'observation considérés. Le lieu géométrique des divers points où la matière colorante arrive dans le même laps de temps est une courbe pour laquelle Léon Janet a proposé le nom de *courbe isochronochromatique.* En construisant sur une carte ces courbes pour une durée de dix heures, vingt heures, trente heures, etc., on arrive à donner une idée de la manière dont l'eau absorbée par un bétoire se répartit dans la nappe souterraine. Les courbes éloignées les unes des autres indiquent une circulation rapide, les courbes rapprochées une circulation lente.

Pour donner un exemple de ce procédé, nous reproduisons ci-contre (*fig.* 25) les résultats de l'expérience faite par Marboutin au bétoire du Haut-Chevrier, au-dessus de Verneuil (région de l'Avre) [1]. Il a été versé alors 900 grammes de fluorescéine, soit 450 grammes à l'heure dans ce

[1] Voir plus loin pour la géologie des sources de l'Avre (sources alimentant Paris).

bétoire : la fluorescéine s'est montrée en des points très nombreux et dans

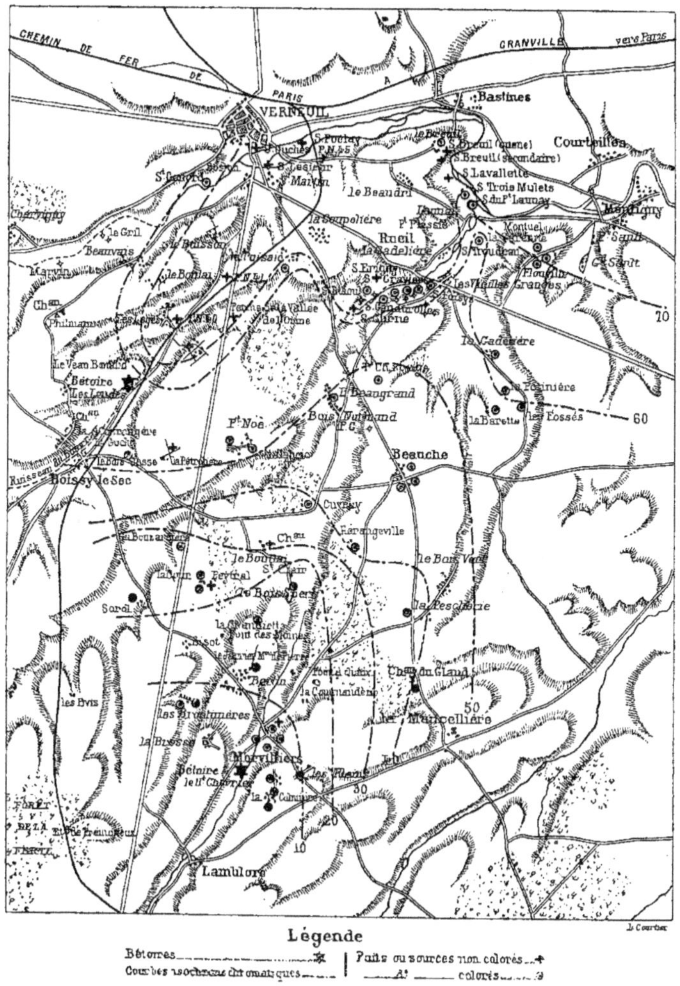

Fig. 25. — Expérience de Marboutin à la fluorescéine sur la région du Haut-Chevrier (Avre), courbes isochronochromatiques (en heures).

un secteur d'un angle au centre voisin de 180°. On peut voir les lignes de grande propagation passant par Morvilliers, Beauche, la Varenne et la source des Trois-Mulets. On a ainsi pu suivre la matière colorante sur 80 kilomètres carrés et jusqu'à 11 kilomètres de distance, la vitesse moyenne étant de 130 mètres à l'heure. Une autre expérience du même genre a été faite, avec 400 grammes seulement de fluorescéine, au bétoire de Veau-Renard (voir à gauche sur la carte) et a donné des courbes qui mettent en évidence une ligne de propagation passant par les Harangères, la ferme de l'Orme, la source Ganderolle et la rive droite de la Vigne.

Le tracé des courbes isochronochromatiques implique naturellement la détermination de l'arrivée de la fluorescéine en un grand nombre de points. Les puits de la région qui vont rejoindre la nappe à étudier sont tout indiqués comme postes d'observation; mais, s'ils font défaut, on devra exécuter des forages.

Il est clair que la connaissance des courbes isochronochromatiques serait une excellente indication, s'il s'agissait de drainer un coteau ou une plaine : il conviendrait en effet d'établir les drains principaux suivant ces lignes pour en faire les collecteurs naturels de la nappe.

Des courbes isochronochromatiques il faut rapprocher les *courbes isogradhydrotimétriques*, également de Léon Janet, qui peuvent aussi donner des indications sur les zones de circulation lente ou rapide des eaux souterraines. Si on admet que l'eau ne se charge de calcaire que quand elle est en contact prolongé avec la roche, on conçoit que, dans les parties de la nappe où la circulation est rapide, le degré de dureté reste faible; tandis qu'il sera plus fort là où il y a stagnation ou rétention. Ainsi, dans la nappe de la craie turonienne alimentant les sources de l'Avre, le degré hydrotimétrique varie de 7° à 30°, et celui des sources varie entre ces deux extrêmes. Si l'on peut grouper un assez grand nombre d'observations, il sera intéressant de réunir entre eux les points d'eau où la dureté est la même; on a ainsi les courbes que Janet a baptisées. Les conséquences à tirer de leur examen sont toutefois moins précises qu'avec la fluorescéine.

4° On désire déterminer les limites du périmètre d'alimentation d'une source ou d'un groupe de sources. — Ce périmètre est, en général, composé d'une seule courbe fermée; mais dans le cas où des rivières se perdent, soit totalement, soit en partie et où l'eau ainsi perdue contribue à l'alimentation des sources, il faudra compter dans le périmètre tout le bassin de la rivière situé en amont des pertes.

La détermination de ce périmètre se faisait autrefois par un calcul fort simple, basé sur la tranche d'eau tombée dans la région. On ne saurait trop s'élever contre cette méthode. Indépendamment de l'incertitude qu'il y a dans la détermination du coefficient à adopter pour tenir compte de l'eau évaporée et des eaux du ruissellement [1], il n'y a guère qu'un seul cas où cette méthode puisse être appliquée. C'est le cas où cette nappe souterraine a comme seul exutoire la source ou le groupe de sources considéré. C'est le cas des sources d'*affleurement*, lorsque la couche imperméable qui supporte la nappe d'eau rencontre la surface du sol suivant une courbe fermée, comme cela a lieu, par exemple, pour certaines collines des environs de Paris, telles que la butte de Montmorency.

Au contraire, dans les terrains où la fluorescéine réapparaît, la détermination du périmètre d'alimentation des sources s'obtiendra très facilement et très sûrement en répétant les expériences de fluorescéine donnant les trajectoires des molécules liquides en des points de plus en plus éloignés de la région des sources. On arrivera ainsi à délimiter la zone, où les molécules d'eau se dirigent vers les sources de celles dont les molécules parcourent des trajectoires n'ayant aucun lien avec elles. Cette zone doit être déterminée en saison sèche et en saison pluvieuse, car la variation du niveau piézométrique de la nappe peut amener des variations dans la zone d'alimentation.

8° PAR L'AUSCULTATION DES BRUITS SOUTERRAINS (ACOUSTÈLE). — De même qu'on peut entendre avec des appareils comme l'*hydrophone* ou *waterphone*, de Bell les écoulements anormaux qui se produisent dans un réseau de distribution d'eau, de même on peut parfois entendre de la surface le bruit de certains courants souterrains, comme celui d'une chute d'eau dans une caverne : toutefois il faudra se méfier, car un courant d'air à travers les fissures d'une roche peut prêter à confusion.

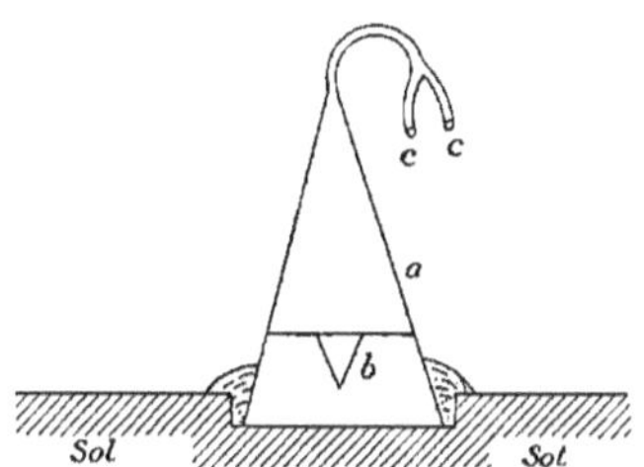

FIG. 26. — L'acoustèle Daguin (coupe).

On se sert pour cette auscultation de l'*acoustèle de Daguin* (*fig.* 26 et 26 *bis*). C'est un grand cornet acoustique en zinc *a* (entouré de ouate et revêtu d'une caisse en bois, pour éviter le bruit du vent), à l'intérieur duquel se trouve un cône plein *b*, également en zinc, la pointe tournée vers le bas : l'oreille se met en *c*. On entre un peu le bas de l'appareil dans le sol : la terre végétale amortissant le son, il y a intérêt à le poser sur la roche elle-même. Si on perçoit un son, on se déplace à droite et à

[1] Suivant la règle de Belgrand, on admet généralement qu'il s'infiltre dans le sol le quart de la pluie annuelle; mais cela est loin d'être partout exact.

gauche, de manière à trouver l'endroit où le bruit est le plus fort : c'est là que se trouve la chute d'eau.

9° Par l'étude des courants telluriques. — Alors que l'atmosphère est chargée d'électricité positive, on sait que le sol l'est d'électricité négative (1), mais que ses différents points n'étant pas au même potentiel, il se produit entre eux des courants électriques d'intensité et de direction variables. Ces courants généralement dirigés de l'Est à l'Ouest sont influencés

Fig. 26 *bis*. — L'acoustèle Daguin (vue).

par différentes causes, notamment par la présence de masses métalliques (minerais), de masses aqueuses telles que les nappes et rivières souterraines, de cavernes, etc., etc.; ils réagissent à leur tour sur l'aiguille aimantée, si bien que les variations de la déclinaison et de l'inclinaison (on s'en tient à la première) peuvent traduire ces incidents (2). L'étude des courants telluriques peut donc donner des indications sur les gîtes souterrains des métaux et de l'eau; malheureusement, ces courants sont faibles et difficiles à déceler, et de plus les causes de leurs variations peuvent être diverses, mal connues et d'interprétation presque impossible, en sorte que les méthodes ci-après restent pour le moment délicates et de résultat assez incertain.

(1) Cette électricité provient de différentes causes, telles que frottements du sol contre les molécules aériennes, et des molécules liquides contre les particules solides, effet de pile provenant des masses métalliques, plongeant dans l'eau souterraine, réactions chimiques diverses se produisant dans l'intérieur, etc., etc.

(2) Ce sont sans doute ces courants qui réagissent sur les *sourciers* et *baguettisants*, comme l'électricité atmosphérique réagit sur certaines personnes nerveuses.

a) *Étude du potentiel électrique et de ses variations.* — G. Nègres en 1910 avait déjà décrit comment avec un galvanomètre il avait pu suivre la zone de craie glauconieuse qui, aux environs de Beauvais, forme le pourtour du pays de Bray; mais sous le nom de « prospection électrique du sous-sol », C. Schlumberger (1) a donné récemment d'une manière plus précise une méthode consistant à établir une carte des potentiels de la région avec courbes *isopotentielles.* Si le sol contient des hétérogénéités diverses (minerais, eau, roches de conductibilité différente), celles-ci entraîneront des perturbations se répercutant sur la distribution des potentiels à la surface, et la distribution relevée différera dès lors de celle théorique dérivant de la loi d'Ohm : ces différences aideront à trouver la cause perturbatrice.

Schlumberger s'est servi d'un groupe électrogène donnant un courant continu de 100 à 200 volts sous quelques ampères. Les deux prises de terre étaient, suivant les cas, distantes de quelques hectomètres ou même jusqu'à 3 kilomètres; une courte ligne volante, contenant un galvanomètre portatif sensible et un petit potentiomètre, touche le sol à ses deux extrémités par deux électrodes impolarisables (tige de cuivre trempant dans une solution de sulfate de cuivre, contenue elle-même dans un vase poreux seul en contact avec le sol). Ces électrodes spéciales sont nécessaires pour éliminer les erreurs de polarisation (si on touchait directement le sol humide avec des tiges métalliques) : il faut aussi que la conductibilité soit *continue.*

Appliquée surtout à la détermination des massifs pyriteux, cette méthode a réussi dans le Calvados sur plus de 10 kilomètres carrés (entre Fierville-la-Campagne et Soumont) à préciser le contact des assises siluriennes (fortement inclinées) (2) et des couches jurassiques (horizontales et épaisses de 40 à 90 mètres), ainsi que le passage d'une faille et l'amplitude de son rejet horizontal. Elle semble donc pouvoir être appliquée dans l'avenir à résoudre des problèmes de topographie souterraine et d'hydrogéologie.

b) *Variations de la déclinaison magnétique.* — C'est Mathias, qui dans ses longues études sur le magnétisme terrestre, a le premier remarqué que la déclinaison présentant des anomalies à la rencontre de grandes cassures, profondes vallées, etc., etc., telles que les gorges du Tarn entre Saint-Rome et la Maxane : « Ces anomalies, dit-il (3), dans une région où le vecteur magnétique est régulier, devront être considérées comme le réactif fidèle des discontinuités dans la structure des couches superficielles du sol : il

(1) *Comptes rendus de l'Académie des Sciences* (t. 170, p. 519, et t. 174, p. 477).

(2) Ainsi que le contact intrasilurien des *grès armoricains* et des *schistes à calymènes*, sous le manteau jurassique.

(3) *L'Alpinisme et les études du magnétisme terrestre* (*Annuaire du Club alpin français*, 1901).

devra en être ainsi des régions présentant des grottes et des rivières souterraines assez voisines de la surface. »

Plusieurs appareils ont été construits pour appliquer ce principe. Citons : l'*appareil de Mansfield* (1), qui n'est autre qu'une aiguille aimantée suspendue sur un pivot dans une boîte portée par un trépied : celui-ci se pose sur l'emplacement étudié, et s'il y a en dessous une masse d'eau souterraine en mouvement, l'aiguille s'agite et oscille (d'autant plus fort qu'il y a plus d'eau).

Fig. 27. — Indicateur d'eaux souterraines en mouvement de H. Mager.

Le *magnétomètre de l'abbé Forlin.* — C'est une aiguille de boussole placée au-dessus d'un *multiplicateur métallique*, lequel est formé d'une bobine de fil de fer recuit enroulé sur un cylindre de verre : une perturbation météorologique, si l'appareil est sédentaire, une anomalie géologique, s'il est portatif, sont reconnues par les mouvements de l'aiguille.

L'*appareil Schmid* (de Berne). — Il est très semblable au précédent. L'aiguille doit être faiblement aimantée, juste pour qu'en l'absence de toute influence elle se

(1) *Automatic water finder*, construit par W. Mansfield, ingénieur à Liverpool.

place dans le méridien magnétique : elle peut dès lors en être déviée par la moindre cause. Ce sont ses oscillations de part et d'autre de la position méridienne qui indiqueraient principalement la présence de l'eau souterraine.

L'*Indicateur d'eaux souterraines en mouvement* de H. Mager est aussi très voisin. L'inventeur nous a aimablement autorisé à en reproduire la vue (*fig.* 27) : c'est une caisse fermée (pour éviter les oscillations que produirait le vent), où on voit l'aiguille aimantée sous laquelle est sans doute une bobine multiplicatrice. Il recommande de n'opérer qu'en terrain découvert, sur un sol bien sec et par temps clair et calme. S'il y a un fort courant d'eau sous l'appareil, les oscillations de l'aiguille sont vives et amples (jusqu'à 25 et même 50°); une eau peu abondante ou trop profonde peut ne l'impressionner qu'après plusieurs minutes ou ne donner des oscillations que par intermittences; enfin des déplacements lents pourraient ne provenir que de l'échauffement de la bobine.

L'*appareil de Garcio Munoz*, appelé *tellhydroscope*, est formé de deux pendules oscillant dans deux directions perpendiculaires : l'un indiquerait l'existence d'une masse d'eau en mouvement, et l'autre sa profondeur et son débit à 10 0/0 près.

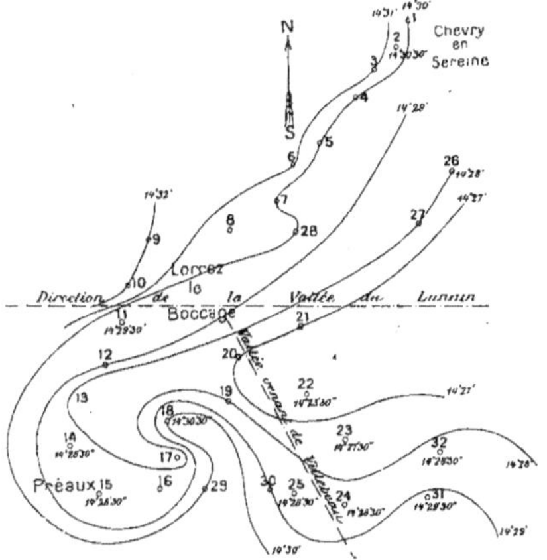

Fig. 28. — Déviations des courants telluriques par les failles, cassures, courants d'eau souterrains, etc., etc. — Carte des courbes isogones de la vallée du Lunain, près Lorrez-le-Bocage (dressée par Diénert).

Diénert se sert simplement d'une boussole de précision et étudie les courbes d'égale déclinaison (*isogones*). Voici à titre d'exemple (*fig.* 28) les isogones de la région de Lorrez-le-Bocage en 1901. « J'ai choisi, dit-il, la vallée du Lunain sous laquelle j'ai reconnu l'existence de courants souterrains recevant les eaux de cette rivière, qui se perdent aux environs de Chéroy et ressortent en aval de Lorrez. Cette vallée est creusée dans la craie sénonienne; sur les plateaux environnants, la craie est surmontée de calcaire de Bric et de sables de Fontainebleau aux environs de Lorrez-le-Bocage. Le soleil s'étant montré rarement dans le cours de nos expériences, il nous a été impossible de rechercher pour chaque point l'angle fait par le méridien géographique avec le méridien magnétique. On a pris alors une ligne de base et on a cherché pour les différents points l'angle de l'aiguille aimantée avec celle-ci. (Suit une description de la méthode pour rattacher la déclinaison en chaque point à la direction de la ligne de base, méthode que tout géomètre imaginera facilement.)

« Comme pendant le cours d'une journée la déclinaison varie de plusieurs minutes, nous avons fait les corrections en nous servant des graphiques du déclinomètre enregistreur installé au Val-Joyeux par M. Moureaux. Les études de ce dernier dans la région entourant Paris à l'E. ayant montré que la direction générale des isogones est du S.-E. vers le N.-O., nos résultats montrent à leur tour que cette direction varie au voisinage de la vallée du Lunain. Si on suit les isogones sur la carte, on constate aux environs de la vallée venant de Villebeau un changement brusque des courbes : elles prennent une direction nettement E.-O. Puis, entre cette vallée et Préaux, elles se contournent brusquement pour reprendre la direction E.-O. au voisinage de Préaux. Enfin, elles viennent couper la vallée du Lunain en suivant la direction S.-O.-N.-E., puis reprennent progressivement la direction N. »

Diénert conclut de cette distribution irrégulière des isogones que les anomalies sont dues probablement aux courants d'eau souterraines signalés ci-dessus.

c) *Variations de la résistivité électrique du sol.* — Le courant qui s'établit entre deux points du sol d'inégal potentiel dépend des résistances qu'il rencontre entre eux, et par conséquent de la *résistivité électrique* (inverse de la conductibilité) du sol dans ce trajet. Or la méthode de Kohlrausch (au courant alternatif et au téléphone), appliquée couramment à la mesure de la résistivité d'une eau, peut être employée ici ; toutefois la résistivité de chaque terrain varie non seulement avec la quantité d'eau qui l'imbibe, mais encore avec la température, la minéralisation de l'eau, la pression, etc., etc., en sorte que les conclusions sont parfois difficiles à déduire.

Le *Bureau of Standards* des États-Unis a étudié récemment la résistivité propre de certains sols et trouvé quelques résultats comme ceux-ci :

Poussière de mica avec 4,7 0/0 d'eau.....	156.400	ohms-centimètres cubes
Argile et sable mêlés avec 30 0/0 d'eau..	41.900	—
Sable meuble avec 7,6 0/0 d'eau.........	2.700	—
Argile grise humide avec 11,7 0/0 d'eau..	651	—

pour un même sol, la résistivité diminue très vite quand on y ajoute de l'eau, au moins jusqu'à une proportion de 45 0/0. Si donc on trouve suivant une direction donnée une résistivité moindre que celle du sol naturel, il y aura chance qu'un courant d'eau suit cette direction : si on introduisait un électrolyte dans ce courant on retomberait sur la méthode de Slichter.

Comme exemple, je citerai encore l'application faite par Diénert à la mise en évidence des communications qui se font entre la source du Chêne, le puits de la Tour-Grise, le bras forcé de l'Iton et la source de Poélay (sources de l'Avre, voir la carte *fig.* 25). Il a placé dans les sources du Chêne et de Poélay deux électrodes en cuivre argenté ayant 20 centimètres sur 20 centimètres, lesquelles sont réunies à un galvanomètre au moyen d'un fil de cuivre de $0^{mm},9$ de diamètre. On trouve, lors de la fermeture du circuit, que le fil est parcouru par un courant, bien entendu de faible intensité, mais cependant nettement appréciable, allant dans le fil de la source du Chêne à celle de Poélay, c'est-à-dire de l'O. à l'E. Si, au contraire, on met en communication un puits des environs de la vallée d'Avre avec la source de Poélay, on ne constate pas, à travers le fil, de courants susceptibles d'agir sur le galvanomètre (qui n'était pas un appareil très sensible, il est vrai). Cette première expérience faisait prévoir que les courants électro-magnétiques éprouvaient dans le sol des résistances variables que Diénert se proposa d'étudier. Le fil de cuivre fut mis en relation avec l'appareil de Kohlrausch, et on trouva par mètre du sol des résistivités de

0,10 ohm entre la source du Chêne et celle de Poélay,
0,13 ohm entre le puits de la Tour-Grise et la source du Poélay,
0,17 à 0,18 entre le bras forcé de l'Iton, la source du Chêne, les puits de la Tour-Grise et la source Poélay.

tandis qu'entre le puits Girod et la source Poélay la résistivité était de 0,32, entre le puits et le bras forcé de l'Iton de 0,41, etc., etc.

Diénert fit encore une autre expérience, en jetant du sel marin (solution à 25 0/0 à raison de 4 litres à l'heure pendant seize heures) dans la source du Chêne : au bout d'une heure, soit après introduction de 1 kilogramme de NaCl, la résistance entre la source du Chêne et celle de Poélay avait baissé de 80 à 68 ohms. On ne retrouva à Poélay qu'une assez faible fraction du sel introduit au Chêne.

10° Par l'utilisation des ondes hertziennes (télégraphie sans fil). — Löwy et Leimbach [1] ont montré que si ces ondes, traversant un milieu très conducteur, viennent frapper son milieu à constante diélectrique

[1] *Eine elektrodynamische Methode zur Erforschung des Erddinnern*, in *Physikalische Zeitschrift*, t. XIII, 1912.

différente, elles se réfléchiront. Pratiquement, si en un point A de la surface terrestre une antenne inclinée AB (*fig.* 29) transmet des ondes, celles-ci, en arrivant en M sur la surface d'une nappe d'eau souterraine, se réfléchiront et parviendront en un autre point A'. Plaçons en A' une autre antenne A'B' mais réceptrice et à inclinaison variable : nous constaterons à la réception deux maxima, l'un provenant de la réception de l'onde directe par l'air, l'autre de l'onde réfléchie par l'eau. Si h est la profondeur de la nappe d'eau et a l'inclinaison du transmetteur sur la verticale, on aura :

$$h = \frac{1}{2}\, PP' \operatorname{tg} \alpha,$$ (où PP' égale sensiblement la distance AA').

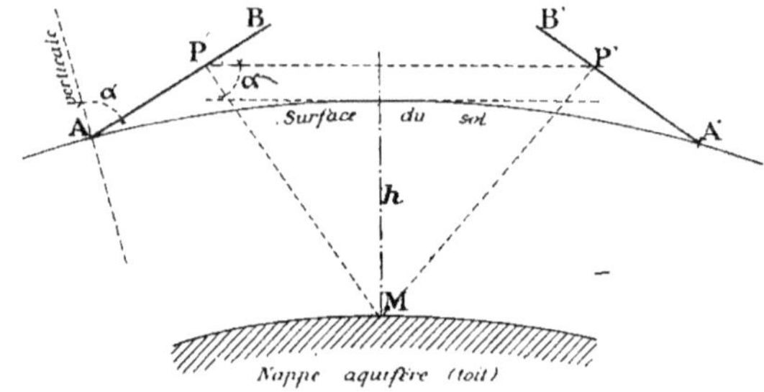

Fig. 29. — Réflexion des ondes hertziennes sur une nappe d'eau souterraine.

La méthode exige que le terrain au-dessus de la nappe soit très sec, ce qui se présente surtout dans les déserts. Les auteurs précités disent avoir réussi à l'appliquer pour reconnaître l'existence d'une nappe peu profonde en Allemagne.

11° Par l'étude de la radioactivité des terrains et des eaux. — Les roches terrestres contiennent en proportion variable du radium, du thorium, de l'actinium, etc., etc., qui se dégradent en dégageant de l'*émanation* et des rayons α, β, γ, et en laissant pour résidu de l'hélium et du plomb. Ainsi on trouverait moyennement (en grammes par gramme de roche) :

		RADIUM	THORIUM
Roches ignées	Acides	$3{,}01 \times 10^{-12}$	$2{,}10 \times 10^{-5}$
	Intermédiaires	2,57	1,5
	Basiques	1,28	0,5
Roches sédimentaires		1,40	1,16

Cela dépend de la teneur des roches en minéraux radifères : ainsi les roches granitiques contenant (notamment dans leurs cassures) de la pechblende, de l'orthite, de l'apatite, de l'hématite, de la titanite, etc., etc., toutes substances qui sont des minerais de radium, uranium, zirconium, sont fortement radio actives, ainsi que les eaux qui en sortent; les alluvions siliceuses provenant des débris de ces roches le sont encore assez, tandis que les calcaires, privés d'éléments radifères, le sont très peu.

Chaque terrain géologique aurait ainsi sa radioactivité propre, et si on la connaissait et qu'on puisse la mesurer facilement dans l'intérieur du sol, on aurait un moyen de diagnose des couches. Les eaux (1) qui sont dans un terrain se mettent très rapidement en équilibre radioactif avec lui : si elles sortent par les sources ou si on peut les prélever par des puits, on pourra donc en mesurant leur radioactivité se faire une idée de celle du terrain lui-même. Malheureusement, l'émanation du radium dans les eaux *ordinaires* et peu profondes est très faible (d'après Perret et Jaquerod, dans 89 sur 100 des eaux analysées par eux, elle était en dessous de 0,05 millimicrocuries par litre, et dans les autres jamais au-dessus de 0,35); elle se perd très vite [elle diminue de moitié en 3,85 jours et est réduite au vingtième après huit jours (2)]; enfin elle est influencée par la pression atmosphérique, la pluie, etc., etc. : on comprend donc les difficultés du problème.

Cependant Diénert a pu tirer quelques conclusions d'une étude des sources ordinaires des environs de Provins. Ayant reconnu que les couches du *ludien* et du *sparnacien* étaient peu radioactives, que celles du *bartonien* l'étaient beaucoup et celles du *lutétien* moins, il a pu déterminer les sources qui proviennent de tel ou tel de ces étages par leur différence de radioactivité. En suivant les sources de l'Avre, il a aussi reconnu que la radioactivité croît (en même temps que le débit) par l'apport d'eaux superficielles mal filtrées et contenant du colibacille : il faudra donc se méfier des eaux dont la radioactivité augmente brusquement à la suite des chutes de pluie.

Les eaux thermo-minérales sont généralement beaucoup plus radioactives que les eaux ordinaires, ce qui se comprend d'après leur origine. Elles contiennent souvent aussi des gaz, qui en s'échappant aux environs des sources rendent l'air assez radioactif pour qu'on puisse y doser l'émanation (c'est le cas à Vichy et à Spa, et même dans cette dernière station la végéta-

(1) L'atmosphère reçoit aussi l'émanation qui s'échappe du sol, et la mesure de l'émanation atmosphérique serait en rapport avec la radioactivité des couches superficielles; mais les conditions météorologiques sont une cause importante de trouble (vents, pluie, orages, etc., etc.).

(2) L'émanation du thorium se perd encore plus vite (diminue de moitié en cinquante-quatre secondes) : aussi ne peut-on guère la rechercher.

tion est comme brûlée). Nous donnerons des exemples au chapitre IV; pour le moment, contentons-nous de dire que l'étude de la radioactivité soit de l'eau de ces sources, soit des gaz qu'elles renferment, soit de l'atmosphère au voisinage des points d'échappement de ces gaz peuvent renseigner sur la nature des roches et le trajet des filons suivis par les eaux, en un mot éclairer le problème de la genèse des sources thermo-minérales. Quant aux moyens de doser l'émanation, je ne puis que renvoyer aux traités spéciaux : on se sert d'ordinaire d'appareils à cloche (d'ionisation), dérivés de celui d'Elster et Geitel, tels que celui de Chèneveau et Laborde qui a servi pour les sources minérales françaises (1).

(1) Voir l'ouvrage de PIÉRY et MILHAUD, *Les eaux minérales radioactives*, 1924. Éditeur Doin.

CHAPITRE III

BASSINS HYDROGÉOLOGIQUES, NAPPES ET SOURCES

Formation des bassins hydrogéologiques. — La surface du globe se subdivise comme on sait en une série de bassins fluviaux, c'est-à-dire de conques présentant un sillon creux médian, le thalweg, et séparées les unes des autres par des crêtes en relief, les chaînes de montagnes; il est d'ordinaire facile (1) de délimiter entre eux ces bassins superficiels, car c'est une question de topographie et de nivellement. Il n'en est pas de même pour les *bassins hydrogéologiques*, c'est-à-dire pour les étendues de terrains dont les eaux souterraines vont en se réunissant former une même collection aqueuse (nappe) ou sortir à une même émission. Cela tient à ce que l'on ne connaît pas assez bien d'ordinaire la topographie du toit du substratum imperméable (*bedrock*) sur lequel coulent les eaux souterraines, et par suite l'origine et la direction de leurs filets : le problème des *topographies souterraines*, c'est-à-dire la connaissance par leurs courbes de niveau du toit et du mur des couches géologiques superposées, n'est résolu que dans un petit nombre de cas (districts miniers notamment), et c'est à la résoudre au mieux que tendent les recherches et expériences à entreprendre.

Tout d'abord il convient de se mettre en garde contre la présomption de concordance entre les bassins superficiels et les bassins souterrains : la figure 2 et mieux encore la figure 30 montrent que les eaux qui ruissellent en certains points suivent souvent une direction toute différente que celles qui ont pénétré dans le sol. Ainsi, dans le cas de la figure ci-après, il y a deux crêtes de partage S_1 et S_2 et trois vallées (rivières R_1, R_2 et R_3), alors

(1) Il y a quelques exceptions : par exemple, là où par suite du manque de pente, le *divorce des eaux* ne se fait pas bien (entrelacement du bassin de la Vistule et du Dniéper au marais de Pinsk, de ceux de l'Amazone et du Paraguay aux environs de Cuyaba, de l'Orénoque et du Rio Negro, des affluents du Sénégal et du Niger, de ceux du Nil, du Congo et du Zambèze, etc., etc.). Autres difficultés : les eaux qui passent souterrainement d'un bassin dans un autre, comme celles du Danube aux sources de l'Aach et de là dans le Rhin; les rivières qui se perdent dans les sables, comme les rios argentins, qui descendent des Andes dans les pampas.

que la conformation du toit de la couche imperméable produit deux bassins hydrogéologiques seulement dont la limite séparative est en LL'. Dans l'espèce, si l'eau est assez abondante, il n'y a qu'une seule nappe (donnant les sources Q_1 et Q_2 dans les vallées); mais que le niveau vienne à baisser en dessous de la crête L, et il y aura deux nappes distinctes, s'écoulant l'une à droite et l'autre à gauche. Il y a cependant des régions où la concordance existe : c'est là où les couches supérieures sont venues régulièrement se superposer au *bedrock*, en sorte que la surface a parallèlement la même allure que celui-ci; mais quand il en est ainsi, il faut s'en assurer.

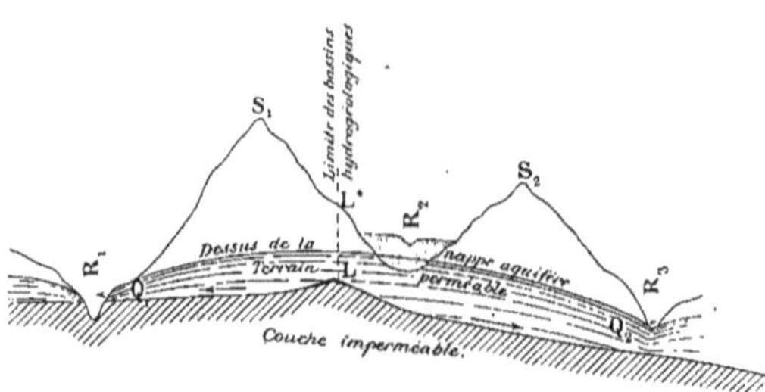

Fig. 30. — Discordance des bassins superficiels et des bassins hydrogéologiques.

Comme ce sont les terrains sédimentaires qui contiennent les couches perméables, il est clair que si ces terrains s'étaient déposés sans bouleversements concomitants ni successifs dans les dépressions produites par l'affaissement de certains blocs de terrain primitif, les bassins hydrogéologiques correspondraient à ces cuvettes, à ces *aires d'ennoyage* archéennes (par opposition aux *aires continentales* restées exondées), appelées aussi par Bailey Willis [1] *éléments négatifs* (par opposition aux *éléments positifs*, que sont les blocs surélevés). Nous avons déjà vu que certaines régions du globe sont restées comme figées dans cet état primitif, continuant à montrer la *figure archéenne* ou *préprimaire* de la terre (il en est ainsi par exemple dans le continent Nord-Amérique, pour l'élément positif de la Laurentia ou *bouclier canadien*, dans le Nord de l'Europe pour le *bouclier scandinave*, et dans le Nord de l'Asie pour le *môle sibérien* et le *môle sinien*) : il est alors relativement facile d'y reconnaître les bassins hydrogéologiques.

Mais beaucoup d'autres régions ont subi à des époques diverses des phénomènes de fractures (failles avec ou sans rejet longeant ou découpant des horsts, des fossés, des dômes ou des cuvettes de rayon de courbure quelconque), d'éruptions avec expansion plus ou moins étendue des roches

(1) *A theory of continental structure applied to North-America*, in *Bulletin of the Geological Society of America*, vol. 18, 1907.

en fusion, d'érosions avec dépôt dans les creux des matériaux entraînés, enfin de plissements correspondant à la surrection des chaînes de montagnes. Ces mouvements se sont produits principalement à trois époques [1] : plissements *calédoniens*, à la fin du silurien; plissements *hercyniens*, au milieu du carbonifère; et plissements *alpins*, de la fin de l'éocène à la fin des temps tertiaires. Après chacune de ces époques, la Terre avait pris en quelque sorte une figure nouvelle (gardant toutefois de la précédente les parties qui n'avaient pas été troublées), et en conséquence sa figure définitive (*post-tertiaire*) est celle qui reste après les derniers mouvements (plissements alpins) (résultant d'eux là où ils se sont fait sentir et des figures précédentes là où celles-ci ont été conservées). C'est dans cette figure définitive qu'il faut chercher les dépressions négatives.

Si maintenant nous parcourons le globe ainsi constitué et que nous cherchions par la pensée à quel niveau se trouve le substratum imperméable, nous trouverons trois sortes de régions : 1° Des *éléments positifs* (comme tout à l'heure), plates-formes surhaussées où le *bedrock* étant voisin de la surface il n'y a pas ou que peu d'eau souterraine (seulement dans les fissures de la roche); 2° Des *éléments négatifs* ou aires d'ennoyage, cuvettes qui s'étendent entre les blocs positifs ou montagneux et où les couches sédimentaires déposées aux diverses époques géologiques contiennent de l'eau dans leurs parties perméables : ce sont les grands bassins hydrogéologiques, qui nous intéressent tout spécialement; 3° Enfin des *zones de plissements* ou de dislocations intenses, où les accidents, plis et cassures, sont tellement rapprochés qu'il ne peut subsister de bassins hydrogéologiques étendus : ce sont en général les régions montagneuses, où on ne devra chercher d'ordinaire que dans un rayon peu éloigné, la continuité manquant aux couches aquifères ou à leurs inclinaisons.

Comme exemples, je montrerai la situation des grands bassins hydrogéologiques de l'Europe occidentale et des États-Unis, les seules régions qui à ce jour soient assez bien connues sous ce rapport pour qu'on puisse en parler.

Grands bassins hydrogéologiques de l'Europe occidentale (*fig.* 31). — Le bassin le plus anciennement étudié et le mieux connu en Europe est le *bassin anglo-parisien* [2]; il n'est pas d'ailleurs entièrement

(1) Je laisse de côté ici la phase *huronienne* (précambrienne), qui est si ancienne qu'on peut en réunir les effets à la situation de l'archéen.

(2) La Manche, simple fossé ouvert à une époque récente (post-pliocène), montre bien la correspondance des couches géologiques d'un côté à l'autre du détroit.

isolé et communique, comme on le verra, avec les voisins par des sortes de détroits. C'est la grande cuvette sédimentaire comprise entre les éléments positifs suivants : élément gallois-écossais au N. (terrain archéen et terrain paléozoïque couvrant presque toute l'Écosse et l'Irlande, le Westmoreland,

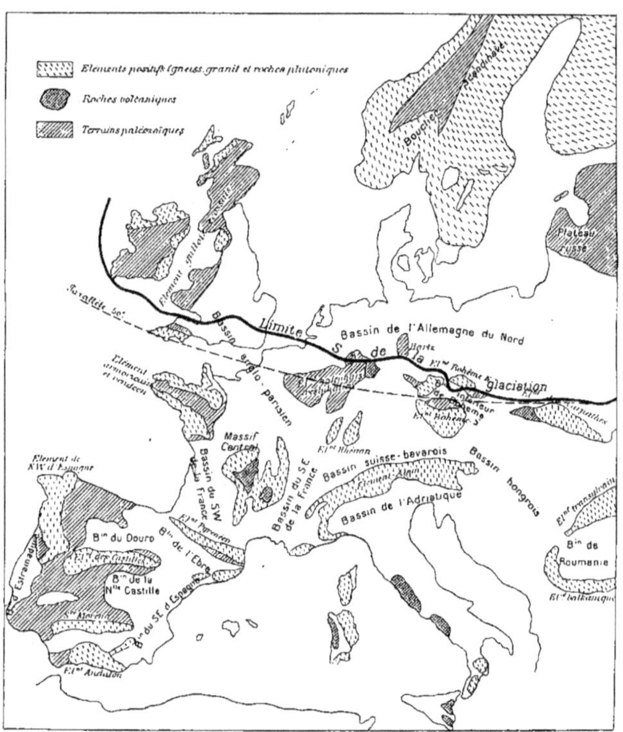

FIG. 31. — Principales régions naturelles et principaux bassins hydrogéologiques de l'Europe occidentale. (L'échelle est d'environ 1/30.000.000.)

le pays de Galles et la pointe de Cornouailles); élément paléozoïque des Ardennes et de Westphalie, et élément rhénan (granit et gneiss des Vosges et de la Forêt Noire, séparés par l'effondrement de la plaine du Rhin) à l'E.; Massif Central et granit du Morvan, au S.; enfin élément armoricain et vendéen (plateau septentrional et plateau méridional primitifs de Bretagne, avec intercalation de schistes primaires) à l'O.

Sauf du côté N.-E. (Pays-Bas et mer du Nord) où le rebord de la cuvette manque, les parois de cette vaste dépression sont tapissées par les couches sédimentaires successives (allant du permien à la fin du tertiaire), qui se superposent comme autant de feuillets, en affleurant par leurs tranches : ces couches ont donc là les inclinaisons qui résultent de leur emplacement près d'un rebord et du relèvement de ce rebord, et les eaux qu'elles contiennent glissent vers la fosse centrale (ou plus exactement vers les régions où le bedrock est le plus profond). La topographie de ce fond le plus bas de la cuvette (le toit du primaire par exemple) est à peu près inconnue : d'après Dollfus, il serait plissé (1) ; et si nous nous en tenons aux plus grandes profondeurs du tertiaire (toit du crétacé), elles dessineraient une ligne SSO.-NNE. (Orléans-Paris-Soissons) allant en s'enfonçant vers la mer du Nord (2). Les eaux profondes finissent-elles par s'évacuer dans cette direction et gagner ainsi les grands fonds de la mer du Nord, ou en passe-t-il une partie par le goulet entre le Massif Central et l'élément vendéen (détroit du Poitou) pour gagner les fosses de l'Atlantique ? Nul ne peut le dire présentement : il se fait d'ailleurs un partage en surface et en profondeur (c'est-à-dire différent d'une nappe à une plus profonde) entre les diverses issues. De plus, il ne faut pas oublier que par les failles et cassures les eaux d'une nappe peuvent passer dans une plus profonde, ou inversement (suivant la pression piézométrique respective des deux nappes).

La France contient encore deux autres bassins importants : celui du *Sud-Ouest* et celui du *Sud-Est*. Le premier pourrait être appelé ***bassin des Charentes et d'Aquitaine*** : il est compris entre l'élément armoricain au N., l'élément pyrénéen au S. et le Massif Central à l'E. Les couches plus jeunes que le lias s'appuient au N. et à l'E. contre les schistes cambriens de la Vendée et contre les terrains archéens du Massif Central, et plongent doucement vers le S.-O. ou inversement s'appuyant sur le massif pyrénéen s'inclinent vers le N. (Adour) ; il y a là toutes les conditions voulues pour donner des nappes artésiennes (3). L'évacuation générale des eaux souterraines de ce bassin doit se faire vers les fosses atlantiques.

Le ***bassin du Sud-Est***, correspondant en grande partie au bassin du Rhône, est compris entre le rebord oriental du Massif Central (qui suit la rive droite du fleuve de Lyon à la Voulte) et le vaste élément positif que forme le

(1) De la Sologne à l'Artois, il n'y aurait pas moins de 11 axes anticlinaux séparés par 10 synclinaux de direction générale N.O.-S.E. (Voir plus loin les figures 123, 124 et 125).

(2) Ce fond de la mer tertiaire paraît traduire une dépression parallèle des terrains plus anciens.

(3) En Espagne, entre le versant S. des Pyrénées et la Meseta (Castilles et Sierra Morena), ainsi qu'entre elle et l'élément andalou et la mer, il y a des bassins hydrogéologiques correspondant à ceux des fleuves Èbre, Duero, Guadalquivir et Guadiana ; mais ces bassins, ainsi que ceux du S.-E. et de l'Estramadure, sont trop peu connus pour que je puisse en parler.

massif des Alpes (gneiss, granit, schistes, etc. etc.) : il se termine au S. à la Méditerranée ou plutôt sur une partie du petit élément positif des Monts des Maures et de l'Estérel. La régularité des couches est beaucoup moins grande dans ce bassin que dans les deux précédents; cela tient à ce qu'il est très montagneux et a été le théâtre de mouvements très intenses et relativement récents. Sa partie N., le Jura, est le type des pays de plateaux et de plissements, et il se subdivise par suite en un grand nombre de bassins de second ordre (succession des synclinaux et des anticlinaux). Elle communique à l'O. avec le bassin anglo-parisien par ce qu'on pourrait appeler le *détroit de Langres* (il semble y avoir une partie des eaux souterraines au niveau du lias et de l'oolithe inférieure), et à l'E. avec le bassin suisse-bavarois par le *détroit tertiaire de Fribourg, Berne, Zurich* (entre le Jura, les Vosges et Forêt Noire et le revers septentrional des Alpes).

L'élément positif alpin occupant une longue bande allongée qui va des Alpes Grées à la Styrie-Carinthie (d'Embrun à Gratz) en tournant sa convexité vers le N., il est tout naturel que l'on ait un bassin hydrogéologique de chaque côté de cette bande, les couches triasiques et postérieures s'appuyant sur chaque revers des Alpes et plongeant les unes vers le N., les autres vers le S. Le premier de ces bassins, que j'appelle *bassin suisse-bavarois*, s'étend donc entre les Alpes au S., le revers oriental de la Forêt Noire et du massif de l'Odenwald à l'O., enfin au N.-E. le massif de granit et gneiss des Monts de Bohème (élément positif sud-bohémien). La fosse centrale de ce bassin correspond à la longue bande miocène qui va de Genève au Danube, en passant par Berne, Zurich, Augsbourg et Munich. Dans la partie N., le lias et l'oolithe s'étendent dans les Alpes de Souabe et le Jura franconien, tandis que le trias s'élargit davantage encore plus au N. dans les bassins du Neckar et du Main, puis plus au N. encore dans ceux de la Werra, de la Fulda et du Weser, ainsi que plus à l'E. celui de la Saale.

Au S. de l'élément alpin, s'étend le grand *bassin de l'Adriatique*, lequel comprend comme fosse centrale toute la plaine du Pô (continuée par la dépression de la mer Adriatique elle-même), cette fosse s'encadrant entre les bandes crétacées et tertiaires des Apennins au S.-O. et les bandes triasiques, crétacées et éocènes de la côte d'Istrie et Dalmatie au N.-E. Le bassin présente toutes les conditions voulues pour avoir des eaux artésiennes. Nous y reviendrons.

Il en est de même du *bassin hongrois*, avec son prolongement septentrional autrichien. Presque entièrement miocène, ce bassin hydrogéologique est limité à l'O. par le rebord E. des éléments alpin et bohémien, puis au N.-E. par l'élément des Carpathes du Nord et du Centre, enfin vers le S.-O. par les Alpes de Transylvanie (au delà desquelles se rouvre le bassin également miocène puis crétacé de Roumanie, bassin qui paraît se prolonger au loin vers l'Orient). En Hongrie, les alternances des dépôts *levantins* et *pontiens* (couches à congéries), reposant sur les sables de Grund et à cérithes ayant en dessous d'eux le substratum imperméable des *marnes à cyrènes*, se prêtent très bien à l'artésianisme : d'où le grand nombre de puits artésiens (surtout à l'E. de la Theiss).

Ensuite, il reste entre les éléments des Ardennes et de Westphalie, de la Bohême-Nord et des Carpathes-Nord d'une part, le *bouclier scandinave* et le *plateau russe* d'autre part, une grande étendue occupée presque entièrement en surface par le terrain glaciaire : c'est la plaine des Pays-Bas, du Danemark et de l'Allemagne du Nord, et je lui donne le nom de ce dernier pays. Sous le manteau de *drift* (de 25 à 150 mètres d'épaisseur), on trouve généralement le sénonien, avec quelques pointements de tertiaire; mais le drift contient des eaux abondantes (en plusieurs nappes séparées par des bancs argileux), notamment dans les larges lits des anciens fleuves glaciaires.

Enfin la Russie d'Europe forme à elle seule un vaste bassin, grande cuvette comprise entre le bord S. du bouclier scandinave et le revers N. du massif cristallin des rives septentrionales de la mer Noire, et limitée à l'E. par le redressement des couches qui constituent l'Oural. Des provinces baltiques, les terrains primaires plongent vers le S. et vers l'E. (grande étendue de permien de ce côté); mais le bassin se subdivise en deux fosses, celle de Moscou et celle de Kharkov, par suite d'un relèvement du fond correspondant à l'*axe dévonien de la Russie* (entre Orel et Tula).

Grands bassins hydrogéologiques des États-Unis (*fig.* 32). — Toute la moitié orientale des États-Unis est dominée au N. par l'immense région archéenne (gneiss et granit) appelée la *Laurentia* ou le *bouclier canadien*, grand élément positif (continent paléarctique), resté comme figé depuis les temps cambriens. Limité au S. par la faille du Saint-Laurent et du lac Champlain (à la rencontre des plis appalachiens), le terrain laurentien semble se continuer sous le vaste bassin du Mississippi et réapparaître dans les pointements archéens de la région d'Ozark-Saint-Francis (Missouri) et de la région de Llano (Texas); il présente aussi un soulèvement important connu sous le nom de *dôme de Cincinnati-Nashville*, orienté presque N.-S. de l'Ohio au Tennessee, où le granit se rapproche de la surface (sans y apparaître). Enfin, le granit s'étend encore beaucoup plus au S., sous les déserts du N.-E. du Mexique, et finit par reparaître sous le nom d'*élément mexicain* le long de la côte Pacifique.

Un second élément positif est l'*Appalachia*, longue bande orientée N. E.-S. O., s'étendant du Saint-Laurent à la Géorgie et l'Alabama (où les terrains anciens se perdent présentement sous la grande courbe du crétacé).

FIG. 32. — Principales régions naturelles de l'Amérique du Nord (éléments positifs et éléments négatifs).

Du côté de l'E., les roches archéennes forment une grande partie de *Piedmont Plateau;* mais elles ont été souvent coupées par des roches intrusives plus récentes. A l'époque cambrienne, cette région aurait été fortement dénudée, puis vers le milieu de l'époque dévonienne le grand soulèvement et le grand plissement se seraient produits.

Le puissant massif des *Montagnes Rocheuses*, soulevé vers le milieu de l'époque carbonifère, forme un nouvel élément positif qui va du S. du Montana jusqu'à l'Arizona. Du côté de l'E., il se termine par une barrière granitique qui comprend les Bighorn M[ains] (avec en avant le singulier dôme isolé des Black Hills), le Laramie Range, le Front Range, le Sangre de Cristo Range, enfin les prolongements par les chaînons carbonifères entre

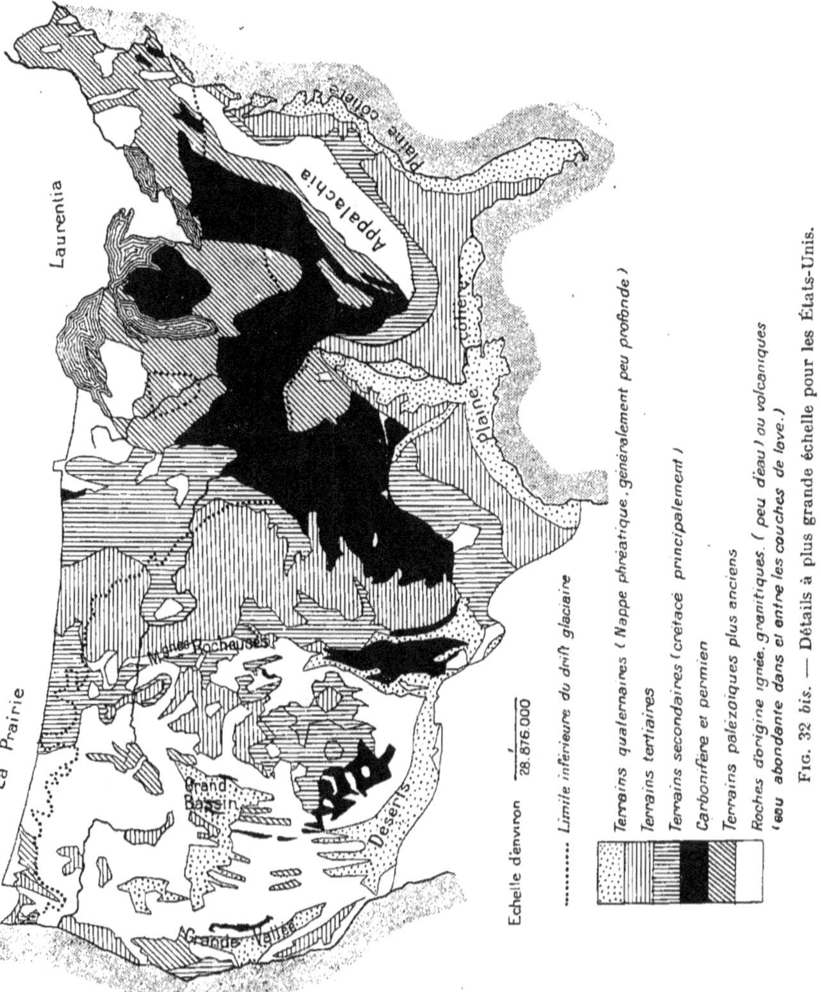

Fig. 32 *bis*. — Détails à plus grande échelle pour les États-Unis.

le Rio Grande et le Pecos R[r]. Du côté de l'O., on trouve le rebord occidental de la chaîne des Wasatch; puis le granit se prolonge sous le grand plateau du Colorado et sous les grands déserts de l'Arizona et du S. de la Californie.

En remontant au N., on rencontre enfin l'*élément Pacifique*, lequel va de l'État de Nevada (dont il occupe une grande partie) jusque dans l'Alaska et la péninsule Seward. Ce prolongement peut s'appeler *élément de l' Yukon*, le plateau de l'Yukon, assez étroit, étant compris entre deux zones de plissement, l'une au bord du Pacifique, l'autre à la limite de la région arctique. L'archéen de ces deux derniers éléments est très souvent masqué par les énormes épanchements de roches intrusives ou extrusives qui ont eu lieu à plusieurs reprises : les Américains distinguent sous le nom de *granodiorite* celles qui se sont fait jour aux âges dévonien, carbonifère ou crétacé (et occupent la Sierra Nevada en Californie et le centre de l'Idaho), de la grande expansion de roches volcaniques qui se fit jour, elle, à l'époque miocène, et qui couvre notamment sur plus de 650.000 kilomètres carrés la plus grande partie des États de Washington, Oregon, Idaho, le N. de Nevada, le N.-E. de la Californie (avec un prolongement oriental dans l'Yellowstone).

De la structure que je viens de signaler résultent les grands bassins hydrogéologiques suivants :

1° *Le bassin des côtes de l'Atlantique et du golfe du Mexique* (y compris l'*Embayment du Mississippi*, c'est-à-dire cet ancien golfe qui remonte au N. jusqu'à Cairo). — Redressées contre les massifs archéens des Appalaches et des dômes de Cincinnati-Nashville, d'Ozark et de Llano, les couches crétacées et tertiaires plongent doucement vers l'Atlantique et se continuent sous lui (vers les effondrements de la Méditerranée Caraïbe). Les couches, affleurant par leurs tranches, s'imbibent d'eau aux affleurements et donnent une magnifique superposition de nappes artésiennes, que nous étudierons en détail.

2° *Le bassin primaire au S. des Grands Lacs.* — L'immense cuvette située entre la Laurentia au N., les Appalaches à l'E. et les Montagnes Rocheuses à l'O. est sans doute le plus grand bassin hydrogéologique du globe (de même qu'il contient la plus grande étendue de richesses houillères, subdivisée comme le montre la figure 32 en bassins des Appalaches, du Michigan, Intérieur de l'E. et Intérieur de l'O.). Au point de vue des eaux souterraines, je crois aussi devoir la séparer en deux : la partie orientale, appelée aussi *Central Lowland*, est occupée par les terrains primaires qui s'adossent au flanc S. du massif laurentien et plongent vers le S. Celles de ces couches qui sont perméables donnent aussi des nappes artésiennes, qui s'enfoncent et deviennent à un moment trop profondes sous les bassins houillers (eux-mêmes généralement imperméables).

3° *Le bassin (crétacé et tertiaire) des Grandes Plaines centrales.* — Les couches crétacées, qui affleurent à l'O. du bord occidental du bassin précédent, s'enfoncent vers l'O. et le N.-O. pour se redresser contre la paroi orientale des Montagnes Rocheuses, où elles affleurent par leurs tranches. On a ainsi une nouvelle grande cuvette avec un point bas vers Denver et une pente générale vers le N. : les couches tertiaires se sont déposées sur de très grandes surfaces dans la moitié occidentale. Nous avons là aussi l'exemple de magnifiques nappes artésiennes, d'autant mieux alimentées que les eaux de ruissellement de la bande montagneuse qui domine les affleurements à l'O. peuvent rentrer sous terre à leur rencontre (c'est le cas pour la grande nappe du *grès de Dakota*).

4º *Le bassin (crétacé et éocène) de la Prairie.* — Faisant suite au précédent vers le N., ce bassin s'étend entre le bord occidental de la Laurentia et l'élément Pacifique : il est en grande partie occupée par la *Prairie canadienne* (provinces d'Alberta et de Saskatchewan), et est peu connu au point de vue hydrologique.

5º Le *Great Basin* ou *Grand Bassin de l'Utah*, élément négatif entre les Montagnes Rocheuses (ou plutôt les Wasatch M[ains]) et l'élément Pacifique (revers E. de la Sierra Nevada). Une bonne partie de cette région a été autrefois occupée par les grands lacs Bonneville et Lahontan, dont il ne reste aujourd'hui que des cuvettes résiduelles (¹); puis sur un territoire précédemment plissé des effondrements et des morcellements se sont produits, et il en résulte cette succession de chaînons à direction méridienne qu'on appelle *Basin Ranges*. Il n'y a donc pas d'unité dans ce bassin au point de vue qui nous occupe.

6º Enfin on pourrait donner le nom de *Bassin du Pacifique* à la bande côtière comprise entre le revers O. de la Sierra Nevada et des Cascade Ranges et l'Océan. Il se subdivise en deux parties, l'une au N. du massif primaire des Klamath M[ains], et l'autre au S.; mais ici encore il y a peu d'unité, la région étant plissée par les *Coast Ranges*, qui ont quelque analogie avec le Jura. La *Grande Vallée de Californie*, longue gouttière remplie d'alluvions au fond de laquelle coulent en directions opposées le Sacramento et le San Joaquin, n'est pas non plus sans analogie avec la vallée effondrée du Rhin entre les Vosges et la Forêt Noire.

Bassins hydrogéologiques de second ordre, de troisième ordre, etc., etc. — Les subdivisions des grands bassins hydrogéologiques qui résultent soit des ondulations (synclinaux et anticlinaux) du fond du *bed-*

(¹) Telles que le Grand Lac Salé, Bluelake, lacs d'Utah et Sevier pour le Bonneville; lacs Carson, Humboldt, Pyramid, Honey, Walcker, etc., etc. pour le Lahontan.

rock, soit des cassures, plissements, et effondrements ne peuvent plus donner lieu qu'à des études et descriptions locales : il en est de même, avons-nous dit, pour les bassins isolés de peu d'étendue, comme en région plissée ou montagneuse. Nous renvoyons au chapitre v, qui montre de nombreux exemples de bassins, grands et petits, avec leurs nappes aquifères.

NAPPES AQUIFÈRES

Définition. — Chaque bassin hydrogéologique, grand ou petit, comprend une ou plusieurs couches perméables, lesquelles contiennent elles-mêmes de l'eau dans leurs pores, fissures ou interstices; c'est à ces collections aqueuses que l'on donne vulgairement le nom de *nappes*, mot qui ne doit impliquer l'idée ni d'horizontalité de la surface, ni de stagnation, ni de continuité (juxtaposition des molécules liquides). Martel a contesté la légitimité du nom de *nappes aquifères* pour les eaux contenues dans les interstices plus ou moins larges des terrains *perméables en grand* (calcaires et certains grès, fissurés et caverneux) : il faut en effet reconnaître la grande différence de ce cas et de celui où l'eau remplit d'une façon homogène et continue les pores d'une couche sableuse ou graveleuse; mais le public a maintenu le nom de nappes à toute collection d'eau souterraine, et j'ai proposé de faire la distinction en dénommant *nappes en réseau* celles des terrains fissurés.

Situation et dénomination des nappes. — Nous avons déjà vu comment se forme (infiltration) la nappe la plus voisine de la surface, la *nappe phréatique*, et aussi comment s'alimentent les nappes plus profondes (par les affleurements, ou par des cassures amenant l'eau des nappes sus ou sous-jacentes). L'eau d'une nappe étant généralement retenue sur le toit d'une couche imperméable et ayant son gîte dans la couche perméable supérieure, c'est le contact de ces deux couches qui crée et qui situe la nappe. C'est donc lui qu'il faut repérer dans l'échelle des terrains qui constituent l'écorce du globe, et il n'y a pour cela d'autre moyen scientifique (1) que de l'indiquer par l'accolement des noms des deux couches géologiques (en commençant par l'inférieure) et de le symboliser par une fraction ayant celle-ci pour dénominateur et la couche perméable pour numérateur.

(1) On ne peut en effet, sauf tout à fait localement, désigner les nappes par leur ordre de superposition, puisque la première en un endroit devient la seconde en un autre, puis la troisième, etc., et réciproquement.

Ainsi il règne en France, en Angleterre et ailleurs une grande nappe au contact du calcaire bajocien j_{IV} (oolithe) et des marnes supraliasiques du toarcien l^4; n'est-il pas tout indiqué de la nommer *nappe toarco-bajocienne* ou simplement *bajocienne*, et de la représenter par le symbole $\left(\frac{j_{IV}}{l^4}\right)$? Si la nappe, au lieu de séparer deux étages, n'est constituée que par deux assises innommées d'un même étage, on pourra tout au moins indiquer sa situation approximative par les mots *infra*, *médio*, *supra* en avant du nom de l'étage : ainsi, dans l'E. de la France, il existe une grande nappe entre la base marneuse t_{II} de l'étage conchylien et sa partie supérieure t_I calcaire, nappe que j'ai nommée *médioconchylienne* $\left(\frac{t_I}{t_{II}}\right)$, tandis qu'on peut appeler *nappes supraconchyliennes* deux petits niveaux d'eau situés sur de petits lits de marne intercalés dans le sommet du muschelkalk calcaire t_I.

Cependant certains auteurs — et non des moins récents — ont nié la légitimité des désignations géologiques pour les nappes, et cela pour les raisons suivantes : en premier lieu, les assises de même âge et de même nom sont loin de se ressembler toujours d'une région à l'autre (une couche sableuse ici est argileuse là et partant imperméable, en sorte que le niveau d'eau qu'elle contenait au premier endroit n'existe pas dans le second ; un calcaire fissuré au voisinage de la surface ne l'est plus dans la profondeur, etc.). En second lieu, une nappe peut occuper plusieurs assises superposées, ou encore un niveau d'eau qui paraît continu peut passer d'une couche perméable à une autre couche perméable très différente. Ces faits sont exacts ; la qualité des couches géologiques d'un même étage au point de vue de la perméabilité est très variable, et on ne peut pas conclure *à priori* d'une région à une autre ; il faut donc soigneusement se garder de *généraliser*. Mais, de même qu'en médecine la variabilité des symptômes d'une maladie sur les divers individus n'empêche pas de lui donner un nom, de même la diversité de composition d'un même étage géologique ne doit pas empêcher de lui rapporter les nappes qu'il contient et que sans cela il serait impossible de repérer. Les terrains d'un même groupe ont du reste, où qu'ils se trouvent, un ensemble de caractères communs, d'où dérivent également des ressemblances en quelque sorte de famille entre leurs nappes souterraines, et il est important précisément de posséder ces vues d'ensemble pour faire de bonnes applications et prévisions dans les cas particuliers. Je persiste donc — tout en prévenant contre toute idée de généralisation inconsidérée — à proposer pour la monographie hydrologique d'une région de désigner les nappes par leur horizon géologique, comme il a été dit ci-dessus.

Éléments caractéristiques des nappes. — Nous avons déjà vu que, pour bien connaître une nappe aquifère, il faut en avoir déterminé (et nous savons par quels procédés) les éléments ci-après :

1° *Mode d'alimentation.* — Affleurements alimentaires et affleurements émissifs ;

2° *Allure de la nappe*, c'est-à-dire courbes de niveau de son fond et de son toit (sous pression ou libre), et variations de ce dernier ;

3° *Pression* aux différents points et ses variations saisonnières. — Courbes *isopiézométriques* (*isopiestiques* ou *isopotentielles* des Américains et des Anglais) ;

4° *Puissance*, c'est-à-dire quantité d'eau que la nappe peut fournir au lieu considéré à toute époque ;

5° *Qualités* de l'eau : Qualités physiques, chimiques et bactériologiques.

Je signalerai ici quelques cas particuliers qu'on rencontre fréquemment : ce sont les nappes dans les alluvions des vallées fluviales et les nappes au bord de la mer ; puis je dirai quelques mots de la création de *nappes artificielles.*

Nappes des alluvions des vallées fluviales : leurs relations avec les rivières. — Nous avons vu que dans les alluvions (sables et graviers) des grandes vallées fluviales il se trouvait une véritable rivière souterraine, qui s'écoule parallèlement, mais beaucoup plus lentement, que la rivière superficielle. Ainsi, dans les graviers de la plaine du Rhin aux environs de Strasbourg, la propagation de l'eau souterraine se ferait avec une vitesse comprise entre 7^{m},80 et 3 mètres par vingt-quatre heures, tandis que dans la région de Mannheim (gravier plus fin) elle ne varierait qu'entre 1^{m},60 et 1^{m},20. A Karany (Bohême), Prinz a trouvé dans la vallée de l'Elbe 9^{m},30 ; Thiem à Naunhof, près Leipzig (ancienne vallée glaciaire), 2^{m},50 ; Penninck de 4 mètres à 5^{m},50 dans les dunes près Harlem (Hollande). Enfin Slichter par sa méthode a trouvé des vitesses plus faibles : 0^{m},33 dans les sables fins de Long Island (eaux de Brooklyn), 0^{m},80 dans la vallée d'East-Meadow, 0^{m},95 dans celle de Merrick ; puis des vitesses allant de 2^{m},77 à plus de 16 mètres (même 29^{m},26 en un point) dans les alluvions de Mojave River (Calif.) réparties comme il est indiqué dans la figure ci-contre (*fig.* 33).

Cet exemple montre que l'écoulement ne se fait pas uniformément dans toute la section transversale : il y aurait une zone inférieure (souvent colmatée par la vase) où la vitesse est faible (ou nulle) et qu'on peut appeler *zone neutre;* puis une zone dite *passive* et au-dessus du niveau du fond du thalweg la *zone active* (d'après d'Andrimont). Les molécules liquides de cette dernière auraient un mouvement de glissement transversal vers le thalweg (avec tendance à remonter dans le milieu), mouvement qui, combiné avec celui de progression horizontale, donnerait une spirale. Mais nous allons voir qu'il n'en est pas toujours ainsi, la partie supérieure au fond de la vallée pouvant manquer à la nappe : il convient donc d'étudier chaque cas particulier, ce qu'on peut faire facilement en forant un certain nombre de puits instantanés et comparant leurs niveaux tant dans le sens transversal que dans le sens longitudinal.

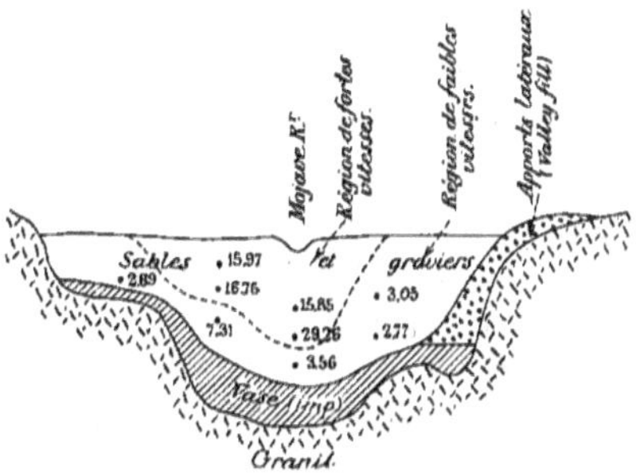

FIG. 33. — Vitesses des eaux souterraines dans la vallée de Mojave R[r] (Calif.) : section transversale de la vallée (d'après SLICHTER). — Les vitesses aux points marqués sont en mètres par vingt-quatre heures.

Il peut se présenter deux cas extrêmes, que représente la figure 34; mais entre eux il y a des intermédiaires, et même il peut se produire en un même endroit des variations saisonnières (la nappe des coteaux pouvant être asséchée en période d'été ou inversement le cours d'eau mis à sec en étiage). Le premier cas est celui d'une vallée ouverte dans un terrain perméable et comportant une nappe aquifère (dont le niveau est généralement supérieur à celui de la rivière et à celui de la nappe des alluvions) : c'est le cas que Belgrand, qui n'avait guère étudié que la Seine, croyait général. On voit qu'alors la nappe des coteaux peut alimenter directement la nappe alluviale; elle peut même alimenter en partie la rivière et donner des sources sous-fluviales; mais il arrive aussi que celle-ci coule dans un lit colmaté et contient une eau (venant d'amont) de nature toute différente de celle des deux nappes. Dans ce cas, si on puise à la nappe des alluvions par une galerie dite fil-

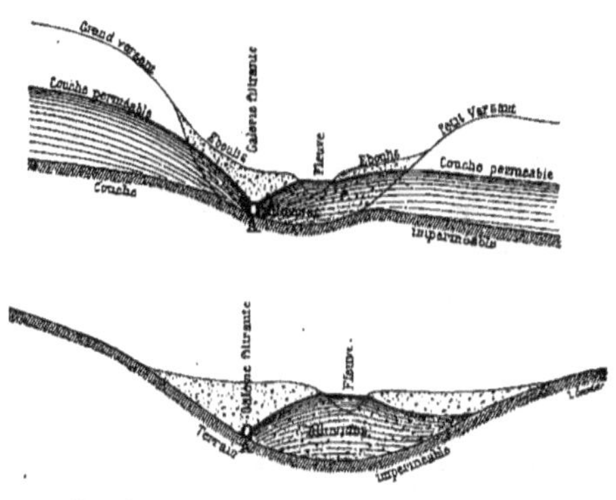

FIG. 34. — Relation de la nappe souterraine d'une vallée avec la rivière (premier et deuxième cas).

trante A (ou une série de puits filtrants), on aura de l'eau souterraine de qualité semblable à celle de la nappe des coteaux, et on ne fera appel à l'eau de la rivière que si cette nappe est ou devient insuffisante pour fournir le débit prélevé.

Le second cas à l'extrême opposé est celui d'une vallée creusée dans un terrain imperméable et dominée par des coteaux également imperméables, comme celles de la Garonne à l'amont de Toulouse, de la Moselle à Messein (galeries pour les eaux de Toulouse et de Nancy), etc. etc. Puisqu'il n'y a pas de nappe des coteaux, l'eau des alluvions provient soit de l'amont, soit de la rivière elle-même : elle ressemblera donc assez complètement comme température et composition chimique à cette dernière, et elle suivra les variations de ses qualités, mais avec un certain retard (*décalage*). Quand la nappe alluviale sera haute et la rivière basse, celle-ci pourra drainer la nappe; inversement la nappe en basses eaux sera alimentée par la rivière, surtout si on en relève le niveau par un barrage, comme à Messein (pour augmenter la pression de filtration), et c'est là une garantie pour les galeries ou puits filtrants tels que A de ne pas manquer d'eau. On en est encore plus sûr lorsque, comme à Buda-Pesth ou à Tours (île Aucard), on soutire l'eau d'une île sableuse entourée par deux bras de rivière : le *puits Lefort*, proposé pour Nantes et qui aurait pu réussir, n'était pas autre chose qu'un îlot artificiellement constitué par du sable autour d'un puits filtrant en plein lit de la Loire.

Nappes au bord de la mer : nappe des dunes. — Le voisinage de la mer apporte souvent un trouble grave dans la qualité des eaux souterraines : celles-ci en deviennent en effet plus ou moins salées et par suite difficilement utilisables pour l'homme. Le sel provient de deux causes : soit de la pluie, qui près des côtes (le vent arrachant à la mer des particules d'eau salée) contient une certaine quantité de NaCl et la transmet aux nappes aquifères (1); soit plutôt du contact direct des nappes aquifères (2)

(1) Cet effet est faible. Il a été bien étudié par Jackson sur les côtes N.-E. des États-Unis, où il a tracé les courbes d'égale teneur en chlore. Il s'agit des roches ignées ou paléozoïques peu perméables de la Nouvelle-Angleterre, et le chlore va en diminuant régulièrement dans leurs eaux souterraines de 6 milligrammes par litre le long de la côte à 1 milligramme vers 80 ou 100 kilomètres dans l'intérieur des terres (*The normal distribution of chlorine, water supply paper* du *Geological Survey U. S.*, n° 144, 1905).

(2) Bien entendu, ceci suppose que les terrains contigus à la mer contiennent des couches aquifères. S'ils étaient imperméables et n'avaient d'eau que dans des fissures (côtes granitiques), l'effet de mélange avec l'eau de mer ne se ferait sentir qu'à faible distance, dans les fissures débouchant en mer. C'est ce qu'a constaté John Brown sur la côte de New Haven (Connecticut) où pour plus de 100 puits le sel ne s'est pas fait sentir à plus de 75 mètres du bord (*Relation of sea water to ground water along coasts*, in *American Journal of Science*, octobre 1922.)

s'abouchant avec le talus de la fosse océanienne, et des échanges qui en résultent entre les eaux douces (continentales) et les eaux salées (marines). Ces échanges dépendent de l'inclinaison des couches, de l'abondance et de la pression des eaux continentales, puis de la contre-pression variable avec le niveau de la mer (et par suite avec les marées) qu'elles rencontrent de la part des eaux salées, enfin du phénomène de la *diffusion* (¹), c'est-à-dire de cette propriété qu'a le sel de passer dans l'eau douce en contact et de s'y faire sentir (en allant toutefois en décroissant) bien au delà du plan séparatif.

On peut donc rencontrer des cas bien différents. Si des nappes sous pression viennent affleurer dans le talus océanien (ici la mer agit comme une large et profonde vallée à un seul versant), elles s'y déchargeront en donnant naissance à des *sources sous-marines :* on en voit ainsi en grand nombre sur les côtes de Géorgie et de Floride, sur la côte d'Arabie du Golfe Persique (des rivières nombreuses descendant des monts du Nedjed coulent souterrainement et gagnent ainsi la mer) (²), sur la côte du Chili, etc., etc. Il arrive souvent ainsi que certaines fissures d'une falaise calcaire ou crayeuse (³) débouchent à la plage en dessous du niveau de la mer (ou entre le niveau des hautes et des basses mers) : on a alors des sources ou constamment submergées ou découvrant à basse mer. Quand elles sont ainsi sous forte pression, les eaux douces s'écoulent facilement; mais bien des fois la nappe phréatique, comme celle des sables côtiers qui reçoivent la pluie, est sans grande pression (ou même comme à la Rochelle les couches aquifères ont une inclinaison fuyant à l'opposé de la mer), et c'est alors que l'évacuation des eaux douces est contrariée, et se faisant lentement donne au sel marin le temps de s'y infiltrer. Il se forme ainsi une sorte d'équilibre, mais qui peut être troublé si les circonstances changent, et notamment si des pompages artificiels intensifs font un appel à l'eau de mer.

Voyons de plus près l'exemple des côtes sablonneuses formant les *dunes*. Les sables y sont d'ordinaire relevés par l'effet du vent en monti-

(¹) La diffusion a été étudiée par de nombreux physiciens : le mémoire qui sert de base à cette étude est celui de Graham, 1862 (*Annales de Physique et de Chimie*). Je n'en citerai qu'une loi : « La vitesse de diffusion est proportionnelle à la différence de salure entre les deux éléments en contact, et la salure cesse au point où cette vitesse devient égale à celle de l'apport d'eau douce. »

(²) Où les eaux ressortent sous forme de sources : les sources des îles Bahreïn et Moharek viendraient ainsi des eaux souterraines du continent, siphonnant en quelque sorte sous la mer et ressortant par les fissures de la roche.

(³) Le cas est fréquent sur les côtes crayeuses de la Manche, tant en France qu'en Angleterre. La ville d'Yport a ainsi capté pour son alimentation une source que couvrait la haute mer; il y en a d'autres dans les galets au pied des falaises d'Étretat. A citer aussi les sources sous-marines du golfe de la Spezia (Italie), notamment la Polla, celles du rivage grec près d'Argos, etc., etc.

cules ondulés, et on constate comme aux dunes de Gascogne (*fig.* 35) que la nappe d'eau douce s'y relève en suivant les ondulations de la surface. Les dépressions de la nappe correspondant aux creux des dunes sont expli-

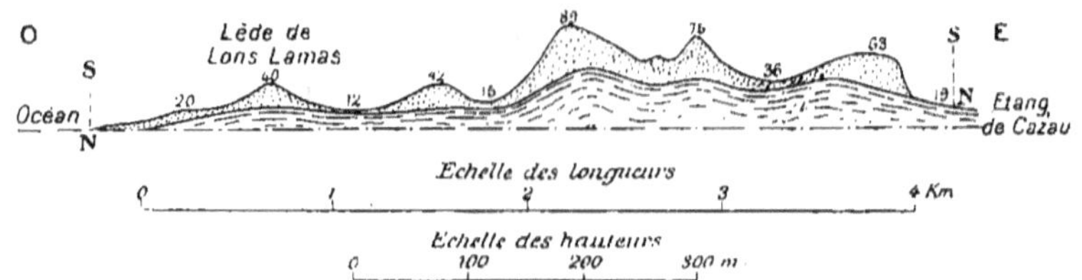

FIG. 35. — Les ondulations de la nappe souterraine sous les dunes de Gascogne (coupe E.-O. de l'étang de Cazau à la mer) (d'après DAUBRÉE).

quées par la plupart des auteurs, par le fait que l'évaporation se faisant plus facilement dans ces parties la nappe y serait appauvrie et par suite abaissée : il semble aussi que la capillarité a une puissance plus grande dans les tubes plus longs. Quant à la surélévation de la nappe d'eau douce par rapport au niveau de la mer, elle a été bien expliquée d'abord par Badon-Ghyben, puis par Herzberg dans son étude sur l'île de Norderney [1], étude où il a montré l'eau douce flottant en quelque sorte en raison de la différence de densité au-dessus de l'eau salée : l'eau douce a ainsi la forme d'une lentille (*fig.* 36) et telle s'élève à $1^{m},40$ au-dessus du niveau moyen de la mer, tandis qu'elle descend à 53 mètres. Si H est l'épaisseur totale maxima de la lentille d'eau douce, l sa surélévation au-dessus du niveau moyen de la mer, h la profondeur limite où on trouve l'eau salée, on aura : $H = h + l$.

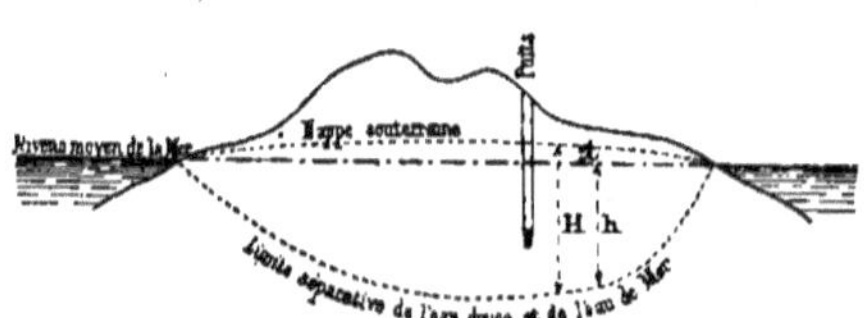

FIG. 36. — Coupe de l'île de Norderney (d'après HERZBERG).

Mais la colonne d'eau douce H fait équilibre à la colonne d'eau salée h dont la densité est $1 + d$, et on a ainsi : $H = h(1 + d)$, d'où on tire : $h = \frac{l}{d}$. Or $d = 0,027$, ce qui pour $l = 1^{m},40$ donne bien $h = \frac{1,40}{0,027} = 51^{m},85$, chiffre très voisin de celui constaté par expérience.

(1) Voir *Deutscher Verein von Gas und Wasserfachmännern*, 1901, et aussi du même auteur *Die Wasserversorgung einiger Nordseebäder* in *Journal für Gasbeleuchtung*, 1914.

L'île de Norderney est une île entièrement sablonneuse et de faible largeur : elle était donc admirablement choisie pour voir comment se comportaient les eaux douces vis-à-vis de la mer. En fait les puits proposés par Herzberg ont parfaitement réussi à donner de l'eau potable : les oscillations de niveau en correspondance avec la marée n'y ont pas une amplitude de plus de 20 cm. Toutefois, il est bien évident que le pompage dans les puits doit rester modéré, sans quoi on troublerait l'équilibre et on attirerait l'eau salée : il est clair aussi qu'il faut éviter de descendre l'aspiration au bas des puits, et autant que possible puiser au voisinage de la surface.

A cet exemple il convient d'ajouter celui de l'île de Long Island (États-Unis) et de ses stations de pompage. Les ressources en eau souterraine ont

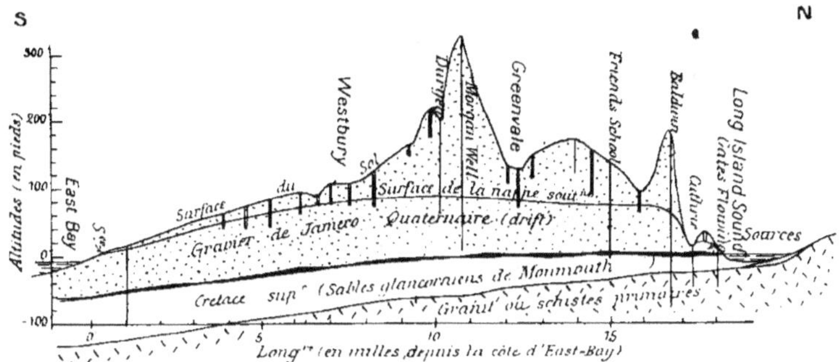

FIG. 37. — Coupe transversale de l'île de Long Island et de sa nappe souterraine (avec les principaux puits et forages).

été étudiées en détail par la commission de 1903 des nouvelles eaux pour New-York, qui y a relevé 1.045 puits existants et fait exécuter 333 forages tubulaires. La figure 37 donne une des coupes transversales de l'île et la forme de la nappe souterraine qui règne dans les sables et graviers quaternaires (drift glaciaire généralement). L'île recevrait en moyenne sur ses 157 milles carrés de surface 42,5 pouces (1 m,079) de pluie par an, dont l'évaporation reprendrait 17 pouces, le ruissellement 6, et la nappe souterraine en recevrait 19,5 : sur ce dernier chiffre, les sources (situées au pied des dunes ou dans les vallons assez creux) prélèveraient 8 pouces (rendus à l'écoulement superficiel), et le reste 11,5 pouces (soit 25 0/0 de la pluie tombée) s'écoulerait souterrainement à la mer.

Plusieurs stations de pompage ont été installées dans la partie O. de l'île pour fournir de l'eau à Brooklyn, Queen's et Richmond : stations de Jameco, comprenant 183 puits tubulaires de 27 à 73 pieds de profondeur, situés à 2 milles de la mer avec une teneur en chlore allant de 8 à 670 milligrammes par litre; station de Baiselay, 100 puits rapprochés à $1\frac{1}{2}$ mille de la mer et dont certains ont vu le chlore monter à 2gr,950; station de Shetucket, à 1 mille de Jamaica Bay, avec 12 forages de 175 pieds de profondeur descendant dans des sables verts en dessous d'une couche d'argile : au début, l'eau pompée était douce, mais elle eut de plus en plus de sel et, après trois ans d'exploitation, elle arrivait à avoir 400 milligrammes de chlore (on arrêta les pompages pendant un mois et le chlore tomba à 80 milligrammes, mais il remonta vite à 400 à la reprise des extractions); enfin station de Spring Creek, à 2 milles de la mer où les puits peu profonds sont salés (jusqu'à 1.400 milligrammes), mais où ceux qui descendent en dessous de la couche d'argile sont protégés.

Si, au lieu d'une île, on a affaire à un continent, les choses se passeront d'une manière analogue, mais d'un côté seulement. C'est surtout pour le

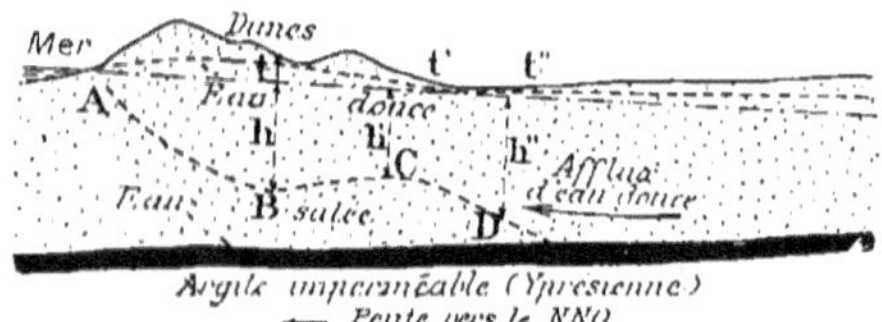

FIG. 38. — Séparation théorique des eaux douces et des eaux salées sur le littoral belge (d'après d'ANDRIMONT).

littoral belge et hollandais que la question s'est posée; elle a fait l'objet de discussions entre MM. Dubois [1], van Ertborn [2] et d'Andrimont [3]. Ce dernier fait remarquer que sur le littoral belge le niveau de l'eau des dunes étant à 2m,35 au-dessus du niveau moyen de la mer, la formule et la théorie d'Herzberg donnent une profondeur de 87 mètres pour la limite entre l'eau douce et l'eau salée; mais en fait la couche yprésienne imperméable (*fig.* 38) qui supporte les sables vient s'interposer avant qu'on ait atteint cette profondeur. Dans ces conditions la limite séparative qui,

[1] DUBOIS, *Note complémentaire à l'étude hydrologique du littoral belge; Annales de la Société géologique de Belgique*, t. XXXVI et note précédente, t. XXXI, ainsi que : *Étude sur les eaux souterraines des Pays-Bas; Archives du Musée Taylor* (série 2, t. IX, 1904).

[2] Van ERTBORN, *Bulletin de la Société belge de Géologie*, t. XVI, p. 517; t. XVII, p. 297; et t. XVIII, p. 217.

[3] D'ANDRIMONT, *Notes sur l'hydrologie du littoral belge; Annales de la Société géologique de Belgique*, t. XXIX (mai 1902); et *Idem*, t. XXX (18 janvier 1903); et *Idem*, t. XXXII (19 février 1905); ainsi que : *Étude hydrologique du littoral belge envisagé au point de vue de l'alimentation en eau potable; Annuaire de l'Association des Ingénieurs de l'École de Liège*, t. XVI, 1903.

d'après la théorie [1], devrait être ondulée, peut se limiter à sa première partie côté de la mer; on s'explique ainsi les variations remarquées suivant les lieux, variations qui sont en relation avec la profondeur de l'imperméable. (Ainsi à Heyst, un puits de 15 mètres de profondeur situé à 40 mètres de la mer donne de l'eau douce, tandis qu'un puits de 10 mètres situé à 20 mètres de la rive donne de l'eau salée : il suffit que le premier soit tombé dans le creux de la courbe limite.)

On peut aussi avoir des cas beaucoup plus compliqués, lorsqu'il existe plusieurs couches imperméables superposées. Ainsi, dans le cas de la

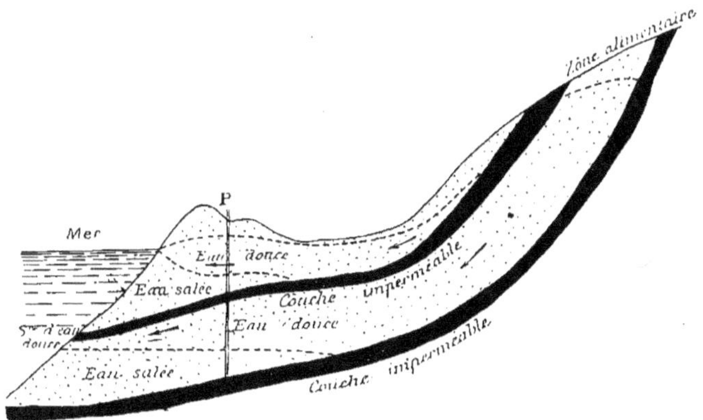

Fig. 39. — Cas de deux couches imperméables sous le littoral (d'après d'Andrimont).

figure 39, on voit qu'un puits tel que P pourra retrouver de l'eau douce après avoir donné à une profondeur moindre de l'eau salée. (Il faudrait dans

[1] M. d'Andrimont s'est assuré expérimentalement que cette limite donnée par la théorie d'Herzberg se réalisait bien dans la pratique, si aucune cause de trouble n'intervenait. Dans une cuve inclinée et remplie de sable, il a d'abord versé une solution de bichromate de potasse ayant même densité que l'eau de mer, qui a dessiné ainsi l'horizontale du niveau de l'eau; sur le sable du côté continent il a versé de l'eau douce incolore et il a observé que l'eau saumâtre colorée en jaune a été refoulée et que la limite séparative a bien pris la forme d'une sinusoïde : la zone de diffusion était peu importante au contact des deux eaux, et après huit jours la distinction était encore très nette. Pour mieux suivre le trajet des gouttes liquides, l'auteur avait déposé sur les parois de verre quelques grains de permanganate de potasse, lesquels donnent des traînées coloriées indiquant le chemin parcouru par les molécules liquides au moment où elles vont atteindre la nappe aquifère.

Ce procédé peut aussi servir à étudier la forme et le mouvement de l'eau dans les nappes, en reproduisant à peu près les conditions où elles se trouvent. C'est ainsi que l'auteur a démontré que dans la nappe qui s'étend sous les coteaux d'une vallée, la partie en mouvement n'est pas seulement celle qui est au-dessus du niveau du thalweg, mais s'étend aussi en dessous, en sorte qu'une partie de l'eau a un trajet ascendant vers les exutoires de la vallée.

cette figure et dans la précédente tenir compte de la diffusion, qui compliquerait encore les choses.)

Si on suppose, comme cela arrive en Hollande au droit de l'ancienne mer de Haarlem, qu'il y a du côté continental une dépression plus basse que la mer elle-même, il est clair qu'on aura un partage de l'écoulement de la nappe des dunes comme si on était dans une île; c'est ce que représente la figure 40 d'après les observations de Penninck (¹). En réalité, la limite entre l'eau douce et l'eau salée n'est pas tranchée, la diffusion salant et rendant plus denses les eaux douces de bas en haut et ces eaux étant ainsi amenées à se mêler directement vers le bas avec les eaux saumâtres : c'est ce que Penninck appelle *la perle d'eau mystérieuse* des dunes hollandaises, le surplus seulement s'écoulant horizontalement à la mer.

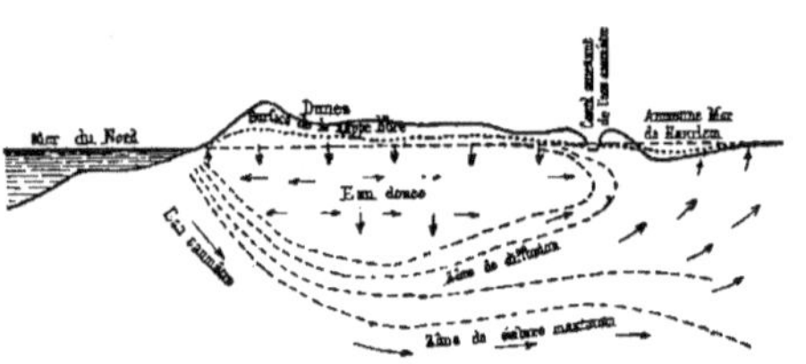

Fig. 40. — Mouvement des eaux douces et des eaux saumâtres sous les dunes de Hollande au droit de la mer de Haarlem (d'après Penninck).

Notons encore que la mer a souvent créé dans les golfes et estuaires parmi les dépôts récents une couche argileuse imperméable plus ou moins épaisse et presque horizontale, qui retient sous elle une partie des eaux

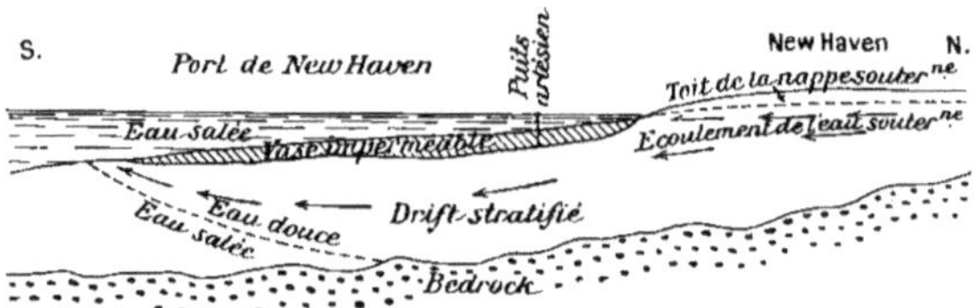

Fig. 41. — Limite de l'eau douce et de l'eau salée sous le port de New-Haven (Conn.), et puits artésiens dans le port (d'après John Brown).

douces. Ces eaux peuvent même y prendre une pression artésienne, comme le signale John Brown (article cité) pour le port de New-Haven (*fig.* 41), où on peut forer des puits artésiens d'eau douce dans le port même. C'est aussi de la sorte que sous la plaine de la Mitidja (ancien golfe) près d'Alger,

(¹) Prise d'eau dans les dunes pour Amsterdam (*Institut royal des Ingénieurs*, La Haye, 1904) et aussi *De Ingénieur*, 1903.

il y a sur une épaisseur de dépôts quaternaires de 85 mètres plusieurs (jusqu'à 6 par endroits) bancs d'argile qui emprisonnent les eaux douces continentales : des sources naturelles (par cassures ascendantes) et des puits artésiens déjà nombreux amènent au jour une partie de ces eaux.

Je citerai enfin l'exemple intéressant des environs de la Rochelle, où le calcaire séquanien (comprenant des bancs fissurés et des bancs imperméables comme le *banc bleu*) plonge doucement vers le S.-S.-O., soit en fuyant la mer, et où il s'est en outre déposé dans les anses et golfes une couche d'argile marine appelée *bri*. La figure 42 fait comprendre le jeu entre les eaux

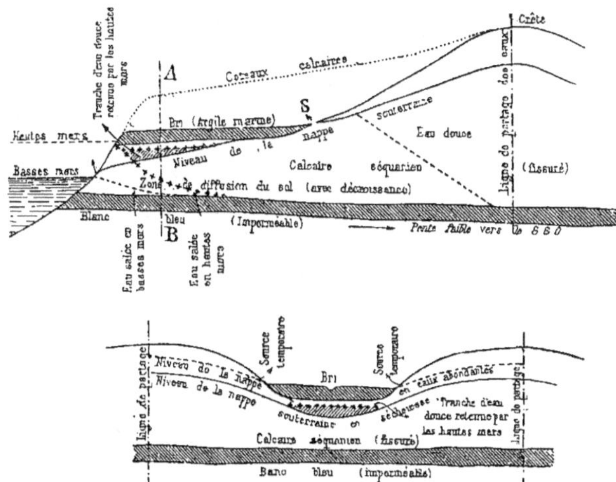

Fig. 42. — Jeu des eaux douces et des eaux salées sous une vallée calcaire des environs de la Rochelle.

douces continentales, qui gagnent assez difficilement la fosse océanienne et les eaux de la mer. La Ville, avant 1915, puisait dans le grand puits de Périgny, à 3.500 mètres de la côte, mais près d'un ancien golfe rempli par le bri et les sables : le sel allait dans l'eau distribuée de 316 milligrammes (en juillet) et 1.045 (décembre) (1); mais pendant la guerre les bassins en eau étant devenus beaucoup plus grands, les pompages intensifs attirèrent de plus en plus d'eau de mer, et on eut jusqu'à 5 grammes de NaCl par

(1) Le carbonate de chaux et le sulfate avaient une marche toute différente : le premier était minimum au printemps (250 milligrammes en février) et maximum en automne (373 milligrammes en octobre), traduisant ainsi la plus grande proportion d'eau douce venant du continent à cette dernière saison, mais avec un décalage de deux à trois mois.

litre. Suivant mes conseils, la Ville chercha à reprendre les eaux aboutissant à Périgny en reportant les captages à 2 kilomètres à l'amont dans les vallons affluents et réussit ainsi à éviter le sel; d'autre part, elle a fait de nouveaux captages à grande distance dans une autre vallée, celle du Curé, et y a trouvé de belles eaux artésiennes indemnes de sel sous le *banc bleu* percé par plusieurs forages (l'imperméabilité de ce banc marneux et d'ailleurs le grand éloignement de la mer écartent toute crainte d'invasion du sel).

Nappes artificielles : création ou renforcement des nappes. — On savait qu'en irriguant des terrains on augmentait le débit des drains sous-jacents ou des sources [1] issues de la nappe correspondante; mais c'est A. Thiem qui a eu le premier l'idée de créer de toutes pièces une nappe artificielle dans une couche perméable où pour telle ou telle raison il n'y avait pas ou peu d'eau. Il proposa à la ville de Stralsund, en 1888, de faire infiltrer l'eau d'un lac dans des bassins ouverts en terrains sablonneux, et de la reprendre après un certain parcours (qui la filtre) dans les sables par des puits et des pompes; son projet n'a pas été exécuté.

Mais Richert, de Stockholm, a repris l'idée et l'a fait aboutir. La Suède se prête en effet au mieux à cette application à cause de la nature sablonneuse d'une grande étendue de terrains. La figure 43 représente théoriquement le système; une dérivation de la rivière amène l'eau à flanc de coteau dans des bassins ouverts dans le sable. Le fond d'un bassin d'infiltration étant placé plus haut que le niveau naturel de la nappe souterraine, la première eau qui y arrive percole librement à travers le fond, ce qui provoque une élévation du niveau de la nappe et conduit à l'établissement d'un régime de filtrage continu. Mais des vases se déposent dans le bassin, obstruent les canalicules du sol et augmentent progressivement la résistance à l'infiltration, en sorte que l'eau du bassin s'élève de plus en plus; quand la surélévation atteint un certain maximum, le moment est venu de curer le bassin. Après qu'on a enlevé la première couche de sable et qu'on l'a remplacé par du sable neuf et pur — tout comme dans un filtre artificiel — la filtration reprend comme auparavant. Le produit des infiltrations est recueilli au pied du coteau par une galerie ou mieux par une batterie de puits filtrants qui, comme dans la figure, peuvent déjà tirer une partie de leur alimentation de la rivière voisine.

[1] Les sources qui alimentent Clermont-Ferrand voient ainsi leur débit renforcé aux périodes où on arrose les prairies où elles naissent et dont le sous-sol est formé de laves poreuses.

Deux belles applications ont été faites, toutes deux dans des circonstances un peu spéciales. A Uddevalla (côtes de l'O.), on a profité de la pré-

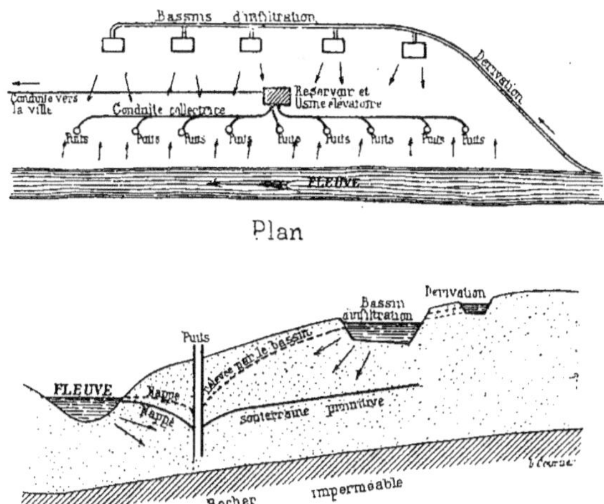

Fig. 43. — Eaux souterraines artificielles : bassins d'infiltration et puits filtrants collecteurs.

sence d'une véritable poche de sable dans un terrain argileux pour faire jouer à un réservoir le rôle de filtre (*fig.* 44); l'eau retenue par le barrage au-dessus du sable pénètre dans sa masse et y est captée par des puits, accessibles depuis une levée établie diamétralement dans le bassin; la surface d'infiltration doit être curée une fois par an. A Gothembourg, c'est une véritable nappe artésienne qu'on a renforcée par l'infiltration artificielle. Cette

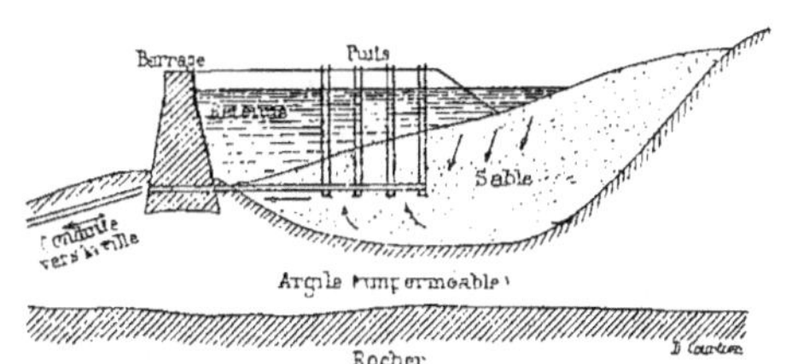

Fig. 44. — Réservoir formant bassin d'infiltration à Uddevalla.

nappe, qui existe sous le Goeta elf (*fig.* 45) est comprise dans une couche de sable interposée entre le rocher et une couche d'argile imperméable : son eau contenait 200 milligrammes de chlore et 4 milligrammes d'ammoniaque par litre. Richert eut l'idée d'alimenter la nappe et de corriger du même coup sa qualité en déversant dans des bassins d'infiltration creusés dans le sable l'eau de la rivière (filtrée au préalable dans des filtres artificiels) : à 200 mètres d'aval des bassins, l'eau est recueillie par 20 puits tubulaires (puits filtrants, qui sont de véritables puits artésiens artificiels), dont l'eau se rend par gravité à un puits collecteur sous le bâtiment des pompes. On tire ainsi 6.500 mètres cubes par jour d'eau très pure, ne contenant plus que 90 milligrammes de chlore et $0^{mgr},6$ d'ammoniaque : la ville doit exécuter ensuite un autre projet avec 80 bassins d'infiltration et 96 puits collecteurs, pour en tirer 8.600 mètres cubes par jour.

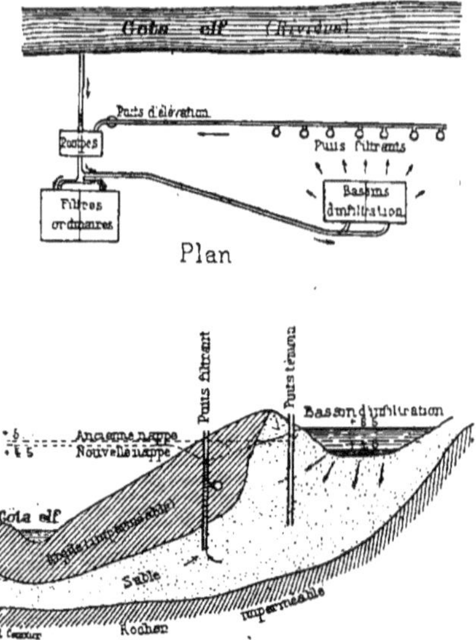

Fig. 45. — Renforcement d'une nappe artésienne à Gothembourg.

L'idée de Thiem est revenue en Allemagne. C'est d'abord Chemnitz [1], qui ayant en premier lieu renforcé l'alimentation des 50 puits captants établis à 30 ou 40 mètres du bord de la Zwönitz au moyen d'un canal d'infiltration, a ensuite répandu l'eau sur la prairie par irrigations ; enfin, en 1894, elle a établi à l'amont un second tronçon de canal d'infiltration et un second champ d'irrigation. Elle est arrivée ainsi à obtenir 10.000 mètres cubes par jour. — D'autres villes, comme Haspe, Ronsdorf, Solingen et Schwelm, (autrefois aussi Remscheid), procèdent aussi à la purification de l'eau de leurs barrages-réservoirs par l'irrigation de prairies, convenablement aménagées.

Pour les eaux de Hanovre, la station de Ricklingen comporte deux bassins d'infiltration alimentés par la Leine et situés à 150 mètres de la ligne des puits captants : ils ont 9.300 mètres carrés de surface et font passer dans le sol 6.000 mètres cubes par jour. A Brunswick, station de Bienroderweg, on a fait des essais avec l'eau de condensation des machines à vapeur, qu'on faisait infiltrer dans des fossés dont les talus et les abords

(1) Voir l'art. de Nau : *Künstliches Grundwasser*, in *Journal für Gasb. und Wasserversorgung*, 1911.

étaient plantés d'arbustes (dont les racines maintiennent la terre à l'état de division) : l'eau recueillie n'avait qu'une très faible différence de température avec l'eau de la nappe souterraine en d'autres points. — Une très grande installation, capable de donner 137.000 mètres cubes par jour, a été achevée peu de temps avant la guerre à Altendorf (station de Horst) pour l'alimentation de la partie nord du bassin houiller de la Westphalie (Gelsenkirchen) : il s'agit d'eau de la Ruhr que l'on élève dans de grands bassins d'infiltration, ouverts dans les graviers de la vallée et tapissés dans le fond et sur les parois d'une couche de 0m,50 de sable pur (destiné à assurer une meilleure filtration et à retenir les impuretés au lieu de les laisser encrasser le terrain).

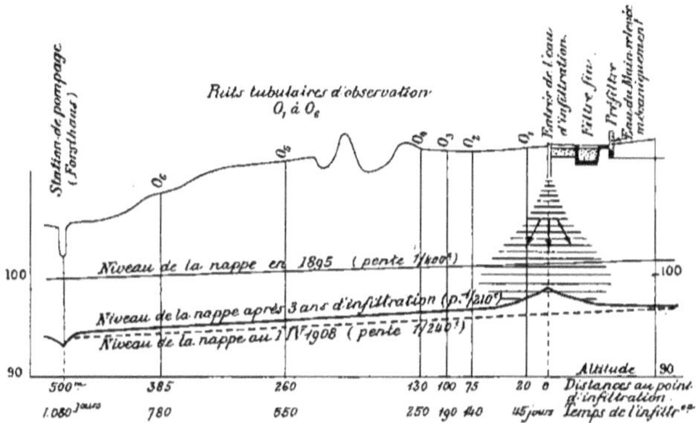

FIG. 46. — Infiltration artificielle de l'eau du Main filtrée au Stadtwald de Francfort (d'après SCHEELHAASE).

D'autre part, la ville de Francfort-sur-le-Main a fait aussi des expériences fort intéressantes [1] pour renforcer la nappe souterraine du Stadtwald, profonde moyennement de 30 à 40 mètres. Cette épaisseur de sable et gravier est parfaitement appropriée à la purification de l'eau du Main : toutefois on a commencé par filtrer l'eau de rivière artificiellement, afin qu'elle n'encrasse pas trop vite les premières couches du sol. La figure 46 montre comment le phénomène se produit sur un trajet de 500 mètres horizontalement, la quantité d'eau infiltrée variant entre 500 et 700 mètres cubes par jour. Le trajet est très lent (ce qui dépend sans doute de la finesse du sable), mais il suffit de 20 mètres pour qu'on ne trouve pas de bactéries

[1] Voir pour les détails l'article de Scheelhaase, *Beitrag zur Frage der Erzeugung künstlichen Grundwassers aus Flusswasser*, in *Journal für Gasb. und Wasserversorgung* (1911).

et de 100 mètres pour que la température et le goût soient tout à fait ceux de l'eau souterraine ; la couleur un peu jaune de l'eau du Main persiste plus longtemps et ne disparaît qu'à 200 mètres de distance. Le procédé permet donc d'obtenir avec une eau de rivière très souillée d'excellente eau souterraine, fraîche et pure ; mais il faut bien entendu disposer d'un terrain bien convenable.

La ville de Hambourg a également un projet pour renforcer de la même manière la nappe souterraine profonde où puisent ses forages.

En France, je me suis moi-même inspiré de ces exemples pour renforcer la nappe phréatique et augmenter le débit de la galerie filtrante de la ville de Nancy à Messein, le long de la Moselle [1]. L'eau de la rivière a été amenée (après un dégrossissage sommaire au travers de tas de cailloux) dans un tuyau d'infiltration parallèle à la galerie et à 30 mètres de sa face arrière ; elle traverse d'abord horizontalement au sortir du tuyau une tranche de sable fin de 3 mètres (où elle abandonne la plupart des corps en suspension, ce sable maintenu entre deux murettes pouvant être facilement remplacé), puis l'épaisseur de gravier naturel qui s'étend jusqu'à la galerie collectrice. En aménageant de la sorte une galerie sur ses deux faces et en remplaçant le sable encrassé toutes les fois qu'il le faut par du propre, on peut en tirer un rendement maximum et le maintenir pour ainsi dire indéfiniment. La ville de Toulouse a aussi tenté d'aménager de même la face arrière de la galerie de Portet, suivant les conseils de Quintin ; mais ceci nous rapproche de la filtration artificielle horizontale.

En Italie on peut citer Florence qui, il y a quelques années, a opéré de même sur les eaux de l'Arno.

Je signalerai enfin la proposition de Léon Janet (restée sans suite) pour faire traverser les 50 mètres de sables de Fontainebleau qui couronnent le plateau de Montmorency par de l'eau de l'Oise mécaniquement relevée, et en obtenir de l'eau fraîche et pure pour l'alimentation de Paris. La figure 47 fait comprendre quelle serait l'opération : une galerie de pourtour à établir sur les marnes à huîtres collecterait l'eau infiltrée (en y adjoignant sans doute quelques tronçons de galeries radiales). Il conviendrait aussi de ne pas laisser se perdre l'eau qui ruisselle sur le calcaire de Beauce et de l'amener à pénétrer par places dans des trous qui la fassent infiltrer dans les sables stampiens sous-jacents.

C'est de la sorte que je conseille dans la région de l'E. de renforcer la

[1] Voir pour les détails tome II, pages 478 et suivantes de *Distributions d'eau*, par Debauve et Imbeaux, Dunod, éditeur (1906).

nappe du grès infraliasique (*fig.* 48) par la nappe du calcaire du lias, qui est séparée du grès par un banc argileux appelé *marne Levallois.* L'eau du calcaire est mal filtrée; les sources augmentent très vite par les pluies, mais

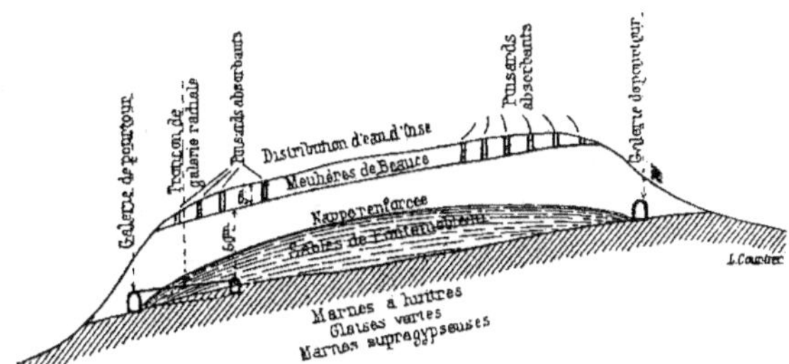

FIG. 47. — Renforcement artificiel de la nappe des sables de Fontainebleau sous la butte de Montmorency (proposé par Léon JANET).

aussi tarissent facilement : dans le grès, au contraire, l'eau est bien filtrée, circule lentement et donne un débit presque constant. Bien entendu, des eaux de ruissellement pourraient aussi être amenées à s'infiltrer dans le grès.

Enfin on peut concevoir le renforcement d'une nappe par la nappe sous-jacente quand celle-ci est artésienne et remonterait au-dessus du niveau de la première : il n'y aurait qu'à mettre en communication les deux nappes par des forages ascendants qui déchargeraient leur eau dans la nappe supérieure. On ne ferait ainsi qu'imiter la nature qui parfois alimente une nappe avec les eaux venant d'en bas par filons, failles ou cassures (nous verrons plus loin l'exemple des eaux minérales de Vichy et de Pougues).

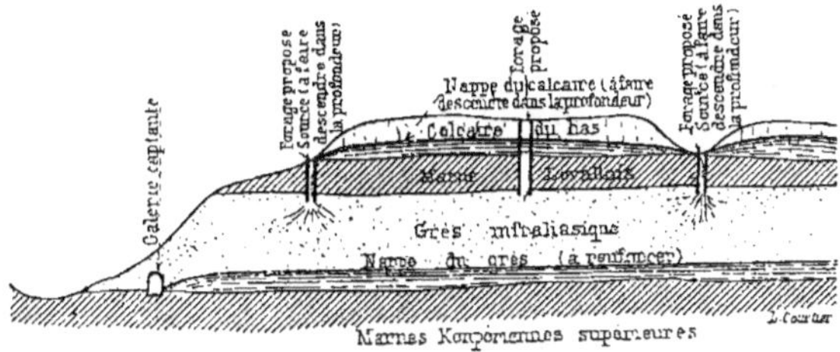

FIG. 48. — Renforcement d'une nappe par les eaux de la nappe supérieure.

SOURCES

Définition et distinctions. — Vulgairement, on appelle *source* toute émission d'eau qui sort de terre avec une certaine permanence, et cela sans distinguer d'où provient cette eau. Martel aurait voulu qu'on refuse ce nom aux débouchés des eaux de ruissellement entrées dans le sol pour en ressortir là (*résurgences*), ou des eaux circulant dans de larges canaux souterrains (*exsurgences*); mais le public, qui ne peut reconnaître *à priori* une telle origine, continue à donner le nom de sources (de même qu'il a gardé le nom de nappe) à tout orifice visible par où l'eau sort du sol. Nous serons donc obligé de faire comme lui, sauf à faire les distinctions voulues.

Le public sépare aussi les sources en deux grandes catégories : les *sources ordinaires*, qui servent à la boisson et aux usages courants et les *sources thermo-minérales*, qui soit à cause de leur température, soit à cause des substances qu'elles contiennent ont une valeur thérapeutique. En ce qui regarde la thermalité, la distinction est facile, et l'on convient habituellement aujourd'hui d'appeler thermales les sources qui ont plus de 5 ou 6° au-dessus de la température des sources ordinaires, c'est-à-dire de la *température moyenne du lieu* [1], et nous savons déjà que la différence indique la profondeur d'où vient l'eau (ou parfois la proximité du volcanisme). Il n'en est pas de même pour la minéralisation, car il y a beaucoup d'eaux très minéralisées dont la valeur thérapeutique est nulle (ou méconnue) : il faut donc qu'il y ait soit certains corps spécialement actifs, soit certaines combinaisons heureuses de substances courantes dont l'usage ait reconnu les bons effets. La distinction n'en reste pas moins assez vague et serait souvent à reviser.

On distingue aussi vulgairement les sources : suivant leur débit, car il y en a de toutes les grandeurs, depuis un simple écoulement goutte à goutte jusqu'aux émissions de plusieurs mètres cubes par seconde (Vaucluse, Silver Spring, etc, etc.); suivant leur permanence : sources pérennes et sources temporaires, suivant qu'elles tarissent ou non; sources intermittentes et sources continues. Enfin suivant leur mode d'émergence : il y a de simples suintements (*seepage*), des déversements au débouché de conduits souterrains, ou des jaillissements dans le fond d'une vasque (sources pivotantes), ou même des jaillissements en l'air comme les *geysers*.

[1] On convient aussi dans les pays tempérés d'appeler thermales les eaux qui ont plus de 21° C. (70° F.).

Classification des sources. — Scientifiquement parlant, les sources sont les épanchements naturels des nappes aquifères : ce sont donc les orifices (tangibles ou masqués) par où l'eau souterraine (ou une partie de cette eau) revient spontanément au jour (pour prendre part ensuite au ruissellement, à moins qu'elle ne soit absorbée à nouveau par l'évaporation ou une nouvelle infiltration). Mais ces orifices sont de différentes sortes : ou bien ce sont les abouchements de fissures, cassures et crevasses (ascendantes ou descendantes), ou bien ce sont les points où le niveau d'une nappe (recoupée par une vallée ou une excavation quelconque) se trouve rencontrer la surface du sol. Cela nous autorise à classer les sources en trois grandes catégories (je ne connais pas de source qui ne puisse rentrer dans l'une d'elles) :

I. **Sources filoniennes ou diaclasiennes,** ou par cassures ascendantes (*fissure* et *fault springs* des Américains, *Aufsteigende Quellen* des Allemands). Ce sont généralement des eaux profondes qui, étant sous pression et rencontrant dans leur trajet souterrain des cassures ou fissures, remontent par elles jusqu'à la surface (ou à son voisinage), à la manière des matières jadis en fusion qui remplissent les filons quartzeux ou métallifères. Ces filons, si nombreux dans les roches d'origine ignée [1], dirigent souvent les eaux, comme on le voit figure 49 pour les sources d'Évaux [2], et leur filon directeur (granite). L'analogie du trajet des filets aqueux, s'éparpillant en approchant de la surface, avec l'allure des filons métallifères, est encore mieux montrée dans la figure 50, coupe schématique de la région d'Ems.

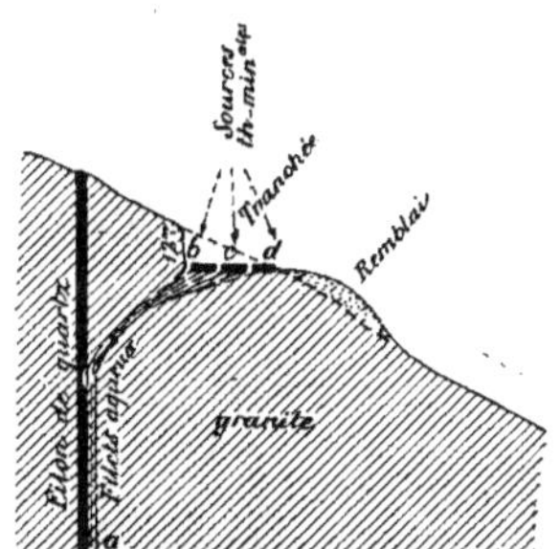

Fig. 49. — Coupe schématique du filon directeur (perpendiculairement) des sources d'Évaux : *ab*, *ac*, *ad*, trajets des filets alimentant les sources *b*, *c*, *d* (d'après de Launay).

On comprend que les sources de cette classe sont le plus souvent jaillissantes (pivotantes) : ce sont en somme de véritables puits artésiens naturels. En raison de la profondeur des fissures originelles, les eaux ont de

(1) Se rappeler les filons quartzeux du Massif Central : filons de Montaigu, de la Roche-Cornet dans le Puy-de-Dôme, du Peyre, de Peyrezao de Turlande dans le Cantal, de la Terrasse et de Chavanolles dans les gneiss du Mont-Pilat (Loire), etc., etc.

(2) Ce filon quartzeux, qui contient aussi de la barytine et de la pyrite, peut être suivi de Biollet vers Boussac sur près de 50 kilomètres : l'origine des sources de Néris est semblable.

grandes chances d'être chaudes et fortement minéralisées. Aussi l'immense

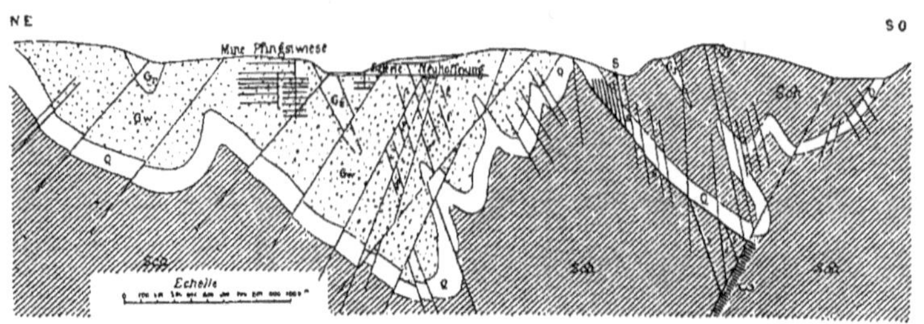

FIG. 50. — Coupe de la cuvette d'où jaillissent les sources thermales d'Ems SSSS et de celle que traversent les filons métallifères voisins *fff* (d'après KOCH).

Sch., schistes de Wisp ou du Hundsrück; — Q, quartzite; — Gw, grauwacke (*Plattergrauwacke*); Gr, grès à spirifères; — ω, filon de basalte (se rattachant au pointement de Kemmenau).

majorité des sources thermo-minérales appartient-elle à ce groupe : elles sont généralement faciles à reconnaître, bien que parfois il se produise des complications comme les suivantes :

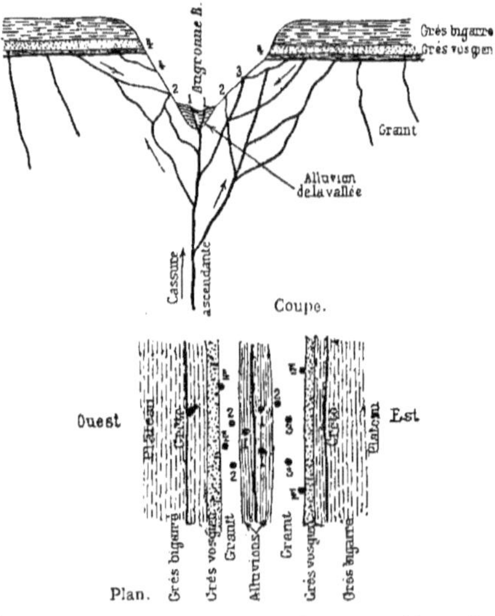

FIG. 51. — Exemple de sources filoniennes (thermales) et de déversement. Coupe et plan schématiques de la vallée de Plombières (d'après M. JUTIER).

1, 1. Sources très chaudes (filoniennes); — 2, 2. Sources chaudes; — 3, 3. Sources froides; — 4, 4. Sources froides (par déversement aux affleurements); — 4'. Source froide (par déversement d'une cassure).

En premier lieu, comme à Plombières (*fig.* 51), on peut trouver dans la même vallée non seulement des sources thermo-minérales à côté de sources ordinaires (en l'espèce des sources du granit venant de bas en haut par les cassures à côté de sources de déversement venant de haut en bas des affleurements du grès vosgien); mais aussi dans une même source un mélange des deux eaux, puisqu'il suffit que des fissures descendantes s'anastomosent avec celles où l'eau monte. On pourra donc rencontrer toutes les températures intermédiaires, de 13 à 62° ; les sources les plus chaudes restent concentrées dans le thalweg, étant en quelque sorte protégées des eaux froides par les fissures externes.

Dans d'autres cas, l'eau profonde rencontre à son arrivée au jour des obstacles qui modifient son issue. L'un de ces obstacles est constitué par les dépôts que la source produit elle-même, dépôts qui sont en grande partie composés de carbonate de chaux et forment des bancs de tuf ou travertin. Les fameuses sources de Carlsbad, *les Sprudels* (75°), en sont un bel exemple : ces sources chaudes se manifestent aux croisements de deux systèmes de lithoclases du granit porphyroïde, l'un N.E.-S.O. et l'autre N.O.-S.E., avec filons de quartz et de *hornstein*, et ont formé un banc de travertin (*fig.* 52) qu'il faut parfois percer d'orifices pour réta-

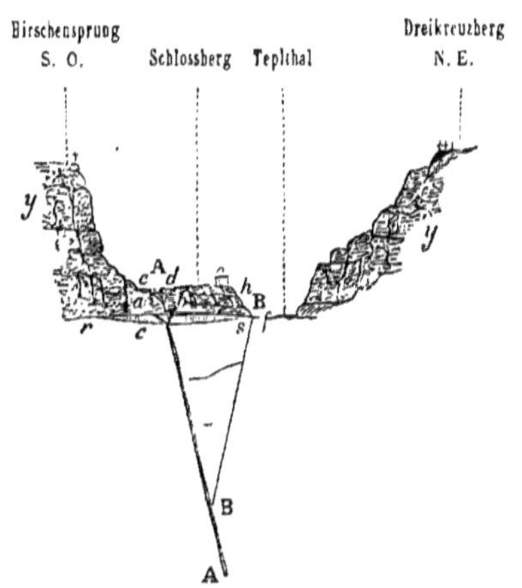

Fig. 52. — Les *sprudels* ou sources chaudes de Carlsbad dont l'issue est gênée par un banc de travertin déposé par les sources.

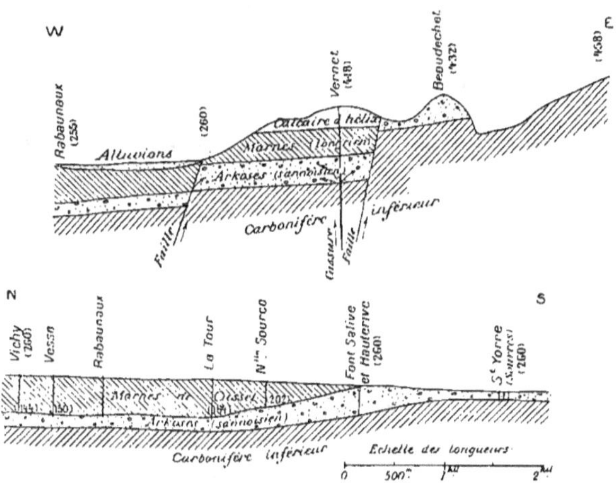

Fig. 53. — Coupes E.-O. et N.-S. (rive gauche de l'Allier de la région de Vichy (les eaux minérales se sont épandues dans les arkoses) (d'après de Launay).

blir le débit (ou élargir de temps en temps les orifices existants qui tendent à s'obstruer). Il y aurait sous ce banc une longue et étroite vasque d'eau bouillante (d'après Becher). A Carlsbad, on trouve aussi des sources froides acidulées, parfois ferrugineuses, qui sortent de divers côtés, leur origine est tout à fait indépendante du sprudel.

A Vichy, où les sources chaudes (44°) sont sur la grande fracture N.-S., qui débute au S. de Thiers, passe à Châteldon et marque la limite entre le culm (carbonifère inférieur) et la plaine tertiaire de la Limagne, les eaux profondes montant par les cassures et les failles au travers du culm se répandent ensuite dans la couche d'arkoses (sans doute d'âge sannoisien) qui surmonte le primaire (*fig.* 53). Ces eaux forment donc dans les arkoses une nappe alimentée par le fond, et pouvant devenir par endroits artésienne

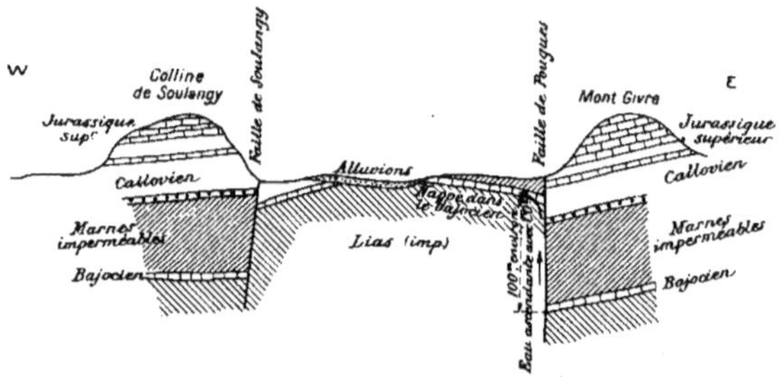

Fig. 54. — Coupe E.-O. de la région de Pougues : l'eau ascendante se déverse dans le bajocien (d'après Friedel).

recouverte qu'elle est par les *marnes de Cussel* (tongrien), imperméables. Aussi comprend-on qu'il soit facile de puiser dans cette nappe par des forages et qu'il ait fallu *protéger* les sources naturelles ou artificielles déjà existantes.

A Pougues, c'est dans les fissures du calcaire *bajocien* (oolithe inférieure) que se déversent les eaux venant de la profondeur par la faille bien connue (environ 100 mètres de rejet). La figure 54 montre ce phénomène et le renforcement de la nappe du bajocien par ces eaux ascendantes. (Remarquer que la faille de Soulangy, à 2 ou 3 kilomètres à l'O. de la précédente, est en sens inverse.)

Enfin je citerai encore l'exemple de Nauheim et de ses sources et forages (*sprudels*), que montre la figure 55. Une grande faille sépare les schistes dévoniens (côté N.) des calcaires dévoniens où se développent des fissures, et le tout est recouvert par un banc d'une trentaine de mètres d'épaisseur de sables et argiles tertiaires et d'une tranche d'alluvions récentes (vallée de l'Usa). L'eau profonde (infiltrée sans doute du Taunus et l'acide carbonique remontant par la faille et à son voisinage par les fissures secondaires du calcaire se répandaient dans les sables tertiaires et sortaient en des points déprimés de cette nappe, aux sources anciennes aujourd'hui captées : depuis, on a fait des forages qui, sauf le plus au N. (1824), ont réussi et forment les *sprudels*.

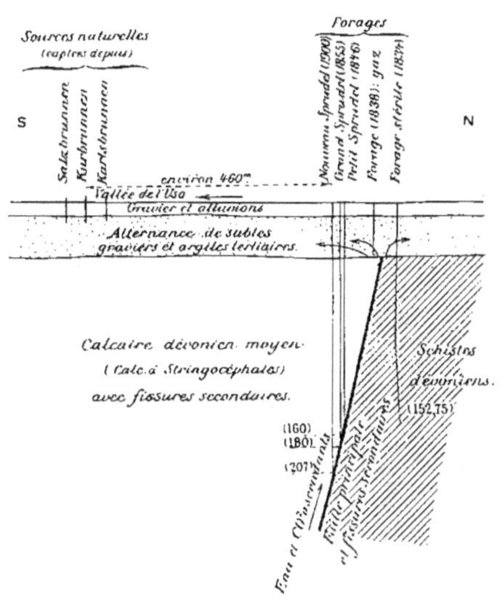

Fig. 55. — Coupe de la faille et des sprudels de Nauheim.

Par ces exemples, on voit le rôle important que jouent les failles dans la production du genre de sources qui nous occupent : on comprend dès lors pourquoi beaucoup de sources thermo-minérales sont jalonnées sur le trajet des grandes failles, lesquelles deviennent ainsi des *lignes* ou *lieux de sources*. Il en est de même le long des contacts des terrains cristallophylliens et volcaniques avec les terrains sédimentaires. Enfin on peut dire avec de Launay que « les sources thermales sont en relation avec les phénomènes de dislocation les plus récents [plissements et effondrements [1]] de l'écorce terrestre, et localisées dans les zones assez étroites où ces phénomènes se sont fait sentir ». C'est ce qui explique leur abondance dans certaines régions du globe (région méditerranéenne en Europe et en Afrique, O. des États-Unis, Japon, Islande, etc, etc.) et leur rareté dans d'autres (N. de l'Europe, Russie et Sibérie, E. des États-Unis, Centre africain).

Les trois figures 56, 57 et 58 mettent en évidence ces relations des sources thermo-minérales avec les failles et les lignes de contact des terrains cristallophylliens et plus récents. La première est une carte d'une partie du Massif Central français, où l'on voit notamment le tertiaire de la Limagne limité à l'E. et à l'O. par deux grandes failles donnant naissance aux sources des groupes de Vichy et de Châtelguyon. La seconde montre la situation des sources chaudes des Pyrénées-Orientales : elles sortent en grand nombre au

(1) Il faut ajouter *éruptions volcaniques*.

contact du granit et des terrains primaires. Enfin, j'extrais de la carte de la Californie entière, où Waring [1] a indiqué les principales sources thermales et minérales de cet État et tracé les grandes failles qui le sillonnent, ce qui regarde la partie S.; on y voit nettement l'influence des failles en terrain granitique et presque déjà désertique.

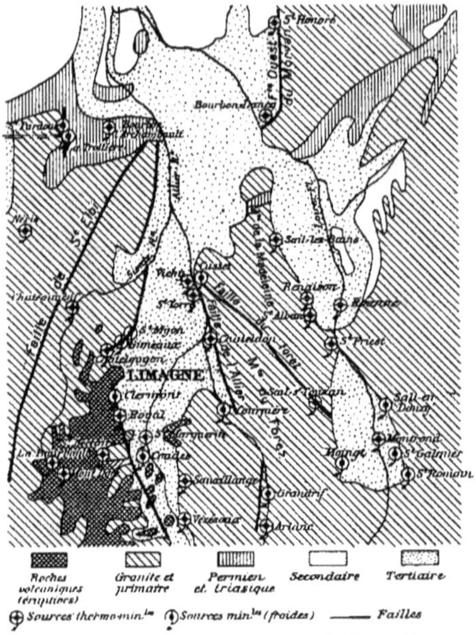

Fig. 56. — Carte du Plateau Central (français), montrant la situation des principales sources thermo-minérales et des failles les plus importantes. — Échelle 1/2.250.000 environ.

Il ne faudrait pas croire pourtant que toute source émergeant d'une faille ou du contact de deux terrains juxtaposés est une source *filonienne :* il faut pour cela que les eaux viennent d'en bas et aient une origine nettement ascendante. Or il arrive que les eaux d'une nappe ordinaire, glissant sur son fond suivant les lois de la gravité, rencontrent une cassure ou la butée d'un terrain imperméable, le long de laquelle elles remontent en vertu de leur pression hydrostatique, et si la surface du sol est assez proche, elles donneront lieu à une source, véritable *source d'émergence* (comme nous le verrons plus loin, par exemple pour les fontaines de Vaucluse, de Nîmes, la source de Saratoga, etc., etc.). Il ne faut donc pas se laisser tromper par l'apparence.

Reste à signaler le cas des *sources jaillissantes*, véritables puits artésiens naturels, et spécialement celles qui lancent avec l'eau liquide de la vapeur et des gaz (acide sulfureux principalement), soit par intermittences (*geysers*), soit d'une manière continue (*solfatares, soufflards ou suffioni, salses, mofettes*). Ces phénomènes sont en relation avec le volcanisme et s'expliquent par lui. Ainsi, je rappellerai la théorie de Bunsen pour les geysers : des bulles de vapeur venant du fond d'une fissure des terrains

(1) *Springs of California* (1915); *Water supply paper*, n° 338 du *Geological Survey U. S.*

volcaniques trouvent à une douzaine de mètres de la surface une zone où un faible soulèvement de l'eau remplissant la fissure lui fait dépasser le

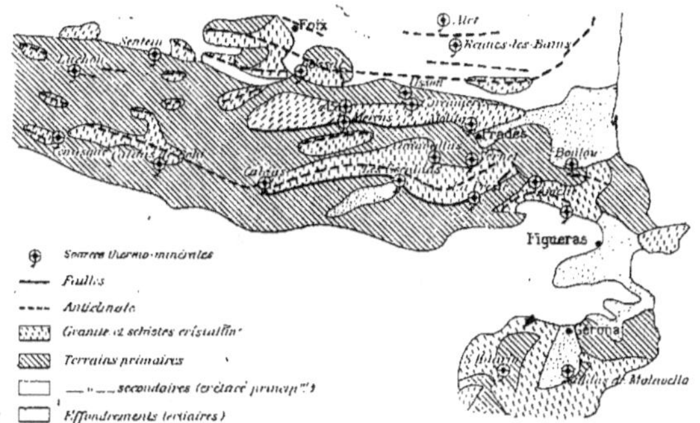

Fig. 57. — Carte des Pyrénées-Orientales, montrant la situation des principales sources thermales, des failles et des anticlinaux (d'après de Margerie et Schrader). — Échelle 1/3.000.000 environ.

point d'ébullition (environ 121°) correspondant à la pression; l'eau se résout alors brusquement en vapeur et est remplacée par de l'autre plus

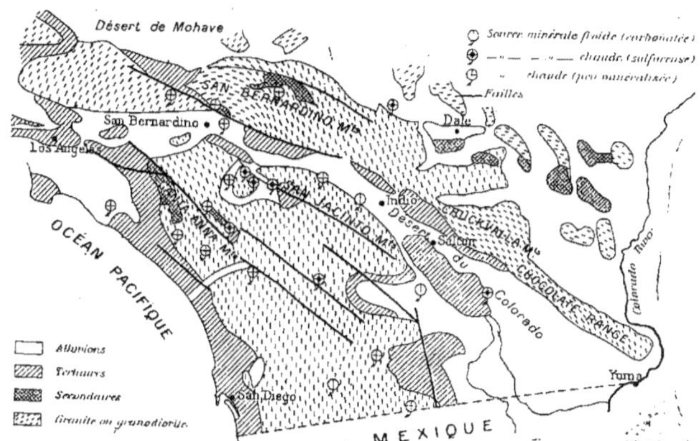

Fig. 58. — Carte du sud de la Californie montrant la situation des failles et des principales sources (d'après Waring). — Échelle 1/4.000.000.

froide, qui demande un certain temps pour être échauffée et soulevée à son tour, d'où les intermittences. On peut reproduire expérimentalement la chose en chauffant un tube placé sous un bassin non seulement à son point le plus bas, mais encore par un foyer annulaire situé autour du tube à une certaine hauteur : on obtient des éruptions à intervalles réguliers.

On sait que les geysers sont localisés en Islande (le grand Geysa et le grand Strokr, avec de nombreuses sources bouillonnantes ou non), en Nouvelle-Zélande (île New Ulster près du volcan Tongariro) et au parc de Yellowstone des États-Unis, où il y a près de 4.000 bouches en activité [1]. Les solfatares se rencontrent aux *champs phlégréens* près de Naples, aux îles Lipari, au Chili, dans le district de San Andres au Mexique, à Java, en Islande, etc., etc., toujours au voisinage des volcans et des épanchements de roches à silice en excès. Les suffioni de la Toscane se groupent le long des crevasses du sol. Les salses ou volcans de boue sont des sources froides, en relation souvent avec le naphte ou le pétrole (salses du Caucase). Dans les mofettes, c'est surtout de l'acide carbonique qui s'échappe, et alors on se rapproche des *sprudels* allemands.

II. **Sources de déversement.** — Les eaux de cette classe de sources, provenant de la pluie infiltrée dans le sol et y cheminant par gravité soit dans les fissures des roches, soit dans les pores d'une nappe continue, viennent parfois à rencontrer une dépression (telle que le creux d'une vallée), et s'y *déversent* tout naturellement pour suivre ensuite un cours superficiel.

Quand ce sont des fissures qui débouchent sur le flanc d'un coteau, comme certaines sources de la figure 51, leurs emplacements sont disséminés sans loi, au hasard de la distribution des fissures. Il n'en est pas de même quand il s'agit du déversement d'une nappe continue : les émissions se font au voisinage de la ligne de contact du toit du substratum imperméable et du mur de la couche perméable qui contient la nappe, en d'autres termes tout le long des affleurements de cette limite géologique. De là le nom de *sources d'affleurement* ou de contact (*contact springs* de Kirk Bryan), et il est clair que la ligne de contact est un *lieu* ou *ligne de sources*.

Les figures 5 et 6 font bien voir la genèse des sources d'affleurement, et aussi comment certaines de ces sources peuvent être déviées vers le bas (ou même rendues invisibles) par suite du glissement des eaux sous des

(1) Il y a également en Californie, comté de Sonoma, ce qu'on appelle aussi des geysers : douze sources chaudes jaillissantes, dix non jaillissantes et douze émissions de vapeur (dont le fameux *Steamboat geyser*), alignées dans le cañon d'un affluent du Sulphur Creek; mais les eaux sortent d'une cassure dans les grès de la *franciscan formation*. Ce sont là plutôt des soufflards (faux geysers) associés à une cassure.

éboulis ou dans des alluvions : la figure 6 montre aussi que d'autres sources provenant de nappes sous pression peuvent prendre un caractère artésien (ascendantes) à leur issue. La figure 59 est un exemple classique d'une ligne

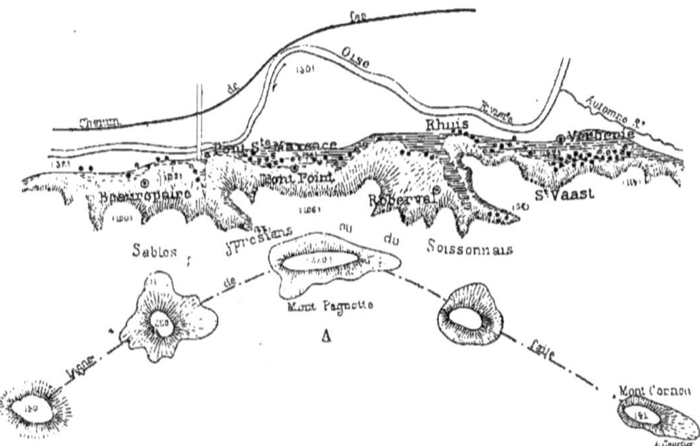

Fig. 59. — Ligne de sources dans la vallée de l'Oise près Pont-Sainte-Maxence, au contact des sables yprésiens et de l'argile plastique ▤. — (Chaque point noir représente une source d'affleurement).

de sources au contact des sables yprésiens (du Soissonnais) avec l'argile plastique le long du versant de gauche de la vallée de l'Oise aux environs de Pont-Sainte-Maxence. Il arrive aussi que plusieurs nappes affleurent

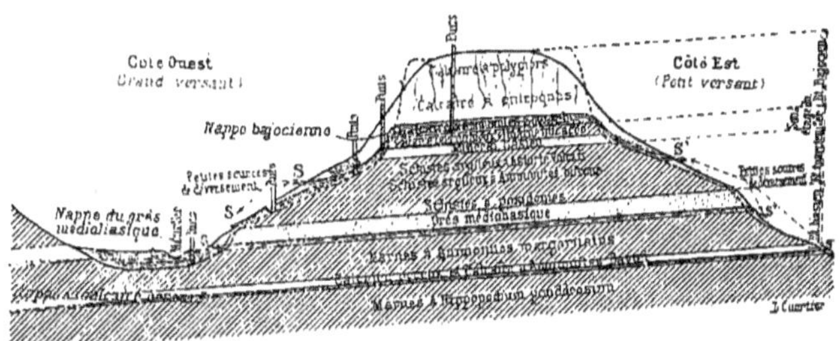

Fig. 60. — Coupe de la vallée de la Meurthe et du plateau de Malzéville, près Nancy.

au flanc du même coteau : on a alors plusieurs lignes de sources à des hauteurs différentes : la figure 60 en montre un exemple dans la vallée de la Meurthe près Nancy.

Souvent, notamment dans les vallées d'érosion, les mêmes terrains se retrouvent des deux côtés de la vallée : on a alors pour un même contact deux lignes de sources parallèles, une de chaque côté du thalweg. Mais elles ne sont pas toujours dans les mêmes conditions : si en effet le toit de la couche imperméable a une pente transversalement à la direction de la vallée, les sources du côté où le pendage se fait vers le creux seront favorisées (d'où le nom de *grand versant*) ; pour le côté opposé (*petit versant* ou *contreversant*), il pourra encore y avoir des sources, mais elles draineront moins loin, puisque les eaux tendront à fuir à l'opposé de la vallée (¹).

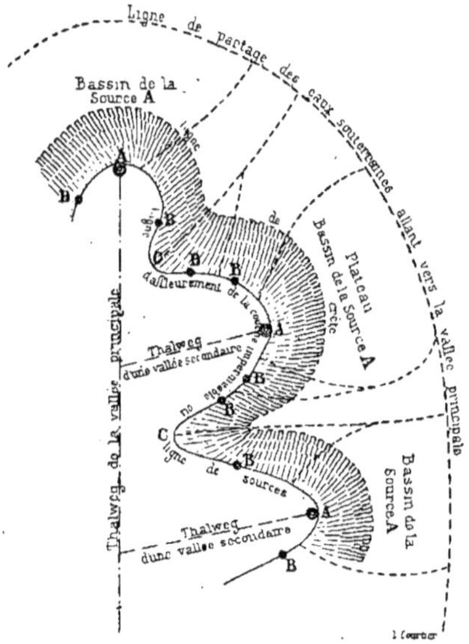

Fig. 61. — Points d'élection des sources d'affleurement (règles de l'abbé Paramelle).

Les sources d'affleurement ne naissent pas au hasard sur la ligne de contact, mais en des points d'élection, qui résultent des inflexions ou autres accidents des terrains. Si l'on ne tient compte que de la topographie de la surface du sol, on comprend (*fig.* 61) que les sources les plus fortes se feront jour aux points A, A, A, c'est-à-dire dans les points les plus reculés du fond de chaque vallon (où les filets convergent le mieux) ; aux points B, B, B on pourra encore avoir des sources, mais plus faibles, tandis qu'aux points C, C, où viennent se terminer les avancées des contreforts il n'y en aura pas. C'est à ces conditions que s'appliquent les règles un peu trop généralement posées par l'abbé Paramelle, savoir : « Les eaux absorbées par le sol et descendues sur les couches imperméables se partagent sous terre de la même manière que les eaux fluviales à la surface ; elles ont leur cours principal au-dessus du thalweg. Dans les vallées, ravins ou vallonnements, s'il n'y a pas de cours visible, il s'en trouve généralement un invisible, dont l'importance est proportionnée à la superficie du bassin apparent. D'après cela, les points où le cours d'eau souterrain est à moindre profondeur, c'est-à-dire

(¹) Il se fait une ligne de partage souterraine entre les eaux qui sont attirées vers la vallée et celles qui lui échappent pour glisser à l'opposé : cette ligne est plus ou moins proche du thalweg suivant l'importance de la pente des couches et les autres conditions.

où tendent à se former les sources et aussi où il faudra faire les fouilles en cas de recherche d'eau, sont : 1° le point central et le plus bas du premier pli de terrain où se réunissent tous les filets liquides d'un bassin élémentaire, plage ou cirque; 2° le bas de chaque pente du thalweg visible; 3° le point situé près de son embouchure. »

Les choses ne se passent pas toujours ainsi, car on ne peut pas partout faire abstraction de l'allure du support de la nappe. Cependant l'influence de la topographie superficielle (qui tend à rassembler dans le fond des vallons la plus grande partie des eaux d'infiltration provenant du bassin alimentaire) est souvent prépondérante, en sorte qu'habituellement on peut appliquer la règle de l'abbé Paramelle, au moins comme première approximation. On n'oubliera pas toutefois que le thalweg souterrain n'est pas toujours à l'aplomb du thalweg visible; si un versant est plus raide que l'autre, il est plus rapproché du pied du premier.

III. **Sources d'émergence.** — Alors que les sources des deux premières catégories pouvaient provenir de nappes profondes, les sources d'émergence ne ressortent guère qu'à la nappe phréatique : elles se produisent toutes les fois et partout où le niveau de cette nappe atteint un point déprimé de la surface du sol [1]. En d'autres termes, si on considère les courbes de niveau de la surface du sol (lesquelles données sont fixes) et les courbes de niveau à un moment du dessus de la nappe phréatique, on aura des émergences (c'est-à-dire des émissions d'eau par trop plein) aux points où les courbes de même cote se rencontrent, en sorte que la courbe de niveau commun sera une *ligne de sources;* mais comme le niveau de la nappe est susceptible de monter ou de descendre, il en résulte que les lignes de sources pourront se reporter plus à l'amont ou plus à l'aval suivant les époques de pluies abondantes ou de sécheresse. Une source d'émergence, écrémant en quelque sorte le dessus de la nappe, peut donc tarir, bien que la nappe subsiste en dessous d'elle et même y soit puissante, tandis qu'une source de déversement vidant la nappe par sa base ne tarit qu'après épuisement complet de la réserve d'eau souterraine.

D'après cela, on trouve les sources d'émergence non pas sur les versants, mais dans le fond des vallées : de là le nom de *sources de thalweg* donné par certains auteurs (Pochet), mais qui me paraît impropre, parce que bien des sources naissant dans les thalwegs ne sont pas des sources

[1] En réalité, un puits, qui creuse une dépression descendant en dessous du toit d'une nappe, crée une source d'émergence artificielle.

d'émergence. Celles-ci se rencontrent normalement dans les nappes d'alluvions, et aussi dans les couches perméables formant le fond de certaines vallées (*fig.* 62) et contenant ce que Pochet appelle *nappes de thalweg*. Les plaines crayeuses de Champagne présentent des sources de ce genre (*sommes* et *bîmes*), et les sources de la Vanne sont de même nature. Il arrive aussi qu'à certains endroits d'une telle vallée, le fond imperméable se rapproche assez de la surface pour forcer les eaux souterraines à paraître au jour. Ces points sont de véritables confluents des cours d'eau souterrains et superficiels.

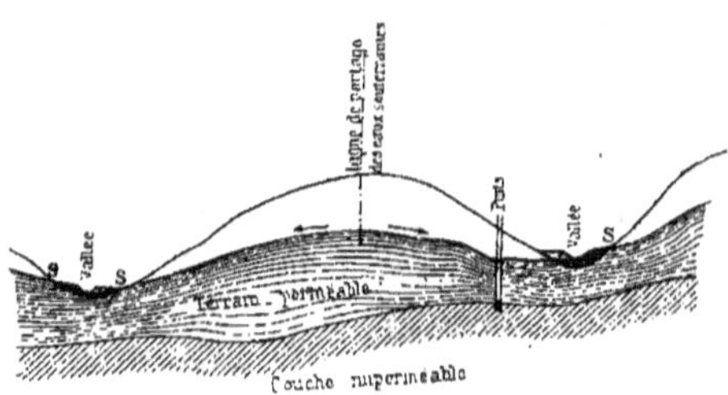

Fig. 62. — Sources d'émergence dans deux vallées.

Autres classifications des sources.— Classification de Gärtner (1).— Après avoir distingué d'abord le *Gründwasser*, qui correspond aux nappes une fois constituées et principalement à la nappe phréatique (où l'eau est en quelque sorte stable ou du moins en mouvement lent), des eaux souterraines *en circulation*, Gärtner divise les sources en trois grands groupes, non plus d'après l'origine de leurs eaux, mais plutôt d'après leur situation topographique :

I. Sources hautes (*Hochquellen*, sources de montagne, sources de rocher). Ce sont celles qui naissent au flanc des coteaux, bien au-dessus du thalweg. Il y en a de deux sortes : 1° celles qui proviennent de fissures se déversant sur les parois de la vallée (*absteigende Hochquellen*), et 2° celles qui remontent par des cassures (*aufsteigende Hochquellen*), soit nos sources filoniennes, soit des sources d'affleurement dont l'eau est relevée par la rencontre d'une faille ou d'un pli (comme dans la figure 67); on a alors une source de débordement (*Uberlaufquelle*).

II. Sources basses (*Tiefquellen*). — Elles naissent dans le fond des vallées et Gärtner distingue : 1° les sources d'éboulis (*Schuttquellen*), qui suivent un trajet descendant sous les éboulis (ce qui ne préjuge pas de leur

(1) Cette classification est plus complète que celle de Heim, qui l'a précédée, et que celle de Keilhack (*Lehrbuch der Grundwasser und Quellenkunde*, 1912) qui l'a suivie. Celle-ci ne fait plus que deux groupes, les sources ascendantes (soit par la pression hydrostatique, soit par les gaz émis avec l'eau) et les sources descendantes : les sources d'affleurement prennent le nom de *Schichtquellen*.

origine); 2° et 3° les sources de la nappe phréatique (*Gründwasserquellen*) et les sources de trop plein (*Uberfüllquellen*) : ce sont nos sources d'émergence; 4° les sources de barrages (*Barrierenquellen*), qui se produisent lorsqu'un relèvement du fond imperméable force l'eau à revenir au jour : ce sont aussi des sources d'émergence.

III. Sources secondaires (*Secundäre Quellen*). — Gärtner désigne sous ce nom les réapparitions en forme de sources d'eaux de surface disparues dans le sol, soit qu'elles s'engloutissent brusquement dans une cassure, un bétoire, etc., etc., soit qu'elles pénètrent peu à peu dans le lit poreux d'un cours d'eau desséché : ce sont les *résurgences* (Martel), dont je parlerai plus loin.

Classification de Kirk Bryan [1]. — Après Frank Leverett et Meinzer, Kirk Bryan, au nom du *Geological Survey U. S.*, vient de proposer une nouvelle classification basée comme la nôtre sur l'origine des eaux, mais beaucoup plus compliquée (parce qu'elle veut tenir compte de la nature des roches traversées). J'en donne ci-dessous le tableau résumé (avec quelques figures explicatives de certains cas); mais je crois que toutes ces modalités peuvent rentrer dans les trois grandes classes que j'ai indiquées.

Groupe I. — *Sources provenant d'eaux profondes* (eaux juvéniles et analogues et eaux météoriques descendues profondément). Ces eaux ne remontent pas par la gravité et ne sont pas sujettes à de grandes variations saisonnières.

A) *Sources volcaniques* (en relation avec le volcanisme ou les roches volcaniques). — Eaux ordinairement chaudes, fortement minéralisées et chargées de gaz (dans les sources à température normale, l'origine des gaz y arrivant est impossible à distinguer).

B) *Sources de fissures.* — Dues aux cassures qui descendent profondément : Eaux ordinairement chaudes et fortement minéralisées.

1° *Sources de failles* (*fault springs*) : en relation avec les failles récentes de grande amplitude;

2° *Sources de fissures* (*fissure springs*) : la relation avec la structure du sol n'est pas évidente, mais la température et la constance des eaux font croire à leur origine profonde.

Groupe II. — *Sources provenant des eaux météoriques* (et accidentellement d'autres, se mouvant à faible profondeur sous la pression hydrostatique). Grandes variations de débit suivant les pluies.

[1] *Journal of Geology*, vol. XXVII, n° 7, octobre-novembre 1919.

A) *Sources de dépression.* — Se produisent quand la surface du sol déprimée recoupe le niveau d'eau de la nappe (ce sont nos sources d'émergence) : voir figure 63.

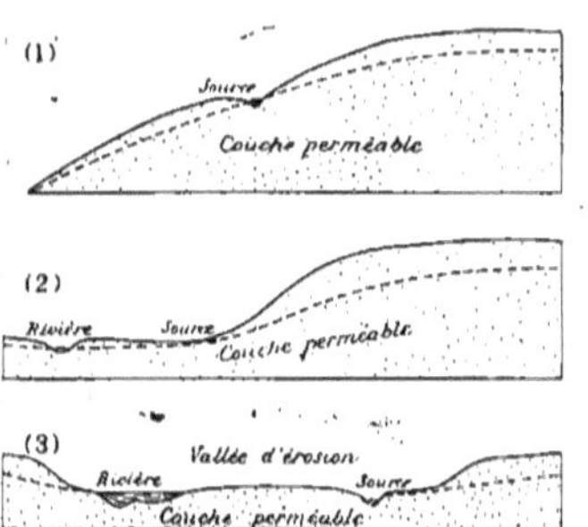

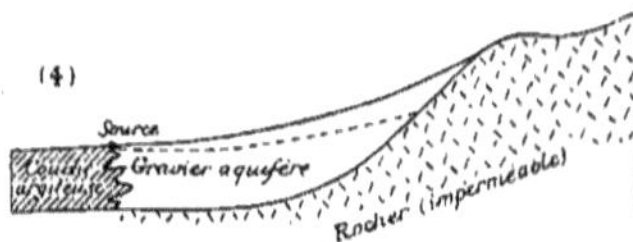

Fig. 63. — Types de sources de dépression (d'émergence) (d'après Kirk Bryan). — (La ligne pointillée figure le toit de la nappe aquifère).

1, source de fossette (dimple spring) ; — 2, source de vallée (valley spring); — 3, source de thalweg (channel spring); — 4, source de bordure (border spring).

1° *Sources de fossette* (*dimple springs*) : dues à des dépressions dans les coteaux;

2° *Sources de vallée* (*valley springs*) : dues à un changement brusque de pente au bord d'une vallée d'érosion;

3° *Sources de thalweg* (*channel springs*) : dues à la dépression d'un thalweg (principal ou secondaire) dans une plaine d'érosion ou d'alluvions;

4° *Sources de bordure* (*border springs*) : dues au changement de pente à la bordure entre une plaine d'alluvions et un lac, playa ou lit d'une rivière (l'imperméabilité des dépôts argileux au centre produit l'écoulement de l'eau souterraine).

B) *Sources de contact* (ce sont nos sources d'affleurement). Résultant de la superposition d'une couche perméable à une imperméable.

— 1° Le toit de la couche imperméable est horizontal et régulier :

a) Cette couche est étendue en surface (comme dans les terrains sédimentaires) :

1° *Sources par gravité* (*gravity springs*) : la couche perméable est en matériaux tendres;

2° *Sources tabulaires* (*mesa springs*) : la couche perméable est dure : calcaires, grès, laves, contenant l'eau dans leurs joints et interstices.

b) La couche imperméable est très limitée en étendue (comme les bancs argileux, le gravier cimenté, les « *mortar beds* », la *caliche*, le hardpan dans les dépôts alluviaux ou glaciaires) :

Sources de hardpan;

— 2° Le toit de la couche imperméable est régulier, mais incliné. Les sources sont généralement du côté bas (grand versant), mais il peut y en avoir de l'autre côté si la couche perméable est épaisse ou la pente faible (Voir *fig.* 64).

a) La couche imperméable est étendue en surface :

1° *Sources par gravité, inclinées* (*Inclined gravity springs*) : couche perméable en matériaux tendres;

2° *Sources de côte* (*Cuesta springs*): comme pour les sources tabulaires.

b) La couche imperméable est limitée (comme pour les hardpan springs).

1° La couche imperméable a son pendage à l'opposé de la crête : les sources sont alors possibles (*Inclined hardpan springs*);

2° La couche imperméable pend vers la crête : alors il faut un creux ou ravin pour produire une source.

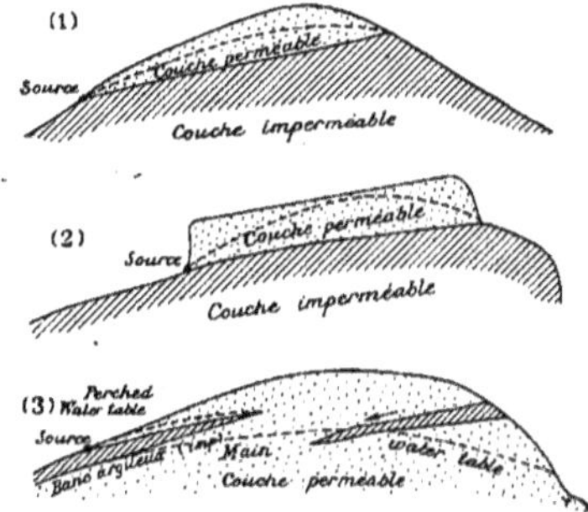

Fig. 64. — Types de sources de contact (d'affleurement) à substratum régulier incliné (si le toit du substratum imp. reste horizontal, les figures deviennent symétriques, et il y a des sources identiques des deux côtés) (d'après Kirk Bryan). — (La ligne pointillée figure le toit de la nappe aquifère).

1, source par gravité (inclined gravity spring); — 2, source de côte (Cuesta ou Mesa spring); — 3, inclined hardpan spring.

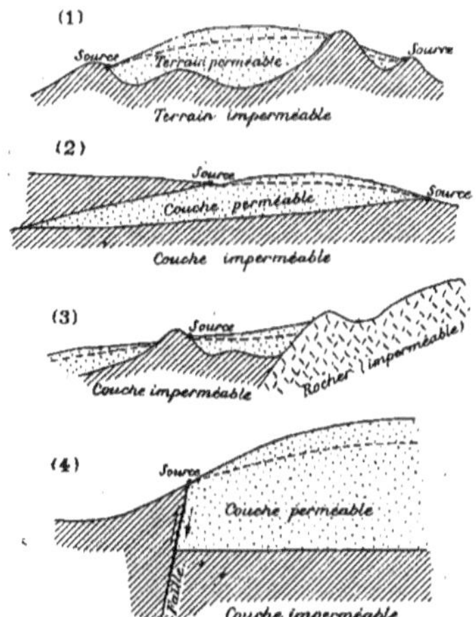

Fig. 65. — Types de sources de contact, à substratum irrégulier (d'après Kirk Bryan). — (La ligne pointillée figure le toit de la nappe aquifère).

1, sources provenant de poches (pocket springs); — 2, sources de trop plein (overflow springs); — 3, sources de barrage (rock-dam springs); — 4, sources de barrage par faille (fault-dam springs).

— 3° Le toit de la couche imperméable est irrégulier.

a) La couche perméable est épaisse et étendue : on peut alors avoir des sources par gravité, tabulaires ou de côte, mais localisées sur le côté bas;

b) La couche perméable est plus ou moins discontinue et faite de matériaux meubles (éboulis, alluvions, terrain glaciaire, dunes, cendres volcaniques, etc., etc.) : alors sources dans des poches (*pocket springs*). V, *fig.* 65;

c) *Sources de trop plein* (*Overflow springs*). — La couche perméable est saturée et l'eau déborde aux contacts latéraux (se rencontrent aux terminus des systèmes artésiens);

d) *Sources de barrages rocheux* (*Rock dam springs*). — Les points hauts irréguliers d'un fond rocheux sous une plaine d'alluvions forcent l'eau à revenir à la surface (émergences);

c) *Sources de barrages par failles* (*Fault-dam springs*). — La faille oppose un barrage à l'écoulement de l'eau.

C) *Sources artésiennes.* — Produites par une couche perméable comprise entre deux couches imperméables (*fig.* 66).

1° *Sources plongeantes* (*dip artesian springs*). — Roches plus ou moins régulièrement stratifiées, plongeant vers la vallée;

2° *Sources siphonnantes* (*siphon artesian springs*). — Les couches remontent avant d'affleurer du côté de la vallée;

3° Pas d'inclinaison régulière; débouchés de la couche perméable en certains points de la vallée (*unbedded artesian springs*);

4° *Sources de cassures* (*fracture artesian springs*). — Il n'y a pas d'affleurement de la couche perméable, mais son eau revient au jour par une cassure (avec ou sans rejet).

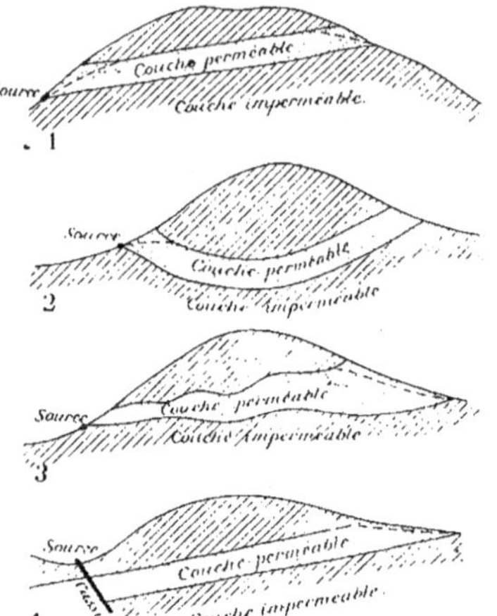

Fig. 66. — Types de sources artésiennes (d'après Kirk Bryan). — (La ligne pointillée figure le toit de la nappe, là où elle est libre).

1, source plongeante (dip artesian spring); — 2, source siphonnante (siphon artesian spring); — 3, unbedded artesian spring; — 4, fracture artesian spring (siphonnement par une cassure).

D) *Sources dans les roches imperméables :*

1° *Sources tubulaires* (*tubular springs*). — Canaux plus ou moins cylindriques dans les roches.

a) *Sources de cavernes* ou *par dissolution.* — Les conduits se sont faits par dissolution dans les calcaires, grès calcareux, gypse, sel;

b) *Sources de laves.* — Cavernes et tunnels dans des épanchements de laves;

c) *Petites sources tubulaires.* — Conduits de faibles dimensions produits par le passage des eaux, l'emplacement de racines d'arbres, le retrait dans certaines roches (meubles), etc., etc.

2° *Sources de fractures.* — Joints, lits, cassures, faille, etc., etc., produits par la fissilité et la schistosité des roches ignées, métamorphiques ou sédimentaires imperméables, contenant de l'eau.

a) *Sources de fractures quadrillées.* — Deux systèmes de fractures plus ou moins perpendiculaires, dont un est voisin de l'horizontalité;

b) *Sources de fractures croisées* (*crosshatch fracture springs*) : deux systèmes de fractures plus ou moins perpendiculaires, mais inclinés tous deux sur l'horizontale;

c) *Sources de fractures inclinées sur l'horizontale, mais non systématiques.*

Représentation des sources sur les cartes et plans. — Fuller a proposé — et je n'y fais nulle objection — de représenter universellement les sources, ainsi que les puits et forages, par des signes fixés une fois pour toutes. Voici ces signes :

Sources	Ordinaires (non minérales)	Artésiennes	Chaudes	⚲ (barré, croix)
			Froides	⚲ (barré)
		Par gravité : froides		⚲
	Minérales	Artésiennes	Chaudes	⚲ (croix, point)
			Froides	⚲ (barré, point)
		Par gravité : froides		⚲ (point)
Puits et forages	Eau ordinaire (non minérale)	Non artésiens		●
		Artésiens	Non jaillissants	● (barré)
			Jaillissants	● (croix)
	Eau minérale	Non artésiens		⊙
		Artésiens	Non jaillissants	⦶
			Jaillissants	⊕
	Sans succès (ne donnant pas d'eau)			○

Signes extérieurs indiquant les sources et eaux souterraines. — Rien de plus variable que l'aspect extérieur des sources, de leur *griffon* ou orifice de sortie, et cet aspect change encore parfois pour une même source suivant la saison et le débit. Certaines sources ne sont que de simples suintements, où il est difficile de distinguer un point d'émission caractérisé; d'autres sortent du rocher comme d'un goulot de fontaine; d'autres bouillonnent (et même jaillissent) au fond de larges vasques (celle de Silver Spring en Floride n'a pas moins de 180 mètres de diamètre sur $10^{m},70$ de profondeur) ou dans des marécages.

Quelques sources formant des dépôts abondants à leur sortie s'entourent ainsi de monticules de carbonate de chaux (Hammam Meskoutine en Algérie, Mammoth hot springs au Park national de l'Yellowstone) ou de cônes plus ou moins élevés (comme ceux de certains geysers du Park National) au centre desquels l'eau monte comme dans un tube. Dans les régions sablonneuses, les sources s'entourent souvent aussi d'amas de sable amené par le vent : la végétation qui croît aux abords des sources s'y mêle, et on a une petite élévation au centre de laquelle l'eau reste (parfois sans plus voir le jour), un *knoll* (Déserts de l'Utah, de l'Arizona et du New Mexico). Dans les oasis de l'Afrique du Nord, le sable tend aussi à obstruer progressivement l'orifice des sources, et arrive parfois à les *éteindre*, l'eau trouvant un autre chemin de moindre résistance : il est facile de protéger ces sources en les entourant ou recouvrant de murs et voûte en maçonnerie. Les *mounds* ou petits monticules que l'on rencontre dans certaines plaines désertiques peuvent être les emplacements où, aux époques anciennes d'eaux abondantes, des sources aujourd'hui éteintes venaient au jour : ce sont des points indiqués pour la recherche d'eau souterraine.

Les abords des sources ou la proximité d'eau souterraine peu profonde se marquent souvent par le développement d'une végétation spéciale : les saules, les joncs, les roseaux, les peupliers, les aulnes, le charme d'eau, les tamaris, les lauriers-roses et les palmiers (dans les pays chauds), les myrtes, la sagittaire, les menthes sauvages, les carex, les sauges, l'argentine, le lierre terrestre, les renoncules, les scrofulaires, les mousses fraîches, les colchiques d'automne, l'hépatique des fontaines, le cresson, la ciguë aquatique, la lysimaque monnoyère, la cardamine des prés, la véronique beccabunga sont les principales plantes indiquant la présence de l'eau.

Quelques autres signes révélateurs sont donnés par Pline, Vitruve, Palladius, l'Encyclopédie. L'eau est proche dans les points où on voit s'élever des vapeurs (la meilleure heure est avant le lever du soleil, au mois d'août, en se couchant le ventre contre terre, le menton appuyé, et en regardant la campagne); où on voit après le lever du soleil des nuées de petites mouches voler vers la terre, ou des grenouilles se tapir et presser le sol; où la terre présente des taches blanches ou vertes; où la neige et la gelée blanche fondent très vite, etc., etc.

On peut enfin faire certaines expériences d'*hygroscopicité* dans le genre de celles que Vitruve conseille (1). Landesque (2) dit avoir obtenu des résultats concluants en opérant comme suit : on creuse une fosse de 1 m,50 de long, 1 mètre de large et 1 m,50 de profondeur; au coucher du soleil, on place au fond un plat en métal renversé, qui a été préalablement frotté d'huile à l'intérieur. La fosse est recouverte de planches et d'herbages, et le lendemain au

(1) VITRUVE, *Traité d'Architecture*, livre VIII, chap. I.
(2) LANDESQUE, *Hydrologie et Hydroscopie*, 1920 (chez Dunod, éditeur).

lever du soleil on se rend compte de la quantité de buée déposée à l'intérieur du plat : des gouttelettes ruisselantes indiqueraient un courant d'eau d'au moins 20 mètres cubes en vingt-quatre heures à moins de 10 mètres de profondeur (la quantité déposée serait proportionnelle au débit et inversement à la profondeur). En Italie, on place dans un trou de $0^m,40$ de profondeur un pot en terre neuf, vernissé, qu'on recouvre d'un couvercle également vernissé après y avoir mis 150 grammes de chacune des substances suivantes bien pulvérisées : chaux vive, soufre, vert de gris, encens blanc et laine (en couverture). Au bout de vingt-quatre heures, on déterre le pot, et si son poids a augmenté, c'est qu'il y a de l'eau en dessous de l'endroit, et à une profondeur inversement proportionnelle à l'augmentation.

Resteraient enfin les procédés *hydromanciens* (baguette, pendule, etc., etc.), mais je ne puis me prononcer à leur sujet.

Déviation de certaines sources. — Nous avons déjà vu comment bien des sources naissant à flanc de coteau sont déviées vers le bas (et même parfois complètement masquées) par suite de la présence d'un manteau d'éboulis ou d'un remblai d'alluvions : il faut donc souvent chercher les sources à une certaine distance de leur origine géologique.

D'autres fois, ce sont les failles qui dévient le cours des eaux souterraines : l'exemple de la figure 65 (4) et celui de la figure 66 (4) montrent

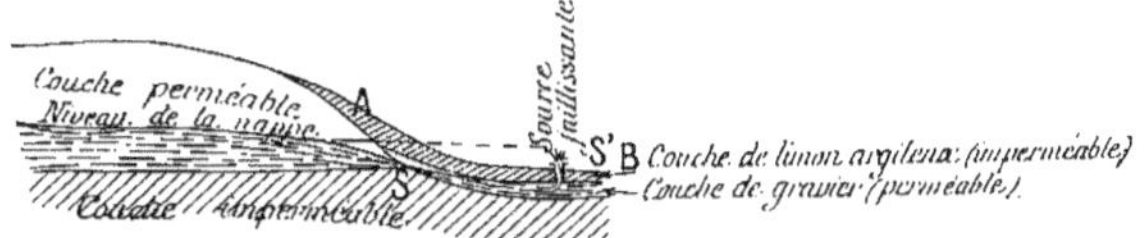

Fig. 67. — Relèvement d'une source par rencontre à son émergence d'un placage imperméable.

comment une source peut être due à la présence d'une faille ou d'une cassure. On peut rencontrer aussi l'inverse, c'est-à-dire le cas où la faille ferait passer l'eau d'une nappe dans une nappe plus profonde, ce qui supprime la formation d'une source de la première nappe.

Enfin d'autres causes peuvent relever une source et même la faire rétrograder vers l'amont. La figure 67 montre le cas où un placage imperméable AB (couche de limon argileux déposé dans la dépression) se plaçant devant une source S d'affleurement la reporte en S'. Dans la figure 68, on

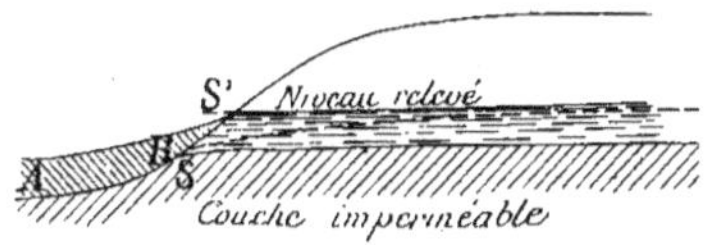

Fig. 68. — Abaissement et jaillissement d'une source (glissant sous un manteau imperméable).

voit l'inverse produit par un placage du même genre, mais laissant en dessous de lui une couche de gravier perméable pouvant conduire l'eau de la nappe jusqu'à un orifice S′ qui donnera une source jaillissante.

Sources vauclusiennes : résurgences, exsurgences, etc., etc. — Il faut dire quelques mots ici de ces « *fausses sources* », comme les appelle Martel, qui sont les débouchés du réseau des cours d'eau souterrains dans les terrains caverneux (calcaires, gypses, grès) ; ces débouchés sont le terme opposé des points d'engouffrement des eaux de pluie ou de ruissellement dans les larges fissures, entonnoirs, gouffres, etc., etc., desdits terrains. On a d'abord donné le nom de « *sources vauclusiennes* » à ce genre de sources, d'ordinaire abondantes, en regardant la célèbre fontaine de Vaucluse comme leur prototype ; mais les beaux travaux des spéléologues, notamment de Martel, ont montré récemment que toutes ces émissions n'étaient pas absolument du même type, et on peut aujourd'hui les classer un peu mieux.

Nous reconnaissons avec Martel deux modes principaux d'engloutissement des eaux pluviales et superficielles dans les terrains, et nous ne pouvons mieux faire que de citer ses propres paroles (tout en faisant remarquer que tous les calcaires ne sont pas caverneux et que pour certains les fissures sont remplies de matériaux meubles qui peuvent filtrer assez bien) :

Premier mode. — « Ou bien la partie amont du bassin alimentaire de la source vauclusienne se compose de terrains imperméables non fissurés, sur lesquels le ruissellement donne naissance à un véritable cours d'eau, qui coule à l'extérieur jusqu'à la rencontre des terrains calcaires fissurés et par conséquent perméables (perméabilité *en grand* de Daubrée) ; alors, au contact de ces calcaires, le ruisseau est absorbé soit dans une caverne pénétrable plus ou moins loin [Bramabiau (Gard) ; grottes de l'Ardèche ; Recca et Piuka du Karst, etc.] ; soit dans un orifice entièrement rempli par l'eau, inaccessible à l'homme [pertes du Bandiat et de la Tardoire (Charente) ; bétoires de Normandie ; *sauglocher* et ponors du Karst ; aiguigeois de Belgique ; emposieux du Jura, etc.], mais non loin duquel parfois un autre trou, généralement situé plus haut et représentant un ancien point d'engouffrement abandonné, permet d'entrer en d'immenses cavernes et d'y retrouver le cours des eaux perdues [Han-sur-Lesse (Belgique) ; Agtelek, Hongrie, etc.] ; soit dans des abîmes verticaux, singulièrement difficiles à explorer, qui, en permanence ou par intermittences, fonctionnent comme cascades souterraines (Gaping-Ghyll (*fig.* 69) et autres *swallowholes* d'Angleterre et d'Irlande ; trous ou gouffres du Jura ; embuts de Provence ; katavothres du Péloponèse, etc.,) ; soit enfin dans des fonds de lacs où la perte *sous-lacustre* demeure invisible et impraticable (Jura, Karst, etc.). Dans cette première catégorie d'absorptions, c'est *un courant tout formé* et ayant déjà parcouru une plus ou moins grande étendue de pays, qui se cache sous terre, *avec tous les germes et toutes les impuretés recueillies depuis sa vraie source*, pour les véhiculer un certain temps à travers la formation calcaire, jusqu'à ce que la terminaison de ce calcaire *recrache* l'eau : *Ce n'est donc pas le moins du monde une source, mais une résurgence.*

FIG. 69. — Fonctionnement d'une résurgence : Exemple du Gaping-Ghyll à Ingleborough-Cave. (Coupe verticale, et dessus croquis géologique d'ensemble) (d'après E.-A. MARTEL).

Deuxième mode. — « Ou bien le bassin alimentaire de la source vauclusienne est *tout entier compris dans la formation calcaire* (certains causses des Cévennes, Lapiaz ou Karrenfelder des Alpes, Vaucluse, Jura), et les pluies que recueille sa surface y sont englouties après des ruissellements assez brefs, ou même nuls, par les fissures du bassin alimentaire qui est alors en général un haut plateau ou un bassin fermé. Dans ce second cas, la sécheresse et l'aridité de telles contrées sont dues à la multiplicité des crevasses du sol, dont les dimensions varient à l'infini, depuis les vides capillaires inappréciables à l'œil jusqu'aux immenses gouffres ou abîmes de souvent plusieurs décamètres (ou même hectomètres) de largeur. Ici les risques de contamination sont plus locaux et limités en général à la chute ou au jet d'immondices et de bêtes mortes dans les puits naturels assez larges pour les recevoir, ce qui est d'ailleurs un des dangers capitaux des eaux du calcaire. Il nous semble que, pour marquer la différence avec le mode précédent, le terme d'*exsurgence* (1) peut être proposé pour ce dernier

(1) Fournier avait déjà employé ce terme.

cas; cela signifierait qu'ici il n'y a pas d'engouffrement visible d'un cours d'eau déjà formé, mais que le bassin est comme une vaste éponge ou même un crible qui reçoit l'eau de pluie et la laisse pénétrer immédiatement dans la profondeur.

« A l'intérieur du calcaire les *lithoclases*, quelle que soit leur nature, dirigent, dans les deux cas, selon les lois de la gravité et selon le caprice de leurs dispositions naturelles ainsi que de leurs dislocations variées, la marche des eaux infiltrées parmi le réseau de couloirs, d'évidements, voire même très souvent de vases communicants avec fortes pressions hydrostatiques, qui constituent les cavernes et les rivières souterraines; les explorations spéléologiques ont fait connaître que les détails et l'allure de la circulation interne des eaux du calcaire sont absolument pareils à ceux de la circulation subaérienne, avec les mêmes éléments hydrologiques qu'au dehors d'affluents convergents, de bassins de retenue en amont d'obstacles, de cascades et rapides par dessus des obstacles, de chenaux s'écoulant alternativement en conduite libre et en conduite forcée, de crues et d'étiage; le tout subordonné à la résistance infiniment variée des roches aux trois forces que l'eau met en batterie contre elles : l'*érosion* ou usure mécanique, la *corrosion* ou usure chimique, et la *pression hydrostatique* atteignant souvent plusieurs atmosphères (Foiba de Pisino, Istrie, etc.).

« Pour rejaillir du lacis d'égouts ou aqueducs naturels, que la fissuration préexistante du calcaire leur a permis ainsi d'étendre, puis d'approfondir de jour en jour, les eaux souterraines de cette roche ont dû chercher les *points d'élection* les plus favorablement combinés par la topographie (pour le niveau) et par la géologie (au contact d'une formation imperméable n'autorisant plus l'infiltration). Et alors, selon les hasards de ces combinaisons, les résurgences et exsurgences se manifestent à flanc de coteau ou de montagne, au fond ou au bord d'un thalweg, et, beaucoup plus souvent qu'on ne le pense, dans le lit même du cours d'eau, d'un lac ou de la mer. Catégoriser, comme on a parfois cherché à le faire, ces sources vauclusiennes selon leur aspect ou leur situation, est chose fort difficile, leur classification (comme de toutes les sources en général) pouvant prendre pour base plusieurs caractères, tantôt essentiellement différents, tantôt s'entremêlant de façon très confuse.

« C'est ainsi que, quand on persiste à désigner toutes les grandes *venues d'eaux* des calcaires sous le terme universel de *sources vauclusiennes*, on a généralisé, avec le plus grand tort, un cas extrêmement particulier qui ne possède guère d'analogues absolus. Vaucluse dont on verra plus loin coupes et détails, est en effet une exsurgence *fermée* [alors que Sassenage (Isère);

le Brudoux (Isère); le Tindoul (Aveyron); la Rjéka (Monténégro); Afka (Syrie), etc., sont *ouvertes* et pénétrables sur plusieurs hectomètres]; de *recoupement* topographique au bout d'une vallée et au pied d'une falaise (et non pas de *fond* au milieu d'une plaine, d'un vallon, comme au Loiret, à Paderborn, etc., et à toutes les venues sous-fluviales, sous-lacustres, sous-marines, etc.); *remontante* ou *ascendante* [par une faille, au lieu d'être retombante ou descendante comme le Cholet (Isère), Fontaine-l'Évêque (Basses-Alpes), etc.]; *unique* au lieu d'être *multiple* comme les deltas de Salle-la-Source (Aveyron), de la Touvre (Charente), etc.; *calme*, c'est-à-dire sans ébullition (et non bouillonnante comme l'Ombla de Raguse, ou même jaillissante); *fraîche* et *variable de température*, parce qu'elle provient de hauts plateaux, au lieu d'être normale et constante comme le voudraient d'anciennes théories, etc.

« En somme, le retour au jour des eaux du calcaire se réalise exactement avec les mêmes variantes que l'absorption d'origine, c'est-à-dire : par grandes cavernes pénétrables [Han-sur-Lesse; Piuka (Autriche); Rjéka (Monténégro), etc.]; par orifices noyés, étroits et impénétrables, souvent accompagnés d'ouvertures adventices latérales et plus hautes, jouant encore le rôle de trop pleins et accédant au courant souterrain [Rémouchamps, Tilff, Eau Noire de Couvin (Belgique); Marble-Arch (Irlande); Salles-la-Source (Aveyron); Rjéka, etc.]; par abîmes verticaux comme Vaucluse, l'Orbe et certaines résurgences du Jura et du Karst; enfin par émersion sous l'eau des fleuves, lacs ou mers. Et c'est ainsi un remarquable fait, achevant de bien déterminer le seul caractère fixe et commun des résurgences et exsurgences, que cette similitude absolue de modalité entre la disparition et la réapparition des eaux en terrain calcaire. »

Il nous reste encore un mot à dire, toujours d'après Martel, de la manière dont se forment les entonnoirs, abîmes ou puits naturels d'absorption des calcaires fissurés, ainsi que des obstacles que l'écoulement souterrain de l'eau peut rencontrer. Pour la formation des abîmes, la théorie du *jalonnement*, d'après laquelle l'abbé Paramelle voyait « sous chaque rangée de bétoires, un cours d'eau permanent ou temporaire les ayant *nécessairement* produits », a été reconnue inexacte, les trois quarts au moins des abîmes visités n'ayant révélé aucune rivière. La théorie *geysérienne* est abandonnée complètement; celle des *effondrements* ne s'applique qu'exceptionnellement à quelques gouffres (Saint-Canzian, Padirac, cénotés du Yucatan, hoyos de Colombie), qui sont manifestement des dômes crevés de grottes. En général, on a affaire à de véritables et colossales *marmites de géants*, formées de haut en bas par l'action chimique (décalcification) et mécanique d'eaux violemment engouffrées dans de grandes diaclases verticales. Seulement il faut admettre que les eaux anciennes qui ont produit ces effets étaient beaucoup plus abondantes qu'aujourd'hui : nous voyons, en somme, des eaux très appauvries jouant dans les passages faits par de bien plus puissantes, et nous assistons, en outre, à l'enfouissement progressif de ces maigres filets.

Les obstacles intérieurs à la circulation dans les calcaires peuvent être de trois sortes : les rétrécissements de section des galeries, les éboulements intérieurs qui forment barrages, et les abaissements de plafonds, cas où la roche encaissante est de toutes parts immergée, en *voûtes mouillantes* ou *siphons d'aqueducs*. C'est pour ces siphons que Martel a créé le mot d'*hypochètes* (conduits faisant passer l'eau par en dessous); il en y a où la pression atteint 25 ou 30 mètres. C'est par le jeu de ces obstacles qu'il se forme dans les massifs calcaires des réserves intérieures qui ne peuvent s'écouler que peu à peu, et que les eaux, se mettent ainsi en pression. On voit aussi que par les siphons les sources vauclusiennes ramènent souvent au jour des eaux d'un niveau plus profond que celui de leur émergence.

Dans tous les cas de sources vauclusiennes, il est clair que la pureté est bien compromise tant par l'absence de filtration que par le danger de projection d'immondices, cadavres d'animaux, etc., etc., dans les avens et bétoires. De là vient qu'une protection et une surveillance constantes sont nécessaires sur tout le bassin alimentaire, sur les puits naturels, sur les abords de la source, etc., etc. : il est indiqué aussi de combler ou boucher les trous, gouffres et bétoires par où entrent des eaux contaminées, mais en le faisant on diminue la quantité d'eau venant à la source.

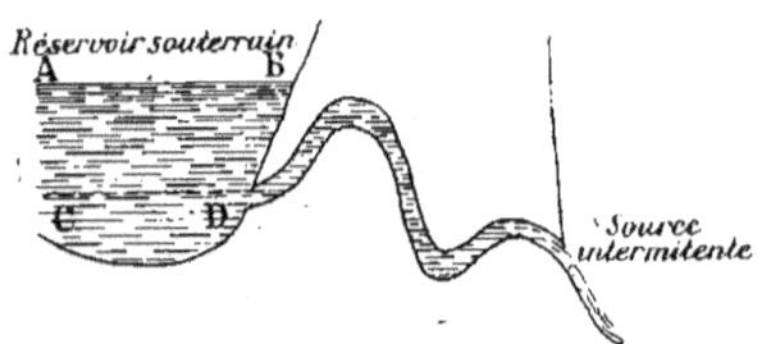

FIG. 70. — Source intermittente.

Sources intermittentes et intercalaires. — Les sources intermittentes s'expliquent d'ordinaire par l'existence d'un réservoir souterrain se vidant par un siphon (*fig.* 70); toutefois il est des cas où il faut chercher une autre explication, par exemple dans la compression de l'air au haut d'une caverne, l'écoulement dans des canaux alternativement étranglés et dilatés, le jeu de corps obturateurs, etc.

Voici ce que dit Darcy sur ce sujet :

« Pour qu'il y ait production d'une fontaine intermittente, il faut qu'un courant d'eau souterrain tombe dans une cavité et que de cette cavité sorte un siphon naturel, intermédiaire nécessaire entre la cavité et le point d'émergence. Il faut, de plus, que le siphon puisse débiter un volume plus grand que le volume naturellement amené dans l'excavation.

Alors, supposons que le siphon marche : il videra la cavité, et la source débitera le volume qu'il donne; la cavité vidée, l'air rentrera dans le siphon, et la source s'arrêtera. Mais en même temps la grotte se remplira, et, lorsque le niveau de l'eau sera arrivé à celui de la partie haute du siphon, cet appareil recommencera à jouer, et ainsi de suite.

Pour obtenir une fontaine *intercalaire*, il suffit d'imaginer que la ramification qui donne l'eau à la grotte se subdivise et qu'une des branches se vide directement au bassin de la fontaine. On voit que le minimum du débit correspondra au moment où cette seconde branche donnera seule, et le maximum à l'instant où son produit s'ajoutera au volume maximum du siphon.

Pour se rendre compte de *fontaines intermittentes composées*, il suffit de supposer deux cavités communiquant par un siphon. La plus grande des cavités sera située en amont de la plus petite; admettons encore que le siphon qui communique à la fontaine débite un plus grand volume que celui qui réunit les grottes, et qu'enfin chacun d'eux laisse couler un volume supérieur au produit naturel de la source. Alors il est évident que la grande cavité enverra à la petite plus d'eau qu'elle n'en reçoit; elle finira donc par se vider : la petite, à son tour, sera mise à sec plusieurs fois pendant que la grande cavité se désemplira, l'eau qu'elle renferme étant emportée par le siphon du plus fort calibre. De là les petites intermittences, et la grande correspondra au temps nécessaire pour remplir de nouveau la grande grotte.

Que l'on ajoute maintenant à cet appareil naturel une ramification du cours principal se rendant directement au bassin de la source, et l'on aura ce qu'on appelle une *fontaine intercalaire composée.*

Maintenant que pendant la saison des pluies de nouvelles sources se développent, qu'elles produisent au minimum ce que le siphon des fontaines intermittentes ou intercalaires peut débiter, alors le régime de la fontaine passe à l'uniformité.

Veut-on un exemple d'une fontaine qui coulerait pendant l'été et s'arrêterait lorsque le débit des sources augmente en général? Que l'on imagine, dans la grotte de la fontaine intermittente simple, un orifice placé à une certaine hauteur au-dessus de l'extrémité de la courte branche du siphon. Si cet orifice peut emmener tout ce que le conduit naturel fait arriver, cet orifice donnera naturellement lieu à une source d'un débit non interrompu. Si l'eau augmente et que l'orifice précité ne puisse pas donner écoulement à tout le nouveau volume, la cavité se remplira, le siphon pourra s'amorcer, et, s'il débite plus que le conduit qui amène les eaux à la grotte, celle-ci se videra, et par conséquent la fontaine à laquelle l'orifice précité donne naissance deviendra périodique, comme celle à laquelle le siphon envoie les eaux. Enfin, si le volume du conduit principal augmente encore et s'il est égal à celui débité par le siphon, le plan des eaux étant dans la grotte au-dessous de l'orifice, il est manifeste que la fontaine qu'il desservait cessera de couler, tandis que celle du siphon deviendra uniforme.

Il existe en Angleterre plusieurs de ces fontaines qui coulent en été et s'arrêtent pendant l'hiver (1).

Voilà déjà des résultats bien variés, et je n'ai point fait entrer cependant en ligne les effets dus à la dilatation, à la compression, aux variations de température que l'air peut éprouver dans des conduits naturels.

Que l'on suppose, par exemple, un point haut dans ces conduits, et qu'une certaine quantité d'air se loge à partir de ce point haut dans la branche descendante. Pour un certain degré de température, la force élastique de l'air laissera l'eau franchir le point haut; mais que cette température augmente, l'eau ne pourra plus surmonter la nouvelle élasticité développée, et l'écoulement s'arrêtera. »

Débit des sources : ses variations. — Mais laissons de côté ce cas singulier de l'intermittence, et arrivons au débit des sources et à ses variations. Rien de plus variable en effet que le volume d'eau fourni par diverses sources (2), même voisines et de provenances semblables, et que le volume fourni par une même source à différentes périodes. Inutile de dire que ce volume dépend de l'étendue du terrain drainé par la source ou de la portion de nappe qui s'y déverse, et de l'alimentation de la nappe génératrice elle-même, laquelle est fonction de la perméabilité des couches traversées, de la hauteur de pluie annuelle et de sa répartition en temps.

Il est donc tout naturel de voir les sources augmenter après les pluies; le niveau de la nappe montant, la pression sur l'orifice augmente et le débit

(1) On peut citer aussi comme telles les sources de Luzo, près de la chapelle de Saint-Joao, en Portugal, qui tarissent en hiver, recommencent à couler en avril et donnent leur maximum pendant la sécheresse de l'été (d'après Choffat).

(2) Comme je l'ai déjà dit, depuis des suintements insignifiants jusqu'aux gros débits de plusieurs mètres cubes par seconde de certaines sources (24 mètres cubes pour Silver Spring, en Floride, et jusqu'à 123 mètres cubes par seconde, maximum atteint par la Fontaine de Vaucluse).

également. (Cependant il peut se former de nouveaux orifices plus élevés (1), et dans ce cas la source basse cesse de s'accroître, du moins aussi rapidement.) Mais le temps que mettent les sources à traduire l'influence des pluies est aussi des plus variables : de quelques heures à quelques mois. Il faut évidemment se méfier de celles qui grossissent très vite, le passage rapide de l'eau au travers des terrains étant contraire à l'idée de bonne filtration : aussi les sources de ce genre sont aussi celles qui se troublent et se contaminent facilement, et de plus elles tarissent aussi facilement qu'elles se sont enflées plus vite.

La *constance* d'une source est donc un caractère très important de son *régime*. Pour établir celui-ci, il faudra, bien entendu, suivre la source pendant une longue période, plusieurs saisons et même plusieurs années, par des jaugeages convenables : on déterminera ainsi le maximum et le minimum du débit ainsi que l'allure normale de la source; en un mot on tracera la *courbe des débits*, comme on le fait pour les rivières, et on aura bien soin de la comparer aux chutes de pluie, ce qui fera reconnaître le retard d'influence ou *durée de pénétration*. Les sources pourront ensuite être classées, comme le propose Edmond Maillet, d'après la grandeur du rapport R entre les débits maximum et minimum, rapport qui pour les cours d'eau indique le caractère torrentiel (*indice de torrentialité*) et qu'on pourrait appeler pour les sources l'*indice de variabilité*.

C'est ainsi que prenant comme exemples un certain nombre de sources connues, Maillet a constitué le tableau ci-après, où ces sources sont réparties en trois groupes; toutefois les démarcations des groupes y sont arbitraires, et il nous semble qu'on pourrait qualifier de *constantes* les sources pour lesquelles R est compris entre 1 et 2, de *moyennement variables* celles où il oscille entre 2 et 10, *variables* entre 10 et 50, et *très variables* au-dessus de 50.

Pour un bon nombre de sources, il se produit un phénomène tout spécial que Dausse a mis en lumière et que Boussinesq (2) et Maillet (3) ont étudié analytiquement : c'est que, pendant une certaine période, la source n'est plus influencée par les pluies, soit que celles-ci soient très rares comme dans le Midi de la France et le Nord de l'Afrique, pendant toute la saison sèche, soit que leur produit soit entièrement absorbé par la végétation et le

(1) Comme les *Garruby* de Fontaine-l'Évêque (Var).

(2) Voir *C. R. Académie des Sciences*, 22 juin et 6 juillet 1903, et 18 janvier 1904.

(3) Extrait de l'*Annuaire de la Société Météorologique*, mai 1905.

Voir aussi les communications de Maillet à l'Académie des Sciences (*C. R.*, 12 mai 1902, 30 novembre 1903, 13 mars et 25 avril 1904), et ses *Essais d'Hydraulique souterraine et fluviale* chez Hermann, 1905.

Classification de quelques sources d'après la variabilité de leur débit
(Tableau de Maillet).

R, rapport du débit maximum au débit minimum pour une période de plusieurs années;
R_a, même rapport pour chaque année;
α, coefficient de tarissement dans la période de régime propre;
R_m, rapport des valeurs extrêmes des débits maxima pour une période de plusieurs années.

	SOURCES	R	R_a	MOYENNE de R_a	α	R_m	PÉRIODE D'OBSERVATIONS
Sources très variables	Aïn-Zeboudja (Alger)	133	13,3 à 3,0	8,2	0,264	18,18	1881-1900
	Toudja (Bougie)	61	30,2 à 9,2	19,7	0,639	2,36	1898-1904
	Vaucluse (¹)	22,22	14,3 à 5,1	9,7	0,3 moy. gros.	2,78	1878-1885 et 1891-1903
	Besançon	16,4 au moins	»	»	»	»	»
Sources moyennement variables	Télemly (Alger)	6,17	1,78 à 1,08	1,43	α < 0,108 en moyenne 0,0564	3,65	1881-1900 (α variable)
	Cérilly (Vanne)	4,81	3,14 à 1,48	2,31	0,1068	2,15	1881-1902
	Bellefontaine (le Havre)	3,5	2,15 à 1,06	1,60	»	3,11	1882-1901
	St-Laurent (le Havre)	2,92	2,09 à 1,04	1,56	»	2,55	
	Taillan (Bordeaux)	2,63	1,61 à 1,15	1,38	»	2,08	1896-1903 (chif. prov.)
Sources constantes	Miroir (Vanne)	2,62 ou 2,12	2,06 à 1,18	1,62	0,05065	1,52	1887-1903
	Noé (Vanne)	2,18	1,67 à 1,13	1,40	»	1,64	»
	Grande - Fontaine (la Loupe, Eure-et-Loir)	1,96	1,31 à 1,06	1,18	0,0308 en moyenne	1,57	1891-1903 (chif. prov.)
	Dhuis	1,70	1,49 à 1,25	1,37	0,0380	1,33	1886-1902
	Hamma (Alger)	1,59	1,17 à 1,03	1,10	»	1,47	1881-1900
	Budos (Bordeaux)	1,56	1,27 à 11,9	1,23	»	1,44	1896-1903 (chif. prov.)

(¹) Pour Vaucluse $R = 27{,}33$, $R_m = 3{,}42$, en tenant compte du maximum du débit connu 123$^{m^3}$ (1872).

sol (ce qui a fait dire à Dausse que les pluies d'été ne profitent généralement ni aux sources, ni aux cours d'eau); pendant cette période, si elle existe, la source a son *régime propre ou non influencé* (Maillet); elle s'écoule comme l'eau d'un réservoir qui cesse d'être alimenté, en sorte que le débit Q est fonction continue du volume V contenu dans le réservoir, et qu'on a :

$$dV = -Q \cdot dt, \qquad \text{avec} \qquad V = f(Q),$$

ce qui conduit à la relation :

$$t - t_0 = \varphi(Q_0) - \varphi(Q) \qquad \text{et} \qquad \varphi'(Q) = \frac{f(Q)}{Q}.$$

On peut alors construire empiriquement, d'après les observations de plusieurs années, la courbe des débits de la source pendant la période de *régime propre*, suivant la valeur initiale du débit au début de cette période.

Maillet a remarqué que pour beaucoup de sources, la relation ci-dessus est de la forme :

$$Q + C = (Q_0 + C)\, e^{-\alpha(t-t_0)}$$

où C est une constante qui peut être nulle et α un coefficient qu'il appelle *coefficient de tarissement*, et qui figure au tableau précédent; on voit qu'il est d'autant plus petit que les sources sont plus constantes.

Prévision des débits en régime non influencé. — Il est clair que, si on a pu déterminer la loi ci-dessus du régime propre d'une source, il sera facile de prévoir ses débits pendant la durée de ce régime.

Ainsi pour la source d'Aïn-Zeboudja (Alger), dont le débit a varié de 4.000 mètres cubes à 30 mètres cubes par jour, la période de régime non influencé va d'avril à septembre, et on a le débit Q pendant cette période par la formule :

$$Q = Q_0 e^{-0{,}264\,(t-t_0)}$$

où Q_0 est le débit à l'origine de la période t_0, et où $t - t_0$ est exprimé en mois et fractions de mois.

Pour la source de Toudja (Bougie), Maillet donne de même pour la période de mai à octobre l'expression :

$$Q - 5 = (Q_0 - 5)\, e^{-0{,}639\,(t-t_0)},$$

où Q est en litres par seconde, la source ayant varié entre 302 litres et 5 litres (octobre 1903). Gauckler assimile cette source à un cours d'eau alimenté à la fois par une rivière tranquille et un torrent : « J'ai vu les lieux, dit-il : une montagne perforée en tous sens de larges cavités se remplit d'eaux sauvages en hiver, puis se vide promptement : c'est le torrent. Les roches imbibées suintent ensuite : c'est la source. »

Une hypothèse semblable paraît admissible pour Vaucluse. Pour cette source, Maillet a établi, d'après les débits donnés depuis 1882 par la Commission météorologique de Vaucluse, la formule :

$$\frac{1}{\sqrt{Q-2}} - \frac{1}{\sqrt{Q_0-2}} = 0{,}0675\,(t - t_0)$$

ou encore avec une approximation suffisante :

$$\frac{1}{\sqrt{Q}} - \frac{1}{\sqrt{Q_0}} = 0{,}0561\ (t - t_0),$$

où les débits sont en mètres cubes par seconde et le temps en mois. Ici le régime propre peut s'établir à toute époque de l'année, sauf en novembre et décembre où il pleut beaucoup, mais il dure rarement plus de trois mois.

Maillet a étudié aussi tout spécialement les sources qui alimentent Paris. Pour la source du Miroir (Vanne), les observations depuis 1886 l'ont conduit à la formule (Q en litres par seconde), qui est applicable généralement de juin à novembre.

$$\log_e Q_0 - \log_e Q = 0{,}05065\ (t - t_0),$$

et il en déduit pour le volume alimentant cette source V = 50.000.000 Q. Ainsi, dans la période de juin 1889 à novembre 1900, la source ayant varié entre 301 et 142 litres par seconde, V aurait oscillé entre 15 et 7 1/2 millions de mètres cubes.

La source de Cérilly (Vanne), dans la même période de juin à novembre, a donné le graphique ci-contre (*fig.* 71), d'où Maillet a déduit la formule :

$$\log_e Q_0 - \log_e Q = 0{,}1066\ (t - t_0),$$

les débits en litres par seconde ayant varié de 308 à 64 litres.

Résultats assez semblables pour la source d'Armentières (pour les sources de la Dhuis, cependant moins variables, les graphiques sont moins nets). Les prévisions du débit minimum (novembre), faites d'après cela en partant du débit de juin (et mieux de juillet) se réalisent d'ordinaire assez bien, mais Maillet reconnaît qu'il faut que la saison chaude ne soit ni exceptionnellement pluvieuse, ni trop sèche.

Il est évident en effet que, sauf le cas où il existe une période de régime non influencé, les variations du débit des sources échappent à toute loi mathématique [1], puisqu'elles sont sous la dépendance des pluies, phéno-

(1) Pochet, dans son livre *Études sur les sources* (Ministère de l'Agriculture, 1905) propose bien une méthode pour les prévisions du débit des sources, mais il s'agit de sources *théoriques*, recevant des apports pluviaux en quelque sorte réguliers; il nous paraît bien difficile de conclure de ses théories à la pratique, même en déterminant les débits moyens et les coefficients par les résultats d'une série d'années. La définition du *coefficient caractéristique* d'une source de Pochet est très compliquée; il est d'autant plus grand que la source est plus *instable* (inconstante). Nous ne pouvons que renvoyer le lecteur désireux d'approfondir la question au point de vue théorique à l'ouvrage de Pochet.

Alibrandi (*Annali della Societa degli Ingegneri ed Architetti*, mai 1915) a aussi cherché, con-

mène météorologique d'ordinaire impossible à traduire en formule. On peut cependant encore faire souvent des prévisions en se reportant à des précédents analogues : si on possède une longue série d'observations, on peut retrouver dans le passé un ensemble de circonstances météorologiques et autres très semblable à celui où on est placé; les mêmes causes engendrant les mêmes effets, on est fondé alors à prévoir ce qui va se passer. Du

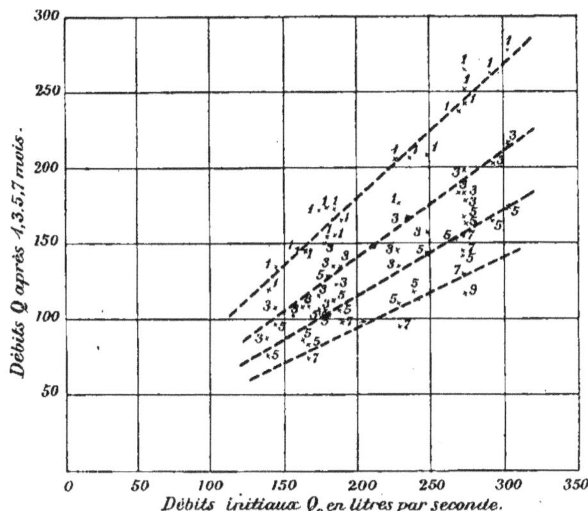

Fig. 71. — Graphique de décroissance des débits de la source de Cérilly (Vanne) (période de juin à novembre).

reste, pour l'alimentation des villes, ce qui importe le plus, c'est la connaissance du minimum absolu : c'est donc à l'étude des plus bas débits qu'il faudra s'appliquer surtout, pendant les années d'observation préalable, afin de savoir sur quoi on pourra compter sûrement en plus basses eaux.

Sources renforcées, sources artificielles. — La nature modifie parfois le débit de certaines sources par l'intervention de phénomènes secondaires : ainsi en haute montagne, l'eau de fusion des neiges et glaces pénètre souvent dans les sources et les fait grossir au printemps et en été

naissant la loi qui lie la pluie au temps, d'en déduire la loi du débit des sources, et il en vient à des formules analogues à celles de Maillet : il en donne l'application aux sources de Serino, qui alimentent Naples. Mais le difficile c'est précisément de connaître le premier terme, et de trouver une loi là où interviennent tant de causes souvent inconnues de trouble. On trouvera un résumé de la théorie d'Alibrandi dans les *Annales des Ponts et Chaussées* (mars-avril 1915).

sans chute de pluie (les sources peuvent d'ailleurs être à assez grande distance des glaciers, l'eau de fusion cheminant dans les crevasses des roches ou sous les éboulis). La crue d'une rivière peut aussi, en renforçant la nappe phréatique voisine, augmenter le débit des sources de thalweg.

On conçoit donc qu'on puisse artificiellement renforcer le débit des sources : il suffit pour cela de renforcer la nappe d'où elles émergent. C'est ce que permet de faire l'infiltration artificielle dont il a été déjà parlé, et en particulier l'irrigation. Les sources de Royat, Combes et Marpon qui alimentent Clermont-Ferrand en sont un bel exemple : elles naissent dans les laves poreuses en contre-bas de prairies qu'on irrigue d'avril à septembre, avec courte interruption en juillet, et leur débit total traduit l'importance des arrosages (de 6.573 mètres cubes par jour qu'il est en janvier pour une moyenne de vingt-cinq ans, il passe à 11.082 mètres cubes en avril, 12.518 en mai, 11.654 en juin, 9.892 en juillet, 10.703 en août, 8.405 en septembre et 6.642 en novembre), — ce que ne peut expliquer assurément la pluviométrie.

Enfin, dans certains cas, il est possible de créer de toutes pièces une source là où il n'y en a pas naturellement. En réalité, toute dépression et par conséquent tout puits creusé jusqu'à la nappe produit une source artificielle. On peut même parfois obtenir une source jaillissante, comme dans le cas des deux figures 72 et 73. Dans le premier, on creuse une excavation, par exemple 1 mètre de diamètre sur 1m,50 de profondeur, autour de l'émergence existante ou future S; on y place un tonneau sans fond, qu'on remplit de cailloux avec du sable par dessus; puis on apporte de l'argile qu'on corroie pour en former une couche supérieure et une ceinture qui forcent l'eau à ne s'échapper que par le tube. Pour le *geyser artificiel*, il faut avoir une nappe plus élevée qu'on capte dans un tonneau T : un tube en

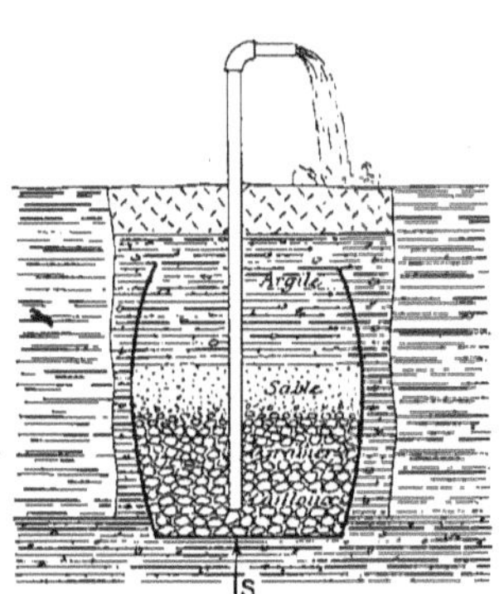

Fig. 72. — Moyen de faire jaillir au-dessus du sol une source ordinaire (fountain spring).

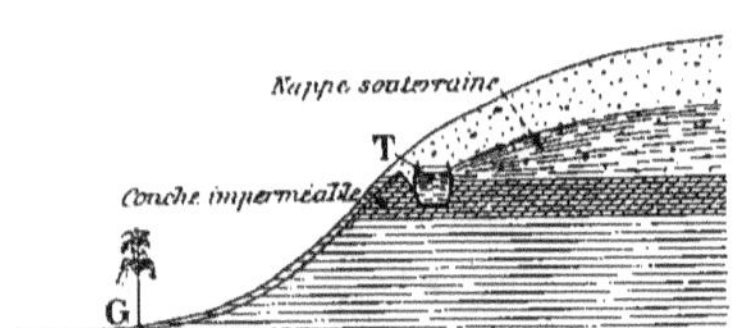

Fig. 73. — Geyser artificiel.

siphon part du fond du tonneau de manière que sa courbure soit un peu en dessous du sommet du tonneau; quand l'eau arrive à ce niveau, le tonneau se vide en jaillissant par G.

On créera aussi une source artificielle en allant saigner une nappe pour donner à ses eaux une issue différente de celle de la nature. C'est le cas des figures 74 et 75; mais nous retombons alors dans les procédés de captation des nappes en place. Ainsi la première partie de la figure 74 n'est autre chose que le schéma des galeries captantes de Liége et de Nancy : *n* figure la coupe d'une galerie se développant le long d'une courbe de niveau du mur de la nappe et collectant les eaux de la partie située au-dessus d'elle, tandis que *m* est une galerie adductrice perçant le contrefort C et déversant l'eau dans la vallée A. La seconde image figure ce qui a été fait à Mont-sous-Lausanne pour amener aussi dans la vallée A le trop plein de la nappe B au-dessus de l'orifice où la galerie l'aborde. Le procédé n'est pas nouveau, puisque les anciens Persans l'appliquaient déjà sous le nom de *Kiaris* (1) (*fig.* 75), les Arabes sous celui de *Khetara* (très développé aux environs de Marrakech), etc., etc.

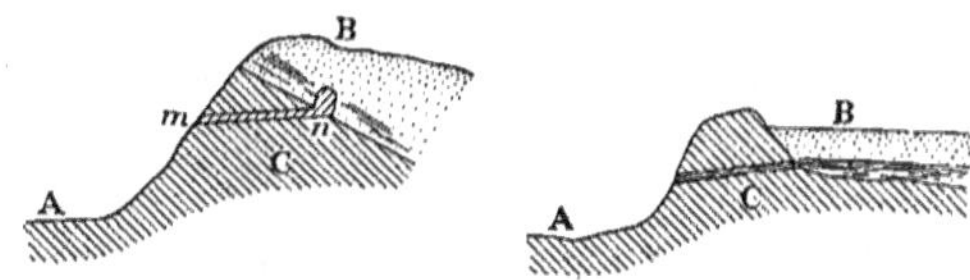

FIG. 74. — Galeries captantes créant des sources artificielles.

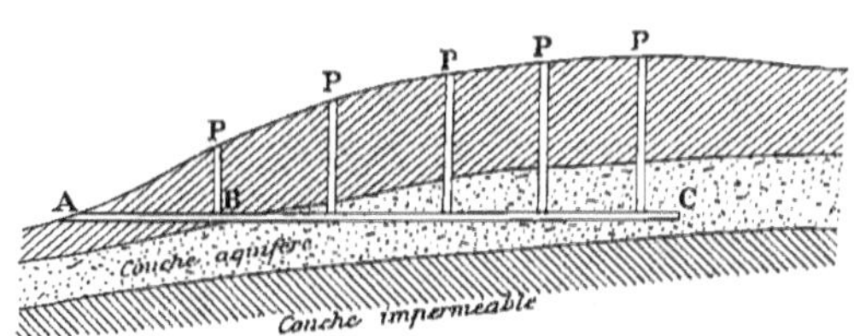

FIG. 75. — Coupe en long d'un kiaris persan (d'après Bykovski).

A l'inverse de ce qui vient d'être dit, l'homme peut faire diminuer le débit d'une source et même l'éteindre entièrement : il suffit pour cela qu'on détourne les eaux alimentaires, par exemple en drainant le bassin, ou en faisant un barrage, un captage ou des pompages sur la nappe à l'amont de la source. Des travaux à l'aval peuvent aussi en attirant les filets liquides produire une dépression de la nappe qui laisse la source plus haute à sec soit tout le temps, soit seulement dans les périodes de sécheresse.

(1) BYKOVSKI, *Journal des Ingénieurs russes* (août 1898). Le kiaris avait d'ordinaire 0m,64 de large sur 1m,07 de haut, permettant le passage d'un homme accroupi : on se guidait grâce à de nombreux puits P, P, P, qu'on reliait entre eux par le bas.

Régularisation du débit des sources : serrements. — Il y aurait le plus grand intérêt pour les sources qui subissent de grandes variations de débit à régulariser ce débit, en d'autres termes à les *régler* en ne laissant sortir de terre que les quantités d'eau nécessaires et en retenant dans l'intérieur du sol les venues en excès (pour les retrouver emmagasinées aux époques de pénurie) [1] : ce serait en somme la création de réservoirs souterrains, ou encore la mise en pression des nappes avec exhaussement artificiel de leur niveau. Malheureusement l'opération est délicate, parce qu'il est toujours à craindre que l'augmentation de pression et l'élévation de niveau fassent très vite trouver à l'eau d'autres issues (visibles ou invisibles). Il y a d'ailleurs autant de cas particuliers que de sources, et la plupart du temps on ignore tout ou presque tout sur le trajet des eaux en amont du griffon et sur le réseau des conduits souterrains; on ne saurait trop se renseigner à ce sujet avant d'entreprendre de corriger la nature.

Quand on a affaire à une nappe dans les sables et graviers, il est souvent assez facile d'obtenir un certain relèvement de son niveau en établissant un mur-barrage fondé sur le toit de la couche imperméable qui fait le fond de la nappe; si ce mur s'encastre à ses deux extrémités dans l'imperméable (ou s'il est assez long pour n'être pas facilement contourné), l'eau devra s'élever jusqu'à sa crête avant de le franchir et elle prendra ainsi une pression qui donnera aux sources, puits ou galeries drainant la nappe un débit supérieur à ce qu'il aurait été en sécheresse. Dans des cas favorables, on pourrait créer un véritable réservoir souterrain de grande contenance, analogue aux barrages-réservoirs pour les eaux courantes : c'est ce qui avait été proposé à la ville de Turin [2] pour renforcer le débit de basses eaux (hiver) des sources del Piano di Mussa (1.700 mètres d'altitude), le réservoir souterrain étant un ancien lac rempli de graviers d'alluvions très aquifères, dans lesquels une galerie captante à débit réglable à volonté aurait été établie à un niveau inférieur au plus bas niveau atteint par la nappe [3].

Dans les terrains fissurés, la fissure qui amène l'eau à la source est ascendante ou descendante. Dans ce dernier cas, on peut songer à obturer

[1] Ce réglage se fait, en partie du moins, avec les puits ordinaires où on ne puise que suivant les besoins, et aussi avec les puits artésiens jaillissants, si on prend le soin de limiter leur débit par une *fermeture de puits*, appareil qui ne laisse passer que les quantités d'eau voulues : le surplus qui serait disponible reste alors dans la nappe et suit son sort naturel.

[2] Projet de Chiaves et Pastore (1900).

[3] Dans des ravins ou petites vallées, on conçoit qu'en les barrant transversalement et y rapportant des matériaux meubles où s'emmagasineront les eaux de pluie et de surface on pourra créer des sources où il n'y en avait pas, ou renforcer et régulariser celles qui existaient déjà.

son orifice ou à barrer le chemin à l'eau un peu à l'amont par un mur ou un rétrécissement faisant *serrement* (que Pochet appelle *vanne de contre-charge*) : l'eau remontera alors dans les conduits naturels qui l'amènent jusqu'à ce qu'elle trouve des issues à droite ou à gauche; mais si l'on s'arrête juste à ce moment, on bénéficiera à la source de la pression accrue par le relèvement de l'ancien au nouveau niveau et de la réserve d'eau contenue dans les fissures entre les deux. Martel pense qu'un tel travail réussirait à la source de Fontaine-l'Évêque, et que l'eau pourrait y remonter d'au moins 10 mètres et peut-être 35 mètres jusqu'au niveau des « *Garruby* » ou écoulements de trop plein; mais il demanderait avant tout qu'une tranchée profonde soit faite en avant du griffon de Sorps pour rencontrer l'amenée d'eau et renseigner sur ses modalités [1].

On peut aussi augmenter la charge sur le griffon d'une source en établissant à l'aval et au dehors un réservoir dont le niveau puisse être maintenu plus haut que l'orifice naturel : l'eau refluera alors dans les pores et fissures du terrain à l'amont du griffon. C'est en somme ce que réalise par rapport à la source de la Foux le barrage de Dardennes (Toulon) [2] : la source etait un exutoire bas (cote 102,40) et le puits du Ragas un trop plein (cote 149,30), mais le réservoir donne un plan d'eau intermédiaire à la cote 123. La figure 76 empruntée à Martel fait comprendre l'emmagasinement de l'eau tant extérieurement dans le réservoir qu'intérieurement dans les fissures du calcaire urgonien : le tunnel du Ragas (orifice à la cote 90,55) permet de soutirer le volume voulu de la réserve souterraine. — Je viens de proposer une opération du même genre, mais de moindre envergure, pour régulariser le débit des sources du Parc pour la ville de Montbéliard : ces sources sortent dans la vallée de la Luzine au pied d'une falaise de calcaire astartien et sont mal captées, l'eau fuyant en partie sous les enchambrements. Il conviendrait d'établir un mur-barrage parallèle au thalweg, mais se retournant au N. et au S. pour s'encastrer dans la falaise rocheuse; il serait descendu assez profondément pour reposer sur l'imperméable (ou à défaut pour créer une grande difficulté à l'eau de passer par dessous), et élevé progressivement de quelques mètres au-dessus du niveau de départ actuel, de manière à créer un emmagasinement dans le terrain et une surpression dans la chambre ainsi constituée.

Lorsque la conduite amenant l'eau au griffon est ascendante, on peut

[1] Voir pour plus de détails la belle *Étude sur la source de Fontaine-l'Évêque*, par MARTEL in *Annales de l'Hydraulique agricole*, fasc. 33 (1905).

[2] Voir l'article de MOSNY et MARTEL, *Les eaux d'alimentation de Toulon et le barrage-réservoir de Dardenne* in *Revue d'Hygiène*, n° du 20 décembre 1912.

songer à rétrécir la section de cette conduite par un serrement comme Martel l'indique pour Vaucluse (mais sans oser insister). Il semble plus naturel, comme on le fait pour vider une tranche supérieure d'un lac, de chercher à créer un nouvel orifice réglable plus bas que l'exutoire naturel : on pourra alors à volonté utiliser la réserve comprise entre les deux niveaux ou la laisser se reconstituer (en fermant la prise inférieure). C'est ce que Dy-

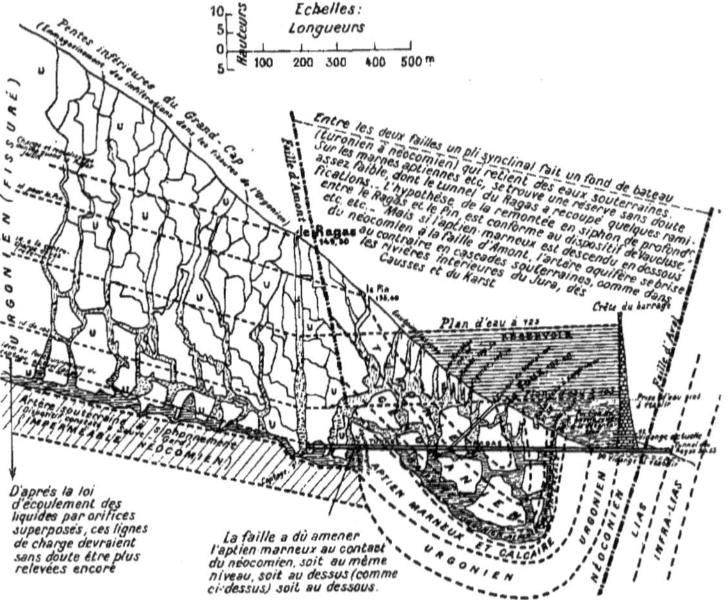

FIG. 76. — La source de la Foux et le barrage de Dardennes (Toulon) (d'après Martel).

rion a proposé pour Vaucluse : il projetait une galerie traversant le monticule en avant du Gouffre ([1]), prenant l'eau dans celui-ci à la cote 80,34 (soit à 4 mètres en dessous des plus basses eaux connues dans le tube ascensionnel naturel) et la déversant un peu plus bas que les sources basses au pied aval du monticule.

J'ai proposé aussi de régulariser le débit de la Nymphée, source du Zaghouan qui alimentait Carthage à l'époque romaine et aujourd'hui Tunis, en allant prendre les eaux retenues dans le calcaire liasique en des-

([1]) La crête de ce monticule, que l'eau surmonte quand la fontaine déborde, est à 105,15. On aurait grand intérêt pour les usines actionnées à ce que le débit ne descende pas en dessous de 18 mètres cubes par seconde.

sous du déversement naturel (cote 300) par une galerie telle que G de 800 mètres de long aux environs de la cote 250, ou telle que G′ de 1.200 mètres à 20 ou 30 mètres encore plus bas (Voir *fig.* 77, qui explique le mécanisme de formation de la source).

On n'a pas osé jusqu'ici tenter ces régularisations, pas plus que celle de l'Alviella (source alimentant Lisbonne) : les échecs subis à la grotte de Milandre (Jura suisse), à la Fontaine-Noire (aux Échelles, en Savoie), au

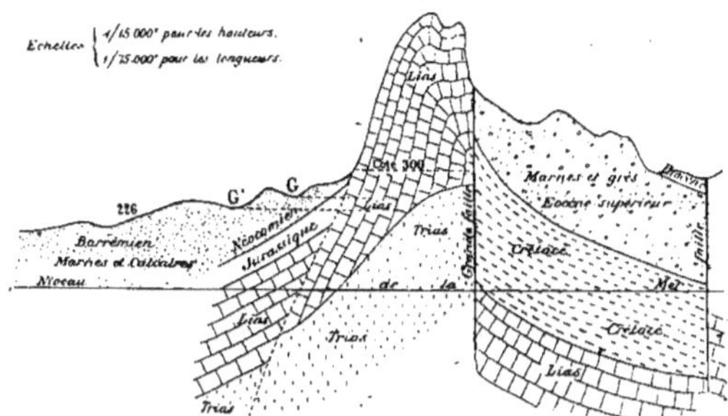

Fig. 77. — Source de la Nymphée (Zaghouan) : projet d'augmentation du débit de basses eaux par la création d'une galerie de soutirage, G ou G′. (La source naturelle sort à droite de G, au contact du lias et du néocomien, cote 300.)

Boulet (Lot), à la Falconera (Catalogne), où les murs-barrages ont été renversés par la pression hydraulique interne ont sans doute fait peur. On sait que pour les galeries captantes artificielles, suivant l'exemple de Gustave Dumont à Liége, on a construit des serrements qui ont généralement bien réussi : ceux de Bruxelles dans les sables, de Wiesbaden et d'Aix-la-Chapelle dans des quartzites, de Nancy (sous la Forêt de Haye) dans les calcaires oolithiques, de Santa Barbara (Californie) dans des grès sont bien connus et plus ou moins à imiter dans des cas analogues. Le principe en est partout le même : la galerie captante est fermée à l'endroit convenable par un bouchon en maçonnerie, béton ou ciment, fortement encastré dans le terrain ambiant, mais traversé par le tube de prise (muni d'un robinet de réglage). Si ce robinet était fermé, l'effet de la galerie devrait être annulé, et le niveau de l'eau souterraine devrait remonter à ce qu'il était naturellement : on réussit plus ou moins bien suivant que ce niveau se tient plus ou moins haut et qu'en conséquence la réserve reformée à l'amont du serrement est plus ou moins importante.

CHAPITRE IV

QUALITÉS DES EAUX SOUTERRAINES : RELATIONS AVEC LA NATURE DES TERRAINS

Tales sunt aquæ qualis est terra per quam fluunt, écrivait Pline, et il est clair en effet que les qualités des eaux souterraines dépendent de la nature (situation, texture, constitution, etc., etc.) des couches géologiques qu'elles traversent ou dans lesquelles elles séjournent : la durée du contact est aussi un élément important, ainsi que les conditions de pression et de température, la solubilité des minéraux en dépendant essentiellement. L'eau d'une nappe souterraine ou d'une source diffère cependant parfois de ce qu'elle devrait être normalement d'après les terrains : c'est qu'alors des causes perturbatrices ont agi et ont modifié l'eau (apport d'eaux d'autres provenances ou d'eaux de surface, celles-ci entraînant avec elles des corps inertes ou vivants produisant la *turbidité* et la *pollution*). Il importera de reconnaître ces causes d'origine étrangère et, dans l'intérêt de l'hygiène ou de l'industrie, de savoir les écarter.

1° **Qualités physiques.** — **Température..** — Les eaux souterraines jouissent d'une constance de température que n'ont pas les eaux de ruissellement (soumises aux variations diurnes et saisonnières) : cette constance n'est cependant pas absolue et bien des sources varient de l'hiver à l'été [1] dans une amplitude de 5° à 6°. Quant à la température elle-même, elle résulte de la profondeur d'où viennent les eaux, en sorte qu'il faut distinguer entre les nappes peu profondes (la nappe phréatique et celles qui sont par exemple à moins d'une centaine de mètres), engendrant les *sources*

(1) Dans la Gironde, plusieurs sources varient même de 6 à 14°; Vaucluse, qui descend à 11°,7, a atteint 16° en juin 1902; une source près d'Avesnes est passée de 5° en décembre à 16° en juillet suivant; la source del Bandito qui alimente Turin et est à 705 mètres d'altitude varie de 7°,5 à 11°,5, etc., etc. Martel pense que de telles différences résultent d'apports variables d'eaux superficielles, qui s'engouffrent trop rapidement pour avoir le temps de modifier leur température.

ordinaires, et les nappes profondes alimentant les *sources thermales*, les grands forages et les puits artésiens.

Dans le premier cas (nappes peu profondes et sources ordinaires), c'est la loi de Daubrée qui s'applique, à savoir que la température n'est autre que la moyenne annuelle du lieu, laquelle dépend comme on sait de la latitude (1° de diminution pour un éloignement de l'équateur de 2°) et de l'altitude (1° pour une élévation de 150 à 200 mètres). Ainsi Daubrée a trouvé pour les sources des Vosges et de la Forêt Noire les chiffres de 10°,5 à 180 mètres, 9°,5 à 300 mètres, 8° à 475 mètres, 7°,1 à 700 mètres, 6°,5 à 850 mètres et 5°,8 à 920 mètres. Aux altitudes plus fortes, les sources sont souvent plus froides que la moyenne du lieu, ce qui tient sans doute à des apports d'eau venant de plus haut ou provenant de fonte des neiges et glaciers : ainsi en Auvergne, la source de la Dore a de 3 à 4° pour 1.700 mètres, celle du Puy Ferrand 4° pour 1.800 mètres, celles du Piano della Mussa (étudiées pour Turin) également 4° pour 1.800 mètres, celle de la Saulera dans les Alpes Grées, 3°,5 pour 2.200 mètres, et celle de Quintino Sella dans le massif du Mont Rose 3° pour 2.300 mètres. Quand on se rapproche de l'équateur, la température s'élève : de 5° à Wasa par 63° de latitude, elle passe à 8°,5 près Copenhague (58°,2), à 9° à Leipzig (51°,3), à 11° à Lugano (46°), à 13°,4 à Trieste (45°,5 au bord de la mer), entre 19° et 27° pour les sources des oasis de Biskra (35° de latitude et 100 mètres d'altitude, avec 20 à 21° de température moyenne annuelle) ; enfin dans les régions tropicales et équatoriales, elle est comprise entre 25 et 30°.

Quant à la température des eaux profondes et par suite des sources thermales (venant généralement par les cassures) et des forages, elle résulte de la *loi géothermique*, dont j'ai déjà parlé plus haut (en en montrant l'imprécision) : l'effet de la profondeur est surtout modifié par l'effet de la continuation plus ou moins atténuée des phénomènes éruptifs (volcanisme). On comprend dès lors qu'on puisse trouver des sources thermales à toutes les températures jusqu'à l'ébullition [1], et cela sous tous les climats et à toutes les altitudes. Ainsi on rencontre des sources chaudes non seulement en Islande, mais en Groenland et au Kamtschatka; dans les Andes à 4.000 mètres et plus; au Thibet, à Naisum-Chuja, des sources bouillantes (à 84° à cette altitude) à 4.700 mètres, et une source au Sud de Tanla qui marque 52° à 4.877 mètres.

Comme exemple d'eaux profondes, on peut citer celles qui ont été ren-

(1) Pour les eaux profondes, on en trouve même au-dessus de 100° : ainsi on a mesuré 127° dans le canal d'ascension du Grand Geyser, en Islande.

contrées dans les tunnels du Gothard et du Simplon. Au Gothard (1.120 mètres d'altitude moyenne du tunnel), les eaux avaient 28°,5 dans les venues situées de 4.600 à 4.800 mètres des têtes, 29°,5 de 5.400 à 5.700 mètres et 30°,7 à 5.900 mètres, la roche avait ces mêmes températures. Au Simplon, les choses furent plus compliquées : à l'avancement de la galerie N, on eut à peu près comme au Gothard 22° à 2.500 mètres, 25°,5 à 3.000 mètres, 29°,5 à 3.700 mètres, 31°,6 à 4.600 mètres, 33° à 5.000 mètres, 35° à 6.000 mètres, 42° à 6.550 mètres et 44°,5 à 6.700 mètres; mais à l'avancement S, les eaux, après avoir atteint 33°,2 à 2.500 mètres de l'entrée, ont été en se refroidissant progressivement (26°,4 à 3.935 mètres), puis très rapidement par suite des grosses venues froides entre les points 3.900 et 4.400, où on rencontra un volume d'environ 1 mètre cube par seconde. On eut ainsi 24°,2 à 3.987 mètres, 21°,4 à 4.174 mètres, 18°,4 à 4.355 mètres, enfin 13°,2 à 14°,8 de 4.397 à 4.401 mètres, et quelques semaines après la température baissa encore dans cette dernière région et ne fut plus que 11°,3; le sol s'était refroidi en conséquence et n'avait plus que 17°,2. Les eaux froides ainsi rencontrées provenaient d'infiltrations dans les gypses et les calcaires du massif du Teggiolo (2.250 mètres) : elles n'avaient pu encore se réchauffer suffisamment au contact des couches profondes du sol. On conclura de ces exemples qu'il faut être très prudent dans ses prévisions.

On trouvera plus loin la température d'un certain nombre de sources thermo-minérales au tableau de leur composition chimique.

Turbidité et transparence. — Contrairement aux eaux de ruissellement, les eaux souterraines sont le plus souvent claires, les couches du sol traversées ayant opéré la *filtration*, c'est-à-dire ayant retenu les particules en suspension dans l'eau.

Il n'en est cependant pas toujours ainsi : la filtration naturelle peut être imparfaite et même faire à peu près totalement défaut, comme il arrive dans les roches fissurées où l'eau s'engouffre dans de larges cassures ou dans de vastes entonnoirs, et forme des rivières souterraines à peu près aussi troubles et aussi polluées que les rivières superficielles. Il arrive souvent aussi que des sources, qui sans cela resteraient claires et pures, sont troublées et polluées par l'apport d'eaux de ruissellement, lesquelles s'introduisent soit dans le griffon, soit dans la dernière partie du trajet des eaux émergentes (trajet trop voisin de la surface et mal protégé). L'examen de ces cas est d'une grande importance hygiénique, la pénétration dans les sources et puits des particules (argileuses d'ordinaire et de taille très fine) qui font le trouble de l'eau s'accompagnant de celle des microbes, saprophytes ou pathogènes, pullulant à la surface et dans les premières couches du sol : l'analyse bactériologique renseignera alors sur cette pénétration des germes (notamment du colibacille), concomitante au trouble.

Il faut signaler ici le cas des eaux qui deviennent opalescentes en arrivant au jour, alors qu'elles sont bien filtrées et bactériologiquement très pures : c'est le cas des eaux *ferrugineuses* (le manganèse donne aussi à l'air un précipité). L'air et les agents oxydants font passer le fer à l'état d'hydrate de sesquioxyde rougeâtre, qui se dépose et colore : nous y reviendrons, mais on retiendra seulement qu'il faut penser à ces deux métaux toutes les fois que l'eau claire jusque-là devient louche en présence de l'air (le trouble augmente par l'agitation et on peut même juger de la quantité de fer d'après l'abondance du précipité).

Quant à l'expression et à la mesure de la turbidité de l'eau, on adopte aujourd'hui les propositions des Américains : « L'étalon type de turbidité 100 est l'eau qui contient 100 milligrammes de silice [1] en suspension par litre, dans un état de division tel qu'un fil de platine brillant de 1 millimètre de diamètre cesse d'être aperçu quand il sera à 100 millimètres en dessous de la surface de l'eau, l'œil de l'observateur étant à 1^{m},20 au-dessus du fil. » Le *turbidimètre au fil de platine*, basé sur cette définition, est très simple; mais on peut se servir de tout moyen de comparaison de deux teintes (diaphanomètres, tholomètres, colorimètres des laboratoires), en cherchant le nombre de milligrammes de silice (dans les conditions ci-dessus) de la turbidité-type qui se rapproche le plus de l'échantillon.

Couleur. — La couleur est rare dans les eaux souterraines. Lorsqu'elle existe, elle y tient presque toujours à la présence de sels ferreux, qui en s'oxydant à l'air donnent des flocons rougeâtres gélatineux (*colored turbidity*), comme il a été dit ci-dessus. (Au contraire, dans les eaux de surface, surtout celles qui ont stagné en présence de substances végétales, la couleur tient aux matières colloïdales (*suspensoïdes*) de nature organique : elle se mesure aussi au colorimètre par comparaison avec des types de coloration stable, obtenus avec des solutions de sels platino-cobalteux.)

Saveur. — Elle provient des sels ou autres corps dissous. Le palais humain n'étant pas très sensible, il faut d'ordinaire plus d'un demi-gramme de sel par litre pour être perçu (sauf pour les sels de fer et de cuivre où

[1] On obtient cette silice type en choisissant de la terre de diatomées, la brûlant (pour la débarrasser des matières organiques), la traitant par HCl (pour dissoudre les sels calcaires et autres), la lavant, décantant, séchant et broyant dans un mortier d'agate jusqu'à obtention du degré de finesse voulu.

quelques milligrammes suffisent). Les saveurs se distinguent en salées sucrées, acides et amères, et voici les doses reconnaissables à la langue pour quelques corps.

SUBSTANCES DISSOUTES	DOSES EN MILLIGRAMMES PAR LITRE		
	NETTEMENT reconnaissables	FAIBLEMENT perceptibles	IMPOSSIBLES à reconnaître
Sucre de canne	1.200	600	300
Chlorures de sodium et de calcium	600	300	150
— de magnésium	100	60	—
Sulfate de calcium	205	102	51
Sulfates de sodium et de magnésium	1.200	600	300
Sulfates ferreux et de cuivre	7	3,5	1,75
Chlorure ferrique	30	15	7,5
Nitrates et nitrites alcalins	1.200	600	300
Acide sulfurique	4	2	1
Acide sulfhydrique	1,15	0,57	0,28
Chlorure de chaux	0,5	0,2	moins de 0,2
Chlore actif	0,1	0,05	— 0,05

Odeur. — L'odeur dans les eaux souterraines provient principalement des gaz dissous, acide sulfhydrique, chlore, etc., etc., qui impressionnent plus le nez que le palais : ainsi beaucoup d'eaux profondes sentent H^2S (les forages de Pecquencourt pour Roubaix-Tourcoing, par exemple), lequel disparaît assez vite à l'air. Ce gaz serait sensible pour certaines personnes à la dose de 1/5000 de milligramme : on le perçoit mieux en chauffant l'eau à 40 ou 50° avec un peu de lessive de potasse, et inversement on fait disparaître plus vite son odeur en ajoutant un peu de sulfate de cuivre. L'hydrogène sulfuré dans les eaux profondes n'est d'ailleurs pas un mauvais indice.

Il n'en est pas de même quand dans les eaux de surface il provient de la décomposition de matières organiques. Dans les lacs et marais, les odeurs proviennent le plus souvent des algues et protozoaires (*plancton*), qui en mourant laissent échapper les huiles essentielles contenues dans leurs cellules : c'est le sulfate de cuivre qui permet le mieux de les éviter.

Conductibilité électrique. — Cette propriété sert surtout à reconnaître la minéralisation totale des eaux et ses variations (addition d'un sel étranger, ou apport de substances nouvelles) ; nous en reparlerons à propos de la composition chimique.

2° **Composition chimique.** — Dans une région, chaque nappe aquifère, chaque source a une composition chimique *normale* [1], résultant comme nous l'avons déjà dit de la constitution des couches traversées et de la durée et autres conditions du contact : il convient d'établir cette composition, et s'il y a lieu, ses oscillations régulières autour d'un état moyen. L'*eau réelle*, c'est-à-dire celle que l'on trouve dans une source, un puits ou un forage, diffère assez souvent de l'eau normale (que l'on s'attendait à trouver) : on est ainsi averti ou que la provenance de l'eau n'est pas celle qu'on croyait (eaux minérales venant par des cassures de plus bas), ou qu'il s'est mêlé à l'eau des substances étrangères apportées par des causes anormales (exemple des puits souillés par des purins et matières fécales, dont la teneur en chlorures et en sulfates diffère totalement de celle de la nappe naturelle). Il ne suffit donc pas pour connaître une eau d'en avoir une seule analyse : outre qu'il en faudrait une série correspondant aux diverses conditions météorologiques, il est nécessaire d'interpréter ces analyses, et de discerner si la minéralisation est *primitive* ou si elle est *acquise*, quelle est l'origine des corps rencontrés, etc., etc.

Sous ces réserves, on pourra établir par l'expérience de cas bien choisis la composition normale des eaux de chaque nappe, et dans le chapitre suivant je donnerai les résultats obtenus dans les régions étudiées. Je ne puis ici que citer rapidement les éléments à rechercher, et renvoyer aux traités spéciaux pour les méthodes d'analyse. Enfin je dirai quelques mots à la fin du présent chapitre de la composition (qui échappe à toute loi) et de la classification des *eaux minérales.*

I. **Formes des analyses chimiques.** — Les substances contenues dans une eau forment un *complexe*, dont le Laboratoire ne nous donne que les éléments — corps simples et radicaux, ions positifs et négatifs —, sans nous autoriser à en déduire que telles ou telles combinaisons existent plutôt que d'autres : ces combinaisons n'obéissent qu'aux lois compliquées du partage entre les acides et les bases en présence de la solubilité des divers sels. Pour les applications pratiques, on est conduit à présenter les résultats sous certaines formes plus commodes suivant le but poursuivi.

1° La plus ancienne (*règle de Frésénius*) suppose les corps groupés d'une certaine façon, en général d'après leurs affinités. Ainsi on suppose tout l'acide sulfurique saturé par la chaux, l'acide nitrique aussi, et seule-

(1) Expression de Sendtner. Cela ne veut pas dire d'ailleurs *invariable*, certaines nappes (peu profondes) se modifiant lors des apports plus ou moins abondants d'eaux pluviales et subissant ainsi des variations saisonnières dans leur composition. Les eaux profondes et notamment les sources thermo-minérales restent généralement très constantes.

ment le reste de la chaux est comptée en carbonate; toute la magnésie est comptée en carbonate, tout le chlore en NaCl, toute la silice en SiO^2, etc., etc. Un tel groupement paraît justifié quand les proportions trouvées correspondent assez exactement à celles des composés admis. Cette forme est commode pour la *correction chimique* de l'eau, et la réussite de l'opération vérifie l'hypothèse faite.

2° On sait que ce n'est pas le poids même d'un élément qui indique la *capacité chimique de réaction*, mais plutôt le nombre d'équivalents entrant dans la combinaison (¹) : ces nombres sont les *quantités en réaction* (*reacting value*), que Stabler (²) écrit *r*Na, *r*Cl, etc., etc.; et on a une vérification immédiate en ce que la somme des quantités en réaction des ions positifs doit égaler celle des ions négatifs. La somme des quantités en réaction donne la *concentration en équivalents* (milligrammes de H), appelée *concentration value*, et si on prend les pourcentages de chaque élément ou radical par rapport à cette somme, on a la *formule caractéristique* d'une eau. Cette formule met bien en évidence la teneur relativement plus ou moins élevée d'une eau en tel ou tel corps, et permet de reconnaître des eaux de même origine (malgré la différence parfois très grande des poids des éléments), ainsi que de comparer la composition de l'eau à celle des terrains dont elle sort.

Ainsi, on comparera ci-dessous les formules caractéristiques de l'eau de mer et de celle du Grand Lac Salé, et on reconnaîtra qu'elles se ressemblent beaucoup, — ce qui indique une origine marine des deux eaux; l'eau douce du lac Champlain est au contraire toute différente.

EAU	ÉLÉMENTS POSITIFS					ÉLÉMENTS NÉGATIFS					CONCENTRATION	
	*r*Na	*r*K	*r*Ca	*r*Mg	TOTAL	*r*Cl	*r*SO^4	*r*CO^3	*r*AzO^3	TOTAL	en ÉQUIVALENTS	EN POIDS (résidu fixe)
											mgr.	gr.
De mer	38,49	0,82	1,77	8,92	50,00	45,15	4,62	0,07	0,16	50,00	1.209,01	35,000
Du Grand Lac Salé.	42,16	1,23	0,23	6,63	49,25	45,70	4,06	0,09	—	49,85	6.971,57	203,49
Du lac Champlain..	10,86		28,65	9,38	48,89	1,39	6,31	42,30	—	50,00	2,44	0,066

3° *Classification des eaux d'après Palmer* (³) : *salinité et alcalinité primaires et secondaires, acidité.* — Palmer cherche à aller plus loin et à

(¹) On obtient ce nombre en divisant le poids de l'élément par celui de son équivalent ou en le multipliant par l'inverse du poids de cet équivalent (appelé *coefficient de réaction*).

(²) Voir : *The mineral analysis of water for industrial purposes and its interpretation*, etc., etc., par STABLER, in *Water supply paper* du *Geological Survey U. S.*, n° 274 (1911).

(³) Voir : *The geochemical interpretation of water analysis*, par PALMER, in *Bulletin*, n° 479 (1911) du *Geological Survey U. S.*

mettre en évidence deux propriétés des eaux. La première qu'il appelle *salinité* est mesurée par le double de la somme des radicaux des acides forts, Cl, SO^4, AzO^3, somme qui est balancée par un nombre égal d'équivalents basiques : ceux-ci peuvent être entièrement des alcalis K, Na, Li, et alors la *salinité primaire* est celle qui correspond à ces alcalis; si les acides surpassent ces alcalis, leur combinaison avec les terres, C, Mg,Fe (ferreux), donne la *salinité secondaire;* enfin s'il restait encore des acides forts en excès, cet excès donnerait (avec H) la *salinité tertiaire* ou *acidité*. Si au contraire les alcalis surpassent les acides forts, leur excès donne l'*alcalinité primaire* (ou *permanente*), c'est-à-dire les carbonates et bicarbonates alcalins; enfin les acides carbonique et bicarbonique liés aux terres non combinées aux acides forts donnent l'*alcalinité secondaire* (ou *temporaire*).

Pour préciser, si a, b, d sont les pourcentages respectifs des quantités en réaction des alcalis, terres et acides forts, les eaux se répartissent en 5 classes :

Classe		
Première classe : $d < a$	Salinité primaire	$= 2d$
	Alcalinité primaire	$= 2(a - d)$
	Alcalinité secondaire	$= 2b$
Deuxième classe : $d = a$	Salinité primaire	$= 2d = 2a$
	Alcalinité secondaire	$= 2b$
Troisième classe : $d > a$, $d < a + b$	Salinité primaire	$= 2a$
	Salinité secondaire	$= 2(d - a)$
	Alcalinité secondaire	$= 2[b - (d - a)]$
Quatrième classe : $d = a + b$	Salinité primaire	$= 2a$
	Salinité secondaire	$= 2b$
Cinquième classe : $d > a + b$	Salinité primaire	$= 2a$
	Salinité secondaire	$= 2b$
	Salinité tertiaire (acidité)	$= 2[d - a - b]$

Ainsi, d'après cela, l'eau du lac Champlain serait de la première classe, avec $a = 10{,}86$, $b = 39{,}14$ et $d = 7{,}70$ 0/0, ce qui donne: salinité primaire $= 2d = 15{,}4$; alcalinité primaire $= 2(a - d) = 6{,}3$, alcalinité secondaire $= 2b = 78{,}3$ (pas de salinité secondaire, ni d'acidité), tandis que l'eau de mer est de la quatrième classe, avec $a = 39{,}31$, $b = 10{,}69$, $d = 49{,}93$ 0/0, ce qui donne: salinité primaire $= 2a = 78{,}6$; salinité secondaire $= 2(b -$ acides faibles$) = 21{,}24$; alcalinité secondaire $= 2$ acides faibles $= 0{,}14$; pas d'alcalinité primaire, ni d'acidité.

Par un grand nombre d'analyses ainsi faites, Palmer démontre :

1° Que les eaux provenant des roches cristallines et feldspathiques sont caractérisées par une faible concentration, une forte alcalinité primaire et une quantité notable de silice;

2° Que celles des terrains sédimentaires, notamment des régions où le calcaire abonde, se reconnaissent par leur alcalinité secondaire;

3° Que l'eau de mer et ses semblables n'ont guère que de la salinité (sans alcalinité ou du moins avec une alcalinité très faible).

II. **Recherches globales.** — a) *Totalité des matières dissoutes : résidu d'évaporation et résidu fixe.* — On évapore, puis on porte à l'étuve à 110° pendant quatre heures (ou deux heures à 120°), et le poids du *résidu sec* (ou d'évaporation) donne le total des matières dissoutes. Si on le calcine ensuite au rouge sombre, la matière organique se brûle et certains sels sont volatilisés, décomposés ou déshydratés partiellement : la différence est la *perte au rouge* (*loss of ignition*) et le poids restant est le *résidu fixe*, appelé aussi *concentration* (*salinité de Clark*) dans lequel on recherche les éléments minéraux.

b) *Minéralisation totale : mesure par la conductibilité électrique.* — L'eau distillée conduit mal l'électricité, mais la présence de sels augmente rapidement sa conductibilité, en sorte que la mesure de celle-ci (ou de la résistivité, son inverse) par le procédé de Kohlrauch-Ostwald (appareils de Pleissner, de Ducretet, etc., etc.) donne une indication de la minéralisation globale. Celle-ci pouvant différer énormément d'une eau à une autre (depuis quelques milligrammes par litre jusqu'à plusieurs grammes, et même pour des eaux comme celles du Grand Lac Salé ou de la Mer Morte plusieurs centaines de grammes), on comprend que la résistivité (en ohms-centimètres à 18°) soit aussi très diverse : depuis 15 ou 16.000 (1) dans des eaux très peu minéralisées à moins de 2.000 dans les eaux des sources ordinaires des calcaires, et en dessous pour des sources minérales chargées. La même source peut d'ailleurs voir varier sa résistivité, soit en augmentation à la suite des apports de grandes pluies introduisant des eaux peu minéralisées (2), soit en diminution à la suite d'arrivée d'eaux usées (chargées de chlorures et sulfates) ou industrielles : toute variation brusque de 500 ohms doit attirer l'attention.

On a cherché à déduire de la résistivité mesurée ainsi d'une part le résidu d'évaporation, d'autre part le degré hydrotimétrique; mais on comprend que les relations ne puissent être qu'approximatives : 1° parce

(1) Diénert a trouvé 14.900 pour la source des Griffes (argile à silex éocène), 14.259 pour la fontaine Chapelle-Collard (sables du Perche), qui ont respectivement 3 et 6 milligrammes d'alcalinité (en CaO).

(2) Ainsi Diénert, dans une source de l'Avre, a trouvé qu'après de grandes pluies la résistivité avait augmenté de 3.000 à 3.400, pendant que la fluorescence et le nombre des colibacilles augmentaient parallèlement.

que la minéralisation peut résulter de mélanges de sels différents en proportions variables; 2° parce que même pour les solutions d'un même sel la conductibilité n'est pas proportionnelle à la concentration. Cependant, dans les cas ordinaires, on obtient le résidu sec en milligrammes par litre en multipliant la conductibilité à 18° par 0,72, soit $(0{,}72 \times K_{18} \times 10^6)$, ou en divisant 720.000 par la résistivité à 18°. Quant au degré hydrotimétrique, on aurait la *dureté temporaire* en divisant la différence entre la conductibilité naturelle et celle prise après ébullition d'une heure par le nombre 13,15 (qui est la conductibilité d'un échantillon ayant 1° de dureté temporaire) (¹).

c) ***Dureté de l'eau : hydrotimétrie.*** — Tous les ingénieurs doivent pouvoir prendre en campagne le degré hydrotimétrique d'une eau, ce qui les renseigne beaucoup sur la teneur en sels de chaux et de magnésie et sur les corrections qu'il y aura à faire pour divers emplois. On prend d'abord la dureté totale; puis si on la reprend après addition d'oxalate d'ammoniaque, précipitation des sels de chaux et filtration, la différence donne la dureté due au calcium et on a dans le filtrat celle due au magnésium. On distingue ensuite la *dureté permanente*, c'est-à-dire celle qui reste à l'eau après ébullition et qui représente les sulfates, et la *dureté temporaire*, différence entre la dureté totale et la permanente (correspond aux carbonates). Le degré hydrotimétrique français (qui vaut 0,7 de degré anglais et 0,56 de degré allemand) correspond à une teneur de $10^{mgr},3$ de $CaCO^3$, 8,7 de $MgCO^3$, 14 de $CaSO^4$ et 12,4 de $MgSO^4$ par litre, et naturellement à la précipitation de 100 milligrammes de savon (c'est sa définition).

Les eaux peuvent se classer comme suit : très douces de 0 à 7°, douces de 7 à 14°, moyennement dures de 14 à 22°, assez dures de 22 à 32°, dures de 32 à 54°, très dures au-dessus. La dureté dépend du contact de l'eau avec les roches calcaires et magnésiennes : les terrains presque exclusivement siliceux (gneiss, granit, grès, sables, etc., etc.) donneront donc des eaux très douces; le degré hydrotimétrique pourra ailleurs au contraire monter très haut (au-dessus de 200 par exemple dans les gypses). Dans l'étude des eaux d'une ou plusieurs nappes, il est souvent utile d'établir les courbes *isograd-hydrotimétriques* (en reliant entre eux les points où l'eau a la même dureté), qui permettent de voir les différences de composition de l'eau d'un endroit à un autre : bien entendu, la dureté peut aussi varier en un même point, par

(¹) Voir Doroschewski et Dworschantschick, *Journal de la Société chimique russe*, t. XLV, 1913; et aussi l'article de Weldert et Karaffa-Korbutt, *Mitteilungen aus der k. Landesanstalt für Wasserhygiene*, Heft 18 (1914). — Ces auteurs proposent aussi de rechercher la *dureté permanente*, mais cela devient trop compliqué, car il faut traiter l'eau par le carbonate de soude reprendre la conductibilité après cette réaction, tenir compte de celle du sel ajouté, etc., etc.

exemple diminuer quand des pluies intenses amènent un apport important d'eau qui n'a pas subi un long contact avec les terrains.

Une trop grande dureté oblige, pour rendre l'eau propre aux usages domestiques et à l'alimentation des chaudières, à une opération importante, l'*adoucissement* ([1]). Les eaux très douces, qui seraient *agressives* pour les conduites métalliques ou en ciment (voir *acidité*) doivent au contraire être *endurcies*.

d) ***Alcalinité.*** — Cette donnée fait connaître en bloc les alcalis et les carbonates et bicarbonates alcalins et alcalino-terreux. Dans les eaux ordinaires où K et Na n'existent qu'en quantités très faibles, l'alcalinité équivaut à la dureté temporaire, et elle s'exprime en milligrammes de $CaCO^3$; il n'en est pas de même bien entendu avec les eaux minérales.

Le réactif indicateur dans la recherche de l'alcalinité peut être soit le méthylorange, soit l'érythrosine, soit la phénolphtaléine. Les valeurs E et P trouvées par les deux dernières méthodes permettent une différenciation :

Si $P < \frac{E}{2}$, les carbonates neutres sont représentés par 2P et les bicarbonates par E—2P;

Si $P = \frac{E}{2}$, — — et il n'y a pas de bicarbonates;

Si $P > \frac{E}{2}$, — — 2(E — P), et — id — ;

([1]) L'adoucissement des eaux trop dures se fait d'ordinaire par l'addition de lait de chaux, pour précipiter les carbonates et de carbonate de soude pour les sulfates, et suivant les réactions :

1° $CO^3CaCO^2 + CaO = 2CaCO^3$ (insoluble),

2° $CaSO^4 + Na^2CO^3 = CaCO^3 + Na^2SO^4$.

Si on a une analyse complète, la quantité de chaux à employer (en grammes par mètre cube d'eau, la chaux tenant 90 0/0 de CaO) est donnée par les expressions :

$$31,2\,[rFe + rAl + rMg + r(HCO^3) + 0,0454CO^2]$$

avec les quantités en réaction, ou :

$$[1,117Fe + 3,456Al + 2,568Mg + 30,96H + 0,511(HCO^3) + 1,416CO^2],$$

avec les poids réels. La quantité de carbonate de soude (en grammes par mètre cube, le sel tenant 95 0/0 de Na^2CO^3) à employer est donnée de même par :

$$55,8\,[rFe + rAl + rCa + rMg + rH - r(CO^3) - r(HCO^3)],$$

ou bien en poids réels :

$$[2,004Fe + 6,18Al + 2,784Ca + 4,584Mg + 55,44H - 1,86CO^3 - 0,916(HCO^3)].$$

Bien entendu, une valeur négative de cette seconde formule voudrait dire simplement qu'il n'y a pas besoin de carbonate de soude.

Le poids des dépôts et incrustations à attendre dans une chaudière est donné approximativement par l'expression :

$$\underbrace{Su}_{\text{Mat. en suspension.}} + \underbrace{SiO^2 + Al^2O^3 + Fe^2O^3}_{\text{Colloïdes.}} + 1,284Fe + 1,884Al + 1,656Mg + 2,952Ca.$$

où il faudrait encore distinguer la partie dure (*hardscale*).

mais il y a en outre des hydrates alcalins ou alcalino-terreux donnés par 2P — E (c'est l'alcalinité des hydrates ou *alcalinité caustique*); enfin si P = E, il n'y a ni carbonates, ni bicarbonates, et toute l'alcalinité provient des hydrates.

c) *Acidité : sa mesure par le pH.* — *Eaux agressives.* — Certaines eaux sont acides, ce qui tient soit à du CO^2 libre (terrains où il n'y a pas de chaux pour le lier), soit à des acides humiques (notamment terrains tourbeux et marécageux), soit à H^2S (fréquent dans les eaux profondes), soit aux acides sulfureux et sulfurique (ou aux sulfates acides), chlorhydrique et borique qu'on trouve dans les terrains pyriteux, gypseux ou volcaniques [1].

L'acidité totale peut se déterminer à froid au moyen d'une solution normale de Na^2CO^3 avec la phénolphtaléine comme indicateur (celle due à H^2SO^4 seul, à froid, avec le méthylorange, tandis qu'avec la phénolphtaléine on n'aurait l'acidité de H^2SO^4 et des sulfates qu'après avoir porté à l'ébullition). Il est souvent fort utile de doser le CO^2 libre, ce qu'on fait au plus tôt après le prélèvement (l'acide carbonique cherchant à s'échapper) avec la solution normale diluée à $\frac{1}{22}$ de Na^2CO^3 et la phénolptaléine; par l'ébullition, le CO^2 disparaît, et il reste l'acide sulfurique et les autres acides fixes.

Mais aujourd'hui, on détermine le plus souvent l'*acidité libre* (appelée parfois aussi *acidité réelle*) par la *concentration des ions-hydrogène* et on la représente par le pH, c'est-à-dire par le *logarithme de l'inverse de la concentration.* Un liquide est neutre quand son $p\text{H} = 7$; il est acide en dessous de 7, et en sorte que pour un $p\text{H} = 6$, l'acidité correspond à $0^{mgr},036$, pour $p\text{H} = 5$ à $0^{mgr},365$, pour $p\text{H} = 4$ à $3^{gr},65$ de HCl complètement ionisé par litre, et ainsi de suite. Inversement, les $p\text{H} > 7$ indiquent des eaux alcalines : pour $p\text{H} = 8$, la basicité correspond à $0^{mgr},040$ de NaOH par litre; pour $p\text{H} = 9$ à $0^{mgr},40$; pour $p\text{H} = 10$ à 4 milligrammes et ainsi de suite jusqu'à $p\text{H} = 14$ correspondant à 40 grammes de NaOH complètement ionisé par litre.

On détermine le pH d'une eau soit par la méthode électrométrique (qui exige un laboratoire bien monté), soit par celle plus facile des *indica-*

(1) Ces acides forts sont parfois assez abondants : ainsi on a trouvé $2^{gr},5$ et $4^{gr},30$ de H^2SO^4 libre par litre dans les sources d'Oak Orchard (Alabama) et de Tuscarora (près Brantford, Canada) sortant de terrains pyriteux; $2^{gr},70$ du même acide dans les faux geysers de Sonoma (Calif.) et $3^{gr},60$ dans la source Hot Spring à Paramo de Ruiz (Colombie) en terrains volcaniques (alors qu'il n'y a pas plus de $0^{gr},41$ dans la solfatare de Pouzzoles). Quant à HCl, libre, il y en a $1^{gr},08$ dans le rio Vinagre (Colombie), terrains volcaniques, et jusqu'à $101^{gr},33$ dans l'eau du Hot Lake, baie de Plenty (Nouvelle-Zélande), qui est un lac dans le cratère d'un volcan. Dans le cratère du Popocatepelt (Mexique), il y a de l'eau avec $11^{gr},009$ de HCl et $3^{gr},643$ de H^2SO^4 par litre.

leurs colorés (1). Il y a une relation entre le *p*H, l'acide carbonique libre et l'alcalinité (quand l'acidité ne provient que de l'acide carbonique libre, ce qui est fréquent). Cette relation, d'après Médinger, peut s'écrire :

$$H = \frac{[H^2CO^3]}{[HCO^3]} \times 3 \times 10^{-7},$$

où H est la concentration en ions hydrogène, $[H^2CO^3]$ celle en acide carbonique libre et $[HCO^3]$ celle de l'acide carbonique des bicarbonates (ou deux fois l'acide carbonique semi-combiné). On voit que *p*H sera > 7 quand on aura :

$$\frac{\text{Acide carbonique libre} \times 3}{\text{Acide carbonique des bicarbonates}} > 1\,;$$

Tillmann a exprimé la même chose par une formule un peu différente (2) :

$$H \times 10^7 = \frac{3 \times \text{acier carbonique libre } (CO^2) \text{ en mgr. par litre}}{0{,}61 \times \text{alcalinité (en } CaCO^3) \text{ en mgr. par litre}}\,;$$

d'où, si on connaît le CO^2 et l'alcalinité, on tirera $pH = \log \frac{1}{H} = 7 -$ log du rapport ci-dessus. C'est plutôt le *p*H que l'on mesure et l'alcalinité, et on en déduit l'acide carbonique libre (qu'il importe de neutraliser pour empêcher l'eau d'être *agressive*). On voit déjà par ce qui précède que l'alcalinité joue un rôle protecteur pour les tuyaux métalliques : la solubilité du fer dans une eau est proportionnelle à la concentration des ions H et inversement proportionnelle à celle des ions-bicarbonates $[HCO^3]$.

Toutes les eaux dont le *p*H est < 7 sont *agressives;* mais ce chiffre ne constitue pas une limite exacte, et certaines eaux (par exemple l'eau d'une source du grès vosgien avec 7,29 de *p*H et $22^{mgr},3$ d'acide carbonique libre) dont le *p*H est un peu > 7 attaquent les métaux, surtout si le CO^2 libre n'est pas contrebalancé par une alcalinité suffisante (3). Ainsi, d'après Whipple, les eaux qui ont respectivement 2, 10, 20, 30, 40 milligrammes de CO^2 libre par litre seront agressives si elles n'ont pas une alcalinité (en mgr

(1) Je ne puis entrer ici dans le détail de ces méthodes : on pourra se reporter à mon article de la *Revue d'Hygiène : l'Acidité de l'eau* (novembre 1924) : sa mesure, sa correction.

(2) Toutefois cette formule n'est suffisamment exacte que s'il y a plus de 1 de CO^2 libre pour 65 d'alcalinité.

(3) Dans une nappe, on peut déterminer, comme on l'a fait pour le bassin artésien (partie N.) du Queensland (Australie), les courbes d'égale teneur des eaux souterraines en CO^2 libre (en l'espèce elles vont de 7 grains par gallon à la bordure E du bassin à 1 grain — soit $14^{mgr},3$ par litre — vers l'O.), et par suite connaître les zones où les eaux seront corrosives (*corrosive area*).

de $CaCO^3$) respectivement d'au moins 100, 175, 215, 240 et 265. Naturellement ceci ne tient pas compte des autres acides (dont l'effet s'ajouterait s'il y en avait), ni des sels.

Les remèdes, quand on a des eaux corrosives, consistent à chasser le CO^2 et l'oxygène libres, à alcaliniser le milieu soit en ajoutant du lait de chaux, soit en faisant passer l'eau au travers d'un filtre en morceaux de calcaire (ce qui fixe le CO^2 et endurcit l'eau), enfin à revêtir la surface des métaux d'une couche protectrice inattaquable. Le cuivre n'étant pas attaqué par les eaux acides, on recommande de tuber les puits artésiens qui donnent des eaux agressives avec des tuyaux en cuivre.

III. **Analyse chimique proprement dite : recherche et dosage des éléments.** — Je ne m'arrêterai qu'aux éléments les plus importants et les plus directement en rapport avec les couches géologiques, et je ne reviendrai pas sur les sels de Ca et de Mg, ni sur l'acide carbonique (1), dont il a été déjà parlé.

Chlorures et spécialement chlorure de sodium. — Les ingénieurs doivent savoir faire la chlorurométrie (*Méthode de Mohr*, au nitrate d'argent, déjà décrite précédemment. — Voir page 71). Les chlorures et notamment le NaCl sont tellement répandus dans la nature et leur importance est telle qu'on a le plus grand intérêt à être renseigné sur place à leur sujet. Ils proviennent soit des bancs de sel (sel gemme) qu'on rencontre très fréquemment dans le sol et à des profondeurs très diverses, soit des infiltrations de l'eau de mer ou encore des gouttelettes d'eau salée arrachées par les vents à l'Océan (2), soit enfin des matières organiques d'origine animale, les urines et matières fécales contenant une forte proportion de chlorures

(1) Je rappellerai cependant qu'on a à doser : *a*) l'acide carbonique total; *b*) l'acide carbonique libre avec celui demi-combiné (la deuxième molécule engagée dans les bicarbonates et qui se sépare à l'ébullition), $c = a - b$) l'acide carbonique complètement combiné. Comme les bases terreuses ne sont dissoutes à l'état de bicarbonates que grâce à une deuxième molécule égale à *c*, si de *b* on retranche *c*, on a l'acide carbonique libre $d = b - c$, qu'on peut aussi doser directement (méthode d'Ellms et Beneker) ou évaluer d'après le *p*H.

On sait que le carbonate neutre de Ca est très peu soluble dans l'eau, tandis que pour le bicarbonate la quantité dissoute dépend de la température et de la tension du CO^2 dans l'atmosphère gazeuse en contact (loi de Schlœsing). Dans l'intérieur du sol, cette tension est souvent très élevée, ce qui explique la forte teneur de certaines eaux souterraines en bicarbonate et le dépôt de $CaCO^3$ à leur arrivée au jour.

(2) La pluie est ainsi d'autant moins salée qu'on s'éloigne plus des côtes, et il en est de même pour les eaux de ruissellement et de la nappe phréatique. Rappelons que Jackson a ainsi établi les courbes d'égale salure de cette nappe le long de la côte de la Nouvelle-Angleterre; ces courbes sont parallèles à la côte, et dans des terrains granitiques (ne contenant par eux-mêmes pas de sel), la teneur en chlore passe de 6 milligrammes par litre à 1 milligramme sur la côte à 50 ou 60 kilomètres dans l'intérieur des terres.

et de sulfates : il sera donc nécessaire de discerner si la présence du chlore dans une eau est d'origine géologique, marine ou organique.

Sulfates. — La même chose est à dire des sulfates, les bancs de gypse étant aussi très répandus dans le sol. Il y aurait deux sortes de sulfates de Ca, $CaSO^4 + 2H^2O$ et $CaSO^4 + \frac{1}{2} H^2O$, ayant une solubilité différente (en tout cas plus grande que celle des carbonates), et ce sont eux qui produisent la dureté permanente [1].

Nitrates et nitrites. — Ils sont assez rares dans les eaux souterraines. Dans les eaux peu profondes, comme dans les eaux de surface, ils indiquent habituellement l'apport d'azote d'origine organique, oxydé ou en voie d'oxydation.

Sels de potassium et de sodium. — C'est l'abondance des sels alcalins qui rend le plus souvent les eaux inutilisables. Les sels de K sont assez rares dans les eaux souterraines, mais ceux de Na sont très fréquents, et l'on peut trouver des teneurs en NaCl très diverses et allant jusqu'à la saturation complète. Ainsi les sources de Rheinfelden (Suisse) contiennent 311^{gr},63 de NaCl par litre; la source Bayaa de Salies-de-Béarn en a 245^{gr},45 avec 2^{gr},30 de KCl et 0^{gr},017 de LiCl; la source de Nauheim se rapproche de l'eau de mer avec 29^{gr},30 de NaCl; celle de Salins (Jura) a 22^{gr},74 de NaCl, 0^{gr},87 de $MgCl^2$ et 0^{gr},25 de KCl, etc., etc. En dehors des sources minérales, il arrive souvent que les eaux profondes sont trouvées très chargées de sels (un forage de 700 mètres de profondeur à Conneautsville en Pennsylvanie donne de l'eau à 250^{gr},45 de NaCl!); au delà de 4 grammes par litre, elles sont bien difficilement utilisables pour l'alimentation et pour l'irrigation (cependant, en Australie, on a abreuvé des moutons avec de l'eau ayant jusqu'à 8 grammes de NaCl).

Il n'y a malheureusement pas d'autre moyen de se débarrasser en grand des sels alcalins que la distillation.

Ce sont les sels alcalins qui interviennent surtout pour produire la mousse et l'entraînement d'eau (*foaming* and *priming*), qui sont si gênants dans l'alimentation des chaudières : le coefficient de *mousse* est représenté par

$$f = 78rK + 62rNa = 2K + 2,7Na.$$

(1) On dose l'acide sulfurique des sulfates par précipitation avec le chlorure de baryum; mais le *Geological Survey U. S.* a indiqué qu'on peut doser rapidement le précipité sans le peser, en déterminant au turbidimètre le degré de turbidité du mélange et en déduisant le poids de sulfate de baryte d'après un tableau établi à cet effet.

Le nombre d'heures où une chaudière peut fonctionner sans danger est donné par l'expression $\frac{A}{b}\left(\frac{c}{f}-1\right)$· où A est la capacité de la chaudière; b la quantité d'eau qui y entre par heure, et c une constante qui représente en milligrammes par litre la concentration des sels donnant une trop forte mousse dans le type de bouilleurs considéré (ainsi c est de 2.500 à 3.500 pour les locomotives, 5 à 7.000 pour bouilleurs tubulaires modernes, 8 à 10.000 pour bouilleurs tubulaires horizontaux à retour de flamme, etc., etc.).

Les sels alcalins sont aussi très gênants pour la végétation : les sels de sodium sont toxiques pour les plantes et la toxicité de Na est représentée par 10 pour Na^2CO^3 (*black alkali*), par 5 pour NaCl et par 1 quand il est à l'état de Na^2SO^4 (*white alkali*). Stabler appelle *coefficient alcalimétrique* « la hauteur d'eau (en pouces) qui, après évaporation, laisserait dans la tranche de terre végétale (4 pieds d'épaisseur) juste assez d'alcali pour être nuisible aux récoltes les plus sensibles. » La limite de nocuité serait d'environ 1.683 kilogrammes de Na à toxicité 1 par hectare. Le coefficient alcalimétrique k est donné par les formules ci-après, suivant les cas :

1° Il y a dans l'eau plus de chlore qu'il n'en faut pour saturer le sodium ($Na - 0,65\ Cl \leq 0$), alors :

$$k = \frac{2.040}{Cl};$$

2° Il y a plus de sodium qu'il n'en faut pour saturer le chlore, mais tout l'excès est combiné à l'acide sulfurique ($0,48\ SO^4 > Na - 0,65\ Cl > 0$), alors :

$$k = \frac{6.620}{Na + 2,6Cl};$$

3° Il y a excès de Na sur le chlore et l'acide sulfurique, c'est-à-dire qu'il y a du carbonate de soude [1] ($Na - 0,65\ Cl - 0,48\ SO^4 > 0$), alors :

$$k = \frac{662}{Na - 0,32Cl - 0,43SO^4}.$$

Les eaux qui ont un coefficient alcalimétrique > 18 sont très bonnes pour l'irrigation; celles où $6 < k < 18$ sont encore bonnes, mais il faut faire un bon drainage; si $1,2 < k < 6$, les eaux sont bien défectueuses, et il faut choisir un bon sol et assurer un drainage artificiel excellent; enfin, si $k < 1,2$, l'eau est impropre à l'irrigation.

[1] En ce cas, le Na^2CO^3 peut être transformé par l'addition de plâtre, qui donne du sulfate de soude, dix fois moins toxique.

tique qu'on attribue aux eaux radioactives. Je me contenterai de donner ici en exemple la radioactivité r de quelques sources bien connues : l'*horo-radioactivité* est la quantité d'émanation dégagée en une heure, et si on connaît le débit de la source q par minute, étant donné qu'il faut 1 milligramme de radium pour engendrer par minute 125 millimicrocuries d'émanation, on aura la puissance radioactive horaire d'une source en milligrammes de Ra par l'expression :

$$qr \times \frac{60}{125}.$$

NOMS DES SOURCES	EAU			GAZ ISSUS DES SOURCES			PUISSANCE RADIOACTIVE TOTALE DE LA SOURCE (en mgr. de Ra)
	DÉBIT (en litres par minute)	RADIOACTIVITÉ (en millimicrocuries par litre)	PUISSANCE radioactive horaire (en mgr. de Ra)	DÉBIT (en litres par minute)	RADIOACTIVITÉ (en millimicrocuries par litre)	PUISSANCE radioactive horaire (en mgr. de Ra)	
Vichy — Source Chomel	75,23	0,653	23,6	ensemble de 10 à 100 litr. (Chomel, Célestins, Mesdames)	4,10	ensemble 190 environ (Chomel, Célestins, Mesdames)	ensemble 239,3 environ
Vichy — des Célestins	99,05	0,528	25,1		1,58		
Vichy — Mesdames	7,70	0,169	0,6		0,77		
Vichy — Boussauge	417,63	0,103	20,6	1.000 environ	0,602	289,2	309,8
Vichy — Grande Grille	34,90	0,066	1,1	de 10 à 100 litr. (Grande Grille, Hôpital)	0,300	11,4 (Grande Grille, Hôpital)	12,8 environ (Grande Grille, Hôpital)
Vichy — Hôpital	30,12	0,022	0,3		0,140		
La Bourboule : source Choussy	400,0	22,9	439,7	58,0	141,5	393,9	833,6
Beaucens : source de la Grange	»	3,03	»	0,04	10,36	0,2	»
Santenay : source Carnot	58,3	1,53	43,0	0,34	4,62	0,7	43,7
Audinac : source chaude	»	0,14	»	0,02	0,59	0,006	»
Vernet-les-Bains : source Providence	»	15,55	»	»	114,6	»	»
Royat : source Saint-Victor	»	15,30	»	»	34,5	»	»
Plombières : source des Capucins	»	10,35			33,8		
La Chaldette	»	12,80	»	»	88,9	«	»
Sail-les-Bains (source du Hamel)	»	11,50	»	»	50,2	»	»

On peut encore citer : la source Lepape à Bagnères-de-Luchon, qui a 41,5 millimicrocuries de radioactivité par litre d'eau; l'Eisenquelle à Carlsbad qui a 28,5; la Buttquelle à Baden-Baden avec 56,15; la source Grabenbäker à Gastein avec 80,74; une source de l'Ile d'Ischia avec 193,79, enfin la source de Saint-Joachimsthal (Erzgebirge), avec 240 millimicrocuries. L'eau la plus radioactive connue paraît être celle de la Galeria Barbara dans cette même vallée de Saint-Joachim, qui aurait 3.182 millimicrocuries par litre.

Classification et composition chimique des eaux minérales. — Les eaux minérales provenant de sources ou de forages, diffèrent trop les unes des autres (même parfois à faible distance) pour qu'on puisse en faire un classement irréprochable et parler de composition chimique moyenne. Je me bornerai à donner la classification habituellement adoptée en Europe, (basée sur l'élément chimique prédominant), en citant comme exemples les sources les plus caractéristiques de chaque classe, et en faisant un tableau de la composition des plus typiques. Quant aux propriétés thérapeutiques, il faut reconnaître qu'on ne sait encore bien souvent au juste à quoi les attribuer (température, présence ou abondance de certains corps, radioactivité, repos physique et intellectuel, régime, etc., etc.) : c'est encore l'usage qui paraît le meilleur critérium.

Classification des eaux minérales de l'Europe occidentale.

CLASSES	SOUS-CLASSES	EXEMPLES
I. ACIDULES	(gazeuses ou carbogazeuses).	Chateldon, Condillac, Renaison, Saint-Galmier, Schwalheim, Seltz, Soultzmatt.
II. SULFURÉES	a) *S. sodiques.*	Amélie, Ax, Bagnols, Barèges, Cauterets, Eaux-Bonnes, Eaux-Chaudes, Luchon, La Preste, Moligt, Olette, Saint-Honoré, Saint-Sauveur, Le Vernet.
	b) *S. calciques.*	Allevard, Aix-les-Bains, Cambo, Cauvalat, Castera, Digne, Enghien, Euzet, Guillon, Montmirail, Pierrefonds, Viterbe.
III. CHLORURÉES	a) *C. sodiques.*	Balaruc, Bourbon-Lancy, Bourbon-l'Archambault, La Bourboule, Hammam-Thélouane, Hombourg, Kissingen, Lamotte, Niederbronn, Salies-de-Béarn, Salins, Wiesbaden.
	b) *Chloro-sulfurées.*	Aix-la-Chapelle, Challes, Gréoulx, Uriage.
	c) *Chloro-bicarbonatées.*	La Bourboule, Saint-Nectaire.
	d) *Chloro-sulfatées.*	Baden (Suisse), Brides, Cheltenham, Saint-Gervais.
IV. BICARBONATÉES	a) *Bic.-sodiques.*	Le Boulou, la Chaldette, Vals, Vichy.
	b) *Bic.-calciques.*	Alet, Foucaude, Pougues.
	c) *Bic.-mixtes.*	Celles, Châteauneuf, Lamalou, Rouzat, Sail-les-Bains, Sail-sous-Couzan, Saint-Alban, Saint-Myon.
	d) *Bic.-sulfatées-chlorurées.*	Carlsbad, Châtelguyon, Jeuzat, Marienbad.
V. SULFATÉES	a) *S. sodiques et magnésiennes.*	Birmenstorf, Friedrichshall, Montmirail, Miers, Pullna, Seidschütz, Sedlitz.
	b) *S. calciques.*	Aulus, Audinac, Bagnères-de-Bigorre, Capvern, Contrexéville, Encausse, Martigny, Saint-Amand, Vittel.
VI. FERRUGINEUSES		Andabre, Auctoville, Aumale, Auteuil, Barbotan, Bonne-Fontaine, Bussang, Cransac, Cusset, Campagne, Charbonnières, Dinan, Forges, Franzensbad, Neyrac, Orezza, Oriol, Préfailles, Pyrmont, Royat, Rippoldsau, Saint-Christophe, Saint-Pardoux, Sultzbach, Spa, Sylvanès, Versailles, Vic-sur-Cère.
VII. OLIGO-MÉTALLIQUES		Acqui, Aix-en-Provence, Bagnoles-de-l'Orne, Chaudes-Aigues, Dax, Évian, Evaux, Gastein, Luxeuil, Mont-Dore, Néris, Pfeffers-Ragatz, Plombières, Schlangenbad, Saint-Laurent, Saint-Christau.

Voici maintenant la composition des plus typiques de ces eaux, avec leur température.

Tableau de la composition chimique de quelques

CLASSE ET SOUS-CLASSE		PROVENANCE — STATIONS	PROVENANCE — SOURCES	TEMPÉRATURE	RÉSIDU D'ÉVAPORATION	L…
				°	gr.	
I. Acidules		Saint-Galmier	Badoit	8	2,40	3,
		Soultzmatt	Nessel	10	2,16	1,
II. Sulfurées	*Calciques*	Amélie-les-Bains	Hôpital militaire	62,1	0,320	
		Barèges	Tambour	45	0,270	0
	Sodiques	Allevard		16,9	1,792	0
		Aix-les-Bains	Eau de soufre	47	0,492	
		Enghien	La Pêcherie	14	1,20	
III. Chlorurées	*Sodiques*	Wiesbaden	Kochbrunnen	68	8,26	
		Bourbon-Lancy	Lymbe	56,5	1,74	0
		La Bourboule	Croizat	47,5	8,223	0
	Sulfurées	Uriage		27	9,70	0
		Challes		10,5	1,34	0
	Bicarbonatées	Saint-Nectaire	Cornadore	37,5	4,95	0
		La Bourboule	Choussy	56	4,94	0
	Sulfatées	Saint-Gervais	Torrent	48	5,00	0
		Brides		35	5,68	0
IV. Bicarbonatées	*Sodiques*	Vals	Célestine	26	4,12	2,
		Vichy	Hôpital	44	5,18	1,
	Calciques	Pougues	Saint-Léger	12	2,48	2,
	Mixtes	Châteauneuf	Morny	38	3,01	2,
		Saint-Alban	César	17	1,76	2,
	Sulfatées-chlorurées	Carlsbad	Sprudel	73,7	5,46	0,
		Châtelguyon	Gubler	28	5,94	1,
V. Sulfatées	*Sodiques et magnésiennes*	Montmirail	Eau verte	16	17,30	
		Pullna		7,5	32,3	0,
		Sedlitz		15	33,58	
	Calciques	Aulus	Laporte	20	2,31	0,
		Saint-Amand		25	1,53	0,
		Contrexéville	Pavillon	12	2,30	0,
VI. Ferrugineuses		Bussang		13	1,27	0,
		Forges	Saint-Antoine	7	0,31	0,
VII. Oligo-métalliques		Evaux		56,7	1,44	
		Néris		52,8	1,12	0,
		Plombières		70	0,37	
		Ragatz		38	0,30	

(1) Les chiffres en italiques sont évalués en bicarbonates, les autres en carbonates neutres.

ales types d'Europe (en grammes par litre).

CHLORURES DE				SULFATES DE				CARBONATES (1) OU BICARBONATES DE					SiO^2	DIVERS
K	Li	Ca	Mg	Na	K	Ca	Mg	Na	K et Li	Ca	Mg	Fe et Mn		
gr.	gr.	gr.	gr.	gr.	gr.	gr.	gr.	gr.	gr.	gr.	gr.	gr.	gr.	gr.
				0,10				*0,855*	*0,06*	*0,75*	*0,43*	*0,02*	0,04	
				0,023	0,147			0,957	0,02	0,43	0,31		0,063	NaBr : 0,065.
				0,046	0,01			0,08		0,01	0,006		0,050	Na^2S : 0,010. NaI : traces.
				0,017	0,006								0,050	Na^2S : 0,40. NaI : traces.
				0,414	0,022	0,226	0,244			0,294	0,019	0,001	0,023	H^2S : 0,037. NaBr : 0,001.
				0,030		0,086	0,080		traces	0,190	0,001	0,01	0,04	Na^2S : 0,009. NaI : traces.
			0,028			0,190	0,130			0,340	0,06	0,003	0,06	H^2S : 0,039. CaS : 0,104.
0,14	traces	0,47	0,20			0,09				0,42	0,01	0,005	0,06	traces de Br et I.
				0,051	0,09			0,011		0,20	0,007	0,003	0,07	NaBr : 0,008. NaI : traces.
				0,411				*1,875*	*0,399*	*0,635*	*0,188*	traces	0,11	Acide arsénique 0,01.
0,40	0,008			1,53	0,14	1,05	0,48	*0,55*		0,32	0,01		0,03	traces de Br et I. Acide arsénique 0,001.
				0,64				0,595		0,077	0,05		0,02	Na^2S : 0,36. NaBr et NaI : traces.
				0,14				1,46	0,27	0,45	0,35	0,02	0,13	
0,162	traces		0,032	0,208				*2,892*		*0,190*		*0,004*	0,12	Arsenic : 0,007.
				1,77	0,108	0,95	0,07			0,15	0,004		traces	NaBr : 0,03. H^2S : 0,002.
				1,16	0,09	1,71	0,53			0,313	0,011	0,008	0,046	Arsenic : 0,004.
				0,04				*4,13*	*0,207*	*0,610*	*0,52*	*0,016*	0,11	
				0,27				3,52	0,32	0,38	0,05	0,002	0,06	
				0,176				*0,781*	*0,067*	*1,702*	*0,403*	*0,006*	0,034	
	traces			0,16				*0,97*	*0,13*	*1,015*	*0,39*	*0,07*	0,12	
Chlore total : 0,026										0,553	0,254	0,019	0,05	
				2,587					1,2З	0,306	0,178	0,005	0,075	
			1,563					*0,955*	*0,273*	*2,177*		*0,068*	?	
			0,86	5,06		1,00	9,51							
			2,17	16,12	0,625	0,34	11,99			0,10	0,834		0,023	
				0,73		0,58	31,82			0,22	0,141			
0,003				0,010		1,86				0,110		0,009	0,02	
traces				0,09		0,12	0,085			0,160	0,03	0,120	0,018	
0,006				0,236		1,565	0,030		*0,07*	*0,402*	*0,035*	*0,004*	0,015	
				Sulfates : 0,10				0,789		0,340	0,150	?	0,02	Crénate de fer 0,78.
		0,025	0,004			0,014	0,004			0,019		0,058	0,013	
	traces			0,82	0,02			0,12		0,07	0,03	0,004	0,03	
				0,36	0,04			0,31		0,09	0,01	0,001	0,10	
	traces			0,12	0,01			0,056		0,02	0,001	traces		
	traces			0,03	0,007			0,060		0,13	0,05	0,001		NaBr et NaI : traces.

Aux États-Unis, où il y a un nombre incalculable de sources minérales exploitées, Clarke (1) fait une autre classification basée sur les radicaux négatifs, d'où les quatre grandes classes des eaux *chlorurées*, *sulfatées*, *carbonatées* et *acides*. Mais il est obligé de tenir compte aussi des autres acides plus rares, acides borique, phosphorique et nitrique, puis de faire des subdivisions d'après les ions positifs (Na, Ca, Mg, Fe), en sorte qu'il arrive aux douze catégories ci-après (sans même en avoir une pour les eaux sulfureuses, si importantes en thérapeutique).

Classification des eaux minérales (États-Unis), d'après Clarke.

Classe	Ion négatif	Subdivisions
Classe I. *Eaux chlorurées*	Principal ion négatif Cl	A) Principal ion positif Na.
		B) — Ca.
		C) — Mg.
Classe II. *Eaux sulfatées*	Principal ion négatif SO^4	A) — Na.
		B) — Ca.
		C) — Mg.
		D) Eaux riches en Fe et Al.
		E) — métaux lourds (Zn).
Classe III	*Eaux sulfatées-chlorurées* (Cl et SO^4 tous deux abondants).	
Classe IV. *Eaux carbonatées*	Principal ion négatif CO^3 ou HCO^3	A) Principal ion positif Na.
		B) — Ca.
		C) Eaux ferrugineuses.
Classe V	*Eaux sulfatées-carbonatées* (SO^4 et CO^3 tous deux abondants).	
— VI	*Eaux chlorurées-carbonatées* (Cl et CO^3 tous deux abondants).	
— VII.....	*Eaux triples* (Cl, SO^4 et CO^3 tous trois en quantités égales).	
— VIII....	*Eaux siliceuses* (riches en SiO^2).	
— IX......	*Eaux boratées :* principal ion négatif B^4O^7.	
— X......	*Eaux nitratées :* — AzO^3.	
— XI	*Eaux phosphatées :* — PhO^4.	
— XII	*Eaux acides*	A) Principal acide libre SO^4.
		B) — HCl.

On choisira entre les deux classifications, mais la dernière n'est pas moins compliquée que l'européenne ; encore Clarke dit-il qu'elle ne doit pas être *rigide*.

L'analyse des eaux minérales ne diffère pas sensiblement de l'analyse d'une eau ordinaire : il faut seulement y rechercher et doser certains corps spéciaux, tels que les alcalis, la lithine, le brome et l'iode, etc., etc. On identifie d'ordinaire une eau minérale en la caractérisant par les quatre données suivantes (d'après Bonjean) : degré hydrotimétrique total et degré permanent, alcalimétrie, chlorures et nitrates, auxquels en cas de doute on

(1) F.-W. CLARKE, *The data of Geochemistry*, 5e édition, 1924 (*Bulletin* 770 du *Geol. Survey U. S*).

peut ajouter les sulfates. La cryoscopie peut aussi être utile pour reconnaître rapidement les fraudes.

3° **Qualités biologiques et bactériologiques.** — Les eaux souterraines, sauf dans les couches très voisines de la surface du sol, sont généralement privées d'êtres vivants, ceux-ci étant arrêtés par la *filtration naturelle* qui s'opère précisément dans ces premières couches ([1]). On ne devrait donc trouver dans les eaux des nappes tant soit peu profondes ou des sources qui en sortent ni plankton, ni bactéries : s'il y en a, on doit penser ou que l'eau n'a pas été bien filtrée (ce qui arrive quand elle s'engouffre dans des entonnoirs ou circule dans de larges canaux et fissures), ou qu'il se fait un apport d'eaux étrangères (comme il arrive souvent pour les sources au voisinage de leur point d'émergence).

Les analyses biologiques et bactériologiques rendront donc grand service, surtout au point de vue hygiénique, pour dire si une nappe est en dessous du *niveau de l'asepsie terrestre* ou non, si une source est contaminable ou non, etc., etc. Il faudra en faire en toutes conditions météorologiques, notamment après de fortes averses et des fontes de neige, qui sont des plus dangereuses pour faire pénétrer les germes dans l'intérieur du sol. On pourra aussi déterminer par ces analyses suivies la *valeur filtrante* des différentes couches; mais on comprend qu'il soit bien difficile de parler de *teneur habituelle* des eaux d'une formation en bactéries, puisque cette teneur devrait être normalement nulle. S'il en est autrement, il faudra en rechercher les causes pour les éliminer, faire de la protection, etc., etc.

([1]) Il suffit que l'eau traverse 5 ou 6 mètres d'épaisseur de sable ordinaire pour ne plus contenir aucun germe vivant.

CHAPITRE V

PROPRIÉTÉS HYDROGÉOLOGIQUES DES DIVERS TERRAINS DANS CERTAINES RÉGIONS PRISES POUR EXEMPLES

HYDROGÉOLOGIE DE L'EUROPE ET DU NORD-AMÉRIQUE

I. — ROCHES D'ORIGINE IGNÉE

A) **Roches archéennes, cristallophylliennes et métamorphiques (gneiss, granit, porphyre, etc., etc.).** — Ces roches occupent de grandes étendues du globe : les éléments positifs archéens déjà signalés, ainsi que les intrusions de granit, granodiorite, etc., etc., survenues à différentes époques. Dans l'Europe Occidentale, nous les trouvons surtout dans les régions montagneuses : Alpes (grand arc médian), Pyrénées et chaîne Carpéto-Vitonique [1], Carpathes, Vosges et Forêt-Noire; dans le Massif central français (Creuse, Limousin, Morvan), l'île de Corse et la presqu'île armoricaine; sur les côtes d'Irlande et d'Écosse; en Scandinavie; enfin en Bohême (toute la moitié Sud et toute la périphérie). Dans l'Amérique du Nord, le vaste bouclier canadien, les noyaux des Appalaches et des Montagnes Rocheuses, la granodiorite de la Sierra Nevada, les déserts du Far-West; dans l'Amérique du Sud, toute la moitié N. du bassin de l'Amazone, une grande partie de l'E. du Brésil et de l'Uruguay, etc., etc. Il serait trop long de chercher à énumérer les régions de cette nature dans les autres continents.

Nous connaissons déjà la manière dont se comportent ces roches vis-à-vis de l'eau : étant massives et par elles-mêmes imperméables, il n'y a d'eau que dans leurs fissures et interstices (que, sauf les grandes failles, nous savons généralement étroits), ou dans les produits meubles de désagrégation (éboulis) ou de décomposition (latérites, arènes) s'accumulant plus spécialement dans les creux et vallons. Toujours à l'exception de celles

[1] Plus, en Espagne, les massifs des Sierras Nevada, Morena et de Ronda.

(souvent thermo-minérales) venant par les failles, les sources soit qu'elles proviennent du déversement d'une fissure dans un vallon, soit qu'elles suintent d'un amas d'éboulis [1] ou d'arènes, sont généralement faibles et disséminées, et il faut drainer une grande surface pour obtenir un volume d'eau un peu important : c'est pourquoi la plupart des villes d'Alsace, Strasbourg, Colmar, Mulhouse, Thann ont renoncé aux sources des Vosges (même à celles du grès vosgien) pour puiser dans les graviers de la plaine du Rhin.

Quant aux puits, la figure 1 nous a déjà montré les chances qu'ils avaient de rencontrer ou non une fissure aquifère, et nous avons dit qu'il n'y a pas lieu d'ordinaire de poursuivre la tentative au-dessous de 60 ou 75 mètres. D'après Nordenskjöld, il y aurait dans le granit (au moins dans certains pays et au voisinage de la mer), aux environs de 30 mètres de profondeur une sorte de plan de clivage limitant la zone qui est influencée par les différences de température diurnes et annuelles, et on aurait grande chance d'y trouver de l'eau. C'est ainsi qu'il a fait forer quarante-quatre puits réussis, contre un seulement stérile, à la station de pilotes d'Arkö [ils ont de 32 à 35 mètres [2]]. En France, des puits dans les porphyres de l'Esterel sont suffisants pour alimenter les villas d'Agay. — Dans les roches cristallines de la Nouvelle Angleterre (Maine, Connecticut, etc., etc.), il y a deux séries de fissures, les unes presque horizontales, les autres presque verticales, et comme elles sont très rapprochées au voisinage de la surface, presque tous les puits donnent de l'eau : trois puits seulement sur deux cent trente-sept ont été secs dans le Connecticut, et quarante-cinq sur trois cents quatre-vingt-cinq dans le Maine. L'eau n'est d'ailleurs pas bien abondante, car une bonne moitié de ces puits donnent moins de 20 litres par minute et 3 0/0 seulement donnent 180 litres ou plus. La largeur des joints aquifères, qui est souvent de 1 à 5 centimètres à la surface, va très vite en diminuant, et à 9 mètres de profondeur elle n'est plus que de $\frac{1}{20}$ de la largeur initiale. Dans le *complex cristallin* des déserts du S.-O., Kirk Bryan nous apprend que les choses se passent de même, mais avec moins d'eau encore à cause de la faible pluviosité.

[1] Il y a cependant dans les régions montagneuses, où la désagrégation intense a produit d'importants amas d'éboulis dans les vallons, des sources assez fortes qui sortent de ces amas reposant sur la roche en place imperméable ou sur l'argile glaciaire : Révil cite ainsi bien des sources dans les vallées qui découpent le massif granitique du Mont-Blanc en Savoie. Les éboulis fonctionnent comme des éponges qui s'égouttent à leur base.

[2] On les a appelés *puits de diamant* parce qu'on les avait creusés à l'aide d'un perçoir muni d'une couronne de diamants.

Le drainage des vallons arénacés est susceptible de donner un certain volume d'eau, mais il faut drainer sur de grandes longueurs et avoir un climat pluvieux; de plus, la nappe n'étant pas profonde, il est nécessaire de *protéger* la surface drainée pour avoir de l'eau pure. Plusieurs villes sont

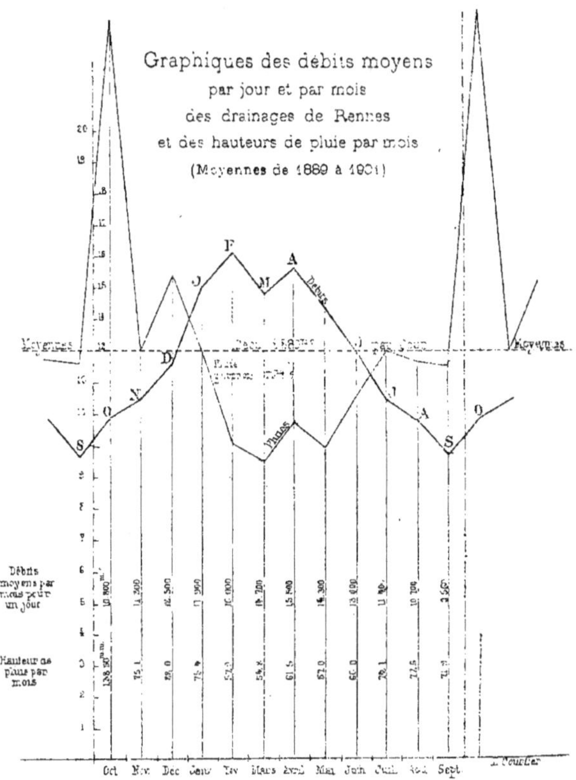

FIG. 78. — Débits moyens obtenus par les drainages de Rennes (granit).

alimentées de la sorte. En Bretagne, Rennes (vallées de la Loisance et de la Minette), où en drainant 4.000 hectares on obtient en moyenne 13.000 mètres cubes par jour (¹) descendant en basses eaux à 7.500 (*fig.* 78), Quimper (pour un bassin de 250 hectares on a de 1.200 à 3.800 mètres cubes par jour,

(¹) On remarquera sur le graphique que le débit est maximum en hiver et au printemps, alors que les pluies sont minima : cela tient à ce qu'en été et automne la végétation reprend une bonne partie de l'apport pluvial.

mais la hauteur de pluie est notablement plus forte à Quimper qu'à Rennes), Lorient (voir *fig.* 79, le type des drains de ces trois villes et les précautions prises pour empêcher la pénétration d'eaux de surface), Fougères, Vitré, Dinan, Lannion, Saint-Malo, Dinard, Bressuire (qui a établi un serrement à l'extrémité de sa galerie); Nantes a renoncé à la suite d'une étude de Michel, à drainer le bassin granulitique de la Sèvre-Nantaise au S.-E. de Mortagne-sur-Sèvre; quant à Saint-Nazaire, on trouverait pour elle de l'eau

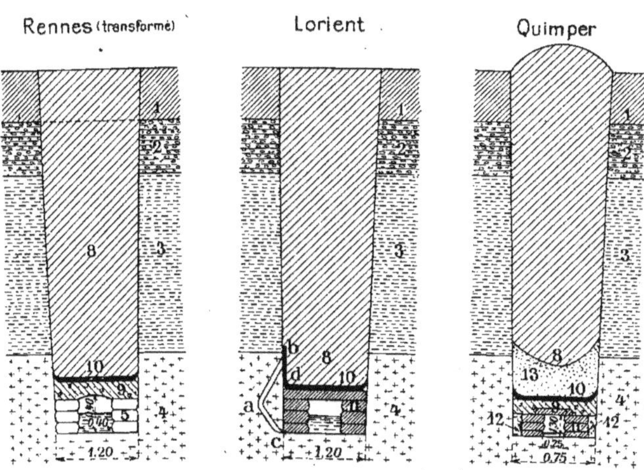

Fig. 79. — Drainages en terrains granitiques pour des villes de Bretagne (Échelle 0,0133 par mètre).

1, terre de prairie et tourbe; — 2, cailloux roulés et argile; — 3, tuf (arène) granitique; — 4, granite; — 5, maçonnerie de pierres sèches; — 8, remblai avec les matériaux de la fouille; — 9, maçonnerie de béton de ciment; — 10, chape en mortier de ciment; — 11, maçonnerie de moellons avec ciment (aqueduc avec barbacanes); — 12, remplissage en éclats de pierres; — 13, remblai en sable de mer; — *bd*, enduit pour empêcher le passage de l'eau par une fissure telle que *bac*.

en vraiment trop petite quantité au pied S.-O. du *Sillon de Bretagne*, long filon quartzeux qui draine le massif granulitique de la Loire à Savenay. Ailleurs on peut encore citer Limoges, Guéret, Thiers, Ambert, Tulle, Ajaccio, etc., etc. En Angleterre, Falmouth, Penryn, Camborne, Bodmin à la pointe de Cornouailles, etc., etc.

Les roches en question étant très peu solubles (le contact de l'eau avec elles est d'ailleurs peu intime), les eaux qui en sortent sont très peu minéralisées. Belgrand l'avait déjà fait remarquer en disant que les sources du granit du Morvan avaient un degré hydrotimétrique entre 1° et 7°, et de Rance le confirma pour l'Angleterre en donnant 4°,3 pour la moyenne de dureté des sources du granit et du gneiss dans ce pays. Le petit tableau ci-dessous donne quelques moyennes en France, en Allemagne et aux États-Unis.

TERRAINS D'OÙ PROVIENNENT LES EAUX		NOMBRE D'ANALYSES	DEGRÉ HYDROTIMÉTRIQUE FRANÇAIS		COMPOSITION MOYENNE (EN MILLIGRAMMES PAR LITRE)						
			Total	Permanent	Résidu d'évaporation	CaO	MgO	Cl	SO^3	AzO^3H	SiO^2
Granit, gneiss et archéen en France (sources et drainages) ..		35	5°,4	4°,1	101	19,4	9,0	24,3	11,8	14,2	13,6
Sources du Plateau central cristallin (France)...............		15	1°,9	1°,7	56,8	9,5	?	5,1	2,0	3,1	18,3
Gneiss du Bayrischer Wald...	Allemagne	?	0°,5	?	22,8	1,7	1,0	2,0	2,2	?	3,8
Schistes micacés du Bayrischer Wald	Allemagne	?	1°,4	?	39,0	4,7	2,0	2,9	6,2	?	11,1
Granit des environs d'Iéna ..	Allemagne	?	2°,3	?	24,4	9,7	2,5	3,3	3,9	?	?
Granit de l'Odenwald.......	Allemagne	3	4°,5	?	92,7	18,7	5,2	8,1	4,3	?	16,0
Sources du granit, gneiss ou *complex* du Maine.........	États-Unis	10	2°,2	?	43,4	7,0	4,5	4,0	4,9	?	8,0
Forages du granit du Maine ..	États-Unis	7	10°,1	?	218,7	46,7	7,7	45,2	15,6	?	15,2
Sources de Johnson (Vermont)..................	États-Unis	?	?	?	40,4	?	?	0,4	?	?	?
Sources de *Sioux quartzite* (Minn.).................	États-Unis	3	7°,4	?	106,0	21,0	15,0	5,0	20,0	,	?

En Allemagne, Luedecke dit encore que le degré hydrotimétrique dans les granits du Taunus et du Rheingau est compris entre 2°,8 et 6°,3, tandis qu'il est de 4°,7 pour les porphyres, et Gärtner pour les sources des terrains granitiques et porphyriques de Thuringe donne de 1°,8 à 3°,6.

On remarquera aux États-Unis que les eaux des forages du Maine, bien que ses forages ne soient pas sortis du granit, sont plus minéralisées que celles des sources. De même celles du *quartzite de Sioux*, soit parce que les fissures de cette formation sont assez profondes, soit parce que le drift sus-jacent influe sur leur composition.

On n'oubliera pas que ces eaux trop douces sont souvent chargées d'acide carbonique (non saturé par la chaux), et qu'elles sont souvent agressives pour les métaux et les mortiers (tuyaux de fonte, acier, ciment, plomb).

B) **Roches volcaniques (trapp, basalte, andésites, rhyolites, laves, etc., etc.).** — Ces roches n'occupent en Europe occidentale que des surfaces assez restreintes et disséminées, telles que les massifs du Cantal et du Puy-de-Dôme [si bien étudiés par Glangeaud (1)], de l'Eifel et du Vogelsberg, de Hongrie et de Transylvanie, d'Écosse (côte N.-O.) et d'Islande, d'Italie (côte S.-O.) et de Sicile (massif de l'Etna, îles Lipari, etc., etc.). Il n'en est pas de même dans d'autres parties du monde, où les expansions volcaniques couvrent parfois de vastes étendues : ainsi en Asie Mineure, au S.-O. de Damas, en Arabie (N. de La Mecque et N.-E. de Médine); dans l'Hindoustan, une surface de laves basaltiques de près de 500.000 kilomètres carrés appelées *trapp du Dekkan* (*Deccan-trap*) (2); les Antilles et les îles Hawaï, les *grands cônes* de Java et les îles volcaniques d'Océanie, la Nouvelle-Zélande et ses geysers; dans l'Amérique du Nord, la grande expansion de laves miocènes qui couvrent sur plus de 650.000 kilomètres carrés la plus grande partie des États de Washington, Oregon, Idaho, N. du Nevada, N.-E. de la Californie, avec le prolongement oriental de l'Yellowstone; puis au Mexique la Sierra Madre, et ensuite toute la chaîne des Andes dans l'Amérique Centrale et l'Amérique du Sud; les États de Rio Grande do Sul et de Santa Catarina au S.-E. du Brésil, etc., etc.

Les roches effusives ont été soit épandues sous forme de laves coulées et qui se sont refroidies en se solidifiant, soit projetées en l'air par les volcans sous forme de blocs ou de cendres qui en retombant sur le sol y ont fait des couches plus ou moins épaisses. Dans le premier cas, la solidification amenant la contraction des laves, elles se sont morcelées en ouvrant de larges fissures (3), par où l'eau de pluie entre facilement et descend en profondeur (jusqu'à ce qu'elle soit arrêtée par le terrain sous-jacent, préexistant à l'éruption); de plus la partie supérieure des laves est souvent remplie d'alvéoles (*honeycombed*) provenant des gaz échappés, et ces vides se remplissent aussi d'eau. Dans le second cas, les blocs superposés et les cendres, formant un filtre plus ou moins grossier, laissent passer l'eau, qui s'accumule au-dessus de la première couche imperméable sous-jacente. On a donc généralement une nappe aquifère à la base des formations volcaniques, fissurées ou poreuses, et une ligne de sources à leur contact avec leur support. En outre, les régions volcaniques sont souvent découpées par de grandes cassures par où les eaux remontent à l'état de sources thermo-minérales; là où

(1) Je ne puis que renvoyer pour le détail à ses nombreuses communications à l'Académie des Sciences et à la Société Géologique de France.

(2) La décomposition superficielle donne sur de grandes surfaces des latérites (argile ferrugineuse de 10 à 60 mètres d'épaisseur), qui laissent facilement pénétrer toute l'eau de pluie dans leur masse.

(3) Toutefois dans certains cas les fissures de roches compactes (trachytes, basaltes) restent étroites : on se retrouve alors pour l'eau dans le cas des roches granitiques (sources faibles et nombreuses).

les roches chaudes sont voisines de la surface (volcanisme récent ou encore en action) on a des sources bouillantes, des vapeurs, des geysers, et souvent aussi de l'eau plus ou moins chaude remplit les anciens cratères.

Roches volcaniques du Massif Central français. — Nous avons en Auvergne un bel exemple des modifications produites par les éruptions volcaniques (d'âge mio-pliocène et pléistocène) sur l'hydrologie d'une région. Celle-ci était préalablement une pénéplaine archéenne ou granitique, coupée par les effondrements oligocènes de la Limagne et du bassin du Puy, et ayant sa topographie hydrographique propre : des soulèvements de cônes trachytiques, de larges coulées basaltiques, des projections de laves et de cendres sont venues recouvrir cette surface d'une épaisseur variable de dépôts généralement poreux, qui ont rempli les creux des vallées, arrêté par places leurs eaux en faisant des *lacs de barrages*, etc., etc.; puis les choses se sont compliquées encore par les érosions et par l'intervention en certains points des phénomènes glaciaires. C'est à la suite de cette évolution qu'il nous reste, en allant du N. au S., d'abord la *Chaîne des Puys* ou *Monts Dôme*, le *Massif des Monts-Dore*, l'énorme *Massif du Cantal*, prolongé par les *Monts Aubrac* (¹); enfin plus à l'E. et séparé de ce qui précède par les gneiss et granits des Monts de la Margeride, les *Monts du Velay*, le massif du Mézenc et du Gerbier des Joncs, et leurs prolongements qui aboutissent au S. de Privas aux *Coirons*.

Les eaux pluviales, s'infiltrant dans les dépôts volcaniques précités, gagnent vite les thalwegs des anciennes vallées enfouies sous eux, et coulent souterrainement sur le fond de ces vallées juqu'à ce qu'elles aboutissent à l'extrémité de la coulée (appelée *Cheire*) où elles sortent d'ordinaire sous forme de sources abondantes (analogues à celles qui sortent au bout des glaciers) (²). Suivant Garrigou-Lagrange, il y aurait aussi habituellement un autre lieu de sources, situées à la base même des cônes de projections, à un endroit où la pente du substratum imperméable est encore faible et où la coulée commence seulement à en trouver une plus forte (*première rupture de pente* de cet auteur); à cet endroit, la coulée à son origine est peu épaisse et le *bedrock* voisin de la surface force les eaux à s'en rapprocher, ce qui donne souvent une émergence (c'est là aussi qu'il est le plus facile de faire des recherches pour les capter). La figure 80, qui montre les sources des envi-

(¹) Il y a encore plus au S. la *chape volcanique* de l'Escandorgue, qui sur 33 kilomètres de long domine le plateau de Larzac; puis une dernière réapparition éruptive à Agde, près de la mer.

(²) Voir son *Étude hydrologique de la région des Puys* (*Annales de l'Hydraulique agricole*, fasc. 42, 1911).

rons du Puy-de-Dôme, achèvera de faire bien comprendre ce mécanisme, lequel aboutit en somme à deux lignes de sources, les unes hautes au pied des cônes éruptifs [1], les autres (les plus importantes) basses au bout des coulées. On comprend aussi que ces eaux étant préservées de l'évaporation dans leur trajet souterrain par les scories volcaniques et filtrées par elles

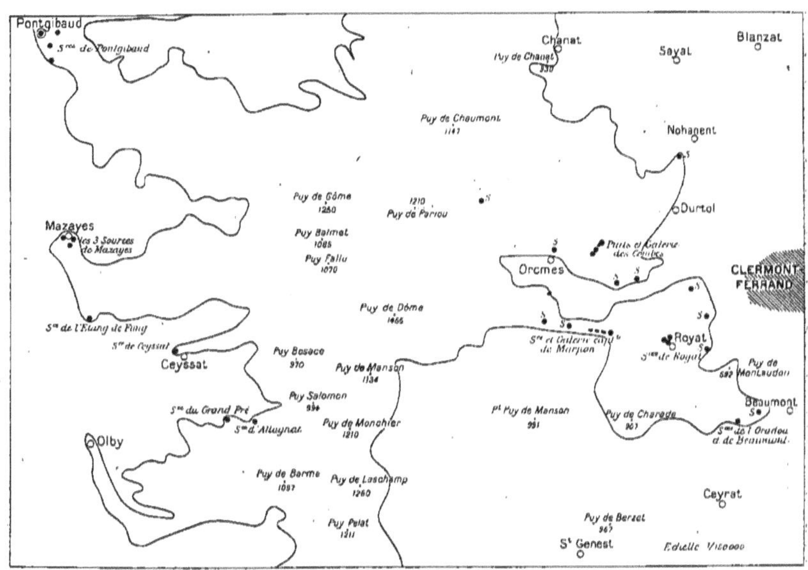

Fig. 80. — Principales sources des terrains volcaniques à l'ouest de Clermont-Ferrand. — La ligne continue est la limite de la base des coulées (cheires) volcaniques (principalement coulée du Puy-de-Dôme prolongée par celle du volcan de Gravenoire, coulée du Puy de Pariou, coulée du Puy de Côme, coulée du Puy de Barme). — Les points noirs sont les principales sources (la plupart à l'extrémité des coulées).

donnent des sources plus constantes et plus pures; elles seront d'ailleurs d'autant plus abondantes que la montagne est plus haute (puisque la pluie augmente avec l'altitude).

La coupe E.-O. (*fig.* 81) fait voir la constitution de cette région, et notamment le contact du granit et des laves volcaniques qu'il supporte avec les marnes sableuses de l'oligocène, le long d'une grande faille (il y en a

(1) Les sources de Fontanas (coulée du Puy-de-Dôme) et la source du Berger (coulée du Puy de Pariou) seraient de ce type; toutes les autres de la figure 80 seraient terminales ou latérales.

même deux) limitant la Limagne à l'O. : une autre faille semblable (passant par Thiers) la limite à l'E. au contact du massif granitique des Monts du Forez (Voir la figure 56). Sans parler des sources thermo-minérales (Royat, Saint-Alyse à Clermont) qui sont sous la dépendance des failles, je signalerai les belles sources ordinaires de Royat (grotte) et de Fontanas sur la coulée du Puy-de-Dôme [1] (Lecoq n'évalue pas à moins de 1.560 litres par seconde

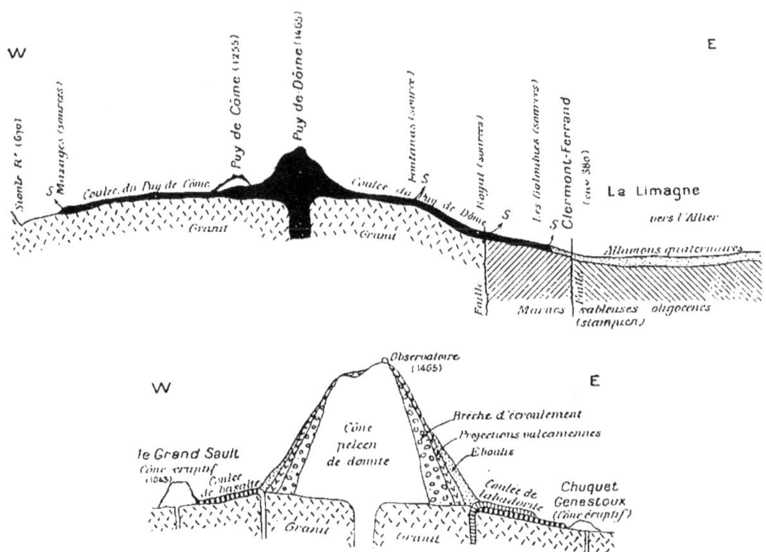

FIG. 81. — Coupe E.-O. du massif du Puy-de Dôme et des coulées de Clermont-Ferrand à Mazayes et détail de la constitution du Puy-de-Dôme (d'après GLANGEAUD). (Échelle des longueurs 1/225.000.)

le débit moyen qui sort de cette longue coulée à l'aval de Fontanas); de l'Oradou et de Beaumont sur celle de l'ancien volcan de Gravenoire; de Nohanent (lavoirs) au bout de celle du Puy de Pariou; et sur le versant occidental, celles d'Allagnat sur la coulée du puy de Barme; les trois sources de Mazayres au bout de la coulée des puys Balmet et Fillo; enfin les sources de Pontgibaud à Peschadoire, qui viennent de la grande cheire du puy de Côme et dont le débit arrivant à la Sioule représente, d'après Garrigou-

[1] La galerie captante de Marpon a été faite aussi sous cette coulée, et celle des Combes sous celle du Puy de Pariou pour l'alimentation de Clermont-Ferrand : elles ne peuvent arrêter qu'une partie des eaux souterraines, et nous avons vu comment leur débit se renforçait lors de l'irrigation des prairies supérieures.

Lagrange, les 4/9 du débit de cette rivière (et fait baisser de 19° à 15° la température de ses eaux en été) (1). On remarque que les sources de cette origine sont plus froides que la moyenne du lieu, ce qui s'explique par le fait que leurs eaux viennent de plus haut.

Plus au Nord, on peut encore citer les belles sources de Saint-Vincent, venant des coulées des puys de Jumes et de la Coquille; celles de Volvic et celle de Saint-Genès (qui alimente Riom) (2) provenant de la coulée du puy de la Nugère; enfin la coulée labradorique du puy de la Raviole a recouvert une ancienne rivière, qui, à son débouché dans la plaine tertiaire, donne naissance aux sources de Sayat, Blanzat et Malauzat (Châtelguyon s'alimente à Malauzat).

Au S. de la chaîne des puys, le massif des Monts Dore présente des phénomènes semblables, avec en plus des traces marquées des glaciations (moraines, qui, lorsqu'elles sont superposées à des couches de laves perméables, laissent filtrer l'eau jusqu'à la base de ces dernières). En outre, certains lacs de barrage, produits soit par l'envahissement d'une vallée par une coulée, soit par la surrection d'un volcan récent, laissent passer leur eau au travers de la masse poreuse de ce barrage, ce qui donne des sources à son pied (lac Chambon au pied des scories du Tartaret). Je montrerai encore, d'après Glangeaud, comment les choses se passant sur le flanc S.-E. du volcan du Sancy (*fig.* 82) : on voit nettement les coulées quaternaires partant des lacs Chambon, Pavin (3) et de Montcineyre, l'origine des sources tant superficielles que sous-lacustres qui alimentent le lac Pavin, celles qui se déversent dans la vallée du Valbeleix et autres détails. Les sources superficielles du lac Pavin émergent aux affleurements de la coulée (quaternaire)

(1) Un peu en dehors de la carte, à l'angle S.-E., se trouve la fameuse colline de Gergovie : Glangeaud, qui en a étudié la constitution et l'hydrologie, y trouve au moins deux coulées de basalte reposant sur des marnes et calcaires marneux, presque imperméables. De là deux nappes aquifères et plusieurs niveaux de sources entre les cotes 650 et 525 (source de Font-Claire, la plus élevée; sources de Font-Maure et du Pré-du-Lac correspondant à la deuxième nappe; enfin plus bas encore sources du Chien et de Prat, auxquelles commence le ruisseau).

(2) La source de Saint-Genès-l'Enfant, assez constante, débite 600 litres-seconde. Tout récemment, dans le bassin supérieur de Volvic (goulet de Volvic), on a creusé dans les laves une galerie captante qui pour 800 mètres de long recueille 300 litres-seconde. Un puits de 80 mètres de profondeur fait avant la galerie a traversé sept couches de lave avant d'arriver à l'eau, laquelle occupait 10 mètres de hauteur au-dessus du granit du fond : la galerie a rencontré l'eau quand elle est arrivée à 300 mètres du puits.

(3) Le lac Pavin résulte d'un cratère d'explosion, postérieur à la genèse du volcan de Montchalm : à son emplacement régnait une topographie glaciaire avec des restes de moraines provenant des glaciers du Mont-Dore (première phase glaciaire). Les explosions du Pavin éclatant au travers des coulées du Montchalm les ont brisées en blocs et projeté les débris aux alentours. On sait que l'île de Santorin a des sources sous-marines à son pourtour, analogues aux sources sous-lacustres du lac Pavin.

N. du puy de Montchalm, dont le basalte repose sur des cinérites compactes

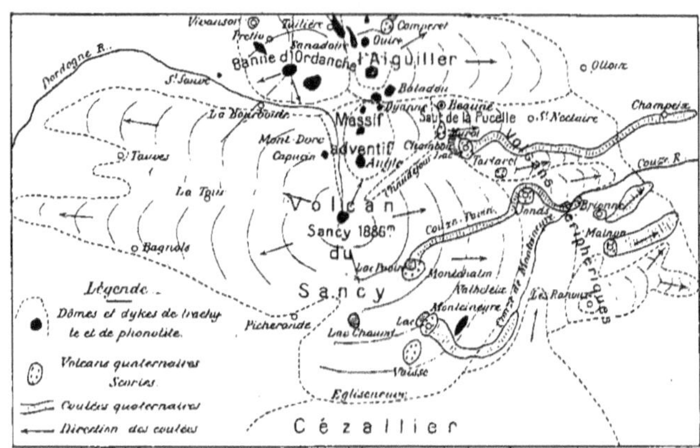

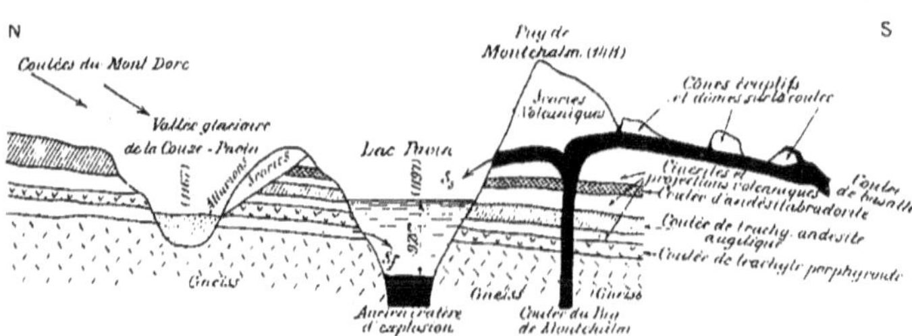

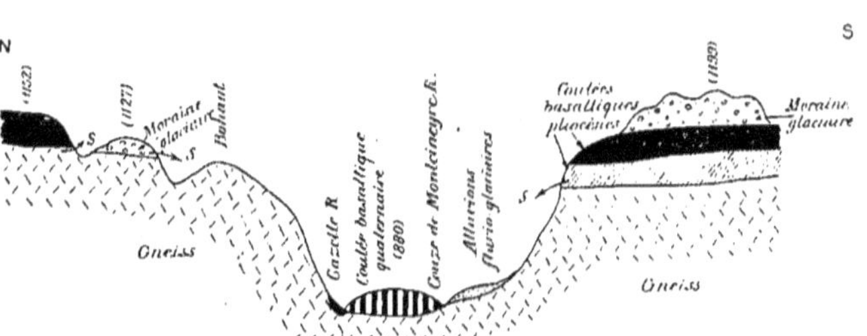

FIG. 82. — Plan et croquis du volcan de Sancy (massif des Monts Dore) : sources du lac Pavin et de la vallée du Valbeleix (d'après GLANGEAUD). — Échelle du jour 1/500.000 environ).

La coupe supérieure N.-S. au lac Pavin montre les sources superficielles Ss et sous-lacustres Sf; — la coupe inférieure N.-S. au travers de la vallée du Valbeleix montre les moraines glaciaires qui la dominent : dans le fond, coulée du volcan de Montcineyre et sources S.-S. au contact des coulées pliocènes et du gneiss.

devenues argileuses et imperméables; quant aux sources sous-lacustres, elles proviennent du contact des coulées plus anciennes du Mont-Dore avec le gneiss.

Le Massif du Cantal est plus vaste encore : sur un substratum archéo-granitique et oligocène profondément fracturé, des éruptions d'âge miocène supérieur se disséminèrent largement; puis une deuxième phase concentra l'activité volcanique sur un espace plus restreint et produisit un grand cône (1), avec sur ses flancs des cônes multiples secondaires alignés sur des fractures. Les plateaux basaltiques ont pris le nom de *planèzes* (Mauriac, Saint-Flour (2), deux villes qui sont alimentées par des sources et drainages des laves basaltiques). « Le Cantal, dit Glangeaud, est étoilé par de profondes et pittoresques vallées, d'origine surtout glaciaire (vallées de l'Alagnon, Sontoire, Cère, Jordanne, Mars, Sumène, Goul, Maronne, Rhue, Brezons, etc., etc.), qui le découpent en une vingtaine de secteurs et entaillent le gâteau volcanique parfois jusqu'à sa base. Un massif lobé, surbaissé, bossué, de direction N.O.-S.E., l'Aubrac, comprenant un ensemble de coulées d'andésite et de basalte coalescentes et parfois superposées (avec intercalation de cinérites), reposant sur une pénéplaine archéenne, granitique et oligocène, est drainé par le Lot et ses affluents, notamment la Truyère, dont les gorges profondes le séparent du Cantal. » Il n'est pas difficile en pareille région de voir où sont les sources. Les plus célèbres sont celles de Chaudes-Aigues (cinq sources à 81°,5, donnant 11 litres par seconde et très chargées de CO^2 libre) qui naissent à la pointe N. de l'Aubrac.

Quant au Velay, il comprend la chaîne du Devès et les massifs du Mézenc et du Mégal, encadrant le *bassin du Puy* (oligocène). La première chaîne, longue de 60 kilomètres et comprenant plus de 150 cônes éruptifs (quaternaire), comporte des coulées de basalte coalescentes (dont certaines descendent très bas dans les vallées, notamment dans celle de l'Allier). Au S.-E., le plateau des Coirons, qui domine la vallée du Rhône, a vu de 5 à 7 coulées superposées, alternant avec des projections. Les sources sont toujours situées de la même manière : on signale celles de Vourzac (source du Lavoir et source du Ponsonnet) captées par la ville du Puy, celles qui alimentent Yssingeaux, Jussac, Retournac, etc., etc., la source de la Loire

(1) Analogue à l'Etna : le massif du Cantal n'a pas moins de 70 kilomètres de diamètre moyen.

(2) Saint-Flour va encore capter et amener de 20 kilomètres les douze sources des Échamps, qui naissent à la cote 1.280, d'éboulis, en dessous d'une coulée basaltique au flanc N. de la vallée de l'Épée. Quant à Aurillac, elle a capté et amené les belles sources de Velzic (de 75 à 125 litres-seconde), qui naissent au flanc gauche de la vallée de la Jordanne du contact des brèches andésitiques avec le substratum oligocène (cote 698).

au pied du *suc* (rocher) du Gerbier des Joncs, celles du Lignon et de la Gagne au pied du Mézenc, etc., etc.

Les eaux ordinaires des terrains volcaniques sont encore peu minéralisées : cependant elles ont une teneur en sels calcaires un peu plus élevée que celles des terrains archéens et granitiques. C'est ce que montre le petit tableau ci-dessous :

TERRAINS D'OÙ PROVIENNENT LES EAUX		NOMBRE D'ANALYSES	DEGRÉ HYDROTIMÉTRIQUE FRANÇAIS		COMPOSITION MOYENNE (EN MILLIGRAMMES PAR LITRE)						
			Total	Permanent	Résidu d'évaporation	CaO	MgO	Cl	SO^3	AzO^3H	SiO^2
Roches volcaniques Plateau Central	France	4	8°9	2°5	81,2	39,0	26,5	6,2	7,5	traces	22,9
Source Marpon (Clermont-Ferrand)	France	1	6°0	3°0	132,0	45,6	0,8	3,5	1,6	id.	44,0
Source de Saint-Genès (Riom)	France	1	6°0	?	112,0	13,5	10,6	?	traces	id.	30,0
Sources du basalte du Sud-Oregon (région des lacs)	États-Unis	6	2°4	2,3	124,1	4,6	6,1	13,9	41,6	?	?
Sources du basalte à Walla-Walla (Wash.)	États-Unis	?	?	?	81,7	?	?	1,5	?	?	?
Forages dans le basalte à Pullman (Wash.)	États-Unis	?	11°0	?	221,6	31,8	22,3	2,6	1,7	?	59,7

On ne peut bien entendu parler de composition pour les eaux des sources thermo-minérales, lesquelles sont très variables d'une source à une autre, même voisine.

Terrains volcaniques de la Campagne de Rome et des monts Albains. — On sait que la Campagne romaine est formée de tufs volcaniques, projetés par d'anciens volcans voisins du bord de la mer (ou même sous-marins), et qu'il se dresse au-dessus du plateau une série de cônes volcaniques, dont le cône dit Latial ou d'Albano est le plus important. Ces cônes sont constitués par un amas de laves et de cendres très perméables, et on comprend qu'à leur pied naissent des sources, comme celle de l'*Aqua Virgo* (*fig.* 83),

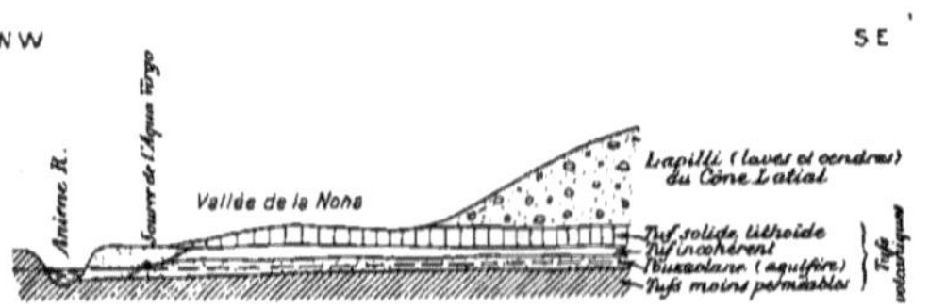

FIG. 83. — Coupe du Cône Latial (source de l'Aqua Virgo) et de la Campagne de Rome.

amenée de Rome par un aqueduc de 21 kilomètres [1]. L'Aqua Felice vient aussi de plusieurs sources naissant au pied du versant N. du même volcan Latial. Dans la plaine même, il y a une nappe aquifère dans la couche de pouzzolanes, reposant sur un tuf moins perméable, en sorte qu'on a des sources aux ravins qui sont creusés jusqu'à cette couche. Ainsi, aux abords de Rome et à Rome même : *Acqua acetosa*, source gazeuse qui naît au pied des monts Parioli, à 2 kilomètres de la porte du Peuple; *Acqua santa*, également gazeuse, près de la voie Appienne; les *Tre Fontane*, près de l'Abbaye du même nom, sur la Via Laurentina; les sources *Lancisina*, *Pia*, *Innocenziana* sur les flancs du Janicule, la source *delle Api* au pied du Vatican, les sources de Santo-Felice, del Grillo au pied du Quirinal, etc., etc. (Voir aux Terrains quaternaires l'étude du sous-sol de Rome et des sources).

Régions volcaniques de l'O. des États-Unis et du Mexique (États de Idaho S., Washington S., Oregon, Nevada O, et California N.-E.). — La grande expansion de roches effusives signalée au N.-O. des États-Unis (*fig.* 84) représente une succession d'éruptions à partir de l'époque miocène : il y en eut par places jusqu'à 80 ou 100, se faisant jour à des intervalles espacés parfois de plusieurs siècles (on a la preuve que de grandes forêts avaient crû entre deux émissions), et donnant autant de couches superposées de laves (rhyolites, basaltes) ayant chacune de 6 à 30 mètres d'épaisseur. On a ainsi une épaisseur totale fort variable d'un point à un autre, mais pouvant atteindre 1.500 mètres (comme dans la Steens M[ain], Oregon). Les matières en fusion semblent être sorties de longues cassures; mais il y eut aussi des projections aériennes de blocs (rhyolites principalement) et de cendres, celles-ci ayant formé des couches meubles (*ash beds*). La décomposition des laves à la surface a aussi donné des produits meubles, qui souvent ont été entraînés au loin par le ruissellement intense résultant des grandes pluies de ces époques, et en se tassant ont donné des tufs, des brèches, des sables noirs (passant parfois au grès).

La dégradation résultant du ruissellement intense que je viens de signaler a été assez forte pour creuser de nombreux cañons, et notamment les *coulées* si caractéristiques du bassin du Columbia River, telles que Grand Cou-

[1] Le débit actuel n'en serait que de 65.000 mètres cubes par jour, mais il devait être plus fort dans l'antiquité, l'ancien aqueduc étant construit pour porter 140.000 mètres cubes; c'est le pape Pie V qui, en 1570, ramena cette eau à Rome. Cette eau a une dureté de 18°1 avec 131 milligrammes de $CaCO^3$ et 39 milligrammes de $MgCO^3$. Les sources des Aqua Appia, Tepula, Julia sortent aussi des tufs volcaniques; l'eau dite Aqua Paola vient des lacs de Mastignano et Bracciano, également en terrains volcaniques. L'Aqua Marcia vient au contraire des calcaires des Apennins (vallée de l'Anio, étudiée au secondaire).

lee, Moses Coulee, Black Rock Coulee, Lind Coulee, Providence Coulee, First, second et third coulees, ainsi que les cañons du Columbia, du Crab Creek, du Yakima, du Snake River, etc., etc. Or, parmi les couches volcaniques ainsi recoupées, quelques-unes (celles qui ont été recouvertes très tôt, par exemple)

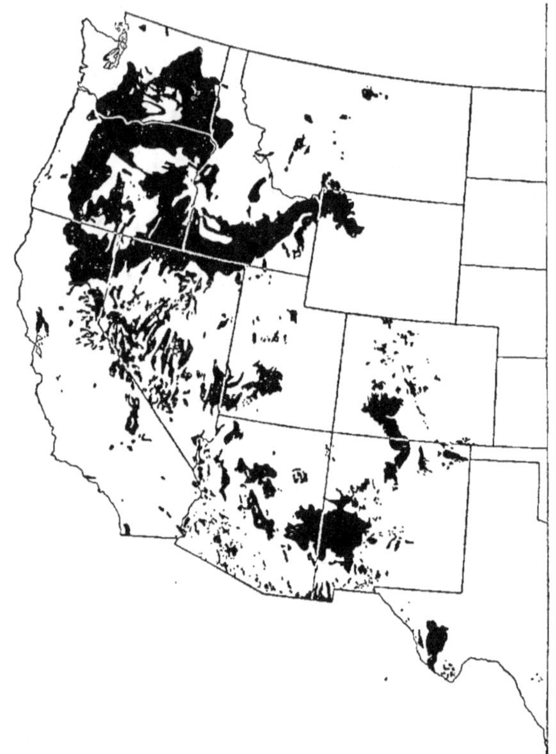

FIG. 84. — Carte de l'Ouest des États-Unis montrant l'expansion des roches volcaniques, principalement basalte (d'âge tertiaire ou quaternaire) (d'après MEINZER).

sont restées compactes et seulement fracturées à d'assez grandes distances par les failles [1], tandis que les autres soit poreuses, soit très morcelées, laissent passer l'eau comme un crible. On comprend dès lors qu'on aura une nappe aquifère dans chaque couche perméable au-dessus d'une compacte, ainsi qu'à la base de la dernière couche volcanique au-dessus du terrain

[1] Les dislocations et les failles paraissent résulter d'efforts de plissement dirigés de l'O. vers l'E., qui se sont fait sentir à plusieurs périodes.

sous-jacent (imperméable), et par suite sur les flancs des vallées autant de lignes de sources que de couches poreuses recoupées par le cañon, — et cela indépendamment des sources (d'ordinaire thermo-minérales, ou ascendantes comme les geysers de l'Yellowstone) engendrées par les failles. Les nappes s'alimentant par des plateaux souvent fort étendus (tel le Snake River Plain, au N. de la rivière de ce nom dans l'Idaho), les sources d'affleurement en question sont nombreuses et importantes (et plus constantes que les sources vauclusiennes de Floride et Géorgie). Je ne puis ici qu'en donner un tableau, d'après la brochure de Meinzer qui vient de paraître (*Large springs in U. S. :* Water Supply paper 557, 1927). Beaucoup de ces sources naissant dans une falaise, la chute de leurs eaux est utilisée pour produire de l'énergie électrique. Ainsi pour les *Thousand Springs* (les mille sources) qui sortent dans le cañon du Snake River du contact des laves et d'un banc d'argile compacte, aux flancs d'une falaise qui mesure 59^{m},5 de hauteur en contre-bas de la ligne des émissions; le débit total qui se précipite ainsi n'est pas de moins en sécheresse de 24,5 mètres cubes par seconde. (Voir les analyses de quelques sources du basalte au tableau qui précède).

D'autre part, les grandes eaux se sont accumulées sur de vastes espaces et ont formé de grands lacs (dont les lacs actuels [1] ne sont que de maigres résidus) où les matériaux volcaniques entraînés par le ruissellement ou projetés par les éruptions ont pu former en se déposant de véritables sédiments très étendus. Tels sont : 1° dans le bassin du Snake River (Oregon et Idaho), la *formation de Payette*, alternances sur 300 mètres d'épaisseur de schistes et d'argiles, de sables et poussières volcaniques, de conglomérats et de grès (plus ou moins quartzitifiés); 2° les *John Day Series*, schistes et tuffs reposant sur les laves de *Clarno formation* dans le bassin du John Day River (Oregon) : ce sont les *Truckee beds* de King, déposés dans l'ancien lac qu'il a appelé Pah Ute; 3° la *formation d'Ellensburg*, dans le Washington et principalement dans la vallée du Yakima River, succession de conglomérats, grès, et schistes pouvant atteindre 500 mètres d'épaisseur (voir *fig.* 85); 4° la

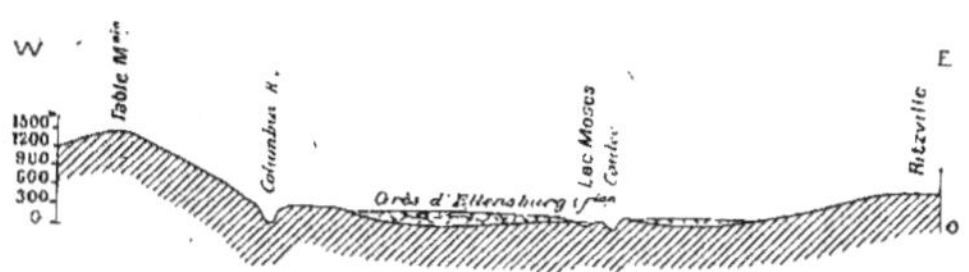

FIG. 85. — Coupe des plaines du Columbia R^{r}, au droit du lac Moses (Wash.)

[1] Tels sont présentement les lacs Malheur, Harney, Silver, Warner, Alkali, Abert, Summer, Goose, Rhett, Klamath et beaucoup de bas-fonds marécageux dans le grand bassin de l'Oregon; plus au S., le Carson Sink, les lacs Humboldt, Pyramid, Honey, Walcker à l'emplacement de l'ancien lac Lahontan.

Tableau des principales grosses sources issues des roches volcaniques (basalte, laves, etc.) du N.-O. des États-Unis (Idaho, Oregon, Washington et Californie), d'après Meinzer.

(Les débits sont en pieds cubes par seconde, le pied cube = 28l,305.)

GROUPES		NOMS DES SOURCES	EMPLACEMENTS DES SOURCES	DÉBITS MESURÉS OU ÉVALUÉS		
				MINIMA	MAXIMA	MOYENS
Sources du bassin du Snake River (Idaho).	Groupe de Portneuf.	Batise springs............	4 milles N.-O. de Pocatello	?	?	92
		Fish Hatchery spring	1 mille 1/2 en aval de la précédente.	?	?	75
		Sources du Clear Creek et du Spring Creek.......	Entre la précédente et Portneuf Mouth	100	500	300
		Total du groupe de	Portneuf (sur 10 milles de long) ..	1.440	1.700	1.570
	Sources le long de la rive N. du Snake River, entre Milner et King Hill.	Devils Washbowl.........	A l'amont de Twin Falls	19,7		
		Devils Corral	1/2 mille à l'aval de Twin Falls ..	8,4		
		Blue Lakes spring	Sec. 28, T. 9 S., R. 17 E	124	213	203
		Source à l'aval	A 2 milles à l'aval de Blue Lakes....	16,5		
		id.	A 4 id.	5,5		
		8 sources	A l'amont de Crystal springs	10,9	?	?
		6 sources Crystal springs .	Sec. 12, T. 9 S., R. 15 E	475	536	
		Niagara springs..........	Sec. 10, T. 9 S., R. 15 E	242	322	
		Clear Lakes springs	Sec. 2, T. 9 S., R. 14 E	457	542	494
		Briggs springs	Sec. 3, T. 9 S., R. 14 E	122	130	
		Blanbury springs	Sec. 33, T. 8 S., R. 14 E	108	124	
		Blind Canyon springs	Sec. 28, T. 8 S., R. 14 E	8,5	11,8	
		Box Canyon springs	Secs. 27-28, T. 8 S., R. 14 E	302	356	
		Source à l'aval	1/2 mille de Box Canyon...........			90
		Blue springs.............	A l'aval de la précédente			61,5
		Source à l'aval	1/2 mille à l'aval de Riverside Ferry			13,2
		Sand springs.............	Sec. 17, T. 8 S., R. 14 E	66,5	94,5	
		Thousand springs	Sec. 8, T. 8 S., R. 14 E	515	864	
		Source à l'aval	1/2 mille à l'amont du Bickel ranch .	112		
		Sources du Bickel ranch...	Aval de la précédente............	71		
		Riley Creek springs	Sec. 6, T. 8 S., R. 14 E	45,9	62,4	
		Kearns springs	Sec. 36, T. 7 S., R. 13 E	91,8		
		Billingsby Creek springs ..	Au pont de la route d'État	128	159	
		Sources au N	Entre les précédentes et Malade Rr .	6,5		
		Malade springs	Secs. 34-36, T. 6 S., R. 13 E	600	1.133	
		Sullivan springs	Entre Malade Rr et Bliss			33
		Total du groupe entre	Milner et King Hill			5.085
	Autres sources (isolées).	Big springs..............	Au S. d'Yellowstone (rhyolite)	190		
		Buffalo River springs	A 4 milles au S. des précédentes (rhyolite)	183		
		Warn River springs.......	Entre la précédente et Saint-Anthony	192	900	
		Mud Lake springs	Entre Snake Rr et le sink de Big Lost Rr	67	100	
		Birch Creek springs	Entre les précédentes et Mackay....	68	95	
		Warm springs	Dans la vallée du Big Lost Rr ...	54	65	

GROUPES	NOMS DES SOURCES	EMPLACEMENTS DES SOURCES	DÉBITS MESURÉS OU ÉVALUÉS		
			MINIMA	MAXIMA	MOYENS
Sources dans le haut bassin du Sacramento Rr (Californie).	Groupe de Fall River: Sources de tête.	Origine du Fall River près Dana .	385	399	392 } 1.400
	Groupe de Fall River: Sources	West Fork de Tule River.........			376 } 1.400
	Groupe de Fall River: Spring Creek..	Trois sources du Creek			161 } 1.400
	Rising River springs	Sources au S. de Fall River	275	300	290
	Great springs............	Sources du Hat Creek	111	257	170
	Burney Creek springs	Sources au S. de Fall River			150
	Crystal Lake springs	id.	114	160	140
	Salmon Creek springs.....	id.			50
	Dotta et environ.........	Dans les Big Meadows...........	70	142	110
	Sisson spring	Source du Sacramento			27
Sources dans le bassin du Deschutes Rr (Oregon).	Little Lava Lake spring...	Sec. 22, T. 19 S., R. 8 E	52	213	95
	Snow Creek spring........	Un peu au S. des précédents			28
	Cultus River spring	Sources au S.-O. des précédentes ..	43	70	54
	Quinn River spring	Sources toujours plus au S........	8	36	18
	Sheep Bridge spring	id.	278	348	323
	Brown Creek spring.......	id.	23	47	35
	Davis Creek spring	id, ...	174	258	223
	Fall River springs........	Sources près Fish Hatchery	113	126	119
	Spring River	Un peu O. de Deschutes Rr	142	299	197
	Black Butte springs.......	Origine d'affluent du Deschutes.....	100	122	111
	Roaring Creek springs....	id.	45	54	50
	Heising springs	id.	90	128	109
	Sources du Metolius Rr...	A Allen's Ranch (10 milles à l'aval de l'origine)	1.040	1.100	
	id. du Crooked Rr ..	Y compris Opal spring	970		1.000
Sources dans le haut bassin du Klamath Rr. (Oregon et Californie.)	Big spring	Sur le Williamson Rr.............	12	62	36
	Spring Creek	id.	279	500	330
	Mc Cready spring.........	Sur le Sprague Rr	46	67	56
	Wood River spring	Origine de la rivière..............			208
	Bonanza spring	Sur Lost River			67
Autres sources des laves dans l'Oregon.	Clear Lake spring	Source d'un affluent du Mc Kenzie...			200
	Lower Falls spring.......	id. ...			250
	Olallie Creek springs	3 sources d'un affluent du Mc Kenzie			60
	Lost Creek spring	Source d'un affluent du Mc Kenzie...	166	175	172
	Spring River.............	2 sources d'un affluent du North Umpqua	174	177	175
	Ana River springs........	A 5 milles du lac Summer (qu'elles alimentent)....................	114	165	135
	Warm spring Valley springs	Un peu à l'ouest du lac Harney.....	39,7	44,4	42

grande région lacustre du Centre Oregon et du N. de la Californie, où il n'y a plus que des dépôts quaternaires autour des lacs très peu profonds (*playas*). La figure 86 montre la constitution aux environs du lac Warner et de la montagne de Steens ainsi que les dislocations subies par la région.

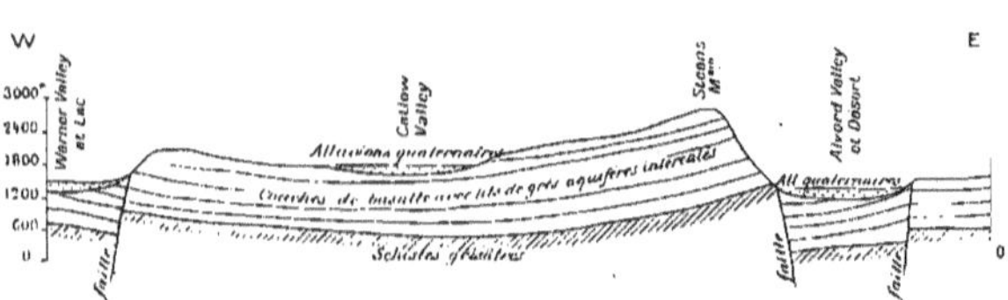

Fig. 86. — Coupe du Centre-Oregon (du lac Warner au désert d'Alvord).

Les lits de tufs, brèches, grès et sables intercalés entre les couches de lave et de basalte contiennent des nappes qui peuvent être artésiennes et même jaillissantes, notamment à la base des formations de Payette et d'Ellensburg et dans le fond des playas. Je citerai rapidement comme zones intéressantes :

État de Washington. — Bassins de Pullman; de Walla Walla; de Connell à Ritzville (le long de Lind et de Providence Coulees); du district de Hortline (près de Grand Coulee); de la vallée de Kittitas, avec sa prolongation S.-E. appelée *Badger Pocket;* de Moxee et de l'Atanum Creek (puits jaillissants servant à l'irrigation); de Sunnyside Valley et de Reservation Valley; de Quincy Valley (nombreux puits pompés pour l'irrigation).

État d'Oregon, et S.-O. d'Idaho. — Grand bassin le long du Snake River, de Glenns Ferry à Weiser appelé Lewis ou Snake basin, où l'eau provient soit de Payette formation, soit des tufs volcaniques sous-jacents. (C'est là qu'est la ville de Boise, la Chaudesaigues américaine, qui a trois puits artésiens dont l'eau, à 77° [1], sert au chauffage de la ville : débit 3.000 mètres cubes par jour. L'eau de ces puits vient des tufs profonds dans le basalte; (mais il y a d'autres puits jaillissants qui viennent de Payette formation et donnent de l'eau froide); le *Harney basin*, autour des lacs Harney et Malheur (il y a des sources chaudes nombreuses dans la région et il en sort même sous le lac Malheur); la vallée d'Alvord, revers E. de la Steens M^ain^, et la vallée de Whitehorse; Christmas Lake Valley, etc, etc., sans oublier le parc de l'Yellowstone avec ses sources chaudes et ses geysers.

État de Californie (N.-E.). — Warm Spring Valley, entre Canby et Alturas, où il y a des sources chaudes; revers E. de Warner M^ains^; N. du lac

[1] A 7 kilomètres à l'E. de Boise, il y a des sources naturelles, plus chaudes encore.

Honey; dans l'E. du comté de Lassen, au N. de Secret Valley et au S. de Shinns Peak; dans le comté de Mono, autour de Benton, d'Oasis, de Bridgeport, du lac Mono, etc., etc.

Dans les déserts de l'Arizona, au-dessus du granit et du gneiss (*crystalline complex*), il y a de nombreux espaces recouverts de laves et de tufs tertiaires (d'épaisseur pouvant varier entre 15 et 600 mètres), lesquels étant poreux laissent filtrer l'eau jusqu'à leur base; en raison de la très faible pluviosité, la nappe reste maigre et les sources rares et peu abondantes. La figure 87 montre, d'après Kirk Bryan [1], qui vient d'explorer ces régions, comment le sol est constitué dans l'un de ces îlots volcaniques au milieu des déserts, celui des Sand Tank Mains au S. du grand coude de la Gila: les petites sources de Sauceda, point d'eau intéressant pour la traversée; sortent à l'endroit où les laves sont interrompues par une vallée de sables désertiques. Au N. de la Gila, la figure 88 (coupe d'après Schwennesen au travers de la vallée du San Carlos River, non loin du confluent) fait voir des éruptions très récentes de basalte, qui surmontent des formations quaternaires, soit le *conglomérat de la Gila* qui contient d'ordinaire une belle nappe aquifère, soit les *lake beds*, alternances de couches gréseuses, calcaires et argileuses, qui sont peu perméables et se sont déposées dans un grand lac [2].

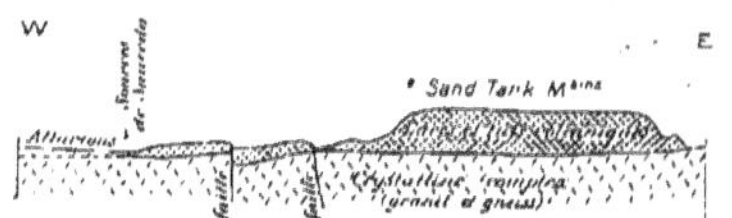

Fig. 87. — Coupe E.-O. des Sand Tank Mains (Arizona) montrant les couches de laves et de tufs superposées par places aux roches cristallines, avec nappe aquifère au contact (d'après Kirk Bryan).

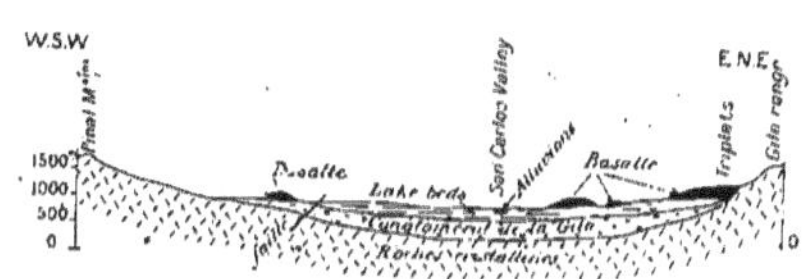

Fig. 88. — Coupe de la vallée du San Carlos Rr, un peu en amont avec la Gila (Arizona) (d'après Schwennesen).

Au *Mexique*, sur de vastes étendues volcaniques, ne manquent ni les sources thermales, ni les sources ordinaires. Je citerai seulement comme exemples deux régions étudiées en détail par Villarello. C'est en premier lieu un peu à l'E. de Queretaro les vallées du rio du même nom et de ses affluents, l'arroyo de Chichimequillas et le rio Huimilpan (voir la coupe

(1) The Papago country (Arizona), Water supply paper n° 499 du *Geological Survey U. S.* (1925) : ceci rappelle les îlots basaltiques qu'on trouve en Bade et Wurtemberg, et notamment le Kaiserstuhl, près Vieux-Brisach : il sort de belles sources du basalte, la plupart à son contact avec le loess.

(2) *Geology and water resources of the Gila and San Carlos Valleys, Water supply paper du Geol. S. U. S.*, n° 450 (1919).

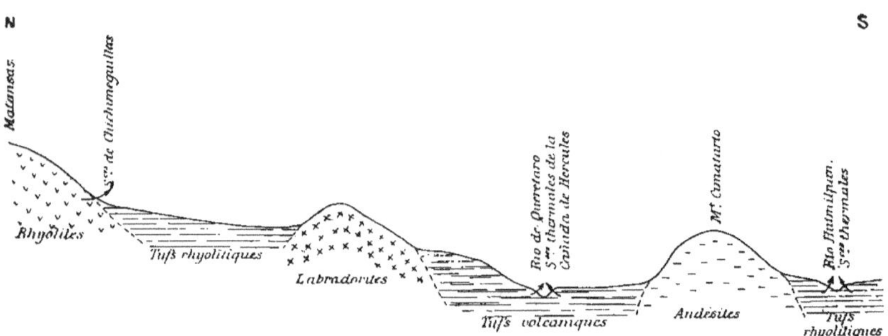

Fig. 89. — Coupe N.-S. (un peu oblique vers le S.) de la vallée du rio de Queretaro, à l'est de Queretaro (Mexique) : sources hautes et sources basses (thermales) (d'après Villarello). — Échelle : des longueurs 1/325.000, des hauteurs 1/15.000.

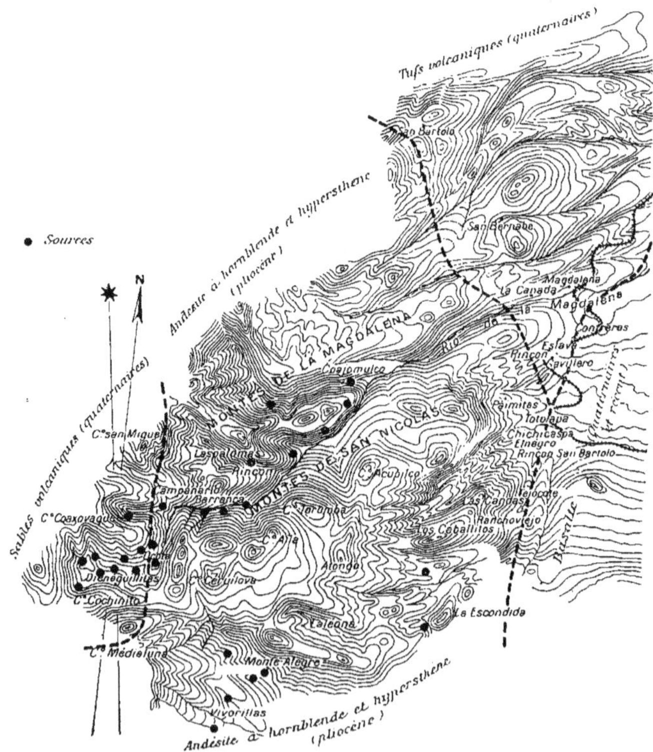

Fig. 90. — Croquis géologique du bassin supérieur de la Magdalena (à l'amont de Mexico), et emplacement des sources, basses et hautes (d'après Villarello).

N.-S., *fig.* 89); le pays est occupé par des bandes d'andésites, de rhyolites et de labradorites, séparées par des tufs volcaniques, et l'on a des sources au contact de ces tufs et des rhyolites, ou dans les dépressions des vallées en plein tuf (Cañada de Hercules et Arroyo Hondo) : les sources en question sont toutes thermales [1].

Dans le second exemple, qui est la haute vallée du rio de la Magdalena (*fig.* 90), dans le massif de la Sierra del Ajusco, bassin de Mexico et au S. de cette ville, on trouve, comme en Auvergne, des sources hautes au pied des escarpements montagneux (andésites à hornblende et hypersthène), et des sources basses dans le fond de la vallée sortant soit des andésites, soit des sables volcaniques quaternaires de la partie supérieure. Le nombre de ces sources est considérable et l'eau très pure. C'est dans d'autres vallées analogues situées un peu plus à l'O. que la ville de Mexico prend des eaux amenées par un aqueduc.

Je terminerai en disant encore un mot des îles Hawaï, récemment explorées par le *Geological Survey U. S.* Ce sont des roches volcaniques et l'eau abonde dans le basalte : les grosses sources et les forages jaillissants ou non, sont nombreux. Ainsi on signale déjà cent quarante-deux puits ou forages sur le territoire de la ville de Honolulu (donnant ensemble 1.600 litres par seconde), et la ville même a trois stations de pompage donnant 980 litres; cinq grandes plantations dans l'île d'Oahu ont aussi des puits dans le basalte très bien alimentés. Dans l'île de Kauai, une compagnie sucrière pompe à elle seule 1.100 litres par seconde. Dans l'île de Maui, pour éviter d'avoir de l'eau salée, on a procédé par galeries captantes tenues un peu en contre-bas du niveau habituel de l'eau dans le basalte : le tunnel de Kihei pour 80 mètres de longueur et 5 mètres en dessous du niveau aquifère donne ainsi 880 litres par seconde.

II. — TERRAINS PRIMAIRES OU PALÉOZOIQUES

1° A L'OUEST DU BASSIN DE PARIS : ARMORIQUE, VENDÉE, ANJOU ET NORMANDIE

La presqu'île armoricaine, sous l'influence des plissements qu'elle a subis, comprend principalement trois synclinaux, orientés du N.-O. au

(1) Au-dessus de Chichimequillas, on a fait des ouvrages de captage à 3 kilomètres en amont des sources pour trouver de l'eau potable. On a fait aussi des tronçons de galeries captantes à la Cañada de Hercules.

S.-E. ou de O.-N.-O. à E.-S.-E. : le synclinal vendéen le plus méridional, le synclinal de Plogoff-Ancenis, et le plus septentrional dit de Quimper (passant par Brest, Quimper et Laval). Il en résulte une succession de bandes longitudinales (dans le même sens que les synclinaux) de terrains primaires, s'étalant depuis le précambrien jusqu'au carbonifère de chaque côté de l'axe de chacun de ces synclinaux; ces bandes sont d'ailleurs fréquemment sectionnées par des failles. Les couches sont souvent fortement redressées, parfois presque verticales; elles sont généralement schisteuses et imperméables, en sorte que l'eau n'y pénètre que par des fissures qui vont en se rétrécissant dans la profondeur.

Dans la série des couches indiquées par le tableau I, il faut cependant faire exception pour les bancs calcaires qui s'intercalent dans les puissantes assises des *phyllades de Saint-Lô* ou de *Douarnenez* (précambrien ou briovérien), (petites sources de la Madeleine, de la Dangie et des Fontaines amenées à Saint-Lô), — pour les *poudingues pourprés* (grès de Couville) de la base du cambrien (sources des trois branches du ruisseau de Couville et source de la Durelle), — enfin pour les *grès ou arkoses feldspathiques* du sommet du cambrien (sources de Clairefontaine et de Flottemanville), qui contiennent de petites nappes aquifères, notamment dans les arènes provenant de leur décomposition.

Dans l'ordovicien, le *grès armoricain*, le *grès de May* sont trop compacts (ce sont plutôt des quartzites) pour être bien aquifères, et ils se comportent souvent comme les roches granitiques : cependant, dans la *nappe de la Vilaine*, nappe de charriage assez étendue au S. de Rennes, il y aurait de l'eau, même artésienne (1), dans les synclinaux formés par ces grès, et quand ils forment la crête par rapport aux schistes encaissants on peut avoir des sources au contact (2) (et en augmenter le débit en pratiquant une galerie captante à travers-bancs).

Le gothlandien est très pauvre en eau, sa partie supérieure étant schisto-argileuse, donc imperméable. Dans le dévonien inférieur, le seul qui soit développé, on trouve un peu d'eau dans le grès à Orthis Monnieri (grès de Gahard), entre les schistes et quartzites de Plougastel et les schistes à Athyris undata et à Phacops Potieri (avec quelques lentilles calcaires aquifères, calcaires de Néhou, Viré, Angers, etc , etc.). Dans le carbonifère,

(1) KERFORNE (*Bulletin de la Société géologique de Bretagne*, t. III, fasc. 2, 1922) signale ainsi un sondage fait au S. de Rennes pour recherche de minerai de fer, qui a rencontré le grès à 145 mètres et a donné $0^l,5$ par seconde d'eau jaillissante; un autre de 75 mètres de profondeur déborde aussi; enfin un troisième a rencontré à 80 mètres de profondeur une source donnant 1 litre par seconde.

(2) Telles sont les sources de Saint-Ursin, que Bagnoles-de-l'Orne capte et va distribuer.

un peu d'eau aussi dans le calcaire de Sablé (sommet du culm) et dans le calcaire de Laval : la figure 91 que j'emprunte au *Bulletin de la Société Géologique de France* montre le plissement des couches primaires et spécialement du carbonifère dans le bassin de Laval, et on voit comment l'eau peut s'accumuler dans les synclinaux du calcaire de Laval. Dans les autres

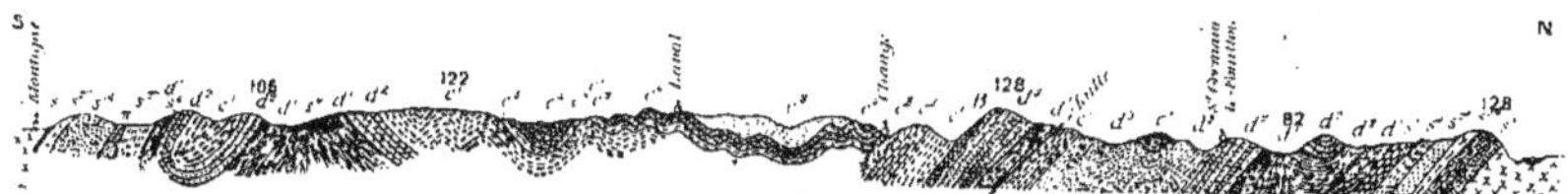

Fig. 91. — Coupe du géosynclinal de Laval, parallèlement à la vallée de la Mayenne. Longueur : 1/150.000.

+, granite; — x, schistes précambriens; — s^1, grès armoricain; — s^{2a}, schistes à *Calymene Tristani*; — s^{2b}, grès à *Calymenella*; — s^{2c}, schistes à *Trinucleus*; — s^3, grès de la base du gothlandien; — s^4, schistes ampéliteux et schistes et quartzites du silurien supérieur; — d^1, schistes et quartzites de la base du dévonien; — d^2, grès à *O. Monnieri*; — d^3, schistes et calcaires coblentziens; — B, blaviérite; — c^1, poudingue, schistes et grès du culm — c^2, calcaire de sable à *Productus giganteus*; — c^3, schistes et grauwacke à paléchinides; — c^4, calcaire de Laval; — c^5, schistes de Laval.

bassins carbonifères, les choses se passent à peu près de même; le calcaire peut même devenir caverneux (karstique, dit Bigot, dans le petit bassin de Regnéville, près Coutances).

L'eau des terrains primaires que nous venons de passer en revue est généralement assez douce : 6 à 7° hydrotimétriques seulement aux sources amenées à Saint-Lô, ainsi qu'aux sources de Couville et de la Durelle. Elle est plus dure aux sources de La Polle (schistes cambriens) pour Cherbourg, ainsi naturellement que dans les calcaires carbonifères.

2° AU NORD-EST DU BASSIN DE PARIS : ARDENNES, BASSIN FRANCO-BELGE, EIFEL, HUNSRÜCK, WESTPHALIE, VOSGES : ETC.

Un vaste quadrilatère de terrains primaires s'étend entre le bassin houiller franco-belge au N.-O., le bassin westphalien au N.-E. et le bassin de la Sarre au S.; il est seulement fortement entamé dans sa portion médiane d'une part au S. par le « golfe de Luxembourg » (terrains secondaires), d'autre part au N. par la pénétration du tertiaire et du quaternaire de la plaine du Rhin (jusqu'à l'amont de Bonn). Le bassin franco-belge et l'Ardenne sont fortement plissés (plis hercyniens) et présentent des alternances nombreuses de bandes dévoniennes et carbonifères; tout le reste (massif rhénan) est presque exclusivement du dévonien, mais il est traversé en de nombreux endroits par des roches éruptives plus récentes (basaltes du Siebengebirge, du Vogelsberg, du Westerwald, etc., etc.) [1].

La deuxième colonne du tableau I indique la succession habituelle des couches constituant ces terrains.

Je ne m'arrêterai pas aux couches, très redressées et presque entièrement formées de phyllades et de schistes, du cambro-silurien dans l'Ardenne, le Condroz et le Brabant : elles sont à peu près tout à fait imper-

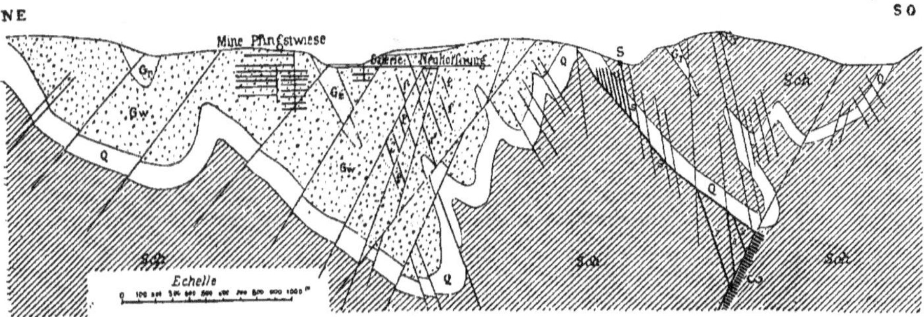

Fig. 92. — Coupe N.E.-S.O. de la région d'Ems (dévonien inférieur).

Sch, schistes de Wisp ou du Hundsrück; — Q, quartzites; — Gw, plattergrauwacke; — Gr, grès à spirifères; ω, filon de basalte que suivent les eaux thermales d'Ems dans leur trajet *SSS*; — *fff*, filons métallifères.

méables, et l'eau n'y vient que dans les fissures. Il en est de même du dévonien inférieur (gédinnien et coblentzien) dans toute son étendue : la figure 92 donne une idée de l'allure de ces terrains dans la région d'Ems (synclinaux creusés dans les schistes de Wisp ou du Hun·srück et remplis par les quartzites, les grauwackes et les grès à spirifères du Coblentzien : les sources thermales d'Ems viennent de la profondeur en suivant un filon de basalte). Les villes de Wiesbaden et de Homburg n'en ont pas moins établi des galeries captantes dans les quartzites et phyllites du Taunus (gédinnien), et on sait que les galeries du Münzberg et du Schläferskopf ont été munies chacune d'un *serrement*, qui réussit bien à maintenir l'eau à l'amont sous pression élevée (160 mètres au Münzberg).

(1) Le primaire se retrouve d'ailleurs au delà de la vallée de la Weser dans deux massifs formant le Harz d'une part, la Thuringe et la Franconie (en partie) d'autre part. Là, d'après Gärtner, les couches inférieures (schistes, phyllites, grauwackes du cambrien au culm) sont simplement fissurées et ne contiennent d'eau que dans les fissures; le grès rouge du *Rothliegendes* est aussi imperméable, et on ne trouve d'eau un peu abondante que dans les bancs poreux et la dolomie à vésicules du *Zechstein* (permien supérieur), lequel entoure comme d'un anneau la forêt de Thuringe.

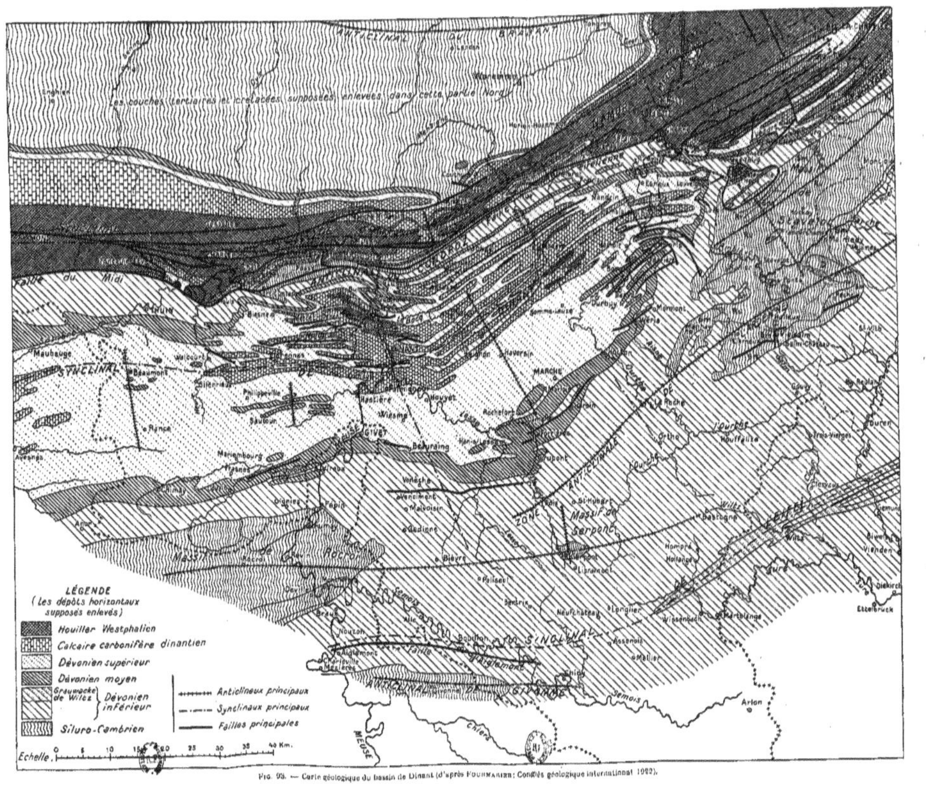

FIG. 93. — Carte géologique du bassin de Dinant (d'après FOURMARIER; Congrès géologique international 1922).

Le dévonien moyen, comprenant l'eifélien (assises à Calcéoles et calcaire de Couvin) et surtout le givétien (assises à stringocéphales et calcaire de Givet) est au contraire riche en eau souterraine, et il en est de même du calcaire carbonifère (culm ou dinantien) : entre les puissantes couches de calcaire aquifère de ces deux horizons, s'interposent les schistes du dévonien supérieur ou schistes de la Famenne, tout à fait imperméables. Au dessus du calcaire de Visé, les schistes houillers et les couches de houille sont également imperméables. Quant au permien, il ne s'étend dans notre région que dans les bassins de la Sarre et de la Nahe et ne contient d'eau que dans le grès rouge supérieur.

Il faut nous arrêter un moment aux eaux des calcaires du dévonien moyen et du carbonifère inférieur, qui ont été très bien étudiées, notam-

h) *Anticlinal de Givonne* (avec du côté O. le massif cambrien du même nom.)

Plus au S., les terrains primaires disparaissent sous les formations

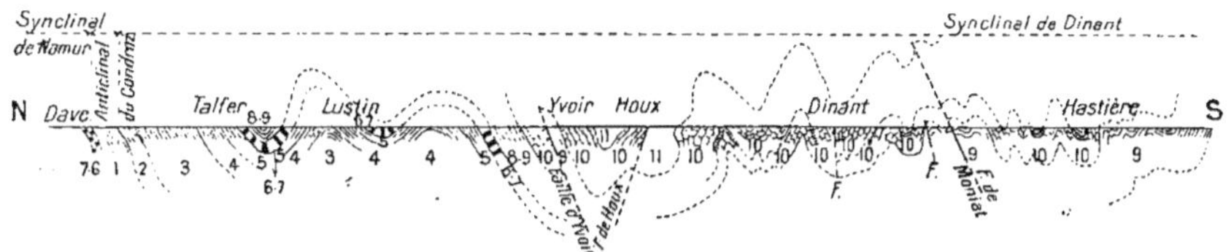

Première coupe. — Coupe du synclinal de Dinant (partie N. et centre). Échelle environ 1/1.000.000.

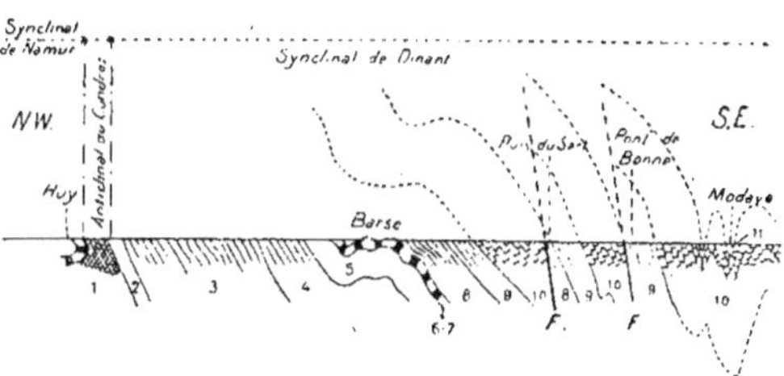

Deuxième coupe. — Coupe de la vallée du Hoyoux, entre Huy et Modave. Échelle environ 1/170.000.

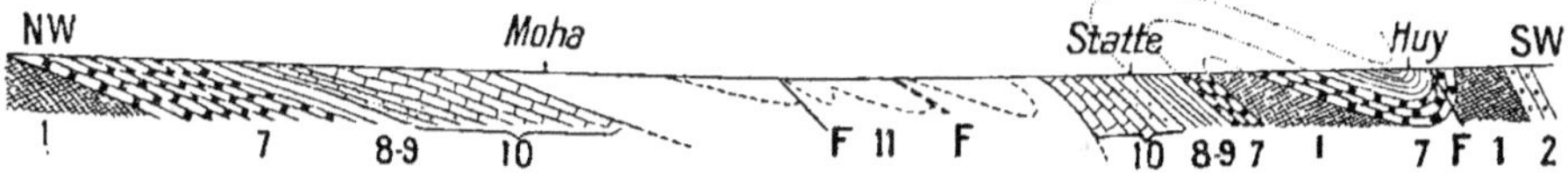

Troisième coupe. — Coupe du synclinal de Namur suivant la vallée de la Méhaigne Échelle environ 1/63.000.

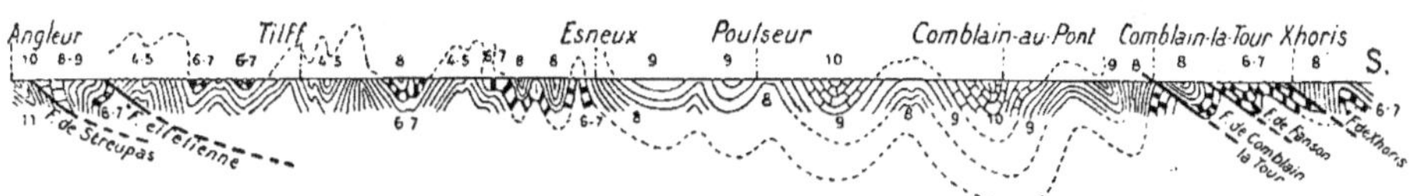

Quatrième coupe. — Coupe suivant la vallée de l'Ourthe, entre Angleur et Comblain-la-Tour. Échelle environ 1/137.500.

FIG. 94. — Coupes au travers du bassin de Dinant, montrant les plis des couches et la situation des calcaires dévoniens et carbonifères (d'après FOURMARIER).

1, silurien; — 2, gédinnien; — 3, coblentzien; — 4, assise de Burnot; — 5, couvinien; — 6, givétien; — 7, frasnien; 8, famennien inférieur; — 9, famennien supérieur; — 10, dinantien; — 11, westphalien; — F, failles.

secondaires de la Lorraine et du Luxembourg (faille d'Aiglemont), et ne sont plus accessibles que par des sondages profonds.

Les calcaires dévoniens forment surtout des bandes latérales, en ceinture de chaque côté des synclinaux médians occupés par le carbonifère, et ils sont puissamment développés dans la partie S. Ils se subdivisent en trois étages, le couvinien, le givétien et le frasnien, et se distinguent — le givétien notamment — par la facilité avec laquelle ils se laissent dissoudre (1) et par conséquent creuser de grottes, cavernes, rivières souterraines et pertes d'eau (auxquelles on a donné les différents noms d'aiguigeois, chantoirs, agolinas, douves, boit-tout, adugeoirs, etc., etc.). Les sources, qui se localisent aux points où les vallées drainantes (dont plusieurs sont d'effondrements) recoupent les cassures des calcaires, sont le plus souvent vauclusiennes et de simples résurgences. Comme telles la qualité de leur eau est presque toujours suspecte (les calcaires trop purs ne laissant pas de débris granuleux dans les fissures pour assurer une filtration de l'eau). Cependant les localités de Chimay, Fosses, Givet, Jemelle, Marche, Rochefort, Aye, Barvaux, Beauraing, Hotton, Thy-le-Château s'alimentent à de telles sources : elles ont besoin d'une très sérieuse protection.

Les grottes et cavernes creusées dans le givétien sont innombrables, et quelques-unes sont célèbres : grottes de Han, de Rochefort, d'On, de Jemelle, d'Eprave, du Pré-au-Tonneau, du Thier-des-Falises, de Revogne, avec les pertes des rivières la Lesse, la Lomme, la Wamme, des ruisseaux d'En-Faule, d'Ave, le Hilan dans la région de Jemelle à Han; la grotte de Nichet à Fromelennes, près de Givet; puis à l'O. de la Meuse, les grands creux et les *abîmes fossiles* (2) de la région de Couvin-Nismes, les Abannets, les grottes de Couvin et les adugeoirs de l'Eau Noire, avec les résurgences de Nismes et de Pétigny, la grotte, les adugeoirs et les résurgences de Lompret, etc., etc. A l'extrémité orientale de la bande dévonienne de Mayen, signalons : le raccourci souterrain de l'Ourthe près de Durbuy (Bohon) et les vallées sèches de la région et des massifs de Logne, My et Filot-Sy; les pertes du ruisseau du Vieux-Pouhon à son contact avec le calcaire givétien et la résurgence en aval; la grotte de Remouchamps et le fameux vallon des Chantoirs, dont les nombreuses pertes d'eau alimentent le Rubicon (souterrain) et les résurgences sous le lit de l'Amblève; la grotte d'Esneux, les douves de Hotgné, du Ry de Gobry etc., etc, les résurgences de la

(1) Il faudrait plutôt dire décomposer. M. Cosyns (*Essai d'interprétation chimique de l'altération des schistes et des calcaires*, in *Bulletin Soc. belge de Géol.*, t. XXI, 1907) a montré comment se faisait cette décomposition, notamment au contact des schistes : ceux-ci, toujours plus ou moins pyriteux, produisent par oxydation du sulfate ferrique, lequel brûle les matières charbonneuses et dégage beaucoup d'acide carbonique; le carbonate de chaux devient alors du bicarbonate, soluble. Nombre de vallées résultent ainsi de l'attaque plus intense des calcaires au contact des schistes et des affaissements consécutifs.

(2) On trouve un véritable réseau spéléologique ancien, analogue à celui des Abannets, dans les poches à phosphorites du Quercy (Lot et Tarn-et-Garonne) : là ce sont des abîmes ouverts dans le calcaire jurassique des causses et remplis par des dépôts tertiaires.

Magrée, les grottes de Tilff, de Brialmont, de Monceau, les sources et douves du vallon de Beauregard. Enfin, dans la bande N. (très étroite) du bassin de Dinant et en revenant vers la Meuse : la région faillée de Nandrin et Villers-le-Temple avec ses résurgences ; le ruisseau souterrain, la grotte et la résurgence de Tailfer ; les aiguigeois et résurgences du Beau-Vallon, des deux Charlerie, du vallon sec du Vivis et du « Chemin des Morts » ; les vallées sèches de Godinne et de Lesves, la résurgence dite « la Vilaine Source » la source intermittente de Crupet (dont l'intermittence prouve l'existence de réservoirs souterrains plus ou moins compliqués).

Le carbonifère inférieur (dinantien) se divise en deux étages, le tournaisien et le viséen, dont la figure 95 donne une bonne idée de la constitution.

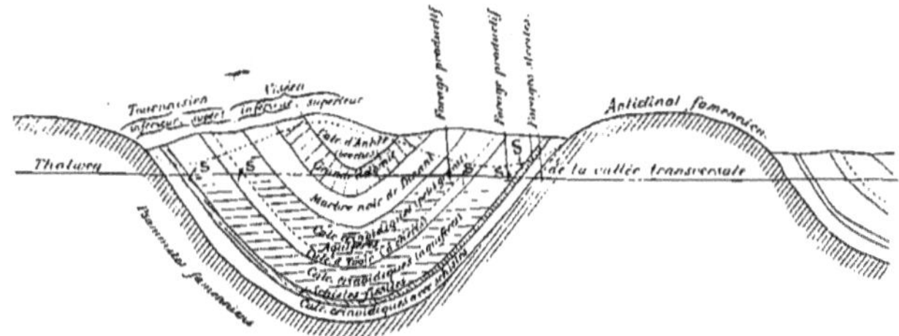

Fig. 95. — Coupe transversale schématique dans la région des synclinaux calcaires du Condroz (diagramme transversal à la direction des « *rivières souterraines filtrées*) » (d'après Van den Broeck, Martel et Rahir).

tution. Les propriétés hydrologiques en sont bien différentes : en raison de leur formation crinoïdique, les calcaires tournaisiens (waulsortiens pour la partie supérieure) contiennent des eaux généralement bien filtrées par les débris de crinoïdes (*gravier biologique filtrant*) qui en remplissent les fissures (¹) ; au contraire, les calcaires viséens, presque purs, laissent les fissures béantes et les cavernes s'agrandir (comme dans le givétien), en sorte que la qualité des eaux en est beaucoup moins sûre.

De l'allure de la surface dépend ce qu'on va trouver dans un pareil synclinal de calcaire carbonifère. Dans le cas du trait supérieur (plein) de la figure 95, il n'y a pas de sources, et les forages pour atteindre les bonnes eaux du tournaisien devront être profonds. Au contraire, dans le cas de la ligne pointillée où il existe des vallées longitudinales (fréquentes au contact des schistes et des calcaires), on aura des sources plus ou moins nom-

(¹) Nous retrouverons la même propriété dans les débris des polypiers qui remplissent les fissures du calcaire oolithique inférieur et du calcaire corallien dans l'E. de la France et y assurent une bonne filtration.

breuses et plus ou moins constantes telles que S., là où la dépression atteint le niveau des réserves aquifères du tournaisien, et en tout cas les puits pour les atteindre seront peu profonds. Enfin, dans le cas d'une profonde vallée transversale recoupant le tout (c'est le cas de la Meuse de Waulsort à Yvoir, de la Lesse, du Flavion et de la Molignée inférieure à l'O. de la Meuse, du Bocq supérieur et moyen, du Samson supérieur, du Hoyoux et de l'Ourthe en terrain carbonifère, etc., etc.), on aura de vraies lignes de sources *s*, *s*, à peu près sûrement permanentes : en descendant plus bas par des galeries

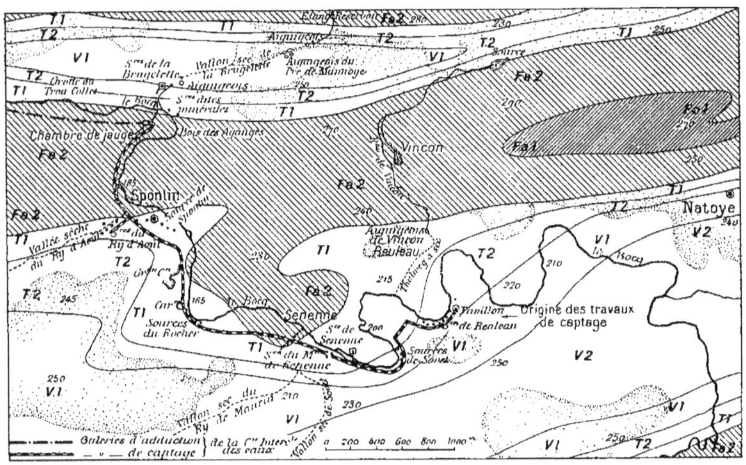

Fig. 96. — La région de la vallée du Bocq, entre Natoye, Reuleau, Senenne et Spontin, montrant le tracé des galeries de captage et l'emplacement des sources (avant le creusement de la galerie). — Les sources viennent des deux assises de l'étage tournaisien du calcaire carbonifère.

dans les niveaux tournaisiens, comme le font les captages du Bocq et du Hoyoux, ou augmentera encore les débits et leur constance. Les figures 96 et 97 montrent les emplacements des anciennes sources et le tracé des galeries dites du Bocq (Spontin) et du Hoyoux (Modave) établies par la Compagnie intercommunale des Eaux pour l'alimentation d'une part de l'agglomération bruxelloise, d'autre part de la Flandre et de ses villes (Bruges, Gand, Ostende) : au voisinage des rivières, le niveau de ces galeries a dû être établi avec prudence, et afin de ne pas attirer les eaux de surface des corrois argileux ont été interposés par places entre la galerie et le cours d'eau.

Dans le viséen, on retrouve des cavernes, des engouffrements et des résurgences analogues à ce qu'on a vu dans le givétien. La figure 98 donne

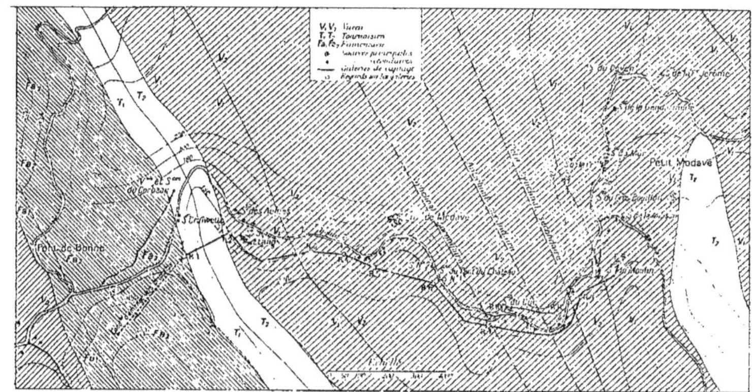

Fig. 97. — Carte topographique et hydrogéologique de la section sourcière du Hoyoux, entre le Parc de Modave et Petit-Modave et tracé des galeries captantes de la Cie intercommunale des Eaux.

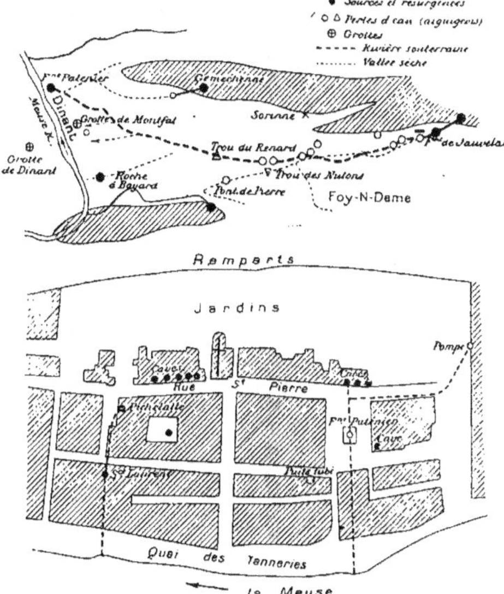

Fig. 98. — Croquis du bassin synclinal de calcaire viséen entre les anticlinaux de psammites famenniens (hachurés) montrant le trajet de la rivière souterraine aboutissant à Dinant. — Échelle du croquis 1/120.000 environ. — En dessous, détail des résurgences dans l'intérieur de Dinant. Échelle du détail 1/5.000.

une idée du trajet de la rivière souterraine qui aboutit dans Dinant aux résurgences bien connues (dont la fontaine Patenier est la plus célèbre); on y voit aussi l'emplacement des grottes de Montfort et de Dinant. Mêmes phénomènes pour la Lesse à Furfooz, les ruisseaux de Celles, de Falmignoul, de Warnomont, etc., etc.

Souvent les bandes tournaisiennes et viséennes se succédant à peu de distance, on passe vite d'une région de sources vraies à une région de résurgences et d'engouffrements : c'est ce qu'on voit dans les vallées de l'Ourthe, aux environs de Chanxhe et de Comblain-au-Pont, et de ses affluents l'Amblève et le Néblon (sources de Néblon-le-Moulin, de Houmart, etc.). A signaler encore les grottes de Comblain-au-Pont et les abîmes voisins, les chantoirs de Lisen et de Vien, les pertes et effondrements de Mont et de la ferme de Raideux, l'important thalweg asséché entre Sprimont et Chanxhe, etc., etc.

Beaucoup de localités s'alimentent aux sources ou résurgences en question. Outre les grands captages du Bocq et du Hoyoux, citons en courant les sources captées sous la gare à Ciney, celles du Triffoy pour Huy, de Grogneaux pour Dinant, du Ry d'Oneux pour Esneux, d'innombrables émergences captées dans le Condroz, enfin à l'extrémité E. du bassin les galeries captantes d'Aix-la-Chapelle (*fig.* 99). La première de ces galeries,

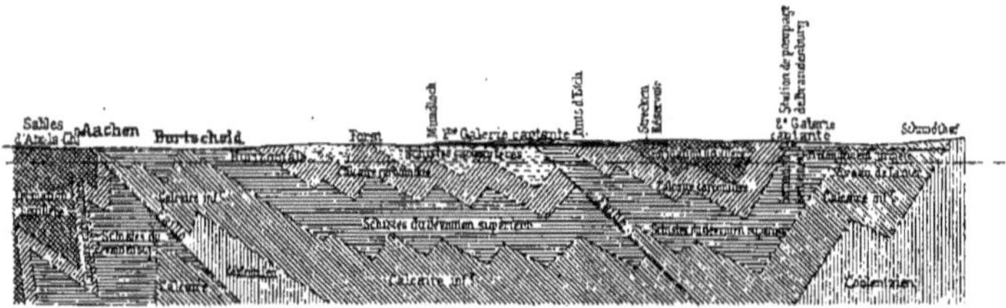

FIG. 99. — Coupes des terrains dévoniens et carbonifères suivant les galeries captantes d'Aix-la-Chapelle.

longue de 2.318 mètres, commence (à 5 kilomètres au S. de la ville) dans les schistes carbonifères, entre de 925 à 1.100 mètres dans le calcaire, puis rencontre par suite d'une faille les schistes de Verneuilli (dévonien supérieur) où elle reste jusqu'à 1.406 mètres de l'œil, rentre alors dans le calcaire carbonifère riche en eau de 1.406 à 1.960 mètres, puis de 2.130 à 2.318 mètres : le débit moyen obtenu est de 6.700 mètres cubes par jour. Le second captage part d'un grand puits où l'on pompe (à Brandenburg, en allant vers Schmidthof) ; un tronçon de galerie en part dans les schistes de Verneuilli pour aller au calcaire carbonifère, et un autre en sens opposé pour aller au calcaire dévonien (*Eifelkalk*) ; chacun est muni d'un serrement.

Quant aux localités industrielles du bassin de la Westphalie, elles sont presque toutes alimentées en eau des alluvions du fond de la vallée de la Ruhr (ou du Rhin pour les plus proches du fleuve), puisée dans des grands puits voisins des berges.

Je ne ferai que citer deux étendues de carbonifère inférieur dans les Vosges, l'une dans la région du Donon et de Schirmeck, l'autre plus vaste de Guebwiller à Giromagny et Faucogney; étant schisteux et peu perméables, ces terrains n'ont que peu de sources (il y en a cependant qui alimentent Giromagny et Faucogney). Quant aux deux petites surfaces de permien (grès rouge) qui se trouvent au S.-O. des étendues ci-dessus, elles se comportent à peu près comme le grès vosgien, le grès rouge assez compact y donnant naissance à quelques petites sources.

3° ANGLETERRE ET ÉCOSSE

Les terrains primaires occupent de grandes surfaces dans l'O. de l'Angleterre (une très grande partie du pays de Galles), l'E. de l'Irlande et presque toute l'Écosse : la succession des couches (tableau I, troisième colonne) y est classique. Du précambrien au silurien supérieur, les couches sont généralement très schisteuses, et les grès y sont compacts et peu perméables ; il y a bien quelques couches aquifères, comme les grès de Caerfai (cambrien inférieur), le calcaire de Durness (cambrien des Highlands), le calcaire de Bala dans l'assise de Caradoc, les calcaires de Woolhope, de Wenlock et d'Aymestry (gothlandien) ; mais en raison de l'épaisseur des couches intercalées ces calcaires sont trop profonds pour qu'on y ait cherché de l'eau. Toutefois leurs affleurements forment des régions de petites montagnes, où les sources sont fréquentes (dans les vallons) : elles alimentent ainsi Church Stretton (sources du Longmynd), Droitwich (des Lickey Hills), Criccieth, Keswick (sources du Skiddaw), Douglas (dans l'île de Man), etc., etc. Ces eaux sont assez douces.

Dévonien. — Trop épaisses et trop profondes aussi sont les couches du dévonien pour jouer un grand rôle hydrologique. Le dévonien (*old red sandstone*) est constitué par une alternance de schistes ou de marnes rouges avec des conglomérats et surtout des grès (grès jaunes de la partie supérieure notamment) : les grès, ainsi que les bancs calcaires (*cornstones*), sont généralement fissurés, et les fissures contiennent de l'eau qui alimente des sources et quelques forages, la moitié supérieure étant plus aquifère (parce que plus gréseuse) que la moitié inférieure. — Dans la région comprenant la Cornouailles, le Devonshire et le Somersetshire (S.-O. de l'Angleterre), on a ainsi des sources : 1° dans les bancs calcaires de la partie S., près de Newton, Abbot, Torquay et Plymouth ; 2° dans les grès et quartzites (fissures), comme celles qui alimentent Minehead et Bridgewater ; 3° dans les ardoises et schistes [1], (sources plus faibles et plus variables), comme

[1] Les joints de ces roches s'appellent *killas* en Cornouailles, et *shillet* ou *shellat* dans le Devon.

celles d'Ilfracombe, Dartmouth, Truro et Hayle (1). — Dans les comtés de Monmouth, Hereford et le S. du pays de Galles, ce sont les grès supérieurs qui alimentent les sources (pour Monmouth, Newport, Brecknock, Merthyr-Tydfil, Cardiff) et les puits et forages (pour Chepstow, Malvern, etc., etc.). — Enfin en Écosse, les grès jaunes et rouges du dévonien supérieur donnent des sources, comme celles du comté de Fife, des environs de Nairn et Elgin, et des Orcades; du côté O., on a aussi de l'eau dans le niveau inférieur des dalles, grès rouges et conglomérats (Caithness).

Carbonifère. — Le carbonifère a des nappes mieux caractérisées et plus abondantes : il faut le subdiviser pour leur étude en trois :

1° *Calcaires carbonifères* (*Mountain limestone*), *et séries d'Yoredale et de Pendleside.* — Au-dessus de couches de schistes et de grès calcifères plus ou moins constantes (*groupe Tuédien*), on trouve les bancs massifs du calcaire carbonifère, subdivisés souvent par des schistes et des grès intercalés, et généralement érodés et creusés de cavernes (par les eaux chargées d'acide carbonique) : les fissures ont été élargies (dans l'Yorkshire et le Westmorland elles portent les noms de *grikes* ou de *gilles*), et il en résulte comme d'habitude en pareil cas des engouffrements et inversement des résurgences. Ces calcaires sont très étendus et forment des plateaux (appelés *helks* ou *clints*); leur plus grande épaisseur est dans la chaîne Pennine (au S.-O. du Northumberland) et dépasse 1.200 mètres. Plus au N., dans le Northumberland et en Écosse, les calcaires vont en diminuant, tandis que les grès et les schistes augmentent dans le haut de la formation (avec quelques couches de houille, *lower coal measures*).

Dans l'O. de l'Angleterre, York, Derby, Lancashire et autres comtés, la partie supérieure du culm est formée de schistes, de grès et de dalles calcaires, sous le nom de *groupe de Yoredale* (2) ou de *Pendleside* (3), avec une épaisseur totale allant jusqu'à 600 et même 1.350 mètres (*Upper limestone shales* de quelques géologues, *Harrogate roadstones series* d'autres). Les schistes dominant et les calcaires étant peu épais, l'eau n'est pas très abon-

(1) Il y en a aussi qui sortent des mines et carrières, comme à Sainte-Agnès, Mount Hawke et Redruth. Enfin les conglomérats, désintégrés à la surface en sables et graviers, donnent aussi naissance à des sources peu profondes, comme dans les Mendip Hills (au N. de East and West Cranmore, notamment).

(2) Bien développés à Yoredale et Wensleydale, vallée de l'Ure (O. du Yorkshire). La composition typique est la suivante (de bas en haut) : grès et schistes (0 à 42 mètres), Scar limestone (8 à 24 mètres), schistes et grès (9 à 54 mètres), Simonstone limestone (5 à 18 mètres), grès et schistes (9 à 45 mètres), Middle limestone (5 à 35 mètres), grès et schistes avec deux minces bancs de calcaire (30 à 105 mètres), Underset limestone (0 à 25 mètres), schistes et grès (20 à 30 mètres), Main limestone (15 à 30 mètres), grès et schistes avec rognons (0 à 27 mètres). Total 100 à 450 mètres.

(3) Bien développés dans les Pendle Hills (450 mètres d'épaisseur), Lancashire.

dante dans cette formation, et elle y est assez dure; parfois même les schistes contiennent des pyrites dont la décomposition donne des eaux sulfureuses, comme les célèbres sources minérales de Harrogate.

Enfin, dans le S. du pays de Galles et le Somerset, le calcaire fissuré et caverneux alimente nombre de sources (pour les villes d'Oystermouth, Bridgend, Clevedon, etc., etc.) et de puits (pour Weston-super-Mare, Frome, etc., etc.). Il faut citer spécialement les sources de Wells, résurgences qui sortent sous la cathédrale même et ramènent au jour les eaux engouffrées dans les *swallets* du plateau des Mendip Hills, à près de 8 kilomètres de là; d'autres sources qui naissent aussi au pied des Mendip Hills et engendrent les ruisseaux de Wookey et l'Axe (au Wookey Hole, près de Priddy) [1] et de Cheddar (en dessous de Cheddar Cliffs). Comme le montre la figure 100, l'eau de pareilles résurgences provient non seulement de la

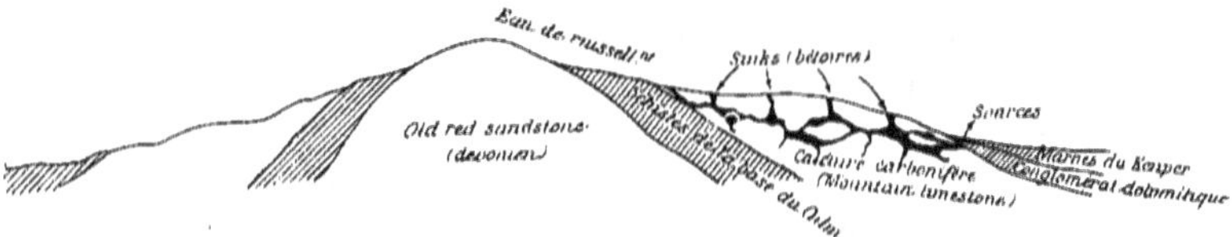

FIG. 100. — Les résurgences du calcaire carbonifère au pied de l'anticlinal des Mendip Hills (Somerset). — Exemple du Wookey Hole, près de Priddy.

pluie tombée sur le calcaire carbonifère, mais encore de la rentrée en terre par les *sinks* (ou *swallow-holes*) de ce calcaire des eaux de ruissellement qui proviennent de l'anticlinal d'*old red sandstone* et des schistes de la base du culm : c'est lorsque le conglomérat dolomitique et les marnes du Keuper viennent recouvrir le calcaire carbonifère que l'eau sort de celui-ci au pied des collines. L'eau d'une douzaine de sources (y compris celles de Duxton qui passent pour minérales) du culm dans le Somerset a donné une moyenne de dureté de 25° hydrotimétriques français; mais les sources de Weston sont beaucoup plus dures (69°, dont 42° permanents) et salées.

Les failles ne manquent pas non plus dans le culm. La plus connue, longue de 35 kilomètres, est *Craven fault* dans l'O. du Yorkshire, aux environs de Skipton : elle dresse le calcaire carbonifère tout d'un coup contre le silurien, et le Tarn qui vient des affleurements de ce dernier pénètre dans les cavernes du calcaire par plusieurs *swallow-holes* (au S.-O. de

(1) La communication entre les sinks et le Wookey Hole est bien démontrée par la pollution résultant du lavage du minerai de plomb à l'amont, ce qui a motivé un procès. Balch a publié en 1914 un bel ouvrage sur la résurgence de l'Axe.

Malham Tarn à Smelt Hill, à l'E. et au S.-E. à Gordale). La Société géologique du Yorkshire a démontré par la fluorescence (rapport Cash, 1900) que ces eaux réapparaissent en trois points : à la source de Malham Cove, à celles d'Aire Head et à celles de Gordale Beck. La même société a étudié aussi les trajets souterrains des eaux dans les environs de Ingleborough, célèbres par la grotte de ce nom et le *pol-hole* du Gaping-Ghyll [exploré par Martel (*fig.* 69)]; le Fell-Beck s'engouffre dans l'abîme et ressort dans la grotte à 1.600 mètres de distance et 150 mètres plus bas (deux cascades souterraines dans la caverne de Weathercote). On a reconnu que le trajet des eaux est dirigé par les lits qui séparent les bancs calcaires; quant aux dispositions des collections aqueuses dans les calcaires, elles sont déterminées comme en Belgique par les ondulations du toit du silurien qui les supporte. On peut trouver aussi des phénomènes analogues dans les comtés de Derby et de Stafford : l'Elden Hole (au S.-O. de Castleton) a passé longtemps pour un gouffre sans fond; la rivière Manifold se perd sur près de 10 kilomètres dans le vallon de Welton et ressort à Ilam; la Reynard's cave, etc., etc.

2° *Millstone grit.* — Cette formation, alternance de grès, poudingues et schistes, est très constante, mais très variable d'épaisseur : depuis l'Écosse (*Moor rock* ou *Moor grit*) où elle descend à 200 et même 100 mètres, jusqu'au S. du pays de Galles (60 à 450 mètres), en passant par les comtés de Northumberland et de Durham (jusqu'à 1.700 mètres), d'York partie S. (600 mètres), de Stafford (N.), de Lancastre (S.) et de Derby (1.000 à 1.500 mètres). On aura une bonne idée de la subdivision de la formation dans ces quatre derniers comtés par la succession ci-après donnée par Green :

	Épaisseur.
Rough Rock ou Topmost grit	22 à 30 mètres
Schistes	35 à 75 —
Middle grits [1] (avec bancs de schistes intercalés)	180 à 300 —
Schistes	environ 78
Lowest grits (Kinder scout), avec schistes	165 à 420 mètres

Dans le N. du pays de Galles (Flintshire) [2], il n'y a que deux couches de grès : celle de base (75 mètres), puis les schistes de Holywell (30 mètres), le grès de Gwespyr (35 à 40 mètres) et les schistes de Gwespyr (45 mètres).

Tous les bancs de grès du Millstone sont aquifères et on a ainsi plusieurs nappes superposées engendrant de nombreuses sources et alimen-

[1] Plusieurs noms locaux, tels que *Chatsworth grit*, *Belper grit* s'appliquent à ces bancs de grès.

[2] L'ensemble y porte le nom de *Cefn-y-Fedw sandstone*.

tant puits et forages. Entre autres localités utilisant des sources de ces niveaux, je citerai Congleton, Leeds, Bradford, Halifax, Keighley, Ilkley Harrogate, Wrexham, etc., etc. : les villes ont souvent fait des barrages-réservoirs, les eaux souterraines étant insuffisantes en quantité. Les eaux du Millstone grit sont douces : 9 à 10° hydrotimétriques.

3° *Coal Measures.* — C'est aussi une formation épaisse et très étendue, où des schistes, des grès et quelques minces bancs de calcaire et parfois de minerai de fer alternant avec les couches de houille (moyennes et supérieures). Dans la Cornouailles et le Devon, les couches sont tellement faillées et plissées qu'il est bien difficile de faire un pronostic quelconque sur la situation de l'eau en un point. Elles sont plus régulières dans le Somerset, la région de Bristol et le S. du pays de Galles (Forest of Dean notamment), où un banc de grès massif dit *Pennant grit* (coupé toutefois de schistes et de veines de houille) s'intercale entre les *lower et upper coal measures.*

Épaisseurs moyennes dans le sud du Pays de Galles.

DÉSIGNATION DES COUCHES	ENVIRONS DE :		
	AMMANFORD, SWANSEA ET GOWER	MERTHYR-TYDFIL PONTYPRIDD ET BRIDGEND	CARDIFF, NEWPORT ET ABERGAVENNY
Upper coal series : avec grès et schistes	300 à 350 mètres	environ 70 mètres	environ 90 mètres
Pennant grit : surtout gréseux	environ 750	540 à 850	240 à 295
Lower coal series : surtout schisteux	270 à 920	environ 800	250 à 480

Dans le N. du pays de Galles (Flintshire notamment), le Pennant grit ne se retrouve plus, et les deux séries houillères ont respectivement 90 mètres l'inférieure et 210 mètres la supérieure. Dans les comtés de Stafford, Derby et Lancastre, les coal measures s'épaississent (1.800 à 2.400 mètres), tandis que plus au N. elles vont en diminuant et n'ont plus que 360 mètres en Écosse.

L'eau se rencontre dans les couches de grès [le Pennant grit notamment (1)] et de calcaire; mais ces couches ne sont pas toujours continues et se terminent souvent en coins (lentilles), en sorte que la réussite d'un forage n'est pas toujours assurée. De plus, le contact fréquent des eaux avec les couches schisteuses et houillères leur apporte souvent du sel et du soufre (sources minérales de Radstock et de Twerton dans le Somerset,

(1) C'est dans ce grès qu'on a trouvé de grandes quantités d'eau en construisant le tunnel qui traverse la Severn, et il faut toujours en pomper un volume important.

d'Ashby dans le Leicestershire, de Llangammarch et de Llanrindod dans le Caermarthen, etc., etc.).

Permien. — Le permien, qui manque dans le bassin franco-belge, se retrouve en Angleterre, notamment dans les comtés de Nottingham, Durham, Stafford, Lancashire et Cheshire. Il se subdivise en deux étages : celui de base (pouvant manquer) comprend au bas les *grès bariolés* avec conglomérats et marnes rouges (*inferior new red sandstone*), lesquels contiennent de l'eau, mais sont d'ordinaire trop profonds pour qu'on y puise, étant recouverts par les marnes rouges ardoisières (*marl slate*) imperméables. L'étage supérieur, au-dessus de ces marnes, est au contraire aquifère et à peu près constant : c'est le calcaire magnésien (*magnesian limestone*), d'une épaisseur moyenne de 150 mètres, très fissuré et très absorbant. Il est parfois subdivisé en deux par une couche de marne, ou encore surmonté d'un banc marneux qui retient au-dessus de lui les eaux du grès triasique [1] (*bunter*).

On trouve de nombreuses sources, notamment dans les vallées qui recoupent la base du Magnesian limestone : exemples les sources de l'Erewash, d'Annesley Park, de Beauvale Priory, de Worksop (Nottinghamshire) .Les eaux du calcaire magnésien sont d'ordinaires dures (au moins 30° hydrotimétriques).

4° BOHÊME ET THURINGE, SILÉSIE, ETC., ETC.

La quatrième colonne du tableau I indique la constitution la plus fréquente des terrains primaires dans les régions ci-dessus désignées et en Russie, ainsi que la situation des principales couches aquifères; mais on comprend qu'il soit bien difficile de donner une vue d'ensemble pour des régions aussi vastes, aussi éloignées les unes des autres, et où les formations primaires sont d'ordinaire trop épaisses, trop profondes et trop peu perméables (très souvent schisteuses) pour avoir été souvent touchées par les recherches d'eau.

La coupe, classique depuis Barande, du bassin primaire de Bohême, ferait croire qu'il y a des eaux artésiennes dans le fond de la cuvette siluro-dévonienne entre Prague et Pilsen; mais la nature schisteuse de la couche supérieure de l'étage H et la compacité des calcaires cristallins sous-jacents empêchent l'eau de pénétrer autrement que par les failles et cassures. Les cassures peuvent d'ailleurs alimenter des sources, étant souvent traversées

[1] Il est quelquefois difficile de séparer les eaux du bunter de celles du magnésien.

par des crêtes de diabase qui forcent les eaux à se relever (sources de la ville de Lodenice, dont les eaux se perdent deux fois avant de revenir au jour). Elles peuvent aussi alimenter des puits artésiens, comme le montrent les puits forés à Prague même dans l'île des Juifs et sur la rive gauche de l'Ultava à Smichov : là deux lignes de cassures du silurien se rencontrent, l'une N.E.-S.O. et l'autre N.-S. (d'après Krejci), ce qui explique sans doute l'abondance de l'eau (ces puits qui ont seulement 12 mètres environ de profondeur ont fourni près de 4.000 mètres cubes chacun par jour d'une eau à 26° hydrotimétriques, un peu ferrugineuse au début).

Une autre origine des eaux dans une partie de la Bohême résulte du fait que l'érosion y ayant été intense, des dépôts meubles et épais (éboulis) ont recouvert de grandes surfaces et forment réservoirs : ainsi les montagnes Brdy (grauwackes du cambrien), grand massif forestier, d'où sortent de nombreuses sources, notamment celles qui alimentent Rokycany. Enfin, on trouve un peu d'eau, qui devient artésienne par endroits, dans les couches calcaires et gréseuses des nombreux petits bassins carbonifères et permiens du centre de la Bohême.

Dans les bassins houillers de Haute-Silésie et de Moravie, les couches de charbon ne sont pas aquifères; mais le carbonifère et le permien sont surmontés par le *Buntsandstein* et le Muschelkalk qui contiennent beaucoup d'eau (gênante à traverser par les puits de mine). Il faut enfin signaler les calcaires dévoniens du *Karst morave* (au N.-E. de Brünn), où six rivières se perdent dans les gouffres et cavernes, pour donner ensuite naissance à trois grandes résurgences (la Punkwa, et ses relations avec le grand gouffre de la Mazocha). Il y a également d'importants labyrinthes de cavernes dans les Tatras tchéco-slovaques.

A l'O. de l'Erzgebirge, la Franconie et la Thuringe d'une part, le Harz de l'autre forment deux *horsts* primaires s'avançant vers le N.-O. et comprenant entre eux le bassin triasique d'Erfurt-Göttingen. Les couches les plus anciennes ne sont pas riches en eaux souterraines : le cambrien (au S.-E. d'une ligne allant de Gehren à Masserberg) est formé de phyllites et de schistes argileux et n'a d'eau que dans leurs fissures; le silurien, qu'on trouve dans le Harz et le Kellerwald, (près Saalfeld et Neustadt-v-d-Heide), a toute sa base constituée par des quartzites, grauwackes et schistes imperméables, et ce n'est qu'au sommet dans les *couches de Steinhorn*, qu'il y a des bancs calcaires, d'ailleurs peu épais, contenant un peu d'eau (de dureté moyenne). Le dévonien est plus étendu, mais encore très schisteux : il y a pourtant des bancs calcaires dans le dévonien moyen (*calcaire à Stringocéphales*) et dans le supérieur (*Adorferkalk* et *Clymenienkalk*), qui ont un peu d'eau. Dans l'E. de la Thuringe, le *culm* est schisteux et imperméable, et il en est de même des couches de houille (environs d'Osnabrück) et du *Rothliegende* (base du permien).

Le *Zechstein*, au contraire, est assez aquifère, notamment dans ses couches dolomitiques (dolomie à vésicules); quant aux couches de sel et d'anhydrite, elles renferment des cavernes produites par la dissolution, et il en résulte de nombreux effondrements qui se répercutent parfois sur le terrain supérieur (grès triasique). On trouve généralement à la base de la formation un conglomérat (2 à 3 mètres), puis les *Kupferschiefer* (peu épais), puis la dolomie inférieure (5 mètres); ensuite les couches de gypse et la dolomie principale (50 mètres chaque, dans le S. du Harz); enfin les couches de sel et d'anhydrite du zechstein supérieur (150 à 360 mètres), et enfin au-dessus les *Zechsteinletten* et les *Bröckelschiefer* (20 à 25 mètres); mais il ne faut pas oublier que l'érosion a dénudé très fortement le tout et par suite rapproché les couches inférieures de la surface.

Dans la forêt de Thuringe, la dolomie forme un anneau périphérique assez étroit et alimente nombre de sources comme celles de Schmalkalden et de Salzunzen (eau assez dure et parfois salée); toutefois plusieurs sources paraissant nées sur le zechstein sortent en réalité du trias qui le surmonte. Dans la bordure S.-O. du Harz, les cavernes et rivières souterraines dans les couches de gypse et de sel sont nombreuses, dirigées souvent par les cassures : elles aboutissent à des sources ou résurgences telles que les célèbres sources de la Rhume, groupe de sources situées près de Rhumspringe et débitant de 1.345 à 4.600 litres par seconde (les plus grosses sources de l'Allemagne). Mais les eaux semblent provenir pour partie des rivières l'Oder et la Sieber, qui coulent plus au N. et perdent partiellement leurs eaux dans le zechstein, et aussi du *Buntsandstein* dont les eaux passent par les nombreux effondrements que montre la figure 190. Je reviendrai sur la question en étudiant le grès triasique de la région.

5° RUSSIE D'EUROPE

Le grand bassin russe est presque entièrement constitué par les terrains primaires que recouvre le manteau (souvent troué) de l'argile glaciaire; toutefois le jurassique et le crétacé les surmontent au N. et au S. de l'*axe dévonien d'Orel-Tula*, et c'est le crétacé qui remplit la fosse profonde de Kharkov-Poltawa (*bassin du sud-russe*). La disposition et l'inclinaison des couches (résultant des ondulations du toit de l'archéen) sont

Tableau I — Terrains primaires (principaux bassins) de l'Europe Occidentale.

Les couches perméables contenant des nappes aquifères importantes sont écrites comme **CALCAIRE**, celles qui contiennent un peu d'eau comme Calcaire

	Terrains géologiques Notations de la carte de France	Armorique. Vendée. Anjou. Normandie.	Ardennes, Belgique, Eifel, Hunsrück, Westphalie.	Angleterre et Écosse.	Bohême, Silésie, Scandinavie, Russie N.W.
PERMIEN	Thuringien r'	"	Bassins de la Sarre et de la Nahe : **Grés rouges supérieurs**	Magnésian limestone **CALC. MAGNÉSIEN SUP^r ET INF^r** 50 à 220 m	Bohême : 10 bassins permiens princip^x (schistes et grès) : **CARGNEULES ET ZECHSTEIN** Argiles, marnes et gypse de Perm (Russie) — jusqu'à 2000 m
	Saxonien (ou Penjabien) r1	"	Grès rouges, mélaphyres et argilolithes.	Marl slate	Rothliegende : grès rouge **Dolomies et grès de Kostroma** (Russie) — de 500 à 2000
	Artinskien (ou Antunien) r11	"	Couches de Lebach, Couches de Cusel	Grès bariolés (Inférior New red sandstone) — 0 à 500 m	Brandschiefer (Schistes bitumineux) **Grés et calcaire d'Artinsk** (Russie) — 100 à 500 m
CARBONIFÈRE	Stéphanien (ou Ouralien) h3-4	Bassins de Quimper, Plogoff, de St Pierre-la-Cour et de Littry.	Grès houillers et couches de Sarrebrück et d'Ottweiler — 300 m	Upper et Middle Coal Measures (avec quelques bancs calcaires et grès aquifères intercalés.) — de 360 à 3600	Bohême : 12 petits bassins houillers (stéphaniens et westphaliens) : Couches de Radowenz, Calcaires à fusulines (Russie) **et dolomies fossilifères** — environ 200 m sous Moscou
	Westphalien (ou Moscovien) h1-2	Schistes de Laval **Calcaire de Laval** Grauwacke à Échinides. (Épaisseur jusqu'à 1500 m.)	Psammites, schistes houillers et couches de houille — jusqu'à 2900; Schistes ampéliteux — 25	**MILLSTONE GRIT** — 60 à 1700	Couches de Schwadowitz, Couches de Schatzlar, Couches de houille (Russie), **Calcaires à Spirifer**
	Dinantien (Culm) h1-11	Calcaire de Sablé, Poudingues, grès et schistes Blavicite.	**CALCAIRES DE DINANT ET DE VISÉ** **CALCAIRES TOURNAISIEN ET WAULSORTIEN** — 250 à 650	Schistes et grès (Série d'Yoredale) **CALC^re SUPÉR^r ET CALC. INF** et schistes à la base (avec ou sans grès calcifère) — 500 à 2.100	Couches d'Ostrau et de Waldenburg (Schistes et grès) **Calc^res à productus** (Russie) avec grès, schistes et conglomérats. — très épais
DEVONIEN	Sup^r : Famennien d6, Frasnien d5	"	Calcaire d'Etrœungt, Schistes de la Famenne et psammites du Condroz — 100 à 500; Schistes de Matagne et **Calcaire de Frasne** — 100	Old red sandstone : Grès jaunes et schistes (assises de Pilton et de Petherwyn.)	Bohême : Étages F G H (calcaires à la base et schistes) : Alternances de schistes, de calcaires minces, de marnes et de grès et sables rouges. (un peu aquifères) [grès baltiques inf^rs et supérieurs en Russie. La base manque en Russie.] — Épaisseur très variable
	Moy^n : Givétien d4, Eifélien d3	" ; Schistes et calc. à Phacops P.	**CALCAIRE DE GIVET** — 400; Schistes à calcéoles et **Calcaire de Couvin** — 50 à 1000	Schistes rouges et Cornstones (Assise d'Ilfracombe ou de Plymouth)	
	Inf^r : Coblentzien d2, Gédinnien d1	Schistes et calc. à Athyris undata, Grès à Orthis Monnieri, Schistes et quartzites de Plougastel. (Ép^r très variable jusqu'à 1500 m.)	Schistes de Vireux, poudingues de Burnot et grauwacke d'Hierges — 1.250; Grès d'Anor et de Vireux — 1.550; Poudingues de Fépin, arkoses de Weismes, schistes de Bouvard et de Feez — 800 à 1.850	Grès et conglomérats avec schistes et marnes rouges (Assise de Linton). — Épaisseur de 2.500 à 5000 m.	

SILURIEN (gothlandien)	Supérieur S^4	Schistes à Nodules (avec calcaire de Feuguerolles ou de la Meignanne)	Épaisseur maxima : 100m.	Schistes de Fosse	Épaisseur quelques centaines de mètres	Assise de Ludlow (Grès micacé et grès de Downton, **Calcre d'Aymestry**, Schistes de Ludlow) 550m	Bohême : Étage **E** (100 à 300 mèt.) (Schistes à la base et calc. cristallins)	Assises d'Œsel (Calc. cristallins et Marnes) 40m
	Moyen S^4	Ampélites et Phtanites à graptolithes et grès quartzeux à la base		Schistes de Naninne		Schistes de Wenlock **Calcaires de Woolhope et de Wenlock** 900m		Calcaires à pentamères 50m
	Inférieur S^4			Schistes et quartzites de Grandmanil		Assise de Llandovery (Schistes et grès) 120 à 750m		Couches de Lyckholm et de Borkholm (Sch. et calc. dolomitiques) 30 à 60m
ORDOVICIEN	Supérieur S^3	Schistes à Trinucles 40 à 80m Grès de May 40 à 50m		"		Assise de Caradoc ou de Hartfell et **Calcaire de Bala** 3600m	Bohême : Étage **D** (très épais) (Schistes et quartzites)	Schistes à trinucles (Assise de Wesenberg (Russie)) 10 à 200m
	Moyen S^2	Schistes à Calymènes (avec minerai de fer) 50 à 100m		Schistes de Gembloux 600m		Schistes de Llandeilo ou de Glenkiln 400m		Schistes à graptolithes **CALCRE DE JEWE** (Russie) 30 à 100m
	Inférieur S^1	Grès Armoricain (grès à tigillites) jusqu'à 500m		Schistes de Huy-Statte 300m		Schistes et grès d'Arenig et du Skiddaw 250 à 3000m		Calc. à orthocères et schistes bitumineux 40 à 50m
CAMBRIEN	Potsdamien (ou Saratogien) S_b	Grès feldspathiques **Grès de la Hague**	Épaisseur maxima : 300m.	Phyllades et quartzophyllades salmiens	Épaisseur : environ 2000m.	Groupe de Trémadoc ou **Calcre de Durness**	Plusieurs milliers de mètres	Schistes alunifères supérieurs à Dictyonema et grès à Obolus 20 à 40m
	Acadien S_{a-b}	Schistes rouges et calcaires magnésiens		Phyllades noirs et quartzites de Revin		Groupe de Solva, Schistes Ménéviens ou grès à serpulites		Schistes inférieurs à Paradoxides. En Bohême, étages **C** et **B** partie 40 à 400m
	Géorgien (ou Waucobien) S_a	Poudingues pourprés **Grès de Couville**		Phyllades de Deville et Ardoises de Fumay		**Grès de Caerfai** ou couches à fucoïdes des Highlands		**Grès à fucoïdes** et argile bleue de Revel Grès à Eophyton 200 à 300m
PRÉCAMBRIEN X		**Bancs calcaires** intercalés dans les phyllades de St-Lô (ou de Douarnenez, ou schistes de Rennes)	jusqu'à 3000m.	"		Schistes et grauwackes du Longmynd et du Shropshire ou Grès de Torridon (Highlands)	Épais	En Bohême, étages **B** (partie) et **A** (Schistes de Mies et grauwacke de Przibram) plus de 800m En Scandinavie, sparagmite et calcaire de Biri 700m

figurées schématiquement par les deux grandes coupes N.-S. et E.-O. de la figure 101 [1], laquelle donne en outre le détail des terrains sous les villes de Saint-Pétersbourg, Moscou et Kharkov, où ont été forés de nombreux puits artésiens.

Région du N.-O. — Comme on le voit, en partant de la bordure du bouclier scandinave (de la Courlande à la Mer Blanche), les couches primaires plongent fortement vers le S. et présentent ainsi des conditions favorables à l'artésianisme (vers l'E., elles sont au contraire faiblement inclinées, jusqu'à ce qu'elles se redressent brusquement aux Monts Oural). Ainsi, les bancs de grès du cambrien inférieur (*grès à fucoïdes*) sous la grande épaisseur de l'*argile de Revel* alimentent les puits artésiens de Saint-Pétersbourg (60 puits de moins de 213 mètres de profondeur, donnant ensemble 7 à 10 litres par seconde d'une eau dure et à 2 ou 3 grammes de NaCl).

Au S.-E. de Saint-Pétersbourg, le silurien apparaît et forme un grand plateau : aux environs de Gatschina, le silurien supérieur manque, mais le *calcaire de Jewe* règne sur environ 35 mètres d'épaisseur et contient un niveau d'eau qui devient artésien en s'enfonçant vers le S [2], l'eau s'arrêtant soit sur les schistes bitumineux de Kucker, soit sur ceux à Dictyonema, soit en tout cas sur l'argile de Revel. Plus loin, le dévonien succède au silurien : il se subdivise en trois étages, les *grès baltiques* inférieurs et supérieurs (qui sont aquifères), et entre eux des calcaires à Sp. Verneuilli et des marnes peu perméables. L'eau des grès devient artésienne, mais elle est souvent très salée (puits artésiens de Novgorod, de Gdow, Pskoff, Petchersk, etc., etc. et puits dits *salines de la Vieille-Russie*).

Bassin central de la Russie (*sous-moscovite*). — Ce bassin dévonien et surtout carbonifère (avec des lambeaux de jurassique et de crétacé au N. et au S. de Moscou) est très grand et occupe presque entièrement les gouvernements de Moscou et de Tver et une partie de ceux de Riazan, Tula, Kalouga, Smolensk, Vladimir et Iaroslaw. Le calcaire à spirifer (moscovien ou houiller moyen), qui a au moins 250 à 300 mètres d'épaisseur, contient une belle nappe aquifère, artésienne sous un banc d'argile rouge très constant : elle alimente notamment une cinquantaine de puits jaillissants à Moscou (eau bonne mais dure), ainsi que ceux de Tver (où la pression à

[1] Ces coupes sont empruntées à la brochure de M. Prigorovski (*Comptes Rendus du Comité géologique de Russie*, vol. XLI, n° 1, 1922).

[2] On avait pensé à des puits descendant à ce niveau d'eau pour l'alimentation de Saint-Pétersbourg, mais il en aurait fallu un trop grand nombre pour une si grande ville, et il était indiqué de recourir au lac Ladoga peu distant. L'eau du silurien a de 25 à 32° hydrotimétriques et est généralement bonne : nombreuses sources dans les vallées.

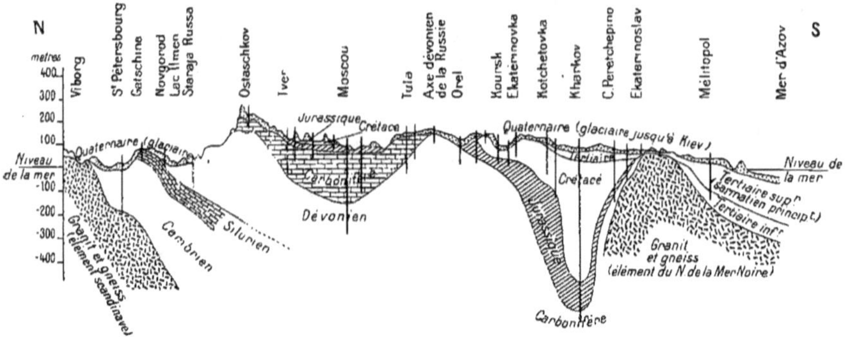

Coupe N.-S. de Saint-Pétersbourg à la mer Noire (par Moscou).

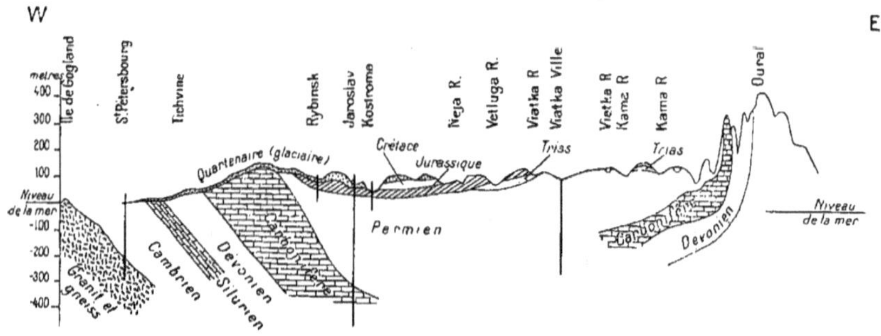

Coupe O.-E. de Saint-Pétersbourg aux monts Oural.

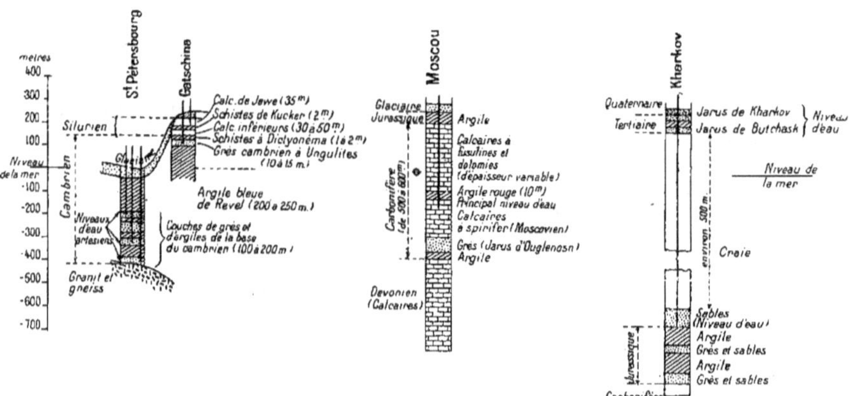

Détails sous Saint-Pétersbourg, Moscou et Kharkov.

FIG. 101. — Les grands bassins artésiens de la Russie d'Europe.

l'orifice atteint 30 mètres). Le houiller moyen s'étend loin de Moscou vers l'E., puis il est remplacé par le houiller supérieur; celui-ci contient aussi des niveaux artésiens dans les *calcaires à fusulines* qui alimentent par exemple les puits de Bogorodsk et de Tchérousti (l'un de ces derniers donnerait 355 litres par seconde à 4 mètres en dessous du sol).

Bassin du Sud-russe (*ou de Kharkov-Poltawa*). — Fosse profonde de direction O.-N.-O. — E.-S.-E., entre l'axe dévonien précité d'une part et le bassin houiller du Donetz et la bande cristalline de la Mer Noire d'autre part : elle est remplie par le jurassique et le crétacé, recouvert souvent par le tertiaire. Le principal niveau d'eau profond est à la base de la craie (de 400 à 500 mètres sous Kharkov); mais la plupart des puits et forages s'arrêtent dans les couches sableuses du tertiaire (*jarus de Bulchask*, *jarus de Kharkov*, *jarus de Poltawa*, séparés par des couches d'argile), et tels sont les puits des villes de Kharkov, Kief et Poltawa : quelques forages, notamment à Kief, descendent au crétacé et même au jurassique et donnent l'eau au niveau du sol (A Mirgorod, dans le jurassique, elle est trop minéralisée). Ces horizons s'étendent vers l'E., dans les gouvernements de Tambow, Voronéje, Pensa, Simbirsk, Saratow; puis on passe au permien.

Bassin du permien. — Étendu à l'E. et au N.-E. jusqu'à l'Oural, ce bassin est encore peu connu et les pentes en sont trop faibles pour donner un artésianisme aussi important que précédemment. Cependant il y a des niveaux d'eau dans les *grès et calcaires artinskiens*, dans les *grès et dolomies de Kostroma*, enfin dans le Zechstein (au-dessus de l'*argile de Perm*). Il y a des puits artésiens à Samara, Bilarsl, etc., etc.; mais dans toute la région Volga-Okienne, les eaux permiennes sont trop minéralisées pour être potables.

Bassin tertiaire de la Mer Noire (Taurie, Crimée, Kouban, etc., etc.) : au S. du massif cristallin du S. (p. mémoire).

6° ÉTATS-UNIS

Les terrains primaires occupent aux États-Unis une énorme surface, notamment à l'E. des montagnes Rocheuses le grand bassin du S. des Grands Lacs, déjà précédemment esquissé. Il faut, pour en décrire l'hydrogéologie le subdiviser en trois grandes régions, et encore dans chacune d'elles traiter à part les bassins carbonifères et permiens dont l'allure régulière et la topographie peu accidentée se distinguent très nettement de celles des terrains plus anciens.

Le tableau II sera consacré à ceux-ci, tandis que le tableau III résume l'hydrologie souterraine et la constitution du carbonifère et du permien.

I. **Région et bassin des Appalaches.** — C'est la grande gouttière qui s'étend entre le revers N.-O. de l'Appalachia et le dôme de Cincinnati-Nashville, s'arrêtant au N. contre le laurentien et le précambrien des Adirondacks et se terminant en pointe au S. sous le crétacé dans le centre de l'Alabama. Elle a été d'abord comblée par de puissantes assises de terrains primaires; mais ceux-ci ont subi vers le milieu de l'ère dévonienne une poussée semblant venir de la côte atlantique et ayant engendré de longs plissements (coulisses) et de longues cassures de direction N.E.-S.O. (chaînes parallèles des Alleghanys : Blue ridge, Greenbrier M[ain], Great Smoky chain, Clinch M[ains], etc., etc.). Puis, dans la vaste dépression à l'O. de ces plis, il se déposa des grès rouges souvent schisteux (correspondant à *l'old red sandstone*); enfin le carbonifère et le permien la comblèrent de leurs dépôts épais (souvent de plus de 4.000 mètres), restés en place.

On a ainsi courant obliquement (*Appalachian Mountain belt*) de longues bandes (entremêlées à cause des plis) de cambrien, ordovicien, silurien et dévonien. Puis le dévonien supérieur dessine deux bandes d'affleurements s'appuyant sur chacun des revers de la gouttière, et c'est l'intervalle entre elles qui constitue le bassin carbonifère appalachien : le mississippien n'y occupe que deux zones assez étroites bordant intérieurement le dévonien, mais le pennsylvanien remplit tout l'espace médian et supporte en son milieu un noyau de permien (environ 18.000 kilomètres carrés dans le N.-O. de W. Virginia, S.-E. d'Ohio et S.-O. de Pennsylvania). Ce grand bassin carbonifère, comprenant les plateaux d'Alleghany et de Cumberland a des inclinaisons beaucoup plus faibles que la série de synclinaux et d'anticlinaux des terrains plus anciens : l'hydrologie y sera donc bien différente.

Dans la zone des plissements, zone d'ailleurs montagneuse, les nappes aquifères n'ont ni grande étendue, ni grande régularité, et il est difficile de prévoir si elles sont artésiennes en tel point; les sources naissent soit des cassures (elles sont alors souvent minéralisées et chaudes), soit dans les synclinaux. Les couches ont été fréquemment modifiées et rendues plus compactes par le métamorphisme (c'est le cas dans les États de la Nouvelle Angleterre), par l'intrusion de roches ignées, ou par les compressions provenant des plissements et recouvrements : l'imperméabilité est donc grande. Dans le bassin carbonifère, les couches étant plus régulières et les sources naissant principalement sur les flancs des vallées creusées dans les plateaux, les prévisions sont plus faciles : toutefois le grand nombre de couches de schistes et de charbon qui s'intercalent entre les lits de grès et de calcaire rendent l'ensemble assez peu perméable, et on ne peut guère chercher l'eau qu'au voisinage des affleurements des couches aquifères.

On n'oubliera pas enfin que tout le N. de la région (le New England notamment) est recouvert par le drift glaciaire, dans lequel on trouve de l'eau au voisinage de la surface et spécialement à la base au contact du paléozoique.

La constitution des terrains est résumée dans les deux premières colonnes des tableaux II et III : j'ai été conduit à séparer la partie S.-O. de la partie N.-E. de la région en raison de la trop grande différence des noms et des caractères des formations (1).

1° *Cambrien et ordovicien inférieur.* — Il y a généralement des nappes aquifères dans les grès et quartzites de la base du cambrien : grès de Weverton et d'Antictam avec quartzites de Montalto ou de Chickies (Pe) dans la partie N.-E., quartzites de Weisner dans le S.-O. (avec de belles sources comme Blue Sp., Cold Sp. à Bullochville, Warm Sp. à Merriwether en Géorgie). Les calcaires cambriens sont aussi aquifères (grosses sources de Cambridge, de Shushan W.-V.); mais c'est surtout dans les formations de Beekmantown et de Chazy (ou Stones River) — comme dans la vallée de Shenandoah (Virginia) — et pour la partie S.-O. dans les dolomies de Knox qu'on trouve beaucoup d'eau. Ces calcaires donnent naissance à de grosses sources, comme celles de Bellefonte Spring (880 litres par seconde), Roaring Springs, Crystal Spring, Boiling Spring (1.250 litres par seconde), Falling Spring, etc., etc. en Pennsylvanie; et comme celles de Mosteller's mill, de Baker's mill, de Landers, de Duc's mill — celle-ci débitant près de 500 litres par seconde — en Géorgie, de Jacksonville, la grosse source de Tuscumbia (de 1,5 à 4 mètres cubes par seconde), Cave Spring, Huntsville

(1) Je n'ai même pas pu comprendre dans la première colonne la plupart des noms des formations des États de la Nouvelle Angleterre. Les terrains y sont très métamorphisés et par suite ne renferment guère d'eau que dans les fissures du *complex* (schistes, ardoises et quartzites), lequel se comporte dès lors comme les terrains archéens. Il y a cependant une nappe dans les quartzites de la formation de Vermont (qui représentent ici le grès de Potsdam), mais tout le reste du cambrien et de l'ordovicien est imperméable (*slate belt* du Taconic range). Le silurien et le dévonien qu'on trouve dans le Maine ont de l'eau dans les calcaires d'Aroostook et d'Ashland (base et sommet du silurien) et dans les grès de Chapman, de Moose River et de Mappleton (dévonien). Quant aux bassins carbonifères (Pennsylvanien), on trouve de l'eau pour celui de Boston dans les conglomérats de Roxbury et le grès supérieur en dessous des ardoises de Cambridge; pour celui de Narragansett, dans les conglomérats et grès d'Attleboro (groupe de Wamsutta) souvent trop profonds, et dans ceux du groupe de Dighton voisins de la surface (300 à 450 mètres d'épaisseur).

Spring, Coldwater Spring, etc., etc. dans l'Alabama, avec puits artésiens d'Anniston, de Gate City, etc., etc.). La vallée E. du Tennessee, entre les Great Smoky M^ains^ et le rebord E. de Cumberland Plateau, est remarquable aussi par le nombre et la puissance de ses sources.

2° *Ordovicien moyen el supérieur, silurien el dévonien.* — Les bandes de ces terrains sont plus développées au N., tandis que s'amincissant dans le S.-O. de la Virginie, elles disparaissent plus au S., laissant presque en contact le carbonifère avec le cambro-ordovicien.

En Pennsylvanie les noms des couches successives sont classiques : la figure 102 en donne une coupe N.-S. allant du lac Ontario à Pittsburg, et

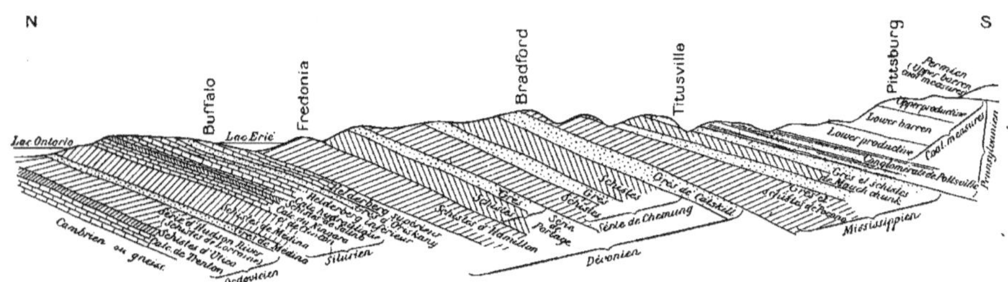

FIG. 102. — Coupe N.-S. des terrains primaires de la région des Appalaches (États de New-York et de Pennsylvanie), du lac Ontario à Pittsburg.

on peut prévoir déjà que les étages gréseux et calcaires seront des niveaux d'eau. Toutefois, leur compacité est fort variable d'un endroit à un autre : ainsi le calcaire de Trenton et celui du Helderberg inférieur sont assez pauvres en eau (¹), tandis que ceux d'Onondaga et hydraulique ainsi que les grès de Medina, de Clinton et d'Oriskany (¹) sont très aquifères. — Dans l'État de New-York, le Trenton est plus aquifère et l'eau en est souvent artésienne, mais souvent aussi très minéralisée (zones de jaillissement dans les comtés d'Albany, de Montgomery et de Columbia; sources thermo-minérales de Saratoga, de Lebanon, etc., etc.); les grès de la base du silurien et du dévonien alimentent aussi de belles nappes, mais les grès des Catskill séparés par des couches schisteuses et formant plusieurs niveaux n'engendrent que de petites sources. — Dans le manche (*handle*) du Maryland et dans les deux Virginies, belles nappes dans les grès et quartzites

(¹) Il y a cependant dans le Trenton d'assez belles sources aux environs de Chambersburg et de Mercersburg, ainsi que dans la chaîne de South M^ain^ (parc de Mont Alto notamment). Dans l'Oriskany, belle source de Big spring (283 litres par seconde) en Pennsylvanie, près de Tyrone (Blair C^y^).

de Tuscarora (base du silurien), le calcaire de Lewistown et le grès d'Oriskany (base du dévonien) : nombreuses sources, dont quelques-unes minérales (Berkeley Springs, W.-V[ia], très magnésiennes).

3° *Carbonifère*. — Le grand bassin houiller des Appalaches (1), qui a 400 kilomètres de longueur au N. et se retrécit vers le S. pour finir au trente-troisième parallèle, comporte une alternance de très nombreuses couches de houille, de calcaires et de grès. Le pays étant doucement ondulé, la pente de ces couches est tantôt dans le sens N.O.-S.E., tantôt dans le sens opposé; mais les bancs aquifères sont peu épais, et les couches de houille (imperméables) empêchent l'eau d'y être abondante, en sorte que la puissance des nappes n'est pas grande, ni la pression non plus. On a par endroits des eaux artésiennes, mais le jaillissement est rare : une exception doit être faite cependant pour le versant O. de Alleghany M[ain] (forte pression aux puits de Wilmore).

Je signalerai rapidement dans le mississippien : 1° une nappe constante à la base (au-dessus des schistes du dévonien supérieur) dans les grès de Pocono (N.-E.) ou les rognons de Fort Payne (S.-O.), et 2° un beau niveau dans les calcaires de Greenbrier ou de Maxville au-dessus des schistes de Mauch Chunk (belles sources de Deer Park au pied du versant O. de Big Savage M[ain], le long du front E. de Meadow M[ain] et du front O. de Negro M[ain], dans les vallées de Deep Creek, Marsh Run, Cranesville, aux environs de Frostburg, etc., etc.).

Le pennsylvanien, comme niveaux d'eau les plus remarquables, a une première nappe à la base du Pottsville dans le conglomérat de Sharon ou le grès de Lookout (correspondant au millstone grit); une autre au-dessus des couches de Freeport dans le grès de Mahoning de la formation de Conemaugh (nombreuses sources excellentes dans l'O. de la Pennsylvanie, dont Rock Spring qui donne 425 litres par seconde près du village de Tomhicken); une autre encore dans le grès de Pittsburg, au-dessus de la fameuse couche de houille de Pittsburg (2), formation de Monongahela.

Dans une grande partie de W. Virginia et dans l'E. du Kentucky, c'est le Pottsville qui prend un très grand développement, comme le montre la coupe E.-O. (*fig*. 103) : il y a de l'eau dans toutes les couches de grès, et les principales nappes sont dans les plus épaisses, la formation de Raleigh (25 à 45 mètres de grès), et le grès de Charleston (60 à 150 mètres), ce dernier représentant toute la formation d'Alleghany. — Dans le Tennessee

(1) Auquel il faut rattacher quelques petits bassins isolés, qui ont été séparés du grand par des plissements.

(2) Cette couche est si régulière qu'elle est exploitable sur environ 20.000 kilomètres carrés

(partie S. de Cumberland Plateau), les grès s'épaississent encore (les calcaires continuant à être rares), et on a des niveaux d'eau dans le Pottsville : grès de Lee (150 à 450 mètres) à la base, grès de Wartburg (150 à 200 mètres) plus haut. — Dans la Géorgie (angle N.-O.) et l'Alabama, les grès du Pottsville prennent les noms de Lookout et de Walden. Enfin, dans le grand bassin occidental appelé *Warrior basin*, l'épaisseur du Pottsville avec 15 couches atternantes de charbon, schistes, grès et un peu de calcaires n'est pas de moins de 950 mètres (ou remarque à la base les conglomérats dits inférieur et supérieur de Tennessee, correspondant au millstone grit);

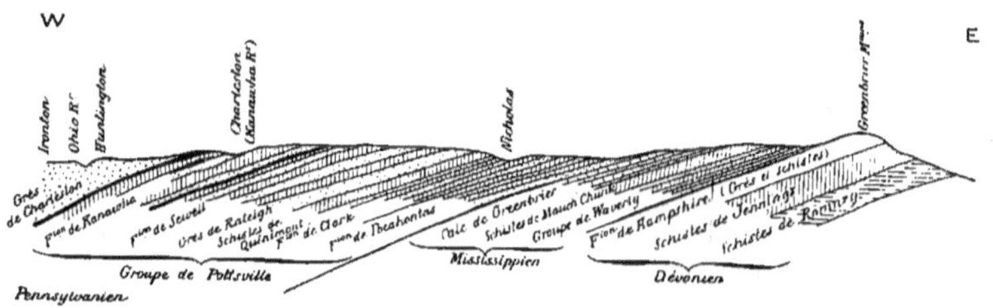

Fig. 103. — Coupe E.-O., par Charleston et Huntington ; du bassin pennsylvanien de West Virginia (Cumberland plateau et Greenbriers M^{ains}). (Les couches sont inclinées vers le N.-O.).

sans être très perméables, les grès donnent par places des eaux artésiennes (puits près de Cullman et de Tuscaloosa).

4° *Permien.* — Le permien, et encore limité à sa base (groupe de Dunkard), ne se trouve que dans un noyau comprenant le S.-O. de la Pennsylvanie, le S.-E. de l'Ohio et le N.-O. de W. Virginia : son épaisseur va en diminuant vers le N. et O. Sur l'alternance de ses dix-huit couches, on en trouve deux qui contiennent une belle nappe : c'est à la base le grès de Waynesburg (12 mètres), au-dessus de la couche de charbon du même nom, et plus haut le calcaire supérieur de la formation de Washington (comté de Washington, Pa).

II. **Région des Grands Lacs et bassins du Michigan et Intérieur de l'Est.** — Du massif des Adirondacks jusqu'au huronien supérieur du Minnesota, s'appuyant au N. sur le bouclier laurentien et inclinant ses couches vers le S. (jusqu'à ce qu'elles disparaissent sous les trois grands bassins houillers), s'étend une vaste région paléozoïque, presque entièrement recouverte d'ailleurs par le drift glaciaire [1]. Une dépression importante s'y est dessinée, soit en même temps que se formait le dôme de Cin-

[1] Comme d'habitude, on puise beaucoup d'eau dans le drift (et à sa base).

cinnati, soit pour toute autre raison, entre les lacs Huron et Érié à l'E. et Michigan à l'O., et elle a été remplie par le carbonifère : c'est le bassin de la presqu'île S. du Michigan. Cela nous conduit encore à séparer dans les tableaux II et III ce qui est à l'E. du lac Michigan et le bassin houiller du Michigan (troisième colonne dans chaque tableau) de ce qui est à l'O. du même lac (quatrième colonne du tableau II) et du bassin intérieur de l'E. (quatrième colonne du tableau III).

1° *Du cambrien au dévonien.* — Dans la partie orientale de notre région, les couches (souvent concentriques autour du massif des Adirondacks) gardent les noms classiques de la région appalachienne (voir la coupe *fig.* 102). Il y a de l'eau dans le grès de Potsdam (cambrien de l'État de N.-Y.), mais les sources, si elles sont nombreuses, sont peu abondantes. Dans l'ordovicien, le calcaire de Trenton paraît seul aquifère : il engendre de belles sources aux affeurements, notamment dans la vallée de Mohawk River et plus au N. dans celle du Saint-Laurent (célèbres sources de Massena). Le silurien (qui occupe toute la rive S. du lac Ontario, l'intervalle entre ce lac et la pointe E. de l'Érié, les rives N.-E. et N. du lac Huron, enfin les rives N. et O. du Michigan), a de l'eau à sa base dans les grès de Medina et d'Oneida (sources au bord de l'Ontario, sources minérales d'Oswego, etc., etc.), à mi-hauteur dans le calcaire du Niagara, enfin vers sa limite S. dans une dernière bande de grès (sources souvent minérales de Williamsville, Clifton, Chittenango, Sharon). Quant au dévonien, qui est beaucoup plus étendu, il est très schisteux dans sa partie médiane et n'a guère d'eau que vers sa base dans les calcaires cornifères et du Helderberg supérieur (belles sources minérales de Richfield, d'Avon, de Cherry Valley), et vers son sommet le long de sa limite S. dans des grès correspondant à ceux des Catskill (sources de Penn Yan, Dryden, Watkins, Slaterville, Spencer).

Dans la partie O., les formations se groupent concentriquement autour du massif laurentien, huronien et kewenawien du N. du Wisconsin; mais le cambrien et l'ordovicien prennent un très grand développement. Le silurien occupe deux longues bandes, l'une formant la rive O. du lac Michigan, l'autre dans le N.-E. de l'Iowa et le N.-O. de l'Illinois; enfin le dévonien apparaît de chaque côté des deux surfaces siluriennes. En regardant l'archéen du Nord-Wisconsin comme pôle, les couches s'inclinent vers l'E., le S. ou le S.-O. quand on tourne autour du pôle en venant du N. du Michigan. C'est ce que font bien comprendre les coupes des figures 104 (dont les deux branches partant de Baraboo, près Portage, Wis., vont l'une vers le S.-E. à Chicago et l'autre vers le S.-O. à Des Moines, (*fig.* 105), qui traverse, de l'E. à l'O. le S. du Minnesota, (*fig.* 106 et 107) qui sont

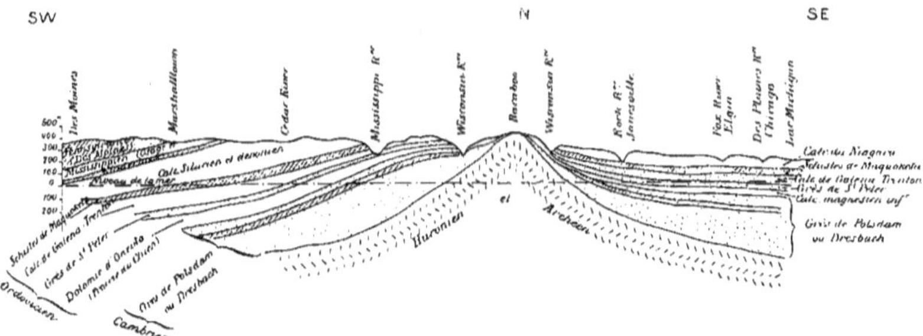

Fig. 104. — Coupe de Baraboo (Wis.) à Chicago, et de Baraboo à Des Moines (Iowa), montrant l'inclinaison des couches vers le S.-E., le S. ou le S.-O., et l'artésianisme des nappes aquifères des grès de Potsdam et de Saint-Peter et du calcaire de Galena-Trenton. — Échelle de 1/6.000.000.

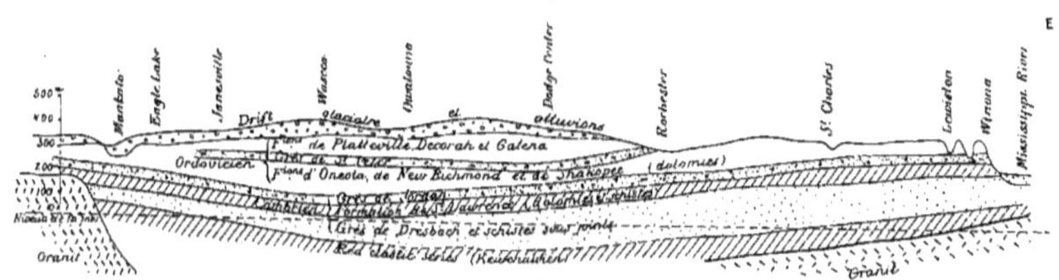

Fig. 105. — Coupe de Mankato à Winona (Minn.) montrant la cuvette du paléozoïque et les nappes aquifères des grès de Dresbach (Potsdam), Jordan et Saint-Peter. — Échelle environ 1/1.670.000.

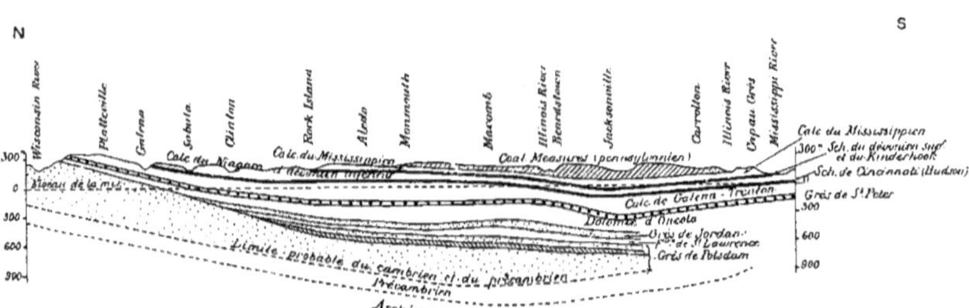

Fig. 106. — Coupe schématique N.-S. de la partie Ouest de l'État d'Illinois, de Wisconsin R[r] à Cap-au-Grès, montrant l'artésianisme des nappes des grès de Potsdam et de Saint-Peter (d'après Frank Leverett). Échelle d'environ 1/5.000.000.

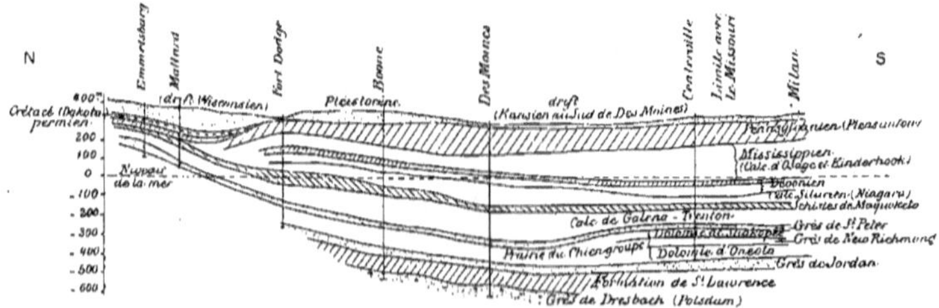

Fig. 107. — Coupe N.-S. de l'État d'Iowa, par Des Moines avec indication de quelques forages rencontrés. — Échelle environ 1/4.500.000.

toutes deux dirigées N.-S., l'une dans l'O. de l'Illinois et l'autre au milieu de l'Iowa. La carte de la région (*fig.* 108) complète, en montrant la topographie souterraine de la région par les affleurements et les courbes de niveau du toit du *grès de Saint-Peter*, couche de sable grossier, mal liée et très aquifère qui forme une nappe très constante et souvent artésienne (base de l'ordovicien moyen).

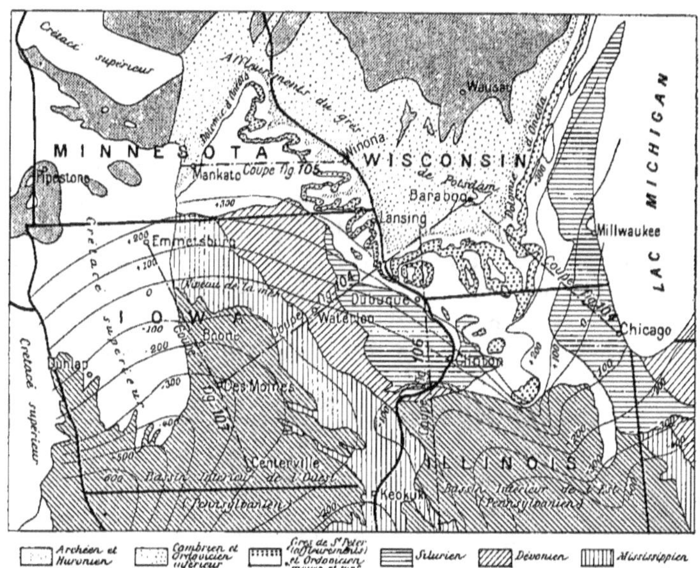

FIG. 108. — Carte du bassin artésien (grès de Potsdam et grès de Saint-Peter) de l'Ouest du lac Michigan. Les courbes de niveau représentent le toit du grès de Saint-Peter : le toit du Potsdam (Dresbach) est à 200 ou 300 mètres en dessous. — Échelle 1/5.000.000.

Mais le Saint-Peter n'est pas le seul, ni même le plus important niveau d'eau. En dessous de lui, le *lower magnesian limestone* (groupe de Prairie du Chien) contient un peu d'eau dans le banc de grès de New Richmond, et dans les dolomies de Shakopee et d'Oncota [grosses sources vauclusiennes ([1]) dans les dernières]; mais le grès de Jordan (50 mètres) est mieux alimenté; puis en dessous de lui et de la formation de Lawrence (imperméable) règne la très belle et très constante nappe du *grès de Potsdam* (ou de Dresbach), formation qui avec des couches de marnes et de

([1]) Ces sources sont surtout remarquables dans le N.-E. de l'Iowa, comté d'Allamakee.

schistes intercalées atteint souvent 300 mètres d'épaisseur et plus encore (dans l'Illinois). Les affleurements alimentaires s'étendant dans tout le S. du Wisconsin et le S.-E. du Minnesota et les couches plongeant en éventail comme il a été dit, on a un artésianisme très marqué sous tout l'État d'Iowa, l'E. du Wisconsin et le N. de l'Illinois; la pression va naturellement en diminuant vers le S.; mais comme le terrain s'abaisse plus vite encore, les conditions de jaillissement sont meilleures vers le S. (1). Les grandes vallées du S.-E. du Minnesota et celles du Mississippi et de ses affluents sont donc de magnifiques zones artésiennes, et les forages y sont innombrables, la plupart traversant les dolomies et tous les grès et donnant un mélange des eaux des différentes nappes.

Au-dessus du Saint-Peter, l'ordovicien a encore une belle nappe dans la dolomie de Galena (2), entre les schistes de Decorah et ceux des *Hudson beds :* nombreuses grosses sources et nombreux forages artésiens, tels que ceux de Clinton, Davenport, Fort-Madison, Sumner, Osage, Hampton, Webster Cy, Holstein, Grinnell, Pella (Io). Le silurien contient aussi beaucoup d'eau dans le calcaire (dolomie) du Niagara (mais il faut se méfier des bancs de gypse qui le surmontent souvent et donnent une eau trop dure) : sources de la vallée du Maquoketa Rr (notamment celles de Backbone et de Spring Creek), forages profonds à Washington, Centerville, Ottumville et jusqu'à Burlington, Keokuk et Des Moines. Enfin le dévonien a des nappes moins importantes à sa base, dans les calcaires de Wapsinikon et de Cedar Valley : sources nombreuses, comme celles des rivières Oncota et Turkey, de la vallée du Red Cedar Rr (source du Parc S. d'Osage), et celles qui alimentent les villes de Marion, Cedar Falls et Cedar Rapids. La pression des nappes du dévonien étant moindre que celle des nappes sous-jacentes, les forages ne s'y arrêtent pas d'ordinaire et descendent au grès de Saint-Peter.

A Chicago, c'est en 1864 qu'on a foré le premier puits artésien (215 mètres

(1) Le niveau piézométrique de la nappe du Saint-Peter est à 370 mètres au-dessus de la mer, au N.-C. de l'Iowa, à 200 mètres au S.-E. : dans la vallée du Mississippi, il est à 203 à Keokuk (soit à 58 mètres au-dessus du fleuve), à 210 mètres à Lansing et à 193 mètres à Clinton (point le plus à l'O.). Le niveau du Potsdam est souvent un peu supérieur : 215 mètres à Dubuque (où un forage de 12 pouces donne 3.785 mètres cubes par jour). Aussi dans l'État d'Iowa, plus de trois cents localités importantes s'alimentent par des forages (jaillissants ou non), alors que trente seulement s'adressent aux lacs et rivières; dans le Minnesota (au S. du parallèle 45° $\frac{1}{2}$, sur cent quatre-vingt-six localités, cent soixante-deux ont des forages, huit des sources et seize seulement des eaux de surface.

(2) A la base du Galena se trouve un banc de 1m,20 d'épaisseur seulement de schistes bruns appelé *oil rock,* qui retient l'eau au dessus de lui. La dolonmié de Galéna s'étend en plateaux que dominent les monticules isolés du calcaire du Niagara.

de profondeur), dont l'eau jaillit à 24 mètres de hauteur : il s'arrêtait dans le Galena. Depuis, on en a fait un grand nombre descendant au Saint-Peter, au magnésien inférieur ou à l'un des grès du Potsdam et se nuisant facilement les uns aux autres. Le sol étant aux environs de la cote 178, on trouve sous la ville une trentaine de mètres de sables et graviers d'origine glaciaire, 45 à 90 mètres de calcaire du Niagara, 50 mètres de schistes de Maquoketa, 90 à 140 mètres de calcaire de Galena-Trenton, 10 à 75 mètres de grès de Saint-Peter, 45 à 60 mètres de magnésien inférieur, enfin le grès de Potsdam comprenant 60 mètres de grès dit de Madison, 60 mètres de calcaire dolomitique et 100 à 180 mètres d'alternances de grès, dolomies et schistes : l'archéen est donc entre 460 et 620 mètres de la surface. Comme autres villes ayant des puits artésiens dans les grès, je citerai encore Mill-waukee (5 forages, dont le plus profond a 690 mètres, soit 380 mètres dans le Potsdam, atteignant sa troisième couche de grès), Elgin, Rockford, Oak-Park, La Grange, Sterling, Lockport : bref presque toutes les localités au N. de la ligne Chicago-Quincy. Dans le N. de l'Illinois, le jaillissement a lieu d'ordinaire quand le sol est en dessous de la cote 210 mètres.

Quant à l'État de Michigan, les noms sont un peu différents (Voir colonne 3 des tableaux II et III). Dans la presqu'île N., les couches sont inclinées doucement vers le S., et on trouve principalement de l'eau dans la partie moyenne (grès de Sylvania, 40 à 45 mètres d'épaisseur) de la célèbre *formation de Monroe*, à la limite du silurien et du dévonien (avec deux discordances). La presqu'île S. est une cuvette, dont le centre est occupé par le carbonifère : la disposition concentrique des couches favorise l'artésianisme des nappes qu'on trouve pour le dévonien dans le grès de Sylvania, le calcaire de Dundee et celui de Traverse; puis pour le Mississippien dans le grès de Berea, les grès inférieur et supérieur (*Napoleon sandstone*) de Marshall; enfin dans les grès des coal measures (formation de Saginaw). La coupe figure 109 fait bien voir cette disposition du bassin du Michigan et de sa périphérie. Dans ces conditions, les sources (beaucoup sont minérales) et les forages sont innombrables, et on ne comptait pas moins de 300 zones de jaillissement (dans les thalwegs et au bord des moraines); toutefois beaucoup de forages s'arrêtent dans le drift, qui est très épais, et parmi ceux qui vont au paléozoïque, on peut citer : les 32 forages d'où la ville de Lansing tire 30.000 mètres cubes par jour, ceux de Jackson et d'une trentaine d'autres localités, enfin un puits jaillissant de l'île Grosse qui donne 200 litres par seconde.

2° *Carbonifère.* — Je viens de parler du bassin houiller du Michigan, et il reste à parler du *Bassin Intérieur de l'E.* Son noyau pennsylvanien, entouré d'une bande de mississippien à l'E. et d'une autre à l'O. (vallée du Mississippi), occupe presque tout l'État d'Illinois avec des portions O. de l'Indiana et du Kentucky (environ 130.000 kilomètres carrés). Il s'appuie à l'E. sur le revers occidental du double dôme de Cincinnati-Nashville (qu'encercle le mississippien) et se continue à l'O. au delà du grand fleuve par le bassin intérieur de l'O. et au S. le dôme missourien d'Ozark-Saint-Francis. C'est une région faiblement ondulée (*fig.* 106), mais le mississippien ne règne pas partout sous le pennsylvanien : dans le N. de l'Illinois, il a été fortement érodé et les *coal measures* reposent souvent directement sur l'ordovicien, ce qui permet de trouver encore à bonne profondeur les nappes du Saint-Peter et du Potsdam.

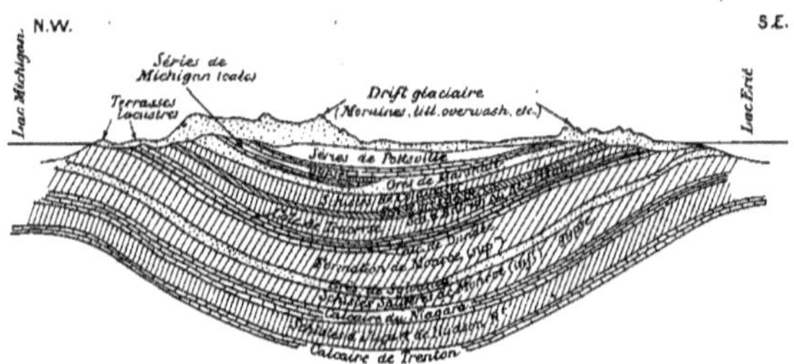

FIG. 109. — Coupe schématique N.O-S.E. (du lac Michigan au lac Érié) de la péninsule sud de l'État de Michigan (bassin du Michigan). — Échelle des longueurs environ 1/6.000.000.

Le carbonifère inférieur commence par une couche de schistes (Kinderhook) souvent difficile à distinguer des schistes de l'Ohio (dévonien); puis vient la formation de Knobstone, dont les grès contiennent de bonnes eaux (État d'Indiana), (dont la plus grosse source serait Wilson Spring, près White Cloud, avec 1.130 litres par seconde). Au-dessus, le groupe de Meramec est calcaire et le calcaire de Saint-Louis est assez épais au S. (Ky et Te.) pour contenir de grandes cavernes, comme *Mammoth Cave* (Ky) [1]. Enfin, le groupe de Chester contient une ou plusieurs nappes dans les grès de Cypress (nombreuses sources, eau douce). Le mississippien passe au S. sous le crétacé, le tertiaire et les alluvions pour former le substratum de l'ancienne baie du Mississippi : à Paducah, on le trouve à 97 mètres, à Cairo à 160 mètres et à Memphis à 700 mètres de profondeur. Les nappes que je viens de signaler peuvent devenir artésiennes, en raison notamment

[1] Ces grottes célèbres n'auraient pas moins de 16 kilomètres de long, et il y en aurait beaucoup d'autres dans l'étendue du calcaire mississippien (20.000 kilomètres carrés environ).

de l'inclinaison des couches au voisinage du double dôme (vallée du Tennessee près de Huntsville, aux environs de Sheffield, de Russelville dans l'Alabama, par exemple).

Le pennsylvanien du bassin intérieur de l'E. au contraire ne se prête pas à l'artésianisme : on n'y trouve que peu d'eau souterraine, en raison de la faible épaisseur des bancs calcaires ou gréseux intercalés entre des couches de charbon, de schiste et d'argile (on compte une quarantaine de couches de houille d'au moins 4 mètres d'épaisseur et à peu près autant de bancs calcaires d'au moins 6 mètres), et de plus l'eau est souvent mauvaise (*copperas water*) par suite de son long contact avec le charbon et les schistes. Aussi, pratiquement, on ne cherche guère d'eau dans ce vaste bassin en dessous de 60 à 80 mètres (le conglomérat de la base, correspondant à celui de Sharon des Appalaches, n'est pas assez épais pour avoir beaucoup d'eau).

III. **Région entre les grands bassins houillers et Bassin Intérieur de l'Ouest.** — 1° *Entre le bassin des Appalaches et le bassin intérieur de l'Est (Dôme de Cincinnati-Nashville).* — L'archéen se relevant sans doute à ces endroits, l'ordovicien moyen et supérieur apparaît sur d'assez grandes surfaces autour des deux villes de Cincinnati (angle S.-O. de l'Ohio, S.-E. de l'Indiana et Centre-Nord du Kentucky) et de Nashville (centre du Tennessee, avec prolongement étroit vers le N.-E.). Naturellement de chacun des deux dômes [1] les pentes vont s'irradiant dans tous les sens, l'ordovicien s'entourant de cercles concentriques de silurien et de dévonien (très étroits, sauf au N. du dôme de Cincinnati où ces terrains se relient à ceux de la région des Grands Lacs), entourés eux-mêmes par le mississippien des bassins carbonifères.

La cinquième colonne du tableau II donne la composition des couches constitutives, et les figures 110 et 111, qui sont des coupes transversales de chacun des deux dômes, en montrent la superposition et l'orientation : on comprend qu'elles favorisent l'artésianisme des nappes.

Les eaux du grès de Saint-Peter et du calcaire de Trenton (Birdseye) [2]

(1) En réalité, le dôme de Cincinnati est plutôt un anticlinal, dont l'axe se dirigeant vers le S.-S.-E. monte jusque près de Lexington : du côté E. et O. de cet axe, les pentes sont assez fortes (9 à 10 mètres par kilomètre), mais elles sont plus faibles des côtés N. et S. (nombreuses failles du côté S.).

(2) La vallée du Tennessee R^r dans le N.-O. de l'Alabama ramène cependant au jour les calcaires ordoviciens, qui donnent naissance à de grosses sources (près de Tuscumbia, Montevallo et Talladoga). Nombreuses sources aussi dans les vallées du Cumberland, de l'Elk et du Duck, dans l'ordovicien de l'État de Tennessee.

sont généralement trop profondes et trop minéralisées pour être utilisables; celles du calcaire de Clinton (base du silurien) sont bonnes au voisinage des affleurements et s'y trouvent dans de nombreuses sources (comtés de Preble, Montgomery, Warren, Greene, Clinton dans l'Ohio). La nappe

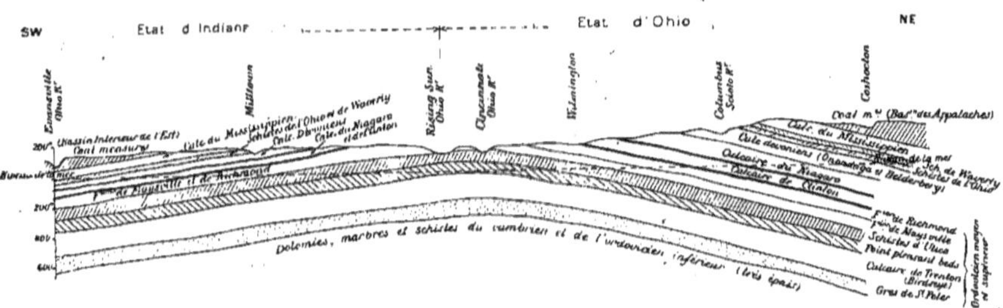

Fig. 110. — Coupe schématique, oblique du N.-E. au S.-O., du dôme de Cincinnati (États d'Ohio et d'Indiana). — Échelle des longueurs environ 1/5.000.000.

la plus remarquable est celle du calcaire très caverneux du Niagara (dit encore de Laurel ou de Kokono); l'eau en est douce, au moins tant qu'on ne s'enfonce pas trop profondément. Dans le S. de l'Indiana et le N.-O. de l'Ohio, où ils ont de vastes affleurements, les calcaires dévoniens du Hel-

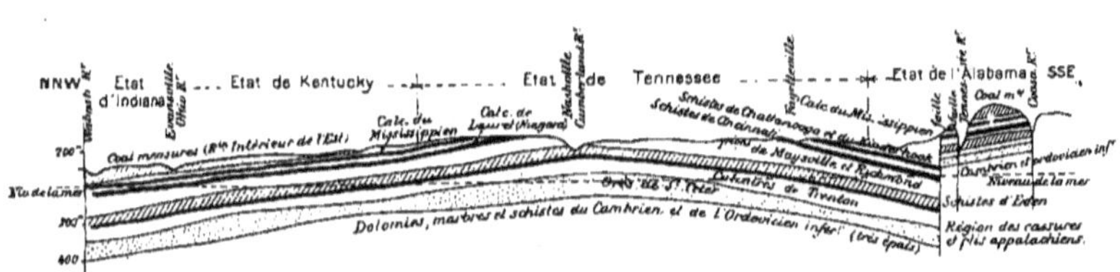

Fig. 111. — Coupe schématique, oblique du N.N.O. au S.S.E., du dôme de Nashville. Échelle des longueurs, environ 1/5.000.000.

derberg inférieur et de l'Onondaga contiennent de l'eau en abondance : sources de la vallée du Scioto, puits jaillissants de la région de Columbus, etc., etc.

On peut citer la ville d'Indianopolis, qui a une cinquantaine de forages (de 80 à 120 mètres de profondeur) descendant dans les calcaires de Sellersburg et de Jeffersonville (Onondaga) et donnant plus de 70.000 mètres cubes par jour. Dans le même État, Elwood a 14 forages (de 45 à 120 mètres) dans le calcaire du Niagara, Alexandria 7, Marion 17, Frankfort 1 (et d'autres dans les alluvions), etc., etc. Dans l'Ohio, New-Vienna a 7 forages, Arcanum 6, Leesburg 4, Brookville 4 également dans le Niagara; des sources du Clinton alimentent West Milton (Haskett Spring, 80 litres par seconde); Tallewanda Springs, qu'on vend beaucoup à Cincinnati, viennent du même niveau; Yellow Springs du Niagara, etc., etc. Enfin, les forages faits par des entreprises particulières, en vue surtout de trouver du gaz ou du pétrole, sont innombrables; beaucoup pour les recherches d'eau s'arrêtent dans le drift.

Je signalerai encore que l'ordovicien est très développé dans le N. du Kentucky. Le Trenton affleure dans les vallées du Kentucky River et autres de 100 à 150 kilomètres au S. de Cincinnati; les calcaires qui le surmontent dits de Point Pleasant, de Maysville et de Richmond, sont plus étendus et plus aquifères que dans l'Ohio. Ainsi dans *Blue grass region*, on trouve successivement en allant de haut en bas de l'eau abondante : 1° dans les calcaires magnésiens et les calcaires à cornus (ensemble 27 mètres d'épaisseur) de la formation de Panola (silurien); 2° dans les calcaires (82 mètres) de la formation de Richmond; 3° dans les calcaires bleus de la formation de Maysville (70 mètres); 4° en dessous des schistes d'Eden et des alternances des calcaires et des schistes de Winchester, dans les calcaires de Lexington, formation de Point Pleasant (90 mètres), avec cavernes et sources vauclusiennes; 5° enfin dans les calcaires également caverneux de Highbridge (128 mètres) du Trenton inférieur. Quant au grès de Saint-Peter qui est par dessous, il donne de l'eau salée et sulfureuse, mais sous forte pression (puits jaillissants dans les vallées).

2° *Entre le bassin Intérieur de l'E. et le bassin Intérieur de l'O. (dôme d'Ozark-Saint-Francis).* — L'archéen venant pointer dans le haut bassin du Saint-Francis River (Mississippi); dans Arbuckle M[ains] (Oklahoma), dans Wichita M[ains] (Oklahoma) et dans Llano district (Texas), des étendues plus ou moins grandes de cambro-ordovicien viennent entourer ces pointements et les couches s'inclinent naturellement en s'éloignant d'eux. La plus grande, et de beaucoup, de ces surfaces est le *dôme d'Ozark-Saint-Francis* (1) qui occupe presque toute la moitié S. de l'État de Missouri et le N. de l'Arkansas, sur 70 à 80.000 kilomètres carrés; elle se termine brusquement du côté S.-E. à la rencontre de l'éocène et du quaternaire de l'Embayment du Mississippi, mais ses côtés N.-E. et N. sont bordés par des bandes étroites d'ordovicien supérieur, de silurien et de dévonien, parallèles au Mississippi

(1) En réalité, ce dôme est un anticlinal, dont le faîte est dirigé N. E.-S.-O. (passant par le comté d'Iron) : il présente donc deux versants inclinés l'un vers le N.-O. et l'autre vers le S.-E.; la pente des couches de chaque côté est de 2 à 3 mètres par kilomètre.

et au Missouri. Le silurien et le dévonien réapparaissent en outre dans la vallée du premier de ces fleuves, à l'amont du confluent sur 100 à 120 kilomètres, formant un anticlinal (*Lincoln ridge*) dû à la faille de Cap au Grès. Le mississippien borde ensuite le tout, se reliant aux deux grands bassins houillers.

La dernière colonne du tableau II donne la composition des couches, et la figure 112 est une coupe transversale N.-O.-S.-E. de l'État de Missouri. On y voit que la région est une des plus intéressantes qui soit au

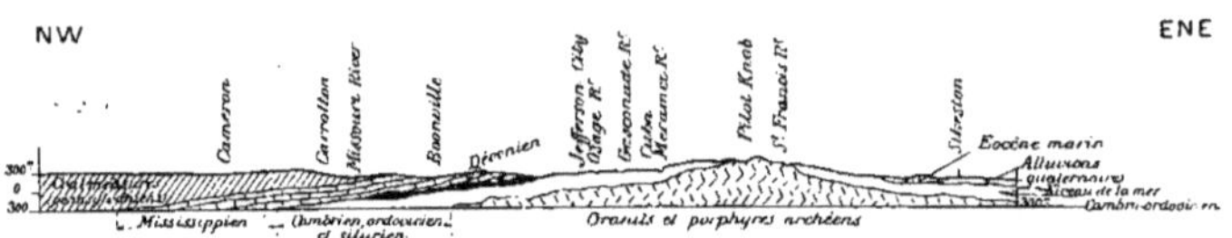

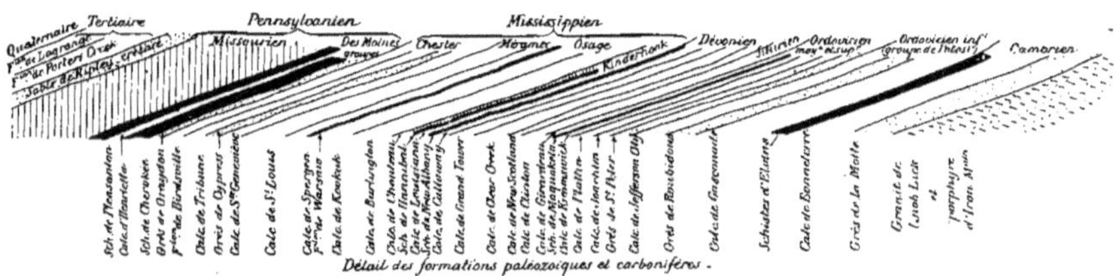

FIG. 112. — Coupe oblique N.O.-S.E. de l'État de Missouri montrant le dôme d'Ozark-Saint-Francis (d'après SHEPARD, 1907). — Échelle des longueurs environ 1/8.000.000.

point de vue hydrologique et artésien : si en effet les bandes étroites de dévonien et de silurien ne contiennent que peu d'eau, l'ordovicien et le cambrien présentent une superposition de quatre couches de grès et quatre de calcaire magnésien qui forment autant de nappes, depuis celle très constante du grès de Saint-Peter (1r grès) (1) jusqu'à la plus profonde, celle du grès de La Motte (eau souvent ferrugineuse). Le calcaire de Jefferson City, avec ses couches schisteuses intercalées (appelées *soapstone layer* dans les districts miniers), ne donne que d'assez faibles sources; mais le grès de Roubidoux et le calcaire de Gasconade, qui s'étendent vers l'O. jusqu'au delà des vallées du Meramec et du Current River, alimentent de grosses et nombreuses sources.

Les nappes précitées, surtout celles du Saint-Peter, du Roubidoux et

(1) Ce grès prend aussi les noms de grès de Cap-au-Grès (Keyes), du Pacifique (Ball et Smith), de Crystal City, de Key, de Marshfield ou de Bolivar.

du calcaire de Gasconade, deviennent artésiennes en s'enfonçant autour du pôle Saint-Francis-Decaturville et se continuent longtemps sous le carbonifère du bassin intérieur de l'O. Rien que dans l'État de Missouri, Shepard compte neuf zones de jaillissement : voici les faits les plus intéressants.

Zone du N.-E. (comtés de Saint-Louis, Saint-Charles, Jefferson et Franklin). — Entre l'anticlinal (pli) faisant affleurer le Saint-Peter le long du bas Missouri et celui de Lincoln ridge, l'artésianisme de ce grès est facile et le jaillissement se produit dans les vallées des deux fleuves [1] (niveau piézométrique vers la cote 135). Le premier forage de Saint-Louis a été foncé de 1849 à 1854, a trouvé le Saint-Peter (épais de 40 mètres) à 450 mètres de profondeur et est descendu à 660 mètres : il donne 5 litres par seconde d'une eau à 21°, mais chargée de 9 grammes de sels par litre (dont 7^{gr},18 de NaCl). A 10 kilomètres au S.-E. de ce puits, il en a été foré un autre en 1869 qui, avec 1.171^{m},40 de profondeur, atteint le granit: l'eau est encore plus salée. Beaucoup d'autres forages ont été faits ensuite dans les environs de Saint-Louis, les uns descendent entre 200 et 240 mètres dans le Trenton, les autres vers 450 mètres dans le Saint-Peter : tous donnent de l'eau salée ou corrosive.

Les vingt et un forages de la ville de De Soto (60 à 90 mètres), celui de Kimmswick (43 mètres) s'adressent au Roubidoux et au Gasconade; ceux de Bismarck, d'Ironton et de Pilot Knob au calcaire de Bonneterre (eau assez douce).

Zone du N.-O. (comtés de Phelps, Pulaski, Crawford, Cole, Miller, Moniteau, Morgan, Osage, Gasconade). — Grosses sources du Roubidoux et du Gasconade (très caverneux) dans les vallées des rivières Meramec, Bourbeuse, Gasconade, Osage, Moreau, Larnine et affluents : sources vauclusiennes comme celles de Meramec Spring (3.540 à 17.000 litres par seconde), de Double Spring (3.750 litres par seconde), de Boiling Spring (de 1.900 à 4.200 litres par seconde), de Bartlett, de Creasy, de Waynesville, etc., etc., avec entonnoirs et effondrements (*sink holes*), et nombreuses sources minérales (par cassures ascendantes). Nombreux forages de 40 à 70 mètres de profondeur, atteignant ces nappes ou celle du deuxième calcaire magnésien (21 aux environs de Fortuna, par exemple).

Si on s'éloigne vers le N.-O., on retrouve le grès de Saint-Peter et sa

[1] La nappe artésienne du Saint Peter se prolonge au N. de Saint-Louis sous le mississippien de la vallée du grand fleuve et fait suite à celle de l'Iowa : le niveau piézométrique ne dépasse pas la cote 180. Puits jaillissants à Louisiana, Rensselaer, Spalding, Hannibal, Nelsonville, Palmyra, Oakwood, près de Canton et près de Lagrange (eaux très minéralisées).

nappe qui s'enfoncent sous le carbonifère de la *North Central Plain du Missouri* et sous le *Plateau N.-O.* (bassin intérieur de l'O.), mais on s'est peu adressé à ces eaux qui deviennent trop profondes et trop minéralisées, alors que celles du drift et du carbonifère sont plus facilement utilisables. A citer quelques forages : 6 à Fulton (240 mètres); dans le comté de Saline, sources salées naturelles comme Big Salt Spring et forages voisins à Malta-Bend et Sweet Springs; dans le comté de Howard, bassin de Fayette avec aussi des sources salées et un forage de 265 mètres (eau à 25^{gr},67 de résidu fixe), et d'autres sources salées à Boonsville; dans le comté de Randolph, eaux minérales des Randolph Medical Springs (forage de 294 mètres et sources), et forages profonds non jaillissants près de Moberly (eau douce dans le dévonien à 193 mètres et salée dans le Saint-Peter à 332 mètres). A Sedalia (Pettis C^{y}), un anticlinal rapprochant les nappes de la surface, 6 puits jaillissants trouvent le toit du Saint-Peter à 88 mètres et descendent dans le deuxième calcaire magnésien à 68 mètres plus bas; dans le même comté, d'autres puits de moins de 70 mètres à Hughesville, Smithon, Pettis semblent s'être arrêtés dans le *cotton rock* (calcaire de Joachim). Enfin, plus au N. encore, les forages allant au Saint-Peter sont de plus en plus rares : un de 459 mètres à Brunswick, un de 435 mètres à Macon, un de 336 mètres à Chillicothe; vers l'O., un de 461 mètres à Higginsville, un de 732 mètres à 16 kilomètres au N.-E. de Kansas City qui traverse toutes les formations jusqu'au granit, deux de 417^{m},5 à Excelsior Springs allant au Jefferson City, etc., etc. En raccordant le niveau du toit du Saint-Peter de cette région avec celui du S. de l'Iowa, on voit qu'il dessine une cuvette profonde (*cuvette de Saint-Joseph*) dans le N.-O. du Missouri et qu'il se relève vers le S. jusqu'aux affleurements de l'Ozarkia.

Zone de l'O. — Le centre en est le dôme secondaire de Decaturville, pointement de granit (pegmatite) situé près de Hahatonka, autour duquel se disposent les couches redressées des grès et calcaires cambro-ordoviciens. Les vallées de l'Osage River, des deux Niangua, de l'Auglaize et du Dry Creek creusées profondément dans ces formations renferment de nombreuses et importantes sources : sources vauclusiennes (et bétoires) dans le calcaire de Gasconade principalement, telles que dans le comté de Dallas : Bennet Spring qui débite de 3.550 à 7.540 litres par seconde, les trois Celt Springs qui forment la rivière Mill Creek, Blue Spring; dans le comté de Laclede, Sweet Spring; dans le comté de Camden, les trois sources de Hahatonka (qui donnent 7.000 litres), Cullen et Moulder Spring, près desquelles on a foré trois puits jaillissants (de 213 à 260 mètres), les sources de Toronto, celles dites Wet Glaize Springs (2.000 litres), Lizzie Spring

(130 litres), Ella Spring (900 litres), Camp Ground Spring (qui ressemble à un chaudron en ébullition et se gonfle trente-six heures après une grande pluie); dans le comté de Miller, sources d'Aurora Springs et puits jaillissants d'Ibéria; dans les comtés de Hickory et de Polk, nombreux forages,

Plus à l'O., on trouve le bassin de Clinton-Nevada (région pennsylvanienne d'étangs), où le Saint-Peter devient de plus en plus profond : la ville de Clinton a sept forages jaillissants, de 200 à 250 mètres, atteignant le Gasconade et donnent un mélange de l'eau des différentes nappes (1 à 2 grammes de sels). Enfin d'autres forages près d'Appleton (363 mètres), d'Osceola (550 mètres), Rockville (472 mètres), Nevada (quatre de 244 à 441 mètres) donnent de l'eau plus ou moins chargée de sels.

Zone du Sud-Ouest et du Sud. — Zone fortement plissée; nombreux forages, mais sans forte pression. Citons ceux de Rolla (182 mètres), Lebanon (300 mètres, atteint l'archéen), Salem, à 24 kilomètres au S.-E. d'Ozark. Plus à l'O., sous le mississippien, trois forages à Springfield (305 mètres dans le Gasconade); trois à Ash Grove (70 à 80 mètres dans le calcaire de Joachim); un de 611 mètres à Harrington, près de Carthage, qui touche au granit (ne jaillit pas, mais donne de l'eau douce); quatre près de Joplin (de 275 à 417 mètres); trois à Webb City (250 mètres environ), etc., etc.

Zone du Sud-Est et Centre Nord de l'Arkansas. — Dans les vallées des nombreuses rivières se dirigeant vers le S., nombreuses grosses sources, notamment de Gasconade, telles que : Van Buren (ou Big) Spring (de 10 à 24 mètres cubes par seconde), Fanchon Spring, Blue Spring (de 650 à 12.000 litres par seconde), Welch Spring (3.000 litres par seconde), Alley Spring (de 2.120 à 16.650 litres), Pulltight Spring, Round Spring, Greer Spring (de 6.370 à 10.250 litres), enfin Mammoth Spring (de 4.250 à 10.000 litres par seconde) qui est à cheval sur la limite des États du Missouri et de l'Arkansas et dont le trajet souterrain est jalonné par une série de *sinks* (dont l'affaissement de Grand Gulf, long de 1.200 mètres et profond de 60 mètres).

Dans l'Arkansas, les couches prennent des noms locaux un peu différents (voir le tableau) : le dévonien est représenté par les schistes d'Eureka, entremêlés de lentilles de grès de Sylamore et surmontés par le marbre de Saint-Joe (mississippien), qui contient de l'eau (les célèbres sources d'Eureka sont de ce niveau). A l'E., les couches paléozoïques plongent directement et sans apparition du crétacé sous le tertiaire et le quaternaire de l'ancien golfe du Mississippi : elles y déversent leurs eaux souterraines, qui produisent les lacs et marécages de ces *lowlands* (extrême S.-E. du Missouri et E. de l'Arkansas). Au voisinage de la bordure, on peut citer quelques forages qui renseignent sur la situation des couches primaires : à Benton (457^{m},20 de profondeur, dans la formation d'Elvins), à Morehouse (238 mètres dans le Gasconade), à Newport (199^{m},6), à Stuttgart (à 64 kilomètres de la bordure, où il faut descendre à 366 mètres pour trouver le paléozoïque), à Holland (où il est à 240 mètres), etc., etc.

Plus au S. encore, dans le centre de l'Arkansas, l'ordovicien moyen et supérieur entouré de silurien reparaît (enclavé dans le pennsylvanien) le long d'une bande de 180 kilomètres, orientée E.-O., entre Little Rock et Mena : c'est la *région d'Ouachila*. Les couches y sont très schisteuses, et il n'y a guère d'eau que dans le grès de Blaylock (sommet de l'ordovicien), la vallée du Little Missouri le recoupant compte beaucoup de sources. Les célèbres *Hol Springs* se trouvent à la limite S. de cette bande : on y voit plus de cinquante sources débitant ensemble 37 litres par seconde (la plus forte Big iron Spring donne environ le quart), surtout des grès siluriens en dessous des schistes à novaculites (*Whetslone*).

3° *Bassin intérieur de l'Ouest, et permien à l'Ouest de ce bassin.* — Ce vaste bassin pennsylvanien comprend : une partie N., d'environ 163.000 kilomètres carrés (S. et S.-O. de l'Iowa, N. et N.-O. du Missouri, E. du Kansas) ; une partie médiane, dite *Arkansas Valley field*, limitée au S. par la *faille d'Atoka* (grande cassure passant par la ville du même nom et croisant l'Arkansas R^{r} à 65 kilomètres à l'amont de Little Rock), et occupant sur environ 87.000 kilomètres carrés le N.-O. de l'Arkansas et l'E. d'Oklahoma ; une partie au S. de la faille d'Atoka, d'environ 22.000 kilomètres carrés, dans le centre de l'Arkansas et le S.-E. d'Oklahoma ; enfin une partie isolée du reste par la vallée du Red River, occupant sur 38.850 kilomètres carrés le N. du Texas. Les couches pennsylvaniennes plongent doucement vers l'O. et passent (limite assez indécise) sous le permien.

La surface occupée par celui-ci est aussi fort étendue : depuis l'angle S.-E. du Nebraska jusqu'à la vallée du Colorado R^{r} au Texas, elle comprend le centre du Kansas, le Centre et l'O. d'Oklahoma et le Centre-Nord du Texas. Les couches dites *red beds* vont également en plongeant vers l'O. (tandis que le terrain va en s'élevant) ; elles se prolongent dans ce sens au fond des vallées des nombreuses rivières (descendant vers l'E.) et disparaissent sous les formations triasiques, crétacées et tertiaires des Grandes Plaines Centrales.

Les deux dernières colonnes du tableau III font connaître la superposition des couches dans la partie N. et la partie médiane du bassin intérieur de l'O., ainsi que des *red beds* à l'O. Les figures 111 (Iowa) et 112 (Mis-

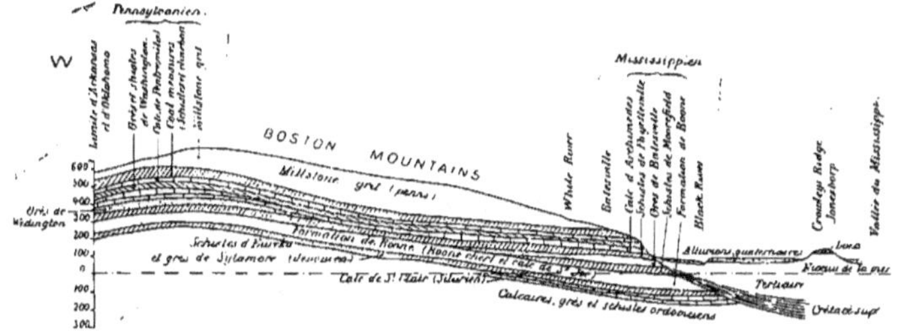

Fig. 113. — Le carbonifère dans le N. de l'Arkansas. Coupe E.-O. passant par Batesville. Échelle des longueurs environ 1/3.750.000.

souri) donnent des coupes de la partie N., tandis que les figures 113, 114

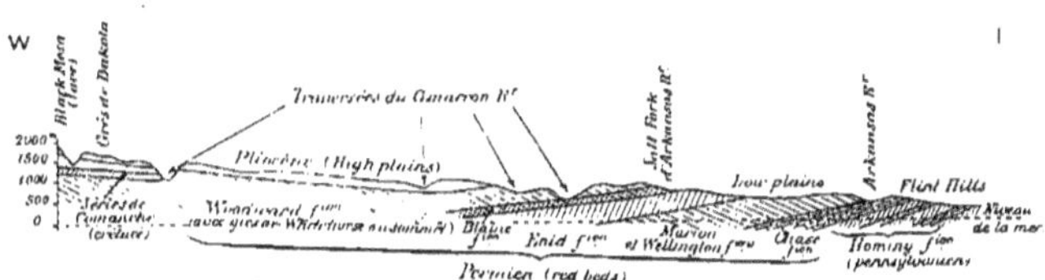

Fig. 114. — Coupe E.-O. le long de la limite des États de Kansas et d'Oklahoma. Échelle des longueurs : environ 1/8.200.000.

et 115, coupes E.-O. des États d'Arkansas, S. du Kansas et Oklahoma

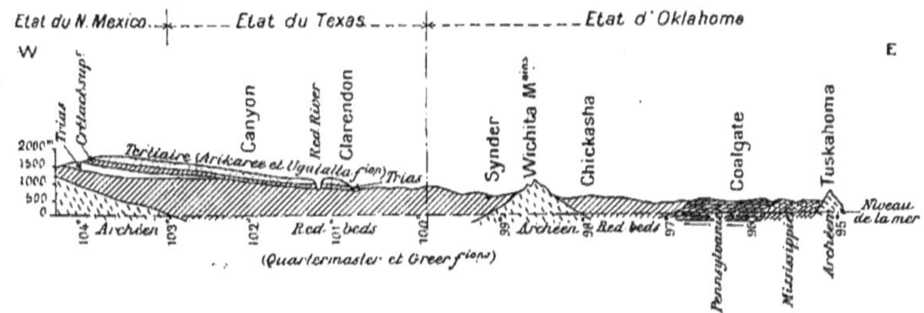

Fig. 115. — Coupe E.-O. suivant le parallèle de 34°45′ montrant le permien (*red beds*) de l'Oklahoma, du Texas et du New Mexico et les formations tertiaires de Llano Estacado.

(suivant le parallèle de 34°,45'), montrent le carbonifère et le permien de la partie S.

Partie Nord. — Dans l'étendue comprise entre le Mississippi et le Missouri, le pennsylvanien est bordé à l'E. et au S. par le Mississippien, et il plonge vers l'O. (suivant une structure monoclinale simple) avec des pentes de $1^{m},9$ à 4 mètres par kilomètre, jusqu'à ce qu'il disparaisse sous le crétacé au N. et le permien au S. Cette disposition est favorable à l'artésianisme.

La base du Mississippien (groupe de Kinderhook ou de Chouteau) est généralement imperméable ([1]) et sert de substratum à la belle nappe du calcaire de Burlington (deux couches calcaires séparées par un lit de rognons aquifères). Cette nappe alimente beaucoup de sources (quelques-unes vauclusiennes) et de forages dans les vallées des comtés de Des Moines et Lee (Iowa). ([2]), de Greene, Lawrence, Newton, Mc Donald, Barry et Christian (Missouri). Au S.-O. du Missouri, citons la belle source de Fulbright Spring qui alimente Springfield, et des forages jaillissants pour Stotesburg, Walker, Neosho, Diamond, Lanagan, Noel, Carl Junction, Comet, Corry, Pierce City, Verona, etc., etc.

Dans le groupe d'Osage, le calcaire de Keokuk est bien moins aquifère que le Burlington; mais au-dessus, le calcaire de Saint-Louis contient un beau niveau d'eau, surtout dans l'Iowa (comtés de Keokuk, Washington, Henry et Lee, où il affleure sous le nom de *white water sand rock*). A l'O. de ces affleurements, il passe sous le pennsylvanien (imperméable) et alimente des puits artésiens de 60 à 150 mètres de profondeur (la plupart jaillissants dans la vallée du Shunk R[r]) ([3]). Le groupe de Chester a peu d'importance dans la région : il manque généralement dans l'Iowa, et ses affleurements dans le Missouri et le Kansas ne sont pas très étendus; toutefois ses deux étages inférieurs, le calcaire de Sainte-Genevieve et le grès de Cypress contiennent une nappe aquifère (eau de bonne qualité).

Le pennsylvanien, alternances de couches de charbon, schistes, grès et calcaires, n'est pas favorable à la recherche des eaux potables : il convient de ne pas descendre en dessous de 60 mètres, faute de quoi l'eau est salée, sulfureuse ou ferrugineuse. Cependant, à la base du groupe de Des Moines, le grès dit de Graydon contient une assez belle nappe, ainsi qu'un

([1]) Il y a cependant de l'eau dans les bancs calcaires de ce groupe au N. de l'Iowa, et même quelques puits jaillissants en proviennent. Dans le Missouri, quelques sources minérales célèbres (BB, Iris, Ionian, Kalinat) sortent des schistes de Hannibal.

([2]) Dans l'Iowa, les forages vont souvent aux nappes plus profondes : ainsi les six puits de Burlington qui vont au silurien et les quatre de Keokuk au grès de Saint-Peter.

([3]) Les célèbres eaux minérales de Colfax (Jasper C[y]) proviennent de quatorze forages artésiens de cette origine. Plus au N., quelques forages encore s'adressent au Saint-Louis; à Fort-Dodge, on en a fait un de 557 mètres de profondeur qui atteint le grès de Jordan (eau jaillissante).

autre banc de grès (de 6 à 20 mètres) à la base des schistes de Cherokee, et ces nappes deviennent artésiennes en s'enfonçant vers l'O. : ainsi à Council Bluffs, plusieurs forages de 300 mètres de profondeur; à Des Moines, deux de 110 et 116 mètres, jaillissants; à Omaha, treize forages avec niveau piézométrique à la cote 350; dans le N.-O. du Missouri, vallées du Grand River et affluents, le niveau est à 220; enfin plus à l'O., à Lincoln et Nebraska City (Nebr.) des forages de 135 à 180 mètres jaillissants, mais donnent de l'eau salée.

À la partie supérieure du Des Moines, le calcaire d'Henrietta et certaines lentilles de grès dans le *Pleasanton shale* alimentent des puits et quelques sources : l'eau minérale très réputée de Wasson Creek (Mercer Cy) provient ainsi de trois puits de 46 à 61 mètres dans une de ces lentilles; une autre très remarquable est le *grès de Red Rock*, qui forme une falaise dominant de 30 mètres la rivière Des Moines (Marion Cy, Iowa). Enfin, le missourien se termine souvent par un dernier banc calcaire, recouvert d'ordinaire par le drift, qui contient de l'eau; le contact de ce banc et du schiste inférieur donne des sources dans les vallées (comtés de Clarke et de Madison, Iowa).

Partie médiane (*Arkansas Valley field*). — Le mississippien (angles S.-O. du Missouri, N.-O. d'Arkansas et N.-E. d'Oklahoma) a de beaux niveaux d'eau à sa base dans le banc calcaire dit de Saint-Joe et dans les rognons de Boone (*Boone chert*), formation qui occupe près de 10.000 kilomètres carrés : belles sources dans les vallées (lesquelles se creusent d'ordinaire jusqu'aux schistes d'Eureka), telles que Eureka Springs, Prairie Grove Springs, etc., etc. (1). Au-dessus de ce niveau, on en trouve encore trois autres dans le grès de Batesville, le calcaire d'Archimedes et le calcaire de Pentremital (qui est déjà du pennsylvanien). Le calcaire d'Archimedes (Pitkin ou Brentwood) est très constant, mais d'épaisseur variable entre 3 et 30 mètres : il produit des escarpements au pied desquels naissent de belles sources, comme celles de Boonsboro, de Cove Creek, de Low Hollow, de Main Fork, etc., etc.

Sur le versant N. de Boston Main, le calcaire de Pentremital donne une nouvelle ligne de sources : tout le reste du massif de ces montagnes est formé par le grès de Winslow (millstone grit), qui est poreux et fissuré et contient une nappe alimentant des puits et de petites sources (2). Plus à

(1) Cette nappe ne devient pas artésienne en s'enfonçant : cela tient sans doute aux nombreuses failles et cassures (orientées E.-O.), lesquelles drainent l'eau.

(2) Du côté de l'Est, ces couches passent directement sous l'Embayment du Mississippi et déversent leurs eaux dans ses formations tertiaires ou quaternaires.

l'O., dans l'Oklahoma (E.), les couches pennsylvaniennes deviennent de plus en plus nombreuses et plus épaisses : il y a de l'eau dans les bancs calcaires ou sableux, mais ces bancs ayant souvent la forme lenticulaire, la continuité des nappes n'est pas assurée. Comme dans le Kansas, l'eau devient vite trop minéralisée, et comme le terrain va en montant vers l'O., on ne peut parler d'artésianisme.

Partie au Nord du Texas. — Les nombreuses couches alternantes de charbon, grès, schistes et calcaires (pennsylvanien) s'inclinent toutes vers le O.-N.-O. à raison de 4 à 6 mètres par kilomètre : pas de failles, ni de plis étendus, et pas d'artésianisme, sauf dans le fond de quelques vallées d'érosion. Il y a de l'eau dans les calcaires et surtout les grès, mais de composition très variable (très souvent chargée de sels), et on ne peut guère en chercher que dans la couche de grès ou de calcaire la plus voisine de la surface. En partant du S.-E., on trouve ainsi les couches successives des cinq divisions de Millsap (300 mètres), de Strawn (dix-neuf couches de schistes et grès, de 1.100 mètres au S. à 300 mètres au N.), de Canyon (douze couches de schistes et calcaires, 240 à 280 mètres), de Cisco (dix-neuf couches, 240 mètres) et d'Albany (360 mètres s'amincissant et disparaissant au N. sous les red beds). Dans les deux formations les plus basses, les puits donnent souvent de l'eau salée et du gaz (quelques puits jaillissants dans le comté de Palo Pinto); dans la formation de Canyon, puits et sources des deuxième et troisième bancs de grès (niveau de 15 à 30 mètres en dessous de la surface); enfin dans la formation de Cisco, un seul niveau constant dans un banc de grès de la base (nombreux puits dans les comtés de Stephens, Young et Jack, et forages jaillissants à Wayland et Jacksboro).

Permien (*red beds*). — L'immense étendue de permien qui s'étale à l'O. des régions précédentes est peu favorable aussi aux eaux souterraines et à l'artésianisme : de plus, la présence de lentilles de gypse et de sel, fort irrégulières d'ailleurs, rend l'eau souvent inutilisable (*gyp water*) et donne lieu à des affaissements et effondrements par places [1]. Aussi dans la partie N. (Kansas et Nebraska), on n'utilise guère que l'eau douce des alluvions des vallées; dans la partie S. (Oklahoma et Texas), où les couches de Big Blue disparaissent tandis que celles de Cimarron s'épaississent, on trouve au contraire de véritables nappes aquifères dans le grès de White-

[1] Sources salées à ces endroits. On trouve même des *plaines salées* dans l'Oklahoma (deux dans le comté de Woodward, une dans ceux de Blaine et de Woods, formation d'Enid; deux dans le comté de Greer, une dans celui de Roger Mills, formation de Greer) où en creusant un trou quelque part on a de l'eau très salée.

horse (*red bluff*) de la formation de Woodward et dans le grès de la formation de Quartermaster.

Ainsi dans l'Oklahoma, on trouve aux environs de la capitale jusqu'à quatre couches de grès aquifères, faisant ensemble une trentaine de mètres, inclinées vers le S.-O. et alimentant un grand nombre de puits : 32 puits de la ville, de 36 à 77 mètres de profondeur, donnaient par pompage environ 3.000 mètres cubes par jour. Dans la région d'Enid, on signale des lentilles de grès alimentant des puits, dont quelques-uns artésiens et jaillissants (au moins après des pluies, comme dans la vallée du Skeleton Creek).

Dans le Texas, au S. du Red River, le *red keel* prend le nom de *series de Brazos*, comprenant à la base la formation *de Wichita*, très argilo-schisteuse (300 à 450 mètres), et les formations de *Clear Fork* et de *Double Mountain* (près de 600 mètres) qui sont des alternances (bancs calcaires et gréseux aquifères, lentilles de gypse, schistes). Dans le manche (*panhandle*) du Texas, les *formations de Greer* (55 mètres) et de *Quartermaster* (85 mètres) de l'Oklahoma se continuent et se prolongent même au loin dans les vallées : le grès du sommet du Quartermaster donne une ligne d'assez bonnes sources dans ces vallées (Canadian R^{r}, Red R^{r}, Palo Duro canyon, etc., etc.).

Carbonifère et permien entre Pecos et Rio Grande. — Les *red beds* à l'E. et le carbonifère ensuite reparaissent au delà de la cuvette du tertiaire des *Staked Plains* (Llano Estacado), dans le N.-O. du Texas, le N. Mexico et un peu dans le Colorado (de chaque côté de la chaîne granitique des Sangre de Cristo M^{ains}) : des alluvions quaternaires à caractère désertique s'enchâssent d'ailleurs dans les formations paléozoïques le long du Pecos et du Rio Grande, dans Estancia Valley, etc., etc., et se continuent par les déserts de Stockton Plateau et de Chihuahua. L'inclinaison générale des couches se fait vers l'E., mais elle est faible : il y a toutefois par places des pointements archéens, autour desquels les couches de paléozoïque plus ancien se montrent (en s'inclinant plus ou moins fort quand on s'éloigne du centre soulevé) [1].

Les red beds ici peuvent contenir de l'eau. Dans la partie S., leur base est formée par l'étage guadalupien, alternances de grès et de calcaires sur 6 à 700 mètres pour la formation de Delaware M^{ains} et sur 150 mètres pour le calcaire de Capitan; plus au N., cet étage va en diminuant, puis il se

[1] On peut ainsi avoir des nappes aquifères peu étendues il est vrai, mais pouvant devenir artésiennes : tels sont au S. de Socorro le grès de Bliss (cambrien), les calcaires magnésiens d'El Paso et de Montoya (ordovicien), le calcaire silurien de Fusselman, et un peu de calcaire dévonien (au-dessus des schistes de Percha).

recouvre de nouveaux bancs de calcaire avec gypse et argile gypseuse (gypse de Castile) et de grès (formation de Rustler). La coupe figure 116 montre que les bancs supérieurs (180 à 240 mètres d'épaisseur formant escarpement sur la rive E. du Pecos) ont du côté O. des affleurements ab-

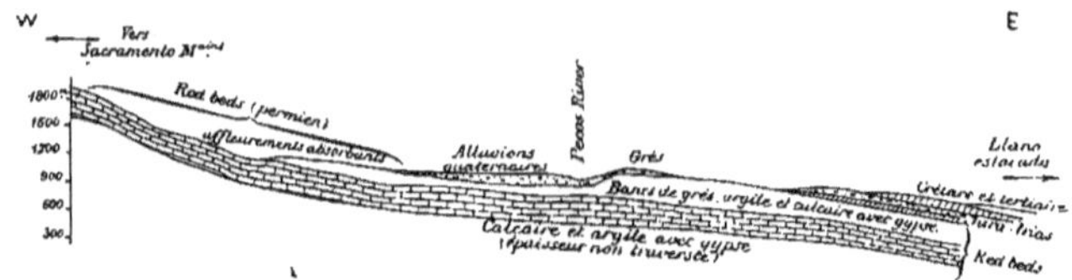

Fig. 116. — Coupe E.-O. de la vallée de Pecos River, un peu au S. de Roswell (N. Mex.), montrant les red beds permiens.

sorbants (où se perdent des rivières telles que Hondo, Felix, Penasco, Seven Rivers), qui alimentent des nappes dans les grès et calcaires, nappes qui deviennent artésiennes vers l'E. Ainsi, sous la longue bande d'alluvions du Pecos, ces nappes se retrouvent : au N., artésianisme faible, mais forages abondants de Ricardo, d'Agudo, etc., etc ; au S., dans la région de Roswell et d'Artesia, la pression augmente (jusqu'à 60 mètres au-dessus du sol), et on a un magnifique bassin artésien de près de 100 kilomètres de long sur 15 à 20 de large, qui compte plus de trois cents puits jaillissants (la plupart servant à l'irrigation).

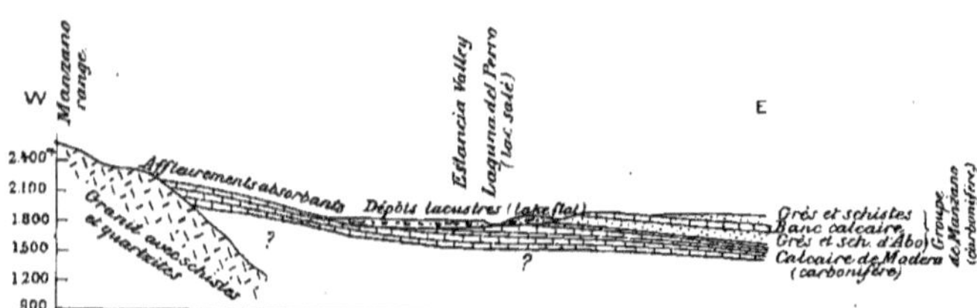

Fig. 117. — Coupe E.-O. au travers d'Estancia Valley, un peu au N. de Willand montrant le carbonifère et l'emplacement d'un ancien lac (N. Mex.). — Échelle des longueurs : 1/1.250.000.

La région occidentale, pennsylvanienne, est au contraire mal partagée en eau. Les groupes de Magdalena (base) et de Manzano sont encore des alternances de grès, calcaires et schistes, mais les calcaires ne dominent qu'au S. du trente-quatrième parallèle, et il y a souvent du gypse intercalé qui rend l'eau mauvaise. La coupe figure 117 montre l'allure des couches dans une partie où elles sont bien régulières : la nappe y devient trop profonde. L'alimentation des localités et des chemins de fer a exigé des adductions d'eau à grande distance, telles que celles d'Orogrande dérivée du Sacramento R^r^, d'Alamogado dérivée de l'Alamo Canyon, de Carrizozo et de Pastura dérivée du Bonita Creek à 400 kilomètres. Il y a cependant des sources, mais dans certaines montagnes seulement (Sacramento M^ains^, San Andreas M^ain^ et Manzano Range). Les forages n'ont pas toujours réussi ou donnent de l'eau trop minéralisée : on cite dans le Manzano Range un forage de 100 mètres à Mountainair, un de 133 mètres à Willard, un autre plus au S., à la station d'Ancho (260 mètres), qui touchent un banc de grès rouge et donnent de l'eau douce; ceux de Gallinas (125 mètres), Duran (347 mètres), Tony (265 mètres), Epris (413 mètres), Pastura (261 mètres) ont réussi comme quantité d'eau, mais elle a de 2 à 3 grammes de sels par litre.

Paléozoïque du et autour du Grand Plateau du Colorado. — Plus à l'O. encore et jusqu'à la Virgin R^r^ (au delà de laquelle on ne trouve plus que les bandes isolées, orientées N.-S., des *Basin ranges*) s'étend autour d'un noyau de Jura-trias, de crétacé et d'éocène continental une grande surface de carbonifère (mal différencié), avec par ci par là des lambeaux de paléozoïque plus ancien et aussi de vastes expansions de dépôts volcaniques. Cette surface fait partie des bassins du Colorado, du Little Colorado, du San Juan R^r^, du Grand R^r^, avec son affluent le Green R^r^, et du Salt R^r^ : elle comprend les plateaux du Colorado au S. de ce fleuve, et ceux de Uinkaret, de Kanab, de Kaibab, de Paria, etc., etc., au N., qu'entaillent des cañons profonds (Grand Cañon, Toroweap Valley, Kanab et Marble cañons) montrant sur leurs parois des coupes caractéristiques des formations géologiques (*fig.* 118). Les couches sous les plateaux sont presque horizontales (faible pente vers le N.); mais elles ont subi de très fortes érosions et aussi de grandes fractures (failles nombreuses orientées N.-S. telles que celles du Grand Wash, de Hurricane, de Kaibab), en sorte que les plateaux paraissent séparés les uns des autres par des lignes de récifs calcaires ou gréseux, Aubrey Cliffs (qui font sur 400 kilomètres le rebord S.-O. du Grand Plateau), White Cliffs, Vermilion, Echo Cliffs, etc., etc.

La pluie étant rare dans la région et les couches fort épaisses, les eaux souterraines sont plutôt rares et peu accessibles. Le permien, qui surmonte par îlots le carbonifère, est formé de schistes, marnes et calcaires impurs (*formations de Culler* ou de *Moencopie*, sur 250 à 400 mètres d'épaisseur) qui sont à peu près imperméables. Le carbonifère comprend deux groupes : le supérieur dit d'*Aubrey* commence par des bancs calcaires (de 0 à

240 mètres) qui peuvent manquer; puis viennent les grès jaunes de l'Aubrey supérieur (600 mètres environ) qui forment les récifs signalés ci-dessus, et en dessous les grès rougeâtres plus tendres (360 mètres) de l'Aubrey inférieur. Le second groupe dit de *Redwall* est constitué par un banc très constant

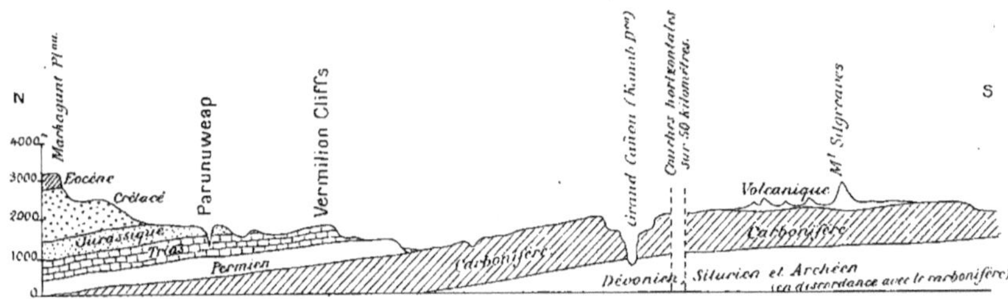

1° Coupe N.-S., du Markagunt Plateau au mont Sitgreaves.

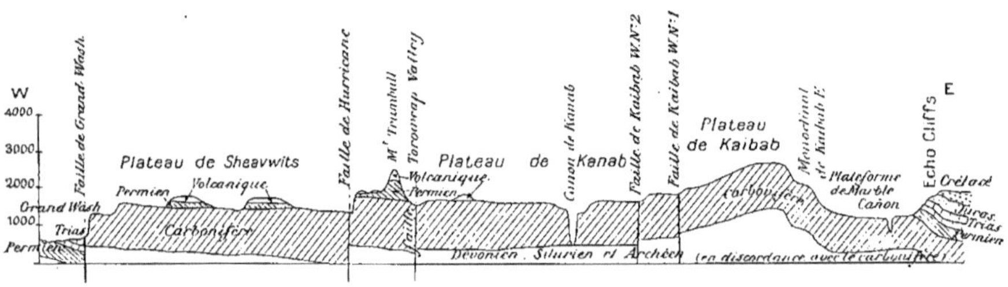

2° Coupe E.-O., du Grand Wash aux Echo Cliffs.

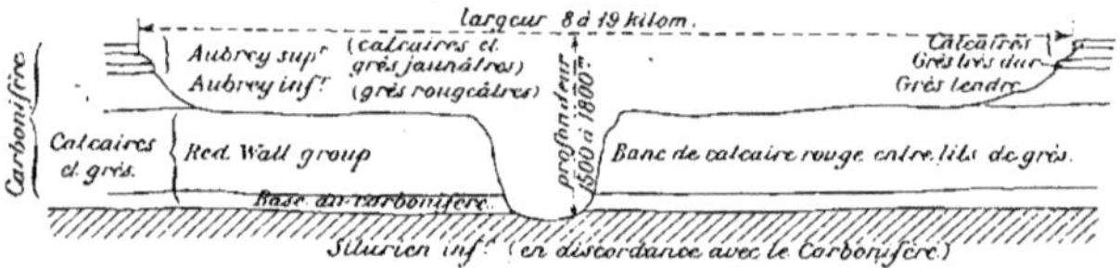

3° Détail du Grand Cañon (coupe au pied de la Toroweap Valley). — Échelle 1/64.400, 1 pouce par mille.

FIG. 118. — Coupes N.-S. et E.-O. du Grand Plateau et du Grand Cañon du Colorado (d'après E. DUTTON, IIe Annual Report G. S. U. S.). — Échelle des longueurs : environ 1/1.156.000.

de calcaire rouge, compris entre de minces couches de grès : en tout 240 à 290 mètres d'épaisseur. En dessous du carbonifère, le calcaire dévonien (ou silurien) de Temple Butte, le cambrien et l'algonkien des formations de Tonto, de Wishnu et de Chuar, qui apparaissent dans les parois ou le fond des cañons, sont très massifs et ne jouent pas de rôle hydrologique.

En dehors des suintements le long des affleurements des grès et cal-

Tableau II – Terrains Cambriens, Ordoviciens,

(Les couches perméables contenant des nappes aquifères importantes sont

Terrains géologiques			I Région des Appalaches. Partie Nord-Est et Nouvelle Angleterre — États de Maine, Vermont (W), Massachusetts, Connecticut (W), Rhode-Island (E), New Hampshire (E), New York, New Jersey (N), Pennsylvania, Maryland, Delaware (N), Virginia (N.W.), W Virginia (E)		I Région des Appalaches. Partie Sud-Ouest — États de Virginia (S.W.), N. Carolina (S.W.), Tennessee (E), Georgia (N.W.), Alabama (E et N.E)		II Région des … Partie à l'Est du lac Michigan — États de New York (N), Michigan (N et S.E), Pennsylvania (N), Ohio (C, N et W), Indiana (C et N, E et N.W)	
DÉVONIEN	Supérieur	Famennien	Grès des Catskill (Hampshire f^ion)	400 à 600^m	Sch. de Chattanooga	3 à 5^m	Sch. de l'Ohio et sch. noirs / Sch. rouges et Grès de Catskill	600^m
					F^ion de Hampshire (gr. et sch.)	bien moins épais que dans la partie N.E.		
		Frasnien	F^ion de Chemung ou de Jennings (Schistes de l'Ohio)	750 à 1000^m	F^ion de Jennings (sch.)		Schistes de Chemung (ou d'Antrim, ou de St Clair. Mich)	180 à 750^m
			F^ion de Portage ou de Nunda (Schistes et bancs de grès)	420^m			Schistes et dalles de Nunda (ou de Portage)	250 à 450^m
					F^ion de Romney (Schistes)		Schistes de Genesee	25 à 40^m
	Moyen	Givétien et Eifélien	F^ion d'Hamilton ou Schistes de Romney	300 à 900^m			Sch. et calc. d'Hamilton ou d° de Traverse (Mich)	300 à 900^m
			Helderberg sup^r et Schistes de Marcellus				Helderberg sup^r et sch. de Marcellus (ou calc. de Dundee, (Mich))	2 à 20^m
	Inférieur	Coblentzien	GRÈS D'ORISKANY (ou MONTEREY)	5 à 90^m	GRÈS DE MONTEREY (Giles F^ion)	10 à 90^m	CALC. D'ONONDAGA (CORNIF^re) (ou de Jeffersonville. Ind.)	30 à 40^m
							Grès d'Oriskany	0 à 15^m
		Gédinnien	Helderberg inférieur (Calcaire de Manlius (ou de Lewistown) et calc. cornifère)	30^m	CALC. DE LEWISTOWN (Partie supérieure)	40 à 90^m	Helderberg inférieur (ou schistes de Monroe (Mich)) avec grès de Sylvania	10 à 70^m
SILURIEN (Gothlandien)	Supérieur		Groupe de Cayuga (CALC.^re HYDRAUL^que F^ion DE SALINA OU GROUPE SALIFÈRE D'ONONDAGA)	300^m	Base du Calc. de Lewistown (Calc. schisteux à la base avec rognons au sommet)	200 à 500^m	Groupe de Cayuga (Calc^re hydraulique ou dolomies et sch. de Monroe (Mich), F^ion de Salina ou groupe salifère d'Onondaga)	6 à 180^m
	Moyen		Schistes et CALC. DU NIAGARA	150^m			Sch. et CALC. DU NIAGARA (ou Sch. de Rochester et dolomies de Lockport, Guelph ou Manitoulin, Mich)	15 à 150^m
	Inférieur		Schistes et GRÈS DE CLINTON	310^m	F^ion de Redwood (grès et sch.)	10 à 225^m	Sch. et Calc. de Clinton	6 à 45^m
			GRÈS ET CONGLOMÉRATS DE MÉDINA ET D'ONEIDA (F^ions de Juniata et de Tuscarora en Virginie.)	620^m	Grès de Clinch ou de Cacapon	45 à 90^m	Sch. et GRÈS DE MÉDINA ET ONEIDA	8 à 45^m
					QUARTZITES DE TUSCARORA et grès et sch. de Juniata	375^m		
ORDOVICIEN Moyen et supérieur	Ordovicien supérieur ou Cincinnatien		Groupe d'Hudson river (Calc. de Cincinnati, Schistes de Lorraine ou de Frankfort)	100 à 275^m	Schistes de Sevier ou de Rockmart	330 à 550^m	Sch. de Lorraine (Hudson) Sch. de Pulaski, Frankfort, Salmon R^r N.Y., ou Maysville (Mich)	100 à 275^m
					Grès de Tellico	0 à 60^m		
	Ordovicien moyen ou Mohawkien		Schistes d'Utica et d'Eden (F^ion de Martinsburg)	15 à 60^m	Schistes d'Athens	0 à 360^m	Schistes d'Utica (Eden)	15 à 60^m
			F^ion de Chambersburg (CALC. DE TRENTON, " DE BLACK RIVER, " " LOWVILLE)	30 à 200^m	CALC^re DE MOCCASIN	120 à 150^m	CALCAIRE DE TRENTON (et calc. de Black R^r, de Lowville et de Pamelia - N.Y.)	60 à 80^m
					CALC^re DE CHICKAMAUGA	550 à 650^m	Le grès de St Peter n'affleure pas.	
CAMBRIEN ET ORDOVICIEN INF^r	Ordovicien inférieur (ou Canadien)		Groupe de Shenandoah (CALC^re DE CHAZY ou DE STONE RIVER)	300^m	DOLOMIES DE KNOX	1150 à 1500^m	F^ion de Theresa (dolomies et grès.)	6 à 20^m
			F^ion DE BEEKMONTOWN ou GRÈS CALCIFÈRE	580^m				
	Cambrien sup^r (ou Potsdamien ou Saratogien ou St Croixien) Acadien		Calc. de Conococheague	500^m	Schistes de Conasanga avec bancs calc^res intercalés	150 à 480^m	GRÈS DE POTSDAM (avec conglomérat à la base)	100 à 300^m mais peut manquer
			F^ion d'Elbrook (Schistes et calc.)	900^m	F^ion de Rome (Sch. et grès)	200 à 800		
			— de Waynesboro — d° —	380^m	Sch. d'Apison ou de Chilhowee ou Calc. de Beaver (Al et G)	200 à 600^m		
	Géorgien (ou Waucobien ou Taconien)		Calc. de Tomstown	300^m				
			Grès d'Antietam	150 à 250^m				
			Schistes de Harpers, quartzites de Montalto et grès de Weverton.	jusqu'à 1200^m	Schistes et conglomérats d'Ocoee f^ion ou QUARTZITES DE WEISNER (Al et G)	jusqu'à 3000^m		
ALGONKIEN (Précambrien)	Keweenawien / Huronien		très métamorphisé (Séries de Glenarm) Pas de rôle hydrogéologique	très épais			Séries de Grenville (Pas de rôle hydrogéologique)	épais

Siluriens et Dévoniens des Etats-Unis (principaux bassins.)

écrites comme **CALCAIRE**, celles qui contiennent un peu d'eau comme Calcaire

Grands Lacs.	III Région entre les grands bassins carbonifères.	
Partie à l'Ouest du lac Michigan	Entre le bassin des Appalaches et le bassin Intérieur de l'Est (Dôme de Cincinnati-Nashville)	Entre le bassin Intérieur de l'Est et le bassin Intérieur de l'Ouest (Dôme d'Ozark-St Francis)
Etats d'Iowa (NE), Minnesota (S et SE), Wisconsin (S et E), Illinois (N).	Etats de Ohio, Indiana (E), Kentucky (N), Tennessee (C et W) Alabama (NW).	Etats de Missouri (E et SE), Illinois (SW) Arkansas (N et C) Oklahoma (Wichita Mtns) et Texas (Llano région)
Fion de Lime Creek (Schistes) (dans Iowa) 25m Lits calcaires de State quarry . 5 à 15m Schistes de Sweetland Creek . 5 à 15m (Discordance) **CALCRE DE CEDAR VALLEY** 75 à 90m **CALCRE DE WAPSIPINIKON** 30 à 45m (Dans le Wisconsin, l'épaisr totale du dévonien se réduit à 40m)	[dans Ohio, comme à la colonne 3 ci-contre pour le dévonien Schistes de Chattanooga et grès de Harding } peu épais Schistes de New Albany (Indna) 30 à 45m **CALCAIRE D'ONONDAGA** { **CALCAIRE DE SELLERSBURG** **CALCAIRE DE JEFFERSONVILLE** } 30 à 105m Rognons de Camden . 15m **Calc. du Helderberg inférr (Fion de Linden)** } mince	Schistes de New Albany ou de Chattanooga } 0 à 25m (Schistes d'Eureka et grès de Sylamore, Ark.) Calcaire de Callaway (Hamilton) } 20 à 25m Calc. de Grand Tower (Onondaga) } 30 à 50m Calc. et rognons de Clear Creek . 0 à 70m Calc. de New Scotland (Helderberg inférieur) } 0 à 45m
DOLOMIE DU NIAGARA (ou Calc. de Delaware, le Claire et Anamosa, dans Iowa) } 20 à 120m dans Ill. 135 à 240 dans Wisc. 90m	Calcaire de Louisville .. 15m Argile schisteuse de Waldron . 1 à 6m Calcaire du Niagara { **CALC. DE LAUREL** 12 à 55m; Arg. et calc. d'Osgood . 5m **CALCAIRE DE CLINTON** . 0 à 25m	Calcaires du Niagara et de Clinton } 5 à 45m (Calc. de Bailey et de Bainbridge) (Calc. de St Clair [Ark.])
Schistes de Maquoketa (ou de Cincinnati) } 50 à 60m **DOLOMIE DE GALENA** 70m Schistes de Decorah 0 à 30m Calc. de Platteville (Trenton) 12 à 22m **GRÈS DE ST PETER** 10 à 55m	Groupe de Richmond { Schistes et **CALCAIRES** avec un banc de grès } 105m Groupe de Koeedine (Hudson beds) { **CALCRE DE MAYSVILLE DE WARREN, ETC.** } 60m Schistes d'Utica ou d'Eden . 75m Calcaire de Trenton { **CALC. DE POINT PLEASANT**; Calc. de Bigby et Cathays; **CALC. DE HIGHBRIDGE** (Ky) } très variable **GRÈS DE ST PETER** (n'affleure pas) . 120m	Calc. de Girardeau . 0 à 15m Schistes de Maquoketa (Cason) 0 à 12m Calcaire de Polk Bayou 1m Trenton { Calc. de Kimmswick . 12 à 30m; Calcaire de Plattin 30 à 60m; Calc. de Joachim (ou d'Izard) (1er calc. magnésien) 0 à 40m **GRÈS DE ST PETER** (1er grès) . 3 à 60m ou de Yellville (Ark.)
Groupe de Prairie du Chien (Calc. magnésien infr) { Dolomie de Shakopée; **Grès de New Richmond**; **Dolomie d'Oneota** } 20 à 75m et 180m) **GRÈS DE JORDAN** 50m Fion de St Lawrence (dolomies, marnes et schistes) } 70m **GRÈS DE DRESBACH** (Deadwood) (et cambrien infr non différencié compt le grès de Potsdam, marnes et schistes.) } 300m et plus	Calcaires de Stones River ou de Chazy (n'affleurent pas) } très épais	Groupe de Potosi { **CALC. DE JEFFERSON CITY** (2e calcaire magnésien) } 30 à 120m; **GRÈS DE ROUBIDOUX** (2e grès) . 30 à 70m; **CALCRE DE GASCONADE** { 3ème calc. 3ème grès } 130 à 200m Fion d'Elvins (schisteuse) 0 à 45m Calcaire de Bonneterre (4ème calc. magnésien) } 90 à 150m **GRÈS DE LA MOTTE** 60 à 90m
Keweenawien Séries d'Animikie (Séries de Grenville (Canada)) Keewatin } [illegible] } très épais		Archéen (granit et porphyre) ou Séries de Llano (Texas) } épais

Tableau III – Terrains carbonifères et

Les couches perméables contenant des nappes aquifères importantes sont

Terrains géologiques	I. Bassin des Appalaches		II. Bassins du Michigan
	Partie Nord-Est et Nouvelle Angleterre États de Pennsylvania, Ohio (E et C) Maryland (N. W.), W. Virginia, Kentucky (E et C) et bassins de Boston, Norfolk et Narragansett.	Partie Sud-Ouest États de Alabama (N), Tennessee (E et C), Georgia (N W).	Bassin du Michigan. État de Michigan
(P)ERMIEN	Les autres étages du permien manquent.	manque	manque

permiens des États-Unis (principaux bassins)

écrites comme **CALCAIRE** et celles qui contiennent un peu d'eau comme Calcaire

et Intérieur de l'Est	III – Bassin Intérieur de l'Ouest	
Bassin Intérieur de l'Est	Partie Nord	Partie Médiane (jusqu'à la faille d'Atoka) et région à l'Ouest
États de Illinois, Indiana, Kentucky (S et W), Tennessee (W), Alabama (N).	États de Iowa, Illinois (W), Missouri, Nebraska (S E), Kansas (E et C).	États de Arkansas (N W), Oklahoma et Texas (N W)
	Fion de Taloga Dolomie de Day Creek 1 à 2m Fion de Red Bluff – 50 à 60m Fion de Dog Creek Fion de Cave Creek	Fion DE QUARTERMASTER (GRÈS) – 90m Fion de Greer (gypse et dolomies de Mangum) 85m Dolomie de Day Creek GRÈS DE WHITEHORSE 130m

caires dans les cañons, les sources sont rares sur les plateaux carbonifères désertiques qui nous occupent : on les trouve d'ordinaire à la base des falaises ou des dépôts de laves volcaniques. Telles sont : Pipe Spring, qui sort près de Kanab au pied de la falaise triasique Vermilion Cliffs; Oak Spring au pied des laves du Mount Logan; une autre plus petite source sur le versant S.-O. du Trumbull; une autre assez forte sur le versant O. du plateau du Uinkaret, etc., etc. On ne signale pas de forages dans la région : il faudrait qu'ils soient bien profonds.

Emplacements divers. — Il y a encore aux États-Unis de nombreuses autres apparitions du paléozoïque : les bandes étroites qui entourent concentriquement les massifs archéens des Black Hills, des Bighorn M[ains], des Montagnes Rocheuses (Front Range, massifs de Leadville, de Livingstone et autres), des Uinta et des Wasatch M[ains]; puis les longues bandes orientées N.-S. des Basin Ranges, et sur le versant occidental de la Sierra Nevada une bande parallèle à la Grande Vallée de Californie; un massif assez important dans les Klamath M[ains], un autre dans le bassin du Colombia R[r] (Wash. et Idaho), un autre enfin (peu connu encore) dans le N.-E. d'Idaho et S.-.O du Montana). Je ne puis examiner ici leur hydrologie en détail : elle n'a d'ailleurs guère de régularité que dans les bandes concentriques redressées autour d'un dôme (*uplift*), comme aux Black Hills ou aux Bighorn où la belle nappe du Deadwood (correspondant au grès de Potsdam) se retrouve.

Composition chimique des eaux du primaire. — Il est bien difficile de parler de composition chimique pour des nappes si différentes et dans un pays aussi étendu. Je donnerai seulement les moyennes des analyses les plus caractéristiques que j'ai pu réunir pour quelques États : on voit que les nappes allant en s'approfondissant vers le S. y deviennent aussi de plus en plus minéralisées.

…ppes des terrains primaires dans quelques États des États-Unis
…mmes par litre).

…IUM	MAGNÉSIUM	SODIUM et POTASSIUM	SILICE (SiO^2)	Fe^2O^3 + Al^2O^3	ACIDE CARBONIQUE (HCO^3)	ACIDE SULFURIQUE (SO^4)	CHLORE	MATIÈRES DISSOUTES (total)
…6	12	6,7	»	»	276	18	9	269
…4	25	41	»	»	366	95	9,5	482
…4	30	20	»	»	372	61	8	430
…4	25	14	»	»	346	25	4,1	336
…2	37	23	»	»	433	52	8,4	409
…0	30	31	»	»	359	75	13	445
…7	31	15	»	»	316	85	22	430
…8	27	37	»	»	319	36	38	345
…1	22	36	»	»	258	59	45	400
…4	20	98	»	»	328	347	29	739
…2	34	63	»	»	416	45	52,4	452
…7	28	36	»	»	342	60	36	418
…9,7	42,7	25,7	24,0	5,1	497,1	96,6	23,4	609,7
…1,6	33,3	9,3	17,4	4,6	340,2	64,0	5,7	391,1
…9,9	33,3	77,6	12,0	3,9	382,9	83,9	52,0	540,4
…8,6	24,7	110,4	11,8	2,1	294,7	100,0	91,5	536,9
…7,4	32,1	113,0	9,3	5,2	340,1	168,9	70,9	645,0
…8,3	28,8	67,0	8,9	4,2	316,8	105,8	28,3	478,3
…9,0	31,4	58,0	10,0	3,7	324,4	78,7	57,1	466,2

ACIDE CAR-BONIQUE (HCO^3)	ACIDE SUL-FURIQUE (SO^4)	CHLORE	MATIÈRES DISSOUTES (total)
474,2	117,3	8,2	595,9
401,4	1.642,1	133,2	2.969,6
376,1	397,0	7,8	784,0
476,2	1.615,0	129,8	2.871,3
321,2	1.299,0	122,7	2.321,0
294,0	1.792,2	417,7	3.526,2
271,7	421,3	215,0	1.213,0
333,2	799,4	91,7	1.597,0
303,0	754,3	100,4	1.495,0
314,0	410,0	105,5	1.030,7
300,8	1.020,2	90,2	1.868,0
341	70	19	466
170	54	48	»
400	170	1.570	3.890
360	80	25	440
430	100	50	»
		60	
380	300	150	1.100
530	190	360	»
350	700	36.000	57.000

III. — TERRAINS SECONDAIRES

1° BASSIN ANGLO-PARISIEN

a) **Région de l'Est et du Sud-Est du bassin de Paris (France).** — S'adossant du côté E. aux Vosges et aux Faucilles, les couches secondaires (alternances de grès, argiles et marnes, calcaire et craie) plongent régulièrement vers Paris, depuis le Morvan au S. jusqu'au primaire de l'Ardenne, de l'Eifel et du bassin de la Sarre (contre lequel elles viennent se terminer brusquement) au N. Le secondaire se prolonge toutefois vers le N.-E. par deux golfes remarquables, celui du Palatinat (limité à l'E. par la grande dépression de la vallée du Rhin qui le sépare de la Forêt Noire)

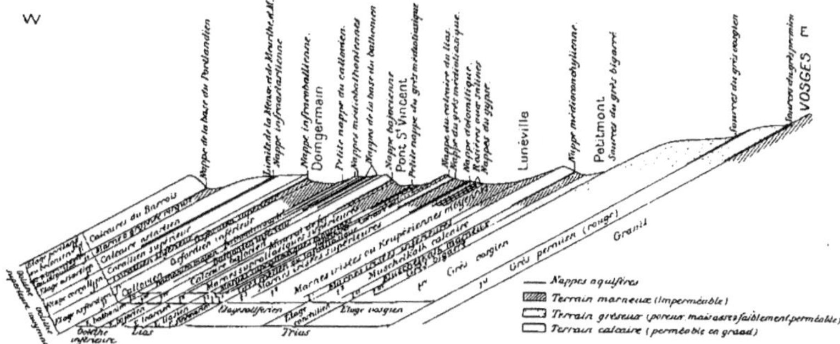

Fig. 119. — Coupe schématique du Jura-Trias de l'Est de la France et de ses nappes aquifères. (Dans cette figure et les trois suivantes, l'inclinaison des couches a été forcée : elle n'est moyennement que 0,02 à 0,03 par mètre).

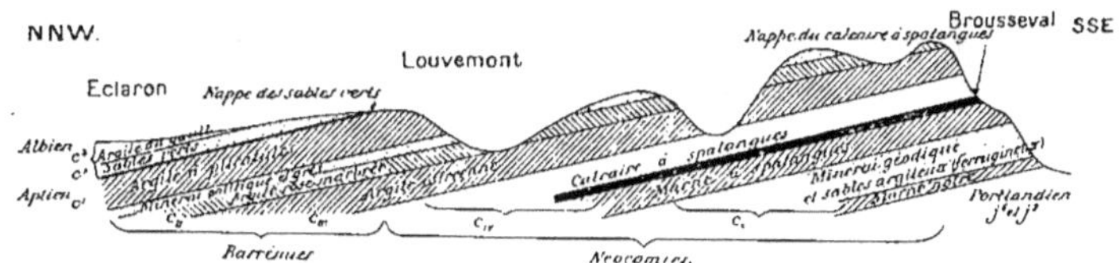

Fig. 120. — Coupe du crétacé inférieur aux environs de Wassy et de ses nappes aquifères.

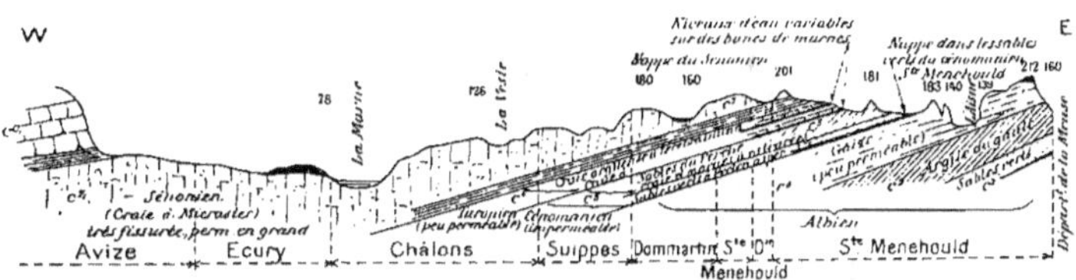

Fig. 121. — Coupe du crétacé en Champagne (de Sainte-Menehould à Châlons) avec ses nappes aquifères.

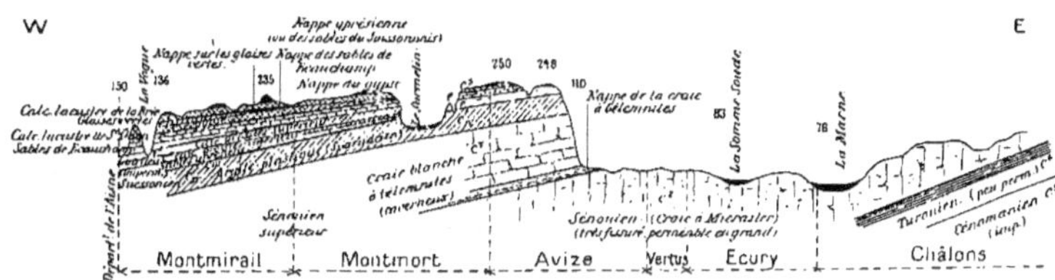

Fig. 122. — Coupe du crétacé supérieur et de l'éocène avec leurs nappes aquifères en Champagne (suite de la figure 120).

Il y a en outre une infinité de cassures plus petites, et les blocs entre elles ont pu jouer et se trouvent souvent dénivelés les uns par rapport aux autres; ces cassures ont eu un rôle de direction sur les eaux de ruissellement (production des vallées d'érosion), et elles en ont un plus important encore sur les courants d'eaux souterraines.

Si l'on connaissait bien la topographie du toit des grandes formations imperméables (toit du primaire, du muschelkalk marneux, du keuper, des marnes liasiques, oxfordiennes et kimméridgiennes, des marnes ap-

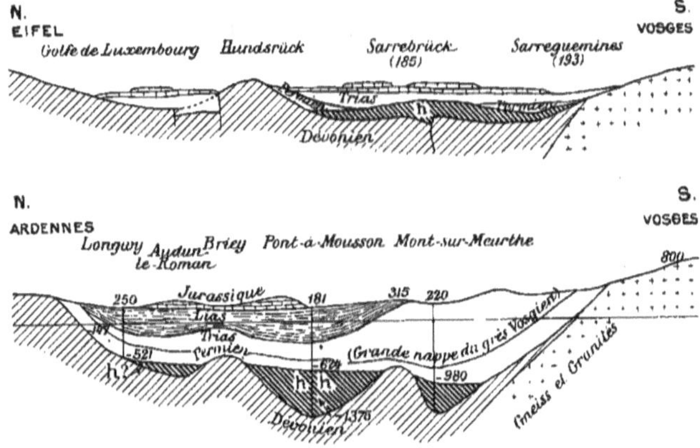

Fig. 123. — Coupes schématiques N.-S. du géosynclinal lorrain (d'après H. Joly), la figure supérieure suivant le méridien de Sarrebrück, la seconde suivant celui de Pont-à-Mousson (montrant les plissements hercyniens et quelques sondages de recherche de houille). — Échelle des longueurs : 1/5.000.000. — Échelle des hauteurs : 1/100.000.

tiennes sous les sables verts, des marnes à Ostracées, etc., etc.), on connaîtrait le fond des cuvettes successives qui contiennent les nappes aquifères; mais il n'en est rien, du moins en profondeur, le nombre des sondages profonds étant bien insuffisant pour cela. Cependant les forages pratiqués pour recherches de houille (notamment en vue des prolongements du bassin de Sarrebrück en Lorraine), de sel ou de fer ont permis de figurer l'allure des couches en certains points; un certain nombre de forages et de puits ont été pratiqués aussi pendant la guerre pour l'alimentation des armées (1); enfin les puits artésiens de Paris et environ ont déterminé la profondeur des sables verts et de la craie en quelques endroits, et les études

(1) Voir les articles de M. Boisnier, *L'eau dans la Champagne pouilleuse* et de M. Thiébaut, *Données géologiques et hydrologiques recueillies au cours des recherches d'eau potable en Lorraine pour les armées françaises*. Dans les *Annales des Ponts et Chaussées*, 1919 et 1920.

bien connues de M. Dollfus ont permis d'établir l'allure du toit de la craie sénonienne sous la partie centrale du bassin de Paris.

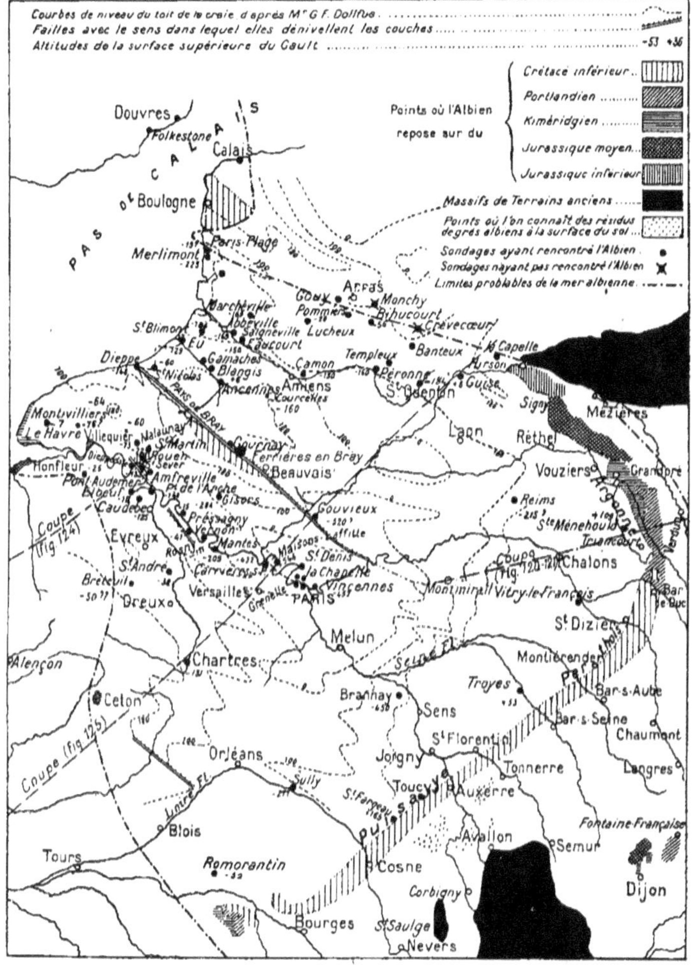

Fig. 124. — Carte du centre du bassin de Paris avec les principaux sondages ayant atteint le gault, et topographie du toit de la craie sénonienne.

Je ne puis donner ici qu'une idée de cette topographie souterraine en reproduisant : 1° d'après H. Joly, deux coupes du géosynclinal lorrain (*fig.* 123), l'une suivant le méridien de Sarrebrück et l'autre suivant celui de Pont-à-Mousson, qui montrent bien les plissements du primaire sous

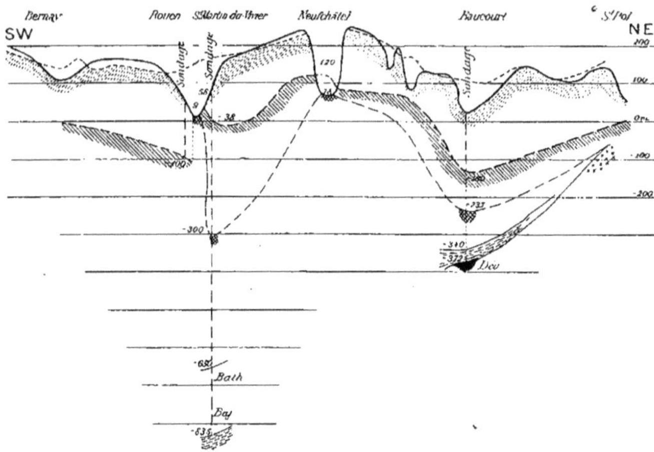

FIG. 125. — Coupe du bassin de Paris, de Bernay à Saint-Pol.

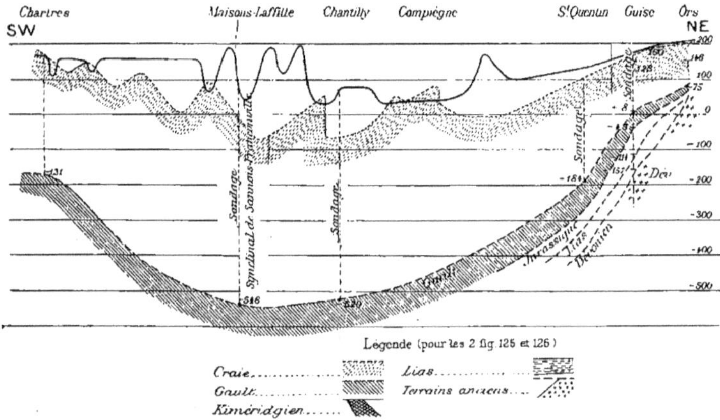

FIG. 126. — Coupe du bassin de Paris de Chartres à Guise et à Ors.

le remplissage par le Jura-trias; 2° une carte du centre du bassin de Paris (*fig.* 124) et deux coupes transversales (*fig.* 125 et 126), où M. Paul Lemoine [1] donne la topographie de la craie sous-jacente et l'emplacement

[1] Paul LEMOINE, *Résultats géologiques des sondages profonds du bassin de Paris* (*Bulletin de la Société de l'Industrie minérale*, mai 1910).

des principaux sondages ayant atteint le gault; 3° de petits tableaux successifs des principaux forages profonds pratiqués dans le bassin, avec leurs caractéristiques. Il faudra bien réfléchir à cette allure si tourmentée des couches, ainsi qu'à la présence des failles, avant de pronostiquer sur la situation des eaux souterraines en profondeur et les résultats à attendre des sondages.

1° *Zone du trias.* — Grâce à son épaisseur (300 à 400 mètres), plus 50 mètres de grès bigarré, le grès vosgien joue un rôle hydrologique important : un grand nombre de sources émergent dans sa large bande d'affleurements (alimentant bien des villes et villages, comme Épinal, Saint-Dié, Remiremont, Baccarat, Cirey, Soultz-sous-Forêt et nombreuses communes voisines, etc., etc.), et en profondeur ses eaux deviennent vite artésiennes et alimentent un certain nombre de forages et puits profonds. Le grès vosgien n'est pas une couche uniforme : le conglomérat de base (10 à 12 mètres), et les bancs durs qui le surmontent (sur 30 à 40 mètres) contiennent plusieurs lits d'argile rouge de faible épaisseur (0,10 à 0,25), qui sans doute produisent l'imperméabilité de cette base; la partie médiane (les deux tiers de l'étage) est formée de bancs fissurés très aquifères de grès fins et tendres, rouges, roses ou blanchâtres, à grains arrondis; enfin vers le toit se trouve un banc de cailloux roulés (*Haut congloméral*) accompagnés de lits minces d'argiles rouges (*Zwischen-schichlen*). Le grès bigarré proprement dit [1] contient aussi au mur et au toit (ceux-ci plus épais et plus nombreux, avec schistes et rognons de grès vert) des lits argileux rouges : les grès du centre sont à grains anguleux et avec mica, fissurés et aquifères; mais les sources qui en naissent sont généralement plus faibles que celles du grès vosgien.

Le Muschelkalk (étage conchylien) commence par une zone d'argiles rouges (40 à 70 mètres) tout à fait imperméable, malgré la présence de quelques lits gréseux ou calcareux; au-dessus vient une épaisseur d'environ 80 mètres de calcaire et dolomie, subdivisée par deux lits d'argiles schisteuses, ce qui donne un banc calcaire supérieur (horizon de Myophoria Goldfussi) et en dessous de lui un autre banc calcaire (Terebratula vulgaris et Lima striata) contenant chacun une petite nappe (deux *nappes supraconchyliennes*). Mais le principal niveau d'eau (*nappe médioconchylienne*) est naturellement à la base de la formation calcaire : il alimente de nombreuses sources, et quelques forages s'y adressent, mais donnent de

[1] A l'étranger, on donne souvent le nom de grès bigarré (*Buntsandstein, Bunter*) à l'ensemble des deux étages : il faudrait dire alors *grès infratriasique.*

l'eau assez dure (gare d'Avricourt, fort de Manonviller, etc., etc.). Le calcaire du muschelkalk est souvent caverneux (pertes d'eau de Haussonviller à Moyen, de l'Avedeuge à Seranville; perte de la rivière l'Ognon un peu au N. de Lure et résurgences par plusieurs sources dans et aux abords de cette ville). L'eau des sources du muschelkalk se trouble souvent lors des pluies (source des Salières captée par la ville de Blamont) : la filtration dans le calcaire est très imparfaite.

Les marnes irisées ou keupériennes (étage saliférien) forment une épaisse assise (de 150 à 300 mètres) bien peu perméable : ce sont des argiles versicolores, le plus souvent rouges, avec interposition de bancs de dolomies sableuses (contenant deux petites nappes) à la base du keuper

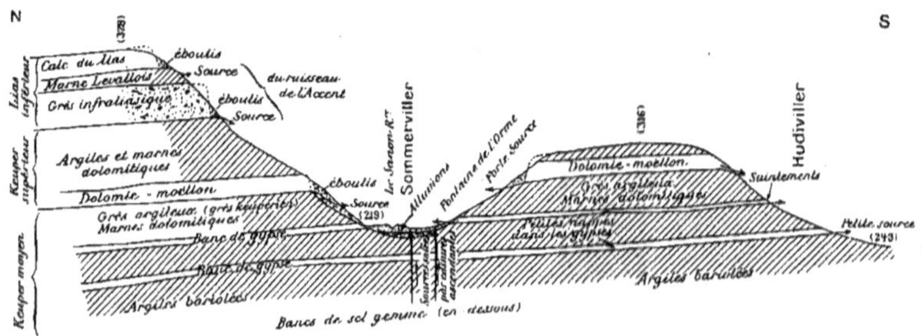

Fig. 127. — Coupe N.-S. de la vallée du Sanon, à Sommerviller (colline dolomitique et talus keupéro-liasique).

inférieur (*Lettenkohle*), de bancs de sel gemme [1] et de bancs de gypse dans le keuper moyen, enfin à la base du keuper supérieur, au-dessus d'un banc mince de grès à roseaux (*schilfsandstein*), de la dolomie-moellon, calcaire magnésien à la vérité peu épais (6 mètres), mais contenant grâce à ses affleurements assez étendus une nappe d'eau régulière et bien alimentée. La figure 127 (coupe de la vallée du Sanon) montre la disposition des couches du keuper à son contact avec le lias ou quand le keuper supérieur couronne les collines : on y voit l'origine des sources de la dolomie-moellon (elles alimentent de nombreuses localités), ainsi que celle de quelques petites sources du gypse (et des sources salées de la vallée, dont l'eau vient des bancs de sel gemme par cassures ascendantes).

[1] Il y a plusieurs bancs de sel, dont l'épaisseur est fort variable : au total, l'épaisseur maxima du sel atteint en Lorraine 71 mètres, dont 23 mètres pour la grande couche. En certains endroits, il existe des courants d'eau souterrains qui dissolvent le sel; mais d'ordinaire on doit injecter de l'eau douce pour la pomper quand elle s'est chargée de NaCl.

Voici maintenant un petit tableau des forages les plus intéressants qui ont traversé tout le trias dans la région de Nancy à Pont-à-Mousson :

FORMATIONS RENCONTRÉES		ÉPLY	LESMÉNILS	ATTON	DOMBASLE (CHATEAU DE)	ABAUCOURT	LABORDE
Cotes d'altitude (par rapport au niveau de la mer)	Du sol	179	196	180	204	189	194
	Du toit du rhétien	»	142	99	106	»	174
	Du toit des marnes irisées	166	111	58	74	138	146
	Du toit du muschelkalk	— 29	— 107	— 154	— 131	— 127	— 143
	Du toit du grès bigarré	— 175	— 260	— 289	— 304	— 303	— 328
	Du toit du grès vosgien	— 251	— 337	— 357	— 374	— 371	— 402
	Du toit du houiller (ou du permien)	— 480	— 558	— 569	— 689	— 641	— 665
	Du fond du forage	—1.326,5	—1.311,1	—1.321,8	—1.000,5	—1.161,9	— 840
Débit initial (litres par seconde) après tubage		272	83	50	67	133	82
Température de l'eau		33°	30°	31°,5	30°,5	24°,6	28°,1
Minéralisation totale (milligrammes de sels par litre)		3.483	2.828	4.780	4.618	»	8.550

FORMATIONS RENCONTRÉES		MARTINCOURT	GRENEY (GÉZONCOURT)	VILCEY	BRIN	MONT-SUR-MEURTHE	MÉNIL-FLIN	NANCY-THERMAL
Cotes d'altitude (par rapport au niveau de la mer)	Du sol	219	213	233	198	218	256	232
	Du toit du rhétien	— 52	— 19	— 29	»	»	»	87,3
	Du toit des marnes irisées	— 89	— 57	— 51	172	»	»	60
	Du toit du muschelkalk	— 332	— 309	— 268	— 166	»	»	—240
	Du toit du grès bigarré	482	— 474	— 406	— 322	+ 184	+ 122	—410
	Du toit du grès vosgien	— 548	»	— 482	— 400		+ 23	—476
	Du toit du houiller (ou du permien)	— 724	— 742	— 652	— 695	— 287	— 286	»
	Du fond du forage	—1.016	— 937	—753,1	—1.007	—1.210	— 657	—568,3
Débit initial (litres par seconde) après tubage		150	217	108	100	72	24	32
Température de l'eau		39°	37°,5	38°	28°	23°,5	40°	34°,5
Minéralisation totale (milli-[illegible]		[illegible]		[illegible]	[illegible]	[illegible]		[illegible]

Au N.-E. de la région ci-dessus, d'autres forages ont aussi été pratiqués (pour recherche de houille) entre Delme et Forbach et jusqu'à Bouzonville vers le N.; mais la plupart n'ont donné que peu ou pas d'eau jaillissante (le forage de Schlossfürth est même absorbant), le niveau piézométrique restant sans doute en dessous de la surface. Les puits d'extraction des houillères de Lorraine et de la Sarre rencontrent toutefois la nappe des grès et pour la traverser doivent pomper des volumes assez considérables [1]. Plus au N. encore, on ne peut plus citer que le forage de Mondorf (Luxembourg), qui a 725 mètres de profondeur et a rencontré le toit du grès bigarré à 450 mètres : la venue d'eau est de 11 litres par seconde, et l'eau a 25°, avec 14gr,345 de sels (dont 12 grammes de chlorures de Ca et de Na) par litre.

Enfin, au S.-O. de la région triasique, on remarquera le groupe des sources sulfatées-calciques de Vittel, Contrexéville, Martigny et Bourbonne : les eaux proviennent du grès bigarré (affleurements situés à l'E. d'Épinal) et se sont minéralisées en passant sous le muschelkalk marneux. Les sources minérales précitées sont dues à leur remontée au jour par des cassures ascendantes; on sait qu'à Vittel et environs on a pu créer d'autres venues artésiennes par des forages d'une quarantaine de mètres seulement de profondeur.

2° *Zone du lias.* — La bande liasique court à l'O. du trias en s'enfonçant au N. dans le golfe de Luxembourg et en entourant au S. le massif du Morvan en demi-cercle et le rebord N. du Massif Central : entre les deux parties, il y a une interruption (oolithe inférieure) dans la région des sources de la Seine, de l'Ource, de l'Aube, de l'Ignon et de la Tille.

A la base de l'étage, dans l'E. on trouve d'abord le grès rhétien (grès de Vic, de Kédange ou de Martinsart), qui avec une épaisseur de 20 à 50 mètres contient une nappe aquifère, devenant vite artésienne entre le sommet du keuper et le banc argileux (marne Levallois de 6 à 10 mètres d'épaisseur, en Lorraine) très constant au-dessus du grès. La marne infraliasique est surmontée d'un banc de calcaire sinémurien, dit calcaire à gryphées arquées, de 10 à 30 mètres d'épaisseur, qui forme en Lorraine des plateaux assez vastes, et contient dans ses fissures une nappe aquifère constante, alimentant des sources nombreuses, mais fort variables en débit

(1) Ainsi les mines de Sarre et Moselle extraient 22 mètres cubes à la minute (370 litres par seconde), ce qui, conjointement avec les extractions des mines voisines, a fait baisser le niveau de la nappe et éteint des sources dans le fond des vallées. Pour son alimentation, la Société de ces mines a pratiqué une dizaine de forages le long de la Merle, lesquels ne descendent (de 60 à 105 mètres) que dans le grès vosgien et donnent de l'eau artésienne (plus de 100 litres par seconde).

et très sujettes à une facile contamination. Le reste du lias jusqu'au minerai de fer toarcien est très peu perméable : ce sont des marnes épaisses et schisteuses (150 à 300 mètres), qui s'étalent dans les plaines et se haussent finalement en un talus que couronnent le minerai de fer et la falaise de calcaire bajocien. Tout au plus trouve-t-on un peu d'eau dans les bancs intermédiaires du calcaire dit ocreux (1 à 3 mètres) et du grès médioliasique (12 mètres) à *A. spinatus*.

Je rappellerai que dans le N. de notre bande liasique, on trouve intercalée dans le lias inférieur ou à son sommet la belle formation du grès de Luxembourg ou du grès de Virton, chacune contenant une belle nappe aquifère; ces grès sont toutefois fissurés, et la filtration n'y est pas toujours parfaite. Ainsi la source du tunnel de la porte d'Eich, creusée sous la ville même de Luxembourg, était contaminée, tandis que les belles sources de Syren, de Glasbour et celles de Kopstal (ces dernières captées par la ville) restent pures. La source de Quellebour distribuée à Arlon est du même niveau; les sources d'Orvillers et de la Mère-Dieu captées aux environs de Virton et amenées dans cette ville sortent au contraire du grès de ce nom. A Longwy, le grès liasique sinémurien devenu calcareux est déjà enfoui profondément, car le forage des Récollets y a trouvé de l'eau potable jaillissante à 353 mètres de profondeur (24° de température et 12° hydrotimétriques). Ce forage descend beaucoup plus bas et finit après le permien [1].

Dans le S., c'est-à-dire autour du Morvan et au N. du Massif Central, le rhétien est très réduit (2 à 3 mètres seulement dans l'Auxois), et le sinémurien (calcaire à gryphées arquées et marne sur 7 à 8 mètres) aussi : ils ne contiennent que peu d'eau. Il y en a un peu plus dans le calcaire hettangien, quoiqu'il soit assez marneux (40 mètres à Saint-Amand et de 60 à 80 mètres près de Nevers), et dans les deux bancs calcaires du charmouthien, calcaire à ciment de Venarey et de Pouilly (12 mètres) et calcaire noduleux à gryphées géantes (15 mètres), séparés l'un de l'autre par une puissante assise de marnes micacées (60 mètres). Quant au toarcien (25 à 35 mètres et même 60 dans la région de Saint-Amand et de la Châtre), il est entièrement marneux et imperméable : le niveau d'eau est au contact de ces marnes et du calcaire à entroques ou de l'éocène.

Je signalerai enfin que l'armée française a fait en Lorraine pendant la guerre vingt-cinq forages pour atteindre le grès infraliasique (sans guère dépasser 70 mètres de profondeur) : on a eu de l'eau jaillissante à l'E. de Nancy (Réméréville, Buissoncourt, Cercueil, Drouville, Haraucourt, Laneu-

[1] Un forage analogue vient d'être fait à Mont-Saint-Martin, un peu au N. de Longwy, et a réussi de même.

velotte, Velaine). La nappe de ce grès a donné de l'eau salée à Pulnoy, dans la forêt de Champenoux, ainsi qu'au sondage profond de 302 mètres fait sur la colline (bajocienne) de Sion : un sondage de 120 mètres fait en 1860 dans la cour de l'usine à gaz de Nancy avait déjà donné de l'eau jaillissante très chargée de sels dans le grès infraliasique (6gr,35); d'autres de 54 à 66 mètres de profondeur forés depuis à Jarville et à Tomblaine avaient aussi trouvé de l'eau très minéralisée, mais non jaillissante. (Le calcaire du lias en profondeur ne donnait pas d'eau).

Zone de l'Oolithe. — Large bande qui va des Ardennes au Morvan, avec prolongement à l'E. de ce dernier massif en Bourgogne (par le détroit de Langres) et à l'O. dans le Nivernais et le Berry, jusqu'à la vallée de l'Indre. De cette dernière rivière à la Meuse et son affluent la Chiers, on remonte une succession de vallées, dirigées généralement vers le N.-O. (Cher et affluents, Loire et Allier, Yonne, Serain, Armançon, Seine, Aube, Marne et boucle de la Moselle), qui recoupant les formations calcaires aquifères [1] engendrent autant de lignes de sources.

La succession des étages est classique : à la base, le bajocien et le bathonien, essentiellement calcaires (avec intercalation de quelques bancs de marne); le callovien et l'oxfordien, argileux et imperméables; le rauracien et le séquanien, calcaires; le kimméridgien, argileux, et enfin le portlandien ou calcaire du Barrois. Les calcaires dressent d'ordinaire leur falaise abrupte du côté E. ou S.-E. et s'inclinent doucement en plateaux vers Paris; comme ils sont fissurés, ils contiennent de l'eau (plus abondante à leur base), et c'est ainsi qu'on a les beaux niveaux très constants de la base du bajocien (au-dessus des marnes micacées toarciennes), de la base et du milieu du bathonien (généralement très caverneux), de la base du rauracien et du portlandien (respectivement au-dessus des marnes oxfordiennes et kimméridgiennes); ces niveaux deviennent artésiens en s'enfonçant vers l'O.

La *nappe bajocienne* engendre un grand nombre de sources et alimente beaucoup de localités : l'eau en est généralement bonne, parce que d'une part la surface des affleurements est presque toujours boisée, et que d'autre part les fissures sont remplies (en partie du moins) par les débris de décalcification de la roche, qui forment filtre. Les sources sont du type de déversement (*fig.* 60), ou parfois comme celles de Gorze (captées par les Romains

(1) Le fond des vallées reste longtemps dans les formations argileuses et marneuses (plus difficiles à éroder), alors que les coteaux sont des falaises calcaires. En avant des crêtes, on rencontre souvent des îlots calcaires, qui se sont trouvés isolés par l'érosion à leur pourtour.

et amenées à Metz) [2] (*fig.* 128), et comme celles de la Fentsch à Fontoy [3], de Mance en dessous d'Avril, de la Machine à Longuyon, etc., etc, résultent d'une faille [1]. Il y a dans le calcaire des cavernes (grottes de Sainte-Reine à Pierre-la-Treiche), des vallées sèches (quand le fond n'atteint pas le toarcien), des pertes d'eau et des résurgences : ainsi la grosse source au pied du château de Dieulouard (est-ce une réapparition d'une partie des eaux du ruisseau d'Ache ?), la perte du ruisseau de Thuilley, celle du ruisseau de Gémonville. Grosses sources aussi à Viviers, à Tramont-Saint-André, etc., etc.

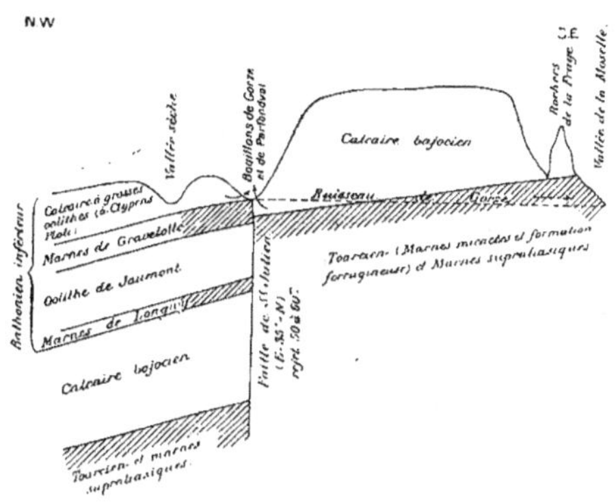

Fig. 128. — Coupe transversale de la faille de Saint-Julien à Gorze, montrant l'origine des sources (Bouillons de Gorze) captées par les Romains et amenées à Metz.

Nombreux sont les puits descendus dans le bajocien, quelques-uns le traversant dans toute sa hauteur. Il faut signaler en Lorraine, notamment dans l'arrondissement de Briey, les forages de reconnaissance (j'en compte 218) et les puits d'exploitation faits pour arriver au minerai de fer : la nappe normalement située au-dessus des marnes micacées devant être traversée par eux, il en résulte l'obligation, pour tenir la mine à sec, de pratiquer une exhaure assez importante (pour les bassins de Briey et de Landres, elle a été de 950 litres par seconde en moyenne pour l'année 1921 fort sèche et de 1.250 pour l'année 1922). Le petit tableau ci-dessous donne les débits ainsi extraits moyennement par seconde de quelques grands puits d'extraction, en même temps que les cotes d'altitude du sol et du toit de la formation ferrugineuse (ce qui permettra de se faire une idée de la topographie souterraine, laquelle est représentée complètement dans les

[1] L'aqueduc nouveau de Gorze à Metz peut porter 10.000 mètres cubes par jour, débit que ne donnent pas les Bouillons en basses eaux, mais qui est bien dépassé en eaux abondantes.

[2] Ces sources débitent de 150 à 1.000 litres par seconde (et même jusqu'à 3.000 litres après de grandes pluies). Les deux failles dont il s'agit mettent en contact le calcaire bajocien avec les argiles de Gravelotte (bathonien), qui forment un barrage arrêtant les eaux.

[3] Il y a un grand nombre de failles avec rejets : citons encore celles d'Esch-Crusnes (125 mètres de rejet), d'Ottange-Audun, de Neufchef, de l'Orne à Auboué, du Woigot à Briey, de Rombas (30 mètres), de Bonvillers (60 mètres), etc., etc.

ouvrages spéciaux par les courbes de niveau du mur de la *couche grise.*) Un peu d'eau provient des niveaux du bathonien inférieur traversés par les puits partant de ce terrain; cette eau est parfois descendue par les failles et cassures ainsi que par suite des dépliages dans la formation ferrugineuse elle-même, en sorte qu'on peut avoir, comme au puits de Joudreville, trois niveaux (dont le dernier était le plus artésien) (1). Ces pompages ont éteint ou diminué certaines sources, comme celle de la Crusnes (puits d'Errouville et d'Aumetz) : bref la circulation des eaux du calcaire bajocien se fait dans un réseau d'interstices très complexe et se trouve fortement influencée par les exploitations minières; la qualité de l'eau souterraine dans ces conditions peut être modifiée, et il convient de ne l'utiliser pour la boisson qu'après stérilisation.

FORMATIONS RENCONTRÉES (BASSINS DE BRIEY ET DE LANDRES)	PUITS D'EXTRACTION DES MINES DE :					
	AUMETZ	BOULANGE	ERROUVILLE	SANCY	ANDERNY	TUCQUEGNIEUX
Altitudes (par rapport à la mer) — Du sol	400 (environ)	347 (environ)	398,12	303,06	289,77	259,96
Altitudes (par rapport à la mer) — Du toit de la formation ferrugineuse	»	»	262,28	93,56	76,77	49,01
Altitudes (par rapport à la mer) — Du mur de la couche grise	196,70	136,36	233,26	63,91	47,12	17,60
Altitudes (par rapport à la mer) — Du fond du puits	»	»	213,77	47,29	29,72	9,22
Débit moyen extrait (litres par seconde)	166,7	200,0	5,0	33,3	8,3	140,0

FORMATIONS RENCONTRÉES (BASSINS DE BRIEY ET DE LANDRES)	PUITS D'EXTRACTION DES MINES DE :						
	St-PIERREMONT	MURVILLE	PIENNE	LANDRES	LA MOURIÈRE	JOUDREVILLE	AMERMONT
Altitudes (par rapport à la mer) — Du sol	227,12	313,41	299,40	324,0	297,83	279,05	276,79
Altitudes (par rapport à la mer) — Du toit de la formation ferrugineuse	43,03	141,41	110,25	133,15	109,77	87,25	58,09
Altitudes (par rapport à la mer) — Du mur de la couche grise	24,03	115,81	86,45	104,95	84,31	58,50	19,64
Altitudes (par rapport à la mer) — Du fond du puits	9,73	102,45	66,40	85,35	62,63	15,15	11,19
Débit moyen extrait (litres par seconde)	50,0	103,3	126,7	180,0	22,8	9,2	78,3

(1) Dans ce puits, jusqu'à $28^{m},50$ le niveau de la nappe inférieure du bathonien se tenait à $3^{m},40$ de la surface; quand on est entré dans le calcaire bajocien, il a baissé à 24 mètres. Puis de 90 à 120 mètres de profondeur, l'eau est remontée lentement à 17 mètres; quand on est entré dans la formation ferrugineuse (à $191^{m},80$), elle est remontée progressivement jusqu'à $2^{m},20$ de la surface.

L'armée française, campée à l'O. du bassin de Briey, a recherché pendant la guerre l'eau du bajocien par quelques forages réussis : deux à Flirey (50 et 82m,40 de profondeur), un à Regnéville (53m,50), un à Tremblecourt (68m,58),

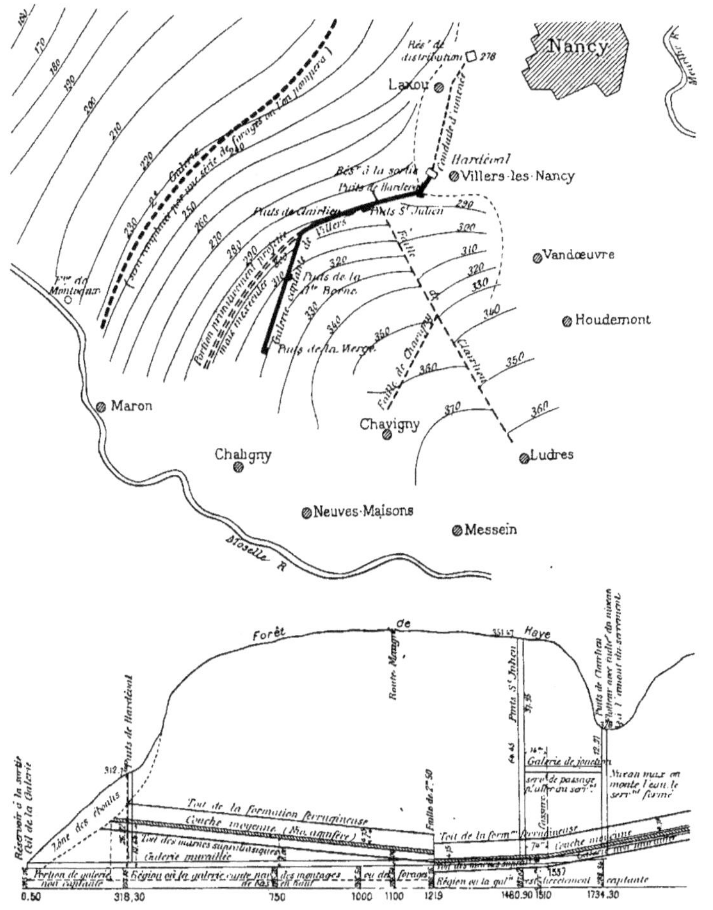

FIG. 129. — Plan et coupe longitudinale de la galerie captante de Nancy sous la forêt de Haye.

deux dans la forêt de Puvenelle (51m,30 et 68m,40) donnent un litre par seconde ou davantage. D'autres donnent peu : un à Mamey (78m,40), un à Saizerais (135m,50), un à Lérouville (42m,60); à Gérard Sas, dans la Forêt de la Reine (Woëvre), l'eau vient de 140 à 180 mètres de profondeur (le sondage a 218m,40), mais à raison seulement de 0l,2 par seconde; enfin à Rouceux près de Neufchâteau, elle vient à raison d'au moins 2 litres par seconde à 4 mètres en dessous du sol, de 108 à 115m,50 de profondeur.

On sait que la ville de Nancy, qui avait vu assécher ses sources par les dépilages de mines des environs, a capté l'eau de ce niveau sous la forêt de Haye par une galerie de 5 kilomètres de longueur, munie de deux *serre-*

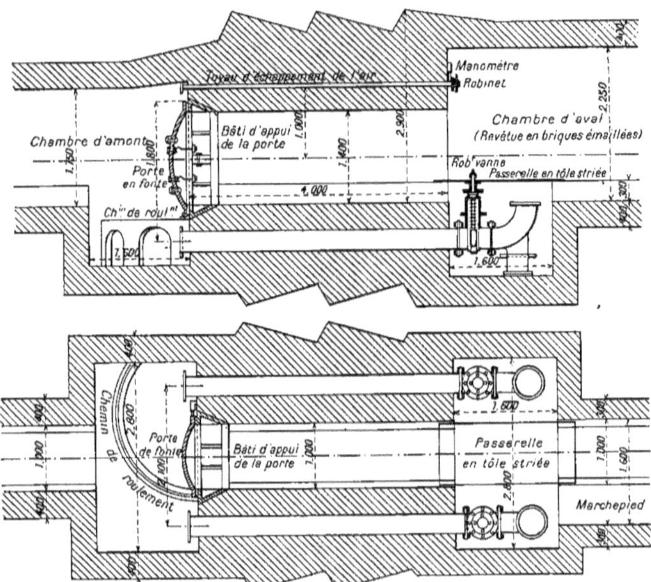

Fig. 130. — Plan et coupe longitudinale d'un des serrements de la galerie captante de Nancy sous la forêt de Haye.

ments régulateurs. Les sondages faits pour recherche du minerai de fer avaient permis d'établir la topographie souterraine du toit des marnes supraliasiques (*fig.* 129), et c'est dès lors presque à coup sûr que j'ai pu tracer une galerie qui, partant d'abord en pleine marne (par conséquent en dessous du fond de la nappe) s'établissait ensuite sur le toit de cette marne le long d'une de ses courbes de niveau : dans la première partie de cette galerie, il fallait alors y faire descendre l'eau par des montages et forages pratiqués de bas en haut, tandis que dans la seconde partie la galerie captait directement l'eau qui dans cette zone vient au bas de la formation minière. Les serrements, imités de ceux de Wiesbaden (*fig.* 130), sont de solides bouchons en maçonnerie, bien encastrés dans la roche et traversés par deux tubes de prise d'eau (avec robinets réglables) et pour la galerie (fermée du côté amont par une massive porte en fonte, qu'on n'ouvre que quand la réserve est vide). Le débit obtenu est de 60 litres par seconde environ : sans l'effet des serrements, il tomberait en basses eaux à 6 ou 7 (le régime des sources de ce niveau étant de 1 à l'étiage pour 10 et plus en hautes eaux).

La ville songe à prendre l'eau du même niveau, mais à une zone plus basse, toujours sous la Forêt de Haye; on opérerait par puits et tronçons de galeries, mais il faudra relever l'eau par pompages.

Au S. de Neufchâteau, le bajocien diminue un peu d'épaisseur (20 à 40 mètres). Nous le trouvons souvent formant les monticules entre deux

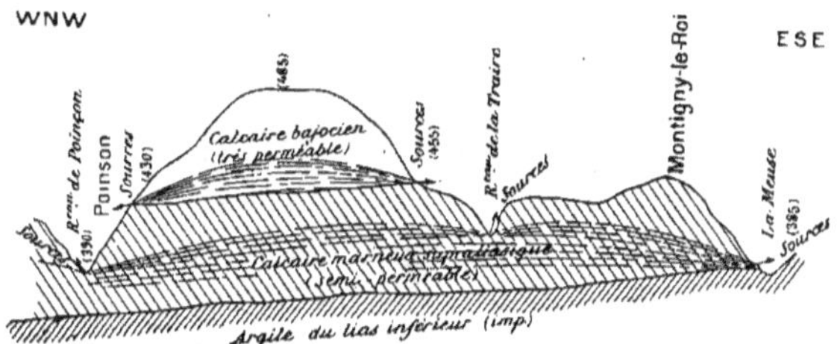

Fig. 131. — Les deux niveaux d'eau et les quatre lignes de sources du bajocien et du supralias entre les vallées de la Traire et du Poinçon (Haute-Marne). — Coupe E.-O.

vallées liasiques, comme par exemple (coupe de Montigny-le-Roi à Poinson, *fig.* 131) entre les vallées de la Traire et du Poinçon (Haute-Marne) : on ne compte pas moins de treize sources (de déversement) à flanc de coteau sur le versant O. et dix sur le versant E. au contact du lias et du bajocien, dans une étendue de 4 à 5 kilomètres. Les sources du Val-Suzon (Rosoir), captées en 1839 par Darcy pour la ville de Dijon, sont de ce type [1]; celles du Valdonne amenées à Langres aussi. (D'autres sources naissent, par émergence dans le fond des vallées, des marnes calcaires du supralias, moins perméables que le bajocien; d'après Pochet, une partie des eaux de ce dernier descendraient dans le lias.) Dans l'Yonne, le même niveau alimente aussi un grand nombre de sources (affluents de l'Armançon, du Serein et de la Cure) : Anstrude, Santigny, Marmeaux, Talcy, l'Isle, Civry, Dissangis, Lucy-le-Bois, Annay-la-Côte, Girolles-les-Forges, Givry, Domecy-sur-le-Vault, Asquins, Fontenay près Vézelay, etc., etc.

(1) Les gouffres et pertes de rivières ne sont pas rares : aux environs de Montbard, le gouffre de Vaugimois où disparaît la rivière de Vilaines-en-Dicémois, par exemple.

Le *bathonien* présente d'ordinaire plusieurs niveaux d'eau : un premier, à la base du *fuller's earth*, au-dessus du banc de marne à *Ostrea acuminata* et à Pholadomyes (en Lorraine, dans l'*oolithe de Jaumont*, de 25 à 33 mètres d'épaisseur, sur les *marnes de Longwy*); un second, dans le calcaire à *Clypeus Ploti* et *Ostrea costata* (10 à 25 mètres d'épaisseur en Lorraine, au-dessus des *marnes de Gravelotte*). Le bathonien moyen est marneux et à peu près imperméable dans l'arrondissement de Briey (*marnes du Jarnisy*), tandis qu'il devient calcaire dans celui de Toul : sur une vingtaine de mètres d'épaisseur, il y contient deux petits niveaux d'eau. Mais plus au S., l'épaisseur de la *Grande Oolithe* augmente et atteint 70 mètres, en formant de grands plateaux calcaires, notamment ceux qui séparent les bassins de la Seine et de la Saône (Plateau de Langres et Côte d'Or) : l'eau circule dans ces calcaires et il y a de nombreuses pertes, résurgences, etc., etc. Enfin le bathonien supérieur, très marneux en Lorraine, ne contient pas d'eau, et le callovien n'en contient qu'un peu dans un banc calcaire à sa partie supérieure.

En Lorraine, les deux niveaux d'eau du bathonien inférieur donnent naissance à de nombreuses sources, s'alignant sur deux lignes à peu près parallèles. Plusieurs grosses sources, telles que celles de Pierrepont et Mairy, de la Rochotte près Toul, de Fresnes près Villey-Saint-Étienne (20 litres par seconde), de la Mazarine à Neufchâteau, ne sont sans doute que des résurgences, les pertes d'eau sur les plateaux étant nombreuses (pertes au N. d'Anderny et de Sancy, le Grand Bichet près de Mercy-le-Bas, etc., etc.) (1). L'armée française a descendu de nombreux forages, bien alimentés, mais non jaillissants, aux nappes du bathonien; ceux de Seicheprey (133m,35 de profondeur), Ansauville, Domèvre, Mandres, Royaumeix, Villey-Saint-Étienne, Beaumont (carrières), Limey, Noviant-aux-Prés, Avrainville (de 44 à 72 mètres) dans le bathonien inférieur; ceux de Francheville, Broussey-en-Woëvre, Manoncourt, Minorville, Royaumeix (Petits oursins), Raulecourt, Sanzey, Saint-Charles, Seicheprey, Xivray, ferme Boyer, Ménil-la-Tour et Mandres-aux-quatre-

(1) Des expériences toutes récentes, entreprises par les exploitants de mines de la région de Tucquegnieux en vue de réduire l'importance de leur exhaure ont mis en évidence la circulation souterraine qui se fait dans les diaclases de l'*oolithe de Jaumont* (bath. inférieur) : les points d'engouffrement par où les eaux de pluie tombant sur le plateau pénètrent dans la profondeur sont nombreux, et il y aurait tout intérêt à détourner ces eaux avant qu'elles gagnent les mines de fer. La mine de Saint-Pierremont vient de réussir à découvrir un ruisseau souterrain dont elle relève l'eau par une batterie de pompes, l'empêchant ainsi de gagner le minerai et économisant une grande hauteur de relèvement : on peut aussi créer des galeries d'évacuation à des niveaux convenables (voir pour les détails les articles de MM. Riollot et Joly dans la *Revue de l'Industrie minérale* des 1 et 15 mai 1927).

Tours (bois de Nauginsard) dans le bathonien moyen (le dernier seul dépasse 100 mètres de profondeur).

Dans la partie S. de la région bathonienne, règne de la grande oolithe, les cassures sont très multipliées et les pertes d'eau nombreuses. Dans la haute vallée de l'Aube, citons les pertes partielles de cette rivière à l'aval d'Aubepierre, celles de l'Aubette qui commencent à 2 kilomètres après Lignerolles et sont complètes au moulin de la Côte-d'Or, celles du ruisseau de Lucey dont l'eau paraît ressortir dans le cône dit trou du Bourgeon : les sources de Montigny-sur-Aube, les Fontaines dites aux Chèvres, aux Scillons, sous Roche, de la Garenne, des Marats, enfin la plus forte, la source de Rosance (120 litres par seconde), paraissent aussi en relation avec ces pertes de rivières. Dans la vallée de la Seine, le *forest marble* (bathonien moyen) laisse aussi circuler intérieurement les eaux de la Dive, du Brévon, de la Seine elle-même entre Buncey à l'amont et la résurgence de la fontaine Barbe à l'aval de Châtillon-sur-Seine (tout le monde connaît tout contre cette ville la célèbre fontaine de la Douix qui se trouble et se contamine lors des grandes pluies), de l'Aujon avec les résurgences ou bîmes de Châteauvillain, de Montigny-sur-Aube, de la Laigne avec les grosses sources de Laignes (à l'aval de la forêt de Nesle et de ses bétoires). Enfin dans le fond des vallées de l'Yonne, de la Cure et de l'Armançon, quelques sources importantes viennent aussi de la grande oolithe : celles de Lichères, de Saint-Moré, d'Arlot à Cry, de Fulvy près d'Argenteuil, etc., etc. La belle source de Morcueil, captée par la ville de Dijon, se trouble malheureusement à la suite des pluies. Les sources (trois groupes) qui alimentent Chaumont (1) restent claires.

Le *rauracien* (corallien), partie inférieure du *lusitanien*, dresse aussi sa falaise calcaire sous les noms de Côtes de Meuse, Côtes de Toul, collines du Nivernais, etc., etc, au-dessus de la plaine argileuse de l'oxfordien (la Woëvre en Lorraine), ou plutôt d'un soubassement terminal appelé *terrain à chailles* (alternance sur près de 40 mètres de lits marneux, de rognons calcaires et de concrétions siliceuses, le tout à peu près imperméable.)

Le niveau d'eau de ces calcaires est constant, et engendre un grand nombre de sources : sources de la Theinte qu'on capte pour un groupe de villages, de l'Orne qui alimentent Etain, des ruisseaux de Vaux, d'Eix, de Creue, du Longeau, de la Seigneulle, de la Madine au revers oriental des côtes de Meuse; de l'Ingressin, près de Toul; de Maxey-sur-Meuse, de

(1) Aux environs de Chaumont, le fuller's earth d'où naissent les sources de Verbiesles et du Pêcheux, a 40 mètres d'épaisseur, et sous la base argileuse le calcaire à entroques (bajocien) n'a qu'une vingtaine de mètres.

Coussey et de Mureau, près de Neufchâteau; de Baon, de Soulangy, de Chemilly-sur-Sercin, de Val-de-Mercy, de Courson, de Crisenon (1), de Vermenton, de Druyes, etc., etc., dans l'Yonne; la source de la Bèze, près d'Is-sur-Tille, alimentée par la perte de la Venelle et les filtrations de la Tille; la source de la Fontainerie amenée à Clamecy, etc., etc. (Voir la carte et la coupe des environs de Clamecy : sources et bétoires du jurassique moyen, *fig.* 132).

La partie supérieure du lusitanien, appelée *séquanien* ou *astartien*, se développe en plateau à l'O. du corallien proprement dit, et son importance va en augmentant vers le S. A la base règnent généralement des lits d'argiles à lumachelles (4 à 10 mètres) qui retiennent l'eau dans les calcaires les surmontant : ces calcaires sont assez variables depuis le calcaire à grosses oolithes (*dicératien*) en bas jusqu'aux calcaires lithographiques

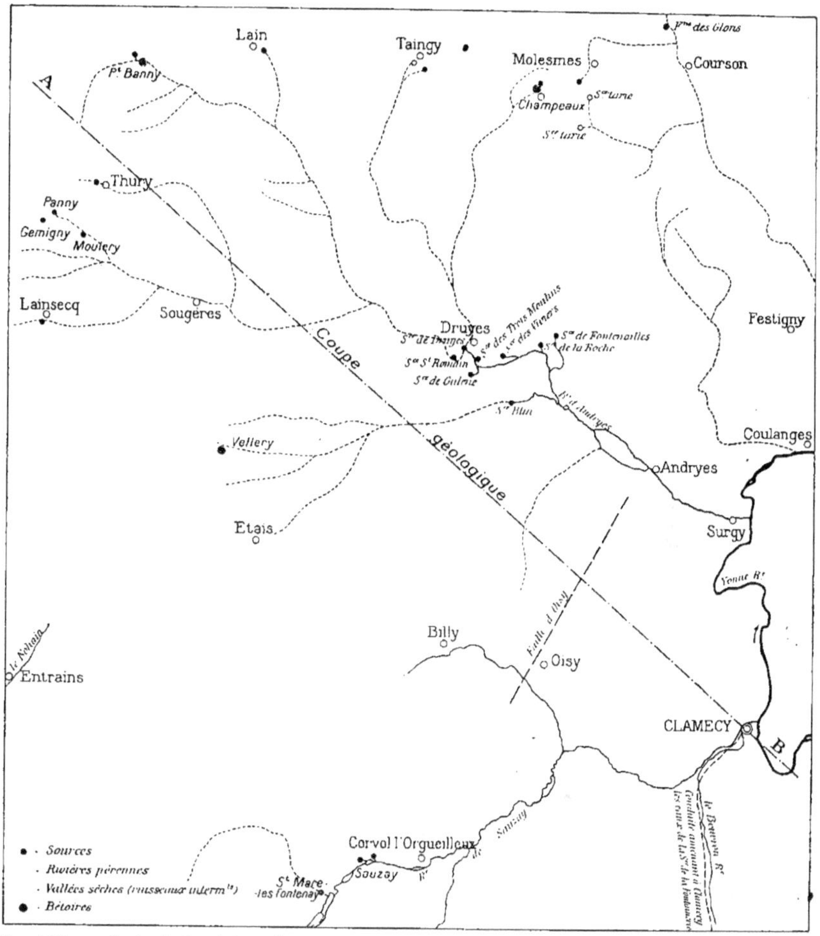

Fig. 132. — Carte de la région au N.-O. de Clamecy (jurassique moyen et supérieur) (les rivières pérennes sont en trait plein, les vallées sèches et ruisseaux intermittents en trait pointillé). — Échelle environ 1/160.000.

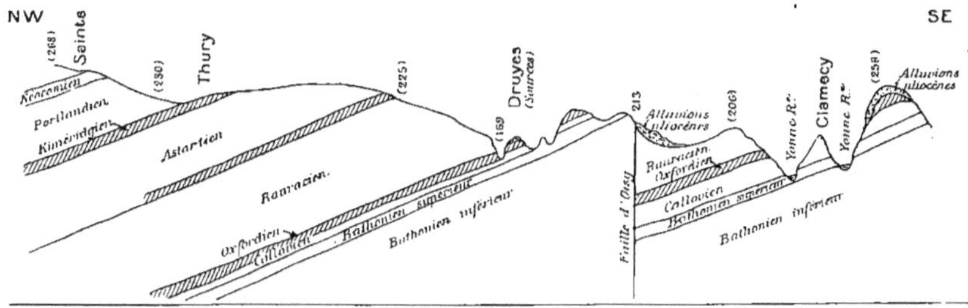

Fig. 132 *bis*. — Coupe N.O.-S.E., de Saints à Clamecy (jurassique moyen et supérieur) suivant AB de la carte.

La vallée de la Loire, de Nevers à Cosne, large trouée dans le jurassique étudiée par Diénert (¹) en vue de reconnaître l'origine et la qualité des eaux des «Vals de Loire», mérite de nous arrêter un instant : les deux coupes de la figure 133, l'une transversale à la vallée de la Loire, l'autre presque parallèle du côté droit, montrent la disposition des couches, et

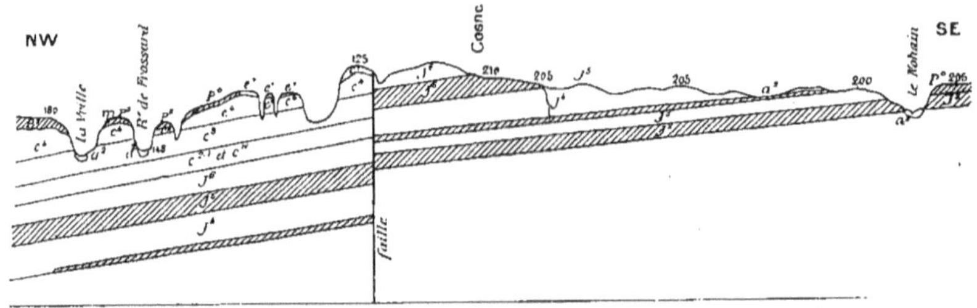

1° Coupe N.O.-S.E., par Neuvy-Donzy-le-Pré;

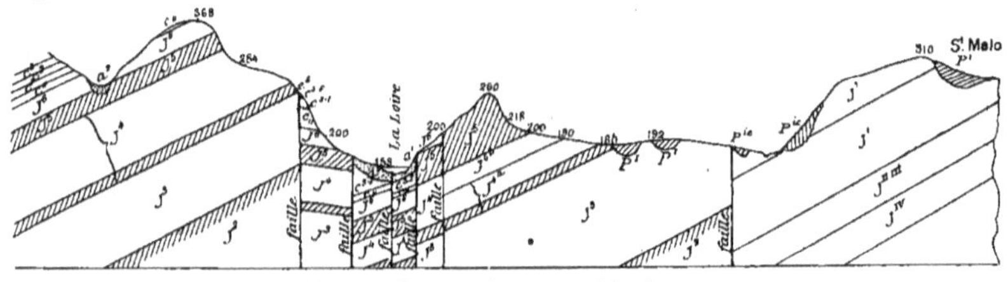

2° Coupe O.-E. par Sancerre et Saint-Malo.

FIG. 133. — Le jurassique moyen et supérieur dans la vallée de la Loire à Cosne et à Sancerre (d'après DIÉNERT).

J_{VI}, bajocien; — J_{II-III}, bathonien inférieur; — J, bathonien supérieur; — J^1, callovien; — J^2, oxfordien; — J^3, rauracien; — J^4, $^{(a-b)}$ séquanien (astartien); — J^5, kimméridgien; — J^6, portlandien; — c_{IV}, néocomien; — c^{1-2-3} de l'albien à l'aptien; — C^4, cénomanien (craie glauconieuse); — C^{5-6}, marne à ostracées et turonien; — e_v, argile ou conglomérat à silex (éocène); — P_c, sables et cailloux (liocènes); — P_1, sables des plateaux; — P_s, sables et graviers; — a^1, alluvions anciennes; — a^2, alluvions modernes.

aussi la présence de nombreuses failles jouant un rôle soit émissif (sources), soit absorbant (bétoires). Les plateaux calcaires sur les deux rives sont entaillés par les vallons des petits affluents de la Loire et de leurs sous-affluents (la Vauvise, qui se jette près de Sancerre, la Belaine, les ruisseaux du Moulin-Neuf, de Balance, de Maimbray sur la rive gauche ; le Mazou, le Nohain, qui prend naissance près d'Entrains, reçoit la Cottin et se jette à Cosne, le ruisseau du Loup, la Vrille, la Cheuille, etc., etc., sur la rive droite). Ces vallons renferment un grand nombre de sources (qu'il serait

(¹) *Étude des projets d'adduction présentés en vue de l'alimentation de Paris* (Imprimerie Nationale), par Frédéric DIÉNERT (1913).

fastidieux d'énumérer) qui naissent au contact des bancs calcaires et des assises marneuses, c'est-à-dire en remontant les vallons des niveaux successifs de la base du portlandien, de l'astartien, du rauracien et du bathonien (quelques-unes même du bajocien). Un certain nombre de ces sources, notamment celles de la vallée de la Loire elle-même et les plus voisines, déversent leurs eaux dans les alluvions des « Vals de Loire », et Diénert montre comment elles changent la composition chimique de la nappe phréatique (laquelle est en relation d'autre part avec l'eau du fleuve).

Les deux derniers étages du jurassique, le *kimméridgien* et le *portlandien*, occupent une bande qui ne commence au N. que dans la vallée de l'Aire vers Grandpré, prend sa plus grande largeur (40 kilomètres) après Bar-le-Duc (vallée de l'Ornain) (1), et va en s'amincissant de plus en plus vers le S.-O. (où la traversent les rivières déjà citées, la Marne, l'Aube, la Seine, l'Armançon, le Serein, l'Yonne, la Loire, l'Yèvre et l'Auron). Comme l'oxfordien, le kimméridgien est généralement argileux, tandis que le portlandien dresse sa falaise calcaire pareillement à celle du corallien : toutefois le kimméridgien devient souvent calcaire, surtout dans la partie S. de notre bande et il contient même deux nappes qui alimentent un certain nombre de sources : celles distribuées à Bar-sur-Aube, à Tonnerre, à Chablis, à Courgis, à Charentenay, etc., etc., viennent du banc de calcaire inférieur; celles de Vallan (Auxerre), de Morres et de Servigny (Troyes), de Colombé-le-Sec, Maligny, Irancy et Courson (Vau-Prouc) sortent des calcaires supérieurs.

Le portlandien est très fissuré et très caverneux; de là nombre de bétoires et de sources vauclusiennes, comme celles de Fains (produites par la faille de Véel et amenées à Bar-le-Duc, mais contaminées par les eaux usées de Combles qu'il a fallu détourner), de Cousances-aux-Forges, de Fontaine-sur-Marne, de Chamouilley, etc., etc. (vallée de la Marne); de la vallée de la Bruxenelle (faille de Sermaize); de Melisey, Serrigny, Fyé, Fontaine-près-Chablis (vallée du Serein); plus à l'O., les sources de l'Ouanne, du Loing, de Treigny, etc., etc.

La région au S. d'Auxerre (vallées de l'Yonne et de la Cure) a été bien étudiée (2) (*fig.* 134). Dès 1882, Dionis avait reconnu la contamination

(1) Un forage pratiqué il y a peu d'années à Bar-le-Duc dans le fond de la vallée (cote 180) a trouvé le mur du kimméridgien à 132, celui de l'astartien à 66, du corallien à — 14, de l'oxfordien à — 152 et s'est arrêté dans un calcaire gris jaunâtre du bathonien supérieur à — 170 : il n'a pas donné d'eau en quantité appréciable.

(2) Notamment par Le Couppey de la Forest (Travaux de 1902 sur les Eaux d'alimentation de Paris), et pour le kimméridgien par Lemoine et Rouyer (*Bulletin de la Société des Sciences de l'Yonne*, 2e semestre 1903, et *Bulletin Société Géologique de France*, t. IV, 1904, p. 561).

des sources du Vallan, amenées à Auxerre (expérience célèbre de coloration par l'aniline); plus au S., les sources de Mige, de Nanteau, de Mouffy sont de même origine (base du portlandien). Les sources d'Augy, près de l'Yonne, semblent avoir, par suite de la présence des failles de Quenne et de Saint-

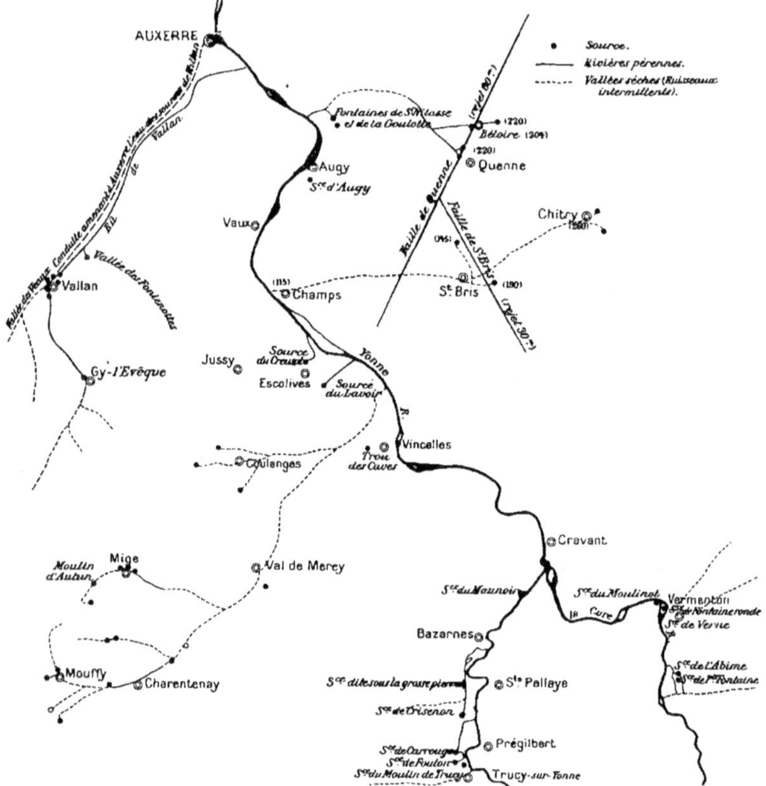

Fig. 134. — Carte de la région au S. d'Auxerre (vallées de l'Yonne et de la Cure). Échelle : 1/160.000.

Bris, une double origine : d'une part, les eaux tombées sur les plateaux portlandiens, qui, au contact du kimméridgien, donnent les sources de Nangis, de Chitry et de Saint-Bris, coulent sur les marnes kimméridgiennes et ostréennes, puis rentrent dans les calcaires séquaniens pour ressortir à Augy, et d'autre part les eaux tombées directement sur le séquanien. Les sources d'Escolives ont aussi une origine analogue (eaux du portlandien absorbées par le séquanien). On a ainsi des exemples d'un niveau d'eau alimenté par les émissions d'un autre niveau supérieur.

4° *Zone du crétacé* (voir colonne 1 du tableau V, la carte *fig.* 124, et les coupes des *fig.* 120, 121, 122, 126 et 135). — Le *crétacé inférieur*, beaucoup moins développé ici que dans le S.-E. de la France, occupe une bande étroite (sauf aux environs de Vassy, où elle s'élargit), qui commence au S. de l'Ardenne à Hirson et se prolonge en suivant la limite de l'oolithe jusque dans le Cher et l'Indre. En avant de cette bande, le *crétacé supérieur* se développe au contraire sur 60 à 70 kilomètres de longueur, jusqu'à la vallée de l'Yonne, formant une grande partie des départements de l'Aisne, de la Marne et de l'Aube : c'est la craie, qui se rattache avec celle du N. et de la Belgique d'une part, et qui d'autre part se retrouve à l'O. et au S. dans le fond des vallées des rivières, mise au jour par l'érosion entre les coteaux tertiaires.

Sauf un peu d'eau dans le calcaire à spatangues (1) (Hauterivien) quand il est plutôt sableux (il a environ 10 mètres d'épaisseur), on peut dire que le crétacé inférieur ne contient pas de niveau d'eau avant celui des *sables verts albiens*, dits aussi *grès verts supérieurs* (2), lesquels n'ont guère qu'une dizaine de mètres d'épaisseur (quelquefois jusqu'à 20 mètres), mais ont des affleurements continus et renferment une nappe très constante et devenant artésienne en passant sous l'argile du *Gault :* c'est la fameuse nappe des puits artésiens de Paris. A la traversée des vallées cette nappe alimente des sources, et on en trouve également dans la formation demi-perméable qui surmonte le gault, la *gaize* (grès calcarifère argilo-siliceux qui a jusqu'à 100 mètres d'épaisseur). Au S.-O. d'Auxerre, l'albien supérieur prend un facies spécial : au-dessus des sables verts, on trouve les *argiles de Myennes* (30 mètres), puis la formation épaisse de 40 à 100 mètres (et même plus près de Saint-Fargeau) des *sables de la Puisaye*, lesquels sont aquifères et engendrent des sources (sources des ruisseaux de Saint-Vérain et de Jérusalem, près d'Arquian, par exemple).

(1) Ce calcaire est parfois absorbant, comme dans l'Aube aux environs de Vauchonvilliers, Trames, Levigny, Fresnay, Ville-sur-Terre, etc., etc., où il y a des gouffres ou fosses résultant d'effondrements.

(2) Par opposition à quelques bancs de grès valanginiens ou urgoniens, dits *grès verts inférieurs* qui peuvent contenir localement un peu d'eau. On remarquera aussi que quelques grosses sources, comme celles de la Barse à Vendœuvre, de la Laine à Soulaines, de la Voire à Sommevoire, de Sommelonne, de Brousseval, qu'on rencontre à la base du néocomien, paraissent provenir par cassures ascendantes du jurassique sous-jacent : c'est pourquoi Belgrand les dit artésiennes.

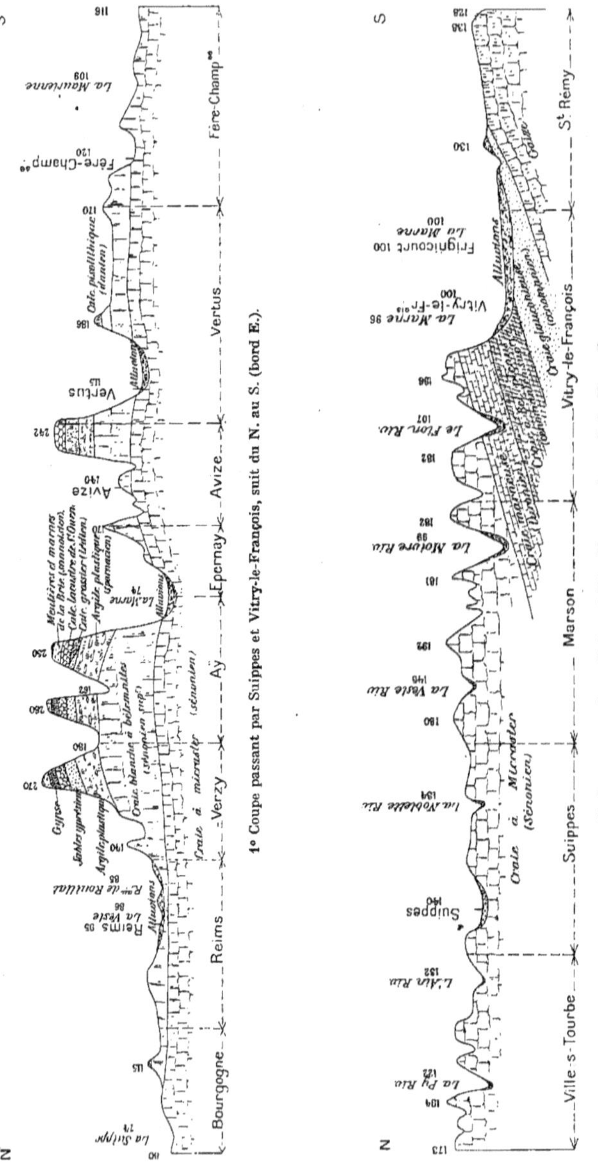

1° Coupe passant par Suippes et Vitry-le-François, suit du N. au S. (bord E.).

2° Coupe passant par Reims et Fère-Champenoise, suit du N. au S.

Fig. 135. — Coupes N.-S. du crétacé dans le département de la Marne.

Les sources provenant des sables verts albiens, à leur traversée par les vallées (départements de l'Aisne, de la Marne et de la Meuse, de la Haute-Marne, de l'Aube et de l'Yonne), ne sont pas abondantes : cela tient à ce que les affleurements sont absorbants, que les rivières les recoupent à contre-versant, et que par suite les eaux s'infiltrent plutôt dans le sol pour glisser sur les argiles aptiennes et se faire artésiennes sous le gault. Assez peu nombreux sont les forages qui, entre ces affleurements et Paris, ont touché à cette nappe. — A Sainte-Menehould, deux forages (non jaillissants) ont traversé les sables verts et touché au jurassique : les sables verts y auraient à peine 2 mètres d'épaisseur et leur toit serait à la cote + 68; celui du gault à + 109. Il y en a un autre un peu au N., à Vienne-la-Ville. — A Couvrot, près de Vitry-le-François, un forage de 212^{m},50 fait en 1912 atteint les sables verts à — 108 : ils y ont 7 mètres d'épaisseur, et l'eau jaillit à 3 mètres au-dessus du sol (97,50), à raison de 16 litres par seconde (les affleurements des sables entre Sermaize et Pargny-sur-Saulx, à 20 ou 25 kilomètres plus à l'E. d'après deux forages de cette région seraient aux environs de + 122). — A Guise, un forage trouve le toit du gault à + 8; à Saint-Quentin à — 184; à Reims à — 215 (?); à Troyes à + 53. — Plus au S., les sables verts affleurent à Saint-Fargeau (155), et à Toucy (189), où ils ont 30 mètres d'épaisseur; ils s'enfoncent vers Paris sous le gault dont le toit est à Romorantin à — 52, à Sully à — 211 et à Brannay à — 450. — Puis, nous ne trouvons plus rien jusqu'aux puits artésiens de Paris, dont la situation est résumée dans le petit tableau ci-dessous :

Puits artésiens de Paris (sables verts albiens).

EMPLACEMENT DES PUITS	DATES D'EXÉCUTION	PROFONDEUR TOTALE	DIAMÈTRE DES TUBES	COTES DU TOIT		DÉBITS (EN LITRES PAR SECONDE)	
				Du GAULT	Des sables verts	A l'origine	En 1925
Puits :							
de Grenelle	1833-1841	548^{m},00	0^{m},24 à 0^{m},12	—465	—490	35 à 45	2,4
	1852						
de Passy..............	1855-1860	586^{m},50	0^{m},80 à 0^{m},70	—512	—565,4	289	30
de la Butte-aux-Cailles .	1863-1903	582	1^{m},20 à 0^{m},50	—468	?	70	18
de la place Hébert	1863-1891	718	1^{m},58 à 1^{m},39	—634	?	23	0
de la raffinerie Say.....	1867	580	0^{m},66 à 0^{m},21	—485	—516	133	133
de Vincennes	1900	600	?	457	?	faible	0
d'Issy - les - Moulineaux	1922						
(blanchisserie)	fin 1923	498	0^{m},34 à 0^{m},16	?	?	240	200 environ
de Maisons-Laffitte.....	1907-1909	576	0^{m},65 et 0^{m},55	514	544	185	160

D'après Darcy, le niveau piézométrique du puits de Grenelle serait à la cote + 128,4 (1), et celui du puits de Passy à + 93,17 (la différence venant des pertes par le cuvelage en bois de Passy). La température de l'eau est de 26°,4 pour le premier, de 27° pour le second, de 28° à la Raffinerie Say. Le degré hydrotimétrique à Grenelle était de 9 à 10°, le résidu fixe 143 milligrammes (dont 68 de $CaCO^3$). Un forage intéressant a été foncé en 1907 à Maisons-Laffitte sur la rive gauche de la Seine : j'ajoute ses données au tableau (l'eau y est semblable à celle des puits de Paris). Le toit du gault serait dans un autre forage situé à Gouvieux, près Chantilly, à — 520; nous verrons pour l'O. comment les terrains vont ensuite en remontant. Ajoutons enfin que présentement un nouveau forage (système Layne) a été commencé, mais arrêté dans la craie à l'usine Citroën, à Clichy; enfin, le forage entrepris avant la guerre à Mourmelon-le-Grand (camp de Châlons) et parvenu à 400 mètres sans avoir atteint les sables verts, n'a pas été repris encore à ce jour.

Arrivons au *crétacé supérieur.* A sa base, le cénomanien renferme souvent deux niveaux d'eau, alimentant des sources (mais pas très abondantes) : le niveau inférieur est dans les *sables verts à bouteilles à Pecten asper*, au-dessus des couches argileuses du sommet de la gaize; le second est dans les *couches crayeuses à Bélemnites plenus* appelées souvent *sables du Perche.* Dans le département de la Marne (2), on signale au N. de la rivière : les sources de Fontaine-en-Dormois, Ripont, Dampierre-sur-Auve, Sivry-sur-Ante, Saint-Mard-sur-le-Mont, puis à une altitude plus basse de Possesse, Vanault-les-Dames, Rosay, Outrepont, Vitry-le-Brûlé; au S. de la Marne, de Glammes, Huiron, Chatelraoult, les Rivières, Saint-Chéron, Gigny, Brandonvillers. (On se demande si le débit de certaines au moins de ces sources n'est pas soutenu par des eaux provenant des coteaux crayeux turoniens et sénoniens qui les dominent). Plus au S., le rôle hydrologique de la craie glauconieuse va en diminuant : on trouve cependant quelques sources à la traversée de la formation par les rivières orientées vers le N.-O. (Ainsi dans les vals de Loire, les sources des Houards, de Sauleau, de Vil-

(1) Dans le tube, elle montait à la cote 73, soit à 36m,5 au-dessus du sol. D'après cela, il faut chercher pour les affleurements alimentaires des points d'altitude supérieure à 150. L'eau des puits artésiens de Paris vient-elle de la région de Vassy-Brienne-Vendœuvre aux environs de la cote 170 (distance de Paris de 180 kilomètres), ou de la région de Clermont et Varennes en Argonne, plus élevée (220 mètres), mais plus éloignée (210 kilomètres), ou encore plus au N. des affleurements dans la haute vallée de l'Oise?

(2) Je dois signaler aussi que la surface du cénomanien, comme celle de la gaize et du gault, y est souvent occupée par des étangs. Il y a aussi sur ces terrains des lambeaux d'alluvions (sables et graviers), lesquelles sont aquifères et alimentent des sources à leur contact avec l'imperméable.

latte, de Montrafaud, de Maimbray, de Belleville, de Sury-près-Léré, de Marry, des Chariots, etc., etc.).

La *craie marneuse* ou *étage turonien* présente deux ou trois couches principales, dont l'imperméabilité n'est pas absolue et qui peuvent engendrer des sources au-dessus des bancs les plus argileux. C'est à la base la zone à *Inoceramus labiatus*, marne argileuse gris bleuâtre retenant d'ordinaire l'eau au-dessus d'elle; puis la craie argileuse tuffacée à *Terebratulina gracilis;* enfin la craie blanche, souvent noduleuse, de la zone à *Holaster planus* et *Micraster breviporus*, encore plus habituellement aquifère. Comme les sources du sénonien, dont il est d'ailleurs parfois difficile de les distinguer, certaines sources de notre étage portent déjà en Champagne le nom de *sommes :* on trouve ainsi dans le département de la Marne, toujours en allant du N. au S., les sources de la Dormoise (près de Tahure), du ruisseau de Marson (près de Massiges), de la Somme-Bionne, de l'Auve à Saint-Mard-sur-Auve, du Rouillat à Herpont, de l'Yèvre à Somme-Yèvre, des affluents de la Vière à Bussy et Vanault, du Fion et de ses affluents, etc., etc. Le turonien s'épaissit dans l'Aube et surtout dans l'Yonne (où l'assise à *Inoceramus labiatus* et jusqu'à 55 mètres et celle à *Micraster breviporus* 70 mètres), et se prolonge jusqu'à Gien; mais dans les vals de Loire on ne le trouve plus que sur la rive droite (sources dans les vallées de la Cheuille et de l'Ousson).

Enfin la *craie sénonienne* (1) occupe une très grande surface (toute la plaine de Champagne) dans les départements de l'Aisne, des Ardennes, de la Marne, de l'Aube et de l'Yonne, et en s'enfonçant elle forme presque tout le fond du bassin tertiaire de Paris. Son étage inférieur, la *craie à micraster* (qui peut atteindre 150 mètres d'épaisseur), est le plus développé, l'étage supérieur, la *craie à bélemnites* (qui peut aller à 100 mètres), ourlant en quelque sorte la limite O. du précédent suivant les escarpements de la montagne de Reims, du plateau de Brie, de la rive gauche de l'Yonne, etc., etc. Les deux étages sont aquifères, avec cette différence que la craie à micraster est plutôt fendillée (craquelée) en fissures très nombreuses mais petites, tandis que la craie à bélemnites est plutôt caverneuse : toutes deux sont souvent recouvertes, comme d'ailleurs les craies cénomanienne et turonienne, de l'*argile à silex*, résidu de l'attaque de la craie marneuse par les eaux pluviales (où les silex sont restés englobés). La craie se trouve fonctionner hydrologiquement comme une éponge, où certaines cloisons

(1) Je ne parlerai pas ici du *calcaire pisolithique* (danien), qui ne fait que couronner quelques sommets au-dessus de Vertus et au Mont-Aimé (petite source) et ne joue qu'un rôle hydrologique insignifiant.

(les couches les plus compactes, notamment celles de la base) ralentissent la circulation de l'eau : si dès lors une vallée est ouverte dans la craie, elle y engendrera des sources de déversement (*fig.* 62) ou sources de vallée et de thalweg (*fig.* 63), qui seront d'autant plus abondantes et d'autant plus constantes que la dépression descendra plus près de la base (on comprend pourquoi les plus hautes tariront souvent en sécheresse). De même, si on creuse un puits ou forage [1] dans la craie, on a toute chance d'avoir de l'eau, et d'autant plus qu'on se placera plus bas dans la formation (donc dans les creux des vallons); il est indiqué aussi de faire des tronçons de galeries à son pied pour rencontrer d'autant plus de fissures aquifères.

Ceci explique pourquoi les sources de la craie à micraster sont surtout nombreuses au voisinage de sa bordure orientale (plus à l'O., la formation s'approfondissant, les dépressions du sol restent trop élevées). Ces sources prennent le nom de *sommes*, à moins que bouillonnant par une cassure plus large elles n'aient celui de *bîmes*. Il ne semble pas qu'on puisse s'arrêter à l'idée déjà émise par Daubrée, puis soutenue par Péron, que les sommes de Champagne seraient des sources artésiennes alimentées par cassures ascendantes ramenant au jour les eaux des sables verts albiens : il ne semble pas y avoir une différence d'altitude suffisante pour expliquer ainsi certaines sources (Somme-Bionne et Somme-Tourbe par exemple, qui sont plus hautes que les étangs d'Argers, d'Élise et du Roi leur correspondant), et de plus les affleurements des sables verts pourraient-ils produire tant d'eau émissive ?

Dans le département de la Marne, on trouve, outre ces deux sommes, les sources de la Py, de l'Ain (Souain), de la Suippe (Somme-Suippe), de la Noblette, de l'Auve, de la Vesle, de la Moivre; dans la vallée même de la Marne, des sources à Chepy, Montcetz, Sainte-Memmie; puis au S. de la rivière, les sources du Puits à Sompuis et à Humbeauville, de la Coole, de la Soude à Sommesous (que Belgrand avait songé à amener à Paris), etc., etc. On sait que les villes de Châlons, d'Ay, d'Épernay, de Chantilly, ont fait des forages dans la craie, mais ils ne sont pas jaillissants : celui d'Épernay a 52 mètres de profondeur, et il fournit plus de 2.000 mètres cubes par jour (il y en a une cinquantaine d'autres dans la ville appartenant à des particuliers); celui de Châlons (usine élévatoire des Eaux) a percé à $137^{m},50$

[1] Aussi les puits et forages sont si nombreux que je ne puis les citer. Rien que dans l'Aisne, je relève les forages réussis qui alimentent les localités d'Annois, Barisis, Bellicourt, Braucourt-le-Grand, Bohain, Guignicourt, Guise, Jussy, Estrées, Fargniers, Dizy-le-Gros, Hargicourt, Montescourt, Neuville-Saint-Amand, Fontaine, Uterte, Martigny-Compierre, Quessy, Rémigny-Travecy, Vouël, Neufchâtel-sur-Aisne, Roupy, Serain, etc., etc.

le sénonien et le turonien et donne 1.920 mètres cubes par jour à 7 mètres en dessous du sol. Dans le même département, la craie à bélemnites alimente les sources (ou résurgences) remarquables de Trépail [1] (5 à 6 litres par seconde en plus basses eaux), d'Ambonnay à 3 kilomètres au S.-E. de Trépail, de Vertus (plusieurs sources dans Vertus : le puits Saint-Martin qui débite 60 litres par seconde, la Grande-Fontaine 33 litres, le Moulinet, la Pissotte, la fontaine Maire-de-Roy, plus faibles). Il faut y ajouter les trois grands puits de Fléchambault (foncés à l'air comprimé jusqu'à 12 mètres de profondeur), qui alimentent la ville de Reims en eau abondante venant du moins en grande partie de la craie à bélemnites [2].

Dans les départements de l'Aube et de l'Yonne, on peut citer de même de nombreuses sources émergeant de la craie dans le fond des vallées : sources des petits affluents de l'Aube, la Vaure à Vaurefroy et la Barbuisse à Charmont (sources du Saule et des Grands-Cros), et de la Seine, l'Ardusson à Marigny, l'Orvin à Somme-Fontaine, à Marcilly et à Bourdenay, la Vienne près de Torvilliers; des sources à Auxon et non loin celles de Blenne et de Forest, à Montigny, à Chamoy, etc., etc. Les plus connues sont les sources de la Vanne , du Loing et du Lunain captées par la ville de Paris : elles ont été admirablement étudiées par la Commission dite de Montsouris (1901-1903), et en voici la description telle que l'a donnée Léon Janet.

1° *Région des sources de la Vanne* (*fig.* 136).

Presque toutes les sources captées par la Ville de Paris se trouvent dans la vallée de la Vanne, sur la rive gauche, entre Saint-Benoît et Noé; la source de Cérilly jaillit dans un vallon latéral à environ 5 km. de la Vanne; quant aux sources de Cochepies, qui forment un groupe tout à fait à part, elles sont situées dans la vallée du ruisseau Saint-Ange, à 2 km. de l'Yonne.

Les vallées de l'Yonne et de la Vanne sont bordées par des coteaux qui les dominent d'environ 150 mètres, constitués presque entièrement par de la craie. Les plateaux sont recouverts par de l'argile à silex, des lambeaux discontinus de terrains tertiaires et un peu de limon. Le fond des vallées de l'Yonne et de la Vanne est garni d'alluvions. Une mince

(1) Martel a donné tous les détails sur la caverne et la rivière souterraine de Trépail dans *Bulletin des services de la Carte géologique*, n° 88, t. XIII, 1902. Le débit augmente très vite après les pluies, l'eau est alors contaminée; sa température descend à 7°,4 l'hiver et monte à près de 14° l'été.

(2) On trouvera des détails sur les puits et forages faits pendant la guerre aux camps de Châlons (Mourmelon) et de Mailly (sources de Sainte-Suzanne et forages) dans l'article déjà cité de Boisnier : *L'eau dans la Champagne pouilleuse*, in *Annales des Ponts et Chaussées*, 1919.

couche d'éboulis garnit les pentes des coteaux. Les assises géologiques, à peu près horizontales, présentent cependant un relèvement marqué vers le Sud-Est.

Dans la vallée inférieure de la Vanne, la *craie* qui constitue les coteaux voisins appartient au *Sénonien* et comprend principalement de le *craie à Micraster*, recouverte par une faible épaisseur de *craie à Bélemnites.* C'est une craie blanche, tendre, traçante et renfermant d'assez nombreux silex, en bancs horizontaux, moins nombreux dans la *craie à Micraster* que dans la *craie à Bélemnites.* Cette craie est recouverte, surtout dans

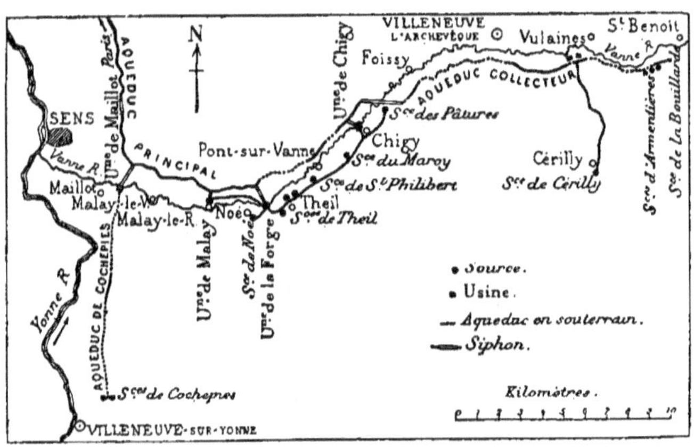

Fig. 136. — Carte des sources de la Vanne.

les vallées et sur les pentes, d'une certaine épaisseur de *craie remaniée*, constituée surtout par des fragments de craie jaunie et du limon.

Dans la vallée de l'Yonne, à la hauteur de Sens, les coteaux sont constitués par les mêmes terrains : mais, en raison du relèvement général des couches vers le Sud-Est, on trouve en remontant la vallée des terrains de plus en plus anciens. C'est ainsi que l'on voit apparaître à la base des coteaux la *craie marneuse* (*Turonien*) à partir de Villeneuve-sur-Yonne, et la *craie glauconieuse* (*Cénomanien*) à partir de Joigny. L'épaisseur totale des assises de craie est de 300 à 400 mètres; elles reposent sur les *argiles de Brienne*, appartenant à l'*étage albien*, qui n'affleurent pas dans la région.

L'*argile à silex* est assez épaisse sur les plateaux où elle atteint 10 à 20 mètres, et n'a qu'une puissance insignifiante sur les pentes. Elle résulte de l'action sur la craie des eaux pluviales, qui, dépourvues de chaux, mais contenant de l'acide carbonique, dissolvent le carbonate de chaux, en laissant comme résidu l'argile et les rognons de silex; elle n'a pas d'âge déterminé et se forme dans toutes les périodes géologiques où une surface crayeuse se trouve émergée; il s'en produit encore de nos jours. Le contact de la craie et de l'argile à silex, en raison même de ce mode de formation, est très irrégulier, et présente une série de poches à parois souvent presque verticales.

Les thalwegs qui aboutissent à la vallée de la Vanne et à celle de l'Yonne sont souvent à sec jusqu'au voisinage de leur débouché dans la vallée principale. Toutefois quelques-uns sont, en certains points, parcourus par des cours d'eau, peu importants, mais pérennes. L'eau de ces ruisseaux disparaît souvent pour reparaître un peu plus bas et disparaître à nouveau; la même vallée présente successivement des zones de sources, ou zones *émissives*, et des zones de pertes, ou zones *absorbantes*. Dans la vallée du ru Galant, qui débouche dans l'Yonne, près de Villeneuve-sur-Yonne, on peut distinguer quatre zones émissives, séparées par trois zones absorbantes.

L'argile à silex, l'argile plastique et le limon des plateaux ne sont pas assez continus et ne renferment pas de couche assez nettement imperméable pour retenir une nappe d'eau importante. Les eaux pluviales qui tombent sur les plateaux s'infiltrent lentement dans ces terrains; les lentilles argileuses qu'ils renferment retiennent quelque temps les eaux en donnant de petites nappes secondaires, mais celles-ci finissent par gagner le substratum crayeux. La craie, qui serait à peu près imperméable si elle était compacte, est, comme presque partout, découpée par un réseau de *diaclases*, où les eaux pénètrent et circulent facilement en formant une véritable *nappe*. Le niveau *piézométrique* de cette nappe est déterminé par la cote et la distance des thalwegs voisins; il est très peu différent de ces thalwegs à leur voisinage et se relève progressivement, à mesure qu'on s'en éloigne, pour aller sous les plateaux. En même temps les variations du niveau piézométrique dans les saisons sèche et pluvieuse sont beaucoup plus fortes sous les plateaux qu'au voisinage de la vallée de la Vanne; dans le premier cas elles peuvent atteindre 15 à 20 mètres, tandis que dans le second cas elles ne paraissent pas dépasser 2 à 3 mètres.

Ce sont les eaux circulant dans les fissures de la craie sénonienne qui alimentent les sources captées par la Ville de Paris. Les sources sont des *sources de thalweg*, c'est-à-dire que leur émergence n'est pas déterminée par l'affleurement d'une couche imperméable, mais par l'existence d'une dépression géographique telle que le niveau piézométrique de la nappe souterraine est plus élevé que le niveau du sol.

C'est probablement cette seule considération du niveau piézométrique qui permet d'expliquer les successions de zones émissives et absorbantes que l'on rencontre dans une même vallée. Lorsque la surface piézométrique de la nappe est plus élevée que la surface topographique, on a une zone émissive; lorsqu'elle est plus basse, on a une zone absorbante. Pour expliquer une succession de zones de cette nature, il suffit que les courbes d'intersection des surfaces piézométrique et topographique, d'une part, d'un cylindre vertical ayant pour directrice la ligne de thalweg, d'autre part, se coupent en un certain nombre de points.

Les recherches ultérieures ont démontré l'existence dans la craie de larges cavernes, placées sur le trajet de véritables ruisseaux souterrains et creusées par les eaux (surtout par les eaux antédiluviennes plus abondantes que celles d'aujourd'hui) : M. Le Couppey de la Forest est descendu dans un bon nombre de ces puits-cavernes (La Guinand, puits Guérée, puits Savinien-Morissat, puits du Vaumorin, puits et caverne du presbytère des Bordes, etc.). De nombreuses expériences à la fluorescéine et à la levure de bière ont prouvé la communication de tous ces puits et cavernes avec la nappe des sources, en sorte que toute cause de pollution introduite par un de ces points menace directement la pureté de l'eau des sources.

Les cavernes souterraines s'éboulent parfois en produisant à la surface des entonnoirs d'effondrement ou *mardelles*. Ici ces phénomènes d'effondrement ne se sont pas produits avec la même intensité que dans la région de l'Avre, et les grandes mardelles sont relativement rares; cela tient, d'une part, à ce que les différences de niveau entre les vallées et les plateaux sont beaucoup plus fortes, en sorte que les cavernes se trouvent généralement à une plus grande profondeur, d'autre part, à ce que l'argile à silex est peu épaisse, et qu'il est beaucoup moins fréquent qu'une caverne arrive en contact avec une poche d'argile à silex, ce qui amène presque sûrement un effondrement. Cependant le nombre des mardelles de petite dimension est encore assez grand. Lorsque l'orifice de ces mardelles se trouve plus bas que la surface piézométrique de la nappe souterraine, elles donnent naissance à une source (*mardelles-sources*) : lorsqu'il est plus élevé, elles absorbent les eaux, si elles se trouvent dans un thalweg (*mardelles-bétoires*) et n'ont pas de rôle hydrologique appréciable, se bornant à recevoir en cas d'averse les eaux des champs voisins, si elles se trouvent sur un plateau.

Les mardelles-bétoires ne sont pas les seuls points d'absorption des eaux; celles-ci disparaissent aussi parfois dans des *bétoires d'affouillement*, creusés de haut en bas, et dans des *lits poreux*, où l'eau gagne par d'étroites fissures la nappe souterraine. C'est ce dernier mode de perte qu'on rencontre le plus souvent dans la région de la Vanne.

2° *Région des sources du Loing et du Lunain* (*fig.* 137).

Les sources en question forment deux groupes, celles des Bignons-de-Bourron et du Sel dans la vallée du Loing, et celles de Saint-Thomas et des Bignons-du-Coignet dans la vallée du Lunain.

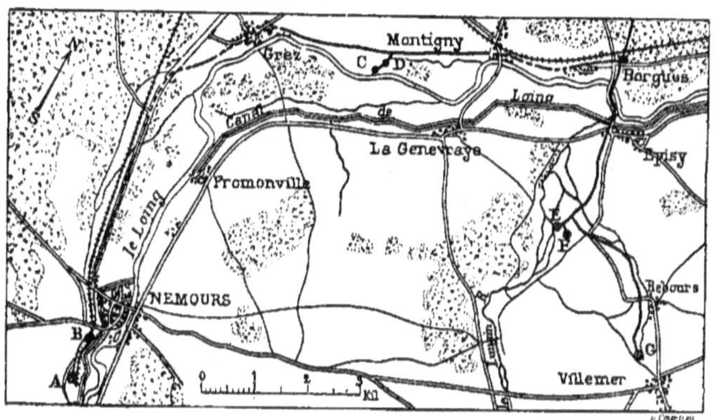

Fig. 137. — Carte des sources du Loing et du Lunain.

A, Chantréauville; — B, La Joie; — C, Le Sel; — D, Bignons de Bouvron; — E, Saint-Thomas; F, Bignons du Coignet; — G, Villemer.

Les vallées du Loing et du Lunain au droit de ces sources ont été creusées dans la craie blanche (*étage sénonien*), et dans les assises tertiaires, constituées principalement, en partant de la base, par des argiles accompagnées de conglomérats atteignant une grande épaisseur près de Nemours, mais très réduits à Montigny-sur-Loing (*étage sparnacien*), puis par des travertins siliceux bréchiformes, parfois marneux et tendres, mais le plus souvent très durs, puissants d'environ 30 mètres, surmontés par des calcaires *sannoisiens*, exploités sous le nom de pierre de Souppes ou de Château-Landon.

Les travertins siliceux intercalés entre le *Sparnacien* et le *Sannoisien* avaient jusqu'à présent été, à cause de leur aspect lithologique, considérés comme Ludiens; mais la découverte que nous avons faite en 1899 de fossiles (*Limnœa longiscala*, *Planorbis goniobasis*), dans un banc se trouvant à 10 mètres au-dessus de l'argile *sparnacienne*, a montré que les 20 ou 25 mètres de calcaires siliceux et marneux se trouvant au-dessus devaient seuls être maintenus dans le *Ludien*, et que les calcaires existant au-dessous représentaient le *Bartonien* seul, ou associé au *Lutétien*.

Ces assises géologiques, à peu près horizontales, se relèvent cependant nettement vers l'Est.

Les alluvions sont constituées, à la base, par un diluvium pléistocène, composé de sables plus ou moins grossiers et de graviers roulés dont les éléments comprennent des silex de la craie très nombreux, quelques fragments de grès de Fontainebleau, et de calcaires siliceux *ludiens* ou *sannoisiens*. On trouve, dans le diluvium de la vallée du Loing, de gros blocs de conglomérat *sparnacien* de Nemours.

Le diluvium pléistocène est recouvert par une couche de tourbe d'âge relativement très récent. Il est posé sur une couche de craie jaune remaniée au-dessous de laquelle on trouve la craie sénonienne en place.

Les eaux des sources qui nous occupent circulent dans des diaclases de la craie sénonienne et se font jour à travers la craie remaniée et les alluvions.

Le bassin d'alimentation de ces sources n'est pas bien connu. On a dit que certaines sources de la vallée du Lunain n'étaient que les réapparitions des pertes de la rivière supérieure, mais le fait ainsi présenté paraît inexact, et tout ce que l'on peut avancer avec quelque vraisemblance, c'est que les pertes du Lunain contribuent à alimenter la nappe de la craie donnant naissance aux sources.

Ajoutons qu'en 1901 M. Diénert a reconnu l'existence de quelques mardelles sur le plateau entre Loing et Lunain, et de nombreux bétoires *capables d'engouffrer toute la rivière* dans la vallée du Lunain. La fluorescéine versée dans deux de ces bétoires est apparue dans plusieurs sources, entre autres dans celle de Villemer, qui paraît la moins sûre de celles captées par la ville de Paris et mérite d'être abandonnée.

Composition chimique moyenne de l'eau des nappes secondaires de la région de l'Est du bassin de Paris. — C'est Belgrand qui le premier reconnut par le degré hydrotimétrique (et aussi par l'abondance plus ou moins grande des sulfates) la relation entre la minéralisation des sources et la nature des terrains ; il donne ainsi pour les eaux du bassin de la Seine :

		Degré hydrotimétrique total.	
Terrains secondaires.	Sources du granit du Morvan	2 à	7
	Nappe du grès infraliasique	11	19 1/2
	— des calcaires à gryphées (arquées et cymbium)	26	32
	— de la base du bajocien	17	21 1/2
	— du bathonien (fuller's earth et great oolit)	17 1/2	24 1/2
	— de la base du corallien	19	34
	— — du portlandien	26	28
	— du calcaire à spatangues (néocomien)	22	24
	— des sables verts albiens	7	12
	— de la craie glauconieuse (cénomanien)	14 1/2	22
	— — turonienne	12	18
	— — sénonienne	17	27 1/2
Terrains tertiaires.	Nappes à la base du calcaire grossier et des sables de Beauchamp	23	42
	Nappes au-dessus des marnes à huîtres, des glaises vertes ou des marnes du gypse — Région gypsifère	23	155
	Nappes au-dessus des marnes à huîtres, des glaises vertes ou des marnes du gypse — Région non gypsifère	20	30
	Nappe dans les sables et grès de Fontainebleau	6	22
	— du calcaire de Beauce	17	25

J'ai moi-même déterminé d'après deux cent cinquante analyses la composition moyenne des eaux des nappes du trias et du jurassique dans l'E. de la France (Lorraine et Barrois) : elle est donnée dans le tableau ci-après, auquel j'ajoute les moyennes des analyses des eaux de quinze villes de France alimentées par des sources du néocomien et de l'urgonien, quatre des sables verts et de la gaize, sept de la craie glauconieuse et soixante-deux de la craie turonienne et surtout sénonienne, ainsi que l'analyse des eaux de la Vanne à Paris (celle du Loing et du Lunain est pareille).

	PROVENANCE DE L'EAU	DEGRÉ HYDROTIMÉTRIQUE		EN MILLIGRAMMES PAR LITRE						
		total	permanent	RÉSIDU D'ÉVAPORATION (avant calcination)	CHAUX	MAGNÉSIE	ACIDE SULFURIQUE combiné	CHLORE COMBINÉ	ALCALIS (en chlorures)	SILICE (SiO^2)
	1° *Composition moyenne de l'eau des nappes secondaires de la Lorraine et du Barrois*									
Trias	Eaux du grès vosgien	3°1	0°7	30	13	4	2	3	5	3
Trias	Eaux du grès bigarré	14°3	5°5	150 variable	62	13 variable	11	5	12	1
Trias	Nappe médioconchylienne (entre le muschelkalk marneux et le m. calc.)	28°5	7°	315	137	23 variable	28 variable	6	12	18
Trias	Nappes supraconchyliennes (partie supérieure du muschelkalk)	38°8	16°4	410	155	60 variable	10	6	48 variable	11
Trias	Nappe du keuper inférieur	34°5	6°5	470	186	12	56 variable	14	18	—
Trias	Nappes du gypse (keuper moyen)	62°9	49°	750	251	68 variable	165	21	35	—
Trias	Nappe de la dolomie (keuper supérieur)	40°2	21°9	490	160	65	39	11	40	—
Lias	Nappe du grès infraliasique	34°9	11°1	420	155	32	25	8	—	—
Lias	Nappe du calcaire du lias	31°	9°	400	142	20	21	8	54 variable	—
Lias	Nappe du grès médioliasique	37°5	17°	470	190	12	76	14	27	—
Oolithe	Nappe du bajocien	25°	6°5	280	127	7	9	7	27	—
Oolithe	1re nappe de la base du bathonien	25°3	5°8	274	137	6	12	5	33	—
Oolithe	2me nappe de la base du bathonien	28°6	5°	340	140	10	15	10	8	—
Oolithe	Nappes médiobathoniennes	23°	11°	300	130	9	30	10	10	—
Oolithe	Nappes du callovien	30°1	2°6	370	173	4	10	9	15	—
Oolithe	Nappe infracorallienne	28°	8°	320	135	17	16	6	36	—
Oolithe	Nappe infraastartienne	26°	12°5	250	115	25	33	—	—	—
Oolithe	Nappe du portlandien	20°2	5°5	285	93.7	16.5	19.5	12	—	—
	2° *Composition moyenne des eaux d'une centaine de villes de France alimentées par des sources du crétacé.*									
Crétacé	Nappes du néocomien et de l'urgonien	20°3	7°9	250	105	7,8	40,2	22,4	—	10,8
Crétacé	Nappes des sables verts et de la gaize	20°8	9°5	300	107	10,5	27,3	17,8	—	—
Crétacé	Nappes de la craie glauconieuse	25°6	7°7	364	111	20,9	23,6	26	—	—
Crétacé	Nappes de la craie turonienne et sénonienne	25°9	6°5	350	119	12,2	19,5	22,9	—	16,5
Crétacé	Sources de la Vanne (Paris)	21°6	4°6	258	115	2,2	3,4	6	10,5	8,5

Enfin, je donnerai ci-dessous les résultats résumés des importantes études faites en 1912 et 1913 en vue de l'alimentation de Paris, notamment des sources qui se déversent dans les vals de Loire, d'après le rapport de M. Diénert :

		TERRAINS GÉOLOGIQUES d'où ÉMERGENT LES SOURCES	NOMBRE DE SOURCES analysées	RÉSISTIVITÉ ÉLECTRIQUE (en ohms-centimètres à 18°)	EN MILLIGRAMMES PAR LITRE — Alcalinité (en CaO)	Chlore	Azote nitrique
		Schistes primaires de l'Orne	11	»	4,8	6,5	traces
		Cénomanien des collines du Perche	7	3.381	110,1	11,1	0,9
Sources se déversant dans les vals de Loire.	Jurassique.	Oxfordien (j^2)	2	2.211	144,9	6,8	5,0
		Calcaire rauracien (j^3)	29	2.572	119,7	6,5	3,8
		— astartien (j^4)	3	2.105	146	7,4	2,6
		Kimméridgien (j^5)	32	1.800	175	9,5	4,0
		Calcaire portlandien (j^6)	32	2.000	145	10,0	3,5
	Crétacé.	Crétacé inférieur (c_v à c^3)	14	2.700	100	11,0	2,8
		Craie glauconieuse (c^4)	47	1.900	150	14,5	3,5
		Marne à ostracées (c^5)	10	2.330	130	11,5	2,0
		Craie turonienne (c^6)	21	2.150	144	10,8	3,3
		— sénonienne (c^7)	16	2.615	100	16,7	3,4
	Eocène.	Argile à silex (e_v)	44	4.200	82	10,0	4,5
		Calcaires lacustres (e^{3-5}) (calcaire de Briare)	30	2.310	118	12,0	5,9
		Sables de la Sologne (M_2)	9	6.300	32,2	12,2	4,4

Dans les alluvions des vals de Loire eux-mêmes, les eaux différaient non seulement suivant les apports des coteaux, mais aussi suivant la nature géologique du sous-sol sur lequel reposent ces alluvions : ainsi c'est sur le kimméridgien que les puits donnent l'eau la plus minéralisée; sur le portlandien, elle l'est plus que sur le corallien; sur la craie glauconieuse ou turonienne, plus que sur le calcaire de Briare, etc., etc.

b) **Région du Nord de la France et Belgique** (**crétacé**). — Sauf la partie dévonienne de l'arrondissement d'Avesnes, le Boulonnais et le pays de Bray (réapparition du jurassique et du primaire), les départements du Nord, Pas-de-Calais, Somme, Seine-Inférieure et moitié N.-O. de l'Oise [1] sont entièrement formés par le crétacé supérieur, que recouvrent par endroits des lambeaux d'éocène et des lambeaux souvent plus étendus de dépôts quaternaires. Le crétacé passe dans la vallée de l'Escaut en Belgique

[1] Les puits (et plus rarement forages) dans ces départements sont si nombreux que je dois renoncer à citer même ceux de la craie : il faudrait nommer presque tous les villages.

à Tournai, occupe une grande partie du bassin de Mons, puis le bassin de Liége-Aix-la-Chapelle, jusqu'à Maestricht au N. Il repose directement sur le Houiller ou peut-être le dévonien : les couches crétacées devraient épouser dès lors les ondulations du toit du primaire, ce qui donnerait des inclinaisons déjà assez variables suivant les points; mais elles ont en outre subi des dislocations et des plissements postérieurs (mouvements pré-alpins, alpins et post-alpins), engendrant des failles suivant deux directions

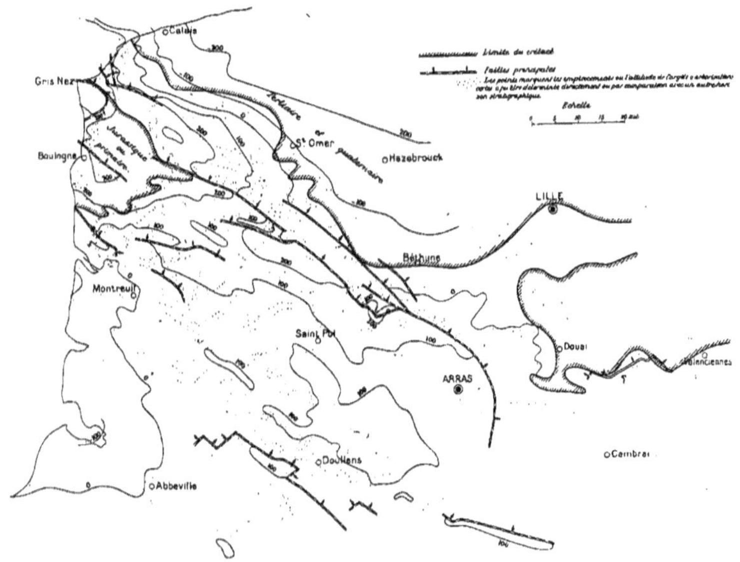

Fig. 138. — Carte tectonique de l'Artois et des régions voisines.

presque orthogonales N.-O.—S.-E. et S.-O.—N.-E. et modifiant plus ou moins les pendages (Voir les failles et la topographie des couches turoniennes dans les figures 138 et 140).

Si donc l'allure générale est une inclinaison vers le N. ou le N.-O. (le N.-N.-O. sous toute la basse Belgique), à raison de quelques mètres par kilomètre, la topographie souterraine locale est compliquée et doit être étudiée de près. C'est ce qu'a fait Gosselet dans son magnifique travail : *Assises crétaciques et tertiaires du Nord de la France* [1], et après lui Bri-

[1] Publié par le Service des topographies souterraines de la Carte de France.

quet (¹) pour l'Artois et Dollé (²) pour l'arrondissement de Cambrai. Je renverrai donc pour le détail à ces beaux ouvrages, et me contenterai de donner ici un croquis de la topographie de la couche (très mince) d'*argile à arborisations vertes* (sommet de la zone à *Terebratulina gracilis*) du turonien (*fig.* 138, d'après Briquet), et la carte avec cinq coupes de la région au N.-E. de Cambrai (*fig.* 139 et 140) où Dollé donne les courbes de niveau

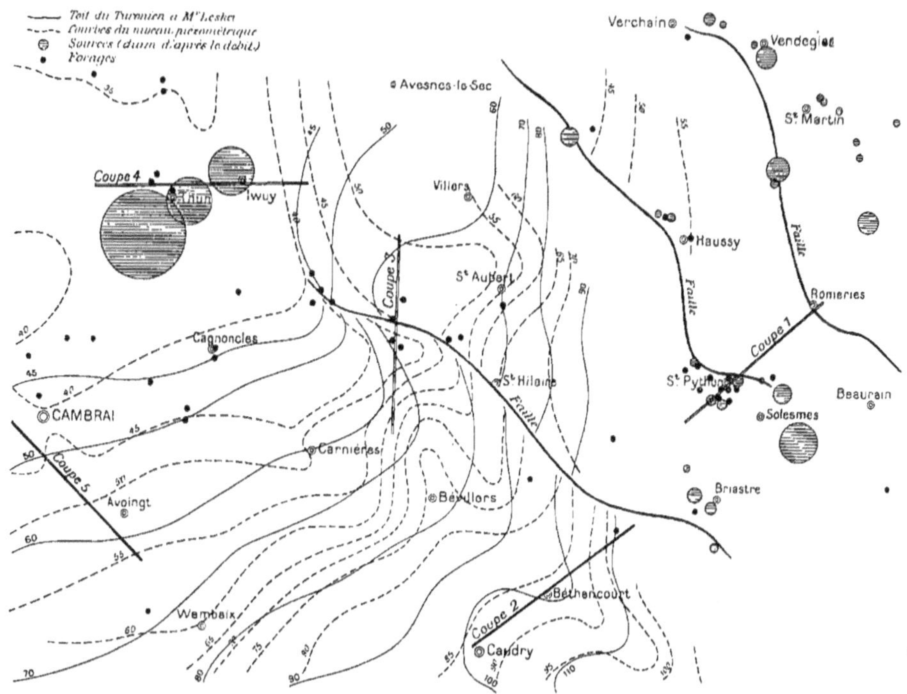

Fig. 139. — Carte de la région N.-E. de Cambrai (d'après Dollé).

du toit de la craie grise turonienne à *Micraster Leskei* et celles du niveau piézométrique de la nappe aquifère qu'elle contient.

Les épaisseurs des couches sont elles-mêmes variables : ainsi le séno-

(¹) Carte tectonique de l'Artois et des régions voisines (XIIIᵉ Congrès géologique international, 1922).

(²) *Études sur les eaux souterraines de la région de Cambrai*, par L. Dollé, 1924. M. Dollé a déterminé les nappes souterraines sous le territoire de chaque commune de cet arrondissement, indiqué les puits et forages qui s'y alimentent, les sources et leur débit, la composition de leurs eaux, etc., etc. Bref, c'est une étude admirable et qui devrait être imitée partout.

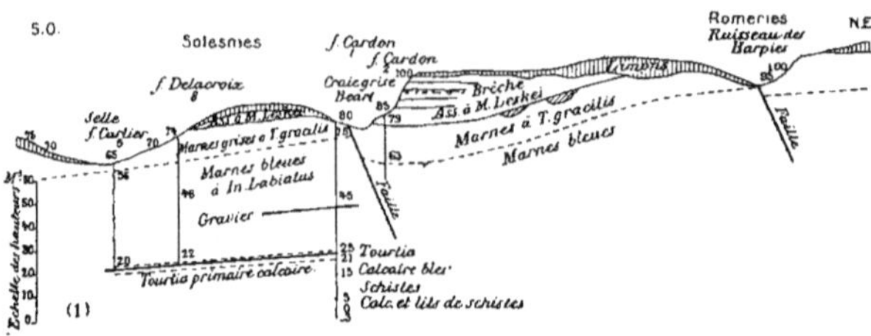

Coupe 1. — De Roméries à Solesmes.

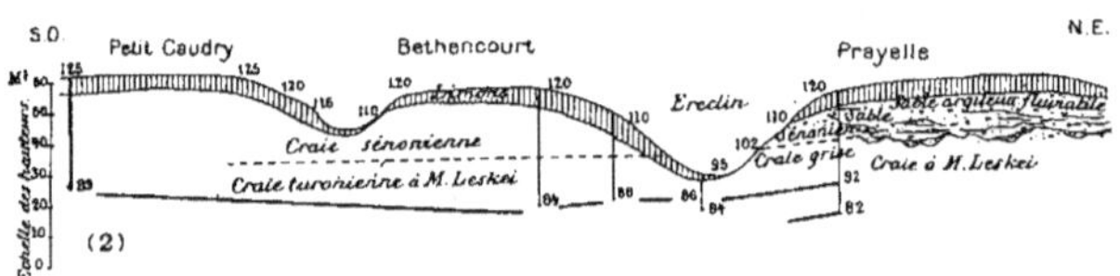

Coupe 2. — De Prayelle-Viesly à Petit-Caudry.

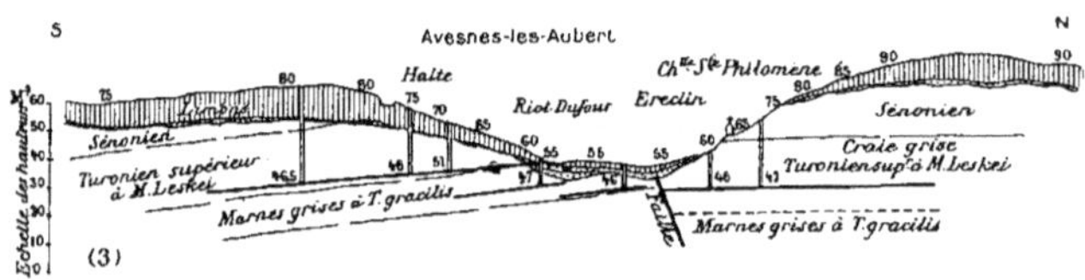

Coupe 3. — Coupe N.-S., par Avesnes-lès-Aubert.

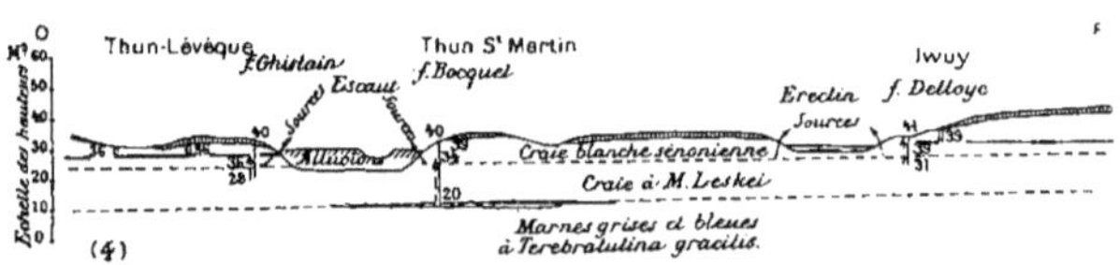

Coupe 4. — D'Iwuy à Thun-l'Évêque.

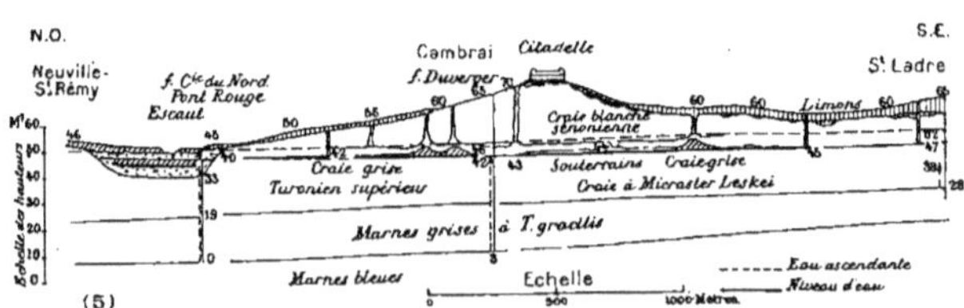

Coupe 5. — Coupe N.O.-S.E. sous la ville de Cambrai.

Fig. 140. — Coupes de la région N.-E. de Cambrai (d'après Dollé), montrant la situation des nappes du sénonien et du turonien.

nien, qui est mince au N.-E. de notre région, va fortement en s'épaississant vers l'O. et le S.-O. La constitution de la craie soit sénonienne, soit turonienne n'est pas non plus toujours semblable, en sorte que nous ne retrouvons pas ici la même régularité qu'en Champagne. Il y a entre les bancs de craie des différences de dureté, de porosité, etc., etc,, qui entraînent une différence de capacité pour l'eau susceptible de retenir celle-ci au-dessus d'un lit plus compact et d'y former une *nappe* (qui en s'enfonçant peut devenir artésienne) : c'est ainsi que l'on a à Lille et aux environs, à la base du sénonien, deux couches de *tun* ou *meule*, séparées par quelques mètres de craie sableuse et supportant chacune une nappe. Inversement, dans certains bancs, la craie, craquelée et fissurée, laisse passer plus facilement l'eau : telle est à la base du sénonien la *craie congloméroïde* de Gosselet ([1]) (exemples dans les vallées sèches du N. de Cambrai, dans celles de l'Escaut, de l'Agache, etc., etc.); telle est aussi la *craie bréchoïde* de Dollé, dans le turonien supérieur (exemple dans la vallée de la Selle). La craie est d'ailleurs attaquée par les eaux qui y circulent (et qui parfois vont faire des dépôts de carbonate de chaux en d'autres endroits), et l'on signale de nombreux bétoires et engouffrements de ruisseaux.

Comme l'indique la deuxième colonne du tableau V, page 438, on trouve dans le crétacé les nappes ci-après (en allant de haut en bas) :

1° *Sénonien*. — Dans la craie blanche à *Micraster decipiens*, une nappe généralement abondante (séparée parfois en plusieurs par les couches de *tun* ([2]), qui reste libre sur une bande d'environ 8 kilomètres de largeur en deçà de la limite avec le tertiaire et qui devient artésienne en s'enfonçant sous celui-ci, c'est-à-dire sous l'*argile de Louvil* (en dessous des sables landéniens). C'est cette nappe qui alimente les huit forages de Pecquencourt-Anchin pour les villes de Roubaix-Tourcoing, ceux de Doullens, d'Albert, d'Étaples, Montreuil, Berck-sur-Mer, Dunkerque, Douai, Lens, Béthune, etc., etc. Naturellement, elle alimente aussi nombre de sources dans les vallées (peu profondes souvent) qui recoupent la craie blanche : telles sont les sources qu'utilisent les villes de Boulogne-sur-Mer, Abbeville, Amiens (sources dites du Pont de Metz dans la vallée de la Selle),

([1]) Gosselet a démontré l'importance du passage de l'eau dans les bancs de craie congloméroïde et sa rétention par les bancs de tun en étudiant les venues dans plusieurs puits des concessions de Lens et de Courrières : ainsi, à la fosse n° 9 de Lens l'eau, d'abord très abondante (1.132 mètres cubes par heure) dans la craie fragmentaire à silex entre 18 et 28 mètres de profondeur, a diminué brusquement à la traversée du banc dur de 28 mètres; la craie est ensuite compacte jusqu'à un autre banc dur (meule) entre 39 et 42 mètres, et les venues n'augmentent pas sensiblement dans cette partie. L'imperméable (bancs bleus) est un peu plus bas, à 48 mètres.

([2]) Les bancs de tun sont peut-être au sommet du Turonien.

Le Cateau, Lille (sources d'Emmerin, de Séclin et d'Houplin), Arras, Calais, Marles, Saint-Omer, etc., etc; les sources de la Rasse à Thun-l'Évêque (débit de 617 litres par seconde en eaux ordinaires), des Fontaines à Iwuy, d'Euvars, de Thun-Saint-Martin, etc., etc., (on en signale qui naissent dans le lit de l'Escaut). Enfin d'innombrables puits et forages prennent l'eau dans la craie sénonienne : à signaler quelques grands puits bien alimentés, comme ceux qui desservent depuis peu les quatre-vingt-quatorze communes du Santerre (groupe de Rozières-Bettencourt et groupe de Guerbigny).

2° *Turonien.* — Le niveau d'eau de beaucoup le plus abondant dans le turonien est celui de la base de la craie grise à silex cornus, assise à *Micraster Leskei* (t. supérieur) : il est parfois subdivisé en deux par des lits marneux, lenticulaires, intercalés et jouant le rôle de sédiments imperméables. Ce niveau alimente aussi beaucoup de puits et forages : les sources de Proville (Saint-Benoit, Jean-Rasse, Crépin et Fontinettes) distribuées par la ville de Cambrai, la fontaine Notre-Dame dans cette ville même (480 litres par seconde en eaux ordinaires), les sources de Marcoing (Fontaine-des-Pères, Delattre, Talma, donnent ensemble 346 litres par seconde), de Lesdain (Fontaine de la Ville et Fontaine Glorieuse), de Banteux, d'Eclussons et de Franqueville, etc., etc, en proviennent.

Les marnes à *Terebratulina gracilis* (marlettes dans la région de Lille) du turonien moyen sont en dessous de la nappe précédente et contiennent aussi une nappe, mais moins importante : les sources de la Rhonelle, territoires d'Aulnay et de Marly, qui sont amenées à Valenciennes, en dérivent; mais ce niveau est surtout atteint par des forages, qui sont artésiens [1].

Les marnes bleues (*dièves*), épaisses et imperméables, sont rarement traversées par les forages : celui de Saint-Roch les traverse sur 80 mètres avant d'atteindre le primaire. Exceptionnellement, à Solesmes, les marnes bleues contiennent un banc de galets roulés (cote + 44), épais de $0^{m},50$, qui est aquifère.

3° *Cénomanien et albien.* — Ces formations sont fort irrégulières, Entre les marnes bleues et le primaire, certains sondages (Ors, Briastre, Neuville, Sommaing, Saint-Python, Solesmes, etc., etc.) ont touché au *Tourtia*, lit de galets aquifères rapporté au cénonanien (vraconien), à des sables verts, à des marnes grises attribuées à l'Aachénien, etc., etc. : ainsi l'eau du Tourtia à Crèvecœur (bois Lateau) et à Solesmes est artésienne et abondante. A La Capelle, Nouvion, Guise, nappes peu étendues dans les

[1] Le forage du Moulin Cardon à Solesmes révèle la présence dans ces marnes grises de trois bancs calcaires aquifères, le plus profond ($3^{m},40$ d'épaisseur) étant le plus important.

marnes cénomaniennes à *Bélemniles plenus*, et dans des sables verts sous le gault. Il est trop hasardeux de chercher de l'eau à ces niveaux, et puisque le crétacé inférieur manque, si l'on veut aller plus bas, on chercherait dans le calcaire carbonifère.

Je rappellerai que c'est dans des dépôts arénacés situés juste au-dessus du primaire (Tourtia ou sables verts) que se trouvait le fameux *torrent d'Anzin*, dont parle longuement Daubrée. Ce lac souterrain, très gênant pour les exploitations houillères, s'étendait vers 1840 entre Saint-Vaast et Denain sur un peu plus de 24 kilomètres carrés ; on y installa des pompages intensifs et la surface aquifère se réduisit progressivement à 18 kilomètres carrés en 1867, 13 kilomètres carrés en 1880, et à presque rien aujourd'hui ; on regarde le *torrent* comme virtuellement asséché.

Composition chimique. — Voici les résultats de quelques analyses :

			Degré hydrotimétrique		Milligrammes par litre					
			Total	Permanent	Résidu d'évaporation	CaO	MgO	Cl	SO^3	SiO^2
Sénonien (craie à M. décipiens).		Moyenne des eaux de l'arrondissement de Cambrai	39°	8°	350	160	16	22	24	?
		Eau de Lille (sources d'Emmerin)	26 à 34°	?	452	182	4	25	40	?
		Eau des forages d'Anchin pour Roubaix-Tourcoing	36°,5	?	?	157	30	14	9	27
Turonien.	Craie à M. Leskei.	Moyenne des eaux de l'arrondissement de Cambrai	28°	8°	345	120	6	20	17	?
		Sources de Proville (eau de Cambrai)	24°	?	358	142	?	?	?	?
	Marnes à Ter. gracilis.	Moyenne des eaux de l'arrondissement de Cambrai	26°	8°	312	135	5	10	10	?
		Sources de la Rhonelle (eau de Valenciennes)	30 à 33°	?	?	144	9	8	3	10,7

Les moyennes pour l'arrondissement de Cambrai ont été établies par Dollé. Il dit que les eaux plus profondes sont plus minéralisées et donnent un résidu supérieur à 0gr,600 par litre. Au contact du houiller, il n'est pas rare d'avoir 3 grammes de résidu, dont la majeure partie en NaCl.

Pour ce qui est des eaux du crétacé de la Belgique, je ne puis mieux faire que de citer le résumé de Van den Broeck :

« D'une manière générale, on peut dire que sous la plaine des Flandres et de la province d'Anvers, la craie est très compacte, homogène, peu fissurée, donc non aquifère, à part peut-être dans d'exceptionnelles fissures (très localisées); sous le Brabant, la craie serait fortement fissurée en dessous de la vallée de la Senne; dans le bassin du Geer, sous les hauts plateaux du S., il y a des localisations d'eaux courantes souterraines remarquables. Certaines exploitations de phosphates ont dû être arrêtées, tant la venue d'eau était abondante; d'ailleurs les ravins secs qui aboutissent à la vallée du Geer montrent que le réseau hydrographique est devenu souterrain et que de véritables ruisseaux circulent dans la craie (1). On constate dans la région voisine de la vallée du Geer l'existence de *tawes* ou bancs durs (les *tuns* du N. de la France), sous lesquels l'eau se trouve sous forte pression. Mais ces ressources, qui tendent d'ailleurs à décroître en raison des nombreuses saignées qu'on y a faites, ne sont pas indéfinies : plusieurs sucreries de la Hesbaye ont parfois de la peine à y trouver une alimentation suffisante.

Dans la région de Liége, la craie, compacte et homogène, présente vers le haut des fissures qui donnent souvent de l'eau en abondance et alimentent, on le sait, la ville de Liége. Enfin, dans le bassin de Mons, les puits de mine ont tous rencontré d'abondantes venues d'eau, fournies par la craie très fissurée en ces parages. Le progrès des études tectoniques régionales nous apprendra quelles sont les zones les plus fissurées, et par suite les plus aquifères. »

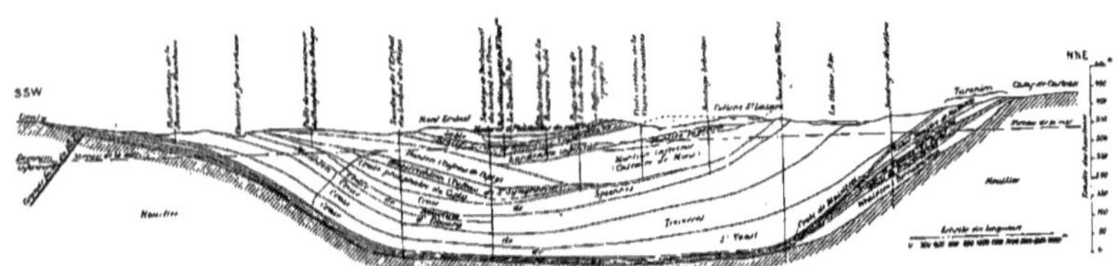

Fig. 141. — Coupe transversale du bassin crétacique et tertiaire de Mons, de Genly au camp de Casteau (d'après Cornet) : forages rencontrés.

Pour mieux faire connaître le bassin de Mons, je reproduirai (*fig.* 141) la coupe qu'en a donnée Cornet au Congrès international de Géologie (1922) : on y voit figurés les forages artésiens les plus intéressants. La ville de Mons est elle-même alimentée par des sources, émergeant près du village de

(1) Ainsi le Geer pour une longueur de 52 kilomètres et un bassin de 500 kilomètres carrés n'a qu'un seul affluent un peu important, la Yerne, dépourvue elle-même de sous-affluents. La circulation de l'eau se fait donc souterrainement, et en passant sous les *tawes* les nappes peuvent devenir artésiennes. Il est fort possible que ces rivières souterraines de la craie du Limbourg y fassent découvrir un jour des cavernes analogues à celles rencontrées dans le sénonien de la Marne et de l'Yonne.

Spiennes, d'un massif de craie sénonienne (recouverte par des sables lan-

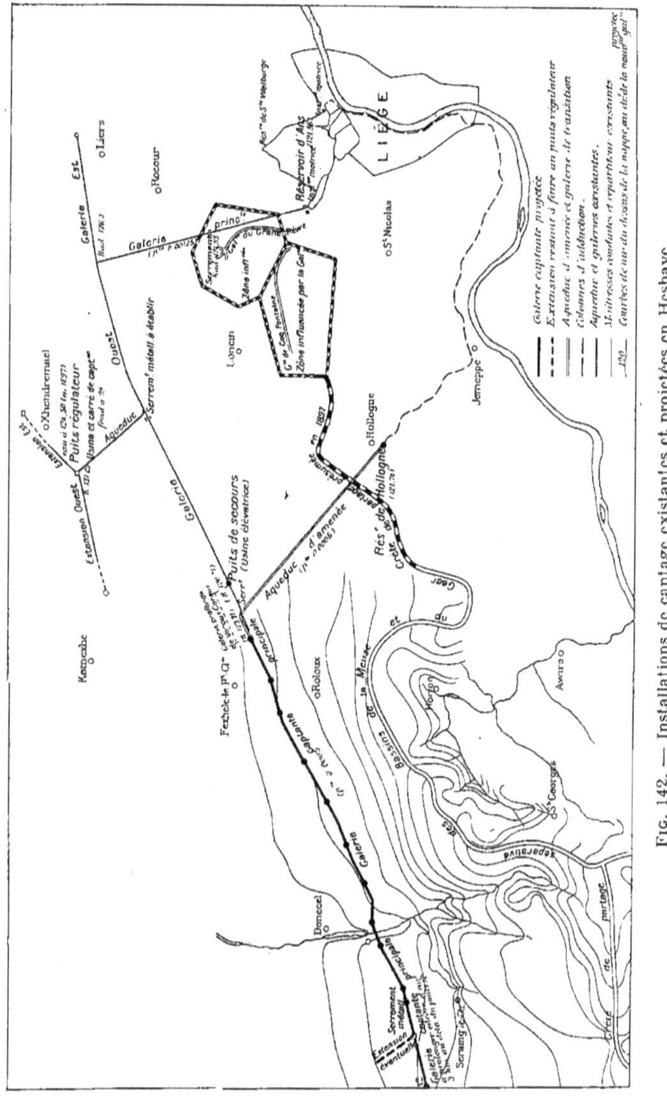

FIG. 142. — Installations de captage existantes et projetées en Hesbaye.

déniens et du limon), dans la vallée de la Trouille : une galerie d'une centaine de mètres de longueur capte 70 à 80 litres par seconde. L'eau de ces sources a 25 à 26° hydrotimétriques et un résidu de calcination de 300 milligrammes. L'hydrologie du bassin de la Haine est donnée en détail par M. Maurice Robert (Liége, 1909) : j'y reviendrai à propos du tertiaire.

Les célèbres galeries captantes de Liége, où pour la première fois (1856) Gustave Dumont a appliqué l'idée du *serrement*, mériteraient une longue description que je ne puis donner ici. La figure 142 et 142 *bis* (carte et coupe schématique) permettra de se faire une bonne idée tant de l'œuvre primitive que des extensions déjà réalisées, et que du projet de nouvelle galerie (de 14.300 mètres de long avec aqueduc d'amenée de 5.020 mètres devant déboucher dans un réservoir à établir près de l'église de Hollogne) présenté dès 1919 par M. Brouhon. Les galeries actuelles comprennent :

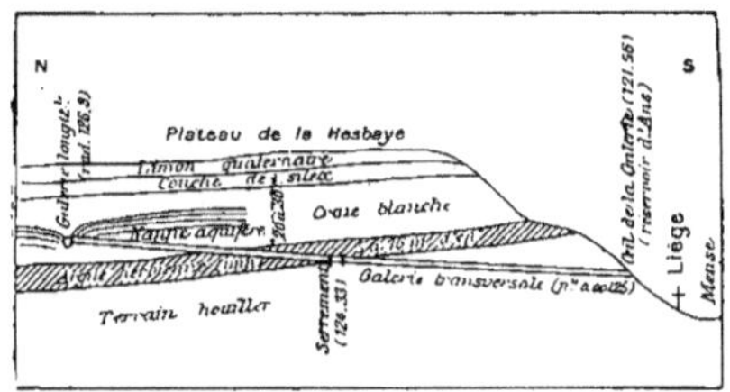

Fig. 142 *bis.* — Coupe schématique suivant la galerie transversale AB du plateau de la Hesbaye au N. de Liége.

1° La galerie dite principale (transversale), d'une longueur de 4.838 mètres, avec un serrement vers son milieu ;

2° La branche E. de la galerie longitudinale, qui a une longueur de 2.750 mètres ;

3° La branche O. de la galerie longitudinale, qui a une longueur de 7.827 mètres ;

4° La galerie profonde de Voroux-Goreux, qui a une longueur de 1.200 mètres ; avec une usine élévatoire au *puits de secours;*

5° Les deux tronçons appelés *extensions E. et O.*, ensemble 2.880 mètres aboutissant au *puits régulateur*, avec usine élévatoire et aqueduc de 2 kilomètres pour amener l'eau relevée dans la galerie O.

Cette longueur de galeries de 21^{km},5 environ (dont 17^{km},5 captantes) donne de 27 à 29.000 mètres cubes par jour (on a même tiré 32.000 mètres cubes un certain temps sans diminuer la réserve), et M. Brouhon compte obtenir 42.000 mètres cubes de son nouveau projet (où la galerie sera placée plus bas, c'est-à-dire sur l'argile hervienne même, que la galerie existante) : cela correspondrait à un rendement par hectare drainé variant entre 4 et 7 mètres cubes par jour.

L'eau de Liége a 25°,5 hydrotimétriques, dont 11° permanent ; résidu fixe 339 milligrammes, dont 237 de $CaCO^3$, 45 de $CaSO^4$, 18NaCl, (traces de magnésie seulement), 16 de SiO^2 et 24 de fer et alumine. Elle est toujours bonne bactériologiquement : bien qu'ici la craie ne soit pas dolomitisée, elle laisse sans doute comme résidu de dissolution des particules fines formant un colmatage filtrant dans les fissures (peut-être aussi un peu de chaux libre et de CO^2 jouent-ils un rôle antiseptique). La craie à Liége ne paraît donc pas ressembler à celle des environs de Sens : on sait d'ailleurs qu'elle devient de plus en plus sableuse, surtout à sa base, quand on s'approche d'Aix-la-Chapelle (*aachénien*).

Enfin, la topographie du toit du crétacé sous les plaines des Flandres et de la Campine sera donnée *dans l'étude* des terrains tertiaires qui le recouvrent.

c) **Région Ouest et Sud-Ouest du bassin de Paris** (voir colonne 2 du tableau IV et colonne 3 du tableau V). — Le trias manque généralement au revers E. du massif armoricain (comme aussi au revers O. du Massif Central); le lias est aussi bien moins développé que du côté E. : encore au S. de May n'apparaît-il plus que par lambeaux discontinus (le plus au S. pour notre région à Thouars). Les bandes des étages oolithiques, orientées du N. au S., sont au contraire continues et ont leur pendage vers l'E.; puis passent sous le crétacé supérieur (1).

1° *Zone du Trias.* — Le trias n'apparaissant presque nulle part (on trouve pourtant des argiles rouges avec couche de gros graviers aquifères qui affleurent entre Carentan et Bayeux), on ne le reconnaît guère que dans les forages profonds, comme ceux de Commes, près Port-en-Bessin, et de Dives (voir la coupe *fig.* 143); les graviers et sables de la base contiennent de l'eau, qui à Commes est restée à 56 mètres en-dessous de la surface (cote + 16); à Dives, on a touché le silurien (— 230), mais on n'a eu que peu d'eau au contact du primaire.

2° et 3° *Zones du lias et de l'oolithe.* — Le lias du Cotentin, faisant suite au lias anglais, n'est un peu développé que dans le golfe de Valognes-Carentan et dans le Bessin (3 mètres de grès dolomitique rhétien, un banc de marne, puis 10 à 15 mètres de calcaires à cardinies qui contiennent de l'eau et alimentent des sources, enfin 30 à 35 mètres d'argiles et de calcaire marneux à gryphées arquées). Au S. de Caen, il devient plus calcaire, et on peut avoir de l'eau aux deux niveaux des calcaires à cardinies et à gryphées; mais la bande liasique va de plus en plus en se rétrécissant. Le

(1) Le crétacé inférieur n'apparaît (gaize et gault) que dans la « boutonnière » du Pays de Bray et dans le Boulonnais, autour du jurassique supérieur qui y réapparaît.

toarcien de Normandie n'a que quelques mètres d'épaisseur et est très argileux (*argile à poissons*). Dans le Maine et le Poitou le lias a encore une dizaine de mètres d'épaisseur, mais il reste souvent sans apparaître à la surface : il repose directement sur l'archéen ou le primaire, et on a chance de trouver une certaine quantité d'eau à ce contact.

L'oolithe est beaucoup plus développée (on la retrouve vers l'E. jusque dans la vallée de la Touques et jusqu'à Honfleur) et plus importante au point de vue hydrogéologique. Dans le Calvados, dit Bigot, le bajocien et le bathonien (*fig.* 143) forment le sous-sol d'une partie du Bessin et des

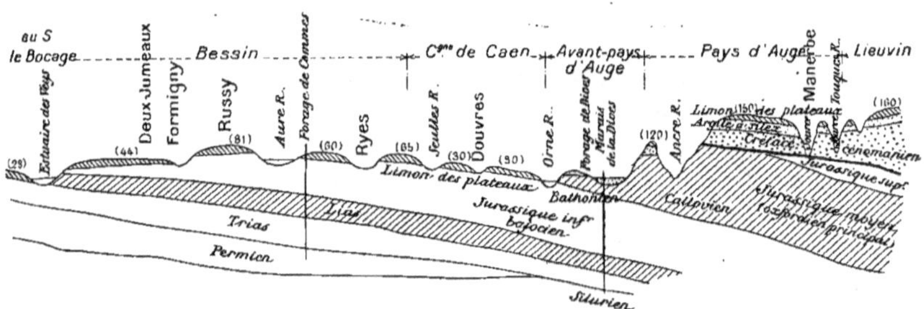

Fig. 143. — Coupes des terrains secondaires de la bordure occidentale du bassin de Paris, parallèlement et non loin du Calvados (d'après Bigot).

campagnes de Caen et de Falaise : c'est une succession de calcaires tendres ou durs (calcaire de Sully, de Caen, de Quilly, de Reviers, de Ranville), quelquefois restés à l'état de sables (Monts d'Eraines). Les intercalations argileuses (arrêtant l'eau) sont généralement exceptionnelles et localisées, sauf dans le Bessin, où l'assise du calcaire de Caen est remplacée par une épaisse masse d'argiles et de marnes (*argiles de Port-en-Bessin*). De plus, l'horizon de la *malière* qui contient des silex, est souvent décalcifié (Bessin et Cinglais), et la décalcification s'est étendue dans la région de Falaise à une partie du calcaire de Caen: on a alors à la place du calcaire une argile à silex, jaunâtre.

Ces calcaires contiennent plusieurs nappes, dont la plus constante est à la base du bajocien : de là un grand nombre de sources dans les vallées. A citer, les sources (52) de Moulines et de Saint-Germain-le-Vasson (1), qui ont été captées et amenées à Caen [1], celles de Barbeville à Bayeux, toutes

[1] La ville de Caen s'alimentait précédemment par trois puits artésiens de 25 à 26 mètres de profondeur, atteignant la nappe du bajocien (— 20) dont l'eau remonte vers + 5. Il y a aussi plus de 100 puits artésiens particuliers, mais un certain nombre ne descendent qu'à 8 mètres de profondeur dans une couche de galets (alluvions) sous une couche d'argile.

sortant du calcaire bajocien. Ce calcaire est caverneux, et les grosses sources qui débouchent dans le bassin de Port-en-Bessin et au pied des falaises voisines, semblent bien avoir pour origine l'engouffrement des eaux de l'Aure dans la Fosse du Soucy, près de Pont-Fattu : la rivière d'Aure, qui se jetait primitivement en mer, à Port-en-Bessin, a été captée par un affluent de la Vire; mais dans son nouveau trajet vers l'O., elle rencontre le calcaire bajocien, où elle se perd (ce qui réapparaît sous Etreham, à 4 ou 5 kilomètres plus loin, est d'un faible débit et serait à un niveau plus élevé que le point d'engouffrement).

Toujours dans le Calvados, le callovien et l'oxfordien ont à leur base une épaisse série d'assises argileuses (*marnes de Dives, argiles de Villers* formant les falaises entre Villers et Houlgate); au sommet, quelques bancs calcaires, qui vont en s'épaississant vers l'E. (butte de Bénerville, Henne-

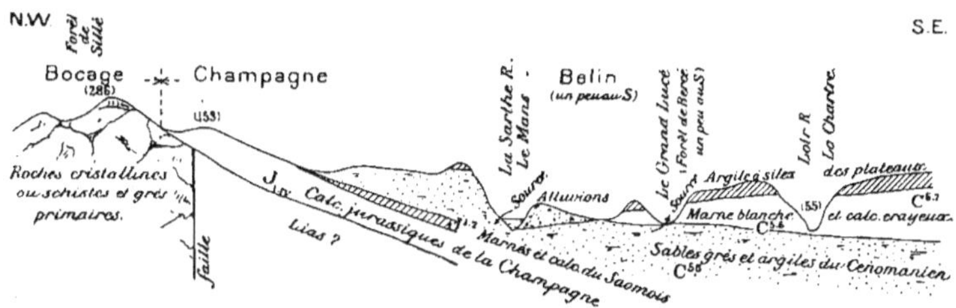

Fig. 144. — Coupe des terrains secondaires de la bordure occidentale du bassin de Paris, allant de Sillé-le-Guillaume à la Chartre, par le Mans (d'après Welsch).

queville). Puis au-dessus du calcaire glypticien ou dicératien, vient au jurassique supérieur la succession des assises *argileuses de Villerville* (argiles et calcaires marneux de la Hève, de l'autre côté de l'embouchure de la Seine), marneuses (Criquebœuf), ou plus sableuses (environs de Lisieux) : les sources qui alimentent Lisieux et sortent en trois endroits autour de la ville sont de cette dernière origine. Le jurassique moyen et supérieur forme le soubassement du *pays d'Auge*. Les sources qui alimentent Trouville, Deauville, Livarot et Pont-l'Evêque sortent du corallien.

Plus au S., dans les départements de l'Orne et de la Sarthe, les bandes jurassiques, orientées d'Alençon vers Angers, perdent de l'importance : une coupe oblique (*fig.* 144) allant de Sillé-le-Guillaume à la Chartre-sur-le-Loir en passant par le Mans montre leur situation entre le rebord du massif armoricain et le crétacé. Elles forment des régions calcaires comme la Champagne du Maine (au S.-E. de la forêt de Sillé), ou argilo-marneuses comme le Saosnois (au S. de la forêt de Perseigne) et le Belin (au N.-O. de celle de Bercé). Dans la première, le principal niveau d'eau est à la base du bajocien sur le lias : sources dans la vallée de la Vègre, nombreux suintements appelés *douels*, etc., etc., avec quelques pertes de ruisseaux (comme à Chemiré-le-Gaudin). Les sources de Contilly amenées à Mamers semblent venir de ce niveau. Les deux sources de Launay, captées par la ville d'Alençon et qui sortaient à 5 kilomètres au N. de cette ville, semblent une réapparition des eaux de la Briante, rivière qui entre en terre à 2 kilomètres à l'amont, en passant du silurien dans le calcaire bathonien. Les deux autres

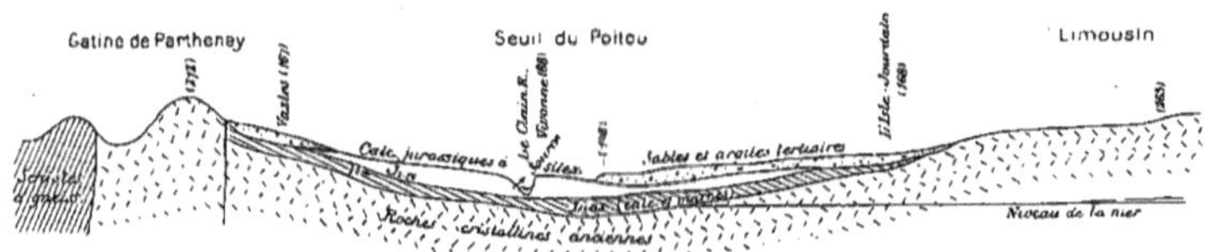

FIG. 145. — Coupe en travers du seuil du Poitou, au niveau de Vivonne, dirigée O.N.O.-E.S.E. (entre la Gâtine de Parthenay et le Limousin) (d'après WELSCH).

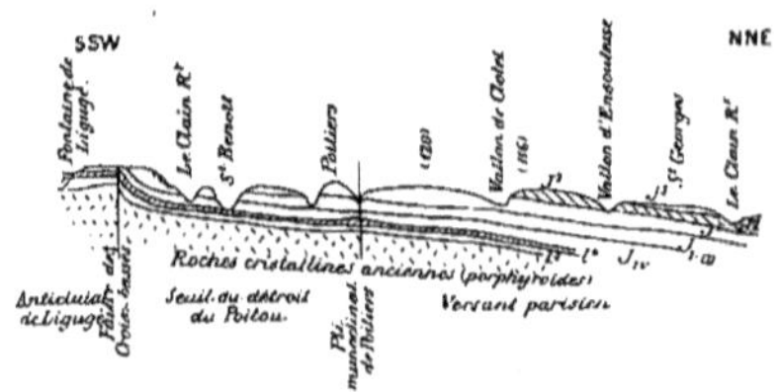

FIG. 145 *bis*. — Coupe en long du seuil du Poitou, par Poitiers (parallèle à la vallée du Clain).

FIG. 145 *ter*. — Groupe S.O.-N.E. de la Gâtine de Parthenay vers le bassin de Paris.

l^3, lias moyen (charmouthien); — l^4, lias supérieur (toarcien); — J_{IV}, bajocien; — J_{I-III}, bathonien; J^1, callovien; — j^2, oxfordien; — j^3, rauracien.

régions précitées sont peu perméables; quant au jurassique supérieur, il ne se montre guère que sous forme d'îlots calcaires, avec quelques assises sableuses intercalées, de peu d'étendue.

Plus au S. encore, dans les départements des Deux-Sèvres et de la Vienne [1], (voir plutôt ici la colonne 5 du tableau IV), nous arrivons au *Seuil du Poitou*, ou détroit de communication entre le bassin anglo-parisien et le bassin du S.-O., s'ouvrant entre les massifs archéens du Bocage vendéen (Gâtine de Parthenay) et du Limousin (*fig.* 145). C'est le lias qui

[1] L'hydrogéologie de cette région a été très bien étudiée et décrite par Welsch (divers articles et brochures dont quelques-unes très récentes) : je résume les résultats qu'il a établis. Pour le détail on se reportera notamment aux comptes rendus des excursions de la Société géologique de France dans cette région en Octobre 1903, et aux *Bulletins de la Carte géologique* (comptes rendus des collaborateurs, dont le dernier que je connaisse est de la campagne 1926).

tapisse le fond archéen de ce seuil, et il réapparaît par places sur les bords (comme à Thouars, Airvault à l'O.) et dans les fonds des vallées. Il comporte :

A la base, les *sables quartzeux fins* de l'infra-lias (quelques gîtes isolés) sans importance hydrologique;

Le *calcaire jaune-nankin* l^1 (hettangien) dit muffle de veau, de 10 à 15 mètres d'épaisseur, qui contient un assez beau niveau d'eau, notamment au S. et S.-E. de la Gâtine au-dessus des argiles rouges marbrées de la base : il repose sur les roches anciennes, mais manque souvent au seuil même du Poitou;

Le *calcaire caillebotine* l^2 (sinémurien), dont l'épaisseur atteint 5 mètres;

Le lias moyen l^3, calcaire grenu appelé *pierre rousse*, d'épaisseur variable pouvant atteindre 20 mètres : dans le versant N. (vers Paris) du seuil du Poitou, c'est lui qui repose directement sur les roches anciennes, et il est surmonté alors du lias supérieur l^4 (toarcien);

Les marnes bleues et calcaires marneux du toarcien, 8 à 10 mètres d'épaisseur, étage très constant qui forme un manteau imperméable retenant l'eau dans les calcaires bajocien et bathonien au-dessus : d'où nombreuses sources tout le long des vallées de la Charente, Vienne, Clain, Vonne, Sèvre, Thouet, etc., etc.

La ou les nappes du lias, ayant pour toit les marnes bleues toarciennes, deviennent artésiennes en un certain nombre de points; mais on connaît peu de forages. Les failles et cassures peuvent d'ailleurs produire quelques sources ascendantes, mais la plupart des sources connues sont du type de déversement. Citons avec Welsch comme provenant du calcaire jaune-nankin (¹) : la source des Ais près de Sanxay (Vienne), celles de Sainte-Néomaye au bord de la Sèvre, celles d'Augé, de Champdeniers, de Surineau, de Mairé près de Breillon, de l'Argentière dans la vallée de l'Hermitain, celle de l'usine de Chavagné, etc., etc. Au niveau du lias moyen (pierre rousse), se rattachent les deux grosses fontaines de l'Ardésière, près de la Boissière-en-Gâtine, et de la Cadorie d'Allorme, cette dernière que la ville de Parthenay a captée.

L'oolithe a un règne beaucoup plus étendu que le lias, et qui se continue vers le S. dans les Plaines jusqu'à la ligne de la Charente (où elle passe sous le crétacé). Les calcaires bajocien et bathonien, à la base desquels se trouve la belle nappe déjà citée, ont une épaisseur variant de 30 à 80 mètres : ils montrent souvent des rognons de silex (*chailles*) à divers niveaux, et

(¹) Dans ces citations comme dans les suivantes quelques sources se rapportent au versant S. du seuil du Poitou ou S.-O. de la Gâtine : la délimitation n'est pas d'ailleurs bien tranchée, et la présente description s'applique à l'ensemble de la région.

ils forment les escarpements des vallées, étant recouverts sur les plateaux entre vallées par des dépôts tertiaires [1]. Ils sont fissurés et caverneux, comme d'habitude (un grand nombre de failles hachent toute la région, nombreuses surtout au N. de Niort et autour de Saint-Maixent); de là, des sources vauclusiennes, comme celles de Saint-Martin à Saint-Maixent de Champagné-Saint-Hilaire près des bords du Clain, de la Celle, de la Porte de Paris et du Moulin-Apparent dans Poitiers même [2], de Saint-Benoît près Poitiers, de Gabourit et de Cé près Lusignan, de Fleury (vallée de la Nesde de Chartes), — ces dernières déjà utilisées par les Romains et captées à nouveau en 1890 pour être amenées à Poitiers (64 litres en basses eaux par seconde); à Chauvigny (vallée de la Vienne), grosse résurgence du vallon de la Fontaine de Talbat, correspondant à des pertes de ruisseaux et des points d'engouffrement (*cloups*) sur les plateaux; fontaine de la Belle près de Gençay; fontaine de la Plissonnière à Lhommaizé, etc., etc.

Enfin le jurassique supérieur, dans des bandes au N. de Poitiers comme au S. de Niort, comprend : les calcaires calloviens (jusqu'à 50 mètres) avec des bancs marneux intercalés; les argiles oxfordiennes (30 mètres) qui sont tout à fait imperméables, et produisent au-dessus d'elles des petites sources et des suintements à la base des calcaires rauraciens et séquaniens; enfin ces calcaires (30 ou 40 mètres) qui donnent lieu à des *plaines* sèches et nues (surtout au S. de Niort), ne retiennent pas beaucoup d'eau, et disparaissent assez vite sous le crétacé. Exemple : sources de Fontaine à Saint-Georges-les-Baillargeaux.

4° *Zone du crétacé* (tableau V). — Le crétacé apparaît à l'E. des bandes jurassiques décrites ci-dessus et règne sous tout le bassin de Paris, jusqu'à rejoindre le fond crétacé des régions N. et E.; mais il est recouvert par le tertiaire sur une très grande partie de son étendue, si bien qu'il apparaît surtout au S.-O. de la Seine dans les thalwegs des vallées (où les couches tertiaires ont été enlevées par l'érosion). Il y a cependant une assez grande largeur d'affleurements cénomaniens et turoniens entre Mortagne et Nogent-le-Rotrou au N. et le seuil du Poitou près Châtellerault au S., avec de longs prolongements dans les vallées du Loir, de la Loire, du Cher, de l'Indre, de la Creuse, etc., etc. Au N. de la Seine et de l'Oise, le tertiaire est beaucoup plus rare, mais le crétacé se recouvre alors souvent de quaternaire (*limon de Picardie* notamment).

(1) Ou par les produits de leur propre décalcification, terre rouge appelée *groie* (souvent avec silex).

(2) Welsch fait remarquer que ces sources et leurs semblables sortent dans la berge concave des rivières (Clain).

Les affleurements les plus occidentaux du crétacé sont formés par le cénomanien : la base est une argile sableuse et glauconieuse imperméable, qui détermine au-dessus d'elle dans la *craie glauconieuse* (*craie chloritée*) une nappe aquifère, donnant naissance à de nombreuses sources dans les vallées (*fig.* 143). Ce terrain fait le substratum du *pays d'Auge* (Calvados) et du Lieuvin, mais la partie supérieure est d'ordinaire décalcifiée et laisse en place un manteau d'*argile à silex*, souvent assez peu perméable pour produire des mares. Les puits creusés sur les plateaux peuvent atteindre la nappe cénomanienne et être bien alimentés. A citer les sources de Saint-Aignan (rive droite de la Rille) et de Saint-Germain et du Vivier (rive gauche) qui alimentent Pont-Audemer, celles qui alimentent Bernay, la source de la Folletière dans la vallée d'Orbec, celle de la Calonne près Pont-l'Évêque, etc., etc.

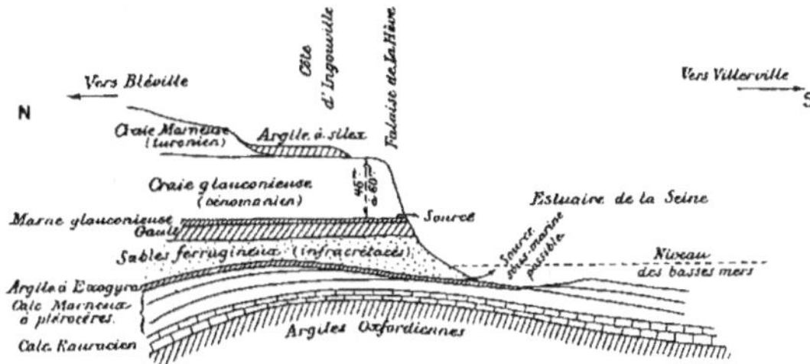

FIG. 146. — Coupe schématique des falaises de la Hève et de la rive N. de l'estuaire de la Seine, à la côte d'Ingouville (d'après LENNIER).

Si maintenant nous avançons vers l'E. jusqu'à la Seine, le cénomanien devient encore plus épais que dans l'Eure : on le trouve sur les deux rives du fleuve, ainsi qu'aux falaises de la Hève et jusqu'à Étretat (voir *fig.* 146). Il y a toujours à la base une assise de 3 à 4 mètres de marne glauconieuse, qui reposant sur l'argile albienne retient l'eau et donne une nappe constante au-dessus dans les bancs de craie : ceux-ci comprennent à la Hève 10 mètres de craie glauconieuse avec silex gris, 15 mètres de craie grise à gros silex noirs, enfin 20 mètres de craie grise, micacée. Puis apparaît le turonien, ou *craie marneuse*, qui a des épaisseurs variables entre 60 mètres à Rouen, 30 mètres à Honfleur et seulement 12 mètres à Saint-Jouin (au N. du Havre) (1) : mais cette craie marneuse est peu perméable, et comme elle est surmontée sur de grandes étendues vers l'E. par la *craie blanche*

(1) Puis l'épaisseur remonte à 70 mètres entre Dieppe et le Tréport, ainsi que dans la « boutonnière » du pays de Bray. Un forage de 70 mètres à Gruchet-Saint-Siméon donne 800 mètres cubes par jour.

sénonienne, qui elle laisse passer l'eau, c'est au contact du sénonien et du turonien que se constitue le grand niveau d'eau de la région (les vallées se sont creusées jusque dans la craie marneuse, en sorte que les sources semblent sortir de ce terrain, alors que leurs eaux viennent pour la plus grande partie des plateaux sénoniens).

Mais l'épaisseur de la craie blanche est fort variable, et les choses se passent différemment suivant qu'elle est plus ou moins grande. La série complète comporterait : en bas une première assise de craie blanche à silex noirs; puis la *craie noduleuse* (50 mètres et plus en Normandie) également avec silex noirs et caractérisée par *Micraster cortestudinarium;* ensuite la craie à silex zonés à *Micraster gibbus*, et seulement la craie blanche proprement dite (avec silex petits et caverneux), à *Micraster coranguinum* (150 mètres en Normandie et même jusqu'au double en profondeur sous Paris); enfin, mais seulement plus localisée par places, comme à Mantes, Gisors, Beauvais, la *craie à bélemnitelles* (¹).

Quand l'épaisseur de craie blanche est faible, l'eau la traverse facilement et donne des sources d'affleurement au contact avec la craie marneuse; si au contraire les bancs sénoniens sont très épais, les vallées n'atteignent pas la base et restent sèches, les sources et les rivières étant rares et tarissant vite. L'eau circule d'ailleurs dans la craie par des cassures et on trouve souvent des ruisseaux souterrains et des cavernes : celles-ci sont apparentes dans les falaises de la côte, où elles forment des grottes nombreuses (²) (les falaises étant constituées à l'E. d'Étretat par la craie blanche et la craie marneuse, sauf une petite longueur à Fécamp et abords où reparaît la craie glauconieuse).

Au N.-E. du *pays de Caux* et du *Vexin*, on rencontre le *pays de Bray*, où le jurassique supérieur et le crétacé inférieur réapparaissent en bandes

(¹) Au-dessus de cette craie campanienne, il y a encore mais seulement par places comme à Meudon, Bougival, Laveraines des lambeaux de calcaire pisolithique (danien) : il est compact, mais comporte de grandes fractures par où l'eau pénètre ou sort plus bas.

(²) Je citerai dans les falaises de la rive droite de la Seine, au voisinage des Andelys : les trous Bournichon, Saint-Jacques, de la Guenon, les cavernes de la Roche à l'Ermite, de la Roche-percée (Thuit), le trou d'Enfer (Cormelles), le Trou du Pont Saint-Pierre; les grottes de Caumont. Au voisinage d'Étretat, la Chambre-aux-Demoiselles, le Trou-à-Romain, le Trou-au-Chien, la caverne près de la Manneporte, plusieurs soupiraux au pied des falaises d'Aval, la résurgence de Bruneval à l'O. S. O. de la Poterie, la Grotte-aux-Pigeons au pied des falaises de la Poterie. Les rivières du pays de Caux se sont plus ou moins enfouies : telle la rivière d'Étretat disparue à partir de Goderville et dont les eaux réapparaissent par plusieurs points de dégorgement sur la plage (un puits de la ville d'Étretat pompe dans cette rivière souterraine). Dans l'Oise, plusieurs rivières (le ruisseau de Bonneuil, le rû de Noirèmont, la Payelle, etc.), ont disparu de même, ou du moins la source de tête s'est reportée bien plus en aval. Même phénomène dans la Somme (ruisseau de la fontaine Markant, près de Picquigny, fontaine du Lucy à Pont-de-Metz, la Naourde qui arrosait Naours, etc., etc.).

de direction N.-O.—S.-E., ce qui ramène au jour des affleurements perméables et occasionne des sources. Une coupe N.-S. passant par Beauvais fait comprendre la disposition des couches (*fig.* 147). Au voisinage de la grande faille on peut trouver des sources d'origine bien différente : c'est ainsi que pour l'alimentation de Beauvais, d'une part les sources du Canada et de Saint-Quentin viennent de la craie blanche, et d'autre part celles de Friancourt sortent des grès verts albiens (au pied de la falaise du Bray). Un forage de 1.172^m,70, fait en 1924 à Ferrières-en-Bray, a révélé les épaisseurs suivantes : portlandien 55 mètres, kimméridgien 170 mètres, séquanien et rauracien 208^m,60, oxfordien et callovien 166^m,40, bathonien 146^m,50, bajocien 78^m,50, aalénien et toarcien 53 mètres, supra-lias 129 mè-

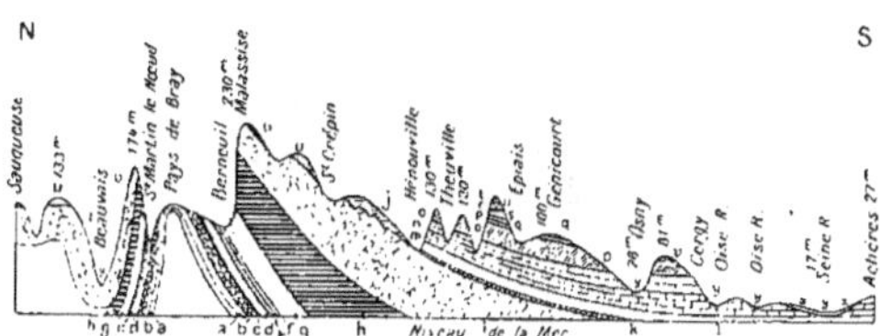

FIG. 147. — Coupe N.-S. du bassin de Paris par Achères et Beauvais (les hauteurs sont 55 fois plus fortes que les longueurs) : crétacé et tertiaire (d'après Albert et Alexandre MARY).

a, grès ferrugineux urgoniens ; — *b*, argiles panachées ; — *c*, argiles à *Ostrea aquila* ; — *d*, sables verts ; — *e*, gault ; — *f*, gaize ; — *g*, craie glauconieuse (cénom.) ; — *h*, craie marneuse (tur.) ; — *i*, craie blanche (sén.) ; — *j*, argile à silex, conglomérat et sables de Bracheux ; — *k*, argile plastique ; — *l*, sables de Cuise (yprésien) ; — *m*, calcaire grossier inférieur et moyen ; — *n*, calcaire grossier supérieur ; — *o*, sables de Beauchamp ; — *p*, marnes de Saint-Ouen ; — *q*, marnes et gypse de Champigny (ludien) ; — *r*, marnes et glaises vertes ; — *s*, marnes à huîtres ; — *t*, sables de Fontainebleau (stampien) ; — *u*, marnes lacustres et meulière de Montmorency (aquit.) ; — *v*, limons quaternaires ; — *x*, sables et graviers anciens ; — *y*, alluvions modernes et tourbe.

tres, hettangien 121 mètres, permo-trias 22 mètres, puis micaschistes anciens.

Les sources de Fontaine-sous-Préaux qui alimentent Rouen méritent aussi l'attention (*fig.* 148). La vallée du Robec est ouverte dans le cénomanien et les coteaux sont formés par le turonien surmonté du sénonien : les bancs de ce dernier sont très fissurés, et si j'ajoute que le vallon de Fontaine-sous-Préaux est l'abouchement dans la vallée du Robec d'un synclinal et probablement d'une cassure venant directement du village d'Isneauville, on sera porté à penser que les eaux usées de ce village se mêlent aux sources de Fontaine et les contaminent (au moins à certains moments), d'où la mauvaise qualité bactériologique des eaux de Rouen. Voici la succession des terrains (d'après Dollfus) : limon pléistocène et limon des plateaux (3 à 15 mètres), diluvium de la Seine (3 à 7 mètres), sable blanc ou jaune éocène (1 à 6 mètres), argile à silex éocène (2 à

20 mètres), craie du sénonien moyen (14 mètres), craie du sénonien inférieur (30 mètres), craie du turonien supérieur (25 mètres), du turonien moyen (30 mètres), craie grisâtre et marneuse du turonien inférieur (25 mètres), craie glauconieuse du cénomanien supérieur (20 mètres), craie sableuse

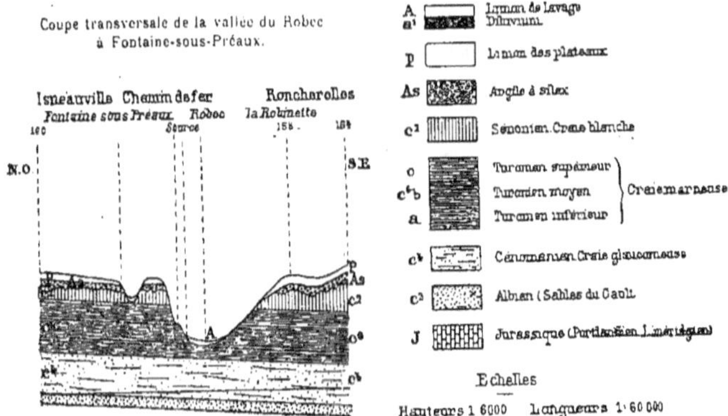

Coupe longitudinale de la vallée du Robec et des coteaux de rive droite.

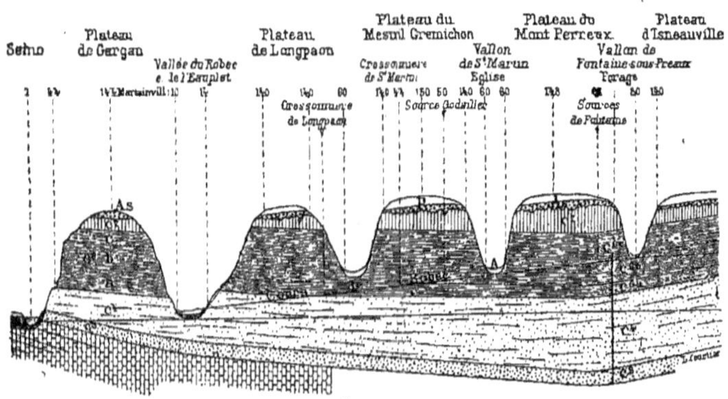

Fig. 148. — Origine géologique des sources alimentant Rouen.

et sables gris et verts du cénomanien moyen (15 mètres), argile grise ou gaize du cénomanien inférieur (10 mètres), sables verts albiens et gault (15 mètres), grès et sables jaunes ou bleuâtres du portlandien (12 à 20 mètres), argiles et marnes du kimméridgien (60 mètres).

Comme autres sources, je puis encore citer : les sources qui alimentent le Havre, savoir d'une part les sources de Saint-Laurent-de-Brévedent (vallée de Gournay) et d'autre part les sources de Radicatel, provenant toutes dans la craie marneuse de son contact avec la craie blanche sénonienne (il y avait aussi dans le territoire du Havre ou localités voisines les anciennes sources de Sainte-Adresse, de Bellefontaine, de Sanvic, du Pont Rouge, de Lockart, etc., etc., qui naissent de la base de la craie glauconieuse au-dessus du gault).

Les sources de Saint-Laurent-du-Manoir et de Rogerval, qui alimentent Graville-Sainte-Honorine et Sanvic, sortent du sénonien (d'autres amenées plus anciennement venaient du cénomanien); les sources de Saint-Aubin pour Dieppe, de Grainval et de Gohier pour Fécamp, de Maromme sont aussi du sénonien. Les sources de la Durdent pour Yvetot, celles des Fontaines (captées même en dessous du niveau de la mer) pour Yport, celles de Caudebec, d'Elbeuf, de Montivilliers sortent de la craie marneuse (turonien); celles de Bolbec et de Lillebonne de la craie glauconieuse, etc., etc.

Les forages ne sont pas très nombreux. On en cite trois dans la craie à l'École militaire des Andelys; le puits artésien d'Eu, qui a 172 mètres de profondeur, mais qui, après avoir traversé la craie, donne l'eau jaillissante des sables verts à 132 mètres (débit de 21 litres par seconde montant à 21^{m},40 au-dessus du sol dans le tube); les trois forages de Chantilly dans la craie (75 mètres de profondeur) où il faut pomper; le forage d'Albert (33^{m},60) dans la craie et celui de Pont-de-l'Arche qui alimente la ville. Il doit se déverser une grande quantité d'eau de la craie dans les alluvions de la vallée de la Seine, où on peut l'y puiser : des forages d'une vingtaine de mètres viennent d'être faits dans ces alluvions pour Sotteville-lès-Rouen et Petit Quevilly et sont abondamment alimentés.

Si nous revenons maintenant vers Paris, nous trouverons tout d'abord au S. d'Évreux la région des sources de l'Avre et de la Vigne (voir la carte *fig.* 25), amenées à Paris en 1893. Les deux coupes de la figure 149 font comprendre l'origine géologique et les dangers de contamination de ces sources, dangers que les expériences à la fluorescéine citées plus haut ont mis en évidence. Les assises plongeant vers le N.-E. comme la surface de la région (mais avec une pente un peu plus forte, si bien qu'en descendant les cours d'eau supérieurs on rencontre les assises les plus récentes), on a ainsi successivement :

Le cénomanien, représenté au sommet par des sables quartzeux (*sables du Perche*) et à la base par la craie glauconieuse, en affleurement au S. d'une ligne passant par Randonnai, Irai, Saint-Maurice, Moussonvilliers, Réveillon et la Ferté-Vidame;

Le turonien, reposant sur le précédent au N. de la même ligne; le sénonien, craie blanche recouvrant la craie marneuse à partir d'une ligne passant par Baslines, Rueil-la-Gadelière et Brézolles;

L'argile à silex, qui recouvre d'un épais manteau (rendant le sol à peu près imperméable) les craies précédentes, et constitue le sol de la région, recouverte toutefois d'alluvions modernes dans le haut des vallées de l'Avre supérieure et de ses affluents.

On comprend dès lors comment les eaux de surface de la zone supérieure imperméable rentrent en terre au contact de la craie turonienne,

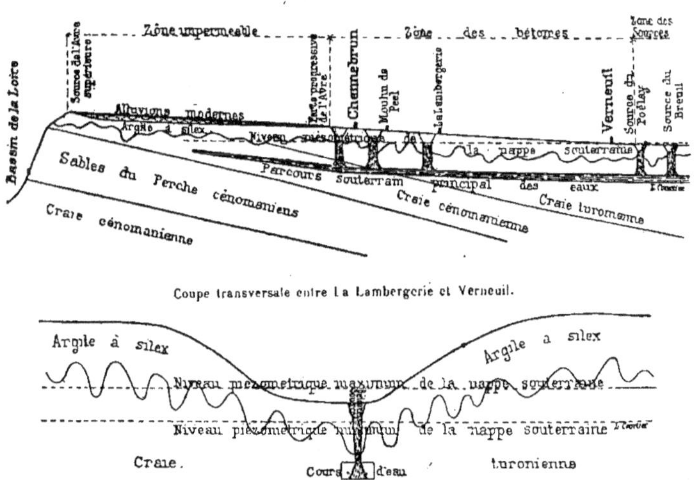

FIG. 149. — Coupe géologique longitudinale (figure supérieure) suivant la vallée de l'Avre (de la source de l'Avre au Breuil).

fissurée (zone des bétoires) et comment elles ressortent plus bas (zone des sources) quand le niveau piézométrique devient supérieur à celui du sol. Comme la nappe oscille en hauteur suivant les conditions météorologiques, on conçoit que certaines mardelles qui sont absorbantes quand la nappe est basse deviennent débitantes (sources) quand elle est haute.

C'est ainsi que dans la vallée de l'Avre, tous les entonnoirs d'effondrement situés au-dessus de la Lambergerie sont des bétoires; que ceux situés entre la Lambergerie et le Poëlay donnent naissance à des sources tarissant l'été, et pourraient, à ce moment, absorber l'eau qui leur arriverait; enfin que ceux situés au-dessous du Poëlay et dans la vallée de la Vigne donnent des sources pérennes ou du moins ne tarissant qu'à la suite de périodes de sécheresse tout à fait exceptionnelles.

Le nombre de ces entonnoirs d'effondrement est considérable; il en existe plus de cent. Quelques-uns ont jusqu'à 25 mètres de diamètre et 10 mètres de profondeur. On voit quelles dimensions considérables ont, dans certains points, les cavernes souterraines servant à la circulation des eaux. On n'a pas souvenir, dans le pays, de l'époque à laquelle se sont produits la plupart de ces entonnoirs d'effondrement, mais quelques-uns ne datent que de peu d'années. Les cavités souterraines vont d'ailleurs en grandissant constamment, le carbonate de chaux dissous dans les eaux des sources étant, comme nous l'avons déjà dit, en majeure partie emprunté à leurs parois. Il en résulte que de nouveaux entonnoirs se produiront encore, et il serait parfaitement possible qu'un jour un effondrement s'effectuât juste au-dessous d'une maison et déterminât un grave accident.

Nous devons faire remarquer toutefois que, quelque important que soit le rôle hydrologique des entonnoirs d'effondrement, ce n'est pas uniquement à eux que doivent leur existence toutes les pertes d'eau et toutes les sources. Certains bétoires se trouvent en effet dans des lits poreux, où l'eau pénètre facilement dans l'argile à silex, puis gagne la nappe souterraine par des diaclases de la craie. De même ces diaclases de la craie peuvent amener dans l'argile à silex, et au jour, les eaux de la nappe souterraine lorsque le niveau piézométrique de la nappe est plus élevé que celui du sol.

Un peu plus au N. Diénert a également étudié l'hydrologie des vallées de l'Eure et de l'Iton. Les sources de Pacy-sur-Eure, de Fontaine-sous-Jouy sont des sources de thalweg, dont les eaux remontent par une véritable cheminée verticale. Le courant des Boscherons, étudié en détail, paraît bien communiquer avec l'Iton (très souillé), par des portions absorbantes du lit, et aussi en temps de crue par des bétoires.

En nous rapprochant encore plus de Paris, nous voyons la craie blanche augmenter d'épaisseur (près de 300 mètres sous Paris) et s'enfoncer vers le N.-E. (axe du synclinal de Sannois-Franconville où son toit est aux environs de la cote — 100). La figure 150 montre cette allure à l'O. de Paris, et on sait qu'il a été facile de puiser de l'eau excellente dans cette craie en y fonçant, soit des grands puits comme ceux de Marly-Croissy pour Versailles (deux de 15 mètres sur la rive gauche et quatre de 31 mètres de profondeur sur la rive droite), soit un puits avec forage tubé consécutif (profondeur totale 60 mètres) comme au Pecq pour Saint-Germain, soit deux puits et huit forages (27 mètres de profondeur) comme au Vésinet.

Il nous faut enfin terminer par la partie S.-O. de notre région. D'abord dans l'Eure-et-Loir et dans la Sarthe le crétacé devient plus sableux : c'est le cénomanien inférieur (sables et grès roussards, sables et grès ferrugineux) qui occupe de grandes surfaces de chaque côté des vallées de la Sarthe et de l'Huisne; il est surmonté par les *marnes à ostracées* (imperméables) et par le calcaire crayeux (base du turonien), et enfin le tout est recouvert sur les plateaux par l'argile à silex (voir la coupe *fig.* 144) qui

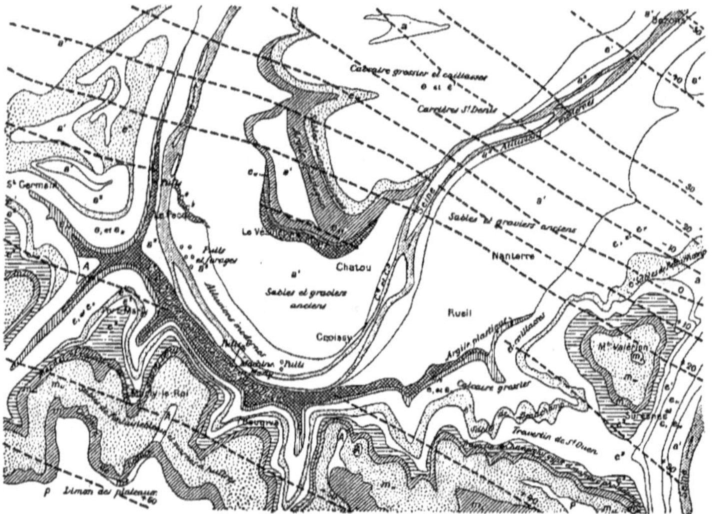

FIG. 150. — Carte géologique détaillée de la vallée de la Seine à l'O. de Paris : puits de Marly-Croissy, du Pecq et de Saint-Germain dans la craie (×). — Courbes de niveau du toit de la craie sénonienne (C^4), qui plonge vers le synclinal de Sannois-Franconville. — Échelle : 1/50.000.

empêche une bonne partie des eaux pluviales de pénétrer dans le sol. Il y a un niveau d'eau (ou parfois plusieurs séparés par des couches argileuses) dans les sables cénomaniens, et un autre dans le calcaire crayeux turonien (sur les marnes blanches) : les sources des Lamberts et de la Massonnière qui alimentent Nogent-le-Rotrou sortent du premier niveau; celles du ruisseau de Cherruau qui alimentent la Flèche viennent du second. Le premier niveau alimente encore dans l'Eure-et-Loir, les puits de Combres et des forages à Anet, Abondant, Boisville, Chérizey, Luisant, Mainvilliers et Sainville.

En Touraine et au S. de la Loire, nous retrouvons le crétacé qui, sous-jacent dans toute la région, affleure dans la vallée de ce fleuve et celles de ses affluents, le Cher ([1]), l'Indre, la Vienne avec la Creuse, la Gartempe, l'Auzon et le Clain; puis pour la région de Châtellerault et de Loudun, dans les bassins de la Veude, de la Dive, du Thouet et de leurs petits affluents, sur une grande étendue. Les couches s'inclinent doucement vers le N. ou le N.-N.-O., en s'appuyant sur le jurassique du versant parisien du détroit du Poitou (*fig.* 145 *ter*). Il y a plusieurs nappes aquifères et qui peuvent être artésiennes. — D'abord dans le cénomanien (vallées de la Vienne et de la Creuse principalement), une ou deux nappes dans les sables jaunes ferrugineux et les sables et grès verdâtres qu'on trouve entre la gaize glauconieuse de la base et les *marnes à ostracées :* c'est de ces sables et grès que viennent les eaux des sources minérales de la Roche-Posay, et des puits artésiens de Gaudru, Bas-Pâtrière, Mairé, Barrou, la Guerche, ainsi que ceux assez nombreux de Tours (160 à 210 mètres de profondeur) et celui de Chinon (207 mètres) ([2]). Puis le turonien contient aussi d'ordinaire deux nappes : la première, dans la craie micacée ou tuffeau (20 à 30 mètres) qui surmonte le banc de craie marneuse (imperméable) superposé lui-même aux marnes à ostracées; la seconde dans la craie jaune de Touraine (devenant siliceuse vers Saumur), au-dessus d'une couche de marne. Ces nappes alimentent un grand nombre de sources dans les vallées [sources de Loudun ([3]), fontaine d'Antoigné près de Châtellerault, un forage de 25 mètres à Loches, un autre à Châteaurenault, d'autres à Mondoubleau, Herbault, Epuisay, etc., etc.)]. Enfin, au N. de la ligne Loches-Saumur, on trouve le sénonien : sa base, très marneuse, connue sous le nom de *craie de Villedieu* (15 mètres), arrête l'eau dans la craie blanche à spongiaires et silex (20 à 25 mètres); mais cette eau n'est pas très abondante, parce que cette craie est à son tour recouverte sur les plateaux par l'*argile à silex* (imperméable) et le tertiaire.

Composition des eaux de la région O. et S.-O. du bassin de Paris. — Les relations entre les terrains et la composition des eaux qui en sortent étant à peu près les mêmes ici que dans l'E. du bassin de Paris, je me contenterai de donner les analyses des eaux de sources alimentant certaines villes :

([1]) Par la vallée du Cher, on se rattache à la région de Vierzon et à la bordure S.-E. du bassin de Paris.

([2]) D'après la carte géologique, feuille de Tours, il pourrait y avoir de 2 à 7 nappes superposées et jaillissantes (en des points bien choisis).

([3]) Au N. de Loudun passe une grande faille dirigée N.-O.—S.-E. : elle met en contact la craie (lèvre S.-O.) avec les argiles oxfordiennes et force les eaux à sortir, notamment aux sources de Son.

	NAPPES DU TERRAIN	VILLES	SOURCES	DEGRÉ HYDROTIMÉTRIQUE		EN MILLIGRAMMES PAR LITRE					
				Total	Permanent	Résidu d'évaporation (avant calcination)	CHAUX	MAGNÉSIE	ACIDE sulfurique combiné	CHLORE combiné	SILICE (SiO^2)
Jurassique.	Base du calcaire bajocien.	Bayeux	De Barbeville	19°,5	11°	450	92	8	51		
		Caen	De Moulines et Saint-Germain-le-Vasson	24 à 28	3 à 5	340 à 400	133 à 163	0 à 4	4 à 25	20 à 28	25 à 35
		Mamers	Des Hêtres	15	2,5	179,2	63,3	5	5,4	11	11
			Du Cervoy	24,5	3	294	125,4	7,7	6	10,5	8
		Saint-Maixent	Saint-Martin	26 à 30	5 à 6	354	150	traces	18	13,4	10
		Poitiers	De Fleury			189	88	3,8		12,1	
	Calc. corallien.	Trouville	De Saint-Pierre-Azif	33	4,5	378,7	169		4,5		25
Crétacé.	Cénomanien.	Honfleur	Du bois le Canet	29	1,3	245	138,6		9,4	1	
		Nogent-le-Rotrou	Des Lamberts	21		325	113	11	7	11	53
	Turonien inférieur.	La Flèche	De Cherruau	29	3	370	154,5	7,9	5,4	19	20
			De Trompe-Souris	30	4	410	155,6	10	8,2	28	28
	Turonien et Sénonien.	Rouen	Fontaine-s.-Préaux				114,3	4,5	6,5	13,4	
	Sénonien (craie).	Le Havre	De Saint-Laurent-de-Brévedent	22	5	300	121,5	8,3	4,6	19,5	10
		Fécamp	De Grainval				96,8	2	2,1	23,5	10,8
		Dieppe	De Saint-Aubin			357	143	5	1	24	8
		Paris	De l'Avre	17,3	5,8	230	88	4	6,2	11	14,2
		Le Vésinet	Puits du Vésinet	39 à 44	17 à 22	552 à 631	181 à 206	28	110 à 133	28 à 32	
		Versailles	Puits de Marly	41,3 à 52,8		610 à 752	162 à 212	48 à 56	176 à 198	32 à 47	14 à 18
			Puits de Croissy	36 à 40,2		494 à 669	141 à 192	26 à 32	94 à 160	25,5 à 60	14,5 à 17

français), mais elle est plus dure quand elle est passée sous le keuper [1] (ainsi que dans les autres comtés). Les villes ci-après s'alimentent à des sources ou puits du bunter: Nottingham, Mansfield, Newark, East Retford,

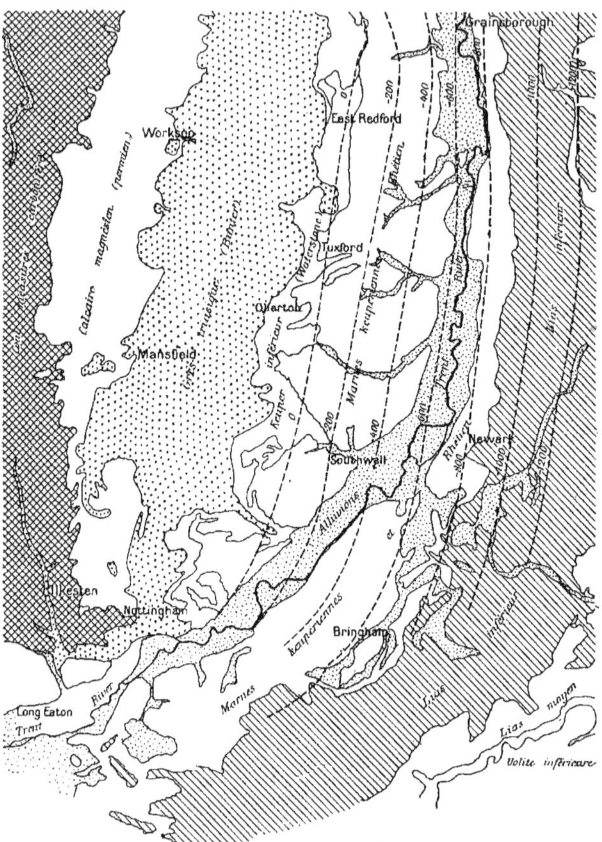

FIG. 151. — Affleurements et courbes de niveau, du toit du grès triasique (bunter) dans le comté de Nottingham (d'après LAMPLUGH et SMITH). — Échelle environ 1/500.000.

Worksop, Hucknall, Torkard, Kirkby-in-Ashfield, Sutton-in-Ashfield, Warsop, Selston, Blidworth, Stapleford, Edwinstowe, Lincoln. Dans cette dernière ville, on a foré un puits qui traversant le lias inférieur a atteint le

(1) Il y a généralement une ligne de sources le long de ce passage : telles sont les sources près d'Oxton, Farnsfield, Walesby, etc., etc.

bunter à 476^{m},4 de profondeur, mais l'eau en a été trop minéralisée pour être utilisable; il en a été de même de celle d'un forage de pareille profondeur à Scunthorpe (4^{gr},340 par litre).

D'autres forages moins profonds sous le keuper donnent une eau acceptable : à Colwick (109^{mgr},5 de résidu fixe par litre), Gedling (98 milligrammes), Kneesall (180 milligrammes), Eaton Hall (256 milligrammes), Grove (256 milligrammes), Newark-on-Trent (212 milligrammes), Gainsborough (deux forages de 137 mètres), Widnes (forages près de Gateacre), Warrington. Dans d'autres comtés, il y a aussi de nombreux forages jaillissants ou non qui touchent au bunter et prennent son eau: à Stratford-sur-Avon, où on a touché le bunter à 184 mètres et est descendu à 245 mètres, l'eau a jailli à 15 mètres de hauteur à raison de 2^{lit},3 par seconde (en pompant on est arrivé à avoir 10 litres); elle avait une minéralisation totale de 300 milligrammes par litre. — A Stourbridge, à l'O. d'une grande cassure qui ramène au jour le permien et les coal measures, il y a trois installations de puits et forages à Mill Meadow, Coalbournbrook et Tack, d'où on pompe 5 à 6.000 mètres cubes par jour (en faisant baisser le niveau de 6 à 9 mètres en dessous du sol) : l'eau y a respectivement 440, 590 et 330 milligrammes de résidu fixe (18°, 23° et 13° hydrotimétriques).

Pour l'alimentation de Birmingham, avant que la ville n'amène (1904) les eaux de l'Elan et du Claerwen, on utilisait des eaux de surface, notamment celles du Plants Brook et du Perry Stream dont les sources viennent des *Bunter pebble beds*, et des eaux de grands puits de tronçons de galeries, et de forages aux environs de la ville, allant puiser dans les grès du bunter. Le petit tableau ci-contre donne des renseignements sur ces puits et leurs eaux.

Comme on le voit, les grands puits sont généralement prolongés par des forages (l'un d'eux à Perry Sinking descend même à 1.488 pieds, mais je n'ai pu trouver le détail des terrains traversés) [1], et des tronçons de galeries sont creusés dans le grès à différentes hauteurs ou relient les puits entre eux.

De même, Morton signale que 12 puits publics creusés dans un rayon de 4 milles de la Town Hall de Liverpool donnent ensemble 57.700 mètres cubes par jour d'eau du bunter. Le tunnel de la Mersey traverse la formation et y rencontre environ 1 mètre cube d'eau par seconde qu'il faut

(1) Un forage de 3184',4 de profondeur a été fait à South Carr, près Idlestop dans le Lincolnshire; entrant à 134',3 dans le keuper (Waterstone), il y est resté sur 608',7; puis il a traversé 437',4 de bunter, et 547',9 de permien (Magnesian limestone); touchant ainsi les coal measures à 1728',3, il y a traversé 1456' de schistes, argiles et grès. Eau très dure.

pomper. Bref, le grès bigarré est le plus important niveau d'eau de l'Angleterre après la craie, et de Rance estime qu'on peut compter y trouver $\frac{1}{2}$ de la pluie qui tombe sur ses affleurements.

NOMS DES PUITS	SITUATION DES PUITS (Distance à la ville, en milles)	PROFONDEUR (EN PIEDS)	DIAMÈTRE DES PUITS (EN PIEDS)	COTES (EN PIEDS) AU-DESSUS DE LA MER			QUANTITÉS POMPÉES (PAR JOUR) en mètres cubes	RÉSIDU FIXE (MGR. PAR LITRE)	DEGRÉ HYDROTIMÉTRIQUE (français)	CHLORE (MGR. PAR LITRE)
				De la surface du sol	Du niveau de l'eau normal	Du niveau pendant le pompage				
Aston n° 1....	2 1/2 au N.-E.	127	10′	302,6	291,6	182,6	3.000	332	26°,5	31
Aston n° 2....	id.	135 (forage 353)	10′	305,7	291,6	182,6	5.850	id.	id.	id.
Kings Vale....	6 au N.	172 (forage 400)	13′	451,6	422,6	260,6	970	284	20°	21
Short Heath ..	4 au N.	132 (forage 300)	de 20′ à 9′6″	354,8	358,8	274,8	8.132	»	»	»
Selly Oak	3 au S.-O.	150 (forage 300)	12′ 6″	450,1	352,1	238,1	2.859	»	»	»
Longbridge.....	7 au S.-O.	201 (forage 496)	10′	562,4	562,4	457,4	1.471	»	»	»
Perry Sinking..	à Hamstead (N)	395 (forage 1488)	16′	326,8	306,8	106,8	2.726	»	»	»
Perry Well.....	3 1/2 au N.	168	13′	326,4	311,6	216,6	6.476	536	38°	62

Je dois signaler encore que dans le district de Bristol, au pied des Mendip Hills et au S. du Clamorganshire, les marnes du keuper passent au grès et au conglomérat (*dolomitic conglomerate*), et qu'il y a beaucoup d'eau parfois surtout dans ce conglomérat : ainsi de Rance cite un puits de Cardiff qui descendu à 244 pieds dans ces couches fournit près de 15 litres par seconde. Plus au S., comme dans la vallée de Taunton (Somerset), les bancs de grès appelés parfois *upper keuper sandstone* sont plus minces et moins réguliers : les sources qu'ils produisent restent petites.

2° *Zone du lias.* — Le lias occupe une bande assez étroite, située à l'E. de la zone précédente et allant de l'embouchure de la Tees à celle de l'Axe (Dorsetshire). A sa base, les *rhætic beds* sont constants, mais généralement peu épais (de 9 à 30 mètres), schisteux et marneux, et par suite sans intérêt hydrologique : dans les comtés du S., Somerset et Dorset, les bancs deviennent calcaires (*white lias*) et contiennent un peu d'eau (capable d'alimenter des puits, comme celui de Penarth). Le hettangien est calcaire à la base (*ironstone* dans le Lincolnshire) et contient un peu d'eau alimentant des puits et de petites sources, comme à Lyme Regis, Watchet,

Street, Keinton Mandeville, Bridgend, Harbury, Rugby, Stratford-sur-Avon, et autres localités des comtés de Lincoln, Leicester et Nottingham : au-dessus, il y a une forte épaisseur (90 à 180 mètres) d'argiles et de schistes imperméables (sinémurien). Le lias moyen (pliensbachien) au-dessus d'une base schisto-argileuse (qui va de 30 mètres d'épaisseur au N. dans le Yorkshire à une centaine de mètres au S. dans le Dorsetshire) contient un niveau d'eau intéressant et souvent artésien dans les *marlstone ou rock-bed series* (calcaire ferrugineux d'une dizaine de mètres au N. et sables et grès au S., comme sur la côte du Dorset à Bridport). Enfin le supra-lias, qui va en diminuant de 60 mètres au N. (Yorkshire), à quelques mètres seulement au S. (Dorset et Somerset) est schisteux et imperméable : il retient l'eau au-dessus de lui dans le *dogger*.

Le niveau d'eau des marlstone series n'est pas bien constant : il n'est pas simple non plus, car on trouve parfois jusqu'à cinq niveaux dans le lias moyen. C'est dans le Northamptonshire qu'on y trouve le plus d'eau : plusieurs forages débitent depuis longtemps déjà aux environs de Northampton, mais ont vu se réduire leur débit. (Thompson a proposé en 1889 d'en faire d'absorbants dans cette région et d'y faire pénétrer les eaux de crue de la rivière Nene). Dans le comté de Gloucester, les marlstone series n'ont qu'une dizaine de mètres d'épaisseur totale, dont moitié pour les sables et grès de la base et 2 à 4 mètres pour le *rock* au-dessus : cela suffit pour alimenter des sources assez nombreuses (Banbury, Bloxham, Adderbury, Deddington, Hook Norton, Great et Little Tew, etc., etc.), dont quelques-unes sont ferrugineuses : un forage à Mikleton (même comté) est descendu à 415 mètres, dont 37 mètres dans le lias supérieur, 85 mètres dans le moyen et le reste dans l'inférieur [1].

3° *Zone de l'oolithe.* — Nouvelle bande à l'E. de la précédente et allant de Whitby au N. à la presqu'île de Portland Bill au S. : sa constitution se modifie assez sensiblement du N. au S., mais elle donne lieu partout à de beaux niveaux d'eau (dans les sables et les calcaires).

a) OOLITHE INFÉRIEURE — *Comté du N.-E.* — Dans les comtés d'York, Lincoln, Northampton, Cambridge et Oxford, on trouve tout à fait à la base, reposant sur le lias, les *sables de Northampton* (*dogger*), sables plus ou moins calcaires, d'épaisseur variant de 2 à 10 mètres, et contenant un

[1] On trouve dans le lias d'Angleterre quelques sources minérales, mais il n'y a que celles de Bath qui soient chaudes (47°) : les eaux viennent sans doute du contact avec le keuper sous-jacent au lias un peu éloigné. Les nombreuses sources de Cheltenham restent froides (quelques-unes vont cependant jusqu'à 10°), mais elles sont très minéralisées (de 5 à 11 grammes par litre dont la plus grande partie en NaCl).

niveau d'eau utilisable aux environs des affleurements : en profondeur, l'eau devient plus rare et se charge souvent de H^2S. Puis vient l'oolithe inférieure, comprenant les *lower estuarine series* et le *Lincolnshire limestone* (subdivisé parfois en *millepores series* ou *cave oolite* calcaire très gréseux, *middle estuarine series* et *calcaire de Scarborough*), le tout correspondant au bajocien : les *lower estuarine series* n'ont que quelques mètres d'épaisseur, mais leurs couches de sables colorés, d'argiles et de schistes (parfois avec lignite et minerai de fer) suffit à arrêter l'eau, qui forme dans le calcaire de Lincoln (20 à 40 mètres d'épaisseur) un niveau constant et fort important. Ainsi, dans l'Yorkshire, la vallée du Derwent ouverte dans ces terrains y a de nombreuses sources; dans le Lincolnshire, grosses sources à Eleonor Cross, Geddington, Easton, etc., etc., au pied de la fa-

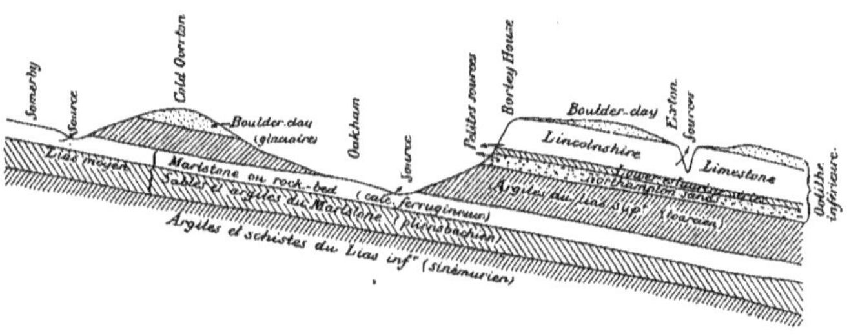

FIG. 152. — Les niveaux d'eau du Marlstone (lias moyen), des Northampton sands et du Lincolnshire limestone (oolithe inférieure) dans le Rutland : coupe de Somerby à Exton, par Oakham.

laise (cliff) qui traverse le comté (*fig.* 152) : autres grosses sources à Great Spring Head (près Dunston), à Welton, Horbling, Wilsford, Stoke Rochford, etc., etc., et puits artésiens comme à Bourne (Head Well) (1), Ancaster (Lady Well), Fullbeck (Holy Well), les forages de Wilsthorpe qui alimentent Peterborough (l'eau se tient un peu en dessous du sol), etc., etc.; dans le comté de Northampton, la rivière Glen qui coule dans une coupure des *upper estuarine series* et atteint le calcaire sous-jacent, reçoit bon nombre de sources, dont quelques-unes appelées *the Caudles* émergent dans le lit même de la rivière (à 3 kilomètres à l'amont de Braceborough Spa); dans le comté de Cambridge, je signalerai les sources de Bisbrook (des Northampton sands), celles d'Oakham et Uppingham (du

(1) Ce forage de 13" a rencontré d'abord à 20 mètres de l'eau ferrugineuse des *upper estuarine series*, qui a été écartée, puis est entré de 24 à 41 mètres dans le calcaire de Lincoln : il débite près de 23.000 mètres cubes par jour, sous une pression de 10 mètres au-dessus du sol.

calcaire); dans celui d'Oxford, celle de Holywell Farm, de Tite End, etc., etc. On notera encore, en ce qui regarde la composition chimique, que l'eau du Lincolnshire limestone voit augmenter sa minéralisation totale et diminuer sa dureté quand on s'approfondit (en s'éloignant des affleurements) : ainsi quatre forages du Lincolnshire donnent d'après Parsons les résultats ci-dessous (l'eau cesse d'être potable en profondeur, le chlore augmentant trop).

NOMS DES FORAGES	DISTANCE des AFFLEUREMENTS	PROFONDEUR	MINÉRALISATION TOTALE (mgr. par litre)	CHLORE (mgr. par litre)	DURETÉ TOTALE (degrés français)
Bourne	3km,2	30m,5	387	20	27°,1
Tongue End	8km,0	61m,0	635	151,6	5°
Littleworth...........	14km,5	106m,7	2.487	865,1	4°
Crowland	20km,9	182m,9	2.860	1.501,5	6°,4

Au-dessus du bajocien, vient le bathonien qui se subdivise classiquement en quatre parties : à la base, les *upper estuarine series*, alternances d'argiles et de bancs sableux ou calcaires défavorables au point de vue aquifère; toutefois, dans le Yorkshire où ces séries constituent tout l'étage jusqu'au cornbrash (avec 65 mètres d'épaisseur), il y a de l'eau dans un banc de grès de la base appelé *moor gril*. Ensuite vient le *great oolite*, dont les bancs calcaires sont aussi souvent entrecoupés par des bancs marneux qui forment autant de niveaux d'eau (trois à Stonesfield, de même au plateau de Woodstock, avec de belles eaux dans les parcs de Glympton et de Blenheim), dont le plus important est le plus bas : les sources restent assez faibles [1]. Au-dessus, la *great oolite clay* est un mince banc argileux, très constant; puis le *cornbrash*, qui est plus calcaire et contient un petit niveau d'eau (pouvant devenir artésien sous les Kellaways beds) mais qui va en s'amincissant beaucoup vers le N. (de 6 à 12 dans l'Oxfordshire, il passe à 4 à 5 mètres dans le Northamptonshire, moins encore dans le comté de Lincoln, et se réduit à un lit de calcaire ferrugineux de 0m,60 dans celui d'York).

Comtés du S.-O. — De la côte du Dorset aux collines de Cotteswold (près Gloucester), l'oolithe inférieure est bien développée. Elle commence

(1) A Bedford, où la great oolite n'a que 7 à 9 mètres d'épaisseur, on a pu tirer d'un forage jusqu'à 4.543 mètres cubes par jour; mais le voisinage de la rivière Ouse fait penser qu'elle laisse infiltrer de l'eau dans les lits calcaires qu'elle traverse et que cette eau augmente le débit du puits.

par les *midford sands*, qui sont proéminents au S. (de Bridport à Yeovil) où ils ont de 40 à 45 mètres, puis vont en se réduisant tandis que le calcaire au-dessus va en augmentant vers le N. : il a déjà 10 à 15 mètres à Bath et 18 à 20 mètres dans les Cotteswold Hills, puis 50 mètres à Stroud et 75 à Cheltenham. Pratiquement, et bien que le calcaire comprenne encore plusieurs subdivisions (*lower et upper freestone, ragstone*), il n'y a guère qu'un seul niveau d'eau dans le calcaire bajocien et les sables de Midford (ces sables manquant par places), et il alimente de nombreuses et belles sources : ainsi dans les vallées profondes, au pied de l'escarpement de Chesterblade près de Doulting, dans les environs de Bath, de Stroud (celles de Chalford près de Stroud débitent de 315 à 420 litres par seconde), d'Evesham, de Cheltenham, et de Gloucester (1) (ces trois dernières villes étant en partie alimentées par ces sources), les Seven Wells, origine de la rivière Churn (2), la source de Syreford près Cheltenham, etc., etc. Le tunnel de Chipping Sodbury traverse l'oolithe inférieure, et on doit en pomper régulièrement environ 12 litres par seconde.

Le bathonien présente à sa base d'abord le *fuller's earth* (fullonian), formé de bancs argileux pouvant aller jusqu'à 45 mètres d'épaisseur (sur la côte du Dorset et près de Bath) et même exceptionnellement près de 100 mètres (à Stowell dans le Somerset), mais ne dépassant guère 10 à 25 mètres à sa partie supérieure, on trouve un banc gréseux appelé *Stonesfield slate*. Puis vient la grande oolithe, subdivisée parfois en deux ou trois étages (*lower rags* 3 à 12 mètres, *fine freestone* 3 à 9 mètres, et *upper rags* 6 à 17 mètres : dans les environs de Bath), mais qui ne forme guère qu'un seul niveau hydrologique (toutefois dans le comté de Dorset, la *great oolite* manque souvent et alors le *forest marble* repose directement sur le *fuller's earth*). Ce niveau donne de belles sources : par exemple les Avoncliff springs près de Bradford-on-Avon (6 à 7 litres par seconde), plusieurs près de Bath un peu plus fortes, une à Stroud qui donne 25 litres et une près de South Cerney qui débite le double, les sources de Ampney Cinas près Cirencester qui donnent de 250 à 1.000 litres par seconde, celle de Stowe-on-Wold encore plus forte, celle de Bibury, enfin celle de la Tamise

(1) Ces sources sont situées à 8 kilomètres à l'Est de Gloucester, mais la ville utilise aussi l'eau de grands puits situés à 18 kilomètres à l'O. et qui descendent à une cinquantaine de mètres de profondeur dans le *New red sandstone*.

(2) Plus bas, le Churn (affluent de la Tamise) perd une bonne partie de son eau (135 litres par seconde) dans le trajet de 6 kilomètres entre Colesbourne et North Cerney : elle réapparaît en partie aux sources de Boxwell (débît de 55 à 115 litres par seconde), lesquelles résultent d'une faille faisant buter le *forest marble* et la *great oolite* contre l'*Oxford clay*. La Colne et l'Arun perdent aussi beaucoup d'eau dans l'oolithe inférieure.

même ([1]), etc., etc. Le tunnel de Badminton fournit 4 litres par seconde, qu'il faut pomper; un puits à Thames Head près de Cirencester peut donner 4.543 mètres cubes par jour; mais un forage à Tetbury a traversé la great oolite sur 51 mètres cubes sans donner grand'chose, tandis qu'à 91 mètres il a atteint le bajocien et pu fournir 4 litres par seconde, le niveau se tenant à 36 mètres du sol.

Au-dessus de la great oolite viennent enfin deux autres formations : le *forest marble* (avec le *Bradford clay*) et le *cornbrash*, toutes deux peu épaisses. La première est schisto-argileuse, mais avec quelques bancs calcaires ou gréseux intercalés qui peuvent contenir un peu d'eau (aux environs de Bridport par exemple). Le cornbrash étant calcaire est plus aquifère, mais vu son peu d'épaisseur ses eaux manquent en temps de sécheresse et de plus elles sont sujettes à de faciles contaminations.

b) Oolithe moyenne et supérieure. — *Comtés du N.-E.:* Au-dessus du cornbrash, on trouve d'abord une couche d'argile de 2 à 3 mètres seulement, puis les lits sableux et argileux dits *Kellaways beds* (callovien), qui ont jusqu'à 30 mètres dans l'Yorkshire, mais sont de moins en moins épais quand on va au S., enfin la formation argileuse très constante et relativement épaisse (d'ordinaire de 90 à 150 mètres, se réduisant pourtant à beaucoup moins dans l'Yorkshire) de l'*Oxford clay*. Cet ensemble est bien peu perméable: cependant, dans les comtés du N.-E., nombre de sources naissent du banc gréseux des kellaways, et l'oxfordien lui-même contient parfois, comme près de Saint-Neots (Huntingdonshire), des bancs calcaires avec un peu d'eau. Il y a aussi fréquemment des dépôts de graviers (drift glaciaire, alluvions, etc., etc.) couvrant d'assez grandes étendues d'oxford clay et contenant de l'eau à leur base : ainsi, dans la ville d'Oxford même, il y a un grand nombre de puits de 8 à 10 mètres de profondeur alimentés par la nappe phréatique de tels graviers (*fig.* 153).

Fig. 153. — La nappe phréatique sous la ville d'Oxford : AA Oxford clay.

Le corallien qui vient ensuite est au complet dans l'Yorkshire : son

([1]) Cette source de la Tamise, près de Trewsbury Mead, est très variable : il y a une source haute (*bourne*) à 4 milles au-dessus de la source pérenne, et ce bourne ne débite qu'après de fortes pluies.

épaisseur peut atteindre 110 mètres et il se subdivise en étages calcaires ou gréseux, fracturés souvent par de grandes failles, savoir :

Corallien (comprenant coral-rag, Corallian oolite)	Upper calcareous grit (grès calcareux supérieur).
	Upper limestone (calcaire supérieur).
	Middle calcareous grit (grès calcareux médian).
	Lower limestone (calcaire inférieur).
	Greystone ou passage beds (lits de transition).
	Lower calcareous grit (grès calcareux inférieur).

L'eau se collecte à la base sur l'argile oxfordienne et alimente de nombreuses sources, comme celles au pied des Tabular Hills, celles près de

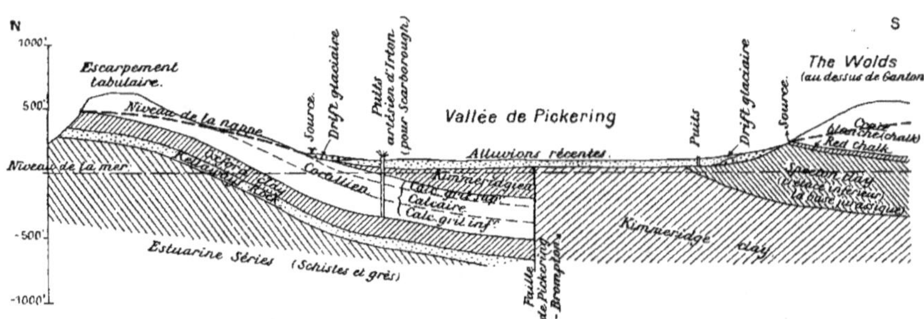

Fig. 154. — Coupe transversale de la vallée de Pickering (Yorkshire). — Niveaux d'eau de la craie blanche et du corallien. — Échelle 1/63.386.

Malton, et celles qui sont amenées à Scarborough : à Cayton Bay (5 kilomètres au S.-E. de Scarborough) naissait une source donnant 4.543 mètres cubes par jour; puis on a cherché à compléter par un puits (avec tronçons de galeries) un peu plus au S.-O. à Osgodly, et on peut tirer de ce puits 45 litres par seconde; enfin, on a fait un forage de 130m,40 de profondeur, traversant le kimméridgien, puis tout le corallien (*fig.* 154), à Irton (à 6km,5 au S.-O. de Scarborough), et ce forage débite 4.543 mètres cubes par jour, à 3 mètres au-dessus du sol.

Dans les autres comtés, le corallien n'est représenté que par une couche argileuse, l'*Ampthill clay*, de 7 à 18 mètres d'épaisseur, à peu près dépourvue d'eau et se confondant avec la formation du kimmeridge clay qui la surmonte. Celle-ci est constante dans tout le pays et varie en épaisseur de 30 à 40 mètres dans les comtés d'Oxford et de Cambridge à 90 à 120 mètres dans ceux d'York et de Lincoln : imperméable en principe, cette formation fournit parfois de l'eau grâce aux failles et cassures qui l'intéressent et qui trouvent en certains points un schiste dur (ainsi un forage à Downham, au N. de Cambridge, traverse 57 mètres de kimméridgien dont plusieurs bancs rocheux et donne près d'un demi-litre par seconde à 10 mètres en dessous du sol) (1).

Le portlandien et le purbeckien manquent dans les comtés du N.-E., et le crétacé repose sur le kimméridgien, avec le *Speelon clay* comme intermédiaire (*fig.* 154). Sauf dans quelques collines comme à Shotover (Oxfordshire), où on a des petites sources à la base du calcaire portlandien.

Comtés du S.-O. — Les *kellaways beds* sont peu épais dans le comté de Dorset, mais deviennent plus importants et plus aquifères dans celui de Wilt et au N. L'oxfordien est constant et imperméable comme ci-dessus. Au-dessus, le corallien est une alternance de bancs gréseux (avec minerai de fer), argileux et calcaires, dont l'épaisseur varie de 60 mètres dans le S. du Dorset à la moitié seulement au N. et dans le Wiltshire : le principal niveau aquifère est dans le *calcaire coquillier et oolithique* du milieu (il peut y en avoir trois plus faibles dans des grès, séparés par des lits marneux), et nombre de sources alimentant villes et villages en proviennent.

Le kimméridgien est une formation schisto-argileuse de plus en plus épaisse vers le S. : elle atteint 360 mètres sur la côte du Dorset. Au-dessus d'elle, le portlandien se divise en deux étages, les sables et grès inférieurs avec bancs argileux intercalés, et les calcaires (qui ont aussi parfois des lits argileux), chaque étage ayant de 25 à 50 mètres quand il est complet. C'est du calcaire que sortent les plus belles sources, comme celles de Southwell et de Fortune's Well, et tout le long de la côte S. du Dorset on constate que les eaux du portlandien s'évacuent directement en mer par une série d'émissions sous-marines. Dans le Wiltshire, les épaisseurs ne sont guère que moitié de celles ci-dessus, et les bancs du portland supérieur deviennent plus sableux (environs de Swindon). Quant au purbeckien (bien développé dans l'île de Purbeck et moins plus au N.), il comporte des alternances de bancs peu épais de calcaires, sables et argiles, qui donnent un peu d'eau dans les calcaires : celle des couches inférieures (les *Blues*) est assez bonne, mais celle des supérieures (les *Greys*) est dure ; les débits à en attendre sont maigres.

4° ***Zone du crétacé*** (colonne 4 du tableau V). — *a*) CRÉTACÉ INFÉRIEUR. — *Comtés du N.-E.* — Le crétacé inférieur occupe dans ces comtés une bande étroite, orientée presque N.-S., et allant de Malton au Wash. Dans l'York-

(1) En Écosse, sur la côte E. du Sutherland, aux environs d'Helmsdale, le Kimméridgien contient des bancs de grès et de conglomérats, qui alternent avec des bancs de schistes, et donnent naissance à nombre de sources.

shire il n'est guère représenté que par la partie supérieure de l'*argile de Speeton* (dont la partie inférieure est jurassique), au-dessus de laquelle la craie blanche se dresse (en commençant par la *red chalk*, banc marneux très peu épais qui arrête l'eau au-dessous de lui) (*fig.* 154). Dans le Lincolnshire, l'étage qui a au total de 30 à 75 mètres se subdivise comme suit : à la base, le grès de Spilsby (de 2 à 15 mètres) qui contient de l'eau, puis un banc (de 2 à 4 mètres seulement) dit *Claxby ironstone*, puis une formation imperméable dite *Tealby clay* (10 à 25 mètres et plus) surmontée du *Tealby limestone and Roach* (12 à 20 mètres) qui contient un peu d'eau, enfin une couche de grès ferrugineux aquifère, le *carstone*, engendrant d'assez belles sources (comme celles de Rothwell).

Comtés du Midland et du S.-O. — Ici la bande étroite du crétacé inférieur est orientée N.E.-S.O., du Wash près Lynn à Bridport, avec retour vers Weymouth et réapparition dans la moitié S. de l'île de Wight. Dans les comtés de Norfolk, Huntingdon, Bedford, Cambridge, Oxford et voisins, le wealdien manquant encore, les sables verts, dont le *carstone* occupe le sommet, reposent sur le kimméridgien et contiennent une nappe aquifère : leur épaisseur est fort variable (de 4 à 50 mètres), mais celle de l'argile du gault qui les surmonte (et qu'il faut souvent traverser pour trouver la nappe devenue artésienne) l'est plus encore (de 20 à 100 mètres). Outre de nombreuses sources, on cite des forages comme à Meldreth, à Ely, puis à Cherryhinton où quatre forages de 60 mètres peuvent donner 3.650 mètres cubes par jour à la ville de Cambridge (par pompage avec $6^{m},30$ de dépression).

Dans les comtés de Berks et de Wilts, les sables verts sont réduits à une épaisseur de 7 à 12 mètres (sables et grès ferrugineux) : le niveau d'eau persiste et donne même parfois naissance à de belles sources, comme celles de Loxwell (au pied de Bowden Hill), qui alimentent Corsham et Lacock. Dans le Dorset, c'est le wealdien qui est développé, mais irrégulièrement, et qui présente des alternances de grès, sables et argiles avec les niveaux d'eau correspondants.

Comtés du S.-E. : Weald. — C'est le terrain classique du wealdien (comtés de Kent, Surrey et Sussex), anticlinal schématisé par la figure 155, avec son centre occupé par le *Forest ridge* et ses rebords crayeux les *North* et *South Downs :* le noyau central formé par les *sables de Hastings* et l'*argile du Weald* est entouré comme d'une ceinture par la bande étroite des sables verts inférieurs et du gault, et le tout s'enchâsse en quelque sorte dans la craie. Les *Hastings beds* contiennent les trois couches sableuses dites sables d'*Ashdown*, de *Lower Tunbridge-Wells* et de *Upper Tunbridge-Wells*, séparées par des couches argileuses : il y a de l'eau dans ces sables, mais en quantité variable et irrégulière (à cause de la présence des bancs argileux et aussi de la grande finesse des sables de Tunbridge-Wells). Il faut généralement la chercher à la base de la formation : c'est ainsi que les villes de Hastings, Cuckfield et Balcombe et Tunbridge-Wells ont fait des forages profonds ([1]); la dernière a aussi des sources, qui viennent du voisinage de Pembury et fournissent moyennement de 25 à 30 litres par seconde (les forages fournissent 12 à 13 litres) d'une eau très pure et très

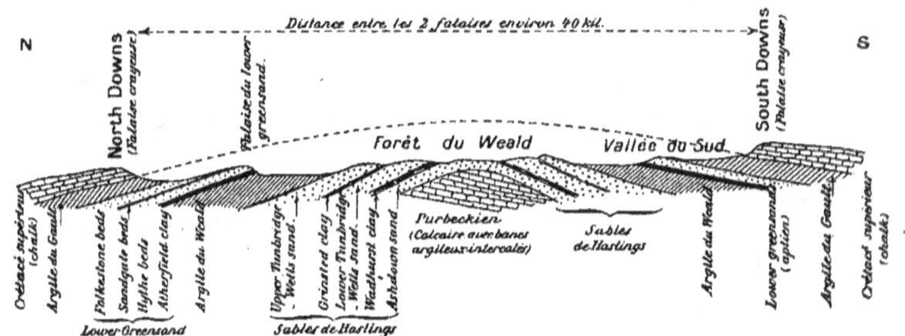

FIG. 155. — Coupe transversale de l'anticlinal du Weald (d'après HERRIES).

douce (3 à 5° hydrotimétriques). A Cuckfield, l'eau est un peu plus dure (8°,5).

L'épaisse couche d'argile du Weald, surmontée encore de l'*Atherfield clay* qu'on rattache aux sables aptiens, sépare des Hastings beds les niveaux d'eau de ces sables (appelés *lower greensands*, par opposition aux *upper greensands* cénomaniens). Ces niveaux, séparés entre eux par des bancs argileux, sont assez importants et alimentent par sources ou par puits nombre de localités : dans le comté de Surrey, de la base des *Hythe beds*, Lucas compte quatre-vingt-douze sources entre Haslemere et Limpsfield, huit près de Hind Head et neuf autour de Compton ([2]); dans le Kent, grosses sources à Mereworth, dans la vallée du Medway ([3]) entre Wateringbury et Maidstone à Bradbourn, Saint-Leonards, etc., etc.

Voici, par l'exemple de quelques puits dans les trois comtés voisins, comment se subdivise la formation et les épaisseurs traversées :

([1]) A Battle (Sussex), un forage de 631 mètres va jusqu'au corallien (105 mètres dans les Hastings, 146 mètres dans le purbeckien et portlandien); à Mountfield (Sussex), deux forages profonds vont jusqu'à l'oxfordien.

([2]) La source de Bramshot, à l'angle S.-O. de ce comté, donne 700 litres par seconde.

([3]) Le Medway perd en partie son eau.

SUBDIVISIONS DES LOWER GREENSANDS	PUITS DE GODSTONE (Surrey)	PUITS DE OXTED (Surrey)	PUITS DE TATSFIELD (Surrey)	PUITS DE MAIDSTONE (Kent)	PUITS DE MIDHURST (Sussex)
Folkestone beds (et carstone)	29m,2	19m,0	64m,3	27m,4	3m,5
Sandgate beds (surtout argileux)	11,6	9,3	2,0	3,0	20,5
Hythe beds (y compris Kentish rag beds)	11,6	46,5	20,1	30,5	6,4
Atherfield clay (argileux)	—	1,5	—	—	—
Profondeur totale	52,4	76,3	106,7	60,9	30,5

Dans l'île de Wight, en dessous du carstone, on trouve les *sand-rock series*, puis des sables ferrugineux, le tout allant de 97m,5 à Compton jusqu'à 230 mètres à Atherfield : l'Atherfield clay, qui arrête l'eau, a encore de 18 à 25 mètres.

Les localités de Petersfield, Godalming, et huit villages voisins, Haslemere, Dorking, Sevenoaks [1] entre autres, s'alimentent aux eaux des sables verts. L'eau est assez douce (parfois ferrugineuse) : comme exemples, l'eau distribuée au groupe de Godalming (Surrey) et qui est un mélange des sources de Catteshall Lane et des puits de Peperharow et de Borough Roads, a 19°,1 hydrotimétriques, dont 5°,1 permanents et une minéralisation totale de 314mgr,6 par litre (dont 23,6 de chlore); l'eau distribuée par la Mid-Kent C° (forages de 114 mètres de profondeur) n'a que 14°,3 hydrotimétriques.

Le *gault*, que surmonte la couche du *red chalk* (de Hunstanton) et qui forme avec elle l'étage *selbornien* entièrement argileux et imperméable, a une épaisseur de 40 à 60 mètres sous Londres, un peu moins dans les comtés de Surrey, Sussex et Hampshire, et un peu plus (jusqu'à 80 mètres) sous ceux de Kent et de Berks : il retient l'eau au-dessus de lui dans les *upper greensands*.

b) CRÉTACÉ SUPÉRIEUR : CHALK. — La craie occupe toute la surface comprise entre la bande précitée du crétacé inférieur à l'O., la mer du Nord à l'E. et la Manche au S., à l'exception de l'enclave du Weald, et en remarquant qu'elle est recouverte : 1° par l'éocène dans la partie centrale du bassin de Londres et le long de la côte S. de Brighton à Dorchester; 2° par le pliocène sur la côte orientale à l'E. d'une ligne Norwich-Harwich;

[1] De la ligne d'affleurements Dorking-Sevenoaks, les sables verts plongent régulièrement et s'enfoncent sous le bassin de Londres, où leurs eaux ont une pression plus forte que celles de la craie. Plus à l'E., la rivière Loose se perd dans les Hythe beds.

3° par des alluvions récentes dans la partie N. de la côte orientale, notamment autour des golfes du Wash et du Humber (autrefois beaucoup plus profondément entrés dans les terres). Le dessus de la craie a été fortement mais irrégulièrement érodé, en sorte que les épaisseurs sont très variables. Les couches sont inclinées différemment dans les trois régions : dans celle du N., elles continuent à pendre vers l'E.; sur la côte S., adossées à l'anticlinal du Weald, elles plongent vers le S. ou S.-O.; enfin, dans le bassin de Londres, elles s'inclinent de part et d'autre vers l'axe de ce grand synclinal (qui n'est pas loin de suivre le cours de la Tamise).

On a donné beaucoup de subdivisions de la craie. Je m'en tiendrai à celle que donne Woodward comme la plus pratique pour l'hydrogéologie, (voir tableau V, colonne 4). — A la base, le cénomanien est représenté d'abord par les *upper greensands* ou grès glauconieux de Cambridge [1], qui contiennent une assez belle nappe : l'épaisseur de la formation varie de 12 ou 15 mètres dans Surrey et Sussex, à une cinquantaine de mètres dans le Dorset et le Devonshire (de 14 à 36 mètres dans l'île de Wight). Des sources de ce niveau alimentent les villes de Taunton, Crewkerne, Bridport, Lyme Regis, Sidmouth, Dawlish et en partie Teignmouth : l'eau est pure et assez douce. A Shaftesbury, l'eau provient d'un puits de 42 mètres et est plus dure. A Eastbourne, on a récolté beaucoup d'eau dans les puits de Bedford Well continué par des tronçons de galeries dans les *upper greensands ;* mais on est tombé dans une faille où la craie inférieure est venue au contact des sables verts et on doit soutirer l'eau de la craie (quand on pompe trop en sécheresse, l'eau devient salée par suite du voisinage de la mer). Dans le district de Londres, plusieurs grands forages ont atteint les sables verts supérieurs, mais n'ont donné que peu d'eau (à Kentish Town, ces sables n'avaient que 4 mètres d'épaisseur). Au N. de Londres, la formation a une quinzaine de mètres dans le comté d'Oxford, et le *malmstone* à sa base engendre de belles sources, comme à Postcombe, Adwell, Easington, Cadwell, Berrick, Salome, ou alimente quelques forages comme celui de Wallingford. Enfin plus au N. (Hertford, Norfolk, Lincolnshire) la formation cesse d'être gréseuse et devient le *red chalk*, qui hydrologiquement se confond avec la base de la craie.

Au-dessus des upper greensands (quand ils existent) ou du red chalk vient la craie proprement dite (*chalk*), la plus importante des formations aquifères de Grande-Bretagne. Son épaisseur totale ne descend guère en

[1] C'est un grès calcareux appelé aussi *firestone* et *hearthstone*, ou siliceux avec rognons appelé *malm-rock* ou *malmstone :* dans le Surrey, il a souvent deux niveaux d'eau, l'un à la base sur les *grey beds*, l'autre plus haut dans le *malm-rock*.

dessous de 200 mètres (de 190 à 300 mètres dans le S.-E. de l'Angleterre, 365 mètres dans le Norfolk et jusqu'à 540 mètres dans l'île de Wight) : l'eau circule facilement par des fissures (qui n'ont généralement pas plus d'un pouce de largeur) ou par des failles dans toute cette hauteur, et Whitaker n'y considère qu'un seul niveau, l'eau étant retenue à partir du dessus du *chalk marl*, marneux et à peu près imperméable. Cependant il convient de retenir la division en trois étages : 1° la craie cénomanienne (*lower chalk*) avec ses subdivisions *chloritic marl* et *chalk marl* à la base, *Tollernhoe stone*, *grey chalk* et *Belemnite marl;* 2° la craie turonienne (*middle chalk*) subdivisée en *Melbourn rock* et craie avec peu ou pas de silex; 3° la craie sénonienne (*upper chalk*) subdivisée en *chalk rock* à la base et craie à silex (*chalk with flints*) (1) au-dessus. La formation n'est pas généralement complète, le dessus ayant été érodé : elle absorbe toute l'eau de pluie (2), et les vallées qui n'atteignent pas en profondeur le niveau permanent de la nappe restent sèches (tandis que les autres ont des sources au niveau ci-dessus). Il y a des entonnoirs (*pipes*, *pot-holes*, etc., etc.), des cavernes et des galeries résultant de la dissolution de certaines parties de la craie (3) : bref, la craie contient ou peut contenir de grands volumes d'eau, qui sont principalement collectés dans Totternhoe stone (au-dessus de Chalk marl), Melbourn rock (au-dessus de Belemnite marl) et chalk rock; quant à l'eau des couches supérieures (4), elle est souvent mêlée à celle des sables de la base de l'éocène, les sources de ce niveau donnant naissance à des ruisseaux qui coulent sur l'*argile de Londres.*

Un grand nombre de puits et forages puisent l'eau de la craie. La profondeur à laquelle on trouve l'eau dépend soit des fissures rencontrées, soit du niveau où se tient le plan de saturation; il est rare qu'il faille faire plus de 90 mètres sans avoir l'eau (qui bien entendu n'est artésienne que

(1) Les silex (*flints*) sont souvent groupés en bancs continus (*tabular flints*) horizontaux ou obliques et constituant des chemins ou passages pour l'eau : un puits de 55 mètres à Docking (Norfolk) n'a trouvé d'eau que dans les galets des trois derniers mètres.

(2) Une expérience de Coperman faite en 1906 sur la *chalk marl* fissurée à l'asyle de Feelbourn (près Cambridge), montre comment se fait cette absorption. Un trou de 2 mètres de long sur 0m,60 de large et 2 mètres de profondeur recevait près de 5 litres par seconde et il eût dû suffire de huit minutes pour le remplir; or il en fallut 85 et on versa dix fois le volume du trou. Quand on arrêta l'apport d'eau, elle mit douze minutes à diminuer de moitié, et le dernier pied d'eau ne disparut qu'au bout d'une heure(les fissures s'étaient bouchées en partie).

(3) Pour cette dissolution, Evans estime que chaque mille carré de terrain crayeux perd par an 140 tonnes de substance, chaque million de gallons d'eau qui en sort emporterait 1,25 tonne de craie, laissant place à un supplément de 110 gallons. Les fissures et cavernes ne peuvent donc que s'élargir.

(4) Harrison dit qu'un mille carré d'*upper chak* sur une épaisseur de 1 yard (soit un volume de 2.367.490 mètres cubes) contient toujours au moins à l'état sec 15.900 mètres cubes d'eau, et quand il est saturé 908.600 mètres cubes (soit dans ce second cas 38,4 0/0).

si elle est emprisonnée sous le *London clay*). A noter que la craie est moins fissurée quand elle est recouverte par les formations éocènes, et par suite c'est non loin des affleurements qu'on a chance d'avoir le plus d'eau. Il y aura aussi grand intérêt à creuser des galeries captantes.

Voici maintenant quelques détails par régions.

Comtés du N.-E. — Dans les comtés d'York, Lincoln et Norfolk, les bancs marneux du *chalk marl* manquent souvent et la craie cénomanienne est réduite entre 20 et 35 mètres. La craie turonienne est assez épaisse dans l'Yorkshire (en moyenne 140 mètres), mais réduite entre 30 et 60 mètres dans les deux autres comtés : elle contient des silex, tandis que l'*upper chalk* (200 à 330 mètres) en contient peu.

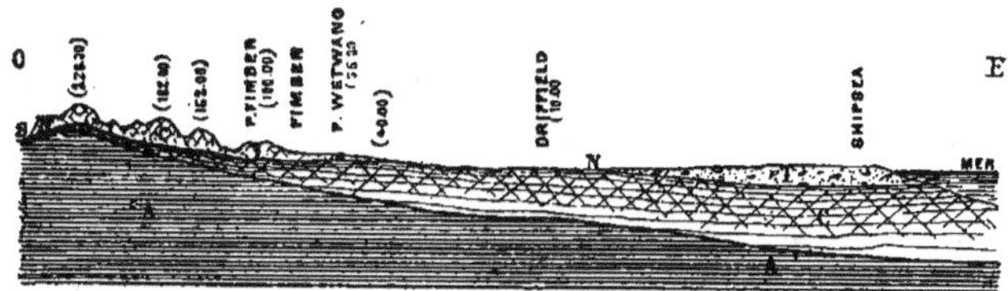

FIG. 156. — Coupe O.-E. de la craie du Yorkshire et sources sous-marines.

A-A, argile du kimméridgien ou du néocomien; — C-C, craie (upper chalk) et son niveau d'eau NN; — T, argile tertiaire ou quaternaire), d'après Robert-Mortimer; — S-S, sources (pouvant être sous-marines).

Dans le comté d'York, les couches s'inclinent doucement vers l'E. et le S. (*fig.* 156): les eaux de la craie prises entre l'argile kimméridgienne ou le *speeton clay* et les bancs d'argile tertiaire ou quaternaire étendue le long de la côte peuvent devenir artésiennes et engendrent des sources sur le rivage, dans le lit de la Humber Rr entre Hull et Hessle, et même sous la mer. Telles sont les sources au N. de Bridlington (un forage dans le port même monte avec la marée et jaillit quand elle dépasse une certaine cote), de Gipsey Race, du Hull River [1], etc., etc.; le versant E. des Wolds a aussi de grosses sources à son pied. — Dans le Lincolnshire, sources remarquables à Welton, Claxby, Well, Haug, Belleau, Muckton, Cawthorpe, Louth, North Ormsby, Tathwell, Maltby, Raithby, Withcoll, etc., etc.; deux puits artésiens au niveau de la mer à Cleethorpes, jaillissant à près de 5 mètres; enfin une série de *blow-wells* (puits souffleurs), notamment ceux entre Grimsby et Little Coates, qui servent à l'alimentation de Grimsby (l'eau de ces puits vient de la craie par dessous le *boulder-clay* glaciaire ou les alluvions).

[1] A Hull même, les puits donnent de l'eau salée : ils trouvent la craie à 15 ou 20 mètres de profondeur. A Sunk Island l'eau des puits est également salée.

Dans le comté de Norfolk, il y a à Long Low sous les galets littoraux quatre puits alimentés en eau douce, dont le niveau oscille avec les marées dans une amplitude de 6 mètres (le maximum a un retard de trois jours sur la plus forte marée). En pleine craie, les sources du Nar, et dans sa vallée celles de Marham (qui alimentent Wisbech); les sources du Gaywood R[r] à Gayton Thorpe, et dans sa vallée celles de Well Hall qui donnent au minimum 32 litres par seconde, et celles de Sow's Head qui donnent 24 litres, et de Grimston Church; à l'E. d'Appleton, celles du Denbeck Wood, utilisées pour Sandringham House; la source de Shernborne, etc., etc. Il y a de nombreux *bournes*, comme les parties supérieures du cours du Babington R[r], du Wensum R[r], d'un affluent N. du Wissey R[r], la vallée entre Stanhoe Station et Burnham Westgate qui restent sèches l'été et n'ont d'eau qu'en hiver ou après de grandes pluies. Enfin, à la surface de la craie, il y a souvent des entonnoirs et des mares (*mere*) provenant des eaux souterraines : ainsi Mickle mere, Hill mere, Scott mere, Fowl mere, la Mere-at-Diss, etc., etc.

Comtés du Midland. — Dans le comté de Cambridge, la craie inférieure a moyennement 52 mètres d'épaisseur, dont 30 mètres pour le *Totternhoe stone* qui contient un beau niveau d'eau sur la *chalk marl;* la craie moyenne a 70 mètres, et la supérieure un peu plus (¹). La plupart des sources viennent du niveau ci-dessus, et les localités se sont bâties sur la ligne de ces sources : ainsi à Ruddy, East Hunts, Wellhead, Kneesworth, Nine Wells, etc., etc. Belles sources encore à Orwell, West Farm, Little Eversden, Barrington; les Shardelowes Wells près de Fulbourn; un groupe entre Thriplow et Whittlesford, un autre à Thriplow même, à Shepreth et à Melbourn (chacun de ces deux derniers débitant au moins 230 litres par seconde).

Belles sources aussi dans les collines de craie du Whitshire, de l'Oxfordshire et du Hertfordshire (à noter les sources et pertes d'eau près de North et South Mimms dans ce dernier comté). Nombre de villes s'alimentent à ces sources ou à des puits dans la craie : ainsi Aylesbury et Tring, Luton, etc., etc.

Comtés du S. et du S.-E. : bassin de Londres. — Il y a généralement deux niveaux de sources, l'un à la base de la craie sur le *chalk marl*, ou lorsqu'il est enlevé en grande partie par érosion, comme dans le Kent sur le gault, l'autre au sommet de la formation par trop plein : il arrive en

(¹) A Stutton (Suffolk), un forage a traversé l'éocène jusqu'à 21 mètres, puis 165 mètres d'upper chalk, puis 50 mètres de middle et 48 mètres de lower chalk; puis 15 mètres de gault, et en dessous le primaire (grès silurien sans doute) jusqu'à une profondeur totale de 465 mètres atteinte.

effet, au contact de la craie et de l'éocène, ou que la pression est élevée et alors il y a déversement, ou que la craie n'est pas remplie d'eau et alors il y a absorption des eaux de ruissellement arrivant à ce contact. Les points d'émissions permanentes ou temporaires (bournes appelés ici *lavants*) ou d'engouffrement sont déterminés le plus souvent par des failles ou cassures : c'est aussi par les cassures que la craie déverse parfois son eau dans les sables thanétiens qui la recouvrent par places (et qui ne contiendraient pas beaucoup d'eau sans cet apport).

Les vallées sont ainsi autant de drains dans la masse crayeuse, et les plus belles sources correspondront aux versants les plus étendus. Telles sont les nombreuses sources qui naissent au pied des collines North et South Downs, Chiltern Hills, Dunstable et Royston Downs au S. de Londres; la source de Farnham (Bourne mill spring) avec plusieurs entonnoirs dans les Hop-Grounds et près de l'avenue du Parc; le petit bourne d'Epsom; les sources de Godstone et de Merstham; le bourne de Croydon au pied de la colline de Caterham (1); les sources de Northfleet (340 litres par seconde), d'Erith, de Purfleet et de Grays sur les bords de la basse Tamise; les sources de la Wandle à Beddington et Carshalton (950 litres par seconde pour ces dernières); la fameuse source Chadwell (236 litres par seconde) amenée dès 1609 à Londres; les sources de Hoddesdon, Leatherhead, Ospringe, etc., etc.; enfin un grand nombre de sources au bord de la mer et sous-marines le long des côtes du Kent (2) ou du Sussex. Inversement, il y a des pertes d'eau (*swallow-holes*) : ainsi la rivière Mole se perd entièrement en saison sèche entre le pont de Burford et le parc de Norbury pour ressortir en grosse source près du pont de Thorncroft; beaucoup de petits bétoires-sources dans la vallée du Lavant d'Arundel à Clapham; d'autre à Patching, Westbourne, etc., etc. Les tunnels de chemins de fer dans la craie en drainent les eaux souterraines : ainsi le tunnel de Woldingham dérive 78l,5 par seconde, qui coulent par la tête S. et gagnent l'Eden Rr (étant perdus pour la Wandle).

Sous Londres et les environs, la craie, qui a moyennement 180 mètres d'épaisseur, remplit une cuvette dont je ne puis mieux donner l'allure qu'en reproduisant la carte ci-contre (*fig.* 157) de Barrow et Wills et les deux coupes N.-S. (*fig.* 158 et 159) passent l'une par Hampstead et Westminster, et l'autre plus à l'E. par Brentwood. Sur la carte sont figurées d'une part

(1) Il ne coule qu'en hiver et au printemps : en mars 1904, il donnait 600 litres par seconde à Kenley dont un quart se perdait entre Kenley et Purley.

(2) Par exemple la source de Lydden Spout, près de Folkestone, qui donne 160 litres seconde; les sources qui alimentent Broadstairs.

les courbes de niveau de 50 en 50 pieds du toit de l'*upper chalk*, d'autre part les courbes piézométriques (isopotentielles de 25 en 25 pieds) donnant la pression de l'eau dans la craie. La craie est recouverte par places par les

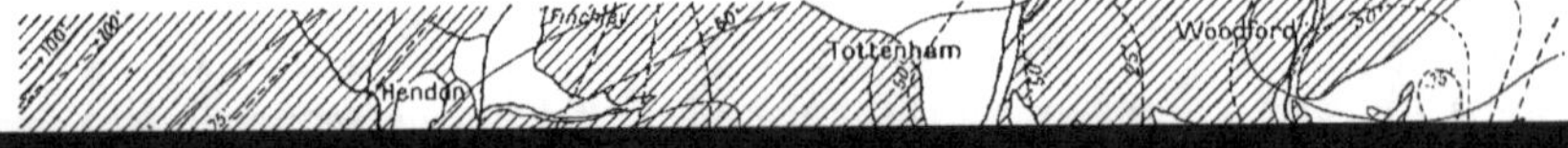

Londres et beaucoup de puits peu profonds s'y adressent; mais en perçant l'argile, on trouve l'eau de la craie sous pression, et un grand nombre de

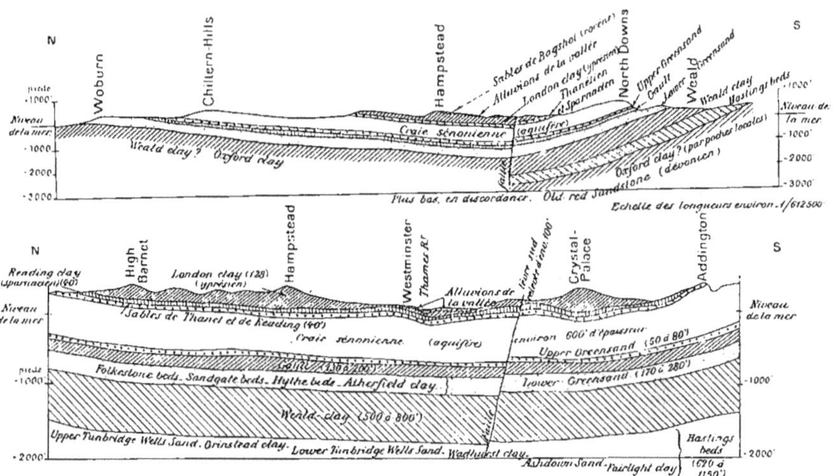

Fig. 158. — Le bassin de Londres : coupe schématique N.-S. (d'après Barrow et Wills).
En haut, coupe d'ensemble sur 70 milles de longueur; en bas, détail sous la ville de Londres.

puits et forages vont la puiser. Dès 1813, un premier puits continué par un forage à Saint-Pancras réussit à prendre l'eau de la craie (il est encore

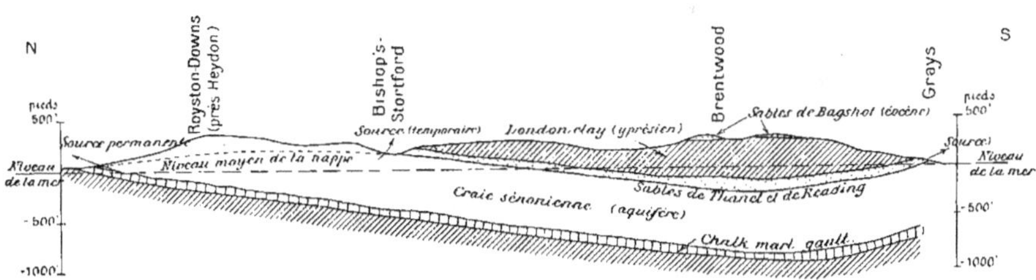

Fig. 159. — Coupe N.-S. du comté d'Essex (à l'Est de Londres) (d'après Woodward).
Échelle d'environ 1/365.460.

en service); ensuite l'East London Water C° et la New River C° creusèrent un grand nombre de puits (1), qui une fois dans la craie étaient prolongés par des galeries plus ou moins longues allant chercher les fissures aquifères;

(1) On creusait jusqu'aux sables de Reading, puis on descendait par havage intérieur des cylindres métalliques (on en ajoutait successivement par le haut).

enfin, la nappe ayant baissé (1), on ne procéda plus que par forages. La Kent Water C° et depuis le rachat le Metropolitan Water Board tirent des forages du S.-E. de Londres environ 36.350 mètres cubes par jour; dans la région du N., les vallées de la Lea et de la Colne font drain et ont des sources (dont la source Chadwell déjà citée).

Dans la banlieue londonienne, beaucoup de localités s'alimentent soit directement, soit par l'intermédiaire de Compagnies, aux puits de la craie. Ainsi je citerai Windsor, Basingstoke, Croydon, Epsom, Faversham, Frimley et Farnborough avec dix-huit villages (eau de la craie à Itchell Well et des sables de Bagshot à Frimley); puis les Compagnies d'eau de Slough, S.-O. suburban (seize localités), Rickmansworth et Uxbridge Valley (vingt localités), Colne Valley, Herts and Essex (quatorze localités), South Essex (vingt-deux localités) qui a surtout des sources, East Surrey (vingt-six localités), West Surrey (huit localités) qui distribue surtout de l'eau de la Tamise, Sutton district (dix localités), Woking and district (quinze localités), Wokingham (dix localités), Brompton et Chatham C°, etc., etc. Bref, on comptait en 1913, dans la cité de Londres, 60 puits ou forages, dans le reste du comté (Middlesex) 328, dans celui d'Essex 85, dans le Kent 46 et dans le Surrey 200, total 719 puisant l'eau de la craie.

On a tenté un certain nombre de forages descendant plus profondément que la craie. Le premier date de 1853 et a été fait par la Hampstead Waterworks C° à Kentish-Town : il descend à 397 mètres de profondeur, dont 196,6 de craie, 4 mètres de grès verts supérieurs, 39m,6 de gault, puis des argiles rouges et des sables et conglomérats (grès verts inférieurs, ou new red ou old red sandstone). Un autre n'eut pas plus de succès, à la brasserie Meux, Tottenham Court Road : alluvions et tertiaire sur 47m,5, craie à silex sur 106 mètres et sans silex sur 93 mètres, sables verts supérieurs sur 8m,5, gault sur 48m,8, sables verts inférieurs sur 20m,4, puis schistes qu'on croit dévoniens sur 24m,4 (profondeur totale 348m,7).

On en a fait récemment, mais toujours sans grand succès pour l'eau, à Bekton Gas Works, à Willesden (un au Parc royal et un autre au Stonebridge Park), à Chiswick et à Southall, qui ont respectivement les profondeurs totales de 298 mètres, 359m,7, 398m,6, 396m,2 et 363m,3, et qui ont trouvé le contact du gault et des sables verts inférieurs aux cotes respec-

(1) En 1836, sous la Cité, le niveau de l'eau de la craie se tenait entre — 30 et — 40 pieds (par rapport à la mer), et en 1913 il était descendu à — 140'. Les puits de la vallée de la Wandle qui presque tous jaillissaient à l'origine ont cessé de jaillir; les trois puits près de la National Gallery, qui en 1847 avaient l'eau à — 78', l'avaient en 1913 à — 195' et un seul donnait encore de l'eau; le puits de Kensington Gardens a de même baissé depuis 1864 de — 45' à — 138' et ne donne plus que 150 mètres cubes par jour, etc., etc.

tives de — 295,6, — 320, — 295,6, — 336 et — 317 en-dessous de la mer : en-dessous, ils seraient entrés dans les grès et marnes de l'*old red sandstone*. — Au S.-O. de Londres, encore deux forages : l'un à Richmond, profond

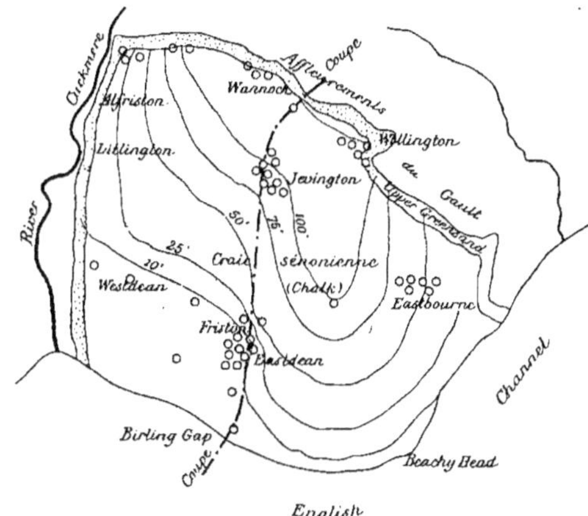

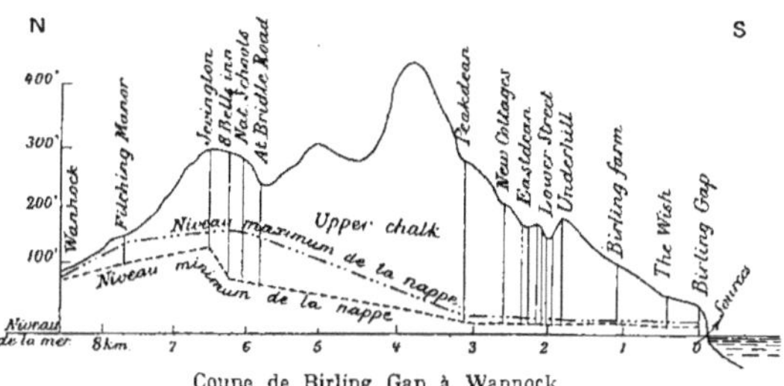

FIG. 160. — La nappe de la craie à la pointe S du comté de Sussex (d'après WHITLEY). Échelle d'environ 1/125.000.

de 441 mètres, qui ne trouve à 347m,5 que 3 mètres de sables verts inférieurs, puis entre à 382 mètres dans le new red sandstone d'où l'eau jaillit ; l'autre au parc d'Ottershaw à Chertsey (Surrey), avec 482m,5 de profondeur totale, qui a pénétré de 8m,2 dans les sables verts inférieurs, d'où l'eau a jailli avec une pression de 22m,2 au-dessus du sol [1].

[1] Ce forage a traversé 27 mètres des Bracklesham beds, 37m,8 des lower Bagshot beds, 102m,4 de London clay, 30m,5 de Reading beds (Voir tertiaire); puis 76m,5 de craie supérieure (mêlée à des argiles et sables éocènes), 96 mètres de craie moyenne et inférieure, 13m,7 de sables verts supérieurs, enfin 90m,2 de gault.

Un mot encore des eaux de la craie sur la côte S. de l'Angleterre (Sussex). La craie y est assez épaisse (240 mètres comme à Chichester et à Telscombe ([2]), 300 mètres et plus à East Lavant, etc., etc.), et le niveau de ses eaux s'incline vers la mer (comme le montre la figure 160, indiquant les puits de la craie entre Eastbourne et la rivière Cuckmere), de manière à donner sur le rivage des sources (qui souvent sont recouvertes par la marée haute). Eastbourne et Eastdean, Newhaven et Seaford, Worthing, etc., etc., s'alimentent par des puits et forages; Brighton avec dix-sept localités voisines utilise à la fois l'eau de sources (à Shoreham) et de puits creusés dans la craie à Goldstone, Patcham, Lewes Road, Aldrington, Portslade et Falmer et prolongés par des tronçons de galeries (l'un a jusqu'à 240 mètres de long). Portsmouth et 11 villages voisins tirent près de 40.000 mètres cubes par jour de sources de la craie; Gosport a des puits artésiens; Southampton tire 30.000 mètres cubes par jour de puits avec galeries et de forages à Otterbourne, où le niveau de l'eau avant pompage se tient à 5m,30 du sol (et à 15m,4 quand on pompe). Dans l'île de Wight, la ville de Ryde tire de l'eau de puits et forages de la craie supérieure à Ashey, et aussi de sources des grès verts supérieurs et de forages dans les grès verts inférieurs à Knighton (*fig.* 161).

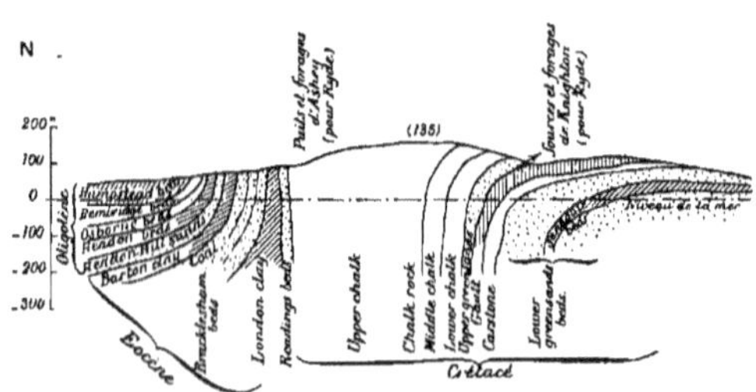

Fig. 161. — Coupe au N.-E. de l'île de Wight : captages de Ryde (d'après Harvey).

Enfin, plus à l'O. encore, les villes de Winchester, Salisbury, Dorchester, etc., etc., tirent leur eau de puits de la craie. Dans le comté de Dorset, on signale des entonnoirs, à la jonction de la craie et de l'éocène, comme ceux près de Dorchester, le Culperpper's Dish et autres : l'eau qui ruisselle sur les *Reading beds* rentre dans la craie.

Composition de l'eau de la craie. — La dureté et la composition varient beaucoup (de 7° hydrotimétriques passant à 35°) ([1]), notamment

([2]) Un forage à Telscombe a trouvé en dessous de 243 mètres de craie, 95 mètres de sables verts supérieurs et de gault, et s'est arrêté dans les sables verts inférieurs; Chichester est alimenté par des sources.

([1]) Il y a des installations d'adoucissement dans plusieurs villes : à Southampton (de 26° ramenée à 8°,5 hydrotimétriques français), à East Surrey (de 26°, ramenée à 6°), à Ryde (de 21°, dont 5°,6 permanent, ramenée à 14°).

suivant la proportion d'eau venant des sables éocènes. Dans le bassin de Londres, l'eau des puits ouverts dans la craie même est dure, tandis que lorsque les sables thanétiens sont superposés Ca est remplacé par Na : c'est ce que montre le tableau ci-dessous (en milligrammes par litre).

		NOMS DES PUITS	$CaCO^3$	$CaSO^4$	$Ca(AzO^3)^2$	$MgCO^3$	$\left.\begin{matrix}Na\\K\end{matrix}\right\}AzO^3$	Na^2CO^3	$NaCl$	$\left.\begin{matrix}Na^2\\K^2\end{matrix}\right\}SO^4$
Puits du bassin de Londres.	Puits ouverts dans les affleurements de la craie.	Rochester	357,5	34,3	»	»	42,9	»	90,1	»
		Sutton..........	338,9	44,3	117,3	»	41,5	»	32,2	»
		Watford	361,8	48,6	82,9	»	»	»	32,9	»
	Puits ouverts dans le tertiaire recouvrant la craie	Trafalgar square.	42,9	»	»	»	»	257,4	286,0	314,6
		Barking.........	78,7	»	»	38,6	»	243,5	128,7	168,7
		City well	47,9	»	»	40,0	»	172,9	173,0	195,5
		Bunhill row	62,2	»	»	50,0	»	257,4	228,8	287,4
		Shepherd's bush.	71,5	»	»	50,0	»	308,9	315,5	344,6

2° BASSIN DU SUD-OUEST DE LA FRANCE (CHARENTES ET AQUITAINE)

a) **Zones du trias, du lias et de l'oolithe de la bordure N. et E. du bassin** (colonne 5 du tableau IV). — C'est d'abord le versant S. du seuil du Poitou, et la surface importante comprise entre le bord S. du massif armoricain (Gâtine et Vendée) et le crétacé de la ligne de la Charente. La figure 162 montre l'allure des couches dans la région de Niort et leur plongement de plus en plus doux vers le S.; d'autre part, la composition des terrains entre cette région et le massif archéen du Limousin a déjà été donnée avec le versant N. du seuil du Poitou (bassin anglo-parisien), et on voudra bien s'y reporter.

Il y a dans cette région calcaire des pertes de ruisseaux, des engouffrements et des résurgences. La plus connue est la grosse source du Vivier, qui sort près de Niort au pied d'une falaise, non loin du confluent du ruisseau le Lambon avec la Sèvre: ce ruisseau, qui naît au-dessus du lias entre la Mothe-Saint-Héraye et Melle, traverse le lias et s'y perd dans des calcaires gréseux du lias moyen aux gouffres de la Salmandière; le Vivier en serait une réapparition au même niveau géologique. L'Egray se perd au même niveau dans les gouffres de la Martinière. Très remarquable aussi est la disparition de la Dive de Lezay, qui coule sur les marnes argoviennes jusqu'en dessous de Bonneuil et là se perd dans son lit (un second gouffre plus à l'aval absorbe ce qui, en hautes eaux, échappe au premier); de grosses résurgences ramènent l'eau au jour aux Tuffeaux, à la limite des départements de la Vienne et des Deux-Sèvres. La Bou-

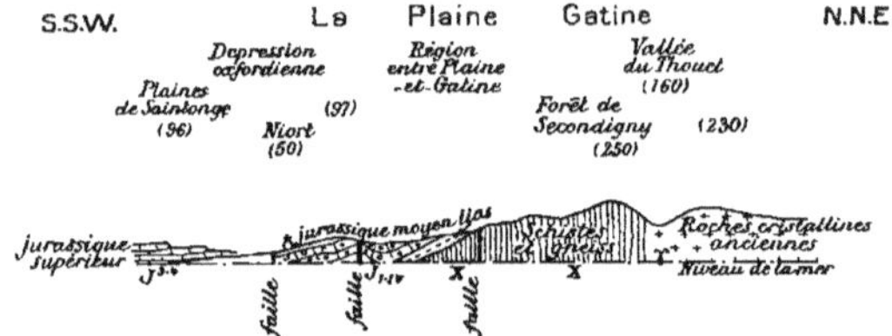

FIG. 162. — Versant S.-E. du massif armoricain (bassin du S.-O. de France) : coupe de la Gâtine à la plaine de Niort (d'après WELSCH).

leure disparaît aussi dans le jurassique moyen; la Péruse a une vallée sèche jusqu'à Ruffec, où ses eaux réapparaissent à la grosse fontaine du

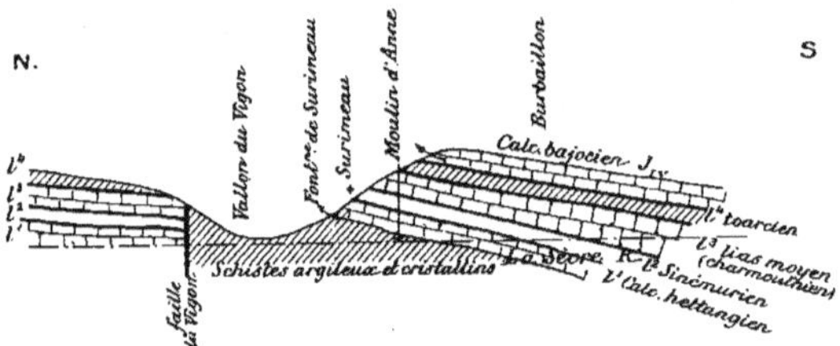

FIG. 162 *bis*. — Détail (coupe N.-S.) du vallon du Vigon à Surimeau (lias et bajocien).

Lien; la Boutonne réapparaît à Chef-Boutonne. Enfin un peu partout de nombreux entonnoirs sont signalés, notamment :

Entre Nanteuil-en-Vallée et Moutardon (Charente), en relation avec la source de Nanteuil;

En face Voulème (Vienne), sur la rive gauche de la Charente;

Entre la gare de Saint-Saviol et le bord de la Charente;

A l'O. de Rouillé (Vienne) le long de la route nationale de Paris à Rochefort;

A 2 kilomètres au S.-O. de Champdeniers (Deux-Sèvres) près la Gaconnière, etc., etc.

Si maintenant nous suivons les bandes du jurassique inférieur de Niort vers l'O. et la mer (pertuis breton), nous les voyons se rétrécir beaucoup, et plonger vers le S. sous le *bri* (couche d'argile marine qui a parfois jusqu'à 30 mètres d'épaisseur) du grand *marais de Marans*. Au S. de ce marais, c'est le jurassique supérieur qui apparaît (séquanien et astartien) et occupe une grande étendue (jusqu'à Surgères); puis plus au S. encore, c'est le kimméridgien qui va jusqu'à Rochefort, en se continuant vers le S.-E. jusqu'à Saint-Jean-d'Angély, au delà duquel il est recouvert par le portlandien (avant de disparaître sous le crétacé). Ces calcaires, séparés par des bancs marneux imperméables (le *banc bleu* aux environs de la Rochelle) (1), contiennent un ou plusieurs niveaux d'eau (un très constant à la base des calcaires à Montlivaultia) qui deviennent plus ou moins artésiens (en raison de l'inclinaison des couches vers le S.-S.-O.). Au voisinage de l'Atlantique, les relations des eaux souterraines de ces nappes avec l'eau de mer ont été expliqués précédemment (voir *fig.* 42) et l'histoire de la saline des eaux de la Rochelle à Périgny est fort instructive (2).

Il y a quelques sources dans les vallées, mais les plus grosses, comme celles de Villeneuve près d'Aigrefeuille (séquanien) et de Vandré (virgulien, au S. de Surgères), semblent résulter de cassures. Les forages sous le bri et sous le banc bleu comme à Marans, Chatelaillon, à l'usine électrique de la Rochelle même (30 mètres), avaient réussi; un forage profond de 354 mètres dans la forêt de Benon a vu l'eau monter à 50 mètres en dessous du sol; enfin, les captages faits pour la nouvelle alimentation de la Rochelle dans les vallons des affluents du Curé ont donné de l'eau artésienne (trois forages de 30 mètres et un de 20 mètres de profondeur à Mille-Écus débitant dans une galerie descendue à 9 mètres, deux forages de 30 mètres et un de 20 mètres à La Fraise débitant dans un autre tronçon de galerie donnent un beau débit d'eau excellente).

A Rochefort, on est à la limite du jurassique et du crétacé : la galerie captante de 1876, établie au pied des coteaux de Châteauroux et de Puyjareau, draine à la fois une nappe du sommet des calcaires virguliens (j^5) et une nappe de la base des sables cénomaniens (5 mètres de sables fins blancs, et 15 à 25 mètres de sables ferrugineux au-dessus d'eux). Pour une longueur de 2.672 mètres, cette galerie ne donne pas en basses eaux plus de 2.500 mètres cubes par jour: il semble que la ville trouverait d'abondantes eaux souterraines sous le bri (3) en barrant en quelque sorte transversale-

(1) Les couches dites de la Rochelle sont assez compliquées : à la base, le calcaire marneux de Marans (rauracien), puis les calcaires lithographiques, enfin les calcaires à polypiers et à échinodermes (d'Angoulême) du ptérocérien. Ce qui importe ce sont les lits imperméables, et on n'a guère cherché plus bas que sous le premier banc bleu.

(2) On sait que la quantité de NaCl dans l'eau du puits de Périgny est passée de 1 à 5 grammes par litre quand, pendant la guerre, on a augmenté notablement les pompages : on attirait manifestement de l'eau saumâtre, la mer étant trop proche. (Voir ce qui en a été dit plus haut à propos des nappes au bord de la mer).

(3) On a trouvé ainsi beaucoup d'eau dans les fondations profondes du bassin à flot.

ment à son goulet, entre Chartres et les Épinettes, le vallon qui vient de Muron (ou encore au N. de la ville celui qui vient de Ciré). Je rappellerai enfin qu'un grand forage a été fait de 1861 à 1866 dans la cour de l'Hôpital maritime à Rochefort et qu'il a traversé les terrains ci-après :

Bri et argile jaune sur	3 mètres
Cénomanien de	3 m,00 à 49 m,33
Oolithe	49 m,33 à 362 m,00
Lias	362 m,08 à 765 m,54
Keuper	765 m,54 à 807 m,10
Grès triasique (bigarré ?)	807 m,10 à 852 m,33
(Eau à 816 m,30 donnant 2 litres 1/2 par seconde)	
Permien (calcaire dur et grès très dur) de.	852 m,33 à 856 m,78

L'eau monta à la cote + 16,57; elle a 42° de température, mais elle est très minéralisée (5gr,986 de sels dissous, dont 2,812 d'acide sulfurique, 1,527 de soude, 0,795 de chaux, 0,163 de magnésie et 0,513 de chlore).

Le jurassique moyen et supérieur se prolongent, ai-je dit, vers le S.-E. jusqu'à buter contre le massif granitique de Nontron : ils vont ainsi de Ruffec à Angoulême, et la partie S. au moins est de nouveau très remarquable par les entonnoirs et les pertes d'eau. Ainsi la grande forêt de Braconne (3.967 hectares) contient des gouffres nombreux, appelés *fosses*, tels que la Grande Fosse, la Fosse mobile, la Fosse limousine; d'autre part les rivières du Bandiat et de la Tardoire se perdent, et c'est à toutes ces pertes que doivent correspondre les fameuses sources de la Touvre, qui sortent en plusieurs points à Magnac au pied d'une falaise de calcaire kimméridgien et ne débitent pas moins de 20 mètres cubes par seconde.

Enfin, si on suit encore vers le S. le bord O. du Massif Central, on trouve après un certain élargissement du jurassique dans les hautes vallées de l'Isle et affluents (à Excideuil, Savignac, etc., etc.) et un rétrécissement au droit de Terrasson, un large épanouissement entre et dans les vallées de la Vézère, de la Dordogne, du Lot et de l'Aveyron, correspondant à de grandes portions du Sarladais, du Quercy et du Rouergue et à leurs *causses* (appelés *petits causses*). Le lias (et même quelques lambeaux de trias) réapparaît en partant d'un peu au S. de Brives et va jusqu'au delà de la rivière d'Aveyron, où il se termine en butant contre la forêt de la Grésigne (permien). Une communication se serait faite au temps du lias par le *détroit de Rodez* avec le grand golfe jurassique des causses de la Lozère (que je rattacherai au bassin du S.-E.). Du côté de l'O., le jurassique supérieur s'avance entre Lot et Dordogne notablement plus loin que Cahors avant de disparaître sous le crétacé : au S. du Lot, le crétacé n'apparaît pas alors que l'éocène s'avance très loin vers l'E. Du bassin de Brives à la Grésigne, les couches adossées au granit ou au permien plongent vers l'O.; mais au voisinage de la grande faille de Villefranche les terrains qui ont subi plusieurs plissements [1] sont très disloqués, comme le montrent les deux coupes de la figure 163, et il est difficile de suivre les eaux dans cette succession d'anticlinaux et de synclinaux de peu d'étendue.

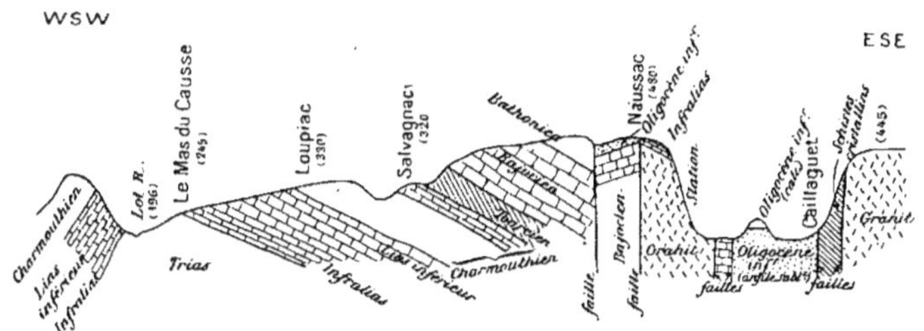

1° Coupe perpendiculaire à la faille de Villefranche, par le bassin d'Asprières, Maussac et la vallée du Lot.

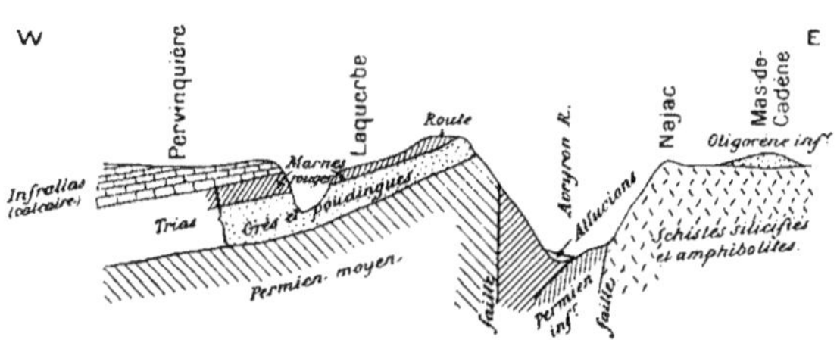

2° Coupe perpendiculaire à la faille de Villefranche, par Najac (vallée de l'Aveyron).

Fig. 163. — Coupes du revers O. du Massif Central, perpendiculairement à la faille de Villefranche-de-Rouergue (d'après Thévenin).

Il y a peu de chose à dire de l'hydrologie du trias : les grès grossiers et poudingues de sa base [2], reposant en discordance sur les grès et argiles rouges du permien (de Brives, de Najac, de la Grésigne, etc., etc.) et surmontés des marnes rouges micacées (imperméables) contiennent un peu d'eau (petites sources dans les vallées), mais cette nappe devient vite trop profonde. L'infralias (rhétien) est aussi très argileux, mais il est recouvert par les calcaires en plaquettes du sommet du rhétien et les calcaires hettan-

(1) Il y aurait eu trois périodes de plissement et de fracture, une entre jurassique et crétacé, une avant et une après l'oligocène : de là une série d'anticlinaux et de synclinaux de faible amplitude, mais qui dirigent les eaux localement.

(2) Ces grès peuvent contenir des grottes, comme celles de Lacan, de Champs, de Coumbo-Negro aux environs de Brives.

giens (gris, sublithographiques, avec cargneules intercalées) qui forment une première bande de causses stériles (fortement entaillés par les vallées, au fond desquelles jaillissent quelques sources). Ces calcaires sont vite recouverts à leur tour par le charmouthien (marnes et calcaires au total peu perméables, avec 80 mètres d'épaisseur près de Saint-Antonin et 15 mètres seulement près de Capdenac), et celui-ci par le toarcien également très marneux et très imperméable (70 mètres d'épaisseur à Saint-Antonin et 20 mètres à Capdenac) : le sommet du toarcien présente sou-

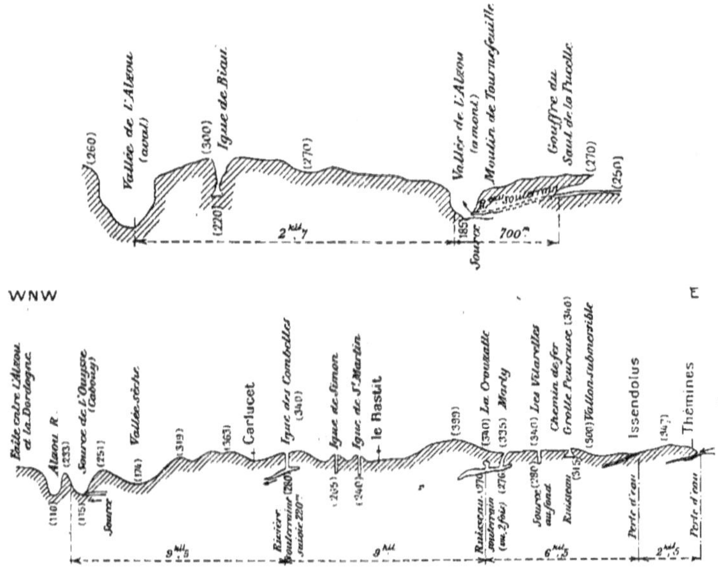

FIG. 164. — Coupe transversale du causse de Gramat. — En haut : coupe du causse à l'E. de Rocamadour (détail).

vent toutefois à sa partie supérieure un étage calcaire (*calcaire de Saint-Antonin*, caractérisé par *Gryphœa sublobata*), et il peut y avoir de l'eau dans les fissures de ce calcaire. Mais l'eau est généralement retenue au-dessus du toarcien, dans les calcaires bajociens, et ensuite au-dessus d'eux en allant vers l'O. dans les calcaires du bathonien, puis du jurassique supérieur : elle y pénètre soit par la rentrée sous terre de ruisseaux venant des régions imperméables d'amont, soit par des orifices appelés *igues* ou *cloups* disséminés sur les plateaux arides (causses), et elle y circule dans des cavités (rivières souterraines) pour ressortir en certains points sous forme de sources vauclusiennes (voir *fig.* 164, la coupe du causse de Gramat donnée par Martel, avec ses pertes à l'E., ses grottes, ses igues, et les sources de l'Ouysse à l'O.).

Le bajocien, qui forme une large bande de causses, a moyennement 80 mètres d'épaisseur [1] : à la base, un calcaire caverneux, ruiniforme, roux ou rose; puis un calcaire oolithique plus ou moins dolomitisé; enfin des bancs de calcaire compact, gris, sublithographique. Les causses de Turenne et de Cressensac, de Martel, de Gramat, de Puy-de-Corn, de Limogne, etc., etc., sont à citer; mais ils se continuent souvent dans le bathonien, épaisse formation (séparée du bajocien par une couche argileuse) de calcaires marneux en plaquettes (60 mètres à Saint-Antonin et plus à

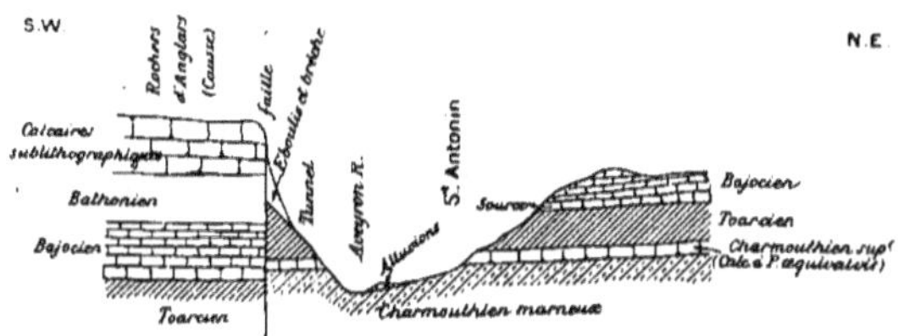

Fig. 165. — Coupe de la vallée de l'Aveyron à Saint-Antonin (Tarn-et-Garonne) (d'après Thévenin).

Cajarc), donnant des causses plus arides encore (de Gramat, de Saint-Clair, de Villeneuve, etc., etc.). Plus à l'O., le jurassique supérieur, épais parfois de 300 mètres ou plus, prend une grande importance, notamment entre Bruniquel et Cahors : c'est à la base, les calcaires sublithographiques allant du callovien au rauracien (gris ou blancs) dits *calcaires en corniche* (125 mètres entre Saint-Géry et Cajarc, sous les noms de *calcaire de Saint-Géry* et de *calcaire de Vers*) qui forment les causses les plus arides de tous [2], tels que le causse d'Anglars (*fig.* 165 au S.-O. de Saint-Antonin), ceux de Moncéré, de Servanac, de la Garrigue, du Breton, du Lot, etc., etc.; après vient le calcaire astartien, dit *calcaire de Sept-Fonds* (100 mètres dans la vallée du Lot), puis les marnes à *Exogyra virgula* du kimméridgien, développées près de Cahors, enfin (mais au N. du Lot seulement) le calcaire portlandien, lithographique ou dolomitique.

Je ne puis que renvoyer aux si nombreuses publications de Martel pour la description des grottes, gouffres, pertes d'eau, ruisseaux souterrains

(1) D'après Thévenin *Étude géologique de la bordure S.-O. du Massif Central*, *Bulletin des Services de la carte géologique de France*, t. XIV, 1902-03.

(2) C'est dans le fond des igues de ces causses que se trouvent les *poches à phosphorites* du Quercy.

et résurgences qui se rencontrent un peu partout dans les calcaires précités : le plus célèbre de ces phénomènes est le gouffre de Padirac (100 mètres de profondeur), qui s'ouvre dans des calcaires à plaquettes (faciles à désagréger) et traverse le bathonien et le bajocien jusqu'au lias (sur lequel coule la rivière souterraine) [1]. Quant aux sources, je citerai à titre d'exemple celles de la vallée de la Dordogne, savoir : celles de Gintrac, Carennac, Toupi à l'E. du chemin de fer de Brive à Figeac, celles de Montvalent (Saint-Georges, Gourguet, Lombard, Finou) à l'O.; les gouffres du Limon près de Mayronne; les deux sources de l'Ouysse (Cabouy et Saint-Sauveur); la fontaine de Briance, en face de Floirac; les deux sources vauclusiennes de Boutières et de Cacrey; au N. de Souillac, les deux sources du Grand Blagour et du Boulet, à intermittence alternative, etc., etc.

Dans la vallée du Lot, on trouve aussi de nombreuses sources, sortant souvent d'une caverne : je ne citerai que la fameuse source des Chartreux à Cahors qui sort du virgulien, à l'O. de la ville et communiquerait avec la fontaine Saint-Georges. (Du temps des Romains, la cité des Cadurques était alimentée par la Font Polémie, qui sort dans la vallée du Vers à plusieurs kilomètres au N.-E. de la ville.) De son côté, Gourdon est alimentée par les deux sources de Janis et de Fontanges, émergeant du jurassique supérieur.

Dans le Tarn-et-Garonne, la vallée de l'Aveyron et celles de ses affluents ont aussi de nombreuses sources : près de Saint-Antonin, celles de la Gourgue et de Notre-Dame de Livron; la grotte du Capucin qui laisse entendre au fond le bruit d'un ruisseau souterrain; la grotte où la Bonnette prend sa source (une source basse pérenne à 20 mètres en contre-bas d'une émergence qui ne jaillit qu'après les fortes pluies); la fontaine d'Alby et le trou de Fourfoule dans le vallon de Cantayrac; la source temporaire du trou de Poux-Blanc, dans le thalweg du ruisseau (à sec l'été) de Poux-Nègre, etc., etc.

b) **Zone du crétacé de la bordure N.-E. du bassin S.-O. de la France.** — Au S.-O. du jurassique décrit ci-dessus, règne une bande parallèle d'une cinquantaine de kilomètres de largeur de crétacé supérieur, allant par conséquent de l'Atlantique (entre Charente et Gironde) jusqu'à Gourdon et Fumel; le crétacé disparaît à son tour, sous le tertiaire, dont de nombreux lambeaux empiètent d'ailleurs sur lui. Sauf une réappari-

(1) L'issue des eaux de cette rivière n'est pas encore bien connue : il y a bien des sources à Gintrac qui pourraient y correspondre, mais les supérieures sont à 28 mètres plus haut que la fin de la rivière du Fuseau.

tion entre Charente et Gironde due à l'*anticlinal saintongeais*, le cénomanien et le turonien n'occupent qu'une faible largeur le long de la Charente (de la Rochelle à Angoulême), puis le long de la bordure jurassique jusqu'aux causses du Quercy : c'est donc le sénonien, qui couvre presque toute la région, mais ici il n'a pas le facies crayeux et consiste en une succession de bancs calcaires plus ou moins gréseux (avec intercalations fréquentes de niveaux à rudistes, véritables récifs). Le pays est d'ailleurs plissé et faillé (plis dépendant des hercyniens et se raccordant à ceux de Bretagne), comme le montre à titre d'exemple la coupe de Beillant à Montendre, d'après Arnaud [1] (*fig.* 166). Voici, d'après le même auteur, les principaux synclinaux et anticlinaux :

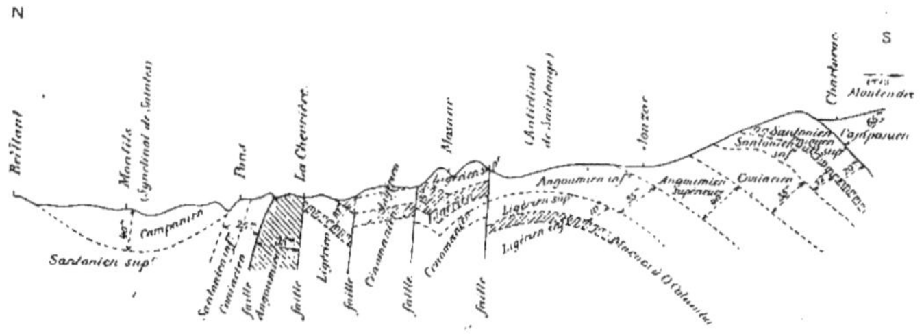

Fig. 166. — Coupe du crétacé entre Charente et Gironde (suivant la ligne de Beillant à Montendre) (d'après Arnaud).
Nota : au-dessus du campanien, on trouve le dordonien, qui à Montendre passe sous le tertiaire.

1° L'anticlinal Saint-Cyprien-Périgueux-Cognac, avec la faille de Campagne à Berbinières de 200 mètres de dénivellation (mettant le crétacé en contact avec le jurassique);

2° Le synclinal de Saintes, qui passe entre Neuvic et Saint-Astier, entre Lalinde et le Buisson, et au N. de Villamblard;

3° Le grand anticlinal de Jonzac (ou de Saintonge) à Saint-Front, passant par Mauriac, au S. d'Issac et allant vers Mouleydier;

4° Le synclinal (plus petit) de Sarlat-Séguillac, par Plazac et Millac;

5° L'anticlinal de Mareuil-Meyssac-le Change avec la faille de Thénon, etc., etc.

Les eaux sont naturellement dirigées par ces ondulations et circulent dans les fissures des couches calcaires, dont voici les principales:

[1] Arnaud, *Actes de la Société linnéenne de Bordeaux*, t. XXXI, 1876. — Arnaud donne des coupes le long de toutes les lignes de chemins de fer de la région, avec le détail de nombreuses tranchées.

Dans le cénomanien (50 mètres environ), calcaire inférieur (32 mètres) et calcaire supérieur (quelques mètres) à ichtyosarcolites, séparés par les marnes à Ostracées et les argiles tégulines; il y a aussi un peu d'eau dans les bancs de grès de la base (partie supérieure de la galerie de Rochefort). A signaler la perte de la Seudre sur environ 3 kilomètres aux abords de Gémozac, une grosse source (15 litres par seconde) qui naît à Châteauneuf-sur-Charente, etc.

Dans le ligérien (turonien inférieur, 20 à 30 mètres), un peu d'eau dans le calcaire à *Terebratella carentonensis* de la base (10 à 15 mètres), entre les marnes à *Ostrea columba*. L'angoumien ou provencien (turonien supérieur) est beaucoup plus épais (70 à 100 mètres) et est presque entièrement calcaire (pierre de taille d'Angoulême, de Périgueux, etc., etc.) : aux abords de cette dernière ville, sources de l'Abîme et du Cluzeau provenant d'une faille et donnant au minimum 200 litres à la seconde pour l'alimentation de la ville (ces sources ont 22° hydrotimétriques) et source du Toulon qui fait marcher de suite une usine hydraulique.

Le sénonien, très développé et très épais (plus de 200 mètres), se subdivise en coniacien, santonien, campanien et dordonien (maestrichtien), et chaque subdivision peut contenir un ou plusieurs niveaux d'eau : dans le coniacien un au-dessus des marnes et calcaires marneux de la base; dans le santonien, un à la base et un dans les calcaires et grès du sommet au dessus des marnes à *Ostrea vesicularis;* deux également dans le campanien, séparés par les marnes moyennes à *Belemnitella quadrata;* enfin plusieurs dans le dordonien, dont un à la base dans les calcaires glauconieux et arénacés à *Orbitoides media*, un vers le milieu sur la marne de Beaufort, et un au sommet dans les grès et poudingues dolomitiques à rudistes (au-dessus, on trouve encore des sources provenant des lambeaux tertiaires discontinus du sidérolithique et des sables du Périgord). Le sénonien comporte des vallées sèches sur les plateaux calcaires, et de nombreuses sources dans les vallées fluviales au débouché des cassures et fissures, souvent masqué dans le fond par les alluvions. Je citerai la source de Lucérat qui alimente Saintes (avec 30° hydrotimétriques) (1), et celle de Font-Couverte à 3 kilomètres au N. de cette ville; la source du Trèfle qui alimente Barbézieux (35° hydrotimétriques); des sources assez faibles du dordonien (de Meynard, de Siorac, chez Pouyou) aux environs de Ribérac; enfin du même terrain dans les environs de Bergerac, les deux sources de Queyssac,

(1) Cette source, qui donne de 88 à 180 litres-seconde et communique avec celle du village de Pabau, n'est pas isolée : il y en a tout un groupe sur 3 à 4 kilomètres de longueur rive gauche de la Charente.

celles de la Dougne, de Saint-Georges-de-Montclar, de Mouleydier, de Creysse et du moulin de Laffoux près Maurens (qui sortent chacune d'une faille et font aussitôt tourner des moulins), et celles de la vallée du Caudeau, dites Font-Ronde et Font-Chaude, qui sortent dans les alluvions près de Lembras et à 6 kilomètres de Bergerac et paraissent les plus propres à alimenter cette ville. Plus à l'E., à 4 kilomètres de le Buisson, on trouve le gouffre de Proumeyssac.

Les forages paraissent rares dans la région : on ne m'a signalé que celui de Tiregand, qui a trouvé l'eau à $272^{m},5$ et où l'eau reste de 13 à 18 mètres en contrebas du sol.

c) **Jurassique et crétacé de la bordure S. du bassin (Pyrénées).** — Au S. de la vaste cuvette tertiaire aquitanienne et au S. des Corbières, on retrouve des bandes orientées E.-O. de crétacé supérieur, puis de crétacé inférieur (urgo-aptien principalement), enfin de jurassique, qui s'appuyant sur les massifs archéens et primaires des Pyrénées forment le versant septentrional de cette chaîne, et vont du golfe du Lion au golfe de Gascogne. Les couches plongent naturellement vers le N., mais subissent de nombreuses discontinuités et dislocations, en raison du caractère montagneux de la région : l'inclinaison étant souvent très forte, les eaux infiltrées dans les couches perméables (affleurant par leurs tranches) deviennent vite très profondes et difficiles à suivre. Aussi peu de forages ont été faits (sauf dans les alluvions ou le pliocène de la plaine des Pyrénées orientales [1] ou de celle de Bayonne et Biarritz). Quant aux sources, si elles sont nombreuses, ce sont souvent des sources filoniennes (sources thermo-minérales des Pyrénées) ou des résurgences, Martel [2] ayant révélé un grand nombre de points d'engouffrement, de ruisseaux souterrains et de grottes d'émergence dans les couches calcaires.

Dans ces conditions, je ne puis que signaler les principaux niveaux d'eau, savoir : à la base du lias, une formation calcaire peu étendue (*calcaire de Saint-Béat*), surmontée qu'elle est du lias supérieur schisteux ou marneux (imperméable); au jurassique moyen, dans les Pyrénées orientales et centrales, une épaisseur de 20 à 40 mètres de dolomies noires (à nérinées) représentant le bajocien et le bathonien, tandis que, à l'O., les

(1) Puits artésiens de 12 à 17 mètres de profondeur entre Salses et Rivesaltes (dont le puits Baho pour cette dernière ville) dans les Pyrénées-Orientales; puits artésien de 30 mètres près du lac Mouriscot pour Biarritz.

(2) Rapports sur la première (1908) et la deuxième (1909) mission de Martel pour l'exploration des Pyrénées souterraines (*Annales de l'Hydraulique agricole*, Ministère de l'Agriculture).

calcaires parfois schisteux deviennent plus épais (150 mètres à Hasparren) et se surmontent des calcaires et marnes du callovien également épais. Le crétacé est plus développé, l'inférieur du côté oriental (bassins de l'Agly et de l'Aude), le supérieur du côté occidental dans les plaines d'Oloron et Mauléon (bassins des gaves de Pau et d'Oloron, de la Bidouze, etc., etc.). La série crétacée commence par l'*urgo-aptien* (calcaire à Toucasia) qui a les mêmes propriétés que l'urgonien des chaînes subalpines, c'est-à-dire qu'il est très caverneux et donne lieu à de nombreuses sources vauclusiennes, telles que :

Les sources de Salses (Font-Dame et Font-Estramer), Pyrénées-Orientales (¹);

La source intermittente de Fontestorbes (débit de 560 à 3.100 litres par seconde), qui alimente Bélesta (Ariège); de nombreux gouffres sur les plateaux environnants correspondant avec elle;

La source de Sainte-Hélène ou d'Oizel (qui naît au fond d'une longue galerie naturelle et se trouble lors des pluies) servant à l'alimentation de Foix;

La source de Lherm, qui jaillit derrière l'église du village de ce nom et à laquelle avait songé Pamiers;

Les sources d'Ussat, où François a appliqué la méthode de captation par *pressions hydrostatiques réciproques*, ainsi que les grottes de Lombrive, Niaux, Sabart et Bédeillac dans la région de Tarascon d'Ariège;

Les sources de la vallée d'Ossau, entre Laruns et Arudy;

La source de la Grande Nive à Béthérobie, et les deux sources de la Bidouze, que Martel déclare susceptibles d'être réglées par des serrements;

La source de l'Arangoréna à Garaïbie;

La grotte et la rivière souterraine de Bétharam;

La grotte de Gargas et la source intermittente de l'Arize à Poudak;

La grotte de Pène-Blanque près d'Arbas (gouffre de 155 mètres de profondeur au fond duquel l'eau coulerait sur le toit du jurassique);

Les sources que la ville d'Orthez va capter, mais qu'elle devra protéger sérieusement, etc., etc.

L'albien, formé à sa partie supérieure de marnes noires épaisses, est un substratum imperméable au-dessus duquel (en discordance) les couches de grès et de conglomérats du cénomanien et du turonien contiennent un peu d'eau. Le sénonien est aussi gréseux dans les Corbières, l'Ariège et la

(¹) Une bonne partie de leurs eaux viendrait de l'Agly, par infiltration sous la plaine; mais une fraction aussi serait en relation avec le massif urgonien d'Opoul et ses *barrancs* (pertes d'eau).

Haute-Garonne : ainsi, séparés par des couches de marnes bleues ou rouges, on trouve le grès à échinides, le grès dit de Sougraigne (130 mètres d'épaisseur dans cette localité de l'Aude), et le grès d'Alet, chacun de ces bancs étant aquifère et pouvant devenir artésien en s'enfonçant. Puis, en allant vers l'O., les formations deviennent de plus en plus calcaires (déjà dans la Haute-Garonne le grès d'Alet est remplacé par le *calcaire nankin* d'ailleurs assez marneux), et finalement dans les Basses-Pyrénées l'*alurien* et le *danien* (ce dernier développé jusqu'à 200 mètres d'épaisseur) ne sont plus que des bancs calcaires épais, glauconieux à la base (*calcaire de Tercis*) et marneux au-dessus. Ces calcaires sont beaucoup moins caverneux que ceux de l'urgo-aptien : l'eau s'y tient à divers niveaux, séparés par des couches plus marneuses, mais les niveaux peuvent communiquer entre eux par certaines cassures.

3° BASSIN DU SUD-EST DE LA FRANCE (JURA, BASSIN DU RHONE, ETC., ETC.)

Pour la description, il me faut subdiviser le S.-E. de la France en quatre parties : celle au N. du Rhône et de Lyon (Jura principalement), celle à l'E. du Rhône et au N. de la Durance (Savoie et Dauphiné), celle entre Durance et Méditerranée (Provence), enfin celle à l'O. du Rhône avec son prolongement dans les causses de l'Aveyron et de la Lozère (voir colonne 4 du tableau IV et colonne 5 du tableau V).

a) **Jura proprement dit.** — Par le détroit de Langres (on pourrait dire aussi de Dijon), les terrains secondaires se continuent vers le S.-E.; mais ils se creusent d'une large cuvette lacustre, la vallée pliocène de la Saône (*lac bressan*) [1], qui ne laisse du côté O. le long du rebord granitique du Morvan que des bandes très étroites de lias et d'oolithe (coteaux de rive droite, allant de Beaune jusque près de Lyon). Du côté E., au contraire, de Belfort jusqu'à l'*île Crémieu*, le secondaire s'épanouit en un large système montagneux (rameau dévié des chaînes subalpines), tabulaire d'abord, puis plissé, qui s'élève vers la Suisse et s'arrête brusquement le long du bord N.-O. du bassin tertiaire de Berne-Genève (ligne joignant Aarau, Soleure, Neuchatel, Gex et Fort-de-l'Écluse, alors qu'au S. de ce dernier point le Rhône sépare lui-même le Jura de la Savoie).

[1] Notons que le N. de cette vallée est subdivisée par le curieux pointement de gneiss que fait le massif de la Serre, entouré de couches du permien et du trias, puis prolongé par le promontoire calcaire (jurassique inférieur) de Dôle (nombreuses vallées sèches, dolines et sources).

Ainsi délimité, le Jura a une hydrologie tant superficielle que souterraine bien curieuse, mais bien difficile à résumer, car il faudrait reproduire toutes les publications de Fournier (notamment « Explorations souterraines en Franche-Comté ») et de ses élèves sur la question. Alors que les rivières et rûs visibles ont des directions résultant des plissements, des cassures et des érosions (1) et suivent des vallées appelées *cluses*, *combes*, *reculées*, etc., etc., une circulation souterraine intense se fait dans l'intérieur du sol, et le réseau de ces cours d'eau souterrains a des communications nombreuses soit absorbantes (gouffres, abîmes, emposieux, etc., etc.), soit émissives (sources ou plutôt résurgences) avec le réseau hydrographique subaérien. Il en résulte une intrication de ces deux réseaux, et la nécessité d'études et d'expériences locales détaillées pour les bien connaître : aussi Fournier a-t-il étudié la situation commune par commune dans les trois départements du Doubs, du Jura et de la Haute-Saône, mais je ne pourrai bien entendu que donner ici quelques exemples caractéristiques.

Le *Jura tabulaire* commence par une falaise, le Revermont et le Vignoble, se dressant au-dessus de la plaine de la Saône, puis est formé de trois étages de plateaux successifs (séparés entre eux par des failles longitudinales) : les plateaux d'Ornans et de Lons-le-Saunier (de 500 à 600 mètres d'altitude), le plateau de Champagnole (de 650 à 750 mètres), enfin les plateaux de Nozeroy et de Maîche (de 850 à 900 mètres). Le lias, qui n'affleure guère qu'au bord O. (de Miscrey à Lons-le-Saunier), sert de substratum imperméable (marnes noires du toarcien) aux calcaires bajociens et bathoniens, très fissurés et très caverneux comme d'habitude, et retient un grand niveau d'eau au-dessus de lui à la base des calcaires. Le bajocien, calcaire à entroques à la base et calcaire à polypiers au sommet, a de 100 à 300 mètres d'épaisseur. Le bathonien commence d'ordinaire par un banc marneux (10 à 20 mètres), à *Ostrea acuminata*, surmonté d'une cinquantaine de mètres de calcaire assimilé à la grande oolithe (*Vésulien*); puis viennent des couches plus marneuses (elles le sont tout à fait à l'extrémité E. argovienne de la chaîne) assimilées au cornbrash (bradfordien).

Le *Jura plissé*, qui forme les hautes chaînes suivant des alignements tels que la chaîne du Risoux (près de 1.400 mètres d'altitude), les chaînons cul-

(1) On sait que l'érosion a souvent enlevé la partie supérieure des voûtes des chaînes plissées, et s'arrêtant sur les marnes (oxfordiennes notamment) y a créé des vallons secondaires longitudinaux appelés *combes*, dominés par les falaises calcaires nommés *crêts* (voir la figure 169, 3e). Quand l'érosion entaille au contraire transversalement une voûte, la rivière peut passer d'une cluse dans la voisine, et même y aller en sens inverse (exemple du Doubs). Pour les *bassins fermés* du Jura, voir la récente note de Fournier à l'Académie des Sciences (*C. R.* du 12 janvier 1925, t. 180).

minant au Crêt du Nu (1.355 mètres) et du Grand Colombier (1.534 mètres), les chaînons du Bugey, et au S. du Rhône la chaîne du Mont-du-Chat, etc., etc., est surtout constitué par le jurassique supérieur et le crétacé. Sans parler des *oolithes ferrugineuses* du callovien qui n'ont que quelques mètres d'épaisseur, on trouve d'abord l'oxfordien, qui comme en Lorraine est argileux et qui avec ses 100 mètres d'épaisseur arrête l'eau et la maintient dans les calcaires hydrauliques à chailles ou les calcaires rauraciens qui le surmontent. Au-dessus de ces derniers calcaires s'étagent les alternances de calcaires (récifaux ou non) et de marnes du jurassique supérieur, fort variables d'une zone à une autre comme épaisseur et perméabilité : on reconnaît souvent des bancs imperméables au milieu de l'astartien, ce qui donne un niveau d'eau dans les calcaires suboolithiques et oolithiques du sommet de cette formation; la base du kimméridgien est à son tour généralement argileuse, et elle est surmontée des oolithes coralliennes à *Ostrea virgula* (*virgulien*) qui contiennent un niveau d'eau (exemple du beau récif de Valfin, près de Saint-Claude); enfin, après les calcaires et dolomies du portlandien inférieur, le *purbeckien*, là où il existe, a encore un banc imperméable dans les marnes gypsifères de la base.

Le crétacé inférieur se montre à son tour en bandes parallèles, orientées N.-E.—S.-O., dans toute la moitié orientale du Jura, depuis Bienne jusqu'au Rhône (qu'il traverse d'ailleurs pour se continuer en Savoie et Dauphiné). Le valanginien (type de Neuchâtel) par lequel il débute, après une base marneuse dont l'imperméabilité s'ajoute à celle des marnes purbeckiennes, présente une forte épaisseur de calcaire (50 à 130 mètres). La moitié inférieure de l'hauterivien est très marneuse, et ce n'est que vers le sommet qu'on trouve un calcaire jaune dit encore de Neuchâtel (70 à 100 mètres pour l'étage, se réduisant à 25 ou 30 mètres près de Lons-le-Saunier); il est surmonté par places du calcaire urgonien ou barrémien (à *Requienia ammonia*) qui a une trentaine de mètres. L'aptien et l'albien n'existent que sur de petites surfaces (perte du Rhône, environs de Sainte-Croix, par exemple).

Dans ces conditions, les sources, qui se font jour soit par les cassures débouchant souvent dans les fonds de vallons (*bouts du monde*), soit aux affleurements à flanc de coteau, sont innombrables, mais de qualité bactériologique généralement douteuse; en revanche, on ne signale guère de forages pour recherche d'eau [1]. La figure 167, qui donne trois coupes du Jura tabulaire aux environs des villes de Salins, Poligny et Lons-le-Saunier,

[1] On en a fait quelques-uns de profonds dans le N. du Jura pour atteindre le houiller.

montre l'origine des sources qui ont été dérivées pour alimenter ces villes (elles sortent toutes du bajocien [1] et ont de 18 à 23° hydrotimétriques). Comme autres sources remarquables, je citerai : les sources d'*Echenoz* (bajocien) amenées à Vesoul et un peu à l'E. la résurgence de Champdamoy, au S. la source de la Romaine; les trois sources superposées de Baume-les-Messieurs, et des sources de la Seille (bajocien), un peu au N.-E. de Lons-le-Saunier, la résurgence de la Cuisance (grotte des Planches) près d'Arbois; puis à ou près de Nans-sous-Sainte-Anne : la fontaine Bouet (bajocien), origine du ruisseau de l'Archange; la source du Bief-de-Verneau (astartien), qui est une résurgence correspondant à de nombreux gouffres, creux et grottes; la source du Lison (bathonien moyen), superbe résurgence drainant les eaux de la région de Villeneuve-d'Amont et du plateau de Levier et correspondant à des creux comme le creux Biard, la Baume, la grotte Sarrazine, etc., etc.; les sources du Parc et du ruisseau du Parc (astartien) près de Montbéliard (contaminables); les sources de la Doue (rauracien) pour Ornans; les sources du Dessoubre et du Lançot (astartien) et les trois résurgences de Martinvaux qui forment les sources de la Rêve-

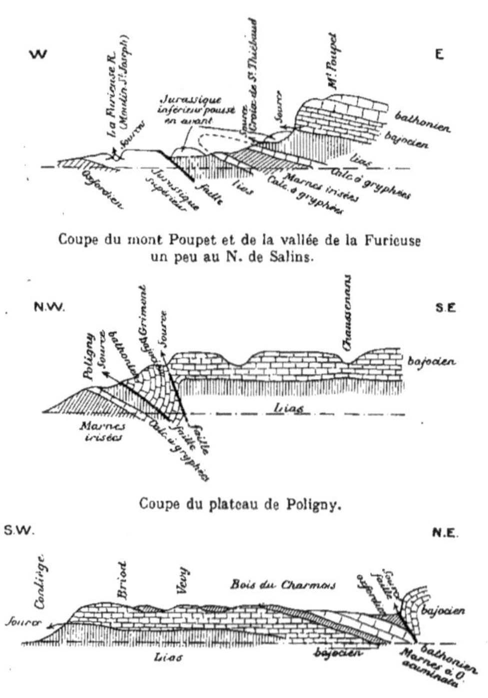

Coupe du mont Poupet et de la vallée de la Furieuse un peu au N. de Salins.

Coupe du plateau de Poligny.

Coupe de Conliège (près Lons-le-Saunier) à la forêt de l'Euthe.

Fig. 167. — Coupes du Jura tabulaire (plateaux). Échelle des longueurs 1/100.000. — Échelle des hauteurs 1/33.300.

[1] Comme détail, le bajocien qui à Conliège a 120 mètres environ d'épaisseur, comprend de bas en haut : Calcaire à rognons siliceux (30 mètres), calcaire encrinitique (15 mètres), marnes à bryozoaires (4 à 5 mètres), calcaire à rognons siliceux (35 mètres), calcaire à encrines (10 mètres), marne-calcaire à grandes ammonites (10 mètres), calcaire à encrines (15 mètres).

rotte (plateau kimméridgien et astartien entaillé jusqu'au rauracien); la résurgence de Balerne, près de Champagnole; enfin les sources qui alimentent Besançon, méritent qu'on s'y arrête un peu.

Outre les sources de Brégille (éboulis sur l'oxfordien) très contaminables et les sources d'Aglans (rauracien) beaucoup meilleures, la ville de Besançon utilise depuis 1854 la fameuse source d'Arcier déjà amenée par les Romains (débit moyen 200 litres par seconde, 25° hydrotimétriques). C'est une résurgence très contaminable (comme l'ont montré les expériences à la fluorescéine de Jeannot et Thoinot) (1), dont l'hydrologie est expliquée par Fournier (2), auquel j'emprunte la figure 168 esquissant le réseau souterrain du plateau d'entre Doubs et Loire. Ce sont surtout les engouffrements du ruisseau de Nancray qui, passant au travers du rauracien et de l'oxfordien pour suivre un certain trajet dans le bathonien et le bajocien, vont ressortir à Arcier et au Grand Vaire par suite de l'effet d'une faille (prolongement de celle de Montfaucon); mais on voit qu'il vient aussi aux résurgences de l'eau des entonnoirs de Gennes et de Creux-sous-Roche (celle de ce dernier se partage entre plusieurs directions, et en basses eaux du moins il en sort par la source du Maine, située à 15 kilomètres plus au S.). La ville de Besançon doit renoncer à l'eau dangereuse d'Arcier et la remplacer sur mon conseil par l'eau pure des alluvions des Prés-de-Vaux, dans la vallée du Doubs, un peu à l'amont de la ville (à capter par grands puits).

En ce qui regarde le Jura plissé, j'en donne aussi trois coupes (*fig.* 169), qui montrent bien les plissements de terrains et les conditions soit favorables (vallées de la Bienne et des gorges d'Allez, val Romey), soit défavorables à la formation des sources et à l'artésianisme. Les pertes de rivières (perte du Doubs, perte de l'Ain, perte du Rhône dans l'urgonien à Bellegarde), et les exsurgences et résurgences ne manquent pas. Citons : la source du Doubs, exsurgence du portlandien près de Mouthe; la source de l'Arse amenée à Morez (rauracien) et du même niveau celle de Montbrillant amenée en partie à Saint-Claude (3); celle de la Doye (virgulien) amenée à Mouthier; puis, près de cette localité, la fameuse source de la Loue, belle résurgence alimentée par les pertes du Doubs en aval de Pontarlier (la communication a été mise en évidence : 1° par l'incendie de l'usine

(1) Voir Rapport du Dr Thoinot au Conseil départemental d'hygiène du Doubs (1897).

(2) Voir entre autres publications de Fournier le *Bulletin* n° 72 de la Société de Spéléologie (juin 1913).

(3) Saint-Claude distribue aussi l'eau d'une autre source vauclusienne, celle des Foules, sortant celle-ci du portlandien par deux ouvertures étagées (au pied d'une barre rocheuse).

Pernod le 11 août 1901 qui fit sentir l'absinthe deux jours après à la Loue;

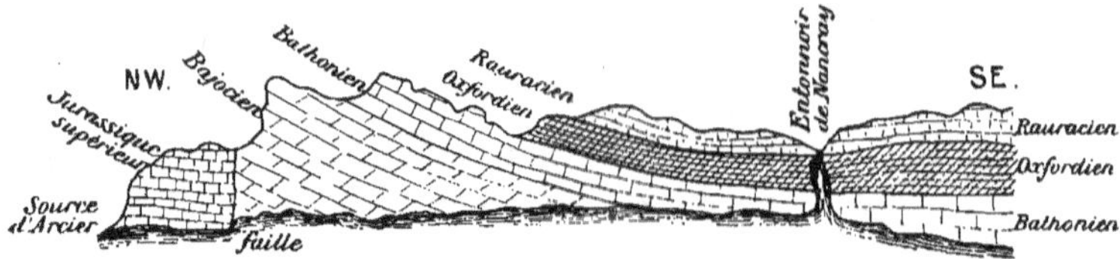

Coupe de la région alimentant la source d'Arcier, dont l'eau est distribuée à Besançon (d'après Fournier).

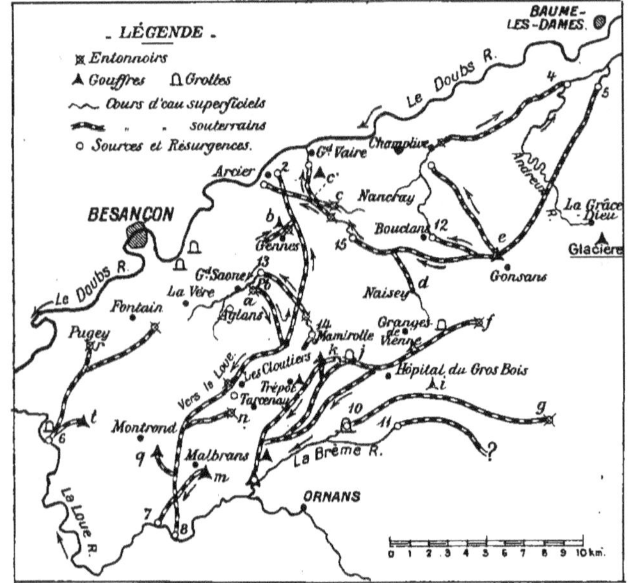

Fig. 168. — Carte des cours d'eau souterrains du Jura entre le Doubs et la Loire (d'après Fournier).

(Carte au 1/320.000 d'une partie du premier plateau, et, principalement, de la *zone d'alimentation* d'Arcier).

Résurgences : 1, 2, sources d'Arcier; — 3, du Grand Vaire; — 4, de Bléfonds; — 5, de Pont-les-Moulins; — 6, de la Froidière, à Chénecey; — 7, de l'Ecoutot; — 8, du Maine; — 9, puits de la Brême; — 10, Plaisir-Fontaine; — 11, source du ruisseau de Charbonnières; — 12, gour de Bouclans; — 13, source du Grand Saône; — 14, source de Vasoncle, près Mamirolle; — 15, source des Lavoirs de Nancray; — 16, source de Bouclans et entonnoirs d'absorption voisins.

Gouffres et entonnoirs : *a*, creux sous roche; — *b*, entonnoirs et gouffres de Gennes; — *c*, entonnoir de Nancray; — *c'*, gouffre du Chinchin. — *d*, entonnoirs de Naisey; — *e*, entonnoirs de Gonsans. — *f*, étangs et entonnoirs du Leubot; — *g*, pertes du Valdahon; — *h*, gouffres de la Vieille-Herbe et Baume-d'Ahon; — *i*, puits de Poudrey; — *j*, grotte du Paradis; — *k*, puits de Lachenau; — *l*, puits noir; — *m*, gouffre de Malbrans; — *n*, entonnoirs de Tarcenay et de la Baraque des Violons; — *o*, entonnoirs des Cloutiers; — *p*, gouffres de la Belle-Louise et gouffres voisins; — *q*, gouffre du Brizon; — *r*, entonnoirs de Puget; — *s*, entonnoirs du Croc; — *t*, gouffre des Granges-Mathieu.

2° par l'expérience du 31 août 1910, où Martel, Fournier et Maréchal [1]

[1] Voir les détails dans le *Nouveau traité des Eaux souterraines*, de Martel (1921), p. 815.

jetèrent 100 kilomètres de fluorescéine dans le Doubs à l'aval du Pont-d'Arçon et virent la coloration apparaître à la Loue soixante-deux heures après et durer deux jours entiers : la Loue débitait alors 6.700 litres par seconde et le Doubs seulement 4.420), et aussi par les pertes du Drugeon et les infiltrations des plateaux voisins. Non loin de Mouthier se trouvent

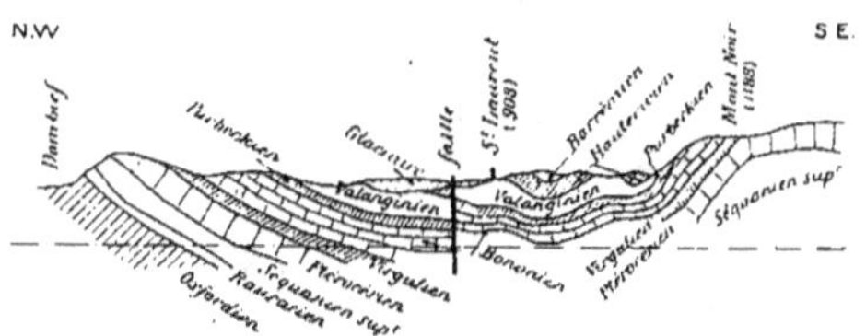

Coupe du bassin de Saint-Laurent (artésien) et de Mont-Noir.

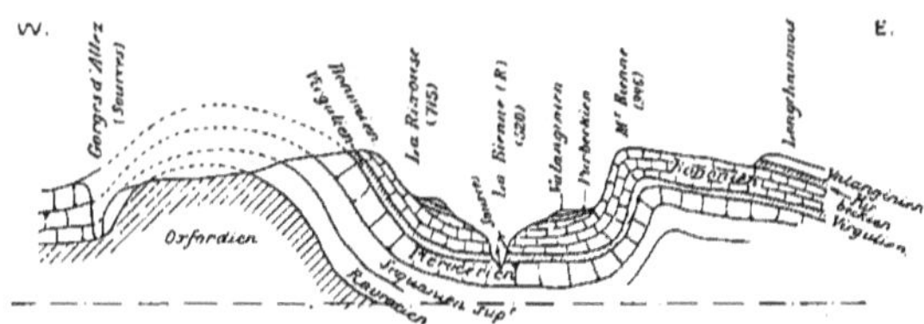

Coupe de la vallée de la Bienne, à la Rixouse.

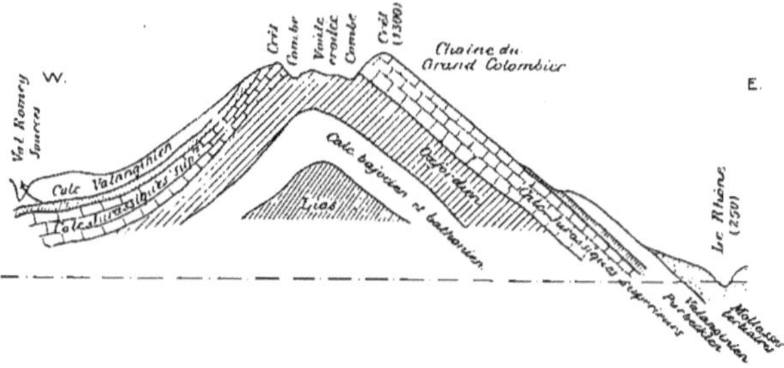

Coupe de la vallée du Rhône (à Seyssel), de la chaîne du Grand Colombier et du Val Romey.

FIG. 169. — Coupes du Jura plissé.
Échelle des longueurs 1/102.500. — Échelle des hauteurs 1/37.500.

aussi, mais cette fois dans le bathonien moyen, les résurgences avec grottes de Baume-Archée, du Pontet (avec au-dessus la caverne des Faux-Monnayeurs), la résurgence temporaire du puits de l'Hermite, la source de Boujailles, etc., etc., le tout en relation avec les gouffres des Seignes de Passonfontaine et de Haute-Pierre.

La percée du tunnel de la ligne Frasne-Vallorbe a donné d'utiles renseignements sur l'hydrogéologie de la région du Mont d'Or, entre les

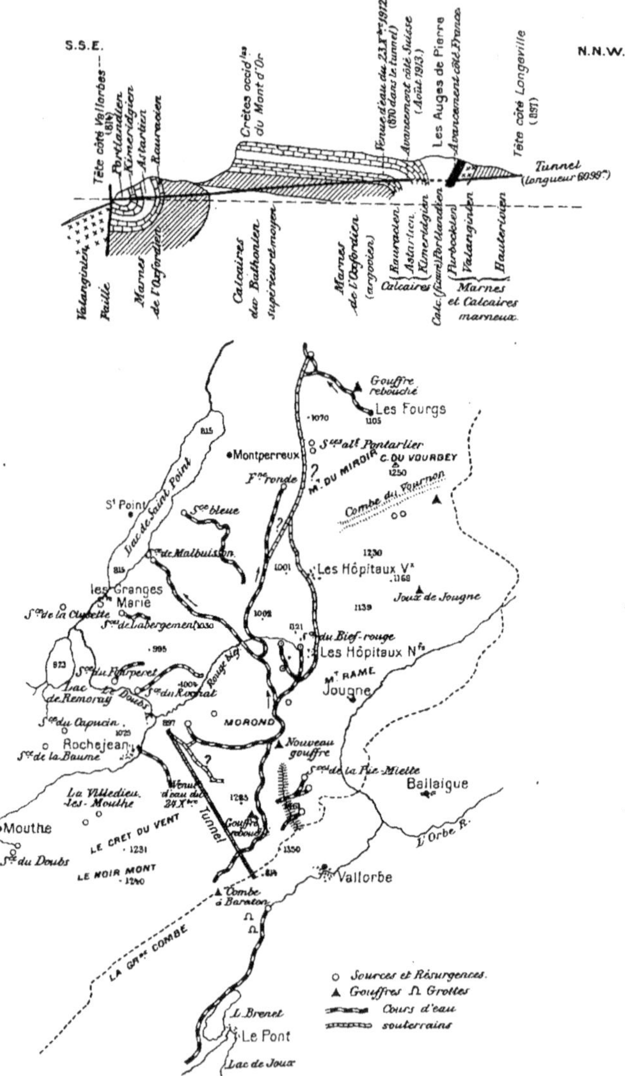

FIG. 170. — Carte des cours d'eau souterrains de la région du Mont-d'Or et coupe suivant le tunnel de la ligne Frasne-Vallorbe (d'après FOURNIER).

lacs de Saint-Point et de Remoray d'une part et la frontière suisse de l'autre.

La figure 170, d'après Fournier (1), montre le réseau souterrain, les gouffres,

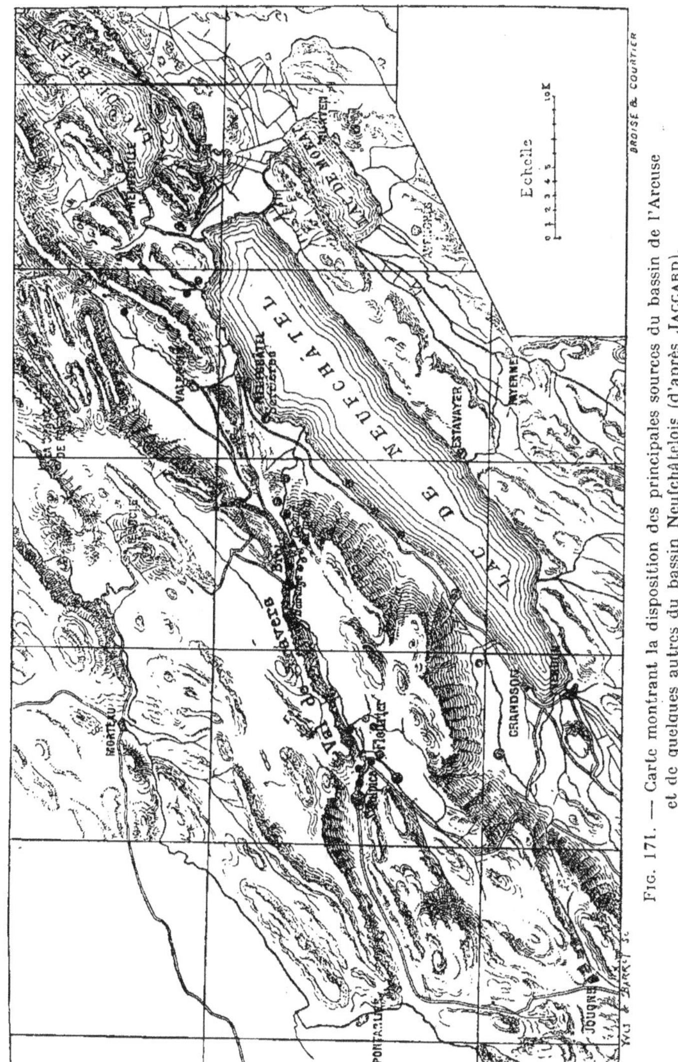

Fig. 171. — Carte montrant la disposition des principales sources du bassin de l'Areuse et de quelques autres du bassin Neufchâtelois (d'après Jaccard).

(1) Voir pour les détails le *Bulletin* n° 72 précité de la Société de Spéléologie.

les sources et résurgences de cette région. Comme on le voit par la coupe, le tunnel en partant de la tête suisse, après avoir traversé sur 650 mètres du calcaire (sec) du jurassique supérieur, se développe longuement dans les marnes oxfordiennes et ne rentre dans le calcaire rauracien qu'à 4.200 mètres de l'origine : ce calcaire est fissuré et le 23 décembre 1912 on rencontra une diaclase (à 4.366 mètres) qui déversa une grande quantité d'eau (1.800 litres d'abord par seconde, puis 5.000 litres le 29 décembre après de fortes pluies). En conséquence, les trois sources du Bief rouge (altitude 951 à 956) s'asséchèrent dès le 23, montrant l'existence d'un courant souterrain (siphon inverse); le 6 janvier, les sources de Malbuisson puis la Source bleue, situées au N.-O. des précédentes, tarirent ou diminuèrent à leur tour. On construisit alors un fort barrage en maçonnerie dans le tunnel et on fit monter la pression derrière jusqu'à 81 mètres : l'eau reparut aux sources précitées. Le 21 février, on ouvrit la vanne de ce bouchon (serrement) pour déverser l'eau dans l'Orbe, et les sources précitées tarirent à nouveau, puis d'autres plus au N. (la fontaine intermittente dite Fontaine Ronde, et les sources alimentant Pontarlier). On reprit les travaux, mais à 4.407 mètres un fort jet se produisit et le 17 avril 1913 le débit atteignit 10.000 litres par seconde : d'autres sources, près des Longevilles et sur le versant de Vallorbe, tarirent encore. On a rétabli au mieux l'état de choses ancien en ramenant les eaux rencontrées dans la diaclase, au moyen de conduites placées sous le radier du tunnel [1].

Enfin, il resterait à décrire le Jura suisse du canton de Neuchâtel, lequel a été bien étudié par Jaccard (cité par Daubrée dont je reproduis le plan, *fig.* 171), puis par Schardt [2] (dont je reproduis deux coupes géologiques près et par la source de la Doux à Saint-Sulpice, *fig.* 172). Ces figures font comprendre la constitution de la région, avec ses bandes orientées N.E.-S.O. de mollasse tertiaire, de crétacé (néocomien) et des divers étages du *malm* (jurassique supérieur), et aussi avec ses plis et ses failles (le canton de Neuchâtel comporte en fait quatre anticlinaux, celui de Chaumont-Montagne de Boudry, celui du Mont d'Arnin, celui de Sommartel-Malmont-Mont des Verrières, et celui de Pouilleret-Mont Châtelu), ainsi que ses surfaces collectrices sans écoulement superficiel (synclinal tertiaire de La Chaux-de-Fonds et du Locle, vallée de la Brévine-

(1) Les autres tunnels du Jura, celui du Hauenstein entre Olten et Bâle, celui du Weissenstein entre Soleure et Moutier et celui entre Granges et Moutier ont aussi rencontré des venues d'eau (moins importantes) dans les calcaires du jurassique moyen ou supérieur et tari (définitivement ici) des sources.

(2) SCHARDT, Communications au Congrès d'Hygiène international de Bruxelles, 1903, et article dans *Bulletin de la Société belge de Géologie*, t. XIX, 1905.

Chaux du Milieu, plateau des Ponts, vallon des Verrières). Une grande partie des eaux sont donc souterraines (les hauts plateaux sont absolument secs, toute la pluie entrant directement dans les calcaires ou par les *emposieux* ou même les fonds de lacs), et elles ressortent par quelques grosses sources vauclusiennes (*jurassiennes*, disait Jaccard) : des cours d'eau souterrains peuvent aussi gagner ainsi les lacs, comme la Serrière qui, coulant au-dessous du Seyon, se jette dans le lac de Neuchâtel à 2 kilomètres au S.-O. de la ville, ou inversement comme le lac de Joux qui se décharge souterrainement par la fameuse source de l'Orbe.

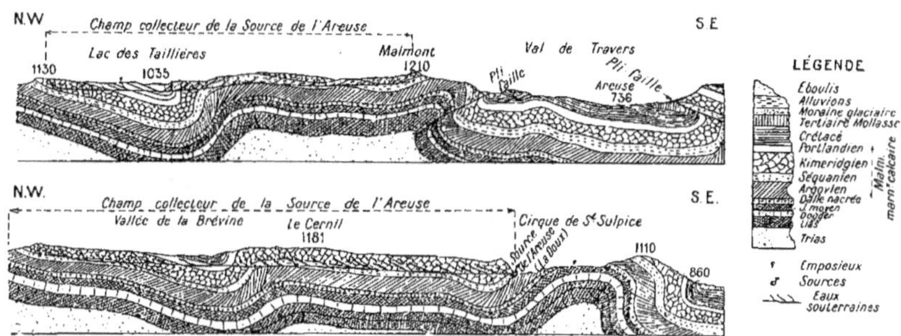

FIG. 172. — Coupe transversale du val de Travers et du bassin de la source de l'Areuse (la coupe supérieure à 6 kilomètres au N.-E. de l'Inférieure, laquelle passe par la source même) (d'après SCHARDT). — Échelle des longueurs : 1/50.000.

L'Areuse est formée principalement par les deux sources célèbres de la Doux et de Noiraigue. La première, dont le débit est très variable (entre un minimum de 180 litres en extrême sécheresse et un maximum de 40.000 litres et même plus par seconde), a un champ nourricier délimité par les affleurements de l'*argovien* (marnes épaisses de 100 à 200 mètres qui arrêtent les eaux du jurassique supérieur), le long des anticlinaux bordant le synclinal des Verrières et celui de la Brévine et par les lignes de faîte de ces anticlinaux lorsque l'argovien n'affleure pas : entre eux se forme un anticlinal intermédiaire que l'eau souterraine doit franchir aux Cernils. Des essais de coloration, faits de 1900 à 1904, ont prouvé la communication de la source avec les emposieux du lac des Taillières, de la scierie de l'Anneta, du village de la Brévine, de Belle-Perche aux Verrières et du Petit-Cachot près de la Chaux-du-Milieu. — Quant à la source de Noiraigue, qui recrache les eaux de la vallée des Ponts et des plateaux qui la bordent, des essais analogues ont montré aussi la communication avec un grand emposieu où se perdent deux ruisseaux, et il y en a d'autres (jalonnant le bord du remplissage tertiaire le long du néocomien ou du jurassique).

Il y aurait beaucoup d'autres sources à signaler : celles qui alimentent Neuchâtel, la Chaux-de-Fonds, Boudry, Bulle, Bienne (source Merlin), Saint-Imier, etc.; les sources de Grand-Champ près Villeneuve toutes du malm; celles des Avants du calcaire liasique; celles de la vallée de l'Étiraz du calcaire triasique, etc., etc. Les couches calcaires qui contiennent l'eau sont souvent recouverts de terrains plus récents, qui masquent les sources qui en sortent; celles-ci se font jour grâce à des failles comme le montre la coupe de la région d'Yverdon (*fig.* 173), soit en traversant les alluvions et émergeant sous le nom de *bugnons* ou *rondes* de la nappe phréatique (sources du Creux du Vau, de la côte de Treymont de la Verrière, des Places bourgeoises dans la vallée de l'Areuse). A Yverdon, il y a plusieurs sources dues à ce que le calcaire valanginien vient buter dans des failles contre les marnes hauteriviennes, et la température est d'autant plus élevée que l'eau vient de plus bas; à la source thermale, elle est à 24°, tandis que celles du Moulin Cosseau qui alimentent la ville n'ont que 14°,5.

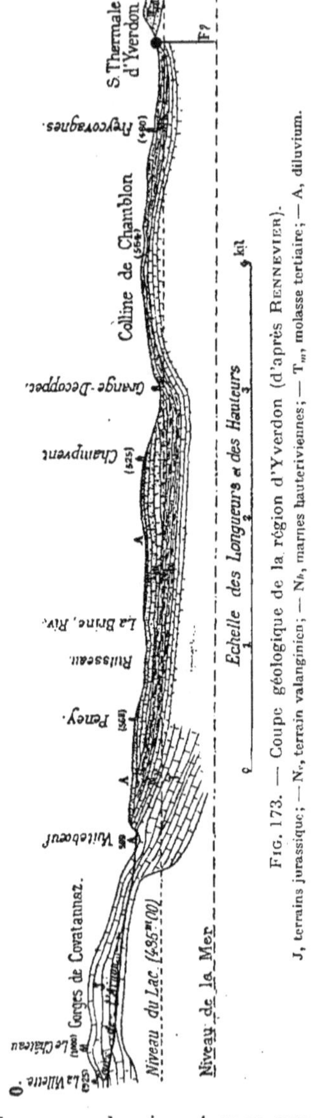

Fig. 173. — Coupe géologique de la région d'Yverdon (d'après Renevier).
J, terrains jurassique; — N_v, terrain valanginien; — N_h, marnes hauteriviennes; — T_m, molasse tertiaire; — A, diluvium.

b) **Savoie et Dauphiné** (**entre Rhône et Durance**). — L'hydrogéologie des *chaînes subalpines* (régions appelées les Bauges, avec le Chablais et le Faucigny, le massif de la Grande Chartreuse, le Vercors, le Diois, le Dévoluy, les massifs du Ventoux et du Luberon) a été précisée dans ces derniers temps par

Kilian et Révil [1]. Adossées aux massifs cristallins et primaires des Alpes (à l'E.), les bandes des terrains secondaires, orientées généralement N.-S., s'avancent vers l'O. jusqu'à ce que le crétacé disparaisse sous le tertiaire des vallées du Rhône et affluents (sauf entre la Drôme et le Jabron, où le crétacé passe directement sur la rive droite du Rhône dans l'Ardèche). En Savoie, ces bandes continuent le facies jurassien; mais au S. de l'Échaillon et de Grenoble, elles changent de caractère en ce que le lias, le bajocien et le bathonien deviennent schisteux et presque imperméables, qu'il en est de même du valanginien inférieur et moyen, et que l'eau ne se trouve guère dès lors que dans les diaclases du jurassique supérieur (tithonique) et de l'urgonien, lequel a pris un développement considérable.

Le trias se rencontre dans la Tarentaise et la Maurienne d'une part, le Briançonnais d'autre part. La base en est imperméable, mais il y a de l'eau dans les gypses et cargneules (très spongieuses) tant du milieu que du sommet, ainsi que dans les calcaires gris dolomitiques (à gyroporelles) intermédiaires, lesquels ont des sources vauclusiennes et une circulation souterraine comme dans le Jura : telles sont les eaux minérales de Salins près Moutiers (Tarentaise), sortant au pied d'un rocher sur la rive droite du Doron, et donnant 40 litres par seconde à 35° de température (minéralisation totale $16^{gr},13$, dont 10,74 de NaCl); les sources de Brides sont aussi à 35° ($5^{gr},7$ de minéralisation); celles de Saint-Gervais qui ont 40°; les grosses sources du plan de la Rozière, près de Bozel; deux sources près du col du Mont-Cenis; les sources qui alimentent Briançon, etc., etc.

Le lias, qui occupe de longues bandes au pied des Alpes (*sillon* et *bord subalpin*, le long de l'Isère, de l'Arly, du Drac, de la Haute Durance, etc., etc.), n'est guère calcaire que dans sa partie inférieure (hettangien, sinémurien et base du charmouthien) : le reste (charmouthien proprement dit et toarcien) devenu très épais est schisteux. Aussi les sources qui sortent des bancs calcaires de la base ou schisto-calcaires plus élevés sont-elles nombreuses, mais elles sont petites et ne présentent d'intérêt que pour l'alimentation des villages avoisinants; toutefois bon nombre de sources sortent des éboulis ou des dépôts morainiques surmontant par places le lias.

Peu d'eau également dans le bajocien et le bathonien; pas du tout dans

[1] Outre les très nombreuses publications de Kilian, voir *Hydrogéologie des Massifs savoisiens*, par Révil (Chambéry, 1926). — Voir aussi les publications de Martel sur le Vercors, sur les *chourums* du Dévoluy, etc., etc., ainsi que le compte rendu de la réunion de la Société Géologique de France en Savoie, en septembre 1921.

le callovien et l'oxfordien, schisteux (*terres noires*, imperméables, des Basses-Alpes). Les bancs calcaires, intercalés dans les marnes, reparaissent dans le lusitanien, et augmentent d'importance dans le kimméridgien et le portlandien (tithonique), où nous retrouvons une circulation souterraine et des résurgences. On peut citer en Savoie : la Fontaine Saint-Martin, qui alimentait en partie Chambéry (1) (mais est facilement contaminable), la fontaine de Carlet près d'École, la source de Domperroud distribuée à Montmélian, celle de Lourdens à Arbin, celle de la Croisette à Saint-Pierre d'Albigny, celles de La Balme et du Rocher des Tailles à Cléry, celle des Terres-Grasses à Mercury-Gémilly, enfin les sources du Nant du Dard à Bonneville (beaucoup de ces sources ont d'ailleurs leurs émissions masquées par des éboulis, qui toutefois filtrent leurs eaux). Dans les Alpes : les sources qui alimentent Gap sortent de la base du rauracien (ou de cailloutis glaciaires reposant sur l'oxfordien); même origine pour celles d'Embrun et de Mont-Dauphin; pour Barcelonnette, on a capté douze sources dans la forêt de Gaudissart (oolithe supérieure); pour Digne, les sources viennent au contraire de l'oolithe inférieure.

Le crétacé inférieur, très développé surtout dans le Vercors, la *fosse vocontienne*, le Ventoux et le Luberon, a bien un peu d'eau dans les calcaires berriasien et valanginien; mais c'est dans l'urgonien (calcaire à requiénies) ou encore barrémien-aptien au-dessus des marnes hanteriviennes, qu'elle circule principalement et présente les phénomènes classiques *vauclusiens* du régime karstique. Au-dessus, les grès sus-aptiens (albiens), qui en sont séparés par la forte tranche imperméable des marnes aptiennes, contiennent une nappe constante, qui peut devenir artésienne. Quant au crétacé supérieur, on ne le trouve guère (et en surfaces restreintes) qu'au S.-O. de Grenoble (de Sassenage au Villard de Lans), dans le Dévoluy, dans la Drôme et le Vaucluse (entre Orange et Dieulefit), et au bord N. de l'*isthme durancien* (entre Rustrel et Sisteron) : sauf dans le Dévoluy, où les calcaires sénoniens ont plusieurs centaines de mètres d'épaisseur et se laissent traverser par l'eau, son hydrologie n'est pas ici très importante (petits niveaux dans les grès de Mondragon, d'Uchaux, de Mornas, et dans les alternances de calcaires à hippurites).

Comme exemples, en Savoie : du valanginien, sources des Étouvières

(1) Depuis 1923, Chambéry a remplacé l'eau de cette source par l'eau plus pure des couches de graviers (protégées par des bancs d'argile) de la vallée (ancienne extension du lac du Bourget) : elles sont pompées électriquement dans deux grands puits captants (22 mètres de profondeur). Il y avait bien des sources intéressantes dans le valanginien du Mont du Chat (sources de la Serraz et de Gerle) ainsi que dans le calcaire berriasien du mont Clair et du mont Granier (sources de Bramafan et du Glandon), mais la distance de 12 à 15 kilomètres eût entraîné une grosse dépense.

et des Envers alimentant Thônes; source de Rousselet à Saint-Baldoph; source des Trois-Murgers près La Motte-Servolex; sources de la Doie à Saint-Sulpice; sources de Grange-Mithieux et de la Diehz à Vimines alimentant chacune plusieurs agglomérations; enfin sources et cascade de Couz, à Saint-Cassin près Chambéry. De l'urgonien, sources de Morette et de Duingt près d'Annecy; source du « Var » amenée à Annecy; source de Pisieux à Lescheraines (Bauges); source de Lovettaz et de Fontaine-Noire sur les flancs du Nivolet (effondrements le long du ruisseau); la grotte-tunnel des Échelles et les sources du Guiers-Vif, et du Guiers-Mort, avec leurs

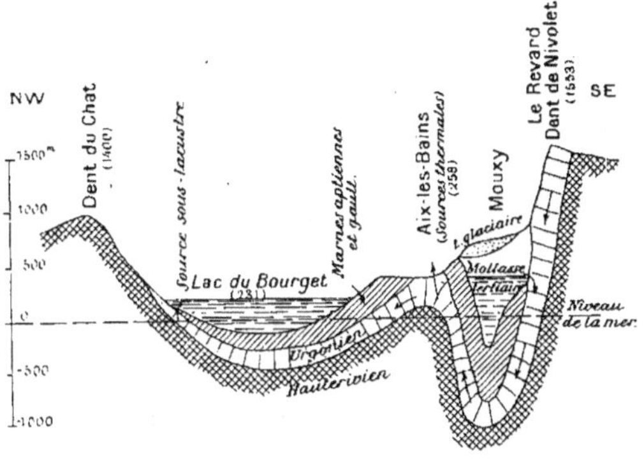

Fig. 174. — Origine des sources thermales d'Aix-les-Bains (synclinal de Mouxy entre deux anticlinaux).

grottes dans le massif de la Chartreuse; les sources du Sierroz, etc., etc. Enfin les célèbres sources thermales d'Aix-les-Bains (*source de soufre* et *source d'alun*) dont la production et la thermalité sont expliquées par Révil [1] et représentées par la figure 174. Elles sortent toutes deux de l'urgonien, dans l'anticlinal de la Roche-du-Roi, séparé de celui du Revard par la fosse profonde de Mouxy : l'eau, obligée de descendre au fond du synclinal à près de 1.000 mètres, en remonte avec la température de 47° et une minéralisation de 0gr,495 par litre [2]. Le débit des deux sources atteint 4.000 mètres cubes par jour.

Dans le Dauphiné, près de Grenoble : les belles sources de Rochefort (7 à 800 litres par seconde) qui sortent d'un massif de calcaire urgonien

(1) Voir l'article de Révil dans la *Revue générale des Sciences*, du 30 octobre 1908.
(2) Avec un peu d'hydrogène sulfuré et d'hyposulfites, résultant de la réduction des sulfates.

et alimentent cette ville [1]; les sources de Saint-Paul de Narces; celle des *cuves* de Sassenage, résurgence du Germe, dont la figure 175 donne la genèse (pli-faille érodé à la voûte de l'anticlinal); la grosse source de la Fontaine-Froide [2], celle de Pont-en-Royans [3], etc. — Le Vercors est aussi un massif néocomien, criblé de trous absorbants (*pots* ou *scialets*) et parcouru par des ruisseaux souterrains : tel sous la forêt de Lente et sous les pâturages du Fond d'Urle le Brudoux (ou Cholet) avec sa source-grotte et les 750 mètres de parcours souterrain que Martel a pu suivre; tel le Bournillon (1.450 mètres de rivière souterraine) et son importante grotte de sortie; la fontaine de Goule-Noire; le scialet de la Cèpe à Vassieux, etc., etc.

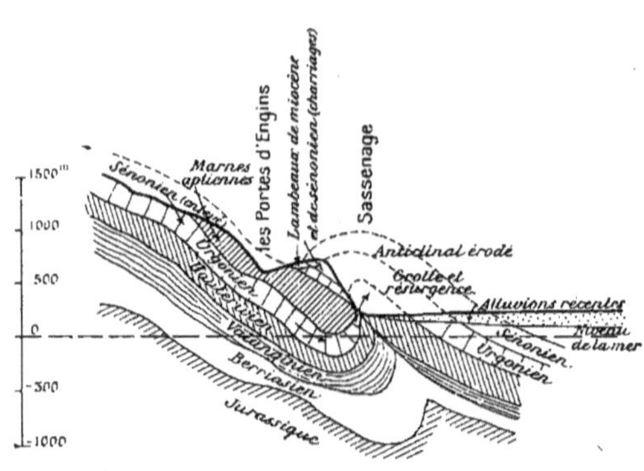

FIG. 175. — Pli-faille de Sassenage, grottes et résurgence du Germe. — Échelle des longueurs : environ 1/130.000.

Le Dévoluy est constitué lui par du sénonien et du néocomien, reposant en stratification discordante sur le corallien et l'oxfordien : il est criblé d'orifices appelés *chouruns*, et les eaux qui tombent sur la grande surface d'absorption au pied du Puy Ferrand ressortent à la double source des Gillardes (altitude 875) dans la cluse de la Baume, au N. du massif (les couches plongent vers le N.). L'eau de cette source n'avait que 6°,2 de température le 2 août 1899 : cela s'explique par la présence de neige et glace dans les chouruns (chourun de la Parza, chourun Picard, et le plus profond puits connu, le chourun Martin, où Martel est descendu à 310 mètres sans trouver le fond). A signaler encore la source de la Croix (altitude 1.198 mètres) à la sortie S. du Dévoluy, sans doute en relation avec les chouruns du plateau d'Aurouze, et également plus froide que la moyenne (6°). — Plus à l'E., à 6 kilomètres au N.-E. de Chorges, on trouve les in-

(1) Les sources du Rondeau, Lesage, Daraine, Scella et Champion qui sont aussi distribuées à Grenoble, viennent aussi de l'urgonien; mais les sources de la Tronche viennent de la base du rauracien.

(2) Cette source, qui débite de 80 à 90 litres par seconde, est distribuée aux villages d'Entre-deux-Guiers, de Saint-Christophe-la-Grotte et des Échelles.

(3) La source de Pont-en-Royans donne 17 litres par seconde.

téressants *lapiaz* de l'*oucane de Chabrières*, dans les calcaires renversés du tithonique : la source (triple résurgence) appelée Vaucluse, comme celle de Provence, qui est alimentée par leurs eaux, est aussi très froide (3° pour 1.800 mètres d'altitude) en raison des neiges des crevasses.

Le massif néocomien du Ventoux donne naissance à sa périphérie à une série de sources : par exemple, sur le flanc N.-O. celle du Groseau, près de Malaucène, qui était amenée par les Romains à Vaison (cette ville s'alimente aujourd'hui par la source de Crestet, sortant d'une faille qui met en contact le cénomanien et l'urgonien); sur le flanc S.-O., les sources de Bédoin, notamment celles appelées les Grandes Fontaines (12 litres par seconde) et celles captées par la ville de Carpentras par la galerie d'Anrès (1); au S. de Flassan, les sources disparaissent, car on paraît entrer dans le bassin alimentaire de la Fontaine de Vaucluse, drainé souterrai-

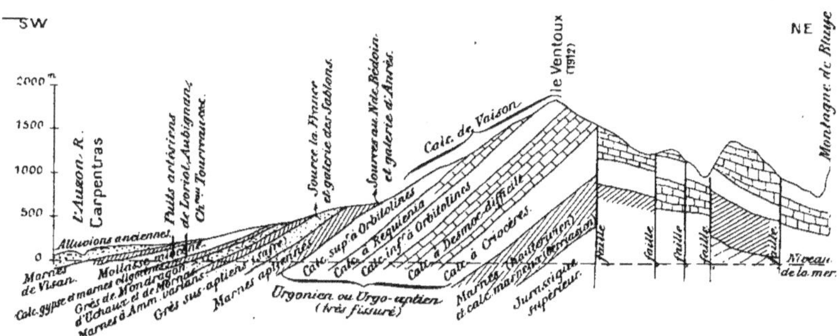

FIG. 176. — Coupe schématique du massif du Ventoux et du bassin artésien de Carpentras.

nement comme on sait. La figure 176 fait comprendre l'hydrologie de cette région et donne d'après Leenhardt le détail de constitution du calcaire urgonien : les fissures de ce calcaire qui débouchent au jour le long du contact avec les marnes aptiennes engendrent les sources précitées (il en est de même dans le bassin d'Apt : sources de la Riaille, de la Doa, etc., etc.) (2).

En s'avançant vers l'O., on trouve au-dessus des marnes aptiennes le grès albien (sus-aptien) souvent appelé *safre*, qui contient une nappe d'eau très constante, devenant même artésienne (sous les marnes à *Ammonites varians* : c'est à cette nappe que fait appel la galerie des Sablons établie

(1) Il y a aussi des sources à des niveaux plus élevés, correspondant à des bancs de barrémien marneux : telle la source de la Gryave à 1.500 mètres, celle d'Angel à 1.164, etc., etc.

(2) Voir, pour l'étude détaillée des sources de la région d'Apt, la thèse de Mlle A. Gros (Docteur en Pharmacie, 1914).

récemment sur mon conseil pour l'alimentation de Carpentras (le débit en est très constant, comme celui de la source « la France » du même niveau et un peu au N.). Plus à l'O. encore, après les affleurements (peu importants), des grès du crétacé supérieur (du cénomanien au sénonien) et ceux des marnes et gypses oligocènes (de Mormoiron), on trouve une autre nappe artésienne très intéressante dans la mollasse miocène (voir plus loin : Terrains tertiaires).

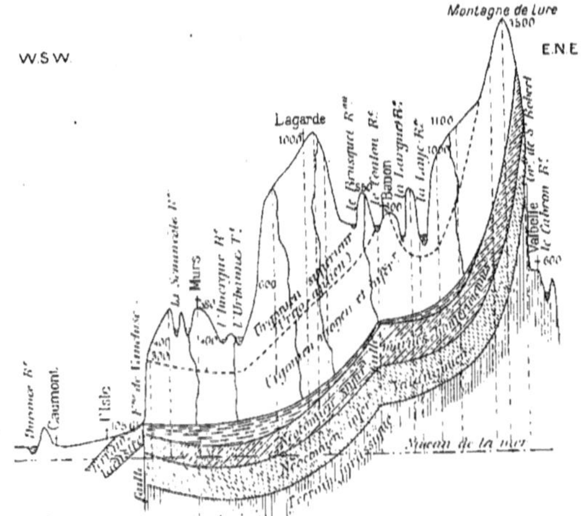

Fig. 177. — Coupe longitudinale du bassin alimentaire de la Fontaine de Vaucluse.

Au S. de la zone du Ventoux, en allant vers l'E. jusque Sisteron et la Durance et vers le S. jusqu'au pied méridional de la chaîne du Luberon, s'étend maintenant le bassin alimentaire de la Fontaine de Vaucluse, avec

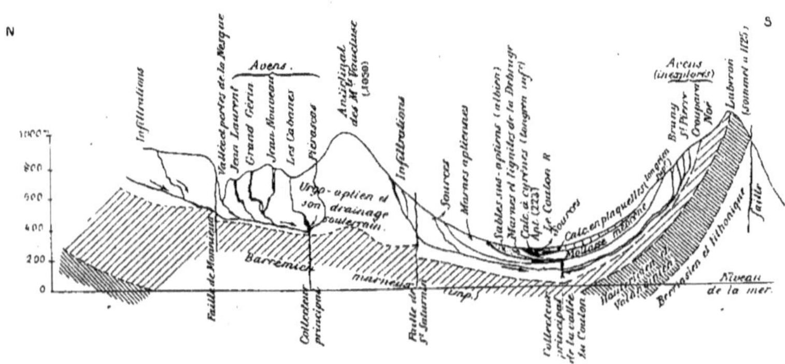

Fig. 178. — Coupe en travers passant par Apt du bassin alimentaire de la Fontaine de Vaucluse (synclinaux de la Nesque et du Coulon) (d'après Martel). — Échelle des longueurs : environ 1/217.500.

la vallée de la Nesque et la vallée du Coulon, qui y dessinent deux grands synclinaux orientés E.-O. Les deux figures 177 et 178 montrent par une coupe longitudinale et une coupe transversale la circulation souterraine dans ce bassin, drainé par une infinité d'avens [1] et de conduits : on y voit les deux collecteurs principaux dans le calcaire urgo-aptien sous les synclinaux de la Nesque et du Coulon, et c'est le tronc commun dans lequel ils se réunissent qui venant buter à la faille de Vaucluse contre les argiles du terrain lacustre forme la branche remontante d'un siphon débouchant dans le célèbre site de la Fontaine. Ce n'est donc, comme le dit Martel, que le *débouché d'un fleuve souterrain* (très ramifié), ou encore *une exsurgence fermée, ascendante, unique, calme, et de recoupement topographique au bout d'une vallée et au pied d'une falaise.*

La surface de ce bassin a été évaluée à 1.450 kilomètres carrés. Le débit de la Fontaine est très variable : de 4 mètres cubes par seconde en très basses eaux, alors qu'il ne se fait plus que des émissions au pied du talus d'éboulis vers la cote 84, jusqu'à 150 mètres cubes en plus hautes eaux à la cote 108,56 (alors que la crête de déversement est à 105,15). Les pluies influent lentement sur le débit quand la Fontaine est très basse, et de même quand elle est haute à la suite de pluies longues et abondantes le débit ne diminue que lentement : cela prouve, dit Martel, que la partie inférieure des collecteurs seule remplie à l'étiage est très étroite et qu'il faut aux apports le temps de s'élever dans le renflement de la partie moyenne. Il y aurait grand intérêt à pouvoir régulariser le débit : on se reportera à ce qui a été dit à ce sujet page 158, ainsi qu'à la formule du débit donnée par Maillet.

La température des eaux de la Fontaine varie de 8° en hiver et à 13°,6 à la fin de l'été (octobre) : elle est moyennement pour l'année inférieure de 2° à la température de l'air à Vaucluse, ce qui tient à ce qu'une très grande partie des eaux viennent de régions plus élevées.

c) **Entre Durance et Méditerranée (Provence).** — Cette région va des bassins de la Roja, de la Vésubie et du Var à l'E. jusqu'au Rhône à l'O. Les terrains secondaires, s'appuyant sur les massifs des Maures et de l'Estérel, s'inclinent généralement vers le N. et disparaissent sous l'éocène des hautes vallées du Var et du Verdon et sous le miocène d'entre Verdon et Durance, puis de la vallée de cette dernière rivière (ainsi que sous les alluvions de la basse plaine). Ces terrains sont très bouleversés (plissements et charriages), hachés de nombreuses failles et soulevés par

[1] La plus grande profondeur connue pour ces nombreux avens (tous n'ont pas été explorés) est de 178 mètres à l'aven de Jean-Nouveau.

diverses chaînes secondaires (¹) (la Sainte-Baume, la chaîne de l'Étoile, les montagnes de Sainte-Victoire et du Grand-Sambuc, la chaîne de la Trévaresse et celle d'Éguilles, enfin les Alpines); aussi ne puis-je guère en faire une description d'ensemble, et je devrai me borner à citer les sources les plus remarquables (notamment celles qui ont été captées pour alimenter les villes). Je rappellerai pourtant qu'au point de vue géologique le *facies provençal* diffère du précédent, notamment en ce que au lias on trouve des dolomies sans fossiles au lieu du calcaire à gryphées (hettangien et sinémurien); qu'au jurassique supérieur le calcaire est aussi fortement dolomitisé et est représenté par les *calcaires blancs* des falaises Nice-Monaco et des *plans* ou plateaux karstiques de l'intérieur; enfin qu'au crétacé le facies devient plus *côtier* (formations moins épaisses) et plus *urgonien* (calcaire blanc, compact, à débris d'organismes).

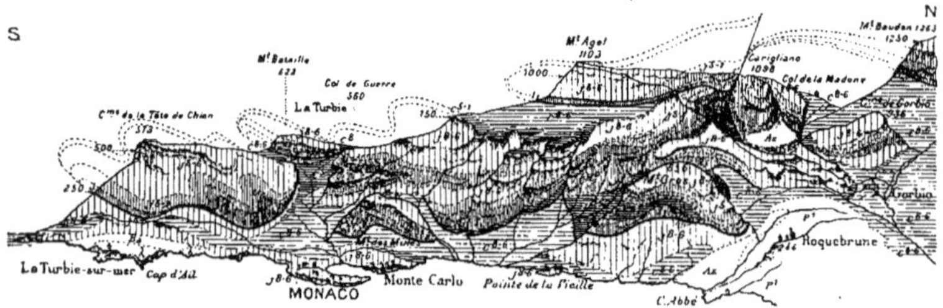

FIG. 179. — Profil géologique du Mont-Agel (d'après Léon BERTRAND).
Échelle : 1/500.000 environ.

A_1, dépôts récents; — *Ba*, brèche volcanique; — P^1, pliocène supérieur; — λ, labradorite; — c^{8-6}, sénonien, turonien; — c^{5-3}, cénomanien; — c^{2-1}, albien, aptien; — c_{II-IV}, néocomien, crétacé inférieur; — J^{8-6}, tithonique; — J^{5-2}, kiméridgien, oxfordien; — $J^{1}-_{IV}$, callovien, bathonien, etc.; — I^{v}_1, infralias dolomitique; — I_1, infralias argileux; — t^{3-2}, trias, argile et gypse.

Partant de l'E., on aura une bonne idée de l'hydrologie de la région Nice-Menton en examinant la figure 179, profil schématique du mont Agel à la mer, et remarquant les sources des cours d'eau, qui se situent presque toutes soit au contact du jurassique supérieur (tithomique) avec le moyen ou avec l'infralias argileux (parfois dans l'infralias dolomitique sur l'argileux), soit au contact du crétacé supérieur avec le cénomanien et le gault. Les sources de Larvotto et de Crovetto et l'eau recueillie au puits de Vau-

(¹) On s'en rend bien compte rien que pour les Alpes-Maritimes, en parcourant le compte rendu de l'excursion de la Société Géologique de France dans la région en 1902 (*Bulletin de la Société*, 1902). Par les cartes, coupes et vues, on voit de nombreux plis et les synclinaux tels que ceux du Paillon et de la Bevera, de l'Estéron, du Var moyen (cuvette de Puget-Théniers et autres), de Castellet, de Sanguinière : la position des sources des terrains secondaires est commandée par ces synclinaux, les creux des vallées ou les failles, comme d'habitude.

labelle et dans les galeries creusées dans les calcaires blancs tithoniques non loin de la mer sont distribuées par la Société des bains de mer à Monte-Carlo. La Société des eaux de source de Monte-Carlo supérieur distribue de l'eau captée au pied du mont Gros (source des mêmes calcaires avec galeries captantes augmentant le débit: 26° hydrotimétriques). Les sources de Sainte-Thècle (débit 70 à 175 litres par seconde), amenées à Nice en 1865, sortent du flanc O. du Mont-Pagel au territoire de Peillon (à la cote 150) du calcaire tithonique, surmonté d'un banc de calcaire glauconieux (gault) imperméable et du calcaire marneux cénomanien : il y a donc de l'eau des deux provenances, aussi la dureté n'est que de 16°,5, dont 5° permanents. La ville de Nice a songé aussi à capter la source de l'Estéron, qui sort à 60 kilomètres de distance et à la cote 1.000 du crétacé, avec un débit d'au moins 400 litres par seconde; mais elle s'en tient jusqu'ici à filtrer et ozoniser une certaine quantité d'eau du canal de la Vésubie (comme le font aussi d'autres localités voisines).

Les avens d'une part, les grottes et cavernes de l'autre ne manquent pas dans les Alpes-Maritimes : Gavet les a bien étudiées, ainsi que celles de toute la Provence [1]. Citons rapidement: la grotte d'Aspremont, avec son gouffre profond, au Mont-Chauve près de Nice; les grottes du Foulon et de Mons, le Garagaï du Bar, l'aven de Valens près de Grasse; les *embuts* célèbres de Caussols (l'embut de Saint-Lambert paraît le seul déversoir d'une grande cuvette au contact du tithonique et du néocomien, qu'on a appelée les *causses provençales*); la grotte du Chat, près Daluis, dans le jurassique moyen, où l'eau ne vient qu'après les pluies et qui est en relation sans doute avec la source sulfureuse du Riou.

Si maintenant nous cheminons vers l'O., nous trouverons :

Les *sources du Riou et des Sourcels*, qui naissent dans la haute vallée de la Cagne (cote 425) dans des grottes du calcaire tithonique et sont amenées depuis 1891 à Vence et à Antibes (où elles ont remplacé les *sources de la Louve*, qui naissent au bas de cette dernière ville et étaient utilisées par les Romains) : les premières sources n'ont que 14 à 15° hydrotimétriques (CaO, 68 milligrammes; MgO, 10 milligrammes), tandis que celles de la Louve avaient 36° (CaO, 131 milligrammes; MgO, 63 milligrammes).

La *source du Foulon*, naissant près de Gréolières du bajocien au contact du lias, et amenée à Grasse depuis 1884 : débit minimum 250 litres par seconde. La source de la Foux naît dans Grasse même, également du

[1] Jules Gavet, *Recherches spéléologiques* (Spelunca, n°s 21 et 22); *Grottes et avens des Alpes-Maritimes* (1902), *Hydrologie des environs de Marseille* (1904), etc., etc.

bajocien; débit minimum 60 litres. On utilise pour l'irrigation les eaux du canal de la Siagne, rivière qui sort d'une triple émergence vauclusienne (jurassique inférieur) au pied de hautes terrasses de tuf (cote 660), dominées par la crête de l'Audibergue et le massif du Thiey.

La *source du Lauron* (jurassique supérieur) au pied d'un coteau calcaire près de la rivière du Loup, alimente Cagnes, la Colle et Villeneuve-Loubet.

Les *sources du Loup* sont amenées depuis 1904 à Cannes, le Cannet et Vallauris. Deux des sources dites de Gréolières, débit minimum 197 litres par seconde pour celle d'amont et 80 pour celle d'aval, sortent en dessous de la chaîne rocheuse des Beaumons du crétacé (cénomanien et néocomien), mais l'eau vient en grande partie par cassures ascendantes du calcaire tithonique sous-jacent. La troisième source, dite de Bramafan, débit d'étiage 85 litres, sort du bajocien (sur le lias). La dureté totale de l'eau à Cannes est 16° (dont 4°,5 permanents); CaO, 75 milligrammes; MgO, 14,4.

Les *sources de Laugier* (ou du Neïsson et de Jourdan) émergent à la cote 500 de l'oolithe inférieure, dans le ravin de la Siagnole à 6 kilomètres au N. de Fayence : elles avaient été amenées par les Romains à Fréjus, et y sont encore distribuées (depuis 1894) ainsi qu'à Saint-Raphaël, Agay-Saint-Aygulf, Le Puget, Roquebrune, Fayence, Tourettes, Callian et Montauroux. Le débit concédé est de 375 litres par seconde, mais les sources ne peuvent y satisfaire en basses eaux.

Source des Avens, à 4 kilomètres à l'O. de Vidauban et amenée à cette localité : 12 litres par seconde. Sort du muschelkalk, au bord de l'Argens.

Source du Dragon, émergeant des marnes irisées à 4 kilomètres au N.-O. de Draguignan et amenée dans cette ville : débit 10 à 25 litres; degrés hydrotimétriques 24°, dont 10°,5 permanents (67 milligrammes de CaO; 28 de MgO.). On a aussi amené en 1921 la source des Rayollets, qui est au N.-E. de la ville, mais on songe à capter et dériver la source des Frayères qui sort à 4 kilomètres au N., dans la vallée de la Nartuby, du muschelkalk mais en dessous d'un plateau de calcaire bathonien. Elle débite 300 litres par seconde, et son eau pourrait être amenée jusqu'au littoral.

Puits-source du Ragas et source de la Foux, source Saint-Antoine pour l'alimentation de Toulon. Le Ragas est un puits naturel de 60 mètres de profondeur qui, ouvert sur le versant S. du massif du Grand Cap, reçoit les eaux des calcaires urgoniens et tithoniques qui le constituent. Nous avons vu (page 157) que l'orifice était à la cote 149,30 et que lors des grandes pluies l'eau trouvait un exutoire bas, et formait la source de la Foux, mais qu'on avait établi le réservoir de Dardennes (voir *fig.* 76) pour augmenter la charge et emmagasiner l'eau tant dans l'intérieur du sol (fissures) qu'extérieurement : on règle le soutirage par le tunnel du Ragas (cote 90,55, alors que le plan d'eau du réservoir est 123). La source Saint-Antoine naît dans la vallée de Dardennes, mais très près de la ville, et ne sert que pour le service bas, en cas d'insuffisance du Ragas. L'eau du Ragas a un résidu fixe de 210 milligrammes dont 62 milligrammes de CaO ; celle de Saint-Antoine a respectivement 290 et 75 (traces seulement de MgO dans les deux cas).

Les grottes ne manquent pas aux environs de Toulon : grotte de Méounes, gouffre sous le mont des Oiseaux à Hyères, grotte des Espagnols, et caverne des Émigrés entre Cassis et la Ciotat (crétacé supérieur), *ragagé* (gouffre) d'Angéli près de Cuges (dans la dolomie du kimméridgien), grotte de Truebis (diaclase dans le lias) avec deux exutoires vauclusiens d'une rivière souterraine, etc., etc.

Source de Fontaine-l'Évêque (*Sorps*). — Si nous allons vers le N. en traversant la grande étendue de jurassique supérieur qui s'arrête au Verdon, nous trouverons la célèbre source que Marseille et Toulon ont songé à se partager [1]. Nous en avons déjà parlé, ainsi que de l'idée d'y faire un serrement (page 157), le débit variant de 3 à 15 mètres cubes par seconde. Elle est située près du Verdon, commune de Bauduen, et draine les eaux des plateaux situés à l'O. et S.-O. (plan de Majastre, les deux plans de Canjuers, plateau de Bréis), criblés d'avens (gros aven, aven de la Nouguière, cloups et trous du Clos del Fayoun, du plan de l'Ormeau, du Roumégou, etc., etc.) : la figure 180 montre cette alimentation si bien étudiée par Martel, ainsi que les pertes de l'Artuby, du Jabron et du Verdon. Les *calcaires blancs* (dans lesquels se creuse aussi le fameux cañon du Verdon) ont leur pendage O.-10° N. et viennent buter à Sorps contre la formation miocène des poudingues de Riez et de Valensole à galets impressionnés, ce qui force les eaux à revenir au jour. L'émergence n'est pas unique comme à Vaucluse : il y a en dessous de l'émergence principale (410,30) cinq autres issues étagées jusqu'à 408,10 ; mais il y en a plus de trente

(1) La loi du 5 avril 1923 autorise une dérivation de 4 mètres cubes par seconde au profit des deux villes et de l'irrigation ; mais récemment on a paru renoncer au projet.

L'eau de Fontaine-l'Évêque à 18 à 19° hydrotimétriques dont 6° permanents, 193 à 206 mgr de résidu sec (à 110°), 140 à 147 de $CaCO^3$, 18 à 19 de $MgCO^3$, 10 à 13 de $CaSO^4$, 10 de NaCl, 6 à 16 de SiO^2. Elle est trouble après les pluies et contient alors des bactéries putrides et du colibacille.

supérieures appelées *Garrubys* ou *Bouillides* étagées entre les cotes 421 et 445 (soit jusqu'à 35 mètres au-dessus de la fontaine) et qui ne se mettent à couler successivement qu'en temps de pluies abondantes.

Source de la Désirade, à Vinon (près le confluent du Verdon et de la Durance): débit de 320 à 440 litres par seconde. L'eau sort dans le néocomien, mais vient plutôt du massif de jurassique supérieur situé à l'E. et sous le crétacé.

Sources de la vallée de Saint-Paul-lès-Durance (en aval du confluent du Verdon) : trois groupes du néocomien, Font-Reynaude-Mallabé, les Laurons et Simian-Travaillé, donnant ensemble au moins 200 litres.

Sources des Pinchinals et de Corneille, amenées à Aix et sortant à 4 kilomètres à l'E. de la ville dans les vallons du même nom du contact du calcaire du dessus de l'éocène surmontant les marnes du lias : dureté assez grande de 38°, dont 12°5 permanents; débit de 30 litres par seconde (au-dessus d'Aix, dans la montagne de Sainte-Victoire, on signale l'abîme inexploré du Garagaï dans les dolomies kimméridgiennes).

Sources thermo-minérales d'Aix [1] : sources Sex-

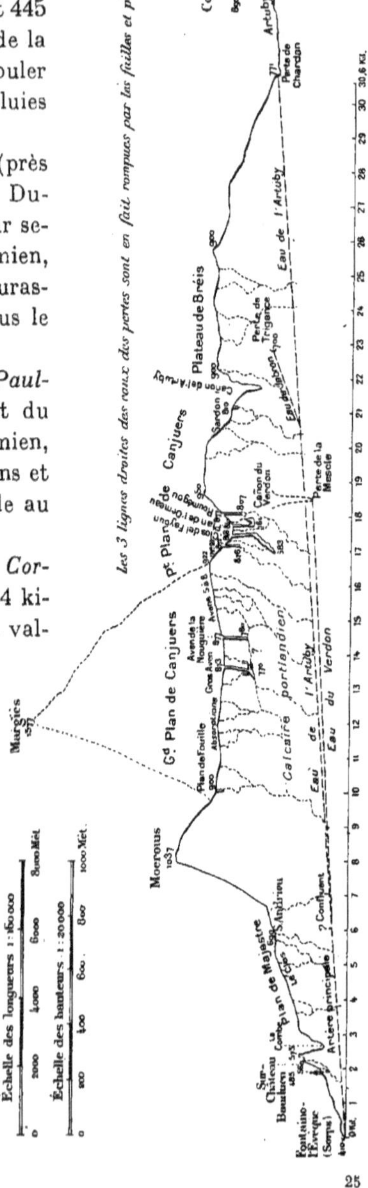

Fig. 180.— Alimentation de Fontaine-l'Évêque (d'après Martel).

(1) Voir Thèse de Jean Sigaud : *Les eaux thermales et d'alimentation d'Aix-en-Provence* (Montpellier, 1925).

tius qui ont 34°,3 de température, avec 107 milligrammes de $CaCO^3$, 42 de $MgCO^3$, 7,3 de NaCl, 12 de $MgCl^2$, 32,5 de Na^2SO^4 et 8 de $MgSO^4$. — Source Barret qui n'a que 21° de température. Ces sources viendraient d'une cassure ascendante et se refroidiraient plus ou moins en s'épandant dans les couches récentes surmontant les roches ignées.

Sources de la vallée de l'Huveaune, amenées au IXe siècle à Marseille et *sources de la Rose* sur la rive droite du Jarret, distribuées en 1842. La chaîne de la Sainte-Baume, avec ses plis et renversements de terrains, est trop compliquée pour la description : on y trouve des sources vauclusiennes, comme celles de Saint-Pons (au contact de l'urgonien renversé avec les calcaires bathoniens et séquaniens qu'il supporte), celle d'Encauron (au contact des calcaires à hippurites du santonien qui butent contre les dolomies du kimméridgien), etc., etc.

Galerie de Gardanne à la mer (1). — Pour évacuer les eaux des mines de lignite de Fuveau, on a construit de 1890 à 1905 une galerie de 15 kilomètres allant déboucher à la Madrague dans la Méditerranée. Cette ga-

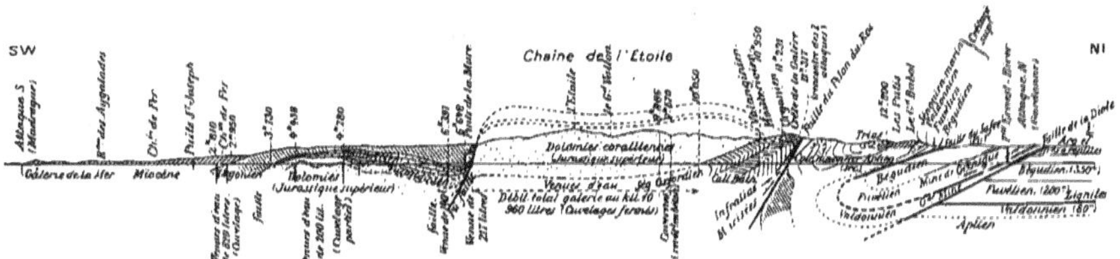

Fig. 181. — Coupe des terrains traversés par la galerie de Gardanne à la mer, d'après la coupe originale de M. Domage à 1/20.000 (1905). — Échelle des longueurs et des hauteurs : 1/60.000 (Les débits indiqués pour les venues d'eau sont en litres par seconde.)

lerie a mis en évidence la constitution des terrains et leurs propriétés aquifères (*fig.* 181). On voit que les venues d'eau rencontrées par l'attaque S. ont été particulièrement fortes : 1° quand on a abordé l'urgonien (entre les kilomètres 2k,810 et 2k,950, où il a fallu établir des cuvelages) ; 2° quand on est arrivé aux dolomies du corallien (2), rencontrées une première fois du kilomètre 4k,438 à 4k,780 (cuvelages partiels) et une seconde fois du

(1) Voir notamment les articles de Domage dans les *Annales des Mines* de 1899 et 1907.

(2) Les autres terrains traversés n'ont donné que peu d'eau, notamment le calcaire marneux aptien qui était sec. Cela a permis de faire avancer l'attaque N. par barrages et serrements d'environ 3kil,700 : elle était dénoyée par une seconde galerie ramenant les eaux au puits Biver (275 mètres de profondeur), d'où elles étaient pompées.

puits de la Mure (kilomètre 6k,648) au kilomètre 10, sur une grande longueur qu'il a fallu bétonner pour la rendre étanche tout du long : au point 9k,486, on est entré dans une caverne, d'où de grandes quantités de sable et d'argile rouge se sont écoulées; à 9k,670 nouvelle caverne, etc., etc. Quand on était à 2k,950 (février 1893), le débit a atteint 833 litres par seconde et s'est réduit à 180 après le cuvelage en fonte; en 1897, les cuvelages ouverts, le débit est monté jusqu'à 1.869 litres; enfin, en janvier 1900, les cuvelages fermés (la pression derrière eux variait entre 8 et 11 kilogrammes), la galerie écoulait 960 litres, alors que sa cuvette inférieure est calculée pour en porter 1.100. La composition moyenne de l'eau donne 20° hydrotimétriques et 330 milligrammes de résidu fixe.

Sources des Alpines (1). — Les Alpines sont un massif crétacé, séparé en deux par une faille E.-O. passant un peu au N. d'Eyguières et un peu au S. de Saint-Remy : sur le versant N., les terrains très redressés affleurent par leurs tranches, en commençant par une bande de calcaire compacte à réquiénies (urgonien ou barrénien-aptien); puis, après un liséré de bauxite (aptienne), le calcaire lacustre dur des Baux (danien); ensuite la mollasse marine helvétienne; enfin les alluvions anciennes (apport de la Durance). Le versant S. présente la même succession, mais avec moins de régularité; au S.-E. un accident tectonique relève le jurassique pour former le sommet le plus élevé, et au S. de part et d'autre de Mouriès apparaît le calcaire berriasien.

Dans ces conditions, le plateau (urgonien) des Plaines au S. d'Orgon n'est pas très absorbant et ne présente qu'un abîme (celui du Ventour) et une source temporaire, dite du Télégraphe; mais, entre Saint-Remy et Eygalières, il sort de la base de l'urgonien de nombreuses sources appelées *Laurons* (laurons du Cabaret Neuf, du Grand Mas, de la Mairie, de Mollégès, puis plus au N.-O. sur le bord des marécages nommés les Paluds laurons du Rassaïre, du Mas de César, du Lavoir, etc., etc.), et il y en a d'autres à Eyragues, Graveson, Maillane et le Breuil. Au S. de Saint-Remy, il y a deux puits captants pour la ville; au S.-E., dans le vallon de Saint-Clair au pied du rocher des Deux-Trous, une source (captée pour le couvent de Saint-Paul); enfin au S.-O. les trois sources du Mas Rouge, du Cabot et du ravin des Trois-Fontaines. L'eau de ruissellement se perd ensuite dans les fissures du calcaire des Baux.

Du côté S. de la grande faille, sources dépendant du jurassique redressé à Eyguières (gros lauron), au château de Roquemartine. Au N.

(1) Voir le rapport de Martel in *Annales du Ministère de l'Agriculture*, fasc. 36 *bis*, 1907.

de Mouriès, les laurons de Saint-Roman, de la Monaque et les trois sources du Dertet, cluse ouverte dans le calcaire lacustre; au S.-E. il y aurait des gouffres d'absorption à l'affleurement du berriasien (très fissuré); enfin à l'O., de nombreux laurons (Vigueri, Sainte-Foy, Joyeuse-Garde, etc., etc.) qui sont sans doute des résurgences. La source la plus célèbre des Alpines est le *font d'Arcoules*, qui avait été amenée par les Romains à Arles: elle est située au Mas de la Guerre, au S. de Paradou (qui l'utilise aujourd'hui), et donne 30 litres par seconde; ses eaux proviendraient de la mollasse miocène et du calcaire lacustre. De même origine, la source du château de Maussane, qui alimente le village du même nom.

Enfin, plus au S. encore commence la plaine de la Crau avec ses cailloux pliocènes, contenant une nappe dont l'eau glisse vers la mer (sur le substratum de la mollasse miocène) et est obligée de revenir en grande partie au jour (sans doute par la présence d'un placage d'argile marine) pour former les marais de Fos et les nombreux *laurons* avoisinants. L'eau de la Durance pénétrant dans les alluvions par le détroit de Sénas-Lamanon-Mallemort contribue-t-elle à l'alimentation de cette nappe ? C'est une question qui n'est pas encore résolue, pas plus que celle de savoir s'il entre de l'eau de la rivière par la plaine de Saint-Andéol-Mollégès (laurons des Paluds) ou par celle de Rognonas-Maillane. Tout ce que je crois pouvoir dire, c'est qu'il paraît facile de capter (par une galerie ou par une ligne de puits) l'eau douce qui s'emmagasine sous la Crau et s'écoule soit à la mer, soit dans les marais de la côte : elle serait bonne, à condition de la prendre assez profondément et de protéger la surface.

d) **Région à l'Ouest du Rhône et causses de l'Aveyron-Lozère.** — La rive droite du Rhône est longtemps bordée par les terrains cristallins du Massif Central, et le jurassique ne réapparaît qu'au droit de Valence, le crétacé inférieur qui passe d'une rive à l'autre ne se montrant encore que 25 kilomètres plus au S. Ce dernier terrain, recouvert par places par des lambeaux de tertiaire, prend une largeur de plus en plus grande jusqu'à Nîmes et Montpellier (région des *garrigues*), tandis que le jurassique occupe des bandes étroites entre Privas, Alais et le Vigan (plateaux des Gras, qui sont déjà des causses en miniature dans les calcaires lusitaniens et tithoniques). Mais entre les Cévennes et la Montagne Noire, le lias et l'oolithe s'ouvrent un large passage (*détroit de Lodève*), pour remonter vers le N. entre les massifs de l'Aigoual et du Levézou jusqu'à Mende et Rodez en un grand golfe formant les *causses de la Lozère* *et de l'Aveyron*, savoir : montagne de la Séranne, causse Blandas, causse Campestre, plateau du Larzac, causse Bégon, causse Noir, causse de Méjean, causse de Sauveterre, etc., etc., et enfin dans un grand prolongement vers l'O. les causses de Rodez (communication probable au temps du lias avec les causses du Quercy).

Dans l'Ardèche et le Gard, ces terrains ne diffèrent pas beaucoup de ce qu'ils sont dans la Drôme et le Dauphiné. Le principal niveau d'eau du jurassique est toujours au contact des calcaires dolomitisés de l'aalénien et du bajocien avec les *marnes noires* du lias supérieur. Quant au crétacé inférieur, il peut contenir jusqu'à quatre niveaux d'eau : l'un dans un banc calcaire intercalé dans les marnes hauteriviennes, un à la base du cruasien, un autre à la base du donzérien sur les marnes barutéliennes, enfin un dernier dans l'épaisseur même de ce calcaire donzérien sur une couche marneuse imperméable. Le tout est d'ailleurs haché de failles et plissé : d'où des sources nombreuses dans les vallons ou par les failles, avec des avens, grottes (voir Daubrée, I, page 297 pour les grottes), pertes d'eau, etc., etc., comme habituellement dans les calcaires. Je signalerai rapidement : les sources du Bouchet et de Fontaugier (cette dernière semble une réapparition du ruisseau le Rieusec) qui sortent du jurassique près de Privas et alimentent cette ville : 30 litres par seconde, se réduisant à 15; les trois sources de Rochoule issues du trias à 3 kilomètres de Bessèges et amenées à cette ville; la grosse source de Latour qui sort du lias au bord du Gardon (faille), à $6^{k},5$ d'Alais, et y est distribuée : débit minimum 120 litres par seconde; degré hydrotimétrique 22°. Il y a une autre grosse source un peu plus bas, la source de Baumel, qui sort du lias moyen à 2 kilomètres de Saint-Hippolyte-du-Fort; puis sortant du néocomien les sources qui alimentent Viviers, le Teil, Bourg-Saint-Andéol, etc., etc. Du calcaire urgonien, sortent la source d'Eure qui alimente Uzès et que les Romains avaient amenée à Nîmes par une conduite de 41 kilomètres et le célèbre pont-aqueduc dit Pont du Gard; les sources de Goudargues et de la Bastide d'Orniols près de Lussan; celles des Angoustrines, de Cals, d'Arlinde, etc., etc., dans le massif du Bouquet, toutes sources qui sont des réapparitions de ruisseaux; les sources des Fumades, etc., etc.

La fameuse *Fontaine de Nîmes*, dont l'origine est représentée par la figure 182 : c'est comme on le voit une faille qui fait buter les eaux du calcaire de Cruas contre les marnes subapennines et les force à revenir au jour. Le débit varie de 10 litres à 10.000 litres par seconde : degré hydrotimétrique 24°; degré permanent 20°; $CaCO^3$ $51^{mgr},5$;

$CaSO^4$ 182 mgr.; NaCl 93mgr,6 (1). Eau généralement contaminée (2).

La *source du Lez* qui alimente Montpellier (depuis 1859) naît aussi dans les *garrigues* et n'est que l'abouchement d'un réseau de cours d'eau souterrains de trajet inconnu, mais pouvant drainer une vaste surface de terrains jurassiques et crétacés. Le gouffre émissif, bassin de 30 à 35 mètres de diamètre sur plus de 10 mètres de profondeur au centre, s'ouvre dans le calcaire berriasien; mais la source se trouble sept à huit heures

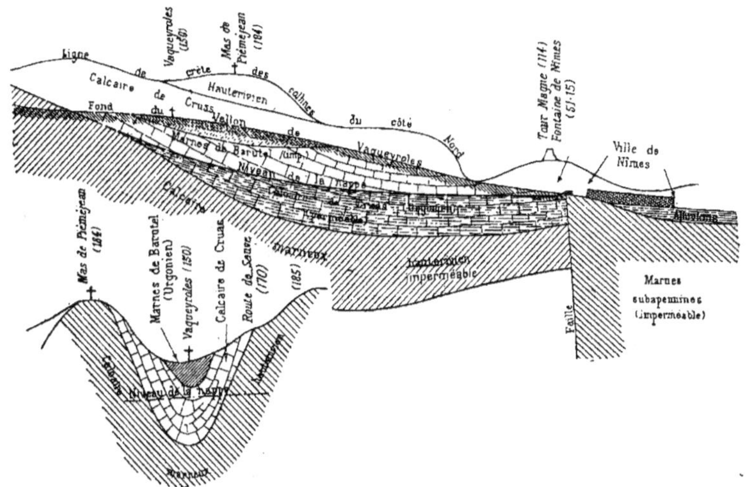

FIG. 182. — La fontaine de Nîmes et sa production par une faille.

après la chute de pluies d'orage dans le massif de l'Aigoual, et le nombre de bactéries y passe de 100 à 300 par centimètre cube en basses eaux à plusieurs milliers en hautes eaux. Sans parler de nombreux avens au N. de la source, on connaît un peu en amont la perte du ruisseau le Lirou qui, né aux Matelles dans le jurassique, se perd dès qu'il arrive au berriasien; toutefois les expériences faites à la fluorescéine n'ont jusqu'ici pas donné de résultat. Le débit du Lez varie de 260 litres par seconde (excep-

(1) La ville de Nîmes n'utilise pas les eaux de la Fontaine : depuis 1869, elle reçoit les eaux d'une galerie et de puits filtrants établis dans les graviers de rive droite du Rhône à la Roche de Comps, avec un relèvement mécanique de 70 mètres (Voir *Génie civil*, 22 juin 1912).

(2) M. Mazauric a trouvé à 30 mètres de profondeur un ruisseau souterrain qu'il a suivi sur 100 mètres, et qui est un affluent de la Fontaine : les avens dans le lit même du Cadreau communiquent avec elle et devraient être bouchés si on voulait éviter la contamination. (*Bull. Soc. des Sciences naturelles*, Nîmes, 1902).

tionnellement en grande sécheresse) à 10.000, et se tient habituellement vers 600 litres. L'eau a 24° hydrotimétriques, dont 8° permanents; 334 milligrammes de résidu fixe, dont 130 de CaO, 14 de MgO, 24 de SO^3 et 25,5 de chlore. — Dès 1766, Pitot avait amené à Montpellier l'eau de la source de Saint-Clément (30 litres par seconde en basses eaux), qui est de même nature que le Lez, mais est située à 5 kilomètres plus près de la ville. A l'O., on signale encore la source de Prades-le-Lez, très variable; à l'E., celle qui est amenée au château de Castries par un aqueduc ancien de 8 kilomètres; à Murviel-lès-Montpellier la source Romaine (débit 2.350 litres par seconde en février 1923). etc., etc.

Je m'étendrai un peu plus longuement sur la région si intéressante des *grands causses*. Au bord O. de ce grand golfe affleurent de grands lambeaux (S. de Lodève, O. de Saint-Affrique, O. d'Espalion) de saxonien (marnes et grès sur une épaisseur atteignant 500 mètres); puis des bandes étroites de grès du trias inférieur (150 mètres d'épaisseur) et de marnes du keuper (30 mètres seulement). Le lias est plus développé, notamment du côté O. et du côté N. : il comprend au-dessus de marnes versicolores un banc de grès rhétien (20 mètres), une puissante assise dolomitique (près de 300 mètres) du sinémurien avec un niveau d'eau important à sa base, un charmouthien marneux peu développé, et enfin le toarcien également marneux (sauf quelques bancs calcaires peu épais à la partie supérieure). Ensuite le bajocien calcaire a une épaisseur d'une centaine de mètres, avec à la base le niveau d'eau habituel; au-dessus le bathonien comporte sur quelques bancs de lignite des calcaires sublithographiques, puis des dolomies ruiniformes très puissantes et très étendues (Montpellier-le-Vieux ?). Enfin, le jurassique moyen et supérieur par lambeaux (plateaux des Gras, Montagne de la Séranne, centre des causses Blandas, Méjean, etc., etc.) : au-dessus d'un oxfordien et rauracien marneux peu épais, on y trouve les calcaires compacts (80 mètres à Ganges) du kimméridgien inférieur, les dolomies ruiniformes (comme au Bois de Païolive) du kimméridgien supérieur à *Ter. janitor* (100 mètres à Ganges), des calcaires à polypiers et dicérates du portlandien (150 à 200 mètres), enfin les couches de Berrias (jusqu'à 60 mètres). On ne trouve pas de crétacé dans les causses à l'O. de la Séranne.

C'est au travers de ces couches jurassiques, jadis continues, que l'érosion a creusé de profonds cañons aux rivières qui s'y succèdent, savoir en allant du N. au S. : le Lot et le Dourdou, la Colagne et le Colagnet, la Nize, l'Aveyron et le Viaur, le Tarn et ses affluents le Tarnon, la Jonte, la Dourbie, la Sorgues d'Aveyron, un autre Dourdou, la Rance et le Liamoux, l'Orb, l'Hérault, etc., etc. Comme le montre la figure 183, qui est une coupe N.-S. entre les monts de la Margeride et les Cévennes, ces cañons et les failles qui hachent le pays découpent le tout en voussoirs iné-

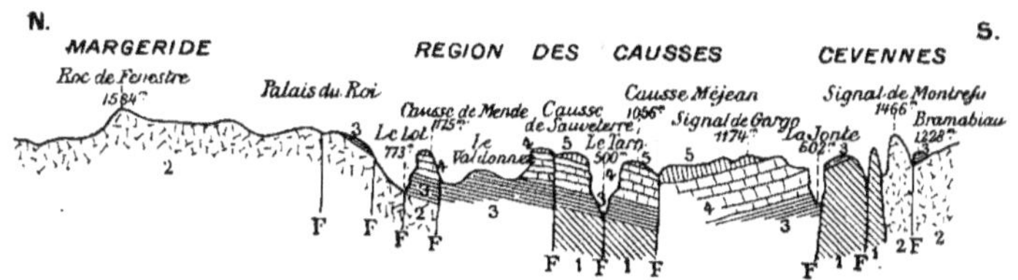

Fig. 183. — Coupe N.-S. de la région des causses de Lozère, passant par Mende et Bramabiau (d'après Cord). — Échelle des longueurs d'environ 1/750.000.
1, archéen (gneiss et micaschistes); — 2, granite; — 3, lias; — 4, bajocien et bathonien; 5, jurassique supérieur; — FF, failles.

galement affaissés : on comprend facilement d'après cela la formation des sources vauclusiennes dans les fonds de vallées. Quant aux eaux de pluie, elles pénètrent aussitôt tombées dans l'intérieur du sol : il y a un grand nombre d'avens (on en compte 55 rien que pour le causse Méjean, dont 19 seulement — y compris l'aven Armand, — ont été explorés), de grottes (comme Dargilan, Nabrigas, les grottes du Soleil, des Poteries et des Demoiselles, etc., etc.) et de ruisseaux souterrains (comme le Bonheur à Bramabiau [1], le courant qui aboutit à la source de Sauve [2], celui du Tindoul de la Vayssière, la perte de la Jonte à Capelan, etc., etc.). L'hydrologie souterraine de la région reste toutefois à fixer plus complètement.

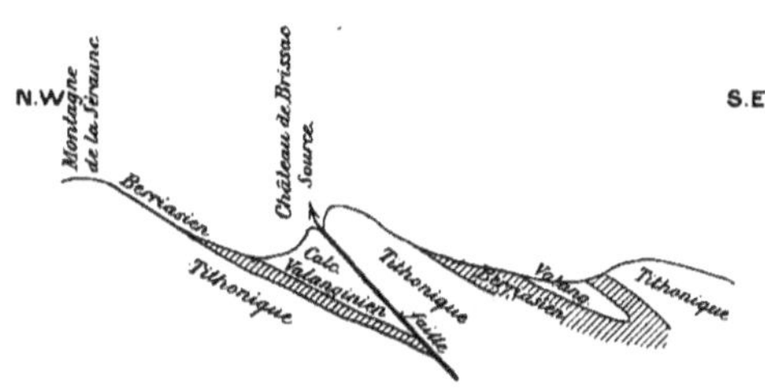

Fig. 184. — La faille de la Séranne et la source de Brissac, au Sud de Ganges (Hérault). — Échelle des longueurs environ 1/25.650.

Comme sources plus particulièrement intéressantes, je citerai : La source de Brissac (Hérault), qui provient en grande partie du tithonique, grâce sans doute à la faille de la Séranne (*fig.* 184) : elle donnait 360 litres par seconde le 20 février 1923. Martel signale deux petits

(1) Ce ruisseau s'engouffre comme on sait du pied de l'Aigoual dans les calcaires bruns infraliasiques : il ressort 700 mètres plus loin (après avoir fait une cascade souterraine) dans un cañon de 120 mètres de profondeur creusé par ses eaux.

(2) Avec ses avens du Frère, de la Sœur et le grand effondrement dit Trou de l'Aven sur le parcours.

avens aux environs, et trois orifices supérieurs à la source pérenne et qui n'entrent en jeu qu'en hautes eaux. Dans la même région, les deux sources de la Foux, l'une à Pégairolles-de-Buèges qui donnait à la même date 180 litres, et l'autre à Saint-Jean-de-Buèges qui en donnait 50 litres; à Gorniès, les sources de Lafoun de l'Euze et de la Vis (chacune 50 litres); à Montoulieu, la source des Carmes (50 litres) [1] où naît l'Alzon.

Plus à l'O., sources du vallon Cauvy et source Labranche (chacune 10 à 12 litres), naissant au-dessus du keuper et au pied du massif du Lauronnet, amenées à Lodève (degré hydrotimétrique 18 à 20°);

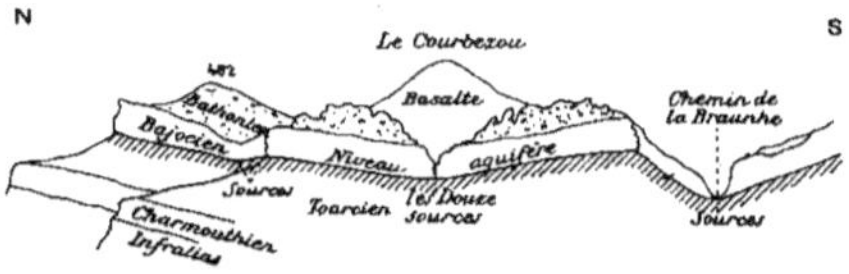

Fig. 185. — Vue des hauteurs jurassiques à l'Est de Bédarieux et des sources qui en sortent (d'après Nicklès). — Échelle d'environ 1/80.000.

Source des Douze ou du ruisseau de Courbézou (90 litres au minimum) (voir *fig.* 185), et source de l'Arboussas ou du ruisseau de Vèbre (37 litres), alimentant Bédarieux et sortant du bajocien, au-dessus du lias;

Source de Santé près de Gabian (non loin de la source de pétrole, contact renversé des grès triasiques et du keuper);

Source du Vivier (95 litres), alimentant Lunas;

Source d'Issanka (100 litres) alimentant Cette (calcaire triasique);

Source Cauvy (26 à 30 litres) amenée récemment à Frontignan et Balarde (jurassique moyen);

Sources d'Inquimbert et de Nazon alimentant Saint-Affrique (sinémurien) sur les rebords du plateau du Larzac;

Sources de la Sorgues d'Aveyron, en correspondance avec l'aven du Mas-Raynal : c'est le débouché d'un siphon dans le calcaire bajocien qui débite de 400 à 14.000 litres par seconde (la Sorgues doit recevoir une autre rivière souterraine);

Sources du vallon du Cernon, aux environs de Sainte-Eulalie et de Cougouille, représentées par la figure 186 (montrant bien le rôle des failles);

Source du Durzon, qui débite de 100 à 20.000 litres par seconde;

Source de l'Espérelle, qui naît dans la vallée de la Dourbie, au N. du Larzac, du contact du bajocien et du lias, à 12 kilomètres à l'E. de Millau, et qui est présentement amenée dans cette ville, pour y remplacer l'eau plus dure (26° au lieu de 13°) de la source de la Mère-de-Dieu (du sinému-

(1) D'après l'article de Pons et Rouanet, *Les sources superficielles du département de l'Hérault* au Congrès de l'Eau (Montpellier, 1923).

rien); l'Espérelle ne donne pas moins de 400 litres par seconde, alors que la Mère-de-Dieu varie entre 10 et 30 litres;

FIG. 186. — Coupe N.-S. détaillée de la partie S.-O. du causse du Larzac (vallée du Cernon). — Échelle des longueurs environ 1/30.000.

Près de Millau également, la source Ladoux à Creissels (70 litres) et

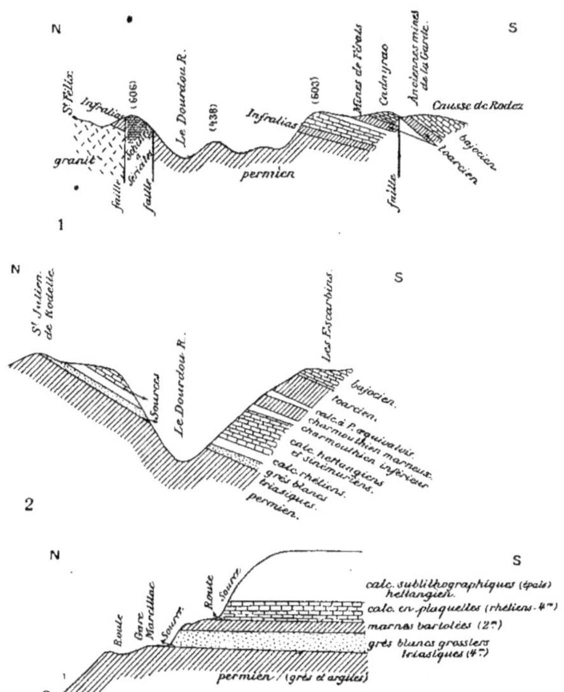

FIG. 187. — Le détroit de Rodez. — Coupes de la vallée du Dourdou (d'après THÉVENIN).
1, coupe d'ensemble au droit de Cadayrac (Aveyron); — 2, détail entre Saint-Julien-de-Rodelle et les Escarbins; — 3, détail à la gare de Marcillac.

un peu plus loin le Boundoulaou, toujours du bajocien; la source Laumet

(160 litres) à 8 kilomètres dans la vallée de la Dourbie; beaucoup plus loin à l'E., au pied du Lingas, les sources des Vignes et Barbaresque (près de Nant) de chacune 300 litres;

Plus au N., la célèbre source du Pêcher, à Florac (débit de 80 à 8.600 litres par seconde); nombreuses sources du lias à Mende et aux environs, à Marvejols, Campagnac, etc., etc.

La ville de Rodez a des sources de deux provenances : celle du Levézou, qui sortent de l'infralias à 40 kilomètres au S.-E. de Rodez, avec seulement une dureté de 4°,5, et celles de Vors à 20 kilomètres au S.-O. de Rodez sortant du gneiss et micaschistes. Au N. du *golfe jurassique de Rodez* et du causse le grès rouge permien apparaît [1], et on se fera une bonne idée de l'hydrologie de la vallée du Dourdou d'après la figure 187, empruntée à Thévenin : on y voit les niveaux d'eau du grès blanc triasique, du calcaire rhétien et des calcaires sublithographiques hettangiens et sinémuriens, le bajocien constituant le causse central.

4° BASSIN SUISSE-BAVAROIS ET CUVETTE GERMANIQUE.

De la Savoie au S. du Léman part une longue bande de trias et de jurassique dits *alpins*, qui ourle tout le versant septentrional des Alpes jusque près de Vienne, et c'est au N. de cette bordure que s'étend le vaste bassin qui va nous occuper, limité à l'E. par le massif cristallin bohémien et à l'O. par ceux de la Forêt Noire et de l'Odenwald, puis par le primaire du Taunus, du Westerwald, etc., etc. Il faut tout d'abord en distinguer la partie méridionale ou *bassin tertiaire suisse-bavarois* proprement dit (étudié plus loin), s'étendant de Chambéry au Danube, entre le jura-trias alpin précité et la bande assez étroite de jurassique supérieur qui part du Jura et du S. de la Forêt Noire pour aboutir à Regensburg (par Sigmaringen, Ulm et Ingolstadt). Toute la région qui est située au N. de cette dernière bande jusqu'en Westphalie et Hanovre forme la *cuvette germanique* ou bassin triasique de l'Allemagne centrale, subdivisé toutefois par les deux horsts déjà décrits de la Thuringe-Franconie et du Harz. Quant au crétacé, outre le bassin intérieur de la Bohême et de la Suisse saxonne, il n'occupe que les bassins de l'Ems et de la Lippe en Westphalie et les collines du Hils au N.-O. du Harz (sauf à passer sous la grande plaine de l'Allemagne du Nord pour y donner quelques pointements isolés et reparaître au Danemark).

(1) Espalion a deux sources qui sortent de ce grès dans la ville même.

a) *Zone du trias*. — Dans la cuvette germanique, c'est le grès vosgien ou bigarré (*Buntsandstein*) qui occupe la plus grande surface ; le muschelkalk et le keuper s'avancent en avant de lui vers l'E. en Souabe et Franconie, tandis qu'ils forment le centre du bassin secondaire de Weimar, le fond du bassin de la Werra (Göttingen) et l'O. de celui de la Weser. Il y a généralement dans le Buntsandstein une première nappe dans les grès fins de la base au-dessus des *Bröckelschiefer* (schistes argileux épais de quelques mètres seulement et remplacés dans le Waldeck par un conglomérat), et une grande nappe un peu plus haut dans le grès plus grossier dit *Hauptbuntsandstein*, épais de 200 à 300 mètres (quelquefois jusqu'à 600 mètres) : cette nappe alimente un très grand nombre de sources, tandis que celles résultant de la nappe de base sont le plus souvent invisibles, étant situées dans le fond des vallées et même souvent dans les lits des rivières (comme dans le lit de la Weser entre Carlshafen et Rinteln). On n'oubliera pas les nombreuses failles qui découpent tout le pays et dont la coupe N.O.-S.E. au travers de la Forêt Noire et de l'Alb de Souabe (*fig.* 188) donne une bonne idée.

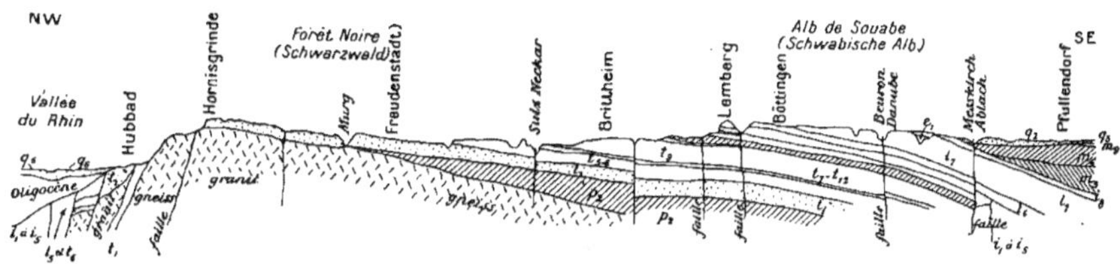

FIG. 188. — Coupe N.O.-S.E. de la Forêt-Noire et de l'Alb de Souabe par Freudenstadt et Böttingen. — Échelle d'environ 1/650.000.

Naturellement, beaucoup de villes s'alimentent aux sources du grès bigarré, dont les eaux sont d'ordinaire très peu minéralisées. Sur le revers oriental de la Forêt Noire, je montrerai l'exemple des captations de Baden-Baden (*fig.* 189), où en outre des sources on a construit une assez grande longueur de galeries captantes au pied du buntsandstein. De même Lahr [1], Freudenstadt, Wildbad, Pforzheim, Karlsruhe [2] (sources d'Ettlingen), Heidelberg (sources du Rombachtal, avec des tronçons de galeries captantes et un forage de 48 mètres de profondeur), les sources du

[1] Les sources pour Lahr sont dans la vallée de Giessen, où une faille dirigée N.-S. relève à l'E. le Rothliegende.

[2] Karlsruhe a aussi des sources de muschelkalk captées à Durlach.

Spessart (1) amenées de 45 kilomètres à Francfort-sur-le-Main, Fulda (sources du Rhöngebirge), Frankenau, Marburg, etc., etc., s'adressent aux eaux du grès triasique. Il faudrait en outre rattacher à ce niveau bien des localités du Palatinat bavarois (Haardt) et du pays de la Sarre, telles que Sarrebrück et Saint-Johann (qui ont fait vingt et un forages et des galeries dans le grès près de Gersweiler), Neunkirchen (huit sources), Sarrelouis (galerie), Deux-Ponts, Kaiserslautern, Pirmasens avec le groupe de Lemberg et onze autres communes appelé *Felsalbgruppe*, puis Landau, Durkheim, Annweiler et Bergzabern avec le groupe de six communes du Klingbachtal, etc., etc.; — mais cette région étant sur la rive gauche du Rhin fait partie du bassin de Paris et continue les Vosges (vers le N.).

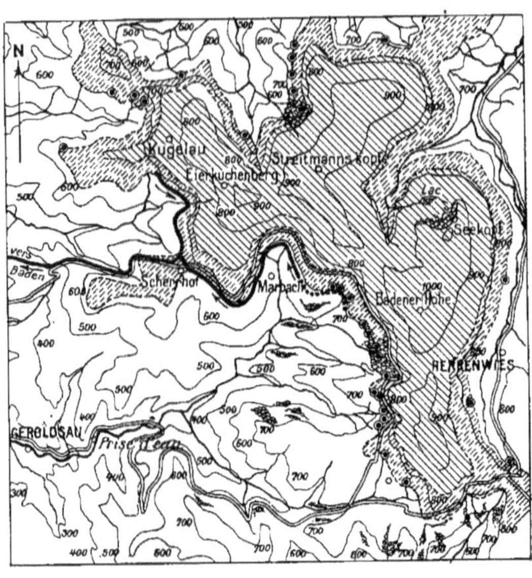

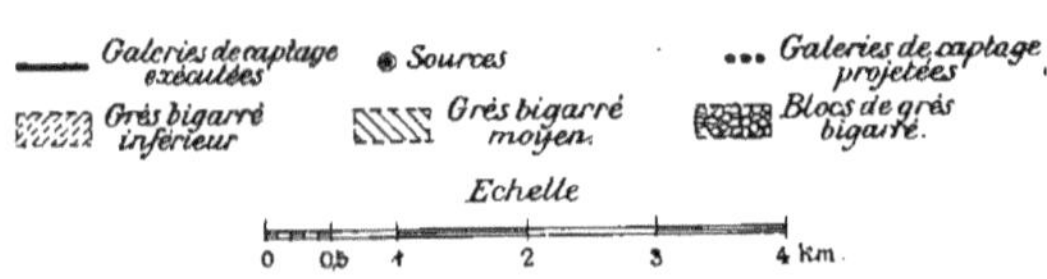

Fig. 189. — Sources du grès bigarré et galeries captantes alimentant Baden-Baden.

Plus à l'E., je puis encore citer comme utilisant les eaux du Buntsandstein : Coburg qui a capté huit sources près de Fischbach au pied du versant S.-O. de la forêt de Thuringe; dans le bassin de la Saale, Jéna (sources d'Ammerbach), Rudolstadt, etc., etc.; sur le revers S. du Harz, Nordhausen, Osterode, et entre les deux Rhumspringe et Rüdershausen qui utilisent l'eau des célèbres sources de la Rhume dont il a déjà été parlé à propos du zechs-

(1) Ces sources du Spessart ne contiennent que 20 milligrammes de sels dissous, dont 1,53 de $CaCO^3$, 1,93 de $CaSO^4$, 0,13 de $MgCO^3$, 2,32 de Na^2CO^3 et 3,72 de NaCl.

tein (¹). La figure 190 montre les nombreux entonnoirs et effondrements qui trouent en quelque sorte le grès bigarré par suite de la dissolution

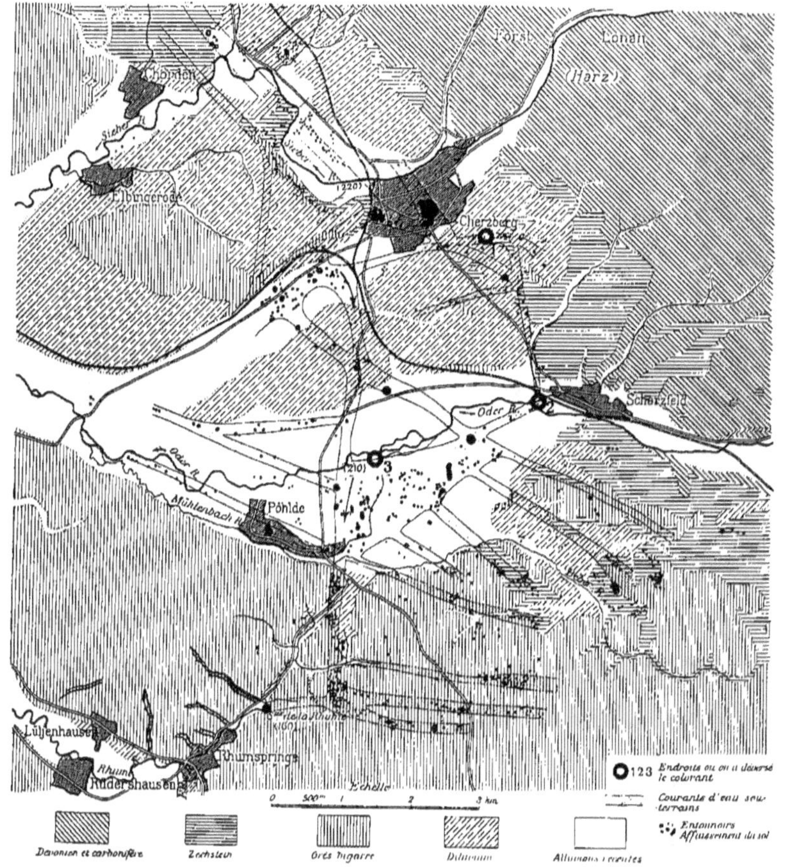

FIG. 190. — Les sources de la Rhume, les courants d'eau souterrains et les affaissements de terrain aux environs (Zechstein et grès vosgien) (d'après THÜRNAU) (nombreuses failles, dirigées la plupart N.O.-S.E.).

des couches de gypse, de sel ou de dolomie du zechstein sousjacent :

(¹) Voir pour plus de détails l'étude complète de K. THÜRNAU in *Jahrbuch für die Gewässerkunde Norddeutschlands* (besondere Mitteilungen), Band 2, Heft 4, 1913.

c'est par là ainsi que par les failles que les eaux gagnent la profondeur et se réunissent aux courants souterrains qui dérivent en partie les eaux de l'Oder et de la Sieber. La source principale, qui sort dans un profond bassin rond de 20 mètres de diamètre n'a pas exactement la même composition que les nombreuses sources secondaires avoisinantes — 32° hydrotimétriques avec 533 milligrammes de résidu fixe dont 152 de CaO et 211 de H^2SO^4 pour la première, contre 24°,5 avec 469 de résidu fixe et 115 de CaO et 137,5 de H^2SO^4 pour la moyenne des secondes — et on voit que ces eaux sont beaucoup plus minéralisées que celles du grès d'ordinaire, ce qui tient tant aux eaux de rivière mélangées qu'à la dissolution

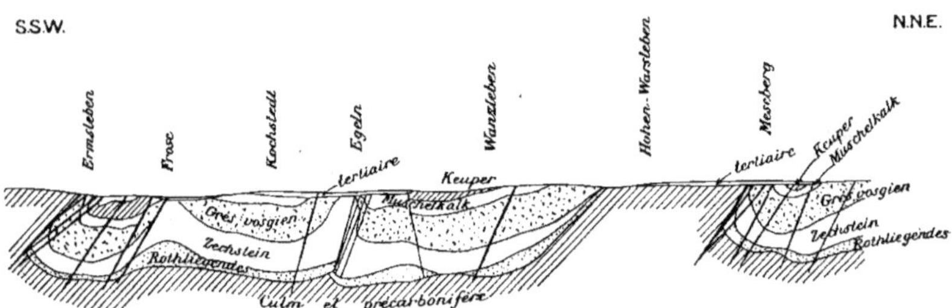

Fig. 191. — Coupe (diluvium enlevé) du bord N. du Harz (anticlinaux d'Aschersleben et d'Egeln et collines de Flechtingen jusqu'au synclinal de Wolmirsted), avec indication des failles et des cassures (d'après Everding et Eivrecke).

des couches du zechstein). Enfin, sur le versant N. du Harz, Aschersleben et quelques autres localités faisant partie du bassin très tourmenté dont la figure 191 donne une coupe : on retrouve le grès triasique jusque près de Magdebourg.

Le second terme du trias, le muschelkalk, surmonte le *Röth* (peu perméable) et s'étend en avant de lui en une bande assez large ; on distingue : 1° à sa base le *Wellenkalk* ou calcaire ondulé, avec une centaine de mètres d'épaisseur en plusieurs bancs calcaires séparés des couches marneuses par des surfaces ondulées ; 2° l'Anhydritgruppe, peu perméable, avec des couches marneuses, gypseuses, dolomitiques, etc., etc., sur 30 à 100 mètres ; 3° Le *Haupt muschelkalk*, avec ses deux subdivisions calcaires, le *Trochitenkalk* (calcaire à entroques) sur une dizaine de mètres, et le calcaire à Cératites (*C. nodosus* d'où le nom de Nodosenschichten) sur 40 à 80 mètres d'épaisseur. Tout naturellement, il y a deux niveaux d'eau importants, l'un sur le Röth, l'autre au contact du Hauptmuschelkalk et du groupe de l'anhydrite : la partie supérieure (les Nodosenschichten) est plus pauvre en eau.

Le keuper à son tour est peu aquifère. On lui rattache le groupe des *Lettenkohle* (40 à 50 mètres d'épaisseur), très schisteux, avec à son sommet les deux bancs appelés *Hauptdolomit* et *Grenz dolomit* (dolomie-limite). Le keuper moyen (Gips keuper), qui est épais de plusieurs centaines de mètres, contient bien intercalées dans ses marnes une couche de *untere dolomit* et des couches gréseuses comme le grès à roseaux (*Schilfsandstein*) et le *Burgsandstein*, qui peuvent engendrer des sources; mais elles restent petites et l'eau en est très dure et très minéralisée. Quant au keuper supérieur, bien moins épais, il est presque entièrement schisteux ou marneux, et par suite presque imperméable.

Les sources et puits prenant l'eau du muschelkalk sont naturellement très nombreux, surtout dans le Wurtemberg et la basse Franconie. Outre les sources de Durlach amenées à Karlsruhe, je citerai neuf sources à 2 ou 3 kilomètres aux environs de Hall et captées par cette ville; les sources dites *Stadtquellen* (*alte quelle* au pied du Steinberg, *Hauptquelle* et *Neuthorquelle* captées dans les fossés même de la ville) qui alimentent Würzburg et qui sortent de cavités dans la *Zellendolomit*, couche de dolomie de l'Anhydritgruppe (au-dessus du Wellenkalk) : l'eau en est dure (de 41 à 59° hydrotimétriques français, avec un résidu sec de 630 à 782 milligrammes,

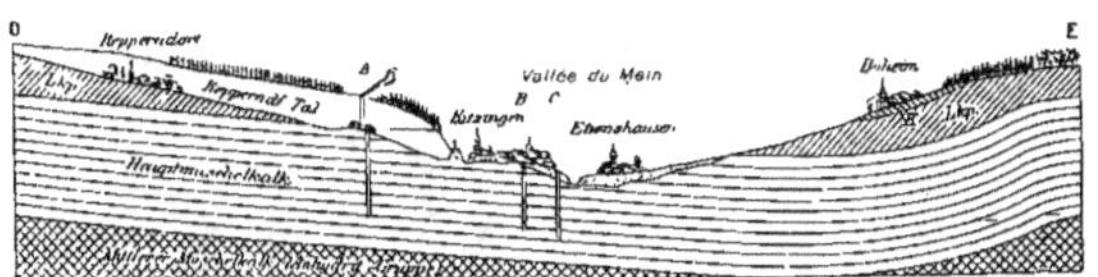

FIG. 192. — Profil géologique dans le muschelkalk à la prise d'eau de Kitzingen.
A, puits de la Brasserie; — B, puits de la Bürger-Brancrei; — C, puits de la ville.

240 de CaO, 200 de H^2SO^4, etc., etc.). Dans la vallée du Main, Kitzingen a fait en 1908 trois puits de 50 à 60 mètres de profondeur et 0m,580 de diamètre, qui restent entièrement dans le *Hauptmuschelkalk* (puits C, de la figure 192, où on voit aussi deux autres puits A et B pour des brasseries : l'eau en est également assez dure (40 à 45°, avec de 494 à 730 milligrammes de résidu sec). En Thuringe, la belle source de Plaue qui fait tourner un moulin à 200 mètres de sa naissance : elle serait en relation avec la rivière Wilde Gera.

Le muschelkalk est généralement fissuré et caverneux. Gärtner en donne un bel exemple dans la vallée de l'Ilm : cette rivière se perd une

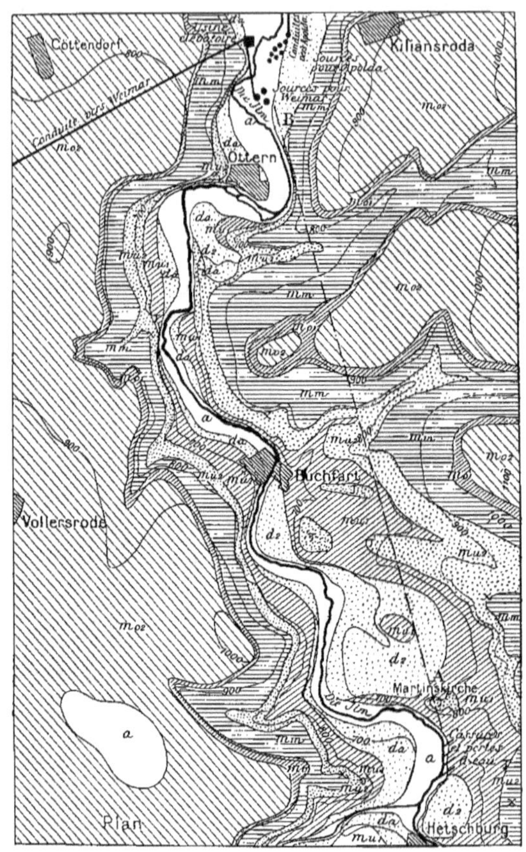

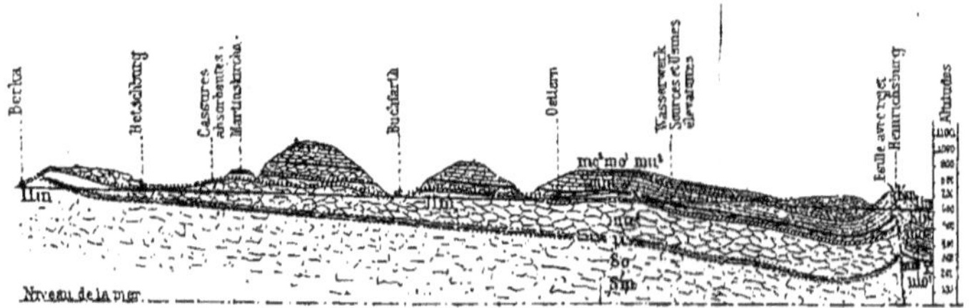

Fig. 193. — Plan et coupe de la vallée de l'Ilm, montrant les pertes et les sources dans le muschelkalk (sources alimentant Weimar et Apolda) (d'après Gartner). — Échelle des longueurs : 1/17.300.

S_m, S_o, silurien moyen et supérieur; μ Röth (virglorien?); — mu^1, mu^2, muschelkalk inférieur; — *mm*, muschelkalk moyen; — mo^1, mo^2, muschelkalk supérieur; — Ku^1 et K*m*, keuper inférieur et moyen; — X, banc de pierre de taille à la base du muschelkalk moyen; — d_1 et d_a, diluvium ancien et plus récent; — *a*, alluvions modernes.

première fois en partie près de Griesheim dans le muschelkalk supérieur pour alimenter les sources d'Ober-Willingen; puis des pertes importantes se font à l'aval d'Hetschburg (*fig.* 193) dans des cassures, d'où l'eau suivant un trajet rectiligne d'environ 700 mètres va ressortir à l'aval d'Oettern en deux groupes de sources, l'un capté par la ville de Weimar et l'autre par celle d'Apolda. (Ces sources se troublent aux pluies et on y trouve alors jusqu'à 6.000 germes au centimètre cube). La région de Bernburg est connue pour ses deux lignes de cassures : ces cassures sont difficiles à suivre dans le Röth, mais on les retrouve dans le grès bigarré en dessous de lui et elles peuvent faire passer l'eau dans le grès. Plus au N., Bielefelp, Eisleben et quelques autres localités s'alimentent aux sources du muschelkalk : autour du horst thuringien et du Harz les eaux sont moins dures que précédemment (12 à 22°, avec un résidu sec dépassant rarement 300 milligrammes).

Le keuper a un peu d'eau soit dans la dolomie moyenne, soit dans les bancs de grès *schilfsandstein*, *stubensandstein* et *burgsandstein;* mais comme ces bancs sont peu épais, les sources qui en naissent ne sont guère fortes. (Dans les figures 191 et 192, on voit la situation de ces grès en dessous du lias). Je ne connais guère comme ville que Stuttgart qui utilise (en même temps que l'eau filtrée du Neckar et d'un lac) l'eau de sources de ces niveaux : une douzaine de sources, provenant en grande partie des grès keupériens et pour partie aussi du lias, sont amenées en ville et mélangées, ce qui donne une eau assez dure (44° hydrotimétriques dont 18° permanents, avec 405 milligrammes de résidu sec).

Trias alpin. — Les deux bandes O.-E. de trias alpin, qui, séparées du gneiss par la grauwacke silurienne, s'étendent sur chacun des revers des Alpes Noriques, Rhétiques, Lépontiennes, etc., etc., sont formées de terrains trop bouleversés et trop disparates pour que je puisse en esquisser l'hydrologie. Je me contenterai de dire qu'à la base le grès werfénien est aquifère (sources du Wurmbach qui alimentent Innsprück par exemple), mais est surmonté de couches schisteuses ou marneuses imperméables qui retiennent l'eau au-dessus d'elles. On a ainsi un ou plusieurs niveaux d'eau (sans parler des sources qui proviennent des failles comme celle de Rohrbach-in-Graben, près Vienne) dans les calcaires de Virgloria et de Wetterstein, les couches à cardites et la dolomie principale en Bavière, — dans les dolomies de la Ramsau et les calcaires de Hallstatt et du Dachstein pour les massifs de ces noms, — dans les dolomies à Diplopores, le calcaire de la Marmolata et la dolomie principale pour les massifs des Dolomites, du Schlern, etc., etc.

Le plus bel exemple d'utilisation des eaux de ces niveaux est celui de la ville de Vienne qui a capté les sources de la Schwarza (Kaiserbrunnen, Stixenstein, Höllenthal, Fuchspass, Reissthal, Wasseralm) et de la Salza (Kläfferbrunnen, Höllbach, Bruungraben, Seisenstein, Siebensee, Schreerklamm) pour les amener par deux grands aqueducs dans la capitale autrichienne. Le trias alpin dans cette région comprend deux puissantes assises de calcaire : l'assise supérieure, la plus épaisse, est le calcaire lumineux (*lichle Alpenkalkstein*) ou calcaire de Wetterstein (tyrolien), et l'assise inférieure est le calcaire de couleur foncée dit de Guttenstein (virglorien). Cette dernière repose sur les schistes micacés rouges ou gris verdâtres, avec gypse et sel gemme intercalés (werfénien), imperméables. Les calcaires sont fissurés, mais pour assurer la bonne qualité de l'eau la ville a acquis deux vastes périmètres de protection (l'un de 4.556 hectares pour la première adduction, l'autre de 6.058 hectares pour la deuxième) qu'elle maintient en forêt et sans cause de pollution. Le volume dérivé est d'environ 300.000 mètres cubes par jour. La composition moyenne de l'eau des principales sources est donnée ci-dessous :

SOURCES		DURETÉ (en degrés français)		EN MILLIGRAMMES PAR LITRE						
		Totale	Permanente	RÉSIDU SEC	CaO	MgO	H^2SO^4	H^2CO^3 (LIÉ)	CHLORE	SILICE
Schwarza.	Kaiserbrunnen...	13°	»	138,7	60,9	8,8	6,0	110,1	0,9	1,8
	Stixenstein	22°,3	1°,9	241,7	104,8	17,3	18,7	92,6	2,0	2,5
Salza	Brunngraben ...	16°,3	4°,4	159,8	67,0	16,9	2,0	70,0	»	2,2
	Kläfferbrunnen .	11°,0	6°,6	112,0	48,0	9,5	traces	48,1	1,0	0
	Siebensee	10°,1	3°,6	118,0	47,0	6,5	0,1	44,0	0,4	traces
	Säusenstein	11°,5	»	165,6	42,8	23,1	12,8	»	2,6	3,6

Je signalerai enfin que tous ces calcaires, ainsi que ceux du Dachstein, sont caverneux, et quand leur altitude est assez élevée on trouve dans ces cavernes de véritables glacières souterraines. Telle est dans le massif des Tennengebirge (à 36 kilomètres au S.-S.-E. de Salzbourg) la célèbre grotte appelée Eis-Riesen-Höhle (précédemment Posselt-Höhle). Dans le Dachstein (juvavien-keuper et même rhétien), tout un réseau de cavernes au niveau de 1.400 mètres et plus (dont deux énormes l'Anger-Alpe et la Riesen-Höhle), de rivières souterraines avec glacières, lacs, gouffres, etc., etc., notamment les anciens lits de la Traun (qui coule aujourd'hui à 1.000 mètres plus bas). De l'autre côté de cette rivière, le massif du Tödtes-Gebirge paraît aussi excavé (Elmhöhle, Höllerkegelhöhle, courant souterrain venant du lac d'Elm à 1.670 mètres, etc., etc.). Je ne puis que renvoyer pour le détail aux études spéléologiques [1].

b) Zone du lias et de l'oolithe (jurassique). — Le bord sud-est de la cuvette germanique est occupé par la bande du lias (*schwarzer Jura*), qui remonte vers le N. jusque près de Coburg, et en avant d'elle par celle de l'oolithe (*brauner et weisser Jura*), qui règne dans la Souabe, la Bavière, le Haut-Palatinat et la Franconie (en remontant aussi vers le N. entre Bamberg et Bayreuth dans la boucle du Main) et domine par ses falaises calcaires la plaine du Danube : des lambeaux de ces terrains se retrouvent au delà du détroit triasique dans le Hanovre (bassin de la Weser) et au N. du Harz (bassin de l'Aller). Enfin au S. du bassin tertiaire bavarois, une longue bande d'Alpenjura s'étend au N. du trias alpin dans l'Algäu, les Alpes de Salzbourg, etc., etc. jusqu'au Wienerwald : je ne reviendrai pas sur cette bande, où les eaux sont d'ailleurs rares en profondeur, les schistes gris du lias supérieur (*graue Algäuschiefer*) y étant imperméables et très épais (jusqu'à 900 mètres) [2].

Le lias est presque entièrement imperméable (schistes et marnes) : il n'y a guère d'eau qu'à la base dans le grès rhétien ou le calcaire à gryphées arquées, d'ailleurs peu épais. Il faut cependant signaler la galerie de 500 mètres de longueur, avec serrement terminal, que la ville d'Erfurt a établie entre le lias et le toit du keuper dans le massif du Seeberg, près Wechmar : l'eau a 33° hydrotimétriques avec beaucoup de H^2SO^4 ($151^{mgr},2$) contre 140 de CaO et 31,9 de MgO. Plus au N., les schistes à posidonies du toarcien renferment une couche calcaire (*Stinkkalk*) qui peut alimenter quelques sources (source de Söhlbrunnen, source Schwefelquelle près Sehnde, etc., etc.).

Le *dogger*, dont on voit bien la situation et la constitution dans les coupes en travers de la vallée de la Regnitz et de celle de la Pegnitz (*fig.* 194 et 195), n'est pas non plus bien aquifère : un peu d'eau seulement dans les grès à Harpoceras Murchisonæ (*Eisensandstein*) au-dessus des *Opalinus tone*. Mais le jurassique supérieur (*malm*) contient un beau niveau

(1) Voir notamment : ANGERMAYER, *Die Eisriesenwelt in Tennengebirge* (Vienne, 1921-23); — Revue mensuelle bavaroise : *Der Alpenfreund* (Munich); — SIMONY, *Das Dachstein gebiet* (1889-1895), et BOCH et LAHNER, *Höhlen im Dachstein* (Graz 1913); enfin *Mittheil für Höhlenkunde* (Graz 1914).

(2) Il y a bien au-dessus du lias, dans le dogger et le weisser Jura, des couches calcaires (*Auerkalk* au-dessus des *Aptychusschiefer*, ensemble 300 mètres d'épaisseur) qui contiennent de l'eau; mais ce sont des lambeaux irréguliers en pays très montagneux.

d'eau très constant dans les calcaires épais correspondant à l'étage kimméridgien (*Dolomie de Franconie*, *Schwammkalk*, *Marmorkalk*, etc., etc.), au-

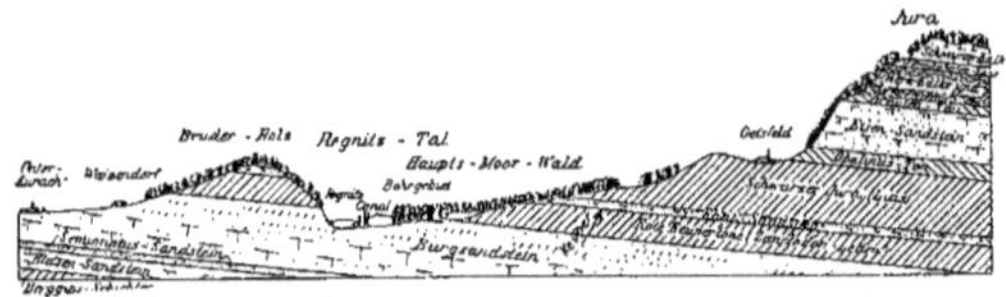

FIG. 194. — Profil géologique au travers de la vallée de la Regnitz, au S. de Bamberg. Échelle des longueurs 1/100.000. — Échelle des hauteurs 1/10.000.

A et C, alluvion et diluvion de la vallée de la Regnitz, où l'eau de la ville est puisée.

dessus des argiles à Ornati (callovien) jusqu'où les profondes vallées se sont creusées habituellement. Il y a en outre par places un niveau plus

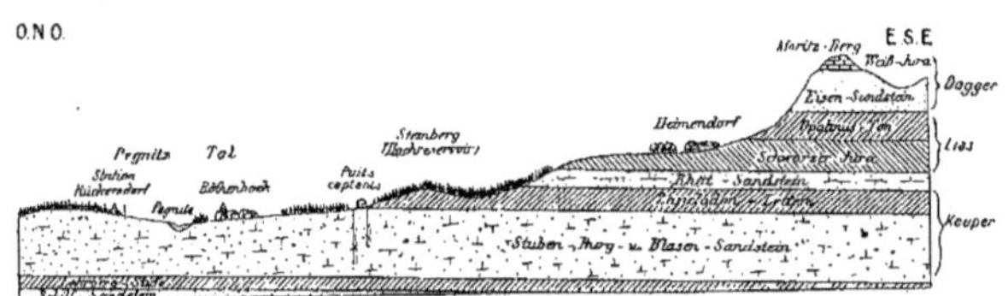

FIG. 195. — Profil géologique au travers de la vallée de la Pegnitz, à la prise d'eau de Rothenbach (près Bayreuth).

élevé au contact des calcaires à plaquettes (*Plattenkalk*) du portlandien et de quelques bancs moins perméables sous-jacents (¹). La figure 196,

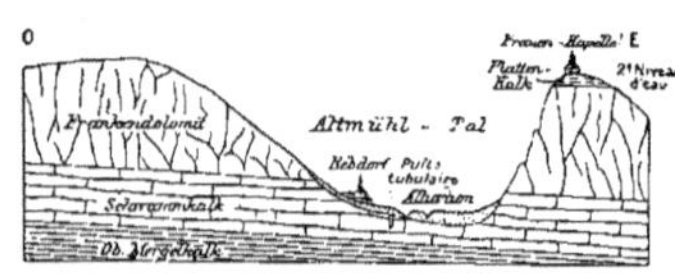

1° Profil géologique en travers de la vallée d'Altmühl à Rebdorf. — Échelle des longueurs 1/25.000. — Échelle des hauteurs 1/5.000.

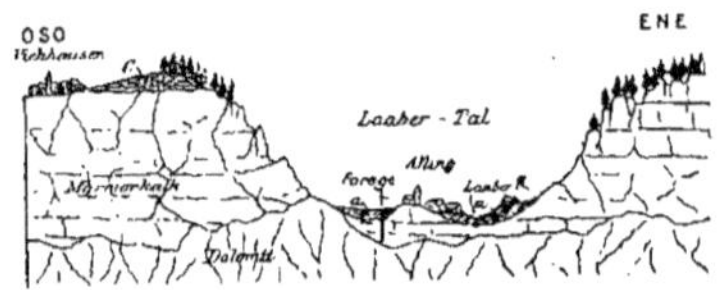

2° Profil géologique en travers de la vallée de la Laaber à Alling. — *C*, crétacé (cénomanien); — *a*, alluvions. — Échelle des longueurs 1/25.000. — Échelle de hauteur 1/5.000.

FIG. 196. — Le jurassique supérieur dans la région de Ratisbonne (Regensburg).

qui donne des coupes en travers de la vallée de l'Altmühl près Rebdorf

(¹) Exemple des sources de Thüste, Sooldorf et Nammen, qui sont de ce niveau supérieur dans le bassin de la Weser.

et de la vallée de la Laaber à Alling (près Regensburg), fait comprendre la situation : les sources sont dans le fond des vallées, et les plateaux de l'Alp de Souabe et du Jura franconien sont totalement secs et n'ont d'eau qu'artificiellement par le relèvement mécanique des eaux captées dans les thalwegs (aux émissions ou par puits comme à Rebdorf et Alling). Parfois l'eau passe directement dans les alluvions des vallées ou dans le lit des rivières : ainsi la Pegnitz a des sources remarquables au pied des rochers du malm entre Rottenbrück et Günthersthal, qui sur 5 kilomètres de distance donnent un débit total d'au moins 2 mètres cubes par seconde.

Un grand nombre de localités utilisent les eaux du Malm : ainsi Sigmaringen, Aalen, Urach, Reutlingen, Ingolstadt et dans le Rauhe Alb (Wurtemberg) les groupes de communes comme celui d'Eybach et de l'Eybthal (14 communes) : il n'y avait pas moins en 1913 dans le Wurtemberg de quarante-quatre groupes de communes alimentant 397 villages, la plupart en remontrant l'eau comme il a été dit. Nuremberg a capté à la limite du Jura franconien la source Ursprungsquelle et le captage en a augmenté le débit, qui atteint 160 litres par seconde. Enfin, dans le Jura franconien lui-même, il y a pour remédier à la sécheresse du pays une vingtaine de groupes de communes (desservant plus de 25.000 habitants), qui pompent l'eau des sources dans le fond des vallées et l'envoient sur les plateaux (groupes de Betzenstein, d'Eichstätt, de Kasberg, d'Eichelberg, de Rothmansthal, de Pondorf, de Wolfsbuch, de Viehhausen-Bergmatting, etc., etc.). Pour ce dernier groupe, le forage de 25 mètres de profondeur (diamètre 0,55 à 0,40) indiqué figure 196 donne une eau dans le *Marmorkalk* qui est moyennement dure (360 milligrammes de résidu sec). L'eau de Rebdorf a aussi le même résidu, avec 128 milligrammes de CaO, 32 de MgO, et 30 à 31° hydrotimétriques. A signaler encore les grosses sources de la Lone près d'Urspring (250 litres par seconde), la Brenzquelle près de Körligsbronn (de 800 à 2.000 litres), la Kocherquelle près d'Oberkochen (200 litres), les sources de la Blautal au S. d'Ulm (dont celle de Schelklingen, 500 litres, et surtout celle dite Blautopf, de 1.000 à 4.000 litres), les sources de la Nau près Langenau (1.000 à 1.500 litres), bref tout le long du contact du malm avec le tertiaire parallèlement et au N. du Danube.

Le calcaire jurassique est ici comme ailleurs très caverneux. On signale des gouffres dans l'Alb de Souabe (notamment la Laichinger Höhle de plus de 100 mètres de profondeur), des grottes comme celles de Velburg, de Krottensee, de Maximilien près de Nuremberg, de Müggendorf, de Gailenreuth, de Rabenstein, de Rosenmüller, etc., etc., dans la Suisse franconienne. Il y a également des vallées sèches et des pertes de rivières avec trajets souterrains : ainsi les sources qui alimentent Regensburg et qui naissent près de la rivière Regen sont contaminées par les eaux de cette rivière pénétrant dans les fissures du calcaire. Le plus bel exemple de ce genre est donné par les pertes du Danube entre Immendingen et Fridingen (trois pertes visibles sur un parcours de 7 kilomètres) : en basses eaux, tout le débit de la rivière passe sous terre et en hautes eaux il s'engouffre au moins 2 mètres cubes par seconde, et l'eau reparaît après environ trois jours à l'*Aachlopf*, source située à une dizaine de kilomètres au S. et qui donne jusqu'à 4 mètres cubes par seconde, la rivière l'Aach allant se jeter dans le lac de Constance et le Rhin.

c) Zone du crétacé. — Dans les bassins de l'Ems et de la Lippe (bassin de Munster ou golfe de Westphalie) le crétacé inférieur est presque réduit aux grès du néocomien, que surmontent les marnes du Pläner inférieur (cénomanien), imperméables. L'eau se tient dans les calcaires du Pläner supérieur (turonien), lequel, comme le montre la figure 197 pour les environs de Paderborn et la forêt de Teutoburg, se subdivise en plusieurs bancs (*Brongniarti P.*, *Scaphitenpläner*, *Cuvieri P.*), séparés par des couches de marnes et sans qu'on puisse dire facilement laquelle arrête l'eau : les marnes de l'*Emscher* parfois très épaisses et du sénonien recouvrent par places le Pläner, mais parfois aussi il est directement recouvert par les sables alluviaux quaternaires (aquifères alors à leur base). Les grosses sources vauclusiennes qui sortent à Lippspringe, puis au milieu des villes de Paderborn et de Soest (*fig.* 198), ainsi que de nombreuses sources des environs et dans la forêt de Teutoburg, s'expliquent facilement : les bétoires, les ruisseaux qui se perdent dans le Pläner supérieur sont très fréquents, et Gärtner (1) a expliqué par là la genèse des épidémies de fièvre typhoïde qui ont régné dans ces deux villes.

Au N. du Harz, dans les collines du Hils (Hanovre), le crétacé inférieur (Wealdien en particulier) est très épais et imperméable (schistes et marnes) : cependant, à l'O. de la Weser, on trouve un grès néocomien aquifère, qui alimente des sources, comme celles de Bückeburg. Le crétacé supérieur est perméable et fissuré, comme ci-dessus. Le crétacé se pro-

(1) Voir pour les détails, GÄRTNER, *Die Quellen in ihren Beziehungen zum Grundwasser und zum Typhus* (Iéna, 1902). A Paderborn il y a 140 sources qui donnent de 5 à 7 mètres cubes par seconde : certaines ont jusqu'à 15° de température et ont près de 1/2 gramme de chlore par litre. A Soest, les sources du *Grosse-Teich* font tourner un moulin : la ville puise l'eau à 17 mètres de profondeur dans une cassure aquifère.

longe ensuite sous une grande partie de la plaine de l'Allemagne du N., où on le retrouve souvent directement en dessous du terrain glaciaire : il réapparaît en certains pointements, comme par exemple celui de Lüne-

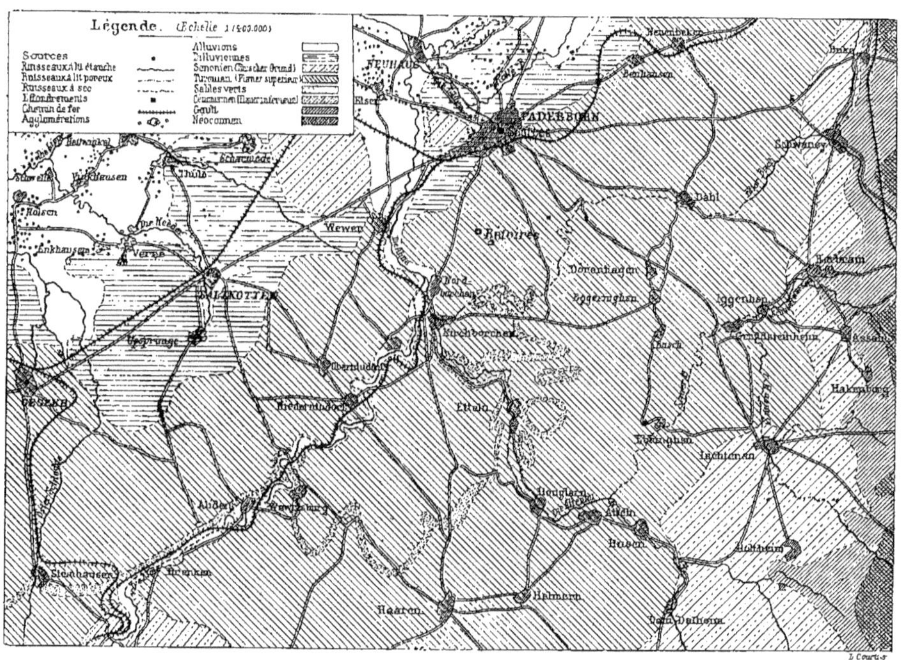

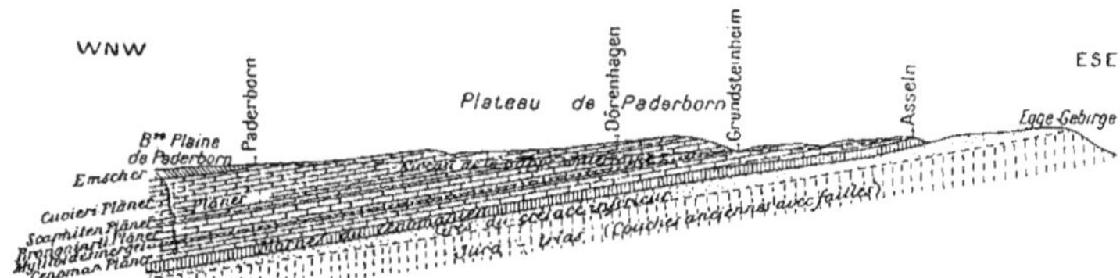

FIG. 197. — Carte et coupe du bassin de la Pader, et sources de Paderborn (d'après GÄRTNER).

burg (au S. de Hambourg) où on trouve des sources. Le toit du crétacé a une allure tout à fait indépendante de celle de la surface : dessinant un dos d'âne dans le Mecklemburg et le Fläming (de + 23 à + 103), il s'enfonce aux environs de Rostock (de — 80 à — 88), de Stralsund (de — 45 à

— 62) et de Greifswald (de — 19 à — 50) : on n'y a généralement pas

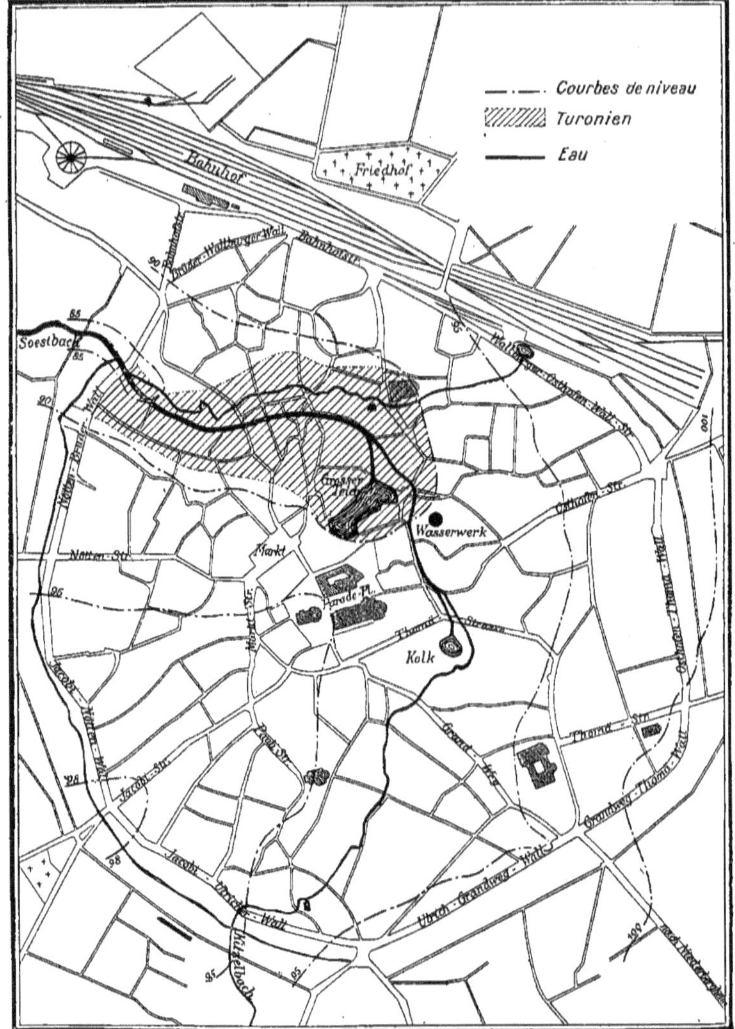

Fig. 198. — Les sources qui émergent dans l'intérieur de la ville de Soest (Turonien) (d'après Gärtner).

cherché d'eau, le glaciaire en renfermant beaucoup.

5° BASSIN DE SAXE, BOHÊME ET MORAVIE

C'est un grand bassin de crétacé supérieur (du cénomanien au sénonien) qui s'étend au N. et N.-E. de la Bohême en se prolongeant dans le S. de la Saxe (Suisse saxonne), entre le pied du Riesengebirge [1] (Krkonose), au N.-E. et le pied de l'Erzgebirge au N.-O.; mais de ce dernier côté, le crétacé est généralement recouvert par les bancs épais du tertiaire et alors on ne le trouve que dans le fond des vallons. Du côté S., le crétacé est limité par le gneiss, le silurien ou le permien; mais ses lambeaux recouvrent encore bien des hauteurs et des plateaux tels que ceux de Zban et du Rip. Le Labe (Elbe) développe son cours jusqu'à Dresde dans les formations crétaciques, sauf qu'au N. de Leitmeritz le fleuve entre pour un certain parcours dans le tertiaire et les basaltes du Stredo Hori (Mittelgebirge): des éruptions basaltiques ont en effet souvent traversé le crétacé et leurs coulées le recouvrent par places, ces cheminées laissant alors remonter les eaux profondes et les gaz (CO^2 notamment) si abondants d'ordinaire dans les sources minérales de la région (*fig.* 199, 2°).

Les couches sont légèrement inclinées vers le N. ou E., comme le montrent les deux coupes transversales de la vallée de l'Elbe (ou Labe) de la figure 199. Elles sont assez régulières, mais n'ont pas partout la même constitution. On peut admettre pourtant en général qu'il y a deux nappes aquifères dans le cénomanien, l'une dans le conglomérat de base ou *quadersandstein inférieur*, l'autre au-dessus du calcaire marneux (peu perméable) appelé *Pläner inférieur* dans des sables et grès que recouvre le turonien. Cette nappe des grès cénomaniens peut être artésienne, comme le montrent l'ancien forage (datant de plus d'un siècle) de Podebrady et la douzaine de forages nouveaux qui fournissent ses eaux minérales à cette station : ces forages ont une centaine de mètres de profondeur, mais l'eau d'après sa température semble remonter (sans doute par une faille qui amène en même temps beaucoup d'acide carbonique) de 400 mètres.

Le turonien (couches de Izera, Teplice, etc., etc.) est surtout formé par les calcaires des *Pläner* moyen et supérieur, mais il contient souvent vers sa base une couche arénacée et par suite aquifère de *quadersandstein moyen*. Les calcaires ont d'ailleurs de l'eau dans leurs fissures et alimentent

[1] Un petit bassin crétacé se trouve même plus à l'E. encore dans les Sudètes, sur la Neisse à l'amont de Glatz : Krebs y signale les importantes sources du Kressenbach (près Hammer), la Wienerquelle (80 litres par seconde), etc., etc. qui sortent du quadersandstein, la source de l'Erlenbach (35 litres par seconde) qui sort du Pläner près Stolzenau, etc., etc.

une série de sources importantes dans les vallées dont le creux les atteint, comme celle de l'Elbe dans la traversée de la Suisse saxonne le long de sa rive gauche (la rive droite, en raison de la pente des couches vers l'E., n'a au contraire que de faibles sources). Les captages de Karany, faits par Prinz pour la ville de Prague, comprennent plusieurs puits artésiens qui permettent à l'eau sous pression des grès turoniens et cénomaniens de venir à l'usine élévatoire (le reste de l'eau captée provient des alluvions des vallées de l'Elbe et de l'Izera).

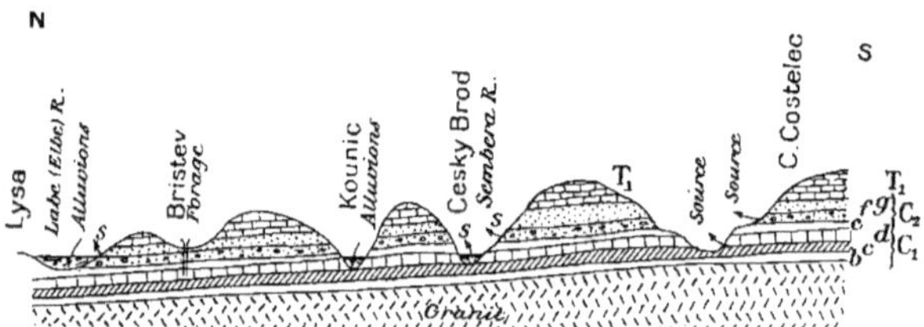

Coupe en travers de la vallée de l'Elbe, par Cesky Brod et Lysa.

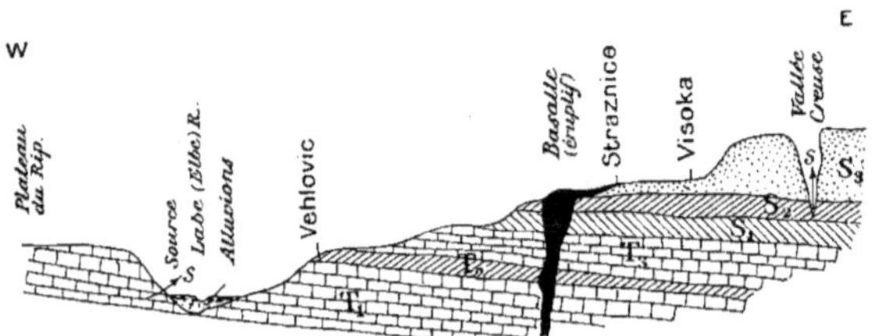

Coupe en travers de la vallée de l'Elbe un peu au N· de Melnik.

Fig. 199. — Le crétacé en Bohême (vallée de l'Elbe). — Échelle des longueurs : environ 1/150.000.

C_1, cénomanien inférieur (*b*, conglomérat, *c*, argile schisteux, *d*, calcaire) ou groupe de Persic (Quadersandstein inférieur); — C_2, cénomanien supérieur (*e*, calcaire à exogyres, *f*, conglomérat, *g*, sable) ou groupe de Korycan (Pläner inférieur); — T_1, T_2, T_3, turonien : quadersandstein moyen, pläner moyen et supérieur; — S_1, S_2, S_3, sénonien : quadermergel et quadersandstein supérieur (Elbsandstein).

Enfin le sénonien a généralement à sa base deux couches (dites de Brezne) imperméables de *Plänermergel* (couche à baculites) et de *quadermergel*, surmontées par la falaise (100 à 150 mètres de hauteur) du grès perméable et fissuré dit *quadersandstein supérieur* ou *Elbsandstein* (couches de Chlomec) : l'Elbe traverse cette falaise par un véritable cañon, qui n'a par places que 200 mètres de largeur. Ce massif gréseux dans toute la Suisse saxonne est très caverneux et coupé de vallées profondes; naturellement on trouve des sources dans leurs creux, les eaux pluviales pénétrant très facilement dans les pores et fissures de l'*Oberer quader*. Beaucoup de localités s'alimentent à ces sources : Schandau aux sources de la vallée de la Kirnitz, Wehlen 11 sources de l'Uttewalder grund, Sebnitz, etc., etc. A Königstein, les sources ont été captées directement à leur sortie du rocher gréseux, mais à la forteresse on a creusé jadis un puits célèbre qui va jusqu'à la marne du Pläner à 140 mètres de profondeur (190 mètres suivant d'autres), dont 20 mètres d'eau.

6° SILÉSIE ET CARPATHES

Nous avons déjà vu qu'au-dessus des couches carbonifères du bassin de Silésie on trouvait de l'eau en abondance dans le grès triasique et dans le muschelkalk, celui-ci étant séparé du grès par une couche argileuse (qui retient l'eau dans la dolomie). Ainsi un forage à Sawada reste dans la dolomie aquifère jusqu'à 160 mètres de profondeur, entre ensuite dans des argiles bleue, grise, puis rouge sur 30 mètres et s'arrête dans le grès bigarré : on peut tirer de ce forage, qui a de $0^m,74$ à $0^m,44$ de diamètre, jusqu'à 30.000 mètres cubes par jour (avec un rabattement de 8 mètres). De même le creusement de la galerie Tief-Friedrichstollen près Plakowitz dans la dolomie inférieure du muschelkalk a fait sortir un ruisseau qui débitait 417 litres par seconde. La fosse Rosalie (8 kilomètres au S. de Beuthen) avait dû être abandonnée à cause de l'eau : on s'en sert pour alimenter les cercles de Kattowitz et de Beuthen. Toujours du même niveau, un forage à Karchowitz alimente ceux de Zawada-Zabrze, et deux forages artésiens de 166 et 261 mètres de profondeur situés à 18 kilomètres de Konigshütte fournissent l'eau de la distribution fiscale de Königshütte : cette eau a 252 milligrammes par litre de résidu sec, dont 80,6 de Ca et 24,5 de Mg.

Le revers N. des Carpathes est constitué aussi par le trias alpin, une bande étroite de crétacé supérieur (vallée du Waag) et une grande étendue d'éocène (qui le réunit aux bassins de la Vistule et de l'Oder et par suite à la Silésie); mais l'hydrologie de ces régions montagneuses est encore peu connue et semble d'ailleurs échapper à une description d'ensemble.

7° BASSIN DE L'ADRIATIQUE (REVERS S. DES ALPES ET N. DES APENNINS)

(*Colonne 7 des tableaux IV et V*).

Il en est de même du trias alpin, du jurassique et du crétacé qui s'étendent en longues bandes O.-E. du lac Majeur à la Drave (et même au delà par places entre cette rivière et le Danube et au N. du lac Balaton dans le Bakony Wald) : c'est le pendant des mêmes formations du revers N. Puis de leur extrémité E. (Alpes Juliennes), s'en détache un énorme prolongement rectiligne vers le S.-E., formant la chaîne des Alpes dinariques (Istrie, Croatie, Bosnie, Herzégovine, Albanie); de chaque côté, ces terrains secondaires, essentiellement calcaires, sont doublés par l'éocène (nummulitique), qui du côté N.-E. est recouvert par le miocène et pliocène constituant le vaste bassin hongrois. A l'extrémité O. (Alpes Cottiennes et Alpes Maritimes), nos formations se recourbent au contraire en demi-cercle et après avoir touché le golfe de Gênes se prolongent à leur tour vers le S.-E. par la grande arête des Apennins: le trias n'apparaît plus que par places (Alpes Apuanes, monts Pisans, environs S.-.O de Sienne, mont Argentario, etc., etc.), mais le crétacé et surtout l'éocène prennent un grand développement dans toute la chaîne, l'éocène se doublant de miocène-pliocène tout le long du revers N.-E. jusqu'à la rive adriatique.

C'est le grand bassin compris ainsi entre les Alpes, les Apennins et la côte de Dalmatie que j'ai appelé le bassin de l'Adriatique : son fond est rempli d'une part par cette mer elle-même, d'autre part par les alluvions (quaternaires) de la vallée du Pô et des basses vallées des autres affluents de l'Adriatique (jusqu'à l'Isonzo au N.). Les hautes vallées de ces rivières et de leurs nombreux affluents, remontant en pleines montagnes souvent calcaires ou dolomitiques, on comprend qu'une multitude de sources y déversent leurs eaux : une autre partie des eaux de ces formations se déversent également soit souterrainement, soit après un certain trajet superficiel dans les terrains quaternaires (terrains glaciaires ou alluvions) des basses vallées et y alimentent des nappes puissantes et parfois artésiennes, où puisent la plupart des villes de la plaine du Pô et de la côte adriatique (voir au quaternaire).

Tous les calcaires jurassiques et crétacés dont il s'agit (énumérés aux tableaux IV et V), souvent fort épais, contiennent de l'eau dans leurs fissures et cavités, notamment vers leur base; mais ils ont été tellement plissés, cassés et érodés qu'on ne peut suivre longtemps un même niveau d'eau. Les sources, naissant dans les vallées ou provenant des fractures et rejets, sont nombreuses et d'ordinaire importantes (souvent vauclusiennes) : je me contenterai d'en signaler et décrire quelques-unes à titre d'exemple (en allant de l'O. vers l'E., puis le S.), ce qui donnera une idée de l'allure des couches dans ces régions montagneuses.

Alpes et Haute-Italie. — Dans les Alpes-Maritimes, le trias alpin et le jurassique dominent et sont très caverneux : ainsi, sur la côte de la Riviera, la grande épaisseur de dolomie de la base du trias, comme à Loano (*fig.* 200), donnent des sources importantes (Boissano, Verzy) au contact avec les schistes cristallins, tandis que les eaux de surface renforcent la nappe des alluvions côtières; ainsi encore les grottes de Bossea et dei Dossi près Mondovi, la grotte de Nava près Ormea, les sources du Pesio dans une vallée sauvage à l'E. de Beinette, etc., etc. Au col de Tende [1], la route et le chemin de fer ont chacun un tunnel qui traverse les massifs du trias, du jurassique et de l'éocène dans la direction N.-S. (*fig.* 201), et ces tunnels à la traver-

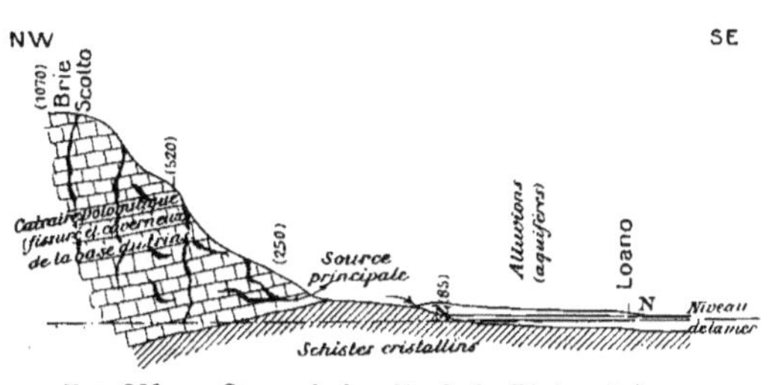

FIG. 200. — Coupe de la côte de la Riviera à Loano (d'après GIORDANO).

NN, nappe des alluvions, se déversant dans la mer.

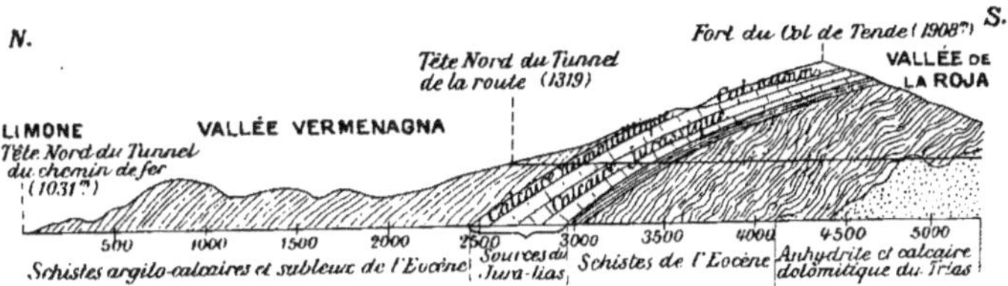

FIG. 201. — Coupe N. S. du col de Tende, avec les deux tunnels (route et chemin de fer de Limone à Vievola) et l'indication des venues d'eau rencontrées (d'après F. SACCO).

sée des calcaires gris jurassiques, surmontés du calcaire gris brun de l'éocène inférieur et emprisonnés par suite de plissement entre deux couches de schistes éocènes imperméables, ont rencontré des venues d'eau très gênantes pour les travaux. Le débit varie présentement entre 400 et 800 litres par seconde (le minimum se produisant en février par les gelées persistantes) dans le tunnel du chemin de fer (altitude 1.031 mètres), et les pluies mettent trois à quatre jours à faire sentir leur influence : la température de l'eau sortant de ce tunnel se tient constamment à 7°, et sa dureté est de 18° hydrotimétriques. Les localités de la Riviera

(1) *Le Sorgenti della galleria ferroviaria del Colle di Tenda*, par F. SACCO (*Giorn. Geol. Prat.*, IV, 1906).

sont alimentées par des sources des divers niveaux des calcaires. La ville de Cuneo (Coni) [1] capte par une galerie de 100 mètres de long les sources *del Bandilo*, qui sortent des mêmes calcaires que ci-dessus à leur contact avec un banc épais d'anagénite (poudingue très compact qui arrête l'eau), dans la vallée di Valdieri près du torrent Gesso : le groupe de sources donne de 1.000 à 1.500 litres par seconde, et l'on trouve de nombreuses cavernes plus ou moins remplies d'eau dans le voisinage.

Dans la région des lacs italiens, les villes de Varese, Côme, Lecco, Bergame (sources de San Pellegrino), Iseo et bien d'autres dérivent des sources issues des niveaux calcaires des vallées remontant vers le N. : la figure 202 montre la constitution d'une de ces vallées, le *Valcamonica*, où l'eau se tient principalement dans le muschelkalk. Il y a aussi au pied même des Alpes et dans le fond des vallées des dépôts morainiques (provenant des anciens glaciers qui recouvraient le massif montagneux) et des alluvions, qui sont naturellement aquifères. Non loin de là, Brescia a amené les eaux des sources de Mompiano (lias moyen) et de Villa Cogozze [2]; Bassano, celles des sources de Cismon (dolomies). Le Véronais et le Vicentin [3] sont remplis d'émissions intéressantes : puits jaillissant (eau et gaz) d'Anghiari, sources del Basso Acquar proposées pour Vérone; sources ferrugineuses de Recoaro; sources du Val Gaverdina et du Piosano près de Caltrano, résurgences de Dueville près de Vicence; eaux jaillissantes delle Maddalene et del Moracchino (envisagées à un moment pour Vicence), etc., etc. Les localités de Reana, Rotzo, Asiago du plateau des VII-Communes ont amené par un aqueduc commun l'eau des sources du Val Renzola (dolomie rhétique). Enfin, on achève en 1928 l'œuvre considérable de l'*Aqueduc de la Vénétie centrale*, qui va distribuer moyennant

FIG. 202. — Coupe transversale du Valcamonica inférieur aux environs d'Esine (d'après SPATARO).

b, grès de Gröden (permien); — *c*, servins (conglomérat rouge, permien); — *d*, dolomie cariée (werfénien); — *e*, calcaires noirs (aquifères) du muschelkalk; — *f*, calcaires blancs : couches de Wengen (tyrolien); — *g*, couches noires de Raibl (tyrolien); — *h*, moraines et alluvions.

(1) *Cons. geol. sopra alcune ricerche di acqua probabile per la citta di Cuneo*, par F. SACCO, 1901.

(2) Plusieurs publications de Cacciamali et de Cozzaglio.

(3) Plusieurs publications de Taramelli (notamment dans *Giorn. Geol. pratica*), et de Nicolis, qui a aussi bien étudié la Vénétie occidentale.

une dépense de 135 millions de lires l'eau des fameuses sources d'Oliero (Comisino) à 188 communes des provinces de Padoue, Venise, Rovigo, Vérone et Vicence (dont les villes de Padoue, Bassano, Monselice, Legnago, Este, Rovigo, Chioggia, etc., etc.), soit à plus d'un million d'habitants : les sources sortent de plusieurs grottes (grotta due sorelle, grotta Parolini) à 142 mètres d'altitude au pied du haut massif calcaire des VII-Communes (dolomie rhétique surmontée du Jura-lias) et débitent 8 à 10 mètres cubes par seconde (on les a vues pourtant s'arrêter jusqu'à dix-neuf heures) à une température variant entre 8 et 10°, avec 17° hydrotimétriques.

Plus à l'E. encore nous arrivons à la Vénétie orientale, la Carnie et le Frioul (trias principalement). L'hydrogéologie de ces régions, et tout particulièrement celle du Frioul, a été très bien étudiée par Lorenzi, Marinelli, Battisti, Gortani, Tellini, Feruglio, de Gasperi et autres : les grottes et cavernes (1) et les sources y sont innombrables. Je signalerai seulement comme remarquables les sources des rivières Stella, Livenza, Torre, etc., etc., celles qui alimentent les villes de Udine, Goritz, Gradisca, Dignano, Tarcento, déjà situées dans la plaine et recevant l'eau des sources hautes par des aqueducs plus ou moins longs. Les terrains morainiques au pied de la montagne contiennent aussi beaucoup d'eau, car ils peuvent engloutir le débit de certains torrents, comme *Le Lavie* (2).

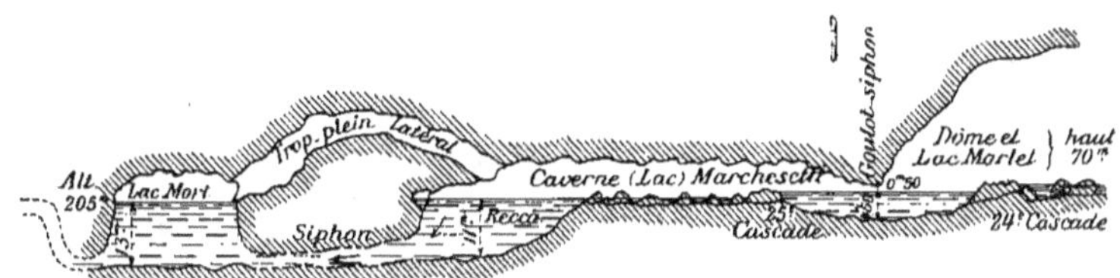

Fig. 203. — Coupe des siphons terminaux de la Recca à San-Canzian-am-Karst.

Karst et Istrie. — La littérature est plus abondante encore pour le Karst (ou plutôt *Carso* puisqu'il est italien) et l'Istrie, terres classiques des rivières souterraines, des *dolines* ou entonnoirs et des *ponors* (gouffres ou émissifs, ou absorbants, ou alternatifs), des *poljes* ou vallées fermées, et

(1) Voir : *Catalogo delle grotte e voragini del Friul*, par de Gasperi (*Boll. Ass. Agr. Friul.*, 1910-1911.)

(2) *Le Lavie* : *torrenti che si perdono nella pianura pedemorenica del Friul* (*Boll. Soc. Geol. Ital.*, XXIV, 1905). — Voir aussi : *Les conditions hydrologiques du Frioul* (*La Géographie*, XX, 1909), un des rares articles en français sur la question.

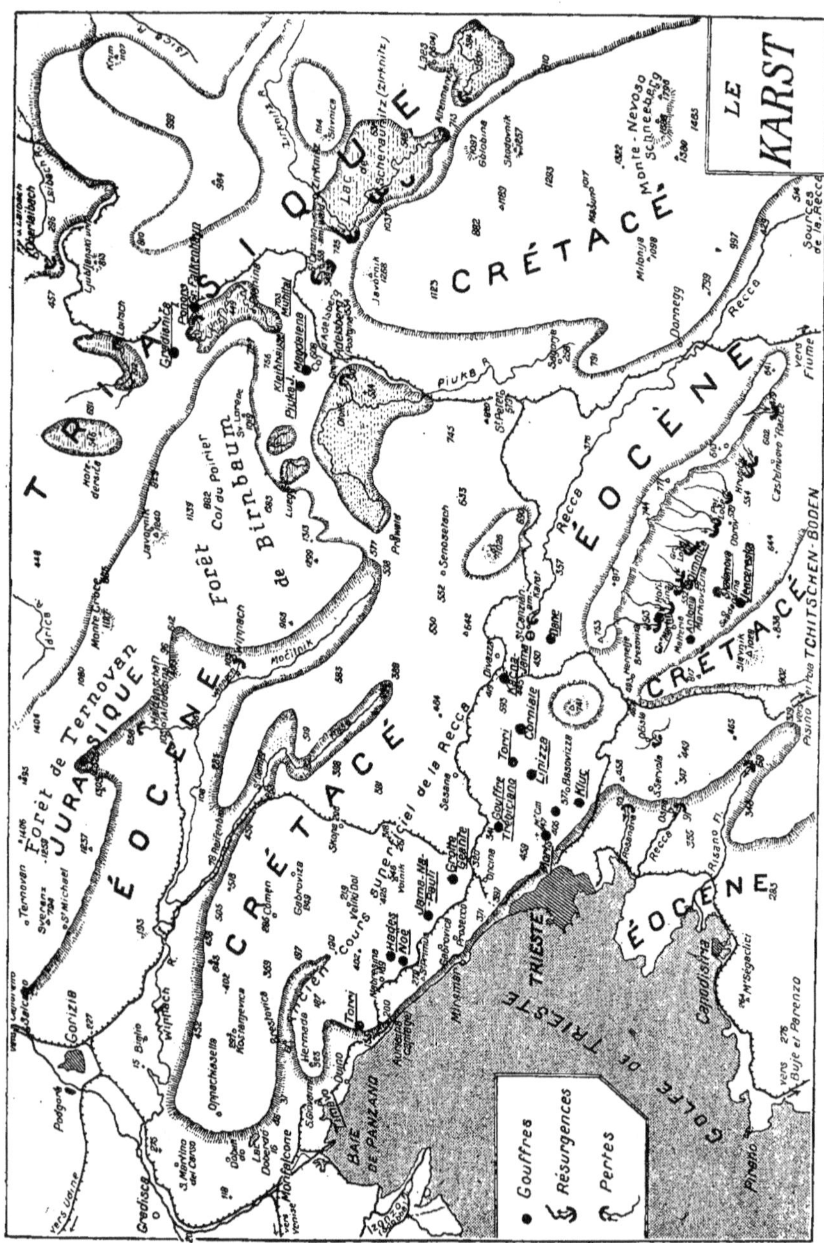

FIG. 203 *bis.* — Carte du Karst proprement dit (Triestin).

des résurgences (se reporter à la figure 2) : ces phénomènes se passent dans des calcaires qui s'échelonnent du trias au miocène, comme Moser (1) l'expose dans ce qui suit (voir la carte *fig.* 203 que j'emprunte à Martel) :

« Au N. de la province de Goritz, le calcaire du Dachstein est keupérien ou rhétique; les forêts de Tarnovan-Birnbaum sont jurassiques; le Karst triestin est crétacé inférieur dans une partie du N. et au S., tandis que plus au S. le calcaire à rudistes-hippurites est turonien-sénonien (Tschitschen-Boden). A l'E. de Sesana, les calcaires nummulitiques sont éocènes. Tous ces calcaires sont plus ou moins stratifiés.

« D'Adelsberg à Pola, les calcaires à rudistes (allant du cénomanien au sénonien) alternent par séries de bandes plus ou moins larges, allongées du S.-E. au N.-O., avec l'éocène inférieur, grès et conglomérats imperméables du flysch sur lesquels s'écoulent à l'air libre Piuka, Recca, Recina de Fiume, et les ruisseaux à pertes d'Hoticina, Loce, Foiba di Pisino. Résurgences de Rosandra, Recca, Risano. Dans les calcaires à rudistes sont percés les grands abîmes, les absorptions et les énormes cavernes. La haute et large barre crétacée et fissurée des Tschitschen-Boden (de 1.396 mètres au mont Maggiore à 500 mètres) s'étend d'Abbazia aux portes de Trieste, dominant la moyenne Istrie au S.-O.

« En Carniole, les résurgences de la Laibach, les poljes de Zirknitz, Reifnitz, Gottschee, de la Gurk, de la Kulpa sont en plein trias, encadrés de crétacé et même (à l'E. de Fiume) de jurassique; et les alternances se prolongent jusqu'au lac de Scutari, en Épire, Macédoine et Grèce. Le crétacé prédomine en Bosnie-Herzégovine, où les fonds des poljes sont quaternaires, et en Albanie (peu connue). »

Martel ajoute que c'est perdre son temps que chercher à extraire des principes géomorphologiques de ce puzzle stratigraphique, bouleversé par le tectonique : conformément à l'avis de Danes, peu de régions sont plus complexes et moins aptes à servir de comparaison. Quoi qu'il en soit, le nom de *phénomènes karstiques* est devenu courant; mais il y a pour eux des degrés d'intensité, résultant surtout de la nature (pureté plus ou moins grande) et de l'épaisseur des calcaires, ainsi que du moment où s'est fait « *l'arrêt du développement des vallées* » par l'effet des fissures qui ont englouti les cours d'eau. Ainsi, dans les calcaires à rudistes du karst dinarique (de Fiume à Scutari), qui sont purs et épais, les phénomènes de dissolution souterraine ont été très puissants, ne laissant presque aucun résidu, et les cours d'eau souterrains sont très importants : c'est ce que

(1) Moser, *Der Karst*, Trieste, 1899.

J. Cvijic [1] appelle l'*holokarst*, alors qu'il réserve le nom de *mérokarst* ou karst imparfait aux calcaires marneux, avec intercalation de lits moins purs (qui laissent des argiles de décalcification abondantes), et qu'il dis-

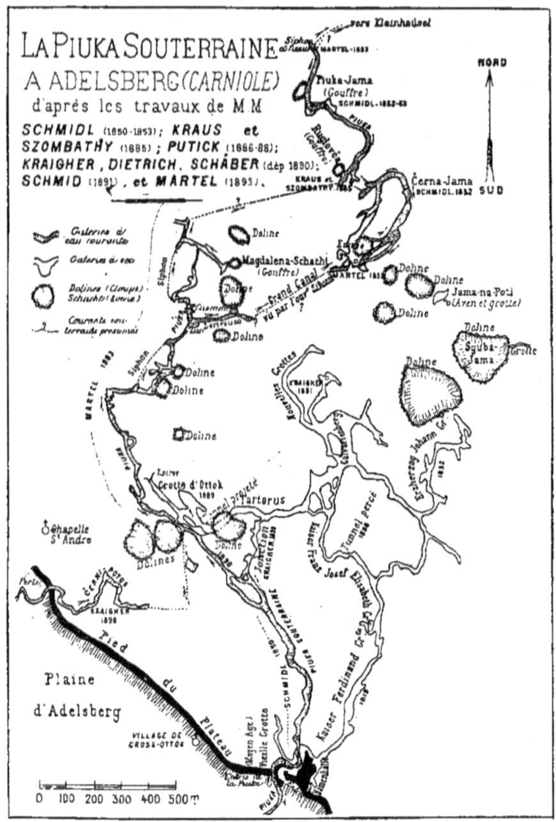

Fig. 204. — Entrée de la Piuka dans les grottes d'Adelsberg-Postumia (d'après Martel).

tingue deux *types karstiques de transition*, celui des causses et celui du Jura.

[1] Voir les trois articles de J. Cvijic, dans les *C. R. de l'Académie des Sciences* (23 février, 9 et 30 mars 1925). Le Karst du Péloponèse est aussi un Holokarst (*Katavothres*), ainsi que ceux de Lycie et de la Jamaïque. Le Jura franconien, les Zavrteks de Moravie, le calcaire néogène de Podolie relèvent du Mérokarst. Enfin nous avons déjà étudié le Jura franco-suisse et les causses du Rouergue et de l'Aveyron : les massifs calcaires du Balkan occidental, de l'Albanie, des Apennins, des Pouilles, etc., etc. sont du type karstique jurassien.

Revenons au Karst proprement dit : Martel en résume l'hydrologie souterraine en y décrivant six groupes de résurgences, comprises entre l'altitude 296 et le niveau de la mer :

1° A l'angle N.-E., à Ober-Laibach, émerge la rivière Laibach (cote 296), produit du double système moitié extérieur, moitié souterrain de la Zirknitz et de la Piuka, confluent dans la caverne de Planina : on sait que la Piuka entre sous terre à l'orifice même des fameuses grottes d'Adelsberg-Postumia (*fig.* 204);

2° Un second groupe au N. est celui de la Vipava ou Wippach (cote 103), qui draine les eaux de Lueg et de la forêt de Birnbaum, tandis que la résurgence de Vitvoli ou Hubel Bach est alimentée par les percolations de la forêt de Ternovan;

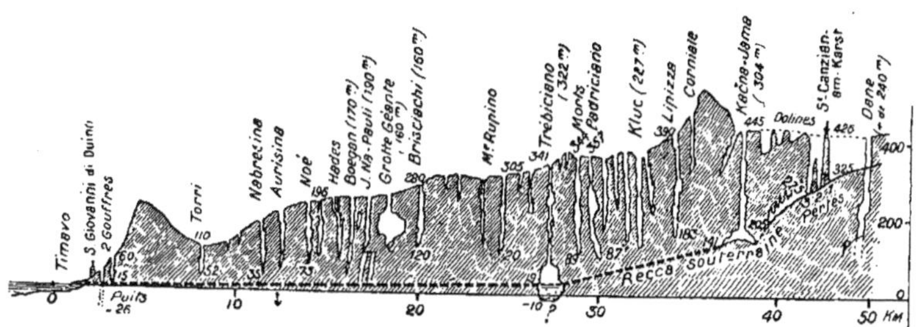

Fig. 205. — Coupe suivant le cours souterrain de la Recca, entre San-Canzian et les bouches du Timavo (d'après Martel).

3° Le Timavo et autres sources correspondant au déversement en mer des eaux de la Recca, devenue souterraine à partir de San-Canzian-am-Karst et de la Kaçna-Jama (gouffre de 304 mètres de profondeur). La figure 205 donne, toujours d'après Martel, une coupe du trajet souterrain de cette rivière, et on voit au-dessus un détail des siphons de l'entrée à San-Canzian : sur le trajet, on rencontre une foule de gouffres et de cavernes, dont le Trebiciano (gouffre de 322 mètres de profondeur), la Grotte-Géante, etc., etc. La source Aurisina ainsi que celles de San-Giovanni di Guardiella et Cedasammare que Trieste a dérivées seraient des résurgences; quant au Timavo (à 9 bouches) qui sort au niveau de la mer à Saint-Jean de Duino, il est plus puissant que la Recca engouffrée, puisque son débit dépasserait 9 mètres cubes par seconde (1) (3m³,200 pour la

(1) On prétend même qu'il aurait atteint momentanément 30 mètres cubes, mais cela paraît douteux.

Recca) et recevrait d'autres apports. La communication de la rivière avec la grande résurgence et les sources littorales voisines a été démontrée par l'expérience de janvier 1908 au moyen de chlorure de lithium, lequel mit huit jours et dix-neuf heures à parcourir la distance de 34 kilomètres (vitesse horaire de 163 mètres). Disons encore qu'au gouffre du Trebiciano, on a constaté un courant variant de 100 à 2.500 litres par seconde (moyenne 1.000) avec des variations de hauteur pouvant aller à 115 mètres dans le puits (14 février 1915), et des variations de température de l'eau entre 4°,6 et 17°,8. La composition chimique est connue à l'Aurisina : degré hydrotimétrique total 20°, permanent 4°,5, résidu fixe 258 milligrammes;

4° Au S. de Trieste, les trois résurgences de Rosandra, Recca d'Ospo et Risano, alimentées par de nombreuses pertes au pied du Tschitschen-Boden [1] : l'eau ruisselant sur le flysch au N.-E. de Materia rentre aussi dans les calcaires;

5° Autres pertes plus au S.-E., dont on ignore encore les réapparitions;

6° La Reka ou Recina de Fiume, qui a deux origines, l'une à quelques mètres des portes de Fiume, l'autre plus petite à 600 mètres plus loin, sortant toutes deux du calcaire à rudistes (forêt et grotte de Castua).

Bref, plus de 600 gouffres et cavernes ont été visités jusqu'ici dans le Karst, et il en existe peut-être plus de mille autres encore inexplorés : Boegan a dressé en 1913 une carte numérotant 347 cavités identifiées, et Martel peut écrire « qu'on a pris là sur le vif les effets de l'érosion appliquée à agrandir les cassures du sol et le mode de formation de haut en bas des abîmes ».

Croatie, Dalmatie, Bosnie, Herzégovine, Montenegro, Albanie et Grèce. — Les phénomènes karstiques se continuent dans ces pays, les couches calcaires plissées se prolongeant dans le sens dinarique et venant s'enfoncer sous l'Adriatique (le flysch et le tertiaire s'y juxtaposant par places). De là, entre le versant de la Save et le versant de l'Adriatique, une série de vallées et de *poljes* ou bassins fermés, ceux-ci (inondables par grandes pluies) se déchargeant souterrainement par les grosses résurgences si nombreuses dans la région : Una, Sanica, Ribnik, Sana, Pliva, Rama, Suica, Studba, Zabljack, Bistrica, Cetina, Zrmanja, Krupa, Komadina (calcaire sans doute jurassique), Vriostica (calcaire éocène), Tihaljina (résurgence de l'Vrlika, poljes d'Imotski, crétacé), les embouchures sous-marines encore inconnues de la Gačka et de la Lika, les sources sous-ma-

[1] La communication a été démontrée par l'uranine en 1908 entre la résurgence du Risano (cote 69) et les engouffrements de la région de Materia, toujours dans les calcaires à rudistes (bassin de Loče, grotte de Dimnice, gouffre de Skalanova, gouffre Jencereska à Skadansina, etc.).

rines du golfe de Slano (correspondant avec le polje de Popono), des bouches de Cattaro, etc., etc. Je ne puis ici que montrer quelques exemples, renvoyant pour le détail aux études de Ballif ([1]), Grund, Penck, Katzer, Cvijic, Maull, Absolon, etc., etc. (trop nombreuses pour être énumérées)... et toujours Martel.

Voici d'abord en plein massif du trias alpin et au pied de la Grande Kapella (Croatie) le cours souterrain de la Sluinčica, qui partant du polje de Jasenica (cote 448) débouche sous un lac (cote 252) après un trajet de 15 kilomètres : de nombreux entonnoirs dont les plus profonds descendent jusqu'aux schistes werféniens lui amènent les eaux de la montagne de Gramoviča et de la Petite Kapella, mais dans l'intervalle le polje dit « bassin en auge » de Močila (cote 332) est tantôt absorbant et tantôt émissif (ce qui inonde le bassin) ([2]) :

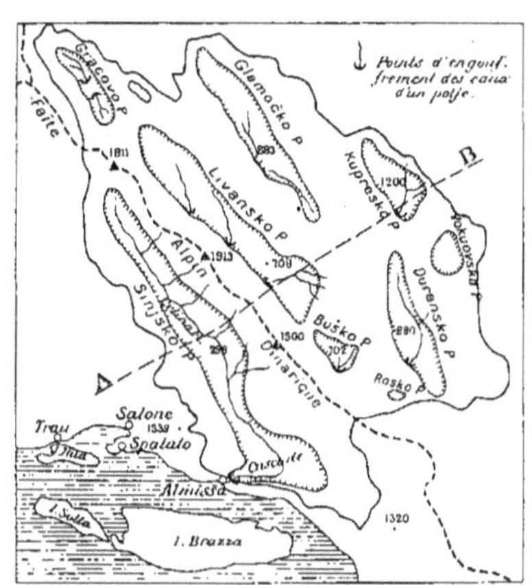

Carte du bassin.

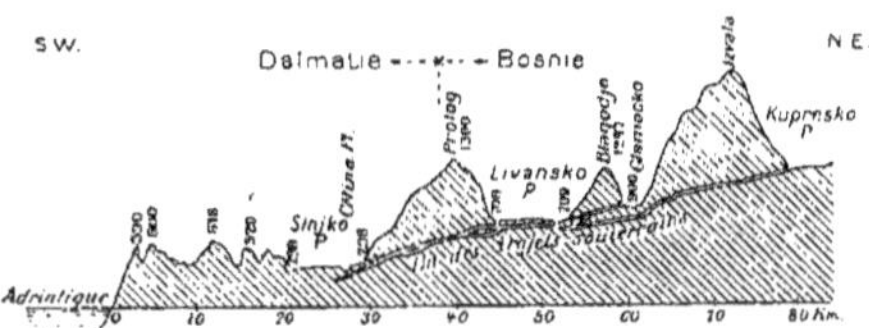

Coupe transversale du bassin suivant AB.

Fig. 206. — Le bassin de la Cettina (Dalmatie) et les poljes, ses tributaires à émissaires souterrains (d'après Ballif).

Voici ensuite la Cettina et tous les poljes qui en sont des tributaires souterrains (*fig.* 206) : poljes de Kupresko, de Glamočko, de Duransko, de Livansko, de Cracovo, de Sinjsko et quelques autres plus petits. La rivière reçoit le produit des résurgences qui en résultent et se termine par une chute en cascade dans la mer à Almissa. Le bassin est presque entièrement du crétacé supérieur; mais le fond de la vallée vers Sinjsko a été comblé par le pliocène et le quaternaire, tandis que la falaise terminale est du calcaire éocène.

([1]) Ballif, *Wasserbauten in Bosnien und der Herzegovina.*

([2]) On se demande si le lac de Vrana dans l'île de Cherso (Crès) n'est pas alimenté par des sources venant souterrainement du continent voisin.

La Kerka (Gurk) qui a son origine à une grosse résurgence, la Narenta (Neredva) ont aussi des parties de leur cours souterraines; mais la plus grande rivière souterraine de la région, et peut-être du monde, est la Dramesina-Musiča-Trebinjciča-Ombla, qui de sa source à la mer (près de Raguse) descend de 1.800 mètres sur 125 kilomètres; traverse quatre séries de poljes et s'enfouit pour les deux cinquièmes du parcours dans quatre

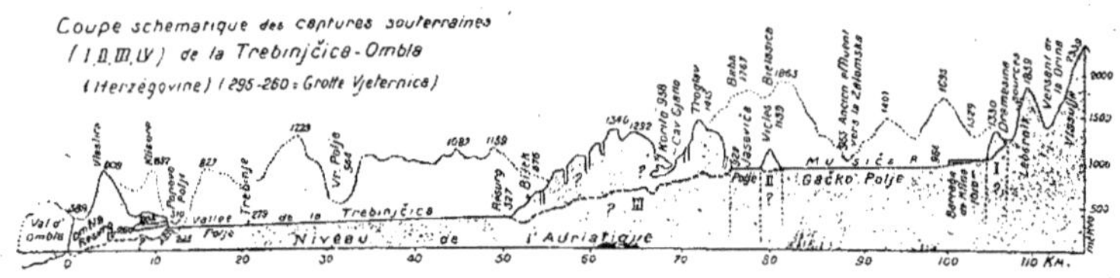

Fig. 207. — Coupe du trajet de la Musica-Ombla (Herzégovine) (d'après Martel).

suites de pertes, gouffres et cavernes (dont on ne connaît encore qu'une faible partie). A l'extrémité du Polje Gačko, la Musiča avait sans doute des déversements superficiels (vers la Zalomska, la Buna ou le Nevesinsko-Polje) avant d'avoir réussi à percer le calcaire crétacé pour devenir la Trebinjčica [1] (*fig.* 207).

Au Montenegro, où reparaît le trias, la figure 208 montre les engouffrements et les grottes de chaque côté du mont Lovéen. Du côté E., on voit les grottes de Dobrsko-Selo et la résurgence de la Rjeka; du côté O., c'est le fameux abîme Sarkotič, qu'on a pu suivre de sa doline d'entrée à la cote 910 jusqu'à un siphon à la cote 570, et au pied de la montagne les résurgences de Gordicchio (baie de Cattaro). Un peu plus au S., la Zéta est formée par les résurgences provenant de ruisseaux engouffrés dans la vallée de Niksich et passant sous la montagne de Planinitza; la Morača présente aussi des faits analogues.

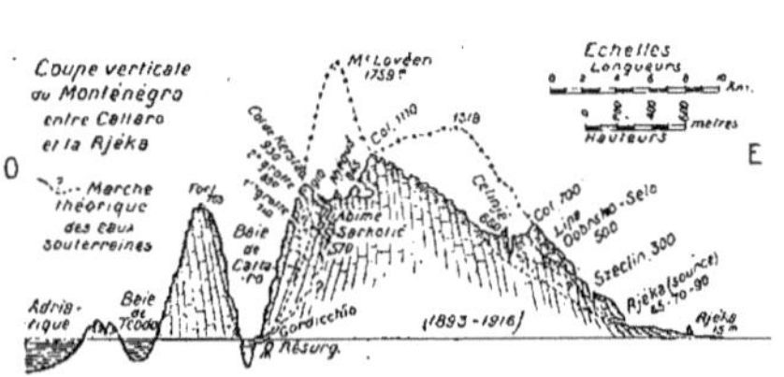

Fig. 208. — Coupe du Monténégro (Rjeka-Cattaro et abîme Sarkotic) (d'après Martel).

(1) La Trebinjciča se perd ensuite l'été dans les ponors de Drainzdo, tandis que l'hiver elle couvre le Popono polje, envoie une partie de ses eaux aux lacs et marais d'Hutovo et le reste à l'Ombla.

Faits semblables en Albanie ([1]), Épire et Macédoine, pays très tourmentés et très découpés par des failles. Je me contenterai de citer la capture du Dévoli par une grotte; le lac de Prespa qui s'écoule souterrainement dans deux directions, l'une au N.-O. vers le Drin (par le lac d'Ohrida), l'autre au S.-O. vers le Devol-Semeni; les lacs de Macédoine, étudiés par Civjič (Ostrovo, Petrsko, Kastoria) également à émissions souterraines; le lac de Janina dont l'émissaire de basses eaux se perd sous terre et ne reparaît que loin au S., tandis qu'en hautes eaux quatre « avaloirs » (*khoneutra*) évacuent le trop-plein.

Les terrains plissés (secondaires et éocènes) de l'Albanie méridionale pénètrent en Grèce avec la même direction S.-E., mais les axes techniques

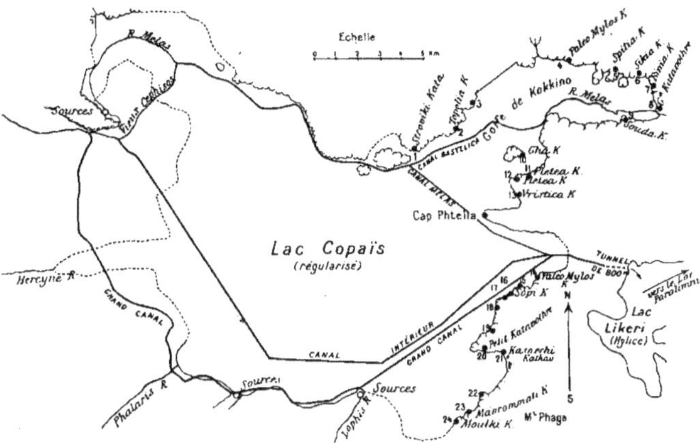

FIG. 209. — Plan des 24 katavothres du lac Copaïs, en Grèce (d'après SIDÉRIDÈS).

ne tardent pas à obliquer vers E.-S.-E., puis à diverger, en sorte que l'hydrogéologie devient de plus en plus complexe (et d'ailleurs encore peu connue) : aussi dois-je me contenter de dire quelques mots des *katavothres* et des sources vauclusiennes de la Béotie et du Péloponèse. Les environs du lac Copaïs, auxquels il faut ajouter les sources de la vallée du Céphise et du revers S. du massif du Parnasse ([2]) (Lyakoura), sont des plus curieux.

([1]) L'Albanie a été récemment bien étudiée géologiquement par Bourcart (dans sa thèse, Paris, 1922) : auparavant, Nopcsa et Nowack avaient déjà jeté les bases de sa géologie. Voir aussi les articles de BOURCART in *Bulletin de la Société Géologique de France*, 1925.

([2]) La chaîne du Pinde et le massif du Parnasse sont encore constitués par les calcaires à rudistes, très épais (jusqu'à 3.000 mètres), qui sont franchement crétacés dans la partie E., mais pourraient être tertiaires dans la partie O.: ils sont souvent intercalés de serpentines (Voir travaux de Philippson, Sidéridès, Martel, etc., etc., notamment dans *Spelunca* (mars-juin 1911) : *Les katavothres de Grèce*, par SIDÉRIDÈS.

Le lac (*fig.* 209) reçoit des sources situées sur ses bords ou un peu plus loin, comme celles du torrent de Livadia (Mnémosyne et Léthé), ainsi que diverses rivières et ruisseaux : on sait que son niveau était régularisé naturellement par les 24 katavothres ouvertes sur ses bords, véritables orifices de trop-plein que depuis la plus haute antiquité on cherchait à maintenir ouverts et qui vont sans doute déboucher en mer. A la fin du dernier siècle, on a assuré une régularisation artificielle en établissant des canaux d'assèchement et amenant les eaux dans le lac Likéri, à 40 mètres plus bas (tunnel de 800 mètres), puis de ce lac dans le Paralimni et enfin de ce dernier lac au golfe Euboïque (tunnel de 600 mètres), près du village d'Anthédon. On avait pensé aux sources du Mélas et du Céphise, et même plus loin à celles du massif du Parnasse (que W. Spear proposait d'emmagasiner dans un réservoir) pour alimenter Athènes; mais la ville s'est décidée récemment pour la construction d'un grand barrage-réservoir sur le torrent Charadros, près de Marathon.

Le plateau central de la Morée est aussi célèbre par ses katavothres avec les sources correspondantes[1] (toutes les relations entre les engouffrements et les émissions ne sont pas encore bien connues). Martel a reconnu sept bassins sans écoulement superficiel vers la mer (*fig.* 210), savoir :

1° Bassin du lac Phonia (Pheneos) : altitude du lac 724, avec de grandes variations de niveau suivant que les katavothres obstruées ou libres le laissent se vider. La source du Ladon au S.-O. en serait alimentée ;

2° Bassin du lac Stymphale (Zaraka) : altitude du lac 620. On avait aussi pensé aux sources qui alimentent ce lac pour Athènes, mais il y aurait eu une grosse difficulté à traverser l'isthme et le canal de Corinthe. Le Stymphale ne se décharge que par une seule katavothre de fond ;

3° Bassin de Klimendi, au N.-E. du précédent, avec un petit lac à 750;

4° Bassin de Bougiat-iet-Skotini, au S.-E. du Stymphale;

5° Bassin de Kandyla et Levidi, au S. du Phonia, avec une source sur le versant N. du rocher qui portait l'antique Orchomène;

6° Bassin de Tripolis, le plus grand de tous, où se perdent des rivières comme l'Ophis et le Saranda-Potamos : son bord E. où est la katavothre de Versova n'est qu'à 16 kilomètres du golfe de Nauplie, près de l'extrémité duquel sort la grosse source de l'Erasinos (qu'on dit aussi pouvoir venir du Stymphale), et on trouve aussi au S. la source Kryavrysi. Dans la plaine de Tégée-Tripolis-Mantinée (fond d'un ancien lac de 30 kilomètres

[1] Ces sources sont appelées *kephalaria*, *kephalovrysis*.

de long sur une largeur variant de 2 à 18), Sidéridès ne compte pas moins de 30 katavothres, qu'il répartit en cinq groupes : comme en Béotie, il faut assurer une bonne évacuation des eaux par les orifices de ces entonnoirs, pour éviter la formation de marais et la fièvre paludéenne ;

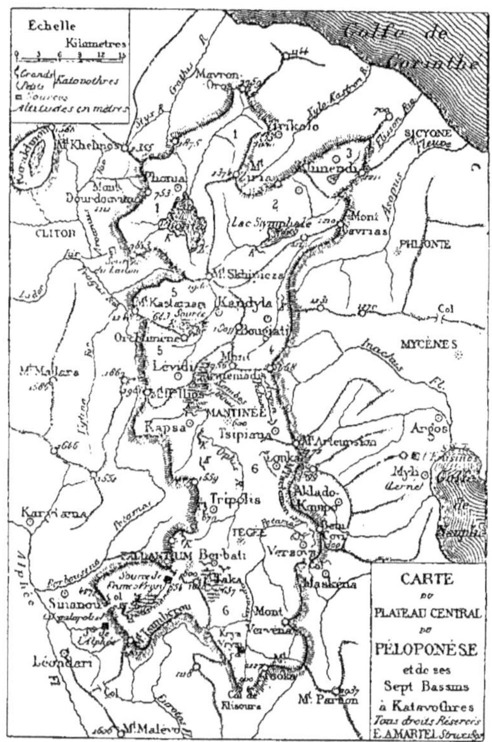

Fig. 210. — Les sept bassins à Katavothres du Plateau Central du Péloponèse (d'après Martel).

7° Bassin de Franco-Vrysi, au S.-O. du précédent : il s'évacue par la katavothre de Marmaria, mais il y a un thalweg qui fonctionne en hautes eaux et coule dans l'Alphée. Les eaux engouffrées à Marmaria sortiraient partie aux cinq sources de l'Alphée, partie de l'autre côté du Mont Tsimbérou aux sources de l'Eurotas.

Il y a encore d'autres groupes isolés de katavothres, notamment dans la presqu'île S.-E. du Péloponèse (au N.-O. de Monemvasie) (1), répartis en trois petits bassins contigus. Enfin, je signalerai comme curiosité les deux gouffres du calcaire où tombe l'eau de la mer (en faisant mouvoir les célèbres *moulins de la mer*) à Argostoli, île de Céphalonie : on ne sait où cette eau va se perdre.

Italie Centrale et Méridionale. — Ayant déjà indiqué la situation de la grande arête calcaire que forment les Apennins, je n'ai plus qu'à signaler quelques sources remarquables à titre d'exemples.

D'abord dans les lambeaux triasiques de la côte occidentale, les fameuses sources sous-marines du golfe de la Spezia, dont la principale Polla di Cadimare vient d'une vingtaine de mètres de profondeur et produit en mer un champignon d'eau douce qui repousse les petits bateaux : d'autres sont alignées suivant la faille de direction N.O.-S.E. (*fig.* 211) qui met en contact le trias avec l'éocène. L'origine des eaux est à quelques kilomètres dans l'intérieur des terres, à Sprugola et San Benedetto, où il y a des entonnoirs (altitude 200 m. environ).

Les Alpes Apuanes, massif triasique et calcaire de Carrare (rhétique) présentent aussi des entonnoirs et des résurgences : résurgence della Pollaccia (qui communique avec le canal d'Arni); sources près Massa Maritima; courant souterrain de San-Marco, près de Lucques, etc., etc. Les belles sources de Camajore ont été captées et amenées à Pise (haute vallée du Lombricese, où cinq à six sources donnent une trentaine de litres par seconde) : cette ville avait déjà amené précédemment les sources d'Asciano et d'Agnano (vallée de la Zambra), mais celles-ci proviennent d'anagénites et de quartzites surmontant des schistes paléozoïques du massif isolé des Monts Pisans. Livourne a amené les sources de Colognole du même massif : on y trouve encore les sources chaudes de San-Giuliano (27 à 40°). Des calcaires liasiques au val de Nievole, près Pistoie, sortent aussi les sources chaudes (21 à 30°) de Montecatini et celle de Monsumano (36°) qui naît dans une grotte profonde. Les sources de l'Elsa près de Sienne (2) sortent au pied d'un îlot de jurassique, mais celles de l'Arno naissent de l'éocène au pied du mont Falterona (E. de Florence).

Dans la partie S. de ce massif, la vallée du Turrite di Gallicano, affluent du Serchio, présente des sources remarquables: celle *dei Gangheri*, source de fissure qui sort d'une grotte et débite de 335 à 680 litres par seconde, et celle de la *Chiesaccia* qui est moins puissante (150 litres seule-

(1) Là où se trouve la plaine appelée par les anciens *Leucé* ou *Leucæ Campi*.
(2) La ville de Sienne a amené l'eau d'autres sources, dites del Vivo.

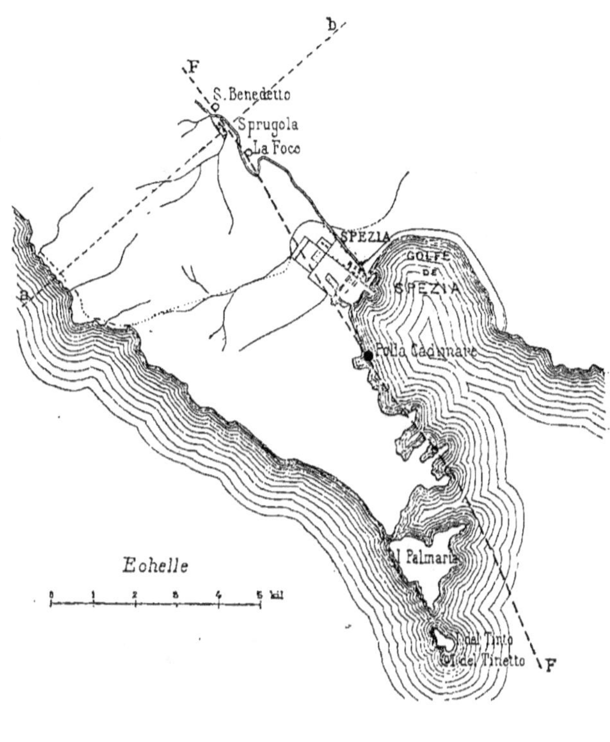

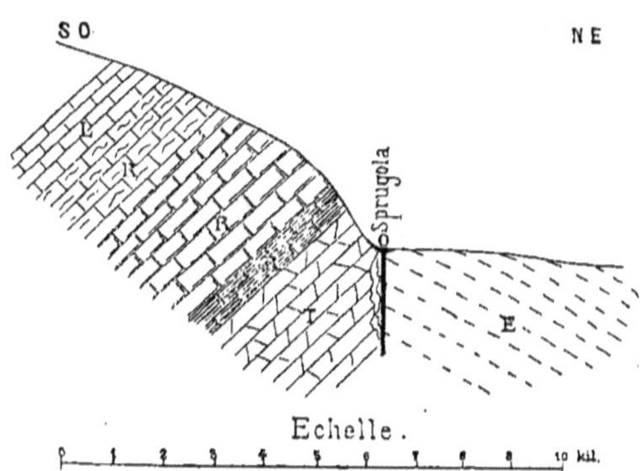

FIG. 211. — Sources sous-marines du golfe de la Spezia (Polla di Cadimare) et leur origine par une faille FF. — Coupe transversale suivant *ab*.

ment) et sort au contact du lias et du rhétique (dolomie et calcaire) avec le trias schisteux imperméable. Le bassin hydrographique déversant ses eaux vers la dépression de la Chiesaccia n'ayant que 130 hectares, il est évident que la source draine les eaux d'un bassin bien plus étendu : c'est ce qui est représenté par la figure 212, où on peut comparer le bassin hydrogéologique réel alimentant la source (ainsi que treize autres sources plus petites à la périphérie); la coupe suivant OB montre l'une de ces petites sources (n° 7 de la casa Puccio), tandis que la coupe suivant OD fait voir la grande étendue des calcaires filtrants vers le N.-O.

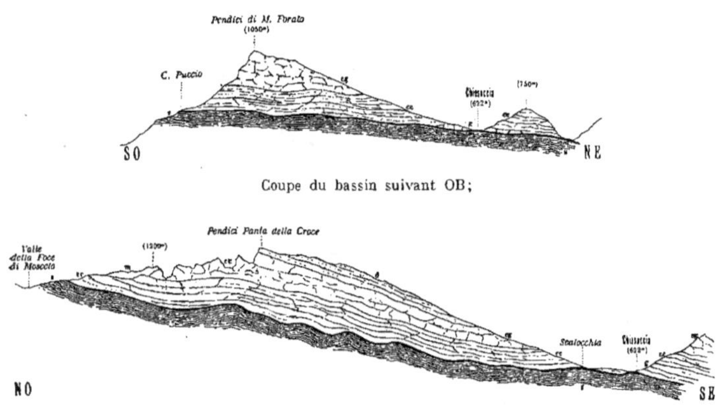

Coupe du bassin suivant OB;

Coupe du bassin suivant OD.

FIG. 212. — La source de la Chiesaccia (Alpes apuanes) et son bassin alimentaire hydrogéologique (trait plein), comparé au bassin hydrographique (trait discontinu). — D'après CANAVARI. (Les autres sources portent les numéros 2 à 14).

s^4 schistes triasiques supérieurs aux marbres; — g, « grezzoni » supérieur (trias supérieur); — cc, calcaire caverneux rhétien : — cg, calcaire gris et blanchâtre (lias inférieur); — d, « diaspri » et schistes siliceux (tithonique); — m, « macigno » (arcuaires) : éocène.

Les sources (*vene*) de la Vinchiana, petit affluent de gauche du Serchio, sont aussi fort intéressantes. Elles sortent des calcaires néocomiens, disposés comme le montrent la carte et les coupes de la figure 213 : la principale à Ponte alle Vene a un bassin alimentaire bien différent des versants hydrographiques. L'ensemble des six sources a donné (automne 1901) de 41 à 89 litres par seconde : l'eau est douce (9° hydrotimétriques).

Le calcaire oolithique, entouré de crétacé, règne aussi dans l'Apennin central, notamment dans les monts Sibyllins et ceux de la Sabine. Ainsi les sources di Bagnara amenées à Pérouse sortent du crétacé; on signale plusieurs grottes dans les calcaires aux environs d'Assise. Près de Nocera

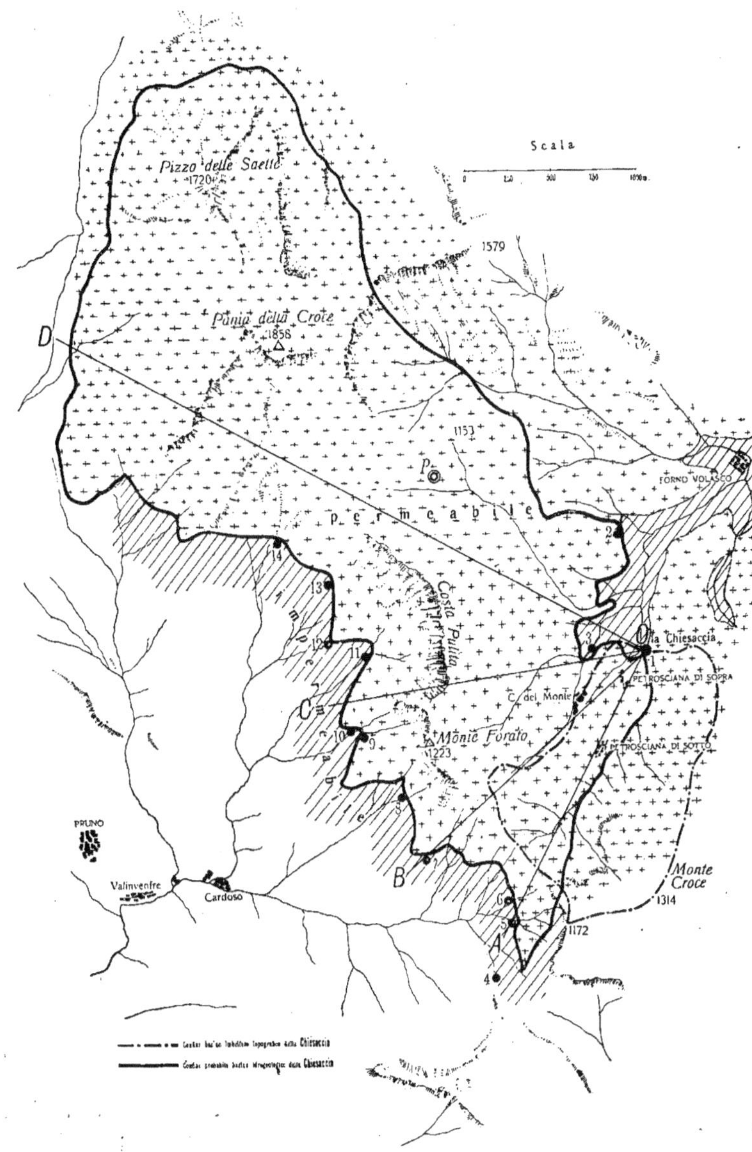

Fig. 212 *bis.* — Carte de la source Chiesaccia (Alpes apuanes).

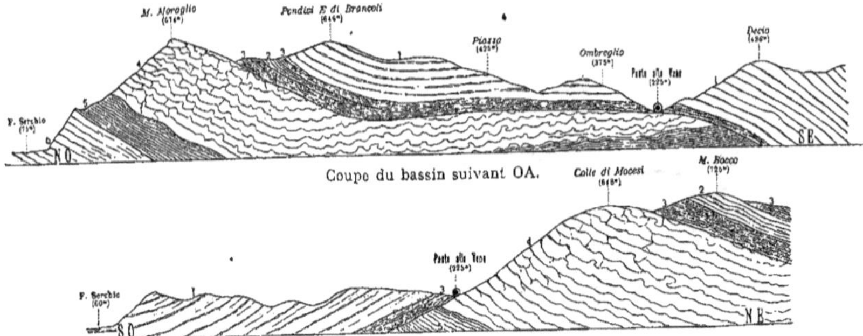

Coupe du bassin suivant OA.

Coupe du bassin suivant OC.

1, éocène sableux (*arenaria*), éocène; — 2, calcaire nummulitique, éocène; — 3, schistes rouges et gris, éocène; — 4, calcaires (avec galets) néocomiens; — 5, schistes et calcaires rouges ou diaprés du tithonique; — Calcaires gris (tithonique).

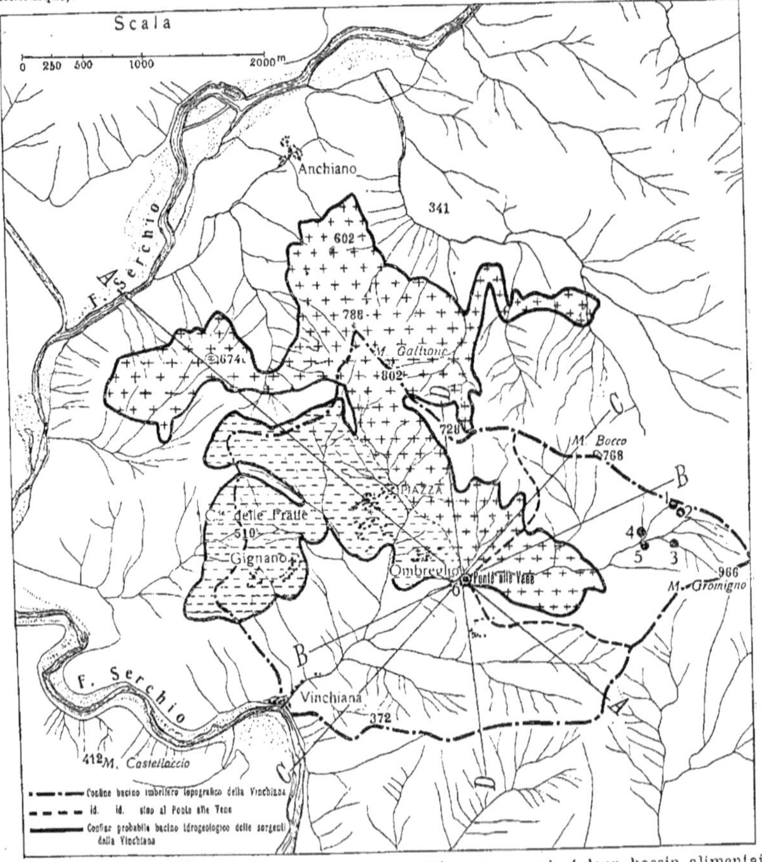

Fig. 213. — Les sources (*vene*) de la Vinchiana (Alpes apuanes) et leur bassin alimentaire hydrogéologique (trait plein) comparé avec le bassin hydrographique (trait ponctué). (La source principale à Ponte alle Vene porte le n° 6, les cinq autres sont plus élevées) (d'après Canavari.)

Umbra, la fameuse source Capo d'Acqua (20 litres par seconde), comme la *Vena di Buralli* sort du sénonien (*scaglia rossa*) et les sources voisines de

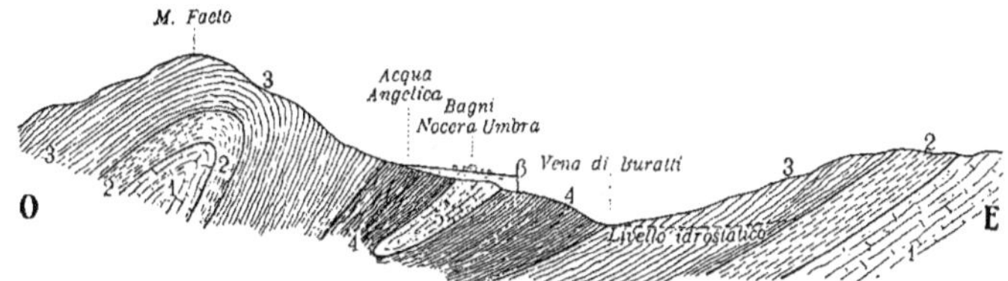

Fig. 214. — Les sources près de Nocera Umbra (d'après Lotti).
1, calcaire néocomien; — 2, schistes à fucoïdes (aptien); — 3, sénonien (*scaglia rossa*); — 4, *scaglia cinerea* (imperméable); — 5, Formation marno-arénacée; — 6, travertin.

Bains de Nocera Umbra, notamment l'*Acqua Angelica* (16 litres par seconde) de l'étage supérieur (*scaglia argillosa cinerea*) (1) (*fig.* 214). La fa-

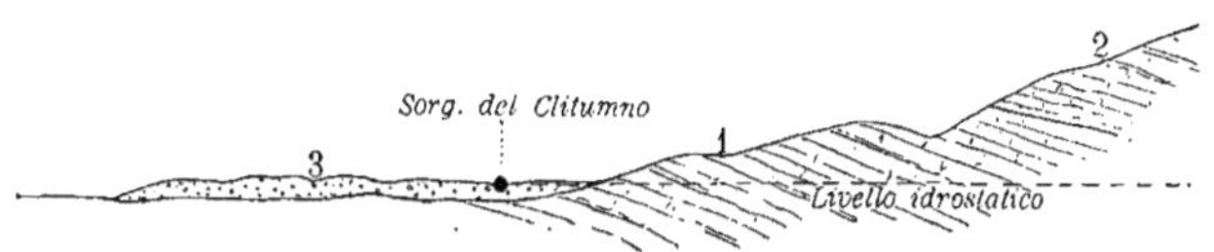

Fig. 215. — Source du Clitumne (d'après Lotti).
1, calcaire du lias inférieur (perméable); — 2, calcaire du lias moyen; — 3, alluvions.

meuse source du Clitumne (*fig.* 215) sort près de le Vene des calcaires du lias inférieur en dessous de Pissignano et débite en moyenne 1.300 litres

Fig. 216. — Coupe géologique à travers la Gola del Sentino (Marches d'Ancône) à la source de S. Vittore (d'après Fossa-Mandin).
1, calcaire massif du lias inférieur (très perméable); — 2, calcaire avec pyrites du lias moyen; — 3, marnes à Ammonites du lias supérieur; — 4, calcaire marneux du Greiva; — 5, calcaire majolique du Néocomien; — 6, schistes à fucoïdes (aptien, imp.); — 7, calcaire rose du crétacé supérieur; — 8, sénonien (*scaglia varicolore*).

par seconde (2). Dans les Marches d'Ancône, la vallée dite *Gola del Sentino* (3) a une structure particulière indiquée ci-contre (*fig.* 216), et on voit

(1) Voir Lotti, *Descrizione geologica dell'Umbria* (Carta geol. d'Italia, vol. XXI, 1926).
(2) Voir Lotti, p. 285.
(3) Voir Fossa-Mancini, *Geologia ed idrologia della Gola del Sentino* (*Giornale di Geologia pratica*, anno XVI, 1921).

que les eaux emmagasinées dans les calcaires du lias (enserrés latéralement par les schistes à fucoïdes imperméables de l'aptien) trouvent une issue dans la source sulfureuse de S. Vittore (environ 27 litres par seconde).

Plus au S., nous trouvons toujours dans les calcaires jurassiques ou crétacés : la source de l'*Acqua Bianca* (16° hydrotimétriques), amenée à Spolète; la source dite *Peschiera* ou du Velino (16 mètres cubes par seconde) qui naît près de Terni et se jette dans la Nera (prenant elle-même sa source au pied du Mont Rotondo dans les calcaires des Monts Sibyllins); la grosse source de Montoro (qui va à 13 mètres cubes par seconde) qui sort d'une grotte sous Narni. Enfin, nous devons nous arrêter un instant dans la haute vallée de l'Anio (ou Aniene), d'où sortent de nombreuses sources, et notamment celles de l'*Aqua Marcia*, amenées à Rome dans l'antiquité, puis reprises sous Pie IX par la *Sociela dell'Acqua Pia, antica Marcia.* Les sources actuellement captées (les quatre sources *Serene*, la source *Rosoline* et le captage du lac desséché de Santa-Lucia) sont à quelques kilomètres à l'amont des anciens captages romains : elles peuvent

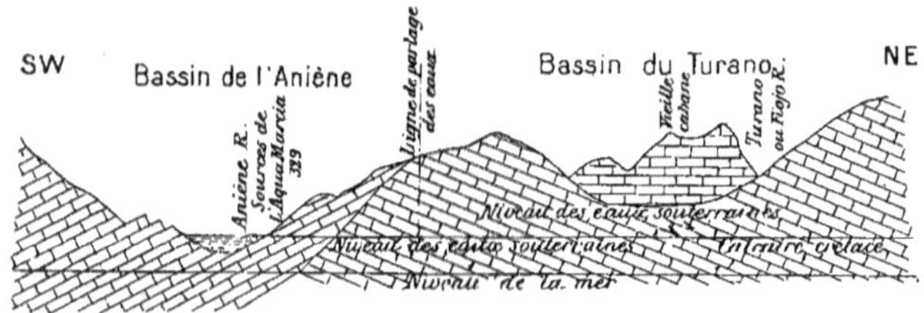

Fig. 217. — Sources de l'Aqua Marcia : une partie des eaux souterraines du bassin du Turano passe dans ces sources, voisines de l'Anièene (d'après Pagliani).

donner en hautes eaux 8 à 10 mètres cubes par seconde, dont $2^{m^3},340$ seulement peuvent être portés par l'aqueduc (¹). On voit par la figure 217 que les eaux peuvent provenir à la fois du bassin de l'Anio et de celui du Turano (ou Fiojo) par infiltration dans les calcaires. L'Acqua Marcia est assez dure (28°, dont 7° permanents, correspondant à 110 milligrammes de CaO et 33 de MgO), avec 286 milligrammes de résidu fixe et 9°,5 de température (²).

(¹) Le nouvel aqueduc à partir de Tivoli ne suit pas les inflexions de l'ancien, mais va droit sur Rome, où l'eau entre par cinq conduites (siphons) en fonte, sous pression.

(²) Cette température est plus basse que celle correspondant à l'altitude des sources (331) et il en est de même pour d'autres sources (la Pertusa, qui n'a que 8°) : cela tient à ce que ces sources reçoivent des eaux venant de parties plus élevées des montagnes encaissantes.

Tableau IV – Terrains secondaires (Triasique et

Les couches perméables contenant des nappes aquifères importantes sont

Terrains géologiques		Bassin Anglo-parisien – Est et Sud-Est du bassin (France)			Bassin Anglo-parisien – Ouest et Sud-Ouest du bassin (France)	
JURASSIQUE – OOLITHE – Jurassique supérieur – Portlandien / Tithonique	Purbeckien (ou Aquilonien)		manque		Grès ferrugineux à Trig. gibbosa (pays de Bray)	10 m
	Bononien	$j^{6.8}$	CALCAIRES (DU BARROIS) et CALC. LITHOGRAPHs SUPrs	40 à 160 m	Argile bleue à O. expansa.	12 m
					Marnes et calc. marneux de Neufchâtel ou de Gournay	30 à 60 m
Kiméridgien	Virgulien	j^5	Marnes à Exogyra virgula et Calcaires marneux (à ptérocères)	40 à 80 m	Argiles à Exogyra virgula	40 à 50 m
	Ptérocérien				Argiles bleues d'Octeville	35 à 40 m
					Calcaire marneux de la Hève	1 m
Lusitanien	Séquanien (Astartien)	j^4	CALCAIRES LITHOGRAPHs	30 à 50 m	Argiles et calc. de la Hève	10 à 15 m
					Marnes de Villerville	18 à 17 m
	Rauracien (Corallien)	j^3	CALCAIRES CORALLIENS PARFOIS LITHOGRAPHIQs	jusqu'à 150 m	CALCAIRES DE TROUVILLE (GLYPTICIEN) ET DE BLANGY (DICÉRATIEN)	15 à 25 m
Oxfordien	Argovien		Terrain à chailles	40 m	Oolithe à Périsph. Martelli (Calcaire d'Écommoy)	15 à 20 m
	Neuvizyen	j^2	Arg. et marn. (marn. à spongiaires)	jusqu'à 120 m	Argiles de Villers	40 à 50 m
Callovien	Divésien	j^1	Argiles et marnes (de l'Argonne, Woëvre etc. etc.)	3 à 15 m	Marnes de Dives	60 m
	C. Inférieur		Calc. de Liffol, de Gigny, etc.	5 à 20 m	Oolithe ferrugineuse et Calcaire marneux	20 à 25 m
Jurassique moyen	Bathonien	j_I	Bath supérieur (Marne)	10 à 15 m	Bradfordien : calc. de Caen	35 à 75 m
		j_{II}	Bathonien moyen	15 à 25 m	Vésulien : Calc. marneux de Port-en-Bessin	32 m
		j_{III}	CALC. DU BATHONIEN INFÉRIEUR	30 à 80 m		
	Bajocien (y compris Aalénien)	j_{IV}	CALCAIRE BAJOCIEN (Calcaire à entroques et calc. à polypiers.)	35 à 90 m	OOLITHE BLANCHE DE PORT-EN-BESSIN (groie et argile à silex à la surface)	8 à 20 m
LIAS – Jurassique inférieur	Toarcien	l^4	Marnes micacées / Minerai de fer / Marnes supraliasiques supérieures	70 à 150 m	Argile à Leptoena et argile à poissons	(quelques mètres jusqu'à 10 m)
Charmouthien	Domérien / Pliensbachien / Lotharingien	l^3	Marnes supraliasiques moyennes et inférieures (un peu d'eau dans le calcaire ocreux et le grès médioliasique)	40 à 50 m	Calcäires marneux à bélemnites et argiles du Bessin	10 à 20 m
Lias inférieur	Sinémurien / Hettangien	l^2	GRÈS DE VIRTON / Marne de Strassen / CALC. À GRYPHÉES ARQUÉES / GRÈS DE LUXEMBOURG (80 m)	10 à 30 m	Calcaire à gryphées et argiles.	jusqu'à 35 m
					CALCAIRE À CARDINIES et marnes.	20 à 30 m
	Rhétien	l^1	Marne infraliasique / Grès infraliasique (rhétien)	20 à 50 m	Grès dolomitique ou sables infraliasiques.	3 m
TRIAS – Tyrolien Keuper	Norien	t^3	Marnes irisées supérieures et Calc. dolomitique à la base	45 à 70 m	Manque généralement	
	Carnien	t^2	Marnes irisées moyennes (sel et gypse)	70 à 200 m		
		t^1	Marnes irisées inférieures	30 à 40 m		
Muschelkalk	Ladinien	t_I	MUSCHELKALK CALCAIRE	80 m		
	Virglorien	t_{II}	Muschelkalk marneux	40 à 70 m		
Trias inférieur	Werfénien ou Vosgien (bunter)	t_{III}	Grès bigarré (ppt dit)	30 à 50 m	(Une nappe en profondeur dans les sables et graviers sous des argiles rouges.)	
		t_{IV}	GRÈS VOSGIEN	300 à 400 m		
			Permien ou paléozoïque plus ancien, ou granit.		Permien, ou paléozoïque plus ancien, ou granit.	

Jurassique) de l'Europe Occidentale (principaux bassins)

écrites comme CALCAIRE, celles qui contiennent un peu d'eau, comme Calcaire

Angleterre	Jura et Sud-Est de la France (bassin du Rhône)	Bassin d'Aquitaine (Charentes, Aquitaine, Pyrénées)
Purbeck beds (alternances) 20 à 30 m PORTLAND STONE (CALC^RE) 25 à 35 m Portland sands 40 à 50 m (manque dans les comtés du N.E.) Kimeridge clay (schistes et argiles) 35 à 360 m CORALLIEN (ALTERNANCES DE GRÈS ET CALCAIRES) (coral rag, corallien oolite etc etc) ou Ampthill clay. 30 à 110 m Oxford clay 90 à 150 m Kellaways beds 2 à 30 m Cornbrash 4 à 10 m Great oolithe clay (Forest marble et Bradford clay) 2 à 30 m GREAT OOLITHE (CALCAI^RE) 15 à 50 m Upper estuarine séries (N.E.) / Fuller's earth ou Fullonian (S.W.) 11 à 15 m OOLITHE INFÉR^RE (CALC^RE) 10 à 75 m Sables de Midford (S.W.) 15 à 45 m Northampton beds N.E. (Degger): Lower estuarine séries 2 à 6 m; Northampton sand 2 à 10 m	Jura: Marnes et calc. marneux 10 m; CALC. DOLOMITIQUES 50 à 80 m Alpes: CALC^S DE L'ECHAILLON, DE GRENOBLE, DES B^SES ALPES etc 50 à 200 m Jura: Calc. à plaquettes (Cerin); Calc. marneux à ptérocères 40 à 120 m Alpes: CALC. ET BRÈCHES À PHYLLOCÈRES 60 à 100 m CALC. À ASTARTES (SISTERON, PORTE DE FRANCE ETC.) 20 à 80 m Bancs marneux intercalés 5 à 30 m CALC. RAURACIENS (À DICERAS) 40 à 80 m Marnes bleues et calc. marneux (B^ses Alpes) 25 à 100 m dans le Jura: oolithes ferrugineuses. 1 à 5 m dans les chaînes subalpines: schistes et marnes à posidonies 50 m Jura: CORNBRASH ET GRANDE OOLITHE 80 à 120 m; CALCAIRE VÉSULIEN 20 à 50 m; Marnes à Ostrea acuminata 15 à 20 m Chaînes subalpines: Schistes noirs et calcaires marneux (inf^s) 200 m et plus Jura: Calcaire à polypiers; CALCAIRE À ENTROQUES 100 à 300 m Chaînes subalpines: Calc. noirs schisteux et marnes (peu perm.) 200 m	Manquent souvent: Calc. à Corbula inflexa; Calcaire de Taillant jusqu'à 40 m Calcaire Virgulien (Rochefort, St Jean-d'Angély); Marnes à Exogira et calc. à polypiers. jusqu'à 50 m CALC. SÉQUANIENS ET ASTART^NS (AVEC BANCS BLEUS) 30 à 40 m CALC. RAURAC^NS OU CORALLIENS (Causses du Lot) 30 à 60 m Argiles et calcaires marneux. 30 à 40 m Calcaires et marnes Calc. feuilleté de Niort jusqu'à 50 m CALCAIRES À SILEX (Seuil du Poitou) 30 à 80 m ou CALC. DES PET^TS CAUSSES (Rouergue) 140 m ou Calc. dolomitiques à nérinées ET CALCAIR^S DE HASPARREN (Pyrénées) 20 à 150 m
Schistes et argiles, avec bancs calcaires à la base 2 à 60 m MARLSTONE (OU ROCK-BED SÉRIES) 12 à 30 m Argiles et schistes 10 à 100 m Argiles et schistes 90 à 180 m Calcaire (ironstone); Argile et schistes 6 à 60 m Rhætic beds (marnes et schistes) 9 à 30 m	Marnes noires et sch. bitumineux: dans le Jura 40 à 60 m; d^s les Alpes 300 m ou plus Marnes à plicatules et calcaires marneux à bélemnites: dans le Jura 30 à 50 m; d^s les chaînes subalpines 300 m et plus Marnes bleues (Jura) et Calc. à gryphées arquées 8 à 20 m Calcaires sableux très mince Grès à Avicula contorta, et calcaires roussâtres 10 à 20 m	[Calc. de St Antonin] Marnes toarciennes (souvent schisteux dans les Pyrénées) 10 à 70 m [Marnes et calcaires charm] 15 à 80 m CALC. DIT PIERRE ROUSSE 20 m Calc. caillebotine 5 m (Calc. de St Béat Pyrénées) CALC. JAUNE-NANKIN (HETTANGIEN) (manque souvent) 15 m Sables quartzeux fins (isolés)
Variegated Marls (upper ou red marls) 300 à 400 m Waterstone (Kirklington sandstone) 25 à 120 m manque Bunter (mottled sandstones): UPPER SANDSTONES 60 à 160 m; CONGLOMERATE AND PEBBLE BEDS 20 à 30 m	Manque presque partout dans le Jura: Sch. violets ou calc. capucin; Gypses et cargneules de la Maurienne et du Briançonnais 80 à 100 m CALC. GRIS DU BRIANÇONNAIS (CALC. À GYROPORELLES) 60 à 300 m Gypses et cargneules inférieurs et schistes phylliteux. variable Quartzites de la Tarentaise et de la Maurienne 75 m	manque généralement (sauf grès et poudingues de la base aux environs de Brives.
Permien ou carbonifère	Permien ou houiller, ou Archéen	Roches archéennes (parfois grès et argiles rouges permiens)

Tableau IV – (suite)

Terrains géologiques				Bassin Suisse-bavarois et cuvette germanique (Alpes, Souabe, Franconie, Thuringe et Hanovre)			Bassin de l'Adriatique (Italie, Karst, Istrie, Dalmatie)		
JURASSIQUE	OOLITHE — Jurassique supérieur	Portlandien tithonique	Purbeckien (ou Aquilonien) Bononien	Weisser Jura ou Malm	Calc. zoogènes à Dicéras Calc. lithographiques de Solenhofen ou Blaubeuren (Krebsscheeren platten)	20m	Biancone	Couches de Rovere di Velo et CALC. DE STRAMBERG (CARPATHES) CALCAIR. A PYGOPE DIPHYA	plusieurs centaines de mètres
		Kiméridgien	Virgulien Ptérocérien		Dolomies de Franconie Plumpe Felsenkalke Schwammkalke, Marmorkalke et TRILOBATENKALKE HORSTEINKALKE	300m	Ammonitico rosso supériore	Couches à Aspidoc. Acanthicum CALCAIRES ROUGES MARMORÉENS (parfois schistes à Aptychus) des hautes montagnes	
		Lusitanien	Séquanien (Astartien) Rauracien (Corallien)		Calc. à Opp. tenuilobata (marneux) et Marnes à Aptychus	40m 25m			
		Oxfordien	Argovien Neuvizyen		Impressatone et Lochenschichten (Marnes et argiles grises)	jusqu'à 110m		Calc. et schistes rouges du Rothenstein d'Oberalm et d'Erbezzo Calcaire de Vils (Tyrol)	quelques centaines de mèt.
		Callovien	Divésien C. Inférieur		Ornatentone (imp.) (Argiles à Ornati)	10 à 20m			
	Jurassique moyen		Bathonien		Hauptrogenstein (Parkinsonoolith et argiles à Rh. varians)	40m		Couches de Klaus à Posidonia alpina (Calcaires des 7 communes	quelques centaines de mèt.
			Bajocien (y compris Aalénien)	Dogger	Ostreenkalke et Gigantenstone Calc. bleus à A. Sowerbyi Eisensandstein (Erzflöz) Harp. Murchisonæ Opalinustone (Schweichel)	100m 130m		Calcaires de Rothenstein OOLITHE DE SAN VIGILIO	
LIAS — Jurassique inférieur			Toarcien	Sur le versant N. des Alpes grauw Algäuschiefer imp. très épais jusqu'à 900m	Jurensis-Mergel et schistes à Posidonies de Boll (imp.)	15 à 25m		Calcaires rouges à Ammonites et marnes des 7 Communes ou couches de Rotzo (imp.)	jusqu'à 450m
		Charmouthien	Domérien Pliensbachien Lotharingien		Amaltheentone (imp.) Numismalis mergel (imp.) Turnerittone (imp.)	25 à 35m		CALCAIRs À PYGOPE ASPASIA (Alpes, Appennins et Sicile)	plusieurs centaines de mèt.
		Lias inférieur	Sinémurien Hettangien		Marnes et argiles schisteux Calcaire à gryphées Malmstein (à A. Angulatus) Couches à Psilonotus	20 à 50m 10 à 40m		Ammonitico rosso inférieure (entrecoupé de marnes bariolées) CALCAIRE DE LA SPEZIA	plusieurs centaines de mèt.
			Rhétien		Grès à Avicula contorta (Bone-bed-rhétien)	10 à 16m		Calcaire Rhétien (Marbres de Carrare, etc)	jusqu'à 800m
TRIAS	Tyrolien Keuper		Norien Carnien	Keuper	Argiles, schistes et marnes Dolomie inférieure, gypse, Grès à roseaux, etc.. (peu d'eau) Lettenkohle et dolomie-limite	très variable (100 à 300m) 40 à 50m		DOLOMIE PRINCIPALE et couches de Raibl Marnes et tufs, ou dolomie du Schlern	jusqu'à 500m et plus
	Muschel kalk.		Ladinien Virglorien	Muschel kalk	Tonplatten (à Cer. nodosus) TROCHITENKALK Anhydritgruppe (dolomies) avec 2 bancs de Plattenkalk WELLENKALK	40 à 80m 10m 30 à 50m 80 à 100m		Marnes à Céphalopodes (Couches de Buchenstein, Wengen et St Cassian): imp. Dolomies à diplopores Calcs sableux à Céphalopodes (Grezzoni des Apennins et Ligurie)	plusieurs centaines de mèt.
	Trias inférieur		Werfénien ou Vosgien (bunter)	Buntsandstein	Röth (argileux) GRÈS BIGARRÉ PRINCIPAL GRÈS FIN (TIGERSANDATEIN Bröckelschiefer (imp.)	20 à 150m 200 à 300 20 à 30m		Grès, quartzites et schistes micacés rouges (couches de Werfen à Tirolites, ou couches de Seiso et de Campil): imp.	200 à 300m
					Zechstein ou primaire plus ancien, ou archéen.			Schistes paléozoïques ou cristallins.	

Le bassin de l'Aniene à l'amont de Tivoli renferme encore d'autres sources, savoir :

1° A l'amont du Simbrivio, la source extrême à l'altitude 1.203 au pied du mont Tarino (150 litres par seconde), l'Acqua Corore près d'Orto Raimondo, la source Pertuso (1.500 à 2.000 litres par seconde) à l'altitude 699, la source de tête de la vallée de S. Onofrio, etc., etc.;

2° Dans le bassin du Simbrivio, les sources Carpinetto (600 litres par seconde), Belvedere (200 litres par seconde), des fossés Cornetto, Sant'Angelo, dei Casali, Cesa degli Angeli (ensemble 600 litres par seconde), et autres;

3° Entre le Simbrivio et Agosta, la source dell'Inferniglio (de 60 à 1.620 litres par seconde);

4° Entre Agosta et Tivoli, la source d'Agosta (1.000 litres par seconde), les trois groupes des sources della Mola, puis les sources précitées captées pour Rome, et une seule source sur la rive gauche au colle di Marano;

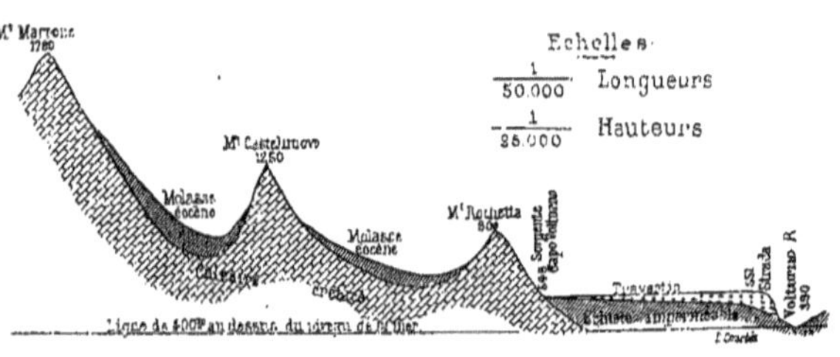

Fig. 218. — Coupe transversale du bassin de la source Capo Volturno (d'après Spataro).

5° Les sources de la vallée d'Arsoli (sources Gorghe, Rotelle, Collicelli et della Mola di Regno (ensemble 720 litres par seconde).

La ville de Rome peut donc encore trouver de l'eau dans ce bassin.

Au S. de Rome, il reste à citer les grosses sources (ensemble jusqu'à 16 mètres cubes par seconde) qui sortent du pied des monts Lepini (crétacé) et alimentent en partie les Marais Pontins (sur lesquels nous reviendrons au quaternaire); ces sources empruntent sans doute de l'eau souterrainement au fleuve Garigliano qui court au N.-E. du massif. — La source de Cassino, qui donne jusqu'à 20 mètres cubes par seconde. — Les sources Urcioli, dans le val du Serino au pied des monts Irpinici, sortent aussi du crétacé et sont assez constantes, comme débit (3^{m^3},500 par seconde) et comme composition (18°,5 de dureté dont 4°,5 permanente) : elles sont conduites et distribuées à Naples. La source du Sarno (à 40 kilomètres à l'E. de Naples), la grosse source de la grotte de l'Aviso, près d'Ottati, sont encore de même provenance.

Encore du crétacé la source du Volturno, dont la figure 218 montre

Tableau V — Terrains secondaires (Crétacé)

(Les couches perméables contenant des nappes aquifères importantes sont

Terrains géologiques.			Bassin — Est et Sud-Est du bassin (France) Champagne, Yonne etc.			Bassin — Nord de la France et Belgique	
CRÉTACÉ SUPÉRIEUR		Montien et Danien	C^9	Marnes à rognons de Meudon / Calcaire pisolithique	15 à 35m	en Belgique: Calcaire de Mons / Tufeau de Ciply	50 à 100m
	SÉNONIEN	Aturien	C^8	CRAIE BLANCHE À BÉLEMNITES (CRAIE DE REIMS)	jusqu'à 100m	[Maestrichtien]	
		Emschérien	C^{7b} / C^{7a}	CRAIE À MICRASTER CORANGUINUM / CRAIE À MICRASTER CORTESTUDINARIUM	jusqu'à 150m	CRAIE BLANCHE À MICRASTER DECIPIENS (avec intercalation des bancs de tun ou meule, peu perméables.)	0 à 40m
	TURONIEN	Angoumien	C^{7a} et C^6	CRAIE À MICRASTER BREVIPORUS ET À HOLASTER PLANUS / Craie marneuse à Terebratulina gracilis	30 à 70m	CRAIE GRISE À SILEX CORNUS ET À MICRASTER LESKEI	20 à 30m
						Argile à arborisations vertes	0m,50
						MARNES GRISES À T. GRACILIS	10 à 16m
		Ligérien	C^6	Craie marneuse à Inoceramus labiatus.	20 à 55m	Marnes bleues (dièves)	25 à 80m
	CÉNOMANIEN	Supérieur	C^5	Craie à bélemnites plenus et sables du Perche / Marnes à Ostracées	0 à 20m	Tourtia (poudingue vraconien)	2 à 10m
		Inférieur.	C^4	Craie glauconieuse / Sables verts à bouteilles	20 à 60m		
CRÉTACÉ INFÉRIEUR		Albien	C^3	Gaize / Sables de la Puisaye (près d'Auxerre)	25 à 100m	Gault et sables verts (Meule dans le bassin de Mons, souvent plus épaisse)	0 à 15m
			C^2	Gault (Argiles de Myennes près d'Auxerre)	6 à 30m		
			C^1	SABLES VERTS (GRÈS VERTS SUPÉRRS)	5 à 20m		
		Aptien	C_I	Grès gris à Amm. Stobiecki / Argiles à plicatules. / Argiles à Ostrea aquila.	8 à 10m	Manque généralement.	
		Barrémien ou Urgonien.	C_{II}	Couche rouge de Vassy / Argiles ostréennes et lumachelles.	2 à 20m		
			C_{III}	Argiles et marnes hydrauliques.			
	NÉOCOMIEN	Hauterivien	C_{IV}	Calcaire à spatangues	3 à 15m		
		Valanginien	C_V	Calcaire blanc de Bernouil et marnes à bryozoaires / Sables inférieurs et fer géodique	10 à 15m		
				Portlandien.		Carbonifère.	

de l'Europe Occidentale (principaux bassins)

écrites comme **CALCAIRE**, celles qui contiennent un peu d'eau, comme Calcaire

Anglo-Parisien — Ouest et Sud-Ouest du bassin (France)		Anglo-Parisien — Angleterre		Jura et Sud-Est de la France (Dauphiné, Provence)	
Calc. pisolithique de Laversines	8 à 12 m	manque		(Manque dans le Jura) Argiles rutilantes de Vitrolles Calcaire de Rognac et des Baux.	40 à 150
CAMPANIEN : CRAIE BLANCHE DE MEUDON, GISORS, BEAUVAIS ET CRAIE PHOSPHATÉE DE PICARDIE	150 m et plus	Upper chalk : CHALK WITH FLINTS (CRAIE À SILEX)	75 à 330 m	COUCHES LIGNITIFÈRES DE FUVEAU SABLES DE PIOLENC	jusqu'à 400 m 50 m
SANTONIEN : CRAIE BLANCHE ET CRAIE NODULEUSE (LES ANDELYS, ETC.)	50 m et plus	Chalk rock (manque dans le bassin de Londres)		Calcaires à Hippurites Grès à échinides Grès de Mornas	60 à 275 m
Craie marneuse supérre à Térebr. gracilis ; craie jaune de Touraine Marne CRAIE TUFFEAU (Cre MICACÉE) Craie marneuse inférieure	40 à 65 m	Middle chalk : Chalk (with few or no flints) (peu ou pas de silex) MELBOURN ROCK	30 à 140 m	Calc. et grès à Biradiolites Grès calcarifères d'Uchaux Calc. et grès marneux et grès à Epiaster.	var. 120 à 150 m 20 à 70 m
Couche à Am. cenomaniensis de Rouen (Couches à silex du Bray) : Carentonien. — Marnes à Ostracées.	5 à 20 m	Lower chalk : Belemnite marl Grey chalk TOTTERNHOE STONE Chalk marl et chloritic marl.	20 à 35 m jusq. 30 m 6 à 36 m	Grès de Mondragon	20 à 90 m
CRAIE GLAUCONIEUSE DU HAVRE (OU DU BRAY) : ROTOMAGIEN SABLES ET GRÈS DU MANS OU DE VIERZON	2 à 55 m	UPPER GREENSANDS (SABLES VERTS SUPÉRs)	12 à 50 m	Calc. gréseux et marneux à Am. varians et Orbitolina concava.	30 à 100 m
Gaize et gault (dans le pays de Bray seulement)	40 à 50 m	Red chalk (de Hunstanton) (selbornien)	quelques mèt.	(Manque presque complètement dans le Jura) Grès ou calcaires glauconieux (Vraconien)	var.
Sables glauconieux (dans le pays de Bray seulement)	18 à 35 m	Gault (argile) (selbornien)	30 à 100 m	GRÈS ET SABLs SUS-APTIENS (sables ocreux, safre) Gault inférieur (marnes sableuses et grès)	30 à 60 m 1 à 30 m
Argile à Ostrea aquila (dans le pays de Bray seulement)	5 à 20 m	Lower greensands (sables verts inférieurs) : FOLKESTONE BEDS ET CARSTONE Sandgate beds HYTHE BEDS Atherfield clay	30 à 60 m 2 à 30 m 25 à 90 m 2 à 10 m	Gargasien : Marnes aptiennes. Bedoulien : Calcaires marneux à Ancyloceras ou à O. aquila.	80 à 300 m peu épais
Grès ferrugineux Argile à poterie et glaise panachée du Bray. (dans le pays de Bray seulement)	35 à 45 m	Comtés du S.E. : Wealdien : Argiles du Weald	150 à 300 m	Jura : CALCAIRE URGONIEN (BARRÉMIEN) Provence : Urgonien : DONZÉRIEN (CALC.) Barutélien (marneux) CRUASIEN (CALC.)	30 m et plus jusqu'à 500 m 300 m 150 m
Argiles réfractaires et sables blancs. (dans le pays de Bray seulement)	25 m	Sables de Hastings : UPPER TUNBRIDGE WELLS SAND Grinstead clay LOWER TUNBRIDGE WELLS SAND Wadhurst clay ASHDOWN SAND	25 à 60 m 3 à 20 m 15 à 30 m 20 à 80 m 120 à 150	Jura : Calc. de Neuchâtel Marnes de Hauterive Marnes Hauteriviennes (à spatangues)	25 à 100 m jusqu'à 400 m
"		Comtés du N.E. : Speeton clay (partie supérieure)	30 à 60 m	Jura : Calcre roux à Natica base marneuse Calcaires et marnes de Berrias et du Fontanil	50 à 130 m (peu épaisse) var.
Portlandien		Jurassique (ou primaire)		Jurassique	

Tableau V — (suite)

Terrains géologiques		Bassin d'Aquitaine (Charentes, Aquitaine, Pyrénées)	Bassin de l'Adriatique (Italie, Karst, Istrie, Dalmatie)
CRÉTACÉ SUPÉRIEUR	Montien et Danien	Argiles rutilantes de Vitrolles CALC. DE TERCIS (Danien) (dans les Pyrénées) } jusqu'à 200m	CALCAIRES À RUDISTES DU KARST (passant insensiblement au tertiaire et au facies du flysch.) [Les calcaires à rudistes peuvent représenter tout le crétacé supérieur du cénomanien au sénonien] } très épais
CRÉTACÉ SUPÉRIEUR — SÉNONIEN	Aturien	Dordonien : 3 niveaux dans les calcaires Campanien : 2 niveaux dans les calcaires Santonien : 2 niveaux (Calcaire et grès) Coniacien : 1 niveau (Calcaire) } 200m et plus	
	Emschérien	Grès de Sougraigne (Sant.) et grès d'Alet (campanien) OU CALC. NANKIN DANS LES PYRÉNÉES	Scaglia (en Italie) CALCAIRE ROUGE EN ÉCAILLES } de centaines à plusieurs centaines de mèt.
CRÉTACÉ SUPÉRIEUR — TURONIEN	Angoumien	CALCAIRE D'ANGOULÊME } 70 à 100m	
	Ligérien	Marnes à O. columba 10m Calc. carentonien } 10 à 15m	
CRÉTACÉ SUPÉRIEUR — CÉNOMANIEN	Supérieur	Calcaire supérieur 10m Marnes à Ostracées et argiles tegulines } 10m	
	Inférieur	CALCAIRE INFÉRr ET GRÈS 32m	
CRÉTACÉ INFÉRIEUR	Albien	Marnes noires albiennes (épaisses) (dans les Pyrénées seulement)	
	Aptien	URGO-APTIEN (CAVERNEUX) CALCAIRE À TOUCASIA dans les Pyrénées seulement } jusqu'à 100m et plus	
	Barrémien ou Urgonien		MAJOLICA (Lombardie) CALCAIRE BLANC COMPACT, À AMMONITES
CRÉTACÉ INFÉRIEUR — NÉOCOMIEN	Hauterivien	manque	SUITE DU BIANCONE (Vénétie) CALCAIRES BLANCS À SILEX ET À CÉPHALOPODES } jusqu'à quelques centaines de mètres
	Valanginien		
		Jurassique	Trias ou Jurassique

l'origine, ainsi que la grosse source de Caposele, captée il y a quelques années pour alimenter le fameux aqueduc des Pouilles. La source naît d'une grande cassure au pied du mont Cervialto (1.809 mètres) et est elle-même à la cote 419,60 : on a creusé aux abords huit puits et forages qui ont bien fait connaître l'allure des terrains et permis d'établir la coupe ci-jointe (*fig.* 219),

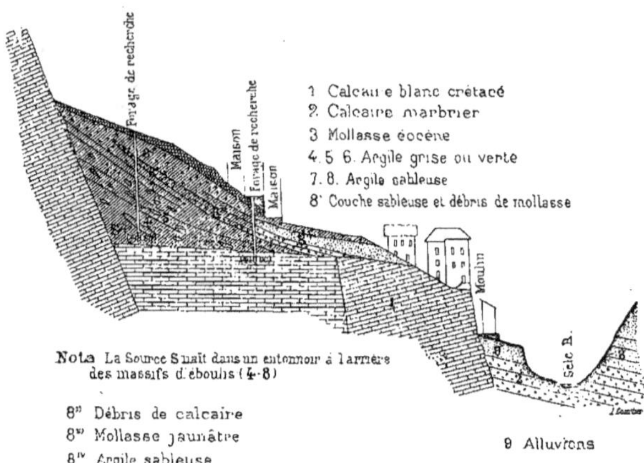

Fig. 219. — Coupe des terrains un peu en avant de la source S. de Caposele, qui alimente l'aqueduc des Pouilles (d'après Giambarba).

prise un peu en avant de la source S elle-même. Le débit descend aux environs de 3 mètres cubes par seconde en basses eaux, et l'aqueduc a été fait pour porter 5 mètres cubes : il alimente les trois provinces de Foggia, Bari et Lecce, soit 228 villes et villages et environ 1.840.000 habitants (recensement de 1911), et a un développement de 262 kilomètres (dont 59 kilomètres en tunnel), avec environ 1.400 kilomètres de branchements. L'œuvre, qui est une des plus grandioses en son genre, a coûté 163.000.000 de lires (avant-guerre).

8° ÉTATS-UNIS (Voir tableau VI).

Le secondaire couvre aux États-Unis quatre grandes étendues :

I. — La bande parallèle à la côte de l'Atlantique et du golfe du Mexique, qui s'interpose avec des largeurs très variables entre les revers S.-E. et S. des Appalaches, de Piedmont Plateau et du bassin carbonifère de l'O. d'une part et la bande côtière des terrains tertiaires d'autre part;

II. — Les *Grandes plaines centrales*, s'étalant du Montana au Texas entre le revers E. des montagnes Rocheuses et le rebord O. du bouclier laurentien puis du bassin carbonifère et permien de l'O. (le tertiaire remplit une partie centrale de ce vaste espace);

III. — Les surfaces allant également du Montana à l'Arizona tant dans les Rocheuses qu'entre leur revers O. et le Grand Bassin de l'Utah, avec l'éocène continental au N. (E. des Wasatch M[ains]) et le plateau du du Colorado au S.;

IV. — La côte du Pacifique, avec ses alternances de jurassique, crétacé et tertiaire.

I. — Région côtière Atlantique. — Il faut subdiviser une région aussi étendue en trois parties: côte de l'Atlantique proprement dite, côte du golfe du Mexique et l'embayment du Mississippi, et chacune d'elles encore par moitié.

a) **Partie Nord de la côte atlantique** (tableau VI, colonne 1). 1° *Trias.* — *Bassin triasique de la Nouvelle Angleterre* (*Connecticut et Massachusetts*). — Ce bassin, isolé du reste, forme un grand synclinal (orienté N.-S.) dans la basse vallée du Connecticut R[r]: d'épaisses formations gréseuses, parfois schisteuses, le constituent; mais il s'y intercale des coulées de basalte,

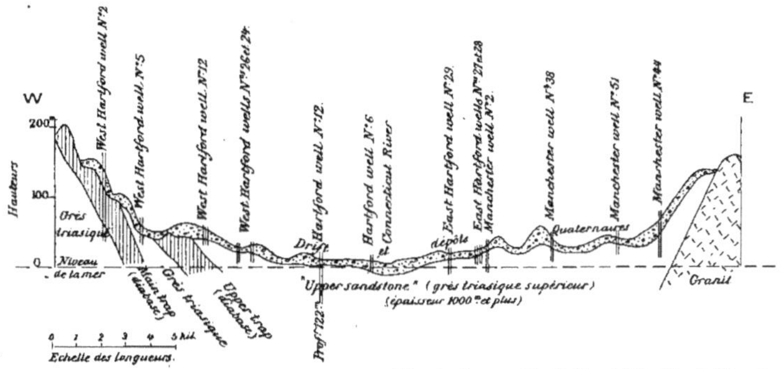

FIG. 220. — Coupe en travers E.-O. de la vallée du Connecticut R[r], à Hartford (Con.) : grès triasique (d'après GREGORY et ELLIS, 1916).

improprement appelé *trap*, émises à plusieurs reprises et apparaissant sous forme de *ridges* (¹) (*fig.* 220). Les grès triasiques ou *freestone* (grès dits

(¹) Le principal de ces ridges (*main* ou *middle trap sheet*) court du Mount Tom à New Haven le long et à l'O. du Connecticut R[r] : de chaque côté, on trouve des feuillets moins importants, tels que Anterior trap sheet (Connecticut) et Holyoke diabase (Massachusetts) à l'O., Posterior trap sheet (Connecticut) et Hampton diabase (Massachusetts) à l'E.

inférieurs et supérieurs dans Connecticut, arkose de Sugarloaf, grès de Longmeadow, schistes de Chicopee dans Massachusetts) sont un peu aquifères, et on peut même y trouver une nappe artésienne sous un feuillet de trap; mais la région est très hachée de failles et cassures [1], en sorte que la continuité des nappes est souvent interrompue. En revanche de grosses sources s'épanchent par les cassures, et d'autres naissent aux abouchements sur les flancs des coteaux des fissures et joints horizontaux du grès : parmi les plus abondantes, source de 6 litres par seconde à Bristol, source de 15 à 16 litres à New Hartford, sources du grès rouge alimentant les localités de Suffield, Thompsonville, Hazardville, etc., etc.

Les puits et forages, généralement non jaillissants, creusés dans le grès avec succès, ne sont pas très nombreux: Pynchon en 1904 en citait cependant 156 en Connecticut et 25 en Massachusetts, et Champlin en signale encore une cinquantaine aux environs de Longmeadow (Massachusetts). Il y en a d'autres que montre la figure ci-dessus aux environs de Meriden, Berlin, Middletown, New Britain, Hartford et Manchester (Connecticut) : parmi les meilleurs, je citerai les quatre forages de 60 à 70 mètres de la Hartford Light and Power C°, donnant chacun 7 à 8 litres par seconde. A Northampton (Massachusetts), un forage de 1.128 mètres de profondeur n'est pas sorti du grès et ne donne presque rien, alors qu'un autre voisin de 45 mètres seulement donne 1 litre; de même un forage de la Trumbull Electric C° près Plainville (Connecticut) trouve à 90 mètres une fissure du grès donnant 1 litre, mais descendu à 307 mètres il ne rencontre pas plus d'eau. Il vaut donc mieux dans ces grès faire un plus grand nombre de trous et ne pas chercher à les approfondir.

Remarquons encore que toute la région a été recouverte par le terrain glaciaire, et que les puits ordinaires trouvent de l'eau dans le *till* et le *drift stratifié*. Cette eau est alors notablement moins minéralisée que celle du grès triasique (en moyenne 115 milligrammes de résidu fixe par litre, dont 16 de Ca, au lieu de 219 milligrammes de résidu dont 39 de Ca pour le grès).

Trias dans New York (*S.-E.*), *New Jersey* (*N.*), *Pennsylvania* (*S.-E.*), *Maryland*, *Virginia et N. Carolina*. Bande orientée N.N.E.-S.S.O. dans la province de Piedmont : partant du comté de Rockland (N. Y.), traversant le New Jersey sur une largeur d'environ 40 kilomètres, puis l'angle S.-E. de la Pennsylvanie (largeur 20 kilomètres), ensuite devenant

[1] Notamment deux failles de 400 et 600 mètres de rejet aux abords de Meriden et la faille de 40 milles de long entre Hanging Hills et Lamentation M^tn.

discontinue et se dédoublant en deux plus étroites au S. du Maryland. Le trias, connue sous le nom de *groupe de Newark* et subdivisé en trois sous-groupes, le *Stockton* à la base, le *Lockalong* et le *Brunswick*, est une alternance de bancs de grès et de schistes ou argillites très épais (de 3.000 à 4.000 mètres en tout), inclinés généralement vers O. ou N.-O. et coupés d'un grand nombre de failles avec intercalation de coulées de *trap* (ou diabase) (¹). Les conglomérats et bancs gréseux de la base du Stockton sont aquifères, ainsi que le banc de grès à la base du Brunswick; mais on trouve en outre de l'eau aux flancs de contact des épanchements de trap, ainsi que grâce aux cassures à toute hauteur.

Les sources sont assez faibles, sauf celles qui sortent des cassures. Les sources de West Nyack, Bardonia, Nanuet, Orangeburg, etc., etc., (N. Y.) viennent du contact du grès rouge et de la diabase (trap); les belles sources de Norristown (Pa) qui alimentent Ambler sont de la base du trias. Les forages, rarement jaillissants, sont assez nombreux : ceux de Monsey, Spring Valley, Orangeburg (N. Y.), de Newark et de Jersey City (N. J.) et environ 550 autres (dont le plus profond a 670 mètres et le plus puissant donne 35 litres par seconde) dans l'État de New Jersey. Il y a de petits bassins de charbon bitumineux dits de Richmond (V[ie]), du Deep River et du Dan River (N. C.), avec des bancs de grès et conglomérats (*grès d'Otterdale*, etc., etc.) intercalés; mais les eaux en sont généralement trop minéralisées.

2° **Crétacé.** — Crétacé inférieur et crétacé supérieur forment aussi deux longues bandes orientées N.N.E.-S.S.O., qui plus ou moins continues vont de la pointe du Massachusetts à l'Alabama en s'appuyant sur le revers E. de Piedmont plateau et s'inclinant vers la mer : leurs couches sont ainsi des feuillets superposés (mais dont l'inclinaison va en diminuant vers la côte) (²), que recouvrent les couches tertiaires plongeant elles aussi vers l'Atlantique et disparaissant à leur tour sous le quaternaire de la plaine côtière. Le crétacé inférieur est surtout développé dans le Maryland et le Delaware, puis au N. de la Virginie et dans la Caroline du N; le supérieur se montre dans les îles de la côte S. de la Nouvelle Angleterre et au N. de Long Island, a son développement typique dans le New Jersey, s'amincit dans le Delaware et le Maryland, disparaît dans

(¹) Les fameuses *Palissades* le long de l'Hudson sont une manifestation de ces coulées; les Rocky Hills au N. de Princeton, la Sourland M[ta] près de Lambertville et la Cushetunk M[ta] près de White House en sont d'autres.

(²) De 10 à 12 millimètres par mètre pour les couches les plus anciennes, l'inclinaison n'est plus guère que du tiers pour les plus récentes.

la Virginie, mais reprend une grande largeur (allant jusqu'à la mer au S. du cap Hatteras) dans les Carolines.

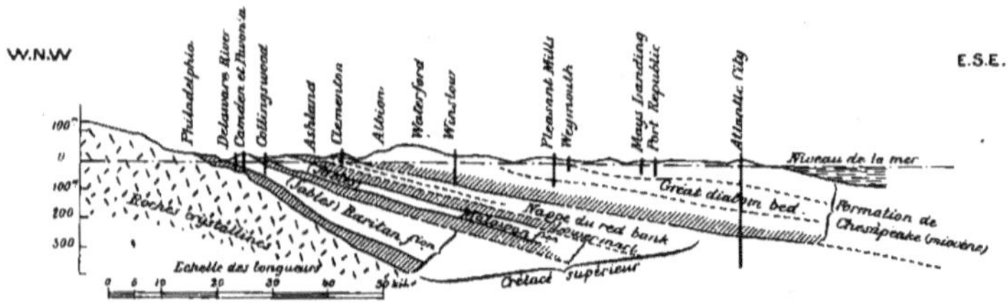

Fig. 221. — Coupe au travers de l'État de New Jersey, de Philadelphie à Atlantic City.

Les coupes transversales des figures 221, 222 et 223 et le tableau VI montrent la constitution du crétacé : ce sont des alternances de couches

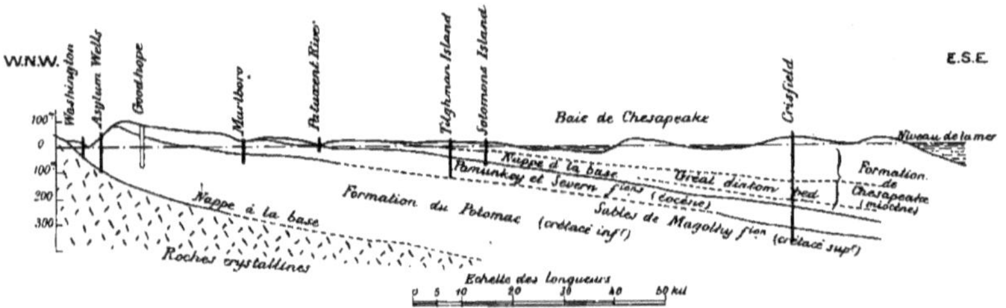

Fig. 222. — Coupe au travers de l'État de Maryland, de Washington à Crisfield.

sableuses et argileuses, les premières étant aquifères et présentant par suite de leur inclinaison les conditions voulues pour que leurs nappes

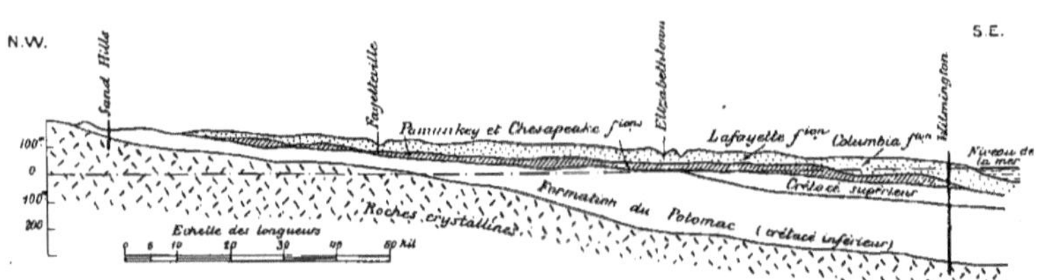

Fig. 223. — Coupe de l'État de N. Carolina, de Sanford à Wilmington.

soient artésiennes (toutefois les affleurements étant de faible largeur — sauf dans les deux Carolines — et les couches plongeant vite en profondeur, les eaux en sont assez peu utilisées). Les niveaux d'eau se trouvent dans *Paluxent formation*, sables de la base du groupe du Potomac, dans les sables de la partie supérieure du *Raritan*, dans les sables de *Magolhy formation*, dans les sables glauconieux (sables d'Englishtown et de Venonah dans New Jersey) de la *formation de Malawan* et dans ceux de *Monmouth formation* (sables de Mount Laurel à la base et sables du Red bank au sommet dans New Jersey), enfin dans les sables de *Rancocas for-*

3° Nappe du Matawan : Englishtown, Fellowship, Hartford, Mantoloking, Matawan, Monmouth, Moorestown, Mount Ephraïm, Point Pleasant, Rancocas, Rumsen Neck, Sea Girt, Sewell, Wenonah et Woodbury;

4° Nappes du Matawan et du Monmouth ensemble : plusieurs à Freehold, Lakewood, Marlton, Ocean Grave, Redbank, Seabright;

5° Nappe du Rancocas : Clayton (six puits), Harrisonville (grand débit), Lucaston, et quelques autres qui touchent au Monmouth.

État de Pennsylvania. — Niveaux d'eau de la base du Potomac et du Raritan dans le district de Philadelphie, ainsi que dans des lambeaux du crétacé supérieur (Monmouth et Rancocas). Puits artésiens dans les villes de Philadelphie (partie S.), de Camden (une centaine de puits du Raritan donnent 75.700 mètres cubes par jour), de Westville (trois puits artésiens), de Woodbury, Lansdale, Paulsboro, etc., etc.

États de Delaware, Maryland et Columbia District. — Les villes de Baltimore et de Washington [1] sont bâties partie sur les roches cristallines, partie sur la formation de Potomac (recouverte par places sur 6 à 10 mètres d'épaisseur par les terrasses pléistocènes dites *Columbia formation*). De nombreux puits s'y alimentent dans les sables et graviers de la base de Potomac formation, ou dans deux niveaux chaque fois à une douzaine de mètres au-dessus : ainsi dans et aux environs de Baltimore, puits de Highlandtown, des brasseries Nationale et Gunther, vingt-cinq puits abondants entre Canton et le Bassin, d'autres le long de la rive droite du port, à Seawall, à Sainte-Helena (S.-E. de Canton), à Dundalk et à Sparrow Point; dans Washington, puits de Sainte-Elizabeth, des usines du Metropolitan Railroad, du Palais Royal, d'Eckington, des brasseries dites de Washington et de National Capitol. Des mêmes niveaux du Potomac : trois puits à grand débit à Middletown (163 à 250 mètres profondeur), trois à Wilmington (deux de 126 mètres et un à 328 mètres), un à Farnhurst dans le Delaware; des puits à Laurel, Patuxent River, Indian Head, Bay Ridge, etc., etc. dans le Maryland. Les sables de Magothy dans ce dernier État alimentent aussi bon nombre de puits : trois puits jaillissants à Crisfield (de 310 à 332 mètres mais touchent au Potomac), plusieurs à grand débit à Claiborne (134 mètres), à Tilghman Island, à Tunis Mills (non jaillissant), à Annapolis, etc., etc.

État de Virginia. — Au N. de l'État seulement, et on ne trouve plus que Potomac formation (sableuse, avec 105 mètres d'épaisseur), que re-

(1) On sait que ces deux grandes villes s'alimentent principalement en eau de rivière filtrée ainsi que Philadelphie.

couvrent directement les *marnes de Pamunkey* (éocène). Grand niveau d'eau à la base du Potomac : puits d'Alexandria (122 et 131 mètres), de Fort Monroe (¹) (288 mètres), de Norfolk (536 mètres), de Quantico, de Sandy Point, de Walkerton; il y a aussi un autre niveau dans un banc supérieur (puits de Barrow, 60 mètres).

État de North Carolina. — Crétacé supérieur dans le S.-E. de l'État, allant en s'épaississant vers le S. (de 135 mètres au N. à 585 mètres au puits de Charleston), le Potomac n'affleurant guère que dans les comtés de Harnett, Moore et Richmond. Plusieurs nappes dans le crétacé supérieur, ainsi que dans le Potomac dont la plus abondante à la base : puits de Wilmington (348 mètres, entrant de 10 mètres dans le granit) donnant 12^{l},6 par seconde d'eau assez salée.

b) **Partie Sud de la côte atlantique** (tableau VI, colonne 2). — **Crétacé.** — Le trias et le jurassique manquant, les bandes du crétacé entourent comme précédemment le revers S.-E. des Appalaches, et elles sont étroites (sauf pour la moitié N.-E. de South Carolina). La constitution est très semblable, sauf que en Georgie les *Clay marl Series* du crétacé supérieur prennent le nom de *formation d'Eutaw*, avec une nappe aquifère dans les *sables de Tombigbee* (vers le sommet), et les *marl series* prennent celui de *formation de Ripley*, avec plusieurs nappes (devenant artésiennes en s'enfonçant) dans les *sables de Cussela* à la base et les *sables de Providence* au sommet.

État de South Carolina (coupe *fig.* 224). — Les affleurements des couches sableuses et argileuses du Potomac [1] forment deux ceintures de collines dites *sand hills* et *red hills*, où il y a des sources et des nappes profondes. A Florence, on trouve celles-ci entre 60 et 185 mètres, et à Orangeburg un forage de 353 mètres doit approcher de la base de la formation : ces deux forages sont bien alimentés, mais ne jaillissent pas. Ceux d'Aiken (170 mètres) et Camden (190 mètres) traversent tout le Potomac et entrent dans le granit, sans jaillir non plus; autres forages à Clyde, Harlington, Ousley, Hartsville (huit de 70 à 73 mètres) et Bamberg (cinq de 143 à 169 mètres, jaillissants), etc., etc. — Dans le crétacé supérieur, il y a trois ou quatre nappes dans les *sables de Black Creek* et les *sables de Peedee*, comme dans le North Carolina. Près de la mer, cinq forages profonds de 593 à 625 mètres ont été faits à Charleston et donnent

(¹) C'est une bande de 10 à 25 kilomètres de large, orientée N.E.-S.O.O, à une altitude d'environ 150 mètres au-dessus de la mer.

de l'eau légèrement jaillissante à 37° C., mais assez salée (92 milligrammes de chlore, 425mgr,4 de K et Na et 1.051 milligrammes de sels dissous en totalité dans l'eau du forage de 1911) : on trouve trois nappes du crétacé supérieur, et on avait cru d'abord que la suivante était dans le sommet du Potomac, mais il semble qu'elle est encore dans les sables de Black Creek.

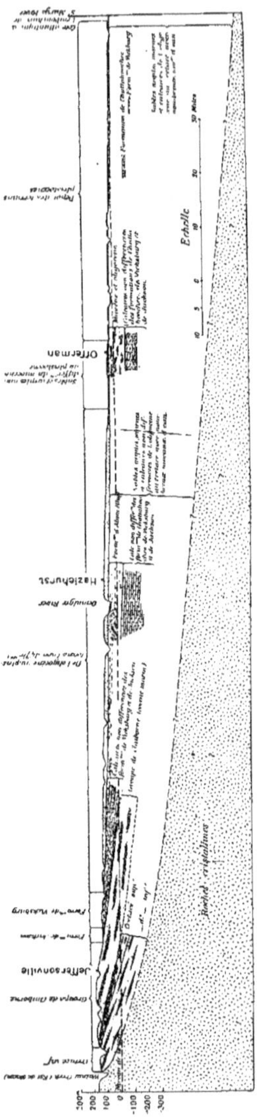

État de Géorgie (coupe *fig.* 225). — Beau niveau artésien dans le Potomac sous toute la plaine côtière, et plusieurs nappes aquifères devenant aussi artésiennes sous le tertiaire, dans le crétacé supérieur : sources nombreuses et nombreux forages. La ville de Columbus amène l'eau de deux groupes de sources des sables arkosiques inférieurs, situées de l'autre côté du Chattahoochee Rr; mais elle a en outre foré vingt-six puits entre cette rivière et le Bull Creek, qui avec 52 à 76 mètres de profondeur atteignent le granit : trois sont jaillissants et les autres non, mais on peut tirer du groupe 11.355 mètres cubes par jour. La ville de Macon capte aussi de belles sources dites « Tuft Springs », naissant non loin de la rivière Ocmulgee, et a d'autres sources plus proches, mais moins abondantes dites « White Elk et White Oak Springs ». Des forages donnent de l'eau des mêmes sables inférieurs à Gibson, Oconee, Sandersville, Tennille, Toomsboro Walden, etc., etc. (profondeur 43 à 115 mètres).

FIG. 225. — Coupe N.O.-S.-E. de la plaine côtière de Géorgie, entre Macon et l'embouchure de Saint-Mary's River (d'après STEPHENSON).

La *formation d'Eulaw* est peu connue (deux forages jaillissants à 8 kilomètres au N.-O. de Cusseta et au N. d'Omaha); mais celle de Ripley alimente de nombreuses sources et forages. Ainsi les villes de Lumpkin et de Buena Vista amènent des sources des *sables de Providence ;* Americus y a descendu quatre puits artésiens, non jaillissants mais abondants. Dans les comtés de Stewart, Marion, Schley et Macon, l'eau de ces niveaux est à moins de 100 mètres de profondeur; au S. et S.-E., on la retrouve dans quelques forages plus profonds : à Fort Gaines, deux forages de 198 et 244 mètres non jaillissants; à Albany, trois forages de la ville et quinze particuliers traversent à 90 mètres le niveau de la *formation de Vicksburg* (tertiaire), puis entrent dans le Ripley à 150 mètres et y rencontrent trois nappes respectivement entre 210 et 215 mètres, 255 et 275 et 399 et 402 mètres, sans traverser entièrement la formation; autre forage (jaillissant) à Kioka (211 mètres, arrêté dans le sommet du Ripley); à Blakely, un de 247^{m},5 alimente la ville qui en pompe 18 litres par seconde.

Dole donne la composition moyenne ci-dessous des nappes du crétacé en Géorgie (en milligrammes par litre).

NIVEAUX D'EAU DANS	NOMBRE D'ANALYSES	RÉSIDU FIXE	Ca	Mg	Fe	SiO^2	K + Na	HCO^3	SO^4	Cl
Formation de Ripley.........	25	150	20	3	3	20	20	120	10	8
id. d'Eutaw..........	2	161,5	7,2	1,7	8,1	33	34	103,5	22,5	4,2
Sables arkosiques (Potomac)..	7	75	10	2		20	10	45	5	5

c) **Partie Est de la côte du golfe du Mexique et côté Est de l'embayment du Mississippi** (Tableau VI, colonne 3). — **Crétacé.** — Le crétacé continue à contourner par le S. le massif cristallin appalachien; puis la bande de crétacé supérieur seul remonte vers le N. dans l'État de Tennessee, l'angle O. du Kentucky et l'angle S. de l'Illinois (fond de l'embayment du Mississippi, où elle n'a plus que 10 à 15 kilomètres de largeur). Les couches qui plongent d'abord vers le S. et le S.-O. dans l'Alabama, plongent ensuite doucement vers l'O.

État d'Alabama. — Le crétacé inférieur n'occupe qu'une bande étroite de Montgomery à Columbus; il contient de belles nappes dans les *sables de Paluxent.* Montgomery y descend une vingtaine de forages (135 à 200 mètres), où l'eau arrive juste au niveau du sol : il faut pomper aussi dans ceux d'Armstrong, Fort Davis, Roba (Macon C^{y}) et Seale (Russell C^{y}) qui ont de 120 à 130 mètres.

Le crétacé supérieur est au contraire très développé dans l'Alabama : l'inclinaison de ses couches est d'environ 7,5 pour mille vers le golfe ou le fleuve, et comme la surface est moins inclinée, on a de bonnes conditions artésiennes pour les nappes superposées (qui vont en s'enfonçant et disparaissent sous l'éocène). Ces nappes analogues à celles de la Géorgie se trouvent dans les *sables de Tuscaloosa*, les *sables de Tombigbee* et *ceux de Coffee* de la formation d'Eutaw (4 niveaux d'eau), le calcaire fissuré de *Selma chalk* (autrefois *rotten limestone*, calcaires pourris), enfin dans les *sables de Ripley*. Les zones artésiennes correspondant à ces nappes sont montrées par la figure 226, avec l'indication des grosses sources et des fo-

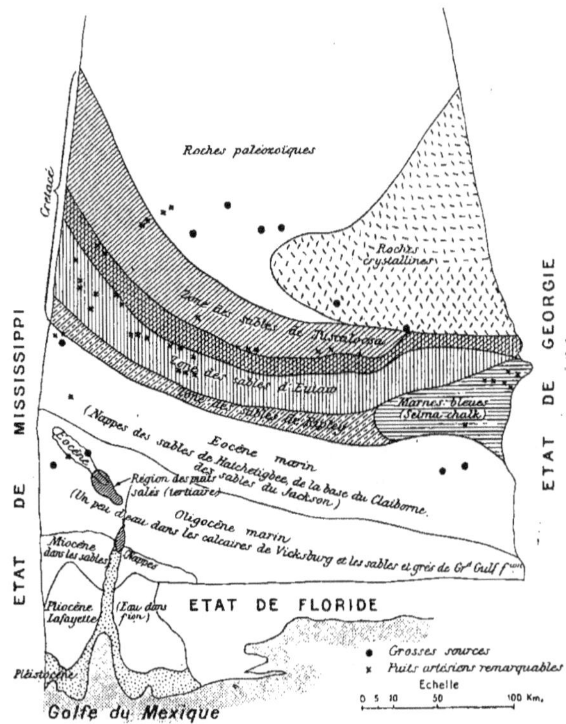

FIG. 226. — Nappes artésiennes du Sud de l'État d'Alabama.

rages les plus remarquables : c'est à des forages que s'adressent les villes d'Eutaw, Eufaula, Guensboro, Marion, Selma, Demepolis, Union Town, Union Springs, Faunsdale, Linden, etc., etc. C'est la nappe la plus profonde, la Tuscaloosa, qui est la moins minéralisée (250 milligrammes), ce qui tient à ce que cette formation est d'eau douce : celles des sables d'Eutaw contiennent souvent 500 milligrammes de sels et même plus.

État de Mississippi : coin N.-E. de l'État. — Le crétacé supérieur y a les mêmes nappes que dans l'Alabama (voir les deux coupes de la figure 227). Entre les argiles de la base de Tuscaloosa formation et la base de Selma chalk (appelée souvent *blue rock*), il y a dans une épaisseur de 300 à 360 mètres plusieurs niveaux d'eau dans les sables, niveaux que l'on groupe souvent en une seule nappe devenant vite artésienne en s'enfonçant [1] : les affleurements alimentaires de ces niveaux n'occupent pas moins de 5.200 kilomètres carrés. Sources et nombreux forages jaillissants, notamment dans les vallées du Tombigbee et de ses affluents, du comté de Lee au N. au comté de Noxubee au S.; 6 puits de 99 mètres à Tupelo, un à Artesia (182 mètres) dans Eutaw formation; deux de 105 mètres à Corinth, un à Okolona à la fois dans les sables d'Eutaw et de Tuscaloosa; plusieurs à West Point, Slantersville, Verona, Columbus, Amory, Aberden, Macon (234 mètres) descendant jusque dans le Tuscaloosa (à Starkville la profondeur est devenue trop grande : un forage de 305 mètres amène l'eau à 47 mètres en dessous du sol).

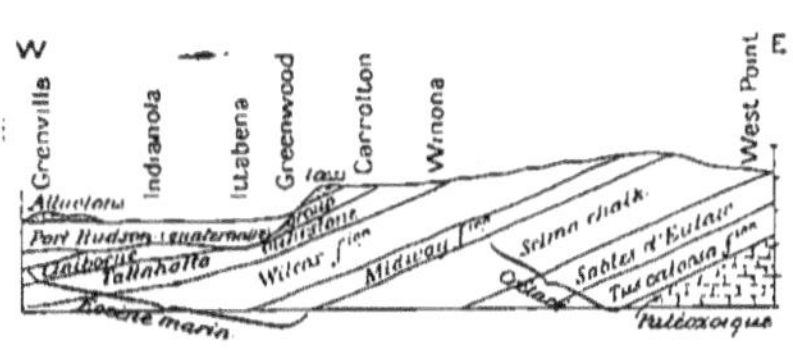

Fig. 227. — Coupe E.-O. de l'État de Mississippi, de West Point à Greenville.

La formation de Ripley occupe seulement 1.550 kilomètres carrés (dans les comtés de Chikasaw, Pontotoc, Union, Tippah et Alcom) : ses couches supérieures sont aquifères et alimentent beaucoup de forages dans la vallée du haut Tallahatchie et dans celles de ses affluents : ceux creusés aux environs de New Albany et d'Ecru étaient d'abord jaillissants, mais le niveau s'est abaissé et il faut pomper dans tous.

Les eaux des sables de Tuscaloosa sont très douces. Moyenne des deux sources de Caledonia : Ca : 6^{mgr},6; Mg 2,4; K + Na 5,6; CO^3 34,5; SO^4. 4,4; Cl 5,3. — Moyenne de cinq forages : Ca 7,7; Mg 2,7; K + Na 21,3; CO^3 37; SO^4 1,8; Cl 5,1; SiO^2 37.

États de Tennessee, Kentucky et Illinois. — Comme le montrent les figures 228, 229 et 230, les couches plongent doucement vers l'O. d'abord, affleurant en bandes assez étroites, orientées vers le N. parallèlement au cours du Tennessee R^r : seulement les *sables de Coffee* (Eutaw formation) et le *Selma chalk* (ici sables verts et argiles) cessent d'apparaître au N. de 36° de latitude, en sorte que les *sables de Ripley* continuent seuls dans la

(1) La pente des couches est de 2,8 pour mille vers l'O. dans la partie N. de l'État, et passe au double et plus dans le S. en obliquant vers le S.-S.-O.

moitié N. du Tennessee et plus au N. (ils n'affleurent même plus dans le

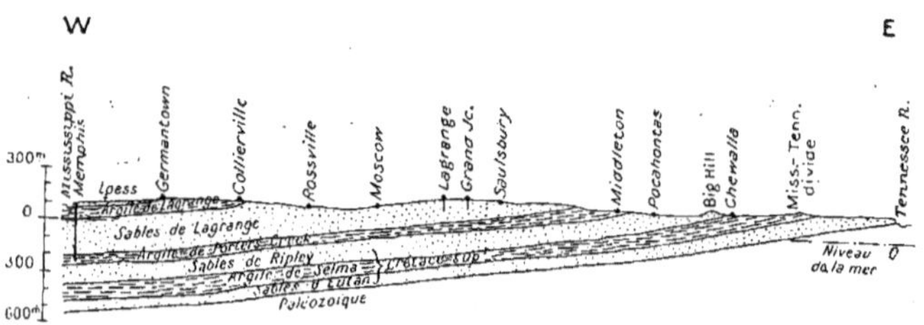

Fig. 228. — Coupe E.-O. de l'État de Tennessee entre les vallées du Tennessee Rr et du Mississippi au droit de Memphis. (Lisez Sables d'Eutaw, au lieu d'Eutan). — Échelle des longueurs : environ 1/1.000.000.

Missouri). Sources, puits ordinaires et forages nombreux alimentés par les nappes de ces formations. Exemples :

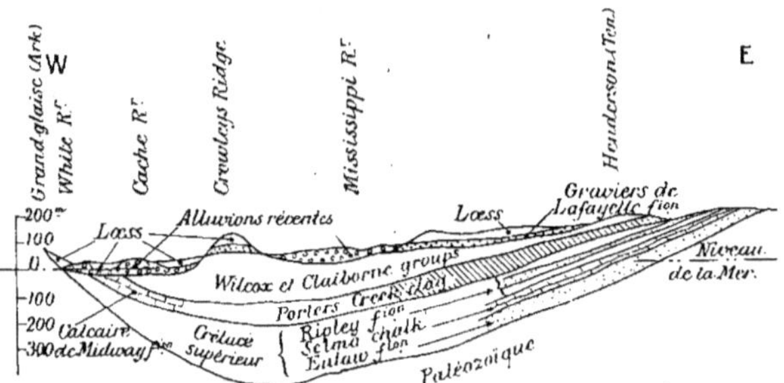

Fig. 229. — Coupe E.-O. de la vallée du Mississippi entre Grandglaise (Ark.) et un point à 16 kilomètres au S. de Decaturville (Tenn.). — Échelle des longueurs 1/3.275.000.

1° Nappe des sables de Coffee : puits de 10 à 21 mètres à Crump,

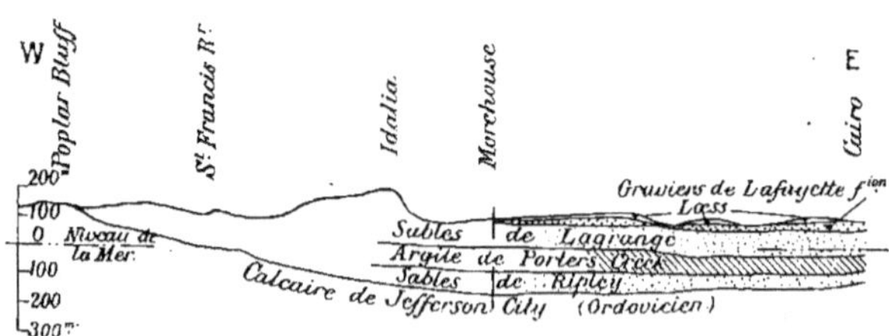

Fig. 230. — Coupe de la pointe S.-E. de l'État de Missouri, de Cairo à Poplar Bluff. Échelle des longueurs 1/1.300.000.

Morris Chapel, Pittsburg Landing et sources à Hurley (Hardin Cy, Tennessee); sources et puits à Parsons et à Darden, ainsi qu'à Point Pleasant, Thurman, Sugar Tree (Decatur Cy, Tennessee);

2° Nappe du Selma chalk : puits et forages à Dolen, Reagan, Adamsville (Tennessee), dont l'eau est dure; à Gravehill, Purdy, Selmer (Tennessee), les forages traversent le Selma et vont à l'Eutaw; à Leapwood, belles sources au contact du Ripley et du Selma;

3° Nappe des sables de Ripley: Dans le Tennessee, sources dans la moitié O. du comté de Mc Nairy, dans le comté de Chester (et puits peu profonds à Brinley, Cabo, Sweetlips, Henderson), dans le comté de Henderson (sources à Hinson Springs et Whitefern; puits à Huron, Middelfork, Wildersville, et grand forage à Lexington — sur 213 mètres de profondeur, 61 mètres sont dans le Ripley et à 152 mètres on quitte l'Eutaw pour entrer dans le paléozoïque); dans les comtés de Carroll et de Benton (petits forages à Nobles, Clarksburg, Dollar; puits à Huntington, Muse, Townes, Yuma; et sources à Garretsbury, Hollow Rock, etc., etc.); dans le comté de Henry (puits peu profonds à Buchanan, Freeland, Mansfield, Mountvista, Owens Hill, etc., etc.).

Dans le Kentucky : nombreuses sources et puits dans le comté de Calloway, à Murray par exemple. Dans le comté de Marshall, les sables deviennent plus fins (donc moins aquifères) et plus profonds : moins de forages. Dans l'Illinois : comtés de Massac et de Pulaski, nombreux puits, à Metropolis par exemple. La base du Ripley à Mound City (sur l'*Elco gravel* du paléozoïque) est à 93 mètres, à Cairo à 161 mètres (le mississippien y a été atteint à 176 mètres).

d) **Partie Ouest de la côte du golfe du Mexique et de l'embayment du Mississippi** (Tableau VI, colonne 4). — **Crétacé.** — Longue bande orientée N.E.-S.O., le long de la limite des affleurements du pennsylvanien, puis du permien, et commençant dans l'Arkansas à la vallée de l'Ouachita Rr pour suivre dans le S.-E. de l'Oklahoma la vallée de Red River et s'élargir dans le Texas jusqu'au Rio Grande (que le crétacé dépasse pour occuper de grandes étendues dans les États mexicains de Chihuahua, Coahuila et Nuovo Leon). C'est surtout le crétacé inférieur qui s'élargit dans le centre du Texas (jusqu'à 250 kilomètres), où il est comme troué par l'îlot archéen et cambro-ordovicien de Llano Region : le crétacé supérieur reste limité à une bande étroite qui disparaît au S.-E. sous le tertiaire. Les couches plongent d'abord vers le S. (région du Red River), puis vers le S.-E. (Texas) : l'inclinaison est assez variable suivant les lieux et va généralement de 3 à 4 pour mille au double. La région est coupée par un bon nombre de grandes failles : ainsi *Balcones fault* (orientée presque N.-S., un peu à l'O. de la limite du crétacé et du tertiaire), et la faille de Denison (Texas) à Union Parish (La) qui fait un rejet de 180 mètres du côté N.

États d'Arkansas et d'Oklahoma. — Le crétacé inférieur (*séries de Comanche*) n'a qu'une largeur de 10 à 20 kilomètres dans le second de ces États et n'apparaît souvent qu'en îlots séparés dans le premier. A la base les *sables de Trinity* (60 à 120 mètres d'épaisseur), entremêlés de couches argileuses peuvent contenir de l'eau; le *calcaire de Goodland* est trop peu épais pour jouer un rôle, et le groupe de Washita (75 mètres) est argileux et imperméable. Le crétacé supérieur est au contraire très aquifère : deux grandes nappes, l'une dans les *sables de Bingen* (souvent plusieurs niveaux)

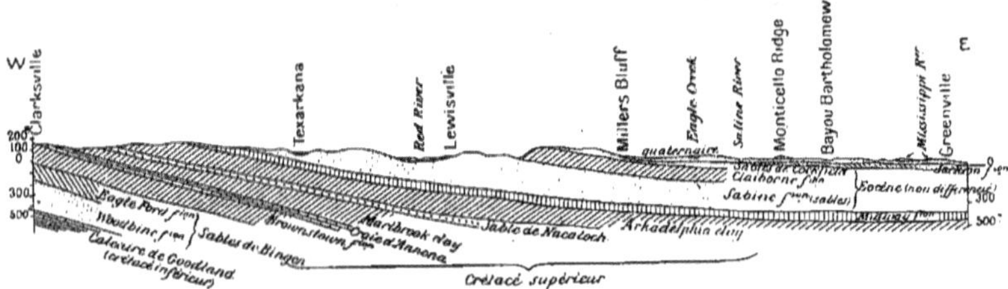

FIG. 231. — Coupe E.-O. du sud Arkansas, entre Clarksville (Texas) et Greenville (Miss.) montrant les couches aquifères du crétacé et de l'éocène (d'après VEATCH, *Professional paper*, n° 46, 1906). — Échelle des longueurs : environ 1/2.000.000.

dont les affleurements suivent dans l'Arkansas la ligne Nashville-Bingen-Arkadelphia, l'autre dans les *sables de Nacatoch* (50 mètres d'épaisseur, entre les argiles de Marlbrook en dessous et celles d'Arkadelphia au-dessus, avec souvent aussi plusieurs niveaux). Il y a aussi de l'eau, mais pas toujours, dans la *craie d'Annona* (30 mètres) en dessous du Marlbrook (voir la coupe *fig.* 231).

La nappe des sables de Bingen devient vite artésienne, et je signalerai trois zones de jaillissement : dans la vallée du Little R^r^ et le bassin de son affluent Saline R^r^; dans les vallées du Little Missouri et de son affluent l'Ozan Creek; enfin, plus au N.-E., dans les vallées des branches du Terre Noire Creek. La ou plutôt les nappes (il y en a jusqu'à huit à Texarkana, dont deux à 311 mètres et 358 mètres de profondeur sont sous forte pression) des sables de Nacatoch sont aussi artésiennes : une zone de jaillissement dans la vallée du Red River et le bassin de son affluent Bois d'Arc Creek; une seconde dans la vallée du Little Missouri et le bassin de son affluent le Terre Rouge Creek; la troisième dans les vallées de Ouachita R^r^

et de ses affluents Deceiper et Terre Noire Creeks. Plus au S., dans la Louisiane, on trouve en profondeur et sous l'éocène et les alluvions la nappe en question, qui alimente le bassin artésien de Bossier (dans la vallée du Red River et à l'O. autour du lac Ferry et jusque Jefferson, dans le Texas). En s'enfonçant, l'eau de cette nappe devient fréquemment salée.

Étal du Texas. — Dans le *N. de cet État*, sur la rive droite du Red River, le crétacé diffère peu de ce que nous venons de voir ci-dessus pour la rive gauche (voir les deux coupes E.-O. et N.-S. passant par Paris,

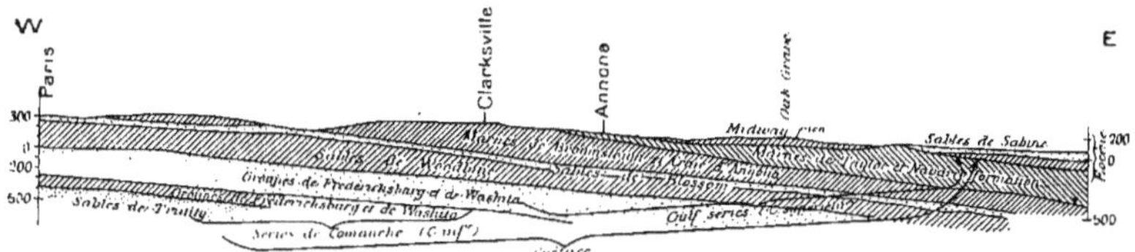

Fig. 232. — Coupe E.-O. du crétacé au N.-E. du Texas (passant par Paris).

fig. 232 et 233) ; les nappes sont les mêmes, mais certains noms changent (1) : *sables de Woodbine* au lieu de Bingen, *sables de Blossom* au-dessus des

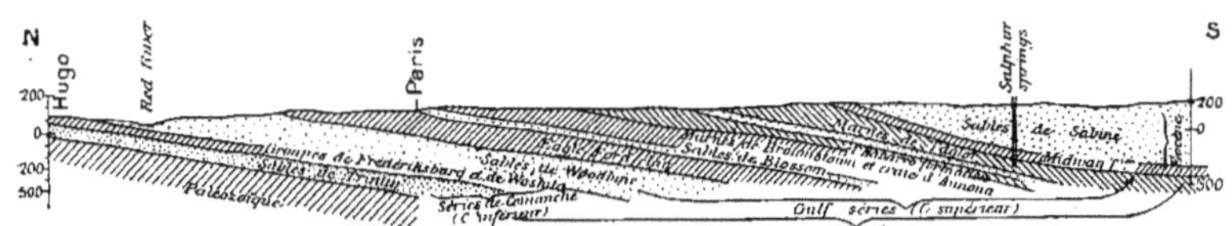

Fig. 233. — Coupe N.-S. du crétacé au N.-E. du Texas (passant par Paris). (Les deux figures, d'après C.-H. Gordon. *Water supply paper*, 276, 1911). — Échelle des longueurs : 1/2.000.000 environ.

argiles d'Eagle Ford, *craie d'Annona*, *sables d'Eagle Pass* au lieu de Nacatoch entre ou dans les *marnes de Taylor* et *Navarro formation*. Le grand forage fait en 1906 à 4 kilomètres à l'E. de Paris pour les eaux de cette ville et ceux faits à Redwater et à Texarkana (comté de Bowie) pour recherche de gaz et de pétrole montrent bien la situation des couches et des nappes dans cette région :

(1) Les sables de Trinity affleurent près de Hugo et plongent vers Paris avec une pente de 10 à 11 pour mille : ils ne donnent d'eau jaillissante que dans la vallée du Red River, en dessous de la cote 140.

Nota : les couches perméables (nappes aquifères) sont écrites en lettres italiques.	Grands forages au N. du Texas		
	A 4 kilomètres E. de Paris	A Redwater	A Texarkana
Cote de l'orifice au-dessus de la mer	155	87,2	92,9
Profondeur totale	599	609,6	702,3
Épaisseur des couches (en mètres) — Éocène. — *Sables de Sabine* (*Wilcox formation*)	»	66,4 (1re nappe)	44,2 (1re nappe)
Éocène. — Schistes de Midway	»	82,0	88,0
Crétacé supérieur. — Taylor marls et Navarro formation. — Schistes d'Arkadelphia	»	172,2	124,3
Schistes et *sables de Nacatoch*	»	70,7 (2e nappe)	105,7 (2e nappe)
Schistes de Marlbrook	»	218,3	134,4
Craie d'Austin	»	»	139,9 (3e niveau)
Sables de Blossom	24 (1re nappe)	»	12,8 (4e nappe)
Argiles d'Eagle Ford formation	159 (2e nappe)	»	25,6
Sables de Woodbine	235 (4 nappes)	»	27,4 (5e nappe)
Crétacé inférieur. — Groupe de Washita (Denison)	71,3	»	»
Sables de Trinity (Dexter)	109,7 (7e nappe)	»	»

Nombreux puits ordinaires dans les sables de Blossom (comtés de Red River, Lamar et Fannin), et puits artésiens en dessous des affleurements (deux pour Clarksville de 183 mètres de profondeur), jaillissants en dessous de la cote 122. Les sables de Nacatoch n'affleurent que dans le comté de Delta et le S.-O. de celui de Hunt (deux nappes, dont la plus haute est souvent trop minéralisée : forages de Sulphur Bluff, de Horton, de Commerce, de New Boston, etc., etc.).

Grand et Black Prairies. — Une grande région crétacée s'étend au S. de la précédente et porte les noms de *Grand Prairie* et au S.-E. de *Black Prairie* (partie des bassins de Sabine Rr, Trinity Rr, Brazos Rr, Colorado Rr et de leurs affluents). : R. Hill (1) en donne trois coupes figures 234, 235

(1) Dans le XXIe Rapport annuel du *Geological Survey U. S.*, R. Hill étudie en détail l'hydrogéologie de cette belle région.

et 236, passant respectivement par Dallas, Waco et un peu au N. d'Austin.

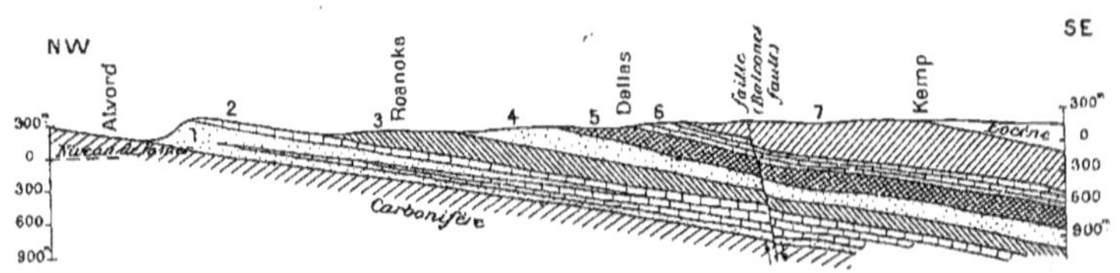

Fig. 234. — Coupe transversale du crétacé de Black et Grand Prairies (Texas) (passant par Dallas).

Le crétacé inférieur (séries de Comanche) y prend une grande importance :

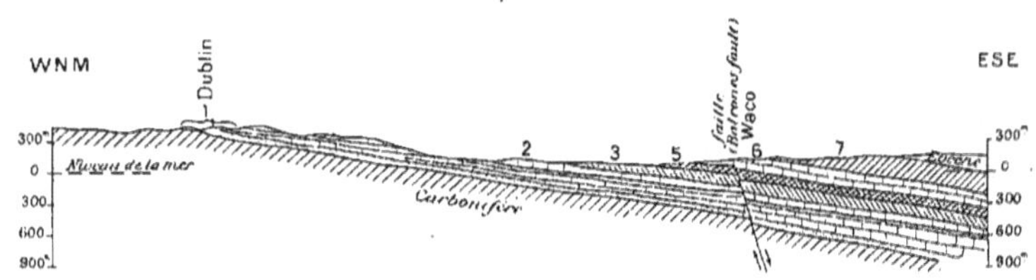

Fig. 235. — Coupe transversale du crétacé de Black et Grand Prairies (Texas) (passant par Waco).

il s'épaissit et devient de plus en plus calcaire en s'enfonçant vers l'E. La formation de base, qui repose sur le carbonifère, contient deux belles

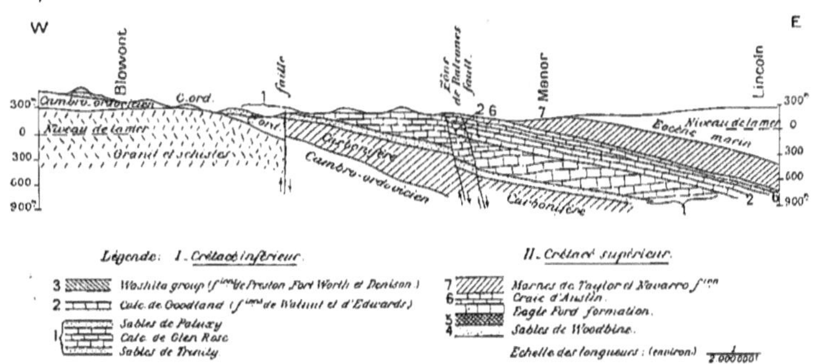

Fig. 236. — Coupe transversale du crétacé du Texas, à l'Est de Llano Region (passant un peu au Nord d'Austin).

nappes artésiennes dans les *sables de Trinity* (Travis Peak formation, sables de Sycamore et de Hensell) à la partie inférieure et dans les *sables de Paluxy*, séparés des précédents par la *formation de Glen Rose* (bancs argilo-calcaires à peu près imperméables). Les deux autres étages, le *calcaire de Frederiksburg* (de Goodland au N. du Brazos R^r^), et les argiles du *Washita group* sont à peu près imperméables (1) et ne jouent pas de rôle hydrologique.

Le crétacé supérieur contient ensuite une belle nappe dans les *sables de Woodbine*, dont la partie inférieure porte le nom de *sables de Dexter* et la supérieure celui de *sables de Lewisville;* cette formation va en diminuant d'épaisseur vers le S. (180 mètres près du Red River, 90 à Fort Worth et seulement 14 mètres à Waco) et disparaît au S. du Brazos R^r^. Des autres formations du crétacé supérieur, *Eagle Ford Clay*, *Austin chalk*, *Taylor marls* et *Navarro formation*, seuls sont perméables des lits sableux de cette dernière, correspondant aux sables de Nacatoch et prenant les noms de *sables de Corsicana* ou de *Terrell*, avec dans le N. de la région une nappe qui devient vite artésienne sous le tertiaire.

Les quatre grandes nappes précitées, dont Hill donne pour chacune la carte des affleurements et celle des zones de jaillissement (avec courbes de niveau du toit des formations aquifères), alimentent une foule de sources (2) et de forages. Pour ces derniers, on en comptait déjà 964 dont 458 jaillissants en 1897 dans les 35 comtés de Black et Grand Prairies. Aux affleurements les nappes du Trinity alimentent des puits ordinaires (pour les villes de Comanche, Glenrose et autres), puis des forages, qui deviennent jaillissants d'abord dans les dépressions des vallées, ensuite partout à l'E. d'une ligne passant par Gainesville, Stringtown, Iredell et Kempner et à l'E. de *Balcones fault* de Georgetown à Austin (ligne correspondant à la cote d'altitude 229). Je citerai les forages jaillissants de Paluxy, Glenrose, Brazos Point, Greenway et jusqu'à Waco dans les vallées du Brazos et du Paluxy Creeks (environ 305 mètres de profondeur); d'Iredell, Meridian, Clifton, Ocee dans la vallée du Bosque R^r^; de Gatesville et Belton dans celle du Leon R^r^; de Maxdale et Youngsport dans celle du Lampasas R^r^; de Georgetown dans celle du San Gabriel; enfin trois forages près d'Austin qui ont 602, 617 et 626 mètres de profondeur, et un à Manor de 780 mètres (à la limite E. de Black Prairie, le niveau atteint 1.219 mètres de profondeur).

(1) Il y a cependant un peu d'eau dans les lits du *calcaire d'Edwards* (puits dans les comtés de Coryell, Bell et Travis) au S. du Brazos R^r^, mais elle est souvent sulfureuse.

(2) Les plus grosses sources viennent des failles : ainsi Balcones fault, qu'on peut suivre sur nos trois coupes, engendre les sources du Barton Creek près d'Austin (débit maximum 4 mètres cubes par seconde), de San Marcos (débit maximum $8^{m^3},5$ par seconde), de Comal (plus de 11 mètres cubes), San Antonio ($5^{m^3},5$), Las Moras, San Pedro, San Felipe, Goodenough, etc., etc.

Au S. de Decatur, c'est la nappe du Paluxy qui règne. Le premier forage a été fait à Fort Worth (80 mètres de profondeur), et il y en a maintenant 200 dans la ville et aux abords. Dans les comtés de Denton, Cooke et Collin le niveau du Paluxy monte plus haut que celui du Trinity (mais ailleurs on a plutôt intérêt à aller à ce dernier). Bon nombre de puits jaillissants dans les vallées du Big Elm Fork, du Clear Fork, du Hickory Fork, du Denton et du West Fork, avec environ 150 mètres de profondeur. Sous Dallas, le toit du Paluxy est à 400 mètres et sous Terrell à 975 mètres.

Les sables de Woodbine se tiennent d'ordinaire à 150 mètres au-dessus de la nappe précédente : leurs affleurements du Red River à Waco occupent une bande N.-S. d'environ 2.050 kilomètres carrés, et leur pente est de 7,5 pour mille. On suit ces sables sous toute la Black Prairie (à Corsicana, ils sont à 762 mètres de profondeur), mais le jaillissement ne peut avoir lieu qu'en dessous de la cote 183. Puits jaillissants de Dallas (il y en a à Dallas 125, de 240 à 730 mètres, qui tous jaillissaient au début, mais dont les plus profonds seuls jaillissent à présent), Pottsboro, Ferris, Waxahatchie, Corsicana, Ennis, etc., etc.; puits non jaillissants à Paris, Sherman, Midlothian. Plus on va vers le S.-E., plus les sables deviennent argileux et s'amincissant, et plus l'eau est minéralisée (à Dallas 1.465 milligrammes de résidu fixe dans les forages, tandis que l'eau du Trinity à Gainesville n'avait que 502 milligrammes) (1).

La dernière nappe (Nacatoch) s'étend au S.-E. entre le Red R^{r} et le Brazos R^{r}, et on peut la suivre sous le tertiaire jusqu'en dessous de la cote — 457. On peut en citer quatre zones de jaillissement : un petit bassin autour de Jefferson faisant suite à celui de Bossier; une grande surface dans les vallées de Sabine, Angelina, Neches et Trinity R^{rs} (comtés de Smith, Wood, Henderson, Anderson et voisins); enfin de petites surfaces dans les bassins du Navasota R^{r} et du Brazos R^{r}.

Région entre le Colorado R^{r} et le Rio Grande (*Edward's Plateau et Stockton Plateau*). — Le crétacé inférieur y occupe d'énormes surfaces, encore peu connues hydrologiquement; toute sa partie supérieure devient de plus en plus calcaire et épaisse (calcaires d'Edwards et de Comanche Peak), et les sables aquifères de Trinity à la base diminuent d'épaisseur (50 mètres seulement dans Chisos region). C'est toutefois de ce niveau, qui porte le nom de *Glen Rose formation*, que sortent les sources nombreuses

(1) A Corsicana, le forage de 731 mètres donne une eau chargée de 6 grammes de sels par litre (dont 4^{gr},6 de NaCl). L'eau des calcaires de Glenrose ou de Fredericksburg est plus chargée encore.

et assez fortes des rivières telles que Llano, Pedernales, Guadalupe, Comal, Medina, Frio Nueces et Devils Rivers.

Le crétacé supérieur n'occupe lui qu'une bande assez étroite d'Austin à Eagle Pass et montre du N. au S. les formations d'Eagle Ford (calcaires et argiles sur 75 mètres), d'Austin Chalk (jusqu'à 450 mètres), d'Upson Clays (imperméable sur 210 mètres), enfin d'Eagle Pass (grès et sables, jouant un rôle hydrologique sérieux). La partie supérieure de cette dernière formation, sous le nom de *formation d'Escondido* (près de 800 mètres d'épaisseur), contient de l'eau dans les grès et sables, et la nappe devient artésienne en passant sous l'éocène : nombreux forages à Carrizo Springs, à Cotulla, à Crystall City et dans les comtés de Zavalla et de Dimmit. La ville de San Antonio tire plus de 25.000 mètres cubes par jour de ses puits artésiens.

II. — **Grandes plaines centrales** (Tableau VI, colonnes 5 et 6). — Alors que le carbonifère s'est déposé dans presque toute l'immense étendue comprise entre le revers E. des Montagnes Rocheuses, le bouclier laurentien et le Bassin intérieur de l'O., le trias et le jurassique n'y occupent que des surfaces très limitées : au N., des bandes étroites d'affleurements autour des massifs archéens et primaires (Black Hills, Bighorn M[ains] et autres); au S. dans l'E. du New Mexico et l'O. du Texas sous la haute plaine du Llano Estacado, avec affleurements dans les vallées du Canadian R[r] et de ses affluents. De son côté le crétacé inférieur (formation de Morrison et séries de Comanche) n'apparaît guère que dans la bande étroite d'affleurement du *grès de Dakota* ainsi que sur les flancs des vallées abruptes descendant des Hautes Plaines vers les *red beds* (affluents de l'Arkansas notamment). Mais le crétacé supérieur (groupes du *Colorado* et du *Laramie*) a un développement très considérable : en continuité des plaines du Saskatchewan et du Manitoba, il a occupé toute la région qui nous intéresse et il y affleure sur d'énormes surfaces dans le Minnesota (O.), le Montana (E.), les deux Dakotas, le Nebraska, le Kansas, le N.-O. de l'Oklahoma et du Texas, enfin l'E. du Wyoming, du Colorado et du New Mexico; seulement il est recouvert au N.-O. par l'éocène continental et au centre et au S. par le miocène des Grandes Plaines et des Hautes Plaines.

La surface dans notre région descend doucement vers l'E., du flanc des Rocheuses vers 1.800 mètres aux plaines du Missouri et des affluents du Mississippi aux environs de 350 : pente moyenne de 10 pieds par mille (1^m,894 par kilomètre). Mais la topographie souterraine est bien différente : elle résulte sans doute de l'allure du *bed-rock*, ici le granit ou le quartzite de Sioux Falls, sur lequel se sont déposées les couches sédimentaires (plus ou moins érodées ensuite). Ce qui importe surtout pour l'hydrologie, c'est la topographie de la formation gréseuse aquifère qui règne sous une très grande partie de la région et y donne des eaux artésiennes

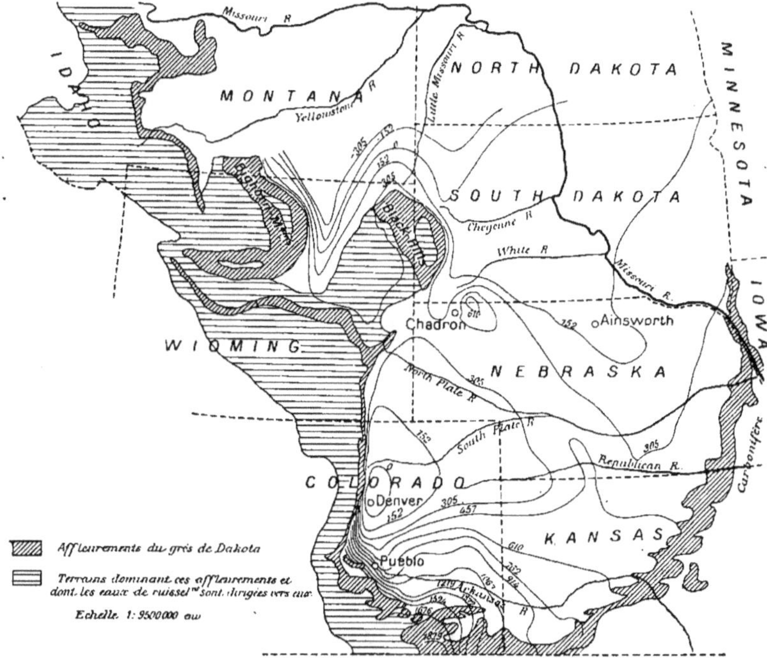

FIG. 237. — Carte des affleurements et courbes de niveau souterraines du toit du grès de Dakota (cotes en mètres au-dessus de la mer) dans les Grandes Plaines centrales.

abondantes, la *formation de Cloverly* dite plutôt *grès de Dakota*. La figure 237 donne, d'après Darton, l'allure du toit de ce grès (courbes de niveau de 500 en 500 pieds), et la suivante donne le niveau piézométrique de sa nappe, ainsi que l'emplacement des zones de jaillissement; puis les sept coupes transversales (*fig.* 239 à 245), orientées E.-O. à différentes latitudes, achèvent de faire comprendre la situation.

On voit que les affleurements du grès de Dakota (1) dessinent un vaste

(1) Il faut remarquer que ces affleurements, souvent très étroits côté O. ne sont pas seuls à fournir de l'eau à la nappe du grès : les terrains, généralement imperméables, qui les dominent (*fig.* 232) ont des eaux de ruissellement qui viennent au contact du grès et en le traversant s'y infiltrent en tout ou partie, de manière à renforcer sérieusement la nappe.

demi-cercle partant du Missouri (angle N.-O. de l'Iowa) pour passer au S. de l'Arkansas (angle S.-O. du Kansas), puis se retournant vers le N. et s'adossant aux Montagnes Rocheuses pour rejoindre les zones elliptiques autour des massifs des Black Hills et des Bighorn, enfin se continuer vers

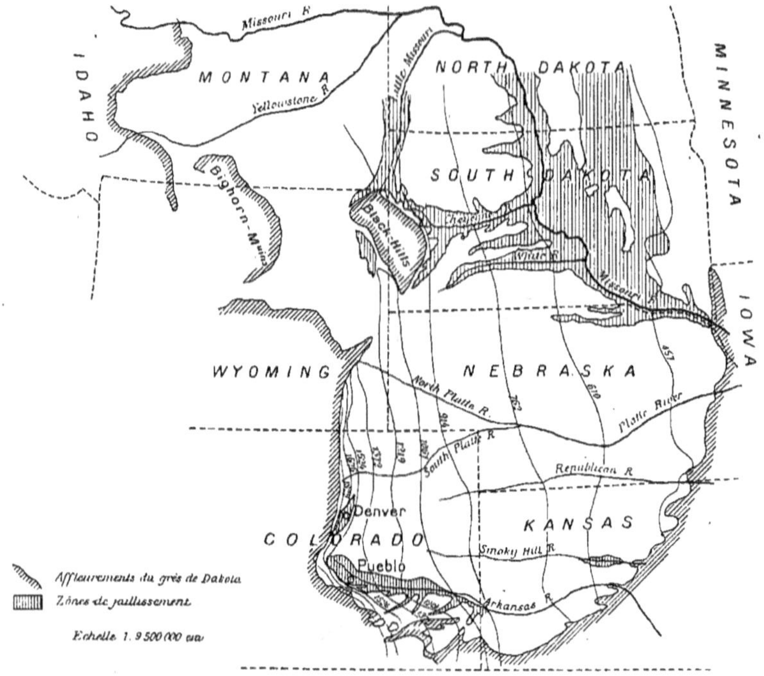

FIG. 238. — Carte des Grandes Plaines Centrales (N.) indiquant le niveau piézométrique (en mètres au-dessus de la mer) de la nappe du grès de Dakota et les zones de jaillissement.

le N.-O. aux limites de l'Idaho et du Montana. Dans l'intérieur de cette courbe, le toit du grès (recouvert par des formations plus récentes) présente des dénivellations importantes : partant au S.-O. (S. du Colorado) de 5 à 6.000 pieds (¹), il plonge vers le N.-E., mais en formant une cuvette profonde (le centre qui est un peu au N. de Denver descend en dessous de 0) avec parois très raides du côté des Rocheuses; puis il dessine un dos

(¹) En cette région, on remarquera un grand dôme occupant le comté de Las Animas et un dôme secondaire dans celui de Huerfano, puis deux bassins profondément déprimés, l'un aux environs de Florence (*fig.* 239) et l'autre un peu à l'O. de Trinidad.

d'âne (anticlinal) entre les deux courbes de 1.000 pieds (305 mètres) qui traversent obliquement l'O. du Nebraska, du S. des Black Hills (dôme de Chadron) au Republican R^r^. Plus au N., il continue à descendre doucement, atteint le 0 un peu au N. des Black Hills et sur le versant E. des Bighorn et descend en dessous dans le Montana et le North Dakota : enfin au N.-E., l'angle S.-E. du South Dakota est un dôme qui entoure le massif archéen de Sioux Falls et descend vers le N.-O, une dépression s'étendant sur son versant S. (région d'Ainsworth à Valentine, dans le N. du Nebraska).

La diminution de la pression de la nappe en allant vers l'E. est progressive et régulière (*fig.* 238) : elle est due au frottement des filets liquides dans les pores du grès ; mais le fait que la paroi supérieure n'est pas partout bien étanche cause des irrégularités. La constitution de la couche aquifère n'est pas d'ailleurs la même partout : le grès de Dakota-Lakota va d'une dizaine de mètres autour de Bighorn à 120 mètres (et parfois plus) dans le South Dakota (à Yankton par exemple). On le subdivise souvent comme suit : à la base, *grès de Lakota* (30 à 100 mètres) : puis *calcaire de Minnewaste* (0 à 10 mètres) ; *grès et schistes de Fuson* (10 à 30 mètres) ; enfin au sommet *grès de Dakota* proprement dit (grès chamois de 10 à 50 mètres). La limite avec les *schistes de Graneros* (base du Benton Group) est d'ailleurs souvent imprécise : les premières venues d'eau sortent souvent des bancs gréseux intercalés dans ces schistes (*Kiowa shales* et *grès de Cheyenne* dans le Kansas).

Le grand bassin artésien du grès de Dakota — un des plus vastes du monde — donne partout de l'eau sous pression ; mais elle n'est jaillissante qu'en certaines zones (*fig.* 238). L'une d'elles occupe une grande partie du South Dakota, avec prolongements dans le North Dakota et dans l'angle N.-E. du Nebraska : toute la vallée du Missouri à l'amont d'Ionia, et les vallées de ses affluents Niobrara R^r^, White R^r^, Bad R^r^, rivière de Cheyenne, Belle Fourche, Owl R^r^, et vers l'E. toute la vallée du James R^r^ et jusqu'un peu avant le méridien de 98°. Autres zones de jaillissement (plus limitées) : dans la haute vallée de l'Arkansas (de Florence à Coolidge), dans celle du South Platte R^r^ au N. et au S. de Denver, dans celle du Smoky Hill R^r^ (Kansas), au S.-O. des Black Hills (d'Argentine à Thornton, dans le Wyoming), et quelques autres.

Enfin dans ce bassin, il n'y a pas de l'eau seulement dans le grès de Dakota. Sans parler des bandes de Jura-trias, dont les formations schisteuses (du Spearfish au Morrison) sont peu perméables et ne jouent qu'un bien faible rôle hydrologique, on trouve intérieurement et concentriquement aux affleurements du grès ceux du *groupe de Benton* (centre du Kansas, E. du Nebraska et O. de l'Iowa), de la *formation calcaire de Niobrara* (fond des vallées dans le Kansas, E. du Nebraska et S.-E. du South Dakota), des *schistes de Pierre* (très étendus dans le South Dakota). Du côté O., dans la vallée de l'Arkansas, succession (en allant vers le N.) des trois formations ci-dessus; puis plus au N. une grande surface (haut bassin du South Platte R^r) occupée par la *formation de Laramie*, avec les grès aquifères de *Fox Hills* à la base et dans des bancs supérieurs. Puis tout l'espace central restant entre ces terrains (S. du South Dakota, E. du Colorado et O. du Kansas) est couvert par le tertiaire : vers l'O. et le N.-O., l'éocène continental (*formations de Denver et d'Arapahoe*) et l'oligocène continental (*formations de Chadron* et *argiles de Brule* du White River Group) apparaissent dans les vallées; mais la principale partie est occupée par le miocène et le pliocène du groupe de Loup Fork (*formations d'Arikaree ou d'Ogalalla*), succession de grès aquifères, de couches sableuses et graveleuses et d'argiles avec plusieurs niveaux d'eau (en sorte qu'on n'a pas toujours besoin de descendre au Dakota).

Voici maintenant quelques détails par États.

État de North Dakota (*fig.* 239). — Les *schistes de Pierre* règnent dans une grande partie de la moitié E.; mais le grès de Dakota est en dessous, et sa nappe est jaillissante dans l'E. et les vallées du Missouri, du Red

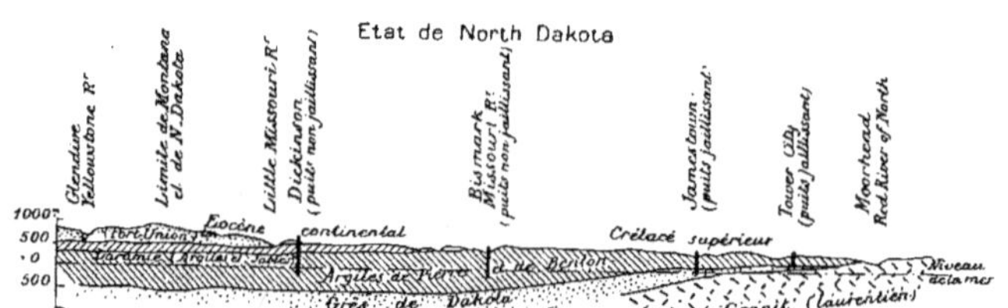

FIG. 239. — Coupe E.-O. du North Dakota (suivant le Northern Pacific R_y).

River et du James R^r : vers l'O., il ne semble plus y avoir jaillissement à Bismark, Mandan, Sims et Dickinson. Les plus beaux forages sont à Wimbleton ($12^l,6$ par seconde avec 56 mètres de pression à l'orifice en hauteur d'eau), Ellendale ($44^l,1$ avec $79^m,2$ de pression), Edgeley ($31^l,5$ avec $42^m,1$ de pression), Jamestown (29 litres avec $67^m,9$ de pression), Grafton ($43^l,1$). On signale de bonnes sources près New Rockford, Jamestown, Williston, Velva, Inkster, Northwood, Hatton, ainsi que dans la vallée du Missouri.

État de Minnesota. — Les formations de Dakota et de Benton occupent la moitié O. de l'État, avec une succession de schistes (*soapstone*) et de grès (dont l'épaisseur ne dépasse pas 150 mètres). Les grès sont aquifères (deux niveaux), et on a un grand bassin artésien le long de la limite O. de l'État. Le drift glaciaire recouvrant toute la région et fournissant beaucoup d'eau, les forages profonds ne sont nombreux que dans les vallées (Red River, Minnesota R^r, Cottonwood R^r notamment). Dans le S.-O., puits jaillissants à Marshall (huit forages, les uns du *first flow* correspondant au niveau de 76 mètres et les autres du *second flow*, plus dures, à celui de 122 mètres), à Heckman, etc., etc.; puits sous pression, mais non jaillissants à Graceville, Brown Valley, Windom, New Ulm, Westbrook, Dawson, Tracy, Walnut Grove, Saint-James, Hanley Falls, etc., etc. Le N.-O. de l'État est moins exploré: on y signale quelques forages comme à Humboldt (457 mètres) et Moorland (434, 555 et 580 mètres) qui sont allés aux grès cambro-ordoviciens et y ont trouvé de l'eau artésienne.

État de South Dakota (*fig.* 240). — Sauf une bande de tertiaire au S. et S.-O., tout cet État est occupé par le crétacé (*schistes de Pierre* à la surface et nappe artésienne du grès de Dakota par dessous) : zone de jaillisse-

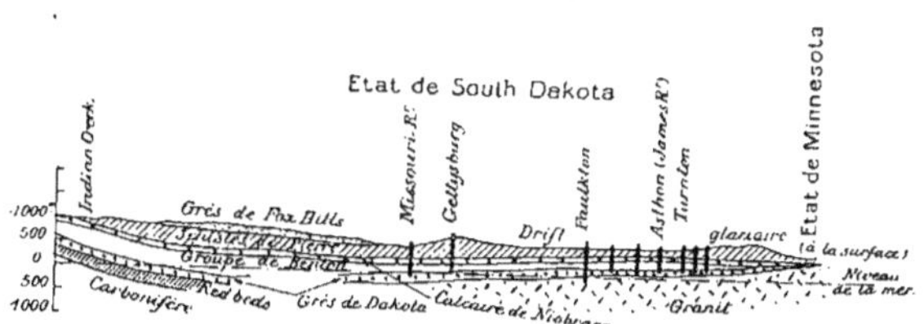

FIG. 240. — Coupe E.-O. du South Dakota, suivant le parallèle de 45°. Échelle des longueurs (pour les deux figures) 1/7.725.000.

ment très étendue, notamment dans les vallées du Missouri et du James R^r et de leurs affluents. Darton en 1909 [1] y cite plus de mille puits jaillissants, dont voici les plus remarquables, notamment ceux qui servent à l'alimentation des localités :

Crystall Lake (37^l,8 par seconde avec 38^m,65 de pression à l'orifice), Plankinton White Lake, Huron Town (deux puits, dont le second 141^l,7 par seconde et 116 mètres de pression), Wolsey (20^l,8 débit, 96^m,3 pression), Hitchcock (75^l,6 débit, 105^m,5 pression), Springfield mill (207^l,4 débit, 60^m,4 pression) [2] et Springfield ville (44^l,1 débit), Choteau Creek (deux

(1) *Water supply paper*, n° 227 du *Geological Survey U. S.*

(2) L'eau de ce forage actionne un moulin et produit de l'électricité la nuit.

puits, ensemble 189 litres débit, 43^{m},6 pression), T. 113 — R. 64 (90^{l},4 débit, 123 mètres pression), Groton town (deux puits, 52^{l},3 débit, 95 mètres pression), Aberdeen (66^{l},8 débit, 97 mètres pression), Aberdeen ville (deux puits, 148 litres débit, 59^{m},70 pression), Columbia (59^{l},2 débit, 112^{m},5 pression), Frederick, Kimball, Chamberlain (deux puits, 89 litres débit, 85 mètres pression), Quarnberg (deux puits, 416 litres débit, 28^{m},1 pression), Cheyenne Agency (eau et gaz sous 144^{m},1 pression), Yankton Agency (189 litres débit, 83^{m},7 pression), Armour City et Armour Mill (94^{l},5 chacun, 38^{m},6 pression), Milbank, Fort Kandall, Miller (22^{l},7 débit, 84^{m},4 pression), Pierre (131^{l},5 débit, 147^{m},6 pression) et East Pierre School (56^{l},7 débit, 112^{m},5 pression), Tripp, Iroquois (63 litres débit, 47^{m},1 pression), Langford, Britton (37^{l},8 débit, 105^{m},4 pression), Newark, Woonsocket (72^{l},5 débit, 91^{m},4 pression), Redfield (plusieurs dont deux avec 79^{l},4 et 119^{l},7 débit et jusqu'à 124^{m},4 pression), Doland (deux puits, ensemble 61^{l},1 et 78^{m},7 pression), Turton, Ashton (126 litres débit, 105^{m},4 pression), Mellette (deux puits, ensemble 112^{l},6 débit et 116 mètres pression), Northville (deux puits, ensemble 129^{l},2 débit, 109^{m},6 pression), Yankton (six puits T. 93 — R. 55,56 donnent ensemble 603^{l},5 sous 36^{m},5 pression maxima).

Les puits du Dakota se subdivisent en deux groupes, ceux des bancs supérieurs (*first flow*) et ceux de la base (*second flow*) : la composition chimique n'est pas la même pour les deux niveaux, ainsi qu'on peut le voir par le petit tableau ci-après. Il y a aussi bien entendu de l'eau bien plus près de la surface, d'une part dans le drift glaciaire (qui couvre tout l'État) d'autre part dans les grès de la *formation de Benton;* mais les venues du Benton sont peu abondantes et rarement jaillissantes.

Composition moyenne de l'eau des forages dans le grès de Dakota
(en milligrammes par litre).

ÉTATS		NOMBRE D'ANALYSES	Ca	Mg	Na + K	HCO^3	SO^4	Cl	TOTAL des SELS DISSOUS
South Dakota.	First flow	10	27	20	773	»	465	480	2.261
	Second flow	10	279	79	249	»	770	145	2.019
Minnesota.	First flow	17	26	10	500	414	584	146	1.486
	Second flow	15	210	74	215	445	837	35	1.625
Iowa (N.-O.)		12	184,5	51,4	100,5	399,3	480,1	13,4	1.054,2

En général l'eau du first flow contient plus d'alcalis et de chlore, mais moins de chaux, de magnésie et d'acide sulfurique que celle du second flow.

État d'Iowa. — Le crétacé supérieur, épais seulement de 120 mètres, règne dans le N.-O. de l'Iowa : le drift glaciaire fournit beaucoup d'eau, et le grès de Dakota est moins souvent touché que dans l'État précédent; sa nappe y est bien alimentée, mais sous pression moindre. Elle donne pourtant des puits jaillissants dans les vallées, ainsi que des sources comme celles des environs de Lewis, de Red Oak, d'Akron, de la vallée de Sioux R^r^, etc., etc. On n'oubliera pas que les nappes artésiennes des grès cambro-ordoviciens règnent en profondeur et sont atteintes par les grands forages.

Voici quelques détails intéressants. A Cherokee, trois forages de la ville, de 50 à 61 mètres de profondeur, donnent l'eau juste au niveau du sol; à l'hôpital, un forage de 326 mètres traverse le crétacé (quatre couches de grès et schistes intermédiaires), entre 49 mètres et 132^{m},5 et atteint le grès de Saint Peter, sans jaillir. — Puits jaillissant de 123 mètres un peu à l'E. de Denison. — Dans le comté de Lyon, l'eau vient au voisinage de la surface dans la vallée du Sioux R^{r}; dans cette même vallée, le grès affleure dans le comté de Plymouth et alimente de grosses sources et des puits de moins de 10 mètres. Dans le comté de Palo Alto, puits jaillissants dans la vallée du Prairie Creek; dans celui de Pocahontas, il en est de même pour la vallée du Lizard Creek et dans celui d'Adams pour la vallée du Nodaway R^{r}. — La ville de Sioux City a deux groupes de puits : quatre-vingt-dix puits tubulaires de 27 à 30 mètres et sept forages de 91 mètres à Main Street Station, et dix-huit puits tubulaires de 23 à 25 mètres avec un forage de 113 mètres à Isabella Street Station; tous ces puits sont dans le Dakota (plusieurs alternances de grès et de schistes), dont l'eau est abondante, mais reste à 7^{m},30 en dessous du sol. Toujours à Sioux City, un grand forage de 613 mètres a donné des venues d'eau à 20 mètres (du drift), 36^{m},6 (du grès de Dakota), 173^{m},7, 381 mètres et 451 mètres (du palozoïque) : le mélange, peu abondant, a 21° de température et est très chargé de sulfates.

État de Wyoming. — Partie N.-E., au S.-O. et O. des Black Hills, entre eux et les Bighorn M^{ains}; le crétacé recouvert par le Laramie et l'éocène continental, présente plusieurs dômes et anticlinaux (comme celui bien étudié de l'Old Woman Creek) [1] qui dirigent les eaux du Dakota-

[1] Du côté E. de cet anticlinal, le Dakota est entre 120 et 500 mètres de profondeur et contient de l'eau qui devient jaillissante dans les vallées du Cheyenne R^{r} et de Beaver Creek. Du côté O, les couches plongent très vite et le Dakota devient vite trop profond.

Lakota; il y a quelques bassins artésiens avec zones de jaillissement dans les comtés de Crook, Weston et Converse. Ainsi les vallées du Little Missouri (amont d'Alzada) et de Belle Fourche (N. de Moorcroft) trouvent le grès à moins de 240 mètres et ont des puits jaillissants : au centre du comté de Crook, on trouve d'abord de l'eau dans les *grès de Fox Hills* du Laramie, et les forages artésiens des vallées du Powder et Little Powder R[r] seraient de ce niveau. Ces mêmes grès donnent aussi de l'eau dans le comté de Weston, mais elle n'est plus jaillissante : celle du Dakota par dessous l'est souvent. Ainsi un grand forage (594 mètres) à 3 kilomètres O. de Newcastle la trouve à 183 mètres; un autre très abondant au S.-O. de la même ville la rencontre à 198 mètres. Un forage au N. de Clifton a une venue d'eau du Dakota à 64 mètres, puis la *formation de Fuson* règne de 77 à 82 mètres, le grès de Lakota ensuite donne une venue à 149 mètres et règne jusqu'à 164 mètres; le reste est dans le Morrison et le Sundance, et une venue à 282 mètres provient d'un banc de sable blanc de la base du Sundance.

État de Nebraska (*fig.* 241). — Le crétacé occupe l'E. de l'État (sauf l'angle S.-E. permien et pennsylvanien) plus de longs prolongements au N. dans la vallée du Niobrara R[r] et au S. dans celle du Republican R[r] et affluents; il réapparaît dans l'angle N.-O. Ailleurs il est recouvert par le

FIG. 241. — Coupe E.-O. de l'État de Nebraska, d'Omaha aux Montagnes Rocheuses.

tertiaire. Le grès de Dakota n'affleure que dans le S.-E. (vallée du Missouri à partir d'Ionia) : il plonge doucement vers O. et est recouvert successivement par le Benton, le Niobrara et les schistes de Pierre; il forme une cuvette au N. dans la région d'Ainsworth-Valentine, un dôme allongé dans le S. à Stockville et deux petits dômes dans l'E. près Lincoln et Cortland.

Nombreuses sources aux affleurements : 1° du grès de Dakota (vallée du Missouri, comtés de Dixon et de Dakota, notamment); 2° du banc de grès de la *formation de Carlile* (vallées du Missouri et du Niobrara, comtés de Cedar, Knox et Boyal). Les forages qui n'ont atteint que ce dernier grès sont peu abondants (*pencil flow* et *straw flow*), tandis que ceux qui vont au Dakota ont de l'eau en abondance; toutefois les zones de jaillissement ne s'étendent qu'aux vallées du Missouri, du Ponca Creek, du Niobrara et du Keyapaha. Je citerai deux forages à Lynch de 243 et 281 mètres de profondeur qui donnent respectivement 29^{l},3 et 195^{l},3 par seconde sous forte pression; un forage de 142 mètres à grand débit à Saint-Helena; un à Knox de 167 mètres avec 15 litres de débit et 57^{m},2 de pression à l'orifice; au T. 32 — R. 6, sec 16, un autre qui donne 157^{l},5; à Niobrara Mill un forage de 200 mètres donnant 119^{l},7 sous 66^{m},4 de pression; un autre à Santee Agency School donnant 107 litres sous 38^{m},4, etc., etc. Pour la ville de Lincoln, on a fait plusieurs puits de 15 à 43 mètres, très bien alimentés, mais dans lesquels il faut pomper : deux grands forages, l'un de 320 mètres et l'autre de 751 mètres, faits dans la ville même, sont jaillissants, mais l'eau qui vient du grès de Potsdam et même pour le plus profond de Sioux quartzite est trop salée.

Dans le N.-O. de l'État, quelques puits s'alimentent dans les *grès du Laramie:* ainsi les puits de la ville de Marsland qui ont 282^{m},50 de profondeur, mais où il faut pomper; à Gering à 91^{m},50 on a eu une forte venue d'eau, mais elle a beaucoup diminué par suite d'ensablement. Au S. de l'État, dans la vallée du Republican R^{r}, on a fait peu de forages profonds et aucun ne semble avoir atteint le Dakota : les couches crétacées faiblement inclinées vers O. semblent avoir été soulevées de 60 mètres près de Cambridge (anticlinal venant du Kansas et se prolongeant vers le N.-O.); à l'E., il y aurait un petit synclinal rempli par les *schistes de Pierre* (tandis qu'à l'O. l'inclinaison est régulière et amène le toit du Niobrara à l'altitude de 610 mètres à la limite de l'État avec le Colorado).

États du Kansas et d'Oklahoma (*fig.* 242, 243 et 244, se reporter à *fig.* 114). — Bandes de crétacé supérieur [1] assez larges, orientées N.-E. — S.-O. (en continuité avec celles du Nebraska), occupant le centre du Kansas : les couches plongent doucement vers le N., formant le versant E. et N.-E. d'un grand dôme dont le centre est dans le comté de Las Animas (Colorado), mais affectées par des dômes secondaires à Dodge et Syracuse, et dans le centre N. pour l'anticlinal qui commence à Hill et à Hoxie. Dans la moitié O. de l'État, elles disparaissent sous le tertiaire (formation d'Ogalalla), mais en poussant de longs prolongements vers O. dans toutes les

[1] Le crétacé inférieur (séries de Comanche) apparaît en dessous du Dakota (et présente un banc de *grès dit de Cheyenne* dans les *schistes de Kiowa*) dans les comtés de Clark, Comanche, Kiowa et Barber.

vallées des nombreuses rivières. On ne les trouve que dans l'extrême N.-E. de l'Oklahoma, et souvent aussi recouvertes par le tertiaire.

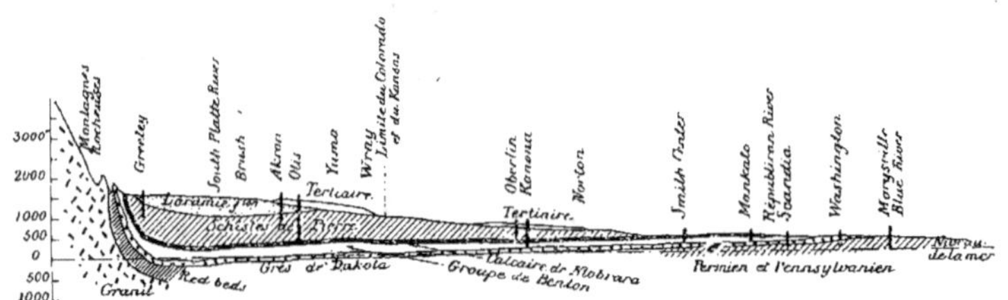

Fig. 242. — Coupe E.-O. des États du Kansas et du Colorado aux environs du parallèle de 40° (de Marysville aux Montagnes Rocheuses (d'après Darton). — Échelle des longueurs 1/7.725.000.

La belle nappe du grès de Dakota s'étend sous presque toute la région, mais elle s'approfondit de plus en plus vers le N.-O. du Kansas (elle

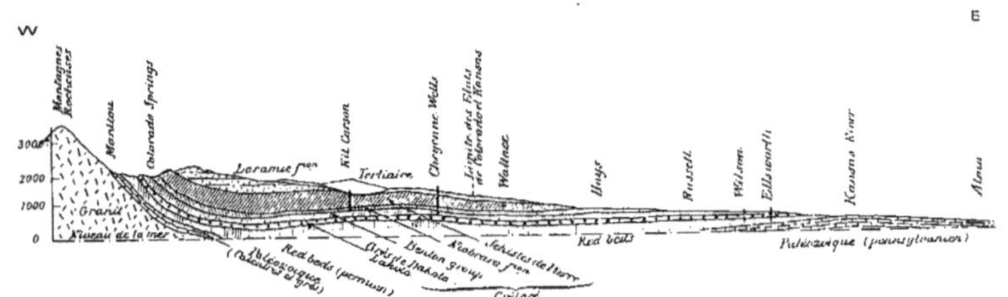

Fig. 243. — Coupe E.-O. de la partie Sud des Grandes Plaines Centrales (Kansas et Colorado), d'Alma à Colorado Springs (d'après Darton). — Échelle des longueurs : 1/8.500.000.

est à 750 mètres vers la limite O. de cet Etat) : la pression est souvent trop faible pour que l'eau jaillisse. Le *groupe de Benton* (120 mètres d'épaisseur)

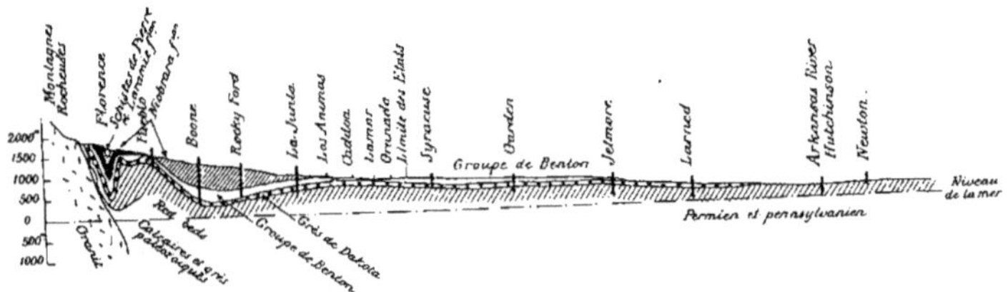

Fig. 244. — Coupe E.-O. des États du Kansas et du Colorado aux environs du parallèle de 38° (de Newton à Florence) (d'après Darton). — Échelle des longueurs : 1/7.725.000.

n'a qu'un peu de mauvaise eau dans quelques bancs calcaires, et il en est de même du *calcaire de Niobrara :* les *schistes de Pierre* au-dessus sont imperméables. Signalons des grands forages bien alimentés mais non jaillissants à Jennings (320 mètres), Kanona (494 mètres), 10 kilomètres au S.-E. d'Ulysses, Kendall, Jetmore, Syracuse (305 mètres), Asherville (194 mètres, mais eau salée), environ de Ness (200 mètres), Pratt (244 mètres), Lyons (495 mètres), 15 kilomètres au S. de Stockton, Russell (304 mètres, atteint les *red beds* et y trouve une deuxième venue, mais d'eau salée), Johnson (128 mètres), Washington (plusieurs puits de 335 à 411 mètres, atteignant les *red beds*). Quelques forages jaillissants : 1 à 24 kilomètres au S.-O. de Hays (eau à 152 mètres), un à Coolidge (152 mètres aussi), quatre forages à Richfield (de 183 à 213 mètres), un à Bison (427^{m},6, mais eau salée).

État du Colorado (*fig.* 242, 243 et 244). — Dans le S.-E. de cet État, le crétacé occupe toutes les hautes vallées de l'Arkansas et affluents, la formation de Morrison (et même celle de Spearfish) du Jura-trias ne paraissant que dans le fond étroit des vallées du Purgatoire R^{r} et du Huerfano R^{r}. Le grès de Dakota affleure suivant une grande surface courbe dans les comtés de Prowers, Baca, Bent, Las Animas, Huerfano et Pueblo, plongeant rapidement vers la fosse profonde de Denver-Greeley au N. (où son toit arrive au niveau de la mer). Le Benton, le Niobrara (*calcaire de Timpas*) et les schistes de Pierre occupent des bandes orientées E.-O. et s'étendant au N. du Dakota dans les comtés de Kiowa, Otero, Lincoln, El Paso (plus ceux cités ci-dessus), avec de longs prolongements dans les vallées. Le crétacé supérieur a aussi des affleurements, mais très étroits (sauf dans les comtés de Boulder et de Larimer), le long du versant E. des Montagnes Rocheuses, d'où les couches plongent très vite. Enfin, au N. de Colorado Springs, la *formation de Laramie* prend un grand développement et occupe les hautes vallées du South Platte R^{r} et affluents : elle recouvre les schistes de Pierre, dont elle est séparée par les grès aquifères de Fox Hills ou de Trinidad, et elle est recouverte à son tour par l'éocène continental (O.) et le groupe de Loup Fork (E.).

Il y a un peu d'eau dans le Benton, le Niobrara et le Laramie, mais la principale nappe est toujours dans le Dakota; elle n'est jaillissante que dans les vallées de l'Arkansas et de ses très nombreux affluents. (Beaucoup de forages vont jusqu'aux *red beds* sous-jacents). Voici quelques-uns des plus intéressants forages jaillissants : Las Animas (110 mètres), Fort Lyon (248 mètres), Hygiene (276 mètres), Burlington (183 mètres). La Junta qui a onze forages allant au Niobrara et au Dakota (de 123 à 233 mètres) et un grand forage de 351 mètres traversant tout le Dakota et à fort débit,

Rockyford avec six forages de 238 à 316 mètres et une pression de 23 mètres sur l'orifice, Fowler (418 mètres), Manzanola (339 mètres), Holbrook (201m,5 avec 24 mètres de pression), Lamar (159 mètres où l'eau arrive juste au sol), Holly (90 mètres), Pueblo (huit forages, de 235 à 427 mètres, dont les plus profonds ont de 38 à 43 mètres de pression, avec un débit important), Evans (343 mètres et plusieurs forages à Greeley, 355 à 366 mètres) avec fort débit, dont une partie vient du Laramie. Je citerai encore Cheyenne Wells où les puits (518 mètres) abondants puisent dans le tertiaire et jusqu'au Benton; Colorado City et Franceville Junction où des forages restant dans les schistes de Pierre donnent du gaz (et pas d'eau); Sheridan Lake, Trinidad, Thatcher, Delhi, Tyrone, Ordway, Granada, Eaton, etc., etc., qui ont des forages non jaillissants, mais abondamment alimentés dans le Dakota.

États du Texas et du New Mexico (*fig.* 240 et 245, et se reporter aux *fig.* 115 et 116). — 1° *Trias.* — Le trias apparaît ici, surtout en escarpements, dans les vallées du Canadian Rr et de ses nombreux affluents, aux flancs des

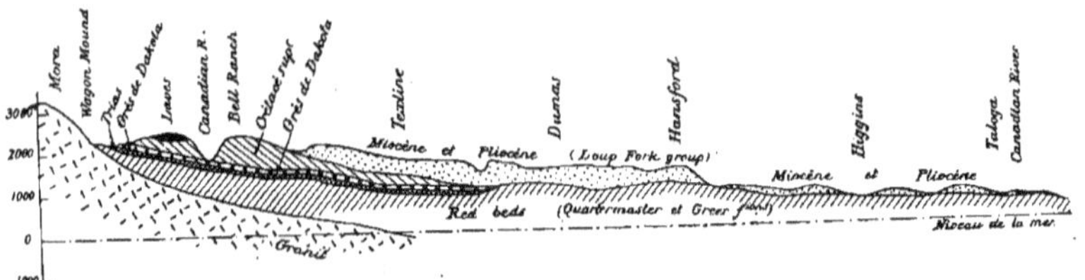

FIG. 245. — Coupe E.-O. du panhandle du Texas suivant le parallèle de 36° (d'après GOULD). Échelle des longueurs : 1/7.725.000.

coteaux de celles du Prairiedog Rr, Mulberry Creek et Pease Rr (panhandle du Texas), enfin dans une longue bande orientée N.-S. sur le versant rive gauche du Pecos Rr (N.-E. du New Mexico). A la base des *Dockum beds* la *formation de Tecovas* (ou schistes de Magenta) est imperméable; mais au-dessus la *formation de Trujillo* (60 à 150 mètres d'épaisseur) est gréseuse et aquifère et donne naissance à de belles sources (surtout le banc de grès inférieur) : l'eau en est douce. Il y a encore peu de forages qui vont à cette nappe : dans la vallée du Big Blue Creek, un de 37 mètres jaillit et il y en a plusieurs non jaillissants; dans la vallée du Rita Blanca Creek, un jaillit près de Chaming; deux autres à l'O. de Tascosa semblent venir des *red beds* et donnent une eau trop minéralisée; enfin, sous le tertiaire de la grande plaine, un certain nombre descendant à ce niveau et leur eau sert à l'irrigation.

Le jurassique manque d'ordinaire; cependant des calcaires jurassiques apparaissent à la Pyramid M^ain^ (qui domine le Llano Estacado), ainsi que le Malone M^ain^ (qui beaucoup plus au S. domine le désert).

2° *Crétacé.* — Il n'apparaît plus guère dans le panhandle du Texas que dans quelques localités du N., où le Dakota n'est plus représenté que par un banc de grès rouge de 10 mètres d'épaisseur : il y a ainsi dans le fond des vallées du Coldwater et du Perico Creek des sources, comme celle de Buffalo (140 litres par seconde), d'Agua Fria (un forage de 375 mètres fait à 10 kilomètres au N. de Texline trouve l'eau dans le Dakota à 30 mètres du sol, puis entre dans les *red beds*). Mais le crétacé supérieur, en continuité de celui du S.-E. du Colorado, règne sur une grande surface dans l'angle N.-E. du New Mexico : à la base le Dakota (30 mètres environ d'épaisseur) reposant sur les schistes de Kiowa et sa belle nappe; au-dessus, le Benton et le Niobrara qui n'ont qu'un peu d'eau dans les *calcaires de Greenhorn* et de *Timpas*, puis les schistes de Pierre, toujours imperméables; enfin les *grès de Trinidad* sont aquifères, et au voisinage du tertiaire le *Laramie* où on peut trouver un peu d'eau dans quelques bancs de grès.

III. — **Revers O. des Montagnes Rocheuses, Wasatch et Uinta M^ains^ et Plateau du Colorado** (colonne 7 du tableau VI). — L'immense

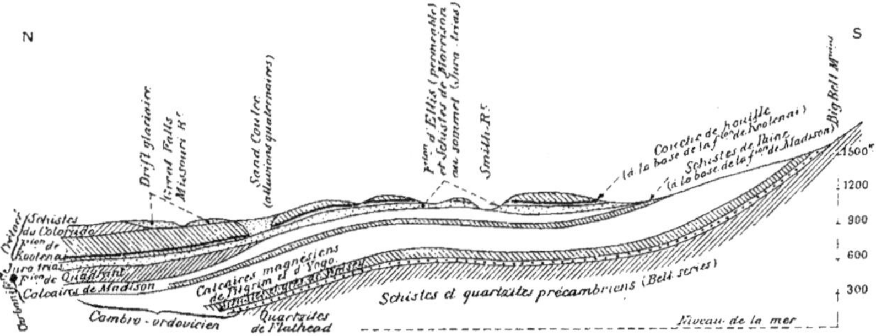

FIG. 246. — Coupe N.-S. des terrains primaires et secondaires dans le bassin de Great Falls (Centre-Nord du Montana). — Échelle des longueurs : 1/620.000.

surface de crétacé supérieur qui forme la *Prairie canadienne* se continue dans l'État de Montana (*Montana coal-bearing* et *Laramie group*), entre le tertiaire des Grandes Plaines centrales à l'E. et les *Bell series* à l'O. (*fig.* 246), puis il occupe des bandes descendant vers le S. et entourant les bandes beaucoup plus étroites de terrains paléozoïques et de Jura-trias du massif de Livingston, de celui des Bighorn M[ains], du revers O. de Front Range (des Montagnes Rocheuses) et de la partie N. des Wasatch M[ains] (ces deux dernières régions séparées par une grande étendue d'éocène continental, que traverse de l'E. à O. le massif des Uinta M[ains] avec de chaque côté des bandes très étroites de Jura-trias et de crétacé). Enfin au S. des Uinta M[ains] et jusqu'aux masses volcaniques qui entourent Fort Apache et San Francisco, entre les San Juan M[ains] (autre grand massif volcanique) à l'E. et le cours du Colorado et du Little Colorado à l'O., le Jura-trias et le crétacé occupent une grande surface que j'appelle *Plateau du Colorado* (avec sa périphérie), avec par places des couches éocènes ou des masses volcaniques superposées.

Je ne décrirai pas l'hydrologie des régions montagneuses du N., trop disséminées et trop bouleversées : ce sont d'ailleurs des versants, appuyés de chaque côté sur les massifs plus anciens, plutôt que des bassins proprement dits. Je dirai seulement : 1° qu'habituellement le Jura-trias dans ces régions comprend une base en partie perméable (schistes et grès des *formations d'Ellis* et de *Telon* au N., des *formations de Spearfish* et de *Sundance* plus au S.), puis au dessus les *schistes de Morrison* (en partie déjà crétacés), qui sont imperméables, — d'où faible rôle hydrologique; 2° que le crétacé inférieur présente d'abord sous le nom de *formations de Kootenai* (1) ou de *Cloverly* une alternance de grès, schistes et calcaires peu aquifères, puis au moins dans les parties E. et S. le grès de Dakota et sa grande nappe (il manque au N.); 3° que le crétacé supérieur a d'abord à sa base la grande épaisseur des *schistes du Colorado*, correspondant à ceux de Benton, Niobrara et Pierre, puis au-dessus les *groupes du Montana* (2) et *du Laramie* (ce dernier pouvant être en partie éocène), autres alternances de schistes et de grès (et même quelques couches de houille), ces derniers comme le *grès d'Eagle* (base du *Montana*) et le *grès de Lennep* ou de *Fox Hills* (base du Laramie) étant aquifères. Les deux coupes (*fig.* 247 et 248) montrent l'allure de ces couches dans deux bassins, l'un au N. (bassin du Bighorn R[r]), l'autre au S. (bassin de Laramie) du Wyoming.

(1) A signaler dans la formation de Kootenai, près de Great Falls (Montana) la grosse source Giant Springs, qui sort du grès sur la rive S. du Missouri et débite 5 à 6 mètres cubes par seconde, avec de nombreuses plus petites aux alentours; non loin de là Warm Spring sort d'une faille du même grès et débite un quart en moins. Quant aux Lewistown Big Springs, elles sortent d'une faille d'Ellis formation (grès jurassique).

(2) Le groupe du Montana comprend de bas en haut : grès d'Eagle, formation de Claggett, formation de Judith R[r], Schistes de Bearpaw, grès de Lennep. Autour du massif de Livingston, le crétacé est connu sous le nom de formation de Livingston.

Dans les Wasatch, partie N. (S.-E. de l'Idaho et S.-O. du Wyoming), le trias formé de schistes à Meekoceras et de grès rouges quartzitiques est bien peu perméable; les lits à pentacrines de *Twin Creek formation* (correspondant à Ellis formation), le grès de Nugget et les grès et conglomé-

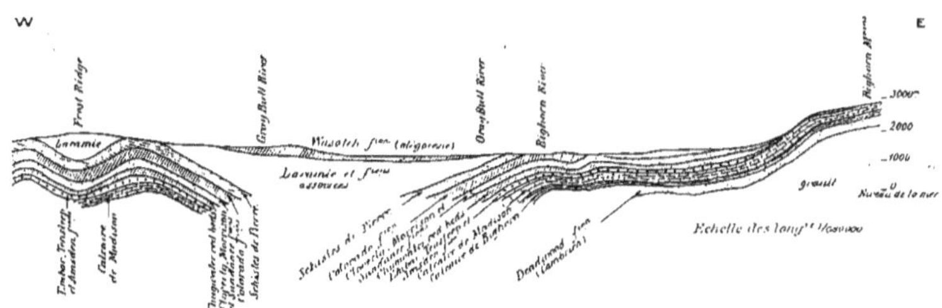

Fig. 247. — Coupe E.-O. au travers du bassin de Bighorn River (Wyoming) (d'après Fischer). Échelle des longueurs : 1/1.155.000.

rats de *Beckwith formation* (jurassique) sont plus aquifères et alimentent des sources dans les vallées; enfin le crétacé contient plusieurs nappes dans les grès de la base (correspondant au Dakota), dans ceux de *Hilliard formation* au milieu, enfin dans ceux du Laramie. La région, surtout à l'ex-

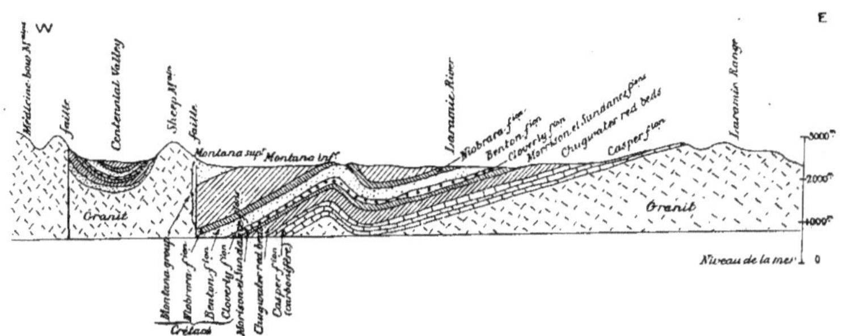

Fig. 248. — Coupe E.-O. du bassin de Laramie (un peu au sud de la ville de Laramie) (d'après Darton et Siebenthal : Bulletin, n° 364, 1909). — Échelle des longueurs : 1/441.000.

trême N., est coupée par de nombreuses failles, lesquelles dirigent bien souvent les eaux souterraines. Dans les Uinta M^{ains}, au-dessus des *schistes du Shinarump*, les grès des *Vermilion cliffs* (*formation de Dolores* du Jura-trias), qui ont 330 mètres environ d'épaisseur, sont fissurés et aquifères; puis séparés d'eux par 30 mètres de schistes viennent d'autres grès massifs de plus de 300 mètres aussi d'épaisseur, les *White cliffs*, également aquifères; enfin à l'extrémité E. du versant S., le crétacé a toujours une nappe à la base (Dakota) et d'autres dans les *grès de Mancos* et de *Mesaverde.*

Au S. des Uinta, commence véritablement la grande région que je groupe sous le nom de plateau du Colorado, et qui serait entièrement se-

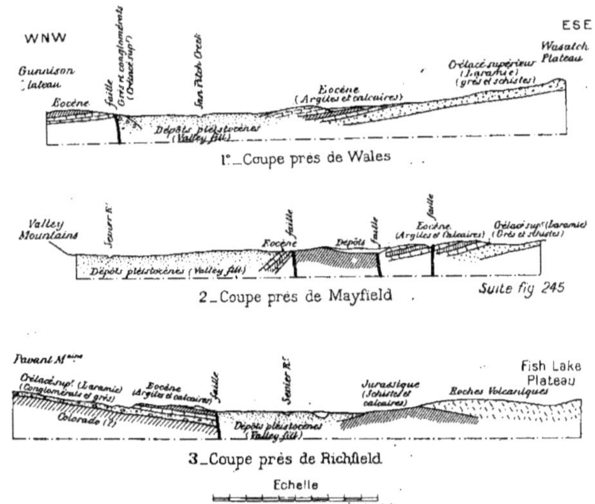

Fig. 249. — Coupes E. S. E.-O. N. O. des vallées San Pete et Central Sevier (Utah) (d'après Richardson, 1907).

condaire si l'éocène continental n'y occupait une grande surface au N. (attenante au versant S. des Uinta) et une autre surface à l'E. dans les hautes vallées du San Juan R^r et affluents. Le pays se caractérise par des

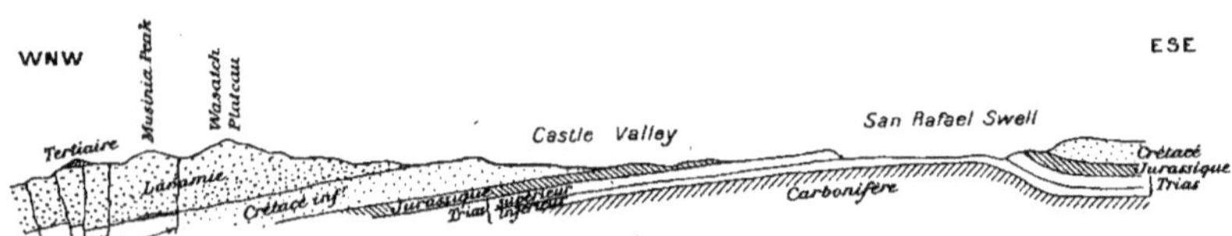

Fig. 250. — Coupe E. S. E.-O. N. O. du plateau des Wasatch et de Castle Valley (Utah) un peu au N. du 39e parallèle (suite de la figure 243, 2°) (d'après E. Dutton, II Annual Report G. S. U. S.). — Échelle d'environ 1/1.000.000.

plateaux désertiques séparés par des lignes de récifs et coupés de grandes failles : les figures 249 et 250, coupes du plateau des Wasatch, au N.-O. de notre région, montrent bien ce caractère, et il en est de même de la figure 118 à laquelle on voudra bien se reporter. La profondeur et la faible inclinaison des couches, ainsi que la sécheresse du climat, rendent les eaux souterraines peu abondantes et difficiles à atteindre : l'éocène très schisteux et le jurassique, également schisteux et massif, peuvent être regardés comme pratiquement imperméables.

Heureusement, au plateau des Wasatch, le crétacé supérieur est constitué par des grès et conglomérats (Laramie) poreux et fissurés : ils dominent les vallées du Sevier et du San Pitch Creek (San Pete Valley), et comme les couches sont inclinées vers les thalwegs (y compris les couches gréseuses des Pavant M[ains] qui plongent vers l'E.), leurs nappes présentent des conditions d'artésianisme intéressantes. On signale aussi de belles

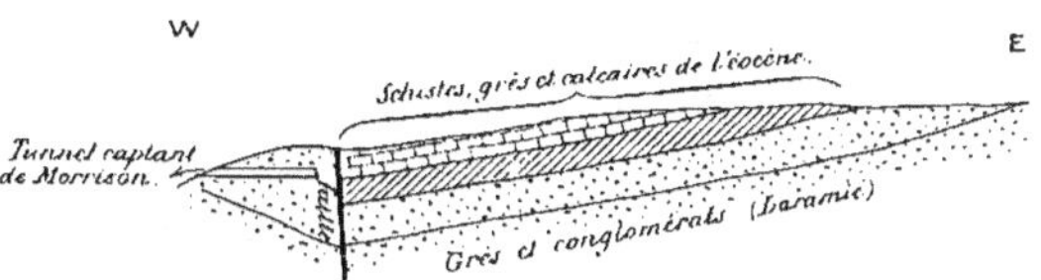

Fig. 251. — Captage par un tunnel allant vers une faille dans le Laramie : Morrison tunnel, près Sterling (Utah).

sources, venant surtout par les cassures : ainsi du côté E., source de Spring Creek (343 litres par seconde) près de Fairview, sources qui alimentent Manti, source un peu à l'E. de Mayfield (400 litres par seconde), sources de Cove près Glenwood (255 litres), sources de Milburn, Mount Pleasant, Venice, Monroe, etc., etc. Un peu à l'E. de Sterling, on a creusé un tunnel

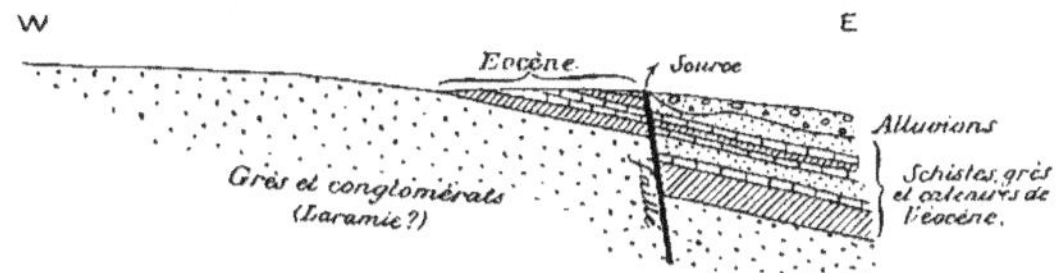

Fig. 252. — Source de Richfield (Utah) résultant d'une faille (d'après Richardson).

dit Morrison pour une mine de charbon, et ce tunnel, en approchant de la faille comme le montre la figure 251, a capté de l'eau jusqu'à 158 litres par seconde. Du côté O., belle source très calcaire (350 litres) alimentant Fountain Green et sortant de la faille au pied du plateau de Gunnison; six autres sources, dont une Current Spring (28 litres) alimente Freedom, sortent de la même faille entre Gunnison et Wales; à Richfield (*fig.* 252) une source thermale (23°,5) vient d'une faille à 400 mètres de profondeur et donne 90 litres d'une eau assez peu minéralisée, alors que des sources plus chaudes (58 à 70°), plus minéralisées, mais beaucoup moins abondantes, sortent aux environs de Joseph et de Monroe; enfin des sources très fortes naissent dans le lit même du Sevier R^r^ [1] en deux groupes, celui de Black Knoll (340 litres) et celui de Rocky Ford (990 litres à la seconde).

Le Centre et le Sud de notre région sont moins bien connus. Le jurassique y borde le carbonifère et le permien vers E. et N. en formant les Echo cliffs, les White cliffs, le plateau de Paria, puis plus au N.-E. le Water Pocket cañon, l'Orange cliff, etc., etc., le tout entouré de crétacé et recoupé profondément par les rivières Virgin, Paria, Kanab, Fremont, Green R^r^ et Colorado. C'est dans les cañons de ces rivières, aux affleurements des couches gréseuses ou calcaires (notamment du trias, du Dakota ou du Laramie) que l'on trouvera des sources, ainsi que comme ci-dessus dans le trajet des failles : les nappes du Laramie, en passant sous l'éocène généralement imperméable peuvent devenir artésiennes (surtout dans le tiers N.-E. de la région).

C'est dans la vallée de Kanab, que l'on voit au-dessus des grès et schistes du Shinarump et des *lits de Le Roux* les célèbres grès rouges des *Vermilion cliffs* ou des *Painted desert beds* (195 mètres d'épaisseur); ces grès sont encore plus épais (360 mètres) dans l'angle N.-E. de l'Arizona. Le trias disparaît sous le crétacé vers la limite de l'Arizona et du New Mexico; il ne forme dans ce dernier État que le plateau de Zuni (*grès de Wingate* au sommet de *Dolores formation*). Le jurassique au-dessus du trias commence par le massif de grès blanc des *White cliffs* (175 à 360 mètres) de *Gunnison formation;* au-dessus le *Flaming gorge group* comprend des schistes avec bancs calcaires ou gréseux mais à peu près imperméables.

Dans le district de San Juan (Colorado), la formation de Gunnison porte à sa partie supérieure le nom de formation de Mc Elmo, qui repose sur les deux bancs épais du *grès de La Plata* (séparés par un banc calcaire), ceux-ci reposant eux-mêmes sur les grès rougeâtres de la formation de Dolores. Toutes ces formations épaisses ne sont pas favorables au point de vue hydrologique.

[1] La vallée de cette rivière comme celles d'autres de la région est remplie sur une profondeur assez grande de débris arrachés aux montagnes encaissantes (*valley fill*) et ils sont souvent séparés par des bancs argileux : il y a ainsi dans ce valley fill une ou plusieurs nappes, dont l'eau est abondante et peut être faiblement artésienne et même jaillissante : nombreux puits et forages s'y adressent.

IV. — **Côte du Pacifique** (colonne 8 du tableau VI). — Cette côte, très plissée et très découpée par des failles [1] et les vallées (cañons) de nombreuses rivières peut se diviser en deux parties séparées par le massif paléozoïque des Klamath M[ains]. La partie N. comprend la presqu'île Olympique, formée par le jurassique et le crétacé, puis au N. des Klamath des bandes de mêmes terrains orientées N.E.-S.O., et entre les deux une grande étendue de tertiaire. Dans la partie S., après une grande surface de jurassique bordée par le crétacé et le tertiaire qui va des Klamath à San Francisco, on trouve encore de longues bandes de jurassique et de crétacé qui descendent jusqu'à la rivière Santa Ynez et entre lesquelles s'intercalent des bandes de tertiaire récent : au S. de Santa Ynez R[r], il n'y a plus guère que du tertiaire, qui se rétrécit de plus en plus après Los Angeles entre la granodiorite et la mer [2].

Dans la presqu'île Olympique (Washington), le jurassique comprend des quartzites et des grès métamorphiques épais, et le crétacé (base de la *formation de Puget*) ne comprendrait pas moins de 1.500 à 1.800 mètres de grès grossiers gris avec bancs schisteux intercalés. Les Monts Olympe renferment beaucoup d'eau (encore peu utilisée) dans ces grès et de nombreuses sources en sortent : les villes de Port Townsend, Montesano, Shelton et autres utilisent des sources de ces montagnes (qui semblent parfois sortir des dépôts glaciaires, le drift recouvrant tout le pays).

Dans les bandes au N. des Klamath (S.-O. de l'Oregon et N.-O. de la Californie) le jurassique est constitué par les *franciscan series* comme il va être dit ci-après, et le crétacé inférieur n'existe que dans une petite étendue au voisinage du cap Blanco et de Myrtle Point (Oregon) : les *formations de Knoxville* et *de Horsetown* y sont extrêmement épaisses (6.000 mètres et 1.800 mètres respectivement) et presque imperméables, en dépit de quelques bancs de grès ou de calcaires interposés.

Les *franciscan series* qui forment le jurassique du S. des Klamath à San Francisco et au delà sont au contraire très intéressantes pour l'hydrologie : les couches de grès y sont perméables et alimentent un grand nombre de sources chaudes ou froides le long des failles et des vallées qui les recoupent, notamment dans les comtés de Mendocino, Lake, Colusa, Sonoma, Napa, Marin et Alameda (Californie). De leur composition indiquée au tableau VI, la formation dominante est le *grès de San Francisco*, ayant à

(1) On se reportera à la figure 58 montrant les relations des sources, souvent thermo-minérales, avec les failles dans le S. de la Californie.

(2) Rappelons que dans ces régions il y a par places des épanchements de granodiorite ou de laves volcaniques.

sa base le grès de *Pilarcitos* (240 mètres), puis avec interposition de débris volcaniques le *calcaire de Calera* à foraminifères (18 mètres), puis le *grès de Bolinas* (600 mètres d'épaisseur).

Les deux bandes de crétacé inférieur qui suivent à l'E. et à l'O. (celle-ci va jusqu'à la mer) le jurassique sont presque imperméables (schisteuses et très épaisses) et ne donnent pas de sources : c'est comme ci-dessus les *formations de Knoxville* et de *Horsetown* (*groupe de Shasta*). La bande de crétacé supérieur qui suit à l'E. le long de la Grande Vallée parallèlement au Sacramento serait plus favorable (grès à la base), mais elle est trop étroite pour jouer un rôle hydrologique.

Au S. de San Francisco, le crétacé supérieur prend au contraire un grand développement. Du côté de la mer, dans la région de Santa Cruz, le *groupe de Chico* formé de grès, schistes et conglomérats n'a pas moins de 2.800 mètres d'épaisseur, avec pente des couches vers le S.-O. Dans le comté de San Luis Obispo, la même formation sous le nom d'*Atascadero formation* est composée d'un grès tendre gris jaunâtre, reposant directement côté de la mer sur le jurassique (appelé ici *San Luis formation*) et au N.-E. du Santa Lucia Range sur la formation de Toro du crétacé inférieur. Enfin sur le versant E. des Coast Ranges, en bordure de la vallée du San Joaquin, le crétacé réuni sous le nom de *Knoxville-Chico* n'aurait pas moins de 3.850 mètres d'épaisseur : les deux divisions supérieures renferment des conglomérats épais et des grès concrétionnés et notamment au sommet un banc de grès gris jaunâtre de 60 à 120 mètres entre deux couches de schistes 300 mètres). Tous ces grès sont aquifères : il en sort des sources dans les vallées, mais il n'est pas question de nappes artésiennes tant soit peu étendues, les nombreuses failles découpant le pays en compartiments trop petits.

Voici, d'après Waring, les noms des sources les plus connues de cette partie de la Californie (Voir tableau page 485) : beaucoup, remontant par les failles, sont thermales, mais la composition minérale de leurs eaux est trop variable pour que je puisse en parler ici.

Tableau VI – Terrains secondaires (Jura-trias

(Les couches perméables contenant des nappes aquifères importantes sont

Terrains géologiques.	Plaine Côtière Atlantique. Partie Nord (du Massachussetts à North Carolina)	Plaine Côtière Atlantique. Partie Sud (de South Carolina à Florida)	Plaine Côtière du Golfe du … Partie Est (Alabama, Mississippi, Tennessée, Kentucky et S. de l'Illinois)
CRÉTACÉ – Supérieur (du cénomanien au danien.)	*Marl series:* Fion de Manasquan: marnes vertes – 0 à 15m Fion de Rancocas: SABLES DE VINCENTOWN et marnes vertes. – 10 à 35m Fion de Monmouth: arg. et SABLES GLAUCONx – 30 à 45m ou SABLES DE PEEDEE (CAROLINE) – 200m	*Marl series:* Fion de Ripley (Sables de Providence ET DE CUSSETA) – 285m OU SABL. DE PEEDEE (dans les Carolines) – 240m	FORMATon DE RIPLEY (Calcaires, sables et arg.) – 120 à 180m Selma chalk ou ROTTEN LIMESTONE – 100 à 300m
	Clay Marl ser.: Fion de Matawan: arg. et SABL. GLAUCONx – 15 à 80m ou Fion de Black Creek (Carol.) SABL. AQUIFÈRES et arg. – 150 à 210	*Clay Marl ser.:* Fion d'Eutaw SABL. DE TOMBIGBEE – 170m ou Fion de BLACK CREEK dans les Carolines – 150 à 210m	*Fion d'Eutaw:* SABL. DE COFFEE SABL. DE TOMBIGBEE Sables et argiles laminés (Al. et Mis.) – 90m ou plus
	Fion de Magothy: argiles et SABL. AQUIFÈRES – 30m	"	
	Raritan beds: argile et SABL. AQUIFÈRES – 90 à 120m	"	Fion de Tuscaloosa (Al. et Mis.) (SABLES MICACÉS ET ARGILES) – 120 à 300m
CRÉTACÉ – Inférieur (du néocomien à l'albien.)	*Groupe du Potomac:* Fion de Patapsco: argiles et sables – 60m Fion d'Arundel: argiles – 35m Fion de Patuxent: SABL. AQUIFÈRES et arg. – 90 à 100m	*Groupe de Potomac:* " Fion de Patuxent SABL. AQUIFÈRES principal Hamburg beds SABL. INFs AQUIFÈRs (avec lits argilx intercalés) – 120 à 150m	" Groupe de Potomac: SABLES ARKOSIQUES DE PATUXENT dans l'État d'Alabama seulement.) – 120 à 180m
Jurassique	manque	manque	manque
Trias	*Groupe de Newark:* Fion de Brunswick: GRÉS À LA BASE puis schistes – 1800 à 2400m Fion de Lockatong: schistes – 1000m Fion de Stockton: CONGLOMÉRATS ET GRÉS À LA BASE – 700 à 930m	manque	manque
	Roches cristallines ou intrusives.	Roches cristallines ou intrusives.	Roches cristallines et paléozoïques

et crétacé) des États-Unis (principaux bassins)

écrites comme CALCAIRE, *celles qui contiennent un peu d'eau, comme* Calcaire)

Mexique et Embayment du Mississippi		Grandes Plaines Centrales			
Partie Ouest (Louisiana, Arkansas, Missouri, Oklahoma et Texas)		Partie Nord (Montana, N. et S. Dakota, Minnesota, Wyoming, Nebraska et Iowa)		Partie Sud (Utah, Colorado, Kansas, Oklahoma, New Mexico et Texas)	
Gulf séries : Arkadelphia clay	90 à 180m	*Laramie group* : GRÈS et schistes de Laramie (Laramie proprement dit)	200 à 760m	GRÈS et schistes de Laramie	variable (jusqu'à 600m)
SABLES DE NACATOCH OU D'EAGLE PASS Fon (Tex.)	30 à 50m	GRÈS DE FOX HILLS	60 à 150m	GRÈS DE TRINIDAD	45 à 50m
Argiles de Marlbrook ou d'Upson (Tex.)	50 à 250m	*Colorado group* : Schistes de Pierre	450m et plus	*Colorado group* : Schistes de Pierre	350 à 450m
Annona chalk ou Austin chalk (Tex.)	30m	*Niobrara group* : Schistes BANC DE CALCAIRE	80 à 110m	*Niobrara group* : Schistes d'Apishapa CALC. DE TIMPAS et schistes	100 à 150m 60m
Argile de Brownstown ou d'Eagle Ford (Tex.)	50 à 150m	*Benton group* : Fon de Carlile avec un BANC DE GRÈS	30 à 50m	*Benton group* : Schistes de Carlile et BANC DE GRÈS EN HAUT	60 à 75m
SABLES DE BINGEN OU DE WOODBINE (Tex.)	150 à 330m	Calc. de Greenhorn Schistes de Graneros	8 à 15m 50 à 100m	Calc. de Greenhorn Schistes de Graneros	8 à 15m 15 à 65m
Séries de Comanche : Groupe de Washita (argiles) Calcaire de Goodland ou de Fredericksburg (Tex.) Fon de Trinity (SABLES ET ARGILES)	0 à 120m 4 à 10m 150 à 180m	Fon de Cloverly : GRÈS DE DAKOTA-LAKOTA (grande nappe très constante.)	10 à 120m	GRÈS DE DAKOTA (grande nappe très constante) Schistes de Kiowa (séries de Comanche) et grès de Cheyenne.	30 à 90m 40m et plus
manque		*Jura-trias* : Schistes de Morrison (en partie crétacés) Grès de Unkpapa Fon de Sundance : Schistes et grès	0 à 45m 0 à 75m 20 à 120m	manque le plus souvent	
manque		Fon de Spearfish : schistes rouges sableux.	100 à 190m	Groupe de Dockum : Fon de Trujillo : GRÈS, CONGLOMÉRATS et argiles sableuses Fon de Tecovas : Schistes et argiles sableuses.	0 à 150m 0 à 45m
Roches cristallines et paléozoïques.		Calcaire de Minnekahta (red beds du permien.)		Fon de Quartermaster (argiles rouges du permien.)	

Tableau VI – (suite)

Terrains géologiques.	Grand Plateau du Colorado et périphérie. (Colorado, Utah, N. Mexico et Arizona)			Côte du Pacifique au S. du 41ème parallèle. (Californie.)		
CRÉTACÉ – Supérieur (du cénomanien au danien)	Laramie group	GRÈS AQUIFÈRES et schistes intercalés (avec quelques couches de houille)	0 à 300m	Groupe de Chico (ou d'Atascadero) (principalement au S. de San Francisco)	Schistes supérieurs	de 900 à 2800m
					BANC DE GRÈS (60 à 120m)	
	Montana group	Schistes de Lewis (ou de Land Shale)	0 à 600m		Schistes intermédiaires.	
		Sch. et GRÈS DE MESAVERDE (grès de Rollins à la base)	280 à 900m			
	Colorado group	Schistes de Mancos (Benton et Pierre) avec calcaires intercalés et parfois couches de houille	300 à 900m		GRÈS MASSIF À LA BASE	
CRÉTACÉ – Inférieur (du néocomien à l'albien.)		GRÈS ET CONGLOMÉRATS de Dakota (avec schistes intercalés.)	0 à 60m	Groupe de Shasta	Fion de Horsetown (grès minces et schistes) ou fion de Toro	0 au S. à 1635 au N.
					Fion de Knoxville (Schistes avec lits calcaires en haut et bancs de grès en bas)	30 au S. à 6000m au N.
Jurassique		Groupe de Flaming gorge (Calcaires avec schistes, grès et gypse.)	150 à 550m	Groupe de San Francisco (Franciscan séries)	GRÈS DE BONITA	420m
					ROGNONS DE SAN MIGUEL (à radiolaires)	160m
					GRÈS MARIN	300m
		Grès blancs massifs de White cliffs (Gunnison fion) ou fion de Mc Elmo et grès de La Plata.	175 à 420m		ROGNONS DE SANSALITO (à radiolaires)	270m
				Grès de San Francisco	GRÈS DE BOLINAS	600m
					Calcaire de Calera et débris volcaniques	18m
					GRÈS DE PILARCITOS	240m
Trias		Grès rouges de Vermilion cliffs, ou des Painted desert beds (fion de Dolores.)	360 à 450m		manque	
		Bancs calcaires (lits de Le Roux) et schistes et conglomérats de Shinarump.	480 à 650m			
		Calcaire d'Aubrey ou red beds permiens.			Granit de Montara (en discordance.)	

COMTÉS	NOMS DES SOURCES ou GROUPES DE SOURCES	ALTITUDE au-dessus DE LA MER en mètres	NOMBRE de SOURCES	TEMPÉRATURE EN °C.	DÉBIT par SECONDE en litres	UTILISATION
Mendocino ...	Sulphur spring	549	1	21	13	Bains.
id. ...	Vichy springs	244	7	15 à 32	2	Eau minérale.
id. ...	Orrs hot springs	259	7	17 à 40	2	id.
Lake	Highland springs	442	11	11 à 28	1,2	Boisson.
id.	Howard springs	686	26	9 à 45	8	id. et eau minérale.
id.	Seigler springs.........	655	13	14 à 52	2,2	id. et bains.
id.	Soda Bay springs	396	5	27 à 31	25	id.
Colusa	Wilbur hot springs ...	381	12	18 à 60	2	id.
id.	Manzanita mine spring.	396	3	44 à 61	0,3	Bains.
id.	Elgin mine springs....	625	3	60 à 67	1,6	Inutilisée.
Napa	Aetna springs	579	6	17 à 33	1,2	Eau minérale.
Sonoma......	Les Geysers	259	24	20 à 96	1,5	id.
id.	Little Geysers.........	450	10	43 à 71	0,5	id.
id.	Skaggs hot springs....	91	3	49 à 57	1	id.
Marin	Rocky Point spring ...	0	1	38	0,3	Inutilisée.
Alameda	Sweet springs	762	14	12	2	Irrigation.
Santa-Clara ..	Gibroy hot spring	366	1	43	1	Eau minérale.
Monterey	Slates hot springs	15	10	44 à 50	3,2	Bains.

Remarquons pour finir que les sources ci-dessus citées du comté de Sonoma ne sont malgré leur nom que de *faux geysers*, sans rapport avec ceux de l'Yellowstone; ce sont des soufflards ou suffioni comme ceux de Toscane : douze sont avec émission de vapeurs et douze de simples sources chaudes situées sur la rive N. du cañon de Sulphur Creek; les Little Geysers sont à 4 milles au S. des autres et à 129 mètres plus haut. Un forage pratiqué récemment donne un fort jet de vapeur.

IV. — TERRAINS TERTIAIRES

1° BASSIN ANGLO-PARISIEN

a) **Région de l'Est et du Sud-Est du bassin de Paris (France).** (Voir tableau VII, colonne 1, et se reporter aux figures 122, 124, 135, 147 et 150). — La cuvette centrale du bassin de Paris, ouverte dans le crétacé supérieur, a été remplie par les terrains tertiaires, notamment par une grande étendue de nummulitique (éocène et oligocène). La limite entre la craie et la base de l'éocène, comme aussi les limites entre les différentes subdivisions du nummulitique, sont fort compliquées, les étages inférieurs se prolongeant loin dans les vallées, alors que les supérieurs affl urent sur les versants ou forment des plateaux. Les couches sont généralement tendres, et on comprend de suite que des lignes de sources suivront les vallées, le long des affleurements des bancs sableux ou calcaires.

Bien qu'il n'y ait pas de séparation réelle avec la partie O. du bassin, j'étudierai d'abord l'E. et le S.-E., ce qui comprend : au N.-E., une grande région de l'éocène inférieur (de Reims et Laon à Beauvais, qu'on peut appeler le Soissonnais) ; au S.-E., une autre grande région du même terrain entre l'Yonne et la Vanne au N. et le Cher au S. ; puis un plateau d'éocène

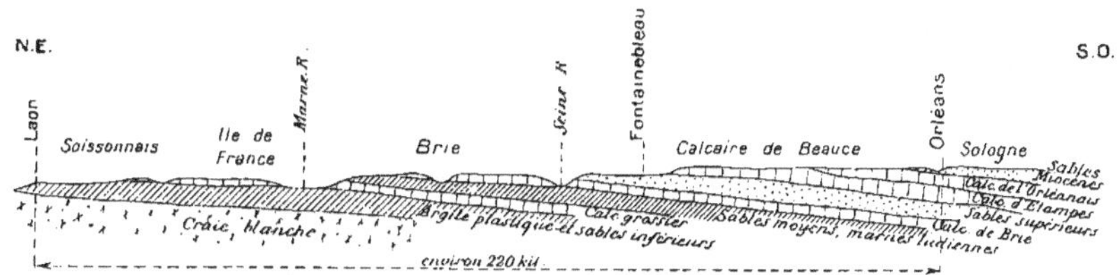

Fig. 253. — Coupe schématique à travers le bassin de Paris (tertiaire) pour montrer la structure des régions naturelles (d'après Gignoux).

moyen et supérieur (calcaire grossier), l'Ile de France, entre l'Oise et la Marne ; puis les plateaux de la Brie entre la Marne et la Seine (oligocène, sannoisien) ; une bande de *sables de Fontainebleau* (stampien) entre la Brie et la Beauce ; le *calcaire de Beauce* (chattien et aquitanien), plateau entre la Seine et la Loire ; enfin entre la Loire et le Cher (et un peu au N. de la Loire) les sables miocènes de l'Orléanais et de la Sologne, avec quelques surfaces pliocènes (au S. de la Loire). La coupe oblique de Laon à Orléans (*fig.* 253) fait comprendre la disposition d'ensemble.

1° *Zone de l'éocène.* — La constitution des terrains et la situation des niveaux d'eau est ici classique. Dans l'éocène inférieur, on trouve une première nappe (thanétienne ou landénienne) dans les sables de Jonchery, de Bracheux et de Rilly, au-dessus d'un banc d'argile (correspondant à l'*argile de Louvil*) qui surmonte le crétacé supérieur ; puis une seconde nappe (yprésienne) très importante au-dessus de l'*argile plastique* dans les *sables de Cuise* et d'*Aizy* (sables du Soissonnais). L'éocène moyen ou *calcaire grossier* peut comporter deux petits niveaux d'eau, l'un dans le calcaire inférieur sur un banc d'argile brune (*argile de Laon*) du sommet de e_{III}, l'autre dans le calcaire grossier supérieur : ces deux niveaux peuvent aussi se confondre en un seul. Enfin l'éocène supérieur comporte une première nappe assez importante, la nappe valoisienne, dans les *sables de Beauchamp* sur un banc d'argile (*argile de Saint-Gobain*) : au-dessus de ce niveau, l'eau ne fait guère que traverser le calcaire lacustre de Saint-Ouen, de faible épaisseur (avec des vallées sèches et quelques sources aux abouchements des fissures). Le *travertin de Champigny* et le *gypse* (ludien) au-dessus des *marnes à Pholadomya ludensis* contient un second niveau également important, le travertin étant très perméable et très fissuré (nombreux bétoires).

Département de la Marne (O.). — Pour l'étude de l'hydrogéologie de la Champagne (partie O.), on voudra bien se reporter aux figures 122

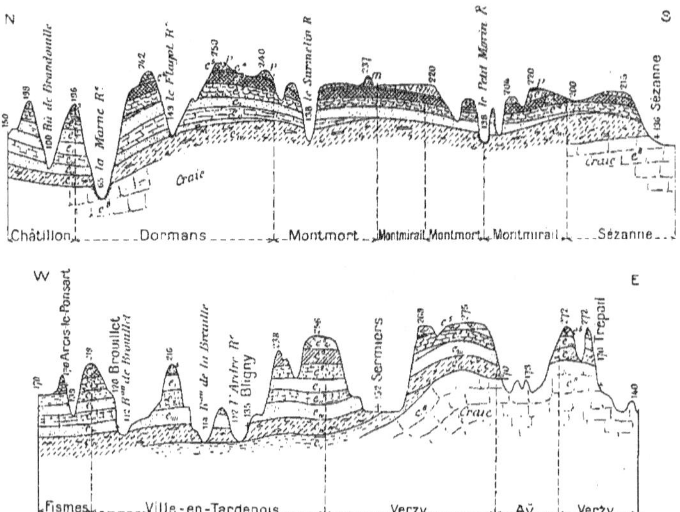

Fig. 254. — Coupes N.-S. et E.-O. du nummulitique en Champagne.

e_V, sables de Bracheux; — e_{IV}, argile plastique : sparnacien; — e_{III}, sables de Cuise : yprésien; — e_{II}, calcaire grossier inférieur, lutétien; — e_I, calcaire grossier supérieur, lutétien; — e^1, grès et sables de Beauchamp, bartonien; — e^2, calcaire lacustre de Saint-Ouen, bartonien; — e^3, gypse (ludien); — e^4, glaises vertes; — e^5, meulières et marnes de la Brie-Sannoisien.

(coupe E.-O.), 135 (coupe N.-S. par Reims et Vertus) et 147 (coupe N.-S. par Beauvais), et examiner en outre les coupes N.-S. par Fismes et Sézanne et E.-O. par Arcis-le-Ponsart que donne la figure 254. La nappe des sables de Bracheux n'alimente dans le département de la Marne que quelques sources sur le flanc N. de la Montagne de Reims et autour du massif de Saint-Thierry [1] (ligne de sources à Thil, Villers-Franqueux, Hermonville, Cauroy, Cormicy, et autres lignes de l'autre côté de la Nesle à Prouilly, Montigny, Romain, Bastieux et Fismes). La nappe des sables du Soissonnais [2] est beaucoup plus étendue : le contact de l'argile plastique et de ces sables est une ligne de sources à peu près continue (comme l'avait déjà montré la figure 59 pour la vallée de l'Oise), tout le long des nombreuses vallées qui découpent la région jusqu'au toit de l'argile plastique, lequel est un plan incliné vers O.-N.-O. C'est ainsi qu'il faudrait citer les sources de presque toutes les localités des vallées de la Vesle, de l'Ardre, de la Marne (grosses sources à l'origine de chacun de ses petits affluents), du Sourdon (belles sources de Chavot, de Brugny et d'Ablois-Saint-Martin), du Flagot, du Surmelin (sources de Montmort, Lucy, Mareuil, Orbais), du Grand-Morin (sources de Lachy) et du Petit-Morin.

Le calcaire grossier ne donne souvent lieu qu'à des suintements (Montagne de Reims, vallée de l'Ardre, etc., etc.). Il y a quelques belles sources à Arcis-le-Ponsart, ainsi que dans la vallée du Surmelin (niveau plus élevé d'une vingtaine de mètres que le précédent), et dans celle du Petit-Morin (Bergères-sous-Montmirail et Montmirail). Dans cette dernière vallée, le niveau des sables de Beauchamp donne des sources à 5 ou 6 mètres seulement au-dessus de celles ci-dessus; à 12 mètres plus haut encore, sources du *travertin de Saint-Ouen*. Les niveaux d'eau de ce travertin sont très irréguliers : on en signale de belles sources dans la basse vallée du Grand-Morin (Esternay, Neuvy, Joiselle, Châtillon-sur-Morin). Parfois les eaux du gypse traversent l'étage intermédiaire et passent dans les fissures du calcaire de Saint-Ouen (où elles ont une certaine pression) : ainsi à l'origine de la vallée du Flagot, les sources d'Igny-le-Jard, Fontenay, Comblizy. Autrement. l'étage du *gypse* ou *travertin de Champigny* contient plusieurs niveaux, suivant l'alternance de meulière, de lits marneux et de calcaires tuffacés : nombreuses sources dans la Montagne de Reims (entre Ludes et Chamery), sur le flanc gauche de la vallée de l'Ardre (Nanteuil, Champlat, Ville-en-Tardenois, Arcis-le-Ponsart, etc., etc.), sur le flanc droit de la vallée de la Marne (Fleury-la-Rivière, Belval, Cuchery, Châtillon-sur-Marne, Saint-

[1] Plus une source à la base du massif, isolé du mont de Berru, à l'E. de Reims : cette butte-témoin donne des sources de tous les niveaux superposés, jusqu'au gypse inclusivement.

[2] Il ne faut pas oublier que les sables du Soissonnais manquent parfois : le niveau d'eau est alors au contact du calcaire grossier (ou même du travertin de Saint-Ouen) avec l'argile plastique.

Gemme, etc., etc.), sur le flanc gauche de la même vallée [Leuvrigny, Igny-le-Jard, Comblizy [1], Troissy, Courthiézy], dans la vallée du Petit-Morin (vers Givry et Loizy, Beaunay, Baye, Mondement, Saint-Prix; plus bas, Fontaine-au-Bron, Montmirail, Rieux, Léchelle, etc., etc.), dans la vallée du Grand-Morin (au N. d'Esternay), et surtout sur la rive droite autour de Champguyon, Morsains, Tréfols et le Véziers.

Exemple des sources de la Dhuis, amenées à Paris en 1865 (d'après Le Couppey de la Forest), situées à 130 kilomètres de Paris au N. d'Artonges et à 128 mètres d'altitude, ces sources alimentaient le ruisseau de la Dhuis, affluent du Surmelin, et produisaient environ 20.000 mètres cubes par jour. Leur périmètre d'alimentation est compris entre l'anticlinal secondaire du Bois du Tartre et le synclinal E.-O. passant par les sources même, et entre deux limites souterraines dont les positions extrêmes sont à l'E. la vallée du Verdon, à l'O. celle du rû de Chéry, — soit environ 92 kilomètres carrés assez peu peuplés et couverts de nombreuses forêts. Le sol y est constitué par :

1° *Limon des plateaux*, relativement perméable : avec 5 à 6 mètres d'épaisseur maxima, il couronne les hauteurs entre les cotes 180 et 210;

2° *Calcaires et meulières de Brie* (tongrien) : 4 à 5 mètres d'épaisseur, réduite parfois à 1 mètre. Blocs de meulière, empâtés, dans un argile gris rougeâtre imperméable;

3° *Argiles vertes* (tongrien): Couche imperméable de 2 mètres d'épaisseur, entourant l'affleurement des calcaires de Brie: petit niveau d'eau au-dessus, alimentant des puits et les petites sources de la Sauvagerie et les Queues (qui tarissent vite et perdent leurs eaux quand elles arrivent sur les couches supérieures du ludien);

4° *Marnes et calcaires supragypseux* (ludien) : 7 à 8 mètres d'épaisseur moyenne. Alternances de lits de marnes blanches grumeleuses et de petits bancs de calcaires blancs : se laissent traverser par l'eau (surtout si elle ruisselle lentement, les cours d'eau ne subsistant qu'en temps de grande pluie), qui s'arrête sur un lit marneux peu profond et alimente des puits, ainsi que quelques petites sources : fontaine de Corrobert, source des Champs Martin, fontaine Launay, de Monfrobert, sources de la Charmoise et du château la Marlière;

5° *Traverlin de Champigny* (*gypse*). — Cette assise constitue la plus grande partie du sous-sol de la région. Puissante de 20 à 25 mètres, elle se

[1] Ces sources sont de 10 à 20 mètres au-dessus de celles qui sortent à la base du calcaire de Saint-Ouen dans les mêmes localités.

présente tantôt sous la forme d'un calcaire blanc avec nodules de silex exploité pour la fabrication de la chaux, tantôt sous la forme d'un calcaire siliceux très dur aux géodes de calcédoine, fournissant des matériaux d'empierrement. Sa partie supérieure a subi souvent une meulièrisation analogue à celle que l'on observe pour l'étage de Brie. Ce travertin, très perméable, est sillonné de fissures. Les eaux souterraines y circulent avec une grande facilité et y déterminent la formation de vides ou de cavernes atteignant des capacités de plusieurs mètres cubes. Lors de l'exécution des travaux du chemin de fer de Mézy à Montmirail ou lors des sondages géologiques effectués aux environs de la source de la Dhuis, on a eu l'occasion de mettre à jour certains de ces vides. Quelquefois ces cavités, par suite de la rupture de leurs parois, donnent naissance à des effondrements. Deux cas peuvent alors se produire. Si c'est le calcaire de Champigny ou même des assises supragypseuses plus calcaires que marneuses qui affleurent au-dessus des points où les effondrements se produisent, ces derniers se propagent jusqu'à la surface du sol et on est en présence de bétoires ou de mardelles pouvant absorber les eaux superficielles. Si, au contraire, les formations précédentes sont recouvertes par des marnes blanches ou des argiles vertes, ces terrains étant très plastiques plient sans se désagréger. L'effondrement ne se manifeste plus que par un affaissement qui ne met pas en communication les eaux superficielles avec les eaux souterraines.

Une exploration très minutieuse de la région a révélé à M. Le Couppey de la Forest l'existence de 18 bétoires ou effondrements, et des expériences à la fluorescéine lui ont montré que certains d'entre eux communiquaient avec les sources captées : cependant les eaux de la Dhuis paraissent moins facilement contaminables que celles de l'Avre et de la Vanne.

Départements de l'Oise (E.-S.) *et de l'Aisne* (S. et O.). — Mêmes propriétés de l'éocène que dans la Marne, et nombreuses sources surtout des sables du Soissonnais dans les vallées de l'Oise (*fig.* 59), de l'Aisne (ci-contre sa constitution entre Compiègne et Cuise, *fig.* 255) [1] et de leurs affluents tels que la Lette, la Vesles, la Brèche, le Thérain, l'Authonne, la Nonette, la Thève, la Viorne, ainsi que dans celle de la Marne et de ses affluents comme l'Ourcq avec le Clignon, la Savières et la Thérouane, la Beu-

[1] Pour la constitution dans l'Aisne, notamment dans la région de Glennes-Fismes et dans celle de Saint-Gobain-Barisis, je renverrai au *Bulletin de la Société Géologique de France*, 1912 (fasc. 9); on y trouvera le détail des couches du calcaire grossier (tranchées de routes et de chemins de fer), mais ce détail n'a pas un grand intérêt ici, car il n'y a le plus souvent qu'un niveau aquifère (à la base sur l'argile de Laon). Pour la région de Noyon, voir l'article de Leriche : *Terrains rencontrés par les travaux du canal du Nord*, in *Bulletin de la Société belge de Géologie*, t. XXVII, fasc. II, 1913.

vronne, etc., etc. Belgrand cite ainsi d'importantes sources aux environs de Dormans (six sources), de Soissons (dix-huit sources, non compris celles d'Orcamps et de Sainte-Geneviève qui alimentent cette ville), de Luzarches (cinq sources dans le val d'Isieux), etc., etc. Noyon utilise l'eau des sources de Quirinval, de Bourbeleuse et du Mont Saint-Siméon, toujours du niveau

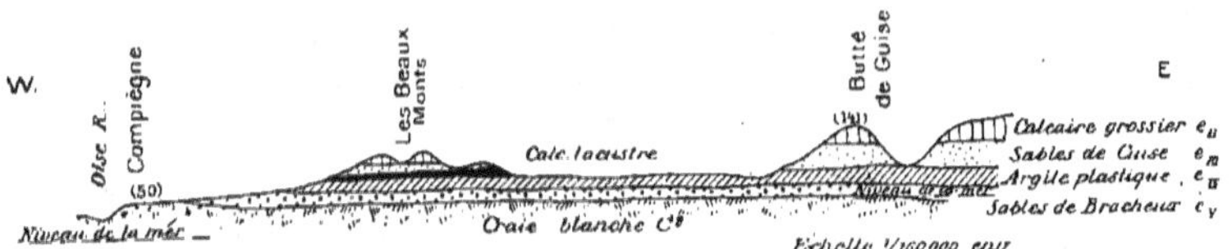

FIG. 255. — Coupe de l'éocène inférieur, de Compiègne à Cuise-la-Motte (d'après VÉLAIN).

des sables du Soissonnais, tandis que Crépy-en-Valois y puise par un forage de 100 mètres de profondeur. De son côté, Senlis a fait deux forages de 75 mètres qui descendent dans les sables de Bracheux (l'eau ne monte qu'à 21m,50 en dessous du sol). Enfin Château-Thierry utilise douze sources du coteau de rive droite de la Marne, mais naissant du niveau des sables de Beauchamp.

Toujours d'après Belgrand, les sources de la Nonette près Nanteuil, de l'Aunette à Ver, de l'Onette entre Rully et Bray, nombre d'autres aux environs de Senlis et de Crépy, la source de la Beuvronne à Nantouillet, de la Biberonne à Thieux viendraient aussi des sables de Beauchamp (ou du calcaire de Saint-Ouen au-dessus d'eux). Du ludien (région non gypsifère), sources de Nogentel, de Nesle, de Blesme et au-dessus de la Toiterie près de Château-Thierry, source de l'Ourcq dans la forêt de Ris. La lentille de gypse augmentant d'épaisseur quand on se rapproche de Paris, les eaux du ludien deviennent plus dures: ainsi, sur la rive gauche de la Marne, sources de Chézy, de Pavant, etc., etc.

Départements de la Seine, Seine-et-Marne, Seine-et-Oise (*environs de Paris*). — Au N.-E. de Paris, l'éocène continue celui de l'Oise et de l'Aisne : les sables du Soissonnais donnent notamment de belles sources et alimentent un grand nombre de puits artésiens, comme ceux de la région de Goussainville (vallée du Grould, cressonnières). A l'E. de Paris, entre Marne et Seine, l'éocène continue à se montrer mais seulement dans le fond des vallées (Seine, Petit-Morin, Grand-Morin et Aubetin, Yères, Augueuil, Voulzie), les plateaux de Brie étant oligocènes. Le niveau des sables du Soissonnais n'apparaît plus que rarement (sources de la vallée de la Seine près Montereau), ces sables manquant en beaucoup d'endroits; mais les eaux traversent souvent les formations ludiennes, bartoniennes et lutétiennes pour se collecter sur l'argile plastique où on peut les recueillir (¹). Telles sont les sources dans la vallée du Grand Morin, de Chailly (donne en sécheresse 50.000 mètres cubes par jour à la cote 87) et du Moulin-au-Comte (7 à 8.000 mètres cubes); dans la vallée d'Yerres, de Briant (près de Brunoy); dans la vallée de la Seine, de Seine-Port près de Corbeil, enfin celles de la Voulzie et du Durteint (E. et N. de Provins) que la ville de Paris vient de capter et de joindre à sa distribution. Pour ces dernières, comme le

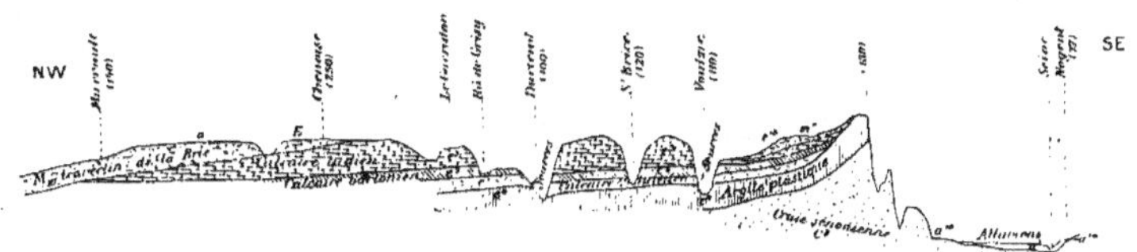

Fig. 256. — Coupe géologique oblique N.O.-S.E. de la région de Provins (sources de la Voulzie et du Durteint) (d'après Diénert et Guillerd). — Échelle des longueurs : environ 1/360.000.

montre la figure 256, elles sortent aux environs des cotes 100 et 110, alors que les plateaux (travertin de la Brie et calcaire ludien) sont de 150 à 180 : il y a trois groupes de sources, celui de la Voulzie (sources de Tête, 250 litres par seconde, de la Vicomté 350 litres par seconde, Faniel, Auge et Neufs 100 litres par seconde, et du Bassin 75 litres par seconde), celui du Durteint (sources des Fontaines 250 litres par seconde, Brocard 80 litres par seconde, Fonds-Tenus 170 litres par seconde, Saint-Martin 43 litres par seconde), et à l'aval de Provins dans le vallon de Saint-Loup-de-Naud, les sources acquises par Paris (des Vieux-Moulins 44 litres par seconde, de Gauthière 15 litres par seconde, Saint-Loup 12 litres par seconde, Glatigny 53 litres par seconde et Pigeons 60 litres par seconde). Au total on draine environ 100.000 mètres cubes par jour. Le travertin de Champigny présente des bétoires, mais assez rares (gouffres de Beauchery et du bois des Grillons, à 6 kilomètres des sources de la Vicomté et Auge, où sont absorbées les eaux du rû de Janvry (²), et on a pu les boucher; les sources du Durteint restent pures, le lutétien étant un bon filtre.

(¹) C'est ainsi qu'à Meaux on puise dans cette nappe par sept puits artésiens (de 50 à 80 mètres de profondeur) : des forages analogues à La Courneuve et à Stains (Seine) s'adressent aussi aux sables du Soissonnais.

(²) Ces deux sources se sont colorées quatorze heures après l'addition de fluorescéine au rû de Janvry. Pour le détail, on se reportera à l'article de Diénert et Guillerd dans les *Ann. de l'Ob-*

Si maintenant nous nous rapprochons de Paris, on se fera une bonne idée de la constitution des terrains en se reportant à la figure 150 (O. de Paris) et en situant la superposition des niveaux aquifères comme le montre la figure 257. L'emplacement des sources dans les fonds des vallons aux affleurements des divers niveaux se devine facilement, mais l'abondance en est très variable (suivant l'étendue des surfaces alimentaires et la pente

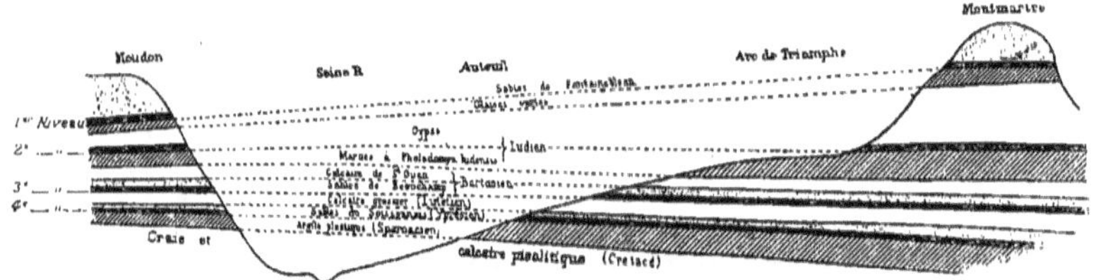

Fig. 257. — Les niveaux d'eau sous Paris.

des couches) : d'autre part, en passant sous les éboulis au flanc des coteaux, les eaux des différents niveaux se confondent souvent (ou du moins deviennent difficiles à distinguer), et c'est ainsi qu'aux environs de Paris une grande partie de l'eau des sources vient du calcaire de Brie ou des sables de Fontainebleau (oligocène au-dessus des glaises vertes). C'est le cas des anciennes sources dites du Midi, captées déjà par les Romains (sous Julien), puis reprises sous Louis XIII (aqueduc de Marie de Médicis), dans le ludien des coteaux de Rungis, L'Hay, Arcueil et Cachan : elles donnaient à la capitale environ 1.000 mètres cubes par jour d'une eau assez bonne (527 milligrammes par litre de minéralisation totale, dont 158 de bicarbonate de Ca et 138 de sulfate). Les sources dites du N., amenées par les deux petits aqueducs des Prés-Saint-Gervais et de Belleville (environ 300 mètres cubes par jour) témoignent d'un plus long contact avec les glaises vertes et le gypse, car l'eau de Belleville par exemple avait 2.520 milligrammes de minéralisation, dont 1.100 de sulfate de Ca et 520 de sulfate de Mg, 400 milligrammes de chlorures, etc., etc.

Les sources des sables du Soissonnais se font de plus en plus rares : on en trouvait une alimentant un lavoir près du viaduc de Meudon, d'autres au bas des coteaux de la vallée de la Seine près de Poissy et conduites à cette ville (Poissy a en outre drainé le calcaire grossier supérieur du plateau au S. et fait des forages dans la craie). Du calcaire lutétien, je citerai la source de

servatoire de Montsouris, t. XII, 1912. Ces auteurs ont étudié tout le périmètre alimentaire (36.000 hectares), relevé 1.100 puits, établi les courbes de niveau piézométriques et fait de nombreuses analyses. On sait que la ville de Paris restitue aux vallons drainés de l'eau de Seine prise à Ormes et relevée mécaniquement.

Busagny distribuée à Pontoise (vallée de la Viorne), la source du lavoir de Sèvres (vallée de Sèvres), etc., etc. Enfin du gypse et du travertin de Champigny, beaucoup de sources dans les vallées de l'Yerres (grande fontaine à Touquin), de la Bièvre, de la Juine, de l'Essonne, de l'Yvette (Longjumeau, Palaiseau, Chevreuse, etc., etc.), de la Seine elle-même (Choisy-le-Roi, Ablon, etc., etc.), dans la banlieue de Saint-Cloud et celle de Saint-Germain, ainsi qu'au N. et E. de Paris (fontaines du Pin, de Livry, de Villemomble, etc., etc.) (1): ces eaux sont toutes dures et séléniteuses (de 40 à 70° hydrotimétriques et même plus).

Sud et Sud-Est de Paris (*Aube* S.-O., *Yonne O.*, *Loiret* S.-E. *et Cher* N.). — Dans cette bande éocène, les fonds des vallées sont encore occupées par la craie (vallées de l'Yonne, du Loing et affluents, de la Loire entre Sancerre et Gien, du Cher et affluents) : l'éocène y est représenté surtout par l'*argile à silex* (e_v) qui couvre de grandes surfaces et est peu perméable, et par le *calcaire lacustre de Briare* (ludien et sannoisien, e^{3-5}). On trouve ainsi deux niveaux d'eau, l'un à la base et l'autre au sommet de l'éocène, mais ils n'ont pas une grande importance hydrologique, et je ne trouve aucune ville alimentée par ces niveaux. Seule, l'étude faite par Diénert des vals de Loire entre Sancerre et Gien renseigne sur les sources qui naissent de l'éocène et se déversent dans ces vals : citons sur la rive droite la source du Muguet à Breteau (10 litres par seconde), celles d'Ouzouer-sur-Trézée (22 litres et 10 litres) et d'autres plus petites, des petites sources à Briare et à Lavau; sur la rive gauche, nombreuses petites sources à Bannay, à Sainte-Gemme, à Beaulieu (dont une de 20 litres) et à Boulleret (dont les deux sources Champions donnant de 10 à 15 litres et la source de Boulleret même donnant 30 à 40 litres).

2° *Zone de l'oligocène.* — Si on regarde le *calcaire de Beauce* comme miocène, nous n'avons guère ici à parler que de la Brie et de la bande des *sables de Fontainebleau* qui l'entoure au S.-O. (ou surmonte les plateaux en monticules isolés, comme la butte de Montmorency, *fig.* 47). Il y a deux niveaux d'eau, l'inférieur dans le calcaire de Brie (formation peu épaisse surtout au N.-E. (2) et qui manque parfois) étant bien moins important

(1) Voir pour plus de détails les études récentes de Maurice Morin sur les vallées de la Marne et du Grand Morin et sur le plateau d'Aulnay (Seine-et-Marne).

(2) Dans la Marne, il y a cependant quelques sources du travertin de la Brie : dans la montagne de Reims, à Chamery, Sermiers, Verzenay et Verzy; dans le Tardenois, à Aougny; sur la rive droite de la Marne, à Champillon, Hautvillers, Cormoyaux, Fleury-la-Rivière, Venteuil et Belval; dans les vallons des affluents du Sourdon, dans la vallée du Flagot, dans celle du Surmelin (sources du Baizil), entre le Petit et le Grand Morin, etc., etc.

que celui de la base des sables de Fontainebleau au-dessus des *marnes à huîtres* (ou au-dessus des *glaises vertes*, si les couches intermédiaires manquent). Alors que le travertin de la Brie alimente principalement des puits dans les villages, et quelques sources, comme celles de Mandres, au bord de l'Yerres, captées pour Villeneuve-Saint-Georges, la nappe des sables et grès stampiens donne naissance à un grand nombre de sources d'eau excellente, mais peu abondantes. Belgrand cite ainsi pour les environs de Paris les sources qui sont près de l'origine de la rivière d'Ecolle; de la Renarde (au parc de Segrais), de la Rimarde (sources de Celle, de Forges, de la Gloriette, etc., etc.), et de la Sallemouille (source de Saint-Vandrille); dans la vallée de la Nièvre en amont de Buc, au fond de la vallée de Meudon et de celle de Chaville; enfin au pied des « amas de sablons » épars sur les plateaux de la Brie. Il ne faut pas oublier non plus la source du Château, qui a donné son nom à Fontainebleau même : elle sort au-dessus des glaises vertes ainsi que la source du Calvaire.

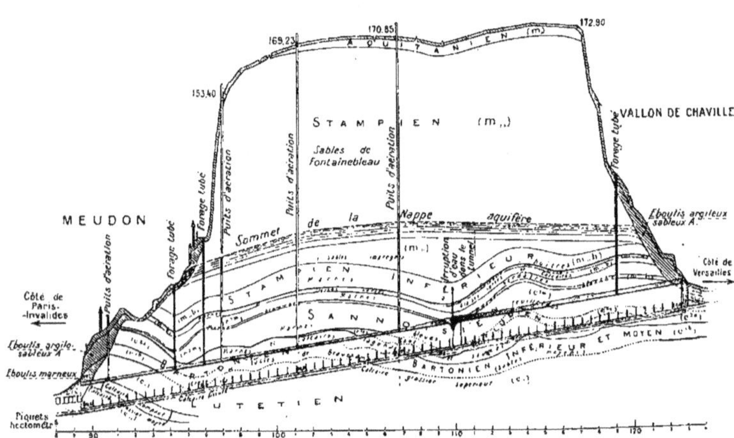

FIG. 258. — Coupe longitudinale du tunnel de Meudon (hauteurs vingtuplées) (d'après RAMOND et DOLLOT).

La nappe des sables de Fontainebleau s'étend d'ailleurs sous les formations miocènes et s'y met souvent en pression : on pourrait s'y adresser par des forages en bien des points. Bon nombre de villes s'y alimentent déjà soit par des sources, comme Coulommiers (source de la Roche), Lagny (sources de Saint-Furcy et du Mouton), Saint-Cyr-l'École (les cinq sources du Haut-Fontenay), soit par des drainages comme Saint-Germain-en-Laye (sources et drainages du parc de Retz), Fontainebleau (puisard et galerie drainante au pied du coteau, non loin de la Seine), soit par puits et forages, comme Orsay, Essonnes et Rambouillet (deux puits Lippmann et deux puits Cuau à crépine spéciale, pour éviter l'entraînement des sables qui sont très fins et boulants : la formation à Rambouillet a 40 mètres d'épa sseur, en dessous de 12 à 15 mètres de marnes et un peu de calcaire de Beauce). Enfin, on comprendra encore mieux la situation et l'allure de la nappe des sables stampiens en examinant les coupes longitudinale et verticale des terrains suivant le tunnel de Meudon (*fig.* 258 et 258 *bis*), lequel a été percé un peu avant la guerre et a donné lieu à un grave accident lorsque à 1.300 mètres de la tête Versailles, on s'est approché trop près du fond de la nappe, — ce qui a occasionné une irruption d'eau et de sables dans le souterrain ([1]).

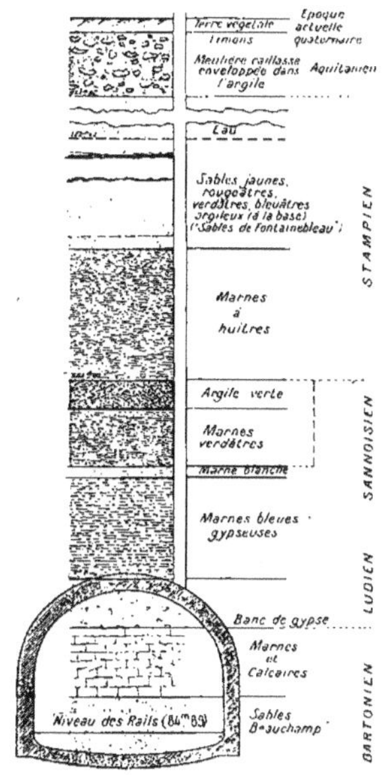

FIG. 258 *bis*. — Coupe verticale des terrains traversés par le tunnel de Meudon (puits du point 106 + 35).

3° *Zone du miocène*. — C'est la Beauce et la Sologne, formées l'une par l'aquitanien, l'autre par le burdigalien. La Beauce a été bien étudiée par Dollfus ([2]) : elle comprend, quand les formations sont au complet, le *calcaire de l'Orléanais* au sommet (parfois subdivisé par la marne de Châtillon-le-Roi), la mollasse du Gâtinais et à la base le *calcaire de Beauce* proprement dit (que Dollfus appelle *kassélien*). Il peut y avoir deux niveaux d'eau dans les calcaires inférieur et supérieur, séparés par les marnes ou mollasses de Gâtinais; mais il y a souvent aussi communication ou réunion

([1]) Les sables de Fontainebleau sont très fins et filtrent bien, mais quand ils sont agglomérés en grès, ces grès sont fissurés et caverneux, et peuvent alors laisser passer les contaminations par les fissures. On signale la grotte d'Augas, les gouffres de Clair-Bois, les rochers d'Avon, de Bouligny, des Demoiselles, d'Apremont, Cuvier-Chatillon, Cassepot, Mont-Ussy, etc., etc., dans la grande forêt de Fontainebleau, qui ne comporte d'ailleurs que peu ou pas de puits.

([2]) Voir : *Recherches sur la Géologie agricole et l'hydrologie de la Beauce*, in *Annales de l'Hydraulique agricole*, fasc. 45, 1913.

On consultera aussi utilement le travail de FAUPIN, *Essai sur la géologie et l'hydrologie du Loir-et-Cher* (Blois, 1909).

de ces deux niveaux, en sorte que le principal est dans le calcaire inférieur (au-dessus des *marnes d'Étampes*). Quant au burdigalien, il peut y avoir deux petites nappes, l'une dans les *sables de l'Orléanais* (qui manquent assez souvent) sur une couche de marnes vertes du sommet de l'aquitanien, l'autre dans les *sables de la Sologne*, au-dessus des marnes de l'Orléanais (ou de Suèvres): beaucoup de puits s'adressent à ces nappes, mais il n'est pas toujours facile de savoir à laquelle.

Bien que les étendues dont nous parlons soient assez plates, elles comportent des ondulations, correspondant plus ou moins à celles du substratum, et des érosions, notamment le long des vallées : l'inclinaison générale

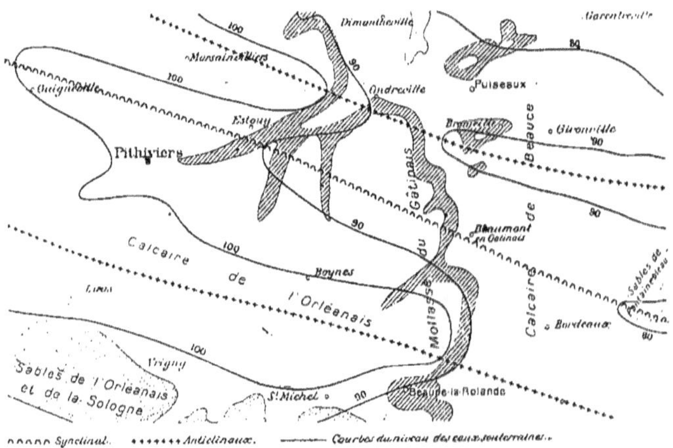

Fig. 259. — Carte hydrogéologique de la partie E. de la Beauce et du Gâtinais (d'après Dollfus). Échelle environ 1/270.000.

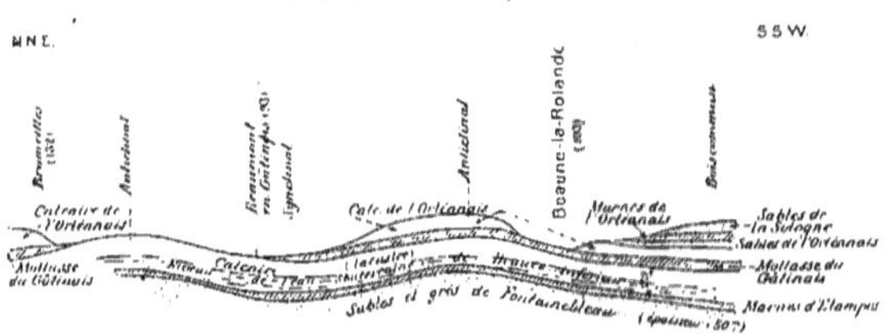

Fig. 259 *bis*. — Coupe du miocène aux environs de Beaune-la-Rolande.

de couches est vers le S. J'emprunte à la carte hydrogéologique de Dollfus un morceau montrant dans la région de Pithiviers et de Beaune-la-Rolande deux anticlinaux séparés par le synclinal de Beaumont (*fig.* 259 et 259 *bis*) : on y voit les affleurements de la mollasse du Gâtinais séparant les deux étages du calcaire de Beauce, et les courbes de niveau de l'eau souterraine dans le calcaire inférieur. Les sources sont dans les fonds et creux des vallées, telles que celles du Fusain, de l'Essonne, de l'Œuf, de la Juine (sources d'Antruy, de Méréville, d'Étrechy, etc., etc.) et de ses affluents le Juineteau, la Louette, la Chalouette, les ruisseaux d'Éclimont et de Guillerval, celles de l'Orge (source de l'Orge à la Brosse) et de son affluent la Rimarde, celles de la Voise près d'Auneau, etc., etc. Mais les vallées restent souvent sèches dans une partie de leur trajet, et nombre de sources s'éteignent en basses eaux. Ce phénomène a été bien étudié par Debauve pour la rivière l'Œuf à l'amont de Pithiviers : quand cette rivière qui naît en terrain imperméable (m') arrive au calcaire de l'Orléanais (partie supérieure de m_1), elle s'y perd et le lit reste à sec, sauf en grandes pluies. (Depuis 1875, le niveau des eaux souterraines paraît avoir baissé d'au moins 1 mètre, si bien qu'il n'y a plus de sources pérennes à l'amont de Pithiviers.)

A défaut de sources convenables, on est conduit souvent dans la Beauce à chercher des eaux plus profondes par des puits ou forages. On s'adresse ainsi soit au niveau du calcaire de l'Orléanais, soit à celui du calcaire de Beauce (s'il y a de l'eau dans la mollasse du Gâtinais, elle est mauvaise et à éviter), soit aux nappes plus profondes des sables de Fontainebleau et en dessous d'eux du calcaire de Brie. Ainsi dans la Beauce centrale, les forages de Grandville-Gaudreville, Orlu, Ardelu, Baudreville restent dans le calcaire de Beauce; ceux de Sainte-Escobille, Thionville, Angerville, Congerville arrivent au contact de ce calcaire avec les sables stampiens (ce qui peut être dangereux, l'eau pouvant alors se perdre dans ces sables). Dans la Beauce de Sermaises, les puits de Tignonville, Estouches, Audeville, Marsainvilliers restent dans le calcaire de Beauce; mais les forages de La Forêt-Sainte-Croix, Marolles, Bois-Herpin, Roinvilliers, Champ-Moteux, Brouy, Nangeville, Mainvilliers, Malesherbes et Sermaises descendent jusqu'au calcaire de Brie, en dessous des sables de Fontainebleau. Il en est de même dans le Gâtinais occidental pour les forages (d'environ 80 mètres de profondeur) de La Chapelle-la-Reine, Recloses, Amponville, Tousson, Herbeauvilliers, Garentreville, Desmonts, Puiseaux, Ichy, Arville, Bromeilles, Moisoncelles, Bougligny, Mondreville, Beaumont, etc., etc.

Enfin au S. de la grande forêt d'Orléans s'étend la Sologne, avec ses marais et ses monticules de sables (que les uns disent burdigaliens, les autres vindoboniens). Il y a quelques sources au pied des plateaux sableux, comme à Beaugency (sources de Vernon et du Veau), à Tavers, etc., etc., ainsi que des puits bien alimentés, comme à Villarceau, Messas, etc., etc.

Reste à dire un mot du phénomène curieux qui se passe pour les eaux

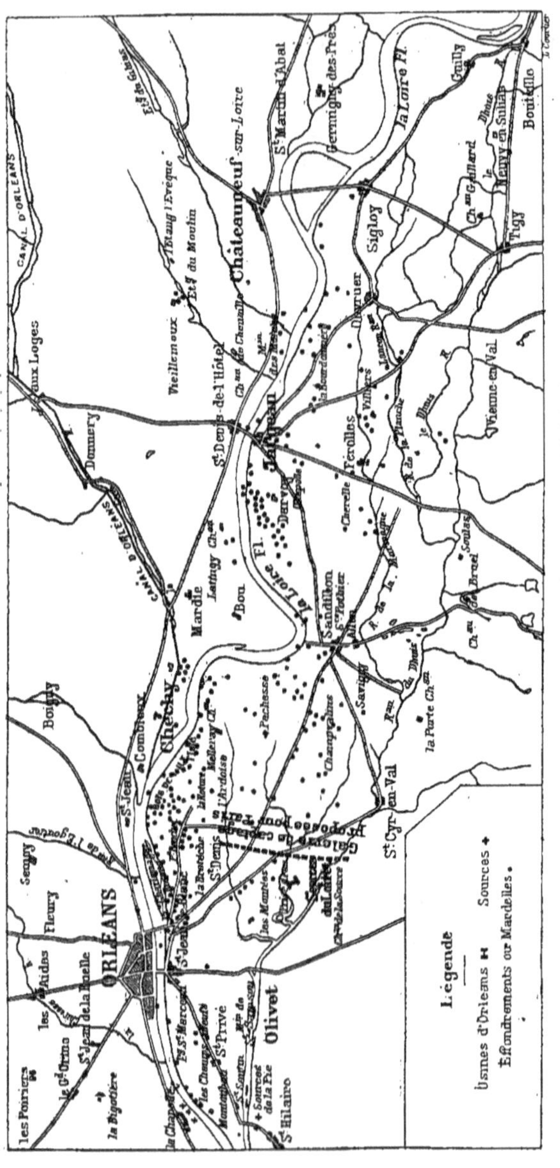

Fig. 260. — Carte hydrogéologique du Val d'Orléans.

de la Loire entre Bouteille et Orléans et qui explique les *sources du Loiret.* Les figures 260 et 261 mettent en évidence l'hydrogéologie du Val d'Orléans, dépression entre la Beauce et la Sologne, traversée par la Loire et le ruisseau le Dhuis : le sous-sol profond est constitué par les deux étages du cal-

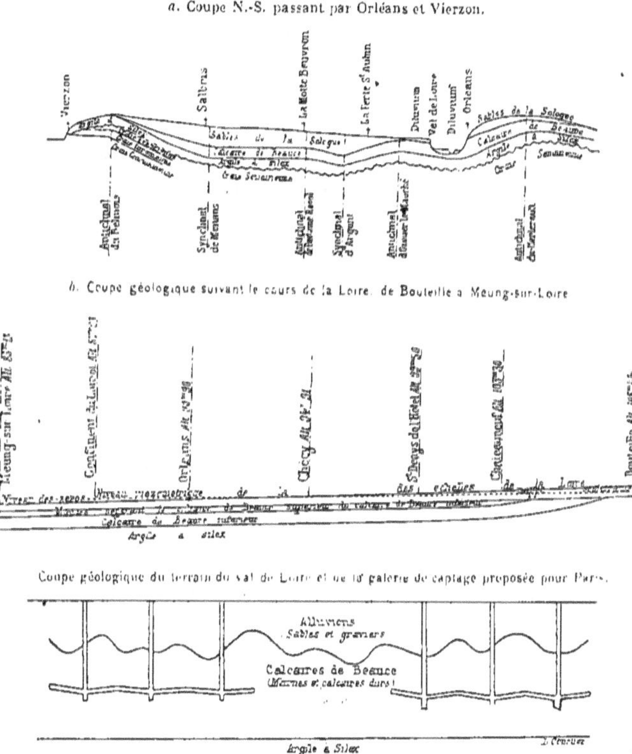

Fig. 261. — Coupes du Val d'Orléans.

caire de Beauce, séparés par un banc de marne, et comme on le voit la région est criblée de bétoires et mardelles par où les eaux de pluie et de surface pénètrent dans les canaux souterrains que comporte le calcaire. D'autre part, dès 1882, Sainjon a montré que les eaux de la Loire elle-même à partir de Bouteille s'infiltrent soit par la berge de rive gauche dans ces conduits souterrains, soit dans les alluvions de la nappe phréatique, laquelle communique avec la nappe profonde par les mardelles.

De son côté, dès 1901, Marboutin a prouvé par des expériences à la fluorescéine les communications tant des eaux de surface que de la Loire avec la nappe en question. (Première expérience: coloration au point d'absorption du ruisseau de l'Auche à la sortie de l'étang du Giblas et colorations consécutives de la Loire à Feaujuif-, puis du Loiret au pont de Lorette, puis des sources de la Pie respectivement vingt-six, cent quatre et cent vingt-deux heures après le jet de fluorescéine; deuxième expérience : coloration de la Loire à Sandillon, où se font des pertes sur la rive gauche, et colorations consécutives de plusieurs puits du Val, du Loiret et des eaux puisées par la ville d'Orléans) (1).

A l'extrémité O. du Val, on trouve alors les émissions par lesquelles les eaux reviennent au jour : ce sont précisément les sources du Loiret, les sources de la Pie, le groupe de sources de la Chapelle, et d'autre part la ville d'Orléans puise plus de 10.000 mètres cubes par jour par les quatre puits des Montées et de Saint-Cyr-en-Val (ce qui avait donné l'idée de proposer à la Ville de Paris de puiser un fort volume par une galerie souterraine, idée à laquelle on a renoncé parce que l'eau n'est pas pure) (2). La pente du niveau piézométrique du calcaire de Beauce étant généralement moindre que celle de la Loire, on comprend qu'à une certaine distance des infiltrations l'eau souterraine soit en pression et jaillisse (comme au puits de Montauban). Les deux sources du Loiret, le Bouillon et l'Abîme (avant 1672, l'Abîme existait seul, mais le cours d'eau souterrain a crevé la voûte en un autre point, et il en est résulté le Bouillon) sont aussi bouillonnantes et ne débitent ensemble jamais moins de 500 litres par seconde. En décembre 1871, par les gelées, il s'était formé à Orléans même une troisième source bouillonnante, qui a disparu à la première crue suivante : le gouffre avait 12 mètres de profondeur, et on distinguait au fond les roches calcaires et des couches d'argile verte. Il y a d'autres sources moins importantes qui sortent dans le lit du Loiret, notamment sur la rive gauche les sources dites de la Pie, près de Saint-Hilaire.

(1) On a aussi étudié la concordance des variations de niveau de la nappe souterraine du calcaire parallèlement à celles du niveau de la Loire, les variations du degré hydrotimétrique et celles de la température. Il y a un certain décalage résultant du temps qu'il faut pour l'équilibre : ainsi, quand la Loire est en crue, le niveau monte plus vite dans la nappe profonde (larges fissures du calcaire) que dans la nappe des alluvions (pores fins des graviers); le degré hydrotimétrique de la nappe profonde augmente aussi en crue, par suite du passage d'eaux de surface plus chargées de chaux; quant aux maxima et minima de température à la prise d'Orléans par exemple, ils sont en retard de deux à trois mois sur ceux de l'eau de la Loire.

(2) La contamination microbienne des eaux de la nappe profonde suit aussi les crues de la rivière : il y aurait même deux crues bactériennes pour une crue hydrométrique, la seconde qui se produit dix à douze jours après la première résultant de la pénétration des eaux de la nappe des alluvions dans la nappe profonde.

4° *Tertiaire des hauts bassins de la Loire et de l'Allier* (*Limagne, Roannais, Velay*). — Je rattache (un peu artificiellement) au bassin de Paris ce double prolongement néogène s'enfonçant loin vers le S. dans le Massif Central, les monts de la Madeleine et du Forez séparant les deux bassins (voir la carte *fig.* 56) : à l'époque stampienne, il y aurait eu jonction vers le N. avec la mer transgressive des sables de Fontainebleau. L'oligocène y commence par des arkoses et argiles (sannoisien) de 50 à 60 mètres d'épaisseur; puis une grande épaisseur (300 à 1.000 mètres) de stampien représenté ici par des calcaires marneux et des marnes lacustres à *Cypris* qu'on peut regarder comme imperméables; enfin le chattien et l'aquitanien, comprenant des couches calcaires à tubes de phryganes et à *Hélix Ramondi* sur encore 200 à 300 mètres. Puis viennent par places des lambeaux de miocène (calcaire et marne de Saint-Gérand-le-Puy, calcaire marneux et sables de Gergovie, alluvions tortoniennes de Puy-Courny et de l'Alagnon, etc., etc.) (1). Enfin les grandes étendues de pliocène (argiles et sables du Bourbonnais, sables du Forez, sables à mastodontes et poudingues, avec d'ordinaire une couche d'argile presque horizontale à la base) qui forment les plateaux entre Loire et Allier et vont au S. jusque Roanne et Cusset le long des deux rivières.

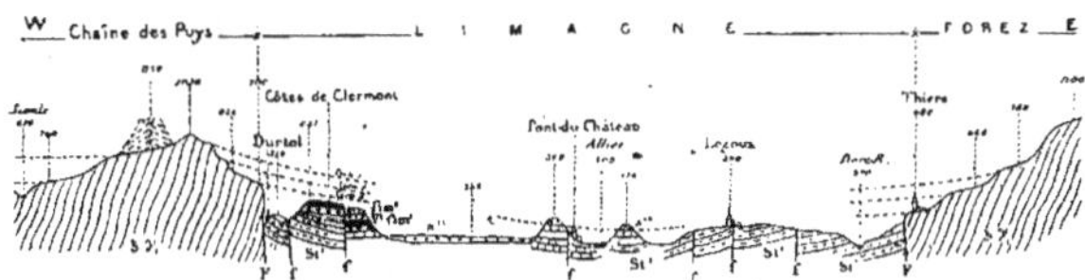

Fig. 262. — Coupe E.-O., à travers la chaîne des Puys, la Limagne et le flanc O. du Forez. Les terrains de la Limagne sont disloqués par des séries de failles en échelon *f*, qui enfoncent l'oligocène vers le centre du géosynclinal et le relèvent sur les flancs des anticlinaux d'après Glangeaud. — Échelle des longueurs : 1/300.000.

F, failles bordières; — ζγ, formations archéo-granitiques; — *st*, stampien; — β*m*1, β*m*2, plateaux basaltiques; — *a* 1*a*, *a* 1*c*, alluvions quaternaires de l'Allier, quatre cycles d'érosion sont indiqués.

L'hydrologie de ces régions d'effondrement, comprises entre des grandes failles et hachées par des plus petites, n'est pas facile à suivre (d'autant plus que les voussoirs ont joué entre eux); d'autre part l'épaisseur du stampien ne permet guère d'y chercher des eaux profondes. La coupe en travers de la Limagne (*fig.* 262) que donne Glangeaud, ainsi que

(1) Ainsi le sondage de Montrond, près Saint-Galmier, après 25 mètres de sables du Forez (qui ont donné une eau jaillissante à 23 mètres de profondeur), a rencontré 40 à 50 mètres de marnes blanches miocènes, puis serait entré dans le permien : à 180 et à 502 mètres (où il a été arrêté) il a donné des venues d'eau chargées, la dernière surtout, d'acide carbonique.

les figures précédentes 53, 54, 56 et 81, font bien comprendre que les sources se trouveront surtout aux abouchements des failles (grand nombre de sources thermo-minérales déjà citées), ou encore comme on l'a vu aussi au pied des dépôts volcaniques qui recouvrent en certains points le tertiaire. Glangeaud cite cependant quelques sources naissant des bancs calcaires de l'oligocène, comme à Crevant, Courpière, Chadeleuf, Orcet, Mirefleurs, Coudes, Saint-Germain-Lambron, Saint-Rémy-de-Chargnat, Saint-Gervasy, gare de Thiers, etc., etc.: ces sources diffèrent de celles des laves (à plus forte raison de celles du granit) par leur dureté, le degré hydrotimétrique étant de 20 à 30°.

Quant aux plateaux pliocènes, peu habités et couverts souvent de grandes forêts, ils sont souvent marécageux et n'ont d'eau qu'à la base du cailloutis (sur le banc argileux qui les sépare de l'aquitanien) : cette nappe ne peut guère alimenter que des puits.

b) **Région Ouest et Sud-Ouest du bassin de Paris** (Voir colonne 3 du tableau VII, et *fig.* 143 et 144). — C'est une large bande qui s'étale du N. au S. entre le bord oriental du crétacé (de Pont-l'Evêque à Melle) et le bord occidental de la zone oligocène et miocène (Beauce et Sologne) déjà étudiée, en venant se terminer dans le golfe du Poitou. Le tertiaire y est entaillé par les vallées (Touques, Rille, Eure, Loir, Loire, Cher, Indre, Creuse, Vienne, Clain, etc., etc.) qui remettent au jour la craie (et même parfois le jurassique), de sorte que, comme dans l'E., il forme surtout des plateaux entre lesdites vallées ou les vallons affluents. Que ces plateaux soient de l'argile à silex (résidu de la craie) remaniée ou non et surmontée par places du limon des plateaux, des marnes et calcaires lacustres de l'éocène moyen, ou des sables et argiles marbrés du sidérolithique (Poitou) ils sont peu perméables [1], et ne jouent pas de rôle hydrologique important: c'est au secondaire sous-jacent et notamment à la craie qu'il convient de s'adresser pour trouver de l'eau en abondance.

Il y a bien un peu d'eau dans les *sables et grès à pavés* du sparnacien (e_{IV}), dans les sables et argiles sidérolithiques du ludien ($e^{3\text{-}b}$) et dans les calcaires siliceux qui sont au-dessus ($e^{3\text{-}c}$) [2], dans les sables stampiens quand ils existent et dans les sables de la Sologne (prolongement de la Sologne le long de la Loire ainsi qu'entre Orléans et Vendôme); mais ces

[1] Ces plateaux sont aussi occupés souvent par de grandes forêts : forêts du Perche, de Perseigne, de la Ferté-Vidame, de Sénonches, de Moulins et des Bonsmoulins, de Longni (nombreux étangs), de Châteauneuf-en-Thimerais, de Boulogne (étangs), Blois, Amboise, etc., etc.

[2] Comme par exemple entre la Vienne et la Gartempe.

niveaux d'eau sont faibles et peu intéressants (sauf localement, et sauf aux environs de Paris décrits ci-dessus).

c) **Région du Nord du bassin de Paris et Belgique** (Voir colonne 2 du tableau VII). — Les couches crayeuses du N. de la France s'inclinant régulièrement vers le N.-N.-O., disparaissent sous les sédiments tertiaires le long d'une ligne (fort irrégulière d'ailleurs) joignant Calais à Douai, puis Douai à Vervins et jusque près de Rethel : la craie reste toutefois à la surface dans les deux prolongements vers l'E., qu'on pourrait appeler bassin de Lille-Tournai et bassin de Mons. L'éocène s'étend alors dans les plaines belges des Flandres et du Brabant (plus épais dans les Flandres et moins au S. de Bruxelles); puis il disparaît au N. sous la bande oligocène qui va d'Anvers à Liége et celle-ci disparaît à son tour sous l'épaisse couverture néogène de la Campine.

1° *Zone de l'éocène.* — L'éocène présente ici une succession classique de couches sableuses et de couches argileuses, avec tout naturellement une nappe aquifère à chaque contact. Ainsi, sans parler de l'eau souvent abondante que l'on trouve au sommet de la craie et dans le *conglomérat à silex* (qui la sépare, par places, de l'*argile de Louvil*), on rencontrera une première nappe à la base dans les *sables landéniens* ou le tuffeau, avec parfois des nappes secondaires résultant de l'intercalation de bancs argileux dans ces sables; puis, au-dessus de l'épaisse couche de l'argile d'Ypres ou des Flandres qui surmonte le landénien, une seconde nappe très constante et très importante dans les *sables yprésiens*. Quand ces sables sont surmontés directement par ceux du bruxellien et du lédien, le niveau d'eau est unique et peut monter jusque dans l'épaisseur des sables bruxelliens; au contraire, quand des couches argileuses, comme les argiles de Roncq ou de Roubaix, s'interposent, il y a une nappe supérieure distincte, comme celle des *sables de Cassel*. Enfin, mais en Belgique seulement, il existe une dernière nappe éocène dans les *sables asschiens* au-dessus de l'argile asschienne, là où elle recouvre les sables lédiens ou bruxelliens.

Ces nappes alimentent un certain nombre de sources (là où elles affleurent aux flancs des coteaux ou au pourtour des monticules isolés) et un très grand nombre de puits, ainsi que de nombreux forages : la pression y est généralement insuffisante pour que ceux-ci soient jaillissants (l'inclinaison des couches qui est moyennement de 5 mètres par kilomètre est sans doute trop faible). On les a en outre saignées par plusieurs galeries captantes, comme celles de Bruxelles, Laeken, Hal, Groz-Doiceau, Court-Saint-Étienne, Charleroi, etc., etc.

En France, la nappe du landénien ne commence à prendre d'importance que dans la région de Valenciennes, Saint-Amand, Séclin (bassin d'Orchies, suivant le nom donné par Gosselet), où elle alimente la plupart des puits : dans le S. du département du Nord, les sables landéniens ne recouvrant que quelques collines isolées ne contiennent que peu d'eau. Ladite nappe va en s'approfondissant vers le N., mais dans la région de Lille, Armentières, Roncq, Tourcoing elle alimente encore presque tous les puits domestiques. Ensuite, elle devient profonde (sous l'argile yprésienne): ainsi, au sondage de Marcq, le landénien est compris entre — 92 et — 134; à Calais, Saint-Pierre-les-Calais et aux Attaques où on relève sept forages, le toit du landénien est aux environs de la cote — 50 avec 40 à 52 mètres d'épaisseur. On le trouve de même à Bailleul à — 40, à Hazebrouck — 70, à Bourbourg — 110 et sous Dunkerque à — 129 au-dessous du niveau de la mer. Comme il est argileux sur une grande partie, l'eau de ces forages vient surtout du crétacé (notamment du conglomérat à silex qui est au contact . Quant à la nappe de l'yprésien, on ne la trouve guère ici en France que sous la colline de Mons-en-Pévèle, du versant N.-O. de laquelle sort la source de la Marcq ; les sables bruxellines ne font qu'apparaître en quelques lambeaux dans l'Avesnois; enfin la nappe des sables de Cassel s'étend sous plusieurs collines et donne naissance à diverses sources des affluents de l'Yser (une source sortant ainsi du Mont des Cats est conduite à Bailleul)(1).

En Belgique, le rôle des nappes en question est beaucoup plus important; elles vont toutefois aussi en s'approfondissant vers le N., les terrains y devenant de plus en plus épais (le lédien et l'asschien deviennent notamment épais dans la région d'Anvers). On aura une bonne idée de cette allure en examinant les deux coupes E.-O. de la figure 26?, où Van Ertborn relève d'après un certain nombre de forages le toit du primaire et le toit du crétacique sous la plaine éocène belge : les deux coupes ne sont distantes que d'une dizaine de kilomètres, et pourtant le toit de la craie est passé de — 118 à Vilvorde à — 208 à Malines, de — 124 à Alost à — 180 à Gand, de — 139 à Roulers à — 201,5 à Ostende. Plus au N., et vers l'O., les couches s'enfoncent encore plus, le toit du crétacé passant de — 124 à

(1) La ville de Bailleul reçoit aussi l'eau de petites sources et drainages au pied du Mont-Noir (base de l'éocène), et en outre un forage de 300m,5 de profondeur fait en 1897 par Lippman fournit de l'eau industrielle provenant du calcaire carbonifère, eau très douce, mais chargée de chlorures et sulfates alcalins (l'argile des Flandres a 100 mètres d'épaisseur, le landénien 46 mètres, le crétacé 114 mètres et le carbonifère 35 mètres, le forage s'arrêtant dans le dévonien).

Hasselt, à — 548 à Gheel et à — 680 à Wœnsdrecht (Hollande). Bien entendu, des ondulations diversifient le fond de cette plaine tertiaire et le découpent en cuvettes, où l'eau des nappes prend une pression plus ou moins grande : des études locales ont fait connaître en détail l'hydrologie de certaines régions.

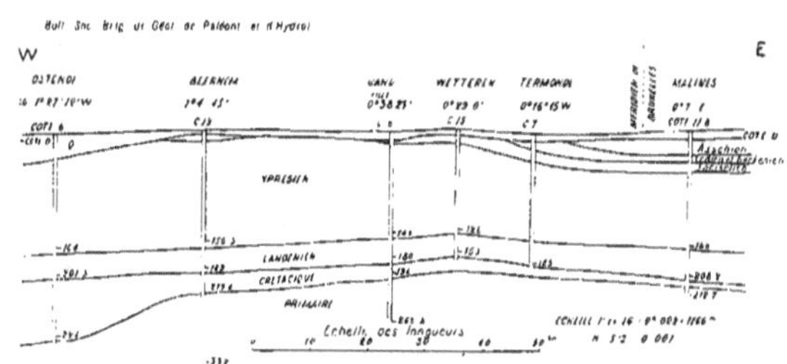

2° Coupe E.-O. de la Belgique, par Gand et Malines.

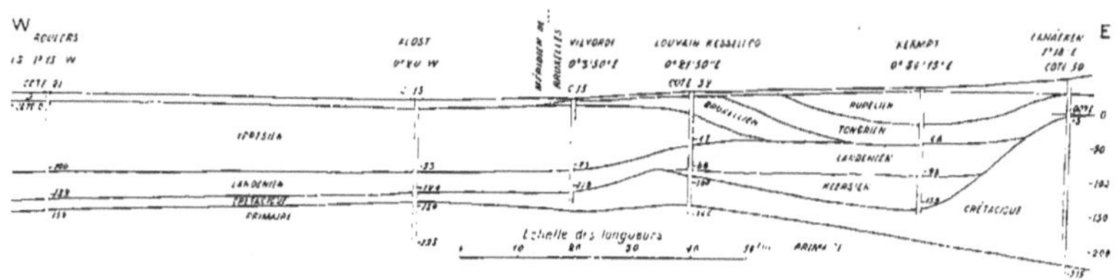

1° Coupe E.-O. de la Belgique, par Bruxelles.

Fig. 263. — Allure du toit du primaire et du toit du crétacé et constitution du tertiaire en Belgique (d'après van Ertborn).

Par exemple, en renvoyant à la figure 141 (synclinal de Mons), je rappellerai l'étude du bassin de la Haine faite par M. Robert. Cet auteur n'a pas relevé moins d'un millier de puits, et il en déduit les courbes de niveau du toit de la nappe phréatique. Cette nappe est tantôt dans les alluvions (fond de la vallée), tantôt dans les sables yprésiens (puits à l'intérieur de la ville de Mons), mais plus souvent dans les sables landéniens (1), séparés du crétacé par une couche assez argileuse et peu perméable ; enfin, par dessous vient la nappe très constante de la craie (et par places les nappes plus profondes des Rabots et des Fortes Toises, de la Meule et du Bernissartier), qui se déverse en certains points dans les nappes tertiaires ou des alluvions. Les puits artésiens s'adressent presque toujours à la nappe

(1) Quelques sources sortent des affleurements de ces sables, comme la fontaine des Cuves à Baudour (qui a vu baisser son débit), la fontaine Madame à Harchies, etc., etc.

de la craie; il y en a cependant quelques-uns à Mons même qui sont alimentés par les sables landéniens (un creusé en 1906 jaillit et donne 1^{l},5 par seconde).

Les puits artésiens de la ville de Renaix, bien étudiés par Delvaux, puis par Halet [1], sont aussi un exemple intéressant. Des quatre-vingt-quatorze puits cités, le plus grand nombre avec 40 à 50 mètres de profondeur puisent l'eau des sables landéniens, les affleurements alimentaires se trouvant sur une bande Ath-Leuze-Tournai. Ici, l'yprésien supérieur manquant, on trouve sous le quaternaire l'argile yprésienne (25 à 40 mètres d'épaisseur), puis quelques mètres de sable et gravier, et ensuite 10 à 12 mètres de sables landéniens très fins (boulants) contenant l'eau sous pression. En dessous, le sénonien manque, mais l'on rencontre sous une couche d'argile de base du landénien l'assise turonienne du silex de Saint-Denis (*rabots*), qui contient aussi une nappe artésienne, séparée qu'elle est du silurien par les *dièves* (imperméables) : il y a encore un niveau d'eau artésien au sommet des schistes siluriens, et les forages profonds puisent simultanément aux trois nappes ainsi superposées. Mais les apports ne paraissent pas suffisants pour alimenter tous les puits (industriels surtout) forés à Renaix : par suite des pompages intensifs, le niveau de la nappe du landénien avait baissé le 2 août 1914 jusqu'à la cote — 2 (la base des sables est à — 9), mais l'arrêt des usines pendant la guerre lui a permis de remonter progressivement à + 8,45 le 18 août, à + 17,25 le 30 janvier 1915, et au maximum de + 21,40. Depuis 1919, le niveau a baissé de nouveau et on craint l'épuisement des nappes.

A Courtrai, la situation est à peu près la même, mais l'eau du landénien n'est pas jaillissante : deux forages faits en 1908 et 1910 à Courtrai et à Heule, avec des profondeurs de 142^{m},50 et 132^{m},50, traversent respectivement 11^{m},30 et 11 mètres des sables landéniens (l'argile en dessous a une quarantaine de mètres d'épaisseur), puis 12^{m},40 et 7 mètres de crétacé, pour finir dans le primaire. On peut tirer de chacun plus d'un litre par seconde, mais l'eau est assez chargée de fer. A Moen-le-Courtrai et à Saint-Genois deux forages de 103 mètres et de 80 mètres peuvent fournir 3 à 4 litres par seconde, mais à une dizaine de mètres sous le sol. A Mouscron également deux puits artésiens de 160 et 128 mètres, forés en 1906 et 1909, rencontrent les mêmes conditions, c'est-à-dire une vingtaine de mètres de sables landéniens entre l'argile yprésienne et celle sous-jacente : l'eau s'y

[1] Voir leurs articles dans le *Bulletin de la Société belge de Géologie*, t. XI, 1883 et t. XXVII, 1913.

tient à 31^{m},50 et 26 mètres en-dessous du sol (qui est à + 40), soit à peu près

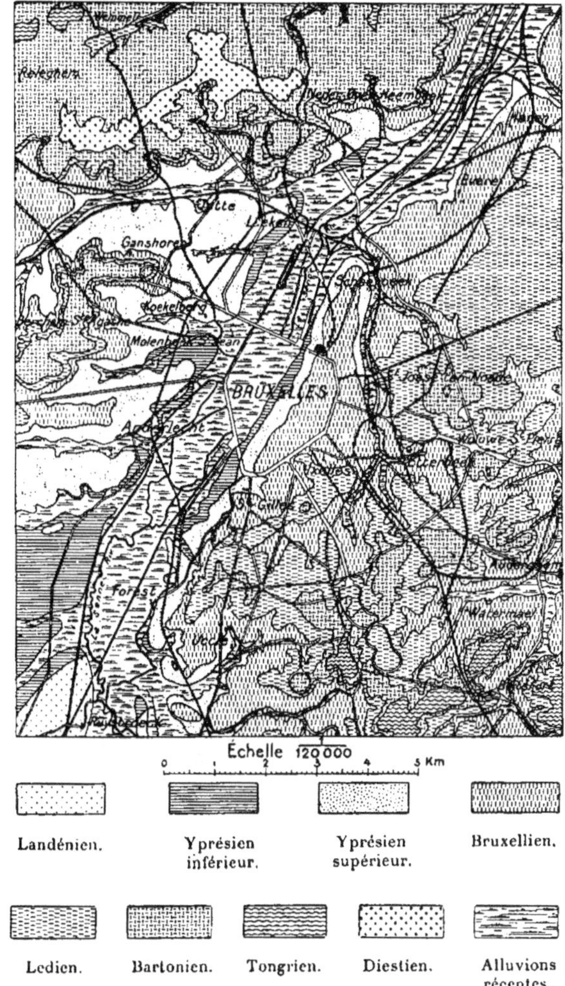

Fig. 264. — Carte géologique des environs de Bruxelles.

à la même cote qu'à Courtrai. Un autre descend à 316 mètres de profondeur, dans les psammites dévoniens (où il trouve de l'eau). Près d'Ath, au contraire, le tertiaire manque et on trouve le calcaire carbonifère et de l'eau abondante sous le gravier pléistocène.

Dans la région bruxelloise, les choses sont un peu plus compliquées, parce qu'au-dessus du landénien et de l'argile yprésienne on trouve dans les coteaux et monticules la superposition plus ou moins complète des

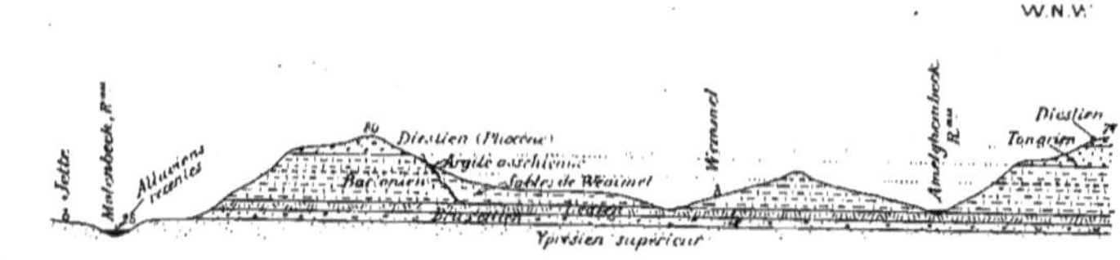

Fig. 265. — Coupe des terrains dans le Petit-Brabant (N. de Bruxelles).

sables de l'yprésien supérieur, du bruxellien, du laekénien, du lédien et du wemmélien, lesquels ne contiennent souvent qu'une seule nappe à la base, puis au-dessus de l'argile asschienne d'une autre nappe dans les sables asschiens; enfin d'autres nappes encore dans les sables tongriens et diestiens là où ils apparaissent. La figure 264 montre les affleurements de ces

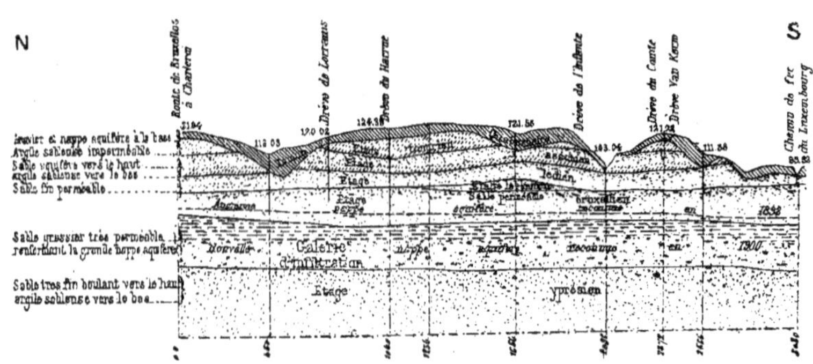

Fig. 266. — Coupe géologique des terrains le long de la galerie de la forêt de Soignes (Sud de Bruxelles).

formations aux environs de Bruxelles et les figures suivantes 265 et 266 donnent des coupes de la partie N. entre Jette et Wemmel et de la partie S. le long de la galerie captante de la forêt de Soignes pour Bruxelles.

On sait en effet que cette ville capte les eaux souterraines de la nappe qui surmonte l'argile yprésienne d'une part dans le haut bassin du Hain au S. d'Ophain (système du Hain), d'autre part sous la forêt de Soignes

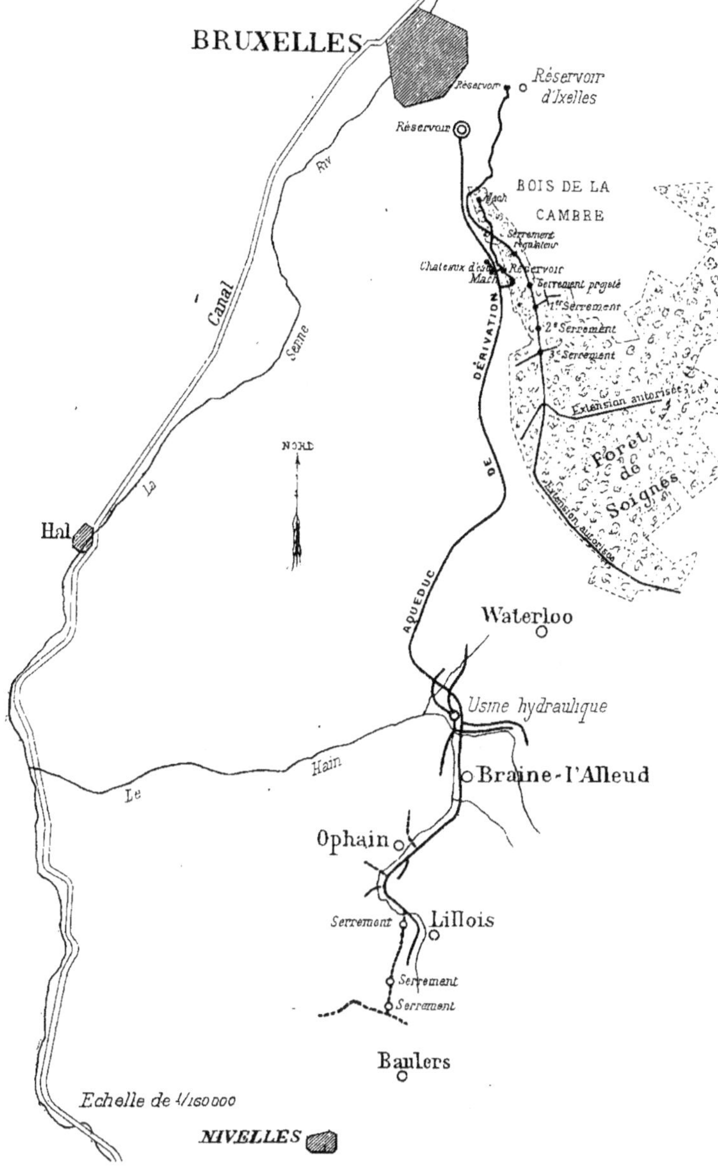

Fig. 267. — Les galeries captantes de Bruxelles et les serrements.

(*fig.* 267). L'hydrologie est la même dans les deux cas : les sables yprésiens, bruxelliens et lédiens ont une épaisseur d'environ 50 mètres et l'eau (qui s'écoule lentement vers le N.) en occupe une trentaine de mètres remplissant ainsi d'ordinaire toute l'épaisseur des sables yprésiens et jouant dans les bruxelliens (mais sans atteindre l'argile asschienne superposée). Au Hain, on a capté d'abord (1853) les sources naturelles, les unes hautes (au-dessus de la cote 92) amenées à Bruxelles par gravité, les autres basses, relevées par les machines de Braine-l'Alleud ; puis on a établi à un niveau plus bas deux galeries drainantes, l'une de 4.402 mètres, l'autre de 1.965 mètres (qui doit être portée à 3km,500) de longueur, munies chacune de quatre serrements

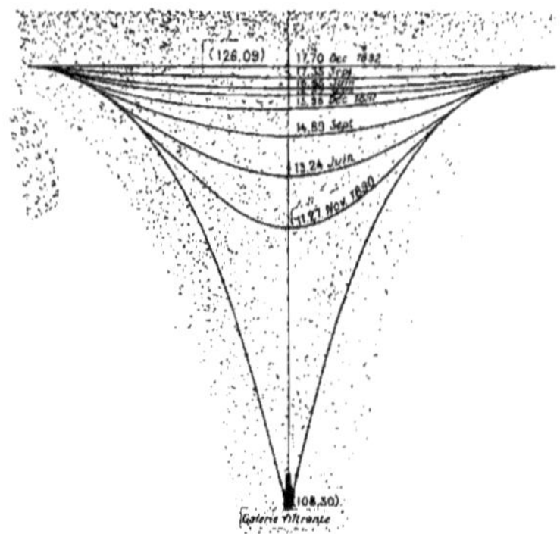

Fig. 268. — Effet d'un serrement sur le niveau de la nappe. Relèvement du niveau dans le puits 21 de la galerie d'Ophain (Bruxelles).

régulateurs. Ces serrements ne sont autre chose que des portions de galerie (50 mètres à 114 mètres de long), qui non seulement ne sont pas captantes et peuvent être fermées, mais encore autour desquelles on a rendu le sable imperméable par des injections de ciment, en sorte que l'on peut forcer le niveau de la nappe à l'amont à s'élever et à reconstituer la réserve souterraine primitive par le comblement progressif du sillon de soutirage : la figure 268 montre l'effet de la fermeture du serrement au puits nº 21 d'Ophain de 1890 à 1892, le niveau se relevant ainsi de 18 mètres environ. On peut tirer à volonté du système du Hain de 15.000 à 40.000 mètres cubes par jour [1]. De son côté, le système de la forêt de Soignes, com-

[1] Je citerai encore dans les sables bruxelliens de cette région les grands puits très bien alimentés de Plancenoit, Braine-l'Alleud et Waterloo.

mencée en 1873 par Verstracten, comporte des galeries tant longitudinales que transversales, sur 6.230 mètres, avec quatre serrements de retenue sur le trajet et un serrement dit régulateur terminal : il fournit de 8.000 à 20.000 mètres cubes par jour.

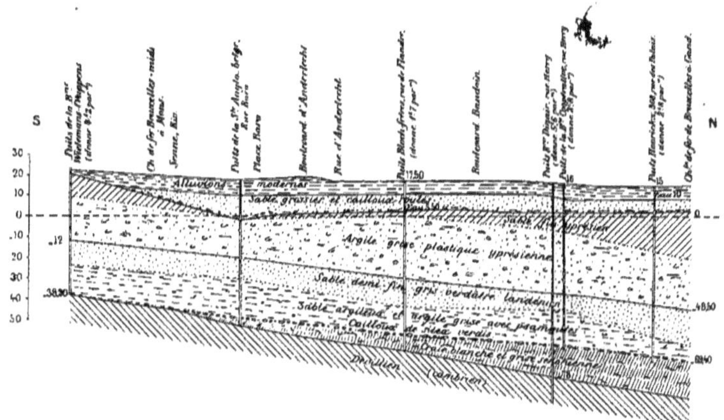

Fig. 269. — Coupe N.-S. à travers la ville de Bruxelles (d'après Halet).

De nombreux forages ont été creusés dans le sous-sol de Bruxelles et environs. Ils montrent qu'une crête de cambrien court du S. au N. en suivant à peu près la Senne, ce qui donne dans le bas de la ville une zone peu favorable pour l'abondance des eaux souterraines, tandis que l'O. (Cureghem, boulevard Léopold-II etc., etc.) est plus favorisé et a de l'eau principalement dans la craie. Je donnerai seulement dans la coupe N.-S. ci-jointe due à Halet l'allure des terrains sous la ville dans ce sens, et dans le petit tableau ci-dessous les résultats de quelques autres forages qui montrent l'allure en allant de l'E. à l'O. :

Forages à Bruxelles et banlieue (non jaillissants).

TERRAINS TRAVERSÉS	Nouvelle École Militaire (1903)	Prison cellulaire (1887)	Ixelles (1887) brasserie Lannoy	Hôtel des Téléphones rue de la Paille (1896)	184, Chaussée de Mons (1864)	Cureghem (1914) Meunerie Voghel (2)	Molenbeck-St-Jean rue d'Osseghem (1897)	Usine Dewaele Boulevard Léopold-II (1889) (3)	Lacken (Gros tilleul) (1904)
Cote du sol	79,88	86,91	63,0	40,0	0,81	22,0	35,0	0,91	57,0
Terrain rapporté et quaternaire (épaisseur)	3,50	6,91	6,85	5,85	14,80	14,62	30,85	13,60	17,0 (4)
Cote du toit : Des sables bruxelliens	— 67,38 (1)	80,0	56,15	34,15	»	»	»	»	40,0
Cote du toit : Des sables yprésiens	36,08	53,66	47,60	28,50	3,20	»	»	»	21,0
Cote du toit : De l'argile yprésienne	8,60	42,91	36,75	20,0	— 4,70	7,38	4,15	2,40	— 5,0
Cote du toit : Des sables verts landéniens	— 19,42	— 9,09	— 14,05	— 20,10	— 22,0	— 25,48	— 33,10	— 38,40	— 58,5
Cote du toit : De l'argile à psammites (landénien inférieur)	— 25,42	— 12,59	— 17,90	— 23,75	— 24	— 32,48	— 39,50	— 45,25	— 68,5
Cote du toit : De la craie (sénonien)	— 42,12	»	»	— 51,80	— 48,20	— 49,84	— 53,50	— 63,45	— 88,3
Cote du toit : Des phyllades cambriens	— 44,82	— 33,84	— 44,15	— 57,0	— 54,30	— 50,38	— 63,20	— 75,0	— 115,5
Cote du fond du puits	— 47,02	— 40,09	— 50,65	— 59,0	— 54,38	— 60,03	— 122,20	— 75,60	— 127,45
Profondeur totale	116,90	127,0	113,65	99,0	72,38	82,03	157,20	91,60	184,45
Niveau où se tient l'eau	53,18	»	»	»	»	»	»	»	17,0
Débit obtenu (en litres par seconde)	3,6	»	»	»	16,7	»	3,0	fort	faible

(1) On traverse à ce puits les sables lédiens sur 5m,70 et les lackéniens sur 3m,50 : le niveau de l'eau est celui de la nappe dans le bruxellien. La base du landénien donne une autre nappe à la cote de + 36,50.

(2) Il y a quatre autres forages aux environs, qui sont très semblables.

(3) L'eau vient en abondance de la craie : il en est de même au sondage Van Goethem, rue du Ruisseau.

(4) On traverse les sables lédiens sur 6 mètres, et les lackéniens sur 4 mètres. L'eau vient du landénien.

L'eau de distribution de la ville de Bruxelles a 28° hydrotimétriques dont 7° permanents, avec 386 milligrammes de résidu fixe (dont 267 de CaC^3O et 17 de chlore); les eaux des forages ont une composition assez voisine.

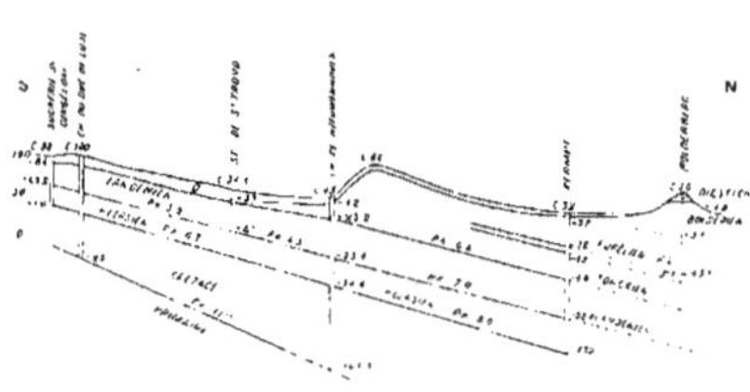

FIG. 270. — Coupe géologique de Gingelom au Bolderberg (30 kilomètres) par Saint-Trond, et forages (d'après Van ERTBORN). — Échelle des hauteurs environ 1/5.000. — Échelle des longueurs 1/200.000.

Au N. de Bruxelles, le toit du crétacique s'enfonce de plus en plus comme il a été dit plus haut (*fig.* 263), et comme le montrent encore mieux les deux coupes N.-S., *fig.* 270 et 271, passant l'une à l'E. par Saint-Trond et le Bolderberg, l'autre au centre par Alost, Termonde et Hamme. Il en résulte que seuls les forages profonds, dont ces coupes font voir les plus intéressants, vont encore au primaire ou au crétacé, et que le plus grand nombre s'arrêtent dans les différentes couches tertiaires

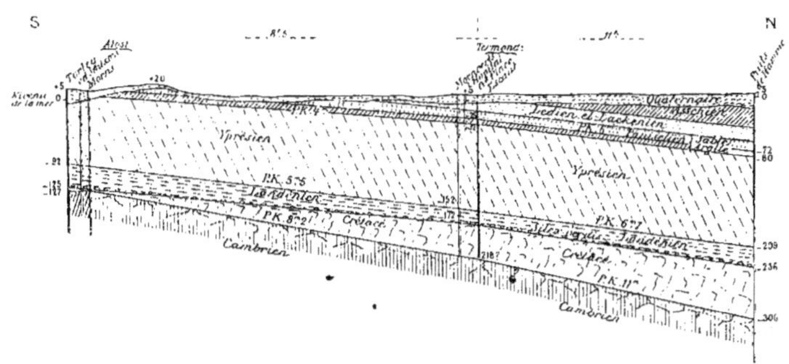

FIG. 271. — Coupe géologique S.-N. passant par les villes d'Alost, de Termonde et de Hamme et montrant les forages (d'après HALET).

(dont les plus récentes affleurent successivement, puis passent sous l'oligocène).

Dans la région de l'E. (Hesbaye et Limbourg), on trouve de suite le landénien sous le quaternaire, puis le crétacé (maestrichtien) sous le heersien (landénien inférieur), et l'eau vient surtout du crétacé. Ainsi deux forages de 46 et 56 mètres (1909 et 1910) à Gothem près de Heers ont traversé respectivement 32 mètres et 13m,50 de marne heersienne et donnent le premier de l'eau à 2m,80 sous le sol et le second de l'eau jaillissante

(2 litres par seconde). Près de Looz, à la limite avec l'oligocène, un forage de 1907 à Jesserem, un forage de 56 mètres traverse 34 mètres de heersien et donne une eau jaillissante (1/2 litre); à Overrepen (1911) et à Looz même (couvent Saint-Joseph) où l'on est plus haut, on traverse d'abord du tongrien avant d'arriver au heersien et on n'a que de l'eau assez profonde comme niveau. Enfin, près de Saint-Trond, un forage à Goyer (1908) de 55^{m},47 et un autre voisin à Hundelingen (1909) de 49^{m},50 traversent d'abord du tongrien, puis le landénien sur environ 30 mètres pour aboutir au sénonien, dont l'eau se tient à environ 10 mètres sous le sol : chacun peut fournir 3 litres par seconde.

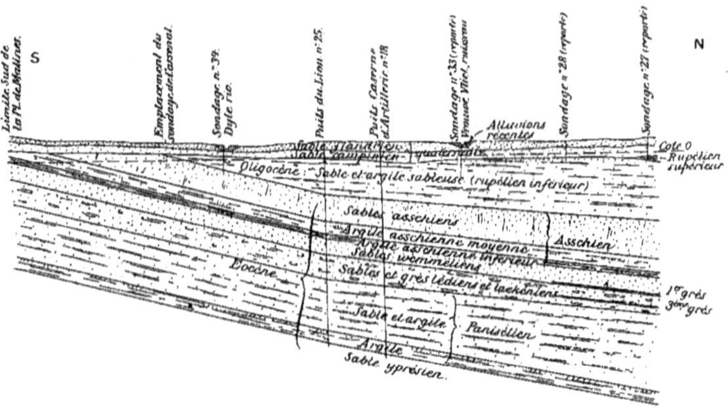

FIG. 272. — Coupe N.-S. sous la ville de Malines et principaux forages rencontrés (d'après HALET). — Échelle des longueurs 1/600.000. — Échelle des hauteurs 1/3.000.

Revenant vers l'O., nous trouvons Malines où il a été fait une cinquantaine de forages, dont aucun ne descend en dessous de l'yprésien. La coupe N.-S., empruntée à la belle étude de Halet ([1]), montre (*fig.* 272) la situation des couches tertiaires sous la ville. Sans parler des puits domestiques qui s'arrêtent dans les alluvions ou les sables flandriens et campiniens et qui sont tous mauvais, on rencontre de l'eau sur un ou sous plusieurs bancs de sables concrétionnés en forme de grès dans le wemmélien le lédien et le laekénien : il y aurait jusqu'à cinq grès, comme le montre le petit tableau suivant :

([1]) Voir pour les détails l'article de HALET, *Etude géologique et hydrologique des puits artésiens de la ville de Malines et de ses environs*, dans *Bulletin de la Société belge de Géologie*, t. XXIV, 1910.

PUITS FORÉS A MALINES	DATE	PROFONDEUR EN MÈTRES	PROFONDEUR SOUS LE SOL EN MÈTRES					PROFONDEUR DES SOURCES rencontrées	NIVEAU DE L'EAU sous le sol en mètres	QUALITÉ de L'EAU
			Du 1er grès	Du 2e grès	Du 3e grès	Du 4e grès	Du 5e grès			
Brasserie de la Dyle.	1879	131	38 à 40	»	»	»	»	38 à 40	»	»
Caserne d'artillerie..	1905	99	55,80	60,90	62,50	63,40	»	55 à 60	»	brunâtre.
Puits Janssens	1906	55,65	53	53,85	»	»	»	vers 53	3	industrielle.
id. Coenen	id.	45,50	44,65	45,10	»	»	»	sous 2e grès	1,50	id
id. Adriansens ..	id.	44	42	»	»	»	»	sous 1er grès	4	brunâtre.
id. du "Soleil"..	1910	64,70	59,80	61,40	62,45	63,70	64,70	sous 3e grès	3	très claire.
Magasin central	1907	50,60	47,30	50,60	»	»	»	sur 1er grès	8,50	potable.
Conserves "le Lion".	id.	94	53.50	55	58,70	60,50	»	sous 4e grès	6	claire.
Puits Empain (Battel)............	id.	107,60	54,30	56,70	58,50	60	62,35	»	»	»
Hôpital militaire ...	id.	95	52,50	53.70	54,80	56,70	58,70 et 61	vers 52 52 à 66	9,40 6,50	claire jaunâtre.

Il y aurait ainsi un niveau d'eau peu abondant dans le wemmélien sur le premier grès, puis dans le lédien un niveau sous ce grès et entre lui et le troisième qui donne des eaux de couleur brunâtre, enfin un niveau sous le troisième grès (eau claire) retenu par l'argile du sommet du panisélien. Ces eaux ont de 10 à 13° hydrotimétriques : l'eau brunâtre [1] se mêle facilement à l'eau claire. Quant aux forages qui sont allés jusqu'aux sables yprésiens, ils y ont trouvé de 93 à 100 mètres de profondeur une eau très douce (2 à 4°), qui jaillit à quelques mètres au-dessus du sol : chaque forage peut donner de 2 à 3 litres par seconde.

Plus à l'O. encore, on trouve : à Alost, cinq puits artésiens, où l'on passe directement du quaternaire dans l'yprésien (argile yprésienne sur 90 mètres environ d'épaisseur), puis dans le landénien (9 à 14 mètres de sables supérieurs, d'où vient une certaine quantité d'eau), le turonien (quelques mètres seulement), et enfin le primaire (quartzites devilliens), d'où vient l'eau; le toit du primaire serait ainsi aux environs de la cote —129. — Sous la ville de Termonde également, cinq forages, dont un fait par la ville en 1905 sous la Grand'Place : ce forage a 224m,25 de profondeur, traverse jusqu'à 38m,50 les sables lédiens, laekéniens et panisé liens, donne un peu d'eau de 44 à 55 mètres dans le dessus de l'yprésien, puis une venue plus importante montant jusqu'au sol à 95 mètres d'un banc de sable fin dans l'yprésien, puis une autre de 1 litre par seconde jaillissante venant des sables du sommet du landénien à 159 mètres de profondeur enfin une

(1) On la retrouve au même niveau à Boom, à Saint-Bomard, à Willebroeck, etc., etc.

autre venue de 1/2 litre également jaillissante et venant à 182 mètres de la craie blanche (dans laquelle le forage s'arrête à la cote — 218,25). Les forages des deux brasseries Mœnaerts et Callebaut ont donné des résultats très semblables, mais le second a trouvé le primaire à la cote 202,56, — la craie y ayant 28 mètres d'épaisseur; les deux autres forages se sont arrêtés dans l'yprésien à 42 ou 43 mètres de profondeur. A Lebbeke, à 4 kilomètres au S.-E. de Termonde, trois puits artésiens de l'yprésien à 54 mètres et du landénien à 110 mètres. — Sur la figure 273, on voit encore le forage de Hamme (1906), qui a 383 mètres et descend de 72 mètres dans le cambrien : l'eau jaillit à raison de près de 1 litre par seconde et viendrait surtout du landénien et du primaire; elle est très douce (1°,5), mais contient 538 milligrammes de Na Cl et 458 milligrammes de Na^2CO^3.

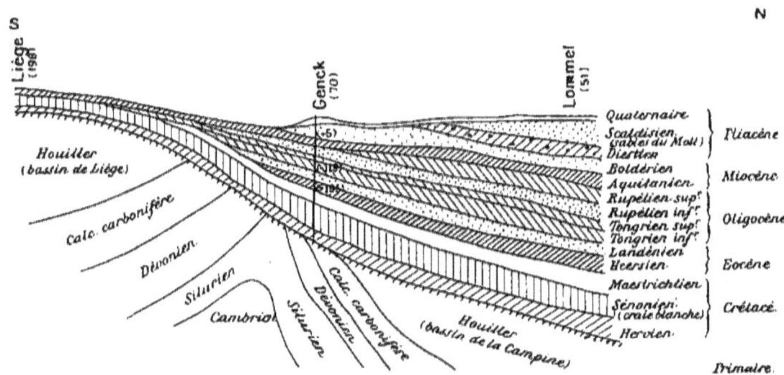

Fig. 273. — Coupes schématiques N.-S., de Liége à Lommel, de la Campine, et principaux niveaux d'eau dans la craie, les sables landéniens et les sables de Moll (d'après Rutot). — Échelle des longueurs 1/870.000.

En dernier lieu, après avoir traversé le lédien à Lede, au Betsberg, etc., etc., on arrive à Gand, où il y a un forage pour la ville et un pour l'usine Lousbergs (se reporter ainsi que pour ceux de Beernem et d'Ostende à la figure 263), de respectivement 277 mètres et 263 mètres de profondeur : après avoir traversé 131 mètres d'yprésien (dont 120 mètres d'argile) (¹), 33 mètres de landénien, 30 mètres de craie blanche sénonienne, ces forages qui donnent peu d'eau se terminent dans les phyllades et quartzites dévilliens. Il en est de même pour le puits de Beernem, qui a 351 mètres de pro-

(¹) La ville de Gand capte aussi les eaux du sommet des sables yprésiens par des galeries qui ont 6 kilomètres de développement ; mais elle est surtout alimentée depuis quelques années par les eaux de l'Intercommunale bruxelloise (eaux du Bocq et du Hoyoux).

fondeur, mais qui traverse d'abord 15^{m},27 de sables glauconifères paniséliens, — A Eecloo, le forage (de 1909) du couvent de Notre-Dame-aux-Épines descend à 378 mètres (toit du crétacé à — 251 et toit du primaire — 321), et a donné plusieurs venues d'eau jaillissante (de l'yprésien à 120 mètres de profondeur, du landénien à 235 mètres et au-dessous, puis du crétacé et du primaire), mais toutes trop chargées de sels (NaCl et $Na^{2}CO^{3}$ notamment) pour être potables. — A Bruges et environs, on s'est arrêté dans les sables paniséliens et yprésiens (forage de 51 mètres à Saint-Michel, puits bien alimenté de Varssenaere, etc., etc.).

Sur la plage maritime, on a aussi creusé des puits descendant au tertiaire, notamment à Mariakerke (forage de 196 mètres arrêté sous le landénien) à Ostende et à Blankenberghe. A Ostende, la ville fit forer dès 1858 un puits de 306 mètres de profondeur, qui ne donna en trois venues que 130 mètres cubes par jour d'une eau jaillissante, mais thermale et minérale, impropre à la boisson (toit du crétacé à — 201,5 et toit du primaire à — 294). En 1899, on en fora un autre au Royal Palace Hôtel, qui après 34^{m},30 de moderne et de quaternaire, a trouvé l'argile yprésienne sur 141^{m},50, puis le landénien supérieur (couches de grès dur) où on s'est arrêté à la profondeur de 185^{m},24 : il donne 1/3 de litre à la seconde à 2 mètres au-dessus du sol d'une eau salée (1^{gr},15 de NaCl) et très minéralisée (0^{gr},660 de $Na^{2}SO^{4}$, 0^{gr},785 de $Na^{2}CO^{3}$, etc., etc., bref 2^{gr},74 de résidu fixe).

2° *Zone de l'oligocène.* — Cette bande entre l'éocène et la Campine n'est constituée que par des couches sableuses peu épaisses (*sables et marnes de Baulersem, sables et marnes de Vieux-Joncs* séparés des précédents par les *glaises vertes de Hénis*, au tongrien ; *sables de Bergh* au rupélien inférieur) et ne contenant par suite que des nappes assez peu importantes. L'*argile de Boom* (rupélien) au-dessus est au contraire épaisse et étendue, d'où imperméabilité de la région : la base de cette argile, à la cote 0, passe par Saint-Nicolas, Boom, au S. d'Aerschot, de Diest et de Hasselt, et elle plonge vers E.-N.-E. ou N. Au-dessus les sables glauconifères de Boncelles (chattien) sont peu épais.

Quelques forages sont à signaler et s'adressent soit aux sables tongriens, soit aux nappes de l'éocène. Ainsi à Berg-les-Tongres, forage de 65^{m},50, non jaillissant, mais d'où on peut tirer 1 1/2 litre par seconde : sous le campinien, il traverse de suite le tongrien, dont la base contient des bancs de sable plus ou moins argileux et touche le maestrichtien à 65 mètres. — A Bilsen et Munster-lès-Bilsen, deux forages de respectivement 53^{m},90 et

97 mètres donnent une eau légèrement jaillissante, venant d'une couche de 15 à 20 mètres de sable tongrien inférieur au-dessus d'une marne heersienne épaisse. — A Kermpt, limite de l'oligocène (*fig.* 270), un forage touche au crétacé à — 139; à Zeelhem, où on commence dans le diestien, on s'arrête encore dans le landénien à — 123 (le bruxellien et l'yprésien manquent); à Aerschot, où ces terrains existent, on s'est arrêté aussi à — 125 dans le landénien, tandis que plus à l'E., à Waterloo, on est resté dans le bruxellien à — 160; à Heyst-on-den-Berg, à — 73 dans les sables du rupélien inférieur (sur l'asschien), etc., etc. : tous ces forages fournissent peu d'eau.

La ville de Diest (voir *fig.* 274) avait foré vers 1880 un puits de 96 mètres rue de Schaffen, qui, arrêté dans le bruxellien, avait d'abord donné 8 litres par seconde, mais au bout de quelques années il fut hors d'usage. En 1912, la ville en fit un autre à l'usine à gaz, pendant que la brasserie Buister-Peters en faisait aussi un plus au S. : le premier a 109 mètres et le second 102 mètres de profondeur, et ils s'arrêtent dans l'yprésien et donnent de l'eau qui monte à $0^m,54$ en-dessous du sol pour l'un et à $0^m,30$ au-dessus pour l'autre; avec un émulseur placé à $31^m,50$ de profondeur le puits de la ville donne régulièrement 11 litres par seconde pour un rabattement de 14 mètres. Après 4 mètres de quaternaire, ces puits traversent 43 mètres de diestien, 24 mètres de rupélien, 18 mètres d'oligocène inférieur (ou d'éocène supérieur), 15 mètres de bruxellien et 5 mètres d'yprésien (d'où vient la principale venue d'eau). Mais on est déjà en pleine Campine.

3° *Zone du néogène (miocène et pliocène) : Campine.* — Les couches plongeant vers le N., comme le montrent les coupes schématiques N.-S.

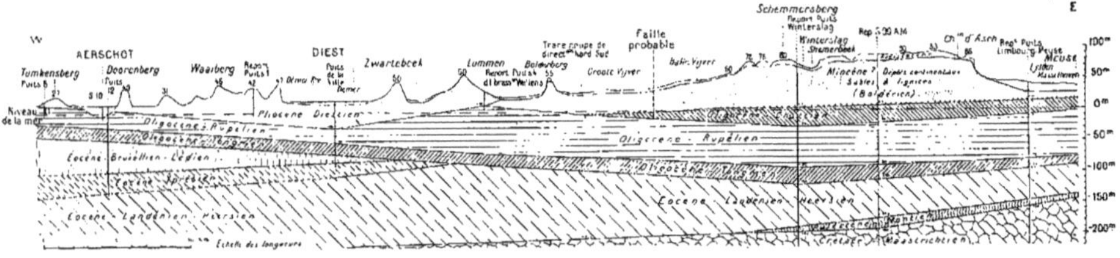

Fig. 274. — Coupe des formations tertiaires de la Campine suivant le parallèle 65.760 N. (d'après Halet).

(*fig.* 273) et O.-E. (*fig.* 274), l'oligocène se recouvre successivement des sables et graviers *boldériens* [1] (aquifères, mais peu épais), des sables

[1] Certains auteurs les disent encore oligocènes, d'autres miocènes.

glauconieux verdâtres *anversiens* (peu épais aussi et seulement différenciés aux environs d'Anvers); puis au pliocène des sables *diestiens* et des sables *scaldisiens* (*sables de Moll*) [1], dont l'épaisseur pour les deux formations assez faible au S. va en augmentant vers le N.; enfin, vient l'*amstélien*, comprenant à la base une couche argileuse assez constante dite *argile de la Campine* et au-dessus des sables qui sont déjà quaternaires. L'eau se trouve principalement dans les sables de Moll (scaldisiens et poederliens), retenue qu'elle est par les couches diestiennes (sables grossiers entrecoupés de lits argileux, souvent durcis en grès rouge ferrugineux) [2] : elle y est abondante et doit s'écouler vers la Hollande, une partie alimentant des sources sous-marines le long du littoral N., l'autre des puits artésiens assez nombreux aux Pays-Bas comme celui de la ville de Nimègue (80 mètres de profondeur). Le niveau hydrostatique reste au contraire à quelques mètres en dessous du sol en Belgique.

Depuis le premier sondage d'André Dumont à Asch (1901), la Campine a été trouée par de nombreux forages [3], qui traversant les morts-terrains sont allés au houiller. L'allure du toit du primaire a pu être ainsi déterminée (il va régulièrement de la cote — 100 sous Maestricht à — 400 sous Diest et — 700 sous Herenthals, etc., etc.), ainsi que l'épaisseur (variable) des morts-terrains : celle-ci augmente de E. à O. (de 400 mètres environ à la Meuse à près de 800 mètres dans la province d'Anvers), et comprend dans l'E. des sables tertiaires aquifères et du crétacé, alors que dans l'O (Anvers) les argiles rupélienne et tongrienne dominent, avec le sénonien et le hervien en-dessous. Beaucoup de forages ont trouvé des eaux jaillissantes abondantes entre 300 et 500 mètres, provenant surtout des sables landéniens et de la craie (heersien, assise de Spiennes, etc., etc.).

Si nous nous en tenons aux eaux des *sables de Moll*, elles doivent former une réserve abondante et qui s'étend en Campine sur 650 kilomètres carrés : MM. Putzeys frères et Rutot avaient proposé [4] d'y puiser pour l'alimentation des Flandres, et un puits d'essai, avec élément filtrant à lames de verre, foncé à Moll à $25^{m},70$ de profondeur (dont $17^{m},20$ de partie filtrante) avait pu donner un débit proportionnel au rabattement, allant à 1.080 mètres cubes par jour (pour 5 mètres de rabattement). Bon nombre de puits en service : celui d'Esschen, où on pompe 400 mètres cubes

(1) La partie supérieure du scaldisien prend aussi le nom de *poederlien*.

(2) Ces terrains affleurent le long du Démer, notamment autour d'Aeschot et de Diest.

(3) On en trouvera le détail dans les *Annales des Mines de Belgique* et le *Bulletin de la Société belge de Géologie* (depuis 1901 jusqu'à 1926, t. XXXVI).

(4) On a vu que ce sont les eaux de l'Intercommunale (bassins calcaires du Bocq et du Hoyoux) qui ont été choisies.

par jour, les quatre puits de Turnhout donnant chacun 625 mètres cubes, celui de Montaigu (près Diest) 700 mètres cubes, etc., etc. L'eau de ce niveau est assez chargée de fer et il faudrait souvent la *déferriser*.

Le néogène s'étend sous les sables quaternaires dans la partie orientale de la Hollande et dans la plaine rhénane inférieure. Dans cette dernière, on distingue un groupe supérieur dit *oolithe silicifiée* et un inférieur dit *formation à lignites*, correspondant — mais avec des différences — au scaldisien et au diestien : sous les couches (imperméables) du *niveau principal à lignites*, on retrouverait les sables marins de l'oligocène supérieur, mais on ne semble pas y avoir cherché d'eau. Un certain nombre de sondages ont été pratiqués pour recherche de houille le long de la frontière allemande jusque dans les provinces d'Over-Yssel et de Drenthe, mais ils montrent surtout la profondeur où on trouve le crétacé et les autres terrains sous-jacents (1). Le néogène se continue par les petits bassins de Cologne et de Borm, où la formation lignitifère est imperméable.

d) **Tertiaire en Angleterre (S. et S.-E.)** (Voir tableau VII, colonne 4, et les *fig.* 157 à 161). — Comme il a été dit à propos de la craie supérieure, le tertiaire n'est représenté en Angleterre que par l'éocène des bassins de Londres et de Southampton (ou plutôt du Hampshire) et par le pliocène de la côte orientale (le miocène manque). Outre l'inclinaison de ces couches, nous avons signalé déjà les relations de leurs eaux, notamment celles des sables de Thanet, et des couches de Reading, avec la craie.

1° *Éocène et oligocène.* — Les *sables de Thanet* (sables glauconieux, blancs ou gris, assez argileux) ne sont guère représentés au N. et O. de Londres, tandis qu'à l'E. ils atteignent 20 mètres d'épaisseur : l'eau y circule dans de petites cassures et gagne la craie. Lorsque la base des *couches de Woolwich* ou *de Reading* est sableuse, leur eau se mêle aussi à la précédente et suit le même sort. Toujours à l'E. de Londres et dans parties du Kent et du Surrey, on trouve encore en dessous de l'argile de Londres les couches dites d'*Oldhaven* (sables), comme à Herne Bay, et de *Blackheath* (gravier) comme à Chislehurst et Bromley (2), qui contiennent un peu d'eau.

L'yprésien est représenté par l'*argile de Londres*, imperméable et que les puits et forages doivent traverser pour trouver l'eau des formations

(1) Pour les détails sur ces sondages, se reporter au livre publié en 1909 par M. Van Waterschoot van der Gracht.

(2) Les cailloux de ces graviers sont parfois cimentés et portent le nom de *pudding-stone*.

inférieures. Son épaisseur varie dans le bassin de Londres d'une dizaine de mètres à Newbury (et même moins plus à l'O.) à 135 mètres : sous Londres même elle est de 30 à 45 mètres [1]; dans l'île de Wight et sur la côte S. elle a 260 à 100 mètres. Le rôle hydrologique du *London clay* est facile à comprendre : retenir l'eau dans les sables de Bagshot sus-jacents, et assurer l'artésianisme de l'eau du thanétien et de la craie.

Les *séries de Bagshot* (lutétien et bartonien) comprennent quatre étages, avec deux niveaux d'eau bien marqués dans les *sables inférieurs* et les *sables supérieurs de Bagshot* (ces derniers dits aussi *Barton sands*); entre les deux, se trouvent l'argile bartonienne (quand elle existe), imperméable, et en-dessous d'elle les *Bracklesham beds*, sables verdâtres avec bancs argileux intercalés qui contiennent aussi de petits niveaux d'eau, mais moins sûrs que les deux autres. L'épaisseur de ces couches est très variable entre les deux bassins, comme on le voit ci-dessous :

		BASSIN DE LONDRES	BASSIN DU HAMPSHIRE et ILE DE WIGHT [2]
Séries de Bagshot.	Barton sands	30 à 90 mètres	42 à 60 mètres
	Barton clay	manque	48 à 75
	Bracklesham beds	12 à 18 mètres	45 à 200
	Bagshot beds (lower sands)	15 à 36	30 à 200

Enfin, les formations plus récentes (ludien, sarmoisien et stampien) n'existent plus que dans le bassin du Hampshire et l'île de Wight : les *Headon beds* et *Osborne beds* et le très mince *calcaire de Bembridge*, que souvent on rattache à l'oligocène, contiennent un peu d'eau; mais les couches oligocènes au-dessus, *Bembridge marls* et *Hamstead beds*, sont imperméables.

Les niveaux d'eau du tertiaire ainsi placés ne sont pas très abondants : ils suffisent pour alimenter des puits et un certain nombre de sources [3],

(1) Ainsi un forage récent à Holloway (Islington) a trouvé : 6 mètres de sol remanié, 39 mètres de London clay (argile jaune et bleue), 12 mètres d'argile et 10 m,7 de sable formant les Reading beds, 1 m,5 seulement de sables de Thanet, et ensuite la craie où on est descendu de 68 mètres.

(2) La grande épaisseur des sables de Bagshot dans l'île de Wight est dans la partie O, tandis que la grande épaisseur des lits de Bracklesham est dans la partie E.

(3) Les sources des Bagshot sands sont assez importantes dans le Hampshire et le Berkshire : près de Farnham (Surrey), on cite la source de Worthfleet qui donne 330 litres par seconde d'eau très douce (2° hydrotimétriques.) — Le London clay donne naissance à quelques sources minérales, qu'on appelait *Spas* : les *Surrey Spas* étaient nombreuses, mais elles sont aujourd'hui presque toutes abandonnées, même celle d'Epsom, célèbre par le sel $MgSO^4$.

mais pour une alimentation importante les grands puits et forages vont jusqu'à la craie. Je ne connais guère que la ville de Cowes (N. de l'île de Wight) qui tire une partie de son eau de puits dans les *Headon beds*. Les *sables de Bagshot* donnent une quantité d'eau assez notable dans le S.-E. du comté d'Essex; mais pour la côte E. de ce comté une grande compagnie de distribution d'eau, la Tendring Hundred Waterworks C°, qui alimente vingt localités (dont Harwich, Frinton-on-Sea, Walton-on-Naze, etc., etc.), recourt à des puits profonds dans la craie à Mistley.

L'eau des formations tertiaires, sableuses, est douce, — quelquefois ferrugineuse (sables de Bagshot) ou malodorante (Bracklesham beds) : en se mélangeant dans une certaine proportion avec l'eau de la craie, elle adoucit cette dernière.

Je rappellerai en terminant que dès 1867 Macneill, remarquant les qualités filtrantes des *sables de Bagshot*, avait proposé d'en faire un filtre immense qu'on aurait arrosé avec l'eau de la Tamise et dont on aurait recueilli le produit pour Londres par des galeries ou des lignes de puits. Récemment, Bryan a fait de l'infiltration artificielle au Lea Bridge, en faisant pénétrer dans la craie les eaux de la rivière Lea et maintenant ainsi le niveau élevé de la nappe souterraine. La pénétration des eaux de surface dans la craie peut se faire soit par les affleurements de la roche crayeuse ou des sables thanétiens sur les coteaux, soit par des puits perdus absorbants (*dumb wells*).

2° *Pliocène*. — Il occupe une bande N.-S. le long de la côte des comtés de Norfolk et de Suffolk. On y distingue, en allant de l'O. à l'E., les étages ci-après : le *crag corallin*, sables coquilliers parfois agglutinés, retenant l'eau au-dessus du London clay; le *crag rouge*, sables coquilliers rouges (gris en profondeur), avec un autre niveau d'eau, souvent confondu avec le suivant; les *Norwich crag series*, sables et graviers avec lits de coquilles et avec des bancs argileux intercalés ou superposés (*Chillesford beds*), qui contiennent à la base une assez belle nappe d'une eau rendue impure par la présence de lignite ou de tourbe : enfin les *Forest bed series*, très peu épaisses et sans importance hydrologique. Le peu d'épaisseur des couches pliocènes les empêche d'avoir des nappes puissantes : aussi je ne connais qu'Aldeburgh (Suffolk) qui s'y adresse par tranchée et puits dans le crag corallin. C'est encore à la craie que d'autres villes comme Ipswich s'adressent pour avoir de l'eau en abondance.

L'eau du crag pliocène est moyennement douce.

2° BASSIN DU SUD-OUEST DE LA FRANCE : AQUITAINE

(Voir colonne 6 du tableau VII.)

Le grand golfe d'Aquitaine, entre le revers S.-O. du Massif central et le revers N. des Pyrénées, a été rempli après le dépôt du crétacé par les couches tertiaires, lesquelles s'inclinent ainsi d'une part vers O. ou S.-O., et du côté pyrénéen vers le N. (avec les relèvements produits par différents dômes, comme le dôme de Saint-Sever déjà signalé, et par les plissements ayant produit des anticlinaux et des synclinaux orientés N.-O. — S.-E.). Toutefois les couches sont moins régulières comme composition et moins continues en étendue que dans le bassin anglo-parisien, en sorte que les nappes aquifères y sont aussi plus localisées et plus difficiles à décrire : on ne devra donc pas conclure des exemples donnés ci-après à ce qui se passe à d'autres endroits [1].

1° et 2° *Zones de l'éocène et de l'oligocène* (*nummulitique*). — C'est d'abord pour l'éocène la région située au N.-E. de la Dordogne et au S. du crétacé (qui s'entremêle avec le nummulitique); puis les hautes vallées du Dropt et de ses affluents; puis une bande étroite à l'O. des causses (environs de Lalbenque); enfin deux grandes surfaces séparées l'une de l'autre par la Montagne Noire, l'une du Tarn (Albi, Gaillac, Castres, etc., etc.), l'autre de l'Aude (Carcassonne, Castelnaudary, Limoux) se prolongent vers Béziers jusqu'à se joindre avec le tertiaire du bassin du S.-E. venant de Montpellier. Quant au revers N. des Pyrénées, l'éocène y occupe des bandes étroites discontinues (le long du Gave de Pau notamment) ou des pointements isolés au S. de l'Adour (environs de Saint-Sever, de Dax, etc., etc.).

Pour l'oligocène, c'est presque toute l'étendue comprise entre la Dordogne, puis le Lot, au N. jusqu'à la Garonne au S. : à l'E., il est formé principalement des *sables du Périgord* et du *grès de Bergerac* reposant par l'intermédiaire d'une couche d'argile sidérolithique sur le crétacé (voir *fig.* 275); mais à l'O. (Bordelais), ces formations se transforment et deviennent les *mollasses du Fronsadais* (avec intercalation du calcaire de

[1] Une autre difficulté résulte aussi de ce que les géologues ne sont pas toujours d'accord sur l'âge exact des couches : ainsi les uns mettent l'aquitanien (avec les calcaires de l'Agenais) dans le miocène, d'autres dans l'oligocène (Voir notamment la discussion sur l'aquitanien entre MM. Dollfus et Répelin in *Bulletin de la Société Géologique de France*, 1911 et 1912, ainsi que l'étude de Dollfus sur la *Mollasse de l'Armagnac*, même *Bulletin* 1915).

Castillon) et de l'Agenais, puis le *calcaire à Astéries* (stampien) et au-dessus de lui à la limite avec l'aquitanien l'étage que Dollfus appelle *kassélien*. L'oligocène supérieur plonge vers l'O. sous l'aquitanien, bientôt recouvert

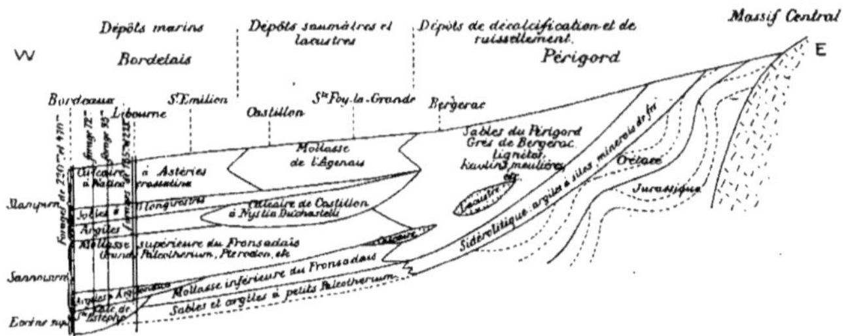

Fig. 275. — Coupe schématique E.-O. montrant les principaux changements de facies de l'oligocène et l'éocène supérieur dans la Dordogne et une partie de la Gironde (d'après Glangeaud).

lui-même par le pliocène des Landes (au N. de Nérac) ou les mollasses de l'Armagnac (E. et S. de Nérac). — Voir la figure 276 qui donne une coupe N.-S. de la région de Bazas et de la vallée de la Garonne.

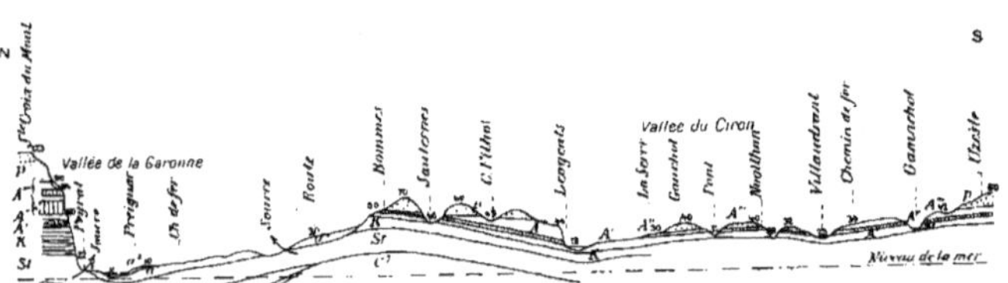

Fig. 276. — Coupe N.-S. de la région de Bazas, Sauternes et Sainte-Croix-du-Mont (d'après Dollfus). — Échelle des longueurs 1/225.000. — Échelle des hauteurs 1/8.000.

C', craie de Landiras (danien); — s_1, stampien (calcaire à Astéries); — K, kassélien (oligocène supérieur) (marnes à *Unio*, calcaire blanc, mollasse moyenne de l'Agenais); — A, aquitanien (miocène inférieur); — A', marnes de la Brède, A'', calcaire gris, A''', calcaire de Bazas; — *p*, sables des Landes; — a^1, diluvium de la Garonne; — a^2, alluvions récentes.

Les nombreuses alternances de couches sablo-gréseuses, calcaires et argileuses de ces formations engendrent des niveaux d'eau assez nombreux variables d'un point à un autre comme les couches elles-mêmes. Aussi ne m'arrêterai-je qu'aux plus constants, savoir : 1° dans l'yprésien, les grès et sables à nummulites : c'est la nappe la plus profonde à laquelle les puits artésiens du Bordelais se sont adressés; 2° dans les calcaires lutétiens (calcaire de Blaye à *Alveolina elongata*), lorsqu'ils sont suffisamment développés, comme cela arrive au N. de Bordeaux [1]; 3° à la base des sables du Périgord et du grès de Bergerac, ou dans le calcaire de Castillon; 4° dans le calcaire à Astéries, assez épais pour contenir le plus beau niveau de la région bordelaise.

Les sables et grès yprésiens n'apparaissent guère en affleurements qu'en quelques lambeaux sur les deux rives de la Gironde; mais en profondeur un certain nombre de forages qui ont entre 200 et 250 mètres de profondeur, y ont rencontré une nappe artésienne, le plus souvent jaillissante. Ainsi je puis signaler (en allant du N. au S.) *rive gauche:* un forage à Lesparre, deux à Pauillac (270 mètres), un à Loudenne, un à Fumadel, un à Cussac (290 mètres), un forage à Lamarque (177 mètres en face de Blaye), un de 140 mètres dans Blaye même, deux à Soussans (120 mètres), un à Margaux (163 mètres), trois à Parempuyre, un à Macau, trois au bassin à flot du port de Bordeaux [2], un à Bègles (313 mètres), un à Portets à très fort débit; puis en allant à 9 kilomètres à l'O. de Bordeaux au domaine de Beau-Désert un grand forage pratiqué en 1918 par l'armée américaine et descendu à 463^{m},30 de profondeur (il a trouvé les sables yprésiens entre 441 et 446 mètres et on a pu en extraire par émulsion 32 litres par seconde). Sur la *rive droite*, trois forages jaillissants près de Bourg-sur-Gironde, un à Prignac, un à Saint-Gervais, un à Montferrand, deux jaillissants et donnant chacun 35 litres par seconde forés à 214 mètres de profondeur au Camp de Bassens par l'armée américaine en 1918, un à Bordeaux-Bastide qui a 314 mètres de profondeur et donne 37 litres par seconde du niveau de 244 mètres, trois à Florac et Bouliac (au S. de la Bastide) et un non jaillissant à Carignon à l'E. des précédents, un à La Réole (228 mètres de profondeur, donnant 35 litres à la seconde à la cote + 17), un à Cadillac (202 mètres de profondeur, donnant 100 litres

(1) Voir pour les détails sur le Bordelais et le Médoc les deux articles de Benoist, dans les *Actes de la Société linnéenne de Bordeaux*, vol. XLII, 1888.

(2) Ces trois forages ont 220 mètres de profondeur et traversent, entre diverses couches d'argile et de sables, deux premiers bancs calcaires, l'un entre 77^{m},10 et 88^{m},20 qui paraît correspondre au calcaire de Saint-Estèphe, l'autre entre 90^{m},65 et 105^{m},64 en calcaire de Plassac, puis un autre banc calcaire entre 166^{m},92 et 186^{m},84 qui correspondrait au calcaire de Blaye (subdivisé à Blaye en deux ou trois étages): ils entreraient dans les sables yprésiens à 261 mètres de profondeur. Le puits n° 1 retubé en cuivre à 0,160 en 1905 débitait 4.060 mètres cubes par jour à la cote + 4,10 et 2.396 mètres cubes à + 5,30; le n° 2 donnait un peu moins et le n° 3 un peu plus. L'eau de ces puits a 31° hydrotimétriques, dont 25° permanents (et 0^{gr},26 de NaCl). Elle est à 18° température. Un autre forage, au Parc, est descendu à 470 mètres dans les grès à Orbitoïdes; il y aurait une faille entre les précédents et lui.

(3) Ce puits non jaillissant commencé à 0^{m},406 de diamètre a été terminé à 0,152. La pente des couches entre Bordeaux et Beau-Désert serait donc de 240 mètres (pour les 9 kilomètres).

par seconde à 3 mètres au-dessus du sol, cote + 11) et un second foré en 1926 également à Cadillac.

Pour ne plus revenir aux puits artésiens de cette région, il faudrait encore citer ceux de Libourne, de Fronsac et de Langon, mais n'ayant que de 107 à 135 mètres de profondeur ils s'arrêtent à la limite de l'oligocène et de l'éocène (celui de Libourne non jaillissant peut fournir près de 30 litres par seconde à la cote + 7 et celui de Langon 18 litres) (1). Quant au grand forage pratiqué en 1911 à Agen à 351 mètres de profondeur, il a traversé la mollasse moyenne de l'Agenais de + 45 à — 117, le stampien de — 117 à — 210 (avec une première venue d'eau jaillissante à — 156 dans les sables gris), le tongrien inférieur et le sidérolithique de — 210 à — 270 (avec deux venues dans des sables); mais là, l'éocène manquant, il est entré directement dans un calcaire lithographique du jurassique supérieur, d'où deux fortes venues d'eau jaillissantes, sont apparues à — 283 et au fond à — 306. Enfin, dans la région du bassin d'Arcachon, les grands forages des Abatilles (20 litres à la seconde), de l'île des Oiseaux, de Mestras, de Lège, de Claouey, de Piquey, du cap Ferrat et autres qui s'adressent surtout aux nappes de l'éocène supérieur et moyen.

Le niveau d'eau des calcaires lutétiens n'est pas très intéressant. Dans les environs de Blaye, où ils reposent directement sur la craie de Royan, ils affleurent dans la vallée de la Gironde et y alimentent quelques sources; mais les bancs argileux qui les recouvrent (argile à *O. cucullaris*, marnes vertes, puis au-dessus du calcaire de Saint-Estèphe, marnes à Anomies et marnes de Fronsac) les empêchent de recevoir beaucoup d'eau. L'imperméabilité augmente encore plus à l'E. entre Isle et Dronne, dans la *Double* marécageuse (marnes sans doute auversiennes). Si on se transporte ensuite sur le rebord S.-O. du Massif Central dans le bassin d'Albi et de Castres, on retrouve un lutétien supérieur calcaire, surmonté des marnes et argiles rouges de Vindrac (*argiles à graviers*) et de la mollasse du Castrais (ludien), puis de l'importante assise du *calcaire d'Albi* à Mélanies (à la limite de l'éocène et de l'oligocène) : au-dessus, le calcaire de Mas-Saintes-Puelles et de Saint-Paul, puis la mollasse de l'Agenais ou à sa place le calcaire de Cieurac ou celui de Cordes (sommet du stampien), qui est puissant et étendu. Les vallées ouvertes dans ces calcaires y ont des sources

(1) A Branne, près de Libourne, il y a aussi un puits artésien, foré en 1909, avec 250 mètres de profondeur, il descendrait à l'yprésien.

A Libourne même, on vient (1928 et 1929) de forer deux nouveaux puits, à proximité de l'ancien, ils descendent plus bas (270 et 297 mètres) jusque dans les sables yprésiens et ont donné au début 55 à 60 litres par seconde chacun, mais le débit se réduit fortement.

comme la fontaine de Verdusse qui naît dans l'intérieur de la ville d'Albi et plusieurs sources du stampien dans celle de Gaillac. (La mollasse de l'Agenais et le calcaire de Cordes s'étendent d'ailleurs de Gaillac à Montauban dans la boucle du Tarn et donnent des sources aux affleurements calcaires dans le cañon de cette rivière : source des Planques à Montauban même).

Enfin, au S. de la Montagne Noire, le bassin de Carcassonne forme un grand synclinal dont la figure 277 représente une coupe N.-S. au droit de Castelnaudary, tandis que la figure 278 représente une coupe plus locale

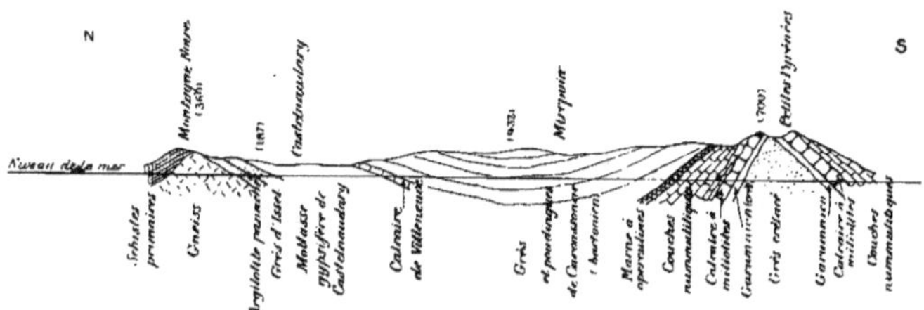

Fig. 277. — Coupe N.-S. du bassin éocène de Carcassonne (d'après Leymerie). Échelle des longueurs 1/750.000.

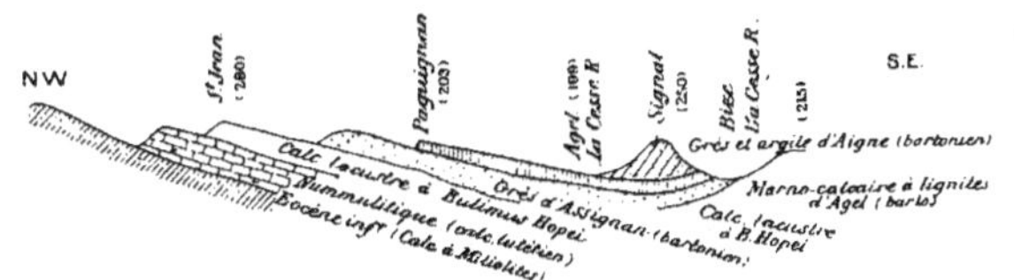

Fig. 278. — Coupe du synclinal éocène du Minervois. — Échelle des longueurs 1/120.000.

située beaucoup plus à l'E. au travers du Minervois. Les calcaires nummulitiques (lutétiens) de la base de l'éocène contiennent de l'eau dans leurs fissures, et on y connaît des grottes (*tunnels de Minerve*, *grotte de Bize*) et des engouffrements, ainsi que le lit souterrain où la Cesse se perd sur 1.900 mètres de longueur (une partie même de ses eaux irait sortir dans une autre vallée à 20 kilomètres de distance) (¹); toutefois ces calcaires plongent souvent trop vite et deviennent trop profonds. Au-dessus des marnes à operculines qui recouvrent le calcaire nummulitique et qui re-

(¹) On sait qu'à Caucalières, entre Castres et Mazamet, le Thoré a commencé à se creuser aussi un lit souterrain dans les calcaires (éocènes) de sa rive droite : en basses eaux, il s'y perd tout entier. Il y a également des grottes à Sorèze, au pied de la Montagne Noire.

Dans l'Ariège, le calcaire à miliolites (thanétien) a aussi des grottes, comme celle du Maz d'Azil, et des rivières souterraines, comme celle du Pas du Portel.

tiennent l'eau, les grès appelés grès d'Issel, de Carcassonne, de Palassou, d'Assignan, etc., etc., contiennent aussi un niveau d'eau (ou plusieurs séparés par des bancs marneux); mais ils deviennent aussi assez profonds pour que très peu de puits s'y adressent.

On s'adresse peu également aux sables du Périgord et au grès de Bergerac, qui sur une vingtaine de mètres d'épaisseur présentent des alternances avec des couches d'argile à silex et de lignite : ils couronnent les collines, mais sont souvent recouverts d'argile à silex (qui empêche l'eau des pluies d'y pénétrer). Le calcaire de Castillon, peu développé dans le Périgord, mais plus dans le Bordelais, et le calcaire lacustre de Monbazillac

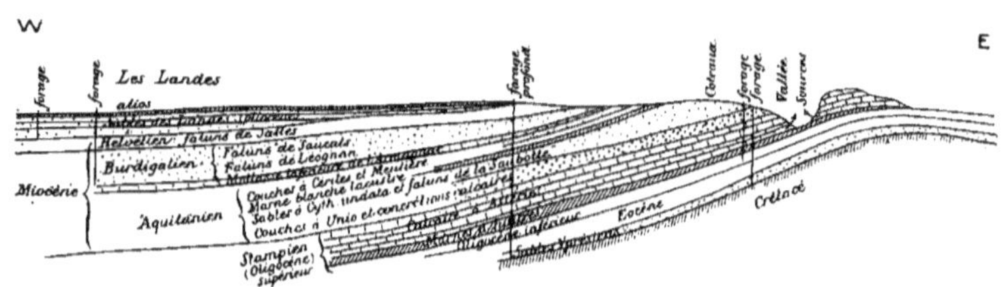

Fig. 279. — Coupe schématique E.-O. au travers des Landes et du Bazadais (origine des sources du calcaire à astéries et niveaux d'eau où puisent les forages artésiens).

contiennent un peu d'eau; mais c'est au calcaire à Astéries (*fig.* 279) qui a à sa base une couche imperméable de *marnes à huîtres* qu'il faut rapporter la plupart des sources de l'Aquitaine. Ce calcaire qui reçoit aussi les eaux de pluies tombées sur les couches perméables de l'aquitanien qui le surmontent, est fissuré et caverneux comme les autres, ainsi que le prouve l'existence de grottes comme celles des Tournelles, de Boutigues (Lot-et-Garonne) la grotte des Fées (sources de Neuffonds, réapparition de l'Avance qui se perd à 3 kilomètres à l'amont), à Casteljaloux, etc., etc., et de sources vauclusiennes, comme celle de Podensac (qui donnerait 250 litres par seconde, mais tomberait à moins de moitié en basses eaux) : c'est dire qu'il conviendra d'entourer les sources de cette origine d'une protection sérieuse.

C'est ce que fait la ville de Bordeaux pour les deux groupes de sources dites du Taillan et de Budos et Bellefont qui l'alimentent. Les sources du Taillan ont été captées dès 1854 dans le vallon de la jalle de Saint-Médard, à 12 kilomètres au N.-O. de Bordeaux : elles donnent (quatre groupes ensemble) de 180 à 320 litres par seconde. Les sources de Budos, situées à 41 kilomètres au S. de Bordeaux, ont été amenées en 1888, et on y a ajouté en 1893 les sources de Bellefont situées à Saint-Selve près du passage de l'aqueduc : les premières donnent de 280 à 380 litres par seconde, les autres de 38 à 80. Ces eaux ont de 17 à 21° hydrotimétriques, dont 5 à 6° permanents : 210 à 256 milligrammes de résidu fixe, 79 à 102 de CaO, 28 de chlore et des traces seulement de MgO et de H^2SO^4. La source de Cap-de-Bos captée par la Société Lyonnaise pour les villes et voisines de Caudéran est de même nature.

Notons que l'éocène réapparaît au S. de l'Adour (Chalosse) en correspondance avec les dômes de Saint-Sever, Tercis et autres : on trouvera donc quelques sources aux affleurements des mêmes niveaux que ci-dessus ([1]).

3° *Zone du miocène.* — Les coupes ci-dessus (*fig.* 276 et 279) nous font déjà voir la constitution de l'Aquitaine et les différentes couches de l'aquitanien, du burdigalien et de l'helvétien. Ce sont des alternances de faluns (sables coquilliers, généralement assez aquifères), de mollasses et de bancs marneux, et on trouve ainsi plusieurs niveaux d'eau : ainsi dans les calcaires blanc et gris de l'Agenais sur des couches d'argile à potamides à leur base ; dans les faluns de Léognan au-dessus de la mollasse lacustre inférieure de l'Armagnac (c'est le niveau le plus constant) ; à la base du calcaire de Sansan (helvétien) dans l'Armagnac ; à la base des faluns de Saubrigues (tortonien) dans les Landes. Le miocène se termine d'ordinaire par une couche de *glaises bigarrées*, qui le sépare des sables des Landes et retient l'eau dans ces derniers.

Pour cette raison, les sources des niveaux du miocène sont assez faibles. Les plus belles paraissent être celles qui sortent en pleine ville de Mont-de-Marsan (fontaine du Bourg) des faluns de Léognan : elles donnent 76 litres par seconde et varient peu (degré hydrotimétrique 14°, résidu fixe 200 milligrammes, $CaOCO^3$, 62 à 72, $CaSO^4$ 42 à 48 milligrammes). Les sources d'Auch, captées par drainages dans les vallons de Bordenave, Péjoulin et Carlès, sont bien moindres et tombent en été à 2 litres par seconde et même moins (il faut y ajouter de l'eau du Gers). Aux environs de Dax, il y a un bassin miocène, dont la coupe N.-S. est donnée par la figure 280 d'après Welsch, et où les faluns de Saint-Avit et Saint-Paul correspondent à ceux de Léognan et ceux à *Cardita-Jouannetti* à ceux de Salles ; mais ce qu'il y a de plus intéressant ici, c'est la faille des Baignots et

([1]) Je signalerai aussi que la ville de Biarritz a fait deux puits artésiens près du lac Mouriscot, l'un de 30 mètres arrêté dans les calcaires nummulitiques, l'autre de 104^m,65 qui traverse le calcaire danien et s'arrête dans les marnes du trias : chacun donne 30 litres par seconde.

les pointements d'ophite qui amènent au jour les eaux profondes du crétacé (source de la Nèhe qui débite 28 litres par seconde d'eau à 60°) : la petite source de Pichetéoule qui vient du miocène supérieur, tombe à 1/2 litre en été. Quant à la ville de Dax, elle amène l'eau peu profonde du pla-

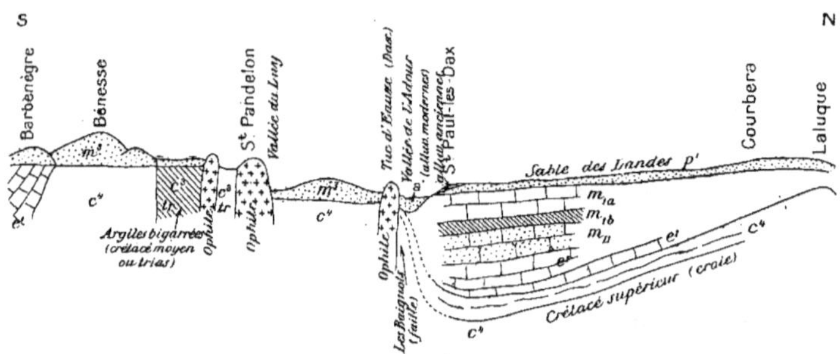

FIG. 280. — Le miocène et les pointements d'ophite aux environs de Dax. Coupe N. S. montrant la faille des Baignots (sources chaudes à 60°) (d'après WELSCH).

d^1, sable des Landes (en dessous glaises bigarrées) (de 50 à 70 mètres) (à Gourbera, 10 à 14); — m^3 sables fauves et faluns à Cardita-Jouannetti (jusqu'à 25 mètres); — m^1, mollasses et calcaires lacustres de l'Armagnac (20 à 30 mètres vers Saint-Sever) (pas aux environs de Dax); — m_{1a}, faluns de Saint-Avit ou de Saint-Paul-les-Dax (20 à 40 mètres); — m_{1b}, mollasse lacustre de l'Agenais (10 mètres); — m_{II}, faluns de Gaas; — e^1, nummulitique, marnes et calcaires marneux (éocène) (40 à 60 mètres).

teau pliocène (sable des Landes) de Herm-Gourbera, situé à 11 kilomètres au N, captée par une galerie de 650 mètres de long et 3 à 4 mètres de profondeur.

4° *Zone du pliocène: sables des Landes.* — Ces sables, d'une épaisseur variant entre 30 et 45 mètres, sont loin d'être homogènes: la partie supérieure est caractérisée par le banc dur et imperméable de 0m,40 à 0m,50 d'épaisseur qu'on appelle *alios*, et qui est formé de grains quartzeux agglutinés par des matières organiques et un ciment d'oxyde de fer hydraté; en dessous vient un sable blanc aquifère (dans lequel Chambrelent a conseillé de descendre des puits filtrants de 4 à 5 mètres de profondeur); puis des alternances de couches sableuses et de couches argileuses, voire même de bancs calcaires (ainsi que l'ont montré une cinquantaine de forages de reconnaissance faits par la ville de Bordeaux dans le domaine des Anguilles, près de Gazinet, pour le projet Lidy, resté jusqu'ici inexécuté). Ces forages, ainsi que ceux pratiqués par l'armée américaine du domaine de Beau-Désert (six forages d'environ 30 mètres de profondeur et 0m,254 de diamètre donnant chacun 15 litres par seconde), prouvent que l'eau est abondante dans toutes les couches sableuses : elle y est souvent ferrugineuse, mais il serait facile de la déferriser. Où va l'eau souterraine de ce vaste plateau landais? Sans doute ressort-elle, du moins en partie, pour alimenter les étangs qui bordent le littoral (l'étang de Cazau notamment paraît une cuvette d'aboutissement de l'eau de ces sables).

Dans la région côtière, les dunes recouvrent le pliocène. On y trouve un certain nombre de puits artésiens, comme ceux d'Arcachon (2 de 126 mètres de profondeur pénétrant de 35 mètres dans la couche des faluns de Léognan, et ne donnant ensemble que 300 mètres cubes par jour), d'Arès, de Taussat, d'Andernos, etc., etc.; mais ils descendent déjà dans le miocène, et j'en ai signalé plus haut de plus profonds.

3° BASSIN DU SUD-EST DE LA FRANCE

(Voir colonne 5 du tableau VII)

Comme pour les terrains secondaires, je devrai faire 4 subdivisions :

a) **Bassin de la Saône (au N. de Lyon).** — C'est le grand *lac bressan*, qui s'étend de Gray au Rhône. Sauf le petit bassin oligocène de la Haute-Saône au N. (calcaires sannoisiens à Cyrènes et à Limnées, surmontés de marnes à silex entre Mont-le-Vernois et Gray) et une bande de miocène imperméable dans la vallée de l'Ain et entre Ambérieu et Jujurieu, il est entièrement occupé par le pliocène : mais celui-ci est recouvert dans toute la partie au S. de Bourg ainsi que dans le fond des grandes vallées par les alluvions quaternaires. En ce qui regarde l'hydrologie, la Bresse et la vallée de la Saône peuvent être considérées comme n'ayant que deux couches : à la base les marnes à paludines, argiles grasses lignitifères généralement bleues (parfois vertes ou rouges), épaisses et retenant toute l'eau au-dessus d'elles; puis les sables et graviers astiens de Sermenaz, de Mollon, de Trévoux, de Chagny, Cheilly, etc., etc., parfois mélangés d'argiles bariolées et de bancs argilo-sableux ou même calcaires et surmontés d'une couche de marnes à Hélix. Il existe ainsi un niveau d'eau constant à la base de ces sables, et parfois un ou plusieurs autres plus haut sur des bancs argileux intercalés : dans les Dombes, une plaque d'argile provenant de la décalcification des alluvions glaciaires par les eaux courantes, retient l'eau près de la surface et produit les marécages, mais des puits profonds trouvent de l'eau en dessous dans le pliocène moyen et inférieur.

Dans ces conditions et en raison du caractère plat de la région entière, les sources y sont plutôt rares, car il faut une vallée assez profonde pour entailler toute l'épaisseur des sables et graviers. C'est le cas de la vallée de la Veyle, où la ville de Bourg a capté de belles sources, d'un débit à peu près constant (44 litres par seconde), situées à une dizaine de kilomètres au S. D'autres villes, comme Chalon-sur-Saône, Mâcon, Sathonay-Rillieux-Miribel, ont établi des puits filtrants à proximité de la Saône et du Rhône. Les puits ordinaires sont très nombreux partout.

b) **Entre Rhône (rive gauche) et Durance (Dauphiné et Savoie).** — Cette région se subdivise en deux, l'une au N. séparée de celle du S. par le prolongement du crétacé qui s'avance vers le Rhône entre la Drôme et le Jabron et traverse le fleuve pour passer dans l'Ardèche, l'autre au S. de Montélimar. Celle du N. se prolonge vers le N.-E. (sauf des interruptions par des barres de crétacé, notamment celles qui sont de chaque côté du lac du Bourget) en Savoie et jusqu'au lac de Genève (par où la région communique avec le bassin suisse) (1); mais l'éocène n'y paraît qu'au delà de Bonneville dans les petits bassins torrentiels de Thones, Cluses, Saint-Maurice, etc., etc., qui sont alpins et échappent à toute description hydrogéologique. L'oligocène n'y paraît que sous forme de bandes très étroites (couches à *Potamides Lamarcki* et calcaires chattiens à *Helix Ramondi*, qui passent sous la mollasse miocène et y prennent peut-être de grandes épaisseurs en profondeur) (2) le long des revers des massifs crétacés, d'une part dans la Drôme (d'Auriples à Crest et Barcelonne) et d'autre part en Savoie (d'Aix-les-Bains à Annecy et à Frangy) : ces formations sont trop étroites en affleurement et plongent trop vite pour jouer un rôle hydrologique sérieux.

Le miocène et le pliocène ont au contraire une extension considérable et un rôle important. La mer burdigalienne et la mer vindobonienne ensuite se sont enfoncées très loin au N. dans la vallée du Rhône, et ont déposé des couches qui affleurent par leurs tranches suivant des bandes latérales étroites orientées N.-S., mais qui s'enfoncent ensuite entre ces bandes sous les dépôts pontiens et pliocènes (lesquels recouvrent de grandes surfaces au centre). Les deux figures 281 et 282 représentant des coupes E.-O., l'une au N. de la région (juste à l'extrémité de l'*île Crémieu*), et

(1) Pour les détails sur les sources de ces parties de la Savoie et Haute-Savoie, je ne puis que renvoyer comme précédemment à l'hydrogéologie qui en a été donnée par Révil (brochure précitée de 1925). On y voit que plusieurs localités, dont Annemasse, prennent l'eau de sources du massif des Voirons (cônes d'éboulis, sur le Flysch).

(2) Ainsi des sondages faits pour recherche de la houille entre Lyon et Grenoble ont rencontré plus de 500 mètres de marnes, conglomérats ferrugineux et calcaires lacustres.

l'autre au S. dans les environs de Crest, font comprendre la disposition de ces couches : comme les mollasses burdigaliennes sont peu perméables, c'est principalement au-dessus d'elles dans les sables vindoboniens à Térébratulines (ou à *Pecten Gentoni*) que l'eau se collecte et forme un niveau (1) qui alimente des sources dans les vallées. Telles sont les sources des Prés, amenées à Bourgoin et qui naissent à 5 kilomètres de la ville sur la rive gauche de la Bourbre (débit 120 litres par seconde, degré hydro-

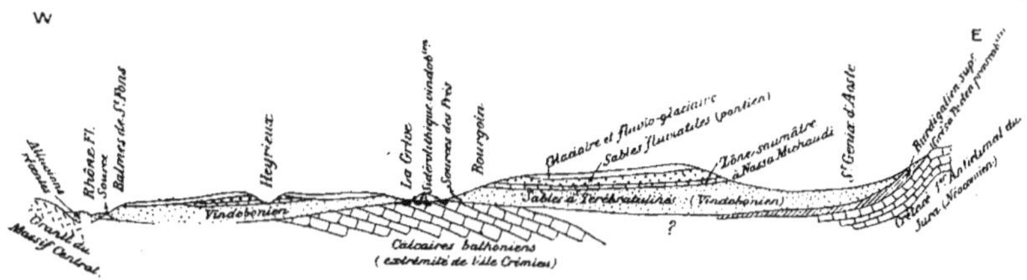

FIG. 281. — Coupe demi-schématique du miocène du Bas-Dauphiné (d'après DEPÉRET). Échelle des longueurs 1/500.000. — Échelle des hauteurs 1/50.000.

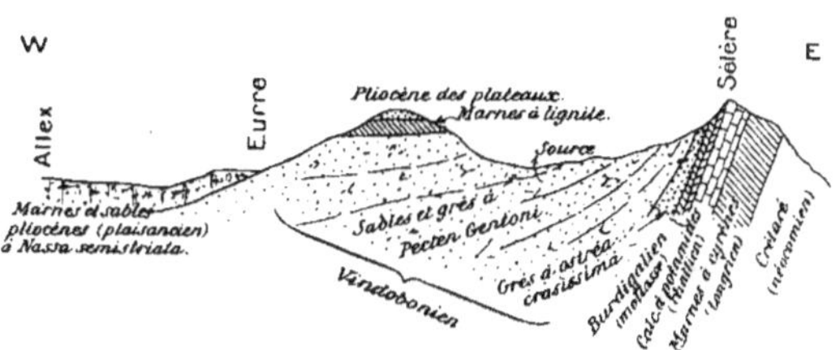

FIG. 282. — Coupe E.-O. du néogène des environs de Crest. — Échelle des longueurs 1/300.000. Échelle des hauteurs 1/75.000.

timétrique 24°,5); celles du hameau de Gemens qui ont été captées par les Romains et amenées à Vienne (débit minimum 60 litres, degré hydrotimétrique 24°); les eaux distribuées à Romans et qui proviennent de sources de la ville basse, de longues galeries à Mours (assises sur la marne miocène) et de puits artésiens (14 mètres de profondeur) à Peyrins, où on pompe en temps de basses eaux des sources et galeries.

Le miocène se terminant souvent par les conglomérats continentaux du pontien (2) et une couche (imperméable) de *marnes à congéries*, est sur-

(1) Comme des bancs marneux s'intercalent souvent dans les sables vindoboniens, il y a parfois plusieurs niveaux d'eau, mais c'est à la base qu'est le plus important.

(2) Les alluvions sableuses du pontien sont généralement aquifères, mais leurs eaux passent aussi souvent dans les sables vindoboniens sous-jacents.

monté sur de vastes surfaces par les marnes pliocènes à *Nassa semistriata*, souvent épaisses de 150 à 200 mètres et imperméables, lesquelles sont recouvertes elles-mêmes en partie par une marne plus sableuse et des sables ferrugineux à *Potamides Basteroti*, également plaisanciens (50 mètres d'épaisseur). Ces sables sont assez aquifères, sauf quand ils sont à leur tour recouverts par les *marnes d'Hauterives* (astien) imperméables; celles-ci supportent enfin des sables et graviers (correspondant à ceux de Mollon et Trévoux) assez aquifères, et au-dessus d'eux le *conglomérat de Chambaran* à cailloux impressionnés (qui formait le littoral de la mer pliocène) presque imperméable.

1° Coupe E.-O. du Rhône aux collines de Visan;

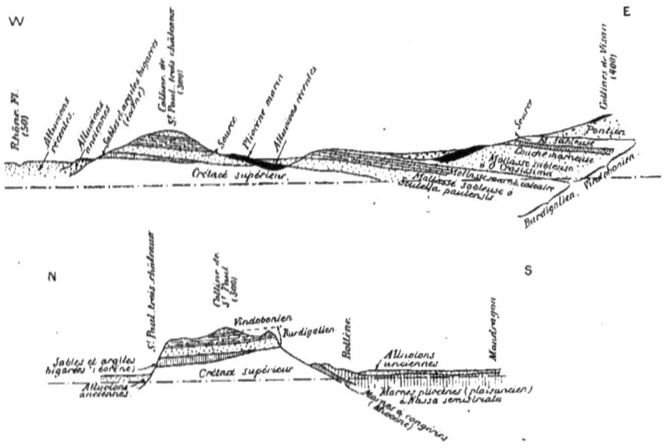

2° Coupe N.-S. par Saint-Paul et Bollène.

Fig. 283. — Coupes de la rive gauche du Rhône à Saint-Paul-trois-Châteaux.
Échelle des longueurs 1/300.000. — Échelle des hauteurs 1/75.000.

Si nous venons maintenant à la région au S. de Montélimar, on voit le pliocène y perdre beaucoup de son importance, le miocène étant recouvert directement sur de grandes étendues par les alluvions quaternaires (anciennes et modernes) : les couches sableuses du vindobonien et du pontien ont les mêmes propriétés hydrologiques que ci-dessus. La figure 283 montre bien leur position dans les environs fort intéressants de Saint-Paul-trois-Châteaux et de Bollène. Dans les environs de Suzette et de Carpentras, l'éocène et l'oligocène réapparaissent en bandes adossées au massif crétacé à l'E., et on trouve un peu d'eau et quelques sources dans les *calcaires en plaquettes* (tongrien supérieur) et dans les *calcaires à Helix Ramondi* (aquitanien); mais c'est toujours dans les sables et grès vindoboniens qu'on trouve la nappe la plus constante. Cette nappe devient artésienne (se reporter à la figure 173) au N. et à l'O. de Carpentras dans la région de Loriol, Aubignan, Saint-Hippolyte, Château-Tourreau, etc., etc., où on a creusé avec succès récemment de nombreux puits artésiens : les affleurements alimentaires de la mollasse miocène s'étendent de Caromb à Vacqueyras, et la limite orientale du bassin suit à peu près la route de Serres — Château de Rocans — Saint-Hippolyte (le long de laquelle les forages ont de 150 à 180 mètres de profondeur); mais la nappe devient de moins en moins profonde et de plus en plus abondante qu'on s'avance vers le S.-O., — jusqu'à ce que les eaux de ces couches tertiaires aillent se mêler à celles des alluvions anciennes de la vallée du Rhône (à laquelle se joint celle de la Durance) et gagnent ainsi la Crau, la Camargue et la mer.

Enfin, le long du Coulon et de la Durance, le tertiaire s'avance très fortement vers l'E. pour former le bassin d'Apt-Forcalquier, et au delà de la Durance jusqu'à la ligne Digne-Moustier (avec au S. une limite voisine du Verdon). En se reportant à la figure 175, on verra l'allure des couches dans le bassin d'Apt, synclinal inclus entre les massifs crétacés du Ventoux et du Luberon : la plupart des sources naissent au contact de la mollasse vindobonienne et des calcaires aquitanien et tongrien supérieur (*calcaire de Vachères* et *calcaire en plaquettes*), des couches marneuses (représentant sans doute le burdigalien), les séparant et retenant l'eau (d'autres couches argileuses subdivisent aussi le calcaire lacustre et y donnent plusieurs petits niveaux). Telle est l'origine des anciennes sources de Saint-Martian et de Viton qui alimentaient la ville d'Apt (elle prend aujourd'hui l'eau des alluvions de la vallée du Coulon aux Bégudes), de l'importante source du Lauron (31 litres par seconde) et des trois sources des Aubert à Viens, de celle du Bon-Riou à Saint-Martin de Castillon (20 litres) et d'un grand nombre d'autres plus petites [1]. Plus à l'E. encore, d'assez belles sources sortent à Reillanne, Villemus, Manosque, Forcalquier, etc., etc., des couches de gypse et calcaire à lignites de la base de l'oligocène : ces couches et celles du miocène qui les recouvrent doivent contenir des eaux artésiennes dans les synclinaux de Céreste et de la plaine de Mane (où elles se relèvent régulièrement vers le N. et vers le S.), mais je ne sache pas qu'on y ait pratiqué de forages.

[1] Une étude détaillée déjà citée en a été faite par Mlle A. Gros, *Les eaux d'alimentation de la ville d'Apt*. Thèse de Doctorat, 1914.

Au S. du Luberon, le grès helvétien (*grès de Lourmarin*), appelé communément *safre* en Provence, contient de l'eau, que la ville de Pertuis a captée en plusieurs points par des tronçons de galeries drainantes. La *mollasse de Cucuron* (tortonien), au-dessus des *marnes de Cabrières* (imperméables) contient aussi un peu d'eau, mais elle est peu épaisse. A l'E. de la Durance, des grands plateaux pontiens (poudingues à galets impressionnés avec limons rouges à la base), comme ceux de Valensole et de Riez, sont bien peu perméables et on n'y peut guère alimenter que des puits.

Plus à l'E. encore, on arriverait, après avoir traversé une large bande de secondaire, au géosynclinal de l'éocène alpin, région très plissée et très montagneuse des Hautes et Basses Alpes qui échappe aussi à toute description d'ensemble. Tout ce que je puis en dire c'est qu'à la base le nummulitique (lutétien et auversien) est principalement calcaire et aquifère [1], tandis qu'au-dessus le *flysch noir* (priabonien) est schisteux et imperméable. Lorsque ce dernier est surmonté du *grès d'Annot* (sannoisien), qu'on appelle aussi *flysch gréseux*, on peut trouver de l'eau à la base de ce grès. On peut donc trouver deux niveaux d'eau, l'un au-dessus, l'autre au-dessous du flysch schisteux; mais, comme nous l'avons déjà vu pour les terrains secondaires, c'est surtout à la base des cônes d'éboulis et dans les alluvions des fonds de vallée qu'on trouve des sources à capter.

c) **Entre Durance et Méditerranée (Provence).** — En laissant de côté la Crau qui fait plutôt partie du bassin pliocène du golfe du Lion, il n'y a guère à voir que le bassin d'Aix, celui de Marseille-Aubagne et les bassins pliocènes aux embouchures des rivières entre l'Argens et la Roja (celui du Var inférieur de beaucoup le plus important).

Le bassin d'Aix (ou du S. de la Durance) débute au-dessus des *argiles rutilantes de Vitrolles*, imperméables (avec quelques bancs de calcaires montiens), par des calcaires d'eau douce (à *Physa prisca* à la base) qui représentent le thanétien et le lutétien et contiennent dans leurs fissures un niveau d'eau devenu vite trop profond. Le reste de l'éocène manquant, l'oligocène est caractérisé par une grande épaisseur de calcaires et de marnes avec couches gypseuses (stampien, ancien *groupe d'Aix*), puis par les calcaires chattiens à *Helix Ramondi* alternant avec les assises à *Pola-*

(1) Le massif nummulitique de Colmars fournit ainsi des eaux abondantes aux sources du Verdon et affluents. A l'E. du massif d'Allos, les sources du Var sortent aussi du grès d'Annot et du nummulitique sous-jacent et recouvrant lui-même le crétacé supérieur (à l'altitude de 1.840 mètres).

mides margaritaceus : ces calcaires, indiqués dans la figure 284 comme *calcaire blanc d'eau douce*, sont très marneux et compacts, et par suite contiennent peu d'eau. Le miocène, principalement représenté par la mollasse marine (calcaire coquillier), à Nullipores du burdigalien [1] — qui repose souvent directement sur le crétacé — n'est pas non plus très aquifère; les sources à la base de la mollasse sont assez nombreuses et assez constantes, mais petites. Quant au miocène supérieur (helvétien, tortonien, sarmatien et pontien), il est à peu près totalement imperméable.

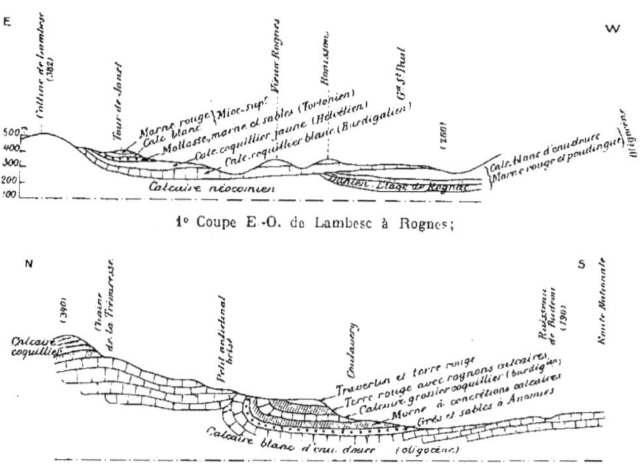

1° Coupe E.-O. de Lambesc à Rognes;

2° Coupe N.-S. à Coulavery (chaîne de la Trévaresse).

FIG. 284. — Le miocène dans le bassin d'Aix (N.) (d'après COLLOT).

Dans le bassin de Marseille, l'oligocène contient un peu d'eau dans le calcaire lacustre blanc, ou les poudingues d'Allauch, de la vallée de l'Huveaune et de la côte de Carry (stampien ou chattien) : c'est d'un tel niveau que sortent les sources de Lignières et du Général qui alimentent Aubagne. Au-dessus de ces couches, les *argiles de Saint-Henri et de Lestaque* (stampien) et les *argiles de Marseille* à Hélix Ramondi (aquitanien inférieur) sont tout à fait imperméables : au-dessus d'elles, la mollasse jaune et rouge des couches marines et saumâtres de Carry (aquitanien supérieur

(1) Voir pour les détails l'article de COLLOT, *Miocène des Bouches-du-Rhône*, in *Bulletin de la Société géologique de France*, 1912. Au N. d'Aix, le miocène devient plus sableux (sables rouges), d'où des sources aux noms caractéristiques comme Fontrousse, Font dou Teulé, etc., etc.

Voir aussi ce qui a été dit pour les sources des Alpines à propos du crétacé : les eaux de certaines sources émergeant du tertiaire peuvent venir en partie du crétacé.

et burdigalien) contient un peu d'eau. Le pliocène du golfe rhodanien ne dépasse pas Marseille vers l'E.

Quant au pliocène des golfes de la Riviera (*delta pliocène du Var* notamment), il a à sa base les *argiles bleues plaisanciennes*, qui affleurent en plusieurs points entre Cagnes et Nice, sous une épaisse couverture de cailloutis. Ces argiles deviennent jaunes à leur sommet, sont de plus en plus sableuses et alternent avec des poudingues astiens; enfin ceux-ci, à leur partie supérieure sont entremêlés de un ou plusieurs lits de marnes (à faune marine), en sorte qu'on peut avoir plusieurs niveaux d'eau sur ces lits et à la base des poudingues. Des puits et des galeries drainantes peuvent s'y alimenter.

d) **A l'Ouest du Rhône (Gard et Hérault).** — 1° *Zone de l'éocène et de l'oligocène* (nummulitique). — Il s'agit d'abord d'une bande oblique à la vallée du Rhône, où le tertiaire (reposant presque toujours sur le crétacé) aurait un pendage régulier de ses couches vers cette vallée, si des failles nombreuses n'étaient venues le déranger. Ces failles [1] ont généralement une direction parallèle au rebord cristallin oriental du Plateau Central, et produisent une série de bassins tertiaires orientés N.-E.—S.-O.: d'où les synclinaux successifs (en partant de la bordure des Cévennes) de Saint-Bauzille de Putois-Montoulieu (oligocène), — du Saint-Loup (cuvette éocène et oligocène de la Plaine de Londres), — de Saint-Gely-du-Fesc (surtout éocène) qui se prolonge jusque dans la région de Montpellier, — d'Assas et son prolongement vers le N. dit bassin de Liouc (surtout éocène), — le grand bassin d'Alais (éocène et oligocène), long effondrement monoclinal dont les assises plongent vers le Plateau Central et buttent contre la faille des Cévennes, et qui se prolonge vers le N. par celui de Barjac, — enfin le synclinal de Sommières, se reliant aux bassins d'Euzet et d'Alais par la région de Saint-Mamert (ici, outre l'éocène et l'oligocène, il y a des couches assez épaisses de miocène aux environs de Sommières même).

Je ne puis ici donner des coupes de tous ces synclinaux, et je me bornerai à titre d'exemples à reproduire celle du bassin d'Alais entre Euzet et le Gardon, celle du bassin de Sommières et celle du bassin de Saint-Martin de Londres (*fig.* 285), d'après Roman [2]. Les niveaux d'eau sont

[1] La principale est dite *pli-faille des Cévennes :* d'autres, à l'O. de celle-ci, délimitent le bassin tertiaire de Montoulieu, puis plus à l'E. celle du Bois de Paris, etc., etc.

[2] Fr. Roman, *Etude des bassins lacustres de l'éocène et de l'oligocène du Languedoc*, in *Bulletin de la Société Géologique de France*, 1904.

généralement à la base des bancs calcaires ou gréseux : dans les grès bartoniens et ludiens, les calcaires sannoisiens (source du Rouet, 14 litres par seconde, dans le bassin de Londres), les grès et calcaires stampiens, no-

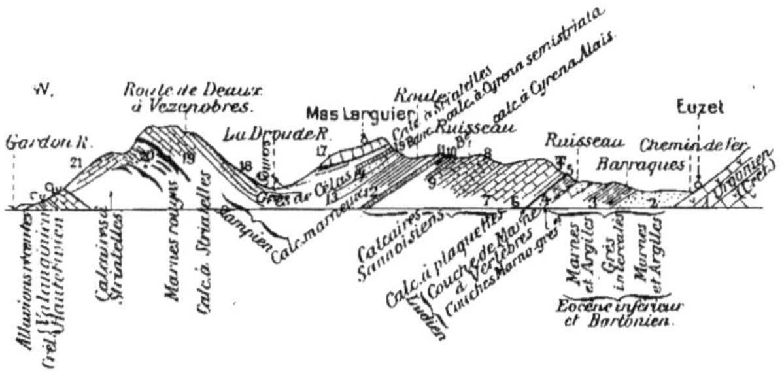

1° Coupe E.-O. du bassin d'Alais, entre Euzet et le Gardon.

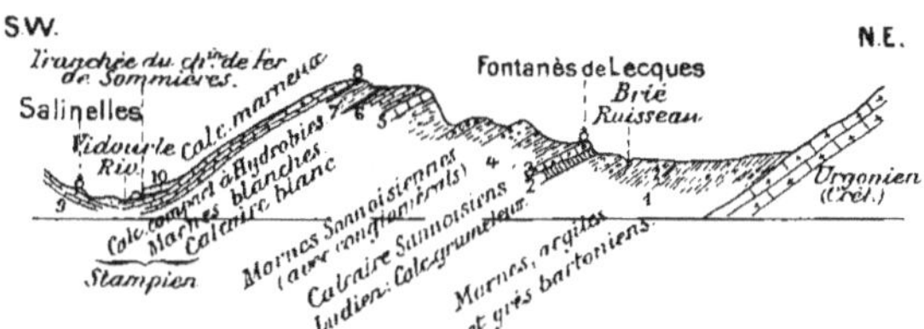

2° Coupe N.E.-S.O. du bassin de Sommières (rive gauche du Vidourle).

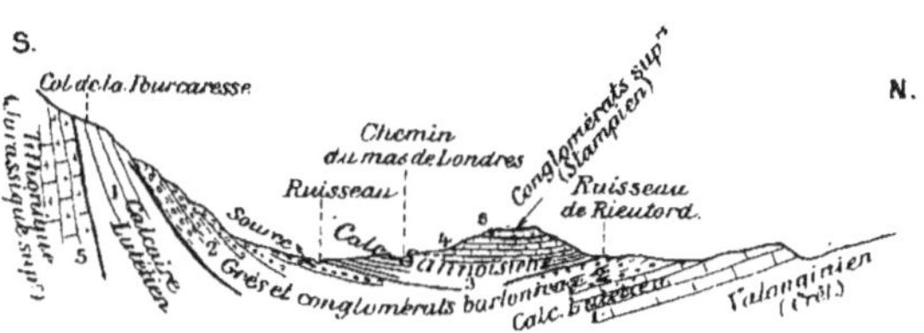

3° Coupe N.-S. du bassin de Saint-Martin-de-Londres (synclinal du Saint-Loup).

FIG. 285. — Coupes du bassin tertiaire de la rive droite du Rhône (d'après ROMAN). Échelle des longueurs 1/120.000.

tamment le *grès de Celas* (sources dans la vallée de la Droude). Comme le montrent les coupes ci-dessus, la forte inclinaison des couches empêche d'ordinaire de suivre longtemps les eaux, qui gagnent vite les profondeurs.

2° ***Zone du néogène.*** — Tandis que le nummulitique va rejoindre celui du Languedoc à l'O. de Narbonne, une bande de terrain néogène suit le littoral depuis le Rhône jusqu'à cette ville, puis se prolonge au S. de Leucate par la plaine pliocène du Roussillon.

Le miocène, qu'on trouve surtout au S.-O. de Montpellier et à l'O. de Béziers, contient de l'eau : 1° dans les calcaires lacustres aquitaniens (plusieurs niveaux sur des bancs marneux intercalés, auxquels on rapporte des sources parfois minérales comme celles d'Euzet et des Fumades dans le Gard); 2° dans la mollasse calcaire du burdigalien (*pierre de Beaucaire*), qui étant très compacte donne des sources assez constantes, mais faibles; 3° dans les sables, grès et calcaires tendres helvétiens (correspondant au safre de Provence), quand ils sont développés, — le reste de l'étage helvétien étant argilo-marneux et imperméable : il y aurait jusqu'à trois nappes dans l'helvétien aux environs de Pignan et de Montbazin (Hérault), la seconde à 18-25 mètres de profondeur protégée par un banc d'argile supérieur, et la troisième à une cinquantaine de mètres de profondeur, qui serait artésienne (jaillit à l'abattoir de Pignan), mais souvent trop minéralisée; 4° enfin dans la mollasse tortonienne, au-dessus des marnes de la base de l'étage. — Quant au pontien et au sarmatien, là où ils existent, ils sont imperméables.

Le pliocène contient de l'eau en abondance dans les sables jaunes astiens (*sables de Montpellier* ou sables subapennins), qui ont jusqu'à 35 mètres d'épaisseur (en couches doucement inclinées vers la mer) et reposent d'ordinaire sur les argiles épaisses du plaisancien (*argile à paludines* ou *marnes subapennines*) : les anciens puits de Montpellier s'alimentaient dans cette nappe [1] (on pouvait tirer des plus favorables 10 à 15 mètres cubes à l'heure, mais l'eau était souvent contaminée). On signale un forage à Villeneuve-lès-Béziers, un autre à Lunel (l'eau se tient à 12 mètres du sol), à Servian un forage où on pompe l'eau pour la ville, et à Mèze les trois puits artésiens de Sesquiers (35 mètres de profondeur) dont l'eau arrive à la surface, mais paraît provenir du crétacé sous-jacent. Plus à l'E. dans le Gard, il y a des sources comme celles de la Corsière près de Nîmes, de Bellegarde, de Meynes, de Bagnols, etc., etc, qui sortent des sables astiens.

Enfin dans la plaine du Roussillon, les sables astiens surmontent

[1] On vient d'essayer par un forage de 260 mètres de profondeur de trouver de l'eau à 1.500 mètres au S. de la gare de Montpellier : on a échoué. Après avoir traversé les sables pliocènes, on a trouvé (de 36 à 104 mètres) la mollasse marine miocène, puis un peu de calcaire oligocène, enfin de 129 mètres à 260 mètres des argiles rouges de l'éocène inférieur. Les prévisions en ces terrains sont très difficiles, malgré les coupes (trop hypothétiques) que donne de Rouville dans son *Hérault géologique* (1894).

aussi le plaisancien, et alimentent des sources et de nombreux puits : ils sont souvent recouverts par les alluvions récentes, et un banc d'argile produit l'artésianisme. Il y a donc un bassin artésien dit de Rivesaltes (au S. de cette ville) : ainsi il y aurait un forage artésien déjà ancien à Rivesaltes, un récent à Baho, deux puits artésiens jumeaux (40 mètres de profondeur) à Thuir, à l'O. de Perpignan, enfin on me signale au bourg de Claira un grand nombre de forages artésiens (presque chaque maison a le sien).

4° BASSIN SUISSE-BAVAROIS (Voir colonne 7 du tableau VII)

Nous connaissons déjà la situation de ce bassin, longue cuvette allant de Chambéry au Danube et dont les couches plongent naturellement de chaque côté vers l'axe central orienté O.-E. : au delà du détroit de Vienne, le tertiaire se continue au N. du Danube par le massif des Carpathes et leur revers N., et au S. du fleuve par le grand bassin hongrois. L'éocène et l'oligocène forment une longue bande étroite le long du versant N. des Alpes (côté S. de notre bassin), mais ils manquent à peu près complètement du côté N. (Jura, Souabe, Franconie) où le miocène s'appuie directement

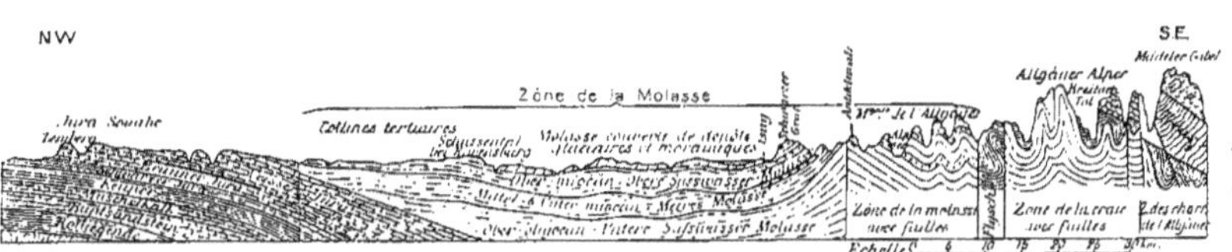

Fig. 286. — Coupe géologique au travers du bassin tertiaire souabe.

contre le secondaire. Toute la cuvette (voir *fig.* 188 et *fig.* 286) est remplie par la *mollasse*, grès marneux tendre et peu perméable, qui est, sauf la partie inférieure (*Unlere Meeres molasse*) et un peu de mollasse d'eau douce oligocène, d'âge miocène : on y distingue la *mollasse inférieure d'eau douce*, très épaisse et appelée souvent *Bunt molasse*, la mollasse marine supérieure (*Obere Meeres molasse*), enfin la *mollasse supérieure d'eau douce*. Le pliocène manque généralement, mais les dépôts morainiques du terrain glaciaire recouvrent d'énormes étendues, au pied du versant N. des Alpes notamment.

L'eau n'est pas très abondante dans ces couches tertiaires, ou elle y serait trop profonde, comme dans les calcaires à grosses nummulites ou les premières couches gréseuses de Burgen de l'éocène inférieur (1). Au-dessus, les schistes et marnes du flysch et des mollasses inférieures sont presque entièrement imperméables, et on ne trouvera guère d'eau dès lors que dans les couches sableuses, alternant avec des marnes et argiles (flinz) du sarmatien et du pontien (*Bunte nagelfluh*, *Pfohsand*, *graviers du Belvédère*) du sommet du miocène. L'eau est généralement retenue au-dessus du miocène dans les terrains morainiques et terrasses du glaciaire et c'est là que les villes sont allées la chercher le plus souvent. Ainsi en Suisse, alors que les villes de Baden (Argovie), Rohrschach, Le Locle, Lausanne (sources de Sonzier, dites du Pays d'Enhaut) reçoivent l'eau des sources de la mollasse supérieure ou du calcaire œningien, un beaucoup plus grand nombre comme Aarau, Berne (avec des sources dans sept vallons différents), Frauenfeld, Schaffhouse, Uster, Wädenswil, Wetzikon, Winterthur, Zug et Cham, Zurich (sources des vallons de Sihl et de Lorze), Nyon, Sion, etc., etc., captent des sources des moraines glaciaires et de leurs couches graveleuses reposant sur les couches tertiaires peu perméables (2).

Une mention spéciale est due à la région de Munich, dont l'hydrologie a été bien étudiée par Reuter (3), à qui j'emprunte les figures 287 et 288. On y voit la bordure N. du massif alpin qui est ourlée par la mollasse tertiaire; mais celle-ci représentée par le flinz est recouverte presque partout (sauf l'ourlet de bord et quelques montagnes isolées en avant) par les dépôts glaciaires, dont on peut suivre les moraines terminales et les longs prolongements vers le N., notamment sous forme de lacs glaciaires (Tegernsee, Würmsee, Ammersee, etc., etc.). Les couches sableuses de la mollasse supérieure (Nagelfluh) contenant un peu d'eau, de nombreux forages à Munich et environs s'y adressent; mais ils n'ont que de 60 à 80 mètres de profondeur et on n'en tire pas plus de 20 litres par seconde chacun, car ils sont sans grande pression (tel est le forage pour alimenter Dachau) : deux forages seulement descendent à Munich jusqu'à 200 et 210 mètres, sans grand débit en plus et ceux plus profonds comme celui d'Ochsenhausen (736 mètres) et celui de Simbach (1.000 mètres) ne réus-

(1) Voir pour le détail de leur constitution l'article de Heim, *Sur le nummulitique des Alpes suisses*, dans le *Bulletin de la Société géologique de France*, t. IX, 1909.

(2) Au voisinage des terrains secondaires, il faut toutefois penser que les eaux peuvent venir de ces derniers : ainsi les eaux des sources de Pont-de-Pierre et de Cheset à Montreux, celles du Bouveret semblent sortir des moraines, alors qu'elles viennent réellement du lias sous-jacent. Nous avons vu un cas du même genre pour Yverdon (*fig.* 173), où l'eau vient d'une faille du crétacé.

(3) Dr Lothar Reuter, *Geol. Ausführungen über die Grund. und Quellwasservorräte süd-Bayerns* (*Gas und Wasserfach*, 1924). — Salzburg, Kempten et autres localités tirent aussi leurs eaux des terrains glaciaires. Passau prend des sources du tertiaire dans la vallée de l'Inn.

sissent pas mieux (quelques-uns dans la vallée de l'Inn, de Mühldorf à Passau, donnent du gaz, en très grande partie du méthane). Les dépôts

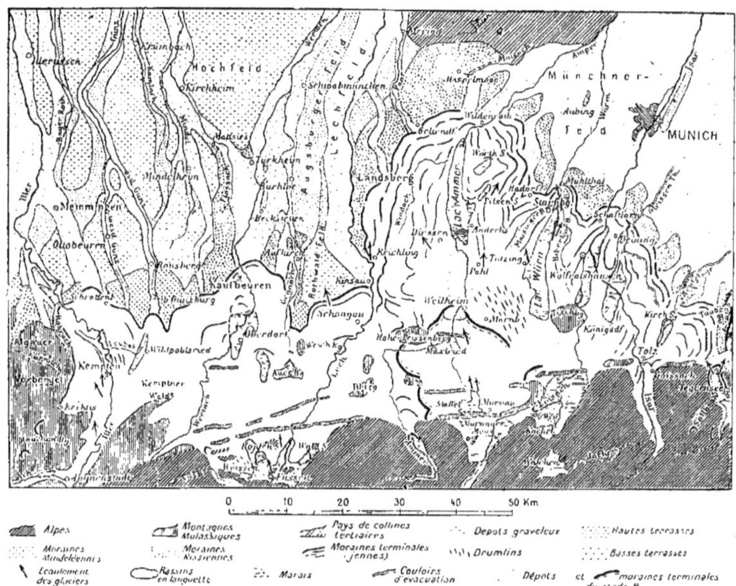

Fig. 287. — Carte des bords du tertiaire (mollasse) et des dépôts glaciaires entre l'Iller et l'Isar (S. de la Bavière) (d'après Reuter).

graveleux glaciaires épais de 60 à 170 mètres souvent étant au contraire très aquifères, on comprend que la ville de Munich y ait cherché son eau

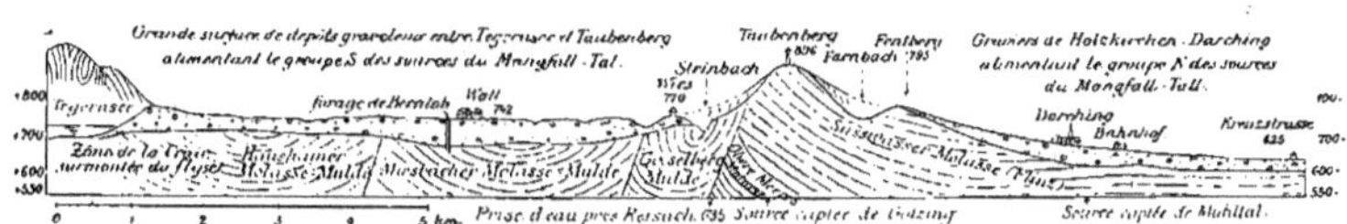

Fig. 288. — Coupe géologique au travers du bassin des sources alimentant Munich (d'après Reuter).

d'alimentation et en tire environ 3.000 litres par seconde, dont 2.000 pour les deux groupes de sources de Gotzing et de Mühltal (vallée du Mangfall, au S. et au N. du Taubenberg (*fig.* 283) et 1.000 litres récoltés plus bas dans les vallées de Mangfall et de Schlierach, ces vallées formant des drains plus ou moins profonds (jusqu'à 70 mètres) dans les masses graveleuses.

A l'extrémité orientale de notre grande dépression préalpine, le *bassin de Vienne* a été également fort bien étudié, et par Suess : il le divise en *bassin extra-alpin* (*fig.* 289) qui se continue au N. des Carpathes, et *bassin intra-alpin*, zone d'effondrement transversal communiquant avec le bassin pannonique (hongrois). L'aquitanien et le burdigalien (*sables de Loibersdorf et de Gauderndorf*, puis *mollasse d'Eggenburg*) n'apparaissent que dans le bassin extra-alpin et sont peu aquifères, surmontés qu'ils sont souvent par les marnes bleues du *Schlier* et les couches argilo-sableuses dites de *Grund*. Le bassin intra-alpin (au S.-E. du Wiener Wald et de la grande faille terminale des Alpes) n'a pas de Schlier, et le vindobonien supérieur y est représenté par les *marnes de Baden* (imp.), surmontées des calcaires de la Leitha (*Leithakalk*), puis du sarmatien (couches à cérithes et grès sarmatien, sables et graviers, argile) et du pontien (couches à grandes congéries, grès, sable et argile), avec finalement les graviers du Belvédère. Toutes ces dernières formations peuvent être aquifères, l'eau étant contenue entre des couches d'argile et étant souvent artésienne; mais c'est généralement le grès sarmatien ou grès de Vienne qui contient la nappe la plus importante.

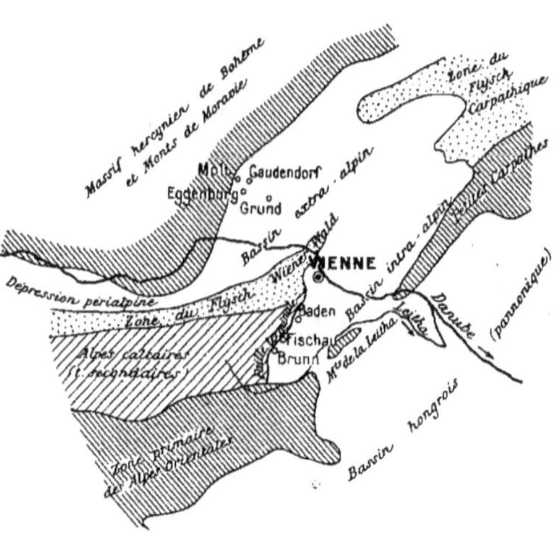

Fig. 289. — Carte schématique du bassin tertiaire de Vienne et sources naissant le long de la faille terminale des Alpes (d'après Suess). — Échelle environ : 1/3.800.000.

Avant d'aller chercher au loin les sources de la Schwarza et de la Salza, la ville de Vienne avait utilisé des sources des environs (¹), l'eau

(¹) Les Romains y avaient amené autrefois par un aqueduc dont on retrouve des ruines soit les sources d'Hercule à Perchtoldsdorf, soit celles de Gumpoldskirchen.

d'une galerie filtrante à Heiligenstadt le long de la rive droite du canal du Danube (Kaiser-Ferdinands-Wasserleittung, établie de 1836 à 1841), enfin l'eau d'un assez grand nombre de puits artésiens (sans parler des puits ordinaires peu profonds). Les sources étaient assez faibles (celles de la vallée de l'Albsbach, près Dornach, 460 à 570 mètres cubes par jour, celles de Hütteldorf 340 à 400 mètres cubes, celles de Laurenz et de Karoly beaucoup plus petites). Quant aux puits artésiens, dont Jacquin comptait une cinquantaine il y a un demi-siècle [1], ils avaient des profondeurs variables de 25 à 60 mètres d'abord, mais il fallait souvent les approfondir pour maintenir leur débit jusqu'à 90 ou 100 mètres. Il y en a ainsi un grand nombre dans la banlieue, notamment à Atzgersdorf où Karrer [2] en situe 42, la plupart faiblement jaillissants : la profondeur ne dépasse guère 50 mètres, la température de l'eau est d'environ 12°,5 et la dureté comprise entre 27 et 35° hydrotimétriques. Il y a aussi des puits artésiens à Altmannsdorf, Hetzendorf, Meidling, Erlaa, Inzersdorf, Liesing, etc., etc.

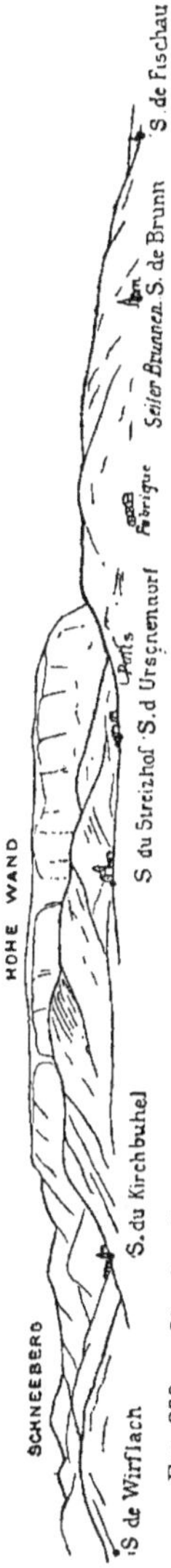

Fig. 290. — Vue longitudinale au pied de la falaise terminale des Alpes sur 11 kilomètres, entre Wirflach et Fischau : sources froides et sources thermales (d'après Suess).

Mais le phénomène hydrologique le plus remarquable de cette région est sans doute la production d'une série de sources les unes froides, les autres thermales le long de la *faille terminale des Alpes*, orientée au S. de Vienne vers le S.-O. par Baden, Vöslau, Fischau, Brunn-am-Steinfeld et jusqu'à Wirflach; là, le calcaire du crétacé supérieur (*couches de Gosau*) se termine brusquement par l'escarpement du Hohe Wand et du Schneeberg au-dessus de la plaine miocène, et les sources jaillissent des cassures, notamment à la jonction de deux cassures perpendiculaires. La figure 290 montre la situation des principales sources au pied de la falaise calcaire longitudinale, et la figure 291 également empruntée à Suess donne une coupe trans-

(1) Les deux plus grands étaient ceux du marché au blé (datant de 1838) et de la Gare du sud (1845); les plus anciens dataient du milieu du XVIIIe siècle.

(2) Voir pour les détails de la région de Vienne : Karrer, *Géologie der 1ten K. F. J. Hochquellenwasserleitung* (1877). Cet auteur donne aussi la géologie du sous-sol de Vienne.

versale par Fischau : évidemment, la plus grande partie des eaux vient du calcaire et la température des sources chaudes indique de quelle profondeur. C'est à Baden que le phénomène est le plus marqué, car il n'y a pas moins de dix-sept sources, dont treize thermales avec 30 à 36° donnant ensemble environ 45 litres par seconde (eaux sulfatées calciques, légèrement sulfureuses) (1). La situation est à peu près la même à

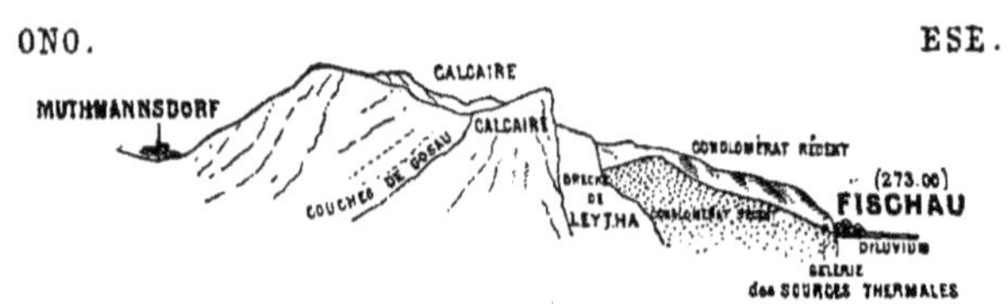

FIG. 291. — Coupe transversale de la faille terminale des Alpes par Fischau, sources froides et sources thermales (d'après SUESS).

Brunn et à Fischau, mais la proportion d'eaux profondes est moindre, car la température aux quatre sources de Brunn ne dépasse pas 16° et à Fischau 20°. A Vöslau, il y a deux sources à 23°, dont la principale (*Hauptquelle*) donne 28 litres par seconde; mais à côté, à Gainfahrn, les sources sont froides : on signale aussi quelques puits artésiens dans les environs, ainsi que des grottes résultant de la dissolution par les eaux.

Autres bassins d'Allemagne. — *Bassin de Mayence :* On appelle ainsi une certaine étendue de sannoisien, stampien et aquitanien entre le Rhin à l'E. et les terrains permien et vosgien à l'O. Au-dessus du *Septarienton* ou *Rupelton* qui représente le lattorfien (sannoisien) et qui, sur une centaine de mètres, est imperméable (2), on trouve les *marnes à cyrènes* (stampien ou chattien), qui contiennent de l'eau dans des bancs de sables dits *Schleichsand* et *sables d'Elsheim :* les vallées qui entaillent ces bancs, comme la vallée de la Selz, y ont des sources (comme celles du Römertal et de Bretzenheim), et ces nappes peuvent être artésiennes : forage de 98 mètres

(1) Voici par exemple la composition de la Römersquelle (Ursprung) : $CaCO^3$, 205,4 ; $MgCO^3$, 143; Na^2CO^3, 93,7; $CaSO^4$, 734,9; K^2 et Na^2SO^4, 374,2; NaCl, 255,2; $MgCl^2$, 230,1; MgS, 46; H^2S, 2,6 ; CO^2 libre 44,8. Comparativement, la source froide distribuée à Baden contient seulement $CaCO^3$ 177,7 ; $MgCO^3$, 92,6 ; $CaSO^4$, 178 ; K^2 et Na^2SO^4, 37,9 ; $CaCl^2$, 27,7 ; cette source qui sort au pied du Calvarienberg à 10° est donc bien différente.

(2) Il peut cependant y avoir de l'eau entre cette couche et le Rothliegendes (permien) sous-jacent : à Albig, un grand puits de 22 mètres de profondeur, prolongé par un forage de 16 mètres, va chercher ce niveau dans le grès rouge. A Dorterweil, un autre forage de 39m,50 s'est arrêté dans le Rupelton, mais Selzen a amené des sources du Rothliegendes (à Schwabsburg).

jaillissant à Hoplengarten et forages de Cästrich et de Drei Bleichen. Mais le principal niveau d'eau est dans les calcaires à cérithes et à corbicules de l'aquitanien qui, sur 20 à 50 mètres d'épaisseur, surmontent les marnes à cyrènes et forment des plateaux : nombreuses sources dans les vallons entaillant ces plateaux. (On sait que le bassin de Mayence est en relation de continuité plus ou moins certaine avec le tertiaire d'Alsace, où le sannoisien est très développé et contient notamment les sables pétrolifères de Pechelbrom et les couches de potasse du N. de Mulhouse.)

Bassin de Cassel. — Du N. du Vogelsberg à Cassel s'étend un petit bassin oligocène : les sables glauconieux du chattien reposent sur le Rupelton (imp.) et sont aquifères : assez grand nombre de sources, mais peu remarquables. De lambeaux tertiaires à l'E. du Vogelsberg naissent les sources de la Fulda.

Bassins tertiaires de Bohême et de Saxe. — Deux bassins, l'un du N.-O. de Cheb à Teplice sur le versant oriental du Krusne Hory, l'autre du S. aux environs de Budejovice et de Trebon. Rien à en dire au point de vue hydrologique, car la *formation lignitifère* (aquitanien et burdigalien) est généralement recouverte par les argiles schisteuses de l'helvétien (imperméable). Mais on sait que toute la région est traversée par de nombreuses éruptions basaltiques et des cassures, qui amènent au jour des sources thermales importantes comme celles de Teplice et Schönau (sources bicarbonatées sulfureuses, qui ont de 37 à 41°) : l'origine de ces sources n'est pas encore bien connue (viennent-elles du S. et du plateau basaltique, ou au contraire du N. de l'Erzgebirge ayant franchi en siphon le bassin tertiaire en suivant son contact inférieur avec le soubassement de porphyre?)

En Saxe, un peu au N. de Dresde, on signale un petit bassin artésien dit de Lausitz, entre Ruhland et Elstenverda : l'eau sous pression est dans la formation lignitifère elle-même. Plus à l'E. au pied du Riesengebirge, on signale aussi de petits bassins miocènes, tels que celui des environs de Düben, où il y a deux nappes artésiennes superposées, dans des couches sableuses à 35 et à 60 mètres de profondeur.

Grande plaine de l'Allemagne du Nord. — Enfin, le tertiaire règne audessus du crétacé sur certaines parties de la plaine de l'Allemagne du Nord, et émerge même sous forme d'îlots isolés au milieu des dépôts glaciaires qui la recouvrent. Pas plus que dans le crétacé on n'y a généralement pas cherché d'eau, puisqu'on en trouve en abondance dans le glaciaire. Les couches tertiaires y sont d'ailleurs très irrégulières : en Poméranie, on ne trouve au-dessus du sénonien que des grès verdâtres et des argiles brunes de la base de l'éocène; mais ailleurs ce sont des sables verts de l'oligocène, reposant sur de l'argile verte également oligocène, qu'on rencontre et qui contiennent une nappe aquifère; ils sont par places surmontés de sables miocènes contenant une autre nappe. Tel est le cas à Kœnigsberg où Ientsch a relevé deux cent quarante-cinq forages, ayant traversé le mioc ne de la cote — 144 à — 158 et l'oligocène de — 158 à — 186 et susceptibles de rencontrer sous les deux nappes précitées jusqu'à trois autres nappes dans le crétacé jusqu'à la cote — 300 (c'est la plus élevée de ces nappes du crétacé qui étant artésienne contribue puissamment à l'alimentation de la ville).

Sous Brème, le toit des argiles du miocène supérieur se tient assez régulièrement entre — 30 et — 60; mais il y a des creux où on ne le trouve pas à 100 mètres et même 200 mètres plus bas (1). — Sous Hambourg, les ondulations de ce toit sont encore plus fortes, et pour une soixantaine de forages, il a varié entre la cote + 19,5 et la cote — 241,3, la pente semblant aller vers le thalweg de l'Elbe (2). — Sous Berlin, après une première nappe dans le diluvium sur 30 à 50 mètres de puissance et une deuxième nappe (eau salée) sous une couche d'argile de 50 mètres d'épaisseur (à l'emplacement de l'*Urstromtal* Varsovie-Berlin), on trouve généralement la formation lignitifère du miocène : le toit de cette formation est ondulé, et un bon nombre de forages l'ont rencontré à des cotes telles que 33 Gartenstrasse + 1,8, 40 Bergstrasse — 0,6, 102 Friedrichstrasse — 16,2, 15 Borsigstrasse — 20,7, 92 Ackerstrasse — 26,8, gare de Lehrte — 27,4, etc., etc. (3). — Plus au N., sous Stralsund, le tertiaire a disparu et le diluvien repose directement sur la craie (cote de — 45 à — 48). — Enfin plus à l'E., la partie S. de la province de Posen est riche en eau artésienne, cette eau étant retenue dans des sables en dessous de la formation lignitifère, laquelle est surmontée elle-même du *Flammenton*, couche d'argile épaisse d'une centaine de mètres (qui est peut-être pliocène).

5° BASSIN DE L'ADRIATIQUE : ITALIE

(Voir colonne 7 du tableau VII)

Nous connaissons déjà la situation du tertiaire dans le bassin de l'Adriatique. Au revers S. des Alpes, il n'apparaît guère qu'entre Vérone et Vicence

(1) WOLFF, *Der geologische Bau der Bremer Gegend*, 1907.
(2) GOTTSCHE, *Der Untergrund Hamburgs*, 1901.
(3) BERENDT, *Der tiefere Untergrund Berlins*, 1897.

et dans les hauts bassins de la Piave et de l'Isonzo; mais dans l'Istrie d'une part et dans les Apennins de l'autre, l'éocène nummulitique s'entremêle au crétacé et occupe de grandes surfaces; puis l'Apennin dans sa direction N.-O.—S.-E. est accompagné par une bande de miocène, doublée elle-même par la très longue bande de pliocène qui forme la côte italienne de l'Adriatique (le miocène et le pliocène, au contraire, n'apparaissent pas sur la côte N.-E. opposée); enfin, il y a sur le revers S.-O. et dans l'intérieur des Apennins un grand nombre de petits bassins miocènes et surtout pliocènes.

Au point de vue hydrologique, le tertiaire n'est bien aquifère qu'à la base de l'éocène dans les calcaires nummulitiques (*couches de Spilecco* dans le Vicentin) et les calcaires à alvéolines (*couches de Monte Postale* et au-dessus *couches de S. Giovanni Ilarione*), ou au sommet du pliocène dans les sables astiens et calabriens. Entre ces deux formations extrêmes, l'oligocène présente bien quelques niveaux aquifères dans les tufs et calcaires stampiens (*couches de Castel-Gomberto* dans le Vicentin), ainsi que le miocène dans les calcaires zoogènes et les sables et grès de l'aquitanien et du burdigalien (*couches de Schio* et couches au-dessus); mais ces niveaux sont souvent profonds, les couches qui les surmontent, marnes et mollasse du miocène supérieur, étant généralement très épaisses et presque imperméables.

Les calcaires éocènes se comportent de la même manière que ceux du crétacé, dont il est souvent difficile de les distinguer. Dans l'Apennin du N., dont l'ossature est surtout constituée par le flysch, les *argille scagliose* de la base arrêtent l'eau et deviennent glissantes (éboulements fréquents appelés *frane*) : au-dessus se dressent par places des falaises calcaires ou gréseuses (*macigno*), au pied desquelles naissent des sources. Le niveau de base du miocène au-dessus de l'éocène est parfois intéressant : j'en citerai comme exemple (il est classique) les sources du Tibre au pied du mont Fumaiolo [1], dont la situation est montrée par la carte et les deux coupes de la figure 292. A vrai dire la source la plus importante n'est pas celle du Tibre (6) qui ne donne que 4^{l},2 par seconde à l'altitude 1.268 (température 7°), mais celle du Senatello (1), affluent du Marecchia, qui donne 42 litres par seconde à l'altitude 1.046 (7° aussi) : les huit autres sources indiquées au plan par des chiffres vont de 3 à 16 litres par seconde. La zone perméable qui alimente ces sources est bien définie, ce qui permet

[1] D'après CANAVARI, *Osservazioni idrologiche sulle vene del Senatello*, etc., etc. *Giornale di Geol. pratica*, anno XII, 1916; — et LOTTI, *Il monte Fumaiolo e le sue sorgenti*, *Boll. R. Comit. geol. d'Italia*, vol. XV, 1916.

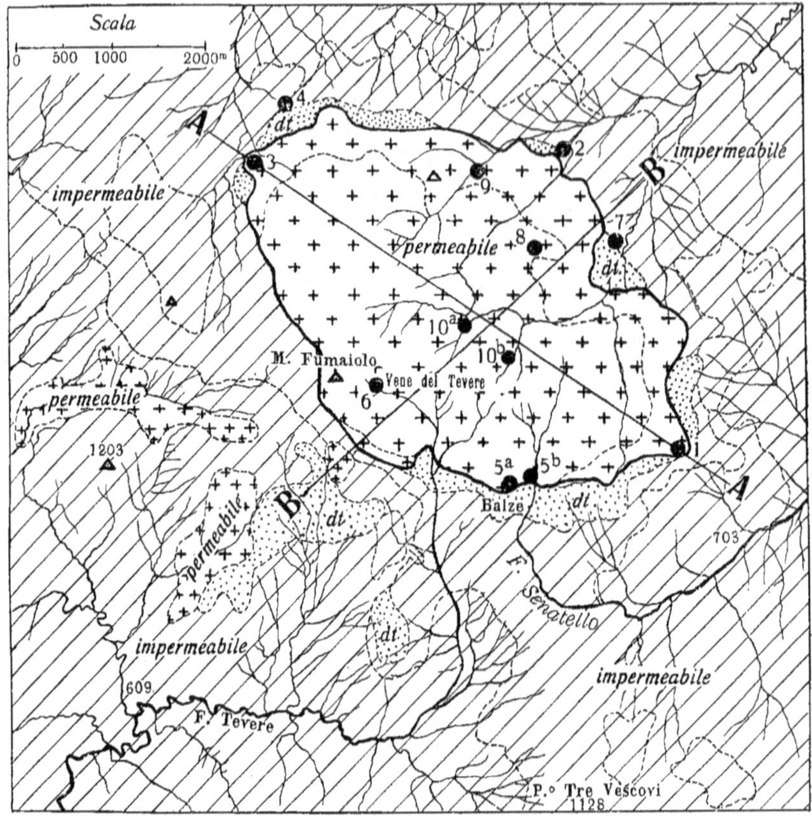

1, Sables et calcaires à glauconie (miocène); — 2, calcaires zoogènes (miocène); — 3, schistes argileux avec strates et lentilles (3a) de calcaire marneux (éocène); — 4, alternances de lits sableux et marneux (éocène).

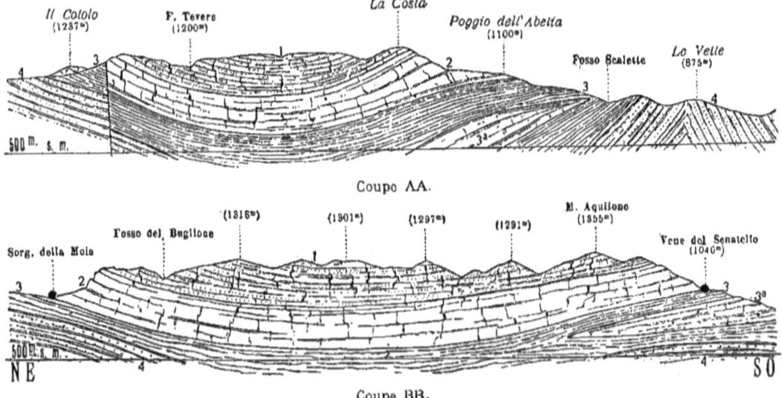

Coupe BB.

FIG. 292. — Les sources du Tibre au Monte Fumaiolo (d'après CANAVARI et LOTTI).

d'évaluer leur débit total à 18 0/0 de la pluie tombée sur cette zone. — Du même niveau (contact de l'éocène et du miocène, ici plus sableux), naissaient les deux sources de la Rosola sur le versant N.-O. du mont Righetti, que la ville de Modène a captées par une galerie : elles débitaient ensemble de 73 à 115 litres par seconde, ce qui donne les rapports de 12 à 20 0/0 de la pluie tombée (température 11°, altitude 532 et 551).

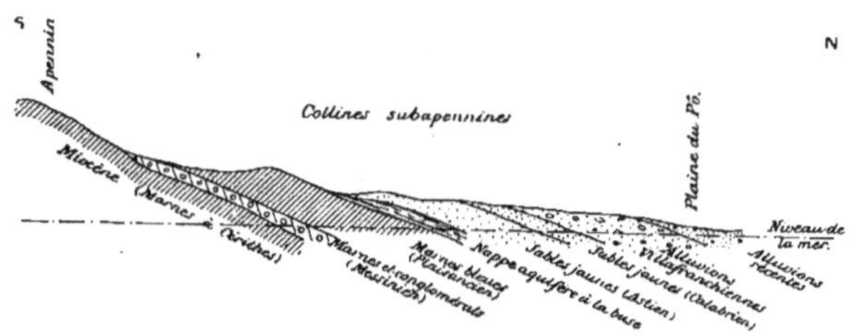

Coupe N.-S. dans la région de Plaisance.

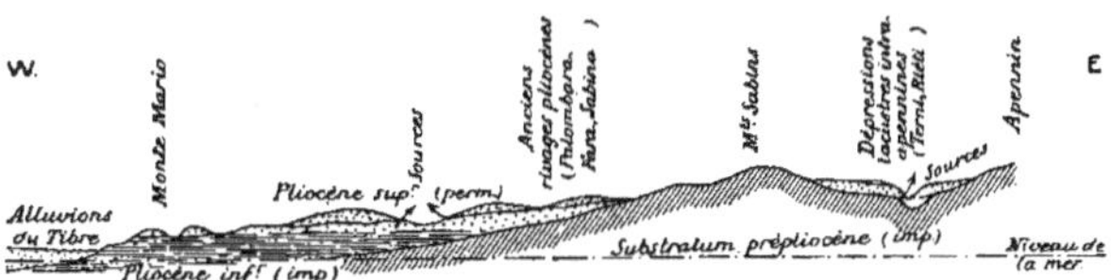

Coupe E.-O. entre Rome (Monte Mario) et la chaîne apennine.

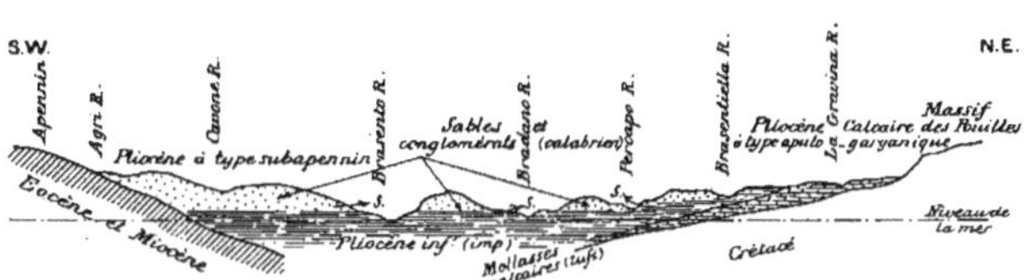

Coupe N.E.-S.O. du bassin du détroit des Pouilles (sources SS dans les vallées).

Fig. 293. — Le pliocène en Italie : trois coupes schématiques (hauteurs très exagérées).

Au Centre et au Sud de la péninsule, on trouve des lambeaux de calcaires nummulitiques accrochés aux massifs des calcaires crétacés, tandis que les vallées séparant ces massifs sont remplies par le flysch [1] : les sources naissent surtout des cassures, comme l'ont déjà montré les figures 218 et 219. On peut citer ainsi la source Capore (débit minimum de

[1] Pour l'étude détaillée du *flysch latin*, se reporter au travail de Principi : *Tentativo di ordinamento del Terziario inferiore e medio dell'Umbria centrale*, in *Boll. Soc. geol. ital.*, XLI, 1922.

4 mètres cubes par seconde), qui naît près du Farfa, du calcaire du mont Tancia. On retrouve encore des calcaires nummulitiques contre les massifs crétacés des Pouilles, du Monte Gargano, de la Sicile, etc., etc.

Quant au pliocène, qui est très étendu et forme les *collines subapennines* (bordant la chaîne surtout du côté du Pô et de l'Adriatique), il a comme en Provence sa base imperméable constituée par les *marnes plaisanciennes* (marnes bleues du Bolonais et du Vatican) et sa partie supérieure au contraire sableuse et perméable : d'où un ou plusieurs niveaux d'eau (pouvant être artésiens par suite de l'intercalation de couches argileuses plus ou moins étendues) dans les sables de l'Astésan, ceux du Monte Mario (*calabriens*) et les conglomérats villafranchiens (alluvions peut-être déjà quaternaires). Les vallées de toutes les rivières qui descendent de l'Apennin, notamment vers l'Adriatique ou le golfe de Tarente, les hautes vallées de l'Arno, de l'Ombrone et du Tibre, entaillant ces sables donnent naissance à des sources innombrables, mais assez faibles et d'un caractère tout différent des grosses sources des calcaires. Je ne puis entrer dans le détail de tous ces bassins secondaires : aussi me contenterai-je, dans la figure 293, de montrer la situation et la constitution du pliocène dans trois coupes, l'une de l'Apennin à la plaine du Pô dans la région de Plaisance, l'autre de Rome aux monts Sabins, et la troisième du détroit des Pouilles; on y voit les emplacements de sources.

6° BASSIN PANNONIQUE OU HONGROIS

(Colonne 9 du tableau VII)

Nous avons vu le bassin tertiaire de Vienne communiquer avec le grand bassin de Hongrie. Celui-ci ([1]), compris entre l'extrémité orientale des Alpes, les Alpes de Transylvanie à l'E., les Carpathes au N. et la chaîne dinarique au S., est occupé presque entièrement par le néogène; mais le pliocène est masqué sur de grandes étendues par le diluvium et les alluvions des grandes vallées du Danube, de la Drave, de la Save, de la Theiss (Tisza), de la Morava et de leurs affluents. Sous le diluvien, formé de couches sableuses et argileuses alternantes sur une épaisseur fort variable (de 20 à 200 mètres), on trouve l'*étage levantin* (pliocène, couches à paludines)

([1]) Le bassin pannonique communique à son tour par le défilé des Portes de Fer avec le *bassin pontique* (ou pontico-caspique), lequel s'étend dans les Balkans jusqu'en Asie Mineure (mais je ne connais pas l'hydrologie souterraine de ce dernier).

formé aussi d'une autre série alternante de couches sableuses et graveleuses aquifères et de couches d'argile intercalées : ces couches semblent plonger vers le centre du bassin et y devenir de plus en plus épaisses (elles ont été déposées dans un ancien lac), ce qui les dispose bien à contenir des eaux artésiennes à différents niveaux.

En dessous de l'étage levantin, on trouve le pontien, mais il est généralement argileux (au moins à sa partie supérieure) et très épais, en sorte qu'on n'a pas intérêt à y chercher de l'eau. Quelques forages, comme ceux de Szabadka (600^m,94 de profondeur) et Zombor (393^m,37) que montre

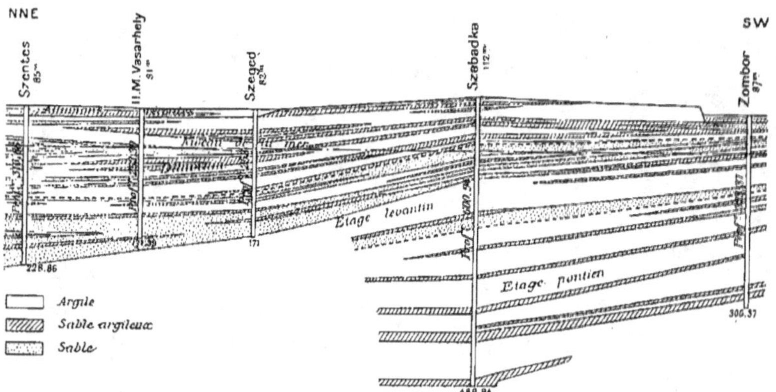

Fig. 294. — Coupe de la plaine hongroise entre le Danube et la Theiss (Alföld du Sud) et puits artésiens (d'après Halavats).

la figure 294, y sont descendus assez profondément, mais sans avantage sérieux. Sous le pontien, on trouverait les étages sarmatiens, puis méditerranéens (¹) ces derniers épais et peu perméables. L'hydrologie de la plaine hongroise est donc simple : s'en tenir aux alluvions et au diluvium (²) pour les puits ordinaires, et aux nappes généralement artésiennes du levantin, la dernière au contact du pontien étant d'ordinaire la plus im-

(¹) A Buda-Pest, où le Méditerranéen épais de 330 mètres vient immédiatement en dessous de 15^m,50 d'alluvions, le forage du Stadtwäldchen l'a traversé en entier en y trouvant un peu d'eau ; puis on l'a continué dans l'oligocène jusqu'à 970 mètres de profondeur : il donne 1.290 mètres cubes par jour d'eau à 74° centigrades, qui monte à 13^m,50 au-dessus du sol. Il y a dans la ville quatorze autres puits, beaucoup moins profonds et non jaillissants. A Kobanya, un forage de 100 mètres (non jaillissant) trouve de l'eau dans une couche graveleuse à la base du méditerranéen.

(²) Remarquons que la limite entre le diluvium et le dessus du levantin ne se reconnaît pas toujours très bien.

portante. Les villes et villages hongrois ont usé largement de ces conditions favorables, car en 1910 on trouve que cinq cent quatre localités avaient

Tableau VII – Terrains tertiaires et quaternaires

(Les couches perméables contenant des nappes aquifères importantes sont

Terrains géologiques			Bassin	
			Côté Est et Sud-Est du Bassin de Paris (France)	Nord de la France et Belgique
[...]ERNAIRE	Quat. récent (Holocène)		a² ALLUVIONS RÉCENTES	SABLES DES DUNES Limon et couche d'argile bleue à la base (argile d'Vechies)
	Quat. moyen (Pléistocène)		a¹ ALLUVIONS ANCIENNES ET TERRASSES	SABLES DE BOURBOURG Brabantien et flandrien (3e et 4e glacre) Campinien et hesbayen (2e glaciaire)
	Quat. ancien	Cromérien Sicilien	P Terrasses et alluvions des plateaux	MOSÉEN (1er GLACIAIRE QUAT.)

de l'Europe Occidentale. — (principaux bassins.)

écrites comme ALLUVIONS, celles qui contiennent un peu d'eau, comme Terrasses

Anglo-Parisien — Côté Ouest et Sud-Ouest du bassin de Paris (France)		Anglo-Parisien — Angleterre (Sud-Est)		Sud-Est de la France (Alpes, Dauphiné, Provence.)	
Alluvions modernes DUNES MODERNES		Alluvions récentes (VALLEY GRAVEL et Brickearth)	0 à 10m		
ALLUVIONS ANCIENNES À EL. PRIMIGENIUS ET EL. ANTIQUUS Dunes anciennes		Drift glaciaire: Loam GRAVIER ET SABLE PLATEAU GRAVEL Boulder clay (imp.) GRAVIER ET SABLE	jusqu'à 60m	SABLES DES DUNES ALLUVIONS DU RHÔNE ET DE LA DURANCE, ETC...	
Alluvions marines (Vendée) Terrains de transport des plateaux (Poitou)		[Pliocène sup.] Forest bed séries (de Cromer) GRAVIER, SABLES et argile	2 à 6m	Terrasses fluvio-glaciaires et moraines frontales de l'ancien glacier Rhône-Isère	
		Chillesford beds (argile)	0 à 5m	ALLUVIONS À EL. MERIDIONALIS	
Sables et marnes à Nassa du Cotentin	q.ques mèt.	Norwich crag séries (gravier, sables et argile)	9 à 45m	SABLES DE MONTPELLIER	30 à 35m
		Crag rouge (red crag) (Sables coquilliers)	7 à 12m	SABLES ET GRAVIERS DE TRÉVOUX, ETC... (BRESSE)	50 à 100m
Faluns de la Dixmerie	q.ques mèt.	Cozalline crag et Walton crag (Sables coquilliers)	12 à 25m	Argile à paludines (Marnes de la Bresse.) Marnes à Nassa semistriata	40m ou plus
		manque		Limons et conglomérats de la Durance: cailloutis impressionnés de Valensole	var.
				Calcaire et marnes à Hélix Cristoli	q.ques mèt.
Marnes à Hélix turonensis Mollasse de l'Anjou Faluns de la Touraine	15 à 20m			Mollasse de Cucuron Marnes de Cabrières	peu épais
				SABLES À TÉRÉBRATULINES OU À PECTEN GENTONI ET SABL. ET GRÈS A O. CRASISSIMA	15 à 150m
Sabl.s et argiles de la Sologne	0 à 20m			Mollasse, sables à sentelles ou grès à Pecten præscabriusculus	10 à 30m
		manque		Calcaire à Helix Ramondi Marnes rouges de Viens Calc. de Vachères et lignites de Manosque.	30 à 100m
SABLES ET GRÈS DE MONTMORENCY	jusqu'à 55m			Calcaire en plaquettes	10 à 30m
		[dans le Hampshire et île de Wight] Hamstead beds sup.res (couches à O. cyathula)	50 à 80m	GRÈS DE CÉLAS (W. du Rhône)	20 à 60m
		Hamstead beds inf.res (marnes et argiles)		Argiles de St Henri Poudingues de l'Huveaune	peu épais
		Bembridge marls (argiles, marnes et calc.)	30m	Gypse d'Aix et de Gargas	varia.
				Calcaire à Cyrena semistriata	30 à 40m
				Grès d'Annot (flysch gréseux)	20 à 50m
Gypse et marnes (ligurien)	20 à 60m	Bembridge limestone calc.	3 à 5m	Lignites de la Débruge	mince
Sables et argiles marbrés (Poitou) et parfois grès	30m	Osborne beds (marn. et grès)	30m	Flysch noir (schisteux) dans les Alpes.	épais
		Headon beds (arg. et calc.)	45m		
Calc. gréseux de Lizy-s.-Ourcq	5 à 8m	[Bagshot séries] Barton sands (SABL. SUPERs DE BAGSHOT)	30 à 90m	Sables et arg. bariolés du Comtat	20 à 80m
SABLES D'ACY-EN-MULTIEN	12 à 15m	Barton clay (imp.)	0 à 75m	Grès et poudingues d'Euzet	
Caillasses de Longpont	2 à 4m				
Calcaire grossier moyen et supér. de Montlévêque Calc. grossier inférieur	12 à 50m	Bracklesham beds (Sabl. et bancs argil.x intercalés)	12 à 200m	[Calcaires lacustres inf.] (Calcaire à Planorbis pseudo-ammonius.)	20 à 50m
		SABL. INFÉRs DE BAGSHOT	15 à 200m	Calcaire de Cuques	40m
SABLES DU SOISSONNAIS	2 à 11m	London clay (imp.)	10 à 135m	Marnes rouges.	0 à 60m
Arg. plastique, sables et galets de Neaufles-St-Martin, sables et grès à pavés	6 à 50m	Oldhaven and Blackheat beds	2 à 20m	Calcaires du Cengle et de Vitrolles (Sables et argiles bigarrés)	50m
Sables de Bracheux ou glauconie de la Fère et arg. à silex.	5 à 30m	Woolwich and Reading beds	5 à 30m	Calcaires lacustres à Physa prisca	variab.
		SABLES DE THANET	3 à 20m		
Craie sénonienne.		Chalk (craie)		Jurassique ou crétacé.	

Tableau VII

Terrains géologiques	Bassin d'Aquitaine	Bassin Suisse-Bavarois
QUATERNAIRE — Quat. récent (Holocène) Quat. moyen (Pléistocène)	SABLES DES DUNES	ALLUVIONS DES VALLÉES FLUVIALES
QUATERNAIRE — Quat. ancien ou Pliocène supérieur: Cromérien; Sicilien (ou mindélien); St Prestien; Villafranchien (günzien)	ALLUVIONS DES GRANDES VALLÉES (Gironde, Dordogne, Adour, etc. etc.) Argile du Gurp	Terrain glaciaire et (MORAINES TERMINALES ET TERRASSES): TRÈS ETENDU
Pliocène inférieur: Astien; Plaisancien	SABLES DES LANDES (avec intercalation de bancs argil.) 30 à 45m	manque
MIOCÈNE — Supérieur: Pontien (ou Sahélien); Sarmatien	Glaises bigarrées 10 à 50m	COUCHES À CONGÉRIES ET GRAVRS DU BELVÉDÈRE Mollasse supre d'eau douce (Obere Süsswasser mollasse): œningien BUNTE NAGELFLUH, PFOHSAND, ETC. — 100 à 200m
MIOCÈNE — Supérieur: Tortonien (Vindobonien supr)	Faluns de Saubrigues (Landes) et mollasse supre de l'Armagnac — peu épais	Mollasse marine supre (Obere Meeres mollasse): Couches de Vienne: Bunte Nagelfluh en Suisse
MIOCÈNE — Supérieur: Helvétien (Vindobonien infr)	Faluns de Salles et calc. de Simorres et de Sansan (épais dans l'Armagnac) 10 à 25m	Schlier et couches de Kirchberg (en Bavière et Autriche) — variable: de 20 à 100m
MIOCÈNE — Inférieur: Burdigalien	Faluns de Saucats, de Cestas et de Dax Mollasse infre de l'Armagnac et FALUNS DE LÉOGNAN 25 à 50m	Austern Nagelfluh en Suisse Muschel sandstein, en Bavière
MIOCÈNE — Inférieur: Aquitanien (Calcaire de Beauce Calcaire lacustre)	CALC. GRIS DE L'AGENAIS et argle Faluns de Bazas et de Mérignac CALC. BLANC DE L'AGENAIS et argle OU CALC. LACUSTRE DE PONCHAPT 35 à 50m Marnes du Bordelais 10 à 15m	Mollasse infre d'eau douce: Mollasse bigarrée (Buntmollasse) (Untere Süss- und Brack wasser mollasse) — 1000m et plus
NUMMULITIQUE — Oligocène (Tongrien): Stampien (rupélien ou chattien)	Mollasse inférieure de l'Agenais 10 à 20m CALCAIRE À ASTÉRIES 20 à 50m Marnes à huîtres 10 à 15m	Mollasse marine inférieure (Untere Meeres mollasse) En Suisse, calcaire à Cérithes et Jura nagelfluh (peu perméable)
NUMMULITIQUE — Oligocène (Tongrien): Sannoisien (ou Lattorfien) ou sidérolithique	Marnes de Gaas Calc. de Castillon Mollasse du Fronsadais Marnes à anomies. ou sables du Périgord et grès de Bergerac 25 à 35m	Flysch tongrien (marnes grises par bancs minces) (presque imp.) — de 0 à plusieurs centaines de mèt.
NUMMULITIQUE — Éocène — Éocène supr (parisien supr), Priabonien: Ludien	Calcaire marin de St Estèphe 10 à 20m ou Poudingue de Palassou qq. mèt	Flysch inférieur (marnes grises feuilletées) et couches d'Obwalden ou schistes nummulitiques supérieurs. (imp.)
NUMMULITIQUE — Éocène — Éocène supr (parisien supr), Priabonien: Bartonien (Wemmelien)	Calc. lacustre de Plassac 0 à 15m Marnes de Bos d'Arros ou Grès de Carcassonne et d'Issel 10 à 30m	
NUMMULITIQUE — Éocène — Éocène moyn (parisien infr), Calc. grossier: Auversien	Marnes à pentacrines et sables argileux. 20 à 35m	Couches à Nummulites: Couches d'Einsiedeln, Marnes grises à foraminifères. (Couches du Pilate et de Bürgen)
NUMMULITIQUE — Éocène — Éocène moyn (parisien infr), Calc. grossier: Lutétien	CALCAIRE DE BLAYE OU DE St BARTHÉLEMY 15 à 25m	
NUMMULITIQUE — Éocène — Éocène infr (Suessonien): Yprésien (londinien)	GRÈS ET SABLES À NUM. PLANULATUS 0 à 60m	Grès vert siliceux (Couches de Bürgen)
NUMMULITIQUE — Éocène — Éocène infr (Suessonien): Sparnacien; Thanétien (landénien) et montien	Couches supérieures de Gan ou Calc. à Alvéolines Couches inférieures de Gan ou calc. à Miliolites — manquent souvent: très épais par endroits	CALCAIRs À GROSSES NUMMULITES — épaisseur: 200 à 300m
	Dordonien ou Moutien et (damien	Trias, Jurassique ou Crétacé supr

(*suite*)

Bassin de l'Adriatique (Italie)		Bassin Hongrois (pannonique)	
ALLUVIONS DES VALLÉES FLUVIALES ALLUVIONS DE LA VALLÉE DU PÔ (EAUX ARTÉSIENNES)	jusqu'à 150m	ALLUVIONS DES VALLÉES FLUVIALES	jusqu'à 100m
TERRAIN GLACIAIRE ET MORAINES (AU PIED DES ALPES)			
CALCAIRE SABLEUX DE PALERME ET DE SYRACUSE	plusieurs cent. de m.	Löss (peu perméable)	très variable
CONGLOMÉRATS CONTINENTAUX (VILLAFRANCHIEN) (VAL D'ARNO)	100m	DILUVIUM (SABLEUX)	de 20 à 200m
SABLES JAUNES SUPÉRIEURS (CALABRIEN) (MONTE MARIO)	60m		
SABLES JAUNES DE L'ASTÉSAN	60m	Étage levantin (couches lacustres à paludines): SABLES SUPÉRIEURS (Couches d'argile intercalées) GRAVIERS ET CAILLOUTIS (plusieurs nappes aquifères)	100 à 200m
Marnes bleues du Plaisantin, du Bolonais et du Vatican (imp.)	50 à 200m		
Couches à Congéries (Tripolis du Livournais.) et formation gypso-sulfureuse (Messinien)	épais	Dacien (presque imperméable) Couches à Cardium et à Congéries Méotien (Calc. de Kertch.)	très épais
Marnes à Cérithes Couches de Stazzano	20m ou plus	Calcaires et marnes à Cérithes	20 à 50m
Calcaire du Livournais Marnes bleues de Tortone	jusqu'à 1200m	2me Étage Méditerranéen: Calcaires de la Leitha Marnes (de Baden) Schlier (argiles et grès argileux)	jusqu'à 350m
Mollasse sableuse (Couches de la Superga)	400 à 500m		
Marnes bleues des Langhe.	jusqu'à 1500m		
Sables et grès peu fossilifères	épais	1er Étage	

profondes recoupent les couches sableuses aquifères, on a des sources, et plusieurs localités, surtout à la périphérie du bassin, s'y alimentent.

En 1908, Ignacz de Daranyi a donné une carte indiquant les forages et les sources qui alimentent les agglomérations hongroises : c'est surtout entre le Danube et la Theiss et à l'E. de la Theiss que les puits artésiens sont nombreux, et j'essaie d'en donner une idée par l'extrait de carte ci-contre (*fig.* 295). La littérature sur ce sujet est abondante, mais c'est surtout à J. Szabo, à B. et W. Zsigmondy et à J. Halavats qu'on doit la connaissance de ce beau bassin hydrogéologique. Je ne puis ici que citer quelques groupes remarquables à titre d'exemples :

Groupe des puits de Szegedin : on compte au moins trente forages dans cette ville, dont le premier foré en 1887 par B. Zsigmondy, a 253 mètres de profondeur et donne à $0^{m},50$ au-dessus du sol environ 660 mètres cubes par jour d'eau à 21° ; le second, creusé par le même ingénieur l'année suivante, a 217 mètres de profondeur et peut débiter à 8 mètres au-dessus du sol 392 mètres cubes par jour (800 mètres cubes à $1^{m},50$) d'eau à 17° (l'eau provient de trois niveaux, à 140, 193 et $216^{m},80$). Ces deux puits ont une composition très voisine : 328 à 348 milligrammes de résidu fixe, dont 140 à 149 de $CaCO^3$, 52 à 75 de $MgCO^3$, 72 à 111 de Na^2CO^3, 6 à 12 de NaCl. Les autres forages faits depuis sont généralement moins profonds et tous faiblement jaillissants.

Groupe de Zenta : quatorze puits, dont dix faiblement jaillissants.

Puits de Szentes : profondeur $313^{m},86$: température 22°,7 ; débit 354 mètres cubes par jour à $0^{m},50$ au-dessus du sol et 252 mètres cubes à 5 mètres. Résidu fixe $517^{mgr},5$ par litre, dont 137 de Na^2CO^3, 82 de $CaCO^3$, 58,4 de $MgCO^3$ et 2 seulement de $CaSO^4$.

Groupe de Szabadka : huit puits, mais non jaillissants, bien que l'un descende à 428 mètres, un autre à 600 mètres de profondeur (les autres aux environs de 100 mètres).

Groupe d'O. Kanizsa : sept puits d'une centaine de mètres, faiblement jaillissants.

Puits d'O. Beice. — A 253 mètres de profondeur, trouve une eau jaillissante très minéralisée : $1^{gr},953$ de résidu fixe, dont $1^{gr},357$ de Na^2CO^3.

Groupe de Kalocsa : trois puits, dont 1 de 108 mètres donne de l'eau à 750 milligrammes de résidu fixe.

Groupe de Nagy-Körös : dix-huit puits, mais peu profonds et ne jaillissánt pas.

Groupe de Sövenyhaza : sept puits, tous jaillissants : profondeur de 112 à 336 mètres.

Puits de Zombor. — Profondeur 393m,37, température 22°,8, débit 82 mètres cubes par jour.

7° ÉTATS-UNIS (Voir tableau VIII).

Nous aurons naturellement à peu près les mêmes subdivisions que pour le secondaire.

I. — La plaine côtière Atlantique, avec un prolongement formant la Floride, et un autre formant le vaste Embayment du Mississippi, — entre la bande du crétacé et le quaternaire du littoral;

II. — La partie médiane des Grandes Plaines centrales (miocène dans le Nebraska, Colorado, Kansas, Oklahoma, Texas et New Mexico);

III. — L'éocène continental au N.-E. des Montagnes Rocheuses (Montana, N^th Dakota et Wyoming);

IV. — L'éocène continental entre les Rocheuses et le Grand Bassin (Utah, Wyoming, Colorado et N.-E. du New Mexico);

V. — La côte du Pacifique.

I. — **Région côtière Atlantique.** — *a*) **Partie Nord de la côte Atlantique (du Massachussetts à N^th Carolina)** (colonne 1 du tableau VIII). — Quelques affleurements de sables miocènes (*formation de Beacon Hill*) apparaissent seulement au N. de Sandy Hook (îles de Gay Head, de Marthas Vineyard, de Long Island) et alimentent des puits; mais le miocène [1] (*groupe de Chesapeake*) est ensuite très développé jusqu'au cap Hatteras et présente de nombreuses alternances de couches sableuses et marneuses ou argileuses, plongeant vers la mer (de 4 à 5 0/00 dans le New Jersey et seulement de moitié dans la Virginia et la N^th Carolina) et contenant une série de nappes aquifères à caractère artésien (en s'approfondissant vers l'E.) au-dessus de celles du crétacé.

État de New Jersey. (Coupe transversale *fig.* 221). — Le miocène (tout le S.-E. de l'État) comprend la *formation de Kirkwood* à la base (correspond au *Calvert* des États suivants), la *formation de Cohansey* et *celle de Beacon Hill*, les deux premières de 30 mètres environ d'épaisseur

[1] L'éocène marin (*groupe de Pamunkey*) n'apparaît ici (sauf dans le S.-E. de North Carolina) que par lambeaux le long des affleurements du crétacé ou dans les vallées d'érosion (marnes de Shark River de quelques mètres d'épaisseur dans le New Jersey) : toutefois la base du Pamunkey contient une nappe intéressante dans le S. du Maryland.

avec au moins chacune une nappe dans des couches de sable, la dernière (12 mètres) entièrement sableuse et aquifère. La plus importante de ces nappes est celle du *great diatom bed* (à la base du Kirkwood) : elle donne toutefois de l'eau chargée de 1.100 milligrammes de sels (dont 330 milligrammes de chlore) dans le grand forage d'Atlantic City déjà signalé.

Beaucoup de localités, notamment sur la côte, ont fait des forages jaillissants descendant aux nappes précitées. En voici quelques-unes (d'après Darton) s'adressant à la fois aux trois nappes : Atlantic City (quinze forages de 176 à 291 mètres et quatre de 350 à 703 mètres, donnant un très grand débit); South Atlantic City, Ventnor, Longport, Smiths Landing, Brigantine avec chacune un forage de 220 à 250 mètres, donnant de 6 à 11 litres par seconde; Cape May City et Cape May Point (forages de 183 à 400 mètres, avec grand débit). La *great diatom bed* donne à lui seul des puits jaillissants à Ocean City (six forages de 230 à 250 mètres débitant ensemble 70 litres par seconde), Sea Isle City, Wilword (un forage de 200 mètres débitant 19 litres), Beach Haven, Harvey Cedars (deux forages de 152 mètres donnant chacun 6 à 7 litres), Barnegat Park, Sea Side Park, Mantoloking, etc., etc. Le *Cohansey* alimente seul des forages à Sea Isle City, Mays Landing, Winslow, etc., etc.

États de Delaware et de Maryland (voir coupe *fig.* 222). — Dans le Delaware, trois niveaux d'eau, l'un dans le *great diatom bed* (puits jaillissants de Dover, de Mahon Hiver à une soixantaine de mètres), le second un peu au-dessus (deux puits à Milford de 46 et 49 mètres, débitant chacun 4 litres, puits de Lewes), et le troisième à une quarantaine de mètres au-dessus du premier (puits de Kitts Hummock de 33^{m},5 avec un grand débit).

Dans le Maryland, la base du Pamunkey (éocène) contient déjà une nappe (au S.-E. d'une ligne allant de Herry Bay à Liverpool Point : puits de Nanjemoy, Chapel Point, Roch Point). La base de Chesapeake formation en contient une autre très constante (six puits de 113 mètres à Cambridge débitant chacun 10 à 16 litres par seconde, puits de même profondeur à Cornfield Harbor, Denton, Le Compt et plusieurs à On Farm et Saint Inigoes; puits de 60 à 90 mètres seulement à Solomons Island, Leonardtown, Piney Point et Saint Georges Island, où il y en a vingt-cinq mais de faible débit). Au-dessus, il y a encore d'autres niveaux, surtout sur la côte E. : à Easton, puits de 30^{m},5 donnant près de 5 litres, à Federalsburg, puits de 71 mètres (premier niveau au-dessus de celui de la base); à Ocean City, puits de 78 mètres donnant 8 litres; et à Salisbury, puits de

31 mètres donnant 22 litres (deuxième niveau de Chesapeake formation).

État de Virginia. — Le tertiaire règne entièrement à l'E. de la ligne Frederiksburg-Petersburg-Emporia, le Pamunkey (60 mètres d'épaisseur), n'apparaissant que dans la moitié N. et les vallées des nombreuses rivières, et tout le reste étant du Chesapeake (120 mètres d'épaisseur). — La base du Pamunkey contient une belle nappe qui alimente des puits jaillissants à Colonial Beach (cinq puits de 76 mètres), Clifton (deux puits de 53 mètres), Lester Manor (trois puits de 61 mètres) et Whitehouse: il y a par places un second niveau plus élevé dans le Pamunkey. Plusieurs niveaux dans le Chesapeake : celui de base alimente des puits jaillissants à Bellevue (deux puits de 65 mètres), Dudleys Ferry (quatre puits de 53 mètres), Lancaster (deux puits de 76 et 87 mètres), Norfolk (deux puits de 171 et 186 mètres), Plum Point (trois puits de 51 mètres), Puritan Bay (trois puits de 55 à 65 mètres), Sheppard (deux puits de 49 mètres), West Point (deux cents puits d'une cinquantaine de mètres, donnant chacun 0,6 à 0,7 litres par seconde), White House (trois puits de 55 à 70 mètres), Whealtons, Williamsburg. Un niveau situé à 30 mètres au-dessus de la base alimente les puits de Franklin (seize puits de 40 mètres et grand débit), Homewood (cinq puits de 34 à 96 mètres), Zuni, Bowlers Wharf et Mount Carmel; les neuf puits de Coan (82 à 96 mètres) touchent à ce niveau et à celui de la base; enfin le puits de 21 mètres de Virginia Beach ne touche qu'au sommet du Chesapeake (grand débit, mais eau ferrugineuse).

État de North Carolina. — Le Pamunkey n'apparaît qu'au S. de Neuse R^r^ jusqu'à Wilmington, tandis que le Chesapeake s'étend au N.-E. Ici les formations sont peu épaisses et vont en s'amincissant vers le S. — Un grand nombre de puits s'adressent aux couches sableuses, mais ils sont moins bien alimentés que ceux des États précédents.

b) **Partie Sud de la côte Atlantique (de S^th^ Carolina à Florida)** (colonne 2 du tableau VIII). — *État de South Carolina* (voir coupe *fig.* 224). — L'éocène marin règne dans le S.-O. de l'État, et à l'O. de la rivière Lynches, il repose directement sur le Potomac : il contient de l'eau dans les bancs de calcaires coquilliers et sableux de la base (appelés aussi *Buhrstone*). Ainsi à Barnwell, ce niveau est à 30 mètres du sol, à Orangeburg à 77 mètres, et au grand forage de Charleston à 120 mètres. Les marnes qui surmontent le Buhrstone (*marnes de Santee*, d'*Ashley* et de *Cooper*) ne contiennent généralement pas d'eau : l'oligocène marin qui les surmonte ensuite dans l'angle S., ainsi que par places les marnes miocènes ne contiennent que de l'eau peu abondante et dure.

État de Georgia (voir la carte *fig.* 296, qui indique les subdivisions de cet État et les zones de jaillissement, et la coupe *fig.* 225). — Cet État est l'un des plus riches en nappes aquifères et en puits artésiens : il faut distinguer l'éocène, l'oligocène et le mio-pliocène.

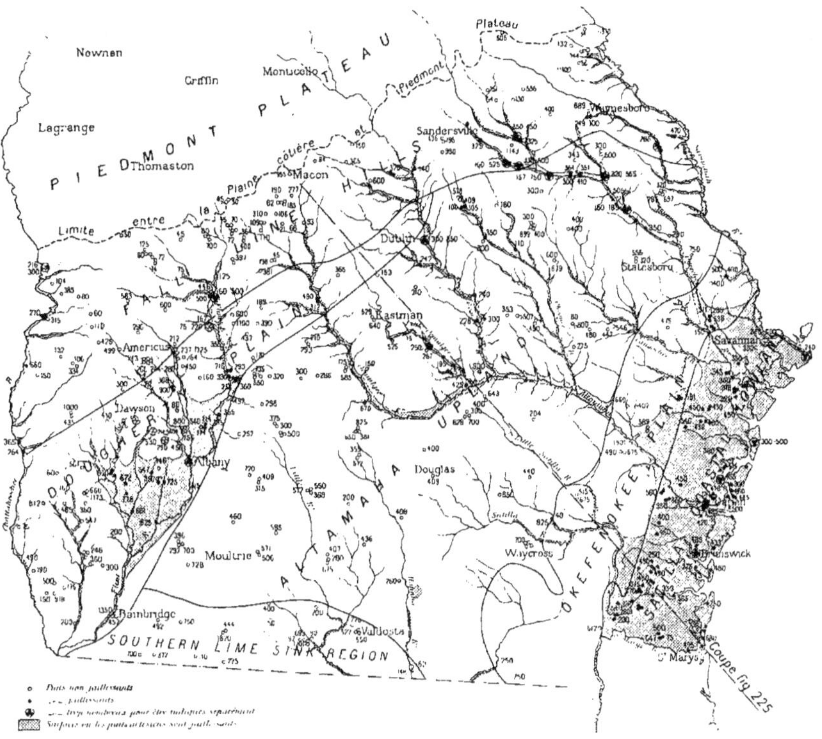

FIG. 296. — Zones artésiennes de jaillissement de la plaine côtière de Géorgie et régions naturelles (d'après W. VAUGHAN, STEPHENSON et VEATCH).

1° ÉOCÈNE. — Il occupe la plus grande partie de la région nommée « Fall line Hills », au pied de *Piedmont plateau* et comprend trois formations : A la base, *Midway formation* (sables, argiles et calcaires marins de 65 à 120 mètres d'épaisseur, correspondant au Buhrstone), avec une quantité d'eau modérée dans les sables et calcaires et des sources (plutôt faibles) dans les comtés de Quitman, Stewart, Webster, Schley et Macon [1] : cette formation ne s'étend qu'entre la vallée du Flint R^r et le Chattahoochee R^r sur une largeur de 12 à 24 kilomètres. Au S.-E. de cette bande et sur 8 à 10 kilomètres seulement, on trouve *Wilcox formation*, peu épaisse et marneuse, qui ne joue pas de rôle en hydrologie. Enfin le *groupe de Claiborne*, occupant une bande étroite dans le S.-O., mais élargie à 50 ou 60 kilomètres dans le N.-E. (le long de Savannah R^r), et se subdivisant en deux : à la base, la *formation de Mac Bean* (sables et argiles peu perméables, sur 30 à 120 mètres d'épaisseur) ; au-dessus les *sables de Barnwell* (30 mètres d'épaisseur) qui contiennent une belle nappe alimentant des sources et un grand nombre de puits (jaillissants dans le fond des vallées, notamment celles du Brier Creek, Ogeechee, Oconee et Ocmulgee R^rs et de leurs affluents).

Je citerai rapidement, en allant de E. vers O. : une grosse source, Davis Spring, près Gough (Burke C^y) et des puits jaillissants à Waynesboro (trois niveaux à 76, 91 et 270 mètres) et à Midville (quatre niveaux à 61, 91, 137 et 213 mètres) toujours Burke C^y. A Louisville, cinq forages jaillissants (de 105 à 135 mètres de profondeur); à Wadley, 15 de 91 à 152 mètres; d'autres à Bartow, Spread, etc., etc., et une grosse source dite Omaha Spring près d'Avera (le tout comté de Jefferson). Grosses sources de bancs calcaires du Claiborne à Sandersville, Tennille, Davisboro, Sunhill (Washington C^y), avec dans ces localités des forages qui souvent descendent jusqu'aux nappes du crétacé. Nombreux puits jaillissants dans la vallée de l'Oconee (Wilkinson C^y) et dans celle de l'Ocmulgee (Twiggs C^y) : dans les comtés de Houston (puits de Fort Valley, Perry, Powersville, Wellston, etc., etc.), de Macon (puits de Marshallville, Montezuma, Oglethorpe), de Schley (forage d'Ellaville), la plupart des puits vont jusqu'à la formation de Ripley (du crétacé) et ont de 100 à 180 mètres. Plus à l'O., le Ripley devient plus profond, et c'est le plus souvent les couches éocènes qui donnent l'eau : ainsi pour les sources distribuées à Americus [2], et un grand nombre de sources (assez faibles) dans les comtés de Randolph, Quitman, Clay, Early (partie N.-O.). Vers le S., les nappes de l'éocène s'étendent sous le calcaire de la *formation de Vicksburg*.

2° OLIGOCÈNE. — Il se subdivise en trois formations : *Formations de*

(1) Une seule grosse source (Cole Spring) est signalée, près de Preston (Webster C^y).

(2) En même temps que l'eau de quatre puits artésiens allant au Ripley. A Fort Gaines, les puits artésiens (60 à 90 mètres) touchent aussi le Ripley après avoir traversé l'éocène.

Vicksburg, calcaire blanc ou crème, très caverneux (rivières souterraines et sources vauclusiennes), avec intercalation de lits sableux ou argileux par places; *formation de Chattahoochee* (calcaire caverneux) et *formation d'Alum Bluff* (alternances de sables, sables argileux et argiles), ces deux dernières connues ensemble sous le nom de *groupe d'Apalachicola.*

Le *Vicksburg*, qui a de 30 à 40 mètres d'épaisseur le long de la limite N. des affleurements et 120 mètres normalement ailleurs, occupe la *Dougherty plain*, bande qui commence à l'Oconee R^{r}, s'élargit vers l'O. et se termine au cours du Chattahoochee: l'inclinaison (0,0015 au maximum) est plus faible que celle des couches sous-jacentes, et la formation disparaît à l'E. et au S.-E. sous les suivantes. La région est caractérisée par de nombreux entonnoirs (*sinks*) dus aux effondrements du calcaire et par de nombreuses sources vauclusiennes telles que : Blue Spring à 6^{k},5 au S. d'Albany (débit de 788 à 3.810 litres par seconde), Well Spring, près Dublin (débit 43 litres au minimum), Wilkes Spring, Rock Spring, Thundering Spring (toutes trois Laurens C^{y}), Lester Spring et Blue Spring près Newton, etc., etc. On trouve des eaux jaillissantes dans une grande partie de la région, soit dans le Vicksburg (à moins de 100 mètres), soit en dessous dans les nappes de l'éocène et du crétacé (les roches cristallines ne seraient pas à plus de 500 mètres) : ainsi les comtés de Lee, de Dougherty et de Baker presque en entier, la moitié O. du comté de Crisp, la moitié E. de celui de Calhoun forment une vaste zone de jaillissement où les forages sont innombrables[1]. Je citerai rapidement :

Comté de Crisp. — Huit puits jaillissants (66 à 110 mètres) à Coney donnant chacun 6 litres par seconde; un puits non jaillissant de 114 mètres à Cordele fournit 12^{l},5 par seconde, et un autre de 224 mètres qui descend au Ripley fournit 31^{l},5.

Comté de Lee. — Leesburg a un puits jaillissant de 45^{m},7 dans le Vicksburg, et d'autres plus profonds, mais non jaillissants, dans l'éocène; Adams (puits de 55 mètres) et Philena (trois puits jaillissants de 35 à 43 mètres) restent dans le Vicksburg; Smithville a deux grands forages jaillissants de 274 mètres allant au crétacé.

Comté de Dougherty. — Albany a trois forages de 228, 286 et 402 mètres (le dernier seul jaillissant) qui fournissent 28 litres par seconde, plus une quinzaine de forages particuliers : ils touchent à la nappe du Vicksburg à

(1) Le premier puits artésien de Géorgie a été foré en 1881 à Ducker Station, à 25 kilomètres O. d'Albany : il a 166^{m},7 de profondeur et jaillit à 3 mètres au-dessus du sol.

90 mètres et à trois nappes plus profondes du Ripley. Pretoria a deux forages (107 et 298 mètres), Putney, Kioka Place chacun un.

Comté de Baker. — Un puits jaillissant (251^{m},4) à Newton, et un autre (201^{m},5) à Elmodel, venant de l'éocène.

Comté de Calhoun. — Un puits à Leary (205 mètres) ; un à 6 kilomètres au S. (237 mètres) pour l'irrigation ; cinq puits (168 à 183 mètres) à Morgan ; à Arlington (195 mètres) et à Edison (167 mètres) il faut pomper. Les eaux de ces forages viennent du Ripley.

Le groupe d'Apalachicola occupe une vaste région limitée à une ligne à peu près parallèle au rivage Atlantique et à 90 kilomètres à l'O. de lui : c'est l'*Altamaha upland*, avec au S. la *Southern lime sink region* (qui se prolonge dans tout le N.-O. de la Floride). Il y a encore des effondrements (dissolution du calcaire de Chattahoochee lequel a 40 à 75 mètres d'épaisseur), mais moins que précédemment ; ils se traduisent à la surface par des petits lacs ou étangs (l'Ocean pond au S. du comté de Lowndes est un des plus grands, avec 15 kilomètres carrés). Le calcaire n'apparaît guère que dans les vallées, et c'est l'*Alum bluff formation* (40 mètres) qui occupe presque toute la surface, en formant des collines sableuses couvertes de pins ou de touffes d'*Aristida stricta* et au pied desquelles naissent des ruisseaux dans de petits marécages appelés *bays*. L'eau est abondante à peu près partout, mais le jaillissement ne se produit guère que dans le fond des vallées.

Grosses sources provenant des cassures du Chattahoochee : Reddick Blue Spring, comté de Screven (30 litres par seconde) ; Magnolia Spring, comté de Jenkins (plus de 100 litres par seconde) ; Poor Robin Spring, comté de Wilcox (315 litres par seconde) ; Russell Spring et Blue Spring, comté de Decatur ; Wade Spring (657 litres par seconde) et Mc Intyre Spring (1.300 litres par seconde), comté de Brooks.

Principaux puits artésiens alimentant les localités (peu jaillissants).

Comté de Burke. — Waynesboro, trois puits et trois niveaux d'eau à 75 mètres, 91 mètres et à la base ; Midville, plusieurs puits jaillissants et quatre niveaux d'eau.

Comté de Screven. — Millhaven, deux puits jaillissants (90 mètres) ; Rockyford, sept puits jaillissants (56 mètres) ; Sylvania, 10 litres par seconde d'un puits non jaillissant (64 mètres).

Comté d'Effingham. — Springfield, un puits jaillissant (122 mètres).

Comté de Jenkins. — Plusieurs puits jaillissants à Millen : quatre niveaux d'eau à 79, 91, 119 et 136 mètres (le dernier du Claiborne). Herndon, plusieurs puits, l'un donne 22 litres par seconde (de 111 mètres) (du Claiborne); Rogers, deux puits jaillissants (107 mètres); Perkins trois puits (91 et 152 mètres) non jaillissants.

Comté de Bulloch. — Statesboro, deux puits non jaillissants (190 mètres).

Comté d'Emmanuel. — Swainsboro, plusieurs puits (122 mètres éocène et 271 mètres crétacé).

Comté de Johnson. — Wrightsville, un puits (125 mètres); Spann, deux puits jaillissants.

Comté de Montgomery. — Mount Vernon, un puits jaillissant (91 mètres).

Comté de Wheeler. — Mc Rac, deux puits jaillissants (42^m,7).

Comté de Ben Hill. — Fitzgerald, puits de 116 mètres dans le Vicksburg et de 251 mètres dans l'éocène.

Comté d'Irwin. — Ocilla, puits de 108 mètres dans le Vicksburg.

Comté de Coffee. — Douglas, Broxton, Willacoochee, puits de 125 mètres dans le Vicksburg.

Comté de Pierce. — Blackshead, puits de 251 mètres avec 4 niveaux d'eau à 91 mètres, 100^m,6, 137 mètres (Vicksburg) et plus bas (Claiborne), d'où on pompe 63 litres par seconde.

Comté de Ware. — Waycross, puits de 213 mètres, d'où on pompe 48 litres par seconde (du Jackson).

Comté de Tift. — Tifton, puits de 167^m,6, d'où on tire 26 litres par seconde (du Vicksburg).

Comté de Mitchell. — Camilla, deux puits de 90 et 120 mètres, où on pompe 34 litres par seconde (du Vicksburg); Pelham, puits de 216 mètres.

Comté de Colquitt. — Moultrie, deux puits de 153 et 174 mètres où on pompe (Vicksburg).

Comté de Decatur. — Bainbridge pompe dans un puits de 138 mètres; puits anciens plus profonds (éocène).

Comté de Grady. — Cairo pompe 8 litres par seconde dans un puits de 228 mètres (éocène); Wigham, puits de 132 mètres rencontrant deux niveaux d'eau.

Comté de Thomas. — Thomasville, 3 puits : on puise 31^l,5 par seconde à 135 mètres de profondeur dans l'un d'eux, le niveau se tenant à 53^m,3 de la surface et l'eau venue du Vicksburg s'y répandant dans les fissures du Chattahoochee. Un autre puits de 555 mètres rencontre trois niveaux d'eau à 110, 125 et 427 mètres le dernier dans le crétacé. Puits à Boston (97^m,5) et Pavo (122 mètres).

Comté de Brooks. — Trois puits à Quitman (152, 98 et 213 mètres) touchent le dernier au Jackson et donnent 30 litres par seconde.

Comté de Lowndes. — Waldosta, puits de 152 mètres, d'où on pompe 14 litres par seconde (Vicksburg).

Comté d'Echols. — Statenville, plusieurs puits (50 mètres) dans le Chattahoochee.

3° Miocène et pliocène. — Bandes très étroites le long des rivières, n'ayant qu'un faible rôle hydrogéologique : toutefois sous le pléistocène de la côte, les sables miocènes peuvent contenir une nappe et alimenter des puits artésiens de moins de 50 mètres, dans les comtés de Camden, Glynn, Mc Intosh, et dans les îles de ceux de Liberty, Chatham et Bryan.

L'importance des eaux souterraines en Géorgie m'amène à donner un petit tableau de la composition moyenne des nappes ci-après (en mmgr. par litre) :

NIVEAUX D'EAU		NOMBRE D'ANALYSES	TOTAL DES SELS DISSOUS	Ca	Mg	K + Na	HCO^3	SO^4	Cl	SiO^2	Fe
Oligocène.	Chattahoochee formation..	7	200	40	10	15	170	»	8	25	»
	Vicksburg formation......	28	190	40	5	10	140	20	5	20	1
	Oligocène non différencié (1)	46	190	40	5	10	140	20	8	25	4
Éocène.	Jackson formation	7	200	40	5	10	150	10	5	25	3
	Claiborne group..........	16	190	50	2	10	170	10	5	20	2
	Éocène non différencié (2) .	46	200	40	5	15	170	15	8	20	3

État de Florida. — Cet État, dont un quart de la surface seulement est au-dessus de 30 mètres d'altitude, ne contient que des terrains tertiaires et quaternaires. D'abord au N. de l'État, l'oligocène marin, continuant celui de l'Alabama et de la Géorgie, occupe une bande E.-O. où le Vicksburg n'apparaît que dans les creux de quelques vallées fluviales : l'oligocène passe ensuite sous le miocène, qui occupe une autre bande parallèle (commençant à l'O. de Tallahassee). Quant à la péninsule, elle semble constituée par un anticlinal où le calcaire de Vicksburg apparaît sur de grandes surfaces dans la région haute (médiane), mais seulement au N. de la baie de Tampa : ce calcaire est enchâssé, comme le montre la coupe transversale (*fig.* 297), au niveau de Daytona et d'Ocala, par les formations de Chattahoochee et d'Alum Bluff, la pente se faisant vers l'Atlantique. Tout au N. seulement, le miocène (*formation de Jacksonville*) recouvre

(1) C'est-à-dire mélange en proportions inconnues des eaux d'Alum Bluff, Chattahoochee et Vicksburg formation.

(2) C'est-à-dire mélange en proportions inconnues des eaux de Jackson, Claiborne, Wilcox et Midway formations.

l'Alum Bluff, puis disparaît à son tour sous le quaternaire côtier. Au S., du côté E., c'est sous une bande de pliocène, le *Nashua Marl*, que passent les sables de l'Alum Bluff; plus au S. encore, entre Bartow et Tampa, le pliocène devient graveleux (*Bone Valley gravel*).

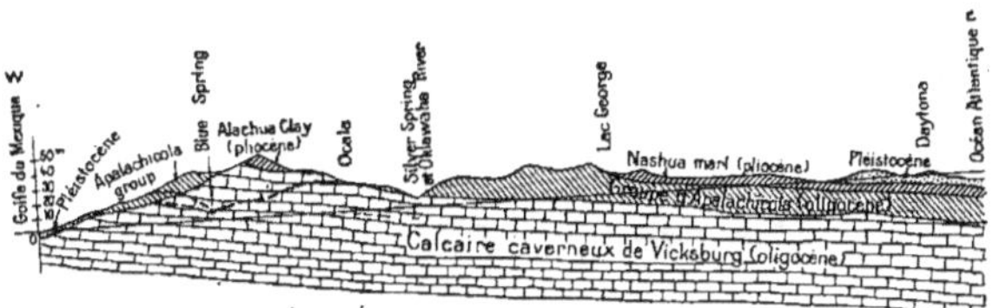

FIG. 297. — Coupe E.-O. de la péninsule de Floride, passant par Silver Spring.

1° OLIGOCÈNE. — Le *Vicksburg*, essentiellement calcaire et caverneux, sillonné d'un réseau de rivières souterraines et donnant naissance à une foule de sources vauclusiennes, a une épaisseur qui varie de 40 mètres au N. à 100 mètres à Gainesville et à Bartow et jusqu'à 320 mètres à Saint-Augustine : on le subdivise en trois étages, *calcaire de Marianna* (base), *calcaire Peninsular* et *calcaire d'Ocala*, mais cela n'a pas d'importance ici. En s'enfonçant, la formation devient artésienne, et elle alimente les nombreux forages du N. et du centre de la Floride, généralement jaillissants dans les régions basses des côtés E. et O. (jusqu'un peu au S. du parallèle de 27°). La pression varie beaucoup d'un point à un autre : le niveau piézométrique est à la cote 20 à Jacksonville, $10^{m},7$ à Sainte-Augustine, $4^{m},4$ à Daytona, $1^{m},5$ à Seabreeze et 0 dans les Keys sur la côte E. allant ainsi en s'abaissant progressivement; il est à $22^{m},9$ à Kissimmee, et à $7^{m},6$ à Sanford dans le centre; à $13^{m},7$ à Fort Myers, $7^{m},6$ à Manatee et Bradentown, $5^{m},2$ à Tampa et Saint-Pétersburg sur la côte O. (où la pression semble aller en augmentant vers le S., sans doute parce que les couches du toit deviennent plus épaisses). Remarquons encore que plus on descend vers le S. plus les eaux du Vicksburg sont minéralisées; elles finissent par devenir inutilisables (plus vite sur la côte E. que sur la côte O.).

Voici les noms et les débits par seconde des grosses sources les plus connues du Vicksburg (la plupart sortent en bouillonnant).

Comté d'Alachua. — High Springs (ruisseau); Boulware Spring (63 litres par seconde); et Poe Spring (2.830 litres par seconde).

Comté de Citrus. — Crystal R^r Springs (12.600 litres par seconde) Chassahowitzka Spring.

Comté de Clay. — Green Cove Springs (190 litres par seconde), Magnolia Spring (16 litres par seconde).

Comté de Columbia. — Ichatucknee Spring (11.350 litres par seconde).

Comté de Hamilton. — Suwannee Springs (1.900 litres par seconde), Whitesprings (1.575 litres par seconde).

Comté de Hernando. — Weekewachee Spring (6.300 litres par seconde): rivière en naît.

Comté de Hillsboro. — Tampa Sulphur Spring (4.200 litres par seconde).

Comté de Jackson. — Marianna Spring : grand débit, amélioré par des forages.

Comté de Jefferson. — Cassidy Spring, Big Blue Spring, Walker Spring (12 litres par seconde).

Comté de Lake. — Seminole Spring (1.600 litres par seconde), Big Spring (950 litres par seconde).

Comté de Levy. — Blue Spring (1.575 litres par seconde), Wekiva Spring (2.205 litres par seconde), Sulphur Spring (315 litres par seconde), King Spring (125 litres par seconde).

Comté de Marion. — Blue Spring (22.000 litres par seconde), Salt Spring (5.300 litres par seconde eau salée), Spring Park (12.600 litres par seconde), Orange Spring (130 litres par seconde), Juniper Spring et Silver Glen Spring, enfin Silver Spring, la fameuse fontaine de Jouvence (24.250 litres par seconde) qui sort dans un bassin de 180 mètres de diamètre sur $10^m,70$ de profondeur (elle a 21° de température).

Comté d'Orange. — Clay Springs (1.260 litres par seconde), eau sulfureuse.

Comté de Sumter. — Branch Mill Spring (1.400 litres par seconde).

Comté de Suwannee. — Suwannee Sulphur Spring (3.275 litres par seconde), Newland Spring (6.300 litres par seconde).

Comté de Taylor. — Waldo Spring (750 litres par seconde), Fenholloway Spring (eau sulfureuse).

Comté de Wakulla. — Wakulla Spring (9.200 litres par seconde), Panacea Spring (grand débit).

Comté de Walton. — De Funiak Springs (sort en formant un lac).

Sur le bord de la mer, quelques sources sous-marines sont à signaler : ainsi à l'E. de Port-Orange et de Sainte-Augustine : cette dernière a un diamètre de 20 mètres et vient de 60 mètres de profondeur, en soulevant une couche d'eau de mer de 15 mètres.

Le *groupe d'Apalachicola*, étendu dans le N.-O. de chaque côté des affleurements du Vicksburg (qui passe sous lui), est composé comme dans la Géorgie; mais le Chattahoochee prend dans le centre le nom de *Hawthorn formation* (30 mètres), et dans le S. celui de *Tampa formation* (40 mètres), tandis que l'Alum Bluff se subdivise en trois membres : les *marnes de Chipola* (à la base), les *sables d'Oak Grove* et les *marnes de Shoal River* (ensemble 40 à 60 mètres), qui ne jouent d'ailleurs qu'un faible rôle hydrologique. Les calcaires du Chattahoochee comportent des *sinks* et des sources, mais celles-ci plus petites que celles du Vicksburg (lesquelles se font jour parfois au travers de la formation supérieure) : à signaler pourtant dans le comté de Hillsborough : Tampa Sulphur Spring, Green Spring, Belleair Spring, etc., etc., qui sortent bien de Tampa formation. Nombreux puits et forages bien entendu, comme ceux qui alimentent Clearwater.

2° Miocène. — Le miocène contient un peu d'eau soit dans les *marnes de Choctawhatchee* dans l'O. de l'État (10 à 25 mètres), soit dans la *formation de Jacksonville* (calcaires blancs jaunâtres avec intercalation de bancs sableux et argileux, le tout pouvant aller à 150 mètres d'épaisseur) dans l'E. Sources assez nombreuses, mais petites, et puits peu profonds : la plus grosse source serait celle de Worthington (63 litres par seconde), eau un peu sulfureuse.

3° Pliocène. — On trouve généralement de l'eau (puits peu profonds) dans les couches marno-sableuses (coquilles) peu épaisses dites *marnes de Caloosahatchee, de Nashua, d'Alachua*, ainsi que dans les graviers dits *Bone valley gravel* (comtés de Polk et de Hillsborough). La *formation de Lafayette* (5 à 10 mètres) couvre comme un manteau d'assez grandes surfaces et contient un peu d'eau dans les lentilles de sables intercalées dans l'argile : petites sources là où une dépression met ces sables au jour. On ne peut guère citer que les villes de Pensacola (treize puits de 34 à 45 mètres) et de Palatka qui s'alimentent en eau du pliocène.

C'est donc au Vicksburg que la plupart des villes de Floride (N. et centre) s'alimentent. Voici la liste des villes qui y ont des forages. D'abord ceux qui jaillissent : Green Cove Springs (deux puits de 150 mètres), Pablo Beach (1 de 156 mètres), Riverside (quatre puits), South Jacksonville (deux puits), Callahan (un de 183 mètres), Fernandina (deux de 223 mètres), Sainte-Augustine (deux puits de la ville de 160 mètres, donnant 40 litres par seconde, et plusieurs puits particuliers), Live Oak (un de 329 mètres, donnant 22 litres par seconde), Perry, Freeport (deux puits de 57 mètres). Puis les villes qui doivent pomper : Gainesville, Lake City, Arcadia, Jacksonville (onze puits de 200 à 310 mètres), Millview, Apalachicola (110 mètres), Havana, Quincy, Plant City, Tampa et West

Tampa (quinze puits de 55 à 120 mètres donnant près de 150 litres par seconde), Tarpon Springs, Saint-Petersburg, Aycock, Marianna, Monticello, Mayo, Leesburg, Tallahassee, Madison, Bradenstown, Dunnellon, Ocala, Sanford, Bartow, Lakeland, Mulberry, De Land, Orange City, Chipley, Vernon, etc., etc.

La composition des eaux est ici trop variable pour qu'on puisse parler d'une moyenne : celles du Vicksburg, très dépendantes des pluies et de la profondeur, sont généralement dures, parfois même sulfureuses; celles des sables et graviers plus récents sont douces.

c) **Partie Est de la côte du golfe du Mexique** (tableau VIII, colonne 3). — *État d'Alabama.* — Bandes orientées E.-O., d'abord des quatre formations de l'éocène marin (Midway, Wilcox, Claiborne et Jackson), puis des formations du Vicksburg et du Grand Gulf de l'oligocène marin, enfin du miocène et du pliocène (formation de Lafayette). — Sur les argiles imperméables du Midway le Wilcox renferme deux beaux niveaux d'eau dans les *sables de Nanafalia* et de *Hatchetigbee*, devenant artésiens en s'enfonçant (sous les *argiles de Holly Springs* et *d'Oxford*). Deux niveaux aussi dans le Claiborne, devenant également artésiens. Le *calcaire de Saint-Stephen* (Jackson) reste pauvre en eau; l'oligocène a peu d'importance hydrologique, mais le miocène contient plusieurs nappes artésiennes (comtés de Mobile et de Baldwin).

Nombreux forages aux abords de Mobile (de 213 à 472 mètres de profondeur) : à 439 mètres on trouve le calcaire, sans doute le Vicksburg; plusieurs forages arrêtés à moins de 250 mètres dans les sables sont jaillissants et donnent de forts débits (25, 31 et 63 litres par seconde) d'eau à 24 ou 25°. Je signalerai ensuite : un forage de 6 litres par seconde à Greenville; plusieurs de 50 mètres (Grand Gulf formation) à Elba et Enterprise; deux de 183 mètres très abondants à Brantley; quatre puits de la ville et plus de trente aux particuliers à Brewton (dans Grand Gulf formation); d'autres à Geneva, Columbia, Dothan, Fort Gaines, etc., etc. Dans les comtés de Washington et de Clarke, de nombreux puits donnent de l'eau salée (souvent sulfureuse) et du gaz : ils descendent de 30 à 120 mètres dans les *sables de Hatchetigbee* (puits célèbres de Jackson, de Cullom Springs et de Bascomb).

État de Mississippi (voir les deux coupes N.-S. et E.-O., *fig.* 226). — Mêmes formations tertiaires que précédemment, en bandes à l'O. et au S. du crétacé. L'éocène marin est très développé et dépasse la limite N.

de l'État : il plonge vers O. et passe sous les alluvions de la vallée du grand fleuve (pour reparaître en bandes très étroites de l'autre côté dans l'Arkansas et la Louisiane). De ses subdivisions, le *Midway*, calcaire à la base et argileux en haut, n'occupe guère qu'une largeur de 12 kilomètres et sert de substratum aux nappes du *Wilcox;* celui-ci a de 50 à 100 kilomètres de large, et les sables de sa base contiennent la principale nappe (artésienne sous les argiles de Holly Springs et d'Oxford, la pente vers O. étant d'environ 3 mètres par kilomètre). Cette nappe alimente beaucoup de puits jaillissants, notamment au N. de l'État (forages de la vallée de l'Yazoo).

Le *Claiborne* entoure le Wilcox jusqu'à Grenada, avec une largeur de 25 à 60 kilomètres; on peut le décomposer en deux : à la base, le *Tallahatta buhrstone*, alternance de sables très aquifères, grès et argiles, et au-dessus l'*étage de Lisbon*, argiles et talc (*soapstone*) presque imperméables. La ou les nappes des sables et grès de la base s'enfoncent vers O. avec des pentes variant de $3^{m},4$ à $6^{m},6$ par kilomètre, et deviennent artésiennes, mais les zones de jaillissement ne sont pas très étendues (comtés de Leflore, Sunflower, N. de celui de Holmes, vallée du Chickasawhay R^r^ et région d'Enterprise). Les bandes des argiles et calcaires du *Jackson* et du *Vicksburg* sont peu importantes en hydrologie : elles sont recouvertes souvent par la *formation de Lafayette* (pliocène), qui alimente des sources.

La *formation de Grand Gulf* (ou *sables de Calahoula*) de l'oligocène est au contraire très riche en eau, avec quatre niveaux : le premier vers 90 mètres de profondeur, le second (auquel s'arrêtent d'ordinaire les foreurs) entre 120 et 150 mètres, le troisième entre 180 et 210 mètres et le quatrième (abondant et sous forte pression) entre 245 et 305 mètres, avec en dessous de lui une couche d'argile de 20 à 25 mètres qui termine la formation. La pente des couches ne dépasse pas 2 mètres par kilomètre, et ce terrain s'étend dans tout le S. de l'État (au S. de Jackson). On peut dire qu'au N. d'une ligne reliant Leakesville, Hattiesburg et Natchez, on trouve de l'eau en abondance à moins de 240 mètres : les puits profonds sont jaillissants dans les vallées et le long de la côte, et ils sont très nombreux.

Le miocène, mal différencié de Grand Gulf, ne joue pas un rôle hydrologique important. La *formation de Lafayette* (pliocène) a au contraire de l'eau abondante dans ses bancs de sable et gravier (6 à 60 mètres d'épaisseur), et elle alimente des puits jaillissants dans les parties basses (entre les argiles du sommet du Grand Gulf et une couche d'argile marine récente). Aussi, dans la plaine côtière de Scranton au Pearl River, faut-il distinguer les forages de moins de 500 pieds (152 mètres), qui d'ordinaire s'adressent au Lafayette, des plus profonds qui vont aux nappes sous-jacentes et ont d'habitude une plus forte pression. Ainsi Biloxi avait en 1905 déjà sept forages du premier type et quinze du second, Pass Christian deux contre trente, Bay Saint-Louis neuf contre quatre profonds; Waveland en avait sept, tous du Lafayette, tandis que Gulfport, Longbeach, Mississippi City, Fontainebleau, Moss Point, Ocean Springs et Scranton n'en ont que de plus profonds.

En dehors de la zone côtière, je signalerai les puits jaillissants ci-après: des nappes du Wilcox : Enterprise (61 mètres), Quitman (71 mètres), Clarksdale (267 mètres), Lyon (297 mètres), Grenada (189 mètres), Canton (311 mètres), Batesville (92 mètres), Riverside (183 mètres), Charleston (231 mètres), Cofferville (onze forages à 84 mètres). — Des nappes du Claiborne : Carrolton (122 mètres), De Soto (58 mètres), Jackson (quatre forages à 356 mètres), Bolton (311 mètres), Greenwood (quatre forages de 198 mètres), Ittabena (182 mètres), Forest (158 mètres), Belmont (305 mètres), Indianola (405 mètres), Waynesboro (160 mètres), Vazoo (240 mètres). — Des nappes du Grand Gulf : Columbia (plusieurs de 122 mètres), Hattiesburg (plusieurs de 116 mètres), etc., etc.

Les eaux de ces formations sont très peu chargées de Ca et Mg, mais souvent assez chargées de K et Na; généralement aussi peu d'acide sulfurique et de chlore. Quelques sources minérales comme celles de Durant (Castalian Spring), de Quitman (Terrell Spring), de Hazelhurst, etc., etc., font exception.

d) **Partie Ouest de la côte du golfe du Mexique** (tableau VIII, colonne 4). — A l'O. du Mississippi règne aussi une large bande de tertiaire entre le crétacé supérieur et les sables côtiers, occupant le S.-O. de l'Arkansas, le N.-O. de la Louisiane et tout le S.-E. du Texas : l'éocène marin y est très étendu, l'oligocène marin n'y a que 50 kilomètres environ de largeur, et le miocène et pliocène pas davantage (sauf au S. du Texas où ils s'élargissent au double). Mêmes subdivisions que précédemment, mais certains noms changent : le Midway toujours imperméable, le Wilcox avec la grande nappe des *sables de Sabine*, le Claiborne avec au sommet la belle nappe des *sables de Cockfield* (qui au Texas deviennent ceux de *Mount Selman* et de *Cook Mountain* et au sommet la *formation d'Yegua*), enfin le Jackson peu aquifère. L'oligocène n'a pas d'eau dans les calcaires argileux du Vicksburg, mais il a une belle nappe dans les *grès de Catahoula* sous les argiles vertes de Fleming. Le miocène contient deux nappes importantes surtout au Texas, celle de *Dewitt formation* et celle du miocène marin qui reste caché sous le quaternaire. Enfin la *formation de Lafayette*, qui prend au Texas le nom d'*Uvalde* (pliocène) renferme beaucoup d'eau peu profonde dans des couches sableuses : le quaternaire, très étendu, en contient aussi dans les *graviers de Lissie* et la *formation de Port Hudson*. Comme d'habitude, toutes ces nappes deviennent artésiennes en plongeant vers la mer et se superposant.

États d'Arkansas (S.-O.) et de Louisiane. — Une petite carte (*fig.* 298) montre les affleurements des couches aquifères dans ces deux États (couches

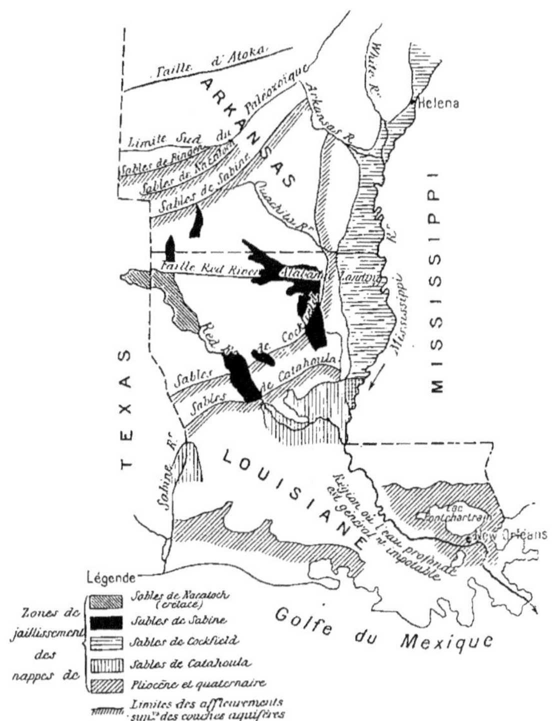

FIG. 298. — Nappes artésiennes et zones de jaillissement de l'Arkansas et de la Louisiane ; limites des affleurements supérieurs des couches aquifères.

tertiaires et quaternaires, plus les *sables de Bingen* et les *sables de Nacaloch* du crétacé) et les zones de jaillissement correspondantes. Deux grandes coupes N.-S., l'une passant par Little Rock et Marksville, l'autre par

Lockesburg et Burkeville (Texas) (*fig.* 299 et 300), font voir la disposition

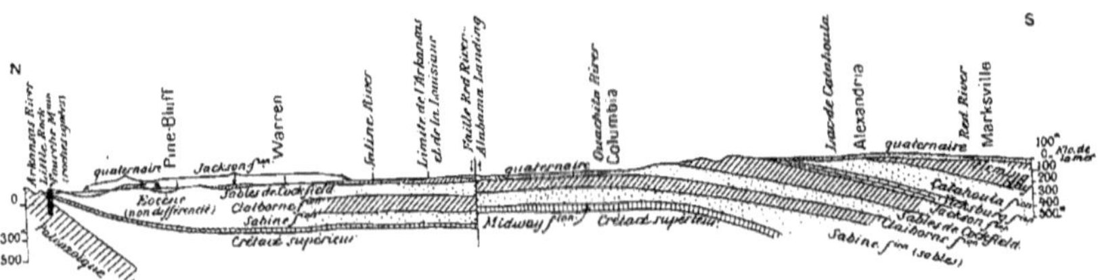

Fig. 299. — Coupe N.-S. du Sud Arkansas et du Nord de la Louisiane, de Little Rock à Marksville montrant les couches aquifères artésiennes de l'éocène et de l'oligocène. — Échelle des longueurs : environ 1/2.000.000.

des couches; enfin une coupe du Sud de la Louisiane (*fig.* 301) achève de faire comprendre la situation.

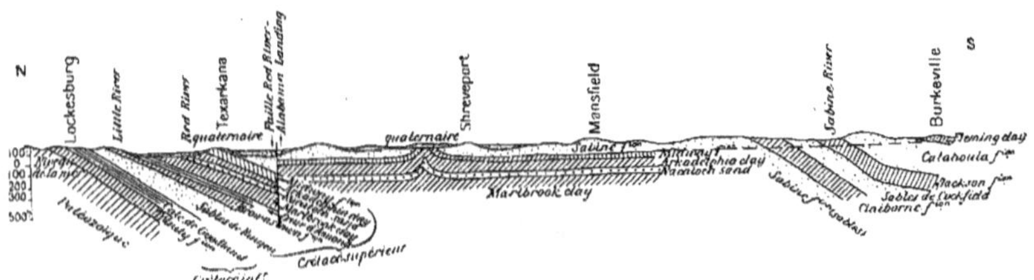

Fig. 300. — Coupe N.-S. du Sud Arkansas et du Nord de la Louisiane, de Lockesburg à Burkeville (Texas) montrant les couches aquifères du crétacé, de l'éocène et de l'oligocène (d'après Veatch, professional paper n° 46, 1906) (Échelle des longueurs : environ 1/2.000.000).

La nappe des *sables de Sabine* règne sur une vaste surface, en dessous

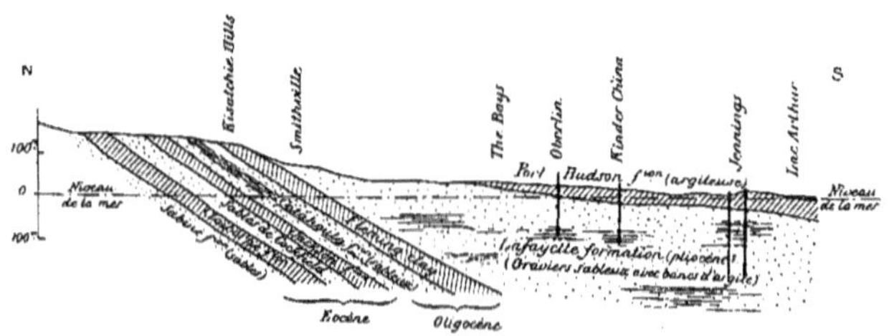

Fig. 301. — Coupe N.-S. de la Louisiane, montrant les couches aquifères tertiaires et la formation de Lafayette passant sous les argiles de Port Hudson formation et alimentant des puits artésiens (d'après Deussen, 1914). — Échelle des longueurs : 1/3.000.000.

d'une ligne N.-E.—S.-O. passant par Little Rock, Arkadelphia et Texarkana. Dans une épaisseur de 300 mètres, il y a plusieurs niveaux d'eau, séparés par des couches argileuses (il y en a neuf) à Plymouth et six à Ruston) : le plus bas est à 200 mètres environ au-dessus des sables de Nacatoch. On a le jaillissement dans la vallée du Mississippi, au S. et à l'E. d'une ligne Columbia, Monroe, Bastrop, Dermott, remontant vers le N.-E., avec des prolongements vers O., notamment dans les vallées du Ouachita R^r^, du Bayou d'Arbonne et de ses branches. Autres zones de jaillissement : bande allongée au N.-O. de Rochelle dans la vallée du Dagdermona Bayou; zone de Stamps, dans la haute vallée du Bayou Bodcau; bassin de Natchitoches dans la vallée du Red River; petit bassin de Missionary plus au N.; vallée du Sabine R^r^, avec prolongements dans les vallées des affluents. L'eau de cette nappe est généralement douce; toutefois, à Natchitoches et à Luella, on a des eaux salées, mais cela provient sans doute de ce que des cassures ramènent de l'eau des nappes sous-jacentes du crétacé.

La nappe des *sables de Cockfield* s'étend dans tout l'E. de l'Arkansas et sous la vallée du Mississippi. Les puits des comtés de Chicot, Drew, Bradley, Cleveland et Jefferson, descendant à 120 ou 150 mètres au-dessous du niveau de la mer, viennent de cette nappe et sont bons; mais dans le centre de la Louisiane l'eau se charge de sels (puits de Leland, Rochelle, Olla, Tullos, Colfax). A l'E. des affleurements du Cockfield, on a des puits jaillissants : bassins de Rosedale; deux petits bassins à Fomby et Blanchard Springs (S. de l'Arkansas). Plusieurs petites zones de jaillissement en Louisiane : une autour de Harrisonburg, Florence et Catahoula sands; une autre dans la vallée du Little River aux environs de Rochelle; dans la vallée du Red River aux environs de Colfax; enfin dans les vallées de Sabine R^r^, au N. de Toledo, et du Bayou Toro.

La nappe des *sables et grès de Catahoula* (oligocène) alimente beaucoup de localités du centre de la Louisiane. Les affleurements partent au N.-E. du Mississippi, un peu au N. de Grand Gulf, pour aboutir au S.-O. à Brookeland (Texas). Au S.-E. de cette ligne on a des puits jaillissants dans les vallées de Little R^r^ et de Tensas R^r^, de Ferriday à Pollock; dans celle de Ouachita R^r^, de Catahoula Shoals à Trinity (la base de la formation est entre les cotes 150 et 300 au-dessous de la mer et l'eau monte jusque vers + 30); dans la vallée du Red River, bassin d'Alexandria à Zimmerman et Boyce; enfin dans la vallée de Sabine R^r^, bassin de Burr Ferry.

La *formation de Lafayette* (pliocène), grand manteau troué par places, s'étend irrégulièrement sur de vastes surfaces et contient de l'eau dans ses couches sableuses : puits innombrables, parfois artésiens sous une couche d'argile. Dans le S. de la Louisiane et les grandes vallées fluviales, elle se continue et se confond avec les alluvions quaternaires (*formation de Port Hudson*) également très aquifères.

État du Texas. — Continuation sur de grandes longueurs vers le S.-O. et jusqu'au Rio Grande des couches géologiques et des nappes aquifères précédentes : les deux coupes (*fig.* 302 et 303), l'une N.-O.—S.-E. de

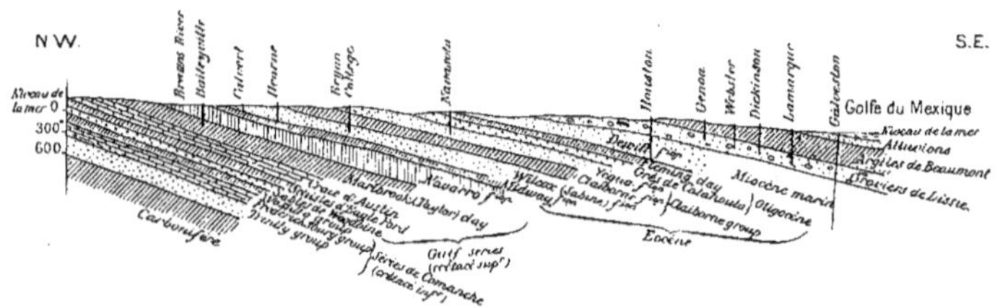

Fig. 302. — Coupe N.-O. au S.-E. de la plaine côtière du Texas, de Baileyville à Galveston, montrant les couches aquifères tertiaires et quaternaires (artésiennes) (d'après Deussen, 1914). — Échelle des longueurs 1/3.330.000.

Baileyville à Galveston et l'autre E.-O. plus au S., montrent la constitution de la plaine côtière, et la superposition des couches aquifères, inclinées vers le Golfe et devenant par suite artésiennes.

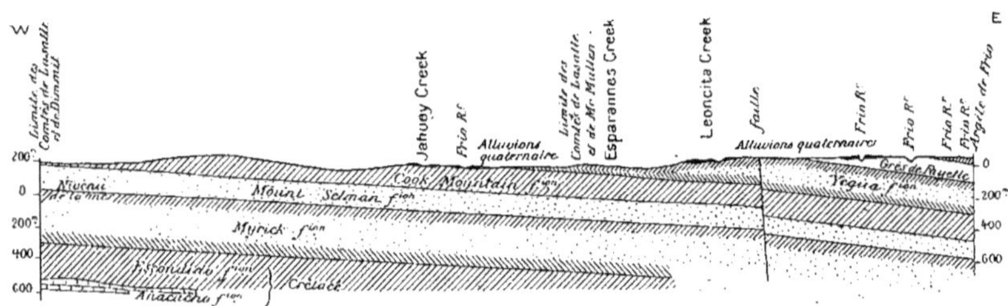

Fig. 303. — Coupe E.-O. du Sud de la plaine côtière du Texas dans les comtés de Lasalle et de Mc Mullen (un peu au N. de Cotulla) (d'après Deussen, Water supply paper n° 375, 1916. — Échelle environ 1/500.000.

La partie N.-E., c'est-à-dire située entre Sabine R^r et Brazos R^r, est bien connue, et on a pu en tracer la carte, ou plutôt les cartes avec les topographies souterraines de la base des sables de Nacatoch (crétacé), de la base des *sables de Sabine*, de celle des *sables de Yegua*, de celle des *sables de Calahoula, de Dewitt formation*, enfin de la base du miocène marin, ainsi qu'avec les zones de jaillissement correspondant aux nappes de ces formations : ces cartes seraient trop nombreuses ou trop compliquées pour être reproduites ici (chaque formation pouvant contenir plusieurs nappes, on a parfois jusqu'à douze ou quatorze niveaux d'eau superposés, ayant chacun sa pression propre). La région alimentée par les sables de Sabine s'étend au S.-E. d'une ligne passant par Cooper, Emory, Trinidad et Bailey-ville jusqu'à ce que la formation devienne trop profonde, comme à Trinity et Potomac où sa base est à — 500. De longues zones de jaillissement occupent les vallées des Cypress Creeks, Sabine R^r, Attoyac Bayou, Angelina R^r, Neches R^r, Trinity R^r, Navasota R^r, Brazos R^r et Colorado R^r, La base des sables de Yegua donne des zones de jaillissement plus restreintes (en partie superposées aux précédentes), aux environs de Fairmount, de Rockland, Potomac, Mott, Zana, Trinity et Navasota notamment.

La nappe des sables de Catahoula s'étend à son tour plus au S., entre Trinity et une ligne Liberty-Houston-Wharton où la formation est à — 750 : elle est passée sous les deux nappes du miocène et sous celle de Lissie gravel, tandis que vers le N. les zones de jaillissement s'allongent dans toutes les vallées. La formation de Dewitt affleure suivant une ligne Jasper-Bering-Anderson, et est déjà à — 600 vers Houston. Le miocène marin donne naissance de son côté à une bande de jaillissement d'environ 20 kilomètres de large, parallèle à la côte et un peu au S. de Houston : la nappe plonge très vite, car à Beaumont et à Anahuac, elle est déjà à — 600. Enfin toute la région basse de la côte a une nappe qui est jaillissante en-dessous de la ligne Saratoga-Liberty-Richmond (avec prolongements vers le N. dans les vallées), dans les *graviers de Lissie* (quaternaire) sous l'*argile de Beaumont* : très grand nombre de puits et forages.

Parmi les localités qui s'alimentent aux nappes précitées (une ou plusieurs à la fois), je citerai en courant : Bryan, Calvert, Center, Galveston (les trente forages d'Alta Loma, fournissant à la ville 34.000 mètres cubes par jour au voisinage de la surface : 240 mètres de profondeur dans les graviers de Lissie (¹), Hearne, Hempstead, Houston (cinquante-sept forages de la ville tous jaillissants, prenant l'eau à 43 mètres dans les graviers de Lissie et quelques-uns à 225 mètres dans Dewitt formation), Huntsville (eau du Catahoula, entre 103 et 147 mètres de profondeur — un d'eux descendu à 672 mètres s'arrête dans le Mount Selman), Marshall, Mineola,

(¹) A Galveston, il y a de nombreux forages des particuliers : un d'eux poussé à 935 mètres trouve le dessus du tertiaire seulement à 460 mètres et le dessus du miocène (dont il n'est pas sorti) à 658 mètres.

Navasota, Orange, Palestine (quatre forages de 122 à 135 mètres dans le Mount Selman et le Wilcox), Tyler, Catahoula (puits jaillissants de 85 mètres dans le grès du même nom).

La région entre Brazos R[r] et le Rio Grande est moins connue. La base de l'éocène y prend le nom de *formation de Myrick* et contient une belle nappe alimentant des puits jaillissants dans les comtés de Lassalle, Dimmit, Mc Mullen (puits de Woodward, Gardendale, Fowlerton, de la vallée du Nueces R[r], etc., etc.). Les formations de Mount Selman et de Cook Mountain sont plutôt plus sableuses et celle d'Yegua plus argileuse (puits jaillissants à Cotulla, Encinal, Artesia). La formation de Jackson serait en partie gréseuse (*grès de Fayelle*, donnant de l'eau souvent trop minéralisée), en partie argileuse (*Frio clay*). Le calcaire de Vicksburg manque (comme plus au N.); quant au Catahoula, il prend le nom de *grès d'Oakville* et affleure dans l'angle S.-E. du comté de Mc Mullen (puits jaillissants, comme ceux de Live Oak et de Duval).

La qualité des eaux de ces nappes tertiaires est indiquée au petit tableau ci-dessous, mais on a toujours à craindre — surtout en s'approfondissant — de trouver du sel et des sulfures dans les puits.

NAPPES AQUIFÈRES	LOCALITÉS	PROFONDEUR DES PUITS (en mètres)	EN MILLIGRAMMES PAR LITRE								
			TOTAL des MATIÈRES dissoutes	Ca	Mg	K + Na	HCO^3	SO^4	Cl	AzO^3	SiO^2 + Fe + Al
Sables de Dewitt formation	Bobbin (Tex.)	35 à 41	804	110	14	90	358	11	167	»	54
	Conroe (Tex.)	176 à 196	539	73	16	41	340	»	48	»	21
Grès de Catahoula	Navasota (Tex.) Waterworks	158	592	24	3,5	219	431	2,6	72	0,02	
	Kirbyville (Tex.)	400 à 410	266	85	5	22	292	12	24	traces	39,8
	Huntsville (Tex.)	103 à 147	712	82	3	95	328	47	53	»	104
Groupe de Claiborne : (Sables de Mount Selman Cook Mountain et Yegua formation)	Hynson (près Marshall) (Tex.)	sources	435	9,8	16	16,4	»	239	14	0,1	128
	Clay (Tex.)	197 à 210	1.481	21	8	490	320	4,6	490	»	38
	Remlig (Tex.)	316 à 402	1.332	3,4	2,4	416	183	604	41	»	traces
Wilcox formation : Sable de Sabine	Louisiane : Iron spring (près Natchitoches)	sources	140	8,6	5,6	16,1	»	24,7	17,4	»	68
	Louisiane : Breazeale spring	sources	125	6,4	3,4	16,1	»	24,7	17,4	»	57
	Louisiane : Loring	210	134	1,9	0,9	32,3	»	18,5	27	»	54
	Louisiane : Monroe	»	430	5,4	8,6	152,7	103	9,2	53,9	»	98
	Texas : Marshall Waterworks	18 à 77	86	5,4	2	15	6,1	24	7	0,4	
	Texas : Jefferson	244	297	32	14	25	80	79	20	1,3	
	Texas : Caro	91	67	4	2,5	8,6	11	16	6,2	0,1	
	Texas : Nacogdoches	103 à 152	150	2,2	2,1	51,5	107	19	8,8	1,8	
	Texas : Mincola	4 à 161	154	2,6	4,2	51,8	102	19	7	1,8	

e) **Côté Est de l'Embayment du Mississippi.** — *États de Tennessee* (*O.*) *et de Kentucky* (*O.*). — Du N. de l'État de Mississippi les bandes d'éocène marin continuent vers le N. jusqu'à Cairo (Illinois). A la base, reposant sur le Ripley, c'est d'abord l'*argile de Porter's Creek* (Midway), qui occupe 8 à 10 kilomètres de large (mauvaise eau dans quelques bancs sableux); puis à l'O. de cette bande et jusqu'au grand fleuve règne le *lignitic group* (Wilcox et Claiborne) prenant ici le nom de *formation de Lagrange* (*fig.* 228, 229 et 230), et comprenant dans son épaisseur de 200 à 300 mètres des bancs de sables et des lentilles d'argile, — dont une de 40 à 50 mètres à la partie supérieure (dite lignitique) qui forme toit aux nappes importantes contenues dans les sables. Au-dessus la *formation de Lafayette* (pliocène) règne sur de grandes étendues et contient beaucoup d'eau (peu profonde) dans ses graviers. — Enfin le pléistocène, *formation de Columbia*, recouvre encore le Lafayette sur la bande de 20 à 40 kilomètres attenant au Mississippi, avec 3 à 4 mètres de sable à la base (aquifère), des couches de *loess* aquifères également jusqu'à 20 mètres et plus d'épaisseur, enfin le *loam*, limon argileux sur 3 à 4 mètres : dans le fond de la vallée enfin, alluvions récentes.

Puits innombrables et petites sources de vallées dans les formations de Lafayette et de Columbia, et belles nappes artésiennes dans celle de Lagrange. A Memphis, cette dernière formation a 285 mètres d'épaisseur, dont 40 à 45 mètres pour l'argile supérieure; depuis 1886, des forages nombreux de 100 à 175 mètres de profondeur y puisent (trois ont été poussés plus bas à 483, 547 et 762 mètres; ce dernier n'a pas encore trouvé le paléozoïque). La ville fit forer 140 puits à Auction Avenue, dont 120 sont encore en service (les autres ayant baissé par trop) : leur eau est collectée par une galerie de 1.600 mètres de long située à 24 mètres en dessous du sol. En 1906, la ville fit forer un autre groupe de puits à South Memphis, à 8 kilomètres du premier; puis en 1908, six puits à Central Avenue, à $5^{k},5$ à l'E.; de 1910 à 1921, quatorze autres puits isolés; enfin, en 1922, vingt-trois nouveaux puits de 12 pouces de diamètre, quatre à Parkway Station et dix-neuf le long du North Parkway et du chemin de fer) : ces puits sont exploités par l'air comprimé et peuvent donner 3.785 mètres cubes par jour avec un rabattement de $7^{m},50$. Les anciens donnaient en 1921 jusqu'à 49.200 mètres cubes par jour : il y a aussi de nombreux puits particuliers. L'eau de Memphis est douce ($89^{mgr},7$ de minéralisation totale).

Autres localités du Tennessee : Jackson, vingt-deux puits ordinaires de 12 mètres et dix-huit puits de 32 mètres dans des sables au-dessus de ceux de Lagrange; Bolivar et Grand Junction, puits ordinaires de 9 mètres dans le Lafayette et forages de 43 à 60 mètres dans le Lagrange; *idem* à Somerville et à Lagrange; Covington, quatre forages jaillissants de 33m,50 et un forage plus profond (1.000 mètres cubes par jour); Brownsville, deux forages de 70 mètres où on pompe 570 mètres cubes par jour; Dyersburg, un forage de 198 mètres traverse trois couches de sables et donne 6 à 7 litres par seconde; Trenton, six forages de 36 à 50 mètres donnent 5 à 6 litres par seconde; Milan, Newbern, Alamo, Mc Kenzie, Martin, Union City, forages où on pompe; à Paris, une grosse source du Lagrange donne 13 litres par seconde, et la ville a en outre deux forages de 114 mètres qui atteignent le Ripley.

Dans le Kentucky, Mayfield (quatre forages de 49 à 93 mètres, d'où on pompe 1.000 mètres cubes par jour de 25 mètres du sol); même niveau à Fancyfarm, Farmington, Lynnville, etc., etc.; Hickman, forages de 260 mètres (première eau entre 33 et 83 mètres); Fulton, puits de 30 mètres; Clinton, forages de 30 à 45 mètres; Badwell, deux forages de 76 mètres; Arlington, 60 mètres; Wickliffe 46 mètres; Paducah, un forage de 381 mètres passe à 18 mètres dans le Ripley et atteint le mississippien à 80 mètres; à Massac et Grahamville, forages de 36 mètres; à Maxonmill, où le Porter's Creek est près de la surface, il y a de belles sources. Enfin, à Cairo (pointe S. de l'Illinois), le niveau de l'eau souterraine se tient à la cote + 99 (alors qu'à Memphis il était à + 68,6 et ne descend guère en dessous dans toute la région considérée).

f) **Côté Ouest de l'Embayment du Mississippi.** — En se reportant aux coupes figures 113, 229 et 230, on voit que le paléozoïque plongeant très vite sous le versant de rive droite du Mississippi, le crétacé n'y apparaît presque plus au N. de l'Ouachita Rr, étant d'ordinaire recouvert par le dépassement [1] de l'éocène marin, lequel l'est à son tour par les alluvions récentes sur de vastes surfaces. L'éocène n'apparaît lui-même que dans la longue bande appelée Crowleys Ridge et Benton Ridge, qui va d'Helena à Commerce (Mississippi) : de chaque côté de cette bande règne une plaine basse appelée *Mississippi lowland* du côté E. et *Advance lowland* du côté O. Ces *ridges*, élevés de 30 à 80 mètres au-dessus des lowlands et larges de 5 à 12 kilomètres, sont constitués (en-dessous du loess et du Lafayette) par l'*argile de Jackson* (moins de 60 mètres), le Claiborne (30 à 60 mètres

[1] Ce dépassement semble résulter de ce que, après le dépôt du crétacé, il y aurait eu un affaissement de tout l'embayment; puis l'éocène s'est déposé, débordant ainsi le crétacé sur le paléozoïque; le fleuve s'est ensuite creusé un lit en s'enfonçant plus ou moins dans ces dépôts, et les alluvions du Lafayette, du loess et récentes auraient rempli les creux.

de sables et argiles entremêlès), le Wilcox (sables et grès) de 150 à 300 mètres mais n'apparaissant que par ses couches supérieures, enfin l'argile peu épaisse du Midway qui n'affleure nulle part dans les ridges.

L'eau est très abondante partout. D'abord dans les lowlands, il est rare que le niveau d'eau soit à plus de 20 mètres, et il est souvent tout près de la surface (lacs et marais nombreux) : nombreuses sources, mais faibles, dans les vallées. Le long des ridges, les affleurements des graviers du Lafayette donnent beaucoup d'émissions d'eau, ainsi que ceux des couches sableuses de l'éocène; enfin on trouve par-dessous les nappes artésiennes du tertiaire inférieur et du crétacé. Voici les principaux forages qui y ont touché :

État d'Arkansas (E.). — Comtés de Jefferson et d'Arkansas. — Stuttgart, trois puits de 40 mètres d'où la ville tire 3.500 mètres cubes par jour; Pine Bluff, forages dans le Wilcox (jusqu'à 279 mètres de profondeur) servant à l'irrigation (rizières).

Comté de Philipps. — Tout le S.-E. donne de l'eau jaillissante; à Helena, on tire 45.000 mètres cubes par jour de quatre forages de 152 mètres dans le Claiborne; à Barton, forage de 122 mètres du même niveau.

Comtés de Lonoke, Prairie, Lee. — A Marianna, deux forages de 188 mètres (éocène); près de Lagrange, forages de 83 mètres (éocène), etc., etc.

Comtés de Woodruff, de Saint-Francis. — Augusta, deux puits de 30 mètres dans les alluvions; Forest City, trois forages de 130 à 137 mètres; dans le Wilcox, nombreux puits pour l'irrigation (alluvions ou éocène en-dessous de 44 mètres).

Comté de Crittenden. — Sous tout le comté, eau de l'éocène à 5 mètres en contre-bas du sol, et eau du crétacé jaillissante; forages à Earl, à Turrell.

Comté de Cross. — A Wynne, puits de 38 mètres dans les alluvions, mais un autre à 110 mètres dans le Wilcox; à Parkin, deux forages de 146 et 182 mètres dans le Wilcox.

Comté de Poinsett. — A Marked Tree, quatre forages de 119 à 122 mètres dans le Wilcox supérieur; un autre de 612 mètres dans le crétacé est jaillissant et donne 19 litres par seconde; à Harrisburg, deux puits de 55 mètres, donnant de l'éocène.

Comté de Craighead. — A Jonesboro, quatre puits de 91 à 152 mètres dans le Wilcox et deux de 370 à 386 sans toucher au paléozoïque; à Greensboro, Lake City, etc., etc., forages dans le Wilcox.

Comté de Mississippi. — Les forages profonds sont jaillissants dans tout le comté : Blytheville (441 mètres), Burdette (456 mètres), Wilson

(478 mètres) allant au crétacé et donnant 19, 12 et 13 litres par seconde respectivement; à Osceola, on tire 30 litres par seconde d'un forage de 244 mètres allant aussi au crétacé. Dans les forages arrêtés au Wilcox (160 mètres à Blytheville) il faut pomper.

Comté de Greene. — Nombreuses sources de Crowleys Ridge. Puits du Wilcox à Lorado, Marmaduke et Paragould, où on pompe.

État de Missouri (angle S.-E.). — *Comté de Dunklin.* — A Campbell, un forage de $292^{m},6$ est arrêté dans le Ripley; il rencontre 34 mètres de loess, 13 mètres de graviers aquifères du Lafayette, $239^{m},3$ de formation de Lagrange, avec venue de 1 litre par seconde à 149 mètres.

Comté de Pemiscot. — Caruthersville tire 2.000 mètres cubes par jour d'un forage de 82 mètres; autres forages industriels un peu plus profonds, non jaillissants.

Comté de New Madrid. — Au voisinage de la ville du même nom, une vingtaine de forages de 65 mètres, non jaillissants, trouvent l'eau du Lagrange. A Morehouse, forage de 238 mètres débite 12 à 13 litres par seconde à 6 mètres de hauteur (eau ayant 2 grammes de Na Cl, mélange du Lagrange et du Ripley).

Comté de Scott. — A Benton, grand forage de 457 mètres; le tertiaire n'a là que 48 mètres d'épaisseur.

II. — **Région des Grandes Plaines Centrales** (tableau VIII, colonnes 5 et 6). — Nous connaissons déjà cette région (page 461), qui va du S. du South Dakota au Texas. L'*éocène continental* (*formations de Denver* et d'*Arapahoe*), mal séparé d'ailleurs du Laramie, règne principalement dans la vallée du South Platte R^{r}, de Greeley à Denver, et dans les comtés de Jefferson et de Douglas (Col.) : nombreux forages dans les vallées. On y distingue quatre niveaux d'eau dans des lits gréseux ou conglomérats (lits peu réguliers dans la formation de Denver); un banc de grès de 10 à 60 mètres d'épaisseur à la base de la formation d'Arapahoe qui alimente la plupart des puits artésiens de Denver entre 180 et 210 mètres de profondeur [1]; un banc de grès de 60 mètres d'épaisseur à la base du Laramie, alimentant les puits artésiens, de 400 à 450 mètres de profondeur à Denver; enfin grès de Fox Hills, crétacé, qu'on trouverait à 500 mètres ou plus,

(1) C'est en 1874 qu'on fora le premier puits artésien à Denver : il ne fut pas très heureux, mais celui de Saint Luke's Hospital en 1883 donna beaucoup d'eau, et on en fora ensuite des centaines. Cela fit baisser le niveau de la nappe, qui se tient maintenant de 15 à 60 mètres en dessous du sol, et les jaillissements ont cessé. L'eau est assez bonne : $140^{mgr},2$ de Na^2CO^3, $15^{mgr},2$ de $CaSO^4$, très peu de chlore et un peu de fer.

mais qui est rarement touché). C'est du côté O., avec retour au N. et au S., que les formations ci-dessus, notamment l'Arapahoe, entourent la ville de Denver, avant de plonger dans la cuvette déjà décrite (*fig.* 304).

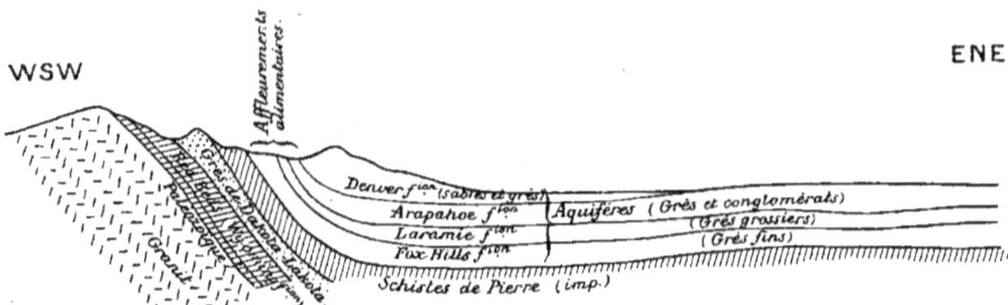

Fig. 304. — Coupe E.N.E.-O.S.O. du bassin de Denver : superposition des niveaux d'eau dans les formations de Denver, Arapahoe, Laramie et Fox Hills (d'après Darton). — La coupe passe par Denver et a 50 kilomètres de longueur.

L'*oligocène continental* apparaît plus au N. dans les vallées du South Platte R^r, près Sterling, et du Lodgepole Creek; du North Platte R^r, à l'aval de Fort Laramie et jusque près de Paxton; du White river, dans l'angle S.-O. du South Dakota, y compris la région des *Big badlands*. On le subdivise en : 1° *formation de Chadron* (lits à Titanotherium), avec à la base un lit sableux ou gréseux, mais sans grande pression (puits et sources dans les badlands); 2° *formation de Brule* (lits à Oreodon), tout à fait argileuse et imperméable. Celle-ci est surmontée par places dans le comté de Scotts Bluff (Neb.) de sables et grès (peut-être miocènes) appelés *Gering formation*, de 60 mètres d'épaisseur, donnant naissance à des sources au pied des coteaux (entre la vallée du North Platte R^r et celle du Pumpkinseed creek).

Le *miocène-pliocène* (*formation d'Arikaree* ou *d'Ogalalla* dans le S.) est très étendu, et contient plusieurs belles nappes dans des grès tendres et sables, au-dessus de l'argile de Brule et autres couches argileuses. Dans le S.-E. du Wyoming et le N.-O. du Nebraska, on reconnaît deux subdivisions : les *grès de Monroe Creek* (150 mètres d'épaisseur, y compris ceux de Gering qui en feraient la base), et les *grès de Harrison* (120 mètres, dont la partie supérieure est aussi nommée *Nebraska beds*). Dans le South Dakota, on distingue la partie inférieure et la partie supérieure de la *formation de Rosebud*, chacune ayant 75 mètres environ d'épaisseur. De nombreux puits s'adressent à ces nappes, mais elles ne sont jaillissantes que dans le centre du Nebraska et à l'O. de Cheyenne. Enfin, pour le Texas et New Mexico, voir ci-après.

Voici quelques détails par États :

État de Wyoming (*S.-E.*). — Comté de Laramie et S.-E. de celui de Converse (dôme de Hartville) : A Cheyenne, forage de 350 mètres qui a touché à 250 mètres le dessus du White River group, mais donne peu; aux abords, à Fort Russell, six forages de 42 mètres donnent beaucoup d'eau de la base des grès d'Arikaree formation.

État de South Dakota (*S.-O.*). — Indian reservations de Pine Ridge et de Rosebud (Big badlands au N. formés par le Brule Clay). Un forage de 750 mètres à Rosebud trouve 105 mètres pour le tertiaire (Arikaree et White River), les schistes de Pierre 360 mètres, le calcaire de Niobrara 60 mètres, le groupe de Benton 112 mètres, et le reste dans le grès de Dakota : l'eau n'arrive pas à la surface.

État de Nebraska. — Eau abondante, mais rarement jaillissante, entre 60 et 150 mètres de profondeur dans les grès de la base de l'Arikaree; un peu d'eau aussi à la base de Chadron formation (oligocène). Puits jaillissants dans le comté de Cherry à Abbott well, Plumer wells, Gentry well (de 145 à 152 mètres); forages non jaillissants à Cliff (Custer C^{y}), à Hyannis (Grant C^{y}), etc., etc. A Richard (Sheridan C^{y}), puits jaillissant de 91^{m},4, mais ne donne que 0^{l},6 par seconde.

États de Kansas (*O.*) ***et d'Oklahoma*** (*N.-O.*) (Voir *fig.* 114 une coupe E.-O. à la limite de ces deux États); la plupart des forages descendent au grès de Dakota; quelques-uns cependant s'adressent à la base de la formation d'Ogalalla (qui a 45 à 60 mètres de sables calcareux appelés *mortar beds*), mais ne sont pas jaillissants. Tels sont les puits de Wheeler (136 mètres), Ravanna (122 mètres), Oakley (221 mètres), Liberol (148 mètres), etc., etc.

État de Colorado (*E.*). — Au pied des Montagnes Rocheuses, formations d'Arapahoe avec une grande nappe à la base et formation de Denver [1] dans les comtés d'Elbert, d'Arapahoe et d'Adams : beaucoup de forages, de 120 à 240 mètres, mais ils ne sont jaillissants que dans la vallée du South Platte R^{r}, comme forage d'Argo à Utah Junction (210 mètres donnant

[1] Au S. du bassin de Denver, ces terrains prennent les noms de *formation de Raton* à la base (grès et schistes sur 540 mètres), *formation de Poison Canyon* (grès et conglomérat de 0 à 570 mètres), *formation de Cuchara* (grès massif de 0 à 140 mètres), enfin *formation de Huerfano* au sommet (grès, conglomérats et argiles, de 0 à 870 mètres).

6l,3 par seconde); forages d'Artesian (170 à 220 mètres), de Brighton; forage de Bonita (220 mètres, donne 5 litres par seconde), de Byers, etc., etc.

Dans l'E. de l'État, c'est la formation d'Ogalalla qui règne, avec 60 à 80 mètres d'épaisseur : forages peu profonds, mais rarement jaillissants. Le grès de Dakota est en dessous à des profondeurs variant entre 360 et 900 mètres, et a été peu touché.

États du Texas (N.-O.) et du New Mexico (E.). — Se reporter aux figures 115 et 116, qui montrent le crétacé et le tertiaire dans ces régions, notamment dans le *Llano Estacado*. Les dépôts miocènes et pliocènes (amenés sans doute des montagnes par des fleuves considérables) qui constituent cette grande plaine recouvrent soit le crétacé supérieur (qui manque souvent), soit les Dockum beds du trias, soit même les red beds du permien. Ce sont des couches minces alternantes de sables, graviers, conglomérats et argiles, faisant ensemble un peu moins de 100 mètres : au haut, *Blanco formation* est pliocène, au bas *Loup Fork formation* est miocène et entre les deux la *formation de Goodnight* fait la transition. Une couche de sables pléistocènes (*Equus beds*, dits *formation de Tule*) surmonte souvent le tout, et on voit par places des dunes (que le vent forme aux dépens des sables de la surface). L'eau est abondante dans les couches sableuses ou graveleuses et on trouve plusieurs nappes [1] (*first, second, third sheet water*) qui donnent naissance à de nombreuses petites sources : d'innombrables puits (de moins de 150 mètres) s'y adressent, mais il faut pomper (de là un nombre considérable d'*aermotors*, servant surtout à l'irrigation).

III. — **Région de l'éocène continental au N.-E. des Montagnes Rocheuses.** — Encadré par le Laramie supérieur, l'éocène continental règne sur la vaste étendue comprenant l'O. du North Dakota, l'E. du Montana et dans le N.-E. du Wyoming l'espace compris entre les Black Hills et les Bighorn M[ains]. Il est constitué essentiellement par la *formation de Fort Union*, de 500 à 600 mètres d'épaisseur, reposant sur la *formation de Lance* (450 mètres), qui est peut-être du Laramie. Ces deux formations sont des alternances de grès et de schistes : celle de Lance, qui repose sur les *schistes de Pierre*, a à sa base le *grès de Colgate*, qui alimente quelques forages jaillissants dans l'E. du Montana; la base de Fort Union (*schistes de Lebo*) est imperméable, mais au-dessus on trouve des couches de grès

(1) La dernière au-dessus d'une couche d'argile rouge, le *red clay*, qui semble être à la base du tertiaire et marquer sa fin.

chamois (avec un peu de charbon) entremêlées de couches argileuses ou schisteuses, et ces grès contiennent de l'eau, mais en quantité modérée et peu régulière [1]. Enfin le drift glaciaire recouvre toute la région et fournit facilement de l'eau peu profonde.

IV. — **Eocène continental entre les Montagnes Rocheuses et le Grand Bassin** (Voir tableau VIII, colonne 7). — Tout le S.-O. du Wyoming (au N. des Uinta M^ains^), l'angle N.-E. de l'Utah et l'angle N.-O. du Colorado sont occupés par l'éocène continental, qu'encadrent des côtés E. et S. des lisérés étroits du Laramie et du Montana group. On y trouve surtout développé le *groupe de Wasatch*, qui repose sur la *formation d'Evanston* (celle-ci très argileuse pouvant avoir jusqu'à 500 mètres et pouvant se rattacher au Laramie). Le Wasatch se subdivise en trois sous-formations : celle d'Almy, à la base, avec 650 mètres de grès et conglomérats aquifères; celle de Fowkes, 700 à 750 mètres de lits de cendres rhyolitiques, avec intercalation de bancs calcaires, le tout peu perméable; enfin celle de Knight, environ 450 mètres de schistes et grès (aquifères) alternants. Au-dessus du Wasatch, les *formations de Green River* et de *Bridger* (600 et 540 mètres de schistes, grès et calcaires alternants) contiennent peu d'eau.

Quant à l'angle N.-O. du New Mexico (haut bassin du San Juan R^r^ et de ses affluents), au-dessus des grès aquifères de Mesaverde (crétacé), l'éocène continental comprend des grès (donnant naissance à quelques puits artésiens) et des schistes de la *formation de Tohachishale* sur 330 mètres d'épaisseur, puis au-dessus les grès très aquifères de la *formation de Chuska* (270 mètres). Dans le haut bassin du Puerco R^r^, ces formations prennent les noms de *Puerco formation* (marnes imperméables) et de *Torrejon formation* (bancs de grès aquifères intercalés dans des schistes).

V. — **Tertiaire de la côte Pacifique.** — 1° *Au Nord du parallèle de* 41°. — L'éocène et l'oligocène occupent une longue et assez large bande dans tout l'O. de l'Oregon, bande accompagnée à l'E. et à l'O. par des bandes de mio-pliocène. On a ainsi des alternances de lits schisteux, calcaires et gréseux (ces derniers aquifères) qui portent les noms de *formation de Pulaski* (2.100 mètres d'épaisseur) et au-dessus de *formation de Coaledo* ou d'*Umpqua* (900 mètres, dont 250 mètres de grès aquifère au sommet). Quant au tertiaire plus récent, les lits gréseux du *groupe d'Astoria* (*Empire beds*) sont aussi aquifères.

(1) Pour plus de détail, on se reporterait à *Groundwater in Musselhell and Golden Valley country* par Ellis et Meinzer (*Water supply paper Geol. Survey U. S.*, n° 518).

Autour de la presqu'île Olympique (État de Washington), l'éocène marin, qu'on trouve dans les comtés de Whatcom, Skagit, Pierce, King, Clallam (partie S.), Chehalis, est aussi une alternance de tufs et de sables, de grès et de schistes sur une grande épaisseur (*formation de Pugel*) : l'eau y est abondante et peu profonde, parfois artésienne. Il en est de même dans le miocène supérieur (grès et conglomérats de la *formation de Clallam*) qui règne dans la partie N. du comté de ce nom. Enfin, il y a de l'eau facile à puiser dans le drift glaciaire qui recouvre toute la région.

2° *Au Sud du parallèle de 41°* (*Coast ranges de Californie*) (Voir tableau VIII, colonne 8). — Cette région très plissée comprend d'une part la *Greal Valley* (vallées du Sacramento et du San Joaquin) dont les roches plus anciennes sont bordées de chaque côté par des bandes très étroites d'éo-oligocène, puis de mio-pliocène encadrant la masse des alluvions centrales, d'autre part les *Coasl ranges*, c'est-à-dire une alternance de synclinaux et d'anticlinaux dirigés en général parallèlement à la côte Pacifique : les *franciscan séries* et les bandes crétacées qui les accompagnent sont séparées par les dépôts mio-pliocènes remplissant les synclinaux.

Les *formations de Marlinez* et de *Tejon* de l'éocène et de l'oligocène sont schisteuses et épaisses et ne jouent qu'un faible rôle hydrologique : au-dessus d'elles, quand elle existe, la *formation d'Ione* très argileuse, sépare les eaux des couches supérieures et les retient. Mais la base du miocène, *formations de Vaqueros* et de *Monterey*, schisteuse et épaisse, n'est pas non plus bien aquifère. Les bancs sableux et gréseux, toujours entremêlés de bancs argileux, deviennent plus favorables dans les formations supérieures de *Sanla Margarila* et de *San Pablo* (ou *Jacalilos*), et surtout dans les *formations de Berkeley* (ou *San Diego*, ou *Tulare*, ou *lits de Purisima*) et de *Merced* (ou de *Sanla Clara*) du pliocène (ou *groupe de Fernando*). Les couches sont encore d'ordinaire très épaisses (jusqu'à 1.800 mètres), et comme les cassures sont très nombreuses, c'est par elles que la plupart des sources importantes se font jour : il y a aussi des sources aux affleurements des bancs perméables dans les vallées, mais elles sont d'ordinaire faibles.

En somme, peu de villes s'alimentent par les sources. Quelques-unes, comme Pasadena, Berkeley, Santa Barbara ont traversé les couches gréseuses redressées par des galeries captantes : celle de Santa Barbara a 1.500 mètres de long et est munie à l'entrée d'un serrement qui donne une pression de 30 mètres et assure un minimum de débit d'un millier de mètres cubes par jour pendant les deux cents jours de sécheresse estivale.

Tableau VIII — Terrains tertiaires des États-

Les couches perméables contenant des nappes aquifères importantes sont

Terrains géologiques.	Plaine côtière Atlantique. — Partie Nord (du Massachussets à North Carolina)		Plaine côtière Atlantique. — Partie Sud (de South Carolina à Florida)		Plaine côtière du Golfe du Mexique — Partie Est (Alabama, Mississippi, Tennessee, Kentucky et S. de l'Illinois.)	
QUATERNAIRES — Récent et actuel	ALLUVIONS DES VALLÉES FLUVIALES	qques mèt.	ALLUVIONS DES VALLÉES FLUVIALES	qques mèt.	ALLUVIONS DES VALLÉES FLUVIALES	qques mèt.
	ou SABLES LITTORAUX	d°	ou SABLES LITTORAUX	d°	ou limon jaune et loess fossilifère sur les côtes.	d°
QUATERNAIRES — Pléistocène	Columbia fion: Terrasses des vallées fluviales ou Terrasses marines étagées (banc de limon et BANC DE GRAVIER à la base.)	de quelques mèt. à 30 ou 40 m.	Columbia fion: Terrasses des vallées fluviales ou Terrasses marines étagées (banc de limon et BANC DE GRAVIER à la base.)	de quelques mèt. à 30 à 40 m.	Columbia group: Géorgie: SATILLA Fion	3 à 15m
					Columbia group: Géorgie: Okefenokee Fion	2 à 12m
					Columbia group: Floride: PENSACOLA TERRACE TSALA-APOPKA d° NEWBERRY d°	15 à 30m
TERTIAIRES — Pliocène.	Lafayette fion ou Brandiwyne fion (SABLES et bancs argileux.)	5 à 15m	Lafayette fion ou Chrlton fion (CALCAIRE ARGILEUX, un peu d'eau.)	5 à 20m	Lafayette fion (SABLES et bancs argileux) (puits nombreux.)	5 à 60m
TERTIAIRES — Miocène.	Groupe de Chesapeake: YORKTOWN Fion ou COHANSEY Fion	0 à 45m	Marnes de Duplin et de Marks Head (imp. en Géorgie)	18m	Mal différencié de la partie supérieure de l'oligocène. (Sables et argiles avec PLUSIEURS NAPPES) sur la côte du Golfe du Mexique.	?
	Groupe de Chesapeake: St MARYS Fion	0 à 45m				
	Groupe de Chesapeake: CHOPTAUK Fion	35m	JACKSONVILLE Fion (FLORIDE) (CALCAIRE SABLEUX AQUIFRE)	15m		
	Groupe de Chesapeake: CALVERT ou KIRKWOOD Fion (GREAT DIATOM BED	30 à 60m			[Manque dans l'Embayment du Mississippi]	
TERTIAIRES — Oligocène.	manque		Groupe d'Apalachicola: Alum bluff fion (Sables aquifères discontinus)	20 à 60m	GROUPE DE GRAND GULF (GRÈS, SABL. ET ARG. LIGNITIQs)	60 à 240m
			Groupe d'Apalachicola: CHATTAHOOCHEE Fion CALCAIRE AQUIFÈRE	40 à 75m	Calcaire de Vicksburg (ou de St Stéphen d° Alabama)	60 à 90m
			VICKSBURG Fion (CALCAIRE AQUIFÈRE)	75 à 120m	[L'oligocène manque dans l'Embayment du Mississippi]	
TERTIAIRES — Éocène.	Groupe de Pamunkey (éocène marin): Nanjemoy fion (arg. et SABL. VERTS)	30 à 35m	JACKSON Fion (CALCAIRE AQUIFÈRE)	45m	JACKSON Fion (ET SABL. SUPÉRs DE St STEPHEN)	75 à 110m
			GROUPE DE CLAIBORNE SABLES ET CALCAIRES	60 à 150m	CLAIBORNE GROUP: Sabl. de Gosport et de Lisbon.	45m
					CLAIBORNE GROUP: TALLAHATTA BUHRSTONE	60 à 120m
	Groupe de Pamunkey (éocène marin): Aquia fion (marnes et SABLES VERTS)	30m			Wilcox fon lignitic group: SABLES DE HATCHETIGBEE	50m
					Wilcox fon lignitic group: SABLES ET ARGILES	125m
			Wilcox fion (Marnes peu perméables)	45m	ou FORMATION DE LAGRANGE (SABLES AVEC ARGILES ET LIGNITS) dans l'Embayment du Mississippi	200 à 290m
	Groupe de Pamunkey (éocène marin): Shark river marl (imp.) dans New Jersey.	4m	MIDWAY Fion (SABLES ET CALCAIRES DU BUHRSTONE)	120m	Midway fion (imp.)	80 à 140m
					ou Porter's Creek fion (imp.) dans l'Embayment du Mississippi	60m
	Marnes de Manasquan (crétacé)		Sables de Ripley fion (crétacé)		Sables de Ripley fion (crétacé.)	

Unis (principaux bassins) et terrains quaternaires. –

écrites comme ALLUVIONS, celles qui contiennent un peu d'eau, comme Terrasses

et Embayment du Mississipi.	Grandes plaines Centrales.	
Partie Ouest (Louisiana, Arkansas, Missouri, Oklahoma et Texas)	Partie Nord (Montana, N. et S. Dakota, Wyoming, Nebraska.)	Partie Sud (Utah, Colorado, Kansas, Oklahoma, New Mexico et Texas)
ALLUVIONS DES VALLÉES FLUVIALES, LOESS, ETC } q.ques mèt. ou SABLES LITTORAUX À RANGIA } d° et argile marine (imp.)	ALLUVIONS DES VALLÉES FLUVIALES } q.ques mèt. Loess sur certaines surfaces } 2 à 10m	ALLUVIONS DES VALLÉES FLUVIALES } q.ques mèt. Loess sur certaines surfaces } 2 à 10m
TERRASSES DES VALLÉES FLUVIALES ou PORT-HUDSON Fion (sables et couches d'argile intercalées) } 30 à 40m Texas { GRAVIERS DE LISSIE } jusqu'à 270m Texas { Argile de Beaumont } jusqu'à 240m	TERRASSES DES VALLÉES FLUVIALES Drift glaciaire (SABLES ET GRAVIERS avec couches d'argiles intercalées) EQUUS BEDS À LA BASE } de q.ques mèt. à 300m	TERRASSES DES VALLÉES FLUVIALES Dépôts désertiques ("Valley fill") GRAVIERS, SABL. ET BANCS ARG.X EQUUS BEDS (Fion DE TULE AU TEXAS) } de q.ques mèt. à 300m
Lafayette Fion ou Reynosa Fion ou Uvalde Fion (SABLES et argiles : nombreux puits.) } 0 à 30m MIOCÈNE MARIN (sables et bancs argileux en profondeur seulement) } 245m DEWITT Fion (sables calcaires, grès et bancs argileux.) } 240 à 450m [Manque dans l'Embayment du Mississippi.] Fleming clay (imp. argiles vertes) } 30 à 120m GRÈS DE CATAHOULA } 30 à 360m Calcaire de Vicksburg (peu d'eau) } 30 à 60m [L'oligocène manque dans l'Embayment du Mississippi.] Jackson Fion (Argiles plus ou moins sale.) } 60 à 170m Groupe de Claiborne { SABLES DE COCKFIELD ou DE YEGUA (TEXAS) } 120 à 180m St Maurice Fion (Argiles et SABL. LIGNITIFÈRS) } 60 à 150m ou Mount Selman et Cook Mtn Fion (Texas) } 60 à 120m Wilcox Fion (lignitic group) { SABLES DE SABINE } 100 à 280m Midway Fion (argile et calcaires) } 6 à 80m	Miocène et pliocène — Loup Fork group: OGALALLA Fion GRÈS ET SABLES } 0 à 90m Arikaree Fion (grès et sables) (ou Fion de Rosebud S. Dakota) { NEBRASKA ET HARRISON BEDS } 120m; MONROE CREEK ET GERING BEDS } 150m Oligocène continental — White River group: Brule clay (argile avec lit cal. calc. à la base) } 150m Chadron Fion (grès et argiles SABLES AQUIFÈRES À LA BASE) } 60 à 90m Eocène continental: Wasatch Fion (Argiles et grès avec couches de houille) } 150 à 550m Fort Union group et Lance Fion (Alternance de LITS SABLEUX et d'argiles avec lignites.) } 300 à 600m	Blanco Fion (Tex. et N. Mex.) (SABLES, GRAVIERS et arg.) Goodnight Fion Loup Fork Fion (SABLES, GRAVIERS et arg.) } 30 à 90m ou OGALALLA Fion (GRÈS ET SABLES) (Kansas, Okla. et Col.) } 45 à 60m manque (sauf dans N.E. Colorado comme col. précédente) Fion de Denver (Sables, grès et conglomérats irréguliers) } 20 à 400m Fion D'ARAPAHOE (GRÈS ET CONGLOMÉRS) (grande nappe à la base) } 150 à 240m
Arkadelphia clay (crétacé) et sables de Nacatoch en dessous.	Grès et schistes de Lorraine (crétacé)	Grès et schistes de Lorraine (crétacé) ou trias et red beds du permien.

Tableau VIII – (suite.)

Terrains géologiques.		Entre les Montagnes Rocheuses et le Grand Bassin et périphérie du Plateau du Colorado. (Colorado, Utah, N. Mexico et Arizona)		Côte du Pacifique au S. du 41ème parallèle (Californie.)	
QUATERNAIRES	Récent et actuel.	ALLUVIONS DES VALLÉES FLUVIALES (VALLEY FILL)	q.ques mèt.	ALLUVIONS DES VALLÉES FLUVIALES (VALLEY FILL)	q.ques mèt.
		Loess sur quelques points	2 à 10m	ou SABLES LITTORAUX et argile marine	d°
	Pléistocène	TERRASSES DES VALLÉES FLUVIALES		Dans la partie N.: Paso Robles fion ou Santa Clara fion (Graviers et bancs d'argile)	0 à 50m
		Dépôts désertiques (Valley fill) GRAVIERS, SABLES et bancs d'arg.	de q.ques mèt. à 400m	Dans la partie S.: San Pedro fion (conglomérat de Pala) (SABLES, GRAVIERS ET ARGILE)	0 à 50m
TERTIAIRES	Pliocène.	Quelques terrasses pliocènes sur le revers W des Wasatch		Groupe de Fernando: Fion de Merced ou de Sta Clara (Grès, conglomérs et argiles)	jusqu'à 1750m
				Groupe de Fernando: Fion de Berkeley, San Diago, Tulare ou Purisima (tufs) (Grès, conglomérs, schistes)	jusqu'à 1840m
	Miocène.	manque		Fion de San Pablo (Jacalitos, ou Etchegoin) (Sables et graviers)	450 à 1000m
				Fion de Sta Margarita (Grès et sables)	0 à 150m
				Fion de Monterey (Modelo ou Puente) (schistes bitumineux et grès)	150 à 1500m
				Fion de Vaqueros (grès)	120 à 170m
	Oligocène.			Eocène et oligocène: groupe de Karquinez: Fion d'Ione (argiles, imp.)	0 à 300m
		Eocène et oligocène: Fion de Bridger (sables et argiles)	350 à 550m	Eocène et oligocène: groupe de Karquinez: Fion de Tejon (ou de San Lorenzo ou de Cleope.) (grès massif et schistes)	600 à 2400m
		Eocène et oligocène: Fion de Green River (schistes et calcaires)	600m et plus		
	Eocène.	Eocène et oligocène, Groupe de Wasatch: Fion de Knight (schistes ET GRÈS)	450m	Eocène et oligocène: groupe de Karquinez: Fion de Martinez (ou de Topatopa) (grès massif, sables glauconieux et schistes)	300 à 650m et plus
		Groupe de Wasatch: Fion de Fowkes (cendres rhyolitiques et calc.)	700 à 750m		
		Groupe de Wasatch: FION D'ALMY (GRÈS ET CONGLOMÉRS)	650m		
		Groupe de Wasatch: FIONS DE CHUSKA (GRÈS) OU DE TORREJON	270m		
		ou Fion de Tohachtohale ou de Puerco (imp.)	330m		
		Eocène et oligocène: Fion d'Evanston ou Lits de Aminas (grès et arg.)	0 à 500m		
		Groupe de Laramie (crétacé) ou grès de Mesaverde (d°)		Groupe de Chico (crétacé)	

Les puits artésiens dans le tertiaire même ne sont pas non plus favorables et je n'en connais pas de ce terrain dont l'eau soit jaillissante : la plupart d'ailleurs des grands forages, comme ceux de Los Angeles (forages de 170 à 450 mètres), de Pasadena (660 mètres), de Pico et de Puente (180 à 525 mètres), de San Luis Obispo (280 mètres), de Modesto (320 mètres), d'Alila (400 mètres), de Pixley (150 à 350 mètres), etc., etc., n'ont été descendus aussi bas que pour trouver le gaz et le pétrole, et une fois dans le tertiaire ils ont trouvé peu d'eau; je note seulement une forte venue d'eau signalée à 202 mètres de profondeur dans le forage situé à 10 milles au N.-O. de Wasioja (Santa Barbara C[y]), et des forages bien alimentés en eau à Point Loma et San Jacinto (de 120 à 200 mètres) dans le comté de San Diego.

Il y a cependant beaucoup de localités du S. de la Californie qui sont alimentées par des puits artésiens (ainsi Alameda, Bakersfield, Berkeley, Fresno, Marysville, Oakland, Redlands, Salinas, San Bernardino, Santa Ana, Santa Clara, Santa Monica, Stockton, Visalia, etc., etc., qui doivent pomper, Riverside qui a des forages de 175 mètres de profondeur jaillissants), et il y a en outre une quantité innombrable de puits artésiens jaillissants ou non qui servent à l'irrigation; mais ces forages, généralement de moins de 150 mètres, ne sortent pas des alluvions quaternaires qui remplissent les fonds des vallées et notamment le fond de la *Great Valley*, où une vaste zone de jaillissement s'étale dans toute la longueur. Nous y reviendrons dans l'étude du quaternaire.

V. — TERRAINS QUATERNAIRES

Les couches quaternaires, d'ordinaire peu épaisses (rarement plus de 50 mètres et plus rarement encore allant à 100 ou 150 mètres), recouvrent les terrains plus anciens comme d'un grand manteau troué par places. Leurs matériaux, généralement ténus et meubles, provenant de l'érosion de couches plus anciennes, se sont déposés dans toutes les dépressions et les ont plus ou moins remplies : aussi ces couches sont-elles formées presque toujours de lits de sables et graviers (aquifères), séparés par des bancs argileux ou limoneux (imperméables) représentant les périodes d'eaux calmes où se déposaient des vases. Il résulte de là que le quaternaire contient des eaux abondantes et peu profondes; tout d'abord la nappe phréatique, étendue sur de vastes surfaces (1) et donnant l'eau à quelques mètres du sol; puis souvent une ou plusieurs nappes sous-jacentes, lesquelles sous les bancs argileux peuvent être artésiennes (mais généralement avec faible pression). Ces eaux sont si faciles à utiliser que l'on peut dire que l'homme y recourt en premier lieu; mais on comprend qu'elles ne se prêtent pas à une description d'ensemble, et qu'en chaque région il y a lieu de faire une étude spéciale suivant les règles et procédés décrits précédemment.

Cependant on peut grouper quatre cas particuliers, — bien que s'étendant souvent à de vastes régions. Ce sont : 1° les terrains d'origine glaciaire (très étendus dans le N. de l'Europe et de l'Amérique) et morainique (lambeaux discontinus au pied des grandes montagnes); 2° les grandes vallées fluviales et lacustres, avec leurs terrasses latérales correspondant à des stages plus anciens du fleuve ou du lac; 3° les dunes et bancs de sables côtiers le long des rivages maritimes (en liaison avec les vallées fluviales dans les deltas parfois très larges et très longs, des fleuves à leurs embouchures); 4° enfin les grands espaces, d'ordinaire sableux, des déserts.

1° TERRAINS GLACIAIRES ET MORAINIQUES

Europe. — On sait que le N. de l'Europe jusqu'aux environs du parallèle de 50° a été soumis à une suite de glaciations (trois disent les uns, quatre suivant d'autres), avec entre elles des périodes de réchauffement et par suite de retrait des masses de glace. Ces masses ont amené des blocs et détritus de toute taille provenant des roches scandinaves et constituent aujourd'hui les *moraines* (les frontales indiquant la plus grande extension de la période glaciaire correspondante), tandis que dans les mers, aux périodes de recul des glaciers, se sont déposées des *formations interglaciaires* importantes (2). De là résultent des alternances nombreuses et variées de couches sableuses, caillouteuses, limoneuses ou argileuses déjà signalées, et les nappes aquifères correspondantes.

(1) D'après von Tillo (*Petermann's Mitt.*, 1893), le diluvium (glaciaire) occuperait 36 0/0 de la surface de l'Europe, 23 0/0 de celle du Nord-Amérique, et beaucoup moins dans les autres continents; les alluvions modernes (vallées des grands fleuves) occuperaient 5 0/0 et 1 0/0 de ces deux continents, mais 27 0/0 du Sud-Amérique (Amazone, La Plata, etc., etc.). Quant aux dépôts d'origine éolienne, peu étendus en Europe et Amérique, ils occuperaient 8 0/0 de l'Asie, 13 0/0 de l'Afrique et 19 0/0 de l'Australie.

(2) Pour le détail de ces formations marines, voir l'ouvrage de Von Lindlow dans *Abh. der preussischen geologischen Landesanstalt*, Heft 87, 1922. Voir aussi l'étude de C. Gagel dans *Geologische Rundschau*, IV, 1913.

Je ne puis ici que résumer le tout dans le petit tableau ci-dessous, en rappelant, d'après Geikie (*fig.* 305), les limites des glaciations successives, dont la première quaternaire (saxonienne) a été la plus étendue vers le S. : sa limite est déjà tracée sur la figure 31.

Tableau des périodes glaciaires et interglaciaires du N. de l'Europe.

PÉRIODES	SCANDINAVIE	GRANDE-BRETAGNE	BELGIQUE ET HOLLANDE	ALLEMAGNE DU NORD ET RUSSIE
Quaternaire récent (holocène).	Alluvions récentes.	Dunes et valley gravel.	Dunes et alluvions récentes.	Alluvions récentes
Formations post-glaciaires (*magdalénien*).	Période à Littorina. Période à Ancylus. Nouvelle argile à Yoldia.	4e glaciaire, quaternaire ou écossais.	Ergeron et terre à briques (flandrien).	Lac à Ancylus (Baltique). Nouvelle argile à Yoldia.
3e glaciation (Mecklembourgienne ou baltique) (*moustiérien ou aurignacien*).	Moraines récentes.	?	Limon, tourbe en Flandre (brabantien).	Moraines baltiques
2e période interglaciaire (*chelléen et acheuléen*).	Peu marquée.	Loam et brick-earth.	Limon et cailloutis (hesbayen).	Tufs de Weimar et Taubach.
2e glaciation (polonienne) (*mesvinien*).	Moraines.	Glaise et gravier à mammouth. Argiles laminées. Cannon shot gravel. Chalky Boulder clay.	Glaise et gravier à mammouth (campinien).	Moraines.
1re période interglaciaire, dépôts marins éémiens (*préchelléen*).	Argiles éémiennes (formation des oses).	Couches fluviales d'Erith à El. antiquus. Contorted drift.	Sables marins de la Campine.	Fleuves marginaux (Urstromtäler).
1re ou grande glaciation (saxonienne).	Moraines.	Middle glacial sand clay and pebbles. Lower boulder clay (till).	Sables et graviers et glaises (Moséen).	Moraines.
Préglaciaire (pliocène supérieur).	Argiles à Yoldia.	Forest bed de Cromer et couche à Leda myalis.	Cromérien et icénien. Argiles de Tegelen.	Argiles de la base.

On voit qu'en certains points la complication peut être grande.

En *Scandinavie* notamment, les bancs de sables aquifères sont nombreux et souvent disposés favorablement : l'eau suit fréquemment aussi les amas de pierres roulées appelés *oses*, qui sont souvent très longs et paraissent provenir de dépôts dans des canaux creusés en tunnels sous la glace. Nous avons déjà vu (*fig.* 44 et 45) comment les villes d'Uddevalla et de Gothembourg s'alimentent en eau; d'autres bons exemples sont

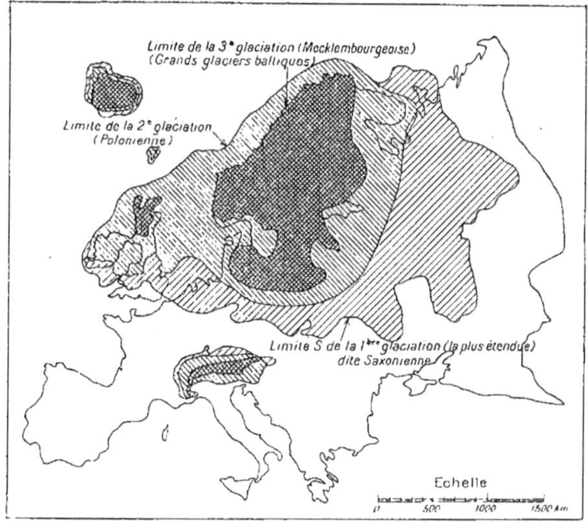

FIG. 305. — Extension des glaciations en Europe (d'après GEIKIE).

donnés par Upsala et Gäfle (ou Gefle) qui toutes deux prennent l'eau dans des oses, et par Malmö qui, après divers essais, a foncé sept forages artésiens donnant 11.000 mètres cubes par jour au travers d'une grande vallée souterraine (le long de la rivière Torreberga) (1). La figure 306 montre la situation des nombreux oses du S.-E. de la Suède, et notamment l'emplacement de l'*ose géant* d'Upsala et de celui de Sätra qui alimentent les deux villes précitées : la coupe en travers de l'ose d'Upsala explique la formation de la source S. (2) au contact des dépôts fluvio-glaciaires qui

(1) D'après l'ouvrage célèbre de RICHERT, *Les eaux souterraines de la Suède*, 1910.

(2) En fait il y a plusieurs sources tout le long de l'ose : celles de Sand Källan, de Saint-Erik, de l'Hôpital et celles qui sortent dans le lit de la rivière Fyris à Ultuna. La ville a fait dans l'ose un grand puits (100 mètres) qui lui donne assez d'eau : elle pourrait aussi faire infiltrer l'eau de la Fyris dans l'ose au N. de la ville, là où la rivière traverse l'ose.

forment le monticule et du placage d'argile sur son flanc. Les villes d'Orebro, Borcå, Halmstad, Vesterås, Söderhamo, Falun, Södertelje, Lulåe, Sala, Lidköping, Hudiksvall et Karlshamn puisent aussi de l'eau pure et

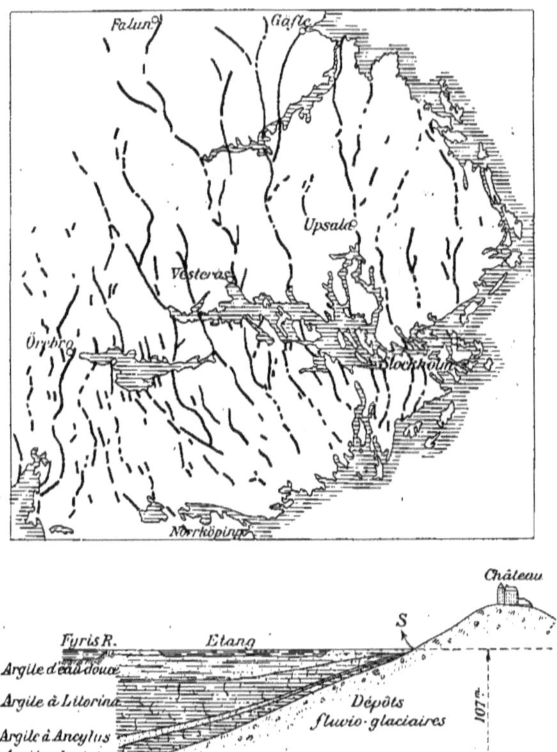

Fig. 306. — Les oses (Asar) du S.-E. de la Suède (d'après Högbom). — La carte montre le tracé des principales oses et la coupe en dessous est une coupe en travers de l'ose d'Upsala.

abondante dans des oses ou des moraines frontales leur ressemblant dans plusieurs de ces localités, on augmente le débit par infiltration artificielle.

Richert signale encore les villes suivantes, qui puisent l'eau dans des sables de la fin de l'époque glaciaire : Lund, Trelleborg, Ystad, Skara, Kalmor, Alingsås, Landskrona, Vestervik, Vimmerby. Celles ci-après puisent dans des sables post-glaciaires : Helsingborg, Oscarshamn, Hjo, Ulricehamn, Linköping, Falkenberg, Engelholm. L'eau de tous ces sables est moyennement dure (14° hydrotimétriques à Malmö), mais elle contient souvent du fer et de l'ammoniaque en assez grande quantité : certains puits qui s'approchent trop de la mer, comme à Wasa en Finlande, voient la teneur en chlore augmenter fortement avec les pompages. Bactériologiquement, l'eau est très pure.

Au *Danemark*, je citerai la ville de Copenhague qui depuis 1893 s'alimente en eaux souterraines, prises en trois régions à la base du glaciaire et à son contact avec la craie sous-jacente (1). On a exploré par de nombreux forages une région à l'O. de la ville d'environ 700 kilomètres carrés d'étendue et on a pu y tracer les courbes de niveau du toit de la craie (danien), ainsi que celles du niveau piézométrique de l'eau souterraine (1). Cela fait, on a pratiqué trois séries de forages tubulaires dans les endroits jugés les plus favorables, savoir :

1° Deux lignes d'ensemble soixante-dix forages tubés à $0^m,130$ et de 50 mètres de profondeur en moyenne le long des rives E. et O. du lac Söndersö (Voir le profil géologique d'une de ces lignes, *fig.* 307, 1°), dont le produit d'environ 25.000 mètres cubes par jour est recueilli par une conduite en béton placée à $3^m,50$ de profondeur, puis relevé mécaniquement et traité pour déferrisation;

1° Profil géologique suivant la ligne des forages tubulaires autour du lac de Söndersö.

FIG. 307. — Les puits artésiens qui alimentent Copenhague (contact du glaciaire et de la craie) (d'après OLLGAARD).

2° Neuf installations de captage dans la vallée dite *quelltal* (où il y avait d'anciennes sources), la dernière allant jusqu'à Aagerup et desservie par une conduite-siphon : le produit par déversement naturel de ces ins-

(1) On croyait d'abord qu'il fallait chercher l'eau artésienne sous la craie : un puits foré dès 1831 et arrêté à 190 mètres (difficulté provenant des silex rencontrés dans la craie) n'avait rien donné; un forage fait vers 1897 à Grondal a montré que la craie a là 500 mètres d'épaisseur et que par dessous il y a des marnes sur 190 mètres et pas d'eau.

(2) Je ne puis reproduire ici les deux planches correspondantes données par Ollgaard dans son article de 1907 (in *Die Assanierung von Köbenhavn* du professeur Th. WEYL).

tallations est de 6.000 mètres cubes par jour, mais en déprimant la nappe par des pompages simultanés on peut tirer jusqu'à 37.000 mètres cubes en vingt-quatre heures;

3° Les forages tubulaires, avec plusieurs conduites-siphons, de Lille-Vejleaa (coupe géologique *fig.* 307, 2°) : les forages tubulaires de 0,170

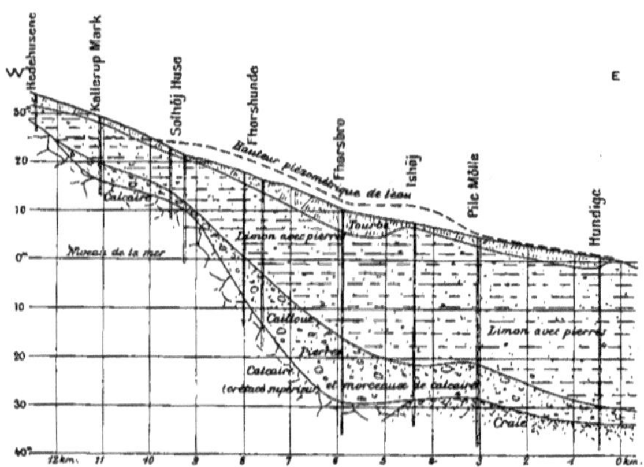

2° Profil géologique suivant la ligne des forages Lille-Vejleaa.

FIG. 307 *bis*. — Les puits artésiens qui alimentent Copenhague (contact du glaciaire et de la craie) (d'après OLLGAARD).

et 0,250 sont répartis en plusieurs groupes (Thorsbro, Thorslunde, Solhöj-Huse, etc., etc.), qui donnaient dès le début par jaillissement plus de 10.000 mètres cubes par jour, mais qui, avec l'abaissement de la nappe dû aux conduites-siphons et aux pompages, peuvent donner 34.000 mètres cubes.

Les eaux ainsi captées sont très pures bactériologiquement, mais assez fortement minéralisées: 400 milligrammes de résidu sec, dont 140 de CaO, 20 de MgO, et environ 3 milligrammes de fer (à l'état de carbonate de sous-oxyde ferreux, lequel à l'air laisse déposer des particules d'oxyde de fer par suite du départ du CO^2 en excès). Il faut déferriser (chute de l'eau en pluie dans l'air, puis filtration).

En *Grande-Bretagne*, le *drift glaciaire* s'étend partout, sauf ce qui est au S. de la Tamise, et nombre de villes et villages puisent de l'eau dans ses couches sableuses et graveleuses. La constitution du *boulder clay* ou *till* de base, du *contorted drift*, du *chalky boulder clay* (deuxième glaciation), puis du limon et de la terre à briques est classique, mais tellement variable d'un point à un autre que, d'après Woodward, on ne peut y faire aucune prévision *à priori*. Un cas extrême paraît être celui de Glemsford (Suffolk), où en dessous du boulder clay, à 80 mètres de profondeur, on a trouvé encore 60 mètres de sable et gravier aquifères avant de toucher la craie.

Allemagne du Nord. — Nous connaissons déjà le substratum généralement crétacé (avec des pointements de tertiaire) de la vaste surface qui s'étend de la plaine maritime des Pays-Bas au plateau russe, en se limitant au S. au Harz et aux monts du N. de la Bohême, des Sudètes, etc., et nous savons que cette grande cuvette est remplie par les dépôts glaciaires : ceux-ci sont très riches en eau saine, mais souvent ferrugineuse, et presque toutes les localités s'y alimentent. L'épaisseur de ces dépôts quaternaires varie d'un point à un autre : 100 mètres à Dantzig et à Warnemünde, 105^{m},80 à Stettin, 120 mètres à Gorkum, 126 mètres sous la Friedrichstrasse à Berlin, 144 mètres sous Königsberg, 160 mètres à Utrecht, 204 mètres à Strasburg-i-d-Uckermark, 246 mètres à Büttel et 358 mètres à Tönning (dans le Schleswig-Holstein). D'après Keilhack, c'est la première glaciation qui a donné la plus grande épaisseur de dépôts (140 mètres sur 197 mètres pour 50 mètres de l'avant-dernière et 7 mètres seulement de la dernière.)

FIG. 308. — Les principales anciennes vallées glaciaires (Urstromtäler) de l'Allemagne du Nord (d'après WAHNSCHAFFE).

I, Urstromtal dite Breslau-Magdeburg; — II, Urstromtal dite Glogau-Baruth; — III, Urstromtal dite Varsovie-Berlin; — IV, Urstromtal dite Thorn-Eberswalde; — V, Urstromtal dite de la Baltique.

Mais les eaux ne sont pas uniformément réparties dans ces terrains glaciaires : comme à la suite des fontes de glace (périodes interglaciaires) de grands fleuves avec expansions lacustres s'étaient formés pour évacuer leur produit dans les mers de l'O., les lits de ces fleuves sont autant de sillons remplis de graviers dans lesquels les eaux souterraines s'accumulent pour s'écouler toujours vers l'O. Ces vallées anciennes, larges de 10 à 30 kilo-

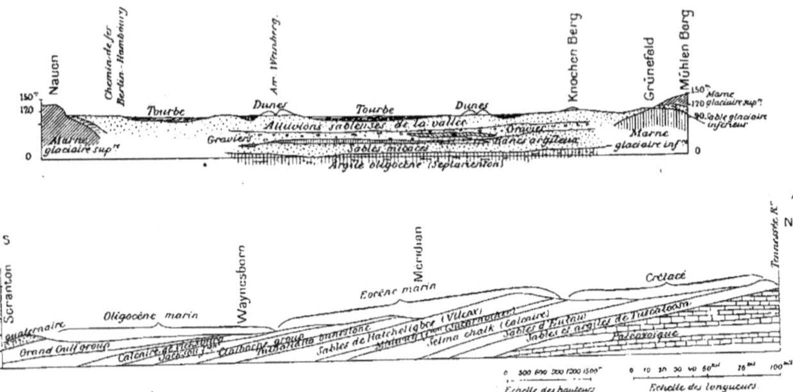

Fig. 309. — Coupe en travers de la principale ancienne vallée de Berlin aux environs de Nauen (d'après Berendt). — Échelle des longueurs 1/60.000, des hauteurs 1/3.000.

mètres, (*Urstromtäler*) sont donc les lieux d'élection où il conviendra de chercher l'eau : les 5 principales sont représentées par la figure 308 (d'après Wahnschaffe) (¹) qui en montre le réseau anastomosé, et elles portent les noms de Breslau — Madgeburg, Glogau — Baruth, Varsovie — Berlin, Thorn — Eberswalde, et de la Baltique. La figure 309, coupe transversale faite aux environs de Nauen sur la vallée de Varsovie — Berlin, montre sa constitution; d'autre part la figure 310 donne deux coupes l'une longitudinale et l'autre transversale des moraines terminales si étendues dans l'Allemagne du Nord, et on y voit l'enchevêtrement des sables et graviers, de la marne à blocaux et des éboulis.

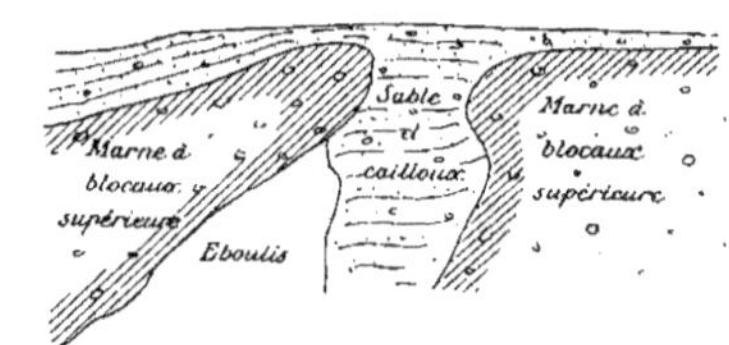

1° Constitution d'une moraine terminale à New-Rosow, près Stettin. Coupe longitudinale.

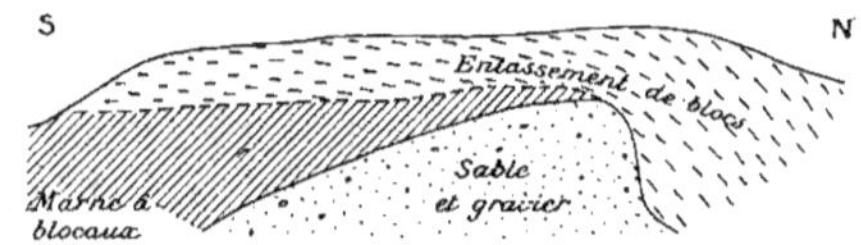

2° Constitution d'une moraine terminale à Steinberge, ouest de Gross-Ziethen. Coupe transversale.

Fig. 310. — Constitution des moraines terminales de l'Allemagne du Nord.

(¹) Voir son beau livre : *Die Oberflächengestaltung des Norddeutschen Flachlandes*, 1908 (chez Engelhorn, éditeur à Stuttgart).

Beaucoup de villes ont cherché de l'eau dans ces grandes vallées anciennes. L'exemple le plus connu est celui de Leipzig, et ses installations de captage par puits tubulaires sont classiques, ayant été étudiées et réalisées par A. Thiem et par son fils [1]. La figure 311 donne une bonne idée de la situation actuelle des vallées, mais elles ne coïncident plus avec les

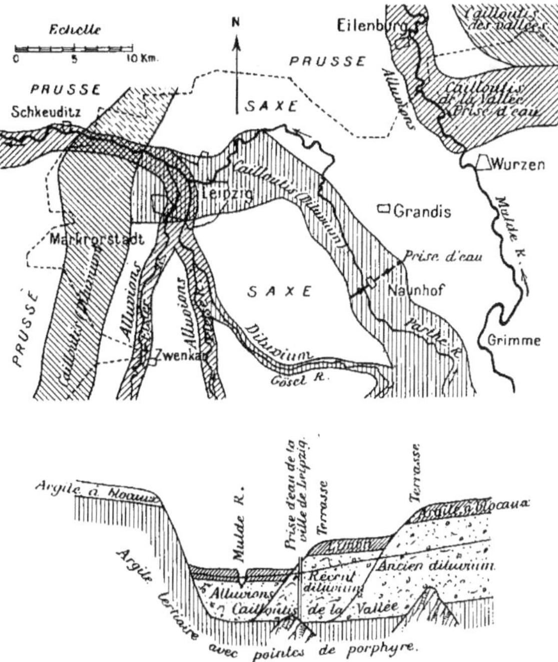

Fig. 311. — Les courants d'eau souterrains (Grundwasserströme) dans les environs de Leipzig (d'après G. Thiem). — En dessous de la carte de situation est une coupe des terrasses fluviales dans la basse vallée de la Mulde, à l'est de Leipzig.

vallées anciennes : la prise de Naunhof, aujourd'hui dans la vallée de la Parthe, est en réalité dans une ancienne vallée de la Mulde, large de 4 à 5 kilomètres avec une nappe aquifère de 12 à 18 mètres d'épaisseur qui peut débiter 80.000 mètres cubes par jour; plus au N., près de Wurzen, une autre portion de l'ancienne vallée de la Mulde, large de 4 kilomètres,

(1) Outre les nombreuses publications de A. Thiem, voir notamment : *Grundwasserströme bei Leipzig und deren Ausnützung* par G. Thiem (*Journal für Gasbel*, 1911).

peut fournir 60.000 mètres cubes par jour. Rappelons qu'A. Thiem avait aussi étudié l'alimentation de Magdeburg par les eaux souterraines de l'ancienne vallée Glogau-Baruthertal, qui auraient été captées près de Genthin : la ville a préféré filtrer des eaux de surface.

Aux environs de Berlin, une Compagnie anglaise avait dès 1876 installé des puits tubulaires (dix-huit de 100 et 150 millimètres) le long de la rive du Iungfernsee, tandis qu'en 1878 la Compagnie des Eaux de Charlottenburg creusait une vingtaine de grands puits (3 mètres de diamètre) au bord du Teufelsee : cette Compagnie a depuis fait des puits tubulaires au Teufelsee, à Belitzhof et à Iungfernhaide, et elle a racheté ceux d'une autre Compagnie à Gross-Lichterfelde. — Pour Berlin même, on fit dès 1877 des grands puits (vingt-trois de 12 à 20 mètres de profondeur) au voisinage du lac de Tegel, et on en tira 45.000 mètres cubes par jour d'une eau claire d'abord, mais qui se troubla après quelques mois (fer et crenothrix) : on les abandonna pour filtrer l'eau des lacs. Puis on revint aux eaux souterraines en se résolvant à les *déferriser*, et on établit deux lignes de cent dix-huit puits tubulaires à Tegel et trois lignes de respectivement 103, 168 et 78 puits tubulaires près du Müggelsee : on peut tirer 300.000 mètres cubes par jour de ces installations. Nous avons vu au tertiaire comment se comportait le sous-sol sous Berlin même (ainsi que sous Königsberg, Brême, Hambourg, etc., etc.).

Il faudrait encore citer les puits tubulaires de Pankow, Brandenburg, Riga installés par Smrecker; de Brunswick par Thiem; de Salzwedel par Prinz, etc., etc. En Hollande, ceux d'Utrecht, d'Arnhem, Apeldoorn, Almelo, Meppel, Hellevoetsluis, etc., etc. Bref, en ces terrains, on compte qu'on peut tirer 1 litre par seconde par chaque décamètre de ligne captante (tranchée, galerie ou ligne de puits assez rapprochés) (¹) : toutefois il ne faut pas exagérer la dépression de la nappe, sans quoi on risque d'attirer de plus en plus des eaux ferrugineuses et pyriteuses (comme il est arrivé à Breslau un peu avant la guerre) (²).

Autour des Alpes. — On sait que le massif des Alpes a été soumis (d'après Penck) à quatre glaciations successives, celles de Günz, de Mindel, de Riss (la plus étendue, descendant jusqu'à Lyon, Villefranche et Gre-

(¹) L'écartement des puits tubulaires est de 20 à 21 mètres à Kiel, Leipzig, Salzwedel, Stendal, Ratibor; de 25 mètres au Müggelsee (Berlin); de 29 mètres à Hanovre, etc., etc.

(²) C'est ce qu'on a appelé la catastrophe de Breslau : on déprimait la nappe de 7 à 9 mètres, et tout à coup l'eau se mit à avoir 1 gramme de fer et 1/2 de manganèse par litre : le linge fut taché en rouge.

noble), et de Würm. En outre, après le recul qui a suivi l'époque würmienne, il y a eu des oscillations des glaciers, la grande oscillation d'Achen (qui a pu durer 40.000 ans et amenait la limite des neiges persistantes à 500 mètres en dessous de ce qu'elle est aujourd'hui), puis les stades de Bühl, de Gschnitz et de Daun (la limite ci-dessus serait descendue un moment à 1.000 mètres en dessous de la ligne actuelle). Il en résulte dans presque toute la Suisse, la Savoie et le Dauphiné, une partie de la Bavière, de la Lombardie et du Piémont la présence de dépôts glaciaires importants, — moraines frontales et latérales, terrasses lacustres (au-dessus des lacs d'Achen, de Genève, de Zurich, etc.) ou fluviales — dans lesquels on trouve facilement de l'eau et d'où sortent des sources nombreuses et abondantes.

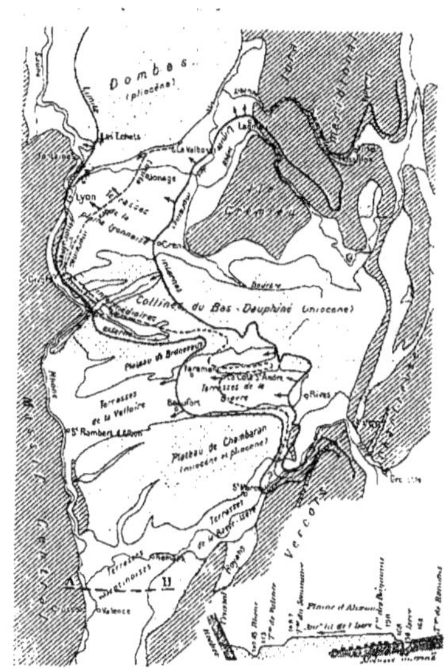

Fig. 312. — Carte structurale de la région des terrasses fluvio-glaciaires et des moraines frontales de l'ancien glacier Rhône-Isère (en partie d'après G. Depéret et W. Kilian, feuilles Lyon et Grenoble de la carte géologique de France au 1/80.000).

Le plus bel exemple à citer en France est celui de l'ancien glacier Rhône-Isère, bien étudié par Depéret, Kilian, Gignoux, de Lamothe, etc. (¹). La figure 312 le montre descendant dans les plaines du Rhône et de la Saône, dont le sous-sol miocène ou pliocène est entaillé des trois dépressions de la vallée de l'Isère, de la *vallée-morte* de la Bièvre-Valloire, enfin de la large vallée du Rhône à l'amont de Lyon. A l'époque de la plus grande glaciation, les plateaux néogènes eux-mêmes étaient couverts de glace, et il s'en échappait de larges fleuves torrentiels dont les lits sont aujourd'hui des masses de cailloutis en avant des *moraines externes*, lesquelles se montrent ainsi contemporaines d'une terrasse qui domine le Rhône de 60 mètres. Aux *moraines intermédiaires*, correspond une terrasse de 30 mètres, et aux *moraines internes* (bien visibles à Grenay, à Rives, etc.),

(¹) Voir pour les références la *Géologie stratigraphique* de Gignoux (1926), à qui j'emprunte la figure ci-dessus et les articles de Depéret, notamment C. R. Académie des Sciences, 26 juillet 1920, 24 novembre 1924, etc., etc. et du général de Lamothe [*Bulletin Société géologique de France* (1901 et 1910)].

une de 15 mètres. Enfin après la période würmienne, il y a encore eu des *stades de retrait* donnant naissance soit à des moraines latérales basses, comme entre Grenoble et Chambéry dans la vallée de l'Isère (*stade d'Eybens*), soit à des moraines frontales basses comme à Bellegarde dans la vallée du Rhône (*stade de Collonges — Fort de l'Écluse*). Des lits sableux et graveleux de ces terrasses et de ces moraines (¹) sortent de nombreuses sources, et d'autre part il est facile d'y trouver de l'eau par puits ou galeries. Je citerai les villes de Bonneville (galerie captante), de Thonon (drainages), Évian-les-Bains (sources au pied du plateau de Larringes et tronçon de galerie captante), tandis que la source Cachat provient d'une lentille sableuse intercalée dans les argiles morainiques

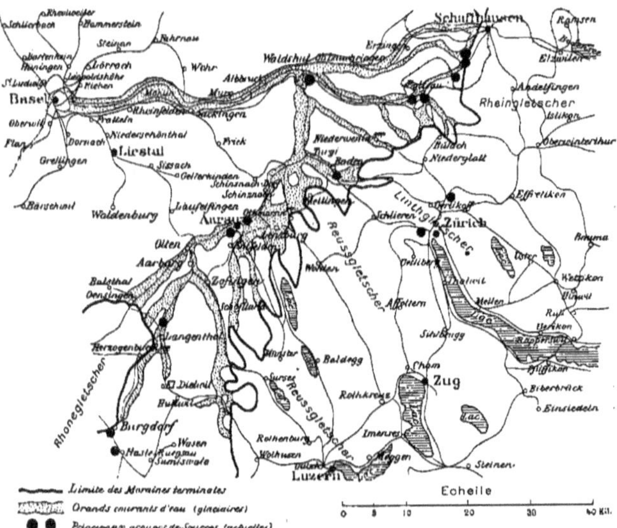

Fig. 313. — Moraines terminales de la dernière glaciation dans le N. de la Suisse, et principaux courants d'eau (dépôts graveleux actuels) qui en résulteraient (d'après J. Hug).

formant le talus qui domine le Léman; Chambéry (deux puits descendant aux graviers déposés sous une extension ancienne du lac du Bourget et en dessous de bancs argileux qui protègent l'eau et lui donnent un certain

(¹) Outre les eaux pluviales tombées sur leurs grandes étendues, il doit s'y déverser d'assez grandes quantités d'eau provenant des affleurements des calcaires (urgonien notamment) encaissant ces alluvions. Ainsi les galeries de Valence paraissent recevoir de l'eau des plateaux néocomiens du Vercors (et aussi des infiltrations de l'Isère).

degré d'artésianisme); Vienne (sources d'Estrablin, déjà amenées par les Romains); Saint Marcellin (galeries captantes); Tain, Chabeuil, Romans (tous trois avec des galeries captantes, plus pour Romans deux puits à Peyrins qui bien que n'ayant que 14 mètres sont artésiens); enfin Valence (galeries captantes de la Trésorerie, de Bimard, de Gachet dans les alluvions des plaines de Chabeuil donnant 70 litres par seconde, et puits Chabrier où on pompe 30 litres).

En Suisse, le nombre des villes qui puisent de l'eau dans le glaciaire est plus grand encore : les nappes souterraines voisines de la surface y ont été bien étudiées par Hug [1], à qui j'emprunte la figure 313 montrant la limite septentrionale des anciens glaciers du Rhin, de la Linth, de la Reuss et du Rhône (dernière glaciation), ainsi que les grands courants glaciaires qui en résultaient et qui sont aujourd'hui des passages tout indiqués pour l'eau circulant dans les graviers : les grandes vallées de l'Aar et du Rhin sont ainsi accompagnées par de larges *Urstromtäler*, et un grand nombre

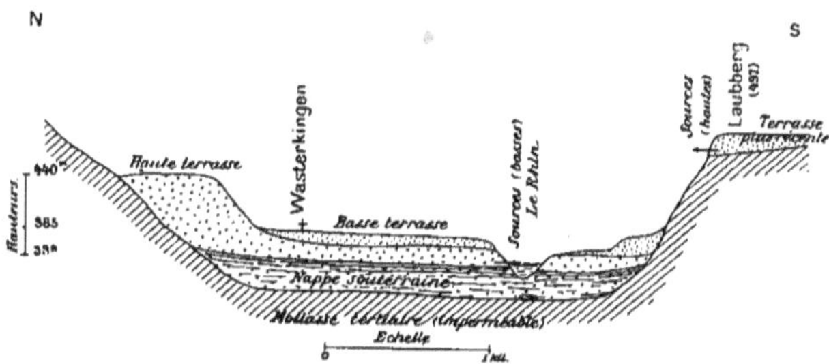

FIG. 314. — La nappe souterraine et les émissions d'eau dans la vallée du Rhin (Urstromtal) en Suisse. — Coupe en travers à 1 kilomètre en aval du pont d'Églisau (chemin de fer).

de sources (les principaux groupes sont indiqués sur la figure) y prennent naissance. La coupe de la vallée du Rhin à Eglisau (*fig.* 314) fait voir les terrasses et l'issue des sources basses et des sources hautes. Je citerai d'après Hug quelques lieux d'émissions remarquables :

I. — *Vallée et ancienne vallée du Rhin.* — A l'aval de la chute du fleuve, on trouve de grosses sources près Neuhausen (visibles en basses eaux dans les graviers de rive et rentrant aussitôt dans le Rhin), qui ont 16 à 17° hydrotimétriques et une température de 12 à 15°, alors que l'eau du fleuve a de 7 a 13° de dureté et varie de 3 à 25° centigrades; — à Rheinau, émission

[1] *Die Grundwasservorkomnisse der Schweiz*, par J. HUG (1918), in *Annales de la Landes hydrographie Suisse.*

sur la rive droite en face de Klosterinsel, et d'autres sur la rive gauche jusqu'au confluent de la Thur (à Rheinau même, le courant du Grundwasser va vers le S.-O., alors que le Rhin va vers le N.-E.); — groupe de sources en aval du pont du chemin de fer à Eglisau; — groupe de sources en aval du confluent de la Glatt.

II. — *Vallée de la Glatt.* — Grandes étendues de graviers glaciaires entre Wolketswill et Wangen, Dietikon et Kloten, avec des sources à Wangen, à Bruttisellen, à Optikon (sources sous les maisons et galerie captante); — sources à Seebach et à Rümlang.

III. — *Vallées de la Suhr, de la Wina et de la Wigger (partie supérieure)* — Sources importantes près d'Entfelden (400 litres par seconde), où puise Aarau; autres sources près d'Aarau et de Rohr à l'extrémité du dépôt glaciaire.

IV. — *Entre Lotzwil, Langenthal et Roggwil.* — Grande étendue de dépôts glaciaires et sources importantes à son extrémité N., à Mumenthal et Brunnmatte.

V. — *Vallée d'Emmenthal, à l'amont de Burgdorf.* — Vallée étroite, donnant des sources aux rétrécissements, notamment à Lamperswil, à Rüderswil, à Emmenmatt et à Ramsey (ces deux dernières captées et amenées à Berne [1] donnent 300 litres par seconde), à Lutzelfluh et enfin à Oberburg (près Burgdorf, à l'extrémité des dépôts, là où le rocher se relève — *Barrierquellen*).

VI. — *Vallée de la Limmat.* — Les alluvions y ont une quarantaine de mètres d'épaisseur : l'eau souterraine est beaucoup plus dure (30 à 34°) que celle de la Limmat (12°). — Source à Killwangen (33°). — Grosses sources à Baden (plus de 500 litres par seconde), à un coude brusque de la direction de la vallée.

VII. — *Vallée de la Saane*, entre Lessoc et Gruyères : sources près d'Estavannes, au bord E. du dépôt graveleux; groupe des sources de Fontaines, donnent 300 à 400 litres par seconde; sources près d'Enney (60 à 80 litres), et près de Neirivue (70 litres).

En haute montagne, il y a aussi des dépôts glaciaires aquifères : à Lavinental, près d'Airols, des rétrécissements produisent des sources, comme à Ponte-Sordo (plus de 100 litres par seconde) et à la station d'Ambri-Piotta (325 litres); dans la Haute Engadine, près de Samaden des sources abondantes qui ne gèlent jamais, etc., etc.

(1) La ville de Berne reçoit aussi l'eau d'autres sources captées précédemment et provenant des vallées au S. de la ville : groupes de Schliern, de Gazel, de Scherlital et d'Aeckenmatt (toujours dans le glaciaire). Les eaux de Berne ont de 17 à 23° hydrotimétriques.

— En montagne, les éboulis forment aussi des réservoirs d'eau importants : ainsi la Rogghalmquelle sort des éboulis du Voralpsee près de Grabs ; les Siebenbrunnenquellen sortant de ceux du versant N. du Säntis. (Quant aux grosses sources du Val Plavna près Tarasp (1.000 litres par seconde), elles sortent de terrasses d'alluvions plus récentes).

La composition de quelques eaux du glaciaire surmontant le plus souvent la mollasse tertiaire, est donnée au tableau ci-dessous :

VILLES ALIMENTÉES	EMPLACEMENT DES SOURCES	RÉSIDU SEC (évaporation)	ALCALINITÉ (en CaO3)	ACIDE SULFURIQUE	ACIDE NITRIQUE	CHLORE
		mmgr.	mmgr.	mmgr.	mmgr.	mmgr.
Aarau	Suhrtal	258	225	peu	traces	7,1
Baden	Limmattal	252	210	peu	0	8,0
Bâle	Prise des Langen Erlen	160	100	0	4	5,5
Berne	Ramseyquelle	190	170	»	0	3,5
Burgdorf	Burgdorfschachen	172	150	»	traces	6,9
Frauenfeld	Thurnbachtobel (sur mollasse)	405	365	»	»	»
	Murgtal, près Murkathof	319	265	»	8,5	6,0
Fribourg	Près de la Saane	325	»	»	traces	»
Lucerne	Prise près de Littau	270	240	»	0	6,2
Murten	Est de Murten (sur mollasse)	448	»	»	traces	14,0
Schaffouse	Rheintal	336	310	»	0	4,0
Straubenzell	Près station de Winkeln	458	»	»	»	1,5
Weissenbach-Bäretowil	Puits	264	242	traces	traces	4,2
Winterthur	Buchrainquelle (Tösstal)	320	302	traces	0	6,4
Wolfwil (et autres communes)	Prise commune	222	170	»	12	5,0
Zug	Hatwillfrauenthal (moraines)	350	320	traces	0	5,7
Zurich	Limmattal (eau industrielle)	355	243	36	traces	13,8
	A titre de comparaison :					
Pontresina	Rosegtal (alluvions provenant de terrains cristallins)	62	34,5	traces	0	3,5
Près de Samaden	Sources des alluvions sur marnes triasiques.	1.085	112	»	0	4,9
Près de Keisten (Argovie)		750	290	»	0	5,0

Il faudrait encore citer les sources des hautes vallées glaciaires de Sihl et de Lorze (*fig.* 315), qui ont été captées par la ville de Zurich et lui donnent 27.000 mètres cubes par jour (la ville utilise aussi les eaux du lac soigneusement filtrées) ; puis les villes d'Interlaken, Sion, Nyon, Uster, Wädenswil, Wetzikon, etc., etc., qui utilisent des sources de moraines.

Pour le Bouveret et pour Montreux, les sources semblent bien sortir moraines, mais l'eau paraît venir de plus haut, du lias.

Au S. de la Bavière, sur le revers N. des Alpes, les mêmes phénomènes ont produit les mêmes effets : lacs et vallées glaciaires le long des rivières telles que Iller, Lech, Isar, Inn, Alz, Traun, Salzach, etc., etc., qui descendent au Danube. Les figures 287 et 288, empruntées à Reuter, montrent

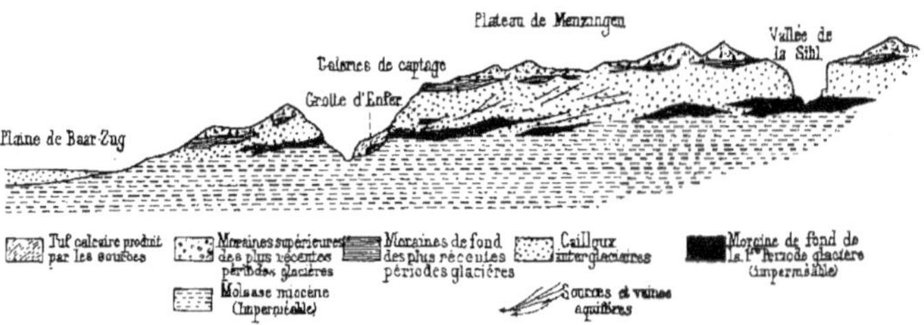

Fig. 315. — Sources des terrains glaciaires captées par la ville de Zurich. Coupe de l'Est à l'Ouest (d'après Peter).

déjà la situation pour la partie occidentale de cette région, avec l'emplacement des moraines des divers âges, ainsi que l'origine des sources du Mangfall-Tal qui alimentent Munich. Pour la partie E., bassin de l'Inn, Reuter donne encore une autre carte très semblable, que je ne crois pas utile de reproduire : Salzburg, bâtie sur les masses graveleuses qui remplissent l'ancien lac Salzachsee, tire son eau des sources hautes de l'Untersberg et du Gaisberg.

Quant au revers S. des Alpes, il présente aussi des dépôts glaciaires aquifères : ils seront étudiés plus loin avec la plaine du Pô.

États-Unis. — Nous savons déjà que tout le Canada et toute la partie N. des États-Unis jusqu'à une ligne tracée sur la figure 32 (elle descend dans la moitié E. jusqu'à Cairo pour remonter dans la moitié O. jusqu'à l'angle S.-O. du North-Dakota et de là suivre à peu près un parallèle jusqu'aux États de Washington et d'Oregon) (1) sont couverts par le *drift glaciaire.* Il faut en excepter une surface d'environ 25.000 kilomètres carrés appelée *driftless area* (parties S.-O. du Wisconsin, S.-E. du

(1) Dans ces deux États, la ligne redescend fortement vers le S., et il existe encore plus au S. des surfaces isolées dépendant des anciens glaciers des Montagnes Rocheuses et de la Sierra Névada : il subsiste d'ailleurs encore des glaciers aux monts Baker, Tacoma, Rainier, Saint-Helens, Adams, Hood et Shasta, qui ont plus de 4.000 mètres. C'est sans doute en raison de la maigreur des précipitations atmosphériques que la ligne limite est tellement remontée vers le N. dans le Montana et l'E. du Washington.

Minnesota, N.-E. de l'Iowa et N.-O. de l'Illinois); mais il faudrait y rattacher au S. de la ligne ci-dessus les prolongements que le glaciaire poussait dans les vallées et notamment dans celles des Montagnes Rocheuses, des Cascade Ranges, de Wasatch et de la Sierra Nevada, ainsi que les îlots autour des anciens glaciers de ces montagnes, glaciers qui descendaient jusqu'à l'altitude de 2.700 mètres. Il en est donc ici comme dans le N de l'Europe, puis comme autour des Alpes, et on va y retrouver les mêmes accumulations morainiques, dépôts de lacs glaciaires et terrasses d'alluvions (*fig.* 316) pour le N.-E. des États-Unis).

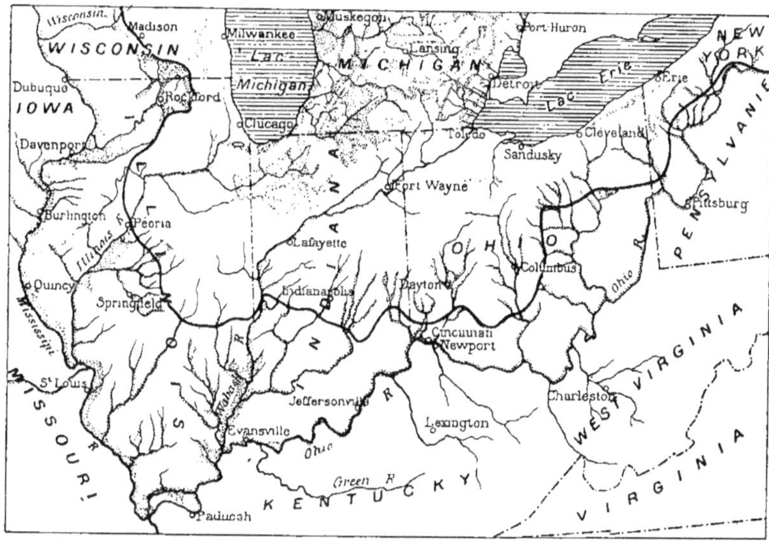

Fig. 316. — Carte montrant les dépôts glaciaires (*glacial outwash*) dans les grandes vallées fluviales et les lacs glaciaires du N.-E. des États-Unis : ces dépôts (graviers et sables) sont aquifères (d'après Frank Leverett, Alden et Fuller). — Échelle 1/7.000.000.
Le trait plein continu est la limite S. du drift wisconsien (dernière période glaciaire) : les glaciations plus anciennes sont descendues un peu plus au S. (jusqu'à Cairo).

Toujours comme en Europe, ce n'est pas seulement une fois que le N. du continent américain fut recouvert d'un grand manteau de glace, mais c'est par places jusqu'à cinq fois (Centre-Nord), ailleurs trois fois (Nouvelle-Angleterre) ou au moins deux fois (South-Dakota). Les périodes de réchauffement interglaciaires faisaient remonter vers le N. la couverture de glace et instituaient un certain mode de drainage (réseau fluvial et lacustre), et un certain faciès (sur lequel la glaciation suivante ramenait son action) : de là des dépôts d'âges successifs auxquels on a donné des noms tirés de ceux des États et localités où ils sont le mieux caractérisés. Le tableau ci-après donne la correspondance probable entre les glaciations du Centre-Nord et celles de la Nouvelle-Angleterre : ce sont les glaciations les plus anciennes qui sont venues le plus au S. (jusque dans le Kansas), tandis que l'Iowien et le Wisconsien ne descendent pas au-dessous du parallèle passant par Des Moines.

Le drift glaciaire, très variable de composition et d'épaisseur (de quelques mètres à 150 mètres) suivant les endroits, se distingue principalement en deux classes, selon qu'il s'agit des dépôts laissés en place par la glace soit en dessous d'elle, soit en avant ou sur les côtés (moraines frontales ou latérales), ou des matériaux que les grandes eaux aux périodes de fonte ont entraînés au loin. Les premiers de ces dépôts constituent le *till*, généralement argileux et ne contenant de l'eau que dans des lentilles de sables ou graviers intercalés, tandis que les seconds connus sous le nom de *drift stratifié* sont des couches de sables, graviers et cailloux perméables et très aquifères: les eaux sont plus dures dans le till que dans le drift stratifié. Toutefois à la base du till, il y a souvent une couche de cailloux et graviers aquifères, séparés de la roche ancienne par le *residual soil* ou *cemented gravel:* en outre il y a parfois des traînées de cailloux roulés appelés *kames* ou *eskers* et analogues aux oses de Suède qui sont des passages pour l'eau.

Le till en masse a une couleur brune, due à l'oxyde de fer non oxydé qu'il contient; mais au voisinage de la surface (4 ou 5 mètres) il devient jaune (par oxydation de l'oxyde ferreux). La masse argileuse hétérogène qui la constitue est assez compacte (surtout dans les drumlins), d'où les noms de *hardpan* et de *beeswax clay;* elle est parsemée de blocs de granit, gneiss, basalte, schistes, etc., etc., amenés du N. et arrachés aux terrains rabotés par la glace, d'où encore le nom d'argile à blocaux (*boulder-clay*). La proportion de ces pierres de toutes tailles va de 5 à 50 0/0, et quand on les a enlevées (par exemple jusqu'à 2 millimètres de diamètre), il reste un limon glaciaire avec grains de taille descendant progressivement jusqu'en dessous de 5 μ. (Ainsi dans les vallées du Connecticut, on le trouve composé de 5,35 0/0 de grains entre $0^{mm},5$ et 2 millimètres, 8,60 0/0 entre 250 et 500 μ, 31,25 0/0 entre 150 et 250 μ, 34,22 0/0 entre 50 et 150 μ, 4,35 0/0 de vase entre 10 et 50 μ, 6,20 0/0 entre 5 et 10 μ et 6,57 0/0 d'argile très fine en-dessous de 5 μ) [1].

[1] Dans le bassin de Boston, seize échantillons pris dans douze drumlins différents donnent un till plus compact : après en avoir retiré 10 0 /0 de pierres de plus de $0^{m},05$, on trouve 24,90 0 /0, de gravier, 19,51 0 /0 de sable, 11,67 0 /0 d'argile et 43,86 0 /0 de poudre très fine (*flour*) provenant de la roche sous-jacente.

Tableau comparatif des périodes glaciaires et interglaciaires (les plus anciennes en bas) des États-Unis.

DANS LE BASSIN DU MISSISSIPPI (CENTRE-NORD)		DANS LES ÉTATS DE LA NOUVELLE-ANGLETERRE	
DÉNOMINATION des périodes	PRINCIPALES PROPRIÉTÉS HYDROLOGIQUES des dépôts	DÉNOMINATION des périodes	PRINCIPALES PROPRIÉTÉS HYDROLOGIQUES des dépôts
Wisconsien (5e période glaciaire).	Till (argile contenant des blocs et cailloux) et moraines terminales (avec kames ou eskers) : lentilles de gravier et sable alimentant des puits peu profonds et peu sûrs.	Wisconsien (Wisconsin outwash et Wisconsin till)	Comme dans le Centre-Nord.
Période de Péoria (4e période interglaciaire).	Dépôt peu épais de limon et de sables (subloessiens) : un peu d'eau dans ces sables.	Pas de glaciation correspondante : période d'érosion pour les États de la Nouvelle-Angleterre et dépôts étendus d'argile marine fossilifère imperméable (Leda Clay), avec quelques bancs de sable (aquifères).	
Iowien (4e période glaciaire).	Till, avec lentilles de gravier et sable alimentant des puits peu profonds et peu sûrs.		
Période de Sangamon (3e période interglaciaire).	Sol et accumulation de dépôts végétaux.		
Illinoisien (3e période glaciaire).	Sables du subloess et graviers supérieurs de l'Illinoisien (alimentant de nombreux puits); till à la base, imperméable, mais avec lentilles de gravier et sable alimentant des puits peu profonds.	Manhasset-supérieur ou sable de Tisbury.	Graviers stratifiés aquifères (jusqu'à 30 mètres d'épaisseur).
		Till de Montauk.	Till à drumlins, de 6 à 100m d'épaisseur : peu perméable.
		Gravier d'Herod ou Manhasset inférieur.	Aquifère, mais peu épais; n'existe qu'en certains points de la côte.
Période de Yarmouth (2e période interglaciaire).	Belle nappe dans les graviers de Buchanan.	Gardiner Clay (ou période de Sankaty).	Argile peu épaisse : n'existe qu'à Winthrop (Mass.).
Kansien (2e période glaciaire).	Sables et graviers supérieurs du Kansien et du Subloess, alimentant de nombreux puits; Till à la base, imperméable, mais avec lentilles de sable et gravier alimentant des puits plus profonds.	Manque (sauf gravier de Jamico, aquifère).	
Période d'Afton (1re période interglaciaire).	Graviers aftoniens contenant une très belle nappe aquifère.	Période d'érosion correspondante.	
Prékansien. Nébraskien ou subaftonien (1re période glaciaire).	Till (noirâtre), imperméable, avec gravier et sables à la base (généralement aquifères et artésiens).	Very old till.	Till généralement imperméable graviers (de Manetto) à la base, aquifères.
Prékansien. Sol résiduaire.	Débris au contact du terrain géologique sous-jacent (peu aquifères).		

Le drift statifié peut affecter trois formes, suivant que les débris entraînés par les grands courants d'eau se sont déposés soit à l'air sur de vastes étendues de terrain peu accidenté, soit dans des vallées plus ou moins largement ouvertes, soit enfin sous l'eau dans de nombreuses vasques qui faisaient du cours des fleuves un véritable chapelet de lacs successifs. Dans le premier cas, on a des couches graveleuses continues désignées sous le nom de *wash* ou *outwash*, s'étendant bien en avant de la limite inférieure de la glace : ces couches, assez peu épaisses, sont généralement aquifères. Dans le second cas, les dépôts en éventail (*fan*) au débouché d'un courant dans une vallée ne sont autre chose que les cônes de déjection de torrents monstres en avant des terminus de leurs cañons : leur stratification sera donc celle des deltas torrentiels, c'est-à-dire qu'une série d'assises de sables et graviers fortement inclinées (les galets contre le flanc du coteau et les sables fins vers le thalweg) est surmontée par une couche horizontale de gros galets (déposés dès que la vitesse a diminué).

Enfin le même phénomène s'est produit dans les nombreux lacs temporaires de l'époque glaciaire (dont les lacs actuels sont souvent des résidus), avec cette différence que la stagnation forçant même les vases fines à se déposer elles ont formé des talus très doux tant latéralement qu'en avant, mais loin des débouchés : ces lacs se sont ainsi comblés (en tout ou en partie), mais on peut parfois y reconnaître les deltas sableux des débouchés des anciennes rivières affluentes. Un grand lac de ce genre aurait ainsi existé à la fin de la première période glaciaire dans le South-Dakota, entre Woonsocket et Forestburg. A signaler aussi l'ancien lac glaciaire *Missoula* (dont le Flathead actuel est un résidu) dans le N.-O. du Montana (Little Bitterroot Valley) : les dépôts glaciaires y ont jusqu'à 90 mètres d'épaisseur, et il y a à leur base une belle nappe artésienne (sur les *Bell séries*). De même l'ancien *lac Agassiz*, qui était situé dans le N.-O. du Minnesota et l'E. du North-Dakota (bassin du Red River) et où on reconnaît au moins deux stages. De même aussi l'ancien *lac Kankakee* dans l'Indiana. Enfin les grands lacs actuels entre Canada et États-Unis ne sont que d'immenses cuvettes glaciaires.

En de tels terrains, les sources se produisent soit par déversement comme le montre la figure 317, soit dans toute dépression atteignant une couche aquifère (sources d'émergence). Les puits ordinaires sont innombrables; quant aux puits artésiens, il y en a beaucoup aussi, résultant d'un des processus indiqués d'après Capps [1] dans la figure 318. Ne pouvant

[1] *The Underground waters of North-Central Indiana*, par Capps et Dole. *Water supply paper* n° 254 du *Geological Survey U. S.* (1910).

ici décrire en détail les eaux souterraines de tous les États occupés par le drift, je me contenterai de donner en exemple l'État d'Iowa, dont l'hydro-

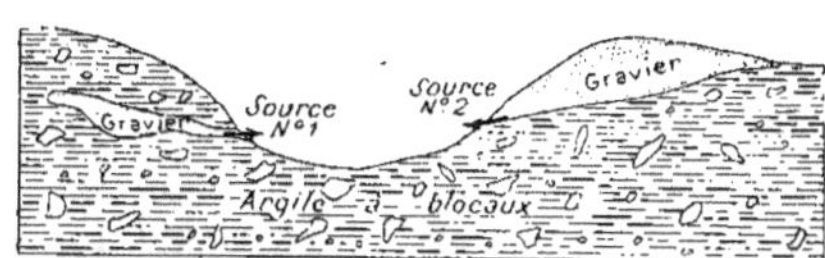

FIG. 317. — Production de sources de déversement dans le drift glaciaire du N. des États-Unis

géologie est si bien décrite dans le Water Supply paper n° 293 du *Geological Survey U. S.* (1912).

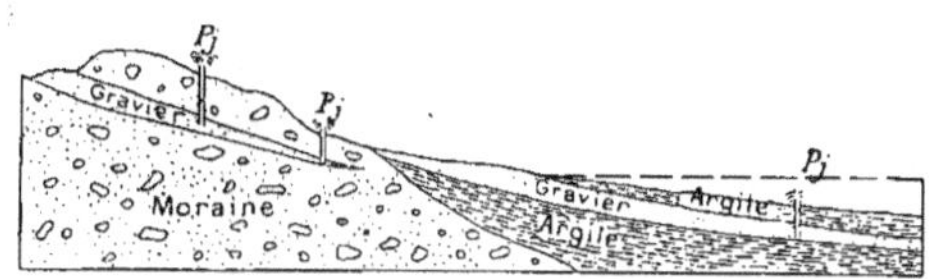

1° Puits artésiens P_j et puits ordinaire P dans les graviers de moraine et de drift stratifié (Outwash).

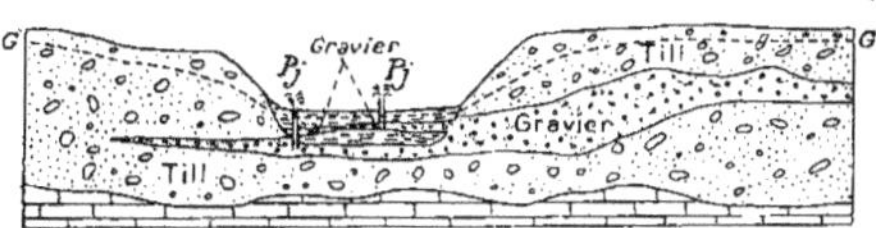

2° Puits jaillissants P_j dans les graviers d'alluvions sous une vallée.

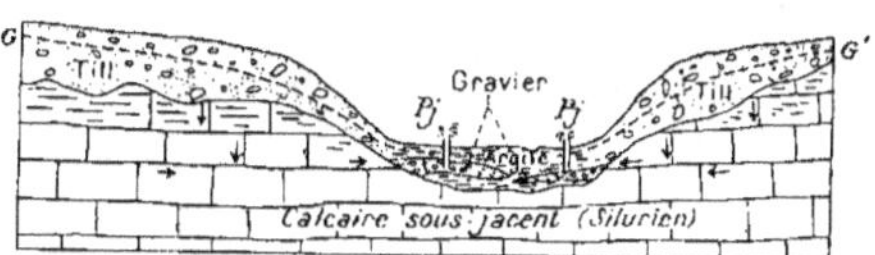

3° Puits jaillissants P_j en grande partie alimentés par l'eau du calcaire sous-jacent se déversant dans les bancs de gravier.

FIG. 318. — Conditions qui produisent l'artésianisme des puits dans le drift glaciaire des États-Unis : exemples donnés par Capps dans le N. de l'Indiana : GG′ = water-table (niveau de la nappe souterraine).

La figure 319 fait voir l'extension des feuillets glaciaires successifs. Le *wisconsien*, le plus récent, recouvre l'iowien dans le Centre-Nord de l'État et contient de l'eau surtout dans les *kames* (collines graveleuses aux extrémités terminales où les rivières sortaient de la glace) ; il ne descend

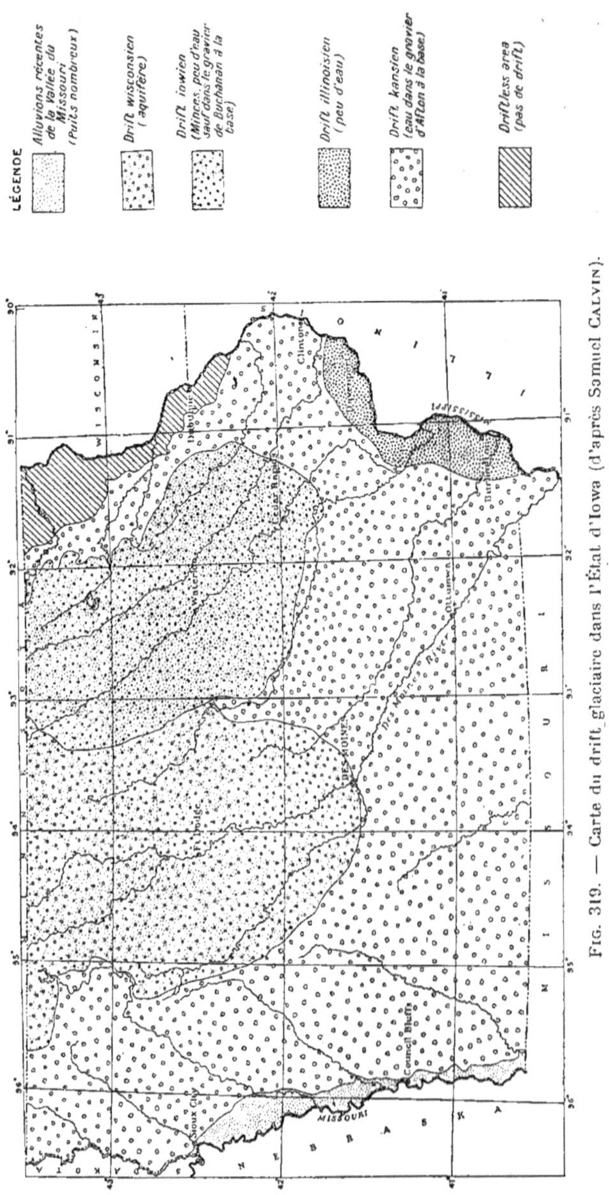

FIG. 319. — Carte du drift glaciaire dans l'État d'Iowa (d'après Samuel CALVIN).

pas au S. de Des Moines. Il n'est pas très aquifère, mais alimente pourtant de nombreux puits, comme ceux de Perry (Dallas C^y), peu profonds. — Période interglaciaire dite de Peoria.

L'*iowien* est à découvert aussi dans la moitié N. de l'État du Wisconsin, jusqu'à une bande assez étroite de kansien qui le sépare du Mississippi et du *driftless area.* L'iowien est peu épais et contient peu d'eau, sauf dans le lit de gravier dit *Buchanan gravel* qui est à sa base (puits d'Independence). A signaler dans Bremer C^y le lit large de 3 à 4 kilomètres d'une ancienne grande vallée dirigée du N. au S.-E. et ouverte profondément dans les *schistes de Maquokela :* les puits, traversant le kansien et le nébraskien, doivent avoir plus de 80 mètres pour toucher le bedrock, de là le nom de *deep country* donné à la région. — Période interglaciaire dite de Sangamon.

L'*illinoisien* n'apparaît que sur une bande étroite au S.-E. de l'État le long de la rive droite du Mississippi : le lœss le recouvre souvent. Il contient peu d'eau. Il y a aussi des lits d'anciennes rivières, notamment *Cleona channel* au N.-N.-O. de Davenport, la vallée du Mud Creek actuel, une vallée entre Yarmouth et Pleasant Grove, etc., etc. — Période interglaciaire dite d'Yarmouth.

Le *kansien* a occupé tout l'État (sauf *driftless area*) et apparaît dans toute la moitié S. plus une large bande dans tout l'O. et une étroite dans l'E. C'est un till bleu à la surface et rougeâtre en profondeur, dur et contenant des cailloux et des blocs épars : il est épais (un puits, au N. de Manilla Crawford C^y, a 157 mètres sans l'avoir traversé) et contient de l'eau soit dans la couche du sublœss, soit dans des lentilles de sable et gravier intercalés dans le till. Mais la plus belle nappe est en dessous de lui dans les graviers d'Afton déposés entre le kansien et le nébraskien (période interglaciaire d'Afton). Il y a aussi dans le kansien d'anciennes vallées glaciaires qui sont encore des passages d'eau importants : ainsi le *Stanwood channel,* qui va de Stanwood à Tipton et Durant (Cedar C^y) et où les forages ont 90 mètres; le *Goose lake channel,* le *Monmouth channel* (Jackson C^y); d'autres dans les comtés de Linn et de Jones, etc., etc. Quelques dépressions donnent des eaux artésiennes et même jaillissantes : ainsi le bassin de Belle-Plaine d'environ 100 milles carrés, croisant à Belle-Plaine la vallée de l'Iowa, avec un grand nombre de forages de 27 à 110 mètres, dont les plus profonds atteignent le till nébraskien [1]. Naturellement, beaucoup de

[1] Un de ces forages, le *Jumbo,* a une histoire célèbre : foncé en 1886, il donna une éruption d'eau et de sable (qui s'éleva à 1^m,50 et élargit l'orifice à 0^m,90) quand on toucha le gra-

localités s'alimentent aux eaux du kansien ou de l'aftonien, mais la plupart ont placé leurs puits, forages ou galeries près des rivières : ainsi Atlantic (trente puits ou forages de 15 à 25 mètres), Newton (huit puits), Marshalltown (quarante forages de 6 pouces, espacés de 15 mètres, dans la vallée de l'Iowa), Oskaloosa (quinze puits de 15 mètres de profondeur dans la vallée du Shunk R[r]), Ottumwa (un grand puits de 6 mètres de diamètre, un tronçon de galerie de 75 mètres et des puits artésiens), enfin Muskatine (treize puits dans les alluvions de la vallée du Mississippi).

Outre la période d'Afton, reste à citer la plus ancienne période glaciaire le *nébraskien* ou sub-aftonien, qui peut encore donner des eaux artésiennes dans des graviers et sables de fond, recouverts d'un till noirâtre. Enfin en dessous le *residual soil*, au contact du terrain géologique sous-jacent : il contient peu d'eau.

La composition chimique des eaux du glaciaire des États-Unis varie suivant la nature du terrain sous-jacent, la profondeur des couches,etc., etc. Le tableau ci-après en donne des moyennes pour quelques États

vier aftonien : le débit d'eau aurait été de peut-être 400 litres à la seconde au début, mais quinze jours après il était réduit à 132 litres, puis il diminua encore et cessa de jaillir. Il avait éteint six forages jaillissants du voisinage.

Composition chimique moyenne des eaux du drift glaciaire et des alluvions aux États-Unis
(en milligrammes par litre).

ÉTATS ET PORTIONS D'ÉTATS		TERRAINS GÉOLOGIQUES	NOMBRE D'ÉCHANTILLONS analysés	CALCIUM	MAGNÉSIUM	Na + K	SiO^2	HCO^3	SO^4	CHLORE	MATIÈRES DISSOUTES (Total)
Minnesota.	Sud-Est........	Drift glaciaire..........	86	88	31	23	»	372	62	24	438
	Sud-Ouest......	id.	88	191	58	88	»	499	542	21	1.132
	Centre-Nord	Drift glaciaire. Moins de 30 m de profondeur.	25	135	47	44	»	446	154	53	673
		Drift glaciaire. Plus de 30 m. de profondeur.	29	74	35	65	»	507	48	10	513
Ohio. — Sud-Ouest.........		Alluvions récentes	63	90	30	»	15	380	100	60	500
		Graviers	17	90	30	20	25	400	50	25	440
		Till glaciaire	40	100	40	50	20	400	140	90	640
Indiana ([1]).	Extrême-Nord ..	Eaux de couches meubles, appartenant presque entièrement au drift glaciaire (il y a de 0,7 à 1 milligramme de fer).	71	83	29	13	17	290	57	76	395
	Centre-Nord ...		37	95	29	11	21	292	76	18	464
	Centre-Sud		37	98	33	9	24	319	98	23	520
	Extrême-Sud....		24	96	35	44	17	359	100	45	575
Iowa ([1]).	Nord-Est	Eaux de couches meubles, appartenant presque toutes au drift glaciaire.	20	89	32	76	15	347	83	12	388
	Centre-Nord		37	99	32	253	18	418	68	9	454
	Nord-Ouest		60	160	48	60	24	420	321	62	857
	Est-Central.....		45	177	58	90	14	360	495	25	103
	Centre		69	124	44	125	23	446	344	88	873
	Sud-Est.........		29	165	82	188	27	367	1.040	69	1.931
	Centre S. et S.-O.		37	167	43	374	26	363	745	62	1.587

2° ALLUVIONS DES GRANDES VALLÉES FLUVIALES ET LACUSTRES

L'eau dans ces grandes vallées peut se trouver à plusieurs niveaux, mais le principal et le plus abondant est la nappe phréatique inférieure, c'est-à-dire celle des alluvions du thalweg. Les autres niveaux résultant de la présence fréquente de terrasses situées sur les coteaux à différentes

([1]) On voit que dans les États d'Indiana et d'Iowa, les eaux sont de plus en plus minéralisées quand on va vers le S. et vers O : cela tient à ce qu'on trouve là des couches de bedrock plus solubles (le carbonifère notamment).

hauteurs et provenant soit de stages antérieurs du fleuve ou du lac (avec des eaux beaucoup plus fortes qu'aujourd'hui), soit d'*oscillations eustatiques* du niveau de base avec alternatives d'érosion et de remblai (de Lamothe) [1]. Nous avons vu pour le Rhône et l'Isère l'exemple de terrasses de ce genre d'origine glaciaire, mais il en existe de semblables en dehors des zones des glaciations (ainsi les six niveaux de la vallée de la Moselle cités par de Lamothe). Ces terrasses donnent à leur pied une ligne de sources et peuvent alimenter des puits ou des tronçons de galeries; mais leur largeur étant d'ordinaire fort réduite on comprend qu'elles ne renferment qu'un volume d'eau restreint et qu'on s'adresse dès lors beaucoup plus volontiers à la nappe du thalweg.

C'est donc exclusivement de celle-ci que je parlerai ici; et comme j'ai déjà indiqué les relations que le *fleuve souterrain* peut avoir avec le fleuve superficiel (voir *fig.* 34) suivant la perméabilité des coteaux et aussi suivant la hauteur d'eau du fleuve, je n'aurai plus qu'à citer quelques exemples des plus remarquables prises d'eau dans les alluvions du fond des vallées.

France et Allemagne. — La vallée la plus connue est celle du Rhin, qui à l'aval de Bâle n'est plus glaciaire et forme la plaine d'Alsace, véritable fleuve souterrain de parfois plus de 100 kilomètres de large avec plus de 100 mètres d'épaisseur d'alluvions (galets). Beaucoup de localités y puisent: *Bâle*, qui depuis 1882 a foncé des grands puits de 4 mètres de diamètre intérieur (les derniers à l'air comprimé) dans le banc d'alluvions situé à Klein-Basel sur la rive droite du Rhin à son confluent avec la Wiese.

Thann, *Mulhouse*, *Colmar* qui ont des grands puits assez éloignés du Rhin, mais toujours dans les graviers de la plaine (huit puits à Hirtzbach et à Reiningen de 15 à 18 mètres de profondeur et deux tronçons de galeries captantes non loin de la Doller, pour Mulhouse; deux grands puits de 4 mètres de diamètre, un de 8 mètres de profondeur et l'autre foncé à l'air comprimé de 26 mètres, pour Colmar).

Strasbourg, qui pompe dans cinq grands puits de $2^m,30$ à 5 mètres de diamètre et de $7^m,54$ à $13^m,06$ de profondeur, et en tire jusqu'à 47.700 mètres cubes par jour;

Brumath, qui a deux puits tubulaires de 0,150 descendant à 12 et 15 mètres;

[1] Voir l'important article du général de Lamothe, *Systèmes de terrasses des vallées de l'Isser, de la Moselle, du Rhin et du Rhône* (*Bulletin de la Société Géologique de France*, 1901), ainsi que les articles précédents auxquels il renvoie.

Haguenau, trois puits tubés de 3 mètres de diamètre, 0m,50 et 0m,50, avec 12 mètres de profondeur;

Germersheim, un grand puits de 3 mètres et six de 1 mètre, avec 8m,80 de profondeur;

Spire, avec quatre grands puits de 3 mètres sur 20 mètres de profondeur, qui seraient creusés dans la seconde terrasse du Rhin, au Speyrer Walde, au S. de la ville.

A *Mannheim*, l'installation du Käferthaler Wald faite par Smrecker date de 1888 et comporte à présent 11 grands puits de 3 mètres avec des profondeurs de 10m,50 à 13m,50, et quarante-cinq puits tubulaires de 0m,60 avec des profondeurs de 27 mètres à 37m,50, pouvant fournir 30.000 mètres cubes par jour. — *Mayence* utilise l'eau de trois grands puits à Weisenau, dépendance de la Brasserie du Rhin (5m,50 seulement de profondeur). — *Coblence* a deux puits de 3 mètres de diamètre, situés à 45 mètres de la rive et descendus à 6 mètres en dessous du fond du lit du fleuve : leur eau est très différente de celle du Rhin.

La Société « Rheinische Wasserwerksgesellschaft » alimente : 1° la ville de *Bonn* et quelques localités voisines au moyen d'un grand puits de 5m,80 de diamètre et 14 mètres de profondeur, situé à Kessenich, à 15 mètres seulement du Rhin; 2° les localités de *Mülheim-am-Rhein*, *Stammheim* et autres au moyen d'un autre grand puits de mêmes dimensions, mais éloigné de 42 mètres de la rive à Stammheim.

Cologne a de son côté, en face de Mulheim, deux prises d'eau sur la rive gauche du Rhin, l'une à Alteburg comprenant trois grands puits (dont deux à 30 ou 35 mètres seulement du fleuve) de 5m,50 de diamètre et 18 mètres de profondeur, l'autre à Severin avec six grands puits analogues aux précédents, mais distants de 800 mètres du Rhin : chacun de ces puits peut fournir jusqu'à 400 mètres cubes par heure. Une troisième installation de captage a été ensuite établie à Hochkirchen, avec 90 puits tubulaires de 0.240 donnant chacun 14 litres par seconde.

A *Dusseldorf*, où les graviers ont 24 mètres d'épaisseur, une première installation date de 1871 et comprend trois grands puits de 4m,70 de diamètre à 16 mètres seulement de la rive droite du Rhin; une seconde de 1875 à 100 mètres à l'aval avec deux grands puits de 5m,50 et 7 mètres de diamètre; une troisième de 1888 avec sept grands puits (éloignés de 175 mètres du Rhin) et huit puits tubulaires filtrants; enfin une quatrième de 1901 avec une série de puits tubulaires filtrants de 0m,400 de diamètre et 24 mètres de profondeur, desservis par un grand puits collecteur : l'ensemble peut fournir plus de 60.000 mètres cubes par jour.

Ce sont encore des grands puits de 4 et 5 mètres de diamètre qui fournissent l'eau à *Duisburg*, mais ici on s'est éloigné du Rhin pour les placer sur le bord de son affluent la Ruhr; de même pour *Wesel* où les grands puits sont voisins de la Lippe.

Après la vallée du Rhin, si nous suivons celle de la Moselle, nous trouverons : pour *Nancy* la galerie filtrante de Messein, qui a 700 mètres de long et pouvant débiter par les deux parois peut fournir 60.000 mètres cubes par jour; pour *Pont-à-Mousson*, deux tronçons de galeries de 53 et 65 mètres de longueur, avec trois grands puits de 4 mètres de diamètre avec leur prolongement; pour *Metz*, deux installations l'une au N. et l'autre au S. de la ville avec vingt-deux et vingt-sept puits tubulaires de 0,600 et 7 à 8 mètres de profondeur; pour *Thionville*, douze puits maçonnés à Manom et six à la Briquerie. Enfin pour *Trèves*, deux installations de chacune cinq grands puits, prolongés par des tuyaux en fonte de 0m,900, l'une à Pfalzel à l'aval de la ville et sur la rive droite de la Moselle, l'autre à Ehrang sur la rive gauche et au bord de la Kyll, petit affluent de la Moselle.

La composition chimique des eaux souterraines de ces vallées est assez variable (suivant notamment qu'il s'y mêle plus ou moins d'eau des coteaux) : elle est donnée pour un certain nombre de villes par le tableau ci-après. Je ferai remarquer seulement que pour Mulhouse et Colmar l'eau est beaucoup plus douce que pour Strasbourg et à l'aval : de même pour la Moselle, l'eau est bien plus douce à Messein (pour Nancy) qu'à Pont-à-Mousson et surtout qu'à Metz et à Trèves.

Analyses de quelques eaux souterraines des vallées du Rhin et de la Moselle (en milligrammes par litre).

VILLES ALIMENTÉES	PUITS OU GALERIES	RÉSIDU sec à 100°	DEGRÉ HYDROTIMÉTRIQUE Total	DEGRÉ HYDROTIMÉTRIQUE Permanent	CaO	MgO	SO^3	Cl	Fe
Mulhouse	Puits d'Hirtzbach..	102	7,5	1,9	17,5	traces	traces	0	0
Colmar	Puits captants.....	186	11,7	1,7	74,0	9,0	10,0	18,0	»
Strasbourg......	id.	265	23,5	4,0	109,0	16,0	18,0	7,0	0,07
Haguenau.......	id.	284	25,9	»	118,0	19,0	»	»	»
Mannheim	Puits de Käferthal.	299	24,3	»	116,0	14,5	30,3	8,4	0,13
Mayence	Puits de Weisenau.	262	22,5	»	76,0	36,0	24,0	12,0	»
Cologne	Puits d'Altburg....	361	23,7	»	»	»	»	45,3	»
	Puits de Severin...	496	27,7	»	»	»	»	32,6	»
Dusseldorf	Puits filtrants......	244	16,4	»	72,0	14,0	29,0	21,0	0
Duisburg.......	Puits près de la Ruhr.	145	9,0	»	43,0	6,0	30,0	36,0	»
Nancy	Galerie de Messein .	128	11,5	11,0	34,5	15,1	27,5	4,8	»
Pont-à-Mousson.	Galerie filtrante ...	404	23,0	17,5	119,3	20,2	20,9	80,0	»
Metz	Puits Nord........	»	45,6	»	»	»	notable	14,1	»
	Puits Sud..........	»	38,4	»	»	»	notable	14,8	»
Trèves	Puits de Pfalzel....	330	25,0	16,1	81,6	»	56,0	16,0	»
	Puits d'Ehrang	333	25,0	15,0	105,0	»	50,0	12,0	3,5

Les vallées des autres grands fleuves allemands sont bien moins intéressantes pour l'utilisation de leur *Grundwasser.* Il n'y a guère que *Dresde* qui ait établi une galerie filtrante (1.600 mètres de long sur la rive droite de l'Elbe dans les alluvions remplissant le fond d'une vallée granitique : elle donne au moins 50.000 mètres cubes par jour). Dans la même vallée, *Willemberg* a trois grands puits captants. Dans la vallée de la Mulde, *Dessau* avait fait un grand puits sur la rive gauche et y avait trouvé de l'eau trop chargée de fer; plus loin, onze puits tubulaires foncés par Thiem en 1895 donnent 8.000 mètres cubes par jour. Le long de l'Oder, il n'y a guère que *Francfort,* qui a foncé quatre grands puits de 3 à 5 mètres de diamètre et 7 mètres de profondeur, beaucoup d'autres localités préférant filtrer l'eau de la rivière elle-même. Les alluvions de ces vallées se rattachent d'ailleurs aux dépôts glaciaires examinés plus haut : leurs nappes phréatiques ont été bien étudiées par Kœhne (1), qui distingue un *type continental* (Vistule et Oder, avec hautes eaux de la nappe en avril ou mai) et un *type atlantique* (maximum de janvier à mars, minimum d'août

(1) *Beiträge zur Grundwasserkunde,* par W. Koehne, 1927, in *Jahrbuch für die Gewässerkunde Norddeutschlands* (besondere Mitteilungen, Band 4, n° 4).

à octobre) qui s'applique bien à la Weser et à l'Ems, tandis que l'Elbe est intermédiaire.

En France, dans les autres vallées fluviales, je signalerai d'abord les galeries filtrantes de *Toulouse*, commencées par d'Aubuisson dès 1821 à la Prairie des filtres (aujourd'hui galerie Guibal de 525 mètres de longueur, donnant environ 5.000 mètres cubes par jour); on en a ajouté d'autres à Portet (463 mètres de long), puis à Braqueville (900 mètres), avec des puits filtrants, le tout devant être défendu contre la Garonne lors des crues : l'eau des galeries a de 14 à 17° hydrotimétriques, dont 3 à 4 permanents. — *Murel* a aussi un tronçon de galerie captante. — *Albi* a foncé deux grands puits à 9 et 10 mètres en dessous de l'étiage du Tarn, dans l'alluvion de Saint-Juéry, et peut en tirer près de 7.000 mètres cubes par jour. — Pour *Béziers*, galerie filtrante de Carlet (85 mètres de longueur) le long de l'Orb : peut donner de 40 à 60 litres par seconde.

Dans la vallée du Rhône, *Lyon* a deux importantes captations, l'une sur la rive droite du fleuve (galerie de Saint-Clair de 553m,5 de long avec deux bassins filtrants de 40 mètres chacun et vingt-trois puits filtrants situés en amont de la galerie, le tout pouvant donner de 85.000 à 102.000 mètres cubes par jour), l'autre sur la rive gauche à Grand-Camp (soixante dix-huit grands puits filtrants de 4 mètres de diamètre intérieur, descendus à l'air comprimé à 4 mètres en dessous de l'étiage du Rhône, et pouvant donner de 132.500 à 196.500 mètres cubes par jour suivant la hauteur d'eau du fleuve). L'eau de Lyon a moyennement 17° hydrotimétriques, avec 220 milligrammes de résidu sec [1]. — La ville de *Nîmes* avait depuis 1869 une galerie filtrante à La Roche de Comps sur la rive droite du Rhône, descendue à 6 mètres de profondeur dans les graviers : on y a adjoint vingt-quatre puits tubulaires de 0m,45 de diamètre espacés de 20 mètres et descendus à 10 mètres en dessous du radier de la galerie. L'eau a 18° hydrotimétriques, dont 8° permanents, avec 211 milligrammes de résidu sec. — Pour *Avignon*, un grand puits de 5m,20 de diamètre intérieur descend à 8 mètres de profondeur dans les alluvions du Rhône et de la Durance, à Montclar : on en tire jusqu'à 8.000 mètres cubes par jour. L'eau a 25° hydrotimétriques, dont 15° permanents, avec un résidu sec de 285 milligrammes.

Dans la vallée de la Loire, *Tours* vient de faire sur mon conseil une

(1) On sait que la Cie Générale des Eaux a en outre deux installations de captage par puits filtrants, une sur la rive droite et l'autre sur la rive gauche du Rhône (un peu à l'amont de celles de Lyon) pour l'alimentation des groupes N. et O. d'une part, S. de l'autre de localités de la banlieue lyonnaise.

belle captation par cinq grands puits filtrants, système Guau, dans les sables de l'île Aucard, en plein lit de la Loire. — *Angers* a depuis 1856 de l'eau d'une galerie filtrante (plusieurs fois prolongée) [1] située aux Ponts-de-Cé le long de la rive droite de la Loire, mais à 10 mètres seulement de la berge : l'eau est très douce (de 7°,5 à 9°,5 hydrotimétriques). — *Clermont-Ferrand* qui prenait directement l'eau de l'Allier, se décide à établir une galerie et des drains filtrants dans les alluvions, très près de la rivière. — Enfin, on connaît le projet de la Ville de *Paris* pour capter les eaux des *vals de Loire* entre Sancerre et Gien, et on a déjà vu la constitution de ces vals dont les coteaux sont jurassiques ou crétacés. L'eau dans les alluvions de ces vals vient naturellement des coteaux; mais quand la Loire est haute, Diénert a montré [2] qu'il se fait à la partie supérieure de la nappe un courant d'eau de rivière allant vers les coteaux [3] (tandis qu'à la partie inférieure le sens peut être inverse) : il y a aussi sous la rivière et abords immédiats un courant longitudinal d'eau tombée assez longtemps auparavant et venant de l'amont (vitesse de 2 mètres par jour seulement), plus fraîche par suite en été. Quand on pompera intensément dans les vals, on attirera des proportions variables d'eau de la rivière, et c'est pourquoi en période de basses eaux la Ville de Paris devra restituer à la Loire un certain volume prélevé à des barrages-réservoirs à créer en amont.

Angleterre. — Dans ce pays où les estuaires sont larges et profonds (l'eau des alluvions y reste salée assez loin de la mer) et les rivières courtes, il y a peu de villes qui s'alimentent aux nappes phréatiques fluviales (en dehors du terrain glaciaire bien entendu). Les anciens puits de Londres dans les graviers ont tous disparu, ainsi que la vieille Aldgate Pump. Le long de la *Lee*, la ville de *Cork* a une galerie filtrante de 335 mètres de long, à 4^{m},50 ou 6 mètres de profondeur, qui donne 4 millions de gallons par jour. A *Derby*, le long de la Derwent R^{r}, des galeries sont à 5^{m},40 de profondeur dans les graviers. Le long de l'Ouse, *Tonbridge*, *Haverfordwest* et quelques autres localités ont aussi des prises d'eau dans les graviers d'alluvion.

(1) Et elle compte encore prolonger sous peu ce captage, mais cette fois par une ligne de puits filtrants à établir à l'amont et d'où l'eau serait pompée électriquement.

(2) *Sur l'alimentation de l'eau des alluvions*, article de Diénert dans *Comptes Rendus Ac. des Sciences* (27 juin 1927).

(3) Cette influence ne se fait pas sentir ici très bien; mais dans d'autres cas, il en est autrement : ainsi le long du Nil des puits à 500 mètres de la rive montent vite avec la crue et l'influence se fait sentir quoique plus lentement à 3.000 mètres.

Italie ([1]). — Dans ce pays il faut citer tout d'abord le magnifique exemple de la *plaine du Pô*, immense cuvette entre le pied des Alpes et le pied des Apennins où se sont accumulées les alluvions anciennes et modernes sur une épaisseur qui peut atteindre 100 et même 150 mètres. Les sables et graviers y sont imbibés d'eau, cette eau provenant non seulement de la pluie tombée sur leur surface mais encore de l'infiltration des apports des deux versants montagneux, qui, soit après avoir déjà ruisselé, soit en restant souterrains, pénètrent dans les alluvions à leur rencontre : cette eau chemine des pieds montagneux vers les thalwegs, puis généralement en s'abaissant vers la mer Adriatique comme le Pô lui-même. Mais la masse graveleuse n'est pas uniforme : des dépôts argileux la subdivisent et produisent des conditions favorables à l'artésianisme, et c'est ainsi qu'on trouve sous Milan et Pavie outre la nappe phréatique, quatre nappes artésiennes superposées, trois sous Modène, deux sous Rimini et jusqu'au Foglia à Pesaro etc., etc.

De là résulte la présence d'un très grand nombre de sources (émergences qui sont de véritables puits artésiens naturels) et de puits et forages artificiels qui ont bien réussi ; de là aussi le phénomène si intéressant des *fontanili*.

Pour les sources, on comprend qu'il en sorte d'innombrables tout d'abord des moraines glaciaires, qui au pied des Alpes s'étendent dans toutes les vallées des affluents du Pô, de l'Adige et autres rivières plus à l'E., puis au pied des terrasses fluviales de chaque côté des thalwegs de ces vallées, enfin dans les thalwegs et la plaine même à chaque dépression du terrain, — notamment dans les berges et le lit des rivières ([2]). Beaucoup de villes se sont adressées à ces sources soit en les captant directement, soit plus souvent en augmentant leur débit par des galeries captantes ou une série de puits ou forages, artésiens ou non. Je citerai rapidement :

Turin, qui avant d'amener les eaux de montagne du Piano della Mussa avait installé une trentaine de puits tubulaires à Venaria Reale (près du confluent de la Stura et de la Ceronda), descendant entre 31 et 106 mètres et rencontrant des nappes séparées par des couches argileuses au nombre de 2 à 9. De son côté, la Société des Eaux a établi les galeries

([1]) Il m'est impossible de donner ici la bibliographie relative à l'hydrogéologie de l'Italie et je renverrai pour cela : 1° au *Saggio bibliografico* donné en 1924 par M. GORTANI (*Giornale di Geologica pratica*, vol. XIX, 1924) ; 2° au *Manuale di Geologia tecnica* du professeur M. CANAVARI, de Pise (1928), auquel j'emprunte la plupart des renseignements ci-après.

([2]) C'est ainsi que ces rivières, bien que saignées par de nombreux canaux d'irrigation, retrouvent généralement de l'eau vers l'aval, grâce aux sources et suintements qui émergent sur de longs parcours dans leur lit et sur leurs berges.

de captage du Val Sangone (il y a deux nappes de 16 à 22 mètres de profondeur dans une ancienne moraine), de Millefonti et de la Favorite. L'eau de Venaria Reale n'a que de 7 à 10 1/2 degrés hydrotimétriques, celle du Val Sangone est encore plus douce (5 à 7°); mais celle de Millefonti est dure (33 à 34°), car elle sort du diluvium et non plus du glaciaire.

Milan prend l'eau sous son propre territoire par neuf installations de pompage et d'élévation, groupant cent dix puits descendus entre 30 et 100 mètres de profondeur (en 1914) : les puits de $0^{m},800$ de diamètre peuvent fournir 30 litres par seconde, ceux de $0^{m},180$ donnent 18 litres, l'eau venant à 4 mètres en dessous du sol. Le degré hydrotimétrique ne dépasse pas 15°, dont 5° permanents. On avait proposé d'amener à Milan les eaux des moraines de Busto-Arsizio, près de Gallarate : un aqueduc en amène une partie à la ville de ce nom. On avait proposé aussi un aqueduc de 90 kilomètres pour amener les sources du Bugiallo (N. du lac de Côme).

Pavie, qui n'avait jusque-là que l'eau de la nappe phréatique (puits de 5 mètres), a fait en 1902 des forages allant aux nappes profondes (quatre nappes jusqu'à 92 mètres de profondeur) et en tire au moins 500 litres par seconde.

Padoue, guidée par la présence des sources de Due Ville dans la vallée de l'Astico, en a capté les eaux par plusieurs groupes de puits tubulaires (en tout cent trente puits) de $0^{m},06$ de diamètre, descendus entre $8^{m},40$ et $22^{m},70$: ils rencontrent jusqu'à huit couches argileuses et donnent de l'eau artésienne arrivant un peu au-dessous du sol. On en tire par jour 21.000 mètres cubes. — *Vicence* a suivi le même exemple.

Venise. — De même Venise a capté les eaux des sources de San-Ambrogio et du voisinage par dix-huit puits tubulaires donnant chacun 17 litres par seconde : ici il y a deux bancs sableux de 4 mètres et 9 mètres d'épaisseur, séparés par un banc argileux de 5 mètres, et on puise dans la nappe inférieure. La Vénétie et le Frioul ont de même un très grand nombre de puits tubulaires et forages artésiens (Trévise, Salzano, etc., etc.).

Bologne a fait dans la vallée du torrent Setta une combinaison de galeries et de puits captants : l'eau arrive à la ville par l'ancien aqueduc romain remis en état.

Mantoue, *Crémone*, *Parme*, *Lodi*, *Plaisance*, *Vercelli*, *Alexandrie*, *Modène*, *Castelfranco*, *Ferrare*, *Imola*, *Lugo*, *Forli*, *Bagnacavallo*, *S. Mauro;* puis sur la rive Adriatique *Rimini*, *Cervia*, *Riccione*, *Cattolica*, *Pesaro*, etc., etc. ont des puits artésiens fort intéressants. A Mantoue, les quatorze forages ont 121 mètres de profondeur, rencontrent six bancs argileux et donnent de l'eau s'élevant à 4 mètres au-dessus du sol et ayant

270 milligrammes de résidu fixe. A Modène, il y a trois nappes artésiennes : la première, entre 18 et 25 mètres, alimente un millier de puits dans la ville (ils ne sont légèrement jaillissants qu'au S.-E.) et plus de 1.200 dans les environs; la seconde, de 42 à 58 mètres, et la troisième de 75 à 84 mètres (à 117 mètres un forage est entré dans le pliocène) comportent un bien moins grand nombre de forages et donnent une eau un peu ferrugineuse et un peu sulfureuse. Un groupe important de forages qui se trouve à la Villa di S. Donnino, rive gauche du Panaro, s'adresse à ces nappes; un autre à Castelfranco dell'Emilia ne descend qu'entre 25 et 34 mètres; enfin, non loin de là à Castelnuovo le groupe des seize forages pour Ferrare, les uns avec 25 à 30 mètres, les autres allant à une nappe plus profonde à 61 et 63 mètres, jaillissant dans une galerie d'où part l'aqueduc.

Près de Rimini, on remarque le *puits romain* [1] ou puits Condotti, qui alimente la fontaine de la place Cavour avec l'eau d'une source captée par un tubage en pierres perforées superposées et réunies par du ciment; dans le voisinage, la *fonte di Sacra Mora* est aussi une source artésienne, près de laquelle le forage de puits Norton a donné de l'eau jaillissante. On pense que des tremblements de terre auront ouvert des crevasses atteignant la nappe a 26^{m},50 de profondeur et donnant issue à ces deux sources. La ville a foré dans les temps modernes un grand nombre de puits tubulaires; beaucoup d'autres entre l'Uso et la Marecchia servent à l'irrigation. Plus au S., enfin, la ville de Pesaro, qui avait autrefois un aqueduc romain amenant l'eau d'une galerie filtrante de Novilara, a fait six forages qui trouvent de l'eau abondante, mais non jaillissante, à 35 mètres de profondeur.

Quant aux *fontanili*, qui fournissent l'eau pour l'irrigation des près *marcites* (environs de Milan notamment), ce ne sont que des puits artésiens tubés au moyen de tonneaux de 1 mètre de diamètre et 2 à 3 mètres de hauteur, foncés en des points convenablement choisis pour atteindre la première nappe artésienne : le terrain a été disposé à la suite pour que les canaux recevant l'eau de un ou plusieurs fontanili la distribuent. La figure 320 montre les zones où ce procédé de captage réussit, et les deux coupes adjointes le font comprendre (d'après Daubrée). Il y aurait rien qu'en Lombardie plus d'un millier de ces fontanili, donnant en moyenne chacun 120 litres par seconde, soit en tout 120 mètres cubes.

La *vallée de l'Arno*, surtout dans sa partie inférieure, présente aussi

(1) Il daterait d'Antonin le Pieux ou même d'avant.

des conditions favorables à l'artésianisme. Sous Florence même (¹), il n'y a rien à espérer : plusieurs puits artésiens (le premier en 1832, descendu à 112^{m},80), n'ont pas trouvé d'eau profonde et n'ont récolté que celle de la nappe phréatique. Mais à l'aval, une première zone entre le mont Albano et le mont Morello (vallée de l'Ombrone), puis une zone beaucoup plus

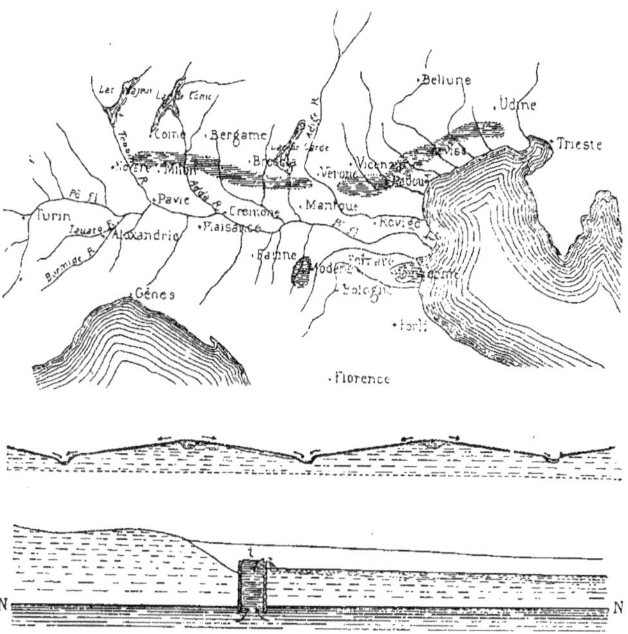

FIG. 320. — Les fontanili de la plaine du Pô. Les zones hachurées de la carte montrent les régions où ils se produisent, et les coupes en dessous montrent la disposition du terrain pour utiliser l'eau et la production artificielle du déversement de l'eau.

importante entre les monts au N. du Serchio (avec leur avancée appelée les monts Pisans) et les collines au S. de l'Arno renferment un grand nombre de puits artésiens. Dans cette grande plaine, le premier puits artésien fut foncé en 1830 sur la place de Pontedera : on trouva une première nappe qui donna de l'eau légèrement jaillissante à 49 mètres de profondeur, puis

(¹) Florence est bâti sur des alluvions récentes reposant sur le calcaire argileux de l'éocène (peu perméable). On sait que Florence est alimentée par les galeries filtrantes de l'Anconella, le long de l'Arno un peu en avant de la ville : c'est surtout l'eau du fleuve, filtrée en partie artificiellement, en partie naturellement, que captent ces galeries.

une autre entre 80m,40 et 83m,60, et on s'arrêta 1 mètre plus bas dans l'argile et le lignite. Ces conditions se continuent presque sous toute la plaine où jusqu'en mars 1926 Cannavari relève cent soixante-douze autres forages, la plupart faiblement jaillissants, le plus grand nombre situés à Cascina et au S.-O. de cette ville jusqu'à Colle Salvetti. Les derniers forages faits à Pise même sont plus profonds et descendent jusqu'à 171 mètres : quelques-uns donnent jusqu'à 10 litres par seconde, mais l'eau est assez dure (36° hydrotimétriques et plus même). On estime que l'écoulement souterrain vers la mer se fait lentement (0m,13 par jour) : au bord de la mer même, l'eau douce descendrait à 30 ou 35 mètres, et en dessous on trouverait l'eau salée.

Les villes de *Pise*, *Livourne* et *Lucques* s'alimentent présentement en eaux artésiennes tirées par une série de forages des alluvions le long du Serchio. Pour Pise et Livourne, les puits qui ont environ 30 mètres de profondeur sont situés sur la rive droite, en face la station de Ripafratta; pour Lucques, ils sont sur la rive gauche à S. Marco (la vitesse du courant souterrain y serait assez grande, 10m,54 par vingt-quatre heures). Plus au N. la plaine de Viareggio, ainsi que ses prolongements tels que ceux de Stiava et de Camaiore dans les Alpes Apuanes, contiennent aussi des eaux artésiennes : à Capezzano, au débouché du Camaiore dans la plaine littorale, quatre forages récents descendant à 46 mètres donnent par pompage près de 50 litres par seconde pour la ville de Viareggio. A mi-chemin entre cette ville et Pietrasanta, un forage de 69m,50 fait par le chemin de fer ne rencontre pas moins de sept nappes artésiennes (dont la plus profonde donne 1 litre par seconde) dans les alluvions. Enfin plus au N. encore, il y a quelques puits artésiens dans les petites plages des rivières venant se jeter à la mer : trois de 24 à 33 mètres à Vezzano, d'autres jaillissant entre Arcola et Vezzano, un de 21 mètres à l'arsenal de la Spezia donnant 50 litres par seconde; finalement un groupe de trente-quatre forages, dont quelques-uns seulement jaillissants, dans le val de Bisagno, nouveaux quartiers de Gênes (profondeur moyenne 24 mètres).

Au S. de l'Arno, le long de la rive de Toscane, on trouve encore des plages et plaines alluvionnaires avec nappes artésiennes : 1° à l'embouchure du Cornia, entre Campiglia et Piombino : on a foré dans cette plaine de 1912 à 1926 non moins de quarante-neuf puits, entre 20 et 48 mètres de profondeur, presque tous jaillissants (deux ou trois nappes) : l'un d'eux à Del Testa peut fournir 30 litres par seconde à la ville de Piombino, qui reçoit aussi dans son aqueduc le produit de trois autres forages de 47 mètres donnant ensemble 10 litres; 2° à l'embouchure de l'Ombrone, plaine de

Grosseto, où il y aurait aujourd'hui quarante-deux forages dépassant rarement 60 mètres (sauf le premier qui date de 1830 et descend à 122m,50, ayant rencontré à 30 mètres une nappe non artésienne, puis à la base une autre qui amena l'eau à 4 mètres en-dessous du sol de la place : ce puits est abandonné); 3° entre Stagno di Orbetello et un peu au N. de Civita-Vecchia plage où quelques forages ont réussi et d'autres non.

La *basse plaine du Tibre* contient aussi dans ses alluvions une ou plusieurs nappes, et quelques forages faits à Ostie et ailleurs ont montré des conditions favorables à l'artésianisme : il en est ainsi jusqu'à Terracine, mais le bord de la mer devenant marécageux l'eau peut devenir saumâtre. A *Rome* et aux environs, on sait que les alluvions ont été recouvertes de tufs volcaniques, lesquels ont été érodés jusqu'aux alluvions ou marnes pliocènes sous-jacentes, dont une première couche argileuse arrête l'eau, ce qui engendre une série de sources au pied des collines dans les vallons. De là la distribution des sources dans l'ancienne Rome qui est donnée par la figure 320, laquelle montre la constitution géologique du terrain de Rome et l'emplacement des sources naturelles qu'on a reconnues historiquement dans les vallées du Tibre et de ses affluents (Petronia, Spinon, Nodines et Almone sur la rive gauche). Quelques forages et tronçons de galeries par-ci par-là dans la ville confirment la présence d'une nappe aquifère au-dessus de l'argile bleue.

Enfin la plaine marécageuse de Velletri à Terracine (*marais pontins*), où coule le Sisto et qui est séparée de la mer par un chapelet de lacs, est formée de couches alternatives de sables, de graviers et d'argiles, en sorte que les nappes dans les premières de ces couches prennent le caractère artésien : elles paraissent recevoir d'ailleurs des eaux des calcaires crétacés des monts Lepini et Ausonii [1], qui dominent la plaine à l'E. La figure 322 ci-contre montre les emplacements de trente et un forages, faits dans ces dernières années, en vue d'assainir la région et d'obtenir de l'eau pour l'irrigation : leur profondeur reste généralement comprise entre 25 et 60 mètres, et presque tous donnent de l'eau faiblement jaillissante (le n° 11 le plus abondant de beaucoup débiterait au moins 50 litres à la seconde), mais assez fortement minéralisée (résidu fixe allant de 0gr,547 à 1gr,537).

(1) On trouve au pied de ces montagnes calcaires les grosses sources déjà signalées au secondaire, mais leur débit paraît encore inférieur au produit de la pluie sur les calcaires : c'est pourquoi on pense qu'une partie de ce produit passe dans les nappes des alluvions de la plaine.

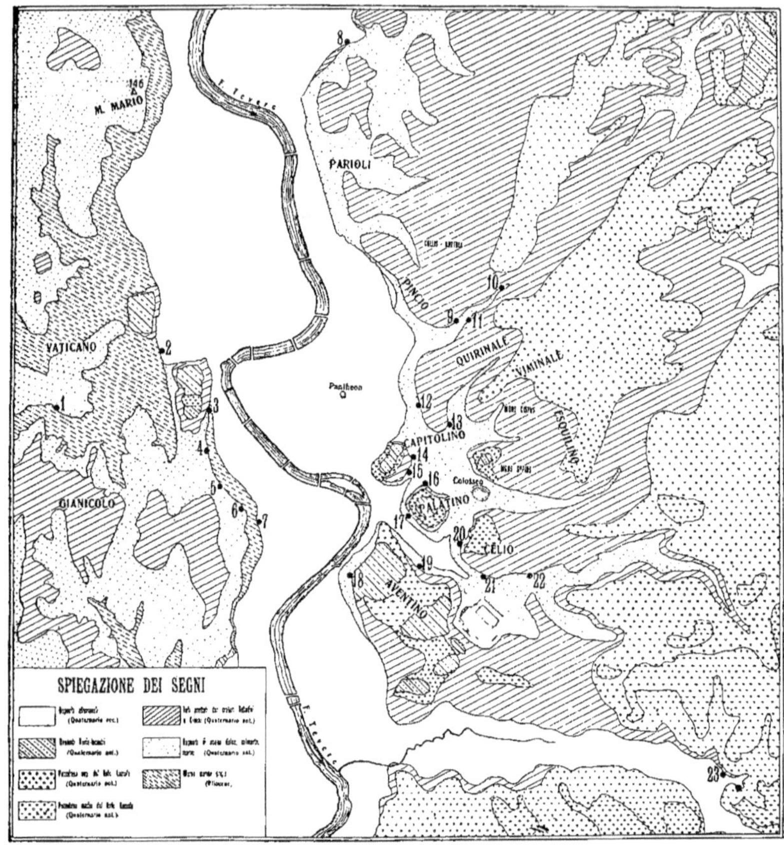

FIG. 321. — Carte géologique (schématique) de Rome (d'après VERRI), et emplacement des sources naturelles (désignées par un numéro, de 1 à 23).

1° *Traduction des signes (dans l'ordre italien ci-dessus)* :

Dépôts alluviaux (quaternaire récent);
Dépôts fluvio-lacustres (quaternaire ancien);
Pouzzolanes supérieures du volcan Latial (quaternaire ancien);
Pouzzolanes moyennes du volcan Latial (quaternaire ancien);
Tufs éructés par les cratères Sabatini et Cimini (quaternaire ancien);
Dépôts d'eau douce, saumâtre ou marine (quaternaire ancien);
Marnes grises marines (pliocènes).

2° *Emplacement des sources naturelles (d'après les recherches de Lanciani).*

GROUPE I : *rive droite.*

1, Acqua damasiana;
2, — de Sainte-Marie-des-Grâces;
3, — lancisiana;
4, Sources du Jardin botanique;
5, Acqua corsiniana;
6, Fontaine du Janicule;
7, Acqua « ad fontis aras ».

GROUPE II : *rive gauche.*

8, Source du studio Mattioli, rue Margutta;
9, 10, 11, Sources rue et place Sallustiana;
12, Acqua di S. Felice;
13, — del Grillo;
14, Lautole;
15, Source de la prison de Saint-Pierre, au Forum;
16, Acqua di Giuturna;
17, Lupercale;
18, Fontaine de Pico;
19, Source de la piscine publique;
20, Acqua de mercure;
21, Fontaine d'Apollon;
22, — delle Camene;
23, — de la rivière Almone.

États-Unis. — Les Américains s'adressant plus souvent aux eaux des rivières elles-mêmes qu'à celles de leurs nappes phréatiques, les galeries filtrantes sont rares aux États-Unis. (Il y en a cependant six tronçons

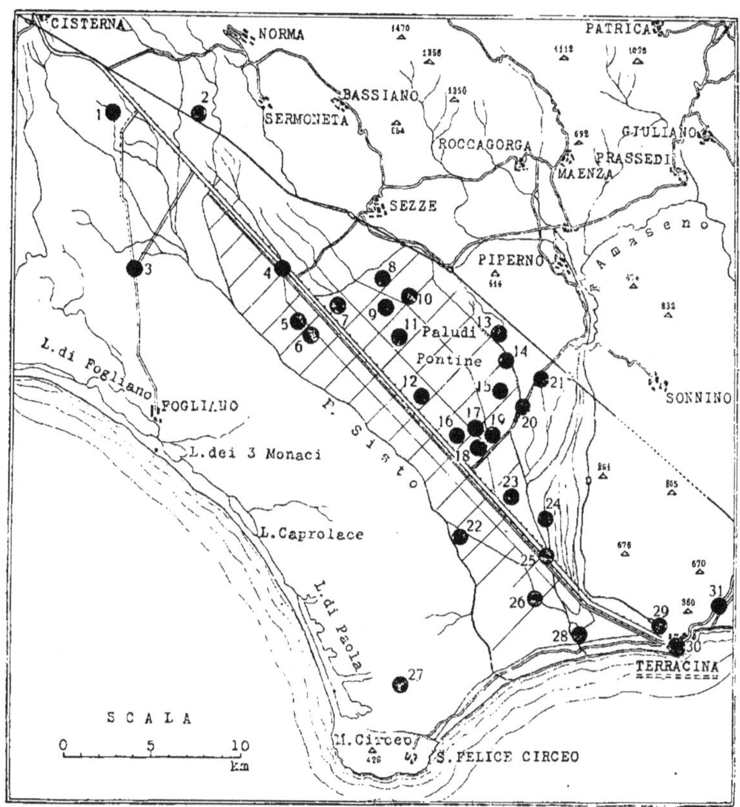

Fig. 322. — Carte des puits artésiens forés dans la région des Marais Pontins (d'après Clerici)

faisant ensemble 3.700 mètres de longueur et donnant 65.000 mètres cubes par jour le long du Raccoon R[r] pour la ville de Des Moines, capitale de l'Iowa ; on en avait fait aussi un tronçon de 400 mètres le long du Merrimak R[r] pour la ville de Lowell, Mass., mais il a été remplacé par deux lignes de quatre cent cinquante puits tubulaires). Les puits filtrants et surtout les puits tubulaires sont au contraire nombreux. Toutefois les vallées fluviales — en dehors de la zone glaciaire décrite ci-dessus, de la région côtière et de ses prolongements vers l'amont le long des rivières y aboutissant (en particulier le vaste et long *embayment* du Mississippi remontant jusqu'à Cairo n'est qu'un ancien golfe marin rempli par les apports fluviaux), enfin des vallées désertiques du Grand Bassin, de la Californie et du Far West, — n'ont pas une importance hydrogéologique suffisante pour mériter ici une description spéciale.

3° EAUX DES DUNES ET DES RÉGIONS CÔTIÈRES

J'ai déjà expliqué (pages 108 à 116) ce qui se passe au bord de la mer et les échanges qui se font entre l'eau douce et l'eau salée : il me reste à le mieux montrer par quelques exemples.

Belgique et Hollande. — D'après Rutot, on peut regarder la plaine maritime belge comme limitée au S.-E. par la courbe de niveau + 5, qui, sauf dans la dépression de l'Yser, est moyennement distante de 12 kilomètres du rivage. La constitution de cette plaine est assez compliquée, des mouvements lents du sol y ayant plus ou moins régulièrement amené les eaux de la mer depuis les temps historiques : quand la série des dépôts est complète, elle est donnée par la figure 323, dont les couches de l'argile supérieure des polders à la tourbe n'ont chacune que de 1 à 3 mètres d'épaisseur. Bref, au point de vue hydrologique ces couches sont défavorables (imperméabilité de l'argile des polders), et il est heureux que les vents aient constitué au-dessus d'elles les monticules sablonneux des *dunes* (10 à 15 mètres de hauteur), occupant une largeur de un ou plusieurs kilomètres et ayant à leur base une nappe d'eau douce : cette nappe s'épanche sur le rivage par des sources et ruisselets (bien visibles à marée basse). On peut donc y puiser une bonne eau douce, bien filtrée, et c'est ce qu'a fait en 1903 la ville de Heyst par une série de puits abyssiniens; à Knocke et au Zoute, quelques forages donnent aussi une eau potable satisfaisante. (On sait que les villes des Flandres ont trouvé récemment une solution

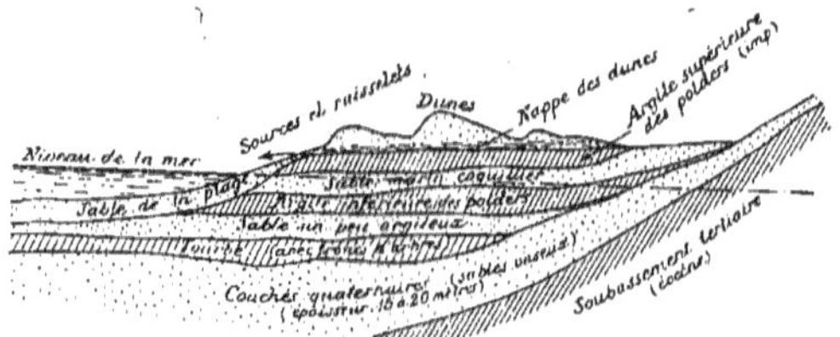

Fig. 323. — Coupe géologique au travers de la plaine maritime belge, d'Ostende à Bruges (d'après Rutot).

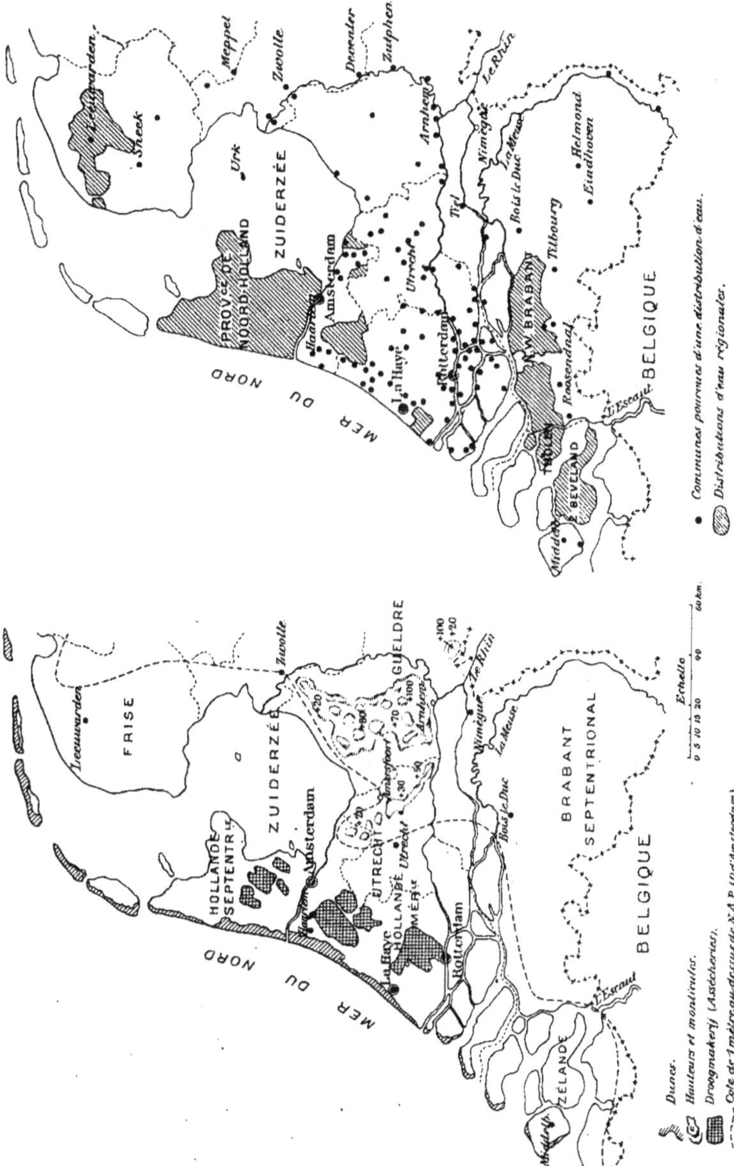

FIG. 324. — Topographie et alimentation en eau de la Hollande (N. et O.), en 1924 (d'après KRUL).

au difficile problème de leur alimentation en eau, en traitant avec l'Intercommunale de l'agglomération bruxelloise pour l'adduction des eaux du Bocq et du Hoyoux, dont j'ai parlé précédemment.)

En Hollande, les eaux des dunes sont beaucoup plus employées. La situation d'ensemble des Pays-Bas est représentée par les deux figures parallèles ci-dessus, dont l'une montre la topographie (avec les dunes du littoral, les points bas ou assécheries situées en dessous du niveau de la mer et les monticules) et l'autre l'alimentation en eau des communes, avec les distributions d'eau régionales. Celles-ci se développent, et je puis en citer les principales : la plus importante, le *service d'eau de la province de Noord-Holland*, réunit cent quatre communes et leur distribue en moyenne 9.000 mètres cubes par jour tirés de la nappe des dunes aux trois prises de Bergen, Castricum et Wijk aan Zee; le *service d'eau de Zuid-Beveland*, et *celui de l'île de Tholen* ne pouvant trouver d'eau convenable dans les îles en amènent prise au loin dans les sables quaternaires ordinaires du N. de la province de Brabant; le *service d'eau du N.-O. Brabant*, qui a été inauguré il y a peu de temps et dessert vingt-quatre communes (avec 2 prises et 11 châteaux d'eau), n'a plus rien de commun avec l'eau des dunes et prend aussi son eau dans le quaternaire continental (nappe phréatique de régions sablonneuses boisées, où les villes d'Utrecht, d'Arnhem, etc., etc. prennent aussi leur eau, souvent par puits tubulaires), enfin le service d'eau de Schouwen-Duiveland, qui dessert seize communes de cette île, le *service d'eau des Dix Communes* (Hollande méridionale), tous deux desservis par une usine élévatoire dans les dunes.

Bref, environ 2 millions d'habitants de la Hollande boivent l'eau des dunes, et le « Rijksbureau voor Drinkwatervoorzieming » étudie de très près la question pour les diverses régions : il y a souvent en dessous de la première nappe une nappe plus profonde dans les couches diluviales, et on y fait appel dans certains cas, comme à Amsterdam pour suppléer à la première (mais alors il faut craindre davantage la diffusion de l'eau salée et aussi l'augmentation du fer). La collecte de l'eau des dunes se fait soit par drainage ouvert (Amsterdam et Leyden dont les figures 325 et 326 montrent les sections des canaux de drainage), soit par drainage fermé (comme à La Haye, où on a remplacé les 5.500 mètres de canaux à ciel ouvert par une galerie ovoïde à base restée ouverte) [1], soit par des lignes

[1] Pour obtenir la chose, les parois de la galerie sont deux arcs en ciment préparés au dehors et qui descendus dans la tranchée s'arc-boutent l'un contre l'autre à leur partie supérieure, mais laissent 1 mètre d'écartement en bas entre leurs bords inférieurs : c'est par cet espace inférieur qu'entre l'eau.

de puits forés de faible profondeur, reliés par de longues conduites d'aspiration (comme à Haarlem), soit encore par des puits plus profonds (comme pour le quartier de Nieuw-Amstel d'Amsterdam, où les quinze puits tubulaires d'Hilversum descendent à 40 mètres).

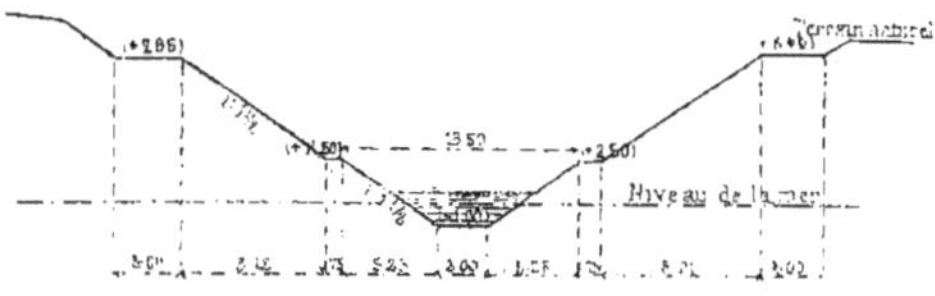

Fig. 325. — Fossé de drainage des dunes pour Amsterdam.

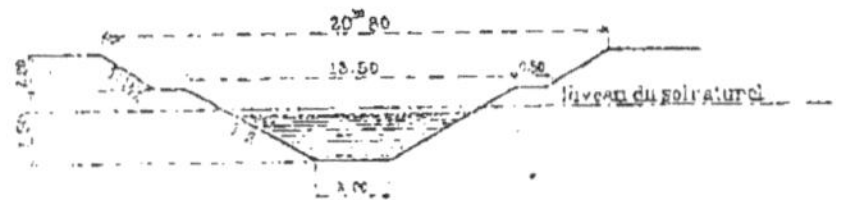

Fig. 326. — Fossé de drainage des dunes pour Leyden.

L'eau des dunes drainée pour Amsterdam est filtrée au sable et déferrisée à Leiduin : on draine environ 3.000 hectares, et on en tire environ 24.500 mètres cubes par jour, soit en comptant la pluie tombée à 0^{m},500 par an un rendement (très élevé) de 60 0/0. Les besoins de la

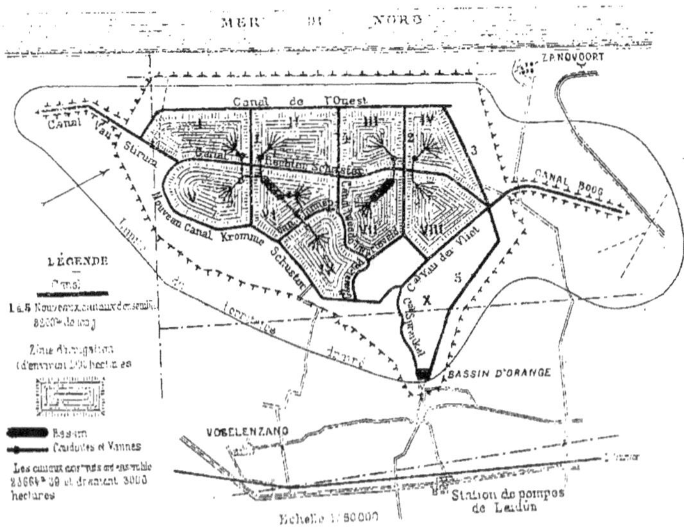

Fig. 327. — Les eaux des dunes d'Amsterdam : projet de M. Penninck pour le renforcement de la nappe par l'irrigation.

ville augmentant, Penninck, a renforcé la nappe phréatique par l'irrigation suivant le projet indiqué par la figure 327 : l'eau est amenée du Rhin, et distribuée dans des bassins au centre de compartiments, dont les fossés périphériques la recueillent après son trajet souterrain pour l'emmener aux filtres. La composition des eaux d'Amsterdam est donnée ci-après, en même temps que celle des deux nappes d'Utrecht.

PROVENANCE DE L'EAU		DURETÉ TOTALE	RÉSIDU FIXE	SO^4	HCO^3	CO^2 libre	SiO^2	Fe^2O^3	Mn	Cl
Amsterdam.	Eau du Vecht (rivière).	23°,0	447	»	»	»	»	0	»	129,0
	Eau des dunes (brute) .	25°,8	350	17,6	296	9,2	29,4	0,43	0,22	33,1
	Eau des dunes (filtrée).	25°,5	344	»	»	»	»	»	»	33,1
Utrecht	Nappe phréatique....	7°,3	»	7,6	86	7,5	11,1	0,1	0	11,7
	Nappe profonde	27°,0	»	0	342	44,0	38,8	17,9	0,46	23,0

France. — Les dunes et polders de la côte belge se continuent en France jusque vers Sangatte (où on passe aux falaises crayeuses), mais on n'y puise guère d'eau potable, les villes du littoral, telles que Dunkerque et Calais, captant les eaux de la craie (sous *l'argile de Louvil*).

Sur la côte atlantique, les dépôts quaternaires occupent d'assez grandes surfaces dans les Charentes (en remontant dans les vallées de la Sèvre-Niortaise, de la Charente et de la Seudre). Généralement, la surface est occupée par un banc d'argile marine, le *bri*, imperméable, qui la rend marécageuse (région de Marans); mais en dessous, il y a souvent une certaine épaisseur de sable et gravier aquifères (elle reçoit des eaux des calcaires jurassiques et crétacés qui entourent ces bassins) où on peut puiser d'assez grandes quantités d'eau en certains points (comme sous le port de Rochefort où on en a trouvé beaucoup en fondant les ouvrages).

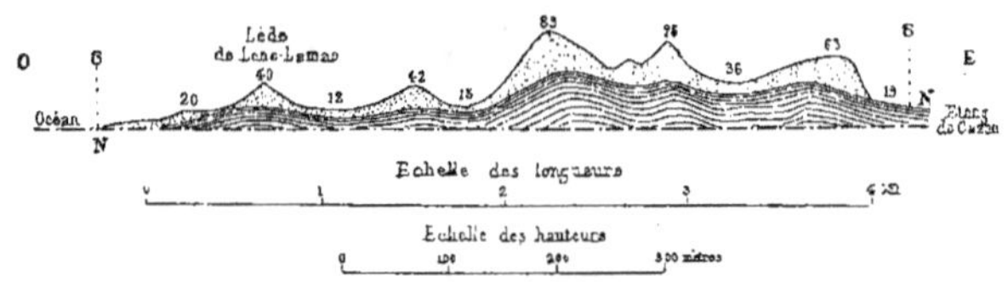

Fig. 328. — Coupe de la chaîne des dunes de Gascogne, à la hauteur de l'étang de Cazau (au sud d'Arcachon).

De l'embouchure de la Gironde à celle de l'Adour s'étend enfin une bande de quaternaire assez étroite, orientée N.-S. et bordant les *sables des Landes* (pliocène précédemment décrit) : elle se distingue par la série d'étangs (y compris le bassin d'Arcachon) qui s'y succèdent et par l'allure bien connue des *dunes de Gascogne*. Cette allure ondulée est figurée ci-contre dans une coupe entre la côte et l'étang de Cazau, et l'on voit que la nappe phréatique dunale suit les mêmes ondulations : elle engendre deux lignes de sources (mais faibles), l'une du côté de l'océan et l'autre du côté du lac. La nappe s'abaisse beaucoup en temps de sécheresse, et à certains moments au lieu de se déverser dans les étangs, elle est alimentée par eux : finalement, elle se déverse dans la mer, et tous les puits de cette zone donnent de l'eau douce. Si on descendait profondément, comme les deux puits artésiens forés à Arcachon, on trouverait les *falluns de Salles et de Léognan;* mais le débit de ces forages a été faible, et la ville d'Arcachon s'est résolu à distribuer l'eau du lac Cazau.

J'ai parlé précédemment des eaux souterraines de la Crau et de la Camargue, et de la zone de marais et d'étangs (étangs de Fos, du Valcarès, etc., etc.), par où ces eaux se déversent dans la Méditerranée.

États-Unis. — La figure 329 montre l'étendue et la largeur (variable) de la bande des dépôts quaternaires le long des côtes de l'Atlantique et du Golfe du Mexique[1], ainsi que leurs prolongements vers l'intérieur dans les vallées des rivières affluentes (y compris l'énorme *Embayment du Mississippi*). Ces dépôts ne sont d'ailleurs qu'une partie de ce qu'on appelle *Atlantic coastal plain province*, laquelle comprend à l'O. et au N. du quaternaire les affleurements du tertiaire et du crétacé étudiés précédemment : nous savons aussi que ces couches, qui vont en s'approfondissant vers la mer, contiennent des nappes artésiennes auxquelles un grand nombre de puits de la bande littorale s'adressent. Quant à nos dépôts quaternaires, ils sont souvent étagés en plusieurs terrasses, ce qui tient à ce que depuis l'affais-

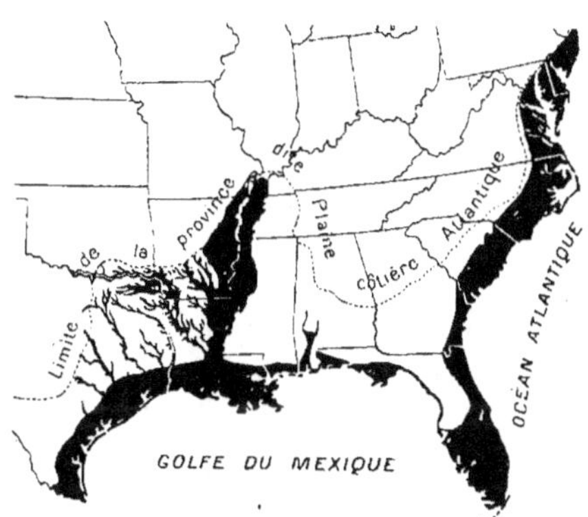

Fig. 329. — Carte des dépôts quaternaires (en noir) le long de la côte Atlantique des États-Unis : les graviers dans l'Embayment du Mississippi et de la Louisiane au Texas sont très aquifères (d'après Meinzer).

(1) Sur le rivage du Pacifique, les Coast Ranges plongent trop rapidement dans la mer pour qu'il y ait des dépôts meubles un peu étendus : il y a cependant une assez grande surface de quaternaire au S.-O. de l'État de Washington.

Composition du quaternaire dans la Plaine côtière atlantique (États-Unis).

ÉTATS ou portions d'états occupés	TERRAINS RÉCENTS ET ACTUELS		TERRAINS PLÉISTOCÈNES	
	NOMS ET CONSTITUTION des formations	PROPRIÉTÉS hydrologiques	NOMS ET CONSTITUTION des formations	PROPRIÉTÉS hydrologiques
Côte atlantique depuis Long-Island jusqu'à la Géorgie.	Sables au bord de la mer ou alluvions des vallées fluviales.	Eau dans les bancs de sable. Eau abondante à la base des alluvions (fleuve souterrain).	Columbia formation (3 à 10 mètres) : Terrasses marines étagées [1] (un banc de gravier surmonté d'un de limon dans chaque terrasse) ou terrasses des vallées fluviales.	Eau dans le banc de gravier : puits peu profonds. Peu d'eau sous les terrasses.
Géorgie.	id.	id.	Columbia group. { Satilla formation (3 à 15 mètres) (sables coquilliers, gravier, limon et argile). Okefenokee formation (2 à 12 mètres) (sable argileux par couches). }	Eau peu profonde, non artésienne, dans les sables et graviers. Terrasse côtière : Eau peu profonde, non artésienne, dans les bancs de sable.
Floride.	{ Vermetus rock. Bancs à huîtres. Récifs coralliens (dans le sud). Sables littoraux et dunes. } ou dans l'intérieur : { Dépôts lacustres. Alluvions des vallées fluviales. }	Couches très minces. Eau peu abondante, mais peu profonde.	Se groupe en 3 terrasses : { Pensacola terrace Tsala-Apopka terrace Newberry terrace } constituées par les couches ci-après (15 à 30 mètres) : { Planorbis rock (marneux) Vermetus rock Coquina (coquilles agglomérées) Sables gris Marne à fossiles Argile jaune } et dans le sud les calcaires : de Palmbeach, Miami oolithe. Key West oolithe, Key Largo et Lostmans river (calcaire des Everglades).	{ Couches minces avec eau abondante dans les sables et couches coquillières (les affleurements étant peu élevés, la pression reste faible). } Eau abondante dans Miami oolithe et dans les bancs inférieurs.

[1] Ces terrasses prennent les noms de Talbot, Wicomico, Sunderland et Brandywine (cette dernière sans doute pliocène), en allant de la côte vers l'intérieur, dans le Maryland et le Delaware.

ÉTATS ou portions d'états occupés	TERRAINS RÉCENTS ET ACTUELS		TERRAINS PLÉISTOCÈNES	
	Noms et constitution des formations	Propriétés hydrologiques	Noms et constitution des formations	Propriétés hydrologiques
Côtes du Golfe du Mexique dans : Alabama Mississippi et Louisiane.	Limon jaune, loess fossilifère ou alluvions des vallées fluviales.	Pas d'eau. Eau abondante, mais peu profonde et peu sûre.	Formation de Lafayette, pliocène : Port Hudson formation (lits de sables et d'argile intercalés : épaisseur habituelle 30 à 40 mètres, beaucoup plus grande dans la basse vallée du Mississippi) ou terrasses des vallées fluviales.	Eau abondante, mais de qualité peu sûre. Peu d'eau sous les terrasses.
Côtes du Golfe du Mexique dans le Texas.	Sables littoraux à Rangia et argile marine ou alluvions des vallées fluviales.	Un peu d'eau à la base des sables. Eau abondante, mais peu profonde.	Formation d'Uvalde, pliocène) : Argile de Beaumont (jusqu'à 240 mètres d'épaisseur) Graviers de Lissie (jusqu'à 270 mètres d'épaisseur) ou terrasses des vallées fluviales.	Produit l'artésianisme des graviers de Lissie. Niveau d'eau très important et artésien. Peu d'eau sous les terrasses.
Vallée du Mississippi, dans : Louisiane Mississippi Arkansas Missouri et Tennessee.	Alluvions récentes (de 1 à 20 mètres).	Eau abondante.	Alluvions anciennes (30 à 60 mètres). Loess (1 à 40 mètres).	Eau très abondante. Peu d'eau.

sement de la côte fin du tertiaire elle s'est relevée en plusieurs stages (avec des submergences intermédiaires moindres) : les couches limoneuses et graveleuses, assez minces dans la partie N., s'épaisissent à partir de la Géorgie et deviennent dès lors plus riches en eau. Une idée d'ensemble de leur constitution est donnée par le tableau ci-dessus :

Je ne puis naturellement entrer dans le détail pour une si vaste surface. Je me bornerai pour la partie N. à donner une coupe au travers de l'île de Long-Island, près New-York, pour montrer les deux lignes de sources (faibles) le long des rives, et les nombreux puits et forages où l'on pompait pour l'alimentation de Brooklyn et de Queens [1] : l'expérience a fait voir

[1] Pour les détails, on se reportera au beau rapport de Burr, Hering et Freeman pour la nouvelle alimentation de New-York (1903).

que si on pompait dans la plupart d'entre eux d'une manière trop intensive

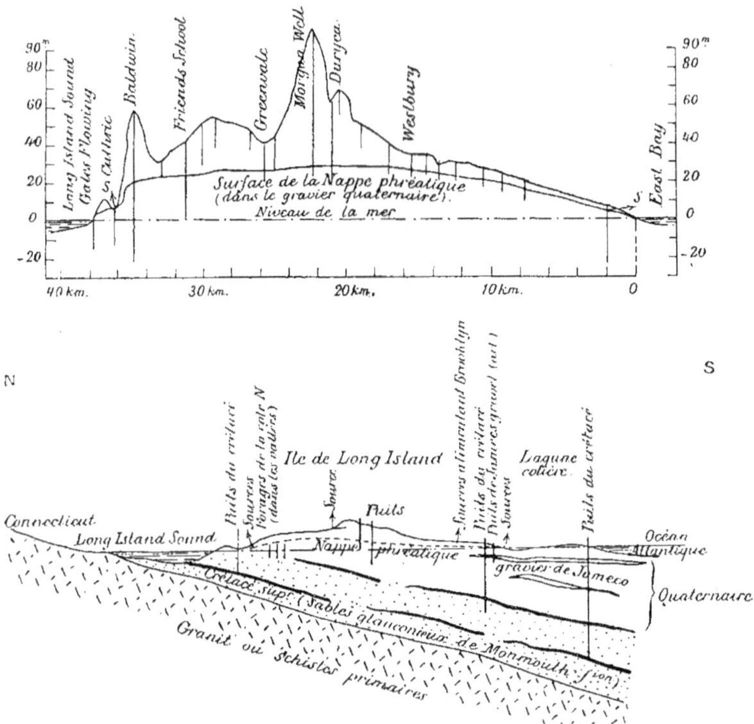

Fig. 330. — Coupe de l'île de Long Island (120 puits de la Queens County Water C°, dont 70 de 9 à 13 mètres et les autres de 50 à 60 mètres). Au-dessus, détails de la coupe et des puits.

et trop prolongée on voyait la teneur en NaCl augmenter (on attirait évidemment l'eau de mer).

Plus au S., la côte du Maryland et du Delaware est représentée par la coupe schématique (*fig.* 331), qui montre les terrasses étagées. Il y a un peu d'eau dans le banc de gravier à la base de chaque terrasse (l'eau de la plus récente, dite de Talbot, est souvent salée); la plus élevée, Brandywine formation, est plus aquifère

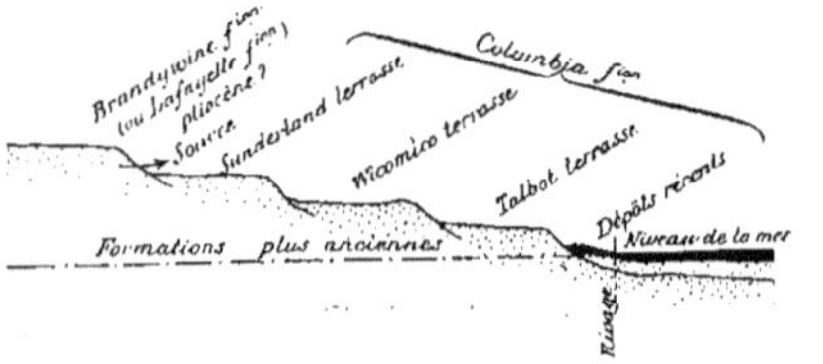

Fig. 331. — Coupe schématique des terrasses quaternaires de la côte Atlantique, dans le Maryland et le Delaware (d'après Clark, Mathews et Berry).

et donne naissance à des sources à son pied. Dans les Virginies, Columbia formation n'a que quelques mètres d'épaisseur et contient peu d'eau.

En Géorgie, la bande côtière quaternaire devient plus large (70 à 80 kilomètres). Elle se subdivise longitudinalement en deux parties : à l'O., la plaine d'Okefenokee (altitude de 20 à 40 mètres), marécageuse, avec au S. le grand marais dit *Okefenokee swamp*, et à l'E. la *Satilla coastal lowland* (altitude de 5 à 8 mètres), souvent aussi marécageuse et se terminant à la mer par une série d'îles et de golfes profonds (*sounds*) ou de lagunes. Ce sont deux terrasses, alternances de bancs de sable peu épais (3 mètres) et de bancs argileux, très peu inclinés vers la mer (0,00035 pour l'Okefenokee et encore moins pour la Satilla) : aussi si on trouve facilement un peu d'eau dans les bancs de sable de ces terrasses, elle n'est pas artésienne et elle est si voisine de la surface que les puits sont très souvent contaminés. C'est pourquoi la plupart des localités se sont adressées aux nappes sous-jacentes du tertiaire, lesquelles sont artésiennes et souvent jaillissantes (Eden et Meldrim, chacun 2 forages jaillissants; Savannah, vingt puits jaillissants aux environs, puis treize à Gwinnett; Ways, Keller, Clyde, Belfast, Roding, Allenhurst, Flemington; Darien, Ridgeville, les îles Wolf, de Creighton, Sapelo; presque toutes les localités du comté de Glynn; Saint-Marys, Tarboro, Kuigsland, enfin l'île de Cumberland, etc., etc.).

La Floride [1], sauf le centre de la moitié N. déjà étudié, est constituée par le quaternaire, lequel se répartit entre les trois terrasses concentriques dites Pensacola pour l'inférieure (toutes les côtes, plus toute la partie S. nommée les *Everglades* [2] et pas encore arrivée à l'état de maturité). Tsala-Apopka et Newberry (celle-ci, la plus élevée, formant une bande périphérique autour du noyau de terrains anciens du centre N.). Ces terrasses sont formées de couches très variables en nature et en épaisseur, parmi lesquelles on remarque surtout comme fort étendus la *coquina* (agglomération de coquilles cimentées par du carbonate de chaux) et les sables gris, — ces deux formations contenant de l'eau, ainsi d'ailleurs que dans la pointe S. les calcaires des Everglades dits Miami-oolithe et bancs inférieurs.

Dans les comtés maritimes du N. de la Floride, les villes (comme en

(1) Pour l'étude détaillée de la Floride, on se reportera à *Geology and ground-waters of Florida*, par MATSON et SANFORD, *Water supply paper n°* 319 du *Geological Survey U.S.* (1913).

(2) Au centre de cette région très marécageuse, se trouve le grand lac Okechobee, dont le niveau moyen est aux environs de 20 pieds au-dessus de la mer : s'il monte à 22 pieds, il déborde sur toute sa rive S.-E; mais on a creusé un canal qui permet d'évacuer une partie de ses eaux vers le golfe du Mexique par le Caloosahatchee River.

Géorgie) s'adressent de préférence aux nappes du tertiaire, notamment au Vicksburg qui n'est pas encore trop profond (puits artésiens de Fernandina, de Jacksonville, de Sainte-Augustine [1], Daytona, New Smyrna, etc., etc. qui ont de 150 à 200 mètres de profondeur); mais il y a une infinité de puits peu profonds qui restent dans les couches pléistocènes et aussi beaucoup de petites sources qui en naissent. Plus au S., le Vicksburg devenant plus profond et son eau risquant d'être trop minéralisée (comme à Palm Beach, où le Vicksburg n'est atteint qu'à 270 mètres), on utilise beaucoup plus l'eau du pléistocène, dont les couches deviennent d'ailleurs plus épaisses. A Melbourne (Brevard Cy), on signale déjà un puits jaillissant venant des sables quaternaires; à Titusville, Fort Pierce et beaucoup d'autres localités des comtés de Brevard et de Sainte-Lucie, les puits (de 5 à 40 mètres) prennent l'eau des couches quaternaires. Enfin, plus au S. encore (comtés de Palm Beach et de Dade), la *Miami oolith* qui domine la plage de quelques mètres engendre à sa base de belles sources [2], dont quelques-unes sortent en dessous de la mer il y a aussi une foule de puits arrêtés à quelques mètres dans les sables gris. La ville de Miami a fait à 2 kilomètres 1/2 au N. quatre forages de 21 à 27 mètres, d'où elle tire son eau et qui sont restés dans le sable ou le calcaire quaternaire; au fort Lauderdale, un forage de 116 mètres n'est pas sorti de la coquina, mais il donne de l'eau salée.

Dans les keys et dans les comtés de la rive occidentale (Monroe et Lee), c'est le calcaire de Key Largo, puis le calcaire de Lostmans Rr qui remplace le Miami oolith : il est recouvert soit par des sables, soit par de la marne avec 4 à 6 mètres d'épaisseur. Il n'y a que quelques puits peu profonds qui (dans la presqu'île de Cape Sable surtout) donnent de l'eau douce; les puits un peu profonds donnent de l'eau plus ou moins salée. Dans le N. du comté de Lee, le pliocène reparaît (vallée du Caloosahatchee Rr), et les terrains plus anciens, notamment le Vicksburg : de nombreux forages (Fort Myers, îles d'Anibel et de Captiva, etc., etc.) y descendent. Enfin dans le reste de la côte, les sables gris pléistocènes n'ont plus que quelques mètres d'épaisseur et n'alimentent que des puits peu profonds : on trouve facilement par-dessous les nappes tertiaires, mais l'eau du Vicksburg est assez dure et souvent salée.

(1) Ces puits traversent d'abord la *Nashua marl* (15 mètres), puis la formation de Jacksonville (40 mètres) qui contient une première nappe. A signaler de nouveau la grosse source sous-marine au droit de Sainte-Augustine, qui sort d'un gouffre de 20 mètres de diam., visible en dessous de 15 mètres de profondeur d'eau de mer : c'est une source vauclusienne venant d'une cassure du Vicksburg et débouchant sous la mer.

(2) Une partie de leur eau pourrait bien venir par infiltration des Everglades.

La plaine côtière n'est pas très large dans les États d'Alabama (comtés de Baldwin, Mobile et Escambia) et de Mississippi (comtés de Hancock, Harrison, Jackson et Pearl Rr), et il y a peu de villes (lacs et marais). La formation de Lafayette, sables pliocènes et pléistocènes et bancs argileux entremêlés, s'étend comme un manteau irrégulier au-dessus des *lits du Grand Gulf group* (argileux) : elle donne de l'eau dans les lits graveleux (puits peu profonds), mais en allant vers la mer l'eau se met sous pression, sous les bancs argileux qui se développent (en prenant les noms de *Port Hudson group*, dont les *argiles de Pontchartrain* font partie), ce qui rend le pays marécageux. Les dépôts récents le long du littoral même sont sableux (*Biloxi sands*) et contiennent un peu d'eau. On signale : quatre forages jaillissants (108 mètres de profondeur sans sortir du quaternaire) pour Brewton (Alabama); un forage de 300 mètres près de Mobile qui est entré dans le tertiaire et donne de l'eau salée; une quinzaine de forages jaillissants à Bay-Saint-Louis et une dizaine à Waveland (Mississippi) qui avec 120 mètres ne sortent pas du quaternaire; à Ocean Springs, huit forages jaillissants de 189 mètres restent dans le quaternaire tandis que cinq autres de 274 mètres prennent l'eau des *sables de Pascagoula* (base du Grand Gulf); vingt forages jaillissants à Biloxi (un donne 27 litres-seconde à 9 mètres au-dessus du sol), trente-deux à Pass Christian (l'un avec 24 mètres de pression), six à Mississippi City, deux à Long Beach, etc., etc. donnent l'eau des sables quaternaires (tandis que les forages de Logtown, Nicholson, Mosepoint et Fontainebleau vont aux sables de Pascagoula).

La situation d'ensemble de la basse Louisiane (où se trouve le delta du Mississippi) est montrée dans les deux cartes, topographique et hydrogéologique, de la figure 332 empruntée à Fuller : tout ce qui est au S. du trente et unième parallèle ou à peu près est du quaternaire, et de la zone de prairies et forêts il faut distinguer la plaine basse et marécageuse située en dessous de la cote 20 pieds (entre cette courbe et la mer) qui ne mesure pas moins de 15.800 milles carrés (40.906 kilomètres carrés). La constitution est semblable à celle des États précédents : au-dessus des graviers du Lafayette (aquifères et souvent artésiens), les *argiles de Pontchartrain* quelques lambeaux de loess ou de loam (peu d'eau), puis près du rivage les *sables de Biloxi* (formant souvent des dunes); quant aux limons du delta mississippien, il n'y a généralement pas de bonne eau à y chercher. Les puits ordinaires ou artésiens sont innombrables, et la figure montre l'emplacement des principaux forages jaillissants (dont beaucoup sous le nom de *rice Wells* servent à l'irrigation et à la culture du riz). Les localités ci-après s'alimentent ainsi par des forages de 50 mètres ou plus : Alexandria, Baton-Rouge, Crowley, Franklin, Jeanerette (deux puits de 70 et 128 mètres), Jennings, Lafayette (trois puits de 69 mètres), Lake Charles, Napoléonville (deux puits de 58 mètres), Opelousas, Plaquemine, Rayne;

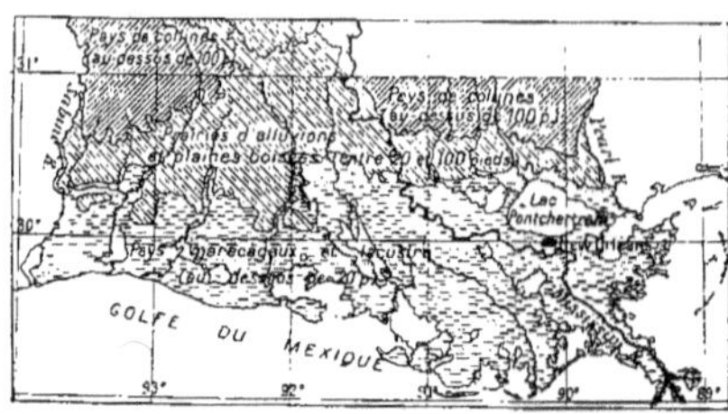

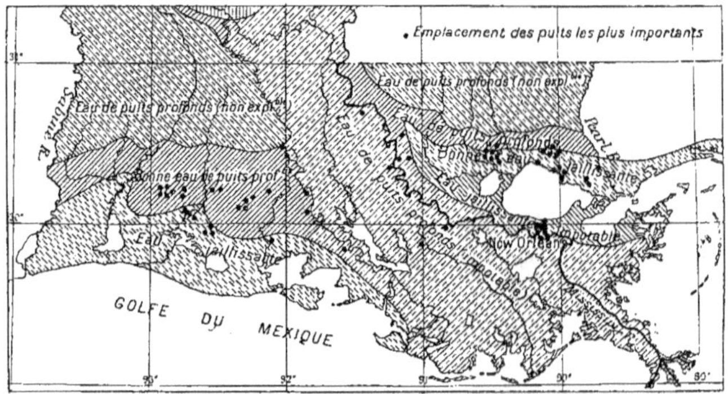

Fig. 332. — Région côtière du S. de la Louisiane (d'après Fuller).
Carte topographique du Sud de la Louisiane.
Carte hydrogéologique du Sud de la Louisiane.
Les points noirs marquent les puits ou groupes de puits les plus importants.

à Saint Martinville, un forage de 346 mètres a rencontré trois couches de graviers aquifères; dans la paroisse de Rapides, on signale les *blowing Wells* (puits souffleurs), qui dégagent de l'air quand le baromètre baisse, etc., etc. (1).

(1) On sait que la Nouvelle-Orléans s'alimente en eau filtrée du Mississippi; mais l'histoire des puits artésiens qu'on y a tentés est bien connue. Dès 1854, le *canal street Well*, descendu à 192 mètres trouva de bonne eau, mais non jaillissante dans deux couches de sables jaunes, et d'autres forages analogues (*yellow water wells*) ont eu le même résultat. Si on descend plus bas, comme aux forages du Young men's Gymnasium (413 mètres) et du Fabacher's Casino (374 mètres) on a un peu d'eau jaillissante, mais elle est très salée. Le puits Bonabel sur le bord S. du lac Pontchartrain (366 mètres) donne de l'eau douce; sur le bord N. du même lac, de nombreux forages de 180 à 200 mètres aux environs de Covington et d'Abita Springs donnent de l'eau douce jaillissante en abondance.

Enfin au Texas, la bande côtière quaternaire est régulière et très large. Au-dessus de la formation de Lafayette, qui prend ici le nom d'Uvalde ou directement au-dessus de la formation de Dewitt ou du miocène marin, règne la formation très importante au point de vue hydrologique des *graviers de Lissie* (Voir ses affleurements et sa pente, ainsi que la zone de

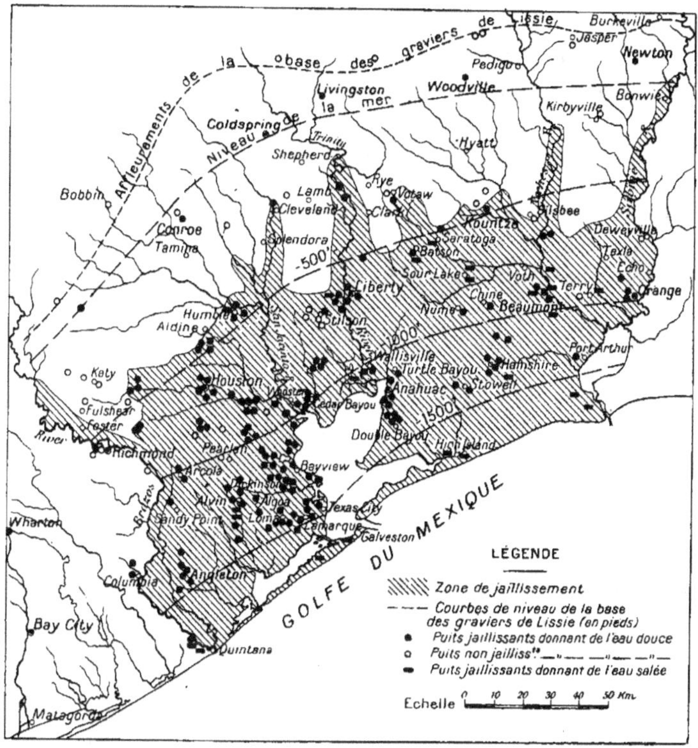

Fig. 333. — La nappe artésienne des graviers de Lissie dans le S.-E. du Texas (d'après Deussen).

jaillissement qui en dépend dans la moitié N. de la côte du Texas), (*fig.* 333), épaisse de 200 mètres et même par places 275 mètres. Ces graviers représentent les parties inférieure et moyenne de la plus basse des trois terrasses pléistocènes et les apports réunis des rivières sur l'ancien littoral : après leur dépôt en éventail, la rive aurait été élevée, puis érodée; enfin la mer l'aurait submergée à nouveau, y déposant une ou plusieurs couches de limons argileux (souvent entremêlées de bancs de gravier) formant le

Beaumont clay (argile de Beaumont), épais de 200 à 240 mètres. Cette argile très constante produit l'artésianisme des eaux du Lissie : de là une foule de puits jaillissants dans la zone indiquée dans la figure (entre Sabine Rr et Brazos Rr seulement, la moitié au delà du Brazos étant beaucoup moins bien connue). Ces puits servent à l'alimentation de villes telles que les suivantes (et aussi à l'irrigation de rizières et autres cultures) :

Orange (cinq forages de 146 à 198 mètres), Beaumont (un de 225 mètres), Terry, Echo; à Hampshire, Stowell, Fannet sands, Spindletop nombreux forages donnant de l'eau douce jusqu'à 80 mètres, mais de l'eau salée à plus grande profondeur; de même à Saratoga et à 6 kilomètres au N. de cette ville; à Liberty le niveau de l'eau n'est que de 7 à 18 mètres du sol, tandis qu'autour du lac Charlotte il est à 60 mètres ou plus; à Turtle Bayou, Cedar Bayou, Double Bayou, Anahuac (Chambers Cy) nombreux puits jaillissants (de moins de 150 mètres). — Dans le comté de Galveston, première et deuxième venues d'eau (non jaillissante) à 35 et 150 mètres dans le Beaumont, puis venue jaillissante dans le Lissie entre 225 et 265 mètres : puits d'Alta Loma pour Galveston même, puits pour Texas City, Lamarque, Hitchcock, etc., etc. — A signaler dans le comté de Brazoria une grande faille allant de Hoskins Mound (près Liverpool) à Kiser Heights (près Columbia) : venues d'eau salée par la faille et les mounds [1]; à Velasco eau salée à 137 mètres, tandis qu'à 6 kilomètres à l'O. elle est douce à 168 mètres, etc., etc. — Dans les comtés de Harris, de Fort Bend et suivants, le Lissie couvrant la moitié N.-O. et le Beaumont la moitié S.-E., forages jaillissants à Houston, Aldine, Alimeda, Harrisburg Humble, Dupwater, Genoa, Laporte, Seabrook, Webster (entre 110 et 220 mètres), etc., etc. Quand on ne s'approche pas trop près de la mer, l'eau du Lissie est douce : dans un certain nombre d'analyses que j'ai sous les yeux, le calcium varie de 6 à 59 milligrammes, le magnésium de 2 à 27 milligrammes, l'acide sulfurique en faible quantité; mais l'acide carbonique libre est très abondant (et il faut bien s'en méfier pour la corrosion des tubages et des tuyaux).

Je termine en signalant que dans les vallées fluviales affluentes, on trouve d'ordinaire les trois terrasses pléistocènes, la plus haute (qui est la plus ancienne) entre 60 à 68 mètres au-dessus de la rivière, la seconde de 30 à 43 mètres et la dernière de 12 à 21 mètres : chaque terrasse, la

[1] Les *mounds* ou *domes* semblent résulter d'anciennes sources ascendantes (artésiennes) que les sables ont plus ou moins obstruées : les plus curieux sont ceux de Spindletop et de Kiser; mais il y en a aussi loin de la côte, tels que ceux de Grand Saline (Van Zandt Cy) et Steen Dome (Smith Cy).

dernière surtout, a à sa base un banc de gravier aquifère, lequel alimente de nombreux puits, — et cela indépendamment de la nappe phréatique des alluvions récentes dans le thalweg.

4° RÉGIONS DÉSERTIQUES (ÉTATS-UNIS)

Il n'y a pas de déserts en Europe, et ne pouvant parler ici des eaux

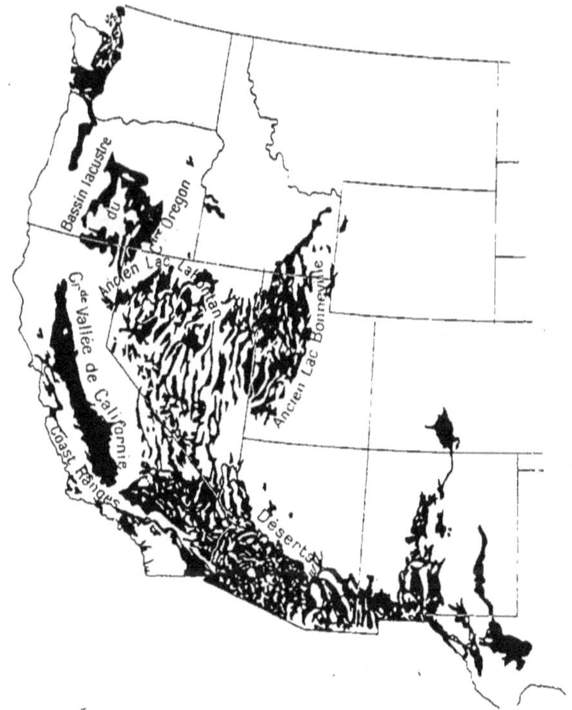

Fig. 334. — Carte de l'O. des États-Unis, montrant les principales surfaces couvertes par les alluvions quaternaires (ou pliocènes), généralement aquifères (c'est la principale ressource en eau utilisable dans l'O.). — Voir l'emplacement des anciens lacs Bonneville et Lahontan, la grande vallée de Californie, les Coastranges, etc., etc. (d'après Meinzer). — Échelle environ 1/20.750.000.

souterraines des déserts asiatiques, africains ou australiens (1), je me bor-

(1) Les grands bassins artésiens du continent australien sont cependant déjà assez bien connus, grâce aux nombreux forages qui ont été pratiqués surtout depuis une trentaine d'an-

nerai à une rapide étude de l'hydrologie des déserts des *États-Unis :* aussi bien peut-on les prendre en exemple pour l'étude des autres régions désertiques du globe. Je distinguerai ici trois parties assez différentes les unes des autres : en premier lieu, le *Grand Bassin*, immense dépression (544.000 kilomètres carrés) comprise entre les Wasatch et la Sierra Nevada, avec au N.-O. le *bassin lacustre du Centre-Oregon;* secondement la *Grande Vallée de Californie* et les vallées des *Coast Ranges;* enfin en dernier lieu les déserts du Far West proprement dits, étendus dans le S. de la Californie, de l'Arizona, du New Mexico et l'O. du Texas (avec des prolongements souvent très longs dans les vallées encaissées vers le N., et aussi vers le S. dans les États mexicains de Sonora, Chihuahua et Coahuila). Voir carte *fig.* 334 et *fig.* 335.

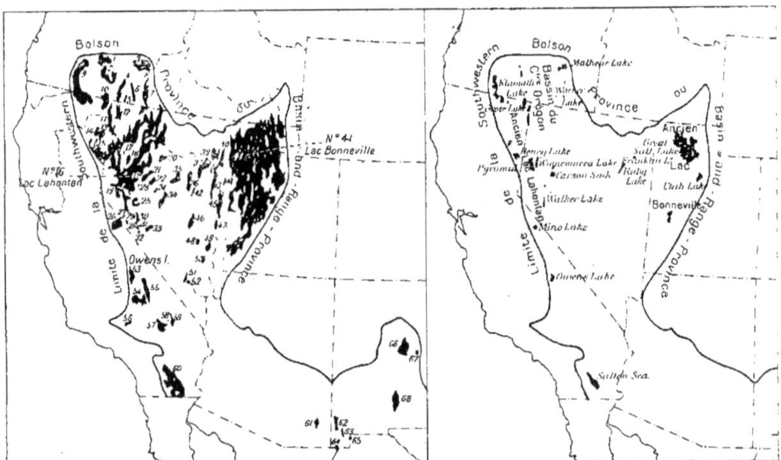

Fig. 335. — Carte des soixante-huit anciens lacs pléistocènes (à gauche) et des lacs actuels (résidiaires) (à droite), de Basin-and-Range Province (O. des États-Unis), d'après Meinzer. — Échelle : environ 1/23.343.750.

La pluie est rare aujourd'hui dans toutes ces régions (moins de $0^{m},25$ par an), et elle tombe par grosses averses susceptibles de donner un fort ruissellement momentané. Il n'en a pas été toujours de même, et aux époques antérieures il y eut des précipitations beaucoup plus abondantes qui expliquent d'une part l'étendue très considérable et le nombre des

nées dans ce pays (en vue de l'irrigation notamment). On en trouvera une esquisse dans ma communication sur ce sujet à l'Académie des Sciences, séance du 11 juin 1923.

anciens lacs (*fig.* 335) [1], d'autre part l'importance de la dénudation des montagnes encaissantes et par suite l'épaisseur des dépôts meubles en provenant et remplissant le fond des vallées (*valley fill*). Les choses se compliquent encore quand il y a eu comme dans le Grand Bassin deux périodes de hautes eaux, séparées par une de basses; on a alors des dépôts d'âges différents et à des hauteurs distinctes.

a) **Grand Bassin de l'Utah et Bassin lacustre du Centre-Orégon.** — Ces deux bassins lacustres se ressemblent : les lacs qui les occupaient à l'époque pléistocène étaient des lacs glaciaires, les hautes montagnes environnantes ayant alors des glaciers, et les dépôts quater-

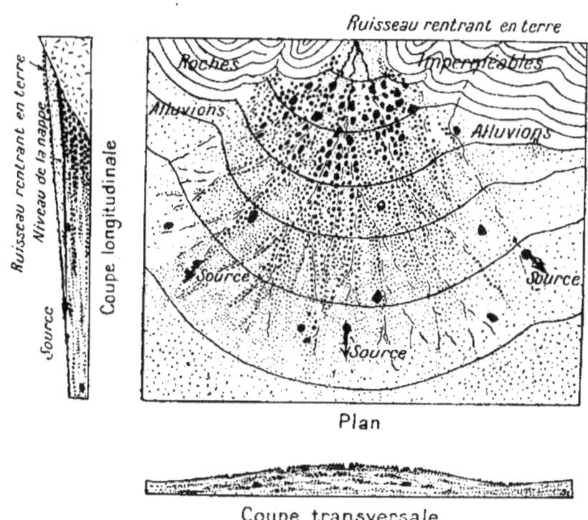

FIG. 336. — Cône d'alluvions (*alluvial fan*) au débouché d'un torrent affluent dans une vallée (schématique).

naires sont par suite de même nature et disposition que ceux décrits dans la région du drift (et aussi de chaque côté des Alpes). L'ampleur du phénomène est seulement ici beaucoup plus grande qu'ailleurs : le lac glaciaire ancien étant très vaste, les cônes de déjection des torrents qui s'y déversaient forment ainsi une série d'*alluvial fans* (*fig.* 336) se succédant le long

(1) On voit sur cette figure les soixante-huit anciens lacs pléistocènes relevés par Meinzer : il en donne les noms et la bibliographie détaillée dans sa brochure : *Map of the pleistocene lakes of the Basin-and-Range Province and its significance*, in *Bulletin of the Geological Society of America* (Vol. 38, 1922).

des rives ([1]), mais dans le centre où il ne se déposait que du limon il est resté soit un *lac résiduaire*, soit un *flat* ou *playa*, espace central d'ordinaire désertique. L'eau souterraine infiltrée dans les graviers des cônes d'alluvions sort en sources à leur pied, ou bien elle forme une nappe (souvent artésienne) sous le limon du flat.

Dans l'Orégon, les dépressions lacustres se trouvent entièrement dans les roches volcaniques (d'âge miocène, basalte et tufs avec feuillets de rhyolise) : elles résultent de failles, cassures et plissures qui se sont produites entre les blocs de cette monstrueuse mosaïque, et on a ainsi des vallées soit communiquant entre elles, soit isolées, au fond desquelles reste un chapelet de lacs résiduaires. Tels sont les lacs actuels (*fig.* 335) appelés Harney, Malheur, Silver, Warner, Alkali, Abert, Goose, Klamath, Rhett, Summer et une foule d'autres plus petits, — sans compter un grand nombre de bas-fonds marécageux (dont Chewaucan marsh est le plus grand). En profondeur les roches volcaniques étant d'ordinaire compactes, l'eau est retenue par elles dans le quaternaire : comme il vient d'être dit, il y a généralement une nappe sous pression autour et sous les lacs, flats et marécages.

Les choses se passent à peu près de même pour le *Great Basin*, bien que les roches encaissantes soient ici des roches paléozoïques (avec quelques lambeaux de trias). On divise le Grand Bassin en deux portions, celle de l'E. occupée autrefois par l'ancien *lac Bonneville* et celle de l'O. par l'ancien *lac Lahontan*. Les lacs résiduaires qui subsistent du premier sont le Grand Lac Salé, le petit Lac Salé, Blue Lake, le lac d'Utah, le lac Sevier, les petits lacs Franklin, Ruby, etc., etc.; pour le second ce sont les lacs plus occidentaux Honey, Pyramid, Winnemucca, Carson (avec le Carson Sink), Humboldt, Walcker et nombre de plus petits (*fig.* 335).

Le lac Bonneville aurait occupé 50.000 kilomètres carrés, et serait monté à un moment à 300 mètres au-dessus du niveau actuel du Grand Lac Salé (il se déversait alors dans le Snake River, par la Cache Valley); mais on retrouve aussi des traces de rivages à deux stades intermédiaires, le *stade de Provo* à 115 mètres en dessous du maximum et 110 mètres encore plus bas le *stade de Stansbury*. D'énormes dépôts furent amenés, notamment des Wasatch M[ains], à l'époque pléistocène (leur épaisseur atteint jusqu'à 600 mètres par places) : les deux périodes de stagnation en hautes eaux sont marquées par la formation de couches, l'une d'argile jaune, la seconde de

([1]) Tandis que si la dépression est étroite, les dépôts amenés des deux côtés se rejoignent et remplissent la vallée (ou le bolson); d'où l'expression de *valley fill*.

marne blanche calcaire, toutes deux imperméables et donnant de bonnes conditions d'artésianisme pour les bancs de gravier déposés entre elles ou par-dessous pendant les eaux basses. C'est donc dans des bancs qu'on cherchera l'eau, ainsi que dans les amas de graviers des embouchures des torrents dans l'ancien lac : l'eau venant surtout des Wasatch, les ressources souterraines seront plus abondantes du côté E.

Un grand nombre de forages ont été faits pour trouver l'eau aux abords des lacs et dans les vallées, et beaucoup sont jaillissants : il y a donc ainsi une série de zones artésiennes et de zones de jaillissement déjà déterminées. Il y a aussi des régions de sources. Voici quelques exemples spécialement intéressants.

Au N. du grand Lac Salé, la vallée du Snake River (S.-E. de l'Idaho) présente deux terrasses, la plus ancienne dite de Gibson, la plus récente de Spring Creek, qui contiennent beaucoup d'eau à faible profondeur. Un lieu de grosses sources très constantes (dans leur ensemble elles donnent près de 40 mètres cubes par seconde formant les rivières de Cleark Creek et de Spring Creek) est l'espace de 6 à 8 kilomètres de large, appelé *Fort Hall bottoms*, et situé sur la rive S.-E. du Snake R^r^, entre lui et son affluent le Portneuf R^r^. La rive N.-O. du Snake est formée par les laves poreuses, qui occupent une grande étendue au delà et absorbent la pluie (pertes de plusieurs cours d'eau) : on pense qu'une partie du produit des grosses sources en viendrait (en passant sous la rivière et alimentant par le dessous les alluvions).

Aux abords du Grand Lac, les couches alternantes de gravier et d'argile sont nombreuses. A Salt Lake City même, on a fait des forages, et les seize puits artésiens de Liberty Park, descendant à 180 mètres sans sortir du quaternaire, ne rencontrent pas moins de six nappes : ils débitent ensemble 3.400 mètres cubes par jour. Le forage le plus profond de la région serait celui de la Rio Grande R. R. qui descendant à 320 mètres, toujours dans le quaternaire, recoupe quinze couches aquifères et débite cinq litres par seconde. Dans les vallées du Jordan River, du San Pete, dans la Tintic Valley, etc., etc., on trouve de même des zones artésiennes : dans Juab Valley, les forages jaillissants sont surtout nombreux dans la partie N., entre Starr et Nephi (côté E. de la vallée), et au S. il y a encore les deux forages de Juab (40 et 170 mètres), le dernier très abondant.

Comme déserts aujourd'hui isolés, mais se rattachant au Great Salt Lake Desert, il faut citer Sevier Desert, Escalante Desert, Fish Springs flat, le flat entre Fish Springs Range et Deep Creek Range, etc., etc. Il y a dans ces déserts de nombreux puits jaillissants, situés surtout autour des flats : ainsi dans le Sevier Desert, plusieurs centaines de puits dans le voisinage de Deseret, d'autres aux environs de Lynn Bench et quelques-uns

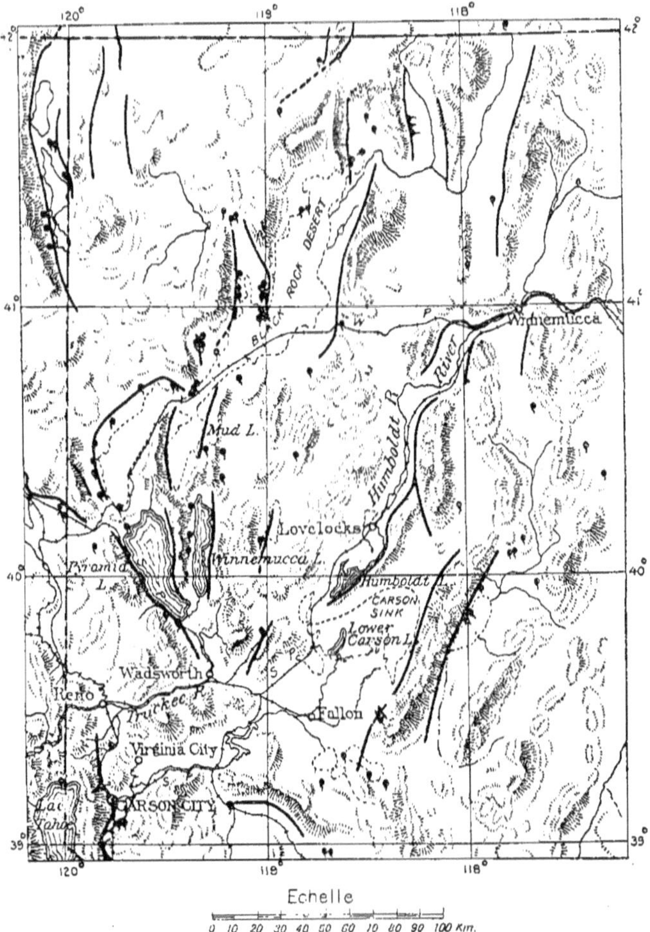

Fig. 337. — Carte d'une portion de l'ancien lac Lahontan (Basin and Range province, Nevada), montrant les failles et les sources qui en résultent souvent, (d'après Russell).

seulement dans la région de Desert Wells donnent de bonne eau ; d'ordinaire l'eau profonde est moins salée que celle plus voisine de la surface des anciens lacs, mais elle contient souvent H^2S. Un peu plus au S., mais toujours dans l'Utah, l'ancien lac Beaver était une corne du Bonneville à son niveau le plus élevé (Escalante bay, devenu le désert d'Escalante) : il y a des puits jaillissants dans l'emplacement de l'ancien lac et dans les alluvions de la vallée du Beaver R[r], comme à Lund, Beryl, Webster, Greenville, Adamsville, Minerville et à Milford (puits de 127 mètres de profondeur donnant 2 litres par seconde). Au N. de cette dernière localité, on cite une vingtaine de puits jaillissants dans les *Beaver bottoms;* mais dans le flat même entre Milford et Black Rock les puits donnent de l'eau salée. Enfin, plus au S. encore, dans la vallée de Parowan, il y a une ligne de belles sources (Iron springs qui donnent 28 litres par seconde, par groupe au N. d'Enoch, etc., etc.) et bon nombre de puits jaillissants qui servent à l'irrigation (le plus profond a 120 mètres sans sortir des alluvions).

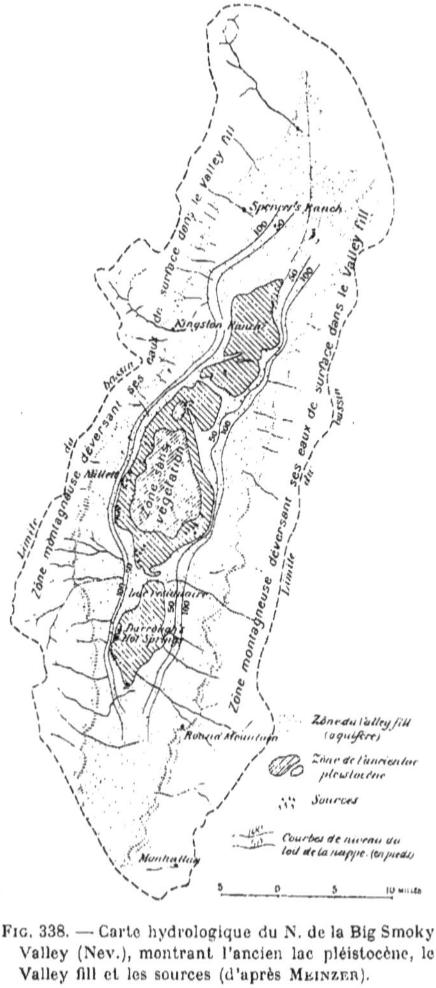

FIG. 338. — Carte hydrologique du N. de la Big Smoky Valley (Nev.), montrant l'ancien lac pléistocène, le Valley fill et les sources (d'après MEINZER).

La région de l'ancien lac Lahontan est beaucoup plus montagneuse et très découpée par des failles (carte *fig.* 337). Les failles ont une action puissante sur la direction des eaux souterraines et la production des sources (souvent minérales), qui tendent comme le montre la carte à suivre leurs alignements : on le verra plus loin encore par plusieurs figures. Ici, la portion abaissée entre deux failles a souvent formé dans les roches anciennes une cuvette, vallée ou bolson, que les alluvions (le *valley fill*) ont ensuite remblavée : il est arrivé aussi qu'une érosion subséquente a tout nivelé, ou encore que des dépôts plus récents ont recouvert le tout. Ces cas se sont produits dans la Big Smoky Valley (Nevada), dont la figure 338 montre l'étendue de l'ancien lac pléistocène et les sources qui naissent le long de ses bords : dans la partie S., le tertiaire de base paraît être en place, mais en d'autres endroits il a été disloqué et le *valley fill* quaternaire y repose en discontinuité.

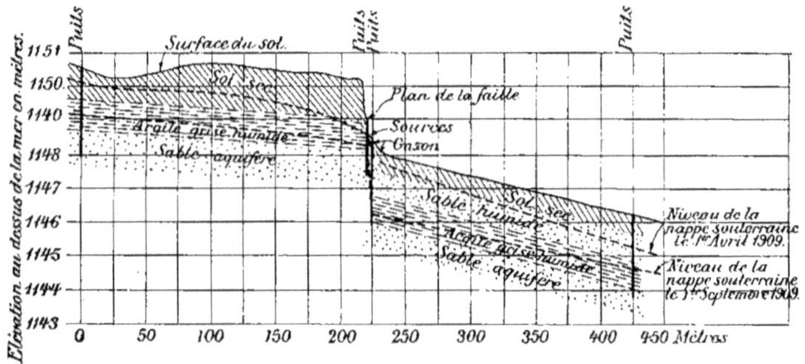

Fig. 339. — Coupe sur le bord d'Owens Valley (Californie) montrant l'effet d'une faille sur la nappe et la production de sources le long de son alignement.

Un peu plus au S., région de Tonopah, on trouve aussi l'emplacement d'un ancien grand lac que Ball appelle *Pahute lake* (entre 36°,30 et 38° de latitude, 116° et 117°, 30 de longitude). Mais si on descend encore beaucoup plus au S., on se rapproche des déserts et on trouve des vallées fermées comme Owens Valley, Death Valley (Cal.), etc., etc. Le lac Owens était jadis beaucoup plus élevé et plus vaste (il allait jusqu'à Bishop) et l'eau sortait au S. par la vallée des Salt Wells : une ligne d'anciens volcans a déversé ses projections dans la vallée sur 140 mètres d'épaisseur, et on les retrouve sous le lac; enfin il y a des failles et dans la figure 339, Lee montre comment ces failles engendrent des sources le long du bord de la partie affaissée. La vallée contient de l'eau artésienne dans les couches de gravier : deux puits jaillissants (60 mètres) à Bishop; un forage de 140 mètres de la Inyo development Co à Keeler rencontre sept couches de gravier et débite 30 à 35 litres par seconde, mais l'eau de la première couche est salée et celle de la dernière sulfureuse. Quant à la Death Valley, le creux qui reçoit toutes ses eaux est à 85 mètres en dessous du niveau de la mer.

Dans le S.-E. du Nevada, des vallées du même genre telles que Coal,

Duck, Bristol, Delamar, Indian Spring et Las Vegas s'ouvrent aussi entre les chaînons de terrains paléozoïques. Celle de Las Vegas est la plus connue (¹), et présente trois terrasses correspondant aux périodes pléistocènes d'érosion : naturellement c'est au pied de la terrasse inférieure que sont les principales sources, comme Las Vegas Springs, ou dans le valley fill, comme Tule Springs; plusieurs sources comme Corn Creek Springs sont des *Knolls* (monticules formés par les dépôts de la source elle-même et au milieu desquels l'eau se fraie des passages), et on trouve aussi des knolls éteints. La nappe du fond de la vallée est artésienne : sur cent vingt-cinq puits existant en 1915 et tous arrêtés dans le Valley fill (entre 45 et 350 mètres de profondeur), soixante-quinze étaient jaillissants; le plus fort débit était de 38 litres par seconde au puits d'Eglington.

b) **Grande Vallée de Californie** (²) **et Vallées des Coast Ranges.** — Cette longue gouttière (500 milles de long) entre la Sierra Nevada et les Coast Ranges qu'on appelle la Grande Vallée de Californie était autrefois un golfe marin, puis un lac. Elle n'occupe pas moins de 41.400 kilomètres carrés, mais elle se divise en deux parties, la vallée du Sacramento au N. et celle du San Joaquin au S. (celle-ci plus longue comprenant 29.770 kilomètres carrés), avec des largeurs du bas-fond variant entre 30 et 60 milles. C'est le type de la vallée de remplissage alluvial (la continuité des alluvions n'est coupée que par les buttes volcaniques de Marysville), et on peut la considérer comme la succession des cônes déposés aux débouchés des rivières venant des montagnes des deux côtés : les pluies étant plus intenses du côté E., les dépôts provenant de la Sierra Nevada sont plus importants que ceux du côté O., d'où la forme dissymétrique de la vallée.

La nature de ces dépôts varie avec la constitution géologique des régions d'où viennent les eaux ruisselantes. Du côté E., on trouve d'abord la région volcanique du Haut Sacramento (au N. de Chico), et les laves andésitiques qui se sont déposées forment alors le *Tuscan tuff*, d'une épaisseur de 300 à 450 mètres (avec des couches de gravier souvent aquifère intercalées) (³). Puis viennent les roches granitiques ou paléozoïques métamorphisées de la Sierra Nevada, avec en avant d'elles et par places des bandes de tertiaire (miocène et pliocène principalement) : une de ces

(¹) Carpenter, *Water supply paper* n° 365 (1915) du *Geological Survey U. S.*

(²) D'après les *Water supply papers*, n°s 222, 375 et 398, *id.*

(³) Ce tuf a été soulevé ensuite (*Chico monocline*) et se trouve de 150 à 270 mètres au-dessus de la plaine, traversé par les profondes coupures des rivières telles que Antelope, Mill, Deer, Chico et Butte creeks : il plonge ensuite sous la grande vallée, ce qui favorise l'artésianisme.

bandes va du Fresno Rr au Cosumnes (à la base argiles d'*Ione formation* au milieu de grès andésitiques, avec des graviers au-dessus), et l'autre plus au S. du Deer Creek au Cañada de las Uvas (*Bakersfield area*) avec des alternances analogues. Du côté O., ce sont au contraire des terrains secondaires et tertiaires, séries de couches gréseuses, schisteuses ou gypseuses et de conglomérats, depuis les *franciscan séries* jusqu'aux *schistes de Monterey* du tertiaire supérieur : ces couches plongent vers la vallée, mais comme leurs détritus contiennent du sel et du gypse, les eaux qui sortent des *fans* du côté O. sont souvent dures et sablées (alors que celles des fans granitiques de l'E. d'ailleurs plus larges et plus réguliers, sont douces) (1).

L'hydrologie se comprend dès lors facilement et ressemble beaucoup à celle de la partie E. du Grand Bassin, au pied des Wasatch : toutefois ici il n'y a que fort peu de sources. Les eaux infiltrées comme il est dit se réunissent sous la vallée, où les alluvions ayant une épaisseur moyenne de 400 mètres (atteignant parfois 600 mètres) contiennent une ou plusieurs nappes, souvent artésiennes, dont les plus profondes sont d'ordinaire les plus douces. Il y a une différence entre la vallée du Sacramento et celle du San Joaquin : les pentes dans la première étant plus douces, l'artésianisme y est nul ou faible, mais comme on le voit par la figure 340 l'eau se tient très près de la surface sur une très grande étendue et il n'y a qu'à pomper dans des puits ordinaires peu profonds pour l'obtenir. Aussi en 1913 on ne relève pas moins dans cette vallée de 1.664 installations (1.422 propriétaires) de pompage pour irrigation, lesquelles utilisent une puissance de 15.142 HP (dont 10.685 électriques) et desservent 40.859 acres (16.530 hectares) de terrains.

Dans la vallée du San Joaquin, il y a au contraire un artésianisme puissant, et toute la zone centrale (2) (voir cette zone dessinée sur la carte *fig.* 341) donne de l'eau jaillissante par un nombre trop considérable de forages pour que je puisse les marquer sur la carte. Une statistique datant déjà d'une vingtaine d'années relevait les chiffres ci-après :

(1) Il y a souvent d'après cela une zone de démarcation entre les eaux des deux côtés, que l'on reconnaît à leur teneur différente en sulfates.

(2) Qui ne mesure pas moins de 4,300 milles carrés (11.135 kilomètres carrés). Il y a malheureusement dans les fonds des terres encore trop imprégnées de sels pour être cultivables : une évaporation intense dessèche les surfaces d'eau et laisse les sels sur ou dans les parties supérieures du sol. Le lac Tulare lui-même se dessèche certains étés.

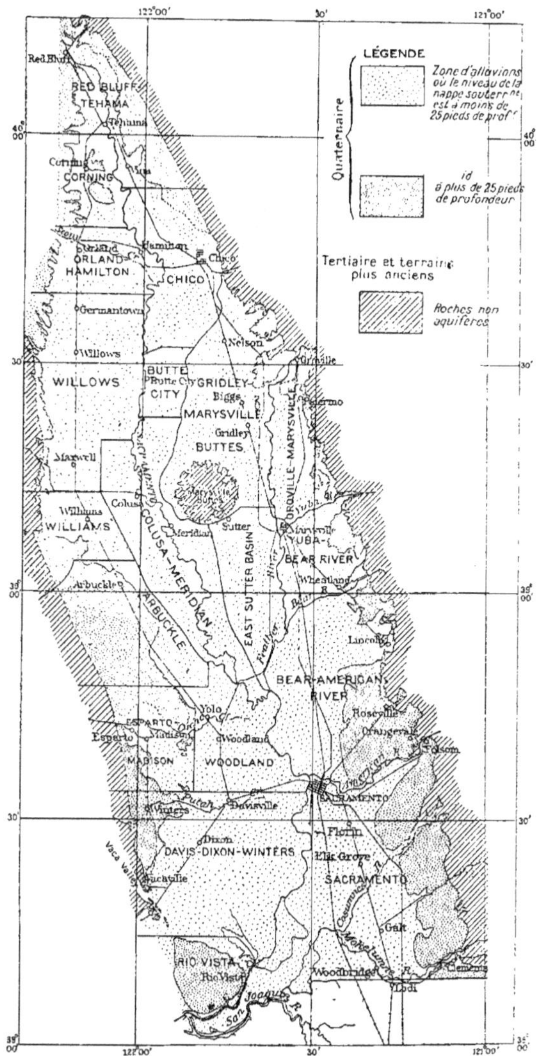

FIG. 340. — Carte de la vallée du Sacramento R^{r} et des zones où la nappe aquifère des alluvions y est à moins ou plus de 25 pieds de profondeur.

COMTÉS (CALIFORNIE)	PUITS JAILLISSANTS		PUITS ORDINAIRES AVEC POMPES		DÉBITS UTILISÉS TOTAUX PAR SECONDE	
	Nombre	Débits utilisés en pieds cubes par seconde	Nombre	Débits utilisés en pieds cubes par seconde	En pieds cubes	En litres
Kern	112	73,46	104	42,64	116,1	3.285
Tulare	124	23,31	191	54,21	77,55	2.195
Kings	77	19,3	3	0,24	19,54	565
Fresno	40	7,5	28	5	12,50	354
Madera	31	7,81	17	6,8	14,61	413
Merced	133	7,95	43	6,82	14,77	417
Stanislaus	5	1	9	1,39	2,39	67
San Joaquin	»	»	202	41,67	41,67	1.180
Total	522	140,33	597	158,80	299,13	8.476

A titre de comparaison, il y avait à cette époque dans la basse Californie 3.000 puits jaillissants, donnant ensemble 200 pieds cubes (5.662 litres par seconde), et 1.500 puits où on pompait et fournissant 300 pieds cubes (8.495 litres).

Les vallées des Coast Ranges, entre la côte Pacifique et la Grande Vallée et plus ou moins parallèles à celle-ci, présentent mais en petit des conditions hydrologiques analogues. Je ne citerai comme exemple que celle de Santa-Clara (1), située entre le Diablo Range à l'E. et les Santa Cruz M^ains^ et le Gabilan Range à l'O., et suivie par le Guadalupe R^r^ et le Coyote Creek, puis plus au S. par le Pajaro et le San Benito R^r^. Cette vallée aboutit à la baie de San Francisco, dans laquelle se jettent aussi quelques autres petites rivières comme l'Alameda Creek, le San Lorenzo Creek à droite, le San Francisquito Creek, etc., etc. à gauche. La plaine est constituée par des alluvions de deux sortes, les anciennes dites *Santa Clara formation* (ou au voisinage de la mer *Merced formation*, formation d'argile marine souvent fort épaisse), et au centre des dépressions les alluvions récentes plus sableuses et par suite plus aquifères (avec aussi des bancs argileux entre les couches graveleuses).

Par le fait des pentes soit longitudinale, soit transversale des couches aquifères des alluvions récentes, l'eau se met en pression sous les bancs

(1) D'après *Ground water in Santa Clara Valley (Cal.)*, de CLARK, *Water supply paper du Geol. Survey U. S.*, n° 519 (1924).

argileux, et on a ainsi des zones artésiennes de jaillissement (voir *fig.* 341), savoir : 1° une zone tout autour de la baie de San Francisco, d'environ 120 milles carrés (311 kilomètres carrés), non compris la surface en eau

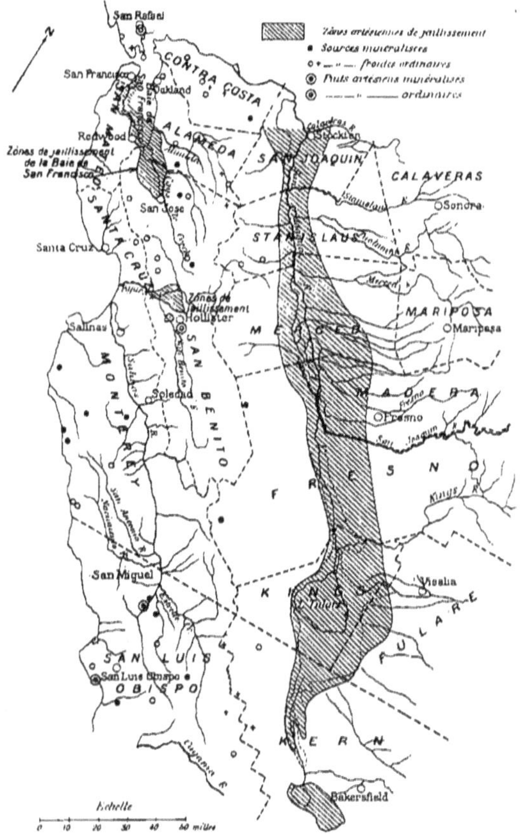

Fig. 341. — Carte de la vallée du San Joaquin Rr et de celle de Santa Clara avec leurs zones artésiennes de jaillissement.

de la baie elle-même, mais y compris une grande étendue de marais saumâtres; on signale des puits artésiens pour l'alimentation de Palo Alto, et jusque dans la baie même aux maisons de la Morgan Oyster's C°; 2° une zone d'environ 35 milles carrés (90 kilomètres carrés) dite *Bolsa area* et s'étendant de Old Gilroy à 4 kilomètres au N. de Hollister : les puits les plus nombreux sont autour de San Felipe, ainsi qu'au N. du Pajaro R^r^ (où un banc rocheux retient l'eau et l'empêche de s'échapper vers la baie de Monterey) (à l'O.) et vers celle de San Francisco (au N.); 3° une zone beaucoup plus petite (1 mille carré seulement) au N. de San Juan Bautista. A signaler enfin l'eau abondante qu'on trouve dans le *Niles cone*, c'est-à-dire les alluvions déposées par l'Alameda R^r^ à son embouchure, au N.-O. de Niles : là la nappe souterraine n'est presque pas artésienne.

c) **Régions désertiques du Sud-Ouest.** — L'immense surface désertique du S.-O. peut être regardée comme une vaste cuvette irrégulièrement divisée en bassins (souvent fermés, bolsons), ayant un fond granitique au-dessus duquel pointent par places des monticules isolés de granit ou de lave [1], et enfin qui a été remblayée sur des épaisseurs variables par les débris des vastes érosions des montagnes environnantes (érosions qui paraissent avoir eu lieu à des périodes plus pluvieuses qu'aujourd'hui).

La subdivision donne plusieurs déserts secondaires, notamment : *Mohave desert*, qui est presque dans le prolongement de la Grande Vallée de Californie (dont il est séparé par les Tehachapi M^ains^) et n'a d'écoulement que vers l'O. dans le fond appelé Soda Lake; *Colorado desert*, ancien prolongement du golfe de Californie remblayé, mais présentant un point bas le *Salton Sink*, aujourd'hui rempli d'eau (depuis l'irruption en 1905 des eaux du Colorado R^r^) à un niveau normal de — 83 mètres [2]; *Gila desert*, qui à l'E. du Colorado R^r^ occupe tout le S. de l'Arizona, n'a aucune rivière permanente et voit souvent disparaître les eaux de la Gila elle-même sous les sables et graviers (sauf à ce qu'elles reparaissent par places quand le fond rocheux se rapproche de la surface).

A la bordure N. du grand désert se rattachent une série de chaînes montagneuses orientées N.-S. et les vallées désertiques étroites qui se creusent entre elles et se relient au Grand Bassin, puis au plateau du Colorado et au Llano Estacado : après Owens Valley et Death Valley déjà citées, on trouve en allant vers l'E. la vallée du Colorado lui-même, celles des très nombreux affluents de la Gila, les vallées principales du Pecos et du Rio Grande et nombre de vallées secondaires affluentes. Toutes ces

(1) Ces laves sont d'âge tertiaire ou plus récentes, car il y a encore des solfatares en activité.

(2) Alors qu'autrefois l'ancien lac appelé Calhuilla s'élevait à + 12 mètres et se déchargeait dans le Colorado par l'Alamo et le New River (au travers de l'Imperial Valley). De 1905 au début de 1907, époque où on ferma par la Hind dam la communication avec le Colorado, le niveau s'est tenu à — 60, c'est-à-dire à 23 mètres au-dessus du niveau normal actuel, — ce qui causait la grande inondation de l'Imperial Valley.

vallées sont autant de prolongements du désert vers le N.; mais elles ne sont pas toutes encaissées entre des montagnes granitiques ou volcaniques, et on en trouve formées de crétacé, permien ou carbonifère avec du gypse et autres sels (le pennsylvanien du bassin du Rio Grande notamment), d'où les importants dépôts de gypse ou d'alcali dans les lacs ou plutôt fonds d'anciens lacs : tels sont *alkali flat* dans le bassin de Tularosa (N. Mexico), plusieurs grands bolsons dans les environs de Deming (Luna Cy), *barren flat* dans la vallée de Sulphur Spring (Ariz.) qui serait le reste de l'ancien grand lac Cochise, anciens lacs salés d'Estancia Valley (1) et d'Encino basin (N. Mexico), etc., etc.

D'après cela, l'hydrologie des dépôts quaternaires est facile à comprendre, mais on comprendra aussi que les ressources en eau soient bien variables suivant les lieux. Dans les vallées, les blocs rocheux (souvent assez gros) et les graviers qui forment le *valley fill* (sur 300 à 600 mètres dans la vallée du Colorado, sur 300 à 400 mètres dans celle de la Gila, où les blocs agglomérés par un ciment calcaire font un conglomérat appelé par Gilbert *conglomérat de la Gila*) (2) contiennent des eaux abondantes, souvent à plusieurs niveaux : ainsi dans la vallée du Colorado, il y a eu trois périodes d'érosion et trois de remblayages successifs (d'où des bancs de gravier à différentes hauteurs). Dans les fonds et surtout au pourtour des anciens lacs (où on retrouve les caractères des dépôts lacustres), on a des zones artésiennes plus ou moins étendues; mais sous les déserts plats de grande largeur l'eau se raréfie à mesure qu'on s'éloigne des pieds des montagnes et des points où les eaux de ruissellement se perdent dans les graviers : au centre on n'a plus alors que des limons fins (peu perméables) à la surface.

Je donnerai comme exemple caractéristique d'une cuvette désertique de ce genre celui d'Antelope Valley (Cal.), qui fait partie du désert de Mohave et a été bien étudié par Johnson (3). La carte (*fig.* 342) montre le flat central, avec les trois emplacements des lacs temporaires, souvent à sec, appelés lac de Rosamond, lac de Buckhorn et lac de Rogers. Un grand nombre de forages artésiens sont jaillissants, mais on voit qu'ils sont

(1) L'ancien lac pléistocène d'Estancia Valley n'aurait pas eu moins de 450 milles carrés de surface avec une profondeur atteignant 45 mètres : il n'y reste aujourd'hui que quelques lagunes dont la plus grande est *laguna del Perro*. Il y a de l'eau en abondance dans le valley fill et sous le flat, mais pas de puits jaillissants.

(2) Ce conglomérat s'étend sur 160 kilomètres de long entre les confluents de la Bonita et de la Gilita, et on le trouve aussi dans les vallées des affluents, le San Francisco et le Prieto; il passe au gravier sous le désert de Pueblo Viejo.

(3) *Water resources of Antelope Valley, Water supply paper* du *Geological Survey U. S.*, 1911.

presque tous sur la ligne Esperanza — Lancaster — Reid Ranch : on en a

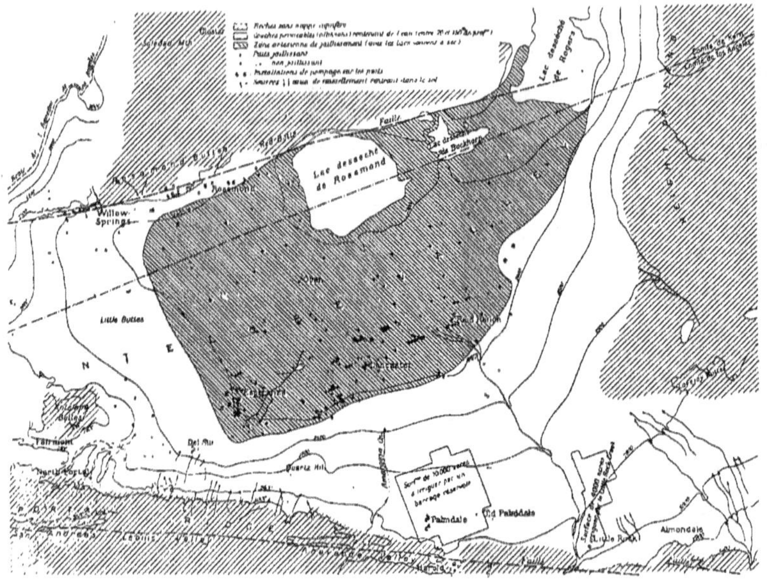

Fig. 342. — Exemple d'une vallée désertique (Antelope Valley, Californie) et de son hydrologie souterraine (d'après Johnson).

foré bien moins dans le voisinage des lacs. La coupe transversale (*fig.* 343) montre schématiquement l'existence de plusieurs nappes aquifères. Il y a aussi des sources, et la figure 344 montre aussi la cause (réelle ou possible) de leur formation : quand il n'y a pas de faille pour les expliquer, les sources des déserts sont souvent du type de celles de Lovejoy (1° de la figure 344), c'est-à-dire qu'elles sont dues à des pointements de granit (ou autres roches anciennes) qui saillant à la surface arrêtent

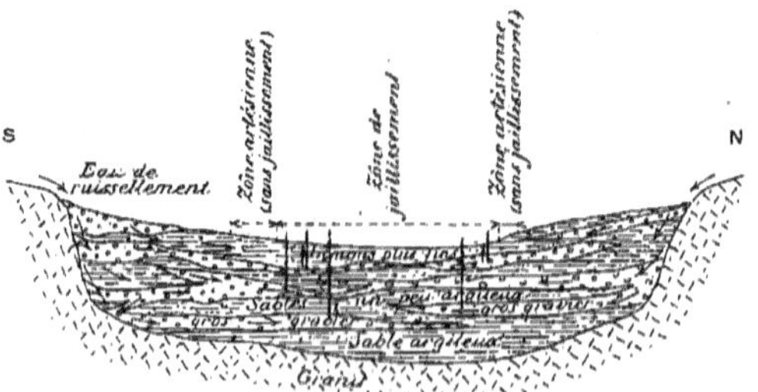

Fig. 343. — Diagramme montrant les conditions de l'artésianisme dans Antelope Valley (Calif.) (d'après Johnson).

l'eau souterraine et l'obligent à s'en rapprocher [1] (effet de barrage).

Un autre exemple est celui du *Salton Sea* ou *Sink*, dont il a déjà dit quelques mots ci-dessus. La petite carte figure 345 montre la situation de ce fameux bolson, en bordure du Colorado Desert, avec l'Imperial Valley au S.-E. et celle de Coachella au N.-O. : une coupe de cette dernière près Mecca juste au N. du Salton fait voir les dépôts pléistocènes du fond de la vallée entre les montagnes granitiques de Santa Rosa et le massif tertiaire des Cottonwood M^ains^. Les dépôts de cette vallée (ils ont jusqu'à 240 mètres d'épaisseur) proviennent de ces montagnes encaissantes et contiennent une ou plusieurs nappes artésiennes dans les graviers, si bien qu'on y compte plus de quatre cents puits jaillissants donnant de l'eau douce utilisée pour l'irrigation. Au contraire, au S. du Salton, les terrains provenant en partie de la mer, en partie du Colorado R^r^, sont salés ainsi que leurs eaux souterraines, et les sources qu'on trouve près de l'Alamo et du New River contiennent beaucoup de sel marin.

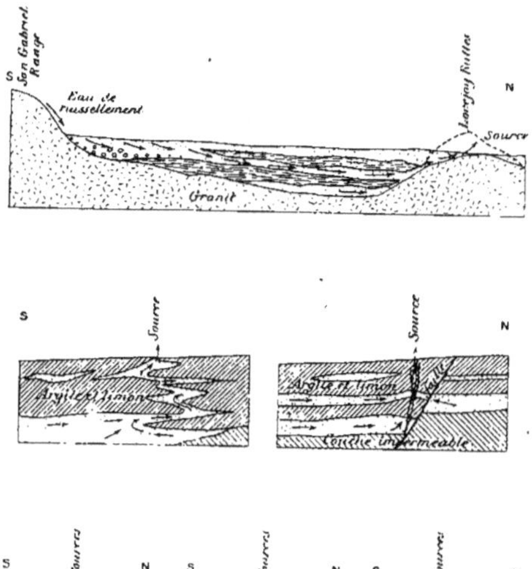

FIG. 344. — Origine des sources dans la vallée désertique d'Antelope Valley (Cal.) (d'après JOHNSON).

La carte ci-dessus signale aussi les points d'eau utilisable (sources et puits), ainsi que les routes à suivre pour traverser cette portion de désert. Des études de ce genre ont été faites dans ces dernières années par le Geological Survey pour tout le S. de la Californie et le S.-O. de l'Arizona, où on a balisé les routes et donné toutes les indications désirables pour les

(1) On signale d'importantes sources du même type dans la région désertique avoisinant Deming (N. Mexico) : ainsi les grosses sources sur la route de Butterfield à Fort Cummings, les sources dites Cow Springs, la source Carrizalillo près Hermanas, etc., etc. Les bolsons de cette région contiennent beaucoup d'eau, mais peu profonde (moins de 60 mètres) et sous faible pression.

voyageurs et les touristes : on trouvera ces détails dans les *Water Supply papers* nos 490 A, 490 B, 490 C et 490 D.

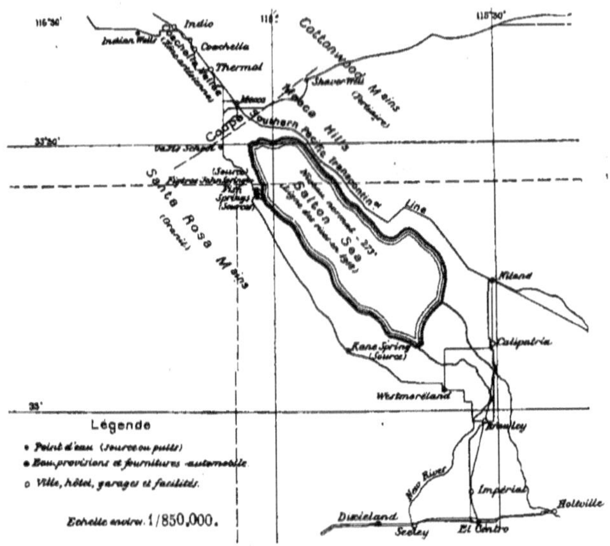

Fig. 345. — Carte des environs du Salton Séa, désert du Colorado (Calif.).

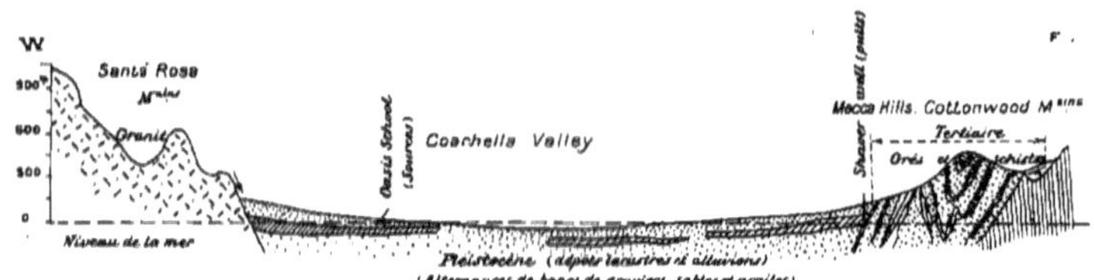

Fig. 345 *bis*. — Coupe du désert du Colorado, au nord du Salton Sea près Mecca. Échelle d'environ 1/375.000.

Enfin il resterait à parler des effets du vent sur les sables des déserts et sur leurs eaux. Le vent y produit souvent des dunes suivant sa direction dominante, c'est-à-dire ici du côté E. et N.-E. : comme les dépôts des flats sont parfois chargés de sel ou de gypse, les particules qui en sont arrachées par le vent formeront alors des collines ou des plaines salées ou gypseuses (*gypsum sands*). D'autre part les sables mobiles tombant dans les sources cherchent à les éteindre, et cette lutte engendre les *knolls* ou *mounds* déjà décrits plus haut. Enfin l'évaporation intense qui s'exerce sur les surfaces imbibées d'eau y fait déposer sur ou dans les premières couches du sol les sels calcaires restant de l'évaporation de cette eau : on a ainsi par places un véritable travertin la *caliche* (1) (appelée aussi *cement* ou *hardpan*), qui a de 0m,80 à 4m,50 d'épaisseur et est plus dure à la surface qu'en profondeur; les racines des plantes la traversent difficilement.

Le *loess* est aussi une formation d'origine éolienne qui, étant constituée par des limons plus fins que les sables des dunes et étant peu épaisse (rarement plus de 10 mètres), ne joue qu'un faible rôle hydrologique : il y a seulement un peu d'eau dans la couche inférieure plus sableuse (quand elle existe), d'où des suintements et l'alimentation de quelques puits; cette eau trop voisine de la surface est d'ailleurs peu sûre comme qualité. Le loess se rencontre en dehors des régions désertiques actuelles, notamment sur le drift glaciaire (plus ancien que le wisconsien) (2), sur deux bandes orientées N.-S. entourant les alluvions récentes de l'Embayment du Mississippi (*Bluff formation* dans les États du Tennessee et du Mississippi), sur les plateaux entre les vallées du N. du Kansas et du Nebraska (3), dans l'E. de l'Oklahoma (sables de *Chandler district* du pennsylvanien), l'O. et le C. de cet État (sables miocènes transportés par le vent du S. sur la rive N. de différents cours d'eau), dans l'État de Montana (vallée du Missouri, plateau au S.-E. de Great Falls, etc., etc.), dans celui de Washington (le long du Columbia Rr, dans la plaine au S. de Saddle Ridge, dans la région du lac Moses, lac résultant précisément du barrage formé par les matériaux éoliens accumulés), etc., etc.

Je terminerai en signalant d'après Meinzer (4), les indications que donnent certaines plantes rencontrées dans les déserts sur la présence, l'abondance, la qualité et la profondeur de l'eau souterraine. Les plantes dites *phréatophytes* vont avec leurs racines chercher l'eau dans la zone de saturation de la nappe ou dans la zone de capillarité, ce qui varie d'ordinaire entre 1 et 7 ou 8 mètres (il ne semble pas qu'aucune racine végétale descende à plus de 15 mètres); les plantes *xérophytes* se contentent d'un sol presque absolument sec; enfin les *halophytes* acceptent une eau chargée

(1) Forbes donne une autre explication de la caliche, valable dans les cas où l'eau souterraine est absente. Ce serait la pluie qui chargée de CO^2 dissoudrait du calcaire qu'elle laisserait déposer plus bas, en y mêlant les particules siliceuses entraînées.

(2) Il semble s'être déposé entre l'illinoisien et le wisconsien, et ne recouvre jamais ni ce dernier, ni l'iowien.

(3) Au centre du Nebraska, il y a une surface de 62.000 kilomètres carrés de *sand hills*, dont le sable provient surtout d'Arikaree formation (miocène) : ces dunes intérieures se prolongent dans les vallées des rivières voisines.

(4) *Plants as indicators of ground water*, par O. E. Meinzer, in *Journal of the Washington Academy of Sciences*, vol. 16, 18 décembre 1926.

de certains sels (jusqu'à une certaine limite, car une eau trop minéralisée ne peut plus être utilisée par les plantes).

Pour les grands arbres, la présence de peupliers, bouleaux, palmiers, saules, sycomores, eucalyptus indique le voisinage de l'eau; le mesquite (*Prosopis juliflora*) se contente d'eau plus profonde, entre 3 et 15 mètres, et il en pousse parfois quand l'eau est à plus de 15 mètres, mais alors il semble que les racines ne l'atteignent pas. Ces arbres indiquent une eau pas trop minéralisée généralement potable.

Les joncs et les laîches, les roseaux (*Phragmites communis*) et les pourpiers (*susevium portulacastrum*) demandent de l'eau à la surface ou très près de la surface (pas à plus de 2 mètres ou 2m,50); le seigle sauvage (*Elymus condensatus*), l'herbe salée (*Distichlis spicata*), l'herbe à flèche (*Pluchea sericea*), l'herbe à lapin (*Chrysothamnus graveolens*) peuvent utiliser de l'eau un peu plus profonde (de 3m,50 à 4m,50); l'*Eragrostis obtusiflora*, l'*Allenrolfea occidentalis*, le *Sporobolus airoides* (alkali saccatow), enfin le *Sarcobatus vermiculatus* (grande herbe grasse) vont encore plus bas, jusqu'à 7m,50 et un peu plus; la créosote (*Larrea mexicana*), les *Sarcobatus*, les *Grayia* arrivent à vivre dans des sols très secs. Comme qualité de l'eau, *Distichlis spicata*, *Heliotropium curassavicum*, *Allenrolfea occidentalis*, le fenouil marin et quelques autres acceptent des eaux assez chargées de sel ou d'alcali.

TABLE DES MATIÈRES

CHAPITRE III

BASSINS HYDROGÉOLOGIQUES, NAPPES ET SOURCES

NAPPES AQUIFÈRES

SOURCES

CHAPITRE IV

QUALITÉS DES EAUX SOUTERRAINES : RAPPORTS AVEC LA NATURE DES TERRAINS

CHAPITRE V

PROPRIÉTÉS HYDROGÉOLOGIQUES DES DIVERS TERRAINS DANS CERTAINES RÉGIONS PRISES POUR EXEMPLES

(HYDROGÉOLOGIE DE L'EUROPE ET DU NORD-AMÉRIQUE)

TABLE ALPHABÉTIQUE

DES PRINCIPALES LOCALITÉS CITÉES DANS L'OUVRAGE

NOTA. — 1° Les noms de pays, états, provinces, départements sont **en caractères gras** (on n'a pu citer les noms des comtés aux États-Unis, qui par leur multiplicité auraient entraîné à une trop grande complication).

2° Les noms des formations géologiques (terrains) sont à chercher dans les huit tableaux et ne sont généralement pas reproduits dans la présente table.

3° A la suite d'un nom de lieu on a indiqué par une lettre majuscule le pays auquel il appartient, savoir :

F pour la France, — A pour l'Angleterre, — D pour l'Allemagne, — B pour la Belgique, — H pour la Hollande, — O pour l'Autriche-Hongrie, — I pour l'Italie, — S pour la Suisse, — N pour la Scandinavie (Danemark, Suède et Norvège), — R pour la Russie, — U pour les États-Unis (avec dans certains cas l'indication de l'État par l'abréviation usuelle).

4° Quand un nom de lieu est cité plusieurs fois, on a indiqué en caractères gras la ou les pages où le sujet est traité plus amplement.

5° Certaines désignations usuelles, qui n'indiquent pas une localité précise, sont en caractères italiques.

6° On se rappellera que les mots anglais terminés par *spring* indiquent des sources et par *well* des puits ou forages, et de même pour les mots allemands terminés par *quelle* ou par *brunnen*.

A

B

C

F

H

I

J

M

N

O

P

Q

T

U

V

W

TOURS. — IMPRIMERIE RENÉ ET PAUL DESLIS. — 30-6 1930.

TOURS. — IMPRIMERIE R. ET P. DESLIS.

www.ingramcontent.com/pod-product-compliance
Lightning Source LLC
LaVergne TN
LVHW021918060726
842528LV00001B/22

* 9 7 8 2 3 2 9 1 7 9 7 6 6 *